Für
Sigrid

Titelbild

Johannes Gutenberg. Miniatur aus der Mitte des 16. Jh. (vermutlich vor 1585). Wahrscheinlich älter als der Theret'sche Holzschnitt. Obwohl die Presse stark verzeichnet ist, zeigt die Abbildung gut die Wechselwirkung zwischen Mensch und Maschine.

Sammlung Otto Schäfer/Schweinfurt

HANS-JÜRGEN WOLF

Schwarze Kunst

Eine illustrierte Geschichte der Druckverfahren

HISTORIA

Vorsatz: (vorn und hinten)

Jubiläumsphoto anläßlich der Fertigstellung der 100. Schnellpresse der Firma Albert, Frankenthal. Halbrechts hinten (neben dem Farbwerk) steht Aloys Albert, der damalige Leiter des Unternehmens. Werkphoto der Albert Frankenthal AG. Mit freundlicher Genehmigung.

CIP-Kurztitelaufnahme
der Deutschen Bibliothek

Wolf, Hans-Jürgen
Schwarze Kunst: eine illustrierte Geschichte der Druckverfahren. 3. Auflage. Verlagsbüro Wolf, Historia, Dornstadt 1988

ISBN 3-9800257-1-3

ISBN 3-9800257-1-3

Umschlag: Gedruckt auf Estralin, hochweiß, 135 g/m², der ZANDERS Feinpapiere AG, 5060 Bergisch Gladbach 2.
Inhalt: Gedruckt auf BVS holzfrei mattgestrichen Bilderdruck, 90 g/m², der Papierfabrik Scheufelen GmbH + Co. KG, 7318 Lenningen.
Veredelung der Buchdecke: Polyleinkaschierung (Achilles), 3100 Celle.
Gedruckt mit Nylolith®-Offsetdruckplatten der BASF, 6700 Ludwigshafen.
Druck- und Bindearbeiten: Franz Spiegel Buch GmbH, 7900 Ulm-Jungingen.

»Ursache aller Erfindungen ist nicht der Spieltrieb, nicht der Zufall, nicht Bedürfnis, nicht Not, nicht ein bewußter oder unbewußter Nachahmungstrieb des in der Natur Erschauten. Es ist der schöpferische Drang im Geist des Menschen, die Freude am Erschaffenen.«

MAX EYTH

Vorwort zur ersten Auflage

Das Buch von Hans-Jürgen Wolf füllt eine bisher schmerzhaft empfundene Lücke. Es gibt kein anderes Werk, das so ausführlich von der Entwicklung der Druckpresse berichtet. Dabei hat Wolf weit ausgeholt und die technischen Vorstufen, zum Beispiel die Schraube, ausführlich beschrieben. Sehr wertvoll sind die Bilder, die in lückenloser Folge die Entwicklung der Presse zeigen.

Wolf spricht zuerst von Pressen, die den Buchdruckerpressen vorausgehen. Dann zeigt er die Entwicklung von der Gutenberg-Presse bis zu den Hand- und Tiegelpressen des 19. Jh. Der Erfindung der Schnellpresse von Friedrich Koenig und dem Bau anderer Schnellpressen ist ein breiter Raum gewidmet.

Erfreulich ist, daß auch die anderen Techniken des Druckens und ihre Pressen übersichtlich dargestellt sind: Steindruck, Lithographie und Tiefdruck. In einer Tabelle nennt Wolf mehr als hundert verschiedene Druckverfahren. In Tabellen und Verzeichnissen ist der reiche Stoff des Buches übersichtlich gegliedert.

Ich wünsche dem Buch, das Aussicht hat, ein Standardwerk zu werden, weiteste Verbreitung.

Dr. H. Presser
Direktor des Gutenberg-Museums (Mainz), 1974

Zur zweiten Auflage

Die erste Auflage meiner »Geschichte der Druckpressen« wurde mit Interesse aufgenommen. Es ergab sich ein fruchtbarer Dialog zu vielen Interessierten. Mit Dank habe ich Anregungen und praktische Hinweise auf Vergessenes oder mir Unbekanntes erhalten.

Dieses Material ist in die »zweite« Auflage hineingearbeitet. Zudem wurde das Buch generell überarbeitet: der Text erfuhr eine Straffung. Neue Passagen sind eingefügt. Beispielsweise das Kapitel über den historischen Werdegang der Ausbildungsberufe im graphischen Gewerbe. Neu geschrieben wurden die Kapitel zur »Haas'schen Buchdruckerpresse«, »Friedrich Gottlob Koenig« und »Aloys Senefelder«. Neu aufgenommen wurde außerdem ein Kapitel über den deutschen Rotationsmaschinenbau und ein Abriß über die Entwicklung der Druckfarbe. Neue Quellen sind aufgenommen. Beispielsweise die Dissertation von Barnikel über »Friedrich Koenig, den frühen Industriepionier in Bayern«. Als Besonderheit im Pressenbau wird die seither kaum bekannte Holzpresse des »Gymnasium illustre« von Hamm/Westfalen aufgenommen. Außerdem die vermutlich italienische Presse, die heute im Gutenberg-Zimmer der Burg von Eltville/Rheingau, steht. Das Literaturverzeichnis ist aktualisiert. Der neue Umbruch macht die Gesamtdarstellung übersichtlicher und klarer in der Aussage. Der neue Titel wird dem aufgearbeiteten Thema gerechter.

Mein Wunsch ist, erneut Interesse für technische Zusammenhänge zu wecken. Wir leben in einer hochtechnisierten, oft nüchtern kalten Arbeitswelt. Bevor wir uns in ihr verlieren, scheint es reizvoll, einen Blick in ihre spannende Geschichte zu tun.

Kriftel/Ts., April 1981

Zur dritten Auflage

Ich freue mich sehr darüber, daß dieses Buch zum dritten Mal erscheinen kann. Im wesentlichen ist es das Verdienst meiner Freunde und Partner, die mir geholfen haben und denen ich an dieser Stelle danken will. Es ist ein unveränderter Nachdruck. Anstelle des »alten« Schutzumschlages ist ein zeitgemäßer Einband getreten.

Mein Wunsch ist, erneut Interesse für technische Zusammenhänge zu wecken. Wir leben in einer hochtechnisierten, oft nüchtern-kalten Arbeitswelt. Bevor wir uns in ihr verlieren, scheint es reizvoll, einen Blick in ihre spannende Geschichte zu tun.

Dornstadt bei Ulm, Mai 1988

Kapitelübersicht

	Seite
Einführung	17
Die Schraube	27
Alte Pressenformen	28
Allgemeiner Pressenbau	40
Theorie zur Entwicklung der Tiegel-Druckpresse	49
1. Stufe: »Danner'sche Schraube«	49
2. Stufe: »Blaew'sche Presse«	58
3. Stufe: »Fertel'sche Presse«	70
4. Stufe: »Die Haas'sche Schriftgießerei von 1740–1852 unter besonderer Berücksichtigung der Haas'schen Buchdruckerpresse«	78
5. Stufe: »Täubel'sche Presse«	95
6. Stufe: »Metallische Tiegelpressen«	99
Zur Geschichte der Druckfarbe	121
Buchdruckmaschine (Schnellpressen)	137
Die weitere Entwicklung in England	181
Zum Stand des Gewerbes und der Industrie in Bayern	182
Entwicklung bis etwa 1830	198
Die französische Episode	204
Koenig und Bauer gründen eine Fabrik zur Herstellung von Maschinenpapier	208
Die Konkurrenz: Alarmzeichen für Oberzell	220
Maschinenfabrik Johannisberg	231
Schnellpressenfabrik Frankenthal Albert & Cie.	231
Von der Lotzbeck'schen Tobac-Fabrique zur M.A.N.	238
Der deutsche Rotationsmaschinenbau	251
Herausschälung der deutschen Druckmaschinen-Industrie	267
Vom Stein- zum Offsetdruck	271
Technologie der ersten Steindruckpressen	287
Druckmaschinenfabrik Faber & Schleicher (später: ROLAND)	292
Dresdner Schnellpressenfabrik (später: Planeta)	294
Der Offsetdruck	297
Der Tiefdruck und seine historischen Verfahren	299
Vom Meister zum Druckingenieur ... ein Blick in die Geschichte der Berufsausbildung	313
Der historische Standort	314
Die Zunft als allgemeine Organisationsform	315
Die Ordnung im Handwerk	317
Zunftverfall	324
Standort des graphischen Gewerbes	325
Der Staat greift ein	346
Vom graphischen Gewerbe zur Druckindustrie	349
Die Druckverfahren (Versuch einer tabell. Übersicht)	358
Der gewerbespezifische Sprachschatz	361
Zeittafel / Wichtige Ereignisse und Erfindungen	385
Zusammenfassung	412
Fußnoten	422
Literaturverzeichnis	448

Inhaltsverzeichnis

Seite

Einführung 17

Die Schraube 27

Alte Pressenformen 28
Ölquetschen und -pressen 28
Trotten, Keltern 30
Beerenpressen, Traubenmühlen 31
Römische Fullonica (Tuchpressen) 32
Papiermacherpressen 33
Leonardo da Vinci
(und die Druckpresse) 36

Allgemeiner Pressenbau 40
Grundkonstruktionen 40

Theorie zur Entwicklung
der Druckpresse 47

1. Stufe (ca. 1450–1500):
»Danner'sche Schraube« 49

2. Stufe (ca. 1550 – ca. 1650):
»Blaew'sche Presse« 58
Gestaltung der Tiegelpartie 58
Gestaltung der Spindel,
metallische Mutter 59
Veränderung des Bengels 60
Erhöhung der Pressenstabilität 60
Verbesserung der Karrenpartie 60
Ausbau des hinteren Pressenbereiches . 61
Besonderheiten 62
Willem Janszoon Blaew 67

3. Stufe (ca. 1650–1750):
»Fertel'sche Presse« 70
Plantin-Moretus-Museum
(Antwerpen) 72
Christoph Plantin 73

Die Druckpresse
des »Gymnasium illustre« 76

4. Stufe:
»Die Haas'sche Schriftgießerei von
1740–1852 unter besonderer
Berücksichtigung der Haas'schen
Buchdruckpresse 78
Nürnberger Einfluß 78
Johann Wilhelm Haas 79
Wilhelm Haas-Münch 81
Haas'sche Presse 82
Wilhelm Haas-Decker (der Sohn) 88
Die weitere Entwicklung 89
Stangenpressen, Tretpressen,
Apollo-Presse(n) 91

5. Stufe (ca. 1790–1820):
»Täubel'sche Presse« 95
Christian Gottlob Täubel 96

6. Stufe (ca. 1820–1850):
»Metallische Tiegelpressen« 99
Stanhope-Presse 101
Ruthvens-Presse 103
Cogger'sche-Presse 104
Hager-Presse 104
Columbia- oder Clymer'sche-Presse . . . 106
Deutsche Handpresse 107
Die Klapptiegelpressen
(Gordon, Liberty, Boston, Gally) 108
Pressen von Hogenforst 112
Sonderformen im Tiegelpressenbau . . . 116
Von Gilke
zum »Original Heidelberger« 117

Zur Geschichte der Druckfarbe 121
Vorläufer:
chinesische und ägyptische Tuschen . . . 121
Farbtechnologie
bei alten Holzschnitten 122
»Von dem Ruß und dessen Bereitung« . 124
»Von Bereitung des Fürniß« 125
»Von Vermischung des Fürniß
mit dem Ruß« 126
»Vom Abkreischen oder Abkröschen«. . 127
Ballenmeister. 129
»Feuchten der zum Druck
bestimmten Papiere« 129
»Auftragen der Farbe« (Schwärze) 130
Buntfarben 131
Farbrezepturen
aus der Mitte des 18. Jh. 132
»Farbe zu rothen Tituln wohl
zuzurichten«, Probe des Zinnobers 132
»Zinnober seine Schwärtze zu
benehmen ... und schön lichte roth
zu machen« 132
»Wie der Zinnober auf das beste zu
bereiten und zu präparieren ist« 132
Smalte, Waid, Indigo, Ultramarin 132
Zur Farb(en)chemie 133
Farb(e)auftrag(e)maschinen 133

Buchdruckmaschine (Schnellpressen) . . 137
Koenigs Jugend,
Ausbildung zum Buchdrucker 138
Handlungs- und Societätsvertrag
mit dem Ehepaar Riedel. 139
Aufenthalt in Suhl und Meiningen
(Thüringen). 140
Die erste(n) Konstruktion(en) 140
Farb(e)werk, Antriebsmechanismus . . . 142

Schreiben an Göschen 143
Aufenthalt in Wien,
Schreiben und Reise nach Petersburg . . . 144
Briefwechsel mit Wittig und Huttner . . . 145
Vorvertrag und Vertrag (mit Bensley) . . 146
Andreas Friedrich Bauer 149
Koenigs Tiegeldruckmaschine 150
Funktion der ersten Zylinderpresse 153
Die »Times«-Maschinen
(Doppelmaschinen) 154
Englische Zeitungsberichte 156
»To the Publik« 156
Neue Vertragsgestaltungen 160
William Nicholson 162
Konstruktionsmerkmale 163
Zur Nicholson-Legende 165
Bacon und Donkin 166
Konstruktionsmerkmale 167
Koenigs Komplettmaschine
(Schön- und Widerdruck) 168
Deutsche Presseberichte 170
Koenigs Vertrag mit Bauer 172
Die Konfliktperson: Thomas Bensley . . . 173
Cowper und Applegath 174
Das literarische Tauziehen 175
Literary Gazette
vom 26. Oktober 1822 175
Die »Times« kontert
im Dezember 1824 176
Beurteilung der Maschinen
durch Friedrich Brockhaus 177
Aufsatz in der »Typographie«
von Hansard 178
Koenigs Bericht
im Andräischen Handbuch 179
Freiherr v. Pfeffel, Baron Lerchenfeld . . 180
Koenig und Bauer verlassen England . . . 180

Die weitere Entwicklung in England . . . 181

Zum Stand des Gewerbes und der Industrie in Bayern 182
Ankauf des Klosters Oberzell 183
Koenigs Reise nach Berlin 185
Bauers Besuch bei Cotta 186
Aufbau,
Lieferung der Walter-Maschine 187
Dialog im Brockhaus 188
Die ersten Druckmaschinen
für Deutschland 190
Die Spener-Unger'schen Briefe 190
Unterstützung der bayerischen
Regierung beim Aufbau der Fabrik 193
Die Berichte
im »Kunst- und Gewerbeblatt« 194
»Allerunterthänigste Bitte der
Fabricanten« 196
Stellungnahme
des Untermainkreises (Würzburg) 197

Entwicklung bis etwa 1830 198
Verhandlungen mit Cotta,
Herstellung seiner Maschinen 198
Problematik: die Dampfmaschine 198
Die Cotta'schen Schnellpressen 198
Maschinenlieferungen
nach Hamburg und Kopenhagen 199
Weitere Beziehungen zu Brockhaus 200
Die Jahre 1826–1830 202
»Weitere Stundung des
Kaufschillings« 203

Die französische Episode 204
Carl Reichenbach als Marktforscher 204
Koenigs Reise nach Paris 205
Juli-Revolution von 1830 206
Bericht in der
»Augsburger Allgemeinen« 207
Aufgabe der Geschäftsbeziehungen
zu Gucot & Scribe 208

Koenig und Bauer gründen eine Fabrik zur Herstellung von Maschinenpapier . . 208
Suche nach einem Partner 210
Die Fabrikgründung 211
Ankauf der Klostermühle von
Münster-Schwarzach 213
Erste Schwierigkeiten,
Aufnahme der Produktion 214
Cotta scheidet als Teilhaber aus 218
Weitere Entwicklung der Papierfabrik . . 218
Koenigs Tod, allmähliche Wende 219
Der Monteur Joseph Bechold 219

Die Konkurrenz: Alarmzeichen für Oberzell 220
Der Vorarlberger Leo Müller und
seine »Wiener Schnellpressen« 222
Müllers (Wiener) Haltzylinder-
Schnellpresse 223
Maschinenfabrik Helbig & Müller, Wien 223
Die nächste Krise 224
Das rote Strafbuch 224
Wilhelm und Friedrich Koenig jr. 227
Bau von Rotationsmaschinen 229
Weitere Entwicklung 229

Maschinenfabrik Johannisberg 231

Schnellpressenfabrik Frankenthal Albert & Cie. 231
Anfänge 231
Andreas Alberts Jugend,
Lehre bei Koenig und Bauer 232
Beschäftigung bei Carl Reichenbach . . . 233
Albert & Hamm 234
Frankenthaler Schnellpressenfabrik 234

Von der Lotzbeck'schen Tobac-Fabrique zur M.A.N. . . . 238
Ludwig Sander . . . 238
Gründung der C. Reichenbach'schen Maschinenfabrik Augsburg . . . 239
Verbesserung der Maschine von Leo Müller . . . 240
Reichenbach'scher Schnellpressenbau bis 1857 . . . 241
Doppel-Schnellpressen mit zwei Zylindern . . . 243
Aktiengesellschaft Maschinenfabrik Augsburg . . . 244
Eintritt von Gustav Bissinger und Heinrich Buz . . . 244
Vierfach- und Zweifarben-Schnellpressen . . . 245
Entwicklung nach 1871 . . . 245
Selbsttätige Bogenanleger . . . 246
Organisation und Arbeitsabläufe . . . 246
Weitere Entwicklung . . . 248
Der deutsche Rotationsmaschinenbau . . . 251
Technische Vorläufer/allgemeine Entwicklung . . . 251
Walter-Presse . . . 253
Die »halbrunden« Formplatten . . . 254
Erste Augsburger Rotation . . . 259
Konstruktionsmerkmale . . . 259
Falzhaue, Trichterfalz, Falztrommel . . . 261
Illustrations-Rotationsmaschinen . . . 263
Bericht der Hallberg'schen Offizin in Stuttgart . . . 263
Rotation für veränderliche Formate, Zwillings-Rotationsmaschinenbau . . . 264
Die Krise: Reorganisation im Druckmaschinenbau (ab 1911) . . . 266
Einführung des Offsetmaschinenbaues (1920) . . . 267
Herausschälung der deutschen Druckmaschinen-Industrie . . . 267
Vom Stein- zum Offsetdruck . . . 271
Der Steindruck . . . 271
Aloys Senefelder . . . 272
Simon Schmid . . . 276
Druckstock . . . 276
Senefelder und der Kattundruck . . . 279
Polyautographie/Lithographie/Handzeichnungsmanier . . . 280
Gottfried Engelmann/Chromolithographie . . . 282
Senefelder'sches Lehrbuch/Bedenken der Buchdrucker . . . 282
Hochdrucklithographie/Kleine tragbare lithographische Handpressen . . . 284
Ölgemäldedruck/Lebensende . . . 284
Technologie der ersten Steindruckpressen . . . 287
Steindruck-Handpressen . . . 288
Steindruck-Schnellpressen . . . 290
Druckmaschinenfabrik Faber & Schleicher (später: ROLAND) 292
Dresdner Schnellpressenfabrik (später: PLANETA) . . . 294
Vereinigung mit der Leipziger Schnellpressenfabrik AG . . . 296
Der Offsetdruck . . . 297
Der Tiefdruck und seine historischen Verfahren . . . 299
Bell'sche Patentschrift . . . 302
Schrotmanier . . . 302
Kupferstich/Kaltnadelradierung . . . 303
Verfahrenstechnik . . . 303
Mezzotinto/Schabmanier/Schabtechnik . . . 304
Verfahrenstechnik . . . 304
Stahlstich/Siderographie . . . 305
Gegensatz: Steinradierung als lithographische Technik . . . 305
Verfahrenstechnik . . . 305
Radierung/Remarquedrucke/Crajonmanier . . . 305
Verfahrenstechnik . . . 306
Aquatinta/Tuschmanier . . . 308
Verfahrenstechnik . . . 308
Vernis mou . . . 308
Hyppolythe Bayard/Louis Daguerre . . . 308
Heliogravüre . . . 309
Verfahrenstechnik . . . 311
Vom Meister zum Druckingenieur ... ein Blick in die Geschichte der Berufsausbildung . . . 313
Der historische Standort . . . 314
Die Zunft als allgemeine Organisationsform . . . 315
Organisatorische Veränderungen . . . 316
Die Ordnung im Handwerk . . . 317
Ehrbarkeit, Geschlecht, Probezeit . . . 318
Altersfragen für die Aufnahme . . . 319
Aufnahme in das Handwerk . . . 319
Lehrgeld, -zeit, -anzahl . . . 319
Lossprechen, Gesellenstand, Walzen, Meisterstück . . . 320
Soziale Spannungen zwischen Gesellen und Meistern . . . 322

Zunftverfall 324
Einzug der Zunftrechte,
Konservierungsgedanken 324

Standort des graphischen Gewerbes ... 325
Anfänge 325
Autodidaktische Arbeitsweise 326
Arbeitsteilung(en) 328
Stellung des Faktors im 16. und 17. Jh. .. 330
Preßpolizei, Imprimatur 332
Gegensätzliche Interessen 334
Knechte, Possiliere, Lehrburschen,
Kornuten 334
Anführgespann, Burschendienste 336
Forderzettel, Generalsitz(e),
Entweichung 336
Tage- und Wartegeld, Gewißgeld,
Berechnen 338
Buchdrucker- und -ordnungen 338
Erste Setzer, Erste Drucker 340
Kündigungsformen,
frühe Arbeitszeugnisse 341
Hudeleyen,
Pfusch- und Winkeldruckereien 341
Taxordnungen, Gehilfenlade(n) 341
Homogenität der Gehilfeninteressen ... 343
Situation unter den Prinzipalen 343
Aufhebung des Postulates,
Gautschen 344

Der Staat greift ein 346
Eine neue Wirtschaftsform:
Der Kameralismus 347
Adam Smith und der Liberalismus 349

Vom graphischen Gewerbe
zur Druckindustrie 349
Umsturz der Produktionsverhältnisse .. 349
»Allgemeine« Gewerbefreiheit 350
Lehrlinghaltung
im graphischen Gewerbe 351
Handwerkernot, -bewegungen
und -schutz 353
Mainzer Beschlüsse, Verbands-
bildungen 353
Geschäftsführer,
Orientierung der Kalkulation 354
Von der Gewerbeordnung
zum »Handwerker-Schutzgesetz« 356
Der technische Blickpunkt 357

Die Druckverfahren
(Versuch einer tabell. Übersicht) 358

Der gewerbespezifische Sprachschatz .. 361
Tägliches Gebet eines Buchdruckers ... 366
Sprachlicher Fundus der Frühdrucker .. 368
Bedeutung der Fachsprache 371
Gedicht im Formatbuch von Wolffger .. 371
Verbreitung der Fachsprache 373
Formatbüchlein,
Gesellen- und Stammbüchlein 373
Fremdsprachlicher Einfluß,
Gelehrtensprache 374
Charakteristika einiger Begriffe 375
Gruppenzuordnung 376
Sprachlicher Wandel
durch technischen Fortschritt 378
Heutige Bedeutung der Fachsprache ... 382

Zeittafel / Wichtigste Ereignisse
und Erfindungen 385

Zusammenfassung 412

Fußnoten 422

Literaturverzeichnis 448

▶

Dingler'sche Tiegeldruckpresse mit doppeltem Hebel. Ganzmetallisch. Sie wird 1829 in Zweibrücken gebaut. Im Hintergrund: Blick in einen Arbeitssaal der Druckerei Meininger um 1920. Dieses Bild vermittelt gut den Dialog Mensch : Technik. Photo: Meininger GmbH. Mit freundlicher Genehmigung.

Einführung

Das Wesen der Gutenberg'schen Erfindung(en) gehört der technischen Sphäre an. Dieser Gesichtspunkt findet wenig Beachtung. Es gibt kaum einen Berufszweig, der sich auf Grund ureigener Möglichkeiten so oft reproduziert, wie der graphische. Dies trifft auch auf alte Abbildungen zu, auf die meine Untersuchung baut. Die Literatur über Gutenberg ist unüberschaubar. Ein erster kritischer Blick in ihre Vielfalt zeigt die Einseitigkeit der Publikationen. Man ergeht sich in Wunschvorstellungen, das Wesentliche bleibt auf der Strecke. Der technische, besser: der drucktechnische Sektor wird wenig berücksichtigt. Zwei Richtungen bestimmen den (oberflächlichen) Gesamteindruck.

Erst einmal die Fragen um Gutenberg. Über sein Leben und Wirken ist so gut wie nichts bekannt. Ginge es nicht um ein *technisches* Problem, hätten die Legenden noch rascher die Wirklichkeit überwuchert. Aus dieser Sicht wird Gutenberg zum Opfer des öffentlichen Interesses. Noch mehr der, die sich Fachleute nennen. »Die Situation auf dem Feld der Gutenberg Forschung ist bekannt: Wir wissen nicht einmal anzugeben, wann zum ersten Mal ein Druck Gutenbergs Presse verlassen hat, noch, wie viele Druckwerke der Erfinder im Lauf seines bewegten, an Spannungen, Risiken und Enttäuschungen reichen Lebens hervorgebracht hat: keiner der ihm zugeschriebenen Drucke ist mit seinem Namen versehen.«[1] Die Quellenlage ist dürftig.[2] Sie wird durch das Hineindeuteleien der Fabulanten nicht transparenter. Heute wird nicht mehr daran gezweifelt, daß Johannes Gutenberg aus Mainz (geb. zw. 1397 und 1402, gest. ebda 1468) den typographischen Buchdruck mit beweglichen Einzelbuchstaben ermöglicht. Dies wird schon zu seiner Zeit in Frage gestellt und entstellt.[3]

»Das große Übel, an dem die Gutenberg-Forschung laboriert und immer laborieren wird, ist die dürftige quellenmäßige Überlieferung. Weite Strecken in seinem Leben liegen im Dunkel, wo vereinzelte, ganz zufällig und zudem meist fragmentarisch erhaltene Zeugnisse klägliche Lichtpunkte setzen, lassen diese immer nur vage, vieldeutige Umrisse erkennen, die den Betrachter zwingen, seine Zuflucht zu Ergänzungen zu nehmen, um überhaupt einigermaßen faßliche Konturen hervortreten zu lassen.«[4]

IEAN GVTTEMBERG

Johannes Gutenberg. Der Holzschnitt wird etwa 150 Jahre nach seinem Tod angefertigt und galt seither als älteste von ihm bekannte Abbildung. Theret: »Vies et portraits des hommes illustres« (1584).

Wenn sich die Fachleute nicht einig sind, kann das noch weniger bei der breiten Masse der Fall sein. Die landläufige Meinung über die Erfindung des Buchdrucks ist oberflächlich und falsch. Hier kursieren die widersprüchlichsten Aussagen. Noch heute steht in Lexikas, Geschichts- und Fachbüchern (!), daß Gutenberg das *»Drucken«* erfunden hat. Das ist schlichtweg falsch. Um der Unkenntnis eine Spitze aufzusetzen, findet man dabei häufig ein Bild von ihm, das etwa 150 Jahre nach seinem Tod in Holz geschnitten wird, und nicht der Realität entspricht.[5] Tatsache ist, daß wir nicht wissen, wie Gutenberg ausgesehen hat. Alle von ihm umlaufenden Bilder, Plaketten, Medaillen, Plastiken und Denkmäler zeigen Phantasiegestalten. Damit nicht genug. Es gibt noch mehr Widersprüche.

»Die alte landläufige Meinung glaubt in dem Druck mit beweglichen Lettern das wesentliche Merkmal der Erfindung erkannt zu haben. Diese absolut unzureichende, ja historisch unrichtige Erklärung ist seit dem planmäßigen Beginn der Gutenberg-Forschung gegen Ende des vorigen Jahrhunderts ... erheblich revidiert worden.«[6] »Es blieb der im

Johannes Gutenberg. Gemälde eines unbekannten Künstlers aus der Mitte des 18. Jh. Das Bild befindet sich in der Bibliothek des »Congress at Washington«.

Johannes Gutenberg. Miniatur aus der Mitte des 16. Jh. (vermutlich vor 1585). Wahrscheinlich älter als der Holzschnitt nach Theret. Presse stark verzeichnet. Sammlung Otto Schäfer (Schweinfurt).

19. Jh. beginnenden Gutenberg-Forschung vorbehalten, dieses Gemisch von Irrtümern, Halbwahrheiten und Wahrheiten mit Hilfe einer gründlichen historischen Erforschung zu entwirren.«[7] Eine wesentliche Quelle der Verwirrung ist die »retrospektive« Betrachtungsweise, von der viele Publikationen ausgehen.[8] Wer hinter jeder noch so unspezifischen Quellenaussage Vorformen der Typographie und in allen vorkommenden Hilfsmitteln Druckerwerkzeuge wittert, erliegt einem Trugschluß. Er argumentiert, als ob Gutenberg von Anbeginn eine unverrückbare Zielvorstellung besessen habe, die ihn gradlinig zu den typographischen Leistungen seiner reifen Jahre führt; als ob sein Tun immer auf dieses eine, letzte Ziel gerichtet, ja gleichsam monomanisch fixiert gewesen sei. Das ist abwegig, weil der Buchdruck keine durch einen einmaligen Schöpfungsprozeß zustandegekommene Erfindung ist ... keine Vorrichtung und kein Gerät, sondern ein technisches *Verfahren,* für das verschiedene Abläufe erfunden, erdacht und realisiert werden mußten.[9]

Diese Schwierigkeiten sind mir beim Aufarbeiten der Quellen hundertfach begegnet. Deshalb beschäftige ich mich hier ausführlicher mit den *technischen* Vorstufen im Pressenbau. *Hier* liegen die Grundlagen, die »Gutenberg« ermöglichen. Es bezieht sich auch auf seine Aktivitäten auf dem Sektor der Metalltechnik. *»Damit eine Erfindung (von dieser weittragenden Bedeutung) gelingt, muß ein weiteres, unbedingt Notwendiges hinzu kommen: die technischen Möglichkeiten müssen so weit entwickelt sein, daß eine Erfindung überhaupt erst gemacht werden kann.«*[10] »Es ist ein ebenso oft wiederholter als wahrer Satz, daß jede große Erfindung ein Kind ihrer Zeit ist.«[11]

Neben den Untersuchungen um Gutenberg, die großteils wertlos sind, rangieren weitere zum Gesamtgebiet der Typographie. Untersucht werden die Arten der Schreib- und Druckschriften, der Übergang von geschriebenen zu gesetzten (gedruckten) metallischen Ausdrucksformen und die damit verbundenen Aspekte zu den kunstgeschichtlichen Epochen, die im Schriftempfinden zum Ausdruck kommen. Außerdem wird gefragt, wie sich Schriftbilder auf die Gestaltung von graphischen Produkten auswirken. Randgebiete der Satz-Technologie werden gestreift. In beiden Hauptgruppen wird oft genug die Technologie und ihre Geschichte vernachlässigt, wenngleich erst die Technik den Fortschritt mit sich bringt. Als eigene Disziplin findet die Geschichte der Drucktechnik bislang so gut wie keine Beachtung.

»Die Frage nach dem Wesen der Buchdruck-Erfindung ist oft gestellt und mannigfach beantwortet worden. Aber alle Erörterungen um sie wurden bislang zu sehr durch die Rücksicht auf die allgemeinen, kulturellen und geistesgeschichtlichen Folgen der Erfindung bestimmt. Ihre weltweite Wirkung hat darüber hinweggetäuscht, daß sein Unterfangen einzig und allein der technischen Sphäre angehört.«[12]

Tatsächlich ist das Drucken mit »beweglichen« Lettern nicht das Entscheidende an Gutenbergs Erfindung(en): diese Technik ist lange vor ihm im fernen Osten, allerdings für Silben bzw. Wortsymbole, in Anwendung. Die Werkstoffe bestehen aus Holz *und* Metall.[13]

Die »Schwarze Kunst« (fälschlicherweise für das »Drucken« angewendet) und die »Weiße Kunst« (= Papiermacherei) werden erst durch die Realisierung ausgereifter Grundtechniken möglich. Dazu sind unterschiedliche Impulse erforderlich. Auf sie ist der hohe Standard innerhalb der Druckindustrie zurückzuführen. »Es scheint, daß der Charakter der Buchdruck-Erfindung nicht empfunden wird. Selbst die Fachhistoriker haben dem, was Gutenberg leisten mußte, um zum Ziel zu gelangen, wenig Beachtung geschenkt, sondern sich mehr mit den Auswirkungen seiner Leistung befaßt ... trotzdem ist noch nie die Frage nach dem technischen Wesen der Erfindung selbständig behandelt worden, obwohl sie so nahe liegt, die Frage, wie sie sich in die Entwicklung der Technik einordnet.«[14] Mein Buch ist ein Versuch, zur Schließung dieser Lücke beizutragen.

Was sagen die Enzyklopädisten unter den Stichwörtern »Buchdruck« und »Presse«? Selbst hier wird deutlich, wie einseitig man die Sache sieht. In einer umfassenden technischen Enzyklopädie aus der ersten Hälfte des 18 Jh., im »Theatrum Machinarum« des Leipziger Mechanikus und Maschinenbauers Jacob Leupold (1674 – 1727) findet sich keine Beschreibung der Buchdruckpresse.[15] 1721 erscheint von Jablonski das »Allgemeine Lexikon der

Johannes Gutenberg, der »Erfinder der Buchdruckerkunst«. Ein gleichfalls unrealistisches Gemälde, das sich in Wunschvorstellungen ergeht. Wie immer: der obligatorische Bart.

Johannes Gutenberg. Gemälde aus dem 17. oder 18. Jh. Das Original ist 1870 in Straßburg verbrannt. Eine Kopie aus der ersten Hälfte des 19. Jh. befindet sich im Mainzer Gutenberg-Museum.

Johannes Gutenberg, der »Erfinder der Buchdruckerkunst«. Kopie eines alten Stiches.

Johannes Gutenberg. Frontispiz aus »Geschichte der Erfindung der Buchdruckerkunst zur Ehrenrettung Gutenbergs« ... von Johann Friedrich Lichtenberger. Straßburg 1824.

Künste und Wissenschaften. Weitere wichtige Werke der Lexikographie der Epoche sind Johann Hübners »Reales Staats-, Zeitungs- und Conversations-Lexicon« von 1704 und – vom gleichen Herausgeber – das »Curieuse und reale Natur-, Kunst-, Berg-, Gewerb- und Handlungslexikon«.

In beiden habe ich nichts über mein Untersuchungsfeld gefunden.

Der Leipziger Verleger Johann Heinrich Zedler gibt von 1732 bis 1754 das »Große vollständige Universal-Lexikon aller Wissenschaften und Künste« heraus. Das heute begehrte Werk ist auf einer Presse von Blaew gedruckt. Zedler gibt keine Schilderung von der Einrichtung einer Buchdruckerei. Sein Artikel bringt lediglich eine Aufwärmung der Legenden. Im wesentlichen kehrt er alte Irrtümer um Gutenberg vor. So sagt er, Gutenberg habe seine Erfindung während eines Aufenthaltes in Straßburg (1434 – 1444) dem ersten Straßburger Drucker Johann Mentelin gestohlen. U. a. bezeichnet er Fust als Faust. Zedler ist in dieser Beziehung unzuverlässig. Erst im vierten Band (erschienen 1753) schildert er den technischen Betrieb einer Buchdruckerei, indem er Tätigkeiten der Setzer und Drucker herausgreift. »... hierauf unterscheidet er sie (der Setzer) darinnen mit Schrauben, welches eine Form genennet wird. Diese nun nimmt der eigentlich so genannte Drucker, bringet sie in die Presse, und legt sie auf das Fundament und wenn sein Gehülfe die Farbe, welche er vom Farbestein genommen, mit dem Ballen darauf getragen, so leget er ein(en) vorher angeführten (= hinzugenommenen) Bogen in den Deckel, schlägt denselben über die Form, schiebt die Form unter den Tiegel, und setzt dieselbe durch Anziehung des Bengels starck drauf, womit die Schrift sich auf dem Papier abdruckt. Es müssen diese Drucker, wie andere Handwercke auslernen, und wenn sie losgesprochen, und noch nicht zu Gesellen gemacht sind, werden sie Cornuten genennet.«[16] »... (die) Presse (der Buchdrucker) ist eine Maschine, durch welche die Buchdrucker die gesetzten Formen abdrucken.«[17]

In der Encyclopedie von Diderot/d'Alembert wird die Buchdruckerpresse der Mitte des 18. Jh. klar beschrieben. Im Gegensatz zu Zedler haben wir hier exakte und zuverlässige Informationen.[18] Hier wird gesagt, daß Gutenberg die Kunst in Mainz erfunden hat.[19] Krünitz sagt in seiner »Ökonomischen Encyclopädie« unter dem Stichwort »Buchdrukker«, daß die durchschnittliche Auflage nur etliche 100 oder 1000 Exemplare betrage.[20] Krünitz erkennt *einen* Aspekt der technischen Entwicklung der Druckpresse, denn er sagt:

»Seit der Erfindung der Buchdruckerkunst (ist) vielleicht unter allen Maschinen diejenige, welche man am meisten vernachlässigt hat, einige Verbesserungen ausgenommen, die Presse der alten Drucker und man muß es sagen, es finden sich noch alte Bücher, welche, wenn man aus der Gleichheit und Nettheit des Druckes schließen sollte, vermuten lassen könnten, daß man zu unseren Zeiten die Buchdruckerpresse vielmehr vernachlässigt als vervollkommnet hat.«[21] Der Verfasser befindet sich in einem grundsätzlichen Irrtum. Zu dieser Zeit ist die Buchdruck-Schnellpresse von Koenig & Bauer im Entstehen begriffen. »Schon waren zwei Deutsche in London an der Arbeit, die revolutionierendste Tat in der bisherigen Geschichte des Buchdrucks seit Gutenberg zu vollenden.«[22]

Ein literarischer Ansatzpunkt ergibt sich am Ende des 18. Jh. »... seit Erfindung der Buchdruckerkunst ist vielleicht die Presse das einzige Werkzeug, um dessen Verbesserung man sich am wenigsten gekümmert hat; und doch ist sie es, die den Fleiß und die Geschicklichkeit eines Schriftschneiders, Gießers und Setzers gleichsam vollendet und erhebt. Ohne Vollkommenheit der Presse kann auch der emsigste Drucker nie eine große Anzahl Bogen so rein abziehen, als es schön gebildete und gut geordnete Buchstaben verdienen. Es ist sich billig zu wundern, daß man nach (der) Erfindung der Presse einen Zeitraum von mehr als 300 Jahren hat verstreichen lassen, ohne an die Vervollkommnung dieser Maschine zu denken.«[23] Dies ist ein grundsätzlicher Irrtum, zu dessen Bereinigung dieses Buch geschrieben wird. Selbst die jüngste Dissertation zum Thema »Buchdruck« geht von dieser falschen Voraussetzung aus, indem sie sagt: »Dreihundertfünfzig Jahre mußten vergehen, bevor sich in der Buchdruckerkunst ... etwas Grundlegendes änderte.«[24]

Selbst frühe Fachbücher bringen umständliche Beschreibungen der Presse. Dazu ein Beispiel: »... die ganz aus Holz bestehende Handpresse ist seitlich eingeschlossen durch zwei Wangen, senkrecht errichtete Holzwände, die vielfach bis zur Decke reichen und durch Querbalken miteinander verbunden werden. Im oberen Querbalken ist das Muttergewinde angebracht für die hölzerne (?) Schraubenspindel (?), die durch einen an ihr befestigten Stab, dem Preßbengel, gedreht wird. Dadurch wird der Tiegel nach unten bewegt, was den erforderlichen Druck auf – die auf dem anderen Querbalken ruhende Druck-

»Die Verherrlichung Gutenberg's.« Hirnholzschnitt von Gubitz aus dem Jahr 1859.

form – bewirkt. Der Karren, in dem diese liegt, kann durch Drehung einer an der Handpresse angebrachten Kurbel ein- und ausgefahren werden. Wenn die Form draußen ist, wird sie vermittelst eines Reiberballens (?) eingeschwärzt und auf sie, von dem am Karren schräg anliegenden Rähmchen aus, der Papierbogen aufgelegt. Zur Bedienung der Handpressen waren zwei Männer erforderlich (!). Bis Ende des 18. Jh. konnte bei jeder Bewegung des Tiegels lediglich der Druck einer der beiden Folioseiten, für die sich der Satz im Karren befand, ausgeführt werden.«[25] In der Beschreibung sind etliche Ungereimtheiten. Ich komme darauf zurück.

1906 erscheint das Buch »Friedrich Koenig und die Erfindung der Schnellpresse«. Es ist mehr ein »biographisches« Denkmal. Den anstehenden Fragen um die Entwicklung der technischen Geschichte, die schließlich zur Schnellpresse führt, wird es nicht gerecht. Untersuchungen zur Drucktechnik werden auch heute untergewichtig behandelt. Themenvergleiche der mehr als 100 erschienenen sogenannten »Kleinen Drucke« der Gutenberg-Gesellschaft bestätigen es. Lediglich drei

Johannes Fust. Aquatintablatt aus dem 18. Jahrhundert nach einem alten Gemälde

Johannes Fust. Er ist Geldgeber und Teilhaber an Gutenberg's Unterfangen. Gutenberg verliert eine gerichtliche Auseinandersetzung gegen ihn. Daraus resultiert das noch erhaltene »Helmasperger'sche Notariatsinstrument«. Fust gibt mit Peter Schöffer ein Psalterium heraus.

gehen auf technische Aspekte ein. Sie behandeln das Thema dürftig und in großen Intervallen (1927, 1951, 1956). Nur hier werden technische Belange im Zusammenhang mit der Druckpresse angeschnitten. Die beste Arbeit ist die von Schmidt-Künsemüller. Eine vergleichbare, aber mehr praxisorientierte, stammt aus der Feder von Karl Dieterichs (1930) »Die Buchdruckpresse von Johannes Gutenberg bis Friedrich Koenig«. Otto M. Lilien schreibt in seiner Frühgeschichte des Tiefdrucks (1958/59): »Die große und langwierige technische Entwicklung, die nötig war, um dies zu ermöglichen, ist beinahe völlig unbekannt, da die moderne Drucktechnik kaum jemals ernsthaft von der technischen Geschichtsschreibung bearbeitet worden ist ... man findet kaum eine technische Abhandlung über die Entwicklung der Druckverfahren, der Druckmaschinen oder der Herstellung von Druckformen.«[26] Lilien bezieht dies keinesfalls auf sein Spezialgebiet, in dem er ein unübertrefflicher Meister ist, sondern auf die gesamt-technologische Entwicklung dieses Industriezweiges. Ich erinnere mich gern an die gemeinsamen Tage mit ihm und an sein profundes Wissen.

Eine neuere Darstellung zur Entwicklung der Druckpressen stammt von James Moran mit dem Titel »Printing Presses, History and Development from the fifteenth Century to modern Times«. Bedauerlicherweise geht er mit den Quellen spärlich um. Das Gute, was er bringt, sind die Bilder. Sonst ist das großzügig angelegte Fachbuch fast wertlos.

Lobenswert ist der Artikel »Gutenbergs Schritt in die Technik« von Künsemüller. Erhebliche Bedeutung haben die drei Bände der »Geschichte der Druckverfahren«. Die sachlich geschriebene Reihe trägt zur weiteren Schließung der Lücke um das Wissen der technischen Zusammenhänge bei. Erfreulicherweise nimmt in den letzten Jahren das allgemeine Interesse um die technischen Zusammenhänge zu. Mein vorgelegtes Buch – in der zweiten Auflage – reiht sich bescheiden ein. Es soll den Drang nach dem Wissen um technische Grundlagen aktivieren und ein lebendiges Bild von der Vielfalt des technischen Geschehens vermitteln. Wir leben in einer »hochtechnisierten« Welt. Um uns nicht hilflos in

Peter Schöffer (um 1456–1531). Zuerst Schreiber, dann Mitarbeiter von Gutenberg. Aquatintablatt nach einem alten Gemälde aus dem 18. Jh.

ihr zu verlieren, ist es reizvoll, einmal einen Blick in ihre Geschichte zu tun.

Ich klammere die vorgenannten Hauptströmungen »Gutenberg als Person« und »Typographie« aus. Schon 1550 verfaßt der Korrektor Arnold aus Bürgel (= Arnoldus Bergelannus) einen Lobgesang zu Ehren der Buchdrukkerkunst. Unter der Typographie verstehe ich den gesamten schrifttechnischen Apparat mit seinen Auswirkungen. (Herstellung der Lettern, Stempelschnitt, Guß, mehrfache Nachbearbeitung, plus Setzvorgang.) Selbst die Technologie der Typographie wird meist übergangen. Ich trage lediglich Gedanken zum Bau der Pressen vor und leite daraus Anmerkungen ab. *Im Mittelpunkt meiner Untersuchung steht die technische Entwicklung der Druckpresse.* Die Konstruktion der lithographischen, Tief- und Steindruckpressen wird berücksichtigt.

Erst werden einige Vorstufen genannt. Dann wird rekonstruiert, wie sich an Hand der in den frühen Druckstuben notwendigen Arbeitsgänge die Presse entwickelt und weiterentwickelt haben kann. Ab 1500 sind ikonographische Vergleiche zur Erhärtung verschiedener Aussagen möglich. Dann streife ich die Frage, ob die (Buchdrucker)presse als eigenständiger Bestandteil der Gutenberg'schen Erfindung(en) anzusehen ist oder/und ob Parallelen zu den bereits vor ihm bekannten (in der Praxis eingesetzten) Pressentypen bestehen, auf die er, seine Helfer und Berater zurückgreifen. Dies trifft vor allem auf den Kistner Conrat Sahspach zu, der von Gutenberg beauftragt wird, eine Presse zu bauen. Gewiß haben ihm seine Kenntnisse über die bereits entwickelten technischen Vorstufen im Pressebau (Papiermacherpressen, Trotten, Keltern, Tuch-, Frucht- und Kräuterpressen) geholfen, die spezifischen Probleme einer Druckpresse richtig einzuschätzen und zu ihrer praxisgerechten Lösung beizutragen.

Goebel ist anderer Meinung. »Ob der im Gutenberg-Dritzehen'sche Prozeß von 1439 genannte Drechslermeister Conrat Sahspach in der Krämergasse zu Straßburg wirklich die erste Buchdruckerpresse für Gutenberg gebaut, oder ob er andere Pressen gemacht, wird freilich niemals mit Bestimmtheit festzustellen sein.«[27]

Welche Gestalt und Einrichtung die Presse gehabt, deren Gutenberg und seine Gesellschafter Fust und Schöffer sich bedienten, ist eine heute nicht mehr durch tatsächliche Nachweise zu beantwortende Frage. Daß wir

Gutenberg-Statue im Leipziger Buchgewerbehaus.

Detaildarstellung einer Buchdruckerei (Satz und Druck). Grobe Gesamtdarstellung, aber ältestes Bild einer Druckerei. Aus »La dance macabre« (Totentanz). Lyon. Um 1499.

Druckermarke von Josse Bade (Paris, 1507). Verzeichnete Schraube und sechskantige Büchse. Vermutlich noch direkte Verbindung zwischen der Schraube und dem Tiegel. Keine »eisernen« Stangen und keine »Klafterschnüre«.

authentische Abbildungen der Buchdruckpresse aus den ersten Jahren des 16. Jh. besitzen, die uns einen Rückschluß auf die des späten 15. Jh., das heißt auf die Pressen der Erfinder und ihrer nächsten Nachfolger, verdanken wir dem Brauch, ein Signet oder Drukkerzeichen zu wählen. Dazu gehören die Abbildungen des von 1495 bis 1535 in Paris tätigen Buchdruckers Jodokus Badius. Er bildet nicht nur die Presse ab, sondern man sieht darauf zugleich eine Setzerin, »... ohne Zweifel die erste Abbildung einer dem Setzerberuf folgenden Frau«.[28]

Die erste Abbildung einer Druckerei – mit integrierter Buchhandlung – stammt aus dem Jahr 1499. So muß der Zeitraum von der Realisierung der eigentlichen Druckpresse bis kurz vor 1500 durch eigene Konstruktionsschemata belegt werden. Daraus entsteht meine Theorie zum technischen Werdegang des für den Drucker wichtigsten Arbeitsmittels. Ich orientiere mich an den erforderlichen Arbeitsschritten in den frühen Druckstuben. Darüber sind wir gut unterrichtet. Außerdem lassen sich diese Schritte rückwärts gehen, ohne den Blick zu verfälschen. Es ist geradezu typisch, wenn Besuchern des Gutenberg-Museums in Mainz – dem Weltmuseum der Druckkunst – eingeredet wird, daß Gutenberg auf einer vergleichbaren Presse gedruckt hat, wie sie dort im Vorführraum steht. Das ist schon deshalb unmöglich, weil diese Presse so viele »technische« Verbesserungen und Feinheiten aufweist, wie sie Johannes Gutenberg und seine Gesellen niemals gekannt haben können. Genauso bedauerlich ist es, daß im Weltmuseum der Druckkunst die noch einzig erhaltene und funktionstüchtige Buchdruckerpresse aus dem letzten Drittel des 16. Jh. unbekannt ist. Hier widmet man sich mehr dem »gedruckten« Wort, als seinen unabdingbaren Vorstufen: der Technologie von Satz, Papier und Druck.

Meine Theorie ist mit Konstruktionszeichnungen belegt. Sie sollen Anlaß zu Verbesserungen, Ergänzungen und Diskussionen bieten. Mit Sicherheit sind die Jahre zwischen 1450 bis 1500 die entscheidenden. Vermutlich gibt es schon einfache hölzerne Pressen für Kupferdrucker. In dem Kapitel »Der Tief-

Buchdruckerzeichen des Pierre Cesar aus dem frühen 15. Jh. (Gent 1516–1547). Sechskantige Büchse. Deutliche Herausstellung der Kurbel.

Buchdruckerei des frühen 16. Jh. »Massive Pressenkonstruktion.« Die Werkzeuge am Oberbalken deuten auf die Verwendung eines »geschnittenen« Rähmchens. Gut ausgebildete Tiegel- und Pfännchenpartie. Gesperre.

druck und seine historischen Verfahren« gehe ich näher darauf ein. Der Sieb- und Lichtdruck kann – wie andere verfahrenstechnische Randgebiete – trotz ihrer heutigen Bedeutung – nicht ausführlich behandelt werden. Zurück zum Thema:

Bereits Mitte des 15. Jh. scheint die Presse der (Buch-)Drucker einen gewissen Grad an Vollkommenheit erreicht zu haben; anders lassen sich die seinerzeitigen außergewöhnlich sauberen Drucke kaum erklären. »... so war die älteste Preß als (= aus) Holzin und wie ein Trott (= Kelter), damit man allerhand Saft austrottet, formiert.«[29] Das ist Unsinn und bestenfalls allegorisch zu verstehen. Auf einer solchen Presse kann man weder die 36-zeilige, die 42zeilige noch ein Psalterium (1457) mit seinen prächtigen Initialen drucken.

Wir *müssen* daraus schließen, daß sowohl die Technologie im erreichten Standard wie die dazugehörige »praktische« Nutzanwendung im Rahmen einer neuartigen Verfahrenstechnik sinnvoll eingesetzt wird. Nur rationellere Arbeitsschritte gegenüber denen der organisierten Formschneider, Briefmaler und Kartenmacher (vgl. Zeittafel) haben Anspruch auf wirtschaftlichen Erfolg. Ohne diesen wäre die gesamte Leistung zum Scheitern verurteilt. Darin liegt das technische Phänomen der Gutenberg'schen Erfindung(en).

Das Mittel zur Übertragung der horizontal ausgeübten, manuellen, mechanisch erwirkten (Druck)kraft in eine vertikal gerichtete, ist eine einfache hölzerne Stange. Die Drucker nennen sie später »Bengel« oder »Ziehstange«. Noch kennt man nicht die verklausulierte technische Fachsprache unserer Tage: man nennt die Dinge beim Namen. Der Bengel ist mit einer hölzernen Schraube verbunden. Dadurch wird die Preßwirkung umgeleitet. *Die grundsätzlichen Probleme werden in der Antike gelöst.* Schrauben sind zu Lebzeiten von Gutenberg bekannt: sie stellen ein ausgereiftes Konstruktionselement dar. Deshalb sind einige Anmerkungen zur Geschichte der Schraube angebracht. Sie ist ein wenig beachtetes Faktum für die gesamttechnologische Entwicklung. In unterschiedlichen Spätformen werden Schrauben bei der Druckpresse eingesetzt.

L'IMPRIMERIE, descendant des Cieux, est accordée par Minerve et Mercure à l'Allemagne, qui la présente à la Hollande, l'Angleterre, l'Italie, & la France, les quatre prémieres Nations chés les quelles ce bel Art fut adopté

Allegorie. Verherrlichung des Buchdrucks, vor allem seiner raschen Ausbreitung von Deutschland nach Holland, England, Italien und Frankreich. Die Göttinnen halten Schutzschilde mit den bekannten Frühdruckern vor sich. Links im Bild Johannes Gutenberg. Kupferstich aus dem Jahr 1739.

Die Schraube

Ihre Geschichte liegt weitgehend im Dunkel. Es ist anzunehmen, daß man zuerst schiefe Ebenen verwendet, um Lasten zu bewegen. Über die Herkunft der Schraube und ihre frühe Entwicklung weiß man ebensowenig, wie über frühe Bezeichnungen. Selbst nicht darüber, ob Archimedes sie erfunden oder vorgefunden hat. Außerdem ist unklar, ob er sie, wenn, zielbewußt aus der schiefen Ebene ableitet. Die Schraube ist aus Holz und wird in groben und großen Dimensionen hergestellt. Vermutlich setzt man *Holz*schrauben zuerst zur Wasserhebung, beispielsweise in Bergwerken oder für militärische Belange ein. Im dritten Jahrhundert vor unserer Zeitrechnung ist die Schraube weit verbreitet. Wilhelm Treue vertritt die Auffassung, daß es neben den archimedischen Schrauben ägyptische gegeben hat.

Aristoteles kennt Keil, Kurbel, Wagenrad, Rolle, Flaschenzug, Dreh- und Zahnräder. Sie werden aus Holz und Eisen gefertigt und dienen zum Heben und Pressen. Vom technischen Standpunkt ist das (fast) das gleiche. Solche Schrauben gibt es schon vor 2400 vor unserer Zeitrechnung (Kambyke des Biton). Befestigungsschrauben interessieren hier nur beiläufig. Sie finden im Druckpressenbau erst spät Verwendung. Das erfaßte ikonographische Material zeigt gemäß dem Stand der jeweiligen handwerklichen Fertigkeiten in Frühformen Keile und Holzzapfen.

Die Schraube hat von ihrer Entstehung bis in das hohe Mittelalter eine komplizierte und vielschichtige Entwicklungsreihe durchlaufen. Sie kann hier, abgesehen von der Verwendung in der Druckpresse, nicht verfolgt werden. Im Hochdeutschen erscheint der Terminus »Schraube« erst im 16. Jh. Vor allem aus zwei Erwägungen:

- Humanisten verwenden, wenn überhaupt, den lateinisch-griechischen Begriff »cochlera«. Dies ist mehrdeutig zu verstehen, so als Wasser-, Preß-, Hebe- oder Befestigungsschraube. Damit ist ihre technische Vielfalt angedeutet.

  In letzter Konsequenz ist es eine hochentwickelte hölzerne Schraube, die den Bau funktionsgerechter Druckpressen ermöglicht. Nach einer langen Entwicklungsreihe entsteht aus diesem antiken Konstruktionselement (auch) die Presse der Buchdrucker.

Preßbaumpresse (ursprünglich: mehrfache Ölpresse) in Henchir Choud-El-Battal. Durch Herabdrücken des horizontal angelegten Preßbaumes wird über einen Stempel eine vertikal wirkende Kraft (manuell) erzeugt. Sie preßt den eingelegten Ölkuchen. Die austretende Flüssigkeit sammelt sich in einem Auslaufstutzen. Einfach verseilte Holzkonstruktion.

- In der handwerklichen Praxis gibt es vor dem 16. Jh. wenig, was mit »Schraube« bezeichnet wird. Der Nürnberger Handwerker Leonhard Danner führt den Begriff in seiner Berufsbezeichnung. Allmählich entwickelt sich im Sprachgebrauch die »Spindel«. Bezogen auf das Gewerbe der Buchdrucker ist festzustellen, daß man erst ab dem 17. Jh., als es sich ausgebreitet hat und eine gewerbespezifische Fachsprache entsteht,[30] von »Spindeln« anstelle von »Schrauben« spricht: allerdings in metallischer Form.

Bis dahin ist es ein weiter Weg. Er setzt möglicherweise mit den Ölquetschen der Antike oder/und den ägyptischen »Trotten« ein. Eine kurze Beschäftigung mit den Pressen-Vorformen weckt unser Verständnis für die späteren Druckpressen.

Alte Pressenformen

Ölpressen/Ölquetschen

Der Ölbaum gehört zu den ältesten Nutzpflanzen. Im gesamten Altertum steht die Kultur des Ölbaums in den mittelmeerischen Ländern in einem beachtlichen Ansehen. Schon 2300 Jahre vor unserer Zeitrechnung sind er und das Öl seiner Früchte in Ägypten nachgewiesen. Zwangsweise fordert die Ölgewinnung eine technische Einrichtung, die das Auspressen oder -quetschen der Früchte nach wirtschaftlichen Gesichtspunkten ermöglicht. Öl ist ein lebensnotwendiges Gut. Es dient der Speisezubereitung, dem Füllen von Lampen, der Körperpflege und -reinigung, der Herstellung von Parfümen, Kosmetika und anderem. Es ist anzunehmen, daß zur Gewinnung von Speise-, Leucht- oder Salböl vergleichbare Verfahrenstechniken Anwendung finden. Durch einfaches Pressen unter leicht-stetem Druck entsteht aus Oliven Speiseöl. Es ist hellgelb und fein (Provenceöl, Jungfernöl). Bei starkem (heißem) Pressen entsteht das dunklere Baumöl. Der Begriff Baumöl läßt auf die technische Einrichtung schließen. Das Öl wird mit einem Preßbaum herausgequetscht. Es muß angenommen werden, daß die Ölpressen der Antike vergleichbare Formen aufweisen. Sie dienen dem gleichen Zweck. Ägyptische Ölpressen kommen auf Handelswegen nach Griechenland.

»Von der schiefen Ebene zur Schraube (des Archimedes[?]) ist es weniger ein weiter Weg, als ein riesiger Sprung.«[31] Die Pressung erfolgt durch einen sogenannten Preßbaum. Die Presse arbeitet (noch) nach dem Prinzip der Keilwirkung. Gleich ob Nüsse, Mandeln, Sesam, Mastix oder andere ölhaltige Früchte zu pressen sind, immer wird zur Pressung ein Preßbaum verwendet. Die Schraube wird bei frühen Preßvorgängen *nicht* eingesetzt.

MOLA ALATA (Die Windmühlen). Kupferstich von Joh. Galle (1537–1612) nach Stradanus (1523–1605). Im rechten Bildteil eine Ölpresse (Schraubenpresse). Drei Männer bewegen die eingeschobene Stange: Rückschluß auf einen enormen Preßdruck. Die Buchdruckpressen verwenden die gleiche Technologie. Bei ihnen kommt lediglich die Benennung »Bengel« oder selten: »Ziehstange« auf. Vierkantige, mit zwei metallischen Bändern verstärkte Büchse. Einfaches Gesperre.

Ausschnitt aus: Alchimistisches Laboratorium Francesco's I. de Medici. Gemälde (1570). Johannes Stradanus (1523–1605). Vergrößerung: Im linken Bildteil eine Frucht- oder Kräuterpresse. Verwendung einer sechskantigen Büchse.

Trotten, Keltern

Auf den ersten Blick gleicht die Presse der Ölmacher der der Weinbauern. Man kann daraus schließen, daß konstruktive Zusammenhänge dahinter stecken, das heißt, daß sich die Kelter aus der Ölquetsche entwickelt, wenngleich damit ein wesentlich größerer Einsatzbereich angedeutet ist. Cato d. Ä. verfaßt ein im Altertum geschätztes und noch heute interessantes Buch über die Landwirtschaft. Darin macht er Angaben über die Konstruktion, Aufstellung und Behandlung von Olivenquetschen, Wein- und Ölpressen, wie sie Landwirte benötigen, die sich ein »Preßhaus« einrichten. Plinius d. Ä. erwähnt im ersten Jahrhundert unserer Zeitrechnung: »Die Alten zogen sie (die Presse) mit Seilen oder ledernen Riemen und Heben nieder. Innerhalb der letzten Jahre sind die griechischen Pressen erfunden worden mit Schraubengängen ... welche durch Muttern laufen«. Exakt das gleiche wird im 16. Jh. beim Bau von Buchdruckerpressen getan.

Eine Rekonstruktionszeichnung veranschaulicht den Übergang von der »alten« Preßbaumpresse zur (Holzschrauben)presse. Zunächst wird eine Schraube aufgestellt – rechts oben im Bild – die den Preßbaum bewegt. Doppelte Fixierung bedeutet besseren Halt. Bei der dritten Stufe der Entwicklung wird die Schraube nicht mehr am Boden befestigt, sondern in einem massiven Gestell (Rahmen) verankert. Die verschiedenen Arten der Schrauben-Anwendung bieten gegenüber den Vorformen Verbesserungen:

- Platzersparnis (Wegfall des langen Preßbaumes).
- Bessere Regulierung der Druckkraft.

Plinius berichtet: »... in den letzten 22 Jahren ist man darauf gekommen, mit kleinen Kelterklötzen und mit einem Schraubenschaft, der in der Mitte herunterwächst, die Bohlen über dem Preßbrett von oben her und mit dem vollen Druck zu pressen, wobei die Preßriegel oben auf den Kelterklötzen aufgeschichtet werden ... der Kelterbaum braucht dadurch weniger groß ... (und) die Gebäude (können) kürzer (= kompakter) sein ...«.

Der Übergang von den alten Pressen zu Schraubenpressen ist als langfristiger Prozeß zu verstehen, der sich an den Erfordernissen der täglichen Praxis orientiert. Deutlich zeigen sich die Vorteile der Schrauben- gegenüber der Preßbaumpresse. Über Jahrhunderte laufen die Entwicklungsreihen parallel. Jede

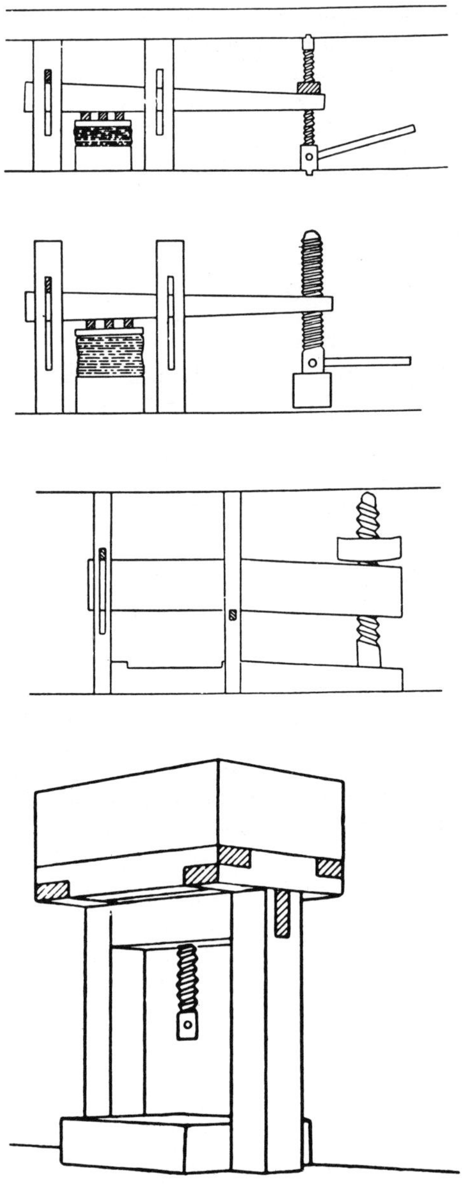

Rekonstruktion von Plinius erster und zweiter Hebelschraubenpresse. Man erkennt den möglichen Übergang von der Preßbaum- zur Schraubenpresse. a = Frühform; c = Spätform mit massiver hölzerner Krone. Schraubenende vermutlich mit Querloch. Aus: Treue »Kulturgeschichte der Schraube«.

Presse wird für *einen* bestimmten Zweck gebaut und dementsprechend eingesetzt. Marcellus, ein Arzt aus der Zeit um 400, kennt die »gewöhnliche« alte und die »neue« Schraubenpresse zum Ausquetschen von Heilkräutern. Bereits in der Antike werden Pressen in unterschiedlichen Dimensionen gebaut.

Preßbaumpressen einfachster Art erhalten sich bis weit in das 19. Jh. hinein.[32] Schrauben für ärztliche Untersuchungen sind, bestätigt durch Ausgrabungen in Pompeji, schon im ersten Jahrhundert unserer Zeitrechnung bekannt (»Spuculum magnum matrices«). Sie sind aus Metall gearbeitet. Es ist nicht bekannt, ob es zudem hölzerne Formen gegeben hat. Eine weitere Variante sind doppelschraubige Pressen, zum Beispiel als Folterschraube oder: gleiches Prinzip, aber humane Anwendung, noch um 1570 als Fruchtpresse in Kleinausführung.

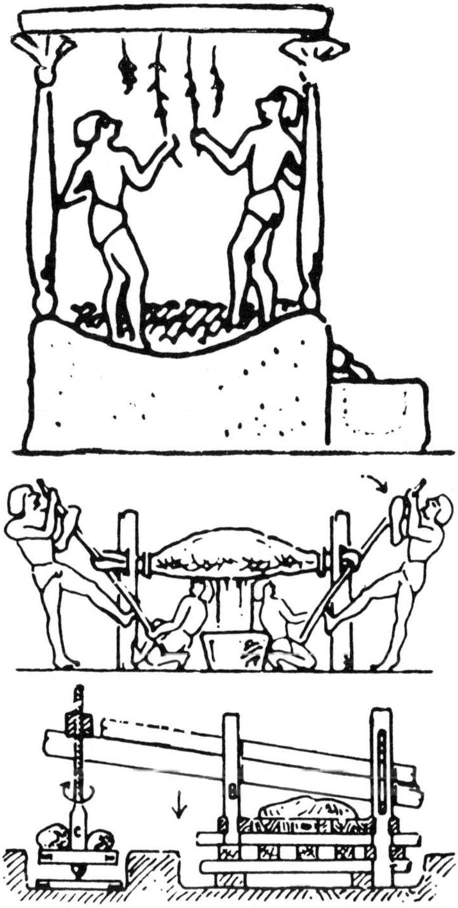

Die historische Weinpressung. a = ägyptische Trotte mit Traubentretern. Rechts läuft die ausgetretene Flüssigkeit ab. b = Sack- oder Wringpresse aus Ägypten. Zur Erhöhung der Preßwirkung arbeiten je zwei Männer an der hölzernen Stange. c = Baumkelter oder Trotte. Hier Verwendung eines Preßbaumes, an dessen Ende ein Gewicht befestigt wird. Robuste Holzkonstruktion.

Beerenpressen/Traubenmühlen

Wein ist seit dem 4. Jh. vor unserer Zeitrechnung in Ägypten, Mesopotamien und China nachweisbar. Die Weinrebe (vitis) ist eine seit mehr als 5500 Jahren bekannte, in vielen Sorten gezüchtete Kulturpflanze, deren Abstammung noch nicht gültig geklärt ist. Es handelt sich um eine arbeitsintensive landwirtschaftliche Kultur. Über den Dionysoskult gelangt der Wein als Symbol in christliche Kultvorstellungen. »Ich bin der Weinstock, ihr seid die Reben. Wer an mir bleibt und in wem ich wirke, der bringt reiche Frucht.« Diese Formulierung eines angeblichen Evangelisten ist tendenziös. Sie hat mit Religion und dem hier untersuchten Problemkreis nichts zu tun.

Die Einführung des Weinbaues in Deutschland erfolgt durch die Römer. Die Weinlese findet üblicherweise im Herbst statt. Die Haupttätigkeiten im Weinberg bestehen im Schneiden, Anbinden und der Bearbeitung des Bodens. Die geschnittenen Trauben mit den Kämmen – oder nur die Beeren – kommen in eine Traubenmühle. Hier werden sie *zer*quetscht und daraufhin in einer Kelter *ge*quetscht. Ich verweise auf die Spezialliteratur. Die Presse der Weinbauern (Trotte oder Kelter), kann hier nur gestreift werden. Ich betrachte die weiterentwickelte Trotte als gesonderte technologische Stufe im Bau von Weinpressen. Der Begriff »Kelter« stammt vom lateinischen »calcatura« ab, was »treten« bedeutet (Keltern oder »Kaltern« der Trauben). Möglicherweise besteht ein sprachlicher Zusammenhang zu den Trotten. Solche Pressentypen sind weit verbreitet. Der frühere Bundespräsident Heuss[33] weist 1906 in einer Dissertation nach, daß allein im Heilbronner Raum 1556 etwa 170 Keltern im Einsatz sind. Die Kelter ist vor allem aus Holz gebaut. Gefährdete (stark belastete) Pressenteile werden mit Eisenbändern verstärkt. Zwischen dem Preßvorgang von ölhaltigen Früchten und Beeren bestehen grundsätzliche Unterschiede, die sich auch auf die Konstruktion der Presse auswirken:

Ölfruchtpressung	Beerenpressung
• Pflücken/Abschlagen der Oliven • Ausquetschen des Ölkerns in steinernen Ölmühlen • Ausleseprozeß • Auspressen des Fruchtfleisches in »Pressen« oder »Quetschen«.	• Sammeln, Lesen der Früchte • Stampfen/Treten (erst mit den Füßen) • Zurückgebliebene Kämme und Bälge in sperriger Form werden am Abend des jeweiligen Arbeitstages unter die Kelter gebracht, um den Restsaft herauszuquetschen (sogenannter Keltervorgang).

Die römische Fullonica, Tuchpressen

Die Textilgewerbe gehören zu den ältesten und weit verbreiteten Beschäftigungszweigen der Menschheit. Ich erwähne lediglich den Walkvorgang, der erforderlich ist, um die verhältnismäßig losen Fasern bis zum Verfilzen zusammenzupressen. Hier erfolgt die Umwandlung vom losen Gewebe zum Tuch. Ein Vergleich zur Papierherstellung ist zulässig. Vorformen sind auch hier Treten, Schlagen und Kneten. Die Römer entwickeln die »Fullonica« oder Tuchwalke; dazu ist ein besonderer Pressentyp erforderlich.

Zwangsweise ergeben sich aus den unterschiedlichen Handwerken und schon speziellen Verwendungszwecken zeitliche und verfahrenstechnische Überschneidungen zum viel späteren Gewerbe der Buchdrucker, die sich selbstverständlich auch auf das Konstruktionselement »Schraube« (= Spindel) beziehen. Es liegt in der Natur der Sache, daß bei den Winzern länger mit überdimensionierten Holzschrauben gearbeitet wird, als in anderen Handwerkszweigen. Die Keltern zeigen erst spät kleine Formen: es überwiegt die massive, grobschlächtige aus Holz gearbeitete Presse, was die kritischen Konstruktionselemente anbelangt.

Die Ölpressen und Trotten haben ihren Ursprung in den südlichen und östlichen Ländern des Mittelmeeres. Durch den Handel und steigenden Bedarf wird ständig die Anbaufläche vergrößert. Das führt zur Übernahme, zur Verbesserung und zur Realisierung »neuer« Pressentypen, die freilich das Bewährte übernehmen. So bilden sich verschiedene Grundpressen-Typen heraus. Daraus entsteht der Beruf des Pressenbauers, der alle Kenntnisse auf sich vereinigt, die erforderlich sind, um leistungsstarke, auf bestimmte Erfordernisse ausgelegte Pressen zu bauen. Auf jeden Fall trifft dies auf die parallel dazu entstehenden komplizierten Papiermacherpressen zu.

Weinlese/Kelter(n). Nach dem Muster anderer bildete auch Jan Willenberger im Kalender von 1604 das Titelblatt des Monats Oktober ab. Der Weg der Trauben endet in einem Trog. Hier werden sie mit den Füßen getreten (»stampfen«). Der passierte Saft wird in Fässer gefüllt.

Papiermacherpressen

Es ist bekannt, welchen Weg das Papier als Beschreibstoff von China zu uns nimmt, bis es mit Beginn des 15. Jh. zu Papiermühlen in Deutschland kommt. Wenn in südlichen Regionen (Italien/Spanien) bereits Pressen der Ölmacher und Weinbauern im Einsatz sind, liegt nahe anzunehmen, daß die Papiermacherpresse, die gleichfalls, besser: über diese Gegenden auf uns kommt, eine konstruktionsmäßige Beeinflussung erfährt. Vom Standpunkt der handwerklichen Möglichkeiten findet zunächst eine hölzerne Presse Verwendung. Sie kann (noch) nicht durch eine metallische Konstruktion ersetzt werden.

Das Papier kommt in feuchtem, wenn nicht nassem Zustand zwischen die Preßbalken. Die Hygroskopie des Holzes wirkt sich – wie bei den frühen Pressen der Buchdrucker – nachteilig aus und zwingt zum Nachdenken. Daraus resultieren entscheidende Verbesserungen im Detail. Ich komme weiter unten darauf zurück. Hinzu kommt die Erfordernis eines stetig größer werdenden Anpreßdruckes über einen relativ kurzen Zeitraum. Trotten und Keltern haben nur einen saisonalen Einsatz zu verkraften. Die Pressen der Papiermacher sind in einen stetigen Wirtschaftsprozeß integriert. Papier wird das ganze Jahr über geschöpft, also *muß* das ganze Jahr gepreßt werden. Aber hier sind die Arbeitsschritte noch einfach. Auf der Presse der Buchdrucker muß nicht nur das ganze Jahr möglichst wirtschaftlich gearbeitet werden. Sie muß technisch in kurzer Zeit umstellbar sein: man muß sie *verschiedenen Auftragsdecken* anpassen.

Mosaik einer ehemals römischen Presse. Gefunden in Saint-Romeinen-Gal. Vereinfachte Preßbaumwirkung. Deutlich wird der enorme Kraftaufwand, der zum Auspressen der Früchte notwendig ist. Überdachtes Preßgut = Spätform der schon von Plinius erwähnten »Preßhäuser«.

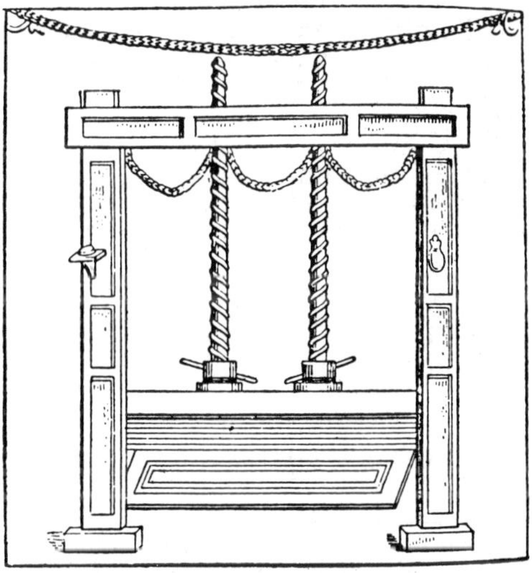

Fullonica (eine römische Tuchpresse) mit doppelter Schraube. Die Tuchpressen arbeiten in der Regel wegen der gleichmäßigen Pressen mit mehreren Schrauben. Hier: stark verzeichnet. Ziehstangen in den Bohrungen zu klein. Schrauben unsauber wiedergegeben.

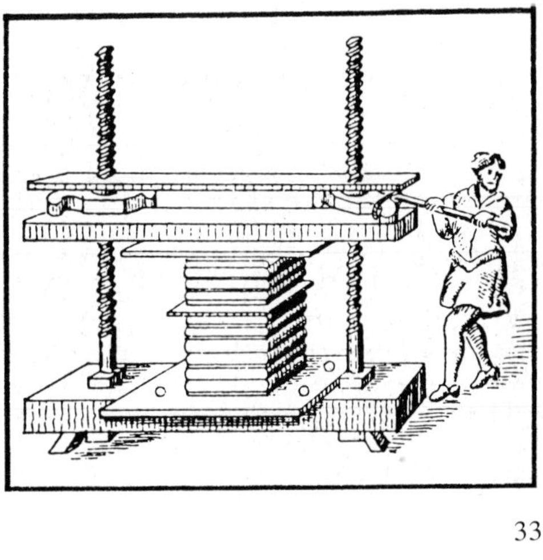

Textilpresse mit Winden und zwei Schrauben ohne Ende. Verwendung einfacher Sperrklinken. Zwischen die Stoffballen werden Bretter eingelegt (Druckausgleich).

Französische Papiermacherwerkstatt aus dem 18. Jh. Würfelartig geformte Büchse an den einfach-robusten Pressen. Vorne links oben und unten Schöpfvorgang in den wichtigsten Phasen. Rechts vermutlich das Leimen der Papiere. Die Papiermacherpressen arbeiten mit Sperrklinken. Bildnachweis: Enzyclopedie von Diderot/d'Alambert.

Auch bezüglich des Anpreßdruckes haben wir generelle Unterschiede. Die Ölquetsche kennt den langsamen Preßvorgang. Die Trotte/Kelter auch, aber hier wird das Preßgut nie länger als einige Tage bearbeitet. Die Presse der Papiermacher arbeitet mit einem langsam steigenden Preßdruck (wie alle Vorläufer). Die Druckpresse kennt mehr den

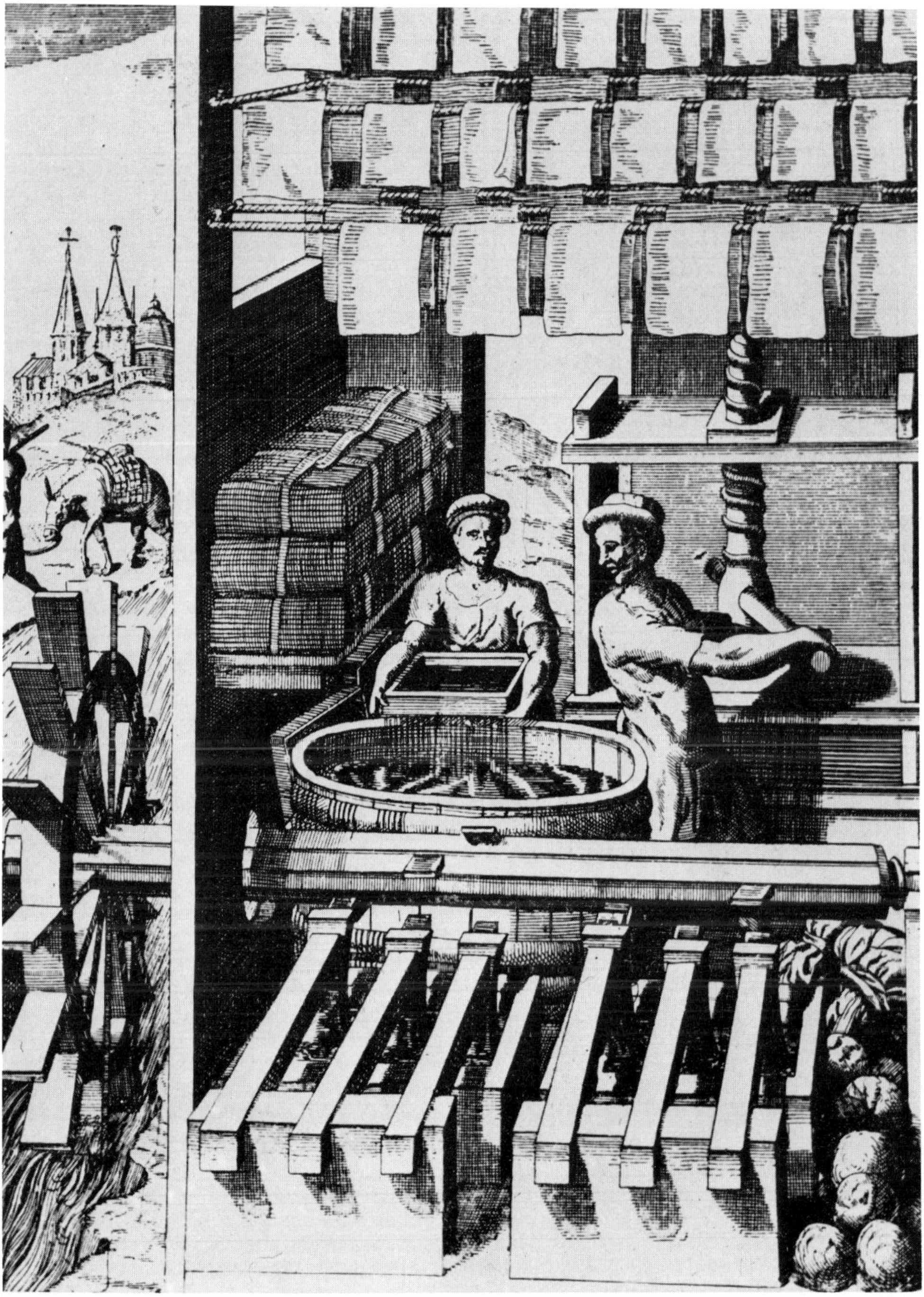

Papiermühle. Fertigungsvorgänge einer Papiermühle aus dem 17. Jh. Antriebsrad; Antriebswellen mit Nocken, mit deren Hilfe die Holzhämmer des Stampfwerks angetrieben werden; Holzhämmer; Gautschpresse, die die geschöpften Papierbogen auspreßt; Bütte mit Papiermaschee. Philipp Galle (1537–1612). Die Papiermühle. Kupferstich von Galle aus: Jacopo Stradanus. Frankfurt am Main. 1618.

Der Nürnberger Ratsherr und Kaufmann Ulman Stromer (1329–1407). Er gilt als Begründer der deutschen Papierfabrikation. Er verfaßt das »Püchl von meim geslecht« (1390). Grober unrealistischer Holzschnitt. Nach einem apokryphen Schabkunstblatt von G. Fennitzer.

Die »Glesmuhl« an der Pegnitz (bei Nürnberg), wo Stromer und seine Gesellen die Papiermühle einrichten und betreiben. Holzschnitt aus Schedels »Liber chronicarum«. Nürnberg 1493.

federnden, plötzlich an- und abschwellenden »Anpreßdruck«. Dies bedeutet eine neue und bessere Konstruktion, die auf vielen Umwegen erreicht wird.

Über die Papierherstellung gibt es genügend Fachliteratur. Im Vordergrund stehen Untersuchungen von Armin Renker. Ich habe mich hier nicht mit diesem Thema zu beschäftigen. Zur Veranschaulichung der konstruktiven Seite genügen einige Abbildungen.

Leonardo da Vinci (und die Druckpresse)

Leonardo da Vinci (1452–1519) hinterläßt eine Fülle von technischen Zeichnungen. Er setzt sich mit den mechanischen Wirkungen der Schraube auseinander und beschäftigt sich mit der Druckpresse. »Eine eigenständige Konstruktion entwickelte ... er ... für eine Druckpresse. Hob die Preßspindel die obere Preßplatte (später: Tiegel), so rollte der Preßtisch (später: Karren) auf einer schiefen Ebene nach vorn, damit das bedruckte Papier abgehoben und bequem frisches eingelegt werden kann. Drehte man die Schraube in der entgegengesetzten Richtung, so verschwand der Tisch wieder unter der Preßplatte, und das Pressen konnte von vorne beginnen.«[34]

Vom verfahrenstechnischen Standpunkt aus ist dieser Darstellung entgegenzuhalten, daß einerseits für den Karren eine schiefe Ebene vorhanden gewesen sein soll, andererseits aber der Tiegel nur vertikal mit einer Schraube bewegbar ist. Er *muß* gleichfalls eine Abschrägung gehabt haben. Dies setzt eine exakte Konstruktion voraus, wenn der Abdruck qualitativ ordentlich werden soll.

»Leonardos Zeichnungen gehören offenbar zu den ältesten Denkmälern der Geschichte des Buchdrucks und damit der Verwendung der Schraube in dem damals noch neuen Bereich.«[35] Dem ist vermutlich nicht so. Die erste Abbildung einer Schraube – in einer Buchdruckerpresse – stammt aus dem Jahr 1499 und zeigt verläßlich eine Druckpresse. »Lange Zeit glaubte man, daß (die vorerwähnte Skizze) eine Druckpresse darstellt. Die Forschung hat ermittelt, daß die Zeichnung im Zusammenhang mit einer Webstuhlkonstruktion steht.«[36] Wie dem auch sei, zwei seiner Zeichnungen befassen sich ohne Zweifel mit der Presse der Buchdrucker. Aus verschiedenen Gründen:

- Es liegt nahe, daß der vielseitig orientierte Künstler Kontakt zu Kupfer- und Buchdruckereien unterhält.

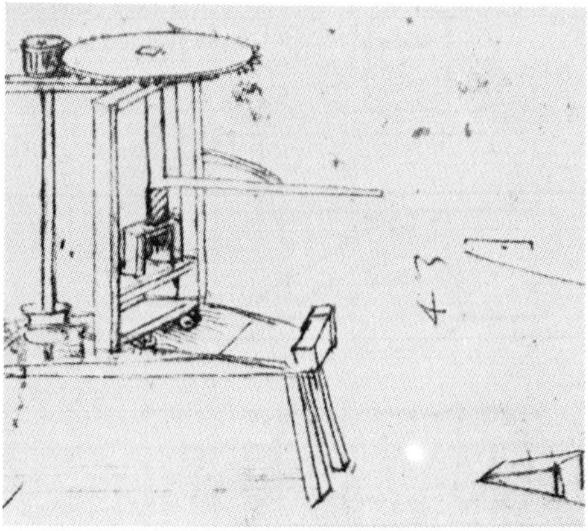

Konstruktionszeichnung von Leonardo da Vinci (1452–1519). Sie wird lange Zeit als Teil einer Buchdruckmesse angesehen. Vermutlich handelt es sich um einen Webstuhl. Bildnachweis: Codex Atlantico.

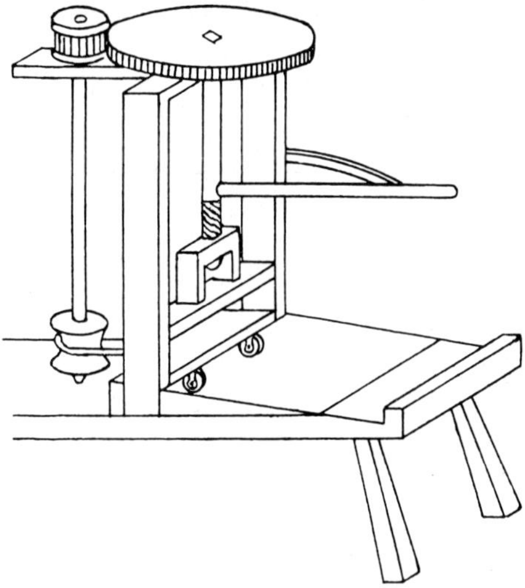

Th. Becks Reinzeichnung zu der angeblich »völlig neuen Druckpresse« von da Vinci. Die Heidelberger Druckmaschinen AG baute danach eine solche Presse. Sie funktioniert zwar, entspricht aber in keiner Weise der allgemeinen Entwicklung im Pressenbau.

Konstruktionszeichnung von Leonardo da Vinci. Oben: aufgeklappter Deckel mit deutlich erkennbarem Tympan. Unten: das herausgeklappte Rähmchen. Die Kurbel unter der Karrenplatte ist angedeutet. Links die vierkantige Büchse mit angedeuteter Schraube und Schraubenspitze.

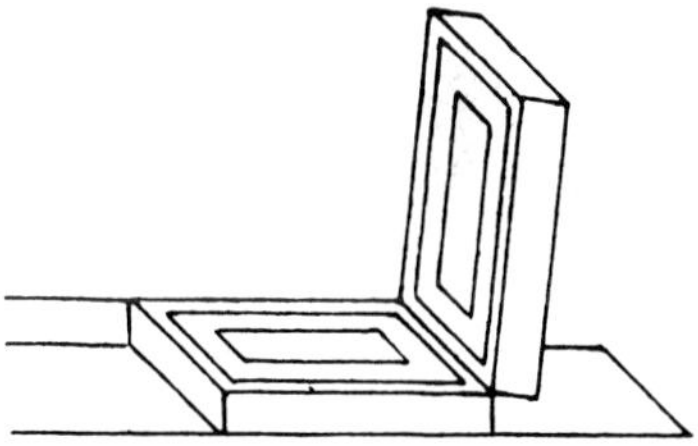

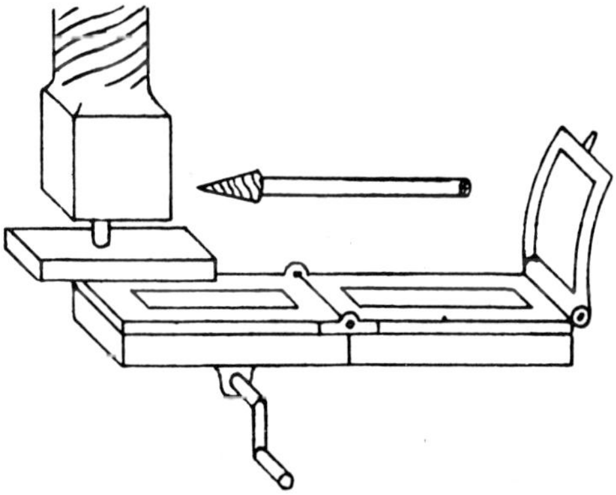

Th. Becks Reinzeichnungen. Er ergänzt die bei der Vorlage nur angedeutete Kurbel und vermutet am rechten Zeichnungsrand da Vinci's ein sog. »Him-Ham« oder »Bim-Bam«.

Karrenpartie einer frühen Buchdruckerpresse mit aufgeklappten Deckeln und Rähmchen.

- Eine der Zeichnungen zeigt einen »druckspezifischen« Karren, der mit angedeuteter Kurbel, Deckelscharnieren, Deckel und einem Rähmchen ausgestattet ist. Man erkennt, daß das Ganze auf- und zuklappbar konstruiert ist. Dies spricht *für* eine Druckpresse. Bei der hier angedeuteten Zeichnung liegt der Tiegel planparallel. Dies spricht für eine Druckpresse. Von einer schiefen Ebene ist nichts zu bemerken. Sie hätte in der beruflichen Praxis für den Preß- und Ballenmeister entweder ein erschwertes Zurückdrücken des Bengels, bzw. der Kurbel bedeutet. Außerdem läßt sich die Farbe mit den Druckerballen auf einer schiefen Ebene schwierig auftragen. *Die Anordnung von schiefen Ebenen entspricht nicht den Gepflogenheiten im Druckpressenbau. Das Karrenproblem wird aus der Praxis der Drucker anders gelöst.*

  Es ist eher anzunehmen, daß da Vinci eine theoretische Idee verfolgt. In der Praxis der Buchdruckereien ist sie undurchführbar.
- Außerdem ist eine Spindelpartie erkennbar. Dazu zwei Querbalken und die dazugehörigen Preßwände. Die Spindelspitze bewegt sich in einem Pfännchen. Dies deutet ausschließlich auf eine Druckpresse. Hier stellt da Vinci seine Beobachtungsgabe unter Beweis. Er erkennt zwei Schwachstellen in der Konstruktion: die der Druckübertragung und die der korrekten Spindelführung.

  Freilich setzen sich damit auch die seinerzeit tätigen Buchdrucker auseinander. Um ihre Lösung wird gerungen: wie sonst hätte sie da Vinci wiedergegeben.[37]

Die beiden Zeichnungen dürfen im Zusammenhang mit einer Geschichte der Druckpressen nicht in Vergessenheit geraten. Sie belegen, wie eng die Bindung zwischen dem Künstler und dem Praktiker ist.

Da Vinci hält sich überwiegend in Italien auf (1482–98 Mailand, 1500–06 Florenz [seiner Heimatstadt], dann wieder in Mailand, ab 1513 in Rom und ab 1516 in Frankreich). Zu seiner Zeit erfährt die Buchdruckerkunst eine beachtliche Ausweitung: sie etabliert sich an absatzorientierten Plätzen. In Italien wird 1465 das erste Buch *gedruckt.*[38] Das Preßwesen kann sich in der Frühphase nur an Plätzen etablieren, wo Geschäftsleute, eine Universität, ein Hof, ein Herrscher oder die schon geschwächte Kirche Fuß gefaßt hat. Früh bedient sich die Kurie des zweischneidigen Schwertes der Buchdruckerkunst.

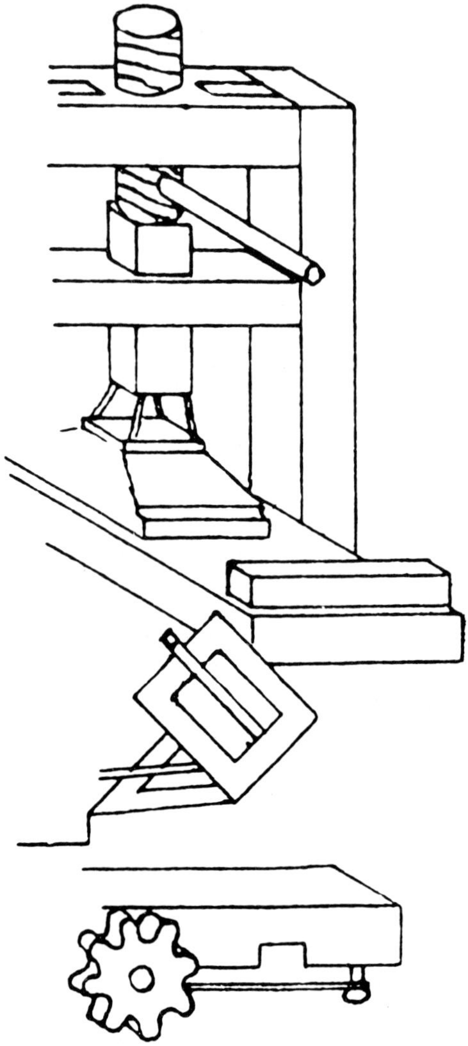

Th. Becks Reinzeichnung nach einer Schemazeichnung da Vinci's. Hier handelt es sich eindeutig um eine Buchdruckpresse; vermutlich aus dem Umfeld von Leonardo da Vinci. Er kann sie im Zusammenhang mit seinen Aktivitäten bei einem Drucker gesehen haben.

Ich breche hier die Anmerkungen zur technischen Entwicklung der »Holzschraube« ab, weil sich bereits einige Überschneidungen ergeben. Da Vinci bietet außerdem einen günstigen Ansatzpunkt aus der gefestigten Vorstellungswelt des späten Mittelalters, seinem Denken in gefügten Normen zum Hervorbrechen des Individuums mit den vielfältig zu lösenden Aufgaben auch technologischer Natur. Die Technik aktiviert den Fortschritt. Erst mit ihr kommt die Prosperität. Soweit im positiven Sinn. Er gibt zugleich einen negativen: die Technologie hetzt die Menschen zu ständigen Kriegen auf. Einher laufen schwerwiegende soziale Konflikte. Die Technik begleitet den Einzelnen auf seinem kurzen Weg. Es liegt an seinen Fähigkeiten, etwas daraus zu machen und es liegt an seiner geistigen Beweglichkeit, der Knechtung (durch die Technik) zu entgehen. Dies ist ein permanentes Anliegen der Geschichte. Die Entwicklung der immer besseren Druckverfahren, -methoden und -techniken stellt es unter Beweis. Sie beweist aber auch, wie schwer sich die Menschen tun, um sich ihr zu stellen.

Das im späten 15. Jh. einsetzende Handwerk des »Buchdruckens« ist ohne das Vorhandensein der in der Praxis erprobten *und* bewährten (wenn auch *in anderen Gewerben)* Schraube oder Spindel undenkbar. Das bezieht sich gleichfalls auf alle anderen technischen Grundlagen, auf die die ersten Buchdruck-Pressenbauer zurückgreifen. Es wäre töricht, hätte sich Johannes Gutenberg mit seinen Helfern und Konkurrenten nicht erst einmal umgeschaut und sich die Erfahrungen anderer zunutze gemacht. *Eine so bedeutende Erfindung wie die Herausarbeitung einer leistungsstarken Druckpresse ist nie das Werk eines einzelnen.* Damit wird Gutenberg's Leistung nicht geschmälert, sondern lediglich ins rechte Licht gerückt. Es fehlt das Pünktchen auf dem i: an dieser Stelle setzt er ein und realisiert aus vielen Ansätzen eine *neue* Verfahrens*technik*.

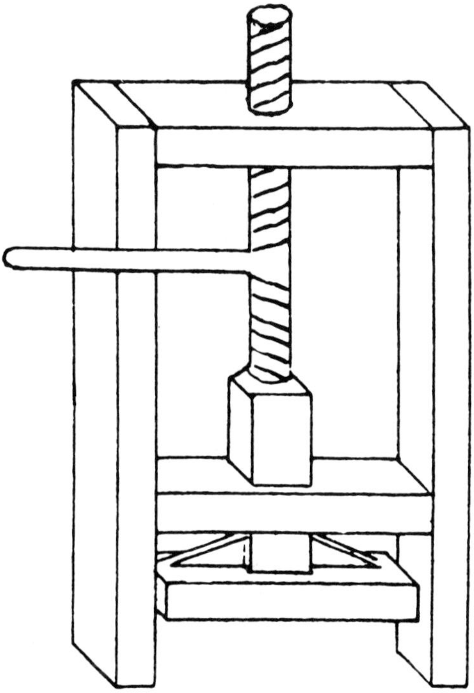

Th. Becks Reinzeichnung des Pressenoberteils. Eingezogene Brücke. Möglicherweise werden bereits sig. »Klafterschnüre« verwendet. Es handelt sich eindeutig um eine Buchdruckpresse.

Teil eines dreiteiligen Bildes aus einer Handzeichnung von Albrecht Dürer. Nürnberg 1525. Bildnachweis: Albertina (Wien), bzw. Dürer (Nürnberg).

Allgemeiner Pressenbau

Die möglichen Ansatzpunkte zum Buchdruck-Pressenbau bis zum ersten Drittel des 15. Jh. sind angedeutet. Zusammengefaßt sind es folgende:

- Direkte/indirekte Beeinflussung von der Presse der Ölmacher und der daraus abgeleiteten kleinen Frucht- und/oder Kräuterpresse.
- Direkte/indirekte Beeinflussung von der Trotte (Kelterpresse). Vermutlich bestehen zwischen diesem und dem erstgenannten Punkt konstruktive Parallelen.
- Direkte oder indirekte Beeinflussung von der römischen Tuchwalke »Fullonica«.
- Beeinflussung durch die Presse der Papiermacher. Man benötigt sie, um dem »Haufen«, »Stoß« oder »Stapel« Feuchtigkeit zu entziehen, bzw. um nach dem Druck die Bogen zu glätten.
- Rückführung auf einen hier nicht genannten Pressentyp. Dies ist mehr eine theoretische Alternative. Mit Sicherheit wäre etwas bei der Prüfung der alten Abbildungen bekannt geworden, zum Beispiel von Seiten der Buchbinder(zünfte) oder aus dem Handwerk der Kistner/Schreiner.
- Beeinflussung von den vermutlich einfachen Druckmechanismen, die zum Abdruck zweiseitiger Holztafeldrucke Verwendung finden (?). Selbst wenn dies kurz nach dem Einsetzen der Aktivität von Gutenberg der Fall ist (?), kann eine Beeinträchtigung der Konstruktion erfolgt sein.
- Auf Grund der im frühen 15. Jh. üblichen Geheimhaltung bei technologischen Neuerungen, die wirtschaftliche Erfolge erhoffen lassen, handelt es sich um eine *nur* Gutenberg zuzuschreibende Erfindung. Das läßt sich weder beweisen, noch ist es von grundsätzlicher Bedeutung, *weil Gutenberg nicht das Drucken erfunden hat. Die Gutenberg-Enthusiasten ergehen sich in Wunschvorstellungen. Ihre These läßt sich in keinem einzigen Punkt belegen. Nur eines läßt sich mit Sicherheit sagen: Gutenberg ist Metallhandwerker*[39] *und wenn überhaupt, in zweiter Linie Pressenbauer.*

Die hier angedeuteten Möglichkeiten beinhalten zahlreiche Kombinationen. Was bis 1499 als Theorie anzusehen ist, läßt sich danach in immer exakteren Aussagen, durch

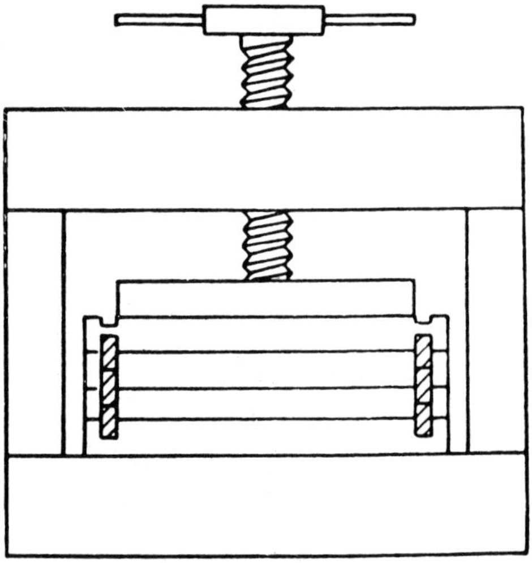

Rekonstruktion von Herons »Einschraubenpresse«. Dabei geht die Schraube (Spindel) durch die hölzerne Decke. Seitliche Preßwände, hölzerne Schraube, oberer Abschluß mit durchgehend querliegender Stange zur Ausübung der Preßwirkung. Aus: Treue »Kulturgeschichte der Schraube«.

bildliche und technische Vergleiche, erhärten. Selbst die frühen Versuche von Friedrich Gottlob Koenig zeigen Gemeinsamkeiten mit der seinerzeit schon »alten« Holzpresse.

Grundkonstruktionen

Die damaligen Pressen bestehen aus widerstandsfähigem Holz, zumal sie an kritischen Stellen mit Feuchtigkeit in Berührung kommen. Die Verwendung metallischer Teile in großem Umfang ist beim Bau von Pressen unüblich. Die Grundkonstruktionen sind einfach und robust, auf Zweckmäßigkeit und funktionale Tüchtigkeit ausgerichtet. Der grundsätzliche Werdegang der Pressen vollzieht sich in folgenden Stufen:

- Manuelles Pressen im häuslichen Bereich. Später in einzelnen Werkstätten. Auch heute wird geknetet, gewalkt und gedrückt.
- Zur Erhöhung der Preßwirkung (verstärkter Druck) werden größere ebene Flächen, zum Beispiel Bretter, eingesetzt. Holztafeldrucke können so entstanden sein: manuelles Ausschneiden der Muster in unterschiedlichen Werkstoffen (= Druckstöcke), manuelle Einfärbung und Abdruck: in den Vorstufen mit Knochen (= Reibern), später durch planparallele Platten und noch später zylindrisch.

- Bau von einfachen Mechanismen unter Anwendung weiterer physikalischer Prinzipien. Einsatz von Preßbalken, Preßbäumen und später: hölzerner Schrauben. Daraus entsteht eine einfach wirkende Presse. Sie hat eine ausbaufähige Grundkonstruktion. Es bleibt festzustellen, daß zwischen »pressen« und »drucken« grundsätzliche Unterschiede bestehen. Ich komme darauf zurück.

Man stellt zwei vertikal angeordnete Preßwände in einem bestimmten Abstand zueinander. Die Horizontalverbindung wird mit Holzbalken (Querbalken) bewerkstelligt. Je nach dem Stand der handwerklichen Fertigkeit und dem Verwendungszweck verkeilt, verzapft und/oder verleimt man die Querbalken, bzw. schiebt sie durch Öffnungen in die Preßwände. Vertikal mittelachsig hat der Querbalken ein Schrauben- und Gewindeloch zur Aufnahme der einsetzbaren Schraube. Dieterichs bemerkt, daß die Spindelgänge bewußt weit gehalten werden, um der zwangsweise hohen Reibung bei der Verwendung gleicher Werkstoffe entgegenzuwirken.[40] Damit werden u. a. die Brandgefahren gemindert. Trotzdem ist eine weite Spindelführung für die Belange des Pressens günstiger als für die des Druckens. Einmal leidet darunter die Exaktheit des »Anpreßdrucks«, zum anderen ist eine Feinregulierung, wie sie ein gleichmäßig sauberer Abdruck erfordert, kaum möglich.

Es ist davon auszugehen, daß zu allen Zeiten unserer Geschichte ein technischer Standard erreicht ist. Er orientiert sich an den Bedürfnissen. Es ist falsch, die scheinbar »gute alte Zeit« wegen mangelhafter Kenntnisse anzuschwärzen. In wenigen Generationen wird man über unser Tun befinden. Viele der früheren Handwerksmeister sind um ein Höchstmaß an wertvoller und korrekter Arbeit bemüht. Der Beruf ist noch in gewissem Sinn »Berufung«. Noch ist der Beruf eine Aufgabe, der man sich verpflichtet fühlt und die den ganzen Mensch in Anspruch nimmt. Die Zunftstatuten lassen keinen anderen Ausweg offen.[41] In dieser Beziehung sind viele der »alten« Handwerker und Gesellen dem heutigen – auch in der Druckindustrie – überlegen. Der »Jobber« und »Berufswechsler« ist weitgehend unbekannt. Der damalige Meister steht auf der Höhe: er überblickt seine technischen Möglichkeiten und setzt sie ein. Eine »alte« Presse ist aus der jeweiligen Zeit heraus als »neu« zu verstehen und zu beurteilen.

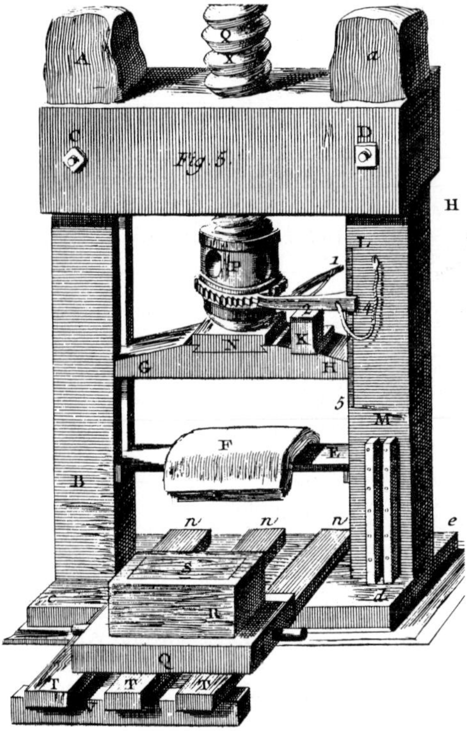

Konstruktionsdetails einer französischen Papiermacherpresse aus dem 18. Jh. Bemerkenswert ist der Einsatz von starken Sperrklinken, die erforderlich sind, um den starken »Preßdruck« zu halten. Bemerkenswerte Herausarbeitung der Tiegelpartie.

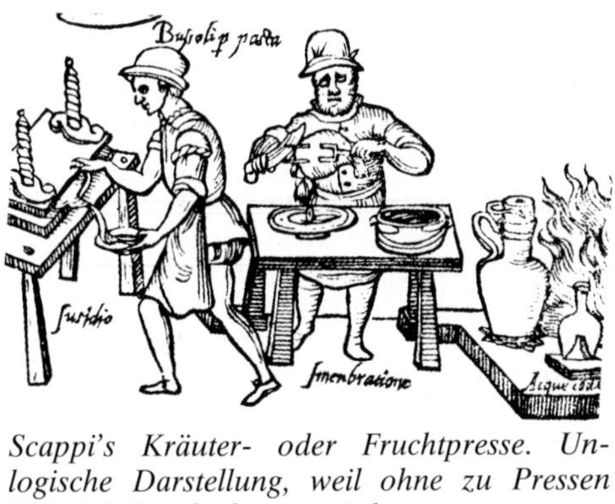

Scappi's Kräuter- oder Fruchtpresse. Unlogische Darstellung, weil ohne zu Pressen Flüssigkeit aufgefangen wird.

Die Schraube bekommt durch die Stärke des Querbalkens einen gewissen Halt. Er genügt für erste Ansprüche, erweist sich aber rasch als Schwachstelle. Hier setzen maßgebliche Verbesserungen ein. Die Entwicklung läßt sich in Phasen ablesen.

In der Schraube befindet sich ein Loch zur Aufnahme des Ziehbengels, Bengels oder (nach Dieterichs) der Ziehstange. Dieser Begriff gehört nicht zum gewerbespezifischen Sprachschatz. Es ist darauf hinzuweisen, daß *eine* Drehung der Schraube anfangs nicht ausreicht, um den Preßvorgang abzuschließen. Die seitliche Begrenzung durch die Preßwände beschränkt den Radius auf etwa 120 Grad. Ununterbrochen volle Drehungen sind zu platzaufwendig. Sie sind außerdem nur möglich, wenn sich das Schraubenloch über den Preßwänden befindet oder wenn die Seitenteile der Presse entsprechend weit auseinanderstehen. Außerdem leidet die Paßgenauigkeit durch zu weite Wege innerhalb des Systems der Kraftübertragung. Es besteht ein Zusammenhang zwischen der Weite der Schraubengänge und dem Aktionsradius zwischen den Preßwänden. Beide beeinflussen den erreichbaren Höhenunterschied und so den Aufwand an Muskelkraft, der zur Erstellung jedes einzelnen Abzuges erforderlich ist.

Frühe Pressen kennen den langsam steigenden Preßdruck und nicht den etwas federnden, mehr elastischen der Druckpressen nach dem Flächendruckprinzip. Daraus kann geschlossen werden, daß sich unmittelbar über (unter) dem Loch zur Aufnahme des Bengels ein »Querloch« befindet. Beispiele solcher Pressen befinden sich in verschiedenen Museen,[42] im Freilichtmuseum von Kommern/Eifel oder im Historischen Museum der Pfalz in Speyer/Rhein. Es sind durchweg Beeren- oder Fruchtpressen von beachtlicher Größe. Sie sind interessant, weil sie doppelte Schrauben oder Spindeln besitzen. Es sind Großkeltern. Die massive und leistungsstarke Konstruktion wird verständlich, wenn man berücksichtigt, daß zur Zeit der Weinlese in wenigen Tagen riesige Füllmengen zu verarbeiten sind. Für die späteren Belange des Buchdrucks sind solche Pressen abwegig. Ich erwähne sie nur wegen der konstruktiven Gemeinsamkeiten.

Als unteren Abschluß der Schraube kann man sich – je nach dem Verwendungszweck – eine runde, vier- oder rechteckige, planparallele Holzplatte vorstellen. Sie ist direkt oder indirekt mit dem untersten Schraubenende verbunden und im letzten Schraubengang beweglich verankert. Daraus kann sich der Tiegel (lat. »kleiner« Balken) entwickelt haben. Die seitliche Führung der Preßplatte stellt eine Verbesserung dar.

Die Übertragung der Kraft ist denkbar einfach. In dieser Einfachheit und technischen Überschaubarkeit liegt ihrer Stärke. Das aus der Antike übernommene und stetig verbesserte System bleibt bis etwa 1800 erhalten. Die erst manuelle, dann vom Preß- und Ballenmeister in horizontaler, radiusförmiger Richtung ausgeübte Kraft geht in eine vertikale über, je nachdem, wie weit sich die Schraube mit dem darunter befindlichen Preßbrett auf- oder abwärts bewegt. Durch den Abstand der Preßwände, das Maß der körperlichen Anstrengung und die Spindelweite wird der einsetzende Flächendruck variiert.

Bei den Öl-, Beeren-, Trott- und Kelterpressen befindet sich unter dem Preßbrett ein Bottich (= Biet) mit einem Auslaufstutzen. Dem ist nicht so bei den Pressen der Papiermacher. Sie stellen höhere Anforderungen an eine veränderte Verfahrenstechnik. Der Preßvorgang beim Papiermachen geht unter anderen Bedingungen vor sich:

- Das zu pressende Gut ist nicht so voluminös (grob) wie Beeren, Trauben, Körner oder ölhaltige Früchte. Es liegt einigermaßen planparallel (eingestapelt) in der Presse.
- Der Flächendruck muß möglichst gleichmäßig wirken, sonst bilden sich unterschiedliche Feuchtigkeitspartien im Papier. Dies führt zu »Stockflecken«. Es läßt sich außerdem schlechter verarbeiten. Ungeachtet dessen werden in den Druckstuben bis etwa 1830 »angefeuchtete« Papiere verwendet. Daraus ist zu schließen, wie schwer es in der täglichen Praxis ist, dieses Problem »in Griff« zu bekommen.

So kommt die seitliche Führung des Preßbalkens auf; mit ihr eine Verstärkung des Quer- und Unterbalkens. Beerenpressen verfügen im Gegensatz zu denen der Papiermacher über keine Unterbalken. Der Bottich ruht üblicherweise auf dem Boden oder ist durch Bohlen abgestützt. Die Kelter geht immer von der Standardpressung aus. Die Presse der Papiermacher nicht: hier müssen wegen der unterschiedlich großen Schöpfsiebe verschieden große Bogen gepreßt werden. Alle werden in der gleichen Presse »gegautscht«, d. h., hier wird das Wasser bis auf eine Restfeuchte ausgequetscht. Bei den bis jetzt angesprochenen Pressen ist festzustellen:

- Es wird lediglich eine Vertikalbewegung ausgeführt. Das zu passende Gut wird manuell unter den (die) Querbalken gebracht.
- Durch das Preßgut, wie zum Beispiel Beeren, Oliven, Sonnenblumenkerne, feuchtes (voluminöses) Papier u. ä. bedingt, ist die Überwindung eines relativ großen Höhenunterschiedes unumgänglich.
- Deshalb kann die Ziehstange ein- und ausgesteckt werden. Die weitläufige Schraube (= Spindel) macht mehrere ganze Umdrehungen. Um dies einfacher zu gestalten, bedient man sich der Querlöcher und teilweise der doppelten Spindelführung.
- Mit dem steigenden Preßdruck wird es schwerer, die Schraube bzw. den Preßbalken oder das Preßbrett weiter nach unten zu drücken. Dies führt zur Verwendung von einfachen »Sperrklinken«. Sie haben die Aufgabe, den Preßdruck über einen längeren Zeitraum zu halten. Sie erweisen sich rasch als konstruktive Schwachstelle; sie sind einer erheblichen Belastung ausgesetzt.
- Die ungleichmäßige Druck- und Preßwirkung auf eine Fläche bestimmter Größe (außer bei der Pressung von Pappe oder Papier) hat keinen unmittelbaren Einfluß auf die Qualität der gepreßten Stoffe. Der Saft (das Öl) wird gewonnen und abgefüllt. Das restliche Preßgut wird vernichtet oder anderen Zwecken zugeführt.
- Für die Gesamtpressung ist ein relativ langer Zeitaufwand erforderlich.
- Der Platzbedarf der Pressen ist erheblich.
- Das zu pressende Gut ist entweder naß, feucht oder ölhaltig. Holz ist hygroskopisch. Dadurch entstehen beim Pressen zusätzliche Schwierigkeiten. Keltern (Trotten) werden nicht während des ganzen Jahres eingesetzt. Ihr Holz trocknet in der Ruhepause. Die Beanspruchung der Papiermacherpresse ist größer, die Presse der Buchdrucker ist ständig im Einsatz. Aus diesem Blickwinkel geht jede Presse ihren eigenen Weg.

Die Zusammenstellung verdeutlicht, daß die noch zu konzipierende Presse der Buchdrucker am ehesten mit der der Papiermacher vergleichbar ist. Hier bestehen außerdem enge berufliche Beziehungen. Trotzdem muß die Presse grundsätzliche Veränderungen erfahren. Eine verfahrenstechnische Brücke besteht zwischen der Größe des Schöpfsiebes, mit dem die Büttgesellen umgehen, und der Größe der ersten Holztiegel, die im Bau von Buchdruckpressen eingesetzt werden. Es läßt sich vorstellen, daß auf allen bis jetzt genannten Pressentypen im Prinzip gedruckt werden kann: nicht aber im Sinn einer Buckdruckerpresse. Lediglich elementare konstruktive Voraussetzungen sind gegeben.

Die Buchdruckerkunst (?) wird im Rheingau – einer typischen Weinanbaugegend – verwirklicht. Das ist kein Zufall. Deshalb ist anzunehmen, daß Johannes Gutenberg wie seine Gesellen den Typus der Kelter kennen. Außerdem gibt es in ihrer Nähe Holzhandwerker, die Pressen bauen und beurteilen. Eine diesseitige Beeinflussung der Druckpresse *muß* unterstellt werden, wenngleich zu berücksichtigen ist, daß generelle Partien umzugestalten sind. So wird beispielsweise an die Stelle des »Biet« ein robuster Tisch gestellt (der spätere Gegendruckkörper). Dem Metalltechniker Gutenberg fällt es nicht schwer, im Lauf einiger Jahre entsprechende Prinzipien für die Belange »seiner Presse« abzuleiten.

Zudem beginnt gegen Ende des 14. Jh. die Papiermacherei in Deutschland.[43] Zu Beginn des 15. Jh. werden einzelne Papiermühlen betrieben, zum Beispiel ab (vor?) 1408 in Straßburg. Woher soll der Mainzer (und Straßburger) die Presse der Papiermacher und ihre Funktion sonst gekannt haben?

Urkunden bestätigen, daß Conrat Sahspach von Gutenberg beauftragt wird, eine Presse für den Zweck des Druckens zu bauen.[44] Er lebt nachweisbar in Straßburg. Außerdem hält sich hier Gutenberg mehrfach und jahrelang auf.[45] Als Holzhandwerker kennt Sahspach (vielleicht im Gegensatz zum Metalltechniker Gutenberg) die geläufigen Pressentypen und ihre Vor- und Nachteile. Er weiß über notwendige Holzarten, Schrauben und die technischen Hilfsmittel Bescheid. Gutenberg wäre schlecht beraten, wenn er sich nicht einen qualifizierten Fachmann genommen hätte. Wir sehen, wie sehr er hinter diesem Aspekt zurücksteht. Es ist absurd zu behaupten (und noch absurder, es im Gutenberg-Museum anderen aufzuschwatzen), daß Gutenberg das Drucken erfunden hat. Vermutlich baut nicht er die Presse, sondern er läßt sie bauen. Deshalb kann er trotzdem grundsätzliche Vorschläge und Vorgaben machen. Es ist ein fundamentaler Unterschied. Seine Stärke liegt auf dem Gebiet der Metall-Technologie. Zum Beispiel wäre ohne das Vorhandensein eines funktionsgerechten Handgießinstrumentes das neue Verfahren gescheitert und damit die Presse der Buchdrucker weitgehend wertlos geblieben. Der Schwerpunkt seines Wirkens liegt in der Entwicklung und Perfektionierung des sogenannten »typographischen Apparates«, das heißt, in der Herstellung einzelner, gleichgearteter metallischer Lettern(körper). Ohne rationell hergestellte Buchstaben ist weder ein rationelles Setzen möglich, noch ein vernünftiges Drucken, das gegenüber anderen Verfahren Vorteile bietet. Außerdem ist diese Aufgabe schwieriger, als eine Vielzahl von bestehenden Pressentypen auf die eigene Verwendbarkeit zu prüfen und mit Hilfe anderer (?) daraus eine Buchdruckerpresse zu konzipieren. Nur so kann sich in der Praxis der Vorgang abgespielt haben. *Das Gießinstrument ist das Novum, nicht die Presse.*

Damit will ich nicht über die Schwierigkeiten hinwegtäuschen, die im Zusammenhang mit dem Bau der Buchdruckerpresse entstehen. Ich möchte nur andeuten, daß wir Johannes Gutenberg (endlich) da einordnen müssen, wo er hingehört und nicht da, wo ihn honorige Geister haben wollen.

Um 1500 erwähnt der Kölner Drucker Ulrich Zell, daß die Veränderungsphase der hier behandelten Pressen in der Zeit zwischen 1440 bis 1450 liegt. Das ist unzutreffend, denn zehn Jahre bedeuten nichts. Allein der Übergang von den Handschriften zu einer eigenständigen Typographie auf metalltechnischem Gebiet beansprucht mehr als ein halbes Jahrhundert. Die Veränderung der Buchdruckerpresse, bzw. ihre Herausbildung aus den genannten Vorstufen kann nicht kurzfristig erfolgt sein. *Auf Grund der neuartigen Aufgabenstellung erreicht sie erst durch einen langen, kostspieligen und mühevollen Weg der Versuche in der praktischen Anwendung einen gewissen Reifegrad, der den Ansprüchen der Drucker genügt.* Das war und ist bei allen wesentlichen Verbesserungen so: es wird durch die technische Geschichte bestätigt.

Wahrscheinlich hat Gutenberg mit seinen Gesellen, durch ihre Tätigkeit und die Beratung des Kistners Entscheidendes auf dem Sektor des Pressenbaues geleistet. Aber erst zu einem Zeitpunkt, als sie prinzipiell verwirklicht ist. Freilich ist nicht bekannt, ob sich vor ihm (ihnen) andere mit Akribie der gleichen Aufgabe widmen. Es ist keinesfalls abwegig. Ob die Erfindung der Buchdruckpresse die eines einzelnen ist, bleibt sekundär und ist außerdem unwahrscheinlich. Wir haben es mit einer »neuen« Verfahrenstechnik zu tun, zu deren Verwirklichung die Druckpresse nur *ein* Baustein ist. Die Verherrlichung von Gutenberg in diesem Punkt hat keinen sachlichen Grund. Dadurch wird sein Wirken nicht geschmälert. Eine technische Konstruktion von der Kompliziertheit einer funktionsgerechten Druckpresse ist als Gemeinschaftsleistung zu verstehen: und zwar unter Ausschöpfung alles bereits Bekannten.

In der täglichen Praxis muß sich Gutenberg mit beiden Hauptrichtungen beschäftigen: *zuerst* mit der Realisierung des Gießinstruments und dann mit der Verbesserung der Druckpresse. Sicher ist, daß zu seinen Lebzeiten das Gerangel um die Erfindung losbricht: eine Bestätigung für ihre grundsätzliche Bedeutung. Rasch erkennt man die Wichtigkeit des neuen Verfahrens. Folglich melden sich auf dem Fuß die Neider und Konkurrenten. Erst sie machen aus dem Einzelgänger ein »Gewerbe«. In diesem Strudel geht Johannes Gensfleisch, genannt zum Gutenberg, unter. Wie exotisch die Meinungen auseinandergehen, soll an einem Beispiel demonstriert werden. Am 22. März 1856 findet man bei Bauarbeiten in einem Mainzer Keller »24 Fuß unter dem Niveau«

Rekonstruktion der angeblichen, aber unmöglichen Buchdruckpresse von Johannes Gutenberg. Interessant ist lediglich die nachträglich eingefügte Karrenplatte. Sie geht mit der von mir vertretenen Entwicklungstheorie der Buchdruckpresse in einem frühen Stadium konform.

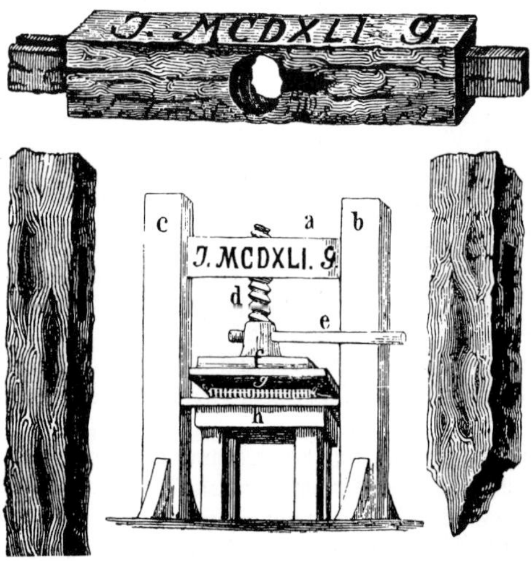

verschiedene Fragmente aus Eichenholz, die möglicherweise von einer Presse stammen (sollen). Sie finden sich im Verbund mit einigen römischen Topfscherben und Münzen. Dieser unwichtige Fund wird im gleichen Jahr von Klein beschrieben. Der dabei ausgegrabene Balken (Querbalken [?]) trägt die Aufschrift (J. MCDXLI.G.) In *J.* und *G.* wittern die Fachleute (!) sofort und euphorisch (J)ohannes (G)utenberg. Eine Beziehung zu ihm ist absurd. Gegen die Echtheit spricht eben diese Umschrift. Zu Gutenbergs Zeit ist die gotische Schreibweise üblich. Das *J* ist im 14./15. Jh. unbekannt und an seiner Stelle steht das *I.* Das *J.* kommt erst im 16./17. Jh. auf.

1441 hält sich Gutenberg außerdem nicht in Mainz, sondern in Straßburg auf. Es ist mehr als unwahrscheinlich, daß er von dort eine Presse mitführt. Reisen in der Zeit sind nicht nur beschwerlich, sondern gefährlich. Gutenberg ist Techniker. Ohne Zweifel reichen ihm Baupläne und Detailzeichnungen, um eine Presse nachzubauen oder noch besser: sie nachbauen zu lassen. Was spricht dagegen, die Unterlagen einem ortsansässigen Spezialisten in die Hand zu geben?

Von der technischen Seite kann der Fund nicht als Teil einer Buchdruckpresse angesprochen werden. Die hölzerne Schraube ist zu schwach und ihre Gänge sind zu eng. Lediglich die Verwendung von Eichenholz *kann* dafür sprechen. Allerdings ist es ein geläufiger Werkstoff. Es besagt also wenig. Außerdem ist denkbar, daß die feingliedrige Spindel von einer alten Wäschepresse stammt, wenn überhaupt von einer Presse. Ich erwähne diesen Fund nur wegen der Kuriosität und um anzudeuten, daß solche Spekulationen die Gutenberg-Forschung keinen Deut weiterbringen.

Über die zu Beginn der Ausführungen erwähnten Möglichkeiten von vorhandenen – und wenn, einfachen Druckpressen ist mir nichts bekannt. Vor der Erfindung des mechanischen Buchdruck-Verfahrens erfolgt der *Abdruck,* besser: *Abrieb (Abzug)* durch Reibedrucktechniken. Das bedeutet, daß der Bedruckstoff nur einseitig herstellbar ist. Goebel schreibt, daß Ottley nachweise, daß es *beidseitig bedruckte* Holztafeldrucke gibt, die *vor* 1445 einzureihen sind. Der Abdruck erfolgt dabei nicht (mehr) mit dem althergebrachten Reiber oder Knochen (später: Falzbein der Buchbinder), sondern durch die senkrechte Druckausübung. Das scheint unwahrscheinlich. Hier ist an die Zeug- und Teigdrucke zu denken, bei denen eine Reibedrucktechnik ohnehin nur bedingt zur Anwendung kommen kann. Buchbinder drücken größere Ornamente auf Buchdecken. Das ist mehr ein Abrollen: man kann es nicht als flächenartigen Abdruck hinstellen.

Bachmann verweist darauf, daß Gutenberg die Presse nur erfunden hat, um den wirtschaftlicheren *zweiseitigen* Druck zu ermöglichen Faulmann vertritt die Auffassung, daß die Buchdruckpresse nicht von der Wein- sondern der Papiermacherpresse beeinflußt ist. Ich nehme an, daß sie das Produkt einer Gemeinschaftsleistung ist. Sie ist das Ergebnis einer weit zurückreichenden Entwicklungskette. Jede bedeutende technische Erfindung ist im Kern einfach: darin liegt das Geheimnis ihres Erfolges. Bei allen Verbesserungen und technischen Verästelungen bleibt dieses »einfache« erhalten. So auch bei der Presse der Buchdrucker. Es ist naheliegend, daß sich Gutenberg erst umgesehen hat, bevor er an die Verwirklichung seiner schwierigen Pläne geht. Man darf ihn deshalb nicht gleich heroisieren.

Nach diesen Vorbemerkungen komme ich zu meiner Theorie zur Entwicklung der Druckpressen.

Darstellung aus der Druckermarke von Anthony Scoloker (London, 1548). Eine der frühesten Abbildungen, die einen Schriftgießer im Umfeld der Drucker zeigt (rechts hinten im Bildteil). Ganz links im Bild ein Kreuz oder eine »Reichstange«, die zum Aufhängen und Abnehmen der Papierbogen dient. Ebenso wichtig ist hier der gebogene (demnach metallische) Bengel.

Theorie zur Entwicklung der Druckpresse

Ich gehe davon aus, daß die Presse der Buchdrucker das Ergebnis einer langen, praxisbezogenen Versuchskette unter wirtschaftlichen Gesichtspunkten ist. Es wird nicht in Abrede gestellt, daß Gutenberg, seine Gesellen, Berater und Helfer wesentlichen Anteil an dieser Entwicklung nehmen. Auf Grund der vielen Arbeitsschritte, die zur Erstellung eines Ab*druckes* erforderlich sind, scheint von sich aus der praxisbezogene Weg der einzig Machbare. Hinzu kommt die frühe Konkurrenz, die allen Erfindern das Leben schwer macht. Freilich hat sie etwas Gutes: von hier aus sind wertvolle Anregungen und technische Verbesserungen zu erwarten. Ohne auf Details einzugehen, *muß* die Presse der Buchdrucker gegenüber allen anderen folgende Charakteristika aufweisen:

- Neben der Vertikal- eine Horizontalbewegung
- Anstelle der permanenten (langsamen) Zunahme des Preßdruckes einen mehr plötzlich-federnden
- Gleichmäßige Druckausübung bei geringen Höhenunterschieden zwischen Druck und Gegendruck über die ganze Fläche
- Anstatt der mehrfachen Drehung der Spindel nur eine teilweise. Jede volle Drehung macht das neue Verfahren unwirtschaftlicher.
- Einfache Bedienung
- Geringerer Platzbedarf, höhere innere Stabilität
- Eine auf die »neue« Verfahrenstechnik bezogene wirtschaftliche und rationelle Arbeitsweise, auf die sich der »neue« Berufszweig rasch einstellt.
- Daraus: Ableiten wirtschaftlicher Vorteile.

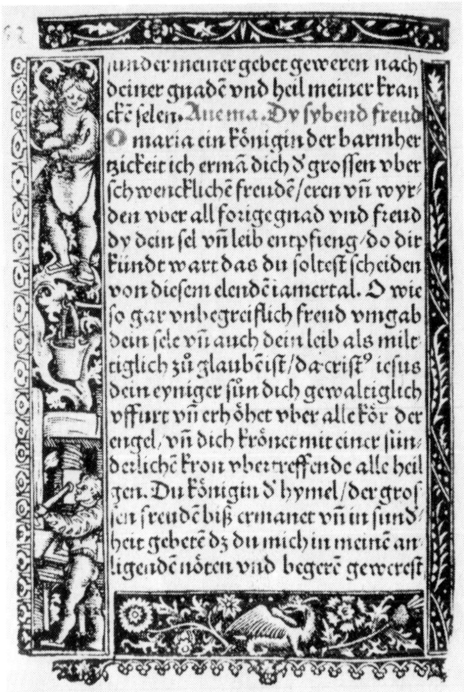

under meiner gebet gewereu nach
deiner gnadē vnd heil meiner kran
ckē selen. Aue ma. Dy sybend freud
O maria ein königin der barmher
zickeit ich ermā dich ď grossen vber
schwencklichē freudē/eren vñ wyr/
den vver all forige gnad vnd freud
dy dein sel vñ leib entpfieng/do dir
künde wart das du soltest scheiden
von diesem elendē iamertal. O wie
so gar vnbegreiflich freud vmgab
dein sele vñ auch dein leib als mile
tiglich zů glaubē ist/da crist⁹ iesus
dein eyniger sůn dich gewaltiglich
vffůrt vñ erhöhet vber alle kör der
engel/vñ dich krönet mit einer sün/
derlichē kron vbertreffende alle heil
gen. Du königin ď hymel/der gros
sen freudē biß ermanet vñ in sünd/
heit geberē dz du mich in meinē an
ligendē nöten vnd begerē gewerest

Älteste bekannte Abbildung eines Preß- und Druckgesellen. Zierleiste im Gebetbuch »Hortulus animae« bei Johann Schöffer in Mainz (Gutenberg-Museum (1516).

Randeinfassung von Lucas Cranach d. Ä. aus der Offizin des Johann Grünenberg (1520). Links unten schematisierte Buchdruckpresse mit zwei Gesellen (Preß- und Ballenmeister). Diese Presse dürfte im Umfeld der deutschen Reformation bedeutend gewesen sein.

◀

Rekonstruktion der hölzernen Buchdruckpresse nach der Zeichnung von Albrecht Dürer. Im Vergleich zu der nachgebauten Presse für das Mainzer Gutenbergmuseum wesentlich realistischer.

The Printer.

Druckerzeichen aus dem Buch: »The Actes of Logike and Rhetorike.« Links im Bild die Setzerei und rechts eine stark schematisierte Buchdruckpresse mit dem Preß- und Ballenmeister.

Detailvergrößerung der in Wittenberg von Grünenberg betriebenen Druckpresse. Das Gesperre kann aus Platzgründen weggelassen worden sein. Deutlich herausgearbeitete Kurbel, die seitlich mit einer Hand bewegt wird. Die Presse entspricht in einem frühen Stadium der von mir vertretenen Entwicklungstheorie und erhärtet meine Aussagen.

Es versteht sich von selbst, daß diese Veränderungen reifliche Erfahrungen voraussetzen. Pressen baut wahrscheinlich jeder geschickte Kistner oder Tischler. Die Angaben ergeben sich aus den Wünschen des Auftraggebers: des Winzers, Papiermachers oder als neue Variante: des Druckherrn. Ein Erfahrungsaustausch unter den Frühdruckern kann kaum angenommen werden. Vergleichbar mit anderen Erfindungen, beispielsweise dem Handgießinstrument, zeigt sich die Tendenz zur Geheimniskrämerei. Angst vor der Konkurrenz führt u. a. dazu, das wichtig erscheinende Neue so lange wie möglich vor anderen zu verbergen. Schwarz erwähnt in seinem Fachorgan »Der Buchdrucker«, daß die Schrifthöhen bewußt unterschiedlich hoch gehalten werden um zu verhindern, daß sie andere in *ihren* Betrieben verwenden (können). Hieraus leitet sich der Begriff »Haushöhe« ab.

Hinzu kommt der verständliche und teilweise aggressive Widerstand der organisierten Schreiber- und Maler(zünfte) gegen den »mechanischen« Bücherdruck. Weiter ist das Berufsrisiko zu erwähnen, das mit der Inbetriebnahme einer Druckstube verbunden ist. Hier fallen frühe Kontrollinstanzen ins Auge (Zensur): aber auch die hohen Investitionen und die Abhängigkeit von den Papiermachern und ihren Preisen, die bis heute anhält. Die Ikonographie der Tiegelpressen zeigt, daß jede Presse trotz genereller Gemeinsamkeiten spezielle Details aufweist. In der Anfangszeit sind sie stärker: später ergibt sich eine Nivellierung. Daraus entsteht die Spezialisierung.

Meiner Untersuchung liegt das vergleichende Studium von mehreren hundert Abbildungen zugrunde. Erfaßt wird der Zeitraum von 1499 bis um 1920: die Tiegelpressen erreichen hier einen gewissen konstruktiven Abschluß. Es ergeben sich sechs unterscheidbare

Entwicklungsstufen. Daraus ist abzuleiten, daß der in Fachkreisen verbreitete Standpunkt, daß die Presse der Buchdrucker in dreieinhalb Jahrhunderten »fast« unverändert eingesetzt wird, nicht den Tatsachen entspricht.[46] Friedrich Gottlob Koenig setzt zwischen der fünften und sechsten Stufe einen dermaßen neuen Akzent, daß seine Erfindungen mit denen von Johannes Gutenberg auf eine Stufe zu stellen sind, falls es gelingt, die Erfindung der Druckpresse Gutenberg allein zuzuschreiben. Weitere Parallelen bestehen zu Aloys Senefelder.

1. Stufe (ca. 1450–1500) Danner'sche Schraube

Als vordringlich zu lösende Probleme stehen neben der Erhöhung der Pressenstabilität, die Verkleinerung der Presse, die Horizontalbewegung und das gleichmäßige Druckausüben (Druckübertragen) an. Zur Erhöhung der Stabilität wird die hölzerne Schraube bis etwas *unter* die Höhe der Preßwände verkürzt. Viele Beerenpressen verfügen über Schrauben, die über die Preßwände hinausragen. Bei den Druckpressen ist das nicht üblich. Sie erhalten frühzeitig eine hölzerne Krone als Abschluß. Hier handelt es sich um eine Variante des Querbalkens. Es ist nicht feststellbar, zu welchem Zeitpunkt dieser Schritt erreicht ist. Das Bild aus dem Totentanz (1499) zeigt keine Krone, auch nicht die Darstellung einer Buchdruckerpresse in einer Titeleinfassung von Lukas Cranach, die um 1520 in Wittenberg entsteht.[47] In beiden Fällen kann sie aus Platzgründen weggelassen worden sein. Das Druckerzeichen in dem Buch: »The Actes of Logike and Rhetorike« zeigt eine schematisierte Presse mit einer angedeuteten Krone: allerdings in einfachster Bauart. Außerdem sind bei den frühen Holzschnitten in bezug auf die

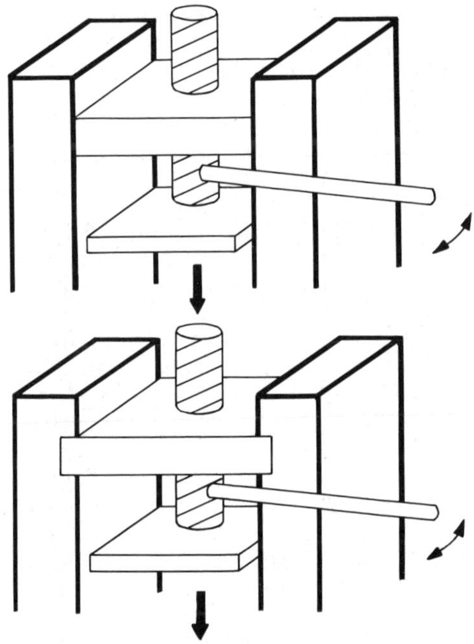

Konstruktionsschemata zu meiner Entwicklungstheorie der Druckpresse. Hier: einfache Übertragung von der horizontal ausgeübten Kraft in eine vertikale. Noch nicht gewerbespezifisch. Die halbfetten Striche bedeuten jeweils den Pressenkörper und die dünneren die Pressenglieder.

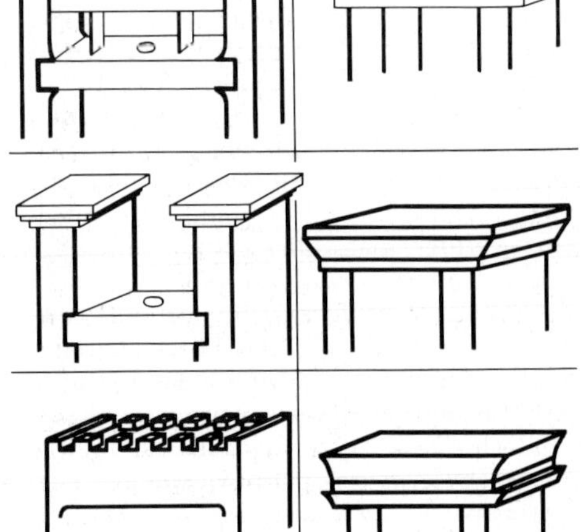

Konstruktionsschemata zu meiner Entwicklungstheorie der Druckpresse. Hier: verschiedene Ausprägungen der sogenannten »Kronen« an den Buchdruckpressen. Links einige Früh- und rechts einige Spätformen. Zeitlich exakte Abgrenzungen sind nicht möglich. Die »Krone« ist bereits ein Spezifikum der Druckpresse.

Korrektheit der Wiedergabe erhebliche Abstriche erforderlich. Das bezieht sich nicht nur auf technische Darstellungen, sondern auch auf Portraits, die allesamt wirklichkeitsfremd sind. Es ist unbekannt, wie Gutenberg ausgesehen hat. Alle von ihm verbreiteten Bilder sind Produkte der Phantasie. Auch der ihm zudiktierte Bart.

Die Schraube läßt sich ohne Schwierigkeiten verkürzen. Die mehrfache, permanent ausgeführte Drehung ist verfahrens*unüblich* und stört den Arbeitsablauf; sie ist vom konstruktiven Standpunkt aus bei den Druckern unerwünscht. Jede unnötige Drehung kostet Zeit und Geld, erschwert die Arbeitsbedingungen und ist der wirtschaftlichen Arbeitsweise hinderlich.

Es ist anzunehmen, daß der Querbalken durch die Preßwände geführt wird. Bei der Auswertung des Bildmaterials zeigen sich Früh- und Spätformen der Kronen und unterschiedliche Querbalken. Einige der beigefügten Zeichnungen verdeutlichen es.

Der Werkstoff Holz bringt weitere Schwierigkeiten mit sich. Wegen der Hygroskopie treten unerwünschte Verformungen auf, die die Qualität der Presse und der Druckerzeugnisse beeinflussen. Risse im Tiegel oder zwischen (in) den Schraubengängen führen teilweise zur Unbrauchbarkeit bestimmter Presseteile. Der durch die natürliche Reibung bedingte Verschleiß ist erheblich, zumal die ersten Druckergenerationen wenig Erfahrung im Umgang mit Pressen haben: es wird viel experimentiert.

Befassen wir uns kurz mit der Horizontalbewegung. Bei den Pressen der Papiermacher wird der »untenstehende« Haufen mit einem »Preßbrett« abgedeckt, um ein gleichmäßiges »pressen« über die gesamte Fläche zu erzielen. Die nassen Rohbogen werden bei hochgedrehter Schraube bequem eingeschichtet. Bei der Presse der Buchdrucker tritt eine Veränderung ein. Das Preßbrett als massive, planparallele hölzerne Platte wird fest mit dem unteren Querbalken in Verbindung gebracht. Jetzt verfügt man über einen *eindeutigen Druck-* und *Gegendruckkörper*. Zudem hat die starre Druckform, die verkeilt wird, eine ebene Unterlage. Das ist ein entscheidender Ansatzpunkt. Hier ist das Einführen der Form und das Registermachen (noch) umständlich. Diese Alternative hat im Rahmen der gesamttechnischen Entwicklung – wenn überhaupt – vorübergehenden Charakter: aber sie leitet weitere Entwicklungen ein.

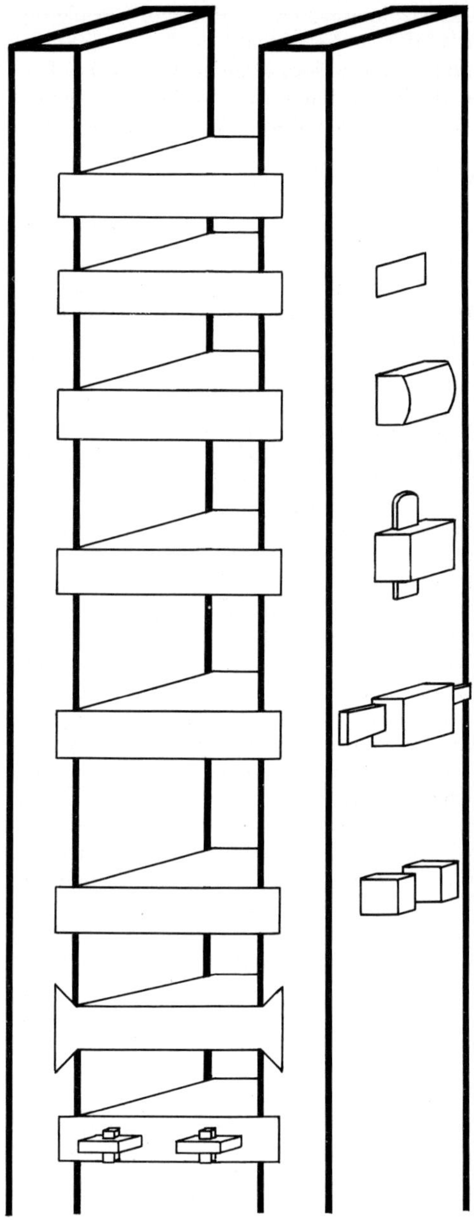

Konstruktionsschemata zu meiner Entwicklungstheorie der Druckpresse. Hier: Verschiedene Arten der Einbringung von Querbalken in die äußeren Preßwände. Nicht gewerbespezifisch, da abhängig vom jeweiligen Stand der handwerklichen Technik und regionalen Ansichten. In der Regel Verkeilung oder Verzapfung: keine Leimung oder Nagelung.

Die zusammengesetzte Druckform wird zwischen den Preßwänden verkantet, so daß der Fortdruck einer kleinen Auflage bei bedingt stimmendem Passer (= Register) denkbar wird. Gleichfalls kompliziert ist das paßgenaue Einbringen der Form. Vor allem bei Änderungen im Text und beim Formenwechsel erweist sich das aufgesetzte Preßbrett in der Praxis als ungeeignet. Denken wir bei dieser Interimslösung daran, daß ein zweiseitiger Druck das Entscheidende des Buchdrucks ist. Mir scheint es in diesem Stadium nur möglich, einfache und einseitige Drucke durchschnittlicher Qualität herzustellen. Das Registerhalten wird in weiteren Stufen zur Praxisreife geführt.

Als weitere Verbesserung hat sich aus der kurzen hölzernen Platte, die unter dem Unterbalken befestigt ist, ein Tisch herausgebildet, der so weit nach vorn ragt, daß man bequem eine vorbereitete Druckform auflegen bzw. sie hin- und herschieben kann. Dies entspricht einer wesentlichen Arbeitserleichterung. Der Tisch (aus dem sich der Karren entwickelt) wird vorn abgestützt. Es ist denkbar, daß er an den Längs- und an der Hinterseite nach oben überstehende Leisten erhält. Sie haben die Aufgabe, das seitliche Verrutschen der eingekeilten Druckform zu verhindern.

Noch befinden wir uns in einem frühen Versuchsstadium. Es hängt mit der Aktivität von Gutenberg zusammen. Der »neue« Pressentyp hat sich bereits deutlich von anderen abgesetzt. Er ist nicht mehr mit den Trotten, Keltern oder Papiermacherpressen vergleichbar. Die ersten Charakteristikas der Druckpresse schälen sich heraus. Ein Pressentisch mit zwei oder vier Beinen erhöht die Stabilität der Pressen von unten und ermöglicht die einfache Horizontalbewegung der Druckform. Dadurch unterscheidet sich die Druckpresse von *allen* Vorläufern; ab hier verläuft die eigenständige Entwicklung.

Aus dem Geschilderten entsteht ein hölzernes Fundament. Die Tischplatte wird dünner.

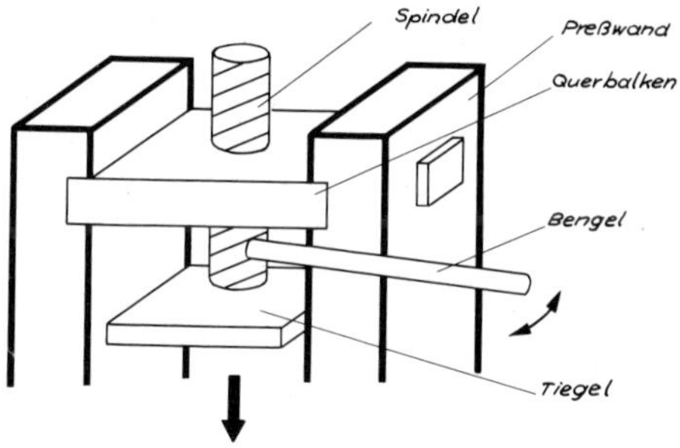

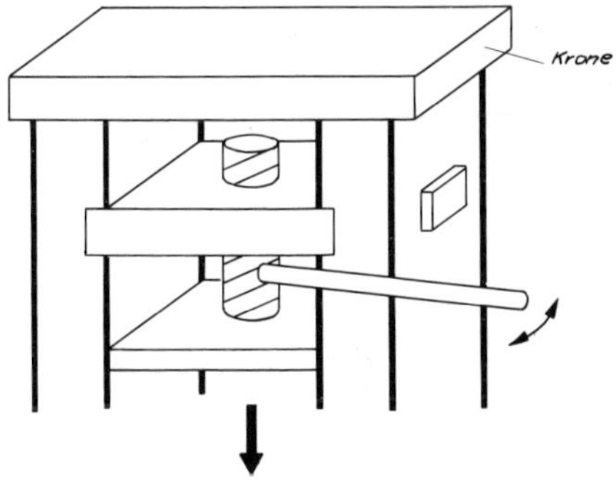

Konstruktionsschemata zu meiner Entwicklungstheorie der Druckpresse. Hier: Einbringung des oberen Querbalkens oder des sogenannten »Querbalkens«. Die Preßplatte verfügt noch nicht über seitliche Führungen. Rasch wird dies als Schwachstelle erkannt.

Konstruktionsschemata zu meiner Entwicklungstheorie der Druckpresse. Hier: Realisierung der seitlichen Tiegelführung. Zweck: Erhöhung der inneren Stabilität. Folge: bessere Druckergebnisse.

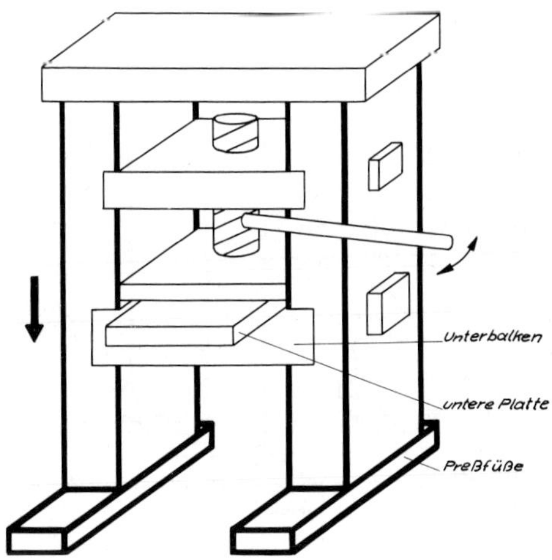

Konstruktionsschemata zu meiner Entwicklungstheorie der Druckpresse. Hier: Einbringung eines massiven hölzernen Unterbalkens. Verlängerung der Pressenfüße erhöht die Standfestigkeit der Presse und führt zur rationelleren Arbeitsweise. Über dem Unterbalken befindet sich eine planparallele Holzplatte, aus der sich vermutlich der »Karren« entwickelt.

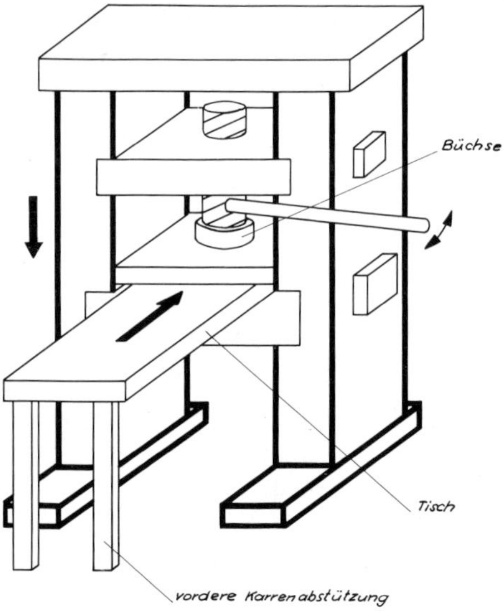

Konstruktionsschemata zu meiner Entwicklungstheorie der Druckpresse. Hier: Verlängerung des Preßtisches und dabei vordere Abstützung der Karrenplatte. In diesem Stadium hat sich die Presse der Buchdrucker deutlich von den anderer Gewerbezweige distanziert.

Konstruktionsschemata zu meiner Entwicklungstheorie der Druckpresse. Das »Lauffebrett« erhält seitliche Führungen, um die Druckform auf dem Karren besser hin- und herschieben zu können. Die Form wird mit Keilen verkantet. Zudem: metallische Umschließung des Oberbalkens.

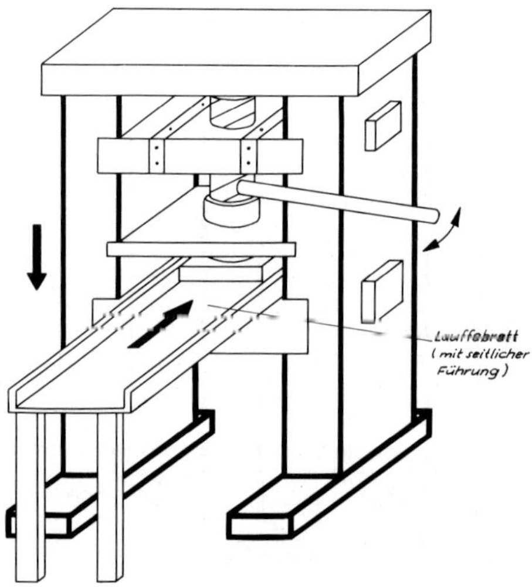

Zur Verminderung der Reibung während des Ein- und Ausfahrens (= Ausschiebens) versieht man sie an ihrer Unterseite mit parallelen Längsschlitzen. Auf die Platte setzt man jetzt einen beweglichen Karren oder (erst) ein einfaches Formbrett. An die vordere Schmalseite kommt der »Galgen«, der mit dem Karren in einer festen Verbindung steht. Nachdem die Form außerhalb der Presse – vor dem Tiegel – eingefärbt wird, kann man sie einfach ein- bzw. wieder zurückziehen. Dann erfolgt der Abdruck. Bei größeren Formaten besteht die Möglichkeit, die Druckformen stückweise vorzurücken. So entsteht der »erste« und der »zweite« Zug mit dem »Bengel«, der ein zweifaches Einrücken der Karrenpartie mit der darauf liegenden Druckform voraussetzt. Freilich bedeutet dies einen doppelten Druckvorgang. Das heißt, weniger Abdrucke pro Stunde und dafür eine größere Druckfläche.

Die alten Bilder zeigen fast immer zwei Gesellen an der Presse. Es kann nicht festgestellt werden, ob dies schon bei den ersten Pressen so gehandhabt wird. Das Gegenteil ist anzunehmen. Zunächst wird sich nur ein Ausübender als Autodidakt mit »seiner« Presse beschäftigt haben. Die dann einsetzende Arbeitsteilung, die aus wirtschaftlichen Gründen unumgänglich wird, führt zu Verästelungen. Es kommt zur Trennung in einen Einfärbe- und Preßvorgang: die Nebentätigkeiten werden von Knechten (später: Lehrlingen) ausgeführt. Allmählich schält sich der »Prinzipal« oder »Druckherr« heraus.

Die historischen Abbildungen zeigen einerseits massive (schwere) und andererseits einfache (leichte) Pressen. Bei den schweren Ausführungen zieht der Preßmeister immer mit beiden Händen am Bengel. Dazu ist ein enormer Kraftaufwand erforderlich. Bei den leichteren Bauarten genügt das Ziehen mit einer Hand, während die andere an der Karrenplatte eine Kurbel bewegt. Ein weiteres Merkmal zeigt sich vermutlich noch im 15. Jh. oder kurz danach. Spätestens um 1500 kommt die »hölzerne« Büchse auf. Sie umschließt einen Teil der Schraube. Außerdem rückt zwischen »Krone« und »Tiegel« die »Brücke« als zusätzliches Konstruktionselement.

Andere Detailaufgaben liegen in der Verbesserung der Tiegel- und Karrenpartie. Die äußere Gestalt der Presse ist jetzt fixiert. Nur bei ihrer oberflächlichen Betrachtung hat sich »so gut wie nichts« an ihr verändert. De facto eine ganze Menge. Es wäre widersinnig anzunehmen, daß die Drucker bei ihrer täglichen

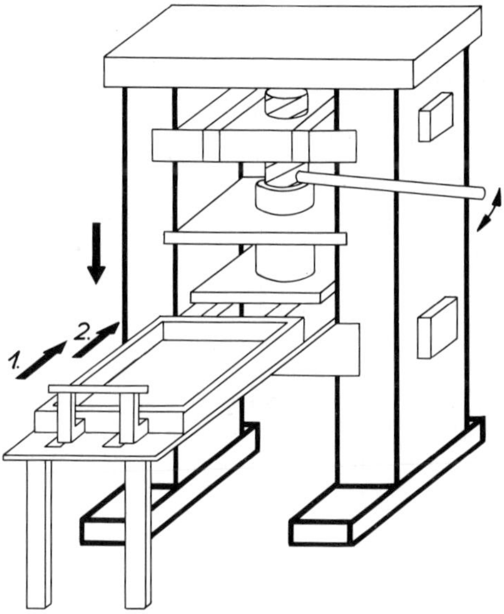

Konstruktionsschemata zu meiner Entwicklungstheorie der Druckpresse. Hier: eine eingesetzte »Brücke« und weitere Herausbildung des schon üblichen und notwendigen Karrens. Ein »Galgen« dient zum Anlehnen des aufschlagbaren Deckels. Erster und zweiter Zug kommen auf. Die Presse wird immer »praxisgerechter«.

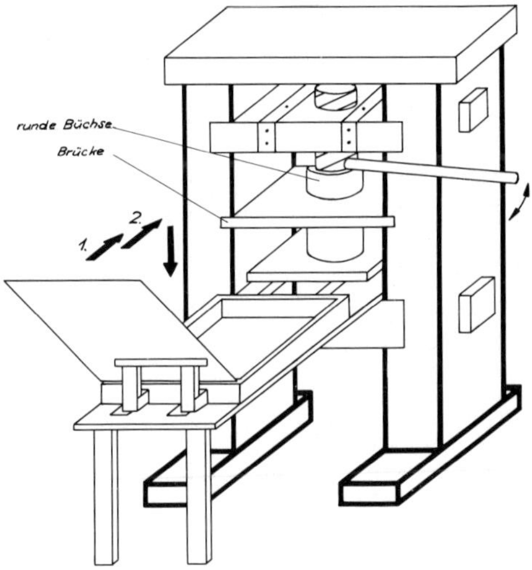

Konstruktionsschemata zu meiner Entwicklungstheorie der Druckpresse. Der »Antritt« dient dazu, den »Bengel« besser »greifen« zu können. Dies entspricht einer physiologisch korrekteren Arbeitshaltung. Folge: Leistungssteigerung und Verbesserung der Druckqualität.

Arbeit an der Presse nicht ständig nach Vereinfachungen und Verbesserungen gesucht hätten. Durch das ständige Ausprobieren wird die Druckpresse ein leistungsfähiges Arbeitsmittel. Erst so lassen sich wirtschaftliche Vorteile gegenüber anderen Verfahren erzielen. Der Schwerpunkt liegt im Detail: es entgeht dem oberflächlichen Betrachter. Zudem ist die technische Entwicklung mit Rückschlägen verbunden. Vergleichsweise hat sie auch Aloys Senefelder bei der Erfindung der frühen lithografischen Verfahren und Friedrich Gottlob Koenig mit Andreas Bauer bei der Realisierung der Schnellpresse. Anderen Erfindern geht es nicht besser.

So stellt sich den Frühdruckern mit der Erfordernis der Beweglichkeit des »Lauffebrettes« oder »Karrens« ein Konstruktionsproblem, das ich hier nur andeute. Durch das manuelle Ein- und Ausschieben des Karrens auf einem Tisch entsteht eine relativ hohe Reibung. Sie macht die Arbeit schwer und belastet die Konstruktion. Es ist zu berücksichtigen, daß die Druckformen gelaugt und gewaschen werden. Im Verbund der Hygroskopie einzelner Pressenbauteile ist dies ein zusätzlicher Nachteil.

Heute erscheint es verblüffend einfach, den Druckkarren anstatt von vorne mit dem Galgen ein- und auszuschieben, seitlich (später: Bedienungsseite) mit einer Kurbel zu bewegen. Dabei wird unter das Lauffebrett eine hölzerne »Welle« oder »Walze« gesetzt, an der zwei feste Schnüre, Riemen oder Seile eingebracht sind. Je eines seiner Enden wird an der Karrenschmalseite befestigt, so daß beim Drehen der Kurbel ein »Gegenzug« entsteht. An dieser Stelle taucht das »verfahren« des Karrens auf. Rasch wird die Schwachstelle erkannt. Durch den Einsatz von reibungsmindernden Werkstoffen werden Verbesserungen erzielt. Metallische Gleitkufen ermöglichen ein einfaches Bewegen des Karrens mit der Kurbel.

Praktische Versuche an den wenigen vorhandenen und gut erhaltenen Pressen haben mir gezeigt (voran die im Antwerpener Plantin-Moretus-Museum und die florentinische [?] Druckpresse im Gutenberg-Zimmer der Burg von Eltville (Rheingau), daß der Pres-

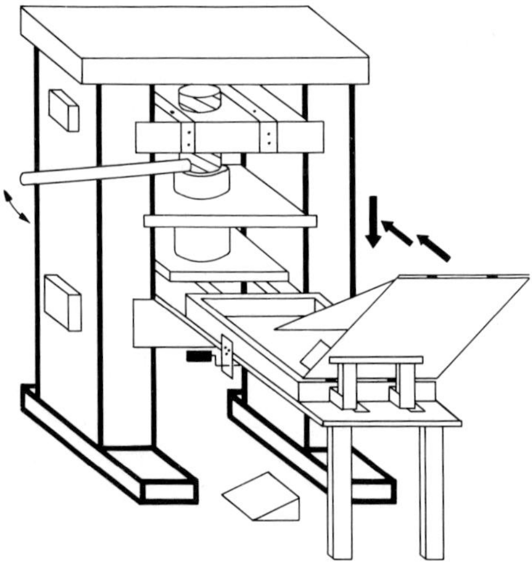

Konstruktionsschemata zu meiner Entwicklungstheorie der Druckpresse. Hier: Verbesserung der Tiegelpartie. Die »Büchse« ist (noch) rund. Am großen Deckel (in den der »kleine« Deckel versenkt wird) erkennt man den »Angriff«. Er dient analog des »Antritts« einer wirtschaftlicheren Arbeitsweise.

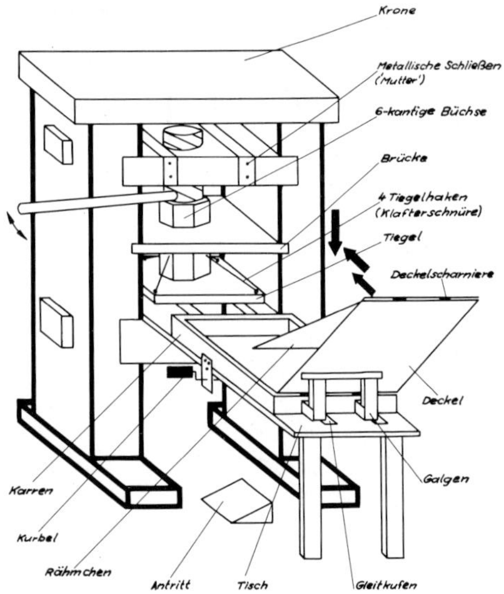

Konstruktionsschemata zu meiner Entwicklungstheorie der Druckpresse. Hier: Aufkommen der kantigen gegenüber der runden Büchsen. Erst sechskantige, dann vierkantige Formen. Der obere Querbalken erhält starke metallische »Schließen«. Dies deutet auf das Einbringen einer »Mutter« im Gewindeauslauf der Schraube. Klafterschnüre dienen zum gleichmäßigen An- und Abbinden des Tiegels.

senmeister durch die Bewegung der Kurbel einen direkten Kontakt zur Druckform hat. Beim Drehen der Kurbel spürt man, wie weit die Form »eingefahren« ist. Der manuelle Antrieb hält sich mehrere Jahrhunderte, wird aber ständig präzisiert. Die Kurbel ist ein einfaches, wirkungsvolles Antriebselement, aus dem sich erst um 1800 verbesserte Formen entwickeln. Der heutige »moderne« Karrenantrieb beruht im Grund genommen auf den gleichen Prinzipien. Lediglich das Leistungsgefüge hat sich verändert. Ohne Einsatz einer Kurbel ist die Entwicklung undenkbar. Sie entspricht einem wesentlichen Rationalisierungsmoment. Man wird entgegenhalten, daß die Pressen von Antwerpen und Eltville jünger und deshalb technisch ausgereifter sind. Das stimmt, aber bereits früher mir bekannt gewordene Bilder deuten auf das Vorhandensein einer Kurbel. Sie kann nur im Verbund mit der Verseilung und den Gleitkufen beurteilt werden. Eine andere Alternative scheint unmöglich.

Durch die Möglichkeit der wirtschaftlicheren, seitlich ausführbaren Karrenbewegung verliert der »Galgen« eine Funktion: die Druckform von Hand ein- und auszuschieben. Man erkennt eine weitere Schwierigkeit. Es wird klar, daß ein plötzlich einsetzender vertikaler Druck auf eine relativ kleine Fläche zu Qualitätsminderungen führt. Die Schrift ist kostbar: man geht schonend damit um. Die Beschaffung der Bedruckstoffe ist mühsam, aufwendig, teuer und unsicher. Die Bevorratung ist weitgehend unbekannt. Jede ungeschickte, zu ruckartige Drehung der Schraube kann zur Beschädigung der Druckform oder zu Rissen (»durchdrücken«) im Papier führen. Gleichfalls, wenn der Karren nicht ordentlich unter den Tiegel geschoben (= gefahren) wird (»abkippen«).

Anfänglich ist es wohl so, daß jeder abzudruckende Bogen einzeln auf die zuvor eingefärbte Druckform gelegt, dann abgedruckt und dann wieder herausgenommen wird. Er wird mit einer geschickten Bewegung »abgehoben«. Dieses Verfahren ist umständlich, wenngleich rationeller als bei antiken Reibedruckverfahren. So gesehen, bietet diese Problematik Ansatzpunkte zu Verbesserungen.

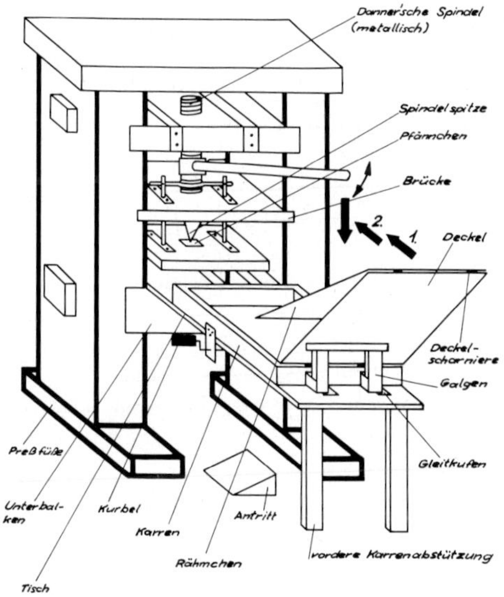

Konstruktionsschemata zu meiner Entwicklungstheorie der Druckpresse. Hier: Einsatz der »metallischen« anstelle der hölzernen Spindel. Spindelspitze mit »Pfännchen«. Wesentliche Ausgestaltung der gesamten Tiegelpartie durch »eiserne« Stangen. So etwa haben nach meiner Ansicht die Buchdruckpressen ab dem zweiten Drittel des 16. Jh. ausgesehen.

Es entwickelt sich eine Vorstufe des späteren »Aufzuges«, als elastisches Medium zwischen der Druckform und dem Tiegel. Der Aufzug schiebt sich jetzt zwischen Druck und Gegendruck. Es besteht die Möglichkeit, daß zum Zweck des besseren Ausdruckes über den abzudruckenden Bogen ein weiterer, vielleicht stärkerer, gelegt wird. Das ist der Anfang. Ähnlich gehen die Kupferdrucker vor. Das ständige Auflegen des einfachen »Deckels« ist umständlich. Deshalb ist anzunehmen, daß man ihn fest mit der Karrenschmalseite verbindet. Dann kann er mit einem Griff, dem »Angriff«, bequem und schnell von der Druckform abgehoben und abgesenkt werden. Die innere Stabilität des Deckels wird im Lauf der Zeit erhöht: ein Holz- oder Metallrahmen begrenzt ihn. Die Anbringung von »Schwunggewichten« trägt dazu bei, rationeller als seither zu arbeiten, vor allem als mit der Vergrößerung der Druckformen die Deckel schwerer und dadurch unhandlicher werden.

Der Deckel in Verbindung mit dem Rähmchen bietet durch eine geringfügige Weiterentwicklung die Möglichkeit, anstatt einzelner Druckbogen ganze »Lagen« oder »Buch(e)« einzulegen. Dies entspricht einer weiteren Rationalisierung. Andererseits führt es zu einer Minderung der Qualität, weil in den »Punkturen« einzelne Bogen verrutschen (können); vor allem bei unsachgemäßer Arbeit. Historische Fachbücher bestätigen, daß das Einlegen ganzer Lagen später, als es üblich wird, vorübergehend in den deutschen Druckstuben französische Manieren zu imitieren, mit Erfolg praktiziert wird. Es ist ein Scheinerfolg. Französische Drucker kommen bald von dieser Methode ab. Hier haben wir den Dialog zwischen rationellem Arbeiten und der Qualität. Hinzu kommt, daß die Drucke lange Zeit nur zweifarbig ausgelegt sind und daß an die Qualität keine sonderlichen Ansprüche gestellt werden. Erst mit dem Einschalten der großen Verleger des 16. und 17. Jh. ergibt sich eine zwangsweise Nivellierung (auch) dieser Dinge. Die Punktur ist ein vorübergehendes Stadium und einer der vielen Versuche, die Probleme des Druckens rasch und wirtschaftlich in den Griff zu bekommen. Die Punktur hat einen wesentlichen Vorzug, denn sie zeigt dem nachgeschalteten Buchbinder die Mitte des Bogens an und bietet ihm die Einstechlöcher für die Fadenheftung.

Der aufgeklappte Deckel lehnt gegen den Galgen (später: gegen speziell konstruierte Vorrichtungen wie das »Him-Ham« oder »Bim-Bam« oder besondere »Anschlagtafeln«). Zu ihnen gesellt sich in unterschiedlichen Ausführungen das »Rähmchen« (vermutlich *vor* 1500) und die mehrkantige anstatt der »runden« Büchse. Diese Vorrichtungen entstehen aus der Praxis und dienen dazu, die schwere Arbeit an der Presse zu erleichtern. Gleichzeitig wird die Buchdruckpresse den Raumverhältnissen angepaßt. Beerenpressen stehen üblicherweise im Freien oder (später) in hohen und teilweise feuchten Gewölben. Hier stellt sich das Platzproblem nicht. Die Drucker arbeiten in relativ kleinen Werkstätten, die oft unzureichend beleuchtet und belüftet sind. Die dadurch notwendige Bauausführung darf nicht zu einer Beeinträchtigung der inneren Pressenstabilität führen: vor allem darf sie der rationellen Arbeit nicht hinderlich sein.

Hier findet der Praktiker sinnvolle Wege, in deren Folge die innere Pressenstabilität ständig erhöht und gleichzeitig das Druckergebnis verbessert wird. Letztlich setzt der Werkstoff »Holz« in seiner kritischen Belastbarkeit eine natürliche Grenze. Eine der weiteren

Maßnahmen zur Erhöhung der Stabilität ist das Abstützen der Presse gegen die Raumdecke mit einem »Gesperre«, wie es auf alten Bildern deutlich zu erkennen ist.

Neben massiven Pressen baut man leichtere, auf mögliche Klassifizierungen komme ich zurück. Als Merkmal der Pressenkonstruktion innerhalb der besprochenen »ersten« Stufe muß die Verwendung von metallischen Spindeln angesehen werden, die vermutlich der Schreiner- und Schraubenmacher Leonhard Danner einführt. Hier haben wir einen Markstein für die weitere Entwicklung, denn es wird ein wesentliches Problem in Angriff genommen: der Übergang von der Holz- zur Metallpresse. Weil der in diesem Bereich neue Werkstoff »Metall« neben Vorzügen auch Nachteile mit sich bringt, bestimmt er lange Zeit die konstruktiven Änderungen im Pressenbau. Die Bearbeitungsmöglichkeiten der Metalle sind im 16. Jh., bezogen auf den Pressenbau, begrenzter als die des Holzes. Wirtschaftliche Gesichtspunkte sind zu berücksichtigen. Die Erfahrung im Einsatz von metallischen Formteilen ist (noch) gering. Jede technische Verbesserung beansprucht Zeit und findet erst nach einem schwierigen Erfahrungsprozeß in der Praxis Eingang. Allmählich wandelt sich der Begriff »Schraube« zur »Spindel«.

Zusammenfassend bleibt festzuhalten, daß grundsätzliche Probleme der Buchdruckpressen-Technologie um die Mitte des 16. Jh. gelöst sind. *Die Presse der Buchdrucker ist ein eigenständiger Pressentyp und fester Bestandteil in der Arbeitswelt des Druckers.* Ein Vergleich mit den alten Pressen der Winzer oder Papiermacher ist nur noch bedingt möglich. Innerhalb der Entwicklungsstufe treten *entscheidende* Veränderungen ein, so:

- Kurze Horizontalbewegung zwischen den Preßwänden.
- Karren bis zur Funktionstüchtigkeit ausgebildet. Dazu gehören »Lauffebrett«, »Holzschienen«, »Gleitkufen«, Galgen, Walze (»Welle«) mit Bändern und einer »Kurbel«.
- Mit der Vergrößerung der Druckform kommt der »erste« und »zweite« Zug auf. Bedingt ist dies durch den Werkstoff Holz, der eine übermäßige Belastung auf Dauer ohne Schädigung nicht aushält. Deshalb schiebt man die großen Formen auf zweimal unter den Tiegel. Es bedeutet auf der einen Seite eine Reduzierung der Druckgeschwindigkeit, auf der anderen Seite bringt es größere Formate mit sich.

Der Nürnberger Schreiner- und Schraubenmacher Leonhard Danner (geb. 1497, gest. 1585). Möglicherweise führt er die metallische Spindel anstelle der hölzernen Schraube im Druckpressenbau ein. Bildnachweis: Stadtarchiv Nürnberg. Mit freundlicher Genehmigung.

- Veränderung der Büchse von der runden zur mehrkantigen Form.
- Deckel und Deckelgriff werden in Verbindung mit dem Galgen gebracht.
- Verbesserte Pressenstabilität durch den Einsatz von massiven Querbalken. Abstützung der Presse gegen die Raumdecke (»Gesperre«). Verstrebung der Pressenfüße.
- Verwendung von unterschiedlichen Kronen.
- Verkleinerung der Presse bei der Erhöhung ihrer Festigkeit.
- Aufkommen der Brücke: dadurch Erhöhung der Paßgenauigkeit bei mehrfarbigen und/oder beiderseitigen Drucken.
- Verwendung von metallischen Spindeln. Bei anderen Pressentypen bleibt die Holzspindel erhalten (Keltern, Tuch- und Wäschepressen).

Zwangsweise ist die erste Stufe meiner Theorie in einigen Punkten unsicher. Es resultiert aus der Tatsache, daß es eine »graue« Zone für die Beurteilung ist. Es liegen keine Bilder und keine gesicherten Daten vor. Trotzdem werde ich einigermaßen richtig liegen, denn ich orientiere mich an den notwendigen Arbeitsschritten, indem ich versuche, sie rückwärts weiter zu vereinfachen und auf die Grunderfordernisse zurückzuführen. Bei der Erklärung der weiteren Stufen werden die Aussagen konkreter und ergeben ein in sich geschlossenes Bild. Für den hier genannten Sektor liegen keine archivalischen Unterlagen vor, die zur Technik-Geschichte von Bedeutung sind. Das Gerede um Gutenberg soll nicht erörtert werden. Ab 1500 ändert sich die Lage. In rascher Folge entstehen Holzschnitte, die Druckstuben, Druckpressen und/oder Interieurs zeigen. Es ist unverkennbar, daß man sich an einem Bildschema orientiert, von dem Kopien geschnitten werden. Oft unterscheiden sich die alten Bilder nur im Detail. Der Holzschnitt erlaubt keine exakte Wiedergabe der technischen Feinheiten. Trotzdem ist bemerkenswert, wie präzise manche Bilder in ihrer technischen Aussage sind. Kunstgeschichtlich ein weiterer Beweis, wie realistisch der Mensch (noch) die wesentlichen Dinge sieht. Auch hier zeigt sich verstärkt das »individuelle« Wirken, das den Mensch der Renaissance umschreibt. Er bricht spätmittelalterliche Normen, fühlt sich freier, bewegt sich betonter und sicherer in seiner Umwelt, die gleichfalls ihre Probleme hat. Auch künstlerisch wird dies deutlich. Durch solche »technischen« Bilder wird »technisches« Wissen weitergegeben und vermittelt. Eine frühe Abbildung stammt aus einem Totentanz, einem seinerzeit geläufigen Thema. Es folgen einige Druckermarken, die ihr wichtigstes Arbeitsmittel – die Presse – im Signet tragen. Auch da Vinci und Lucas Cranach d. Ä. (1520) bilden Pressen ab. Lange Zeit ist man der Meinung, daß die bei Cranach abgebildete Presse eine der ältesten bekannten Darstellungen ist. Dies bedarf einer Korrektur. Helmut Presser, ein früherer Direktor des Gutenberg-Museums in Mainz, hat eine frühere Abbildung entdeckt. Sie befindet sich im Gebetbuch »Hortulus animae«, das der zweite Sohn Peter Schöffers 1514 in Mainz druckt. Hier ist gleichfalls ein Drucker an der Presse in einer Holzschnittleiste erkennbar. Glücklicherweise mehren sich dann die greifbaren Bilder und Bildfolgen: dadurch können meine Ansichten

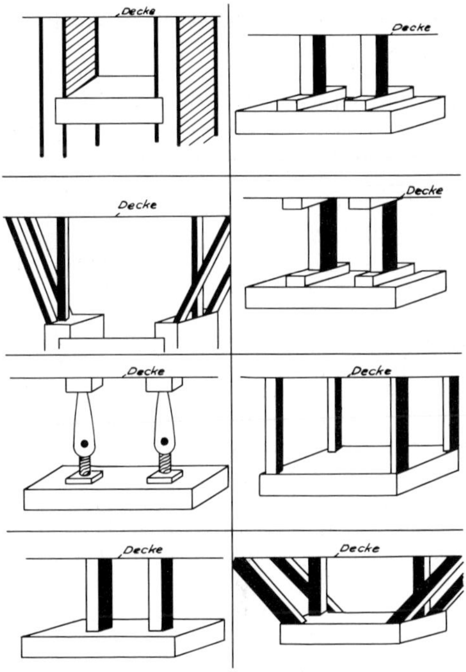

Konstruktionsschemata zu meiner Entwicklungstheorie der Druckpresse. Hier: Verschiedene Arten des »Gesperre«. Links einige Früh- und rechts einige Spätformen. Zeitlich exakte Abgrenzungen sind nicht möglich. Allgemein dient das Gesperre dazu, die Presse nach oben abzustützen und so ihre Stabilität zu erhöhen. Erst mit dem Aufkommen der Metallpressen geht man von dem »Gesperre« ab.

erhärtet werden. Außerdem haben sich aus diesem Zeitraum interessante Dokumente erhalten.

Aus dem Jahr 1472 liegt eine Urkunde über die Bestellung und den Ankauf von Pressen und Druckmaterialien durch Melchior von Stamhym, dem Abt des Klosters von St. Ulrich und Afra in Augsburg vor. U. a. wird gesagt: »... gedingt vnd bestellt ain erbern maister Sixtten sawrlochen von Augsburg das er ym mache vnd beraytten sulle ein prese, bucher zu drucken, bogenblätter, forme.« Ferner: »(man habe auch) Tögel, zyn, Spießglas (gekauft) ... Buchstaben zu schneyden, kogel zu gießen ... alzo hat der bemeltt maister Sixtt ehir das jar auß ist gangn, ganz zurgerichtt vnd beraytt zwu prössen mit aller zugehorung am geschrifft, damit man zu dem ersten ain buch gedruckt hatt, gehaißen ‚Co(m)pendium morale'. Vnd darvmb hatt man ym gebn lxv gldin ... Item so hatt man kafft von dem Schißler fünf presse vnd andern Zuig, dazu vmb lxxijj gulden.«

Johann Schüßler ist der zweite Buchdrukker von Augsburg. Er druckt von 1470 bis zum 2. Juli 1471. Die erwähnten Pressen und das Druckmaterial stammen von ihm und werden durch Sixtus Sauerloch, der ein geschickter Buchdrucker gewesen sein soll, für das Kloster St. Ulrich und Afra gekauft.[48] Außerdem ist etwas Typisches zu erkennen. Die Frühdrucker betreiben ihr Gewerbe autark. Sie sind Schriftgießer, Schriftschneider, Schriftsetzer und Buchdrucker in einer Person.[49]

Andreas Friesner, der Begründer der Buchdruckerkunst in Leipzig, der anfänglich Korrektor, dann Geschäftsteilhaber des bekannten Nürnberger Buchdruckers Johann Sensenschmidt, 1449 von der Universität Leipzig als Professor berufen wird, ist gleichfalls zu erwähnen. Er läßt später seine Buchdruckerei nachkommen. In seinem 1504 datierten Testament vermacht er seine Presse dem Paulinenkloster »daselbst« unter der Bedingung, für ihn im Gegenwert Seelenmessen zu lesen. Sie werden auf 20 rheinische Gulden veranschlagt.[50]

Die Leistung ist anfangs keinesfalls überwältigend. Philippus de Lignamine, ein Zeitgenosse von Gutenberg, sagt in seinem 1474 in Rom erschienenen »Chronicon summorum Pontificum Imperatorumque« ausdrücklich, daß Gutenberg und Fust mit metallenen Buchstaben auf Pergament druckten und täglich 300 Bogen davon fertigstellen konnten. An anderer Stelle des Buches nennt er das gleiche in bezug auf Sweynheym, Pannartz und Ulrich Gallus (Hahn) von Rom.

2. Stufe (ca. 1550 – ca. 1650)
Blaew'sche Presse

Zuerst einmal werden generelle Unterschiede herausgearbeitet. Dies geschieht vor allem in der ersten Stufe. Jetzt folgt eine Phase der Detailverbesserung(en) mit dem Ziel, die ohnehin anstrengende Arbeit des »buchdruckens« zu erleichtern. Das graphische Gewerbe weitet sich aus. Es gibt schon viele Druckstuben. Die Bilder werden präziser. Die weitere Auswertung läßt sieben Gruppen erkennen, die sich allesamt mit wichtigen Details im Pressenbau beschäftigen. Ich gehe diese Merkmale einzeln durch:

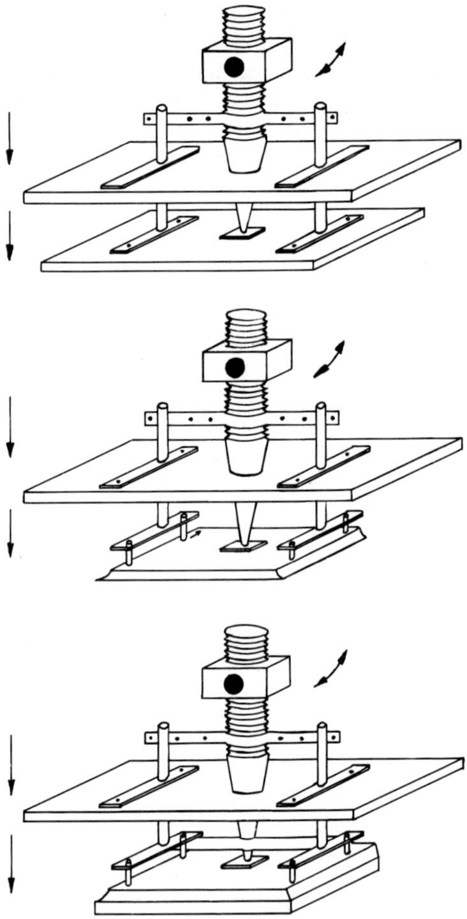

Konstruktionsschemata zu meiner Entwicklungstheorie der Druckpresse. Hier: drei Varianten der metallischen Spindel- und Tiegelpartie. Unterschiedliche Verstrebung der »eisernen Stangen«, die durch die »Brücke« geführt werden. Dadurch wird über eine größere Fläche ein gleichmäßigerer Abdruck erreicht. Spindelspitze und Pfännchen aus gehärtetem Eisen.

Gestaltung der Tiegelpartie

Seitdem die »Danner'sche« Spindel Eingang bei den Druckpressen findet, wandelt sich das Äußere der Tiegelpartie. Man widmet ihr mehr Aufmerksamkeit als früher und ist bemüht, weitere metallische Elemente einzubringen. Die grundsätzlichen Funktionen bleiben erhalten: man arbeitet bereits an Feinheiten. Trotz höherer Anschaffungskosten scheinen sich kupferne, messingne oder/und eiserne Tiegelplatten durchzusetzen. Sie sind bei weitem nicht so störanfällig wie hölzerne und verfügen über einen höheren »Selbstniederdruck«. Bei den metallischen Tiegeln bildet sich das »Pfännchen« aus härterem Metall heraus; es ist die innerhalb der Presse am meisten beanspruchte Stelle. Weiter kommen die »vier Tiegelhaken« auf. Zwischen ihnen und den »vier Stangen« der Büchse werden jetzt »Klafterschnüre« eingebracht. Damit wird eine, wenn auch grobe, Druckausgleichsregulierung möglich. Jetzt kann man den Tiegel an- und abbinden: vor allem zur Vornahme von Reparaturen an seiner Unterseite, die durch mangelhaftes Drucken entstanden sind. Parallel dazu wird versucht, einen möglichst gleichmäßigen Druck auf der Druckform zu verwirklichen. Hier entstehen praxisgerechte und sinnvolle Konstruktionen. Beispielsweise, indem man, vom Oberteil der Spindel ausgehend, metallische Querstäbe zu einem bestimmten Punkt führt und sie dann – durch die Brücke – mit der Tiegeloberseite in Verbindung bringt. Rasch wird erkannt, daß die Klafterschnüre nur eine richtige Idee beinhalten, aber in der Praxis wenig Sinn haben. Folgerichtig wendet man sich von der Schnur zum Haken und zur Stange. Im Lauf der weiteren Entwicklung verdrängt der metallische Tiegel auf Grund seiner vielen Vorzüge hölzerne Formen. Schon hier gerät der Holztiegel aus dem Blickfeld der allgemein-technischen Entwicklung.

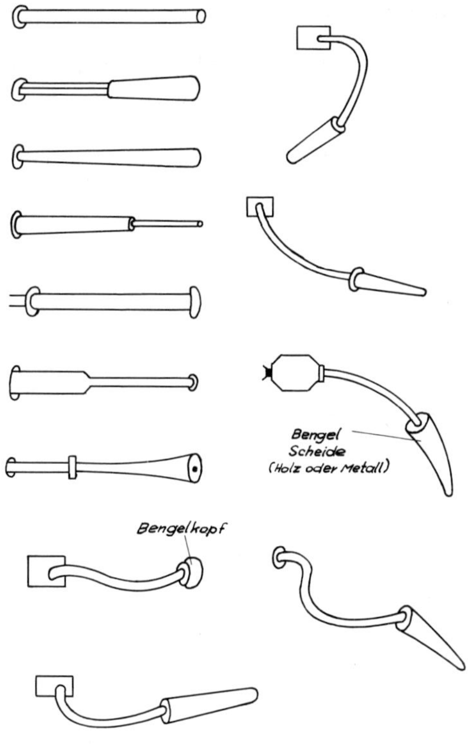

Konstruktionsschemata zu meiner Entwicklungstheorie der Druckpresse. Hier: Einige Arten der »Bengel« an Buchdruckpressen. Links einige Frühformen, darunter Zwischenstufen und rechts die späten (metallisch) gebogenen. Zeitlich exakte Abgrenzungen sind nicht möglich.

Gestaltung der Spindel/metallische Mutter

Auf Grund der verfahrenstechnischen und konstruktiven Vorteile setzen sich analog der metallischen Tiegel metallische Spindeln durch. Angestrebt wird die konstruktive Einheit. Es ist festzustellen, daß die Presse der Buchdrucker von innen nach außen stabilisiert wird. Es ist auffallend, daß die Spindel nur noch selten über den oberen Querbalken ragt. Die Erklärung ist einfach: solche Pressen verfügen über eine metallische Mutter. Sie ist in den oberen Querbalken eingebracht und dient der Verstärkung der Spindelführung. Demzufolge hat sie ein inneres Gewinde. Als Schmiermittel verwendet man Ochsenfett (Talg). Dies ist wichtig, denn die Reibungskoeffizienten an der Presse werden vermindert. Bei dem ständigen Leistungsdruck wird die regelmäßige Schmierung ein wesentlicher Faktor der Wertsteigerung. Äußerlich läßt jede Umklammerung des oberen Querbalkens durch Eisenbänder (= Schließen) darauf schließen, daß eine »Mutter« eingesetzt ist. Schön zeigen dies u. a. die Pressen im Plantin-Moretus-Museum von Antwerpen. Zur Einbringung der Mutter ist die Teilung des oberen Querbalkens erforderlich. Das hat zwei Gründe:

- Die Mutter ist einzubringen (sie muß montierbar sein).
- Die Mutter muß geschmiert werden können (Werterhaltung).

Hier haben wir bei den Pressen der Buchdrucker das erste direkte Ineinandergreifen metallischer Konstruktionselemente. Was hier einsetzt, hält bis weit in das 19. Jh. hinein an, wird allgemein und bewährt sich. Allmählich wandelt sich die Holz- zur Metallpresse. Ohne die damit verbundenen mühsamen Umwege ist die Entwicklung der »Schnellpresse« undenkbar.

Veränderung des Bengels

Nachdem der Tiegel, die Spindel, die Mutter und Teile des Karrens aus Metall gearbeitet sind, liegt es nahe, auch den hölzernen Bengel umzukonstruieren. Daß dies der Fall ist, sehen wir an den alten Abbildungen. Die hölzernen Bengel sind einfach herzustellen, haben aber Nachteile. Sie sind relativ stark, um die ständige Zugbelastung auszuhalten. Vor allem sind sie gerade. Das entspricht nicht der physiologisch optimalen Form. Es beeinträchtigt die Körperhaltung an der Presse. Dadurch wird die Arbeitskraft der Arbeiter gemindert und das führt zu einer Minderung der Druckergebnisse in bezug auf Qualität und Quantität. Jeder unnötige Zentimeter, den der Bengel vor- oder zurückgezogen wird, kostet Zeit und Kraft: er belastet das Unternehmen, das ohnehin unter einem zunehmenden starken Konkurrenzdruck steht. Diese ständige Überlegung, wie man dennoch rationeller als seither arbeiten kann, führt auch zur Veränderung des Bengels.

In der Abkehr von den Holzbengeln baut man metallische. Sie sind dünner und können gebogen werden. Sie verfügen über eine höhere innere Elastizität und sind außerdem weniger störanfällig. Als Nachteil erweist sich das ständige Anfassen der »kalten« Eisenstange. Das Problem wird durch die Verwendung einer »Bengelscheide« gelöst. Hier handelt es sich um eine hölzerne Hülse, die auf den Bengel geschoben wird und so das Angenehme mit dem Nützlichen verbindet. Den Abschluß bildet ein »Bengelkopf«. Vereinzelt lagert der zurückgedrehte Bengel (das geschieht noch manuell) in einer »Bengelschnalle«. In der Zugrichtung werden nun »Anschläge« befestigt, die ein gleichmäßig starkes Anziehen des Bengels (damit der Abdruck sauber wird) sicherstellen (sollen). Das Ziel ist: jeden einzelnen Abdruck mit der gleichen Druckkraft zu belegen. Dazu müssen erst einmal die manuellen Faktoren ausgeschaltet werden. Was heute selbstverständlich erscheint, ist damals ein Kunststück und setzt erhebliche Erfahrungen des Pressenmeisters voraus. Hier bietet sich außerdem die Chance der Realisierung einer funktionsgerechten »Druckregulierung«.

Selten wird in der historischen Fachliteratur ein »Preßhandschuh« erwähnt. Er soll dem Neuling das anstrengende Ziehen am Bengel erleichtern. Auf keiner Abbildung habe ich einen solchen Handschuh entdeckt. Daraus muß geschlossen werden, daß er den erfahrenen Gesellen hinderlich ist und deshalb keinen Eingang in die Praxis findet.

Erhöhung der Pressenstabilität

Wichtig ist an erster Stelle das »Gesperre« in unterschiedlichen Formen. Es fällt auf, daß die Preßwände, bzw. ihre Füße, starke und massive Querverbindungen erhalten. Sie werden teilweise verlängert, so daß sie mit der hinteren und/oder vorderen Karrenabstützung verbunden sind. Beim Ausbau der hinteren Pressenpartie ergeben sich (jetzt) zusätzliche Möglichkeiten, die Presse abzustützen. Haltbare Verzapfungen der Querbalken tragen zur Erhöhung der Stabilität bei. Man denkt praktisch. Auf den hinteren Pressenteil setzt man später einfache »Farbekästen«. Später entwickeln sich aus ihnen die sogenannten »Farbeauftragmaschinen«.

Der Pressenkörper bleibt hölzern, wird aber massiver und behält seine Kompaktheit. Die Preßglieder werden mehr und mehr metallisch. So entwickelt sich quasi vom Herzstück der Buchdruckerpresse heraus eine Metallpresse.

Verbesserung der Karrenpartie

Durch das feuchte Behandeln der Druckformen wird das hölzerne Fundament gefährdet. Deshalb kommt man davon ab, Holzbretter zu verwenden. Sie werden später noch lange in der Druckerei eingesetzt, aber außerhalb der Presse. Beispielsweise zum Stapeln von Lagen, wie es die Papiermacher tun, oder zum Übereinandersetzen der sogenannten »Formbretter«, aus denen sich die Unterteile der Setzkästen entwickeln. An die Stelle der hölzernen Fundamente treten solche aus Stein, und, vor allem in Frankreich, aus Marmor.[51] Der Eisenkarren ist wenig bekannt und nur in Ansätzen realisierbar. Steinfundamente bedeuten höhere Gewichte. Dies führt zu einer stärkeren Reibung, zur Wärme und zu einem höheren Verschleiß. So haben wir hier erst einmal die negativen Faktoren, die bei allen technischen Detailverbesserungen in der Praxis zu überwinden sind, bevor sich das Bessere durchsetzt. Um die Nachteile zu beseitigen, setzt man zwischen der Fundament-Unterseite und das »Lauffebrett« *metallische Kufen.* Außerdem wird die Stabilität der Walze erhöht, indem sie aus Metall angefertigt wird. An Stelle der Zuschnüre verwendet man starke Bänder, die an die Karrenschmalseiten genagelt werden. Hier stoßen wir auf eine noch nicht befriedigend gelöste Schwachstelle

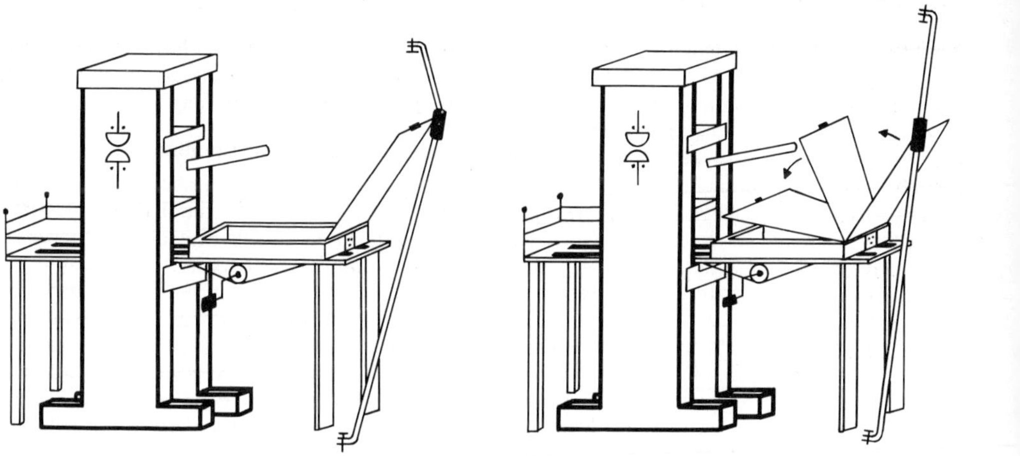

a) Deckel geöffnet b) Deckel klappt zu

Konstruktionsschemata zu meiner Entwicklungstheorie der Druckpresse. Hier: Funktion des »Him-Ham« oder »Bim-Bam« mit der sogenannten »Holztute«. Wenn der Pressenmeister mit dem Fuß auf das (bei geöffnetem Deckel) angespannte Seil tritt, klappt der Deckel selbständig zu. Die Verbreitung dieser Einrichtung ist ebenso ungeklärt wie die begriffliche Herkunft.

im Tiegelpressenbau, weil sie das »Verfahren« des Karrens begünstigt.

Auf der Karrenoberseite tut sich einiges. Als Deckelbezug wird Leinen verwendet. Man konstruiert den kleinen (Einlege)deckel oder »Tympan«. Man unterscheidet große und kleine Deckel. Der kleine kann im großen versenkt werden. Etwa gleichzeitig kommt die »Deckelschnalle« auf. Zu erwähnen sind an dieser Stelle nochmal die »Punkturen«. Sie tragen zur Erhöhung der Arbeitsleistung bei. Man »sticht« gleichzeitig ein »Buch« oder eine »Lage« ein. Es hat den Vorteil, nicht mehr jeden einzelnen Bogen einlegen zu müssen. Beim Schön- und Widerdruck leidet darunter die Paßgenauigkeit. Die Punktur ist die Urzelle der modernen Bogenanlegesysteme. Auch die Zurichtungen an den Buchdruckerpressen werden noch heute – freilich immer weniger – punktiert. Vielleicht ist der Hinweis von Interesse, daß Friedrich Gottlob Koenig bei der Verwirklichung seiner Buchdruck*maschine* veränderte Punkturen als »Friskets« verwendet.

Ausbau des hinteren Pressenbereiches

Ursprünglich wird die Farbe oder das Mischen von ihr auf einem neben der Presse stehenden Tisch, dem »Anreibetisch«, durchgeführt. Man arbeitet auf einer Stein- oder Marmorplatte: sie läßt sich relativ einfach sauberhalten. Der rationellen Arbeitsweise ist dies nicht dienlich. Da die Form bei jedem Abzug »neu« eingefärbt wird, bedeutet der separate Tisch eine Arbeitserschwernis: er erfordert das ständige Drehen des »Ballenmeisters« und des späteren »Farbeauftragers« um mindestens 90 Grad. In der weiteren Entwicklung entsteht an der hinteren Preßwand in Arbeitshöhe ein hölzerner Kasten, in den (später) die »Löser« gestellt werden. Mit den »Lösern« wird die Farbe gelöst und verrieben. Bei den Druckpressen von Blaew wird das deutlich.

Über oder neben dem Kasten hängen die »Druckerballen« in den »Ballenknechten«. Insgesamt ist man in der Lage, etwas zügiger zu arbeiten. Doch ein neues Problem stellt sich ein. Während man die Farbe, die vordem in Farbfässern an einem kühlen Ort lagert und verschlossen hält, liegt sie jetzt mehr oder weniger offen auf dem Anreibetisch auf der hinteren Pressenpartie. Ihr Eintrocknen führt zu Komplikationen: darunter leidet (auch) das Druckergebnis. Wohl deshalb baut man über die hintere Partie des Lauffebrettes einen einfachen Kasten. Er schützt die Farbe vor Staub, Schmutz und Papierresten. Der Kasten ist mit einem Deckel verschließbar. Dazu gibt es in den frühen Druckstuben eine Parallele. Es ist der sogenannte »Staubdeckel« über den Setzkästen, die praktisch den gleichen Zweck erfüllen. Beim Kasten an der Presse werden noch seitliche Leisten hochgezogen. Damit ist das seitliche »Auslaufen« der Farbe verhindert. In dieser Überlegung liegt die Urzelle des Farbkastens und aller Farbverreibsysteme an Druckpressen. Dann kommen vereinzelt in den Kästen eingebrachte einfache Holzwalzen auf. Sie entsprechen der folgerichtigen Weiterentwicklung des Farbkastens. In den uns heute primitiv erscheinenden »Walzenstühlen« der ersten Druckergenerationen werden die Pigmente mit Leinöl verrieben. Die Farbwalze erhält seitlich eine kleine Kurbel. Dadurch wird die Arbeit des Farbeauftragens rationeller. Schöne Beispiele solcher »Farbekästen« haben sich im Plantin-Moretus-Museum erhalten.

Von der technischen Seite aus sind jetzt zwei erst manuelle Arbeitsschritte durch die Verwendung von Kurbeln weitgehend mechanisiert: das vordem mühsame Ein- und Ausschieben des Karrens mit den schweren Druckformen und das gleichfalls mühsame »Anreiben« der Farbe mit den »Ballen«. Ein weiteres kommt hinzu: der Übergang vom Druckerballen zur Farbwalze.

Besonderheiten

In der hier untersuchten zweiten Stufe kommt das »Him-Ham« (= »Bim-Bam«) mit der »Holztute« auf. Es handelt sich um eine wirksame Hilfe beim Drucken. Eine Variante davon ist das »Anschlagbrett«. Es zeigt sich immer wieder, daß das ständige manuelle Auf- und Zuklappen des Deckels umständlich und zeitraubend ist. Beim »Him-Ham« lehnt der geöffnete Deckel gegen ein von der Decke zum Boden gespanntes Seil: so entsteht eine Schwingung. Sie sorgt dafür, daß der Deckel wieder von allein zuklappt. Es ist einer der vielen Versuche, in kürzerer Zeit bessere Druckergebnisse zu erzielen und mehr zu leisten. Jedoch kann das »Him-Ham«, dessen Aufkommen und Verbreitung noch ungeklärt sind, nur vorübergehend Erfolg bringen. Eine gespannte Schnur vor der Presse wirkt sich störend aus. Vielleicht hat nur ein einzelner Drucker versucht, seine Probleme in Griff zu bekommen. Der Terminus »Him-Ham« (= »Bim-Bam«) rührt möglicherweise vom Anschlagen eines Glockentones her. Die Funktion des kuriosen Hilfsmittels ist durch Zeichnungen verdeutlicht.

In diesem Untersuchungsabschnitt werden sieben wesentliche Verbesserungen im Druckpressenbau verwirklicht. Entscheidend ist der permanente Einzug metallischer Bauteile an den von der Konstruktion her kritischen Stellen. Zahlreiche Verbesserungen lassen sich durch die rasche Verbreitung des Druckgewerbes erklären. Der Gedankenaustausch unter den Druckern wird rege. Längst ist die Phase der anfänglichen Geheimhaltung überwunden. Hinzu kommen rationellere Arbeitsmethoden der Gießer, Setzer und Drucker, hinzu kommen günstigere Ansatzpunkte für die Beschaffung. Außerdem macht man sich die Erfahrungen der Pressenbauer zunutze. Das junge (graphische) Gewerbe ist längst in einen wirtschaftlichen Kreislauf integriert und nicht mehr wegzudenken. *Der einzelne, kleine, bewegliche und austauschbare Buchstabe beginnt die Welt zu verändern.*

Etwa ab 1620 zeichnet sich eine gewisse Beruhigung bei den Änderungen ab. Im Zeichen der Zeit reichen sie für die momentanen Bedürfnisse. Ein markanter Grund des latenten Stillstandes der technischen Entwicklung ist im 30jährigen Krieg begründet. Er bringt dem Handwerk der Setzer und Drucker immensen Schaden. Nicht nur die Buchproduktion sinkt auf einen seither unerreichten Tiefstand. Lumpen, Hadern und Metalle werden konfisziert und anderen Verwendungszwecken zugeführt. Durch das Versiegen dieser Quellen wird die Weiterführung vieler Druckstuben unmöglich. In dem grausamen Religionskrieg, zu dessen Herbeiführung unfreiwillig das gedruckte Wort beiträgt, werden Druckereien mutwillig zerschlagen oder aus Angst verlassen. Hinzu kommen furchtbare Seuchen und Nöte: wo es um das nackte Überleben geht, kann von einem blühenden Gewerbe keine Rede sein.

Wenn ich unterstelle, daß sich der Typus der Buchdruckpresse im ersten Drittel des 15. Jh. herausschält, so bedarf es etwa zweier Jahrhunderte zur Erreichung des hier angedeuteten technischen Standards. Ein Großteil der Probleme ist nicht nur klar erkannt, sondern im Prinzip gelöst. Zwei wesentliche bleiben bestehen. Sie bedürfen ein Experimentieren und Versuchen bis weit in das 18. Jh. hinein.

- Der Werkstoff Holz. Er ist nur bis zu einer bestimmten Grenze belastbar, wie jeder andere Werkstoff auch. Deshalb sehen wir früh Bemühungen, an den kritischen Stellen Metalle einzusetzen. Es vergehen weitere 150 Jahre, bis, von England ausgehend, mit der Industrialisierung generelle Neuerungen herbeigeführt werden. Ich komme weiter unten ausführlich auf diesen Sachverhalt zurück.

Druckerstube aus dem 16. Jh. Nach einem Holzschnitt der Zeit. An der Decke die vor dem Druck angefeuchteten, zum Trocknen aufgehängten Papierbogen. Robuste Presse, geteiltes »Lauffebrett«. Gut ausgebaute hintere Pressenpartie. Der Setzer arbeitet mit »Tenakel« und einem einfachen hölzernen Winkelhaken.

- Die immer noch schwere körperliche Arbeit. Sie mindert gleichfalls die Leistung. Folgende Arbeitsschritte sind zur Erstellung eines Abzuges erforderlich:
  - Ausfahren des Karrens
  - Hochheben des Deckels, Anlehnen an einen Galgen
  - Ausklappen des Rähmchens
  - Herausnehmen des frischen Abdruckes aus den Punkturspitzen
  - Ablegen des frisch bedruckten Bogens auf einem separaten »Ablegetisch«
- Gleichzeitig:
  Einlegen eines neuen Bogens
- Verreibung der neu aufzunehmenden Farbe zwischen den Ballen
- Auftragen der Farbe auf die Druckform
- Zuklappen des Rähmchens
- Zuklappen und Einrasten des großen Deckels
- Einfahren des Karrens bis zur Mitte (je nach der Größe des abzudruckenden Formates)
- Erster Zug am Bengel

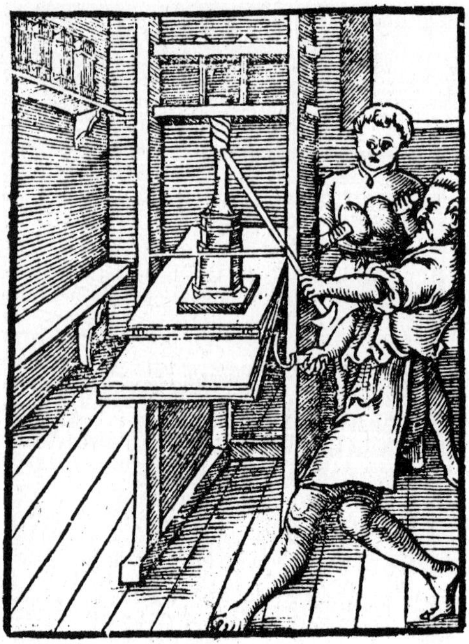

»Die Erfindung des Buchdrucks.« Holzschnitt aus der Kosmographie von Sebastian Münster, Basel, 1544. Stark verzeichnete Spindelpartie, recht ungenaue Darstellung. Bildarchiv der österreichischen Nationalbibliothek. Wien. Bild Nr. 198273. Mit freundlicher Genehmigung.

Buchdruckerei um 1541 »Re chalcographiae inventione ... Cum Privilegio Caesareo M.D.X.L.I.«. Wiedergegeben ist lediglich die rechte Seite des Originalbildes mit der Druckstube. Der Pressentisch ist auffallend dünn und leicht abgestützt. Verwendung eines eingekeilten Oberbalkens und einer gekeilten Brücke.

- Bengel in die Ausgangsposition zurückbringen
- Einfahren des Karrens bis zum Ende des Lauffebrettes
- Zweiter Zug am Bengel
- Bengel in die Ausgangsposition zurückbringen
- Zurückfahren des Karrens

Der Drucker erkennt sofort die kritischen Stellen dieser Auflistung. Es sind all die Positionen, die ständig zu wiederholen sind, aber im Zeichen der Zeit nicht rationalisiert werden können. Alle Doppeltätigkeiten sind unwirtschaftlich:

- Separates Stehen der An- und Ablagetische. Üblicherweise befindet sich neben der Presse ein Tisch mit dem zu bedruckenden »Haufen«, »Stoß« oder »Stapel«. Das gleiche geschieht mit dem gedruckten Bogen: er muß separat abgelegt werden.
- Manuelles Auftragen der Farbe auf die Druckform. Hier entsteht ein enger körperlicher Kontakt zum »Pressenmeister«, der sich hinderlich auswirkt.
- Durch die Holzkonstruktion des äußeren Pressenkörpers ist es möglich, lediglich (in der Anfangszeit) relativ kleine Flächen abzudrucken. Der metallische Tiegel, die Spindel- und Karrenplatte, bringen enorme Verbesserungen. Sie sind wichtig, aber noch nicht von durchschlagender Bedeutung.

Aus alten Taxen läßt sich ableiten, daß die Tagesdruckleistung um 1600 bei einer angenommenen 15stündigen Arbeitszeit etwa 3000 bis 3600 Drucke beträgt.[52] Multipliziert man diesen Wert mit den einzelnen pro (Ab)-druck erforderlichen Tätigkeiten, so ergeben sich immense Werte.[53] Zusatzarbeiten, wie Papier wegtragen oder holen, Farbe anreiben, Ballen putzen, Einrichten der Presse (Format machen) usw. sind nicht berücksichtigt. Daraus wird deutlich, daß das »Buchdrucken« Schwerarbeit gewesen ist. Die Schwachstelle liegt darin, daß sich viele Tätigkeiten ständig

Darstellung einer Buchdruckerei um 1575. »Die Buchdruckerwerkstatt.« Kupferstich nach Joh. Stradanus (1529–1605). Beide Pressen sind stark schematisiert. Auffallend ist das nur zweifache »Gesperre« und das Fehlen des vorderen Pressenteiles. Die Setzkästen links im Bild sind verzeichnet.

wiederholen. Das Arbeiten an der Presse ist außerdem beschwerlich: wer einmal an einer alten Tiegelpresse auch nur einen einzigen guten Abzug macht, versteht es. Nicht umsonst lösen sich der Preß- und Ballenmeister bei der Arbeit ab. Einige der alten Bilder deuten den Wechsel durch eine Sanduhr an.

So wird deutlich, daß jede kleine Verbesserung an der Presse, und scheint sie auch gering, Rationalisierungsmöglichkeiten beinhaltet. Je störunanfälliger einzelne Konstruktionselemente sind, desto rationeller kann gearbeitet werden. Doch hinter dieser Binsenwahrheit stecken unendlich viele Mühen. Die Arbeit wird nach dem »Tagewerk« bewertet. Es liegt im ureigenen Interesse von Prinzipal und Gesellen, zur Verbesserung ihres wichtigsten Arbeitsmittels beizutragen. Schon schaltet sich der Dialog mit der Technik in Lohnkonflikte ein: er hält bis heute an. Parallel dazu entwikkeln sich bessere Arbeitsmethoden. Man schafft spezielle Druckerwerkzeuge. Sie werden auf den alten Abbildungen immer häufiger. Allmählich kristallisiert sich eine gewerbespezifische Fachsprache heraus. Sie wird zu einem allgemeinen Verständigungsmittel unter Setzern und Druckern. Es ist bemerkenswert, daß weder die Papiermacher noch die Buchbinder integriert werden.

In der Zeit von etwa 1550 bis etwa 1620 werden zahlreiche Bilder von Pressen in Holz geschnitten bzw. in Kupfer gestochen. Die bekannteste und leider am häufigsten kopierte, ist die Abbildung von Jost Amann. Der Laie bemerkt es kaum. Amann zeigt in seinen derben Holzschnittserien bestimmte Charakteristika der einzelnen Berufe. Andere, für den Fachmann wichtige Details, werden vernachlässigt. Zeichner der Epoche stimmen ihre Bilder zuerst auf den Käufer und Beschauer ab. Technische Feinheiten interessieren sie weniger. Ohne Zweifel sind bis zur Aufklärung anschauliche Zeichnungen beliebter, als bis ins Detail gehende Feinstausführungen: sie sind dem Fachmann vorbehalten. Dieser Tatbestand macht es einerseits schwer, das vorliegende Bildmaterial zu analysieren: es wird aber durch die Vielzahl der Dokumente und durch immer besser werdende schriftliche Aufzeichnungen ausgeglichen. Seltene Darstellungen sind die beiden um 1575 angefertigten Kupferstiche von dem Flamen Jan van der Straet und das Bild »Erfindung des Buchdrucks«, ein Holzschnitt aus der Kosmographie. Basel (1592). Es fällt die Wiedergabe der immer wieder gleichen Werkzeuge auf: vor allem Scheren, Hämmer, Leimtöpfe und Zirkel. Es deutet darauf hin, daß das Rähmchen fester Bestandteil der Pressen (geworden) ist. Die Werkzeuge sind bis zum heutigen Tag die wichtigsten bei der Zurichtung von Druckformen. Bei dem Bild »Buchdruckerye to Harlem, gevonden ontrent het jaar 1440«, steht der An- und Ablegetisch an der richtigen Stelle. Außerdem sehen wir hier ein von der Decke herabhängendes »Anschlagbrett«. Auf dem Kupferstich von Hans Merian in Gottfrieds Chronik (1642) erkennt man deutlich ein »Him-Ham« mit der »Holztute«. Wichtig ist außerdem noch die »Deutsche Buchdruckerey« (um 1640) auf dem Titelblatt von Mallinck-rot. Hier steht bezeichnenderweise in der Raummitte ein Tisch mit einem Brot und zwei Bechern. Symbolisch wird auf das Postulat verwiesen, einen ehemals speziellen Kunstgebrauch im graphischen Gewerbe. Selbst Friedrich Gottlob Koenig postuliert kurz vor 1800. Etwa 20 Jahre danach wird das Postulat wegen der damit verbundenen Ungerechtigkeiten von Staats wegen aufgehoben.

Der Schwerpunkt dieses Untersuchungsabschnittes liegt auf der Druckpresse von Blaew; sie vereinigt in sich wesentliche Verbesserungen.

Willem Janszoon Blaeu (bzw. Blaew) 1571–1638. Als Instrumentenmacher und Kartograph entwickelt er eine nach ihm benannte Buchdruckpresse.

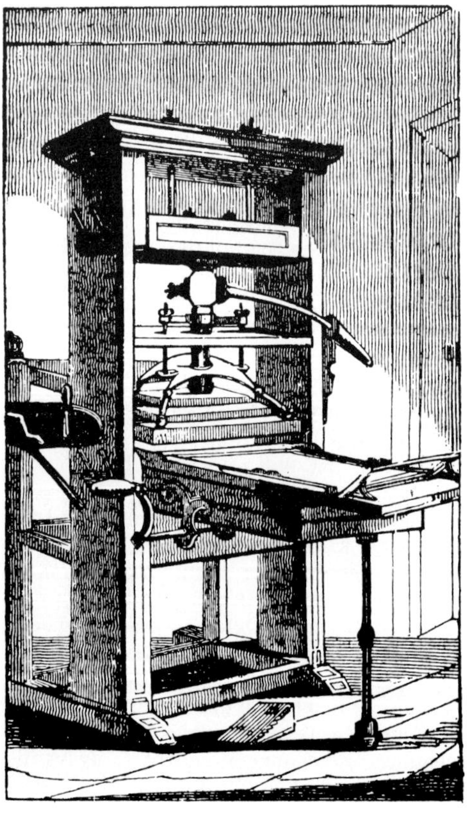

Blaew'sche (Bleu'sche) Buchdruckpresse aus der Zeit um 1620. Hervorzuheben ist die Gestaltung der Tiegelpartie mit der konvex eingebauten Metallplatte. Die Integration metallischer Bauelemente im Druckpressenbau wird deutlich.

Willem Janszoon Blaew

Willem Janszoon Blaeu (Blaew) wird 1571 geboren. Weder sein genaues Geburtsdatum noch die Geburtsstätte sind bekannt. Vermutlich stammt er aus Alkmaar oder Uitgeest. Seine Jugendjahre verbringt er in Alkmaar. Darauf verweisen die Namen »Willem Janszoon van Alcemaer« und »Giuielmus Jansonius Alcmarius«, unter denen er zeitweise arbeitet. Blaew lebt in einer unruhigen Zeit.[54] Die Tatsache, daß die Niederlande eine bedeutende Seefahrernation stellt, macht es ihm möglich, das zu werden, was ihn noch heute auszeichnet. Er soll Handelskaufmann werden und kommt als Angestellter zu P. C. Hooft nach Amsterdam. Kurze Zeit später zieht er für ein paar Jahre nach Dänemark. Hier wird er Sekretär des Astronomen Tycho Brahe. Ab 1605 hält sich der nunmehr 34jährige in Amsterdam auf. Zu dieser Zeit wird ihm (von einem »Heren Alartz«) ein Patent auf eine Weltkarte verliehen. Bekannt sind z. B. der Erdglobus von Blaew (1599) und sein Himmelsglobus aus dem Jahr 1603. Er wohnt und arbeitet in Amsterdam »in den Vergulden Sonnewyser« am Wasser. Hier schreibt er Bücher, baut Instrumente und verbessert Landkarten an Hand von Angaben und Unterlagen, die ihm Seeleute zur Verfügung stellen. Er ist ein Tüftler. Es ist naheliegend, daß

Buchdruckerei um die Mitte des 17. Jh. 1640 werden – wie 1740, 1840 und (abgeschwächt) 1940 in Erinnerung an die Erfindung der Schwarzen Kunst »Jubelfeste« abgehalten. Interessant sind hier die »verkeilten« Druckformen. Links im Hintergrund eine »Reichstange«.

Buchdruckerei um die Mitte des 16. Jh. Darstellung einer Buchdruckerpresse in Stumpff's »Schweizer Chronik«. Zürich 1548. Im Hintergrund der Setzbetrieb. Möglicherweise bestehen zum Bild Jost Ammans Abhängigkeiten.

Holzschnitt einer Buchdruckerei im 17. Jh. In der Bildmitte erkennt man eine »Reichstange«. Gebogener metallischer Bengel mit einer »Bengelscheide«. Hier befindet sich der An- und Ablegetisch auf der falschen Pressenseite. Bildnachweis. British Museum, London. Mit freundlicher Genehmigung.

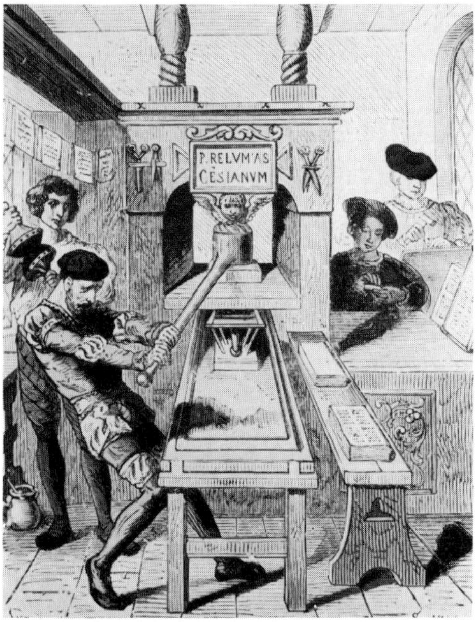

»Imprimerie Parisienne« aus dem 15. Jh. D'apers Rogny-Jehan, libraire a Paris (Sylvestre, Marques typographiques, Carnavalet, vol. 2). Rechts zwei Schriftsetzerinnen. Links unten vermutlich ein Topf mit Leinöl oder Firnis zur Farbzubereitung.

Darstellung einer Buchdruckerpresse. Initial aus einer Leichenrede. 1547. Bildnachweis: G. Fritz, Wiener Schriftguß (Geschichte der Wiener Schriftgießereien von 1482–1923). Wien. 1924. Stark schematisiert und verzeichnet.

Druckermarke des Jacobus De Breda, Deventer 1515. Vermutlich handelt es sich um eine Nachzeichnung der Druckermarke von Josse Bade (Paris, 1507). Die vordere Karrenabstützung fehlt. Verzeichnete Gesamtdarstellung.

Initial aus einem Almanach. Etwa 1510. Möglicherweise handelt es sich um einen Formschneider oder Briefmaler (Briefdrucker), Stempelschneider oder Kartenmacher. Bildnachweis. G. Fritz. Wiener Schriftguß (Geschichte der Wiener Schriftgießereien von 1482–1923). Wien 1924.

er in seiner Eigenschaft als Instrumentenmacher Verständnis für die Probleme der Druckpresse zeigt und um ihre Lösung bemüht ist. Blaew erkennt einige Schwachstellen in der Konstruktion.

Vor allem geht es ihm darum, den relativ harten und zu plötzlichen Anpreßdruck auf ein vertretbares (regulierbares) Maß zu mindern, ohne das Druckergebnis zu verschlechtern. Er geht davon aus, daß ein federnder Anpreßdruck zu einer Verbesserung des Druckergebnisses führt. Dies erreicht er durch den Einbau einer konvexen metallischen Platte, die an den vier Kanten des mehrlagigen metallischen Tiegels heruntergebogen wird. Sie wird durch ein eisernes Schloß mit der Spindel verbunden, daß sie ihre Vertikalbewegung mit ausführt. Ungeachtet dessen besteht nach wie vor die Möglichkeit, den Tiegel separat zu reparieren.

Der Vorteil dieser Konstruktion ist, daß sich beim Andruck eine federnde Wirkung ergibt. Während so eine höhere Spannung in die konvexe Platte gebracht wird – quasi beim Anziehen des Bengels –, entspannt sie sich beim Loslassen. Folglich schnellt der Bengel von allein in seine Ausgangsposition zurück und nimmt den Tiegel mit nach oben. Die Beurteilung der Blaew'schen Pressen zeigt eine Abkehr von den üblichen Formen. Sie hat kein Gesperre und steht frei im Raum. Der obere Querbalken und die Krone sind durch vertikale Flügelschrauben verbunden. Der Bengel ist metallisch und gebogen. Die Kurbel zeigt eine kräftige Ausformung, die Pressenfüße eine doppelte Querverbindung. Die vordere Abstützung des Karrens ist metallisch. Ein einfach gehaltener Farbkasten mit dem darin befindlichen Löser liegt auf der Preßwand. Der hintere Karrenbereich ist gut ausgebildet.

1633 wird Willem Janszoon Blaew Kartograph der Republik und kurz danach auch der Ostindischen Kompagnie. Während dieser Zeit gibt er zahlreiche Veröffentlichungen heraus.[55] Später läßt seine Aktivität nach. Seine Söhne Dr. Joan und Cornelius übernehmen den zur Bloemgracht umgesiedelten Betrieb. Ein Großbrand und die öffentliche Versteigerung seiner Bücher zur Deckung der Schulden verbittern dem geistreichen Erfinder und Publizist. Er stirbt am 21. Oktober 1638.

Blaew'sche Pressen werden vor allem in den Niederlanden eingesetzt. In Deutschland wird u. a. das Zedler'sche Universallexikon (etwa 1740) auf Pressen von Blaew gedruckt. Über ihre sonstige Verbreitung ist bislang wenig bekannt. Neun sollen nach den Musen benannt worden sein.

Druckereidarstellung im Buchdruckerzeichen des Jean les Preux. Paris (1561–1587). Gut ausgebildete Karrenpartie. Der Ablagetisch steht auf der richtigen Seite. Bildnachweis: Silvestre L. C.: »Marques typographiques«

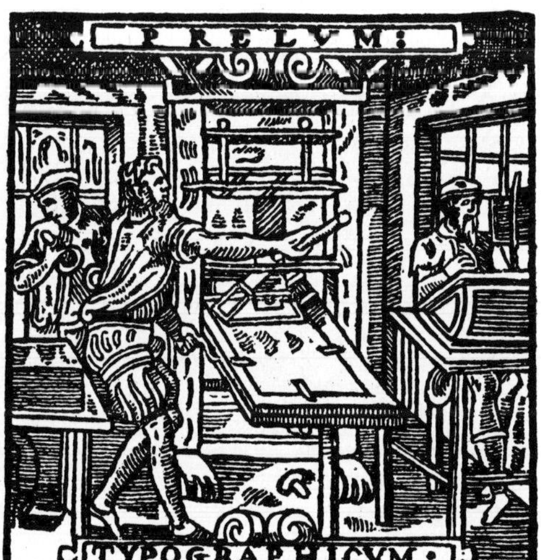

Ausschnitt aus einer Vignette. Druckermarke im Buchdruckerzeichen des Conrad Brade. Paris und Genf (1546–1561). Gut ausgebildete Spindel- und Karrenpartie. Rechts im Bild die Setzerei. Bildnachweis: Silvestre L. C.: »Marques typographiques«

Hier ist zu berücksichtigen, daß die Gewerbe (auch der Drucker) üblicherweise strengen Reglementierungen unterworfen sind. Ein weiteres kommt hinzu: der altgestandene Praktiker ist Neuem gegenüber wenig aufgeschlossen, er trennt sich ungern vom Bewährten, er hat Angst vor Neuerungen. Er ist konservativ, engstirnig und sich in dieser Weise selbst hinderlich. Das ist bis heute so, doch letztlich wird der Kurzsichtige immer der Betrogene sein. Diese Aspekte tragen möglicherweise dazu bei, die weitere Ausbreitung der Blaew'schen Pressen zu verhindern. Ihre Konstruktion und das damit verbundene Gedankengut eilen der Zeit voraus.

Die hier angeschnittene zweite Stufe meiner Theorie bringt eine Vielzahl von technischen Details: sie bestätigt die Richtigkeit der ersten Stufe. Die Presse wird folgerichtig von einer Holz- zu einer Metallkonstruktion gewandelt. Die Änderungen zeigen sich nicht mehr an generellen Erfordernissen, sondern im Detail. Inzwischen steigt der Bedarf an Gedrucktem und damit die Qualitätsansprüche. Die Erfindertätigkeit geht gleichfalls in die Breite. Im Lauf der Zeit entstehen bessere und leistungsstärkere Druckpressen. Wir sehen es an der dritten Entwicklungsstufe.

»Der Papyrer.« Links hinten das Stampfwerk und vorn die Bütte mit dem Schöpfsieb (Beziehung zur Tiegelgröße beachten!). Einfach gehaltene Papiermacherpresse. Der Ausbau des vorderen und hinteren Karrenbereiches erübrigt sich. Bildnachweis: Ständebuch von Jost Amman mit Versen von Hans Sachs. Sigismund Feyerabend. Frankfurt am Main. 1586.

3. Stufe (ca. 1650–1770)
Fertel'sche Presse

Zunächst einmal müssen sich die niedergeschlagenen Menschen von den Wirren des unnützen 30jährigen Religionskrieges erholen. Es erfordert Jahrzehnte: wieder einmal haben sich die Narren wegen religiöser Aberwitz-Ideen sinnlos abgeschlachtet. Wieder einmal haben sie in ihrer Dummheit das mühsam Erreichte überrannt. Nur einen Vorteil hat das kriegerische Morden: es zwingt die Überlebenden zu geistigen Anstrengungen, die sie vorher verachtet haben. Dieser Zwang führt (immer wieder) zu einer Aktivierung des technischen Denkens. Es gilt der Grundsatz: Not macht erfinderisch.

Die oberflächliche Betrachtung der Bilder zeigt wenig Veränderungen. Die Ausnahmen

»Der Briefmaler.« Organisierte Zünfte der Briefmaler und Kartendrucker wehren sich teilweise energisch gegen den »neuen« mechanischen Bücherdruck. Vergleiche Zeittafel am Schluß des Buches: Günther Zainer. 1468.

»Der Schriftgießer.« U. a. ist hier der Gießlöffel zu groß ausgefallen. Vor dem Gießer in dem Korb die gegossenen Buchstaben mit dem »Anguß«, der manuell abgebrochen wird. Bildnachweis: analog der Amman-Bilder.

werden seltener: die Presse der Buchdrucker muß als ausgereiftes Arbeitsmittel verstanden werden, zu deren fachgerechter Handhabung ein »Beruf« erforderlich ist. Gegenüber den Interieurs und Gesamtdarstellungen zeigen sich viele Details. Es ist typisch für eine reifende technische Entwicklung: die Details schieben sich nach vorn. Nur über sie lassen sich weitere wirtschaftliche Vorteile erzielen. Das aufschlußreichste Bild dazu ist das von Abraham von Werdt. Viele andere lassen sich auf das Amman'sche zurückführen.

Detaildarstellungen (zerlegte Pressen) tauchen vor allem in England auf. Das ist kein Zufall. An erster Stelle steht Joseph Moxon. Die metallischen Pressen-Bauteile setzen sich durch. Das Erreichte wird gefestigt. Bengel, Tiegel, Galgen, die vordere Karrenabstützung und Teile der Karrenpartie sind inzwischen aus Metall. Sie haben das weniger belastbare Holz abgelöst. Nun fallen Sonderformen des Tiegels auf. Weiter sind metallische Rollen und verbesserte Punkturen zu erwähnen. Das Lauffebrett wird verbessert und der hintere Pressenbereich wird ausgebaut. Die Preßwände erhalten an bestimmten Stellen inwendige Aussparungen. Es werden extrem leichte und schwere Pressen gebaut. Ein Grund liegt in der inzwischen erreichten Auftragsvielfalt in den Druckstuben. längst werden Zeitungen hergestellt. Er liegt aber auch im handwerklichen Können der Pressenbauer.

Eine Besonderheit ist die massiv gehaltene Fertel'sche Presse von 1723. Sie muß von vornherein für den Druck großer Formate gebaut worden sein. Der Pressenkörper besteht nach wie vor aus Holz. Jetzt werden optische Korrekturen an den Pressen vorgenommen: man erkennt Verschönerungsmaßnahmen. Abbildungen werden durch Allegorien unterstrichen. Schnörkel, Verzierungen, Putten und Abschlußköpfe treten auf. Unter dem falsch verstandenen Begriff der »Schwarzen Kunst« werden unwichtige Details verändert. Sie haben keinen Einfluß auf die Pressenstabilität. Es sind Spielereien – ein Kennzeichen der Epoche, die die Funktionstüchtigkeit nicht beeinflussen. Vereinzelt wird ein Greif als an-

»Der Buchdrucker.« Im Hintergrund der Setzbetrieb. Hier steht der An- und Ablagetisch auf der falschen Seite. Sicherlich um dem Betrachter einen besseren Gesamteindruck zu vermitteln. Bildnachweis: analog der Amman-Bilder.

Blick in den Arbeitssaal der Druckerei im Plantin-Moretus-Museum (Antwerpen). Im Hintergrund stehen die beiden ältesten Pressen. Deutliche Arbeitsteilung zwischen dem Satz- und Druckbereich. Wer sich für die Geschichte der Druckpressen interessiert, muß dieses Museum vor dem Mainzer Gutenberg-Museum besichtigen. Vor allem kann hier der Gesamtablauf eines historischen Druckbetriebes rekonstruiert werden.

genommenes (!) Buchdruckerwappen auf die Krone gesetzt.

Auf Grund meiner Auseinandersetzung mit diesen Dingen glaube ich feststellen zu dürfen, daß, zumindest ab der hier besprochenen Stufe, landesunterschiedliche Pressentypen erkennbar sind. So:

- Englische und niederländische Buchdruckpressen zeichnen sich vor allem durch metallische Bauelemente aus. Der Bengel zeigt eine charakteristische Krümmung. Es ist bekannt, daß besonders von England aktive Impulse kommen, um die Metallpresse zu realisieren. Weitere Beispiele bietet Joseph Moxon.
- Für die niederländischen Pressen sprechen die im Plantin-Moretus-Museum und die von Blaew.
- Französische Buchdruckpressen scheinen gegenüber den anderen auf den ersten Blick etwas kleiner und zierlicher. Sie wirken graziler, oft eleganter (wenn ein solcher Vergleich gestattet ist). Die Karrenpartie liegt im allgemeinen etwas tiefer als bei deutschen Pressen. Das Fundament besteht in der Regel (später) aus Stein- oder Marmorplatten.
- Deutsche und Schweizer Buchdruckpressen wirken teilweise behäbig, robust und massiv. In vielen Fällen bleibt das Gesperre erhalten. Vereinzelt treten das »Him-Ham« und die »Holztute« auf. Der Bengel bleibt überwiegend hölzern.
- Im Gutenberg-Zimmer der Burg von Eltville/Rheingau steht eine möglicherweise florentinische (?) Presse. Sie ist auffallend sauber gearbeitet. Sie zeigt die Kunstfertigkeit der italienischen (?) Pressenbauer. Aus dem südlichen Bereich sind mir sonst keine alten Holzpressen bekannt.

Das Plantin-Moretus-Museum (Antwerpen)[56]

Wer sich mit der Geschichte der Drucktechnik und ihrer Arbeitsmittel befaßt, stößt auf dies wenig bekannte Museum. Ohne Zweifel ist es das Beste, was sich aus den vergangenen Zeiten diesbezüglich erhalten hat. Wie

Christop Plantin. Antwerpen (1555–1589). Kupferstich von Hendrik Glozius. Mit der rechten Hand führt er den Zirkel. Er deutet seine Grundeinstellung an. »Durch Arbeit und Beharrlichkeit« (Frei aus dem lat. übersetzt.)

Balthasar Moretus. Antwerpen (1610–1641). Nach dem Ableben von Plantin übernimmt sein Schwiegersohn Moretus (lat. Moerentorf) den blühenden Druckbetrieb.

sonst hätte Giucciardini[57] in seiner Beschreibung der Niederlande erwähnen können: »Nie hat man in Europa eine derartige Druckerei gesehen, auch jetzt nicht, wo es mehr Lettern jeder Art, mehr Stiche und Werkzeuge gibt, wo die fähigsten und tüchtigsten Männer große Löhne verdienen mit der Arbeit, der Druckberichtigung und der Revision in allen Sprachen, sowohl seltsame als allgemeine, ohne Ausnahme, deren man sich durch das ganze Christenreich hindurch bedient.« Das Wesentliche an dem Museum ist, daß sich unversehrt eine komplett eingerichtete Buchdruckerei erhalten hat: und zwar mit allen Nebenräumen, die dem Museum den Reiz des Besonderen verleihen. Hier spürt man die Atmosphäre der alten Druckstuben. Die technischen Einrichtungen des Mainzer Gutenberg-Museums stehen weit hinter ihm zurück. Im Museum von Antwerpen können verschiedene Pressentypen studiert werden. Die beiden ältesten stammen vermutlich aus dem späten 16. Jh.

Heute sind noch sieben Pressen vorhanden. Pauschal kann man sie in zwei Gruppen trennen: zwei alte, wie oben erwähnt; möglicherweise stammen sie aus der Zeit von Plantin und fünf neuere. Vermutlich stammen sie aus dem frühen 17. und 18. Jh. Daneben steht eine alte Kupferdruckpresse und eine Schraubenpresse mit einer feingearbeiteten hölzernen Spindel. Der große Arbeitssaal hinterläßt den Eindruck, als ob soeben die Gesellen ihren Arbeitsplatz verlassen haben. Die Einrichtung ist intakt. Es kann gesetzt und gedruckt werden. Außerdem läßt sich nachvollziehen, wie damalige Betriebe organisiert sind.

Christoph Plantin

Es ist reizvoll, einmal in ein altes Fachbuch zu schauen. J. H. Ernesti sagt in seiner »Wohleingerichteten Buchdruckerei« von 1733 über Plantin:

»Christopherus Plantinus von Tours, der Haubt-Stadt der Landschaft Touraine (so zu dem Gouverment Orleans gehöret) gebürtig, hatte seine Officin zu Antwerpen, allwo er, nebst deme, daß er die gelehrtesten Leute zu Correctoribus hatte, selbsten alle Bogen revidirte (wiewohl ihm andere Schuld geben, er habe nicht einmal die Lateinische Sprache verstanden) und alsdann erst vor seiner Thür öffentlich aufhienge, mit Versprechung guter Belohnung, wer noch einen Fehler weisen würde. Hierdurch hat er sich die Ehre erworben, daß er vom König Philippo II. am allerersten mit dem Titul Architypographi oder Prototypographie regii begnadigt wurde, und auf dessen Kosten A (= Anno) 1571 die Biblia Polyglotta in 8 Tomis (= Bänden) druckete. Er hatte 12 Pressen, und kunte mehr als 100 Sprachen drucken, daß also Hubert Golzius seine Buchdruckerei als das achte Wunderwerk der Welt gepriesen. Seine älteste Tochter gab er dem Francisco Raphelengio, welcher bei ihme Corrector war. Wegen der Kriegs-Troublen begab er sich mit einem Theil seiner Druckerei nach Leiden: und Raphelengius führete in dessen Abwesenheit das Werk zu Antwerpen fort. Nachgehends kam er wieder zurück: und Raphelengius dargegen übernahm die Druckerei zu Leiden. Endlich gerieth er in grosse Schulden, und verschied den 1. July 1589 zu Antwerpen im 75. Jahr seines Alters. Wornach Ioannes Moretus, dessen anderer Schwieger-Sohn und nachhero Balthasar Moretus, der Enkel, die Buchdruckerei fortgeführet, und in einem solchen Flor erhalten, daß die Spanische Infantin Isabella, im Jahr 1631 die Königin Maria de Medici aus Frankreich hinein geführet, und ihr solche zeigen liesse. Das Sinnbild des Plantini, so daessen Eidame (veraltet für: Schwiegersohn) meistentheils behalten, war ein Circul, welchen eine Hand aus den Wolken regierete. Wenn der Daume auswärts gekehret, so halten den Zettel mit der Unterschrift: Labore & Constantin (Arbeit [Fleiß] und Beständigkeit), zur Rechten ein stehender Mann, so ein Grabschneider; zur Linken eine Weibs-Person, so ein großes Creutz in den Händen haben. Wenn der Daume einwärts verborgen bleibet, so sind auch die beigesetzten Worte verkehrt zu lesen: Constantia & Labore: und die Tugend-Bilder sitzen zu beiden Seiten.«[58]

Die verschnörkelte Sprache des frühen 18. Jh. ist ein Beispiel dafür, wie die alten Fachbücher des Gewerbes orientiert sind. Bei aller Lobhudelei (einem Kennzeichen der Epoche) fehlt es den Autoren in der Regel an Fachwissen und Kritikfähigkeit: es wird mehr ab- und umgeschrieben als gedacht. So schleichen sich selbst bei Ernesti sachliche Fehler ein, die wir heute erfreulicherweise berichtigen können.

Oben: geöffnete Darstellung der weitgehend unbekannten (ältesten) deutschen Druckpresse. Einfache, auf die Grundbedürfnisse des Drukkens zugeschnittene Konstruktion. In den herausgezogenen Schubfächern werden Titelschriften und Vignetten gelagert. Unten: Lediglich die Karrenplatte und der Tiegelmechanismus geöffnet. Hier erkennt man die Nähe zum »Möbelstück«.

»*Buchdruckerye to Haarlem gevonden ontrent het jaar 1440.*« *Holländische Buchdruckerei aus dem ersten Drittel des 17. Jh. Der An- und Ablegetisch besteht aus einem einfachen hölzernen Kasten und befindet sich auf der richtigen Seite der Druckpresse. Verwendung eines* »*Anschlagbrettes*« *von der Decke.*

Holländische Buchdruckerei aus dem ersten Drittel des 17. Jh. Titelkupfer zu Sriverius Laure-Creans. Überschrieben mit: »*Typographia Harlemi Primum Inventa, Anno 1440.*« *Am Oberbalken erkennt man die Werkzeuge zum Ein- und Zurichten von Form und Presse.*

Christoph Plantin wird um (?) 1520 in Frankreich geboren. Er ist Lehrling bei dem seinerzeit berühmten Drucker Robert Mace II. in der Normandie. Er heiratet und läßt sich 1549 in Antwerpen nieder. Zu dieser Zeit ist er Buch*binder* und Lederarbeiter. Durch einen Unfall bedingt, kann er diese Tätigkeiten nicht mehr wahrnehmen. Wir finden ihn danach als Buch*drucker.* Plantin hat sich vorgenommen, eine umfassende und im Zeichen der Zeit wissenschaftliche Bibelausgabe herauszubringen. In der Zeit von 1558 – 1562 entsteht die »Biblia Regia« (Biblia Polyglotta) in fünf Sprachen. Nach wie vor ist sie das Meisterstück des Unternehmens. Mit ihm beginnt die Blütezeit des Ansehens der Druckerei. Das Unternehmen soll die für die damalige Zeit unwahrscheinliche Zahl von 16–22 Pressen betrieben haben. Bedingt durch die Spanische Meuterei (1576) geht die Produktion erheblich zurück. 1577 stehen noch fünf Pressen im Betrieb. Plantin wird Drucker der Universität von Leiden. Nach einer kurzen Unterbrechung in Köln kehrt er nach Antwerpen zurück. Hier ist er bis zu seinem Tod am 1. Juli 1589 als Verleger und Drucker tätig. In seiner etwa 34jährigen Druckertätigkeit veröffentlicht er mehr als tausend Werke. Manche Fachhistoriker sehen in ihm den ersten »industriellen« Drukker und vergleichen ihn mit Anton Koberger.

Von den fünf Töchtern Plantins sind drei mit Mitarbeitern der Druckerei verheiratet. Eine davon mit Jan Moerentorf (lat. Form = Moretus: 1543–1610). Er wird testamentarischer Besitzer der Druckerei und des Ladens in Antwerpen. Moerentorfs Sohn Balthasar I. übernimmt den Betrieb 1610. Als er am 8. Juli 1641 stirbt, gibt ein Sohn seines Bruders noch einige Werke von Bedeutung heraus. Ab der zweiten Hälfte des 18. Jh. geht das Produktionstempo und mit ihm das Ansehen des Unternehmens zurück. 1876 geht das Haus mit Inventar in den Besitz der Stadt Antwerpen über, die es als Museum zugänglich macht. Für die Entwicklung der technischen Geschichte des Handwerks der Setzer und Drukker ist es ein Kleinod. Im Mainzer Gutenberg-Museum wird die Geschichte der Technik zu wenig gewürdigt. Das ist insofern bedauerlich, weil erst sie das – gedruckte – Wort ermög-

Druckermarke des Theodor De Borne (1509–1530). Links die Setzerei, im Mittelteil die Preßgesellen und rechts möglicherweise der Faktor oder Korrektor. Deutlich herausgearbeitete Kurbel an der sonst groben Darstellung. Links unten vermutlich ein Feucht(e)-zuber oder ein (Öl)-Firnis-Behälter.

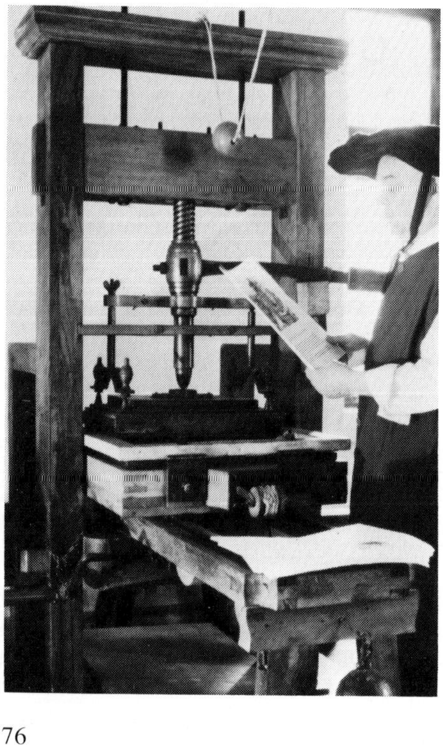

licht. Das Nachhinken der Mainzer zeigt sich gleichfalls an der Tatsache, daß ihnen die vermutlich älteste deutsche noch erhaltene und funktionstüchtige Buchdruckpresse unbekannt geblieben ist.

Die Druckpresse des »Gymnasium illustre«

Es ist ein Kuriosum der technischen Geschichtsschreibung, daß sich in Hamm/Westfalen eine alte hölzerne Presse im Original erhalten hat – die außerdem als Nachbau im Städtischen Gustav-Lübe-Museum steht –, über die fast nichts bekannt ist. Es ist schon merkwürdig. Sie müßte im Gutenberg-Museum als Replikat stehen; meines Wissens ist es die älteste noch erhaltene Buchdruckerpresse in unserem Sprachraum. Von der Konstruktion her ist sie als einmalig zu bezeichnen. Mit ihr haben sich verschiedene Alphabete und Ziffern aus Birnbaumholz erhalten. Gilt sie doch unter ihresgleichen als eine neue Form, die ein Jahrhundert nach Gutenbergs Erfindung berufen war, die ältesten Pressen abzulösen. Sie stellt eine Besonderheit dar, da etwas Ähnliches aus jener Zeit nicht bekannt ist. Über den Erbauer der Presse wissen wir nichts. Wohl aus praktischem Bedürfnis wird die neue transportable Presse entwickelt. Sie ähnelt einem Kasten mit schmalem Aufsatz und steht auf Klauenfüßen. Sie ist um 1550 (?) entstanden. Ihre Maße betragen 82,5 bzw. 126 cm in der Höhe und 40 cm in der Breite. Werden die geöffneten Teile zugeklappt, ist die Presse an den beiden Handgriffen leicht fortzuschaffen. Auf dem unteren Teil mit seinen Schubfächern liegt ein Drucktisch mit dem fahrbaren Schlitten (= Karren) und dem Druckrahmen (= Schließrahmen). Der Druckmechanismus hängt an einer Zahnleiste im Aufsatz. Am Kopf der hölzernen Achse fehlt der bewegliche Hebel und am eisernen Stift (!) der Walze (= Welle) des Drucktisches fehlt die Kurbel.

Von der technischen Seite her gesehen ist es eine originelle Konstruktion, die von allen anderen bekannt gewordenen Pressentypen der davorliegenden *und* der späteren Zeit abweicht. Sie ist auf ein kleines Format ausge-

Buchdruckerei im zweiten Drittel des 16. Jh. Druckpresse im Buchdruckerzeichen des Eloy Gibür, Orleans (1556–1588). Sehr gut ausgebildete Tiegelpartie. Über der »Büchse« erkennt man den Leimtopf (?) als Hinweis für das ausgeschnittene Rähmchen. Aus: L. C. Silvestre: »Marques typographiques«.

legt: deshalb kann sie so kompakt gehalten werden. Sie verfügt über das Notwendigste, das zum Drucken erforderlich ist. Ihr Drucksystem ist einfach und störanfällig. Größere Formate können nicht abgedruckt werden. Sie ist auffallend leicht gebaut, steht frei im Raum, verfügt kaum über metallische Bauteile. Sie gleicht eher einem handwerklichen Schmuckstück der späten Renaissance als einer fachgerechten Druckpresse. Ein Beweis, daß die Pressenbauer eigene Wege gehen.

Über ihre Frühdrucke ist nichts bekannt. Möglicherweise gehen wichtige Unterlagen im 30jährigen Krieg verloren. Der Druckbetrieb in Hamm blüht nach dem verheerenden Krieg wieder (?) auf. Die Presse steht mitsamt dem Drucker im Dienst des Gymnasiums. Die erste Offizin liegt möglicherweise in der Eylerstraße. Als erster Drucker wird Bernhard Wolphard (Bernd Wolphard) genannt. Er trägt den Titel eines »Gymnasii illustris typographus« und ist bis 1698 tätig.[59] Gedruckt werden Arbeiten der Professoren, Prediger und Studenten. Die Bücherei des Museums besitzt Disputationen und Dissertationen aus der Zeit von 1672 – 1747. Außerdem werden Drucke fabriziert, die sich der Abwehr der schwärmerischen (protestantischen) Sekte der sogenannten »Labadisten« widmen. Das Gymnasium wird 1781 geschlossen. Mit dem Niedergehen der Schule wendet sich die Druckerei Fremdaufträgen zu. Jetzt ergibt sich für den Druckbetrieb das Problem, die Auftragsvielfalt des »freien« Marktes in Angriff zu nehmen. Seine Presse ist denkbar ungeeignet. Hier zeigen sich die Nachteile der »alten« Presse, die von Anfang an auf einen bestimmten Zweck – Versorgung der Schule – ausgerichtet ist. Diese Einengung wirkt sich hemmend aus. Auf der alten Presse wird bis um 1825 gedruckt. Um die gleiche Zeit setzen sich die »Schnellpressen« (= Buchdruckmaschinen) durch. Die bis dahin bemerkenswerte technische Entwicklung ist an der Presse in Hamm spurlos vorbeigegangen.

Die Tatsache, daß diese Presse weitgehend unbekannt ist, wirft einen Schatten auf die Gutenberg-Forschung. Sie pflegt mehr das gedruckte Wort, fragt aber zu wenig danach, wie es technisch realisiert wird. Ohne Technologie auf dem Sektor der Papiermacherei, der Stempelschneide-, Setz- und Druckvorgänge ist die gesamte Entwicklung unmöglich: mit ihr das gedruckte Wort. Technische Aspekte werden hier unterbewertet, wenngleich sie es sind, die den Fortschritt ermöglichen.

Ausschnitt der im Turmzimmer der Burg von Eltville (Rheingau) befindlichen Druckpresse. Nach mündlichen Überlieferungen soll es sich um eine norditalienische Presse handeln. Deutliche Trennung der Holz- und Metallpartien. Die Metallteile sind äußerst fein gearbeitet. Guter Ausbau des vorderen Karrenbereiches.

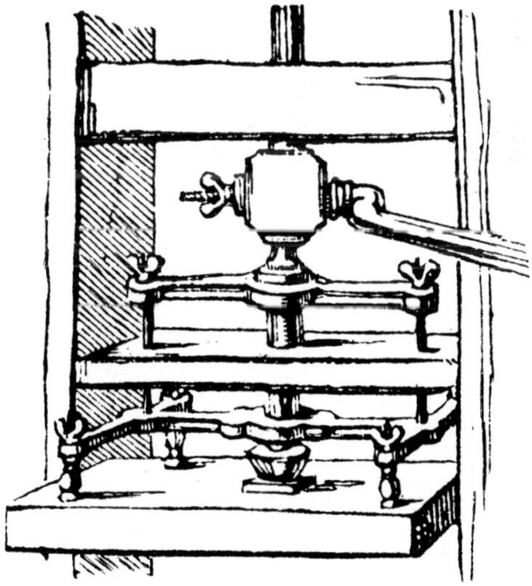

Konstruktionsdetails einer metallischen Spindel- und Tiegelpartie, wie sie in etwa der möglicherweise italienischen Druckpresse entspricht. Die Spindelspitze ist verstärkt und läuft in einem »Pfännchen« aus. Verwendung von Flügelmuttern.

Der »Schrift- und Filetschneider ... auch Schriftgießer« Johann Wilhelm Haas, der Begründer der Haas'schen Schriftgießerei. Gest. am 15. Juni 1764.

4. Stufe
Die Haas'sche Schriftgießerei von 1740 bis 1852 unter besonderer Berücksichtigung der Haas'schen Buchdruckerpresse[60]

In sechs kurzen Abrissen wird ein Stück technischer Handwerksgeschichte geschildert. Es beleuchtet die Herausbildung der Druckpresse im 18. Jh. und einige Schweizer Aktivitäten. Noch ist die Haas'sche Presse weitgehend unbekannt, wenngleich sie es ist, die der Stanhope-Presse und der Schnellpresse zum Durchbruch verhilft. Nicht nur von den konstruktiven Überlegungen her, sondern mehr aus der daraus resultierenden veränderten Denkweise innerhalb der Druckstuben, vom Angewöhnen neuer, besserer Techniken in der täglichen Praxis. Dies in einer zunftsorientierten Zeit eingeleitet zu haben, ist ein wesentliches Verdienst der Familie Haas neben der Leitung ihres anerkannten Schriftgießerei-Unternehmens in den ersten drei Generationen.

Nürnberger Einfluß

Nürnberg ist früh dem graphischen Gewerbe und seinen Vorstufen verbunden. Um 1390 baut Ulman Stromeir die ehemalige, den Burggrafen gehörende Wassermühle (Glesmul) zu einer Papiermühle um.[61] In der Koberger'schen Offizin stehen 24 Druckpressen: mehr als 100 Arbeiter werden beschäftigt.[62] Um 1550 erreicht die Stadt die Blüte ihrer Macht. Längst ist das Nürnberger Stadtrecht zum Vorbild für andere geworden. Bedeutende Erfindungen und Persönlichkeiten verhelfen ihr zu Ansehen. Man denke an den Globus von Behaim, die Nürnberger Eier[63], an Dürer (der vielleicht eine Presse betrieben hat, aber auf jeden Fall eine zeichnet)[64] oder an Jost Amman[65], von dem das am häufigsten kopierte Bild einer Druckstube stammt. Mag sein, daß es sich dabei um eine Nürnberger Druckerei handelt. Nach dem Ende des 30jährigen Krieges zeigt sich das Chaos: aus einer blühenden und reichen Stadt wird ein Trümmerhaufen. Der Niedergang zeigt sich im Rahmen der allgemeinen Verwüstung.[66] Als der Begründer der Haas'schen Unternehmung hier am 12. Oktober 1698 das Licht der Welt erblickt, hat sich die Stadt von den bösen Schrecken erholt. Nürnberg ist (wieder) eine ausgeprägte Handwerks- und Handelsmetropole mit vielschichtigen Berufszweigen. Die der Metallbe- und -verarbeitung (Goldschmiede/Zinngießer) zeichnen sich vor anderen aus.

Vor kurzem ist in Leipzig die Monatsschrift »Scherz- und ernsthafte vernünftige und einfältige Gedanken über allerhand lustige und nützliche Bücher und Fragen«[67] herausgekommen. Mouton, ein bekannter Astronom, schlägt zur Änderung seither willkürlichen (Körper)maße ein natürliches System vor; erst später nimmt man seinen Vorschlag an. Wenngleich es schon damals in England ein Schriftgrößensystem von zehn Graden gibt[68], ist das typographische ein Nachzügler.[69] Nachfolger von Wilhelm Haas nehmen auf diese Entwicklung Einfluß. 1689 veröffentlicht der Architekt und Ingenieur Georg Andreas Böcklern in Nürnberg sein »Radier-Büchlein«. Er gibt darin Anweisungen, wie »... man mit Scheidewasser umzugehen habe ... eine kurtze Beschreybung wie auff Kupfferplatten abzudrucken sey, sammt einer Zugabe von der Herold/Mahl- und Reißkunst mit dazugehörigen Figuren«. Mit der Übersetzung des Werkes aus dem Französischen entsteht eines der ersten Fachbücher.[70]

Johann Wilhelm Haas

Ursprünglich stammt die Familie Haas aus Friedrichsdorf bei Görlitz. Der Ahnennachweis gelingt bis zum Jahr 1583.[71] Berufe wie Gärtner, Maurer, Tuch-, Trompeten- und Posaunenmacher kommen dabei vor.[72] Während seiner Jugendjahre bleibt Johann Wilhelm Haas im elterlichen Haus und beginnt 1712 eine Lehre als Stempelschneider und Schriftgießer. Später bezeichnet er sich als »Schrift- und Filetschneider ... auch Schriftgießer«.[73] Schließlich tritt er in den Dienst von Rudolf Genath in Basel.[74]

Am 5. Juli 1737 heiratet er eine Nichte seines Arbeitgebers und erhält den Beisassenschutz des Kleinen Rates. Pläne, sich im nahegelegenen Biel niederzulassen, zerschlagen sich. 1758 erhält Haas mit seinen Angehörigen das Basler Bürgerrecht. Um die gleiche Zeit bemüht sich der Franzose Pierre Simon Fournier, die in den Schriftgießereien und Buchdruckereien willkürlich gewordenen Schrifthöhen und -weiten zu vereinheitlichen.[75]

Haas ist ein guter Fachmann. Wie sonst könnte Rudolf Genath (der Jüngere: 1679–1740) vermerken, als sein Geschäft merkbar zurückgeht: »... durch sonderbare Göttliche Fügung undt zu meinem Glückh fügte es sich, daß Herr Johann Wilhelm Haas von Nürnberg sich bey mir eingefunden ... wie nun derselbe nicht nur das Buchstabengießen, sondern auch die Stämpel zu schneiden, die Matrizen zu schlagen, die Form und Model, auch anders, so zu dieser Kunst erforderlich ist, zu verfertigen vollkommen verstehet, anbey eine sondere Embsigkeit und Fleiß angewendet ... er habe in den 19 Jahren, in denen er bei ihm gedienet, seine ‚Buchstabengießerey' und Anschaffung newer Schrifften und mit Verbesser- und Ergänzung der alten in einen solchen Stand gestellet, daß allen Buchdruckern, so hiesigen wie främden, ja etwan sehr weit entfernten mit meinen Charakteren, die sich zugleich wegen ihrer guten Materia und Zeug, das ich dazu gebrauchte, recommendierten, nach Vermögen aufwarten und dadurch meinen Nutzen fürderen könte.«[76]

Sicher ernennt Genath Haas angesichts seiner Tüchtigkeit zum Teilhaber und Erben seiner Gießerei. Der Betrieb geht im Herbst 1740 in das Eigentum von Haas über, der ihn unter eigenem Namen weiterführt. Kurz danach wird sein Sohn Wilhelm geboren.

Aus dieser Zeit gibt es Gießzettel, die den Geschäftsbetrieb rekonstruierbar machen. Beispielsweise liefert Haas 1757 eine Non-

Wilhelm Haas-Münch, genannt der Vater (1741–1800), Stempelschneider und Schriftgießer in Basel. Markante politische und militärische Persönlichkeit zur Zeit der Helvetik. Ausschnitt aus einem Ölgemälde von Anton Hickel. Er hantiert mit den Stempeln und deutet so auf seine Tätigkeit.

Erklärung
einer
neu-erfundenen und gemeinnützlicheren Einrichtung
der
Stück-Linien und Zwischenspäne
mit den dazu gehörigen Tabellen
nebst einer Anmerkung
über die
gegossenen Stege
zum Nutzen der Buchdrucker-Kunst
herausgegeben
von Wilhelm Haas.

Basel 1772.

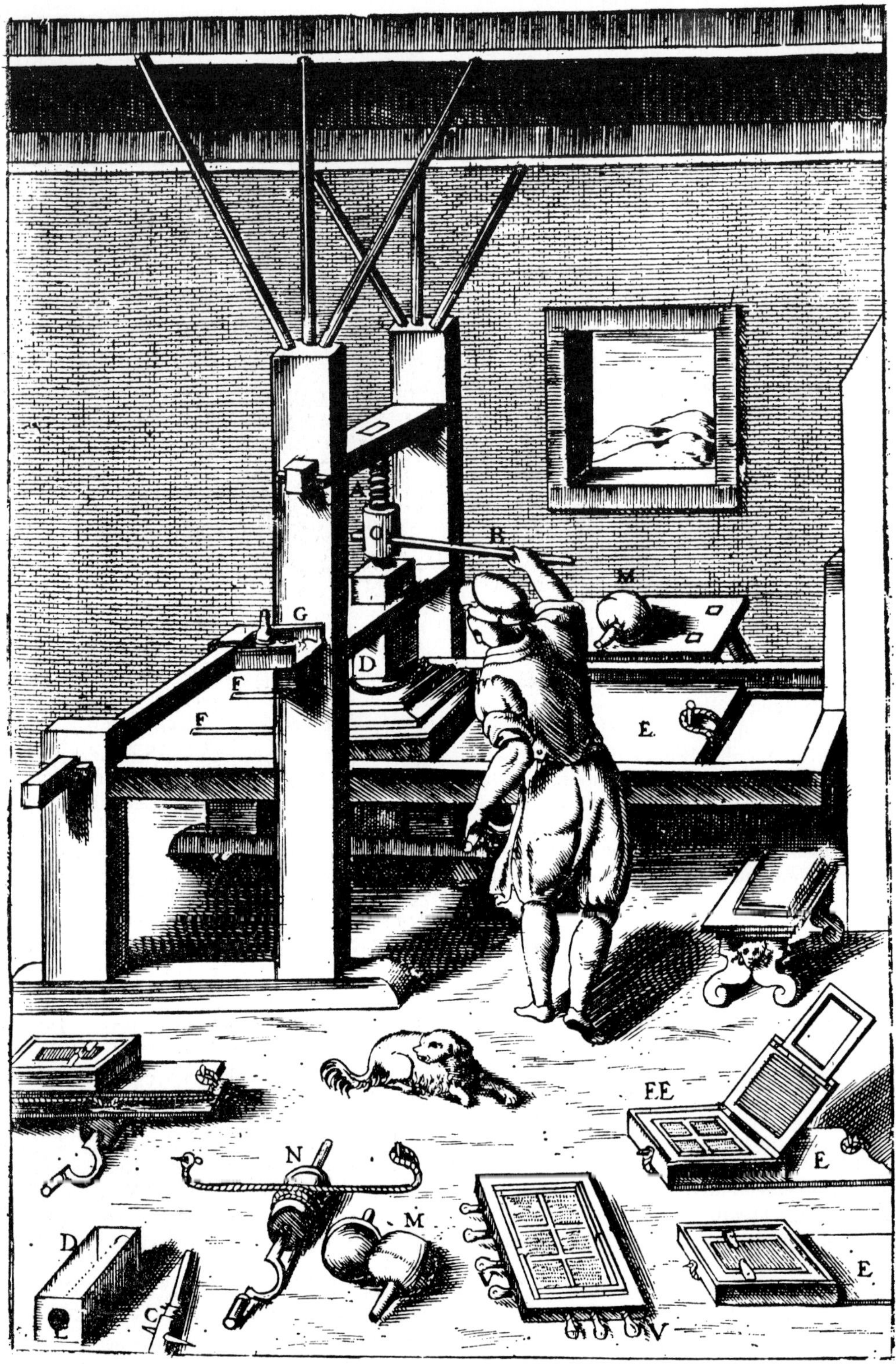
A
C
B
M
G
D
F
F
E
FE
E
N
M
D
C
E

pareille[77]-Fraktur an Cotta[78] nach Stuttgart. Rasch entwickelt sich eine rege Geschäftstätigkeit. Es ist nicht bekannt, wo sich die ersten Arbeitsräume befinden. Nach dem Tod des ersten Arbeitgebers bezieht Haas das benachbarte Haus in der Steinenvorstadt Nr. 30. Johann Wilhelm Haas stirbt am 15. Juni 1764. Er hinterläßt den aufstrebenden Betrieb seinem Sohn Wilhelm, der später Wilhelm Haas (der Vater) genannt wird.

Wilhelm Haas-Münch

erhält eine ausgezeichnete Ausbildung. Er wird Schüler des seinerzeit berühmten Mathematikers Bernoulli.[79] Wilhelm zeigt früh Verständnis für mathematische Zusammenhänge und technische Probleme. Sie kommen ihm später zugute. Erst ist er bei seinem Vater beschäftigt. Nach dessen Tod (1764) heiratet er Anna Münch, erwirbt das Anwesen in der Leonhardtstraße »zum hohen Eck« und verlegt dorthin den Betrieb. Außerdem erwirbt er 1770 die Offizin von Pistorius.[80]

Wilhelm Haas konzentriert sich auf die Verbesserung des typographischen Systems, besser: des dazugehörigen Blindmaterials[81] und erkennt dabei Unzulänglichkeiten des seither verwendeten Zeilendurchschusses. Zur Erläuterung verfaßt er eine »Erklärung einer neuerfundenen und gemeinnützlichen Einrichtung der Stück-Linien und Zwischenspähne mit dazugehörigen Tabellen«.[82] Dieses System kann sich weitgehend durchsetzen, was regional zu verstehen ist. Noch um 1850 wird damit gearbeitet. Gleichzeitig trägt er sich mit Gedanken, die Handpresse der Buchdrucker zu verbessern. Bei seinen konstruktiven Überlegungen greift er vor allem auf die Münzpresse zurück.[83] Nach einem kleinen Modell erhält der Lörracher Schlosser Heinel den Auftrag, eine Presse zu bauen. Er soll sich später als Erfinder ausgegeben haben.

Viele der Pressen sind äußerlich noch aus Holz. Haas geht bei seinen Überlegungen und der daraus resultierenden Stein-Eisenkonstruktion – in einer zünftigen Zeit – einen gewagten Schritt nach vorn. Durch *seine* Presse fühlen sich die in Basel eingebürgerten Buchdrucker benachteiligt. Gemeinsam reichen sie beim Kleinen Rat eine Beschwerde ein.[84] »... Wilhelm Haas sei, wie sein Vater, nur als Schriftschneider und -gießer in das Basler Bürgerrecht aufgenommen (nicht als Buchdrukker) ... niemand dürfe zugelassen werden, der durch einen Doppelberuf eingesessenen Mitbürgern Schaden zufügt ... sie verlangen, daß Haas alles Büchersetzen und -drucken verboten wird.«

Freilich wehrt sich der Gebildete gegen die angestrebte Einschränkung seiner Vorhaben und weist die Klage schriftlich zurück,[85] wobei er die Gesinnung der Kläger verurteilt. Schließlich werden die Parteien an eine Bücherkommission verwiesen, die einen Vergleich herbeiführen soll. Haas wird gestattet, seine Presse vorläufig weiter zu benutzen, wenn er auf den Druck von eigenem und fremdem Bedarf verzichtet.[86] Der endgültige Bescheid ist für ihn negativ. 13 Jahre später macht er sich an den Bau einer verbesserten Druckpresse. »... allein das Vergnügen, das ich über den glücklichen Erfolg meiner Bemühungen empfand, war von kurzer Dauer. Widrige Vorfälle, die ich gern unter dem Schleier der Vergessenheit ruhen lassen will, hemmten mich auf einmal und auf lange Zeit im Fortgange meiner Unternehmung. Erst 1787 haben mir günstige Umstände erlaubt, den zerrissenen Faden wieder aufzunehmen und mehrere mit meinen Verbesserungen ausgerüstete Pressen für die neu errichtete Buchdruckerei meines Sohnes aufzustellen.«[87]

Zu den angedeuteten »widrigen« Vorfällen schreibt P. Wegelin, ein St. Galler Buchdrucker, in einer 1836 erschienenen Gelegenheitsschrift nach einer kurzen Andeutung über die Konstruktion der Haas'schen Presse: »Allein, so ehrenvoll für ihn und nützlich für die Buchdruckerkunst die Erfindung war, und so unverkennbare Vorzüge seine Presse vor der sogenannten Deutschen hatte, zog sie ihm dennoch, statt Anerkennung und Aufmunterung, viele Verdrießlichkeiten von seiten der Buchdruckereibesitzer Basels zu, die nicht zugeben wollten, daß Haas eine solche Presse in seinem Haus aufstelle und als ‚Buchdrucker' davon Gebrauch mache, weil er die Kunst nicht nach ihren Gesetzen und Gebräuchen erlernt hatte, wiewohl er sie theoretisch und praktisch kannte.«[88] Ein früherer Biograph erwähnt: »... neu vor allem war ..., daß er den

◀ *»TORCHIO PER STAMPARI LIBRI.« Buchdruckpresse in Vittorio Zonca »Novo teatro«, Padua 1607. Es handelt sich um eine der ersten Abbildungen, die im Vordergrund »zerlegte« Pressenteile zeigen. Massiver Unterbau. Kräftig ausgebildeter Tiegel. Zu schwaches »Gesperre«. Der Vergleich dieser Presse mit den Haas'schen Konstruktionen macht die Entwicklung deutlich.*

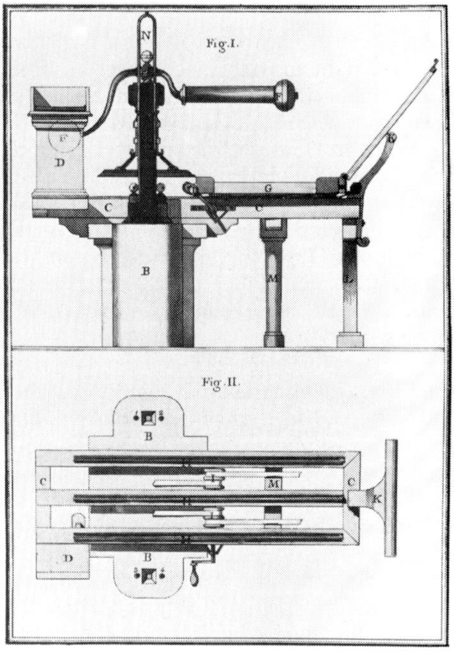

Oben: Seitenansicht der geöffneten Haas'schen Presse. Deutlich erkennt man die Anordnung der Karrenplatte und den gekröpften Bengel, die Kurbel und den (noch) »offenen« Farbbehälter. Beschreibung: siehe Tabelle.
Unten: Aufsicht auf die Karrenpartie der Haas'schen Presse. Der Bewegungsmechanismus ist erkennbar. Einsatz von »Gleitkufen«, um das Bewegen der Karrenplatte leichter zu gestalten. Funktion der Kurbel wird deutlich.

Wilhelm Haas-Decker, genannt der Sohn (1799–1838). Schriftgießer und Buchdrukker in Basel. Ausschnitt von einem Ölgemälde. Vermutlich von Rosalie Wieland-Rottmann.

bisher aus Holz gefertigten Tiegelführer durch einen eisernen ersetzte und die ganze Maschine auf einen Steinsockel montierte«.[89]

Außerdem ist möglich, daß unabhängig von Haas ein Schlosser aus Gera die sogenannte »Tretpresse« konstruiert, auf die ich weiter unten zurückkomme.

In der Zwischenzeit hat sich im graphischen Gewerbe viel ereignet. Francois Amrois Didot und sein Sohn Firmin übernehmen Teile des alten Fournier'schen typographischen Systems. Der Göttinger Professor Köhler veröffentlicht eine Geschichte der Erfindung der Buchdruckerkunst. Der Deutsche Buchhändlerverein wird 1767 gegründet. Alois Senefelder, Johann Friedrich Gottlob Koenig und Andreas Friedrich Bauer sind geboren. Sie werden später maßgebliche Erfindungen vollziehen. Thomas Bell erhält ein Patent auf eine Stoffdruckmaschine. In Deutschland erfolgt die Gründung der Druckfarbenfabrik Huber. 1789 entdeckt man das galvanische Prinzip. Unter diesen Gesichtspunkten ist das Wirken von Haas in eine Reihe wichtiger Veränderungen gebettet.

1793 veröffentlicht Wilhelm Gottlieb Kirchner eine »Anweisung in der Buchdruckerkunst, soviel sie das Drucken betrifft«. Sie erscheint in Goslar. Darin beschreibt er auch die »neue« Presse von Haas, mit der ich mich jetzt näher beschäftige.

Die Haas'sche-Presse

1772 bringt Haas seine »Beschreibung einer neuen Buchdruckerpresse« heraus:[90] »Seit Erfindung der Buchdruckerkunst ist vielleicht die Presse das einzige Werkzeug, um dessen Verbesserung man sich am wenigsten bekümmert hat, und doch ist sie es einzig, die den Fleiß und die Geschicklichkeit des Schrift-

Gesamtansicht der geöffneten Haas'schen Presse von Haas dem Vater, etwa 1780. Sie ist auf einen Steinsockel montiert und steht frei im Raum. Erläuterung dazu auf der untenstehenden Tabelle.

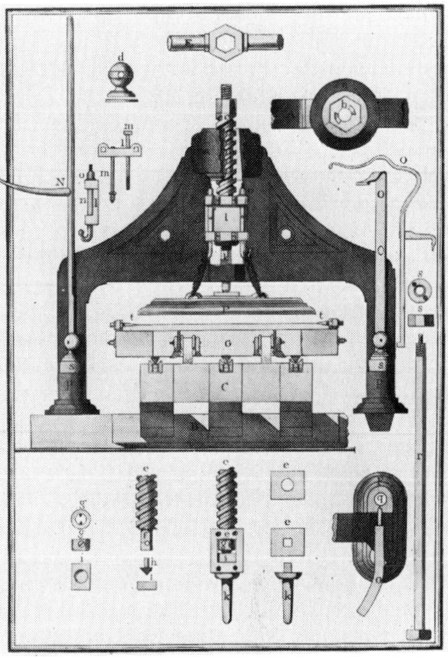

Die wichtigsten Konstruktionsdetails der Haas'schen Buchdrucker-Presse, etwa 1780. Interessant ist die Einbringung der Tiegelpartie in den metallischen Bogen. Erläuterung der Details siehe untenstehende Tabelle.

Erklärung der einzelnen Buchstaben zu den technischen Abbildungen der Haas'schen Presse:

- A. Eiserner Bogen
- B. Steinerner Fuß
- C. Rost aus »festem Holze«
- D. Farb(e)kasten
- E. Balanzier
- F. Schwunggewicht(e)
- G. Karren
- H. Eiserne Rinnen
- I. Kurbel
- K. Anlage des Deckels
- L. Ruheständer
- M. Mittelständer
- N. Ballenknecht
- O. Bengelschnalle
- P. Tiegel

- a. Kopf des Preßbogens
- b. Metallische Spindelmutter
- c. Spindel
- d. Metallischer Knopf
- e. Metallischer Schließbolzen
- f. Verdünntes Ende des Schließbolzens
- g. Eiserne Zwinge
- h. Stählerne Spitze
- i. Stählernes Pfännlein
- k. Zapfen
- l. Metallische Platten
- m. Durchgehende Schrauben
- n. Haken
- o. Schraubenmutter
- p. Preßfuß
- q. Löcher des Preßfußes
- r. Muttern

schneiders, des Gießers und des Setzers gleichsam vollendet und erhebt. Ohne Vollkommenheit der Presse kann auch der emsigste Drucker nie eine große Anzahl Bogen so rein abziehen, als es schön gebildete und gut geordnete Buchstaben verdienen. Es ist sich also billig zu wundern, daß man nach Erfindung der Presse einen Zeitraum von mehr als 300 Jahren hat verstreichen lassen, ohne auf die Vervollkommung dieser Maschine zu denken: denn in den meisten Buchdruckereyen werden die Pressen der Alten, mit mehr oder weniger unbedeutenden Veränderungen fortgebraucht, ja, wenn man einen großen Theil unserer Bücher mit den alten, denen sie in Ansehen des gleichen und guten Druckes oft weit nachstehen, zusammenhält, möchte man zu dem Einfall kommen, daß die Presse in neueren Zeiten eher vernachlässigt, als verbessert worden sey.«[91] ... Hier täuscht sich Haas. Er sagt weiter:

»... die Bauart der gewöhnlichen Pressen ist allgemein bekannt: Das Hauptgestelle von Holz, mit mehr oder minderm Fleiß zusammengefügt und oft an den wesentlichen Teilen zu schwach, leidet durch jede merkliche Veränderung der Witterung, und ist selten stark genug, um die dazugehörigen Theile von Metall in genauer Verbindung, und besonders in der bey dieser Maschine so nothwendigen Festigkeit zu erhalten: Daher kömmt es auch, daß ein Drucker, welcher über den Erfolg seiner Arbeit nicht ganz gleichgültig ist, mit großem Zeitverlust auf allerhand Vortheile und Handgriffe bedacht seyn muß, um die Fehler seiner Presse, soviel thunlich, zu verbessern, und ihre Mängel zu ersetzen. Außerdem nehmen die Pressen von alter Bauart sehr viel Raum ein, sie verdunkeln wegen ihrer Höhe die Zimmer, und werden durch das unvermeidliche Gesperre[92] den Gebäuden nachtheilig.«[93]

Aus praktischer Sicht ist es eine Anspielung auf Handgriffe, die Buchdrucker beherrschen *müssen,* um das Tagewerk zu bewältigen. Da ist z. B. das fachgerechte Einbringen von »Bauschen« unter dem Oberbalken, oder regional unterschiedlich das »Him-Ham« oder »Bim-Bam« gemeint. Selbst das Schneiden der Rähmchen wird unterschiedlich gehandhabt. Alleine die Ausbildung der Tiegel- und Spindelpartie an den von Haas als »alt« bezeichneten Buchdruckerpressen zeigt, daß an ihrer Verbesserung gearbeitet wird. Also täuscht sich Haas auch hier. Es ist verständlich, daß er seine Ideen nach vorn schiebt.

BESCHREIBUNG UND ABRISSE

EINER NEUEN

BUCHDRUCKERPRESSE

ERFUNDEN IN BASEL

IM JAHRE 1772

UND

ZUM NUTZEN DER BUCHDRUCKERKUNST

HERAUSGEGEBEN

VON

WILHELM HAAS dem Vater.

Labor improbus omnia vincit.

Gedruckt bey WILHELM HAAS dem Sohne

MDCCXC.

XVII a

»Diese Unvollkommenheiten einer so wichtigen Maschine haben seit langem meine Aufmerksamkeit auf sich gezogen, und ich habe Zeit und Kosten darauf verwendet, sie zu heben. Schon 1772 fing ich meine Versuche zu diesem Ende an. Die allgemein bekannte Münzpresse gab mir die ersten glücklichen Ideen ein: ich suchte das Vorteilhafte davon auf die Buchdruckerpresse anzuwenden.«[94]

Dann tritt eine lange Pause wegen der Streitigkeiten mit dem Kleinen Rat ein. Sie unterbindet vorerst eine vernünftige Weiterentwicklung. Im gleichen Zeitraum hören wir von anderen, die sich um die Verbesserung der Druckpresse bemühen. So Anisson (der Sohn) 1785 in Paris und ein Jahr später Pierre. Um die gleiche Zeit wird (die noch unerforschte) Apollo-Presse aufgekommen sein, bei der ein gebogener Bengel seitwärts – ähnlich einem Pumpenschwengel – angebracht gewesen sein soll. Wahrscheinlich hat sich Lord Stanhope bereits mit konstruktiven Überlegungen zum Bau einer »besseren« Druckpresse beschäftigt. Friedrich Gottlob Koenig leitet die Erfindung der Schnellpressen ein. Alois Senefelder befaßt sich mit den Anfängen der Lithographie. Es ist eine Zeit des allgemeinen technologischen Aufbruchs. Er stellt zahlreiche im Traditionellen verbundene Gewerbe vor neue Aufgaben und erfordert von den Menschen ein Umdenken auf neue Gegebenheiten. Allein der optische Vergleich zwischen einer »alten« und einer Haas'schen Druckpresse zeigt den Sprung nach vorn. Wie groß ist er zu den alten Pressen und wie geringfügig zur Druckpresse von Stanhope?

Eines der beigefügten Bilder zeigt in perspektivischer Ansicht die Haas'sche Presse, wobei man nicht weiß, ob dies ein Erstling oder eine eigenständige Verbesserung der Grundkonstruktion ist. Alle wesentlichen Teile bestehen aus Metall oder Stein. Der Bogen ist auf einen Steinklotz geschraubt. In ihm bewegt sich (in einer Schraubenmutter) die Spindel. An Stelle des Bengels,[95] wie bei älteren Handpressen, sehen wir einen Balanzier mit Schwunggewichten. Hier zeigt sich die technische Anlehnung an die Münzpresse. Mit Schwungkugeln kann die Wirkungskraft einer Presse – gleich welcher Art – erheblich gesteigert werden. Nicht umsonst werden Schwungkugeln frühzeitig bei der Prägung von Münzen eingesetzt. In der Praxis der Buchdrucker bedeutet es: Erstellung von Abdrucken *größerer Formate* als seither in nur *einem* Arbeitsgang bei relativ geringem Kraftaufwand. Die Lauffähigkeit des Karrens wird durch den Einbau von drei halbrund gekehlten eisernen Rinnen verbessert. Der Farbkasten hat einen Deckel. Er bewegt sich zwischen zwei Stahlspitzen und nicht mehr in den konventionellen Scharnieren. Dadurch wird er beweglicher und gleichzeitig wird die Paßgenauigkeit erhöht. Die Kurbel zur Bewegung des Karrens scheint unverändert, hat aber *zwei* doppelte Walzen und *vier* Riemen; durch an beiden Seiten angebrachte Stellräder ist die Regulierung des »Zuges« möglich. Der Mittelständer unter dem Rost sorgt für die Abstützung und entspricht exakt der vorderen Stütze an herkömmlichen Pressen. Der Ballenknecht[96] ist aus runden Eisen gearbeitet und besteht nicht (mehr) aus Haken und Holzpflöcken an der vorderen Preßwand (die sich später zur Bedienungsseite der Presse ausbildet).

Der Züricher Drucker und Verleger S. Gessner

Johann Gottlob Immanuel Breitkopf. Er erhebt Einwände gegen Gottlieb Preuschen und Wilhelm Haas wegen der von ihnen gesetzten Landkarten. Der klassische Buchdruck kann sich auf diesem Feld nicht etablieren.

Unter dem Portrait von A. F. Momoro (1789), dem ersten Typographen der (franz.) Nation, sieht man »Pierr's neue Presse«. Man erkennt den merkwürdig angelegten und geformten metallischen Bengel. Die Tiegelpartie ist gut ausgebildet. Links Ablegetisch zum Waschen der gelaugten Druckformen und ein einfacher Setzkasten.

Der Vorteil der Haas'schen Pressen liegt überwiegend im Material ihrer Werkstoffe. Außerdem bringt sie einige richtungweisende Verbesserungen im langsam beginnenden Druck*maschinen*bau, die Vorläufer nicht in diesem Umfang aufweisen. *Gegenüber den Holzpressen verfügen die Haas'schen über eine höhere Festigkeit. Mit geringerem Kraftaufwand als seither kann man größere Druckformen in einem Arbeitsgang abdrucken. Dadurch steigt die Leistungsfähigkeit,* das ist das Entscheidende. Wilhelm Haas-Decker verbessert später den Pressentyp des Vaters, der vor allem in der Schweiz und teilweise in Deutschland Verwendung findet. Hier ist u. a. der Verleger Göschen zu nennen, der diesen Pressentyp in seiner Offizin installiert.[97/98]

Dieterichs beschreibt die Presse von Haas und erwähnt: »... Haas hat das unbestrittene Verdienst, durch die Verwendung von Eisen für die am meisten beanspruchten Teile die wesentlichen Mängel der bisherigen Holzpressen beseitigt zu haben, die ihren Grund einmal in der geringen Widerstandsfähigkeit des Holzes gegen große Kraftbeanspruchung und ferner in der Abhängigkeit von Witterungs- und Temperatureinflüssen hatten, welche stets Veränderungen der Presse hervorriefen.«[99] Interessanterweise steht im Brockhaus unter dem Stichwort »Buchdruckerkunst«: »... die Kunst verbreitete sich rasch in Deutschland und darüber hinaus, machte bedeutende technische Fortschritte ... und doch war die Drukkerpresse erst 1772 durch Haas verbessert«.[100]

Es wurde schon mehrfach darauf hingewiesen, daß dieser Standpunkt auf Grund neuerer Untersuchungen nicht haltbar ist. Mein Buch reiht sich bescheiden ein. Längst vor Haas haben sich andere mit der Verbesserung der Druckpresse beschäftigt (beispielsweise Janszoon Blaew und haben wesentliche Verbesserungen geschaffen. Sie liegen mehr im Detail, längst bevor Haas aktiv wird. Haas kommt als Druckfremder zu seinen Überlegungen: die gestandenen Pressenbauer argumentieren aus der Praxis. Realistisch gesehen ist es so, daß Haas eine ausgereifte hölzerne Buchdruckpresse vorfindet, die an wesentlichen Stellen metallische Bauelemente hat.[101] Zum Beispiel die Spindel- und Tiegelpartie, das Karrenbett und die Scharniere, sowie einige technische Hilfsmittel und die Werkzeuge. Das schmälert das Wirken von Haas in keiner Weise. Es ist eine der vielen Begegnungen zwischen Tradition und Fortschritt. Tatsache ist, daß beide Haas als bedeutende Fachleute des graphischen Gewerbes anzusehen sind. Ungeklärt ist die Frage, inwieweit Stanhope von seiner Konstruktion beeinflußt wird.[102] Zurück zur Presse und zu Wilhelm Haas: dem Vater.

Er beschäftigt sich auch mit der Realisierung von typographischen (gesetzten) Landkarten, nachdem er von dem Karlsruher Hofdiakon Gottlieb Preuschen darauf aufmerksam gemacht wird.[103] Kurze Zeit später erscheint eine Abhandlung über gesetzte Landkarten. Dann schaltet sich Johann Gottlob Immanuel Breitkopf[104] ein, der Einwände gegen Preuschen *und* Haas geltend macht. Dies ist wieder ein Beispiel für viele Parallelentwicklungen auf allen technischen Gebieten. *Man kann die Entwicklung der Druckpresse nicht isoliert betrachten, wenn man sie korrekt beurteilen will.*

So genial es scheinen muß, Landkarten zu setzen, anstatt in Kupfer zu stechen bzw. in Holz zu schneiden; bald wird diese Domäne der Holzschneider und Kupferstecher, an die der konventionelle Buchdruck einfach nicht herankommt, von der Lithographie und den angrenzenden Umdruckverfahren überflügelt.[105]

Wilhelm Haas leitet mehr als 20 Jahre den väterlichen Betrieb, wobei permanent die Bedeutung des Unternehmens wächst und immer weiter reichende Geschäftsbeziehungen hinzu kommen. Der Mann erhält nun hohe Auszeichnungen, der sich zwei Jahrzehnte vorher gegen Mitbürger und die Obrigkeit zu rechtfertigen hat. »Wilhelm Haas der Vater, der Sohn eines sehr geschickten Matrizenschneiders und Schriftgießers in Basel – auch er verlegte sich auf die väterliche Kunst, welche er in der Folge so vervollkommnete, daß seine Schriftgießerei die berühmteste in ganz Deutschland und der Schweiz wurde. Er erfand auch die Kunst, Matrizen zu Landkarten zu gießen und durch Zusammenhang derselben genaue Landkarten zu verfertigen. Er war auch Ingenieur und Artillerist ...«[106] 50jährig zog sich Wilhelm von der Leitung seines Betriebes zurück und überließ ihn seinem Sohn. Möglicherweise bewegen ihn politische Gründe im Zeitalter der Helvetik.[107] Wilhelm Haas wird Generalinspekteur der Helvetischen Artillerie und der Zeughäuser. Ab 1780 leitet er die neugegründete, noch provisorische Zentralartillerieschule. Am 8. Juni des gleichen Jahres ist er gestorben. Mit ihm hat das schweizerische graphische Gewerbe einen fähigen Kopf verloren.

Zubereiten des Druckpapiers. Vermutlich »Feuchten« in der schematisch dargestellten Wanne (Feucht[e]*zuber). Deutlich erkennbar sind die einzelnen Lagen oder »Buchse«. Aus: »Mechanik Exercices: Or, the Doctrine of Handy-works. Applied to the Art of Printing (the Second Volume).« 1683/84.*

Unterstehen des Papieres in einer Papiermacherpresse (?). Die Presse verfügt über eine sechskantige Büchse und einen kräftigen Unterbalken. Die Preßplatte scheint seitliche Führungen zu haben. Bildnachweis: »Mechanik Exercises ...«.

Wilhelm Haas-Decker (der Sohn)

wird am 15. Januar 1766 an der »Neuen Vorstadt auf dem hinteren Bach Nr. 777« geboren. Seine Ausbildung erhält er durch Hauslehrer. Schon mit neun Jahren kommt er an die Colmarer Militärschule. Er beschäftigt sich mit Mathematik (Geometrie), lernt russisch und französisch. Früh interessiert er sich für die Arbeit des Vaters. Wenngleich er nicht ordnungsgemäß in einem graphischen Handwerk eingeschrieben ist, beherrscht er bald die relevanten Gebiete. Mit 18 Jahren folgt er dem Vater zur Artillerie, wird Leutnant und 1782 Hauptmann der Basler Auszüger-Kompanie. Wilhelm Haas-Decker unternimmt ausgedehnte Reisen. In Padua lernt er den berühmten Bodoni kennen.[108] Aus Italien zurückkommend, baut er die eigenen Glättpressen im Betrieb nach einem italienischen Schema um.[109] Als er 1788 Berlin bereist, besucht er den dortigen Hofbuchdrucker Georg Jacob Decker, verlobt sich mit dessen Tochter und heiratet sie. Wilhelm beschäftigt sich als Buchdrucker *und* Schriftgießer. Zu der Zeit seines Vaters ein für einen Berufsfremden unmögliches Unterfangen. Der Sohn bemüht sich, das vom Vater ersonnene System der Stücklinien zu verbessern. 1805 gibt er »... eine Beschreibung der sogenannten Stücklinien und Zwischenspäne nach typographischen Punkten« heraus.[110] 1786 wird unter seinem Namen in der Leonhardstraße eine Buchdruckerei eröffnet. In der täglichen Praxis hat sich gezeigt, daß bei den ursprünglichen Haas'schen Pressen die eisernen Preßbogen zu schwach sind. Haas-Decker baut ein verbessertes Modell und läßt Teile dazu in der Dietrich'schen Eisenhütte bei Zinnweiler gießen. Später werden seiner Druckerei eine xylographische Abteilung und ein Kunstverlag zugeordnet. Als

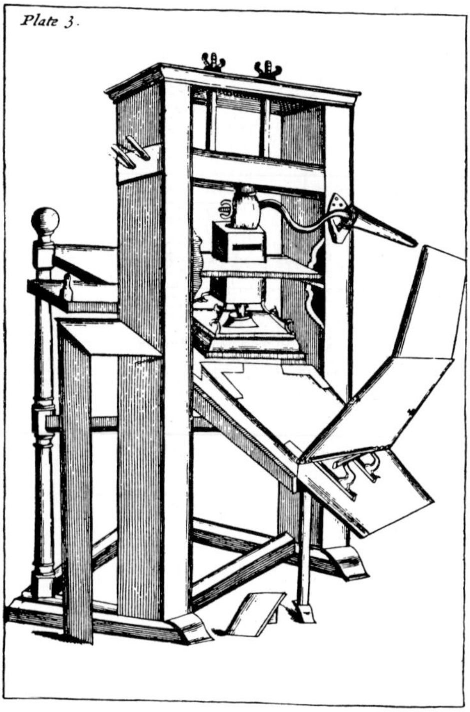

Englische Buchdruckpresse älterer Bauart. Die Presse ist perspektifisch verzeichnet. Der Bengel ist metallisch und wellenartig aus gelegt. Hohe vierkantige Büchse und großes Pfännchen. Hinterer Pressenbereich gut ausgebildet. Bildnachweis: »Mechanik Exercises ...«.

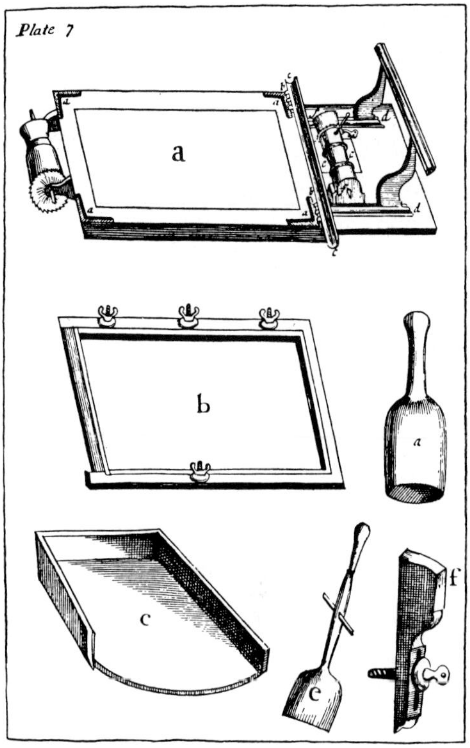

Konstruktionsdetails zur Karrenpartie englischer Buchdruckpressen aus der zweiten Hälfte des 17. Jh.

a) Karrenplatte mit Galgen und Bewegungsmechanismus (»Rolle«) jeweils links und rechts am Karrenbett. Rechts gut ausgebildeter »Galgen«.

b) Großer (?) Deckel. Anwendung von vier metallischen Flügelmuttern.

c) Offener Farbenkasten. Er liegt über der hinteren Pressenabstützung. Dazu gehört der Löser (a) rechts in der Bildmitte.

Bildnachweis: »Mechanik Exercises ...«.

Wilhelm Haas-Decker 1838 stirbt, übernehmen seine Söhne Georg Wilhelm und Karl Eduard den väterlichen Betrieb.

Die weitere Entwicklung

Die Söhne treten ein schweres Erbe an, denn um diese Zeit geht das Unternehmen auf Grund vielschichtiger Schwierigkeiten stark zurück. Neue Techniken fordern ihren Tribut ebenso wie soziale, wirtschaftliche, politische und kulturelle Verschiebungen in fast allen Lebensbereichen. Im eigenen Land wie im Ausland entsteht eine bemerkenswerte Konkurrenz: die Industrialisierung zieht ihre Kreise.

Allein durch die Schnellpresse – sie hat die Erprobungsphase hinter sich – muß die Haas'sche Presse unter einer veränderten Sachlage beurteilt werden. Unbekannt ist bislang, ob Koenig und Bauer die Haas'schen Konstruktionen rechtzeitig kennenlernen und sich damit befassen konnten. Um diese Zeit entstehen erste ganzeiserne Handpressen; die wesentlichen Tiegelpressen werden später in Amerika entwickelt.

Der Bedarf an Gedrucktem, also vordem Gesetztem, hat sich seit vielen Generationen ständig erhöht. Dies führt zur Entwicklung von Gieß-, Setz-, Papier- und Druckmaschinen in immer komplizierteren Verästelungen. Zwangsweise hemmt dies die Weiterführung vieler konventionell geführter Betriebe.[111] Die stürmische Entwicklung auf dem Papier-

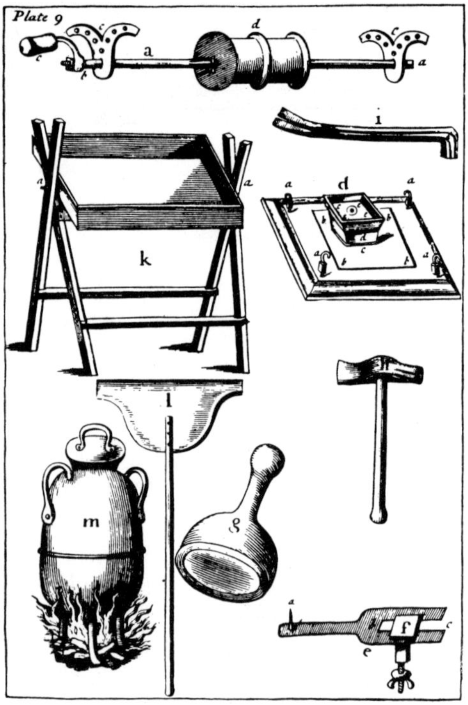

Konstruktionsdetails zu den englischen Buchdruckpressen aus der zweiten Hälfte des 17. Jh. Kurze Erläuterung:

a) Komplette Walze mit der Walzenstange.
b) Kurble, Kurbelscheide und Anschlagtafeln (seitlich an der Presse).
c) Welle oder Walze.
d) Tiegeloberseite mit a) den vier Tiegelhaken, b) der Tiegelplatte, c) dem Pfännchen und d) dem Pfännchenkörper.
k) Behälter mit Ständer. Eventuell zur Feuchtung der Papiere, auch möglich um einfache Formen auszuwaschen. Möglicherweise ein einfach gehaltener Farbekasten.
l) Kreuz oder Reichstange.
m) Firnissiedekessel mit einem Blasenhut. Bezeichnenderweise steht dieser Kessel auf einem brennendem »Strohkranz«.
g) Löser oder Reiber.
f) Präzise dargestellte (verstellbare) Punktur mit Spitze und Flügelmutter.

»Mechanik Exercises ...«.

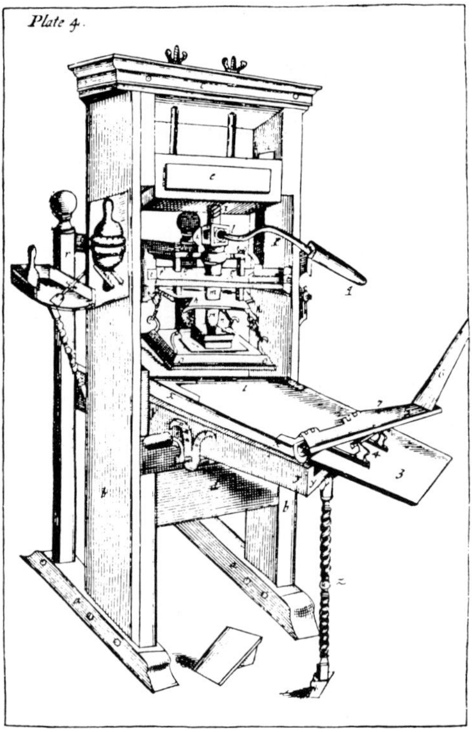

Englische Buchdruckpresse älterer Bauart. Durchgereifte Gesamtkonstruktion. Hier sind die Pressenglieder weitgehend metallisch. Beibehaltung der sogenannten »Klafterschnüre«. Bildnachweis: »Mechanik Exercises ...«.

sektor muß berücksichtigt werden. Neben erste Gießinstrumente treten ab der zweiten Hälfte des 19. Jh. leistungsstarke Gießmaschinen. Es ist nur deshalb möglich, weil zwischenzeitlich eine Nivellierung der typographischen Abmessungen eintritt. Neben den Buchdruck tritt der Steindruck, erste photographische Verfahren kommen auf.[112]

1852 wird der einst blühende Geschäftsbetrieb der Familie aufgegeben und an Jacob Haas-Baumann und Karl Christoph Mönch-Winkler verkauft. Beide Söhne sterben kurz danach. Das Unternehmen existiert heute wieder. Im Rahmen der kurzen historischen Betrachtung kann ich auf die weitere Entwicklung nicht eingehen.

Der Schwerpunkt des Haas'schen Unternehmens liegt in der Herstellung von Schriften und Blindmaterial. Die Beschäftigung mit der Druckpresse und den theoretischen Grundlagen zeigt jedoch, wie konsequent man die Arbeitsmethodik im ganzen verbessert. Gerade dadurch zeichnet sich das Wirken von Wilhelm Haas über drei Generationen aus.

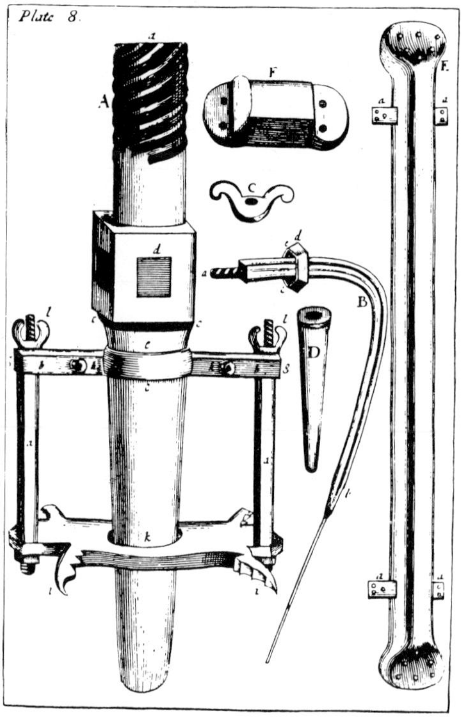

Konstruktionsdetails zur Spindelpartie englischer Buchdruckpressen aus der zweiten Hälfte des 17. Jh. Kurze Erläuterung:

A) The Spindle (Spindel in metallischer Ausprägung).
B) The Bar (stark gebogenes Grundteil des Bengels).
C) The Fenale Screw (hier: Flügelmutter).
D) The Wooden Handle (hölzerne Bengelscheide).
E) The Rips (?).
F) The Cramp Irons (metallische Anschlagplatte [?]).

Bildnachweis: analog Abb. 128. Vergl. Abb. 128, 129, 130, 132, 133, 135, 136 und 140.

Ohne Zweifel hat die von ihm konstruierte Buchdruckerpresse einen gewissen Abschluß unter die Holzpressen gesetzt und dabei gleichzeitig neue Möglichkeiten im Metallpressenbau ermöglicht. Um den Faden nicht zu unterbrechen, habe ich den Komplex der Haas'schen Schriftgießerei über den eigentlichen Abschnitt der Entwicklungsstufe hinaus behandelt. Zurück zur geschichtlichen Entwicklung:

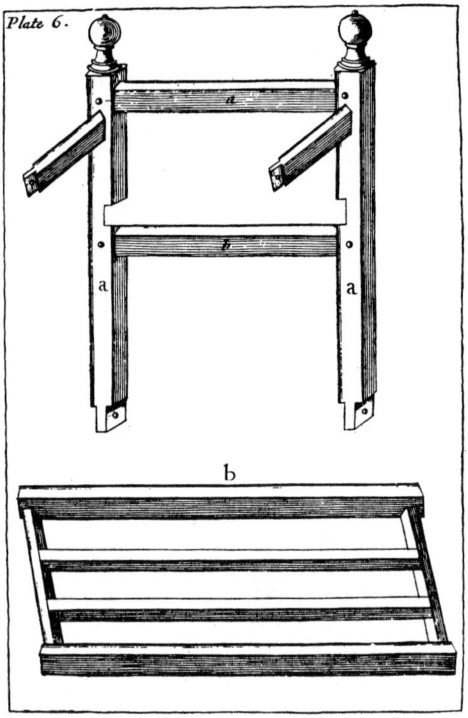

Konstruktionsdetails englischer Buchdruckerpressen aus der zweiten Hälfte des 17. Jh. Es handelt sich um die Bestandteile der hinteren Karrenpartie und (im unteren Bildteil) um einen Karrenrahmen (?). Bildnachweis: »Mechanik Exercises ...«.

Stangenpressen, Tretpressen, Apollo-Pressen u. a.

Etwa um die gleiche Zeit wie die Haas'sche Pressen kommen Stangenpressen auf. Bei ihnen wird die Büchse durch zwei zweiteilige

eiserne Schlösser ersetzt (eines davon direkt über und das andere unter der Brücke): beide machen die Bewegung der Spindel mit. Durch die »vier eisernen Stangen« wird die Drehung der Schlösser verhindert. Die Art der Tiegelaufhängung bleibt unverändert. Deutlich wird es z. B. an der sogenannten »deutschen« (Leipziger) Presse, die Täubel beschreibt. Ich komme darauf zurück.

Parallel zur Stangenpresse soll etwa 1777 der Schlosser Freitag in Gera eine Tretpresse erfunden haben. Dabei handelt es sich um eine Presse ohne Schraube und Bengel. Sie soll die doppelte Leistung einer Holzpresse erbracht haben. Wie und ob sich dieser Pressentyp bewährt, ist mir nicht bekannt. Weitere wichtige Verbesserungen zeigen sich vor allem in England, besonders in der Metropole London. Englische Buchdrucker führen die Apollo-Presse in Frankreich ein.[113] Krebs sagt darüber: »Eine hölzerne Presse üblicher Konstruktion, außer daß der Tiegel aus einer eisernen Platte statt des hölzernen Brettes bestand ... aber so groß, daß das ganze Format (anstatt des sonst üblichen halben) auf einmal abgedruckt werden konnte. Die untere Fläche (des Tiegels) war mit Messing belegt. Anstatt daß sie mittels des Bengels (wie gewöhnlich) gedreht wurde, war sie bei dieser Presse mit Verbindungsstäben mit einem langen Hebel verbunden, der an der Seite der Presse angebracht war; diesen Hebel zog der Arbeiter mit beiden Händen und bewegte ihn fast wie einen Pumpenschwengel nach unten.«

Dieser Pressentyp kann sich nicht durchsetzen; die Anordnung des Hebels entspricht nicht den Gepflogenheiten der Buchdrucker. Auf der anderen Seite sehen wir, wie intensiv experimentiert wird. Solche Pressen haben sich in nur wenigen Abbildungen überliefert.

Ein anderer Pressentyp stammt von dem Londoner Buchdrucker Roworth. An Stelle der Schraube (Gewindespindel) besitzt sie eine glatte Stange mit Bengel, Büchse etc. Im oberen Teil des Körpers ist eine »Nuß« zur Aufnahme der Schraube befestigt. Im oberen Stangenende, unter der Krone, befindet sich ein kurzer Querarm, der gegen eine kreisrunde schiefe Ebene (unter der Krone) wirkt. Stange, Querarm und schiefe Ebene werden aus gehärtetem Stahl angefertigt. Das Kniehebelprinzip im Druckpressenbau ist um 1790 in der praktischen Anwendung. Beim Drehen der Stange wirken zwei Rollen, die direkt unter dem Spindelbalken angebracht sind, auf

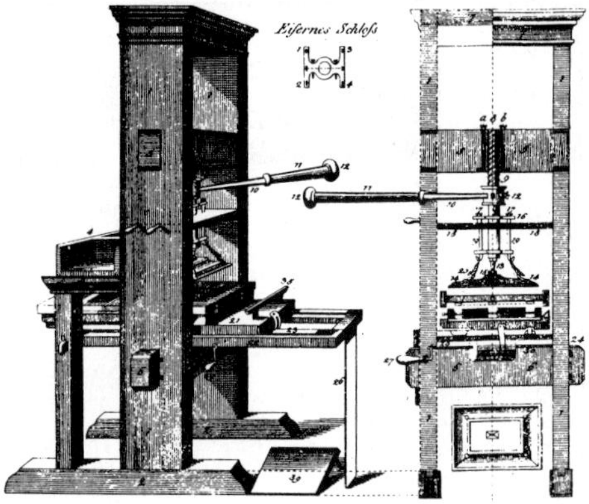

Deutsche (Leipziger [?]) Buchdruckpresse in einer ausgereiften hölzernen Konstruktion. Benennung der Einzelteile auf gesonderter Tabelle. Bildnachweis: Ch. Täubel, Wien 1905. Vgl. Abb. 178 und 179.

Benennung der Einzelteile zur Täubel'schen Presse:

1. *Preßwände links und rechts*
2. *Preßfüße*
4. *Farbekasten*
5. *Oberbalken*
6. *Unterbalken*
7. *Krone*
9. *Spindel*
10. *Bengel*
11. *Bengelscheide*
12. *Bengelkopf und hintere Flügelmutter*
13. *Spindelspitze*
14. *Tiegel mit den 4 Tiegelhaken*
15. *Pfännchen*
16. *Eisernes Schloß*
17. *Flügelmuttern*
18. *Brücke*
19. *4 Eiserne Stangen*
20. *Klafterschnüre*
21. *Laufbrett des Karrens*
22. *Karren*
23. *Laufschienen*
25. *Eiserne Stange*
26. *Vordere Karrenabstützung*
27. *Kurbelgriff mit Kurbelscheide*
28. *Welle oder Walze*

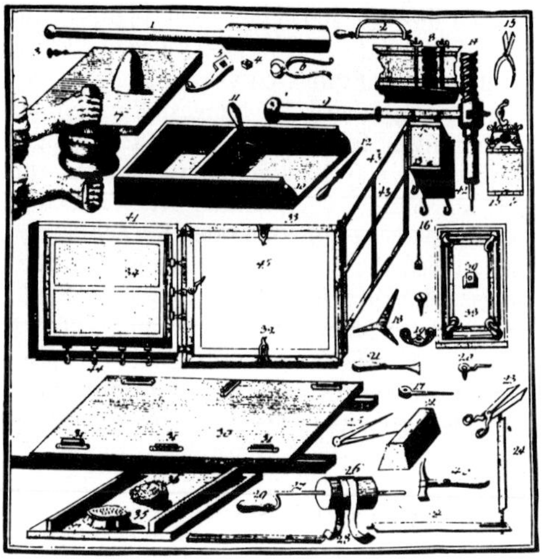

Buchdruckerinstrumente des späten 18. Jh. Im wesentlichen gleich, allerdings eine etwas größere Auswahl an »Instrumenten«.
Benennung der Einzelteile:

1. *Rührscheit oder Spatel*
2. *Säge*
3. *Ahle*
4. *Muttern*
6. *Zange (u. a. für die Punkturen)*
7. *Buchdruckerballen (dahinter Farbestein mit Löser)*
8. *Mutter oder Mater*
9. *Bengel mit Bengelscheide und Bengelkopf*
10. *Farbekasten*
11. *Spachtel*
12. *Feile (u. a. für die Punkturen)*
13. *a) Mater von unten, b) Mater von oben*
14. *Spindel (metallisch)*
15. *Zange*
16. *Klafterschnur*
19. *Flügelmutter*
20. *Halterung für den kleinen Deckel*
21. *Schraubenzieher*
22. *Galgen (?)*
23. *Schere (u. a. Ausschneiden des Rähmchens)*
24. *Teil der Keilrahme (?)*
25. *Zirkel*
26. *Welle oder Walze*
27. *Eiserne Stange*
28. *Kurbelbänder*
29. *Kurbelscheide*
30. *Karren*
31. *Gleitkufen des Karrens*
32. *Punkturen*
33. *großer Deckel*
34. *Druckform*

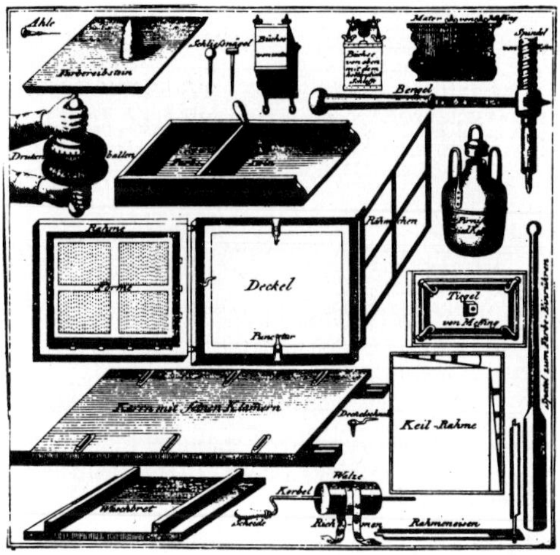

Deutsche Druckerinstrumente des späten 18. Jh. Erklärung auf gesonderter Zusammenstellung. Bildnachweis: Ch. Täubel. Wien. 1805.

die schiefen Ebenen und geben ihr mit dem Tiegel eine unterschiedliche, erst starke, dann geringer werdende Abwärtsbewegung. Der Tiegel wird mit einem Gewichtshebel in seine obere Lage versetzt.

Um 1780 läßt sich Adam Ramage in Philadelphia nieder. Er verwendet – möglicherweise als erster in Amerika – Eisen für das Fundament an Stelle der allgemein gebräuchlichen flachen Stein- oder Holzplatte. Vielleicht besteht ein Zusammenhang zwischen den hier genannten Steinplatten und den Senefelder'schen Versuchen bezüglich des Steindrucks und seiner Vorläufer. 1795 erhält Joseph Ridley einen Preis für die Verbesserung der Buchdruckerpresse, die in der Verstärkung des Querbalkens und der Entfernung der gebräuchlichen Schraube liegt. Posser erhält

---

35. *Bürste (zum Auswaschen der Formen)*
36. *Schwamm*
37. *verkehrt liegendes Feuchtebrett*
38. *Tiegel mit vier Tiegelhaken*
39. *Pfännchen*
40. *Hammer*
41. *Formbett*
42. *Spindelspitze*
43. *Rähmchen*
44. *Schließrahmen*
45. *Kleiner Deckel*

Schriftgießereibetrieb; im Vordergrund eine gut ausgebildete Buchdruckpresse. Interessanterweise ein frühes Detail für den viel späteren Umweltschutz: Über den Schmelzöfen der im hinteren Bildteil erkennbaren Schriftgießer befindet sich ein Abzugsrohr.

1796 ein Patent auf die Verbesserung der Buchdruckerpresse, gleichfalls der Papierhändler Brown. Benjamin Dearborne konstruiert eine Radpresse, die zum Abdruck nur *einen Zug* erfordert.

Mit dieser unvollständigen Auflistung wird zum Ausdruck gebracht, daß sich eine Flut von Patenten breit macht, die nicht nur von gestandenen Buchdruckern eingereicht werden. Freilich ist die Holzpresse nur 1800 noch allgemein. Die technischen Neuerungen sind der Praxis immer voraus. Nicht jede Veränderung wird mitgemacht. Es dauert noch zwei bis drei Generationen, bis die nunmehr »alte Druckpresse« aus den Betrieben verdrängt ist. Um 1800 beginnt etwas Entscheidendes: die Industrialisierung mit all ihren Vorzügen und Nachteilen beginnt mit der Umgestaltung vieler Verhältnisse. Es kommt zu einem erneuten Aufbruch der Technik auf allen Gebieten und in einer seither ungewohnten Schärfe. Durch die parallele Erschließung der Verkehrswege rücken sich die Städte näher. Eine Bevölkerungsexplosion zeichnet sich ab. An die Stelle der »alten Offizin« rückt die Manufaktur und später die Fabrik. Schon 1827 werden die ehemals hölzernen Pressen in der Fachliteratur als »alt« bezeichnet. Die »neuen« Eisenpressen bieten wesentliche Vorteile:

- Weniger Nachgiebigkeit einzelner Pressenteile: dadurch eine höhere Stabilität.
- Weniger Kraftaufwand bei höherer Druckkraft. Deshalb genügt üblicherweise ein Zug zum Abdruck einer ganzen Form. Dies ist mit einer enormen Leistungssteigerung verbunden.
- Die Pressen werden kompakter.

Den neuen Pressen stehen in der Anfangszeit folgende Nachteile gegenüber:

- Eisenpressen bedingen ein weitgehendes Umdenken bei der täglichen Arbeit. Damit verbundene und erforderliche Ein- und Zurichtemethoden müssen sich erst durchsetzen (Unwissenheit, Unwille, konservativer Arbeiter).
- Konservative Elemente, im graphischen Gewerbe nicht zu unterschätzen, versuchen die Einführung der metallischen Tiegelpressen zu verzögern und/oder zu verhindern. Angst vor Sabotage (ähnliches wird bei der Einführung der Schnellpresse befürchtet) hält Prinzipale von der Anschaffung der »neuen« Maschinen ab.
- Erheblich höhere Anschaffungskosten und gleichzeitig wenig Erfahrung im Umgang mit den neuen Pressentypen. Angst im Fall des Versagens vor befreundeten Prinzipalen, Gesellen und gegebenenfalls Großkunden.
- Kompliziertheit bei anfallenden Reparaturen. Ursprünglich werden Ausbesserungen von den Druckern bzw. vom »ersten« Drucker wahrgenommen. Jetzt tritt an die Stelle des Praktikers der eigenständige Monteur. Zurückzuführen ist es weitgehend auf die Aktivitäten von Friedrich Gottlob Koenig und Andreas Friedrich Bauer: auch auf die Tatsache, daß der Werkstoff Metall zwangsweise eine gewisse Normung der Bauelemente mit sich bringt.

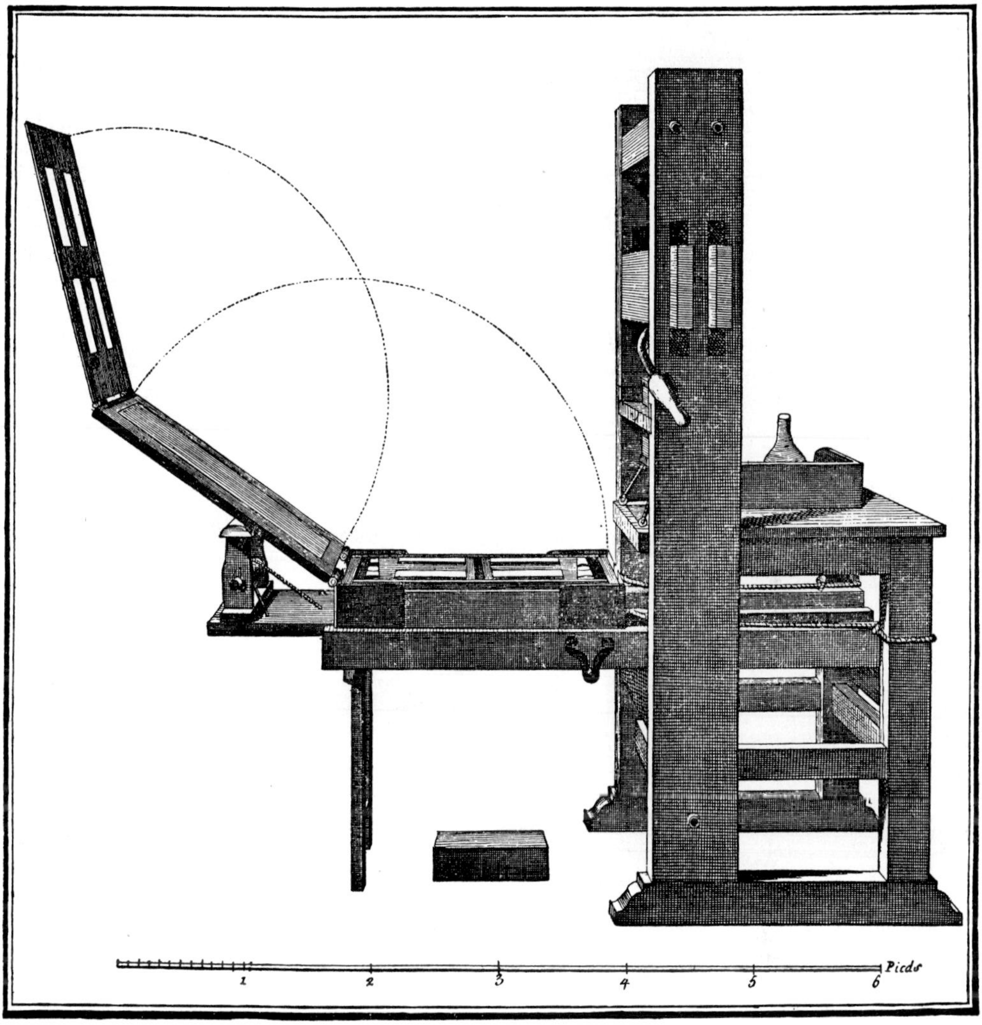

Französische Buchdruckerpresse aus dem 18. Jh. mit aufgeklappten Deckeln und dem erkennbaren Rähmchen. Der Deckel lehnt gegen den »Galgen«. Die Presse steht frei im Raum. Im rechten Bildteil einfacher Farbkasten mit einem »Löser«. Metallisch gebogener Bengel.

Im Umfeld der Neuerungen muß die Haas'sche Buchdruckerpresse gesehen werden, die ich als Schwerpunkt der Entwicklungsstufe herausstelle und näher beschreibe. In einer weiteren Phase läuft die Entwicklung zwischen den Holz- und Metallpressen parallel. Es ist keine Frage mehr, wer als Sieger aus dem ungleichen Wettbewerb hervorgeht.

5. Stufe (ca. 1790–1820)
Täubel'sche Presse

Seither hatten wir lediglich eine Hauptrichtung im Pressenbau zu verfolgen. Jetzt wird die Sache komplizierter. Die von Christian Gottlob Täubel verwendete Buchdruckpresse setzt zunächst einen konstruktiven Abschluß unter die Holzpressen, wenngleich sie noch viele Jahre danach in Druckereien verwendet wird (Kapitalbindung, Konservatismus): oft genügt sie den Ansprüchen, vor allem bei gewöhnlichen und eingespielten Aufträgen. Die Produktionsmittel werden länger als heute eingesetzt. Manche Pressen stehen Jahrzehnte im Betrieb.

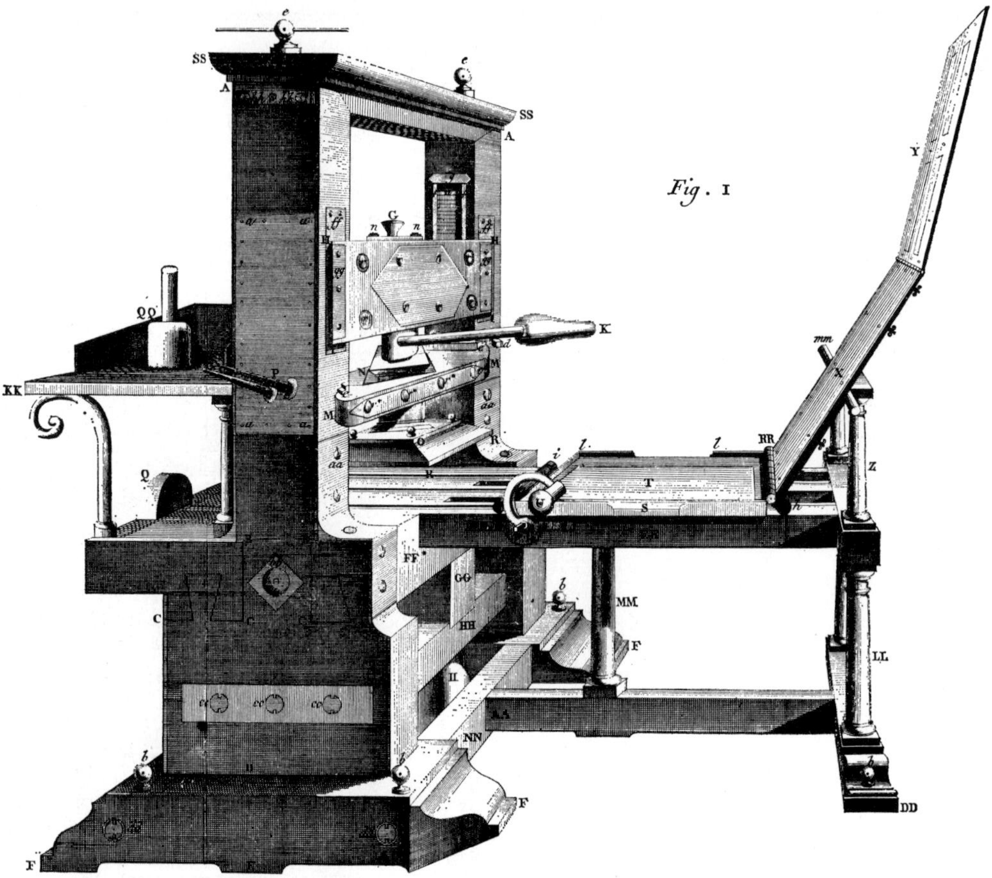

»Engraving of the Anisson-Duperron improved press.« Ein klassisches Beispiel, um den Übergang von den Holz- zur Metallpresse zu demonstrieren. Äußerst massive Unterkonstruktion mit massiven hölzernen Pressenfüßen. Die Karrenplatte verfügt über eine zusätzliche Stütze. Gut ausgebauter hinterer Pressenteil mit einem einfachen Farb(e)kasten und eingestelltem »Löser«.

Christian Gottlob Täubel

Täubel beschreibt in einem umfangreichen Buch[114] ausführlich einen abermals veränderten Pressentyp aus der Sicht des Praktikers. Er zeigt eine gewisse Vervollkommnung im Holzpressenbau:

- Es handelt sich um eine Stangenpresse. Sie hat einige Vorläufer. Zum Beispiel in der Buchdruckpresse von Halle (etwa 1770).
- Ein gedrehter Bengel findet Verwendung.
- Die Art der Befestigung der Spindelmutter im oberen Querbalken ist bemerkenswert. Die Presse steht frei im Raum. Dies läßt auf eine hohe Stabilität schließen.

Die Täubel'sche Presse stammt vermutlich aus dem Jahre 1805 (oder etwas früher). Vielleicht ist sie mit der Halle'schen verwandt, zumal Täubel in Leipzig eine Druckerei betreibt. Ihrer Abbildung sind zwei weitere mit »Druckinstrumenten« beigegeben. Die Bilder sind von starker Aussagekraft. Es kann auf die Auftragsvielfalt innerhalb der Druckereien geschlossen werden, die vordem undenkbar ist.

»Der Umstand, daß in Wien noch 1790 keine Buchdruckerei bestand, die in der Lage war, den Buch-, Musik- und Kunsthändlern (Tonkünstlern) Verlagsbücher zu drucken, worin Musiknoten vorkommen, war Veranlassung, daß der Wiener Buch-, Musik- und Kunsthändler Franz Anton Hoffmeister den Christian Gottlob Täubel in Leipzig bewog, seine dortige vortrefflich eingerichtete Buchdruckerei, in welcher alle Gattungen Bücher,

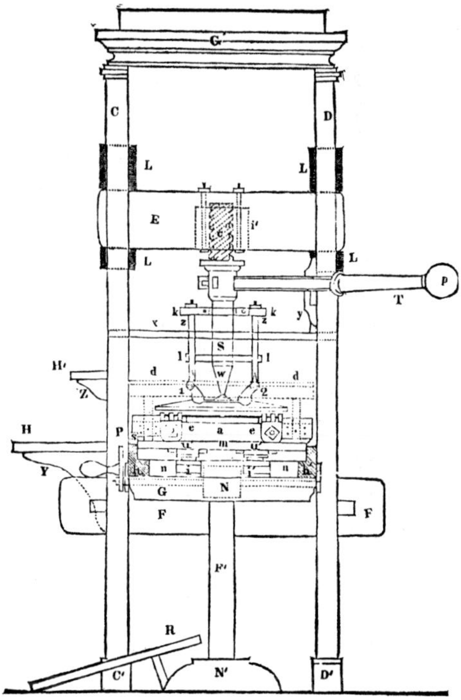

Schemazeichnungen einer geöffneten und geschlossenen hölzernen Buchdruckpresse. Unter der hinteren Pressenpartie scheinen zwei Schubladen angeordnet zu sein (»Stegkästen« [?]). Deutlich ist die ausgereifte Konstruktion der Tiegel- und Spindelpartie erkennbar. Aufnahme der »Mutter«. Bengel mit »Bengelscheide« und »Bengelknopf« als Abschluß.

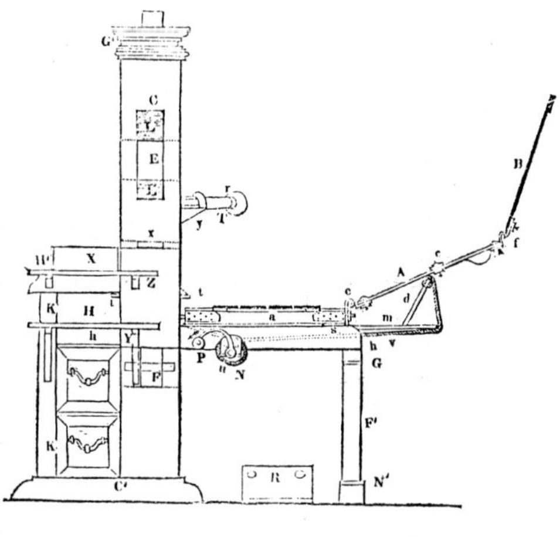

wo Musiknoten vorkamen oder die auch ganz aus musikalischen Kompositionen bestanden, gedruckt wurden, aufzugeben, mit Erlaubnis Kaiser Leopolds II. nach Wien zu verlegen und die in Gesellschaft mit Hoffmeister zu betreiben.«[115]

Die Druckerei wird mit »schweren« Kosten nach Wien überführt und 1791 in der Josefstadt Nr. 69 eröffnet; alles, was dazu gehört, wie Pressen, Lettern und andere Requisiten wurden mit kaiserlicher Bewilligung mautfrei eingeführt. Der Erfolg aber, welchen Täubel erwartete, blieb aus und so kam derselbe schon ungefähr nach einem Jahr in Concurs, wobei viele große Verluste erlitten; nur mit einem geringen Vermögen, das seine Frau, die auch fast alles verloren, noch gerettet hatte, setzte er den Verlag und die Druckerei fort, doch mit großen Hindernissen.

Der in Paris kurz vorher erfundene Notendruck mit Zinkplatten war in Mode gekommen, so daß nur äußerst selten Bücher mit Noten zum Drucke kamen, »... höchstens manchmal einige Sing-, Musik- oder ein musikalisches Lehrbuch, wozu die Buchdruckerkunst nötig«. Auch die kurz vorher in Wien eingeführte Lithographie ... welche die Musikbücher, worin kein Text oder keine Schriften vorkamen (z. B. praktische Musiken) an sich zog, schädigte Täubel empfindlich. Dazu hatten die Kriegsjahre 1805 an auswärtigen Musikalienhändlern viel verloren und die Wiener Buchdrucker wünschten, daß die Buchdruckereien vermindert würden. Täubel bat nun den Wiener Magistrat, es mögen die in seinem Privilegium, das auf »Musik-Druckerey« lautete, vorkommenden Unstimmigkeiten und Zweideutigkeiten behoben und ihm alle Druckarbeiten zu drucken gestattet werden. Der Magistrat ordnete eine Tagsatzung für den 12. Juni 1805 an und entschied am 3. September vorläufig: »... daß Täubel bis zur Entscheidung der Angelegenheit nichts anderes drucken dürfe, als ihm durch sein ursprüngliches Privilegium eingeräumt wurde. Mit Regierungs-Decret vom 18. März 1806 wurde er mit seinem ‚Gesuche um Erweiterung seines Befugnisses auf das Drucken aller Bücher' abgewiesen. Nun faßt er den Plan, seine Druckerei zu verkaufen. Täubel findet einen Käufer in dem Buchdrucker Anton Strauß, welcher die Lettern und dazugehörigen Apparate kaufte und unter dem 8. September um Übertragung der unter demselben Datum anheimgesagten Täubel'schen Druckerei bat.«

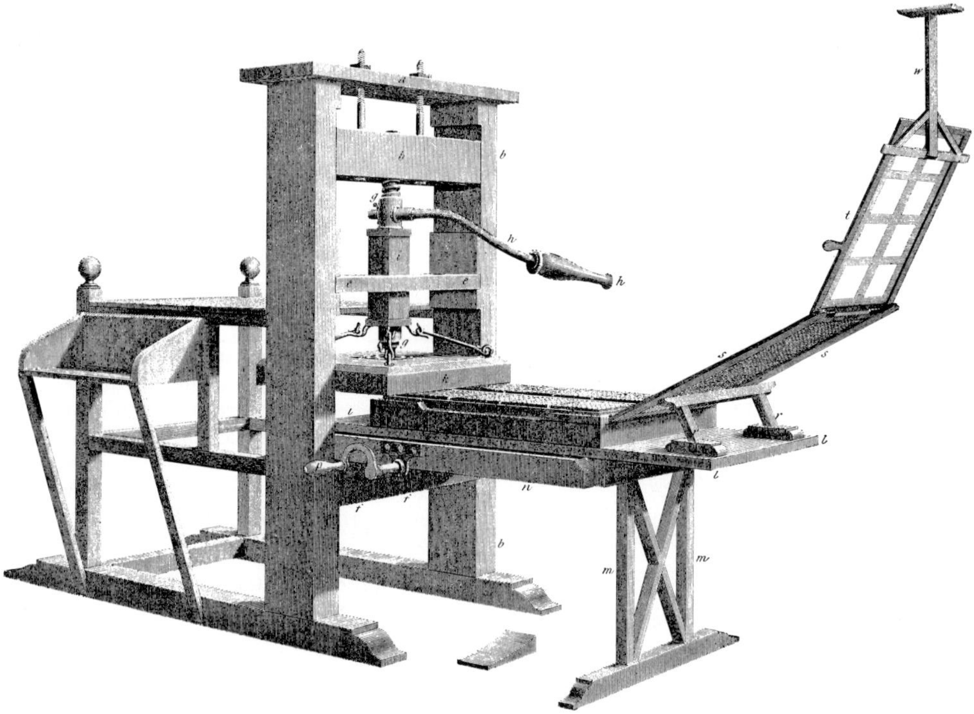

Englische Buchdruckerpresse um 1819. Vor allem der hintere Pressenbereich ist besser durchkonstruiert. Der Farbkasten rückt auf Arbeitshöhe. Verwendung von vier »Tiegelhaken«. Das ausgeklappte Rähmchen lehnt gegen ein an der Zimmerdecke angebrachtes »Anschlagbrett«.

Strauß Talent in der Stempelschneidekunst, die für die Verbesserung des musikalischen Buchdrucks ganz besonders wichtig ist, war bekannt: Auch hatte Strauß sich von Täubel in der Kunst, metallische, musikalische Bilder zu drucken, unterrichten lassen, so daß ein Aufschwung dieses Kunstzweiges zu erwarten war.
Welche Hindernisse der tatsächlichen Verwirklichung des Kaufvertrages entgegentraten, sind uns nicht bekannt. Am 29. April 1807 zeigt Täubel dem Magistrat an, daß er von der Übertragung der Befugnis an Strauß absehe und im Jahre 1810 bat er, einen gewissen Peter Gründl als Gesellschafter annehmen zu dürfen, woraus hervorgeht, daß er noch in diesem Jahre seine Befugnis ausübte.

Täubels erster Compagnon, Franz Anton Hoffmeister, war 1807 ausgetreten. Am 5. März dieses Jahres wurden dessen Befugnisse für den Buchhandel und die Buchdruckerei für erloschen erklärt; Georg Binz erhielt die Buchhandelsbefugnis gegen dem, daß er sein Antiquariat zurücklegte, die Buchdruckerei aber ging ein. Täubel war auch literarisch tätig; er hat mehrere Werke herausgegeben: besonders ein für die Typographie und die verwandten Fächer wichtiges Werk.[116]

Der Abschnitt bestätigt, daß die von ihm verwendete Druckpresse aus Leipzig stammt, einer Hochburg des »deutschen« Buchdrucks. Wahrscheinlich werden dort noch mehr gleichartige Pressen eingesetzt; der Name Täubel steht lediglich stellvertretend für die Phase der Entwicklung.

Einen ähnlichen Pressentyp habe ich in einem alten englischen Lexikon gefunden. Er zeigt, analog der Pressen von Täubel, etwa den gleichen technischen Standard. Der Pressenkörper besteht aus Holz. Die Glieder sind aus metallischen Bauelementen zusammengesetzt. *Pressen dieser Art bilden den Abschluß unter eine etwa 360 Jahre anhaltende mindestens fünfstufige Entwicklung. Gleichzeitig veranschaulichen sie den Übergang von der Holz- zur Metallpresse.*

Kurz vor 1800 werden – vor allem in England – eine ganze Reihe von Pressenneuerungen bekannt, die von der Verbesserung der »mechanischen Künste« (deshalb geht Koenig

Josef II. als Buchdrucker, von seinem Oberst-hofmeister begleitet. Holzschnitt nach einem Gemälde von Leander Russ. Aus der K. K. Hof- und Staatsdruckerei zu Wien. 1853. Bildnachweis: Bildarchiv der österr. Nationalbibliothek. Wien. Bild-Nr. 81411. Mit freundlicher Genehmigung.

nach England), das heißt der besseren Kenntnisse in der Metallbearbeitung, beeinflußt werden. Doch selbst im fortschrittlichen England behauptet sich die Holzpresse bis etwa 1825. Bei uns vollzieht sich der Wechsel mit einer zeitlichen Verzögerung. Hemmend wirken sich u. a. die Aufhebung des Postulates und die Ausweitung der Gewerbefreiheit aus. Der Durchbruch gelingt, als die Presse von Stanhope Eingang findet und das Land verkehrstechnisch besser erschlossen ist. Der Wechsel ist keinesfalls abrupt: er muß als langsam bezeichnet werden. Hätte es nicht wenige aufgeschlossene und mutige Unternehmer gegeben, wäre die Entwicklung noch langsamer vonstatten gegangen, denn *für* die Verwendung der »alten« Presse sprechen praktisch-wirtschaftliche Gründe: außerdem hat sie sich über Jahrhunderte bewährt:

- Der Markt der Drucksachen und der graphischen Produkte schlechthin erfährt durch die verbesserten technischen Anlagen in den Druckereien gravierende Erweiterungen. Dies führt zu einer erhöhten Konkurrenz und zur früh beginnenden »Spezialisierung« auf bestimmte Druckaufträge. Hinzu kommen der Stein- und der Kupferdruck. Diese Bewegungen sind sorgfältig abzuhaken, bevor man sich zum Kauf einer teuren Presse in einer unsicheren Zeit entscheidet.
- Kleinere Formate können ohne Schwierigkeiten mit einem gewissen Qualitätsgrad auf den alten Holzpressen hergestellt werden. Was die Technik bringt, bringt die Erfahrung. Weshalb soll man sich teure und ungewohnte Pressen kaufen, wenn altvertraute ausreichen.

6. Stufe (ca. 1820–1850)
Metallische Tiegelpressen

In der vorgetragenen Entwicklungslinie, die sich nicht an der Theorie, sondern an den praktischen Arbeitsschritten in den Druckstuben orientiert, wird deutlich, was das ständige Experimentieren bringt: eine immer perfektere Technik und einen Arbeiter, der ihr immer skeptischer gegenübersteht. Deutlich wird es vor allem bei der Holzpresse, zumal die Intervalle der Veränderungen kürzer und gravierender werden. In der jetzt folgenden Stufe wird deutlich, daß man um Feinheiten ringt und daß vieles, von dem man meint, es wäre eine entscheidende Verbesserung in der betrieblichen Praxis, keinen Bestand hat. Zweckmäßigerweise folgen wir der Dreiteilung:

Stark verzeichnete Buchdruckerwerkstatt um 1811. Vom technologischen Standpunkt aus nicht haltbar. Bildnachweis: J. J. Següenza. Mechanismo del Arte imprementa. 1811.

Alte hölzerne Druckpressen	neue metallische Tiegelpressen
	Steindruckpressen
	Buchdruckmaschinen (Friedrich Koenig)

Die Abbildungen von Druckstuben in den Fachbüchern werden dürftig. Entweder werden die nunmehr historischen Bilder zu Vergleichszwecken herangezogen, oder sie sind schludrig, ja geradezu verfälscht.

Beispielsweise das Bild von J. J. Següenza »Mechanismo del Arte de la imprimenta« (1811). Als Nachzügler darf gleichfalls die Abbildung einer Holzpresse aus der K. und K.-Staatsdruckerei zu Wien von 1863 angesehen werden.

Ich habe erwähnt, daß *gegen* die Beibehaltung der alten Handpresse zwei Argumente ins Feld geführt werden. Einmal die Unmöglichkeit, größere Druckformen sauber und mit nur einem Zug abzudrucken; zum anderen das nur begrenzt belastbare Bauelement Holz. Es wird nachgewiesen, daß es an kritischen Stellen der Presse zu Komplikationen (und Verbesserungen) führt. Das geht nicht nur dem Holz so: ähnliches tritt bei den metallischen Tiegel- und Schnellpressen auf.

Der Durchbruch, der klar erkennbare Vorzug der Metall- gegenüber der teilweise metallischen Holzpresse (obwohl diese Bezeichnung nicht ganz korrekt ist) in der betrieblichen Praxis wird in Deutschland mit der allmählichen Verbreitung der Stanhope-Presse eingeläutet. Die erste Presse dieser Bauart wird am 12. April 1817 in Berlin aufgestellt. Eine zweite 1819 bei der Brönner'schen Buchdruckerei in Frankfurt am Main. 1818 kommt die erste Stanhope-Presse nach Frankreich. In Deutschland wird der Pressentyp vor allem durch Schneggenberger (einem früheren Holzpressenbauer), Bayerhofer und Dingler in Zweibrücken (nach) gebaut.

Ab 1820 zeigt sich eine auffallende Aktivität auf dem Sektor des Metall-Pressenbaues. Mindestens zwanzig unterschiedliche Druckpressen sind nach dem Tiegel-Prinzip (Fläche : Fläche) bekannt und werden in unterschiedlichen Formaten gebaut. Dies ungeachtet der vielschichtigen Entwicklung der Stein- und Kupferdruckpressen und metallischen Schnellpressen von Koenig und Bauer. Den meisten Varianten ist kein Erfolg beschieden. Der Pressenmarkt entspricht etwa der untenstehenden Tabelle:

Die Zusammenstellung zeigt, daß auf dem Sektor des Tiegelpressenbaues eine scharfe Konkurrenzsituation eintritt. Sie wird verstärkt, indem Mechaniker Modelle nachbauen und für unterschiedliche Formate einrichten: entweder im Rahmen ihres allgemeinen Lieferprogrammes oder auf Wunsch des Bestellers. Die Auflistung zeigt, welche Konkurrenz dem Aufkommen der Zylinderpressen ins Haus steht. Zwar sind die Chancen nicht 20 : 1, aber Koenig hätte sich, selbst nicht in England, durchsetzen können, hätte er nicht wesentlich mehr geleistet. Hinzu kommt die Lithographie, die Teile der seitherigen Auftragsdecke der Buchdrucker an sich reißt und eine empfindliche Kerbe in das traditionelle Denken der Buchdrucker schlägt.

Von den verschiedenen metallischen Tiegeldruckpressen setzen sich in der beruflichen Praxis nur einige durch. Sie sind bei der kleinen Tabelle kursiv gedruckt. Ihre Technik kann noch so fortgeschritten sein, bei allen bleiben zwei wesentliche Probleme ungelöst:

- Manuelle Einfärbung (trotz vieler Versuche, mechanische Einfärbeapparate zu integrieren)
- Manuelle Zu- und Abführung der Bogen (trotz vieler Versuche, mechanische Bogenanlegeapparate zu integrieren).

- *Stanhope-Presse*
- Medhurst-Presse
- *Ruthven's Presse*
- Columbia oder Clymer'sche Presse
- Traedwell-Presse
- *Cogger'sche Tiegelpresse*
- Cope's Albionpresse
- Albion-Presse
- Verbesserte Holzpressen (z. B. mit der Stanhope'schen Vorrichtung)
- Dingler's Doppelkniepresse
- Zweibrücker-Presse
- Hoffmann'sche Buchdruckerpresse
- Dingler'sche Stanhope-Presse
- Säulen-Presse
- *Hagar-Presse*
- Koch'sche Kniehebelpresse
- Washington-Presse
- Palmer'sche Buchdruckerpresse
- Deutsche Handpresse

Charles Earl Stanhope (1753–1816). Im Zeichen der Zeit bedeutender Konstrukteur auf dem Sektor des Tiegelpressenbaues. Die nach ihm benannte »Stanhope-Presse« kennzeichnet den Übergang von der Holz- zur Metallpresse. Die Parallelität zwischen ihm und Wilhelm Haas (dem Sohn) ist noch nicht schlüssig geklärt.

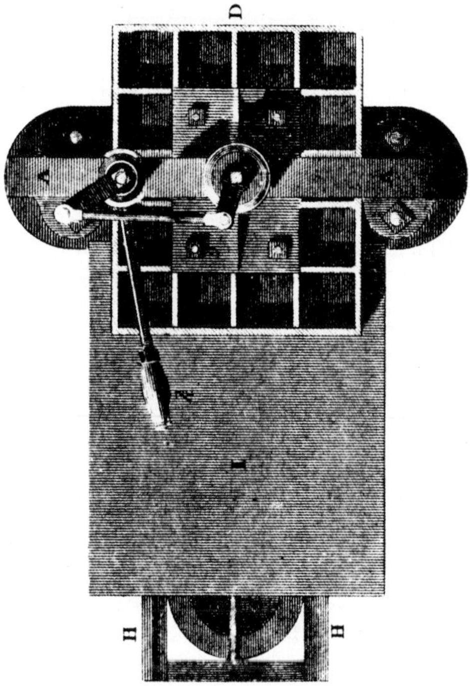

Aufsicht auf die Stanhope-Presse. Deutlich ist der Bewegungsmechanismus über das doppelte Hebelsystem erkennbar. Wabenartig ausgelegter Tiegel (Zweck: gleichmäßiger »Anpreßdruck«).

Es bedarf vieler Versuche, um die längst erkannten Schwierigkeiten zu bewältigen. Die Zeit ist dazu nicht reif. Es geschieht in zwei aufeinanderfolgenden Schritten. Zuerst realisiert man die »mechanische Einfärbung«. Eine Zwischenstufe dazu sind die sogenannten »Farbeauftrag(e)maschinen«. Was die Einfärbung anbelangt, werden Impulse aus dem Schnellpressenbau übernommen. Erst später, etwa 1914, gelingt der entscheidende Schritt: hier wird die letzte Barriere überwunden. Ein Kölner Buchdrucker verwirklicht den Propellergreifer und läßt ihn patentrechtlich absichern. Ich komme darauf zurück.

Befassen wir uns zunächst mit den wesentlichen Neukonstruktionen aus dem ersten Drittel des 19. Jh. auf dem Sektor der metallischen Tiegeldruckpressen.

Stanhope-Presse

Carl Stanhope (1753, Dezember 1816) wird bei seinen Bemühungen um die Verbesserung der Druckpresse von dem Mechaniker Walker unterstützt. Auf den ersten Blick gleicht seine Presse der Haas'schen im Mittel- und Oberteil. Es bedarf einer weiterführenden Untersuchung, inwieweit zwischen ihnen Zusammenhänge zu sehen sind. Eine Querverbindung wird angenommen. »1804, vier Jahre nach dem Tod von Haas, gelingt dem Engländer Stanhope der nächste wichtige Schritt bei der Verbesserung der Druckpresse ... er war vielleicht das glänzendste Mitglied einer Familie, die seit Jahrhunderten bedeutende Männer auf politischem, militärischem und geistigem Gebiet hervorgebracht hat ... er vollendete, was Haas begonnen hatte, indem er die wichtigsten Teile der Presse aus Eisen herstellte.«

Die Stanhope-Presse besteht aus einem gußeisernen Gestell. Es wird »Körper« genannt. In seinem obersten Teil befindet sich eine Nuß zur Aufnahme der Schraube. Die Schraubenspitze wirkt gegen das Ende eines Schiebers, der in einem schwalbenschwanzartigen Ausschnitt zwischen den vertikalen

Zwei Stanhope-Pressen früher Bauart. Die erste Stanhope-Presse entsteht vor 1800: 1806 erfolgen konstruktive Verbesserungen. Deckel- und Rähmchenfunktion bleiben erhalten. Der aufgeschlagene Deckel lehnt gegen eine »Anschlagtafel«. Bildnachweis oben: C. Whiting (Strand) London. 1831.

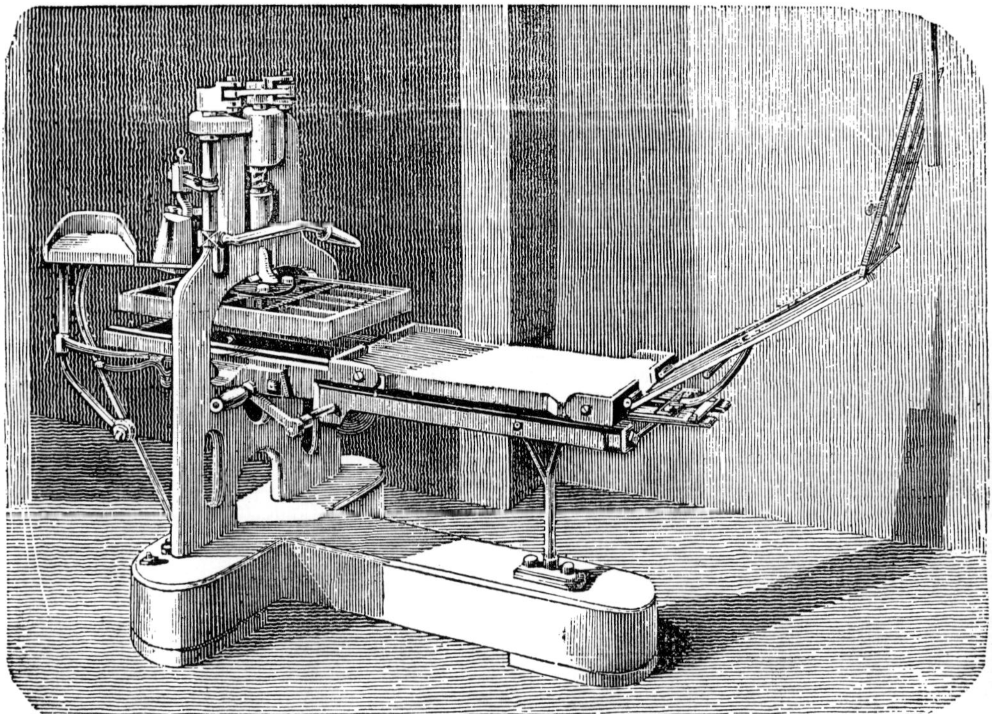

Geöffnete Stanhope-Presse. Dieses Bild läßt die konstruktiven Änderungen zwischen den »alten« Holz- und den neuen »Eisenpressen« deutlich werden. Trotzdem behaupten sich – auch in England – die Holzpressen noch einige Jahrzehnte.

Wänden des Körpers angebracht ist. Am unteren Ende des Schiebers befindet sich der Tiegel, der in einer Führung läuft. Seine Schwere wird von einem Gegengewicht gehalten, das sich im hinteren Pressenbereich befindet. Das Gewicht hängt an einem Hebel, der auf den Schieber wirkt. Zwei vorstehende Stücke tragen den Karren. Er läuft auf Schienen, die an Seitenstücke geschraubt sind. Eine Karrenbewegung genügt, um ihn unter den Tiegel zu fahren. Die Presse von Stanhope wirkt gegenüber den Holzpressen niedriger und kompakter (auch wie die von Haas: dem Vater). Die Deckel- und Rähmchenfunktion bleibt erhalten. Die Stanhope-Presse bringt an Verbesserungen:

- Sie ist ganzmetallisch
- Die Schraube wird mit einem doppelten Hebel bewegt. Dies entspricht einer Einsparung an Körperkraft.
- Der Karren besteht aus Gußeisen. Der Tiegel ist aus einem kräftigen Rippengußkörper gefertigt. Er ist auszubalancieren.
- Der Karren hat unten zwei Federn, deren Spannung nach Belieben verändert werden kann. Dies ersetzt die »Bauschen« an den alten Pressen. Damit wird eine exaktere Regulierung der Druckkraft möglich.
- Es ist nur noch *ein* Zug – trotz der größeren Druckfläche – erforderlich.

Die Arbeitsweise der Gesellen an der Stanhope-Presse ist durchaus mit der an alten Pressen vergleichbar, wenngleich ein allgemeiner Umdenkprozeß einsetzt. Er bezieht sich vor allem auf die neuen Werkstoffe und auf die größeren Formate.

Ruthven's Presse

Die Ruthven-Presse kann als generelle Neukonstruktion bezeichnet werden. Sie läßt rein äußerlich keinen Vergleich mit den klassischen Pressen zu. Man sieht einen 4- bis 6-beinigen Tisch, dessen Füße aus Holz gearbeitet sind und in dessen Platte die Karrenpartie gebettet ist. So liegt die Druckform nicht auf einem beweglichen Karren (das Kurbeln fällt weg), sondern auf einem flachen und feststehenden Tisch. Der Tiegel bewegt sich auf Rädern oder Rollen. Die Kraftübertragung, das heißt, das Absenken des Tiegels auf die Druckform, erfolgt über ein Hebelsystem, der kräftig ausgebildete Bengel wird nicht (mehr) in der gewohnten Horizontalbewegung geführt, sondern vertikal. Die Preßwände verfügen über Querverbindungen und weitere Stützen. Deckel und Rähmchen bleiben in der bekannten Form und Funktion erhalten.

Die Presse von Ruthven wird vor allem in England, Rußland und Amerika verbreitet. Sie zeigt eine Abkehr gewohnter Arbeitsmethoden und -vorstellungen. So kann das Bewegen der Tiegelpartie als Vorstufe späterer Überlegungen bei den Buchdruckmaschinen gewertet werden, wobei mir nicht bekannt ist, ob Koenig diesen Pressentyp in seinen weitreichenden Überlegungen berücksichtigt; manch eiserne Handpresse entsteht gleichzeitig oder parallel zur Druckmaschine. Die

Buchdruckpresse von Ruthven in geöffnetem Zustand. Konstruktive Besonderheit: hier wird der Bengel nicht horizontal, sondern vertikal bewegt. Der Ruthven-Presse ist kein Erfolg beschieden.

kleinen tragbaren Pressen von Senefelder und Sonderformen im Tiegelpressenbau zeigen konstruktive Ähnlichkeiten zur Presse von Ruthven. Sie ist etwas niedriger als die von Haas und Stanhope. Die Gesamthöhe der Handpressen entscheidet sich immer *über* der Karrenplatte, die auf die physiologisch optimale Arbeitshaltung der Drucker abgestimmt ist. Bei allen Pressen liegt sie etwa in Tischhöhe, also bei 80 cm.

Cogger'sche Presse

Die Buchdruckpresse von Cogger stellt ein Mittelding zwischen der von Stanhope und Hagar dar. Wegen ihres einfachen Mechanismus ist sie vor allem in England verbreitet. Von der Konstruktion her unterscheidet sie sich weitgehend von den anderen Pressentypen. Sie arbeitet anstelle der schon üblichen Gegengewichte mit Spiralfedern und schiefen Ebenen. Der Deckel verfügt über ein »Schwunggewicht«. Immer häufiger zeigt es sich in der beruflichen Praxis, daß neukonstruierte »Farbauftragemaschinen« neben die Druckpressen gestellt werden. Es ist nur noch eine Frage der Zeit, bis man die Systeme integriert. Parallel dazu ist es bei den Schnellpressen schon geschehen.

Buchdruckpresse von Ruthven. Sie weicht konstruktiv völlig von der Stanhope'schen ab. Lediglich ihr Pressenoberteil erinnert an eine Druckpresse.

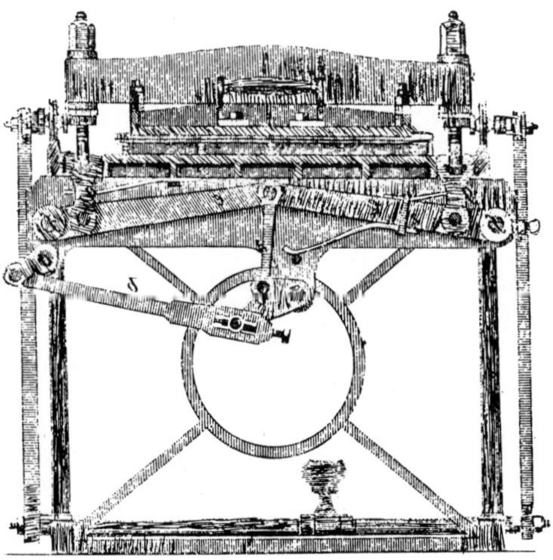

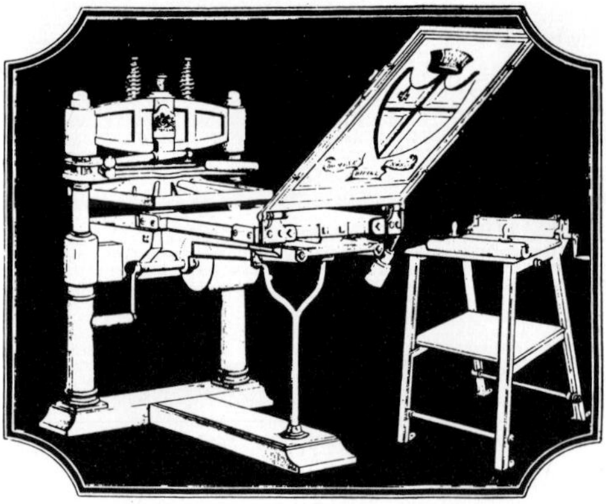

»M. J. Cogger's Printing Press.« Interessanterweise steht rechts neben der Druckpresse eine »Farb(e)auftrag(e)maschine in eigenständiger Form. Über dem Preßbogen befinden sich zwei Spiralfedern.

Hagar-Presse

Bei der Hagar-Presse sind die Pressenfüße (oder die doppelten Füße) durch einen massiven Querbalken verbunden. Die Karrenpartie erfährt gegenüber anderen Pressen eine Veränderung. Anstatt der Platte werden hier separate Schienen eingesetzt. Die vordere Abstützung bleibt metallisch. Aus den Hauptfüßen ragen runde, schmiedeeiserne Stangen in die Höhe. Sie sind durch hohle gußeiserne Säulen verkleidet. Anstelle von Querbalken und Krone finden wir bei ihr einen schweren und massiven Balken. Die Stangen gehen durch den Preßbalken und laufen in einem Schraubengewinde aus. Hier werden sie durch Schraubenmuttern unverrückbar festgehalten. Vereinzelt werden zur Verzierung messingfarbige Knöpfe aufgesetzt. Der Abdruck erfolgt über ein doppeltes Hebelsystem. Der Tiegel ist rippenartig ausgebildet. Sie besteht aus folgenden Bauteilen:

- Füße
- Unterlage
- Unterer, die Füße verbindender Balken, auf denen die Schienen liegen
- Schienenverbindung
- Schienenstütze
- Oberer Balken; die beiden mittleren Punkte geben die Keile zur Stellung des Zuges an
- Die Verkleidung, unter denen sich die Schrauben befinden (die die durch den Balken gehenden Stangen festhalten)

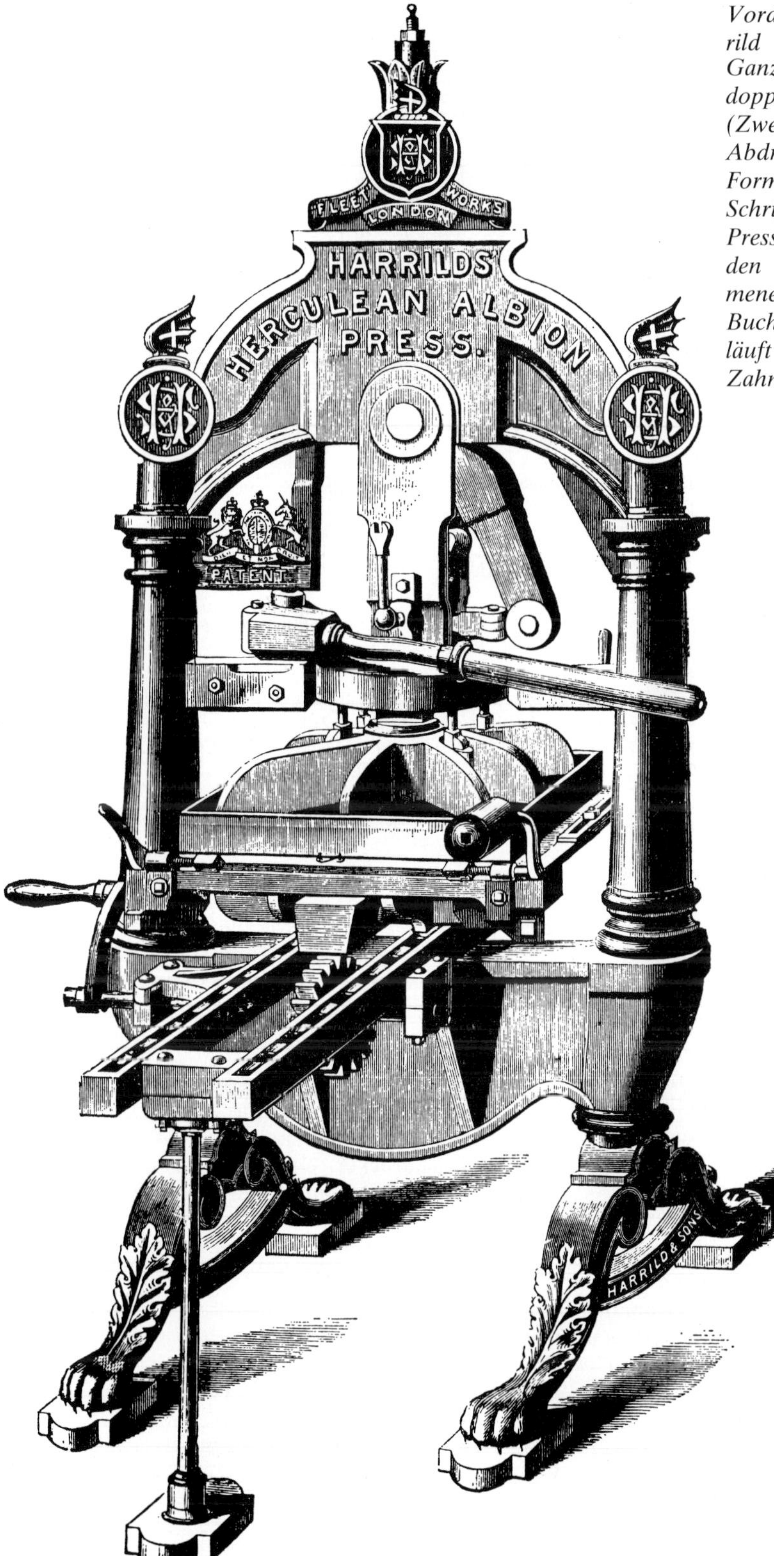

Vorderansicht einer »Harrild Herculean Press«. Ganzmetallisch, robust, doppelte Hebelwirkung (Zweck: gleichmäßiger Abdruck auch größerer Formate; Schonung der Schrift). Die verzierten Pressenfüße deuten auf den Greif als angenommenes Wappentier der Buchdrucker. Der Karren läuft bereits über ein Zahnrad.

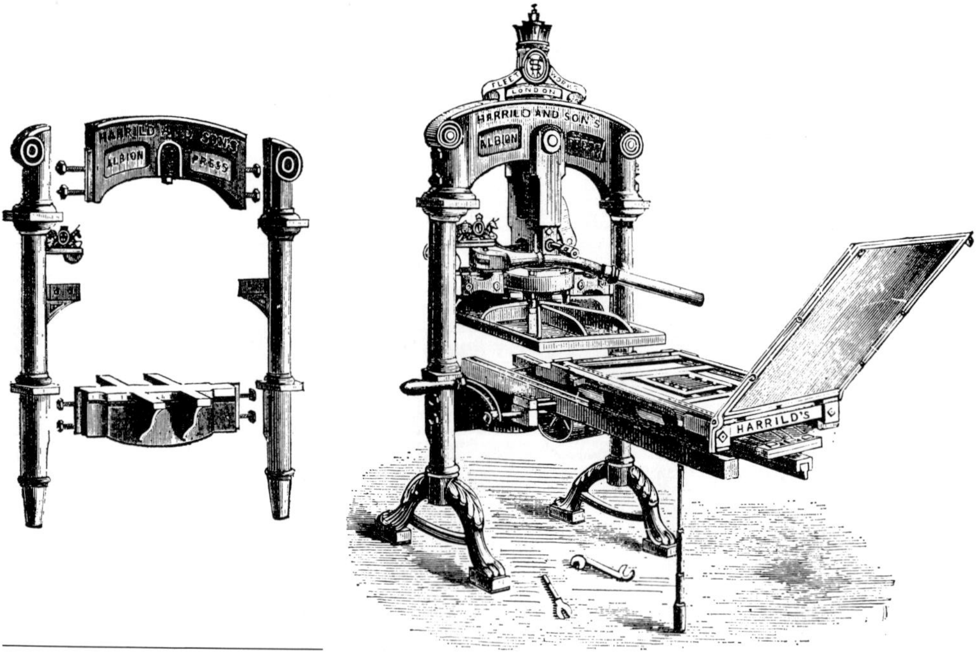

»Harrild's portable overland Albion Press.« Links der zerlegte »Pressenkörper« und rechts die zusammengebaute Presse. Wegfall sämtlicher Holzbauelemente. Der wirtschaftliche Einsatz solcher Pressen setzt einen grundsätzlichen Umdenkprozeß unter den Buchdruckern voraus.

- Die Röhren »... welche die Stangen umgeben und die Säulen bildeten«
- Schienen
- Fundament
- Welle
- Tiegel
- Kegel
- Preßbengel
- Zugstange
- Federn
- Deckel
- Punkturen
- Deckelgewicht
- Rähmchen

Columbia- oder Clymer'sche Presse

Die Columbia- oder Clymer'sche Presse wird 1817 von George Clymer erfunden. 1818 kommt das erste Exemplar nach London. Die Presse bringt einige Neuerungen auf dem konstruktiven Sektor. Im Gegensatz zu den außer Gebrauch kommenden Holzpressen besteht sie aus Eisen. Das Preßspindelprinzip wird durch eine Hebelkombination ersetzt, die im Verbund mit der metallischen Konstruktion eine größere Druckkraft ermöglicht. Die Columbia-Presse stellt nach Dieterichs das Bizarrste dar, was je im Maschinenbau geleistet wurde.[117]

Ungeachtet dessen ist sie produktionsgerecht und weit verbreitet. Der Geschmack der Zeit darf nicht mit der technischen Funktionstüchtigkeit verwechselt werden. Der »Balanzier« ist als modifizierter Greif ausgebildet und krönt die Presse. Der Greif ist das angenommene stolze Wappentier der Buchdrucker: einen sachlichen Grund dafür gibt es nicht. Im wesentlichen besteht die Clymer'sche Presse aus folgenden Teilen:

- Körper
- Kreuz
- Bengel
- Schloß
- Büchse
- Den kleinen Hebeln (Gegenhebeln)
- Hebeldruckwerk
- Dem großen Gegengewicht
- Verbindungsstange
- Schienen

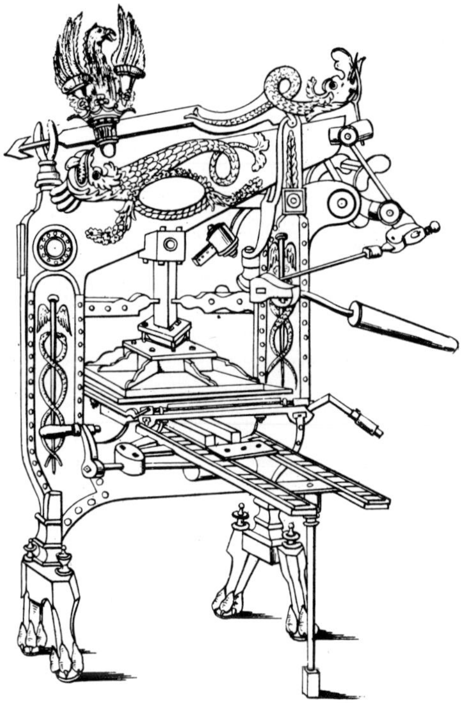

Columbia-Presse. Sie wird 1817 von George Clymer erfunden. Oben auf der ganzmetallischen Druckpresse erkennt man einen als »Greif« ausgebildeten Balanzier (er hat eine eindeutige technische Funktion). Im Zeichen der Zeit werden die Pressen verziert. Auf die konstruktiven Gesichtspunkte hat dies keinen Einfluß.

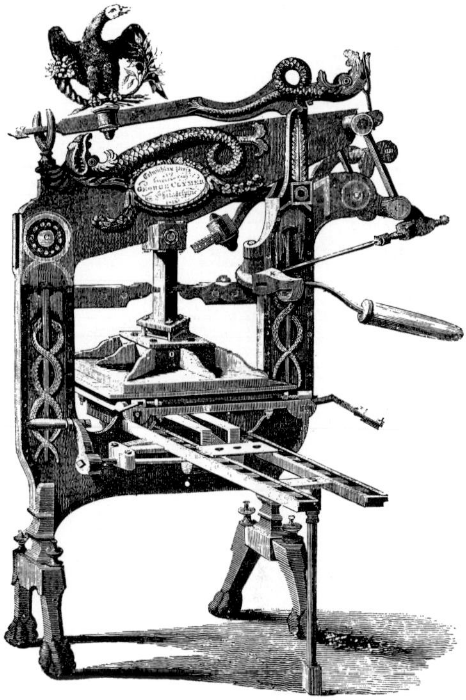

Columbia-Presse, analog der nebenstehenden Abbildung. Wegfall des Bodenkreuzes (was noch die Pressen von Haas und Stanhope auszeichnet). Die Schienen unter der Karrenplatte rücken enger zusammen. Die Tiegeloberseiten werden wabenartig versteift. Besondere Hebelkonstruktion.

- Fundament
- Tiegel
- Kurbel oder Walze
- Deckel
- Zugstange
- Stellschrauben

Deutsche Handpresse

Selbstverständlich werden solche Pressen von verschiedenen Pressenbauern und auch in anderen Ländern gebaut. Die Bezeichnung »deutsch« deutet ein wenig auf den Konservatismus im Land. Auf den ersten Blick denkt man eher an die nunmehr schon »alten« Buchdruckerpressen, als bei einem Vergleich zu englischen Konstruktionen. Diese Handpressen vereinigen auf sich die Erfahrungen bereits erprobter Konstruktionen. Auffallend ist der Wegfall der früheren Art der Karrenplatte und die Verwendung eines Schienenpaares. Die Kurbel ist üblicherweise kräftig ausgebildet. Deutlich erkennbar ist der »Hebelzug«. Im wesentlichen besteht die »deutsche« Handpresse aus folgenden Bausteinen:

- Füße
- Fußstück
- Kopfstück
- Säulen mit Verkleidungen
- Fundament
- Tiegel
- Welle oder Trommel mit der Kurbel
- Kegel
- Bengel
- Zugstellung
- Federn
- Verschiebbares Gewicht
- Deckel (hier: eingefahren)

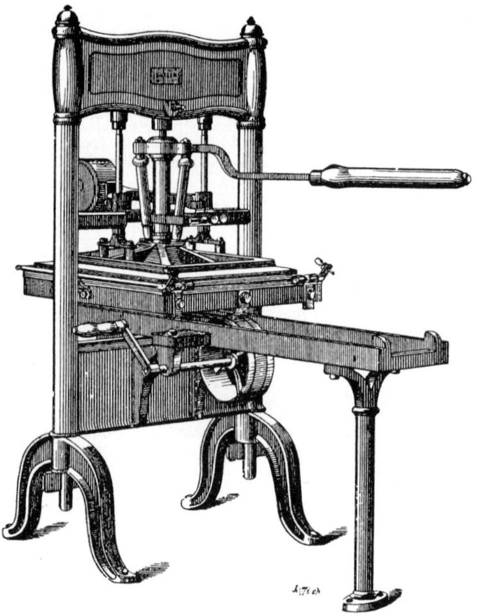

Handpresse von Löser (sogenannte »Kaiserpresse«). Unter dem Karren befindet sich eine stark vertikal gestellte Metallplatte. Mehrfaches Hebelsystem. Um 1850 haben die »alten« hölzernen Pressen der Buchdrucker ihre Wirtschaftlichkeit eingebüßt.

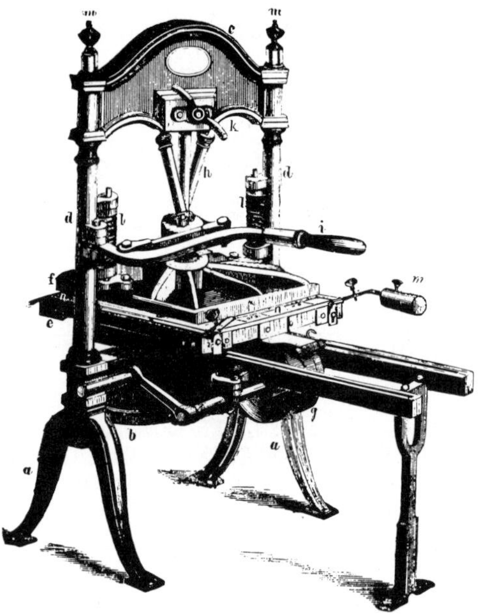

Deutsche Handpresse. Doppeltes Hebelsystem und breit angelegte Kurbel. Auf dem Pressenmarkt wird eine scharfe Konkurrenzsituation deutlich. Erklärung der einzelnen Bauteile auf gesonderter Tabelle.

Es ist unnötig, bei den knappen Beschreibungen auf alle Entwicklungen der Zeit einzugehen. Es bestehen zu viele Gemeinsamkeiten. Handpressen werden weit bis in die zweite Hälfte des 19. Jh. eingesetzt. Um 1850 kommen vier neue Tiegelpressen auf. Außerdem fallen im Tiegelpressenbau einige Sonderformen auf. Bemerkenswert ist, daß die Veränderungsphasen immer länger, aber die der Detailverbesserung immer kürzer werden. Bald ist die Konstruktion so ausgereift, daß keine generelle Verbesserung mehr denkbar ist.

Die Klapptiegelpressen

Die reinen Holzpressen kommen außer Gebrauch. Es wird nachgewiesen, daß lediglich der Pressenkörper bis etwa 1800 aus Holz hergestellt wird. Beispielsweise haben die Suhler-Pressen von Koenig noch ein hölzernes Gestell: sie bilden den klassischen Schlußstrich unter die Entwicklung im *Holz*pressenbau. Ab 1800 zeigt sich eine Vielfalt von technischen Neuerungen, die im Verbund mit metallischen Konstruktionen zu beurteilen sind. Von ihnen können sich nur wenige behaupten. Diese Veränderungsphase reicht bis etwa 1850. Nun entstehen in Amerika vier »neue« Tiegelsysteme. Bald werden sie in Europa bekannt und verbreitet. Es sind die Pressen von Gordon, Liberty, Boston und Gally. Die Charakteristika sind in einer Tabelle zusammengestellt.

Das Neue läßt sich so beschreiben:

- Das Fundament hat nicht mehr die gewohnte horizontale Lage, sondern entweder eine feststehende vertikale, bzw. eine in die Vertikale kippende.
- Anstelle der manuellen Einfärbetechnik entstehen einfache Farbwerksysteme. Sie sind in Anlehnung an die Schnellpressen konstruiert und ausgelegt. *Hier wird das Entscheidende zur Realisierung der Tiegel-Schnellpresse getan.*
- Durch das veränderte Anlagesystem kann vereinzelt auf das Rähmchen in der gewohnten Form verzichtet werden.
- Beschleunigte Arbeitsweise bei relativ geringem Platzbedarf.

Die Tatsache, daß die Druckform senkrecht eingestellt wird und der Gegendruck (= Tiegel) jetzt auf die Form zuklappt, zwingt zu

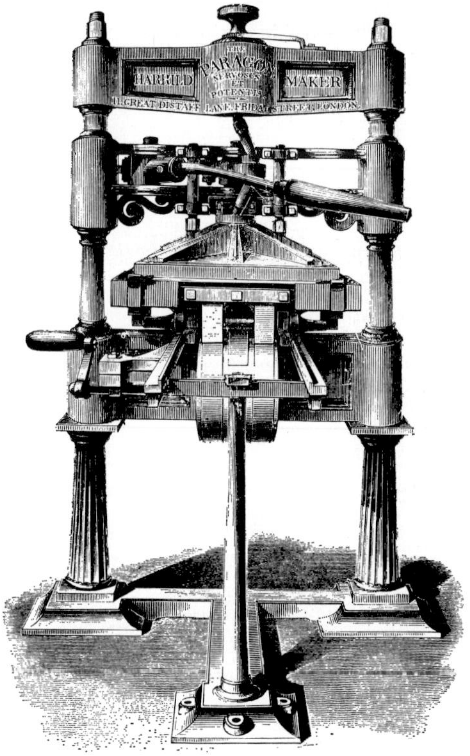

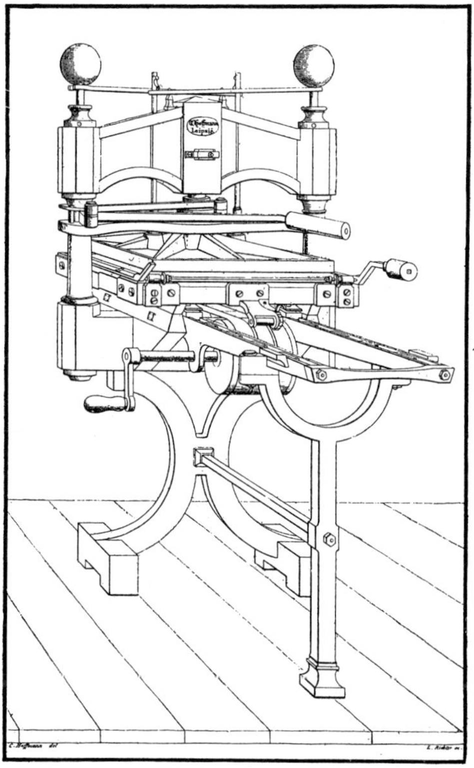

»Harrild's Paragon press.« Hirnholzschnitt von Georg Baxter. Er ist der Schwiegersohn von Baxter, der als Erfinder dieses graphischen Verfahrens gilt.

Hoffmann'sche Buchdruckerpresse. Ausgereifte Metallkonstruktion. Hier ist besonders gut die Funktion der »Deckelbänder« erkennbar. Ebenfalls die Verwendung eines mehrfachen Hebels. Die Verwendung von Hebeln ist ein Charakteristikum und wird in der Zukunft beibehalten.

System	erfunden von / Jahr	Charakteristika
Gordon	G. Phineas, Gordon USA 1850	Tiegel und Fundament haben zwei getrennte Wellen. Sie klappen aufeinander zu.
Liberty	Otto Degener USA 1850	Tiegel und Fundament bewegen sich um eine gemeinsame Achse und klappen aufeinander zu.
Boston	J. Golding, Boston USA 1858	Das Fundament steht senkrecht fest. Der Tiegel bewegt sich um eine unterhalb des Fundamentes bewegliche Welle.
Gally	J. M. Gally USA Produktionsaufnahme in Europa 1887	Das Fundament steht senkrecht fest. Der Tiegel nimmt kurz vor dem Druck eine parallele Stellung zum Fundament ein.

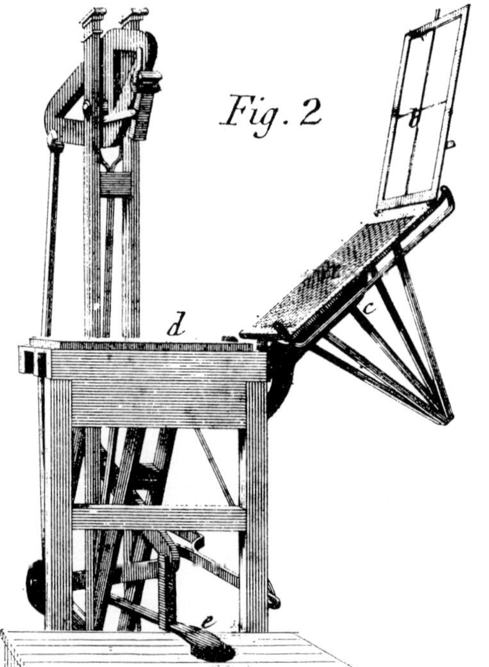

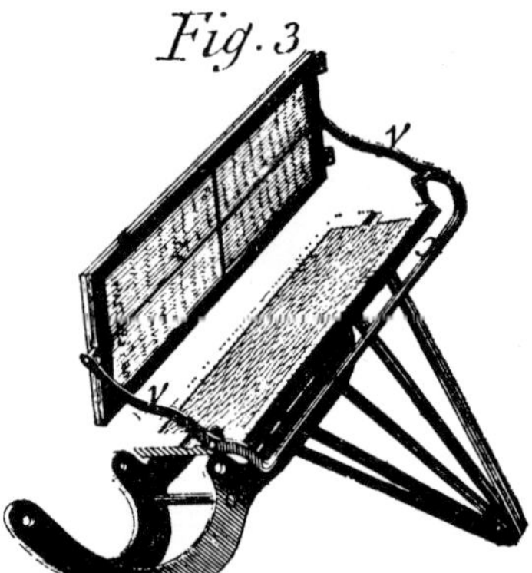

Als technische Besonderheit muß die sogenannte »Traedwell-Press« angesehen werden. Kompakte Konstruktion, die in der Praxis wenig Bestand hat. Oben in Druckposition mit dem geschlossenen Deckel: unten einige Pressendetails. Unten rechts die gut erkennbare Rähmchenfunktion mit den »Friskets«.

neuen Überlegungen bezüglich der Bogenzu- und -abführung. Ohne diese Zwischenstufe ist der spätere Propellergreifer von Gilke undenkbar.

Hier wird von der Konstruktion her ein interessanter Weg beschritten. Auch die Entwicklung auf anderen Sektoren des graphischen Gewerbes bleibt nicht stehen, vor allem im Satzbereich. Hier tritt nicht nur eine Nivellierung der Schrifthöhen und -weiten ein. Die Satzelemente sind so ausgereift, daß sie bei der Verwendung von Schließkeilen (anstelle der alten Holzkeile) senkrecht in eine planparallele Druckform (= Fundament) gestellt werden können. Die Mechanisierung geht so weit, daß Fundament und/oder Tiegel als Gegendruckkörper aufeinanderklappen. Diese Variante hat in der Praxis keinen Bestand. Dadurch fallen die Gordon- und Liberty-Pressen aus dem Rennen.

Einen Schwerpunkt setzt Friedrich Degener mit der Tiegeldruckpresse Liberty. Bei ihr erfolgt die Farbverreibung innerhalb eines mechanischen Ablaufes: nicht mehr manuell. Gleichfalls wird ein mechanischer Antrieb konzipiert. Jetzt zeigen sich unterschiedliche Einfärbesysteme. Man unterscheidet nach der Tisch- und Zylinderfärbung. Analog dazu setzt man diese wichtigen Neuerungen bei Tiegelpressen ein.

Die beiden erstgenannten Konstruktionen behaupten sich nur vorübergehend und vor allem in Amerika. Das Aufeinanderklappen von zwei empfindlichen Bauteilen erweist sich in der Praxis als problematisch. Hinzu kommen komplizierte Einfärbemechanismen und besondere Formen der manuellen Bogenzu- und -abführung. Es ist konsequent, wenn man sich für *feststehende vertikale Fundamente* entscheidet. Der Gally-Tiegel besteht aus folgenden Hauptteilen:

- Sockel-Fundament
- Antrieb
- Hauptwelle
- Kurbelrad
- Zwei Zugstangen
- Drucktiegel (früher: Schaukel)
- Seitenwände des Farbwerks
- Farbwalzen
- Walzenwagen
- Schwungrad

Bis heute existieren Gallypressen in den Buchdruckereien. Dadurch, daß der Tiegel kurz vor dem Zugehen auf die Druckform in eine planparallele Stellung geht und erst dann auf die vertikale Form zugeht, eignet sich die-

Die 1850 von G. Phineas erfundene Gordon-Tiegeldruckpresse. Der Drucktiegel und das Fundament klappen bei jedem Druckvorgang aufeinander zu. Darin liegt ihre konstruktive Schwäche. Einfaches Tellerfarbwerk. Die Kraftübertragung erfolgt über ein Schwungrad mit Fußhebelbedienung.

Die 1857 von Otto Degener erfundene Tiegeldruckpresse »Liberty«. Der Drucktiegel und das Fundament klappen bei jedem Druckvorgang aufeinander zu. Einfaches Tellerfarbwerk. In der weiteren Entwicklung haben die Pressen nach dem System von Gordon und Liberty keinen Bestand.

Eine »Gordon-Press«. Hier sieht man die Kraftübertragung und die drei Auftragswalzen.

Interessante Konstruktion einer sogenannten »Tretschnellpresse« von der weitgehend unbekannten »Wormser« Maschinenfabrik. Betrieb über ein Schwungrad. Einsatz eines Druckzylinders. Die Verflechtung zwischen den Tiegel- und Schnellpressen wird an diesem Beispiel deutlich.

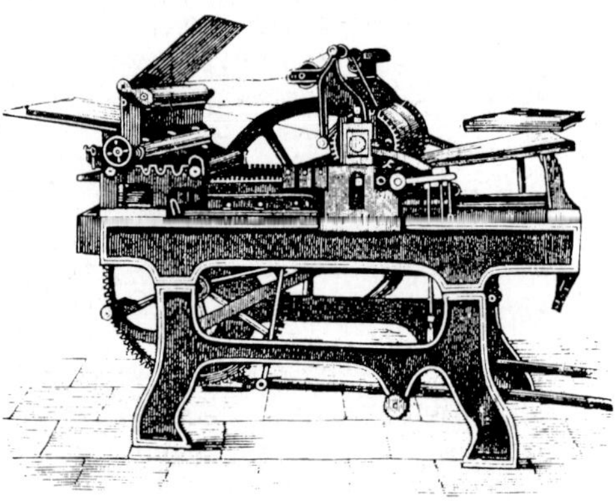

ser Pressentyp für Eindrucke, die bei allen anderen undenkbar sind. So zum Auf- oder Eindrucken schon fertiger Broschüren oder unhandlicher Druckwerke. Das Rennen macht der Boston Tiegel, bei dem der Gegendruck exakt auf die Form klappt.

Pressen von Hogenforst

Die Maschinenfabrik von A. Hogenforst, 1869 in Leipzig gegründet und 1927 noch ansässig, wird beispielhaft für die Weiterentwicklung genannt.[118] Ihr Jahresmaschinenabsatz soll um 1925 bei etwa 1500 Maschinen gelegen haben. Das Leipziger Stammhaus ist weltweit durch Musterlager vertreten. So in Amsterdam, Barcelona, Berlin, Beyroth, Breslau, Buenos Aires, Calcutta, Danzig, Hannover, Karlsruhe, Köln/Rhein, Kopenhagen, London, Madrid, Mailand, New York, Paris, Santiago, Sao Paulo, Shanghai, Stuttgart, Tel Aviv (Palästina), Tokio, Valparaiso und Warschau. Dieses immense Absatzgebiet spricht deutlich für die veränderten Verhältnisse. Die Produktionsschwerpunkte der Hogenforst'schen Fabrik liegen auf:

- Boston-Tiegeldruckpressen
- Tiegeldruck-Schnellpressen
- Buchdruck-Schnellpressen (Krone)
- Bronzier- und Liniermaschinen
- Utensilien, Maschinen und Apparate für Buchdruckereien

Das Unternehmen erringt mindestens sechzehn Auszeichnungen, teilweise auf internationaler Ebene. Es dokumentiert die Weiterentwicklung im Pressenbau und den technischen Fortschritt. Ich gehe hier nur auf einige Typen des Maschinenprogramms ein. So verfügen die Tiegeldruckpressen von Hogenforst über eine vieljährige Erfahrung. Sie zeigen eine Anbindung an die Boston-Systeme. Sie werden auch als Tischpressen in verschiedenen Größen gebaut. Neben Hogenforst bemühen sich zahlreiche andere um die Gunst der Käufer. Beispielsweise die Fabrik von Albert Frankenthal und vor allem nach dem Ersten Weltkrieg die Druckmaschinenfabrik in Heidelberg. Sie gewinnt später das Rennen, indem es ihr gelingt, einen vollautomatischen Bogenzu- und -ableger zu vermarkten. Doch erst beides zusammen, die konsequente Verkaufspolitik und das technische Wissen, sichern dem »Original Heidelberger Tiegel« den ersten Platz unter allen späteren »Tiegel-Schnellpressen«. Im letzten Drittel des 19. Jh. findet eine Marktbereinigung statt. Wieder einmal machen sich die Drucker selbst

Konkurrenz: während es früher regionale Pressenbauer sind, sind es jetzt Druckmaschinenfabriken. Mit ihnen setzen neue Strategien ein. Der Markt wird sorgfältiger beobachtet. Lücken werden rascher geschlossen: allmählich betreibt man »Marketing«. Es ist heute bis zur Perfektion ausgereift.

Boston-Presse Stabil I EJ

Es handelt sich um eine kleine und robust wirkende Presse mit Handhebelbedienung und einem Tellerfarbwerk. Zwei Auftragswalzen färben die Druckform ein. Neben der Presse sind Vorrichtungen zum Zu- und Abführen der Bogen angebracht, dies geschieht manuell. Natürlich sehen die seinerzeitigen Konstrukteure die Schwachstelle. Deshalb entwickelt man bei Hogenforst einen mechanisch-pneumatisch wirkenden Bogenselbstausleger für Bogenpressen. Dem Maschinenprospekt zufolge wirkt er: »... in der Weise, daß das bedruckte Werkstück durch den im gegebenen Moment freiwerdenden Luftstrom einer eingebauten Gebläsevorrichtung vermittelst einer einstellbaren Seitenanlegemarke zugeführt wird. Diesem Vorgang geht ein Anlüften der eventuell auf dem Tiegel haftenden Werkstücke unmittelbar voraus, daher zuverlässiges Funktionieren selbst bei schnellster Druckfolge. Ein weiterer Vorzug der Bogenselbstausleger besteht darin, daß der einstellbare Auswerfer gleichzeitig als exakte Seitenmarke dient. Seine Funktion verursacht keine Beschädigung des bestoßenden Randes des Werkstückes.« Es ist interessant, daß hier mehrfach von Werkstücken gesprochen wird und Papier damit gemeint ist. Ein schönes Beispiel für das verstärkte technische Denken in den Konstruktionsbüros und gleichzeitig ein Beweis, daß »Werbung« noch zu sehr unter dem technischen Blickwinkel gesehen wird. Als besondere Vorteile der Pressen werden herausgestellt:

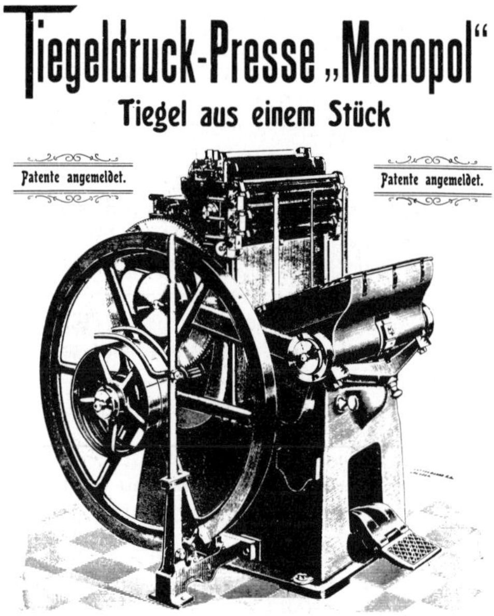

Tiegeldruckpresse »Monopol« (Tiegel aus einem Stück). Relativ ausgereiftes Zylinderfarbwerk. Es handelt sich um einen »Gally-Tiegel« älterer Bauart, bei dem der Tiegel kurz vor dem Druck in eine zum Fundament planparallele Stellung rückt (über sogenannte »Führungsknaggen«). Aus: Typographische Jahrbücher. 1900.

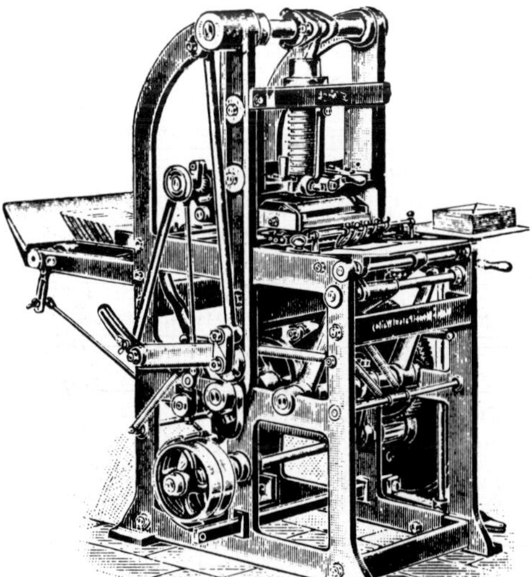

Schnelltiegel-Presse »Koh-i-Noor« mit waagerechtem Tiegel und Fundament. Besondere Einlegevorrichtung und selbsttätige Bogenablage. Geeignet für kleine Drucksachen in Massenauflagen.

- Vorzügliches Funktionieren
- Steigerung der Leistungsfähigkeit
- Zeit- und Geldersparnis. »Der relativ niedrige Anschaffungspreis amortisiert sich infolge gesteigerter Leistungsfähigkeit sehr bald.«
- Exakte seitliche Bogenanlage
- Kein Beschädigen des Papierrandes durch den Ausleger
- Vollständige Ausnutzbarkeit der Druckfläche

Im Grunde genommen, sind es die gleichen Argumente, die die Pressenbauer des späten 16. Jh. verwenden.

Tiegeldruck-Schnellpresse Diamant

Seit langem ist bekannt, daß die Festigkeit des Maschinengestells – vor allem im Flächenpressenbau – von ausschlaggebender Bedeutung für die erreichbare Druckkraft und für das Druckergebnis ist. Die »Diamant« verfügt über:

- Teller- oder Tischfarbwerk
- Druckabstellung
- Verstellbare Druckregulierungsknagge

Es handelt sich um eine Originalkonstruktion, die seit etwa 1885 in der Praxis Eingang findet. Je nach Stärkeverhältnissen wird die Presse in einer A-, C- und E-Variante angeboten. Der Typ A ist beispielsweise für feinste, wohl: einfachste Akzidenzarbeiten geeignet. Hier genügt ein offenes Hauptgestell. Je nach Kenntnis des Druckers können dem Maschinenprospekt zufolge 1500 bis 2000 Drucke/Stunde erreicht werden. Sofort fällt die Schwachstelle ins Auge, »je nach den Kenntnissen des Druckers«. Was vordem als Berufsethos angesehen wird, was eigentlich erst den Drucker ausmacht, seine persönliche Leistungsbereitschaft, wird zur Schwachstelle. Es geht darum, noch schnellere und sicherere Pressen zu bauen, so daß auch der einfache Maschinenarbeiter in der Lage ist, darauf zu drukken. Die Vielzahl der technischen Feinheiten, die ein Drucker vom »alten« Schlag zu beherrschen hat, um sein Tagewerk zu schaffen, sind in Vergessenheit geraten. Damit setzt etwas Unpersönlich-Kaltes ein: es geht parallel neben der Industrialisierung vor sich und schafft u. a. den unzufriedenen Mensch am Arbeitsplatz. Schon gegen Ende des 19. Jh. scheint der Mensch teilweise Opfer der von ihm selbst geschaffenen Technologie zu werden.

Die gleiche Maschine wird mit einem geschlossenen Gestell geliefert, sonst entspricht sie der vorerwähnten. Auf Wunsch wird eine »patentierte« Druckregulierung mitgeliefert.

Tiegeldruckpresse Rapid

Als Vorzüge dieser Tiegeldruck-*Schnellpresse* werden ins Feld geführt:

- Solideste Arbeit, bestes Material
- Billiger Preis
- Kräftige Konstruktion
- Gefräste Zahnräder
- Geräuschloser Gang
- Vorrichtung gegen Verletzung durch den Fußtritt
- Senkrechtes, feststehendes Fundament

Manche der Argumente scheinen heute selbstverständlich. Wir dürfen nicht den mühsamen Weg vergessen, der erforderlich war, um diesen Standard zu erreichen. Es wird immer schwieriger, Pressen erfolgreich auf den Markt zu bringen. Es wird deutlich, wie rege die Konkurrenz ist. Allein die Fabrik von Hogenforst preist mehr als hundert unterschiedliche Typen an. Es wirft einen interessanten Blick auf die erreichten Auftragsstrukturen in einer Zeit, wo großformatige Buchdruck-Schnellpressen im Buch- und Steindruck selbstverständlich sind.

- Sichere Tiegelführung ... ohne Anwendung von Federn
- Einfache, gefällige Bauart
- Schnelle und sichere Befestigung der Form
- Genaues Register
- Praktische Vorrichtung zur Herstellung des Aufzuges
- Verstellbarkeit der Walzenrollenbahnen
- Selbsttätige Farbzuführung
- Gute Farbregulierung
- Gleichmäßige Farbverreibung
- Vollständige Ausnutzbarkeit der Satzfläche
- Äußerst leichter Gang bei Fußbetrieb
- Ersatzteile stets vorrätig

Boston-Tiegeldruckpresse Stabil

Diese Presse kann als Besonderheit angesehen werden. Sie besitzt außer der Teller(ein)färbung »... ein vorzüglich funktionierendes selbständiges Farbwerk«. Beim näheren Hinschauen entpuppt es sich als einfacher Farbkasten mit einem gewöhnlichen Deckel. Lediglich der Duktor ist zahnweise zu verstel-

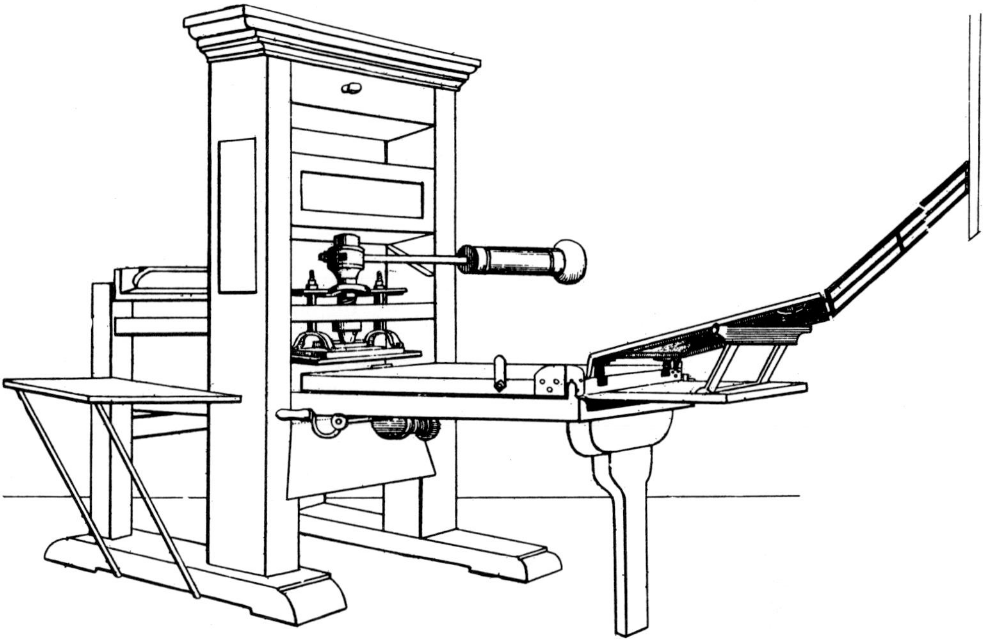

Ausgereifte hölzerne Buchdruckpresse aus dem ersten Drittel des 19. Jh. Dünner Bengel mit einer breiten hölzernen Bengelscheide. Deckel- und Rähmchenfunktion bleiben erhalten. Angebauter Arbeitstisch an der Bedienungsseite. Bildnachweis: Neubürger.

len. Es ist vielleicht das Bezeichnende an den Hogenforst'schen Tiegelpressen, daß sie gegenüber den Heidelberger Tiegeln (später: OHT) konstruktive Nachteile im Farbwerk haben und weil das Problem der automatischen Bogenzu- und -abführung nicht optimal gelöst wird. Die Leistungsfähigkeit aller Hogenforst'schen Tiegeldruckpressen ist durch das Individuum »Mensch« begrenzt. Es liegt etwa bei 1200 Drucken pro Stunde. Vor diesem Hintergrund muß der »epochemachende« Propellergreifer des Kölner Buchdruckers Gilke gesehen werden.

Außer den Tiegeldruckpressen baut man bei Hogenforst Buchdruck-Schnellpressen, so die »Krone« in unterschiedlichen Ausführungen. Der Pressentyp gleicht noch immer der der »normalen« Buchdruck-Schnellpresse. Geändert haben sich Styling, Geschwindigkeit und Werbung. Erst um 1925 gelingt die Verwendung von »automatischen« Bogenanlegeapparaten. Weiter baut man bei Hogenforst verschiedene Abziehpressen, Farbereibemaschinen, Kartonscheren, Regletten- und Spatienschneider, Setzmaschinen-Zeilenschneider, Linienhobel und Eiserne Schließplatten. Man ist bemüht, die Maschinenfabrik zu nutzen. Man bietet die gesamte Palette der »modernen« Produktionsmittel mit allem Zubehör an, um die Marktstellung zu behaupten. Eine vernünftige Sache: trotzdem verliert Hogenforst das Rennen. Es gelingt ihren Konstrukteuren nicht, das letzte große Hindernis im Tiegel-Pressenbau zu bewältigen: die Bogenzu- und -abführung wirklich zu automatisieren. Begrifflich trennt man den *Handpressen*- vom *Maschinen*drucker. Aus der konstruktiven Sicht zeigen sich immer wieder folgende Probleme:

- Die Druckkraft muß gegenüber den Horizontalpressen erhöht werden.
- Ebenso die Antriebskräfte. Im Gegensatz zur Kurbel werden die Tiegelpressen mit einer Hand- oder Fußhebelbedienung ausgerüstet. Der Kraftantrieb (Voraussetzung ist eine standort*unabhängige* Energiequelle) setzt sich ebenso wie die Friktionskupplung durch.
- Verbesserung der Farbwerke (Tisch-, Teller-Zylinder). Hier lehnt man sich an die Erfahrungen der Schnellpressenbauer.
- Sicherheitsvorkehrungen bei der Handanlage und -auslage. Maschinenbruchsicherungen.

Bezeichnung	Firma	Ort
Victoria-Tiegel	Rockstroh & Schneider	Dresden
Phönix-Tiegel	Schelter & Giesecke	Leipzig
Presto-Tiegel	Maschinenfabrik Gietz	Oerlikon/Ch
Mars-Tiegeldruckpresse	Maschinenfabrik Vicum & Co.	Erfurt
Brillant, Diamant- und Rapid-Tiegeldruck-Schnellpressen	Maschinenfabrik Hogenforst	Leipzig

- Schwerpunkt: *Problematik der manuellen Bogenzu- und -abführung. Sie entscheidet über die Geschwindigkeit der Presse und somit über deren Wirtschaftlichkeit.*

Es wird deutlich, wie viel herumprobiert wird. Man baut unterschiedliche Systeme, so zusammensetz- und schiebbare Apparate, die das manuelle Einlegen eliminieren und die Leistung steigern sollen. Die praxisgerechte Bogenzu- und -abführung gelingt nach weiteren fünfzig Jahren technischer Entwicklung. Entscheidend wirken sich die inzwischen erfolgten Verbesserungen im Schnellpressenbau aus. Bei der vielschichtigen Verbreitung aller Pressentypen können sich nur wenige in der harten Praxis durchsetzen. Es sind vor allem die Systeme von Gally und Boston. Bedeutung erlangen fünf bis acht Maschinentypen (siehe obenstehende Tabelle).

Die Tiegeldruckpressen werden in unterschiedlichen Formaten angeboten. Sie bewegen sich in einem engen Bereich, denn beim Druckprinzip Fläche : Fläche kann er trotz der Verwendung von metallischen Bauteilen nicht beliebig erweitert werden.

Sonderformen im Tiegelpressenbau

Der Ergänzung wegen schweife ich kurz von der Hauptlinie der »allgemeinen« Entwicklung ab. Kurz nach 1800 ergibt sich die Trennung in Tiegel-, Schnell- und Steindruckpressen. Sie werden eigenständig weiterentwickelt, wenngleich sie sich wechselseitig befruchten. Ab der zweiten Hälfte des 19. Jh. zeigt sich für kurze Zeit eine weitere Variante: die Sonderformen im Tiegelpressenbau. Offensichtlich wird versucht, etwas von dem alten Nimbus des graphischen Gewerbes in den privaten Bereich zu tragen. Es werden Tiegelpressen »à la miniature« gebaut: quasi für den Hausgebrauch. Sie sind entweder tragbar oder zur Bedienung auf einen Tisch zu stellen. Teilweise sind sie mit einem kleinen Gestell verbunden. Es ist interessant, daß selbst Alois Senefelder tragbare Pressen bauen und vertreiben läßt. Es muß klar nach dem anderen Verwendungszweck unterschieden werden. Während die lithographische Tätigkeit zunächst mehr im Künstlerischen liegt, soll mit den kleinen Hochdruckpressen ermöglicht werden, kleinere Druckauflagen (der frühere Akzidenzbereich) selbst herzustellen! Beispielsweise sieht man neben der »Parlour-

Darstellung einer Buchdruckerpresse mit dem Pressen- und Ballenmeister. Der Pressenmeister bewegt mit der linken Hand die »Kurbel« unter dem schon voll ausgebildeten »Karren«. Interessant ist die Ausarbeitung der »Krone«. Auch dieses Bild dokumentiert den technologischen Fortschritt. Aus: Kartenspielbuch von Jost Amman. Nürnberg. 1588.

Parlour-Press (um 1880). »A provitable amusement for many. Printing at home.« In gewisser Weise ist es Scharlatanerie, was hier (bis heute) getrieben wird. Das Drucken »im häuslichen Bereich« wie es hier gepriesen wird, hat sich nie durchgesetzt. Im rechten Bildteil der kleine Setzkasten. Bildnachweis: St. Bride Printing Library. London. Mit freundlicher Genehmigung.

Presse« von Cowper eine kleine Druckmaschine und einen Setzkasten im Wohnzimmer stehen, ist es eine Marktlücke? Die Tatsache, daß man versucht, auf solchen Pfaden Absatzkanäle auszubauen, beweist, wie scharf die Konkurrenz ist. Was erst als »Schwarze Kunst« hoch gepriesen ist, rutscht zur Spielerei herab, es funktioniert aber nicht.

Das Einfärben an diesen Pressen geschieht mit kleinen Walzen. Vermutlich muß die Druckfarbe vorher auf einem Farbstein verrieben werden. Es ist ein verfahrenstechnischer Rückschritt in die Anfangszeit des Buchdrucks. So primitive Arbeitsmethoden, zu allem Übel Laien zugemutet, können in der Praxis keinen Bestand haben. Deshalb sind solche Pressen heute äußerst selten zu finden. Diese Art von »Hausdruckereien« berührt die Entwicklung des graphischen Gewerbes nicht. Es ist mehr eine technische Spielerei und/oder Geschäftemacherei. Bekannt sind folgende Pressen:

- Miniature Albion Presse (ca. 1862)
- Berry's People Printing Presse (ca. 1871)
- Cowper's Parlour Printing Presse (ca. 1880)
- Mr. Staffords portable Press

James Moran[119] erwähnt weitere, mir ist nicht bekannt, inwieweit sie Eingang im deutschen Sprachraum finden.

Von Gilke zum Original Heidelberger

Wer die Entwicklung im Bau von Tiegelpressen verfolgt, stößt auf das letzte große Hindernis: das *manuelle* Zu- und Abführen der einzelnen Bogen. Dadurch ist die Leistung fixiert, sie orientiert sich an der Fähigkeit des Arbeiters, der sich als das langsamste Glied in der Kette der technischen Erfindungen erweist. Der Kölner Buchdrucker Gilke erhält 1913 ein Patent für einen »selbsttätigen« Anleger an einer Bostonpresse. Jetzt wird der Propellergreifer im Druckmaschinenbau realisiert. Ab 1919 werden erste Pressen damit ausgerüstet. Sie setzen sich rasch durch, denn sie überwinden die letzte große Barriere, das zeitraubende Einlegen und Herausnehmen der Druckbogen.

Es bedarf einer intensiven und vielschichtigen Entwicklung und einer Zeitspanne von einem halben Jahrtausend, bis der ehemals konventionelle Handpressentiegel automatisiert ist. Der mit diesem Greifersystem ausgerüstete Tiegel wird ständig verbessert.

Schließlich gelangt der »Original Heidelberger Tiegel« zu Weltruf. Der Markt wird systematisch aufgearbeitet. Weltweit entstehen Vertretungen. Im Hause Heidelberg wird eine konsequente Verkaufspolitik realisiert. Hubert A. Sternberg, der ehemalige General-

»Mr. Stafford's portable press.« Solche kleine und tragbaren Druckpressen werden in großer Vielfalt und mit unterschiedlichen Formaten und Einfärbesystemen hergestellt. Die Druckkraftübertragung entspricht den größeren Ausführungen: es werden Hebel eingesetzt.

»Miniatur-Albion-Press.« Gezeigt auf der Pariser Weltausstellung von 1862. Alle wichtigen Pressenfunktionen bleiben erhalten. Die Systeme scheitern am praktischen Umgang und an der Unerfahrenheit ihrer Bediener.

direktor, nimmt den »Original Heidelberger« auf das Fließband. Dies ermöglicht, alle Konkurrenten aus dem Feld zu schlagen. Anfangs gibt es neben den »Heidelbergern« zahlreiche Mitbewerber. So die Pressen von Heidsieck, die Bostonpressen Stabil oder die schwedische Lagermannpresse. Hinzu kommen ausländische Fabrikate. Keine vereinigt in sich die Vorzüge der »Heidelberger«; seine Merkmale sind:

- Einbau des Kniehebelprinzips. Damit wird die Druckkraft gesteigert.
- Man kann vorstapeln und die Maschine »durchlaufen« lassen. Dies entspricht einer knapp 100prozentigen Leistungssteigerung.

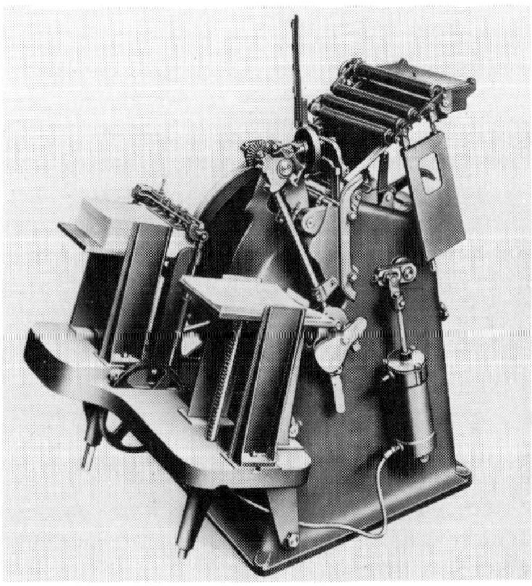

Original Heidelberger Tiegel aus der Zeit von 1914–1917. Diese Konstruktion krönt die 450jährige Entwicklung im Tiegelpressenbau. Kenntnisse des aktiven Schnellpressenbaues sind integriert (zum Beispiel die Einfärbetechnik). Werkphoto der Heidelberger Druckmaschinen AG. Archiv Nr. RN 711104. Mit freundlicher Genehmigung.

- Durch eine Doppelan- und -auslage wird es möglich, die Dauerleistung auf etwa 2600 Druck/Stunde zu halten.
- Schwierige Papiersorten werden problemlos verarbeitet.
- Die vordem erforderliche »Einlegerin« fällt weg. Dadurch werden erhebliche Kosten eingespart.
- Hohe Druckqualität.
- Aufbau eines fähigen Service-Netzes in der ganzen Welt.

Mit dem »Heidelberger« endet die momentane technische Entwicklung im Bau von Tiegelpressen, die vor knapp 500 Jahren mit intensiven Vorarbeiten beginnt. Heute stehen die Tiegeldruck-*Schnellpressen* neben den anderen Pressentypen. Es darf nicht vergessen werden, daß sie es waren, die die Gesamtentwicklung ermöglichten.

Ich beschäftige mich in einem weiteren Kapitel mit der Zwischenstufe der »Farbeauftrag(e)maschine« und dann ausführlicher mit der Erfindung der Buchdruck-Schnellpressen durch den Sachse Friedrich Gottlob Koenig und Andreas Bauer. Diese Entwicklung ist für das 19. Jh. bestimmend. Sie ist mindestens genauso interessant. Die Problematik ist ähnlich, doch die Zeit ist eine andere. *Die Bedeutung der Erfindung der Schnellpresse ist nur dann faßbar, wenn sie im Verbund mit der fortschreitenden Industrialisierung des 19. und des frühen 20. Jh. gesehen wird.*

Die mit Sonnenenergie betriebene Druckpresse des französischen Ingenieurs Abel Pifre – bestehend aus Hohlspiegel mit Wasserzylinder (Energiequelle), Dampfmaschine (zur Umwandlung) und Druckpresse.

Der Buchhändler.

Zur Geschichte der Druckfarbe[1]

Bei der Betrachtung zur Entwicklung der Druckpressen und -maschinen nimmt die Entwicklung der Druckfarbe einen wichtigen, seither wenig gewürdigten Platz ein. Die Quellenlage ist dürftig.

Vorläufer: chinesische und ägyptische Tuschen

Die Vorläufer der heutigen Druckfarben sind chinesische und ägyptische Tuschen. Grundsätzlich ist festzuhalten, daß mit ihnen nicht »gedruckt«, sondern »gepinselt« oder »geschrieben« wird. Die Entwicklung geht wie die des Papiers auf die Chinesen zurück und beginnt im 3. Jahrtausend vor unserer Zeitrechnung (2698–2597). Als Erfinder wird der chinesische Edelmann Tien Chen angesehen. Sichere Angaben zur Benutzung solcher Tuschen (Tinten?) liegen aus den Jahren 220–419 unserer Zeitrechnung vor. Über ihre Zusammensetzung und Herstellung gibt der Chinese Shwochi um das Jahr 1000 Auskunft: »... daß ein guter und reiner Lampenruß sorgfältig zerstampft wird ... bis er fein ist. Anschließend wird er durch ein feines Seidentuch gedrückt (und) in ein Tongefäß gefüllt. So werden fremde Bestandteile und Unsauberkeiten ausgeschieden. Ein Pfund Ruß wird mit fünf Unzen Leim vermischt. Für seine Herstellung verwendet man Hirschhaut oder -horn. Mit zusätzlich beigefügtem Baumsaft wird die Farbkraft verbessert. Dazu kommen das Eiweiß von fünf Hühnereiern, eine Unze Zinnober und geringe Mengen Moschus. Die Bestandteile werden verrührt. Daraus entsteht eine Paste, die in einem eisernen Mörser mit dem runden Klöppelstock geschlagen wird.«

Die damalige Farbproduktion ist erheblich: gegen Ende des 6. Jh. unserer Zeitrechnung verfügt die Bibliothek von Peking über 37000 Bücher. Während der Tang-Dynastie (618–906) wird sie um 16000 Bände erweitert. Die chinesischen Farbmacher sind angesehen. Der

◀
Der Buchhändler. Rechts im Hintergrund erkennt man eine massiv gehaltene »Bücherpresse« mit einer vierkantigen Büchse und einem Querloch. Davor steht ein »Bücherfass«. Bildnachweis: Kupferstich aus: Abraham a Santa Clara »Etwas für Alle«, Band 3, 1711.

Detailvergrößerung aus einem Bild von Stradanus. Man sieht deutlich das »Anreiben« und Vorbereiten der Druckfarbe. Mit dem »Löser« werden Pigmente unter Zuhilfenahme von Firnis »angerieben«.

Kaiser Huan Tsung (713–755) betätigt sich auf diesem Sektor und verschenkt selbst angeriebene Farbe.

In Ägypten benutzt man ähnliche Tuschen zum Beschreiben von Papyrus. U. a. schreibt Dioscorides, ein Physiker im Dienst von Antonius und Cleopatra, um 40–30 vor unserer Zeitrechnung, mit einer Tinte, zu deren Herstellung Lampenruß und Öl verwendet wird. Hier haben wir eine Querverbindung zu den Ölquetschen und -pressen der Antike, deren grundsätzliche Konstruktion die Entwicklung der Druckpresse beeinflußt.

Erste bekanntgewordene und in der chinesischen Literatur authentisch festgeschriebene Versuche, mit beweglichen Holztypen zu *drucken,* unternimmt Pi-Cheng. Er stellt in den Jahren 1041–1049 unserer Zeitrechnung Schriften und Bekanntmachungen her. Pi Cheng ist außerdem im Zusammenhang mit der Papiergeschichte von Bedeutung.

Die in China und im Orient fixierten Verfahren verbreiten sich allmählich nach Westen. Sie gelangen nach Europa und kommen in unserem Sprachbereich (erst) im späten14., vor allem im 15. Jh. zur Anwendung. Parallel läuft die Entwicklung der Papierfabrikation.

Farbtechnologie bei den (alten) Holzschnitten

Mit dem Aufkommen der Holzschnitte im 14. Jh. – lange *vor* Gutenberg – beginnt die eigentliche Geschichte der Druckfarbe. Die Zeit ihrer Erfindung ist nicht exakt anzugeben. Ähnlich wie bei der Realisierung der Druckpresse handelt es sich um ein »Verfahren«, das auf Grund mühsamer und kostspieliger Versuchsreihen praxisreif wird. Parallel dazu ist die Entwicklung der Schreibinstrumente wichtig, vor allem die der Kiel- und Rohrfeder. Der hohle Kiel entspricht – auf den einfachsten Nenner gebracht – durchaus dem Farbbehälter der Druckpressen. Die Kielfeder, bei größeren Schriftbildern die Rohrfeder, ist im allgemeinen nicht sparsam bei der Farbabgabe. Im Laboratorium der Druckfarbenfabrik Gebr. Hartmann wird bei der Untersuchung des Farbkörpers alter Schriften und Frühdrucke (vor Gutenberg) festgestellt, daß es sich um Teile von Eisenoxid handelt. Es ist entweder auf künstlichem Weg aus dem Rest von Eisenverhüttungen gewonnen oder es handelt sich um pulverisiertes Eisenmineral. Die Farben zeigen einen gewissen Braunstich, der Eisenverbindungen eigen ist. Durch das hohe Alter hat die Farbe ihre chemische Reaktionsfähigkeit verloren, so daß das Bindemittel nicht mehr zu ermitteln ist. Buchstaben mit starkem Farbauftrag zeigen an ihrer Oberfläche eine rissige Struktur. Neben Oxidverbindungen verwendet man als Farbkörper vermutlich pulverisierte Holzkohle und vereinzelt gewerbemäßig hergestellten Kienruß.

Es ist anzunehmen, daß man bei der drucktechnischen Abwicklung der ersten Holzschnitte Schreibgewohnheiten überträgt, das heißt, daß man die Tinten der Schreiber zur Wiedergabe von Holzschnitten heranzieht. Ein Beweis für diese These ist die Dünnflüssigkeit der ersten *Druckfarben.* Die Konsistenz führt zum »Durchschlagen«. Saubere Konturen lassen sich wegen des flächenartigen, mehr federnden Anpreßdruckes *nicht* erzielen. Die Folge sind Quetschränder. *Es ist entscheidend, daß die Phase der Holzschnitt-Technologie mit ihren Versuchen auf dem Sektor der Farbherstellung vor der Tätigkeit der Frühdrucker liegt.* Im Klartext heißt es, daß Gutenberg, seine Gesellen und Berater, daß sich alle Frühdrucker diese Erfahrungen zunutze machen.

Die Färbung mit der »Drucktinte« zeigt, daß sie wenig Farbstoff und -kraft besitzt. Die Konturen sind mehr oder weniger gequetscht. Es handelt sich nicht um »drucken« im klassischen Sinn, sondern um Reibedruckverfahren auf gefeuchteten Bedruckstoffen. So wird verständlich, daß erhebliche Einbußen an der Qualität hinzunehmen sind. Außerdem muß diese Stufe (noch) als unwirtschaftlich bezeichnet werden. Durch die dünnflüssige Konsistenz schlägt die Farbe durch: die Papierrückseite wird unbrauchbar. Deshalb klebt man an den jeweils leeren Rückseiten die einzeln und einseitig bedruckten Blätter zusammen. Der Umfang der Mitteilungen ist in der Regel kurz. Man nennt ihre Hersteller »Briefdrucker«. Mit der Vorstellung von Briefen im heutigen Sinn hat das nichts zu tun, vor allem nichts mit den verfänglichen Ablaßbriefen der römisch-katholischen Kirche. Man orientiert sich lediglich an dem lateinischen Begriff »breve«, was kurz bedeutet.

Im Lauf der Entwicklung werden die Drucktinten entscheidend verbessert. Es fällt auf, daß das »Durchschlagen« seltener wird: dadurch wird das qualitativ einwandfreie (spätere) zweiseitige Bedrucken der Papiere möglich. Trotz der Verbesserung halten die seinerzeit verwendeten Farben nicht mit denen stand, die im Umfeld von Gutenberg benutzt werden. Dazu sind grundsätzliche Veränderungen notwendig, die *vor* Gutenberg angesiedelt sind. Das Verfahren, die Druckfarbe ständig zu verbessern, ist nicht die Tat eines einzelnen.

Die Gutenberg'schen Drucke sind »... sauber und in jeder Weise einwandfrei, während allen Reibdrucken mehr oder weniger der Charakter des Minderwertigen anhaftet ... die 42zeilige Bibel ist ein unübertroffener Beweis«. Hier spielt die Druckfarbe eine erhebliche Rolle, wenngleich dieser Faktor seither kaum beachtet wird.
Substanzproben aus der Mitte des 15. Jh. haben sich nicht erhalten. Die Frühdrucker verwenden einen rußartigen Körper und Leinölfirnis. Man verwendet prinzipiell die gleichen Grundbestandteile zur Farbherstellung wie heute, vor allem was die Schwarzfarben anbelangt. In der »Wahrhaftigen Historie von (der) Erfindung der Buchdruckerkunst« macht 1681 der Frankfurter Stadtschreiber Anthaeus im Zusammenhang mit einer Chronik über die Familie Fust die Bemerkung: »... es habe großes Nachsinnen erfordert, bis zum Druck besondere Drucktinten erfunden worden seien ... denn die sonst zum Schreiben gebrauchten Tinten seien in den Buchstaben ausgeflossen und haben einen unklaren Druck ergeben. Es

habe (auch) der von Lichtflammen (Wachskerzen) gewonnene Ruß keine Beständigkeit haben können, obwohl er einen guten Abdruck ergeben habe ... endlich habe man einen aus Leinöl gesottenen zähen Firnis erstanden, der ... mit reinem Kienruß vermischt ... zu einer beständigeren gut geeigneten Farbe bereitet worden wäre.«

Aus dem Jahr 1501 hat sich eine Nachricht erhalten, die besagt, daß in der Druckerei von Peter Schöffer mit Wahrscheinlichkeit der Ruß von Wachskerzen zur Bereitung des Farbstoffs verwendet wird. Die Untersuchung eines 1480 bei Lucas Brandes in Lübeck gedruckten Werkes zeigt, daß die (Druck)schrift das Papier »durchschlagen« hat. Dies ist eine Bestätigung, daß der zum Abreiben benutzte Leinölfirnis zu wenig »verkocht« war. Daß die Farbe teilweise dünnflüssig ist, zeigen auffallend häufig vorkommende »Quetschränder«. In den Rechnungen der Ripoli-Druckerei (Florenz, aus den Jahren 1474–1483) geht hervor, daß als Material zur Herstellung der Druckfarbe verwendet werden: »... Leinöl, Terpentin, Harzpech, schwarzes Pech, Marcasit (Schwefelkies), Zinnober, Harz, verschiedene Firnisse, Galläpfel, Vitriol und Schellack.«

Ein weiteres Problem ist das Trocknen des Firnis. Die Farben sind von stark unterschiedlicher Qualität. Die Trockenzeiten betragen zwei bis drei Tage. Dies ist vor allem bei der Beurteilung der alten Abbildungen von Druckstuben zu berücksichtigen. Oft sehen wir an der Raumdecke typische »Aufhängeleinen« oder »Aufhängeleisten« zum Trocknen der frisch gedruckten Bogen. Sie sind nicht zu verwechseln mit den Trockenstangen der Papiermacher. Aus dem Jahr 1445 hat sich eine Eintragung erhalten, derzufolge ein Frankfurter Bilddrucker einen Firnis erhält, der *nicht* innerhalb eines Tages getrocknet ist. Dies führt zu einer gerichtlichen Auseinandersetzung. Gerade was das Trocknen der frisch bedruckten Bogen anbelangt, ergeben sich *vor* Gutenberg entscheidende Verbesserungen. Möglicherweise wäre er an dieser Aufgabe gescheitert.

Die Frühdrucker stellen sich »ihre« Farbe selbst her. Dies bleibt im wesentlichen bis weit in das 19. Jh. in Deutschland so. Es muß eine ähnliche »Geheimniskrämerei« angenommen werden, wie sie die Schriftgießer und selbst die Frühdrucker handhaben. Die handwerksmäßige Herstellung der Druckschwärze bleibt über Jahrhunderte fast unverändert. Unabhängig davon etablieren sich sog. »Rußhütten«. Über das Alter der deutschen Rußhütten ist wenig bekannt. Wir besitzen aus Straßburg Nachrichten über einen um 1500 tätigen Drucker Veit Varbbrenner, dessen Namen auf seine berufliche Tätigkeit deutet: das Brennen von Kienruß. Friedrich Geßner schildert in seinem in Leipzig 1743 erschienenen Buch »die so nöthig als nützliche Buchdruckerkunst ...«. »... es gibt besondere Rußhütten, da selbiger gesammlet und alsdann verrühret wird«. Eine Rußhütte befand sich (auch) vor den Toren der Stadt Frankfurt/Main. Es handelt sich um die »Brönner'sche Rußbrennerei«.

Aus Sicherheitsgründen wird der Firnis vor den Stadttoren gekocht. Ein Höhepunkt ist das »Abkreischen« (kröschen) des siedenden »Fürniß« (Leinöl). Dabei werden einige Stücke Brot an dünnen Tannenholzspießen so lange in das kochende Leinöl gehalten, bis die Brotstücke braun werden. Man will erreichen, daß »... wäßrige Teile und (die) überflüssige Fettigkeit des Leinöls« vom Brot aufgesaugt werden, um »... einer zeitigeren und geschwinderen Verdickung beyzutragen«. Das »Ölbrod« wird nach dem Erkalten mit Salz bestreut und von den Gesellen gegessen. Dieser Brauch erhält sich bei uns bis weit in das 19. Jh. hinein. Allmählich wird die handwerksmäßige Fabrikation der Druckfarbe aufgegeben. Mit der Einführung der Schnellpresse und der Rotationsmaschinen steigt der Farbverbrauch sprunghaft an. Die erste Druckfarbenfabrik entsteht in England, dem klassischen Land der Zeitschriftentechnologie mit ihrem hohen Farbverbrauch: außerdem wird hier durch den Sachse Friedrich Gottlob Koenig und den Stuttgarter Andreas Friedrich Bauer die Schnellpresse erfunden. Zu Beginn des 19. Jh. wird in Deutschland die Druckfarbenfabrik Theodor Weiß & Co. (Halberstadt) gegründet. Die erste Farbreibe*maschine* stammt aus dem Jahr 1824. Dazu heißt es in einer graphischen Fachzeitschrift: »... daß die bisherige unmechanische, unbequeme und der Gesundheit höchst gefährliche Methode, giftige Farben anzureiben, wo sich der Arbeiter über den Reibstein neigt, den Kopf darüber hinbeugen und alle giftigen Theile der Farbe einatmen muß.« Die Arbeit an der »neuen« Maschine wird als Spielerei hingestellt.

Anders läuft die Entwicklung der Druckfarben in Frankreich: hier entstehen bereits im 16. Jh. eigenständige »Farb-Manufakturen«, aus denen sich Farbfabriken entwickeln.

Alte Stadtansicht von Frankfurt/Main, links im Vordergrund die Brönner'sche Rußbrennerei.

In den Jahren 1554/55 ist in Lyon ein Johan Odet ansässig, der sich Druckfarbenhersteller nennt. Aus dem Jahr 1540 hat sich ein Lehrvertrag erhalten, in dem sich ein Noel Guyton, ein Buchhändler und Buchbinder in der Rue des Sep Voies (nahe beim College de Reims), verpflichtet, einem 14 Jahre alten Guilleme Plumion seinen Beruf zu lehren ... und ihn in der Herstellung von Druckfarben zu unterweisen. Aus den »Archives Nationales« (7. Juli 1743) geht hervor: »... daß es jetzt ungefähr 60 Jahre her sind, daß ein großer Teil der Druckermeister es aufgegeben haben, die Farbe selbst herzustellen, weshalb sich zwei Drucker Kompagnons fanden, genannt Chapier und Moreau, die unter ihren Meistern gelernt haben sie zu machen, weshalb die Druckmeister kommen, und sich bei ihnen damit versorgen. Nach dem Hinscheiden von Chapier und Moreau haben die genannten Privat (!) und Langlois, die sich damit beschäftigt haben, die Mischung (besser: das Mischen) zu lernen, diese Farbe gemacht und vertrieben ... bei ihnen kauft heute die Mehrzahl der Druckermeister. Ein Spezereihändler in der Vorstadt von St. Antoine hat indessen angekündigt, daß er sie machen wolle ... aber er hat so wenig Geschick gehabt, daß keiner der Drucker zu Paris sich ihrer hat bedienen wollen. Es wurde beim Ausprobieren gefunden, daß sie zu blasse Abdrucke ergab und ... durchschlägt.«

Aus Deutschland sind derartige Traditionen bislang nicht bekannt. Daraus kann geschlossen werden, daß unter den Gesellen im Verbund mit den notwendigen Arbeitsteilungen einer das Anreiben der Farbe wahrnimmt. Darauf deuten einige der alten Bilder. So befindet sich unter den Gehilfen eines Druckers Buschner ein Ulrich Belch aus Ulm, der sich ausschließlich mit der Herstellung von Druckfarben beschäftigt.

Nach diesen Vorbemerkungen nun einige Szenen aus dem Fachbuch von Friedrich Geßner (1743). Es zeigt deutlich, wie man in der Praxis vorgegangen ist.

Von dem Ruß und dessen Bereitung

»Der Ruß ist nichts anderes, als der Rauch von verbrenntem Hartz-Pech, welchen man in einer kleinen wohl zugemachten, und mit Schaaf-Fell bezogener Kammer auffänget, und hernach, indem man diese Felle abschüttelt, einsammelt. Gleichwie es aber zu gefährlich ist, das hierzu benötigte Feuer in dem Hause anzumachen, so thut man besser, diesen Ruß in einem von denen Häusern etwas abgelegen, und mit Ziegelsteinen bedeckten Zelt zu brennen.

Diejenigen, welche beständig Ruß zurichten, nennen dieses Zelt einen Schwärtz-Sack. Dieser Sack aber ist von vier kleinen quer Höltzern gemacht, deren jedes 3 bis 4 Daumen Dick und 7 bis 8 Fuß lang ist, welche auf beyden Seiten an einen höltzernen quer Balcken, oben und unten, gleich einem Bett befestigt sind, mit einem kleinen Thürgen, daß man hinein kriechen kann.

Man kan diesen Ruß-Sack so groß machen als man will, oben aber muß er mit einem recht dichten Deckel verwahret sein. Einige machen dem untern einen Boden von Brettern, jedoch damit man wegen dem Feuer nicht Gefahr laufe, ist es besser, solchen mit viereckigten Ziegelsteinen zu belegen. Hernach wird um diese vier quer Balcken ein leinen Tuch, so fest als immer möglich, angespannt, mit kleinen Nägeln etwa 2 Finger breit voneinander fest gemachet, und dabey alle Löcher wohl verstopffet. Nach diesem leimet man Pappier sowohl auf die Leinwand selbsten, als auch alle Fugen, und rund um den Boden herum, damit der Rauch durchaus nicht herausdringen könne.

Wenn der Sack nun also zugerichtet, nimmt man einen dazu dienlichen eisernen Topf, damit man wegen des Feuers nichts zu fürchten hat, füllet selbigen bis auf einen Daumen breit, mit dem in kleine Stücke zerstoßenen Hartz, und setzet ihn mitten in gedachtem Sack, wo man ihm mit Pappier Feuer gibet, und nachdem das Hartz wohl angebrannt, die Thüre, welche wohl schließen muß, zumacht; sollte aber durch die Ritzen einiger Rauch gehen, so müssen solche mit Leinwand oder Pappier wohl verschlossen werden.

Ist dieser Ruß nun gantz verbrannt, und hat sich an den Sack angehangen, welches man leicht erkennen kan, wenn der Sack kalt ist, so muß man von oben und rund herum mit einer dünnen Ruthe klopfen, damit der Ruß herunter falle, welches in einer halben Viertel-Stunde vorbey ist, nachdem diesem wird die Thür geöffnet, der Ruß mit einem Besen zusammen gekehret, und in ein Faß getahn, der Topf aber mit neuem Hartz angefüllet, und auf die beschriebene Art mit Brennen fortgefahren.

Man kan auch so lang als man will Hartz brennen, ohne daß man jedesmal, wenn der Topff wieder angefüllet wird, das vorherige abzuklopfen nöthig hat, dieses aber ist zu mercken, daß man den Topff vor dem Abklopffen immer wohl zudecke, damit kein Ruß hinein falle.

Es geschieht manchmal, daß in dem Zusammenkehren einiger Staub, oder andere dem Ruß widrige Dinge darunter komet, auf welchem Fall man solchen in einen mit Wasser angefülltes Faß thun muß, darinnen alle unsaubere Wesen sincken, der Ruß aber oben schwimmen wird. Auf diese Art wird der zu unserer Kunst benöthigte Ruß verfertiget.«

An einer Presse einfacher Konstruktion – vermutlich eine Stoff- oder Tapetendruckmaschine – arbeiten zwei Gesellen. Da der eine als Ballenmeister fungiert, ist anzunehmen, daß der Druckstock nach der Manier der »Buchdrucker« – also im Hochdruckverfahren – einzufärben ist.

Von Bereitung des Fürniß

»Darzu wird ein gutes altes Lein-Oel verwendet, welches in einer darzu aptirten kupfernen Blase so lange gesotten wird, bis das Oel so dick, als Honig, und fast wie zerlassener Leim wird. Vorher aber muß selbige wohl untersucht werden, ob sich nicht von dem vorigen Gebrauch Unreinigkeiten auf dem Boden angesetzt, welches soferne es unterlassen wird, allerhand Verdruß erwecken kan. Wann nun dieses geschehen, so kan man sie mit dem Oele über das Feuer setzen und sich einiger Ziegelsteine bedienen, damit die Gluth desto besser um dieselbe herumschlagen kan. Anfangs kan man sich etwas starcken Feuers bedienen, bis es zum Kochen oder Sieden gebracht wird, da sich denn die Unreinigkeithen forthun, welche mit einem Löffel abgeschöpffet oder abgekröschet werden müssen. Nach solchem bedienet man sich einer gewissen Masse Brod, welches man an höltzerne Spieße steckt und hineinhält, damit das Oel desto mehr durcheinander gehe und beweget werde. Man will auch sagen, daß solches davon desto eher dick werde und auf dem Papier leichter trockne.

Einige bedienen sich auch, wegen der erwähnten Mittel, der Silber-Glätte, und Minie, welche sie mit kochen lassen, und wenn sichs auf den Boden gesetzt, gießen sie das Oel sachte ab, da es dann klärer als vorher ist. Es gibet auch noch andere Species, den Fürniß auf dem Papier zu trocknen. Einige wollen solches mit Glaß und pulverisirten Crystall zuwege bringen; anderen nehmen Spicköl, weil selbiges trocknend, oder auch Steinöl; am allerbesten aber trocknet Balsam Copaiva, er ist aber zu solchem Gebrauch zu kostbar.

Es hat jeder seine sonderbare Handgriffe, die Arbeit vollkommen zu machen, wie alle andere Künstler. Ich halte dafür, daß die genaue Aufsicht, und die Gedult, so der Fürniß erfordert, damit er nicht zu dünn, noch zu starck werde, das meiste bey der Sache thue, daß er wohl gerathe.

Man bleibe also bey seiner Ordnung und verwahre die Blase mit dem dazu applicirten Deckel, und stecke die dazugehörige Stange durch die Rincken, damit man bey ereignter Noth dieselbe vom Feuer abheben kan, man tractire solches mit etwas gelinderm Feuer, als vorher bey dem Anfang zu geschehen. Mercket man, daß das Oel steigt und am Halse der Blase herausdringet, so nehme man selbige nicht gleich vom Feuer, sondern verwehre solches mit trockner klarer Erde, oder Asche, so lang man kan; will es sich aber dadurch nicht zwingen lassen, so nehme man selbige davon, und observire dabey, daß die Blase nicht auf die blose Erde, sondern auf den dazu gemachten Stroh-Krantz, gesetzt werde, weil von der Feuchtigkeit der Erde das erhitzte Oel einem nicht wenig zu schaffen machen oder auch die Blase Schaden leiden kan. Kurz: es muß in allen Vorsichtigkeit gebracht werden, weil man dabey allerhand Unglücks-Fällen unterworffen ist.

Man muß auch verhüten, daß von dem Oele, was oben durch den Deckel dringt, nichts an der Blase herunterlauffe und vom Feuer in Entzündung gerathe, welches einem alsdenn nicht geringen Verdruß machet.

Wenn man nun die Blase vom Feuer genommen, so untersuche man alsdenn, ob sich bald Fürniß zeige, thue etliche Tropffen auf einen Teller, oder Scherben, und sehe, ob er Faden ziehet. Man kan auch selbigen anzünden, damit, wo sich noch etwas von Unreinigkeiten findet, selbige durch solches anbrennen vollends verzehret werde. Man verfahre aber auch damit nicht zu lange, damit sich solches nicht allzusehr erhitze, und man alsdenn, weil man ihn offen hat, nicht in größere Gefahr lauffe. Ist er nun also, obbeschriebener Massen gut, so lasse man ihn wohl auskühlen, bis man in solchen einen Finger erleiden kann, alsdenn gieße man ihn in das Farbfaß, und rühre den Ruß darunter. N. B. welcher aber mit den Händen muß klar gerieben werden, damit er sich desto besser mit dem Oel vermenge. Man kan alsdenn etwas Wasser auf die Farbe gießen, weil solches die Farbe vor der Unreinigkeit verwahret.

Eine andere Art: Es ist der Grund nicht anders, als wie schon gedacht, ein gutes Lein-Oel, welches nicht mit Rübsaat-Oel verfälscht seyn muß, und wenn es im Kochen, so soll man etwas Brod und eine Zwiebel hineinhalten, bis beydes ganz schwartz worden, weil solches die Fettigkeit des Lein-Oeles an sich zöge, dahero es käme, wenn dieses unterlassen, daß die Farbe auf dem Papier gelb würde, weil man dem Oel seine Fettigkeit nicht benommen. Das Lein-Oel desto geschwinder zähe zu kriegen, sollte man etwas Asphalthum hineinwerffen, damit auch die Farbe desto geschwinder auf dem Pappier trockne, ingleichen die Blätter nicht an einander kleben bleiben, so sollte man Parum Litharc. und eine Cispidem Vitrioli hinzu thun, so würde es ein fürtrefflicher, unverbesserlicher Fürniß.«

Von Vermischung des Fürniß mit dem Ruß

»Den Ruß mit dem Fürniß zu mischen, muß man ihn in ein klein Gefäß gießen, hernach aber den Ruß hineinthun, denn alle andere Schwärtze ist zur Drucker-Farbe nichts nutz, und ist der leichteste Ruß immer der beste. Je mehr Ruß man hinein thut, je dicker wird die Farbe, deßwegen muß das gehörige Maaß nicht überschritten werden. Hernach rührt man beydes mit einem dazu verfertigten Spatel wohl untereinander, damit sich der Ruß recht mit dem Fürniß vermische, und es einem dicken Brey ähnlich sehe, und so offt man von dieser Farbe auf den Farbestein nimmt, muß es, ehe man sich dessen bedienet, nochmals mit dem Farbeeisen wohl umgerühret werden.

Der Farbestein muß, ohne die Farbe darauf kommet, allzeit sauber abgeschabet werden, indem sich gemeiniglich viele Haare und

Rußbrennen in vergangenen Zeiten.

andere Unsauberkeit von denen Ballen darauf setzet, welches nicht nur an einem sauberen Druck hindert, sondern auch großen Aufenthalt verursachet, machet er die Buchstaben leichter voll, welche alsdenn gereiniget werden müssen.

Wenn man die Farbe auf den Farbestein nach dem Maaß wie man ihrer benöthiget, zurichten will, so nimmt man gemeiniglich zu 2 Pfund Fürniß (das Pfund a 16 Untzen) fünff Untzen Ruß, gleichwie aber dieses nicht so genau kan beschrieben werden, indem der Ruß nicht immer gleiche Schwere, und der Fürniß gleiche Stärke hat, so solte man, um sicherer zu gehen, zweyerley Maaße, eines zu den Fürniß, das andere zu den Ruß halten, und selbigen aufheben, nachdem man gehörig abgemessen, wieviel von beyden nöthig seye, um der Farbe immer gleiche Stärcke und Schwärtze zu geben. Hat man also das benöthigte Maaß, Fürniß und Ruß auf den Farbestein genommen, so kan es wohl umgerühret und auf vorbeschriebene Art eine gute Farbe gemacht werden ...«

Das Abkreischen der Farbe war in der Regel mit einem kleinen Spektakel verbunden. Täubel berichtet in der ersten Ausgabe seines Buches (Wien, 1784) darüber.

Vom Abkreischen oder Abkröschen

»Abkreischen (oder wie es einige nennen: Abkröschen) ist ein Ausdruck, welcher beym Firnissieden gebräuchlich ist. Wenn nämlich das dazu bestimmte Leinöl in dem kupfernen Farbesiedekessel (Farbeblase) ins Kochen gekommen, so nimmt man einige Stückchen Brod oder Semmeln, die nicht frisch gebacken, sondern schon Tag und Nacht alt sind, steckt sie an einige dünne lange Spieße, die von Tannenholz geschnitzt sind, hält sie einige Minuten lang in das stark kochende und wallende Leinöl, oder so lange, bis man bemerkt, daß diese Brotstückchen dadurch etwas braun geworden und sich voll kochendes Leinöl gesaugt haben, oder von diesem fast ganz durchdrungen sind.

Die Ursache, wegen welcher man dieses thut, ist, weil sich dadurch überflüssige, wässerige Theile und die überflüssige Fettigkeit des Leinöls in dasselbe hineinziehen, und dies zu dessen zeitigerer oder geschwinderer Verdickung beyträgt. Man darf nicht zuviele Stückchen Brods auf einmal anspießen und in das kochende Oel halten, weil es sonst dadurch, als einen etwas kalten Körper, zu starck in Bewegung gesetzt oder zu sehr brausen und dadurch leicht zum Überlaufen gebracht

Firnissieden und »Abkreischen« in früheren Zeiten.

würde, das, was dann aus der Kesselöffnung heraus und ins Feuer liefe, würde sich blitzschnell entzünden, und große Gefahr und Schaden bringen, wie leider mehrere Drucker dabey oft werden beobachtet haben.

Wenn man frischgebackene Brodstückchen oder Semmeln in das kochende Oel hinein hält, verursacht dies gemeiniglich stärkeres Brausen und Wallen, sobald man dieses dabey bemerkt, muß man den Spieß, an welchen frisch gebackne Brodstückchen feststecken, sogleich wieder zurück ziehen, bis sich das kochende Leinöl wieder beruhigt hat. Die Drucker, wenn sie Firnis sieden, pflegen das auf obige Art ins kochende Leinöl gehaltene und damit durchzogene sogenannte Oelbrod zu essen, wenn es etwas erkaltet ist, und bestreuen solches zu diesem Zwecke vorher mit etwas Kühlsalz, um es dadurch noch schmackhafter und verdaulicher zu machen; es ist an sich auch der Gesundheit nicht schädlich, im Gegentheil behaupten einige, daß es schwindsüchtigen Personen sehr heylsam sey, und erzählen, daß schon mancher Schwindsüchtige durch den Genuß desselben geheilt worden.

Indessen ist es vielen unmöglich, davon zu genießen, wegen des starken Leingeruchs, den dieses in Leinöl gleichsam gekochte Brod ausdunstet; jedoch gewöhnen sich Buchdrucker, die oft Firniß sieden, leicht an den Geruch und Geschmack desselben, und essen es, mit etwas Salz bestreut, als einen besonderen Leckerbissen, zumahl wenn man neu gebackenes Brod dazu genommen, welches besser schmeckt als das, welches schon ein paar Tage alt ist. Die Zahl oder Menge der Stückchen Brods, die man ins kochende Leinöl zu obengenanntem Zweck hält, läßt sich nicht genau bestimmen; man richtet sich dabei nach der Größe des kupfernen Farbsiedekessels, oder nach der Menge oder der Gewichte des in demselben zu kochenden Oeles.

Ist der Kessel groß und angefüllt, hält man mehrere Stückchen hinein; ist er klein, weniger, bis man sieht, daß sich der Schaum oben im Kessel und das Brausen etwas vermindert hat. Einige Drucker werfen auch beim Abkröschen Zwiebeln und gebranntes Fischbein ins kochende Leinöl, und glauben vielleicht, durch diese Dinge die schnellere Zusammenziehung oder geschwindere Verdichtung (Verdickung) desselben dadurch zu befördern oder zu beschleunigen; allein dieses ist in dieser Absicht eher schädlich als nützlich, weil dadurch die Oelmassen nur mit Unrath angeschwängert werden, und die künftige Buchdruckerfarbe, die aus demselben zubereitet wird, verunreinigt, wozu noch der Firniß ganz rein und klar seyn soll.

Der Firniß zur Buchdruckerfarbe oder Druckerschwärze soll nichts anderes seyn, als ein durch das Kochen zu einer dichteren Masse gebrachtes reines und echtes Leinöl, weil dabey viele überflüssige und unnütze Wassertheilchen verdunsten, denn je stärker oder dichter der Firniß ist, je besser wird dann solche.

Ist hingegen der Firniß schwach und nicht genug durch gehöriges Kochen verdichtet, und man vermischt solchen mit Kienruß und druckt alsdann mit einer solchen dünnen, zu flüssigen Farbe (Schwärze); so bekommen die Buchstaben bald nach dem Drucke an allen ihren Seiten einen gelblichen Rand, oder wie die Buchdrucker zu reden pflegen, wird der Druck gelb; wodurch selbst auch das Papier, auf welches mit einer solchen Schwärze gedruckt wird, eine gelbliche Farbe annimmt, welche schlecht ins Auge fällt ...«

In einer Handschrift der Mainzer Stadtbibliothek hat sich (1690) ein interessantes Rezept erhalten, aus dem erkenntlich ist, wie damals die Druckerschwärze gemischt, bzw. hergestellt wird:

»Rp. Nimm Kohlen von Buchenholz, reibe sie wohl mit seinem ganzen Stein ab, lasse sie trocken werden, dann nimm gut Linen Oel, seie es in einem kupfernen Tiegel, unterm freien Himmel auf ein gut △, laß es sieden, bis es sich selbst entzündet, laß es also brennen lange ein wenig, je nachdem du die Farbe dick oder dünne haben willst. Wenn dich deucht, es habe genug gebrannt, so gieß es aus in ein Bekken oder Pfanne, dämpfe es mit einem dreifachen Lumpen, so wohl naß sei, daß es auslösche und kalt werde, reibe die Kohlen darunter, so ist die Farbe fertig.«

Ballenmeister

Da die Walzenstühle weitgehend unbekannt sind, wird die Farbe mit Druckerballen aufgetragen. Die Arbeitsteilung zwischen dem Preß- und Ballenmeister ist eine wechselseitige. Auf einigen alten Bildern sehen wir eine Sanduhr auf der »Brücke« stehen. Dies deutet den Wechsel an. Auf der einen Seite ist das permanente Ziehen am Bengel Schwerstarbeit, zumal jeder Abzug mit der möglichst gleichen Druckkraft belegt werden soll: auf der anderen Seite führt das schlechte oder leichtfertige Auftragen der Farbe mit den ausgestopften Ballen auf den Formen unweigerlich zur Makulatur. Über die Arbeitsteilung besagt eine alte Quelle:

»Ballenmeister wird der Drucker genennent, der bey der Presse die Ballen gehörig besorgt, oder sie immer in gutem brauchbaren Zustand erhält, die ausgedruckten Formen wäscht u. dgl. Da hingegen der Preßmeister für das Zurichten und für die Arbeiten am Deckel und dessen immer gute Beschaffenheit, Verfertigung und Rähmchenstege, Verkleisterung der Rähmchen u. dgl. besorgt ist. Übrigens pflegen beyde Drucker an einer Presse im Auftragen und Ziehen mit einander abzuwechseln, und suchen einander ihre Geschäfte gegenseitig zu erleichtern, weil jeder gleichviel dabey verliert, wenn die Arbeit von beyden verdorben wird ...«

Feuchten der zum Druck bestimmten Papiere

»Hierzu nimmt man eine verhältnismäßig ovalrunde, kupferne Wanne, welche die gehörige Tiefe haben muß, daß selbige hinlänglich mit reinem Wasser angefüllt werden kann. Dann nimmt man das zu feuchtende zur linken stehende gezählte und in Viertel- oder halbe Buche gezählte und verschränkte Papier, und zieht solches entweder halb- oder Viertelbuchweis, zwischen zwey hölzerne schmahle Feuchtspäne gefaßt, durch das Wasser, und legt das durchgezogene auf das rechter Hand stehende Feuchtebrett, auf welches vorher einige Bogen reines Makulatur gelegt worden sind.

Allemahl, wenn man ein halbes Buch von dem zur linken Seite stehenden trockenen Papierhaufen durch das Wasser gezogen und auf dem gefeuchteten Haufen rechts aufs Feuchtebrett gelegt hat, legt man erst wieder ein trockenes halbes Buch darauf, welches man mit Wasser mit der Hand in dessen Mitte etwas naßbesprengt, und so verfährt man wechselweise, bis derselbe ganze Haufen gefeuchtet ist.

Das letzte Buch zieht man ganz durchs Wasser, bedeckt es mit einigen Bogen reinem Maculatur, und deckt es mit einem Feuchtebrett zu, beschwert solches mit einem verhältnismäßig großem Stein, wenn es aber geleimtes oder festes Schreibpapier ist, so läßt man es ohngefähr eine Stunde stehen, damit das überflüssige Wasser, welches nicht eingedrungen ist, ablaufe, und beschwert dieses alsdann erst mit dem Steine.

Papier welches wenig Leim hat und dünn ist, muß man beim Feuchten auch darnach behandeln, und ihm nicht so viel Wasser geben als den harten dicken oder stark geleimten Schreibepapieren. Alles gefeuchtete Papier muß man des anderen Tages umschlagen, und es nicht eher verdrucken, als bis man untersucht hat, ob sich jeder Bogen desselben recht

Ein Ballenmeister fertigt »Druckerballen«. Gut erkennt man die gerupften »Ballenhaare« und die »Ballennägel«. Üblicherweise wurden früher zweimal wöchentlich die Ballen neu gemacht.

gleich und gehörig erweicht hat, daß man vermuthen kann, es werde dann der Druck auf dasselbe gleich und leserlich ausfallen, wenn der Drucker sonst beym Auftragen und Ziehen regelmäßig zu Werke geht ...«

Auftragen der Farbe (Schwärze)

»Ein Drucker muß beym Auftragen mit dem Ballen sich einen ordentlichen geraden und regelmäßigen Gang angewöhnen, und sehr genau Acht geben, daß er dabey nie irgend eine Stelle einer Columne mit denselben verfehle oder überspringe. Er geht erst mit beyden Ballen in beyden Händen über die eine Hälfte der Form hinauf, und dann über die andere Hälfte der Forme mit gleichem Ballendruck wieder herunter, und dann auf eben dieselbe Art wieder rückwärts. Beym Anfange des Auftragens einer jeden Forme muß der Drucker seine Ballen gleich vorne unten an die Columne sanft ansetzen, und nicht etwa, wie viele sich dabei angewöhnet haben, gleichsam mit seiner ganzen Körperlast, so stark mit den Ballen beim Anfange des Auftragens, auf die Form aufstürzen, als wenn er sie auf einem Drucke zertrümmern wollte! Denn dadurch werden die Buchstaben an den vordersten Stellen der unteren Columnen in der Forme sehr leicht auf einmal zu voll angeschwärzt, zumal bei seinen feinen oder sehr feinen kleinen Schriften, und bey Formen, die dabey sehr enge gesetzt sind.

Man muß bei dem Auftragen nicht mit den Ballen auf der Forme, in weitläufigen Sprüngen gleichsam herumstampfen, sondern mit denselben, dem ordentlichen geraden Gang nach auf eine mehr walzende oder wiegende Art fortschreiten. Formen, die enge gesetzt sind oder lauter kleine Schrift enthalten, erfordern beym Auftragen mehr starkes Anhalten des Druckers, als andere, die aus größeren Schriften und noch dazu weitläufig gesetzt sind, oder deren Zeilen durchgeschossen sind. In Ansehung des Maaßes der Farbe, die der Drucker auf die Ballen nehmen muß, so richtet er sich dabey nach der Beschaffenheit der Forme, von welcher er Abdrucke machen soll; ist solche eng und hat lauter grobe Schriften, so muß der Drucker freylich etwas mehr Farbe auf den Ballen nehmen, sie gehörig gleich auf selbigen vertheilen, und dann beim Auftragen auf solchen Formen gut anhalten, damit alles gleich hinlänglich schwarz und deutlich herauskommt. Besteht die Forme aus lauter kleinen Schriften, und ist auch alles auf derselben durchschossen, oder viel Raum zwischen die Zeilen, muß der Drucker nicht zuviel Farbe auf die Ballen laden, damit er die Form beim Auftragen nicht zu voll schmiere; sonst kommen häufige Putzen in die kleinen Buchstabentiefen derselben, wodurch solche oft ganz unkenntlich werden. Während dem Ziehen des Preßmeisters, und indem derselbe den Bogen, wenn er abgedruckt ist, aus dem Deckel nimmt und auslegt, muß der andere Drucker, oder Ballenmeister, der das Auftragen besorgt, Farbe ausstreichen, solche auf die Ballen nehmen, auf denselben ordentlich reiben (gleich vertheilen) und dgl. und immer, so bald der Karren herausgefahren, und der Preßmeister den Deckel aufmacht, sogleich wieder mit dem Ballen zum Abdruck des künftigen Bogens auftragen.

Der Preßmeister, welcher am Deckel steht, und also die Beschaffenheit der Abdrücke weit

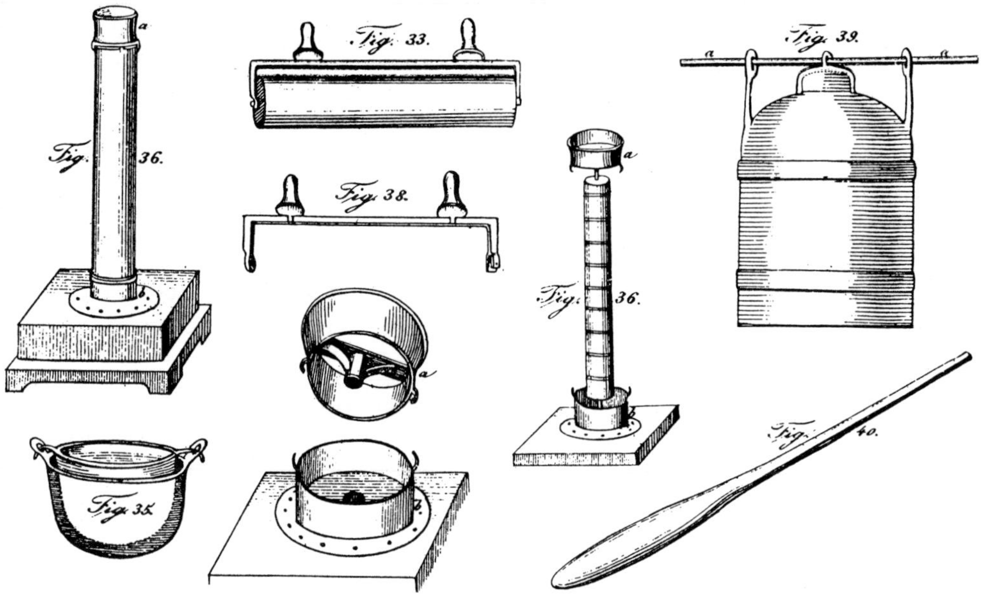

Instrumente zur Walzenherstellung in Buchdruckereien. Gußflaschen, Siedekessel für das Leinöl. Großer Spatel (Spachtel) zum Verrühren der »Walzencomposition«. Bildnachweis: Neubürger, Praktisches Handbuch der Buchdruckerkunst. Leipzig 1841.

besser während dem Auslegen betrachten kann, als der Ballenmeister oder der welcher aufträgt, muß er diesen erinnern, wenn die Abdrücke zu blaß oder zu schwarz herauskommen, damit sich der Ballenmeister beym Farbenehmen und Auftragen immer darnach benehme. Weiß der Drucker, der aufträgt, daß der, welcher am Deckel arbeitet, hierin gewöhnlich nicht aufmerksam genug ist, oder es ist etwa ein noch wenig erfahrener Lehrling, so muß er nochmals selbst den Druck nachsehen, wie die Abdrücke ausfallen, um sich desto besser beim Auftragen darnach richten zu können. Je größer die Formen und je enger sie gesetzt sind, je mehr kräftiges Anhalten erfordern solche beim Auftragen. Auch sollen die Ballen größer sein, damit der Drucker alles leichter und sicherer damit treffen oder übergreifen kann.«

Mit der ständigen Entwicklung des graphischen Gewerbes steigen die Qualitätsansprüche. Ich ziele auf die Verwendung der Buntfarben ab. Dies führt sowohl bei den Rezepturen als bei den Konstruktionen der Holz- und Metallpressen zu eigenen Wegen.

Buntfarben

Ein wichtiges Anliegen der Frühdrucker ist, den fest organisierten Schreiberzünften und vor allem den Briefdruckern und Kartenmachern Konkurrenz zu machen. In gewisser Weise ahmen sie deren Techniken nach, bis es möglich wird, sie durch die »Typographie« auf metalltechnischer Basis zu überflügeln. Was ihnen an frühen Schriften und Werken entgegensteht, ist die Tatsache, daß sie in aller Regel mehrfarbig ausgelegt sind. Unabhängig davon stehen die oft prächtig ausgemalten Initialbuchstaben, farbige Randleisten und Verzierungen. In der Praxis stellt sich den ersten Druckergenerationen ein erhebliches Problem. Es beginnt nicht beim Drucken, sondern bei der Farbe.

Früh beginnen die Versuche mit der Buntfarbe. Der vermutlich erste farbige Druck ist im Fragment eines für 1448 errechneten Kalenders enthalten, der sich in der Wiesbadener Landesbibliothek befindet und ein farbiges Initial enthält. Das erste bedeutende Werk, bei dem Buntfarben verwendet werden, ist das 1457 von Fust und Schöffer vollendete Psalterium. Es zeigt einen starken Farbauftrag. Außer Schwarz wird Blau, Rot und Braun verwendet.

Der größte Teil der früher verwendeten Buntfarben sind Erdfarben, die in der Natur annähernd gebrauchsfertig vorkommen. Sie werden gegraben, zerkleinert, ausgewaschen, getrocknet und teilweise verbrannt. Dies geschieht in den früh vorkommenden Farbmühlen. Sie liegen an Bächen oder Flüssen; das Wasser liefert nicht nur die Kraft: das Auswaschen allein erfordert große Mengen. Die hauptsächlichsten Erdfarben sind Terra de Siena, Umbra, Ocker und Zinnober. Beim Rot kann einwandfrei als Farbstoff Zinnober nachgewiesen werden. Außerdem läßt sich Zinnober (inzwischen) künstlich herstellen. Er hat im graphischen Gewerbe keine große Rolle gespielt. Die am meisten verwendete rote Farbe war das Krapprot, das aus der Wurzel der Krapp-Pflanze gewonnen wird. Ihr Haupterzeugungsland war Frankreich. Aus der Mitte des 18. Jh. haben sich einige Farbrezepturen erhalten.

Farbrezepturen aus der Mitte des 18. Jh.

Farbe zu rothen Tituln wohl zuzurichten. Probe des Zinnobers.

»Nimm 1 Loth gantzen Zinnober, lege den auf ein eisern Blech, setze es auf ein Kohl-Feuer, und blase die Kohle an, wann du siehest, daß ein gelber Rauch davon gehet, so ist der Zinnober gut, wann er alsdann kalt, so kanst du ihn mit gerechten rothen Wein abreiben.«

Zinnober seine Schwärtze zu benehmen und schön lichte roth zu machen

»Ziehe mit Spiritu Vini aus den Saffran eine schöne gelbe tinctur, filtrire und ziehe die Helffte davon bis auf ein Oel gleichsam ab, damit reibe den Zinnober auf das beste ab, so lange, bis er dir an der Farbe gefällig ist.«

Wie der Zinnober auf das beste zu bereiten und zu präparieren ist

»Man nimmt den Zinnober in gantzen Stükken (denn der geriebene wird von den geitzigen Materialisten sehr verfälscht) und zerreibet solchen mit Wasser auf einen sauberen Reibestein auf das subtiliste, thut hernach solchen in eine saubere porcellanene oder gläserne Schalen, und läßt solchen wieder trocknen, hernach gießet man frischen Knaben-Urin darauf, vermischet es wohl untereinander, damit der Zinnober recht penetiren kann, dann läßt man ihn wieder setzen und ruhen, gießet davon ab und wieder zu, lässet ihn eine Nacht stehen, dann wieder abgießen, und dieses 5 oder 6 mal wiederholet, so findet man ihn auf das schönste und beste bereitet und gereiniget. So er nun wieder getrocknet, gießet man wohl zerklopft Eyerweiß darüber, rühret es mit einem Holtz wohl untereinander, und lässet es wieder eine Nacht stehen, dann gießet man es wieder ab, und je öfter solches wiederholet wird, je schöneren Zinnober man hernach findet. Nota: Einige nehmen an statt des Knaben-Urin Brandewein, reiben ihn offt ab, und lassen ihn wieder an dem Schatten trocknen.«

Smalte, Waid, Indigo, Ultramarin

Eine der ersten künstlichen Farben ist die Smalte, eine blaue Farbe, die aus Kobalterzen gewonnen wird. Die ersten Smaltenmühlen entstehen in England, das die Roherze aus dem Erzgebirge einführt. Als jedoch der Kurfürst Johann von Sachsen die Ausfuhr dieser Erze verbietet, entstehen auch in Sachsen die sogenannten »Smaltermühlen«. Genau genommen, stellt die Smalte als Farbpulver nichts anderes dar, als ein fein gemahlenes Mineral. Ihre Druckfähigkeit ist schlechter als die anderer Erdfarben. So darf es nicht verwundern, daß sich bald eine andere Blaufarbe durchsetzt. Sie wird aus dem sogenannten »Waid« gewonnen, einer krautartigen Pflanze, die 50 bis 80 cm hoch wird. Sie wird vor allem in Thüringen angebaut. Erfurt, Gotha, Arnstadt, Tennstädt und Langensalza werden damals die »5 Waidstädte« genannt. Es wird berichtet, daß die Erfurter Waidsamen ausstreuten, wenn sie eine Burg erobert und zerstört hatten, um der Nachwelt zu zeigen, daß diese unsinnige Zerstörung ein Werk der »streitbaren« Erfurter sei. Im Lauf des 18. Jh. verdrängt ein anderer blauer Farbstoff die Waid. Er wird aus Indien eingeführt. Man hält ihn gleichfalls für ein Mineral und nennt ihn »indischen Stein«. Es handelt sich um den Saft der Indigopflanze, die in ähnlicher Weise wie die Waid angebaut wird. Neben dem Waidblau stellt man frühzeitig Ultramarin(blau) her, und zwar aus echtem Lasurstein, dem »Lapislazuli«. Der Name Ultramarin besagt, daß die Farbe »von jenseits des Meeres« eingeführt wird.

Das älteste Buch mit bunten Farbmustern erscheint 1835. Es handelt sich um das »Handbuch der Buchdruckerkunst« von W. Hasper.

Das frühe 19. Jh. bringt für das graphische Gewerbe umwälzende Veränderungen. Im Vordergrund steht die Realisierung der Buchdruckschnellpressen, der Lithographie und der Rotationsmaschinenbau. Parallel dazu wird die Papier- und die Dampfmaschine immer häufiger eingesetzt. Eine ebenso revolutionäre Entwicklung zeigt sich auf dem Sektor der Farbtechnologie.

Zur Farbenchemie

Der Siegeszug der Farbchemie beginnt 1856. Bis dahin verwendet man mehr oder weniger die bekannten Erdfarben. 1856 gelingt es dem Chemiker Perkin das Mauvein, den ersten technisch verwertbaren Anilin-Farbstoff, künstlich herzustellen. Seine Entdeckung stellt die gesamte Farbfabrikation auf eine neue Plattform.

Anilin wird bei der Leuchtgasfabrikation aus Steinkohlenteer gewonnen. Zunächst sieht man darin ein gewöhnliches Abfallprodukt. Unterwirft man den Teer einer trockenen Destillation, entstehen verschiedene Flüssigkeiten, die man getrennt auffangen und weiterverarbeiten kann. So wird aus Benzol Nitrobenzol und dieses in Aminobenzol, d. h. in Anilin, übergeführt. Es bildet das Ausgangsprodukt für einen großen Teil der sogenannten Teerfarbstoffe: allerdings werden die meisten organischen Farbstoffe *nicht* aus Anilin hergestellt.

Eine weitere chemische Großtat bildet 1869 die Entdeckung des künstlichen Krapp: er besiegelt das Schicksal der französischen Krappbauern, die seinerzeit fast die ganze Welt beliefern. Der künstliche Krapp ist dem natürlichen nicht nur qualitativ, sondern durch seine Gleichmäßigkeit und größere Reinheit überlegen. Außerdem ist er erheblich billiger. Der größte Triumph der Farbenchemie wird durch die Erfindung des künstlichen Indigo durch die Badische Anilin und Sodafabrik (1897) verwirklicht. Zwar gelingt es schon 1880 dem Chemiker Adolf von Baeyer Indigoblau auf chemischem Weg herzustellen, aber sein Verfahren ist nicht geeignet, in größerem Maßstab zu »fabrizieren«. Der künstliche Indigo verdrängt rasch den natürlichen und trägt dazu bei, Deutschland von der Einfuhr seiner Farbstoffe unabhängig zu machen.

Ich verlasse die knappen Betrachtungen zur Geschichte der Druckfarbe. Der Weg von der Farbe führt zu den Farbeauftragemaschinen in zunächst eigenständiger Konstruktion. Sie werden rasch in die ersten Buchdruckmaschinen integriert. Außerdem haben wir in den uns heute primitiv erscheinenden Rezepturen zur Druckfarbe eine Parallele zu den vielfältigen Mischversuchen Alois Senefelders.

Farb(e)auftrag(e)maschinen

Streifen wir nochmals das Problem der rationellen Einfärbung von Druckformen. Bis etwa 1800 wird diese Tätigkeit von einem

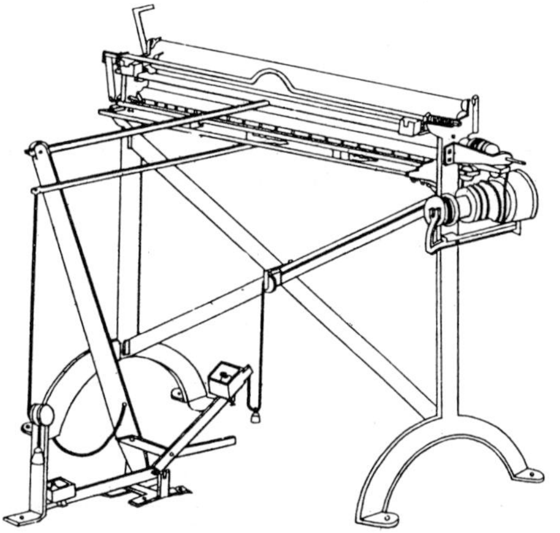

Fairlamb-Gilpin'sche Farbeauftragemaschine (hier ohne die Druckpresse). Bildnachweis: Neubürger, Praktisches Handbuch der Buchdruckerkunst. Leipzig 1841.

»Ballenmeister« wahrgenommen. Er hat entscheidenden Einfluß auf die Leistung und vor allem auf die Qualität des erreichbaren Druckergebnisses. Lange Zeit sieht man keine Möglichkeit, diese Schwachstelle zu eliminieren. Jeder verdruckte oder schlecht abgedruckte Bogen führt zu einem doppelten Verlust: es entstehen zusätzliche Lohnkosten und außerdem muß die Makulatur vom Prinzipal aus eigener Tasche bezahlt werden. Das manuelle Einfärben ist nur bis zu einem gewissen Grad zu rationalisieren. Der Faktor Mensch setzt eine natürliche Grenze. Selbst wenn die Holzpressen um 1800 eine größere Leistung gebracht hätten, ein unrealistisches Unterfangen, solange die Presse – und vor allem der Einfärbevorgang – manuell erfolgt.

Außerdem ist zu berücksichtigen, daß sich die Drucker in langer Tradition an das manuelle Einfärben mit den Ballen gewöhnt haben und technischen Neuerungen skeptisch gegenüberstehen. Krebs erwähnt 1827: »... so hat man erkannt, daß durch die Verwendung dieser *neuen* Ballen wöchentlich ein halber Tag eingespart werden kann ...«. Gemeint sind hier die sogenannten »Kompositionsballen«, die

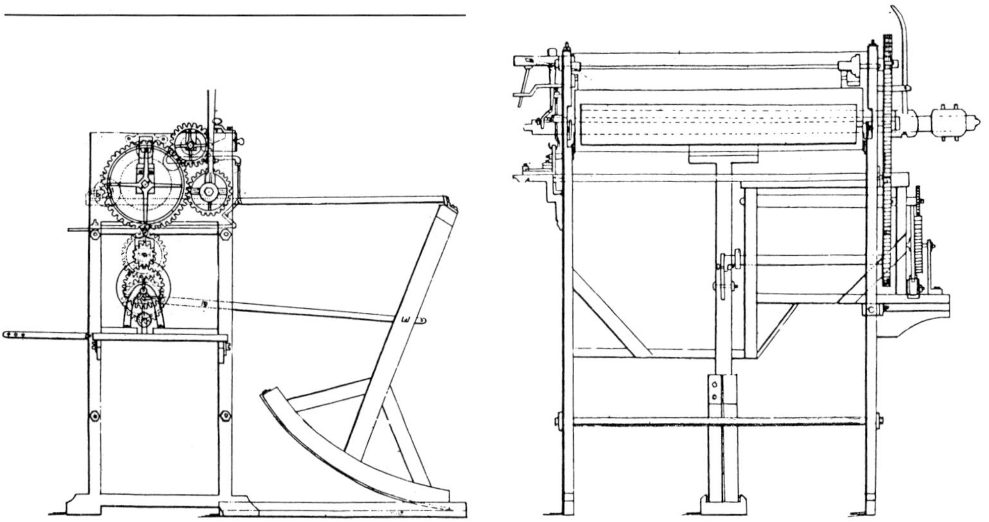

Kallmeyer's Farbeauftragemaschine. Bemerkenswerte Konstruktion der Zahnkränze. Maschine in Vorder- und Seitenansicht. Bildnachweis: Neubürger, Praktisches Handbuch der Buchdruckerkunst. Leipzig 1841.

nicht mehr mit Roßhaaren gefüllt sind, sondern mit einer Mischung aus Leim und Sirup (beispielsweise). Kurze Zeit danach gießt man die Masse in zylindrische Formen und realisiert so die eigentlichen »Druckwalzen«, wenn ich hier einmal von lederbezogenen und mit Seide zusammengenähten absehe.

Friedrich Gottlob Koenig rückt als erster in der Praxis ein eigenständiges Farbwerk in »seine« Suhler Presse ein. Der Vorteil ist eindeutig: erst so entsteht eine in der Praxis brauchbare »Schnellpresse«, denn eines ihrer zentralen Probleme, die Farbe, wie der seitherige manuelle Vorgang des Farb-Auftragens mechanisiert werden kann, ist damit beantwortet.

Die Entwicklung verläuft zunächst eigenständig. Applegath und Cowper bauen in London eine Art Farbkastensystem auf einem Tisch. So lobenswert die Einrichtung auch scheint, so schwierig erweist sie sich in der täglichen Praxis. So trocknet die offenstehende Farbe ein und aus. Dies führt zu Verschmutzungen und zu Komplikationen beim Auflagendruck. Außerdem bringen sie nichts Neues: schon früher wird die Druckfarbe direkt an der Presse angerieben. Gut ist dies u. a. im Plantin-Moretus-Museum zu sehen. Lediglich befindet sich jetzt die Einrichtung nicht mehr unmittelbar am hinteren Pressenbereich, sondern separat neben ihr.

Foster bringt einige Verbesserungen ein. Der von ihm erfundene Farb(e)behälter verfügt unten über Löcher. Verschiebt man ihn seitlich, fließt ein bestimmtes Quantum auf das Farbbrett oder den Farb(e)stein. Sie ist relativ frisch, sauber und kann besser verarbeitet werden; die Restfarbe bleibt im Behälter. Sie ist vor Staub und Schmutz geschützt.

1820 erhält Thomas Parkin ein Patent auf einen »Apparat mit Gestell, Walzen, Schrotbändern, Farb(e)kasten«, mit dem das Problem des Farbauftragens erstmals »mechanisch« als Komplex gesehen wird. Das Gestell steht auf der leeren Seite der Presse (der späteren »Antriebsseite«), also gegenüber dem Pressenmeister, und *ein* Arbeiter verrichtet die seither auf zwei verteilte Arbeit, indem er seinen linken Arm quer über die Form ausstreckt, während seine Rechte den Deckel aufhebt, den Zylinder ein- oder zweimal über die Form »zieht« (gemeint sind hier offensichtlich die Auftragswalzen) und wieder an seinen Ort schiebt, das Rähmchen zuschlägt usw. ...«

Weitere Farb(e)auftrag(e)systeme bauen Pluchart und Ruthven. Ihre Apparate sind direkt mit der Presse verbunden. Ein weiteres System stellt Hugh in Glasgow vor. Größere

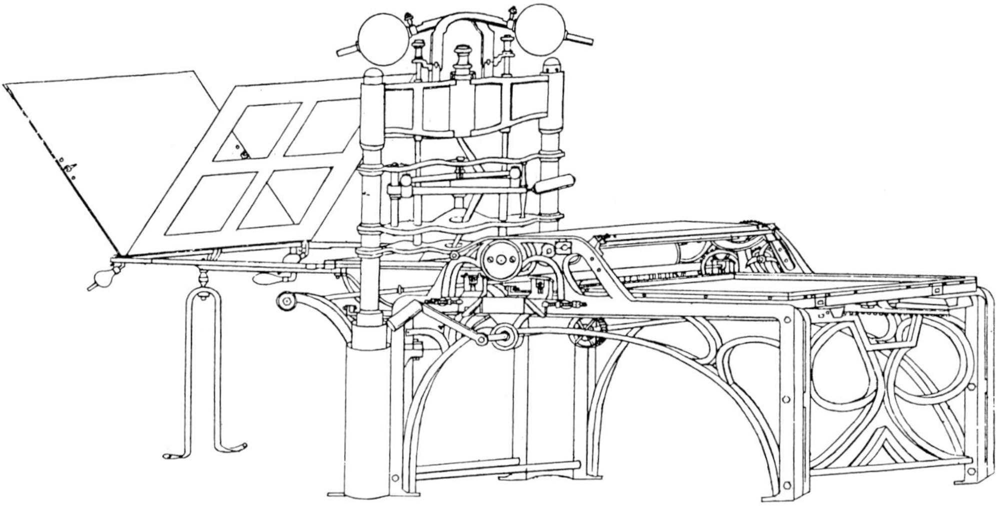

Schuhmacher's Presse mit Farbewerk. Das mechanisch wirksame Farbewerk ist auf der rechten Pressenseite angekoppelt. Bildnachweis: Neubürger, Praktisches Handbuch der Buchdruckerkunst. Leipzig 1841.

Bedeutung erlangt die Fairlamb-Gilpin'sche Farbauftragsmaschine und der sogenannte »Kallmeyer'sche Farb(e)apparat. Die Farbauftragmaschine von Fairlamb-Gilpin wird 1833 in Boston erfunden. Sie steht durch eine Kurbel unmittelbar mit dem Preßfundament in Verbindung. Das eigentliche Farbwerk besteht aus fünf Walzen und einem an einem Farbtrog befindlichen Zylinder. Interessanterweise werden bei dieser Konstruktion »Zonenschrauben« eingesetzt, wie sie parallel und später bei allen Druckmaschinen verwendet werden.

Die Kallmeyer'sche Farbauftragmaschine stellt ebenfalls einen der zahlreichen Versuche dar, das manuelle Auftragen der Druckfarbe mit Ballen, Kompositionsballen oder Kompositionswalzen zu beschleunigen. Sie besteht aus Holz *oder* Metall. Zumindest im klassischen Tiegeldruckbereich wird bis in das 19. Jh. hinein die Form manuell eingefärbt. Im Grund genommen sieht man noch keine Möglichkeit, von den funktionierenden Zylinderpressen die Einfärbesysteme zu übernehmen. Auch hier zeigt sich die relativ lange Übergangsphase von 25 bis 30 Jahren.

Beispielsweise schreibt 1835 Hasper: »Ein Drucker, der mit dem Zurichten und den Verrichtungen an einer Presse vertraut ist ... bleibt dabei einer nöthig, wozu man keinen Burschen, der erst in die Lehre tritt, verwenden kann. Dadurch, daß der Prinzipal nur einen Mann an der Presse braucht, erhält er eben so viel Arbeit, als deren zwei liefern ... für einen niedrigeren Preis; er wird aber auch so billig seyn, mit dem Drucker diesen Gewinn zu theilen, und ihn in seinem Lohn erhöhen, wonach dann beyde Theile sich besser stehen, und das häufige ‚Burschenlernen', wonach die Kunst zum Handwerk, ja hie und da zur Taglöhnerei herabsinkt, beseitigt wird.« Weiter schreibt er: *Mehr noch leisten Cylinderpressen, bei welchen sich die Schwärze von selbst auf die Form trägt und der Papierbogen, durch den Druck eines umlaufenden Zylinders auf die Form gepreßt wird. Auch diese Pressen sind in Deutschland nicht sehr in Gebrauch gekommen.* Hier täuscht sich Hasper. Wir wollen im nächsten Kapitel untersuchen, wie grundsätzlich die Erfindung der Schnellpresse die weitere Entwicklung beeinflußt.

Vergl. kleines Kolleg über Schwarzfarben. Concentra GmbH. Gebr. Hartmann. Vergl. Hartmann – Farben-Bücherei. »Die Druckfarbe in vergangenen Zeiten. Besonders herzlich danke ich Herrn Ross.

Buchdruckmaschine (Schnellpressen)

Bisher habe ich die Entwicklung von den Holz- und Metalltiegelpressen aufgezeigt. Bei allem bleibt erforderlich, das Papier manuell zu- und abzuführen und die Farbe manuell auf die Form zu bringen. Das Manuelle bestimmt die Leistung. Was liegt näher, als die erkannten Schwachstellen durch Verbesserungen abzustellen? Die angedeuteten Entwicklungsstufen veranschaulichen den beschwerlichen Weg. So hat Walter, der Verleger der »Times« (London) u. a. den englischen Ingenieur Isambard Brunel beauftragt, eine Buchdruckmaschine zu erfinden und er hat es als »unlösbar« abgewiesen.

Die Notwendigkeit, das Manuelle zu eliminieren, führt zur Spaltung der Verfahrenswege. Während sich die metallischen Tiegelpressen separat entwickeln, der Stein- und Kupferdruck eigene Wege gehen, bildet sich eine weitere Gruppe, die sich mit der Verwirklichung der »Buchdruckmaschine« auseinandersetzt. Verbunden damit ist ein wieder entdecktes Druckprinzip (das Abrollen über eine Fläche wird bereits in der Antike geübt), der zylindrische Abdruck, der zum Begriff der Schnellpresse[1] führt. Zwischen den Tiegeldruck- und den ersten Zylinderpressen stehen eine Zeitlang Farb(e)auftrag(e)maschinen in eigenständiger Konstruktion. Es ist naheliegend, sie mit der Druckpresse zu kombinieren. An dieser Stelle setzt Koenig an. Ein Beweis für seinen praktischen Sinn und seine Erfahrungen als Drucker. Vergleichbare Schwierigkeiten stellen sich bei den anderen Hauptdruckverfahren; beim Steindruck ist es die Wasserführung und beim Tiefdruck (Vorstufe: vermutlich Formen des Kattundrucks) die des Rakels.

Es bleibt einem Buchdrucker mit Unterstützung anderer vorbehalten, die anfangs fälschlicherweise »Steam-press« genannte Buchdruckmaschine zu erfinden. Wenngleich in gewissem Sinn durch die Aktivitäten von Bacon und Bryan Donkin eine Parallelentwicklung vorliegt und Nicholson schon 1790 neue Abdruckmöglichkeiten theoretisch ersinnt und zu Papier bringt, steht außer Frage, daß der

Marc Isambard Brunel (1769–1849). Bedeutender englischer Ingenieur zur Zeit Koenigs in England. Er wird von Walter, dem »Times«-Verleger beauftragt, eine Buchdruckmaschine zu erfinden. Brunel lehnt dies wegen »Undurchführbarkeit« ab.

Sachse Friedrich Gottlob Koenig der Erfinder verschiedener Buchdruckschnellpressen ist. Es ergibt sich allein aus der logisch ineinandergreifenden Verzahnung seiner Schritte, die ihn zum erfolgreichen Abschluß führen. Koenig realisiert mit seinem Freund Bauer nicht nur verschiedene Druckmaschinen. Er gründet zudem mit ihm die erste deutsche Maschinenpapierfabrik (1828 Münsterschwarzach/Bayern). Koenig und Bauer sind als qualifizierte Industriepioniere zu bezeichnen.[2]

Das grundlegende Werk über die Persönlichkeit Koenigs verfaßt 1883 der Buchdrukker Theodor Goebel.[3] Er bietet die wichtigsten Grundlagen. Auf der anderen Seite ist er ein Patriot, der sein Buch in glühender Verehrung für Gutenberg, die Schwarze Kunst und Koenig schreibt; er wird vereinzelt euphorisch, weitschweifig und unterstellt Unbeweisbares. Während er Koenigs Ehre retten möchte, läßt er an seinen Kritikern und Gegnern kaum ein gutes Haar.[4] Außerdem wird Koenig frühzeitig heroisiert. Zum Beispiel von dem englischen Schriftsteller Samuel Smiles.[5]

Jugendbildnis von Friedrich Gottlob Koenig (etwa 1806). Er ist zu diesem Zeitpunkt 32 Jahre alt. Vermutlich entsteht es unmittelbar vor seinem Englandaufenthalt und wird in Hamburg gemalt.

Koenigs[6] Jugend, Ausbildung zum Buchdrucker

Unter seinen Vorfahren finden sich Bauern, Pfarrer, Weber, Gerber und Lehrer.[7] Sein Vater ist der Anspänner Johann Christoph König. Vermutlich ein Zugvieh haltender Ackerbürger, der mehrfach »Bürger und Oekonomus« genannt wird.[8] Über ihn wird gesagt: »... es war derselbige ein fleißiger, stiller und einfacher Mann.«[9] Die Mutter Sophie Christiane, eine geb. Rohsin oder Rohse, widmet sich vorbildlich der Erziehung ihrer Kinder. Die Eltern haben zwei Töchter: Rosine und Sophie. Beide heiraten später in Eisleben. Rosine zuerst den Bergmann Helbig. Aus dieser Ehe geht ein Sohn Friedrich hervor. Aus einer zweiten Ehe – Helbig stirbt früh – mit dem Seilermeister Reichenbach, stammt neben einer Tochter Amalie der Sohn Carl. Dieser Hinweis ist angebracht, denn Helbig und Reichenbach werden später Begründer von Druckmaschinenfabriken.

Friedrich Gottlob ist das dritte Kind. Er wird am 17. April 1774 in Eisleben (Lindenstraße 22) geboren. Bestätigt wird es durch eine Eintragung im Kirchenbuch der Andreas-Parochie[10] und einen Brief, den Koenigs Schwester Reichenbach am 24. April 1820 schreibt.[11] Sein Vater stirbt früh. Er wird am 16. März 1791 im Alter von 54 Jahren begraben. Ein Bruder der Mutter ist Universitätsbuchdrucker in Greifswald. In der Jugendzeit von Friedrich besteht in Eisleben die von Karl Gottlieb Hüllmann geführte »Consistorial-, Gymnasial- und Ratsdruckerei«.[12] Koenigs Mutter verstirbt am 14. Juni 1822 im hohen Alter von 86 Jahren zu einem Zeitpunkt, an dem Koenig England längst den Rücken kehrt und mit Bauer die Fabrik in Oberzell leitet.[13]

An Jugendfreunden ist der am 7. März 1778 geborene Karl Bernhard Trinius zu nennen, der ihm »... sein ganzes Leben hindurch und unter allen Verhältnissen eine treue Freundschaft bewahrt«. Er wird später kaiserlich-russischer Leibarzt in Petersburg.[14] Koenig besucht mit ihm die städtische Volksschule. Über seine Schulzeit berichtet Gutbier.[15] Koenig verfügt über eine rasche Auffassungsgabe. Dies bestätigt Chr. G. Berger, ein Prediger und Superintendent.[16] Koenig wechselt achtjährig in das Gymnasium. Hier hat sich das Aufnahmeregister erhalten.[17] Es ist unbekannt, wie lange er es besucht und abschließt.

Mehr ist über seine schulische Ausbildung nicht in Erfahrung zu bringen. Zu Johannis (Juni) 1790 wird er als Lehrling in die Druckerei von Breitkopf & Härtel (Leipzig) aufgenommen. Die Einschreibung ist vermerkt.[18] Die Firma verfügte über ein umfassendes Archiv.[19] Mit 20 Pressen, vier Notenpressen und zwölf Schmelzöfen, in denen 400 verschiedene Schrifttypen und -grade gegossen werden, besitzt sie einen hohen technischen Standard. Mit 120 Beschäftigten handelt es sich um einen Großbetrieb,[20] in dem bedeutende Vertreter des graphischen Gewerbes herangezogen werden.[21] Koenig erhält eine Ausbildung zum Setzer *und* Drucker; er ist »Schweizerdegen«. Außerdem macht er eine verkürzte Lehre: nähere Gründe sind nicht bekannt; auch nicht, wie lange er nach der Freisprechung als Drucker und/oder Setzer tätig ist. Außerdem fehlen exakte Angaben über Koenig nach seinem Austritt aus der Lehre und die zunächst verfolgten Ziele. Es ist nicht zu belegen, daß er eine Lehre als Buchhändler absolviert. Am 19. Juli 1819 schreibt er an Brockhaus: »... ich habe die Buchdruckerei ordnungsmäßig in Leipzig erlernt, ja (ich habe) dort sogar postuliert.«

Koenig kennt die in meiner Untersuchung herausgestellten Schwachstellen der seinerzeit allgemein üblichen Holzpressen. Erst *nach* seiner Lehre setzen sich in der Praxis ganzmetallische Konstruktionen durch: in Deutschland mit Verzögerung.

Koenig wird Gasthörer an der Leipziger Universität. Sein Name ist unter den »Depositii nondum inscripti« des Jahres 1798 erwähnt.[22] Außerdem beschäftigt er sich mit dem Erlernen weiterer Sprachen und interessiert sich für Geschichte. Er studiert Mathematik und Mechanik.[23] Vermutlich reifen hier die Pläne, eine verbesserte Druckpresse zu verwirklichen. Ab 1802 widmet er sich überwiegend dieser Aufgabe und verfolgt mit beharrlicher Konsequenz sein Ziel.

Handlungs- und Societätsvertrag mit dem Ehepaar Riedel[24]

Koenig schließt am 3. Juli 1802 in Eisleben mit Friedrich Wilhelm Riedel und seiner Frau Caroline, geb. Auerbach, einen Vertrag, der ihn unvermutet auf dem Feld des Buchhandels zeigt. Der Vertrag wird seither falsch interpretiert. Er besagt im wesentlichen:[25]

- Koenig erhält 5000 Taler zur Errichtung einer gemeinschaftlichen *Buchhandlung.*
- Koenig verpflichtet sich, spätestens bis zum Herbst 1803 (Michaeli) eine *Buchhandlung* einzurichten, »... auch die von Herrn und Madame Riedel an ihn abzuliefernden Taler zu diesem Zweck treu, gewissenhaft und nach seinen besten Einsichten zu verwenden«.
- Es ist Koenig freigestellt, einen Teil dieser Mittel für eine anzuschließende *Buchdrukkerei* zu verwenden.
- Koenig hat Rechnung über die verwendeten Gelder abzulegen.
- Die gemeinsame Buchdruckerei soll sechs Jahre lang (bis 1809) unter dem Namen Friedrich Koenig & Comp. betrieben werden. Koenig leitet sie; Riedel ist Mitarbeiter.
- Der Ertrag wird geteilt.

Diese Vertragsgestaltung paßt wenig in das Gesamtbild. Goebel vermutet, daß sich Koenig auf diesem Weg die Mittel beschaffen will, um sein Vorhaben durchzusetzen. Das in ihn

Das Geburtshaus von Friedrich Gottlob Koenig in Eisleben. Aus: »Und einhundert Jahre gingen ins Land«. Festschrift KoeBau. Mit freundlicher Genehmigung.

gesetzte Vertrauen ist erheblich: nähere Gründe sind unbekannt. Koenig verbrennt sich hier ordentlich die Finger.[26] Die Buchhandlung wird *nicht* eingerichtet. Es scheint, daß er die an ihn ausbezahlten knapp 3000 fl. für seine Pläne einsetzt, denn im Oktober 1817 schreibt er an Riedel: »... die 3000 fl. die Du mir gegeben hast, waren nicht hinlänglich, den Plan zur Ausführung zu bringen; Dein Geld ist nur eine Kleinigkeit, jetzt ungefähr $^1/_{24}$ von dem, was es wirklich gekostet hat, (um) es zu Stande zu bringen.«[27]

Später entwickelt sich daraus ein unangenehmer Streit, der erst am 24. Mai 1828 per Vergleich ein Ende findet. Riedel wird selbst von Gläubigern gehetzt. Durch die Vermittlung des Bergrichters Eggert kommt ein Abfindungsvertrag zustande, auf Grund dessen Koenig eine Aversionalsumme von 6000 Talern auferlegt wird. Von ihnen bezahlt Eggert sofort 1040 Taler ein. 560 weitere sollen innerhalb der nächsten vier Wochen bezahlt werden; die restlichen 4400 innerhalb von fünf Jahren mit einer Verzinsung von 5 %. Für Koenig ist es ein schlechtes Geschäft. Er hat von Riedel lediglich knapp 3000 Taler *(und offensichtlich geliehen)* bekommen, und soll nun 6000 zurückzahlen. Dieser Tatbestand läßt die ursprünglich wohlwollende Vertragsverfassung in einem realistischen Licht erscheinen.

Koenig erwirbt 1803 für kurze Zeit eine *Buchdruckerei* in Mainz. Sie wird bereits im Frühjahr 1804 wieder verkauft. Unmittelbar nach Abschluß des vorerwähnten Vertrages reist er nach Paris. Über den Zweck der Reise lassen sich Vermutungen anstellen. Am 5. Oktober 1805 schreibt er seiner Mutter u. a.: »... auch meine Pariser Freunde machen mir Hoffnung, die Einführung meiner Erfindung in der großen Kaiserlichen Druckerei durchzusetzen.«

Aufenthalt in Suhl und Meiningen (Thüringen)

Suhl gilt als bekannter Ort der Gewehr- und Eisenindustrie: er verfügt über angesehene »mechanische« Werkstätten. Dies kommt den Plänen Koenigs entgegen. Dennoch berichtet später die Haude & Spener'sche Zeitung (Berlin) am 1. Januar 1823: »Die Hilfsmittel, welcher derselbige Ort (= Suhl) zum wenigsten damals zu solchen Unternehmungen darbot, waren äußerst beschränkt.« Hier hält sich Koenig am 16. August 1803 nachweislich auf und wohnt in einem der Familie Spangenberg gehörenden Gartenhaus. Frau Charlotte Müller (die im Schriftwechsel regelmäßig als »Doktorin Müllerin« bezeichnet ist), eine Freundin seiner Mutter, erkundigt sich mehrfach nach dem Stand seiner »lieben« Presse. Weiter berichtet die vorerwähnte Zeitung in ihrer Nummer 131 vom 1. November 1823, »... daß sich Koenig behufs seiner Ausführungen nach Suhl begeben hat«. Schließlich erwähnt es Koenig mehrfach selbst.[28]

»Mein ursprünglicher Plan (die Erfindung betreffend) beschränkte sich auf eine verbesserte Handpresse, bei der das Auftragen der Farbe durch einen Apparat verrichtet werden sollte, derart, daß durch seine Verbindung mit der Bewegung des Karrens das Farbwerk getrieben und solcherweise ein Arbeiter gespart würde. Da indes hierbei nichts gewonnen wurde in bezug auf die Geschwindigkeit, so kam mir bald der Gedanke, meine Presse vermittelst Maschinerie zu treiben und ihre verschiedenen Verrichtungen auf eine rotierende Bewegung zurückzuführen, um so das Anbringen einer mechanischen Triebkraft zu ermöglichen. Hiermit war ich nicht zu Ende gekommen, als ich mich in die Notwendigkeit versetzt sah, mich nach Beihilfe zur Ermöglichung der Vollendung umzusehen.«

Die erste(n) Konstruktion(en)

Auf den ersten Blick gleicht die »Suhler«-Presse durchaus den alten in den Buchdrucke-

Konstruktionszeichnung zu einer der ersten Druckpressen (?) von Friedrich Gottlob Koenig in Suhl/Thüringen. Deutlich sieht man die erhaltenen Grundfunktionen. Im Unterteil das Schnurenrad unter der Karrenplatte. Trennung des Druck- vom Einfärbemechanismus. Der Pressenkörper besteht aus Holz.

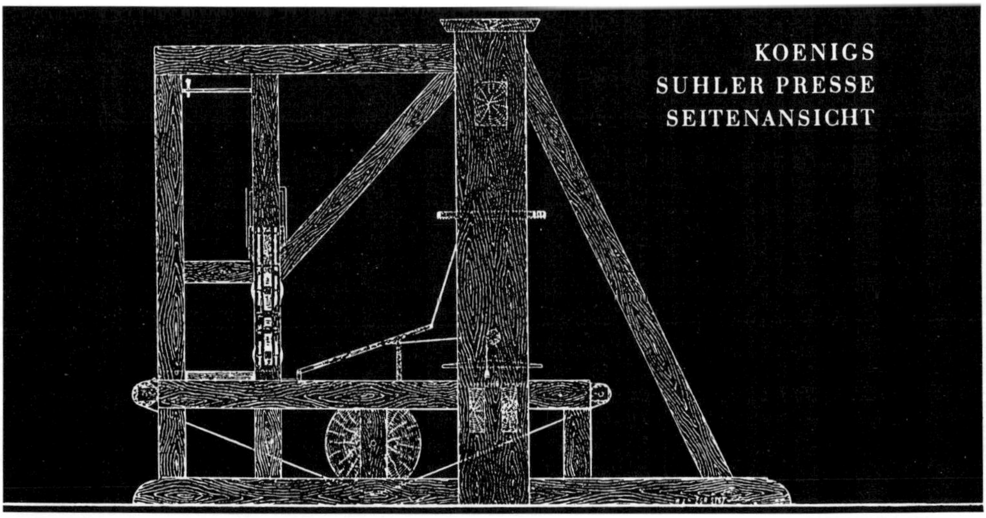

reien. Sie sieht aus, wie eine auseinandergezogene »alte«. Zur gleichen Zeit gibt es anderweitig Bestrebungen, die Tiegelpressen zu verbessern. Vor diesem Umfeld muß die Tiegeldruckpresse von Koenig gesehen und beurteilt werden. *Er geht die Sache von der richtigen Seite an. Es fällt auf, daß er zunächst die hölzerne Rahmenkonstruktion beibehält und seine Aufmerksamkeit auf andere Dinge lenkt.* Erst seine englischen Patente gehen von ganzmetallischen Konstruktionen aus. Die »Suhler«-Presse zeichnet sich durch folgende Charakteristika aus:

- Massives Holzgestell auf einer $14^{1}/_{3}$ Fuß langen Unterlage.[29]
- Auf ihm befindet sich die Presse in folgenden Abmessungen:
  - Gesamtlänge $10^{1}/_{3}$ Fuß.
  - Höhe 8 Fuß.
  - Breite $3^{1}/_{3}$ Fuß.
  - Höhe des Karrens $2^{2}/_{3}$ Fuß (an den alten Pressen liegt das Fundament ein wenig höher).
  - Breite der Preßwand am Druckapparat $1^{1}/_{3}$ Fuß.

Die Preßwand des Druckapparates bildet die rechte Seite der Konstruktion. Von ihrem Kopf geht eine schräg gestellte Stütze ab. Möglicherweise ist es eine Anlehnung an das »alte« Gesperre und dient dem gleichen Zweck. Etwa vier Fuß weiter links befindet sich eine zweite Preßwand und noch weiter links eine dritte. Zwischen ihnen ist ein Balken angeordnet; davon ausgehend ein Schrägbalken und oben ein durchgehender Querbalken, »... behufs Erzielung größerer Solidität«.

Hinter der starken Preßwand befindet sich der Druckmechanismus, hinter der mittleren das Farb(e)werk. Das hölzerne Gestell, das Karren und Fundament trägt, verfügt über je eine Laufrolle. In gewisser Weise entspricht es der »alten« Kurbel. Auf dem Gestell liegen Deckel und Rähmchen, die sich beim Vorwärtsgang der Form gegen den Tiegel selbsttätig auflegen. Beim Rücklauf zum Farb(e)werk werden sie mit einem Gegengewicht gehoben. Unter der Mitte des Gestells erkennt man das »Schnurenrad«.

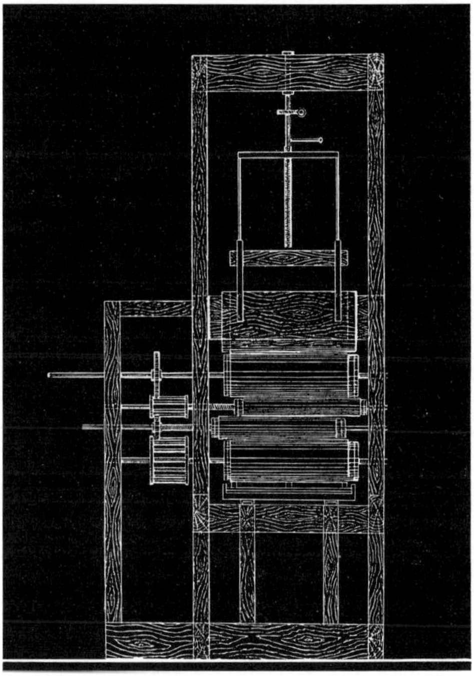

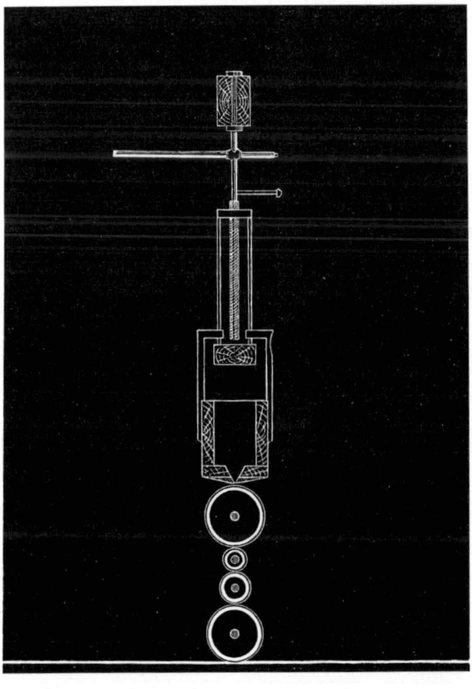

Konstruktionszeichnungen der »Suhler«-Presse. Schnitt durch Farb(e)werk mit den vier vertikal angeordneten Walzen mit unterschiedlichem Durchmesser. Oben links der Antriebsmechanismus. Der Farbnachschub erfolgt manuell.

Farbwerk, Antriebsmechanismus

Das Entscheidende bei dieser Konstruktion ist das Farbwerk, weil es bei einer Tiegelpresse erstmals in den mechanischen Ablauf integriert ist. Schon 1790 erwähnt Nicholson in einer Patentschrift (Druck)walzen, doch bestehen zwischen ihm und Koenig keine Verbindungen. Das Charakteristische an Koenigs Farbwerk ist:

- Vier übereinanderstehende Walzen mit unterschiedlichem Durchmesser.
- Die mittleren mit geringerem Umfang und der Möglichkeit der seitlichen Verreibung.
- Über der oberen Walze befindet sich ein hölzerner, hermetisch schließender Farbkasten; an dessen Unterseite ein Schlitz.
- Der Farbnachschub erfolgt manuell durch Drehen eines einfachen Handrades.

Hier sehen wir im Tiegelpressenbau etwas Neues: ein vertikal angeordnetes Farbwerk mit *einer* Auftragswalze. Es hat den Nachteil der schlichten Konstruktion, aber es beinhaltet alle Möglichkeiten der Verbesserung. Es ist nur eine Frage der Zeit, bis die integrierten Farbwerke ausgereifter sind. Es ist nicht bekannt, wie und aus was Koenig seine ersten Walzen fertigt. Es ist anzunehmen, daß es sich nicht um die spätere Walzenmasse handelt,[30] sondern um mit Leder überzogene und feinen Seidenfäden zusammengenähte. Ein entscheidender Faktor ist die Möglichkeit der seitlichen Verreibung[31] (Pigmentverkleinerung, Reduzierung der Reibungsverluste, Wirtschaftlichkeit).

Noch ist es üblich, in den Druckereien die Farbe herzustellen. Allein die von Koenig angewandte Problemlösung, das vordem manuell erforderliche Auftragen zu mechanisieren, reiht ihn unter die bedeutenden Erfinder des graphischen Gewerbes ein.

Im Gegensatz zu den »alten« Pressen ist eine veränderte Arbeitsweise erforderlich.[32] So wird keine Druckspindel eingesetzt, sondern eine kräftig-eiserne Säule, die unten mit einem starken Zapfen in eine Art Mörser versenkt wird (Funktion: Spindelspitze/Pfännchen). In der oberen Hälfte trägt die Säule ein nach unten gekehrtes, in ein Drillgetriebe greifendes Zahnrad, auf das die Bewegung vom Antriebswerk übertragen wird. Der Mechanismus der ersten Maschine ist kompliziert und läßt Wünsche offen. Wer die technischen Möglichkeiten des ersten Jahrzehnts des 19. Jh. beurteilt, erkennt darin keine Abwertung. Es zeugt von Koenigs Tatendrang, daß

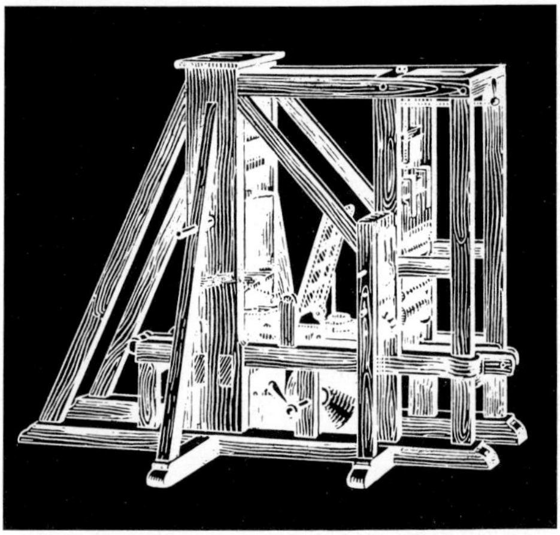

Schemazeichnung. Vermutlich entspricht sie einer der ersten Konstruktionen Friedrich Gottlob Koenigs in Suhl. Alle wesentlichen Funktionen entsprechen der »alten« Holzpressen. Deutlich wird die »Mechanisierung« erkennbar.

Buchdruckerpresse aus der ersten Hälfte des 16. Jh. Nachbildung. Gefertigt unter Mitwirkung des Gutenbergmuseums (Mainz). Photo: Deutsches Museum München. Nr. 2591. Mit freundlicher Genehmigung. Allein der optische Vergleich zur Suhler-Presse von Koenig läßt die konstruktiven Gegensätze erkennen.

überhaupt ein *Antriebsmechanismus* zustandekommt. Mit ihm sollen die seitherig-manuellen Aufgaben mechanisiert werden:

- Bewegung des Druckmechanismus.
- Intermittierender Stillstand beim Druck und beim Ein-/Auslegen der Papiere.
- Bewegung des Farbapparates (seitliche Verreibung).
- Karrenbewegung.

Der Antrieb wird bei den Londoner Modellen verbessert. Noch muß der Bogen beim Deckelstillstand eingelegt bzw. herausgenommen werden. Koenig beurteilt später diese Presse: »... die innere Einrichtung des Druckmechanismus war nur in ihrem unteren Theile ziemlich genau übereinstimmend mit der gewöhnlichen Handpresse.« Gegen Ende 1803 stellt Koenig die Tätigkeit in Suhl ein und geht (wieder?) nach Meiningen. Am 11. April 1804 schreibt ihm Frau Müller nach dort: »... es war mir wie Musik, da Sie mir schrieben, daß Sie eine so interessante Bekanntschaft an dem Herrn Bankdirektor Fehr gemacht haben, und daß er Ihre Presse bewundert und sanktioniert.«[33] In Meiningen wohnt Koenig im Hofglaser Amthor'schen Haus im Engelsgäßchen, das bei dem Brand der Stadt am 5. September 1874 in Flammen untergeht. In Meiningen beschäftigt er sich mit Versuchen der Stereotypie. Außerdem zieht er Erkundigungen über die Verhältnisse in England ein. Wann er Meiningen verläßt, ist unbekannt. 1804 hält er sich vorübergehend in Würzburg auf.

Schreiben an Göschen[34]

Vermutlich richtet er von Würzburg aus ein Schreiben an den bekannten Verleger Göschen, dessen Buchdruckerei in Grimma zu den ersten im Land zählt.[35] Das Schreiben ist auszugsweise wichtig, denn es belegt auf der einen Seite das Bemühen des jungen Erfinders und auf der anderen den Status des »ehrbaren« Druckgewerbes. Göschens Reaktion auf das Anliegen von Koenig ist zeittypisch und doch wohlwollend. Koenig trägt vor: »... eine besondere Verkettung von Umständen veranlaßt mich, daß ich Ihnen einen Antrag mache, der Sie hoffentlich interessieren wird (dann macht er sich ihm bekannt). Seit zwei Jahren haben mich zwei die Buchdruckerei betreffende Erfindungen beschäftigt ... er beklage sich darüber, daß ihm der Graf von Thürheim Unterstützung zusagte, aus der nichts geworden ist ... für ihn habe es Zeitverlust ... eine Zerstörung seiner Pläne bedeutet ... und genötigt, einen anderen Teilhaber zu suchen. Leider wird die Buchdruckerei in Deutschland fast durchgängig ohne Ehre und Emulation betrieben ... Ich wende mich mit Vertrauen an Sie und mache Sie mit der Sache bekannt.«

»Die erste der erwähnten Erfindungen ist eine Maschine zum Bücherdruck, die sich zur bisherigen Buchdruckerpresse einigermaßen so verhält, wie die Spinnmaschine zum Spinnrad, das heißt alles, was bisher die Menschenhand verrichtet hat, das Nehmen, Reiben und Auftragen der Farbe, der Druck, kurz alles, nur das Ein- und Auslegen der Bogen ausgenommen, wird durch sie verrichtet. Der Mechanismus ist auf eine kreisförmige Bewegung zurückgebracht, die soviel Kraft erfordert, als ein Pferd hat oder verhältnismäßig soviel Wasser. Mit ihr kann man sieben Maschinen in Bewegung halten. Ich schicke Ihnen beikommende Abhandlung[36] mit, die Sie soweit mit der Sache bekannt macht ... sie wird Ihnen zeigen, daß ich die zu einem solchen Unternehmen nötigen wissenschaftlichen Kenntnisse habe. Ich bemerke, daß ich keinesfalls Theoretiker in dem Fach bin ... ich habe in meiner Lehre $^3/_4$ Jahre an der Buchdruckpresse arbeiten müssen.« »Eine solche Maschine habe ich in Suhl bauen *lassen*. Sie ist soweit fertig ... als es für meinen ursprünglichen Plan zum Transport nach England dienlich ist, die eisernen, nicht zu voluminösen Teile sind es, große hölzerne Räder natürlich nicht. Es sind damit genügend Versuche gemacht worden. Eine solche Maschine kostet nicht soviel, als es bei Durchführung der beikommenden Abhandlung scheinen möchte. Sie kostet 100 Louisd'or ... was aber das hölzerne Räderwerk derselben kosten wird, weiß ich nicht; ich denke nicht ein Drittel der vorigen Summe, denn die Räder sind meistens klein.«

Jetzt geht er auf eine andere Erfindung ein. »Es handelt sich um eine Art ‚Steinstereotypen' ... es ist eine komponierte wohlfeile Masse, die härter ist als Schriftmetall, auf die vermittelst eines einfachen Prozesses die Schrift geprägt wird. Ich lege Ihnen einige Abdrücke von dergleichen Platten bei ... allein man kann damit noch nicht zufrieden sein. Ich habe (noch) keine Maschine, (um) die Masse gehörig zu bearbeiten ... und noch nicht Ruhe, Zeit und Mittel gehabt, diese Dinge zu vereinigen.«

»Das ist es, wofür ich Ihre Teilnahme aufrufe. Ich habe ein kleines Vermögen mit dem Enthusiasmus, mit dem man gewöhnlich an ein großes Unternehmen geht, aufgeopfert ... ich bin jetzt in der Stimmung, wo man sein eigenes Werk mit Mißmuth und Widerwillen betrachtet und Reue über eine gute Handlung fühlt. Mit der Druckmaschine könnte man einen Contract auf Bedingungen machen, wenn der Effekt durch die Tat außer Zweifel gebracht ist. Vorläufig kann ich Ihnen Zeichnungen vorlegen, aus denen Ihnen einleuchten wird, daß die gerühmten Effekte nothwendig aus der Einrichtung der Maschine hervorgehen. Dazu gehört blos die technische Kenntnis des Fachs.«

Göschens Antwort fällt ungünstig aus. »... zu einer Presse, die schön drucken soll, gehören Dinge, worauf ich in Ihrer Abhandlung keine Rücksicht genommen sehe. Deshalb behaupte ich: Ihre Maschine wird viele Abdrücke liefern, aber nichts Schönes, das heißt die größte Zartheit der feinen Striche bei großer Kraft der starken, und bei großer Schärfe aller Züge. Ich schreibe Ihnen dieses, wenn einsichtsvolle Buchdrucker Ihre Abhandlung zur Beurteilung erhalten, und dann Mißtrauen erwecken, und damit Ihre Erwartung bei der Ausführung im Großen nicht getäuscht wird.« Er entscheidet sich für die Haas'schen Pressen. Man muß ihn verstehen, der, 52jährig und im Besitz des Bittschreibens eines jungen Erfinders, mitten im Leben steht und um folgendes weiß:

- Die kurz bevorstehende Aufhebung des Postulats bringt Unruhe in das graphische Gewerbe.
- Andere Verbesserungen technologischer Art stellen Prinzipale, Gesellen und Verleger vor ständig neue Situationen. Neben Koenig treten andere Erfinder – und Projektemacher – auf.
- Veränderte Wirtschaftsformen und -reformen läuten den Umschwung im Gewerbe ein. Von Preußen ausgehend, wird der Gewerbefreiheit der Weg geebnet. Die festgefügten Innungen geraten ins Wanken. Berufsfremden wird (in Kürze) ermöglicht, Gewerbebetriebe einzurichten.
- Der Steindruck tritt als konkurrierendes Verfahren auf.
- Preisdruck und -schleuderei führen zur übermäßigen Haltung von Lehrlingen: das graphische Gewerbe scheint in Verruf zu geraten.
- Die Zeiten sind unsicher und von politischen Spannungen durchzogen (Kontinentalsperre, Krieg – 1805).

In Würzburg nimmt Koenig erstmals mit dem Besitzer von Kloster Oberzell, Herrn von Gmelin, Verbindung auf. Dann verschafft ihm der Prediger Vierlin aus Meiningen die Mittel zu einer Reise nach Süddeutschland und Österreich.

Aufenthalt in Wien, Schreiben und Reise nach Petersburg

Koenig hält sich im Frühjahr 1805 in Wien auf. Hier besucht er den Hofbuchdrucker Josef Vincenz Degen und sucht ihn für seine Pläne zu gewinnen. Degen hat 1801 eine Schriftgießerei und danach eine Buchdruckerei mit 16 Pressen eingerichtet. Seit 1803 beginnt er, Prachtausgaben antiker und deutscher Klassiker zu drucken. Seine Leistungen werden 1804 durch ein Dekret des Kaisers Franz II. honoriert, der ihm die Ausführung aller »Druckgegenstände des Kaiserlichen Allerhöchsten Hofes, der Hofstellen und der übrigen Behörden überträgt«.[37]

Außerdem wendet sich Koenig von Wien aus an den russischen Kaiser Alexander I. Ansonsten reist er – auf Antwort aus Rußland wartend – unverrichteter Dinge über Dresden nach Hamburg weiter. Die russische Regierung reagiert rasch. Im Juni 1805 erhält er Antwort:[38] »... Endesunterschriebener hat von seiner Russisch-Kayserlichen Majestät den Allerhöchsten Befehl erhalten, den Hrn. Koenig zu benachrichtigen, daß die Beschreibung seiner von ihm erfundenen Buchdruckmaschine, welche er an seine Majestät eingesandt hat, noch nicht hinlänglich ist, um von seiner Erfindung einen vollkommenen richtigen Begriff zu erlangen, da dieselbe nur oberflächlich den Bau und den Gebrauch dieser Maschine anzeigt. Sollte aber Hr. Koenig ein Modell oder deutliche Aufzeichnungen davon mit einer genauen Beschreibung einsenden und seine Forderungen anzeigen, so würde auch, nach gehöriger Untersuchung derselben ihm eine bestimmtere Antwort erteilt werden kann.« St. Petersburg, den 27. May 1805. F. Engel.

Koenig kommt dieser Aufforderung nach.[39] Die weitere Antwort aus Petersburg verzögert sich. Daraufhin tritt er im Mai 1806 von Lübeck aus eine Reise nach Petersburg an. Bei seiner Ankunft macht man ihm aussichtsreiche Versprechungen, die nicht realisiert werden. »Ich soll eine neue Druckerei für die Oberschuldirektion einrichten und dazu 10 000 Rubel bekommen, freie Wohnung und Holz, und einen jährlichen Gehalt von 1000 Rubel.«[40] Erst später, als Koenig und Bauer die Fabrik von Oberzell leiten, kommen erhebliche Aufträge aus Rußland.

Der Regierung seines Heimatlandes bietet er die Erfindung nicht an. Der sächsische Minister v. Burgsdorf[41] schreibt in diesem Zusammenhang: »Da Herr Degen (Direktor der K.K. Staatsdruckerei in Wien) in einem Attest bezeugt, daß, wenn seine sonstigen Verhältnisse es gestatteten, er Hrn. Koenig das Arcanum abgekauft haben würde, so kann der Preis so unermeßlich doch nicht sein. Hat denn Hrn. Koenig seine Sache Hrn. Göschen in Leipzig angeboten? oder sich deßfalls bei der Commerzdeputation gemeldet? Für einen sächsischen Unterthan ist das Vaterland das erste, dann, wenn das nicht will, kommt das Ausland. So will es die Pflicht.« v. B.

Briefwechsel mit Wittig und Huttner

Die Schwierigkeiten, seine Pläne in Deutschland zu verwirklichen, zwingen Koenig zur Umschau nach anderen Möglichkeiten. Degen in Wien bekundet höfliches Interesse, Petersburg macht ihm leere Versprechungen. In Würzburg kommt man ihm freundlich entgegen, bedauert aber, daß man derzeit keine Verwendung für seine Pläne hat. Göschen lehnt unverhüllt ab. Der sächsische Minister v. Burgsdorf pikiert sich darüber, daß Koenig seine Erfindung nicht zunächst dem eigenen Land anbietet. Der Stand der mechanischen Kenntnisse ist mangelhaft: die Arbeiter sind ungeschickt, das Land ist verkehrstechnisch nicht erschlossen. Koenig hat seine Mittel aufgebraucht: alle Pläne, voranzukommen, sind gescheitert. Hier teilt er das Schicksal anderer Erfinder. Schreibt er doch seiner Mutter: »... sollte die Antwort von Petersburg meinen Wünschen nicht entsprechen, so bleibe ich diesen Winter hier ... und gehe nächstes Frühjahr nach England. *Wollte Gott, ich wäre gleich nach England gegangen, so hätte ich mir viel Täuschungen, die ich von deutschen Regierungen erlitten habe, erspart.«*

Koenig zieht frühzeitig Erkundigungen ein. Hervorzuheben ist die Korrespondenz mit Wittig und Huttner aus London. Die Briefe werden im Spätherbst des Jahres 1803 gewechselt. Wittig schreibt am 14. September 1803: »... es gibt in London Buchdruckereien, die im Einzelfall bis zu 30 Pressen haben (u. a. Thomas Bensley). Unter ihnen sind eine Anzahl Leute, die genügend Geld haben (um) es in Seine Erfindung zu investieren, obwohl die Neigung dafür nicht optimistisch ist. Als Ausländer kann er ein Patent erhalten, dafür muß er jedoch nach ‚teutschem' Geld 600 Taler als Gebühr bezahlen.« Weiter: »... wollen Sie den Frieden abwarten, (und) sich dann mit guter Empfehlung nach London begeben. Es sind hier viele neue Erfintung gemacht in der Buchdruckerey, zum Beyspiel ganze Wörter zu setzen. Es hat auch ein Herr Stanhope eine neue Erfindung gemacht, wobei die Hälfte vom Arbeitslohn erspart werden kann.«

Ein Brief von Huttner macht ihm Mut und bestärkt ihn in seinem Entschluß. Koenig vermerkt darauf: »Aufgehobener Brief an mich, welcher richtige Punkte in meinem Leben bezeichnet oder Wendungen meines Schicksals veranlaßt haben.«[43] Der Brief besagt im wesentlichen: »Wer als Ausländer nach England kommt, muß sich auf alles gefaßt machen. Es kann sein, daß seine Absichten zu Wasser werden und er England verlassen muß, ohne etwas erreicht zu haben. Ebenso kann es sein, daß er alle Ziele erreicht. So werden Sie vermuthlich, wenn Sie hierherkommen, in den Buchdruckereyen mehrere Ausführungsarten finden, von denen über dem Canale nichts bekannt geworden ist. Lord Stanhope hat eine neue Druckpreße, wie man sagt, aus gegoßnem Eisen erfunden, welche Bulmer auf der Probe hat: das Publikum weiß nichts bestimmtes und wird auch schwerlich vor Erscheinung des Patents etwas davon erfahren. Noch spricht der Ruf günstig. Wäre es nicht möglich, daß dieser Herr auf einem Weg mit Ihnen zusammengetroffen wäre?«

Er soll rasch die englische Sprache ernen und seine Ideen in England nicht offen zur Schau tragen: sich als Geselle ausgeben und die Maschinenteile, die er mitbringt, umbenennen, um keinen Verdacht zu erwekken.[44] Außerdem appelliert er an seine jugendliche Unverzagtheit: »... da Sie einmal, nach Ihrem Ausdrucke, fest entschlossen sind, hierherzukommen, so erfordert es die Klugheit, sich auf das Schlimmste gefaßt zu machen. Aber was hat ein junger Mann, der unvergängliche Hilfsmittel in sich trägt, von den Schlägen eines widrigen Schicksals zu fürchten?«[45]

Von der hochentwickelten Industrie Englands verspricht er sich Beistand in der Ausführung seiner Pläne. Jetzt geht er den wichtigsten Schritt in seinem Leben: er verläßt Deutschland, um in England mit Unterstützung anderer verschiedene Schnellpressen zu erfinden. Er kommt im November 1806, wohl vor dem Inkrafttreten der von Napoleon am 21. November 1806 verfügten Kontinentalsperre an.[46] Ein Brief an die Mutter vom 21. Dezember 1806 gibt Aufschluß: »... was meine Lage hier anlangt ... so bin ich vorderhand in eine Druckerei gegangen und verdiene mein Brodt, und so kann und will ich es abwarten; dies ist, wie ich leider zu spät einsehe, der einzige Ort für ein Geschäft meiner Art. Ich habe die ganze Bitterkeit des menschlichen Schicksals kennengelernt, aber ich bin gefaßt und gesund, und wünsche Ihr ein Gleiches.«[47]

In London wohnt er zuerst in Nr. 13, Poland Street, Oxford Street. Es ist nicht bekannt, in welche Druckerei er eintritt; vermutlich in die von Richard Taylor in Shoe Lane, Fleet Street. Später wechselt er in die neugegründete deutsche Buchhandlung von Herrn Weiße. Von hier aus schreibt er der Mutter: »... in Ansehnung meiner Erfindung scheint sich das Glück endlich zu mir wenden zu wollen, und wollte Gott, ich wäre nie nach einem anderen Ort gegangen. Ich bin bereits mit einem der ersten Buchdrucker Englands in Unterhandlungen, und, wenn dieser es annimmt, so ist mein Glück gemacht. In kurzer Zeit ist es entschieden. Wie sehr sollte ich mich freuen.«[48] Hier geht mit ihm der Optimismus durch: vor ihm liegen zehn Jahre voller Konflikte, Entbehrungen und Enttäuschungen: eine zentrale Rolle nimmt der Mann ein, den er im Schreiben an die Mutter andeutet: Thomas Bensley. Zu seinen hervorragenden Leistungen gehört die von 1789–1800 herausgebrachte Bibel und der Druck der »History of England« von Hume, die 1806 vollendet wird.[49] Bensley hat seinen Betrieb in Bolt-Court, Fleet Street. Ich komme darauf zurück. Vermutlich macht Richard Taylor, der Herausgeber des »Philosophical Magazine« Koenig mit Bensley bekannt.[50] Außerdem lernt Koenig bald nach seiner Ankunft Bryan Donkin kennen. Koenig und Bensley lernen sich vermutlich im Frühjahr 1807 kennen. Von Bensleys Hand hat sich ein Schreiben an Koenig vom 11. Mai 1807 erhalten,[51] in dem außer ihm ein Freund, der Buchhändler und Agent John Hunnemann, genannt ist.

Vorvertrag und Vertrag

Am 31. März kommt es zu einem Übereinkommen zwischen Koenig und Bensley. Es ist von Bensley verfaßt und auf einen Stempelbogen geschrieben.[52] Im wesentlichen wird vereinbart:

- Herr Koenig ist willens, das von ihm erfundene durchaus neue Maschinendruckverfahren Herrn Bensley unter folgenden Bedingungen ... mitzuteilen:
- Herr Bensley erklärt sich bereit ... falls die Erfindung seinen Zwecken entspricht ... von Herrn Koenig käuflich zu erwerben.
- Wünscht Herr Bensley, jede weitere Beziehung zu der in Rede stehenden Erfindung abzulehnen, so verpflichtet er sich, keinen Gebrauch von irgendeinem Teil der Maschine zu machen, oder das Geheimnis irgendeiner Person mitzuteilen ... bei Strafe einer zu zahlenden Buße von 6000 Pfund. Unterschrieben: T. Bensley. Friedrich Koenig. Zeuge: J. Hunnemann.

Kurz danach wird ein rechtsverbindlicher Vertrag zwischen Koenig und Bensley geschlossen. Er hat sich nicht erhalten. Koenig schreibt in diesem Zusammenhang an seine Mutter: »... ich kann ihr endlich die Nachricht geben, daß ich gestern mit einem der ersten hiesigen Buchdrucker in eine gesetzliche Verbindung getreten bin, und daß sofort meine Erfindung hier im Großen ausgeführt und angewendet wird. Ich habe mich auf die Art verbunden, daß ich auf 14 Jahre lang die Hälfte der jährlichen Ersparnis genieße ... welches

Thomas Bensley. Bekannter Londoner Drukkereibesitzer und Verleger. Friedrich Gottlob Koenig realisiert mit seiner Unterstützung die »erste« Buchdruckmaschine. Später kommt es zu einem Zerwürfnis zwischen ihnen.

mir für 14 Jahre ein jährliches Einkommen von wenigstens 6000 Talern einbringen wird ... die nächsten $1^1/_2$ Jahre werden mit Bauen hingehen und ich werde von der Zeit an, wenn alles fertig ist, erst an die Unterstützung meiner armen Verwandten denken können.«[53]

Es fehlen alle Nachrichten darüber, was Koenig jetzt im einzelnen tut, um seine Pläne voranzutreiben. Es müssen Probleme aufgetaucht sein, denn es werden neue Patentnehmer gesucht. Bensley schreibt am 9. August 1809 an Koenig: »Werter Herr. Da ich den Rest der Woche außerhalb Londons zuzubringen Gelegenheit habe, nahm ich mir gestern vor, Herrn Walter zu besuchen; er lehnt indes, wie ich Ihnen leider mitteilen muß, unsere Vorschläge ab, weil er, seinen Worten zufolge, jetzt schon so viele Verpflichtungen habe, daß er keine neuen eingehen könne ... Ihr aufrichtig ergebener T. Bensley.«[54]

Walter ist Verleger des auflagenstärksten und einflußreichsten Londoner Blattes, der »Times«, und außerdem Verleger der »Evening Mail«. Er ist der technischen Seite besonders zugetan, denn hier sieht der kluge und aufrichtige Verleger erhebliche Rationalisierungsmöglichkeiten. Schon 1804 schließt er mit dem Londoner Buchdrucker Thomas Martyn ein Abkommen über den Bau einer Presse, »by which manual labour in printing will be rendered nearly uncessesary«. Martyn gelingt die Erfindung nicht. Nachdem Walter 1482 Pfund verinvestiert, wird der Versuch als fruchtlos aufgegeben. Außerdem hat ihm der englische Ingenieur Isambard Brunel erklärt, daß es unmöglich sei, eine Buchdruckmaschine zu erfinden. Seine Reaktion ist verständlich. Walter ändert später seine Haltung.

Die Ablehnung Walters veranlaßt Bensley und Koenig, sich nach anderen Teilhabern umzusehen: es sind George Woodfall und Richard Taylor.[55] Der Vertrag ist insofern wichtig, weil hier erstmals Andreas Bauer erwähnt ist. Taylor nimmt später auf die Vereinbarung Bezug.[56] Das Konzept des Vertrages ist von Bensleys Hand geschrieben. Die wesentlichen Punkte sind:

Richard Taylor. Londoner Buchdruckereibesitzer im frühen 19. Jh. Es ist denkbar, daß Koenig zunächst in seinem Betrieb als Buchdrucker arbeitet. Taylor macht Koenig mit Bensley bekannt. Bildnachweis: National Portrait Gallery. London. Mit freundlicher Genehmigung.

Walter, der Verleger der Times, der seinerzeit bedeutendsten und auflagenstärksten Londoner Tageszeitung. Erster Besteller von zwei Koenig'schen »Doppelmaschinen«. Bildnachweis: St. Bride Printing Library. London. Mit freundlicher Genehmigung.

Friedrich Gottlob Koenig (ursprüngliche Schreibweise: König). Geb. 14. April 1774 in Eisleben, gestorben 17. Januar 1833 in Oberzell. Erfinder der Schnellpressen-Typen für Buchdrucker. Werkphoto KoeBau Nr. 3468. Mit freundlicher Genehmigung.

- Nachdem Herr Bensley, teils in Vorschüssen, teils für anderen Bedarf 500 Pfund verausgabt hat ... und die Herren George Woodfall und Richard Taylor wünschen, sich mit Herrn Bensley für den ferneren Verfolg der bereits gemachten Versuche sowie für die Beschaffung des erforderlichen Räderwerkes zur Inbetriebnahme der Maschine zu vereinigen.
- Sie willigen ein ... wenn nötig ... zusammen 500 Pfund in Teilzahlungen unter der Bedingung einzuschießen, daß ihnen ein entsprechender Anteil an fraglicher Maschine und an ihrer Erfindung gewährt wird.
- Wenn jeder von ihnen eine Zahlung von 250 Pfund geleistet hat, stehen ihnen $^{3}/_{8}$ Anteile als gemeinsames Eigentum zu. Herr Bensley erhält $^{3}/_{8}$ und Herr Koenig $^{2}/_{8}$ Anteile.
- Wenn die Parteien wünschen, in der Ausbeutung der Erfindung fortzufahren, dann unter folgenden Bedingungen:
- Koenig steht $^{1}/_{4}$ des Reinertrages seiner Erfindungen zu. Er resultiert aus den mit den »neuen« Maschinen gemachten Ersparnissen. Für die Berechnung liegen die derzeitigen Löhne der Drucker zugrunde, den sie nach dem gedruckten Lohntarif im Berechnen empfangen.
- Erweisen sich die Maschinen für den Druck von 300 Bogen/Stunde als unzulänglich – unter Beihilfe einer Person für das Einlegen und einer für das Auslegen –, so soll Herr Koenig seine Auslage von 1060 Pfund verlieren.
- Ist die Maschine fähig, zwischen 300 und 350 Drucke/Stunde zu liefern, so soll Herr Koenig ein Drittel besagter Summe von 1060 Pfund gewährt werden.
- Liefert sie zwischen 350 und 400 Drucke/Stunde, stehen Herrn Koenig zwei Drittel von 1060 Pfund zu.
- Liefert sie 400 Drucke/Stunde, steht Herrn Koenig die Totalsumme von 1060 Pfund zu.
- Koenig erhält solange ein Monatsgehalt von zehn Pfund, bis zur Verteilung des Reinertrages geschritten werden kann, oder die anderen Parteien erklären, daß sie die Erfindung nicht weiter verfolgen wollen.
- Herrn Koenig steht es frei, alle seine Anrechte auf seinen Freund und Landsmann, Herrn Andreas Bauer, zu übertragen, der dann die Ausführung der Maschinen nach den von Herrn Koenig hierfür empfangenen Instruktionen zu übernehmen und zu leiten hat.

Es ist einer der typischen »Erfinderverträge«. Relativ reiche Unternehmer gewähren dem Erfinder monatlich zehn Pfund (was gerade zum Leben reicht) und erwarten seine größten Anstrengungen dafür, daß sie seine geistige Leistung (an der es ihnen selbst mangelt) vermarkten können. Die größten Anteile liegen auf der Kapitalseite. Hier läuft Koenig in das Messer Bensleys: er erhält von ihm keinen Schilling, im Gegenteil, Bensley meint sich später erinnern zu müssen, daß *er* noch Forderungen an Koenig hat.

Dann fällt bei dem Vertrag auf, daß die Leistungswerte niedrig angesetzt sind. Die »neue« Schnellpresse soll etwa das 3,2fache der herkömmlichen Handpressen leisten. Hinzu kommt die Leistungssteigerung, die aus der größeren Druckformen (= Bogen) resultiert. Es ist darauf hinzuweisen, daß Koenigs Erfindung zum Scheitern verurteilt gewesen wäre, wäre nicht kurz vorher auf dem Sektor der Papiererzeugung Entscheidendes geleistet worden. Beim Schöpfen der »Handbogen« ist es nur bedingt möglich, gleichmäßig größere Bogen als seither wirtschaftlich herzustellen. So kommt Koenig die Erfindung der Papiermaschine außerordentlich zugute, die kurz vor seinen wesentlichen Aktivitäten in England durch den Erfinder Nicolaus Robert eingeführt wird. An dieser Stelle ist Bryan Donkin (1768–1855) zu nennen, ein bedeutender Ingenieur und Erfinder, der 1804 seine erste Papiermaschine in Frogmore/Kent baut. Außerdem beschäftigt er sich mit dem Bau von Druckmaschinen. Schon 1803 werden die ersten brauchbaren Papiermaschinen durch die Brüder Henry und Saely Fourdrinier, Buchhändler und Papiermacher, in Frogmore (Grafschaft Hertford), und durch einen Schwager von Pierre und Firmin Didot, John Gamble, in Saint Neots (Grafschaft Huttingdon) aufgestellt. Die maschinelle Papierfabrikation steigert den Verbrauch auf das Zehnfache. Dadurch fällt der Papierpreis, was für die Zeitungsdrucker ein erheblicher Vorteil ist: sie können ihn aber (noch) nicht nutzen: denn die daraus resultierenden Vorteile bleiben in der »alten« Handpresse der Buchdrukker stecken. Deshalb ist naheliegend, daß sich erst einmal die Zeitungsdrucker für die Ideen Koenigs interessieren. So kommt seiner Tätigkeit eine Signalwirkung zu. Er erkennt es: »... denn die Druckmaschine zeigt ihre volle Überlegenheit erst bei der Verwendung großer Formen, die die Handpresse nicht mehr zu bewältigen vermochte. Die Verbreitung der Druckmaschine war durch die Verbreitung des Maschinenpapiers bedingt.«[57]

Andreas Friedrich Bauer. Geb. 18. August 1783 in Stuttgart. Gest. 27. Februar 1860 in Würzburg. Bedeutender Maschinenbauer und (neben Koenig) einer der ersten deutschen Industriepioniere. Kompagnon von Koenig. Werkphoto KoeBau Nr. 54442. Mit freundlicher Genehmigung.

Andreas Friedrich Bauer[58]

Der Vertrag vom 29. September 1809 nennt erstmals den späteren Kompagnon Koenigs, Andreas Friedrich Bauer. Wann sie sich kennenlernen, ist nicht gesichert: aller Wahrscheinlichkeit noch 1807. Bauer sagt in seiner Schrift »die ersten Druckmaschinen«[59] anläßlich der Londoner Weltausstellung von 1851: »In jener Zeit, als Woodfall und Taylor sich mit Bensley und Koenig verbanden, bildete sich zwischen Friedrich Koenig und (mir) ein freundschaftliches und geschäftliches Verhältnis.« Über die frühen Lebensdaten Bauers ist wenig bekannt.

Er wird am 19. August 1783 in der Stuttgarter Stiftskirche getauft.[60] Sein Vater ist Johann Bernhard Bauer, seine Mutter Louise Magdalena, geb. Frauner. Der Vater ist ein geachteter Handwerksmeister. Er trägt den Titel eines »Hof- und Jagdseilermeisters« und steht seiner Innung als Ober-Innungsmeister vor. Die Familie ist im Besitz eines Hauses am Stuttgarter Marktplatz. Drei weitere Kinder erfüllen das Haus mit Leben. Der Vater stirbt 1802. Zwei Brüder der Mutter – die evangelischen Geistlichen Frauner – nehmen sich der Waisen an. Bauer besucht das Gymnasium und tritt Georgi 1798 bei dem Optiker und Feinmechaniker Baumann in die Lehre, die er 1803 beendet. Im September des gleichen Jahres bezieht er die Landesuniversität Tübingen. Ein Onkel schreibt im während des Studiums: »... sei fleißig und führe dich rechtschaffen auf, wie es einem rechtschaffenen Studioso gebührt.«[61] Bauer legt 1805 das Magisterexamen ab. Am 3. März 1805 gratuliert ihm der Stuttgarter Sekretär Hahn, der Güterpfleger der Familie Bauer. Im Juni läßt er sich von der »Churfürstlich-Württembergischen Regierung« einen Paß für die Reiseroute Kassel – Göttingen – Bremen – London ausstellen.[62]

Über seine Ankunft in England und seinen frühen Aufenthalt fehlen die Nachrichten bis er in Beziehung zu Koenig tritt. Es schält sich eine lebenslange Freundschaft heraus, wenngleich sie vom Naturell grundverschieden sind. Bauer wird der Leiter der Koenig'schen Maschinenwerkstatt in London und später Mitbegründer und Teilhaber aller Vorhaben, vor allem der Fabriken von Oberzell und Münsterschwarzach.

Koenigs Tiegeldruckmaschine

Über Koenigs Aktivitäten bei der Realisierung dieser Presse ist so gut wie nichts bekannt. In die Zeit der Fertigstellung fällt eine schwere und lange Krankheit. Goebel vermutet Bluthusten,[63] infolge seiner übermäßigen Anstrengung. Koenig reicht eine Patentschrift ein und erhält am 29. März 1810 auf seine erste in England vollendete Presse das Patent Nr. 3321.[64] Bauer beschreibt später diese Presse: »Der Gegenstand des ersten Patents ,... für eine Methode, mittelst Maschinen zu drucken datiert (vom) 29. März 1810, welches dem Hrn. Koenig erteilt und wovon die Spezifikation unterm 27. September enrolliert wurde, war eine Flach-Druckmaschine, in der der Druck durch zwei ebene Platten, wie in einer Handpresse, gegeben wurde ... alle Verrichtungen waren auf eine umdrehende Bewegung zurückgeführt, so daß sie durch Dampfkraft betrieben werden konnte und der Arbeiter nichts zu thun hatte, als die Bogen auf den Deckel anzulegen und wieder abzunehmen. Deckel und Rähmchen waren ungefähr wie bei der Handpresse, aber mit dem Unterschied, daß das Rähmchen am unteren statt am oberen Ende des Deckels angehängt war: beide schlossen und öffneten sich durch einen einfachen Mechanismus. Die Druckfarbe wurde nach Bedarf aus einem Farbbehälter gepreßt: die Zerteilung der Farbe geschah durch rotierende und zugleich in der Längsrichtung sich bewegende Cylinder, das Auftragen durch Cylinder, die mit egalisiertem Ballenleder überzogen waren.«

Koenig will zuerst eine der »alten« Tiegeldruckpressen ähnliche Maschine bauen, die durch eine Einrichtung zum selbsttätigen Auftragen der Druckfarbe verbessert ist. Rasch wird dieser im Kern richtige Plan erweitert: nur das Ein- und Auslegen der Druckbogen soll der Hand des Arbeiters überlassen bleiben. Die Anfänge seiner folgerichtigen Entwicklung liegen in Suhl. Daß er sich auf dem rechten Weg befindet, zeigt seine in England patentierte und in der Praxis eingesetzte Presse. An die Stelle des schweren Holzgerüstes tritt ein eisernes. So sind die »neuen« Pressen wesentlich höher belastbar. Die Grundform bleibt erhalten. Die wesentlichen technischen Errungenschaften sind:

- *Zwei* Auftragswalzen mit gegeneinander gerichtetem Lauf, die sich wechselseitig heben und senken. Eine berührt beim Hin-, die andere beim Rücklauf die Druckform.
- Das Rähmchen ist nicht mehr am oberen, sondern am unteren Rand des Deckels angebracht. Es schließt sich scherenartig.
- Im Druckmechanismus kehrt Koenig von der Säule mit Kreiszahnrad zu einer modifizierten Spindel zurück. Sie wird jetzt durch einen dreifachen Hebel bewegt, während der obere Teil des Farbwerks unverändert in der Stellung der Walzen bleibt.
- Das Einsatzstück der Farbbüchse erhält einen regulierbaren gleichmäßigen Gang (= verbesserte Einfärbung).
- Die »neuen« Walzen verfügen über »wie ein Flintenlauf« hohle Achsen, auf der eine Messingröhre oder Zylinder befestigt ist. Darüber liegt ein Überzug aus Filz. Als Walzenleder werden »egalisierte Ballenleder« (Schaffelle) verwendet. Sie sind geschmeidig bearbeitet und mit der von Haaren befreiten Seite nach außen aufgezogen. »Die hohle Zylinderachse hat eine Anzahl von Löchern in ihren Längsseiten zum Zweck des zeitweiligen Durchlassens von Dampf und Wasser in dem ebenfalls vielfach durchlöcherten Messingzylinder, aus dem die Feuchtigkeit dann in die als Unterlage des Leders dienende Filzhülle drang.«[65]
- Koenig erreicht die Erzielung der intermittierenden Bewegung von Tiegel und Karren durch die Anbringung von Riegeln und Klemmscheiben im Antriebsmechanismus. Dadurch wird das zweimalige Stillstehen des Karrens während des Auf- und Niedergehens des Tiegels ermöglicht.

Die Tiegeldruckmaschine wird im April 1811 in Betrieb genommen. Koenig sagt: »Der Bogen (H) des neuen Manual Register für 1810, ‚Principal Occurences', 3000 Auflage, wurde damit gedruckt und ist, dessen bin ich überzeugt, der erste Teil eines Buches, der je mit einer Maschine gedruckt wurde.«[66] Sofort beschäftigt sich Koenig mit weiteren Verbesserungen. Die Tiegelmaschine war kein Fehlschlag, denn sie druckte – selbst mehr als 400 Bogen/Stunde. Trotzdem: »Kompliziert und unvollkommen, wie sie ist und wie alle ersten

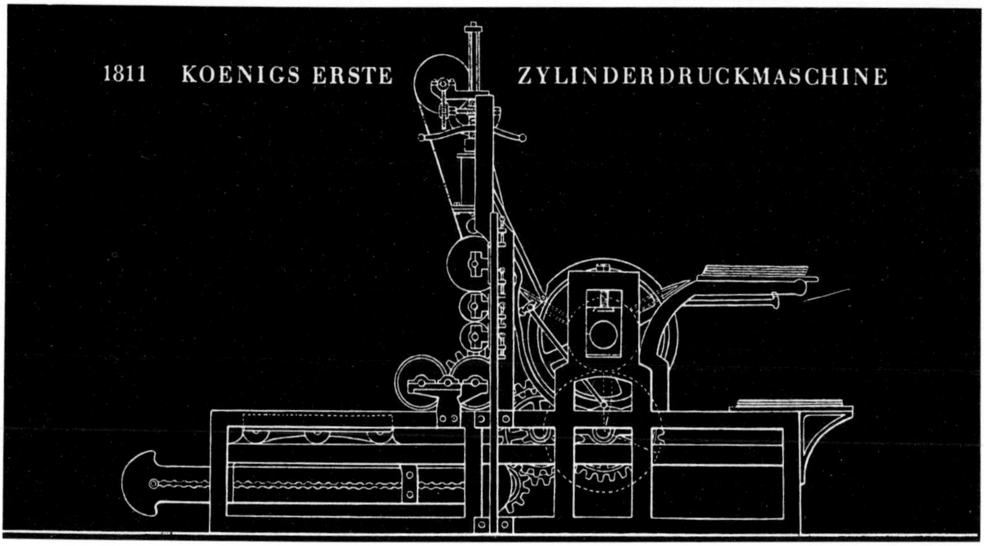

Verbesserte Druckmaschine von Koenig & Bauer, die 1812 in London gebaut wird. Das Farbwerk rückt in die Mitte der Konstruktion. Eine zusätzliche Auftragswalze. Sinnvollere Ausgestaltung des An- und Ablagetisches. Im hinteren Teil ist deutlich der Antriebsmechanismus (Räderwerk) erkennbar. Ganzmetallische Konstruktion; die »erste« Druckmaschine der Welt. Werkphoto KoeBau. Mit freundlicher Genehmigung.

Die Times-Maschine. Gebaut von Koenig und Bauer in London. Links der Druckapparat und rechts der Antriebsmechanismus. Werkphoto KoeBau. Mit freundlicher Genehmigung.

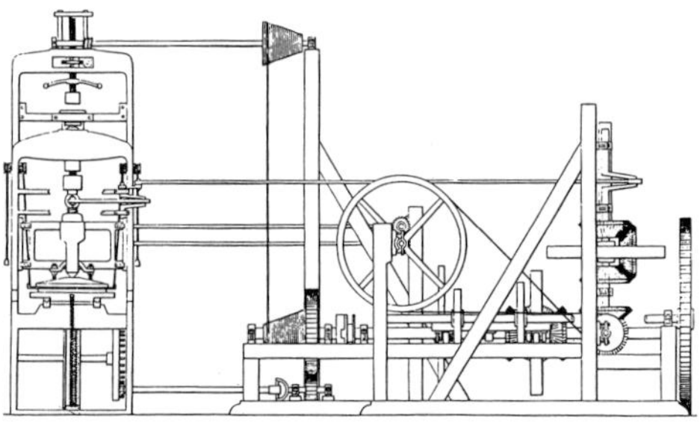

Schemazeichnung zu einer Druckpresse von Koenig & Bauer (London). 1810. Der linke Teil erinnert an die gewöhnliche Druckpresse. Gut sind die Antriebselemente zum »Räderwerk« erkennbar. Werkphoto KoeBau. Mit freundlicher Genehmigung.

Versuche sind, war sie doch ein ausgearbeitetes Ganzes, das leistete, was ich davon erwartete: ich hatte mir mein erstes Ziel nicht zu hoch gesteckt.[67] Das grundsätzliche Problem besteht in der Frage, ob sich Koenig weiterhin für das Flächendruckprinzip (Tiegel) oder für das Zylinderdrucksystem entscheidet. Koenig geht unbeirrt den richtigen Weg. Unter diesem Aspekt ist seine erste in London realisierte Tiegel*maschine* als Vorstufe zu werten, die (schon) wesentliche Elemente der späteren Schnellpressen enthält:

- Auftragen der Farbe mit Druckwalzen.
- Mechanismus zum Hin- und Herbewegen der Druckform.
- Deckel und Rähmchen erhalten eine mechanische Bewegung.
- Mechanische Regulierung der Farbzufuhr.

Folgerichtig wendet sich Koenig vom Tiegelprinzip ab. Es erscheint ihm zu schwerfällig: seine konstruktiven Möglichkeiten sind ausgereizt. Koenig strebt nach größerer Einfachheit. Daß das Prinzip des Flachdrucks an und für sich nicht falsch ist, wird zu seinen Lebzeiten selbst von den Engländern bestätigt, und zwar durch einen Rückgriff auf sein Prinzip, von denen eine für die Druckerei von Spottiswoode in London (1825) gebaut worden sein soll (!), sowie durch die 1844 von dem Schwede Holm erfundene und in Manchester gebaute »Skandinavian-Press«, die sich in der Praxis nicht behauptet. Der volle Erfolg der Koenig'schen Erfinderleistung kommt mit der Realisierung von Druck*maschinen* nach dem Prinzip Zylinder : Fläche. Es erweist sich als eindeutiger Vorteil, daß er mit Zeitungsdrukkern in Berührung kommt: denn zuerst verlangen *sie* eine größere Leistung und größere Formate. Im Akzidenzbereich hätte Koenig keine Chance gehabt.

Am 30. September 1811 erhält Koenig sein zweites Patent.[68] Weitere Verbesserungen läßt er sich am 23. Juli 1813 patentieren.[69] Die vorerwähnte Maschine wird im Dezember 1812 vollendet und druckfähig. Sie entsteht in der eigenen Werkstatt in White-Cross-Street unter der Leitung Bauers und strengen Sicher-

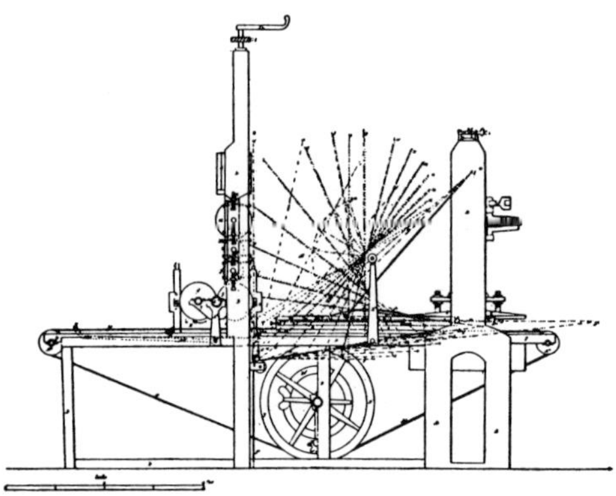

Funktionsschema zu einer Druckpresse von Friedrich Koenig und Andreas Bauer. Deutlich wird die Funktion des Deckels herausgestellt. Seine Wirkungsweise wird von den Pressen alter Bauart übernommen. Unter dem »Karrenbett« läuft das »Schnurenrad«.

heitsvorkehrungen. Koenig sagt später: »Wir hielten unser Unternehmen möglichst geheim, allein es blieb den Londoner Buchdruckern nicht verschwiegen, daß etwas im Werke war, und wir wurden ziemlich allgemein verspottet.« Koenig kann an seine Mutter schreiben: »... ich habe meine Erfindung zu einem Grade der Vollkommenheit gebracht, der weit über meine eigenen und meiner Kompagnons frühere Erwartungen geht.«[70]

Aus der stufenweisen Entwicklung der Suhler-Presse über die erste Londoner Tiegeldruckmaschine hervorgegangen, stellt sie die Urform aller künftigen »Schnellpressen« dar.[71] »Wie bei den meisten großen Erfindungen im Maschinenbau wird sie nach praktischen Bedürfnissen des Arbeitsverfahrens mühsam im Kampf mit tausend Hindernissen von Stufe zu Stufe entwickelt, bis sie eine typische Gestalt annimmt, die man nun Zylinderdruckmaschine nennt.«[72]

In der Spezifikation zum Patent von 1811 für eine »einfache« Zylindermaschine ist zugleich eine »doppelte« nach dem gleichen System vorgesehen: außerdem enthält die Patentschrift den Entwurf zu einer »vielfachen« (Roundabout)maschine.

Funktion der ersten Zylinderpresse

Diese Maschine ist für die weitere Entwicklung im Druckpressenbau von grundsätzlicher Bedeutung. Deshalb gehe ich näher auf ihre Konstruktionsmerkmale ein:

- Das Farbwerk enthält entscheidende Verbesserungen. Es ist etwa in der Mitte der Maschine angeordnet. Zwischen dem oberen Reibezylinder und der Farbbüchse sind zwei kleine Walzen aus Metall oder Hartholz eingeschoben. Sie haben die Aufgabe, die aus der Büchse (= Farbkasten) auf sie gepreßte Farbe zu zerquetschen und sie dann an die sogenannte Reiberwalzen abzugeben. In der Farbbüchse bewegt sich ein Kolben, der seine Bewegung vom Antriebsmechanismus erhält. Hat er den untersten Stand erreicht, so dient der unterhalb der »Schnurenscheibe« und des Zahnrades befindliche horizontale Schwengel mit »Schwungkugeln« zu seinem Steigen, so daß die Büchse wieder gefüllt werden kann. Die Reibwalzen stehen senkrecht übereinander und sind einzeln regulierbar.
- Der Auftragsapparat entspricht mit den sich hebenden und senkenden zwei Walzen der ersten Konstruktion. Außerdem wird das Material der Walzen beibehalten.
- Bei der Rähmchenkonstruktion werden erstmals Federn verwendet.
- Das Entscheidende ist der Druckzylinder. Er ist in drei gleich große Felder geteilt, die durch Aussparungen voneinander getrennt sind. Sie haben den Zweck, die nach erfolgtem Druck zum Farbapparat rückwärts laufende Form unter dem Zylinder durchzulassen. Jedes der Felder hat einen Filzüberzug und ist mit Punkturen zum Einlegen der Bogen versehen.
- Beim Druck wird auf das jeweils nach oben gekehrte Zylindersegment ein Bogen (auf)gelegt, der sich nach (dem) Einstechen in die Punkturen durch sein Eigengewicht festlegt; bei der Drehung des Zylinders nach links senkt sich das Rähmchen auf den Bogen und bewegt sich nun mit dem Zylinder nach links unten.
- Jetzt wird der Druck ausgeführt. Bei der fortgesetzten Drehung des Zylinders öffnet sich das den Bogen haltende Rähmchen. Jetzt muß der Bogen manuell abgenommen werden: gleichzeitig wird ein frischer eingelegt.
- Während jeder vollen Drehung gelangt der Zylinder dreimal zum Stillstand. Dazu wird ein kompliziertes Räderwerk entwickelt, das Koenig im wesentlichen mit dem »Horn und Segmentrad« umschreibt. Das Hornrad verfügt außer den »drei Hörnern« über lange abgerundete Zähne. Sie sind erforderlich, um den sogenannten »toten Punkt« zu überwinden.
- Die Vor- und Rückwärtsbewegung des Karrens erfolgt bei der Zylindermaschine nicht mehr durch einen über ein Schnurenrad und Treibriemen und/oder Ketten, sondern durch einen mit dem Karren verbundenen Doppelrechen, in dessen Zähne ein auf einer Welle des Antriebsmechanismus sitzendes Rad greift.
- Der Antriebsmechanismus ist ein eigenständiger komplizierter Teil der Maschine. Koenig bezeichnet ihn als »Mühlwerk«. Direkten Antrieb haben:
  - Druckzylinder
  - Doppelrechen
  - Auftragswalzen
  - Mittlere Reibwalzen (seitliche Verreibung)
  - Obere Reibwalze mit kleinen Duktorwalzen
  - Kolben der Farbbüchse

Diese »neue« Maschine wird einflußreichen Männern vorgestellt. Zu ihnen gehören

Mr. Perry, der Besitzer des »Morning Cronicle«, und Mr. Walter von der »Times«. Perry zeigt kein Interesse, er will mit den neuen Maschinen nichts zu schaffen haben. Walter erkennt sofort die Bedeutung des Verfahrens und reagiert rasch: er bestellt zwei »Doppel«-Maschinen des vor ihm stehenden einfachen Typs.[73] Die Demonstration erfolgt in der Koenig'schen Werkstatt. Die Doppelmaschine verfügt über zwei Druckzylinder. Bereits in seinem Patent Nr. 3496 von 1811 hat sich Koenig dieses Verfahren schützen lassen. Durch den bei der Doppelmaschine vorhandenen zweiten Druckzylinder wird der bei der Ein-Zylinder-Maschine unproduktive Rücklauf der Druckform zum Drucken genutzt. Dies bringt eine Steigerung der Leistung auf etwa 1100 Druck/Stunde. Außerdem ist die Druckqualität gegenüber der alten Handpressen besser.

Die Times-Maschinen (Doppelmaschinen)

Die Darstellung der Beziehungen von Koenig zu Walter sind von Interesse. Im Archiv der Times haben sich zur Geschichte der Druckmaschine wichtige Unterlagen erhalten.[74] Ungeklärt ist die Urheberschaft der Idee zur »doppelten« Zylinderpresse.[75] Am 30. März 1813 wird der Kaufvertrag zwischen Koenig, Bensley, Woodfall und Taylor ausgearbeitet. Als Preis wird für jede Maschine 1100 Pfund veranschlagt.[76] Der Vertrag sieht außerdem die Aufstellung von zwei Dampfmaschinen von je zwei PS zu Gesamtkosten von 500 Pfund vor. Dem Käufer wird das Recht eingestanden, »to have use of the equipment for 14 years and also for the therm of 14 years from the date of such further letters patent as may be obtaines by Bensley and Koenig«.[77] Beide Maschinen sollen innerhalb eines Jahres fertiggestellt werden. Bringen sie nicht die Leistung von 1100 Bogen/Stunde, kann der Käufer alle Vorauszahlungen zurückverlangen. In diesem Vertrag werden Bensley weitere Vorteile eingeräumt, u. a. das Vorkaufsrecht auf Anspruch und Lieferung einer beliebigen Anzahl von Maschinen für die Druckerei der Clarendon Bible in Oxford. Außerdem tritt Woodfall aus der Gesellschaft[78] und überträgt Bensley die Anteile. So kommt die Majorität der Nutzungsrechte an ihn. Ich komme darauf zurück.

In der Koenig'schen Werkstatt werden die beiden Maschinen in 20 Monaten gebaut. Es ist eine enorme Leistung, denn zu berücksichtigen ist:

- Viele Handwerkszeuge müssen erst entwickelt werden.
- Fast alle Maschinenteile sind von Hand gearbeitet.
- Das Transportieren und Zusammensetzen großer (schwerer) Maschinenteile ist aufwendig.
- Konkurrenz, Neider, Geheimhaltung
- Unerfahrenheit der Arbeiter.
- Probleme des Prototyps schlechthin.

Es ist das alte Problem. Die Erfinder wollen sich nicht dem Spott der Dummen und Neider preisgeben. Auf der anderen Seite sind die um ihre Zukunft bangenden Drucker in Aufregung. Sie sagen laut: »... den Erfinder mitsamt seinem Teufelswerk totzuschlagen.«[79] Ein ernsthafter Faktor ist die erwachende Konkurrenz in einem Land, das über erhebliche Kenntnisse auf dem Sektor der Metallbearbeitung verfügt und außerdem vielen Erfindern Raum bietet. Koenig ist nicht der »primus inter pares«, sondern einer unter vielen. Deshalb nimmt Bauer als Werkstattleiter die 22 an der Realisierung der Schnellpressen beschäftigten Arbeiter in die Pflicht, »... bei Strafe von 100 Pfund Sterling für jeden derselben, weder über diese noch (über) andere Maschinen, bei denen sie in Zukunft unter seiner Direktion oder unter der Oberaufsicht seines Geschäftsleiters Verwendung finden möchten, durch Beschreibung und Abbildung irgend etwas zu veröffentlichen, mitzuteilen, oder an solcher Veröffentlichung und Mitteilung mitzuwirken, auch geheim zu halten, für wen die Maschinen gebaut und zu was sie angewandt werden sollten«. Das Dokument ist auf einen Stempelbogen von 1 Pfund Sterling geschrieben. Es trägt die Unterschrift Bauers und die Namen von 22 Arbeitern, wovon zwei lediglich drei Kreuze machen. Einer von ihnen unternimmt den erfolglosen Versuch, die Koenig'sche Presse nachzubauen.

Die neuen Maschinen werden nicht im Pressensaal der Times installiert, sondern in einem geschützten Nebengebäude.[80] Außerdem befinden sich hier die Dampfmaschinen. Die Arbeiten gehen gut voran und die Probeläufe sind zufriedenstellend. Der entscheidende Abend kommt am Montag, dem 28. November 1814. Den Druckern im Pressensaal der Times geht die Order zu, »... sie sollen bis auf weiteres mit dem Einheben der Zeitungsformen warten ... das Eintreffen höchst wichtiger Nachrichten vom Kontinent stehe in Aussicht«.

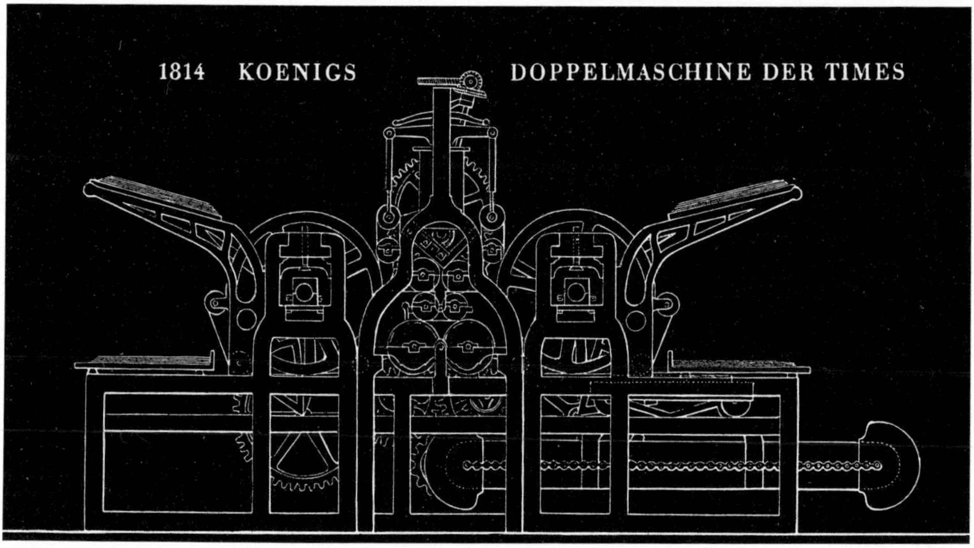

Doppelte Schnellpresse von Koenig & Bauer. London 1814. Praktisch handelt es sich um zwei verbesserte einfache Maschinen, die gegeneinandergesetzt sind. Vorteil: bessere Nutzung, da parallel gearbeitet wird. Werkphoto KoeBau Nr. 7026. Mit freundlicher Genehmigung.

Inzwischen aber ließ man den Dampf im Nebengebäude an, die Räder von Koenigs Maschinen fingen an zu kreisen, die Formen rollten hin und her, sich mit Druckerschwärze bedeckend und diese wiederum im flüchtigen Lauf sich dem Druckzylinder anschmiegenden Bogen abgebend. Und bald schuf das harmonische Spiel des kunst- und sinnreichen Mechanismus dieser Maschine Hunderte und Tausende von gedruckten Timesblättern für das lesebegierige Publikum.[81]

Walter geht früh um 6 zu den Druckern und sagt ihnen, »sie sollen nach Hause gehen, denn die Zeitung sei bereits auf ihrer neuen, glücklich vollendeten Maschine mit Hilfe des Dampfes fertig gedruckt«. Er knüpft daran die Mahnung, sich unter allen Umständen ruhig zu verhalten. Er sei fest entschlossen, Störungen rücksichtslos zu unterdrücken. Auf der anderen Seite ist es seine Absicht, jedem solange den bisherigen Lohn zu bezahlen, bis für seine Zukunft gesorgt ist ... falls keinerlei Störung des Geschäftsganges versucht wird«. Wieder einmal in unserer Kulturgeschichte hat der Geist eines Menschen und der Wagemut eines tüchtigen Unternehmers die träge und denkfaule Masse besiegt. Man mag Walter einen Vorwurf wegen der »vorgeschobenen« Nachrichten machen: doch was sonst sollte er tun, um zu sichern, daß Einfältige das mühsam Erbaute zerstören.

Der Leitartikel der »Times« vom Dienstag, dem 29. November, bringt einen für die Geschichte der Druckmaschinen wichtigen Bericht. »Unsere heutige Zeitung führt dem Publikum das praktische Resultat der größten Verbesserung vor, welche die Buchdruckerkunst seit ihrer Erfindung erfahren hat. Der Leser dieses Satzes hält jetzt einen von vielen tausend Abdrücken der ‚Times' in der Hand, die in der verflossenen Nacht vermittels eines mechanischen Apparates hergestellt worden sind. Ein Maschinensystem, von dem man fast glauben könnte, es besitze eigene innere Lebenskraft, ist erfunden und eingeführt worden, das nicht nur den Menschen von aller schweren Arbeit beim Drucken befreit, sondern auch alle menschlichen Fähigkeiten hinsichtlich einer raschen und zuverlässigen Arbeitsweise weit übertrifft. Um dem Publikum die Möglichkeit zu gewähren, die Größe der Erfindung an ihren Wirkungen zu beurteilen, führen wir an, daß, nachdem der Typensatz fertiggestellt und zu einer sogenannten ‚Form' geschlossen worden ist, für die an der Maschine beschäftigten Leute wenig mehr zu tun bleibt, als dieselbe zu bedienen und ihren Gang zu überwachen. Man hat sie nur mit Papier zu versorgen; sie selbst treibt die Form hin und her, trägt die Farbe auf, bringt den Bogen auf die eingeschwärzte Form, druckt ihn und liefert ihn dann in die Hände einer zu seinem Empfange bestellten Person. Gleichzeitig geht die Form zurück zum abermaligen Empfang von Farbe für den Druck des nächstfolgenden Bogens, während erstere ununterbrochen verrieben wird; das komplizierte Verfahren aber geschieht mit solcher Schnelligkeit und Gleichzeitigkeit in allen Bewegungen, daß nicht weniger als 1100 Bogen in der Stunde gedruckt werden.

Daß die Vollendung einer solchen Erfindung, die nicht das Spiel des Zufalls, sondern das Ergebnis methodischer Forschungen des Künstlers auf dem Gebiet der Mechanik ist, von mancherlei Hindernissen und Verzug begleitet sein mußte, kann gern zugegeben werden. Der Anteil, den wir an ihrer Vollendung haben, beschränkt sich nur auf die Anwendung der Erfindung in unserem eigenen Geschäft, gemäß dem Vertrage mit den Patenthaltern; wenige aber würden es zu fassen vermögen, welche Enttäuschungen und Sorgen wir während längerer Zeit trotz dieses beschränkten Anteils mit durchzumachen gehabt haben.

Über die Person des Erfinders haben wir nur weniges hinzuzufügen. Wie Sir Christopher Wrens herrlichstes Denkmal der von ihm errichtete Bau ist (= Paulskirche, London), so ist der höchste Lobestribut, welchen wir dem Erfinder der Buchdruckmaschine darzubringen vermögen, in der vorstehenden von uns angedeuteten Macht und des Nutzens seiner Erfindung erhalten. Nur das wollen wir noch sagen, daß der Erfinder, ein Sachse von Geburt, Koenig heißt, sowie daß seine Erfindung unter der Leitung seines Freundes und Landmannes Bauer ausgeführt worden ist.«

Im Patent von 1811 ist außerdem eine »Roundabout« genannt. Koenigs Entwurf sieht acht im Kreis aufgestellte Maschinen vor: sie bilden die »vielfache«. Der Druck soll nur von einer im fortwährenden Kreislauf befindlichen Form erfolgen. Diese Maschine muß als »Exote« im theoretischen Pressenbau bezeichnet werden: sie wird nicht realisiert. Bauer geht in einem späteren Artikel darauf ein.[82]

Es ist zu erwähnen, daß durch die höheren Druckleistungen der Times-Maschinen das Lesebedürfnis geweckt wird. So steigt die Auflage. Im Verbund mit dieser Tatsache sind weitere Verbesserungen an der Konstruktion notwendig. Sie werden nach und nach im täglichen Umgang mit der Presse verwirklicht: schließlich führen sie zu einer permanenten Druckleistung von 2000 Drucken pro Stunde.

Englische Zeitungsberichte

Koenig hat selbst Gelegenheit, am 8. Dezember 1814 in der Londoner »Times« über seine Erfindung zu berichten. Doch schon am 3. Dezember, fünf Tage nach dem Einsetzen der neuen Zylinderdruckpresse in der Druckerei, sagt die »Times« ihren Lesern, »... sie sei jetzt in der Lage, ihren erhöhten Ansprüchen zu genügen; ihre Maschinen hätten ihren eiligen Lauf ununterbrochen und mit zunehmender Regelmäßigkeit und Genauigkeit, ja sogar mit erhöhter Geschwindigkeit fortgesetzt ... wir würden von denen, die sich dieser wunderbaren Erfindung widersetzt haben, keine Notiz nehmen, so unfreundlich sie uns auch begegnet sind, würden nicht alle genialen Geister in ihrem Wirken beeinträchtigt durch solche Faseleien, und schuldeten wir es nicht Männern wie Koenig und seinem Freunde, ... sie zu nennen und ihnen zuzurufen, daß sie sich nicht auf die Bekämpfung all dessen einlassen mögen, was gemeine Selbstsucht und aufgeblasene Dummheit ersinnen und sagen können ... eine andere Menschenklasse gefällt sich, finstere und anonyme Drohungen von Rache gegen uns auszustoßen, falls wir fortfahren in der Anwendung unserer Maschinen. Es sind dies die Drucker. Bei nur ein wenig Überlegung müßten sie finden, daß es weder in ihrer, noch in unserer Macht liegt, eine neue Erfindung in ihrem Lauf aufzuhalten, wenn sie sich als wohltätig für die Menschheit erweist, oder sie zu vernichten, wäre sie wirklich nutzlos. Wir warnen sie deshalb auf's ernsthafteste, nicht sich und ihre Familien ins Unglück zu stürzen durch Handlungen, die sie unvermeidlich mit den Landesgesetzen in Konflikt bringen.«[83] Jetzt meldet sich Koenig zu Wort. Seine Darstellung ist für die Geschichte der Drucktechnik von Interesse. Er sagt:

»An das Publikum« (»to the Publik«)

»Einige meiner Freunde haben mich aufgefordert, einen Bericht über (die) Entwicklung der Erfindung zu geben, die während der letzten Woche zum Druck der ,Times' und der ,Evening Mail' angewandt wurde. Ich würde mir nicht herausgenommen haben, die Einzelheiten eines Unternehmens öffentlich zu erzählen, dem nichts Außergewöhnliches innewohnt, was die allgemeine Aufmerksamkeit auf sich lenken könnte und das, stünde es nicht mit der Buchdruckerkunst in Verbindung, kaum beachtet worden sein würde; da aber in einigen Zeitungen unklare Darstellungen erschienen sind und man das Gerücht verbreitet hat, der Herausgeber der ,Times' hätte das Verdienst der Erfindung nicht derem rechtmäßigen Eigentümer zukommen lassen, wird man die Veröffentlichung der nachfolgenden Tatsachen nicht als eine Anmaßung betrachten.

Die erste meine Erfindung betreffende Idee hatte ich bereits vor elf Jahren, und bald darauf schritt ich damit in Sachsen zu den ersten Versuchen. Mein ursprünglicher Plan beschränkte sich auf eine verbesserte Handpresse, bei der das Auftragen der Farbe durch einen Apparat verrichtet werden sollte, derart, daß durch seine Verbindung mit der Bewegung des Karrens das Farbwerk getrieben und solcherweise ein Arbeiter gespart würde. Da indes hierbei nichts gewonnen wurde in Bezug auf (die) Schnelligkeit, so kam mir von selbst der Gedanke, meine Presse durch eine Maschinerie zu treiben, und ihre verschiedenen Verrichtungen auf eine rotierende Bewegung zurückzuführen, um so das Anbringen irgend einer mechanischen Triebkraft zu ermöglichen. Hiermit war ich noch nicht ganz zu Ende gekommen, als ich mich in die Notwendigkeit versetzt sah, mich nach Beihilfe zur Ermöglichung der Vollendung umzusehen.

Auf dem Kontinent findet ein Unternehmen dieser Art keinerlei Aufmunterung und Unterstützung. Das Patentwesen, wie es in England besteht, ist daselbst weder unbekannt, oder noch nicht eingeführt; es mangelt somit an jeglicher Anregung des persönlichen Unternehmungsgeistes, und Köpfe sehen sich deshalb in der Regel gezwungen, ihre Erfindungen irgend einer Regierung anzubieten und um Unterstützung nachzusuchen. Ich brauche kaum hinzuzufügen, daß unter solchen Umständen daselbst selten oder nie eine Erfindung zur Reife und Durchführung gelangen kann. Die wohlbekannte Tatsache, daß fast jede Erfindung gewissermaßen eine Zufluchtstätte in England sucht, wo sie zur Vollendung gebracht wird, obwohl die Regierung den Erfindern keinen anderen Schutz gewährt, als den, welcher sich aus der Weisheit der Gesetze von selbst ergibt, deutet zur Genüge an, daß die Regierungen des Festlandes von den englischen die richtigen und besten Wege, wie

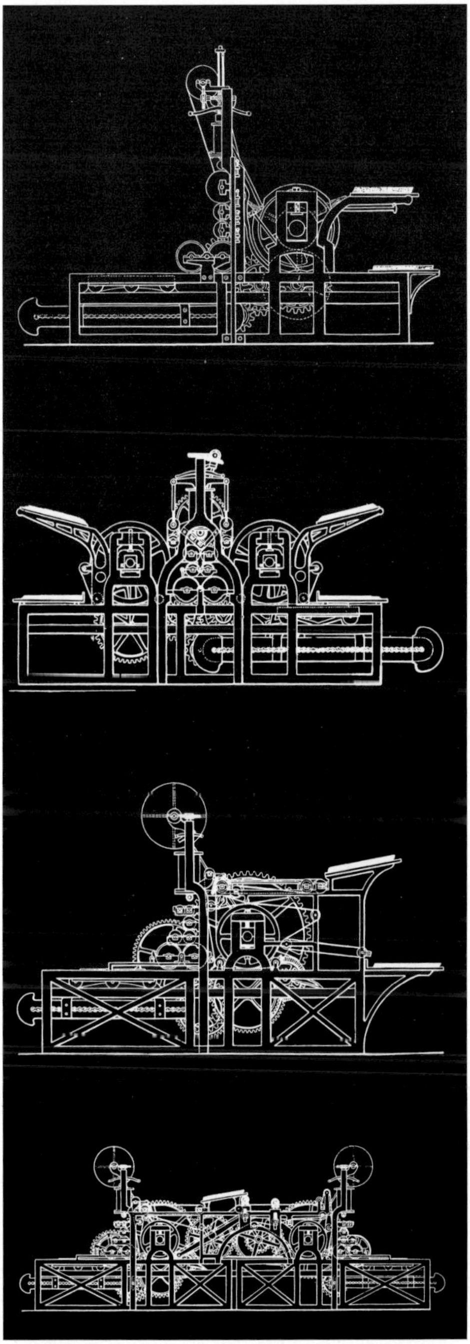

Die vier übereinandergestellten Schemazeichnungen verdeutlichen, wie konsequent und logisch die Maschinen ausgebaut werden. Darin liegt letztlich das Wesen der Koenig'schen Erfindungen mit seinem Freund Andreas Bauer.

man die mechanischen Künste aufmuntert und schützt, zu lernen haben. Auch ich habe mein Teil gehabt an den Enttäuschungen, die in der Regel der Forscher und Erfinder auf dem Kontinente harren; mehr als zwei Jahre verlor ich in fruchtlosen Versuchen um Beihilfe in Deutschland und Rußland, bis ich endlich vor ungefähr acht Jahren nach England kam, wo ich bald die Bekanntschaft des Herrn Thomas Bensley machte, der ein in der literarischen Welt so wohlbekannter Buchdrucker ist, daß die Nennung seines Namens genügt; dieser wurde bald mein Teilhaber.

Es ist schwer, einen völlig neuen Plan zu haben in diesem Lande, wo ein lebhafter Unternehmergeist schon lange heimisch ist. Bald nach meiner Ankunft erfuhr ich, daß bereits viele, dem meinigen ähnliche Versuche gemacht worden sind, aber alle mißlungen waren. Patente waren genommen und Tausende von Pfunden verausgabt worden, ohne daß man das gewünschte Resultat erreicht hätte. Gleichwohl ließen wir, Herr Bensley und ich, uns nicht durch die fehlgeschlagenen Versuche unserer Vorgänger entmutigen; die Ausführung meiner Pläne wurde in Angriff genommen, und, als die Versuche anfingen sehr

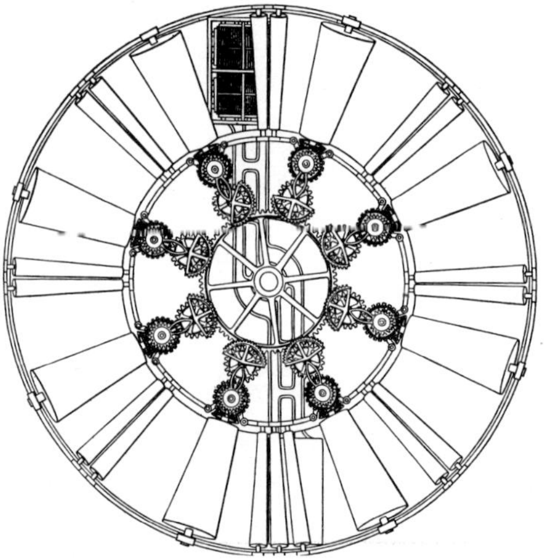

Konstruktionszeichnung zu der »vielfachen« (= achtfachen) aber nie gebauten »Roundabout« von Koenig & Bauer. Hierbei sollte sich der Formenkarren permanent drehen und unter den Druckzylindern hindurchlaufen. In gewisser Weise steckt dahinter die Idee der Rotationsmaschine. Werkphoto KoeBau. Mit freundlicher Genehmigung.

kostspielig zu werden, vereinigten sich zwei andere Herren, George Woodfall und Richard Taylor, beides namhafte Londoner Buchdrukker, mit uns zu deren Durchführung.

Nach Überwindung vieler Schwierigkeiten und Aufenthalte wurde die erste Druckmaschine nach dem Plan vollendet, welchen ich in den Erläuterungen zu meinem ersten Patent vom 29. März 1810 beschrieben habe. Sie wurde im April 1811 in Betrieb gesetzt. Der Bogen (H) des neuen Annual Register für 1810 ‚Principal Occurences', 3000 Auflage, wurde damit gedruckt und ist, dessen bin ich überzeugt, der erste Teil eines Buches, der je mit einer Maschine gedruckt wurde.

Die praktische Anwendung der Maschinen gab indes bald zu neuen Ideen hinsichtlich einer vereinfachten und zugleich kräftigeren Konstruktion die Veranlassung. Abdrücke vermittelst Walzen und Zylinder zu erhalten, was ebenfalls schon vor mir von anderen, aber erfolglos, angestrebt worden war, wurde von mir nach einer neuen Methode versucht, insofern ich den Bogen um den Zylinder herumlegte, so daß er gleichsam einen Teil des äußeren Umfangs desselben ausmachte. Nach einigen Versuchen mit vielversprechendem Erfolg wurde der Plan auf eine neue, auf dieses Prinzip basierte Maschine entworfen und eine Werkstatt für ihre Erbauung eingerichtet. Seit dieser erfreute ich mich des Beistandes meines Freundes Herrn Bauer, der durch sein verständnisvolles Eingehen auf meine Pläne und ihre sorgfältige Ausführung wesentlich zu deren Erfolg beigetragen hat. Die neue Maschine wurde im Dezember 1812 vollendet, nachdem vorher große, aus dem zylindrischen Drucke entsprungene Schwierigkeiten hatten überwunden werden müssen. Die Bogen G und X von Clarksons ‚Life of Penn', 1. Band, sind die ersten Bogen, die auf einer Zylinderdruckmaschine hergestellt worden sind; im Februar und März 1813 wurde sie zum Druck der Schriften der ‚Protestantischen Vereinigung' verwandt; aus dem Bogen M von Aitons ‚Hortus Kewensis' wird sich die fortschreitende, bei der Anwendung der Maschine erreichte Verbesserung erkennen lassen. Alles in allem werden sich jetzt etwa 160000 Bogen in den Händen des Publikums befinden, die auf dieser Maschine, die von zwei Arbeitern bedient, 800 Abdrücke in der Stunde liefert, gedruckt worden sind. Sie ist ausführlich beschrieben in den Erläuterungen zu meinen Patenten vom 30. Oktober 1812 und 23. Juli 1813.

Die jetzt die ‚Times' und die ‚Mail' druckenden Maschinen sind nach demselben, soeben erwähnten Prinzip gebaut, doch sind bei ihrer Einrichtung und Ausführung die Bedürfnisse einer weitverbreiteten Zeitung, bei deren Druck Schnelligkeit die Hauptsache bildet, besonders berücksichtigt. Das Publikum wird ohne Zweifel erkennen, daß vielleicht noch niemals eine neue Erfindung einer so strengen Probe unterzogen wurde bei ihrer Einführung in die Öffentlichkeit, als die der Druckmaschine, die sofort zur Herstellung einer täglichen Zeitung zu dienen hatte. Es wird deshalb auch, wie ich hoffe, Nachsicht üben in der Beurteilung der mancherlei in ihren Leistungen zu Tage tretenden Mängel, von denen indes keiner in dem Bau der Maschine befolgten Prinzip begründet ist. Wir sind der zuversichtlichen Hoffnung, daß in weniger als zwei Monaten alle Mängel infolge größerer Übung und Geschicklichkeit in der Leitung der Maschine beseitigt sein werden, insoweit wenigstens, als es die Eile des Zeitungsdruckes zuläßt.

Aus dem Vorhergehenden ergibt sich die Unrichtigkeit der Angabe verschiedener Zeitungen, wonach ich meinen Geschäftsanteil an zwei andere Ausländer verkauft haben soll; meine Teilhaber an dem Unternehmen sind gegenwärtig die Herren Bensley und Taylor; es gereicht mir zur besonderen Befriedigung, diese Gelegenheit ergreifen und den genannten Herren öffentlich meinen Dank aussprechen zu können sowohl für das Vertrauen, welches sie in mich gesetzt haben, als auch für den mir durch ihre praktischen Erfahrungen und die nachhaltigen und ausdauernden Unterstützungen geleisteten Beistand, deren ich während meiner langen und kostspieligen Versuche benötigt war und wobei sie ihr Vermögen in der Ausführung meiner Erfindung aufs Spiel setzten.

Die erste Einführung dieser Erfindung wurde von manchen als ein schwieriger und waghalsiger Schritt angesehen; das Publikum aber weiß, daß, wenn der Eigentümer der ‚Times' sich zu diesem Schritt entschlossen hat, die Erfindung in guten Händen ist.«

Fr. Koenig.

Wilhelm Savage beurteilt die Koenig'schen Erfindungen so: »Bei Gelegenheit der Aufstellung der Druckmaschinen in der Offizin der ‚Times' fürchtete Mr. Bensley, daß seitens der Arbeiter ihrer Einführung Hindernisse in den Weg gelegt werden könnten, da ihre Haltung auf Widerstand gegen sie schließen ließ. Er wünschte deshalb, ich möchte die Maschinen in Augenschein nehmen und ihm meine Ansicht über den Gegenstand mitteilen. Infolgedessen begab ich mich mit Mr. Joseph Bensley, seinem ältesten Sohn, in das Druckereilokal und beobachtete sie aufmerksam während des Drucks, worauf ich Mr. Bensley nur sagen konnte, daß sie allerdings alles überträfen, was ich zu sehen erwartet hätte; sie arbeiteten so trefflich und rasch, daß ich nicht glaube, der Widerstand der Arbeiter werde jemals ihre allgemeine Einführung verhindern können. Diese Ansicht gefiel ihm sehr, doch als ich weiter sagte, ich sähe andere Dinge voraus, die sich möglicherweise einstellen und ihn schädigen würden, fragte er ängstlich, was ich denn meinen könnte, worauf ich mich dahin aussprach, es könnten sich geschickte Leute finden, die die Maschinen nachmachten und vereinfachten, denn sie erschienen mir ziemlich kompliziert; er nahm diese Voraussetzung mit großer Geringschätzung auf, als etwas, das niemals vorkommen werde; er sei vollkommen überzeugt, kein Mensch werde jemals den Versuch machen.«[84]

Die Ersten Druckmaschinen.

Erbaut in London bis zu dem Jahre 1818

von

Friedrich Koenig und Andreas Friedrich Bauer.

THE

FIRST PRINTING MACHINES.

CONSTRUCTED IN LONDON UP TO THE YEAR 1818

BY

FRIEDRICH KOENIG AND ANDREAS FRIEDRICH BAUER.

Leipzig, 1851.

Druck von F. A. Brockhaus auf einer Schnellpresse von Koenig und Bauer.

Der erfahrene Buchdrucker Savage hat durchaus recht. Joseph Bensley ist naiv genug, es nicht einzusehen: zumal er nichts mit der Verwirklichung der Idee zu tun hat: auch sein Vater nicht. Bevor ich auf einige Konkurren-

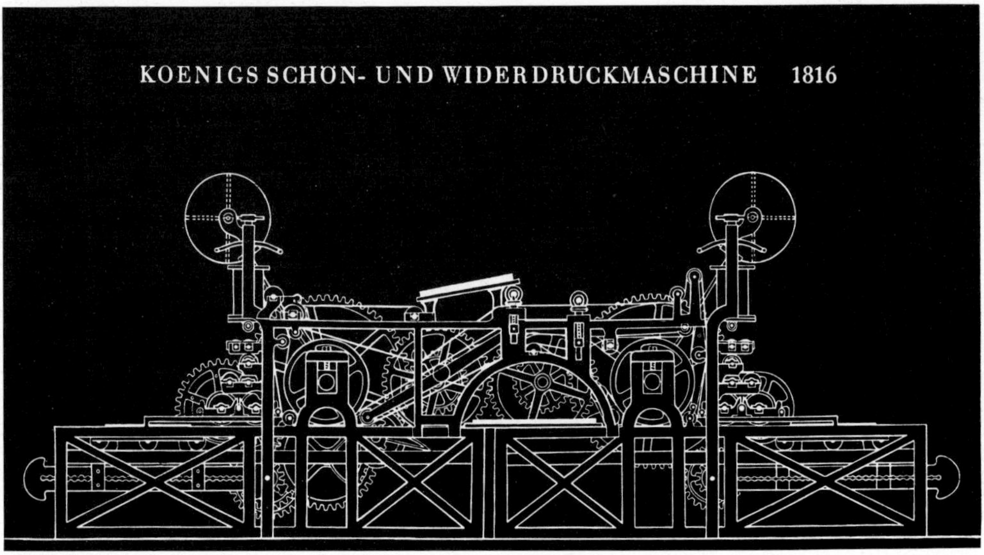

Schemazeichnung zu Koenig & Bauers »Schön- und Widerdruckmaschine«. London 1816. Auch hier stehen prinzipiell zwei verbesserte einfache Pressen gegeneinander. Das Papier wird mechanisch gewendet. Dies entspricht einer erheblichen Leistungssteigerung. Werkphoto KoeBau. Mit freundlicher Genehmigung.

ten eingehe, ist eine umfassende Vertragsgestaltung zwischen Bensley, Woodfall, Taylor und Koenig zu erwähnen.

Neue Vertragsgestaltungen

Am 22. März kommt es zu einem neuen Gesellschaftsvertrag zwischen den vorerwähnten Partnern. Er rekapituliert die Positionen des alten Vertrages (29. September 1809) und konstatiert, daß bislang 5144 Pfund Sterling von den Teilhabern eingeschossen worden sind (Bensley 2572, Woodfall und Taylor je 1285 Pfund Sterling). Die neue Vertragsfassung besagt im wesentlichen:

- Die Partner werden für die Dauer von 14 Jahren Teilhaber aus allen den Patenten resultierenden Vorteilen und Rechten ... in bezug auf Bau, Benutzung und Verkauf (der Maschinen).
- Falls erforderlich, verpflichten sie sich, weiteres Kapital einzuschießen.
- Das eingeschossene Kapital wird mit 5 % verzinst; jährlich wird Rechenschaft darüber abgelegt.
- Der Überschuß wird in 16 gleiche Teile geteilt und anteilig an die Gesellschafter ausgesprochen.
  - Bensley 6 Teile.
  - Koenig 4 Teile.
  - Woodfall 3 Teile.
  - Taylor 3 Teile.
- Alle die Gesellschaft angehenden und im Vertrag nicht vorgesehenen Vorkommnisse werden gemeinsam verhandelt und nach der Stimmenmehrheit entschieden. Pro Anteil gilt eine Stimme.
- Bensleys Vorrecht auf eine beliebige Anzahl von Maschinen zum Druck der Clarendon bible bleibt erhalten.
- Die Anteile werden als unverkäuflich erklärt.
- Alle Verbesserungen, Hinzufügungen und Veränderungen werden als Eigentum der Teilhaber angesehen.
- Jeder Teilhaber kann nach Belieben einen Rechtsnachfolger ernennen.

Woodfall tritt im Herbst 1814 aus unbekannten Gründen aus der Gesellschaft und verkauft seine Anteile an Bensley. Er verfügt jetzt über mehr als 50 % der Stimmanteile. Dadurch wird die Vertragsgestaltung kopflastig und nachteilig für die, die wenig Stimmen halten. Koenig nennt deshalb den Vertrag »a most miserable composition« (ein trauriges Machwerk) und bekennt: »ich habe leichtsinnig eingewilligt, und muß mich jetzt bescheiden.« Nun hält Bensley alle Fäden in der Hand. »Das Verhältnis zu ihm hat sich in der Zwischenzeit so ungut entwickelt, daß Koenig, sollte er sich nicht zum Sklave dieses selbstherrlich auf Vertrag und die daraus entspringenden Vorteile pochenden Mannes ma-

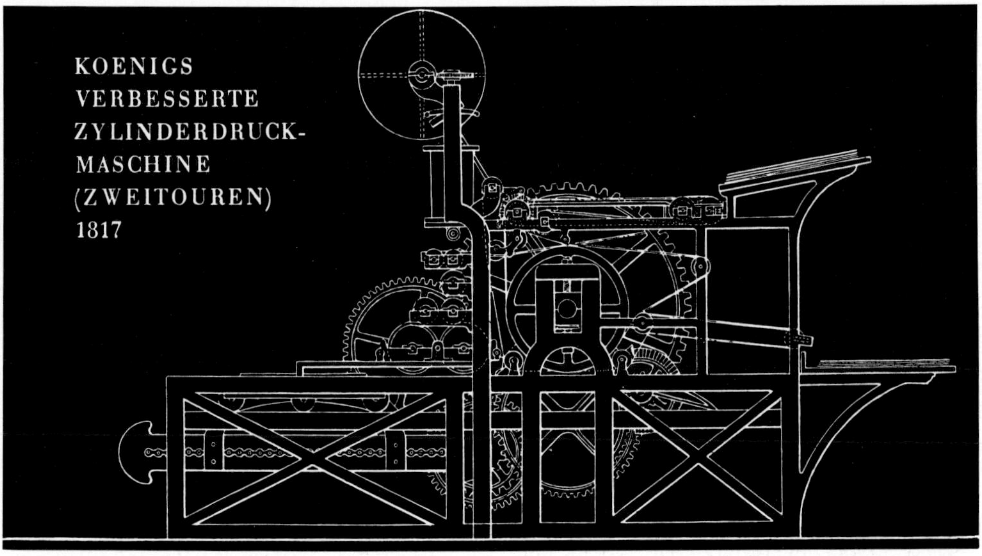

Weiter verbesserte Druckmaschine von Koenig & Bauer. London 1817. Es handelt sich um die erste »Zweitourenmaschine«, die gleichfalls aus der einfachen Schnellpresse herausentwickelt wird. Werkphoto KoeBau. Mit freundlicher Genehmigung.

chen, auf eine radikale Lösung des für ihn immer unerquicklicher gestalteten Verhältnisses dringen muß.«[85]

Zunächst ist er bemüht, seinen Freund Bauer zu integrieren. Er macht von seiner Rechtsnachfolge Gebrauch. Bauer wird von Bensley und Taylor als geeignete Person akzeptiert.[86] Daraufhin wird Bauer $^1/_{16}$ der Anteile – mit Einschränkung – eingeräumt. Dafür wird er in die Pflicht genommen, die Werkstatt während dreier Jahre nicht zu verlassen und zwei Arbeiter gründlich einzuweisen. Nach Ablauf der Frist stehe es ihm frei, sich Anderem zu widmen.

Dann wünscht Koenig eine Revision des Vertrages und macht einige Vorschläge:

- Auflösung der Werkstatt; Abschluß eines Vertrages mit Anderen für den Bau von Druckmaschinen.
- Auflösung der Werkstatt; Übertragen des Baues der Druckmaschinen an andere tüchtige Mechaniker.
- Auflösung der Werkstatt oder deren Vermietung, sobald die für Taylor zugesagte Maschine fertiggestellt ist.

»Koenig und Bauer würden alsdann ... irgendwo am Rhein, Main oder Neckar eine Fabrik errichten und vertraglich den Bau von weiteren Druckmaschinen übernehmen: und zwar für die Hälfte des Preises, der bisher in England angesetzt wird. Die vorhandenen Arbeitsmaschinen und Werkzeuge sollen geteilt werden. Koenig und Bauer wollen die Modelle und die große Drehbank übernehmen, mit dem übrigen soll eine Werkstatt für zwei Arbeiter eingerichtet werden.« Das Ziel ist klar. Koenig will sich mit Bauer aus den für ihn nachteiligen Vertragspunkten lösen. Seine Darlegungen bilden die Grundlage eines weiteren Abkommens, das am 25. November zwischen ihm, Bensley und Taylor zustande kommt und eine Gültigkeit von zwölf Jahren haben soll. Dieser Vertrag bleibt ununterschrieben: er stellt die Bedingungen vom 22. März 1813 in allen Punkten außer Kraft, die sich auf den Bau der Maschinen beziehen und stellt fest, daß:

- Koenig den Bau der Maschinen auf eigene Gefahr und Rechnung übernimmt. Ausgenommen der großen Antriebswelle mit allem Zubehör.
- Er hat die Maschinen kosten- und zollfrei an Bensley und Taylor zu liefern: persönlich oder durch Agenten.
- Bei Lieferung an andere Plätze – außerhalb Londons, in England, Schottland und/oder Irland – wird Koenig Entschädigung gewährt.
- Ein Drittel des Maschinenpreises ist bei der Bestellung fällig; die anderen zwei Drittel vier Wochen nach Inbetriebnahme der Maschine.

- Bensley und Taylor verpflichten sich – bei einer Strafe von 6000 Pfund Sterling – weder eine Maschine zu kaufen, die nicht von Koenig oder seinen Rechtsnachfolgern gebaut ist, noch selbst eine zu bauen oder vor dem 24. Dezember 1828 bauen zu lassen.

Die ständigen Vertrags-Änderungsvorschläge lassen auf Spannungen unter den Partnern schließen. Es kann sein, daß Koenig die volle Tragweite von Bensleys Handeln zu spät erkennt. Zumindest macht er ihm den Vorwurf, »... daß ihn und Bauer ein solches Verhalten der Früchte ihres jahrelangen Strebens beraubt«. Außerdem ist nachgewiesen, daß Bensley ungeachtet seiner Zusage an Taylor und Koenig seit längerem mit Edward Cowper, einem Konkurrenten Koenigs, in Verbindung steht.[87]

Das Problem liegt offen zutage: Koenig und Bauer müssen die Werbetrommel rühren, um aus den Erfindungen Erfolge abzuleiten. »... nach Vollendung der verschiedenen Arten von Maschinen handelt es sich nun darum, den Buchdruckern Londons Offerten zu machen; da aber trat deutlich hervor, daß Herr Bensley die Erfindung wohl für sich benutzen und durch rasche und billige Drucklieferungen andere Buchdrucker zu hintertreiben suchte. Er selbst drängt einerseits Buchhändler mit Anerbietungen seiner Arbeit, andererseits Zeitungseigentümer sowie die Bank von England mit der Proposition, Druckmaschinen zu bauen. Mag es nun in den von ihm gestellten Bedingungen oder in der Weise überhaupt gelegen haben, wie er diese Unterhandlungen betrieben, kurz, wir gewahrten die für uns nachtheilige Folge davon, daß diese Männer vorerst unschlüssig und zögernd gemacht wurden ... daß auch andere auf den Bau von Druckmaschinen reflektieren wollten. Aber nicht genug, daß dieses Verfahren des Mr. Bensley, die Aussicht auf künftigen Absatz in die Ferne rückte, suchte er das Ergebnis der Vergangenheit, der bereits gemachten Verkäufe, zu verkümmern durch die Art, wie er die Rechte und Verbindlichkeiten unseres Gesellschaftsvertrages zu handhaben wußte. Mr. R. Taylor ward gleich uns empfindlich davon berührt.«[88]

Bensley läßt sich nicht erweichen: er ist sich seiner Vorrechte bewußt. Erst später erlaubt er widerwillig den Druck eines Prospektes auf der für ihn gebauten Schön- und Widerdruckmaschine.[89] Es ist der Preiskurrant vom 5. April 1817. Hier werden die Preise für die einzelnen Maschinen genannt:

- Komplettmaschine 2000 Pfund Sterling.
- Doppelmaschine 1400 Pfund Sterling.
- Einfache Maschine 900 Pfund Sterling.

Eiserne Schließplatten, Walzengußformen, Rahmen und Werkzeug werden zur Anschaffung empfohlen, sind aber nicht in den obigen Preisen enthalten. Hinzu kommt die bei patentierten Erfindungen gewöhnliche Bedingung einer Jahresprämie für die freie Benutzung während der Gültigkeit des Patents. Jährlich werden verlangt für eine:

- Komplettmaschine 500 Pfund Sterling.
- Doppelmaschine 350 Pfund Sterling.
- Einfache Maschine 250 Pfund Sterling.

Es ist nicht bekannt, ob und inwieweit dieser Prospekt Verbreitung findet: es spricht manches dafür, daß sich Bensley querstellt. Ein weiterer Prospekt, der am 28. Mai 1817 gedruckt wird, ist dafür bestimmt, in Amerika Kunden zu interessieren. Es ist nicht bekannt, inwieweit solche Beziehungen geknüpft werden. An dieser Stelle ist zu erwähnen, daß Koenig von einer falschen Grundvorstellung ausgeht. Er ist der Meinung, daß die Buchdruckmaschine »niemals« ein Handelsartikel wird und daß für England 25 bis 30 Maschinen ausreichen. (Anm. In London arbeiten zu seiner Zeit etwa 120 Handpressen; die Konzentration ergibt sich aus der Tatsache, daß hier die wesentlichen Zeitungen hergestellt werden.) Nach diesen vertraglichen Dingen ist es angebracht, zur Technik zurückzukommen und auf andere Erfinder zu verweisen, die im Umfeld von Koenig zu sehen und zu beurteilen sind: vor allem William Nicholson und Bryan Donkin.

William Nicholson

nimmt 1790 ein »Patent für eine Maschine oder ein Instrument neuer Konstruktion zum Druck auf Papier, Leinwand, Baumwollen- oder Wollenstoff und andere Artikel, und zwar auf schönere, billigere und vollkommenere Weise, als es mit den jetzt gebräuchlichen Maschinen möglich ist«.[90] Sein Patent bleibt lange unbeachtet. Es ist mehr eine theoretische Erörterung als ein praxisgerechtes Patent und man hat sich über die Möglichkeit, daß es überhaupt möglich ist, so eine Schrift als Patent anerkannt zu wissen, nur wundern. Bensley, Cowper und Applegath sind die ersten, die sich des vergessenen Nicholson erinnern und ihn als Erfinder der Buchdruckmaschine proklamieren.[91] Wer versteckt sich hinter diesem Namen?

»Ich kannte Herrn Nicholson persönlich und zweifle nicht, daß, hätte er länger gelebt, er seine Erfindung in die Praxis übertragen haben würde; eine Menge anderer Gegenstände nahm seine Zeit in Anspruch. Er veröffentlichte ein Werk über die Schiffahrt, das ich als Autorität zitiert gesehen habe. Er ist der Verfasser eines Wörterbuches der Chemie in zwei Quartbänden. Er redigierte und verlegte das monatlich erscheinende, nach ihm benannte ‚Journal of Sciences', das in gutem Ansehen stand. Er schrieb den Prospekt der Rojal-Institution bei ihrer Gründung (1799) und neben diesen unterhielt und leitete er eine große Schule in Soho-Square, deren Aufgabe war, den Schülern eine wissenschaftliche Bildung zu geben. Ungeachtet dieser vielseitigen Tätigkeit war er Agent des Lord Camelfort, dessen plötzlicher Tod für ihn Schwierigkeiten und Verlegenheiten im Gefolge hatte, aus denen er sich nie wieder freizumachen vermochte.«[92] So steht außer Frage, daß Nicholson ein belesener und intelligenter Mann ist. Sicher ist es ungerecht, wenn ihn Goebel als Schulmann von Soho-Square,[93] Projektemacher,[94] oberflächlich[95] und dilletantisch[96] bezeichnet, der eine spektakuläre und unfertige Idee verfolgt. Es ist positiv hervorzuheben, daß bereits 1790 solche Möglichkeiten erörtert werden. Mit Vehemenz stürzt sich Goebel auf die »drucktechnischen« Ungereimtheiten in Nicholsons Patentschrift. Er spielt lediglich aus, daß er ein Buchdrucker ist.

Über die Hintergründe von Nicholsons Patent ist nichts bekannt. Er hat zu keinem Zeitpunkt Anspruch darauf erhoben. Im Gegensatz zu vielen Druckern überwindet er das im Traditionellen verankerte Denken zu einem frühen Zeitpunkt. Sicher spielt er auf die ihm bekannten Nachteile der Tiegeldruckpressen an. Auf Grund seiner Veröffentlichungen kennt er die Druck- und Verlagsbranche. Auf technologischer Basis muß er als Autodidakt angesehen werden. Die praktische Durchführbarkeit dieses Patentes wird von Druckexperten aus verschiedenen Gründen angezweifelt, weil es Dinge enthält, die in der täglichen Praxis einer Buchdruckerei mehr als ungewöhnlich klingen. Die Patentschrift ist für englische Verhältnisse oberflächlich: die beigefügten Zeichnungen bestätigen es. Wie dem auch sei, Nicholson setzt einen Schwerpunkt in dem Bemühen, die Pressen der Drucker zu verbessern, und zwar zu einer

William Nicholson. U. a. betreibt er in London eine Patentberatung. 1790 nimmt er ein Patent auf eine Druckmaschine. Sie wird nicht gebaut. Die von den Fachhistorikern nachträglich injizierte Konfliktsituation zwischen Koenig und Nicholson hat keine Berechtigung. Engraving by T. Blood, after S. Drummond. Bildnachweis: National Portrait Gallery. London. Mit freundlicher Genehmigung.

Zeit, da weder der zylindrische Flächendruck oder die metallische Tiegelpresse im graphischen Gewerbe verbreitet ist. Friedrich Koenig sagt über ihn: »wenn Herr Nicholson große Verdienste als Schriftsteller oder Erfinder gehabt hat, so ist er von seinem Vaterland undankbar behandelt worden, denn er lebte und starb in großer Armut.[97] Er befindet sich eine Zeitlang im Schuldgefängnis in der King's Beach und verstirbt 1815 oder 1816.«

Der Vollständigkeit wegen gehe ich hier auf einige seiner Patentzeichnungen ein, die eine Verbindung zum graphischen Gewerbe zeigen:

Konstruktionsmerkmale

Figur 1 stellt eine Druckpresse dar,[98] die besonders zum Druck von Papierbogen oder Büchern geeignet ist (vermerkt Nicholson). Die einzelnen Teile sind:

- A. Zylinder (mit Wollstoff überzogen).
- E. Zylinder.
- M. Hebel zum Bewegen des Zylinders A.

- E. Walze.
- K. Kurbel.
- D. Rahmen.
- B. Kasten mit (dem) Farbzylinder.
- C. Reibewalzen.
- N. Arm.
- O. Eine mit Leder bezogene, an einem Farbbehälter liegende Walze.
- Q. Kniegelenk.
- P. Hebel.

Nicholson bringt eine Verfahrensbeschreibung. Ich habe sie wegen ihrer Weitschweifigkeit unter die Fußnoten genommen. Nicholson verwendet einige gewerbespezifische Fachbegriffe, wie »Tympan«, einen Farbzylinder und die Notwendigkeit, die Druckfarbe gleichmäßig zu verteilen, von Reibe- und Farbwalzen. Er sieht deutlich das Problem der gleichmäßigen Einfärbung. Man kann ihm Branchenkenntnisse nicht einfach absprechen.

Figur 2 zeigt eine andere Buchdruckpresse.[99] Die einzelnen Teile sind:

- B. Farbzylinder.
- A. Zylinder mit dem Satz.
- E. Mit Wolle überzogener Druckzylinder.
- L. Kurbel.
- C. Reibewalzen.
- F. Stift zum Heben von G.
- G. Farbwalze.

Der erste Blick läßt eine »moderne« Druckwerk-Konstruktion vermuten, wie sie erst viel später realisiert wird (Austauschen von Aggregaten). Nicholson spricht von der Verwendung von Zahnrädern. Der Antrieb erfolgt per Kurbel. Außerdem erwähnt er die ihm bekannten Punkturen, die die Urform der Anlegeapparate darstellen. Die Reibwalzen arbeiten analog der Figur 1, aber ein Stift hebt bei jeder Umdrehung einmal die Farbwalze und bringt sie mit der Reibwalze in Berührung. Hier erfolgt die Farbspeisung.

Figur 4 stellt eine besonders für den Druck von Büchern und Papier geeignete Presse dar[100] (sagt Nicholson). Die Zahlen 1, 2, 3 und 4 bezeichnen eine lange, durch Leisten begrenzte Bahn, zwischen denen sich die Zylinder bewegen. Die einzelnen Teile sind:

- 1. Eine lange Bahn mit Leisten an beiden Seiten, zwischen denen die Zylinder A. und B. rückwärts laufen.
- 1. An dieser Stelle erfolgt das Auflegen des Bedruckstoffes.
- 2. Hier befindet sich die Satzform.
- 3. Bezeichnet einen »Apparat zur Empfangnahme des bedruckten Bogens«.

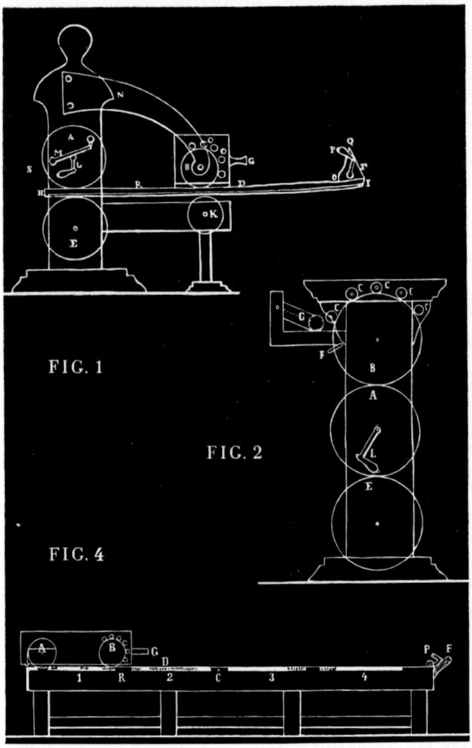

Relevante Konstruktionszeichnungen zu Nicholson's Patentschrift von 1790. Beschreibung siehe Text.

- 4. Hier hält der Wagen mit den beiden Zylindern nach dem Druckvorgang.
- G. Vorstehender Arm.
- P. Hebel.
- A. Mit Wollstoff bezogener Druckzylinder.
- B. Farbzylinder mit den Reibwalzen.

Soviel zu den Nicholson'schen Schemazeichnungen. Sie reichen keinesfalls zur Begründung einer Patentschrift aus. Insgesamt läßt Nicholson folgende Schwerpunkte erkennen:

- Konisch geformte Lettern oder Typen sollen auf einen Zylinder gespannt werden (hierüber fallen seine Kritiker besonders her, wenngleich die Idee eine gute ist: vgl. mit der späteren Rundbogen-Stereotypiertechnik).
- Mehrere Typen sollen gleichzeitig hergestellt oder abgegossen werden. Vielleicht ist es eine frühe Andeutung zum System der »Logotypen«.
- An Stelle der allgemein üblichen Ballen soll die Druckform mit Walzen eingefärbt werden. Erwähnt werden außerdem mit Leder

überzogene Walzen (Zylinder) und Reibwalzen. Zumindest in diesem Punkt bringt Nicholson eine aufschlußreiche (noch: theoretische) Verbesserung der graphischen Verfahrenstechnik in Gang.

- Das zu bedruckende Material wird zwischen zwei übereinander stehenden Zylindern geführt, wovon der eine mit einem Tuch bespannt wird und der andere die konischen Lettern aufnimmt.

Die hier interessierende Frage lautet: inwieweit war Friedrich Koenig, der Erfinder der Buchdruck-Schnellpressen, von den Nicholson'schen Ideen beeinflußt? Sie kann eindeutig beantwortet werden: überhaupt nicht. Es ist müßig, sich darüber zu streiten, inwieweit Verbindungen bestehen, zumal Koenig diese Frage schlüssig beantwortet.

Zur Nicholson-Legende

Koenig sagt: »... als ich 1807 in Verbindung mit Herrn Bensley getreten war und ein Patent auf meinen ersten Plan zu einer Druckmaschine genommen werden *sollte,* riet mir ein Freund in London, da ich in dergleichen Angelegenheiten unerfahren war, Herr Nicholson zu Rate zu ziehen. Dieser Herr betrieb das Ratgeben über die legalen Formen in Patentsachen als ein Geschäft. Herr Bensley übernahm es, ihn zu befragen. Es fand sich, daß Herr Nicholson eben im Schuldgefängnis in der King's Beach war. Wie groß war meine Überraschung, als ich hörte, Herr Nicholson habe vor 17 Jahren einen ähnlichen Plan gehabt und ein Patent darauf genommen. Die Nachricht war Herrn Bensley genauso neu wie mir. Herr Nicholson hatte ihm die Auskunft gegeben ‚... er habe es versucht, es gehe nicht'. Besonders hielt er die Färbung mittels Zylinder für unmöglich. Wir könnten die Spezifikation im ‚Repertory of Arts' nachlesen (was wir getan haben). Herr Bensley war der Meinung, daß die Sache nicht wert ist, weiter verfolgt zu werden (‚it is no worth reading'). Ein solcher Vorgänger war mehr geeignet, mir und meinen damaligen Mitunternehmern allen Mut zu nehmen, als Licht auf unsere dunkle Bahn zu werfen. Ich habe keinen Gedanken von ihm entlehnt. Herr Nicholson hat ohne Zweifel gefühlt, daß er sich lächerlich machen würde, die Ansprüche vorzubringen, die jetzt für ihn gemacht werden, sonst würde er sich bei der öffentlichen Ankündigung der Erfindung nicht so still verhalten haben.«[101]

Nicholson wohnt selbst in London. Sicher hat er die Entwicklungsgeschichte der »Schnellpresse« aufmerksam verfolgt. Er hat sich nie als Erfinder der Druckmaschine ausgegeben. Im Gegenteil: er bietet Koenig 1814 seine Hilfe als Sachwalter in Patentangelegenheiten an.[102] Die anderen Pro-Koenig-Autoren melden sich vor allem deshalb zu Wort, weil in englischen Kreisen versucht wurde, Nicholson nachträglich zu heroisieren. Die Gegner stellen richtig:

»Seine (Nicholsons) Patentbeschreibung behandelt im wesentlichen alle Teile einer modernen Zylindermaschine, und hätte er es verstanden, die Typenfläche zu biegen, um sie auf dem Zylinder zu befestigen, so würde er sich der Auszeichnung erfreut haben, tatsächlich der erste Erbauer einer Buchdruckmaschine gewesen zu sein. Da ihm dies nicht gelang, so kann er nur als Anreger der Erfindung betrachtet werden. Hätte es Nicholson verstanden, eine Platte von den Typen zu gießen und sie dem zweiten Zylinder anzuschmiegen, oder auf ihm die Typen zu befestigen in der Art, wie es Hoe getan (hat), so würde er eine arbeitsfähige Maschine erbaut haben.«[103]

Richtig ist, daß Nicholson in jenem Patent in allgemeinster Form darlegt, daß man von ebenen oder zylindrischen Formen (wobei er verjüngte Lettern verwenden will), vermittels eines als Druckvorgang dienenden Zylinders Abdrücke auf Papier, Zeug oder ähnliche Stoffe erhalten kann. Es ist im wesentlichen ein ‚Verfahrenspatent', durch das Verfahren von einer Form durch einen sich drehenden Druckzylinder nach und nach einen Abdruck zu erhalten, geschützt werden soll, im Gegensatz zu dem seither üblichen Verfahren, von einer Form durch einen ebenen Tiegel auf einmal einen Abdruck zu gewinnen ... im Maschinenbau kommt es häufig vor, daß ein Verfahren weniger bedeutet, gewissermaßen auf dem Wege liegen und nur aufgehoben werden braucht, daß das mechanische Mittel zu seiner Ausführung, die Maschine aber alles bedeutet, und so habe es sich auch mit der Druckmaschine verhalten. Der Weg vom Verfahren des zylindrischen Druckes, auf den Nicholson hinweise, zur Zylinderdruckmaschine Koenigs aber sei weit. Wenn man Nicholson volle Gerechtigkeit widerfahren lassen will, kann man sagen, daß er das Verfahren des zylindrischen Druckes erfunden hat – vorausgesetzt, daß andere nicht schon früher diesen Gedanken öffentlich ausgesprochen haben, und daß man *den* einen Erfinder nennen kann, der den Nachweis der Ausführbarkeit und praktischen Verwendbarkeit schuldig bleibt.«[104]

Die Druckmaschine von Cowper. Links hinten wird das große Antriebsrad deutlich. Oben rechts der Anlegetisch für die zu bedruckenden Bogen. Der konstruktive Nachteil dieser gegenüber der Koenig'schen viel einfacheren Maschine liegt im problematischen Bändersystem. Es führt zu Störzeiten und Makulatur.

Am dilletantischsten springt Goebel mit ihm um. »... Herr Nicholson sagt so unendlich viel, was er alles machen will: nur über das Wie läßt er Uns im Unklaren ... von der seitlichen Verreibung hat er keine Ahnung, man vermißt jede Bänderführung, jede Erläuterung des treibenden Mechanismus. Das Unreife des Erfinders zeigt sich am besten in der von ihm beanspruchten ,Universalität' seiner Maschine.«[105]

Der Faden braucht hier nicht weiter verfolgt zu werden. Savage hat durchaus recht. Schon vor Koenig, parallel zu und vor allem nach ihm regen sich die Geister. Bramah nimmt am 15. Oktober 1806 ein Patent auf eine »Art« Buchdruckmaschine; gleichfalls John Brown am 28. Januar 1809. Eine gewisse Bedeutung erlangt die Druckmaschine von Bacon & Donkin, auf die näher einzugehen ist. Sie stellt ein Mittelding dar: einerseits orientiert sie sich konstruktiv an Nicholson und andererseits zeigt sie, daß Donkin auf dem falschen Weg ist: seine Maschine wird ein »totgeborenes« Kind. Koenig hat gegenüber dem erfahrenen Ingenieur den Vorteil einer soliden Berufsausbildung und vor allem -erfahrung. In seinen späteren Patenten orientiert sich Cowper folgerichtig an Koenig.

Bacon und Donkin[106]

Koenig sagt dazu selbst: »Die Druckmaschine von Bacon und Donkin ist die einzige, die ungefähr gleichzeitig mit der meinigen gemacht und versucht wurde. Herr Bacon hat dazu nichts hergegeben als einen Gedanken, der unverdaut und unrichtig war, und ist ungefähr so ein Erfinder wie Nicholson,[107] er hatte, wie er mir selbst erzählte, einen Einfall, mit endlosem Papier zu drucken, ließ, ohne metallische Kenntnisse, ein kleines Modell von Holz machen, versuchte es, und da ging es nicht. So legte er es beiseite, ohne weiter daran zu denken. Als einige Zeit nachher Herr Donkin in anderen Geschäften zu ihm kam, erzählte er das Vorhaben und seinen Versuch ... und gab ihm das kleine Modell mit dem Auftrag, er solle sehen, was er daraus machen könne.«

»Herr Donkin, mit dem Scharfblick eines reich begabten Geistes, entdeckte in dem rohen Gedanken die Regel oder die Grundsätze zu der später von ihm ausgeführten höchst sinnreichen Erfindung. Er hatte 1811, eben als wir mit unserer ersten Maschine den ersten Bogen gedruckt hatten, ein kleines Modell, noch ohne Färbeapparat fertig und einige gelungene Abdrücke mit dieser prismatisch-zylindrischen Maschine gemacht, die er mir und meinen Mitunternehmern zeigte ... wiewohl ich dieselbe seltsame Art von Druck – wo der Bogen zwischen einer sich umdrehenden Fläche und einem demselben nachlaufenden Bogen eines anderen sich umdrehenden Körpers hindurchging – an meiner Maschine nicht brauchen konnte, so gab mir doch damals einen Anstoß, nochmals auf eine Kombination zu denken, wie die viel einfachere und natürlichere Aktion eines Zylinders auf einer in einer Ebene bewegten Fläche zu bewerkstelligen sei, welche ich denn auch einige Wochen später fand. Herr Donkin hat auf indirekte Art, durch den Sporn des Wetteifers, dazu beigetragen, daß meine Erfindung damals einen bedeutenden Schritt vorwärts gebracht wurde. Ich erinnere mich gern daran, womit er mich bald nach meiner Ankunft in England aufnahm, und der uneigennützigen Gefälligkeit, womit er mir durch Rat und Zurechtweisung wesentliche Dienste leistete.«[108]

Richard Mackenzie Bacon ist Druckereibesitzer in Norwich und gleichzeitig der Herausgeber des »Norwich Mercury«; Bryan Donkin ist ein geschickter Maschinenbauer aus Bermondsey. Die von Donkin gebaute Maschine verfolgt ein von Koenig abweichendes Konzept; sie läßt eine Anlehnung an die Vorarbeiten Nicholsons vermuten. Koenig ist bereits im Besitz dreier Patente (29. März 1810; 30. Oktober 1811; 23. Juli 1813) als Bacon und Donkin ihr Patent am 23. November 1813 erhalten. Die Ausführung ist eine selbständige und keine Nachahmung von Koenigs Aktivität: *beide Maschinen werden parallel und im gegenseitigen Wissen gebaut. Patentschwierigkeiten kommen nicht auf.* Eine Presse von Donkin wird von der Cambridge University Press bestellt und eingesetzt. Sie kann sich in der Praxis nicht durchsetzen. Vor allem, weil sie »beschränkt« einzusetzen ist. Bei ihr erfordert jedes Druckformat ein eigenständiges »Formenprisma« und einen »korrespondierenden« Druckzylinder, das heißt jedes Format bedarf einer eigenen Maschine. So gesehen, kann sie keinen Bestand in den Druckbetrieben haben. Auf der anderen Seite ist anzuerkennen, daß sie eine Fortführung der Nicholson'schen Ideen ist (und gleichzeitig deren praktischer Beweis ihrer Undurchführbarkeit) und daß Donkin einige wirkliche Verbesserungen einbringt: z. B. Massewalzen aus Leim und Sirup.

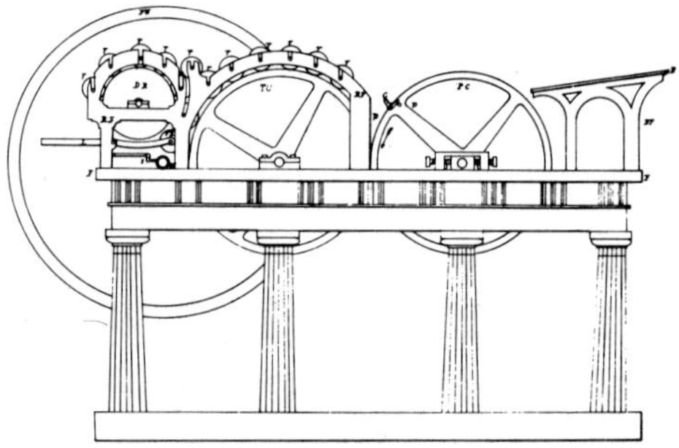

Schemazeichnung zu einer Druckmaschine von Cowper vom 16. Januar 1816. Patent-Nr. 3974. Links zunächst das große Treibrad, in der Mitte die parallelen Zylinder: rechts der Bogenanlegetisch.

Konstruktionsmerkmale

- Äußerlich unterscheidet sich die Maschine Donkins weitgehend von der Koenigs. Koenig betreibt die Maschinen (in England) mit Dampf; Donkin per Kurbel, Schwungrat und einer Räderübersetzung.
- Das Hauptgestell hat etwa die Form einer Kupferdruckpresse oder eines Satinierwalzwerkes, an dem rückwärts nach oben ein Farbwerk angebracht ist. Es wird von seitlichen Stützen gehalten.

Rutt's Zylinderdruckmaschine. Ein »Bogenanleger«, ein »Bogenfänger« und ein Arbeiter zum Drehen des Schwungrades bedienen den einfach scheinenden Mechanismus. Im wesentlichen ein Nachbau der Koenig'schen Maschinen. Deutlich wird hier das Fehlen aller Schutzvorrichtungen.

- Ein Fundament zum Tragen der Form ist nicht vorhanden; seine Stelle vertritt ein horizontal gelagertes Formenprisma.
- Es ist eine dem Format der zu druckenden Form angepaßte vielseitige Walze. An ihren flachen Seiten werden die Satzkolumnen in Schiffen angeschraubt. Das Formenprisma dreht sich ununterbrochen.
- Unter ihm befindet sich der horizontal gelagerte Druckzylinder. Seine Flächen entsprechen denen des Formenprismas.
- Zwischen beiden wird der auf ein endloses Tuch an ein Führungslineal (an)gelegte Bogen mitsamt dem Tuch durch über Räder laufende Ketten durchgetrieben und so bedruckt.
- Das Farbwerk befindet sich oberhalb des Satzprismas. Es besteht aus einer großen Walze zum Auftragen der Farbe, einer zum Verreiben und einem Farbkasten. (Der Farbkasten ist interessant konstruiert, denn der entspricht den noch heute üblichen an den Druckmaschinen; die Querplatte ist bereits mit Handschrauben verstellbar.)
- Vor dem Farbkasten dreht sich eine metallische Duktorwalze. Sie und die Auftragswalze sind nicht aus Filz und Leder (wie bei Koenig), sondern sie bestehen aus einem Kupfer- und Messingzylinder, über den eine Schicht elastischer Masse gegossen ist. Damit sie sich nicht vom Kern der Walze löst, wird sie mit Segeltuch, Leinen- oder Wollenstoff überzogen. Die Patentschrift erwähnt diesbezüglich:
  »Ich (Donkin) habe diesen Teil der Erfindung (Massewalzen) deshalb so ausführlich beschrieben, weil schon andere vor uns Walzen zum Auftragen der Farbe benutzten, oder deren Benutzung beabsichtigten, ohne daß damit unseres Wissens der gewünschte Erfolg erzielt worden wäre.«
- Seitlich an der Auftragswalze befinden sich sogenannte »Radscheiben«. Sie laufen auf korrespondierenden Scheiben an den seitlichen Begrenzungen des Satzprismas. Ihr Zweck ist, ein zu starkes Abrollen der Auftragswalze über die Form zu verhindern.

Die Presse von Bacon & Donkin wird von den englischen Zeitschriften gewürdigt. Am 5. Dezember 1814 berichtet die »Morning Chronicle«: »Wir sind über eine andere patentierte Druckmaschine unterrichtet: sie soll bereits vollendet und weniger kompliziert sein, auch rascher arbeiten und geringen Raum erfordern.«[109] Die »St. James Cronicle and London Evening Post« schreibt unter dem 6. Dezember 1814: »Wir, die wir beide Maschinen gesehen haben, können unser Lob gerecht verteilen. Beide Erfindungen sind außerordentlich verschieden und jede derselben hat ihre Licht- und Schattenseiten; die eine (Donkins) ist einfach und leicht im Betrieb, aber von beschränkter Anwendungsmöglichkeit; die andere (Koenigs) eignet sich zu allgemeinerem Gebrauch, hat aber, bei beträchtlichem Umfang, einen komplizierten Mechanismus und erfordert an und für sich einen umständlichen Betrieb durch eine Dampfmaschine, die neben bedeutenden Kosten Unbequemlichkeiten verursachen dürfte.«[110] Das »Gentleman's Magazin« bringt im Dezemberheft erst eine Beschreibung des Leitartikels von der »Times« vom 29. November und dann den Text des »Norwich Mercury«. Zu dem Dialog, wer eigentlich der Erfinder der Buchdruckmaschine ist, macht der »Londoner Star« die treffende Bemerkung: »Uns scheint es sonderbar, daß sich Dritte über einen Punkt streiten sollten, bezüglich dessen die Erfinder selbst keine Differenzen hatten. Im Gegenteil, beide haben mit größter Liberalität und Ehrlichkeit gegeneinander gehandelt, offen das Wesen ihrer Erfindungen vergleichend, soweit dies nötig erschien, um jeden Übergriff ihrerseits in die ihnen durch Patente gewährleisteten Rechte zu verhüten.« Es steht fest, daß Koenig aufmerksam die Aktivität seiner Mitbewerber verfolgt.[111]

Koenigs Komplettmaschine (Schön- und Widerdruck)

Am 24. Dezember 1814 erhält Koenig unter der Nr. 3868 sein viertes und letztes englisches Patent.[112] Es enthält wichtige Neuerungen: prinzipiell ist damit die Zweitourenmaschine erfunden.[113] Das Patent lautet: »... auf eine weitere Verbesserung seiner Methode des Buchdrucks vermittels Maschinen.« Die Vorteile bestehen im wesentlichen im Auslegen und Fortführen des Papiers, in einer mechanischen Bogen-Wende-Einrichtung und in der verbesserten Einfärbung. Die Bogeneinführung erfolgt von jetzt ab mit sogenannten »doppelten« Friskets. Sie werden zugleich für die Einfach- und die Doppelmaschine vorgesehen. Im Grunde genommen besteht die von Koenig erfundene Schön- und Widerdruckmaschine aus der Kombination von zwei »einfachen«. Die Leistungsfähigkeit der Komplettmaschine (weil sie den Bogen komplett, das heißt auf beiden Seiten in einem Arbeitsgang bedruckt) hat eine Leistung von etwa 900 bis

1000 zweiseitig bedruckten Bogen/Stunde. Sie zeichnet sich durch folgende Merkmale aus:

- Der Zylinder dreht sich ununterbrochen.
- Der zu bedruckende Bogen wird durch eine Anlegevorrichtung mit intermittierendem Gang exakt geführt; das heißt, er wird auf ein mit Marken versehenes endloses Tuch gelegt und dann einer Bänderführung zugeführt.
- Die intermittierende Bewegung sorgt für einen rascheren Gang, nimmt der Konstruktion das »Stoßende«, verlangt deshalb weniger »Kraft« und gestattet bei einzelnen Bauteilen eine leichtere Bauweise.
- Eine weitere Verbesserung besteht in einem Bändersystem, mit dem es möglich ist, den Bogen zu wenden und einem zweiten Druckzylinder zu übergeben.
- Die Maschine verfügt über stellbare Spann- und Führungsrollen, die dem Schräglaufen der Bänder vorbeugen.
- Die Zylinder bleiben nach wie vor mit Filz bezogen. Die Form läuft ohne Anheben des Zylinders zurück.
- Koenig verwendet nicht mehr seine »alten« Walzen, sondern solche aus »Masse«.
- Die mechanischen Bewegungen werden durch eine »Zwischenmaschine« einzeln angetrieben: Ab jetzt auch die Führung des Einlegetuches.

Das erste Buch, das auf einer Komplettmaschine gedruckt wird, ist »Institutions of Phisiology, by J. Fred Blumenbach, translated from the Latin of the third edition by Elliotson, M. D. Second edition 8 vo«. Mit Beginn des Jahres 1818 verwendet Bensley die für ihn gebaute Komplettmaschine zum Druck seiner »Literary Gazette«. In der Nummer vom 3. Januar erfolgt eine Ansprache an die Leser: »Es dürfte für unsere Leser interessant sein, daß unser Journal von dieser Nummer an auf der patentierten Maschine der Herren Bensley gedruckt wird; sie repräsentiert eine hochbedeutende Verbesserung in der Buchdrukkerkunst, und ihre Erfindung macht unserem Zeitalter Ehre und gibt zugleich Zeugnis von den Fortschritten der mechanischen Künste in unserem Land.«[114] Außerdem wird berichtet: »... daß sein Blatt vor allen anderen Wo-

Die von Cowper und Applegath für Thomas Bensley gebaute Doppelschnellpresse. Die im Vordergrund angedeutete Transmissionswelle deutet auf die Verwendung einer Dampfmaschine. Sie setzt sich ab etwa 1830 gegenüber dem Handbetrieb durch. In Deutschland mit einer zeitlichen Verzögerung. An der Maschine selbst ist das komplizierte und störanfällige System der Bänderleitungen erkennbar.

chenblättern den Vorzug hat, das erste zu sein, das auf einer Dampfpresse gedruckt wird.« In der Nummer 51 vom 10. Januar 1818 wird unter der Überschrift »Die patentierte Komplettmaschine« berichtet: »... da die Sache ein außergewöhnliches Interesse in Bezug auf die Mechanik besitzt, so lassen wir eine kurze Beschreibung des Verfahrens folgen, vermittels dessen cirka 1000 der großen Bogen unseres Blattes in der Stunde wie durch Zauberei gedruckt werden. Die Schönheit der Bewegungen der Maschine, ihre Schnelligkeit und Genauigkeit in der Ausführung ihrer Arbeit erhalten einen besonderen Reiz, wenn wir die Art der durch sie vollendeten Arbeit in Betracht ziehen; man könnte wähnen, dem Schaffen einer höheren Intelligenz, und nicht der mechanischen Tätigkeit roher Materie anzuwohnen. Ein Knabe legt vor unseren Augen einen weißen Papierbogen auf ein Gewebe, und bevor wir (bis) drei zählen, gelangt derselbe, wie Mehl aus der Mühle, in die Hände eines anderen Knaben, aber verwandelt in eine fertige Zeitschrift und auf beiden Seiten mit unvergleichlicher Schärfe, Klarheit und Vollkommenheit gedruckt. Die Maschine scheint der Gipfelpunkt der menschlichen Erfindungsgabe zu sein, und wenn wir jemals irgend einen Gegenstand dieser Art der öffentlichen Anerkennung und Bewunderung wert erachtet haben, so ist es dieser wunderbare Apparat.«

Daraus ist zu schließen, daß Bensley mit der Maschine zufrieden ist. Als die Artikel in der »Literary Gazette« erscheinen, befindet sich Koenig nicht mehr in England: er ist kurz vorher verärgert abgereist. Die beiden Notizen in der Presse zeigen Bensley in einem Zwielicht. einmal wird der Erfinder mit keinem Wort erwähnt und man kann den Eindruck gewinnen, als ob Bensley die Maschine selbst patentiert hat, zum anderen wird bei der »Times«, schon vor der Fertigstellung der »Komplettmaschine«, Dampfkraft eingesetzt. Auch dies verschweigen die Artikel.

Mit der Vollendung der Komplettmaschine für seinen Kompagnon Bensley ist die Erfindung der Buchdruckmaschine prinzipiell abgeschlossen. Koenig hat sie innerhalb von zehn Jahren unter unsäglichen Schwierigkeiten vollbracht. Er hat nicht nur die erste Druckmaschine, die gebaut wurde, die Tiegeldruckmaschine, erfunden, sondern auch alle »jene Typen von Zylinderschnellpressen, die noch heute die wichtigsten im Schnellpressenbau sind: die Einzylindermaschine mit anhaltendem Druckzylinder, die Doppelmaschine mit zwei Druckzylindern, die Schön- und Widerdruckmaschine und die Zweitourenmaschine mit ständig laufendem Zylinder«.[115]

Auf dem Kontinent wird die Entwicklung der »steam-press« aufmerksam verfolgt.

Deutsche Presseberichte

Der Erfinderruhm verbreitet sich. Einige Heimatblätter verfolgen die Entwicklung der Schnellpresse mit Interesse. So enthält die Haude & Spener'sche Zeitung (Berlin) in ihrer Ausgabe vom 10. Dezember 1814 eine aus London zugeschickte Notiz: »Ein Sachse, namens Koenig, hat hier eine Maschine erfunden, wodurch beim Druck der Bogen durch die Presse ungemein viel Zeit gewonnen wird, da sie in der Zeit von einer Stunde 1100 Abdrücke liefert. Gestern hat man, beim Abdruck der Zeitung ‚The Times' sich dieser Maschine bedient, die, wenn sie das wirklich leistet, was man sich von ihr verspricht, die Zahl der Druckpressen sehr vermindern muß.«[116] Am gleichen Tag schreibt ihm der Inhaber des Blattes, Johann Carl Spener. Er ist an näheren Informationen interessiert. Koenig antwortet ihm am 15. Januar 1815: »... es ist nicht ein kleiner, leicht anzuschaffender Apparat, sondern eine Maschine von bedeutendem Umfang, die aus vielen Teilen besteht und mit der gewöhnlichen Presse nichts gemein hat, und, ich muß hinzusetzen, die teuer ist. In England, wo der Arbeitslohn so hoch ist, daß ein gewöhnlicher Zeitungsdrucker wöchentlich 26 Taler preuß. verdient, bezahlt sich so etwas in ein paar Jahren, und es ist doch eine gute Spekulation. Wenn man aber die Maschine nach englischem Maßstabe bezahlen soll und nach deutschem die Ersparnis zu berechnen hat, so ist, wie ich fürchte, das Mißverständnis zu groß, um Nutzen zu versprechen.«

Inzwischen interessiert sich auch der königl. preußische Oberhofbuchdrucker Georg Jacob Decker für die Maschine. Veranlaßt wird er vermutlich durch seinen Schwager Carl Spener. Decker entschließt sich, eine nach Paris geplante Geschäftsreise über London zu legen, um sich vor Ort die »neue« Druckmaschine anzusehen. Er wird freundlich von Woodfall und Bensley aufgenommen; mit Koenig tritt er nicht persönlich in Verbindung. Später schreibt Decker an Koenig:[117] »... es wäre äußerst lehrreich gewesen, Ihre vortreffliche Erfindung durch sie selbst näher kennen zu lernen, indem ich wegen der Schwierigkeiten, mich verständlich zu machen, nicht so klare Begriffe erhielt.« In diesem Zusammenhang bittet er Koenig, ihm bei der Beschaffung einer Stanhope-Presse behilflich zu sein, »... deren er dort mehrere gesehen«.[118] Koenig schreibt zurück: »... wenn sich eine Anzahl Unternehmer finden, die meine Maschinen haben wollen, so würde ich eine Manufaktur anlegen ... und ich denke, daß sich in Deutschland eine Maschine mit einem Drittel der Kosten herstellen ließe.« Außerdem besorgt er ihm die erbetene Presse. Sie trifft am 12. April 1817 in Berlin ein. Es ist die erste auf den Kontinent gebrachte Stanhope-Presse. Eine weitere erhält 1819 die Brönner'sche Druckerei in Frankfurt. In Frankreich kommt die erste 1818 in der Didot'schen Druckerei zur Aufstellung.

Am 15. April schreibt Koenigs Mutter: »Ja, geliebter Sohn, ich lebe noch und kann bei so manchen Leiden und Schwächen des Alters noch die Wohltaten meines guten Gottes, der mich bis hierher gebracht hat, nicht genug rühmen! Hierzu bist Du mir auch zeither sehr oft die erfreuliche Veranlassung gewesen, wenn ich hörte, wie Gott Deine Erfindung gesegnet und sie so wohl gelingen ließ, daß sie die öffentlichen Blätter rühmten; welches unser Superintendent auch letzthin in unseren hiesigen wöchentlichen Anzeigen, zur Nacheiferung der gegenwärtigen Schuljugend, bekannt machte. Daß dies meinem mütterlichen Herzen Freude machen mußte, kannst Du Dir denken.«[119]

Außerdem bringt die Zeitschrift »Museum des Neuesten- und Wissenwürdigsten« in ihrer Februar-Ausgabe von 1815 eine Kurzfassung des in der »Times« veröffentlichten Berichtes.[120] Kurz danach wird hier Koenigs »To the Public« abgedruckt. Auch in Leipzig verfolgt man die Sache aufmerksam; im März 1815 schreibt der Buchhändler Grieshammer an Koenig: »Von London hat schon zweimal etwas über Eure Maschinen in unseren Zeitungen gestanden. Auch las ich im Januar-Exemplar der Halle'schen Literaturzeitung eine Bekanntmachung darüber, wo sich Koenig unterzeichnet hat.«[121] Ein weiterer Bezug auf die »Times«. Unter dem 24. Februar 1814 wünscht Baron Nicolay, Sekretär der russischen Gesandtschaft in London, mit Koenig wegen einer »bewundernswerten Druckmaschine« in Verbindung zu treten. Er hat ihm daraufhin eine Skizze mit Erläuterungen geschickt. Ein Auftrag kommt (noch) nicht zustande. Die erste Koenig'sche Druckmaschine für Petersburg wird in Oberzell gebaut und am 24. August 1829 geliefert.

Außerdem halten sich die beiden Erzherzöge des österreichischen Kaiserhauses. Johann und Ludwig, Anfang 1816 in England auf. Am 28. 2. 1816 besuchen sie die Druckerei, um sich über die Komplettmaschine zu informieren. Man hat am Vorabend in Eile einen Bogen Lexikon-Oktav zusammengestellt und als Text Schillers »Eleusisches Fest« ausgewählt. Die erste Seite trägt den Titel: »Das Eleusische Fest von Schiller. Erster Versuch mit der Druckmaschine nach dem letzten verbesserten Plan, in Gegenwart Ihrer Kaiserlichen Hoheiten Erzherzogs Johann und Erzherzogs Ludwig. Gedruckt mit Bensley's und Sohn Schriften. Februar 28. 1816.« Nebenbei sei bemerkt, daß um die gleiche Zeit in London die Gasbeleuchtung eingeführt wird. Der »wöchentliche Anzeiger für Kunst- und Gewerbefleiß des Königreiches Bayern« berichtet über den kaiserlichen Besuch: »London, den 5. März 1816. Am 28. Februar besuchten die beiden Erzherzöge und ich in Ihrem Gefolge die neue verbesserte Druckmaschine des Hrn. Koenig. Seine erste Erfindung, die schon seit mehreren Jahren in Gebrauch ist, hat diesen würdigen, aus Eisleben gebürtigen Mann berühmt gemacht. Die jetzige Verbesserung übertrifft jene frühere Maschine bei weitem. Denn, daß die ältere Maschine das Blatt nur auf einer Seite bedruckte, und man also immer zwei Maschinen nebeneinander haben mußte, verrichtet die jetzige den Prozeß des Schön- und Widerdrucks allein. Ein Knabe legt den Bogen an seine Stelle, wo ihn die Maschine ergreift: ohne Zutun einer Menschenhand kommt er hierauf, bedruckt auf beiden Seiten, am Ende derselben heraus, und zwar so schnell, daß neunhundert Bogen in einer Stunde bedruckt werden. Eine Dampfmaschine von der Kraft zweier Pferde treibt das Werk, und ein einziger Mann ist hinreichend zur Aufsicht der Maschine, so daß von einem Mann und einem Knabe das Werk von 25 Druckern verrichtet wird. Die Maschine war eben fertig, ja eigentlich noch nicht fertig in ihren kleinen Details: in Gegenwart der Erzherzöge wurde sie zum erstenmal in Bewegung gesetzt ... die Fürsten waren höchst erfreut, und urteilten wie die besten Ingenieure darüber, daß es eine Freude war, zuzuhören.«[122]

Im Auftrag von Koenigs Lehrfirma Breitkopf & Härtel holt Anfang 1817 der sich in London aufhaltende Nepomuk Mälzel[123] Erkundigungen über die neue Druckmaschine

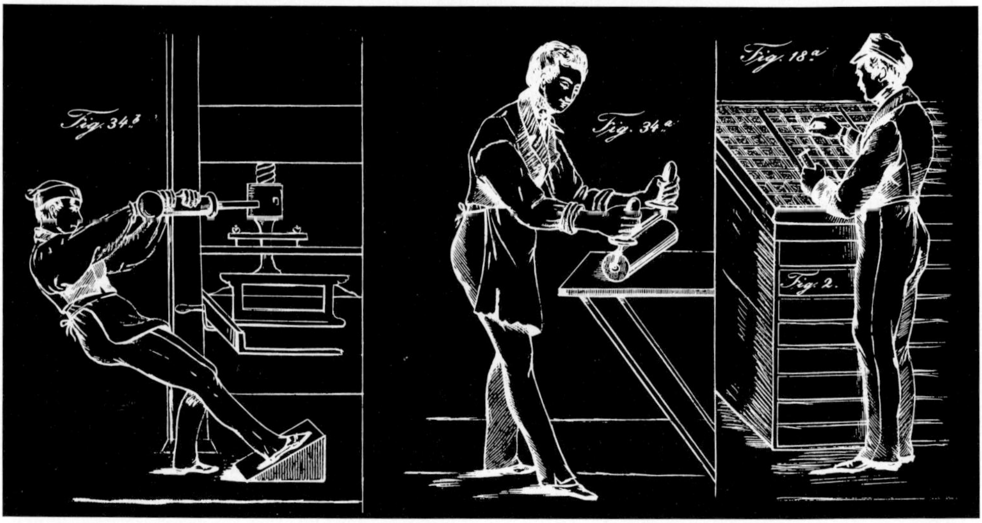

Zur Verdeutlichung hier nochmals die »klassischen« Tätigkeiten in der Druckerei: Pressen (= drukken). Der enorme Kraftaufwand wird durch den »Antritt« deutlich. In der Mitte der »Farb(e)walzer« und rechts der Setzer. Zur Zeit Koenigs sind in allen drei Bereichen grundsätzliche Veränderungen eingeleitet.

ein. Er schreibt am 8. April an Breitkopf: »... ich habe nur soviel erfahren, daß sie eine vorzügliche Tendenz hat, den Druck zu beschleunigen; um näheres zu erfahren, will ich auf das Patentamt gehen und die Patentschrift einsehen.« Im Juni 1817 wird eine Beschreibung der Presse durch einen Sachverständigen gefertigt und nach Leipzig geschickt. In einem Begleitschreiben deutet Mälzel an, daß Koenig in absehbarer Zeit nach Würzburg kommt, um solche Maschinen zu bauen.[124] Breitkopf & Härtel entschließen sich erst 1833 zum Kauf einer Koenig'schen Schnellpresse. Zurück zu den Ereignissen in London.

Nachdem Walter, der Verleger der »Times«, die ersten Maschinen erhält, folgt die Komplettmaschine für Thomas Bensley. Eine weitere »einfache«, auf einen besonderen Verwendungszweck abgestimmt, erhält nun Koenigs Kompagnon Taylor. Er ist der Herausgeber des in Großquart erscheinenden »Philosophical Journal«. Diese Maschine druckt pro Stunde 900 bis 1000 Bogen und wird jahrelang zur Zufriedenheit im Werkdruck eingesetzt. Eine ihrer wesentlichen Verbesserungen besteht darin, daß ihr Bänderapparat mit Punkturen ausgestattet wird. Daß Taylor zufrieden ist, geht aus seinem Schreiben vom 9. Mai 1818 hervor: »... ich habe alle Ursachen mit der Sorgfalt zufrieden zu sein, die Bauer auf die tadelloseste Erfüllung alles dessen, was er in Bezug auf meine Maschine unternommen hat, gewandt hat, und es ist eine große Befriedigung für mich, bei all den Verlusten und Enttäuschungen, die sich an unser Unternehmen geknüpft haben, daß das meinerseits auf Sie beide gesetzte Zutrauen ein angebrachtes gewesen ist.«

Koenigs Vertrag mit Bauer

Bevor Koenig England verbittert den Rükken kehrt, schließt er mit seinem langjährigen Freund Andreas Bauer einen Gesellschaftsvertrag. Er ist aus zwei Gründen wichtig: einmal beweist er die Lauterkeit der Freunde, ohne die eine wirkliche und schwierige Erfindung undenkbar ist; außerdem erwähnt er die Gründung der ersten Druckpressenfabrik in Deutschland: Koenig & Bauer. Der Vertrag enthält acht Punkte. Schon seine Einleitung ist bemerkenswert:

»Freundschaft und Ehre waren hinlänglich, die Verbindung unter dem Wechsel der Umstände und Aussichten zusammenzuhalten, und beyder Kräfte und Mittel zum gemeinschaftlichen Ziel zu leiten, und ein beyderseitiges gränzenloses Vertrauen lies jeden vom anderen Theile erwarten, daß bey glücklicher Vollendung der Erwerb nach Billigkeit und Gerechtigkeit freundschaftlich unter ihnen geteilt würde. Dieser Zeitpunkt ist nun gekommen, und da es der eifrige Wunsch beyder Parteyen ist, ferner und womöglich auf Lebenszeit vereinigt zu bleiben, und fortdauernd alle Zwecke und Unternehmungen gemeinschaftlich zu verfolgen und zu betreiben ... so haben beide Parteyen beschlossen, das zwischen ihnen bestehende Verhältnis nicht länger unbestimmt zu lassen und demzufolge ist heute gegenwärtiger Handels- und Gesellschaftsvertrag zwischen denselben abgeschlossen worden:[125]

- Der Ertrag von Druckmaschinen ... sowohl in England, wie in jedem anderen Land, wird in drei Teile geteilt. Zwei sind das Eigentum Koenigs und seiner Erben, einer ist das Eigentum Bauers und seiner Erben.
- Es wird eine gemeinsame Firma Koenig & Bauer gegründet (Oberzell). Der Besitz der Gebäude verbleibt Koenig. Die mechanische Fabrik (alle Werkstätten) werden zu gleichen Teilen eingerichtet und unterhalten. Sie werden gemeinschaftliches Eigentum.
- Das gleiche gilt für die anderen gemeinschaftlichen Anlagen oder die Übernahme anderer Fabrikunternehmungen.
- Die beim Ankauf von Oberzell von der bayrischen Regierung zugesicherten Privilegien gehören beiden Vertragspartnern.
- Neue Erfindungen und Entdeckungen bleiben das ausschließliche Eigentum des Erfinders. Wenn die Eindeutigkeit nicht zu ermitteln ist, werden sie gemeinschaftliches Eigentum.
- Jahresabrechnung/Gewinnverteilung.
- ‚In Verträgen und Dokumenten wird meistens in einem besonderen Artikel bestimmt und verfügt, wie es gehalten werden soll, wenn die contrahierenden Theile sich trennen oder die Verbindung aufheben wollen. Allein die vieljährige genaue Freundschaft, die zwischen den Parteyen bis zum gegenwärtigen Tage bestanden hat, und der ernste Versuch derselben, zeitlebens zusammen zu bleiben, scheint es denselben unnöthig zu machen und (auf) den Fall zu denken ... die contrahierenden Freunde haben so viel Vertrauen zueinander, daß selbst die aufgehobene Freundschaft noch Rechte und Pflichten für sie haben werde, die keiner verletzen würde.'
- Der Überlebende übernimmt die Leitung des Geschäftes und zugleich den Vormund der etwaigen Kinder des Verstorbenen.«

Der Schlußsatz des Vertrages lautet:

»Im allgemeinen vereinigen sich beyde Freunde in dem Wunsch, daß das Etablissement unvertheilt und als Ganzes bei ihren Familien bleiben soll, und sichern einander zu, daß zu dem Ende solche Bestimmungen gemacht werden sollen, daß ihre beyderseitigen Erben ihren Vortheil bei einer fort dauernden Verbindung finden, und daß diejenigen unter ihren Erben, so sich von dem Etablissement trennen und ihr Vermögen herausziehen wollen, solches nur unter gewissen Nachtheilen thun können, wobei folglich dem zurückbleibenden Theil gewisse Vortheile zufallen würden.«

Die Konfliktperson: Thomas Bensley

Dem angesehenen Londoner Buchdruckereibesitzer Thomas Bensley, der Koenig die Erfindung der Schnellpresse ermöglicht, wird von allen mir bekanntgewordenen Autoren zu diesem Thema Zwielichtigkeit vorgeworfen. Vor allem läßt der Koenig-Biograph Goebel wenig Gutes an ihm. Er wirft ihm Winkelzüge vor und sagt, der treulose Bensley wolle[126] die anderen Gesellschafter verraten. Er wäre intrigant,[127] wolle den Geschädigten spielen und nichts bezahlen.[128] Ungeachtet aller Zusagen wolle er der alleinige Nutznießer der Patente sein. Außerdem habe er sich – möglicherweise bewußt – hinter dem Rücken von Koenig und den anderen Gesellschaftern, mit den Druckmaschinenbauern Cowper und Applegath liiert. Bensleys Sohn Joseph bezeichnet Goebel als »hochfahrenden dünkelhaften Patron«. Außerdem ist er der Meinung, daß Bensley maßgeblich an der Lobeserhebung von William Nicholson beteiligt ist.[129] Eine emotionslose Überprüfung der Sachverhalte bestätigt den negativen Eindruck. Es ist eine Tatsache, daß sich Bensley der allgemeinen Verbreitung der von ihm mitfinanzierten Schnellpressen widersetzt und es ist eine weitere Tatsache, daß er wirkliche Zusammenhänge verschleiert und keinen Schilling an Koenig bezahlt. »Bensley glaubte, in dieser Frage eine traurige Sonderrolle spielen zu können. Er entzieht sich seiner Verpflichtung mit der Behauptung, daß die ihm gelieferte Maschine minderwertig ist.[130] Das Cowper'sche Patent, über das noch zu sprechen zeigt, wirft einen Seitenblick auf die Bensley'sche Taktik. Er hat sich am 25. Dezember 1818 gegenüber Friedrich Koenig verpflichtet, für die Dauer von zwölf Jahren von niemand anderem als ihm (oder Bauer) gebaute Maschinen zu kaufen, selbst zu bauen und/oder bauen zu lassen. Tatsache ist, daß er am 5. März 1818, vor dem Vertragsabschluß mit

Koenig, als Zeuge unter einer Patentschrift Cowpers erscheint. Es ist bemerkenswert, als festzustellen bleibt, daß die Cowper'sche Maschine ein weitgehender Nachbau der Koenig'schen Komplettmaschine ist. Später wird Bensley selbst umgangen, da sich Applegath [131] mit seinem Compagnon Cowper selbständig macht.[132] Beide sind nach Koenig und Bauer die ersten bedeutenden Druckmaschinenbauer Englands.

Einmal schreibt Bauer an Bensley: »... es würde zu Ihrer Beruhigung und zu Ihrem Nutzen beigetragen haben, wenn Sie sich schon früher mit Herrn Koenig auf anständige Weise auseinandergesetzt hätten. Sie selbst haben dadurch, daß Sie einmal als Drucker, das andere Mal als Patentinhaber handeln zu dürfen glauben, wie es Ihren persönlichen Zwecken am vorteilhaftesten erscheint, das Geschäft mit Jedermann lahm gelegt und andererseits konnte uns Ihr endloses Dingen und Feilschen um unbedeutende, von uns indeß wohlverdiente Beträge nicht zu besonderem Eifer für Sie anspornen.«[133] Das Verhältnis zu Bensley bleibt gespannt. Am 10. Januar 1818 drängt Koenig seinen Freund, endlich mit ihm abzuschließen. »... ich muß Dir aufrichtig sagen, ich ärgere mich über Deine Langmut, (darüber) daß Du Dich so von dem Schurke herumziehen und mißbrauchen läßt. Denke einmal klar: was willst Du noch von Bensley, was erwartest Du von ihm, was fürchtest Du von ihm? Antwort: Nichts. Verfahre ja nicht länger säuberlich mit dem Knabe, sonst werde ich wirklich böse auf Dich.«[134]

Bensley wird auch sonst vom Pech verfolgt, denn am 26. Juni 1819 brennt seine Druckerei (die schon am 5. November 1807 beträchtlich durch Feuer beschädigt wird) mitsamt einem Teil seines Wohnhauses nieder. Die in der Druckerei stehende Maschine von Koenig wird beschädigt, aber später wieder repariert. Ungeachtet dessen zieht der Unfriede in sein Haus. Der Sohn Benjamin trennt sich von Vater und Bruder und beschuldigt beide gegen ihn verübter Betrügereien. In einer eigenen Druckerei macht er dem Vater rücksichtslos Konkurrenz. 1825 verkauft er seine Maschinen und sein Geschäft, um das Geld an der Börse zu verspielen. Der Bankrott ist das Ende. Vorher bildet er mit Cowper eine Aktiengesellschaft, an deren Spitze sie als Direktoren auftreten; als dritter im Bund geben sie Richard Taylor an. Er kontert sofort und weist nach, daß er mit dieser Sache nichts zu tun haben will.

Koenig reist im Oktober 1823 geschäftlich nach London. Nach seiner Abreise erkundigt sich Bensley bei Taylor nach Koenigs Londoner Adresse, »... da er noch Forderungen an ihn habe«, worauf ihm Taylor nur sein Erstaunen ausdrücken konnte, er, Bensley, habe ja die Jahresrente, die Koenig von dessen Maschinen zu fordern berechtigt war, nie gezahlt, worauf der Bösewicht[135] antwortete, daß er sich daran nicht mehr erinnern könne. Nach Hunnemann handelt »dieser fellow« immer unter einer falschen Maske.[136] In einem aus Oxford datierten Brief Koenigs vom 24. September 1823 meldet er Bauer: »Ich war einen ganzen Nachmittag und Abend mit Taylor und erfuhr mancherlei Gemeinheiten von dem alten Bensley; er hat alle Achtung in der Geschäftswelt verloren und man spricht seinen Namen nicht aus, ohne ihn von einer Verwünschung zu begleiten. Wir können uns Glück wünschen, mit ihm ... auf jede Gefahr hin zu brechen.« Hatte Koenig nicht im März 1807 an seine Mutter geschrieben: »... wenn Bensley annimmt, so ist mein Glück gemacht?«

Thomas Bensley ist am 11. September 1835 auf seiner Besitzung zu Clapham Rise bei London gestorben.[137] Seine Unlauterkeit wird auch auf der literarischen Seite deutlich. Hier ist erforderlich, zuerst auf die Druckmaschine von Cowper und Applegath zu verweisen.

Cowper und Applegath

Es ist offensichtlich, daß Cowper die Mamaschine von Koenig imitieren will. Das Cowper'sche Patent vom 10. Januar 1816 enthält zwei bereits von Nicholson erwogene Ideen: den Rundsatz und die geteilten Walzen. Ansonsten orientiert er sich an Koenig: Den Reigen der »Nach-Koenig'schen Erfindungen« eröffnet der dreisteste der Imitatoren, der Messingarbeiter Edward Cowper mit seinem Patent vom 7. Januar 1818. Er hatte inzwischen Gelegenheit durch seinen Kompagnon Bensley die Koenig'schen Maschinen zu studieren. Die Patentschrift zeigt eine Komplettmaschine, bei der das die inneren und äußeren Friskets und Fortleitungsbänder unterstützende Führungstuch durch vier oberhalb und zwischen die Druckzylinder gestellte Leitungstrommeln ersetzt ist. Außerdem stellte er ein umfangreiches Bändersystem vor, das durch Gewichte in einer gleichmäßigen Spannung gehalten werden soll. In der Praxis hat die Cowper'sche Maschine keinen Bestand: auch nicht dadurch, wenn sie Bensley als überragend hinstellt. In seiner Druckerei werden auf ihr Schulbücher und Zeitungen gedruckt. Ob eine Cowper'sche Maschine, deren Bestellung durch den Geistlichen Paterson aus St. Petersburg, von Bauer in seinen Briefen an Koenig im September 1817 erwähnt, »... für weniger als 1000 Pfund Sterling« zu bauen übernommen hat, darüber fehlen zuverlässige Nachrichten.[138] Ungeachtet aller Kritik bringt Cowper einige Vereinfachungen und Erleichterungen ein: seine Maschine ist einfacher und übersichtlicher. Die maßgeblichen Vorteile liegen im Farbwerk begründet.

Die Firma Applegath & Cowper geht in Konkurs. Cowper ist gezwungen, im Geschäft des Regierungsdruckers Clowes um Arbeit nachzusuchen. Applegath läßt sich auf ein dubioses Geschäft mit Bensley ein, das beide zum Bankrott führt.

Das literarische Tauziehen

Es fällt auf, daß in Teilen der englischen Berichterstattung der Versuch gemacht wird, den Ruhm der Erfindung der Schnellpressen auf ihre Seite zu schlagen. Hier nimmt Bensley eine unrühmliche Rolle ein. Deutlich wird es durch einige Zeitungsberichte:

Schon 1818 übergibt Bensley dem Zeichner Farey Material für einen Artikel, der später im 28. Band der »Cyclopaedia or Universal Dictionary of Arts, Sciences and Literature« (1819) veröffentlicht wird.[139] Darin wird Bacon und Donkins Maschine ausführlich beschrieben und über die von Koenig gesagt: »... wir vernehmen, daß eine Buchdruckmaschine binnen kurzem von Herrn Bensley gebaut wird, die die Erfindung eines Ausländers ist, der mehrere Patente darauf genommen hat; doch haben wir keine Gelegenheit gehabt, sie zu sehen.«[140] Das ist unrichtig: Maschinen von Koenig laufen seit Jahren zur Zufriedenheit in mehreren Londoner Druckereien. Außerdem ist Bensley als Gesellschafter über die Schritte informiert.

1817 wird gesagt: »Ich muß jetzt noch eine mit der Druckerei, von welcher ich soeben gesprochen, zusammenhängende Tatsache erwähnen, die ich fast als ein Phänomen bezeichnen möchte. Nach vieler Arbeit und Beschwerde, verbunden mit verhältnismäßig hohen Ausgaben, ist Herrn Bensley die Herstellung einer selbsttätigen Maschine (‚Mr. Bensley has completed the etablissement of') gelungen, die beide Seiten des Bogens gleichzeitig in einer Zahl von 900 Exemplaren in der Stunde druckt. Man könnte fast glauben, dies ginge nicht mit rechten Dingen zu ... auf alle Fälle ist es etwas noch nie Dagewesenes.«[141]

Das Buch »Institutions of Physiology« wird mit folgender Notiz angepriesen: »Dieser Band kann als eine typographische Merkwürdigkeit angesehen werden. Er stellt das erste Buch dar, das je aus einer Druckmaschine hervorgegangen ist. Er wurde auf der patentierten Maschine der Herren Bensley und Söhne hergestellt, die gleichzeitig beide Seiten des Bogens mit einer Schnelligkeit von 900 Bogen in der Stunde druckt und die einzige ihrer Art ist, die bisher gebaut wurde.« Hier wird Koenig verschwiegen. Ebenfalls die Tatsache, daß die Maschine für Bensley eine konsequente Weiterentwicklung der bestehenden Typen ist. Weitere unrichtige Mitteilungen bringt der Herausgeber Bensley in seiner

Literary Gazette vom 26. Oktober 1822

»Das Druckverfahren mittels Zylinder ... wurde von dem verstorbenen, in der literarischen und wissenschaftlichen Welt wohlbekannten Mr. Nicholson erfunden, der 1790 ein Patent hierauf nahm. Doch es scheint nicht, daß seine Pläne und Versuche irgendwelchen praktischen Erfolg gehabt haben. Ob Herr Koenig, der in späterer Zeit erfolgreichere Versuche im Maschinendruck anstellte, seine ersten Anregungen hierzu dem Mr. Nicholson verdankt ... ist eine Frage, die nur von dem ersteren in genügender Weise beantwortet werden kann. So viel ist sicher, daß Koenigs Arbeiten die ersten in dieser Richtung waren, die einen praktischen Nutzen aufweisen konnten. Herr Koenig, von Geburt ein Sachse und seinem Berufe nach ein Buchdrucker, war seit Jahren der Ansicht gewesen, daß man mit Hilfe von Dampf drucken könne. Da er aber, in Anbetracht des Standes der wissenschaftlichen Forschungen in seinem Vaterlande ... kaum auf Erfolg rechnen konnte ... so richtete er seine Blicke nach England. Im Jahr 1804 in London angekommen, legte er seine Pläne mehreren bedeutenden Buchdruckern vor, doch diese waren nicht willens ... die erforderlichen Summen zu wagen ... sie nahmen sein Angebot kühl auf ... und es ist wahrscheinlich, daß seine Bemühungen in unserem Lande das gleiche Schicksal gehabt haben würden wie auf dem Kontinent, wäre er nicht schließlich bei Herrn Bensley sen. eingeführt worden, dessen Aufmerksamkeit Herrn Koenigs Pläne erregten und der bald ein Übereinkommen mit ihm traf ... man gelangte zu der Überzeugung, daß die beabsichtigte Verbesserung der gewöhnlichen Presse nie gelingen könnte und viel Arbeit und ungeheure Summen weggeworfen werden würden, wenn es nicht möglich wäre, eine radikale Umgestaltung des Druckverfahrens zu erfinden. Da verfiel man auf den Druck mittels Zylinder, und in zwei oder drei Jahren erneuter Anstrengungen wurde eine kleine Maschine geschaffen, deren Eigentümlichkeit darin bestand, daß sie keinen Flachdruck wie die Handpresse ausübte, sondern daß bei ihr der Bogen zwischen einer umfangreichen Walze und den wie üblich flachstehenden Typen durchging, und daß statt der altmodischen Ballen, die mit der Hand über den Schriftsatz gespannt wurden, um diesen mit Farbe zu versehen, Häute über schwächere Walzen gespannt waren, auf denen die Farbe verrieben ... und auf den Schriftsatz gebracht wurde. Diese neue Schöpfung gewährte die besten Aussichten auf Erfolg ... nur wenig Personen hatten um diese Zeit von dem gewußt, was im Werke war; zwar war wohl öfter unter den Buchdruckern die Rede davon (von der anstehenden Erfindung), doch hatte man dies als eitel Hirngespinst behandelt. Dann geht er auf den Times-Artikel ein.

Den nächsten Fortschritt kennzeichnet der Bau einer Maschine für die Herren Bensley, die sich von den vorerwähnten dadurch unterschied, daß sie den Papierbogen auf beiden Seiten bedruckte. Zu diesem wesentlichen Unterschied kamen andere bedeutende Verbesserungen, wenngleich die Maschinen immer noch kompliziert bleiben. Inzwischen hat die Erfindung die Aufmerksamkeit verschiedener Männer auf sich gelenkt und die Ansicht in ihnen wachgerufen, daß der Bau von Buchdruckmaschinen eine leichtere Aufgabe sei, als sie es schließlich erkennen mußten; eine noch viel größere Anzahl von Versuchen hierzu wurde ... ebenso rasch wieder aufgegeben wie begonnen.

Eine weit einfachere, jedoch ebenso leistungsfähige Maschine als die letztbeschriebene wurde indes unter der Leitung einiger hervorragender Maschinenbauingenieure gebaut, und bald darauf sind diese Herren auch ersucht worden, ihren Farbeapparat an die Maschinen der Herren Bensley anzubringen, wodurch mit einem Male vierzig Räder beseitigt werden konnten: so groß war die Vereinfachung. So massiv und kompliziert die alte Maschine auch war, so haben die Herren Bensley, die für den Bau eine immense Summe ausgegeben haben, sich derselben doch bis zum Brand im Jahr 1819 bedient. Jetzt indes hat sie zwei großen, nach neuen vervollkommneten Plänen trefflich ausgeführten Maschinen Platz gemacht. Ein weiterer Vorteil ist, daß die neue Maschine kaum die Hälfte des Raumes einnimmt, und ihr Mechanismus arbeitet sicher und rasch.«

Koenig ist über diesen Aufsatz verbittert. »Die Herren Bensley haben ... einen niederträchtigen Bericht über die Erfindung der Schnellpresse veröffentlicht, in dem sie in schlauer Weise meinen Namen in den Hintergrund geschoben und ihre eigenen Verdienste in die erste Linie gestellt haben. Nachdem mich diese Menschen betrogen und geplündert (haben), bestehlen sie mich jetzt um den Ruhm, der Erfinder der Schnellpresse zu sein, auf den ich volles Recht habe.«[142] Koenig wendet sich an Walter, der das angesehenste Blatt Londons herausgibt und außerdem Mitglied des Parlaments ist. Er hat die ersten beiden Doppelmaschinen von Koenig erhalten. Er widerspricht dem Bensley'schen Bericht.

Die »Times« kontert im Dezember 1824

»Am 29. vorigen Monats waren es zehn Jahre, daß unsere Zeitung zum erstenmal mittels einem mechanischen Apparat gedruckt wurde; sie ist bis heute in gleicher Weise hergestellt worden. Bei ihrer ersten Einführung erregte die Erfindung vielfach Interesse und Neugierde, niemand fiel es ein, ihre Originalität zu bestreiten. Unser Blatt ist unbestritten die erste Zeitung, zu deren Druck ein mechanischer Apparat verwandt worden ist, und schon damals bemühten wir uns, den Ansprüchen des Erfinders, Herrn Koenig, Gerechtigkeit widerfahren zu lassen; derselbige ist einige Jahre nachher in sein Vaterland Deutschland zurückgekehrt, ohne indes, wir fürchten, den vollen Lohn erhalten zu haben, der ihm für seine Mühe und Arbeit in reichlichem Maße gebührt hätte.«

»Seitdem haben wir sehen müssen, wie verschiedene Personen nicht nur Koenigs Erfindung an sich gerissen, und aus ihrer Benutzung Vorteile gezogen haben, sondern wie man bestrebt gewesen ist, ihm seinen wohlverdienten Erfinderruhm zu rauben. Vor uns liegt die Londoner ,Literary Gazette' vom 26. Oktober 1822, enthaltend die Abbildung einer Maschine, die als ,Bensleys Druckmaschine' bezeichnet wird. In demselben Artikel wird ein gefälschter Bericht über Koenigs Anteil an der Erfindung gegeben, wonach er nur an ersten Versuchen und erfolglosen Proben teilgenommen hat, kurz, sich nur an der

Erfindung beteiligt hätte, als sie sich in ihrer ersten Kindheit befand. Gleicherweise sehen wir in der ,British Encyclopädie' unter dem Stichwort ,Printing' den Name des Erfinders der Buchdruckmaschine ausgelassen. Wir hörten niemals von den Ansprüchen Bensleys oder von der Erfindergabe dieses Herrn. Im Gegenteil, als wir mit den Patentinhabern in Unterhandlung standen und die Verantwortlichkeit für den Erfolg des Unternehmens in Frage kam, erklärte Herr Bensley ,... daß er von alledem nichts verstehe und sich gänzlich auf Herrn Koenig verlasse'. Die Herren Woodfall und Taylor, damals Teilhaber an dem Unternehmen, können die Wahrheit unseres Berichtes bezeugen.«

»Ehe Herr Koenig unser Land verließ, brachte er seine letzte große Verbesserung zum Abschluß: das Bedrucken des Bogens auf beiden Seiten; die Abbildung in der ,Literary Gazette' führt uns somit vor, was in der Hauptsache seine Erfindung ist. Unsere Maschinen leisten, so kompliziert sie auch sein wollen, ein Viertel mehr als die der Herren Bensley.«

»Wir können diesen Artikel nicht schließen, ohne ausdrücklich zu bezeugen, daß wir in Herrn Koenig nicht nur einen Mann von hoher Bildung und kühnem Geiste, sondern auch von strengstem Ehrgefühl kennengelernt haben. Während der kritischen und prüfungsvollen Zeit, in der er seine Erfindung in unserer Offizin in die Praxis einführte, waren wir in täglichem Verkehr mit ihm, so daß wir mehr als eine oberflächliche Kenntnis von seinem Charakter und Wesen zu erlangen vermochten; die Folge davon aber ist, daß wir ihm seit jener Zeit stets aufrichtige Freundschaft und hohe Achtung entgegengebracht haben.«

Die Beurteilung der Maschinen von Friedrich Brockhaus[143]

Er beurteilt im Juni 1920 die Maschinen der »Times« und sagt: »Der Herr Walter ist mit der Arbeit, wie sie die Maschine liefert, vollkommen zufrieden und kann es mit Recht sein, da bei der Art, wie sie gemacht wird, es beinahe ein Wunder ist, daß solche Arbeit geliefert wird. Und überdies wird hier bei der Zeitung nur ein lesbarer Druck verlangt. Die Arbeit würde aber noch 20mal besser sein, wenn die Leute, die das Papier auflegen, etwas mehr Achtsamkeit auf ihr Geschäft hätten. Obgleich man gegen die Reinheit des Drucks nicht viel einzuwenden hat, so würde dieser weit reiner sein, wenn man bei Verfertigung der Farbwalzen mehr Aufmerksamkeit hätte. Sie werden mit einer beispiellosen Nachlässigkeit gemacht. Übrigens ist dies nur bei der Maschine der ,Times' der Fall; die von Taylor liefert sehr gute und reine Arbeit, wie denn dieser Mann auch ganz vorzüglich mit seiner Maschine zufrieden ist.

Sonst hatte er (Herr Walter) wöchentlich eine Menge von Druckern zu bezahlen; jetzt hat er bloß einen Aufseher, zwei Taglöhner und zwei Jungen von 12 – 14 Jahren. Die Utensilien sind bei der Maschine weit geringer als bei den alten Pressen, denn die Farbwalzen halten $1^1/_2$ Monat und bestehen aus einer Komposition, deren einzelne Teile nicht sehr kostspielig sind. Farbe wird bei der Maschine weniger gebraucht, und Reparaturen sind bis jetzt noch keine angefallen, obgleich schon seit 1814 täglich damit gearbeitet wird. Die Schrift hält ein Vierteljahr länger in der Maschine als in der Presse, was zum Teil vom Auftragen der Walzen herrührt, indem diese leise hinübergehen, und zum Teil auch, weil man, um die Schrift rein zu waschen, nicht so unmenschlich zu reiben braucht, wie es beim Auftragen mit Ballen geschieht.

Ihre anderen Fragen wegen Applegath und Cowper, die die Maschine den Herren Koenig und Bauer abgestohlen haben, kann ich Ihnen dahin beantworten. Einfacher ist sie allerdings als die hiesigen von Koenig und Bauer und das Ganze ist leichter zu übersehen, wohingegen man bei denen von Koenig und Bauer erst einige Zeit nötig hat, um sich zurecht zu finden. Doch glaube ich, daß die Maschinen von Cowper und Applegath neuer sind. Wohlfeiler ist die Maschine von Applegath und Cowper auch, wenigstens für England. Die Anzahl der Arbeiter ist denen von Koenig und Bauer sowohl, wie denen von Applegath und Cowper, und in Hinsicht der Güte ist auch die Arbeit wohl gleich ... auf beiden werden nur Schulbücher und Zeitungen gedruckt. In folgenden hiesigen Druckereien sind jetzt an Maschinen:

- In der Times-Office zwei von Koenig & Bauer.
- Bei Taylor eine von Koenig und Bauer.
- Bei Baldwin eine von Applegath und Cowper.
- Bei Strahan, königlichem Buchdrucker, eine von Applegath und Cowper.
- Bei Bensley Sohn eine von Applegath und Cowper.
- Bei Bensley Vater zwei von Koenig und Bauer; diese beiden Maschinen stehen jetzt aber still.

Druckmaschine von Applegath aus dem Jahr 1831. Große Zahnkränze besorgen die Bewegung der wichtigsten Konstruktionselemente. Links der Anlagetisch und rechts das Farbwerk. Gesamtantrieb durch Transmissionswellen (Dampfbetrieb). Auf dieser technologischen Stufe stehen in etwa die Buchdruckmaschinen in England, nachdem Koenig & Bauer das Land verlassen haben.

Ich glaube hiermit alle Ihre Fragen beantwortet zu haben, so gut ich es konnte. *Soll ich aber mein Urteil aussprechen, welche Art ich für die beste halte ... so muß ich unbedingt der von Koenig und Bauer den Vorzug geben, welches Urteil ich durch mehrere hiesige berühmte Buchdrucker bestätigt gefunden.«*

Cowper und Applegath erhalten nach vielen Mühen von der Bank von England einen größeren Auftrag zum Bau von Druckmaschinen. Die Times berichtet später darüber: »... (was) der Bank große Summen kostete, ohne daß sie durch das Resultat befriedigt worden wäre; ferner hat Applegath dem Londoner Buchdrucker Baldwin eine Maschine geliefert, die das Papier beim Druck stets in so viele Falten zog, daß sie erst nach endlosen Umänderungen brauchbar wurde. Bensley sen. verlor 1828 den Druck des ‚Annual Register', weil seine Cowper'sche Maschinen weder Register hielten, noch sonst annehmbaren Druck lieferten.«[144]

Der Aufsatz in der »Typographia« von Hansard[145]

Der Dialog um die Erfindung der Schnellpresse wird nicht nur vor das allgemeine Lesepublikum getragen, sondern auch in die Fachbücher des graphischen Gewerbes. Hansard schreibt[146] die Erfindung der Buchdruckmaschine Nicholson zu, »... denn er hat in dieser Sache vollständig die Führung übernommen, und es ist wahrscheinlich, daß, hätte er die Kenntnis der Praxis der Buchdruckerkunst mit seinen theoretischen Kenntnissen von ihm vereinigt, nachfolgenden Mechanikern sehr wenig zu tun übrig geblieben sein würde, noch weniger aber, was sie als ihre eigene Erfindung hätten beanspruchen können«. Außerdem nimmt Hansard den Artikel der »Literary Gazette« auf, der Koenig benachteiligt. Daran ist er selbst schuld, denn Hansard bittet ihn schriftlich vor Drucklegung seines Buches um eine Beschreibung seiner Maschinen.[146] Koenig kommt diesem Wunsch nicht nach und begründet ihn später mit Arbeitsüberlastung. Taylor bezeichnet Hansard in einem Brief vom 14. Juli 1828 als »eingebildeten, selbstgefälligen Kerl« und Koenig ihn in einem Brief aus Oberzell an Bauer als »fatalen Kerl«.

Koenig hat noch eine gute Chance zur Rechtfertigung, denn der Frankfurter Schriftgießer Benjamin Krebs trägt sich mit dem Gedanken, ein Handbuch der Buchdruckerkunst herauszugeben. Als Vorlage dient ihm Hansard's »Typographia«. Jetzt tritt Koenig aus dem Hintergrund und schreibt für dieses Handbuch eine Geschichte seiner Erfindungen. Es ist die ausführlichste Mitteilung, die wir darüber besitzen.[147]

Koenigs Bericht im Andräischen Handbuch

»Der Herausgeber dieses Werkes hatte die Güte, mir vor dem Druck desselben die aus Herrn Hansard Typographia entnommenen Angaben über die Erfindung der Druckmaschine oder Schnellpresse mitzuteilen und mir zu erlauben, einige Berichtigungen oder Erklärungen beizufügen, wenn ich mich in Herrn Hansards Darstellung mit Ungerechtigkeit behandelt fände. Ich mache dankbar davon Gebrauch ...«

Jetzt berichtet er über den Werdegang seiner Erfindung. Ich brauche nicht im einzelnen darauf einzugehen. Vor allem stellt er die Sache mit Nicholson, Bensley, Cowper und Applegath ins rechte Lot. Er ärgert sich über den Artikel in der »Literary Gazette« und sagt: »... was übrigens die Geschichte der 100 Räder anlangt, die die Maschine enthalten haben soll, so erkenne ich an diesem Zuge die Hand meines alten Bekannten Benjamin Bensley, der es in seinen Angaben nie so genau nimmt, und dem es meistens auf das Fünf- bis Sechsfache der wirklichen Zahl nicht ankommt. Ich besitze die Zeichnung und Berechnung jener Maschinen noch; sie enthielt 23 gezahnte Räder.«

»Die Wahrheit ist, daß in England außer Nicholson noch mehrere vor mir Pläne und Versuche zu Druckmaschinen gemacht haben, die mißlungen und in der Dunkelheit geblieben sind, weil kein Patent darauf genommen und folglich kein beschreibendes Dokument davon vorhanden ist. Einer derselben, dessen Versuche 2000 Pfund Sterling gekostet haben, war eine zeitlang bei einer meiner ersten Druckmaschinen als Aufseher eingestellt. Er hat mir nie etwas von seiner Maschine gesagt, und ich habe aus Schonung nie danach gefragt.

Wir hielten unser Unternehmen möglichst geheim, allein es blieb den Londoner Buchdruckern nicht verschwiegen, daß etwas im Werke war, und wir wurden ziemlich allgemein verspottet. Cowper und Applegath waren die ersten, die sich einschlichen und eindrängten und uns von Stufe zu Stufe nachfolgten. Rutt und Napier taten später dasselbe. Andere, die noch später auftraten, haben meine Ideen vielleicht aus der zweiten Hand entlehnt; durch mein Weggehen von England waren meine Patente und die Erfindungen preisgegeben, und jeder nahm, was er wollte. Die Hilfe, die ich auf meinem Wege zu dieser Erfindung gefunden habe, ist von anderer Art:

- In dem vollkommenen Zustande der ausübenden Mechanik in England, in der Vollkommenheit der Werkstätten und Werkzeuge zur Bearbeitung der Metalle, insbesondere des Eisens, und in der Erfahrenheit und Geschicklichkeit der dortigen Arbeiter in diesem Fache. Ohne diesen Beistand wäre meine Erfindung nie zustandegekommen.
- Den meisten Beistand aber habe ich, besonders bei Ausführung meiner Erfindung, von meinem vieljährigen Freund Bauer erhalten, der seit 1812 unausgesetzt mein Gehilfe war. Wenn zwei Menschen gemeinschaftlich und im höchsten Vertrauen einen Zweck dieser Art verfolgen, so dürfte es sehr schwer sein, den Anteil zu bestimmen, den ein Freund gehabt hat; wir haben uns begnügt, mit gemeinschaftlichen Kräften und Eifer die Erfindung zu verbessern, zu vereinfachen, kurz: sie brauchbar zu machen.«

Kloster Oberzell bei Würzburg, den 10. Oktober 1826.

Ich habe der Entwicklung ein wenig vorgegriffen um abrundend zu beschreiben, wie intensiv die Erfindung der Schnellpresse aufgenommen wird, und wie die Fachblätter um den Ruhm zanken. Koenig und Bauer tragen seit Jahren den Gedanken, das Land zu verlassen, um in Deutschland einen neuen Beginn zu wagen und hier eine Fabrik für Druckmaschinen zu errichten. Früh werden die Fäden gewoben, die helfen, die späteren Krisen zu überwinden. Es zeigt Koenig als den konsequent Handelnden.

Freiherr v. Pfeffel, Baron Lerchenfeld

Im August 1816 wendet sich Koenig schriftlich an Christian Hubert von Pfeffel.[148] Er hatte in London Gelegenheit, sich die Koenig'sche Presse näher anzuschauen. Deshalb schreibt ihm Koenig jetzt: »Die gütige Theilnahme, die Ew. Exzellenz mir damals bezeigten, macht, daß ich mir jetzt die Freiheit nehme, um Ihren Rath, Zurechtweisung und Verwendung in einer Angelegenheit, die für mich von Wichtigkeit ist, unterthänigst zu bitten. Ich bin willens, in Deutschland eine mechanische Fabrik, auf einem sehr ausgedehnten Plan, anzulegen, und ich denke an einen Ort in Bayern, wenn die Regierung mir dabey behilflich seyn wollte. Wenn Ew. Exellenz die Gnade haben wollen, ob und wann ich Ihnen aufwarten darf, so will ich das Nähere darüber Ihnen mündlich vorlegen.«[149]

Die Aussprache erfolgt und Pfeffel wird aktiv. Bereits am 8. August wendet er sich schriftlich an den Hofkommissar in Würzburg, Baron Maximilian von Lerchenfeld: »... ich habe nichts hinzuzufügen als den Ausdruck meiner Überzeugung, daß Herr Koenig die schönsten Erwartungen berechtigen würde und daß es wünschenswert wäre, daß die Bedingungen seiner Ansiedlung bei uns erfüllt werden mögen ... (um) mit diesem erfahrenen und erfinderischen Mann unser Vaterland zu bereichern.«[150] Lerchenfeld gibt am 20. August 1816 dem Besitzer der Klostergebäude, dem Juliusspital in Würzburg die Anweisung, zu berichten, ob es möglich ist, die Gebäude zu verpachten und welche Summe man dafür haben will.[151] Pfeffel wendet sich am 24. September vermittelnd an Koenig: »... er habe alle nötigen Erkundigungen eingezogen und freue sich, ihm sagen zu können, daß ,das Locale zu den wünschenwerthen Unternehmungen des Hr. Koenig sich vollkommen eigne ... und daß sich annehmbare Bedingungen finden lassen. Das Kloster sei dem Julius-Spital entbehrlich, da es den Plan, dort eine Irrenanstalt einzurichten, infolge mangelnder Geldmittel nicht durchführen kann. Die beiden Mühlen seien königliches Eigentum. Durch die freiwerdende Pacht könne man über sie disponieren. Die zum Kloster gehörenden Wirtschaftsgebäude besitze der Großbankier Hirsch nebst den dazugehörigen Grundstücken.«

Lerchenfeld schreibt an Pfeffel:[152] »... er (Lerchenfeld) wolle nicht zögern, ,die nützliche Unternehmung des Hr. Koenig der Regierung anzuempfehlen und (sie) unterstützen. Herr Koenig findet in Teutschland wohl schwerlich ein Locale, was ihm den Vortheil gewährt, und kein Land, das hierzu so geeignet wäre, besonders da in dem gegenwärtigen Moment an einer liberalen Mauth-Verfassung gearbeitet wird ... mir würde es unendlich angemessen sein, eine Anstalt in der meiner Leitung anvertrauten Provinz aufblühen zu sehen ... die sich so vortheilhaft auszuwirken verspricht.' Mitte Oktober dankt Koenig Pfeffel und bemerkt: ,... daß die Bedingungen äußerst günstig seien ... ich schwanke nemlich über den Entschluß, mich ganz von England los zu machen. Es ist dabei viel zu bedenken und ich darf keinen falschen Zug thun.'[153] Doch die Sache konkretisiert sich. Im Oktober 1816 tritt auf die Vermittlung von Koenig Fritz Helbig (oder: Hellwig), der 1791 oder 1794 geborene Sohn erster Ehe von Koenigs Schwester Reichenbach als Lehrling in der Decker'schen Buchdruckerei (Berlin) ein. Er verbleibt bis zum November 1817. Dann nimmt ihn Koenig in die Fabrik, um ihn gewissenhaft zum Maschinenarbeiter auszubilden. Koenig schreibt am 20. Juli 1817 an seine Schwester: »Ich habe von Deinem Sohn gute Nachrichten. Herr Decker schreibt mir, daß er fleißig ist und gibt ihm das beste Zeugnis ... ich hoffe, einen tüchtigen Kerl aus ihm zu machen.«

Koenig und Bauer verlassen England

Koenigs Kontakt zur Mutter bleibt während seines etwa zehnjährigen Aufenthaltes in England erhalten. Schon Ende 1810 (Anfang 1811?) schreibt er ihr, daß »... er zu Ende des künftigen Sommers nach Deutschland zu kommen gedenke«.[154] Am 12. November 1811 sagt er: »ich hoffe mit großer Zuversicht, daß ich nächstes Frühjahr nach Deutschland werde zurückkehren können ... Schulden, die ich hier gleich anfangs zu machen genötigt war, haben mich bisher gedrückt und mir die Mittel weggenommen.«[155] Im Januar 1815 schreibt er: »Mit meinen Versprechungen, nach Deutschland zu kommen, bin ich bisher zum Lügner geworden. Es ist aber nicht meine Schuld, denn ich sehne mich herzlich von hier weg; allein es hängt an tausend Fäden; ich stecke in vielerlei Geschäften, die ich nicht anderen überlassen kann.«[156] Am 20. Juli 1817 schreibt er ihr: »Die Zeit ist endlich gekommen, wo ich meinen letzten Brief aus diesem Lande an Sie richte. In wenigen Tagen werde ich von hier abreisen. Es war sehr schwer für mich, (mich) aus diesem Geschäft loszureißen: ich habe endlich alle Hindernisse weggeräumt.«[157]

Sein Weggehen wird durch vorausgegangene Verhandlungen mit Bensley verbittert, der keinen Pfennig der Koenig zustehenden Anteile bezahlt. Die Rückkehr nach Deutschland hat einen weiteren, wesentlichen und seither wenig gewürdigten Grund: die Zeiten in England sind schlecht. »Das Ende des Krieges hat eine Staatsschwindsucht aufgedeckt und alle Glieder verdorren.«[158]

Verärgert verläßt Koenig am 10. August England. »Ich verließ England vor einem Monat so plötzlich und in so großer Aufregung, daß ich von niemand Abschied genommen habe. Diese Umstände werden mich, so hoffe ich, entschuldigen, wenn ich mich auf bei Ihnen auf ‚französische Manier' empfahl. Es war dieser Schritt eine Folge von leeren Versprechungen, Ausflüchten seitens gewisser Leute, die die Gewohnheit haben, wenigstens einmal in jeder Stunde ihres Lebens ein Wort zu brechen.«[159] Unmittelbar vor seiner Abreise gibt er John Hunnemann und seinen Freund Bauer entsprechende Vollmachten.

Bauer bleibt vorerst in England. Koenig billigt anfangs alle seine Schritte, die er unternimmt, um die ihm aus Patenten zustehenden Rechte gegenüber Bensley durchzusetzen. Am 13. September schreibt er ihm aus Meiningen: »Die Umstände sind so schwer und dornig, daß es eine schwierige Aufgabe ist, immer das Beste zu wählen ... vertraue unserer Freundschaft.« Am 11. November schreibt Koenig: »aus allem, was Du schreibst, schließe ich mit Gewißheit, daß Bensley nichts halten (wird) und unabhängig von uns sein will; daß Applegath und Cowper seine neuen Pläneschmieder sind und wahrscheinlich die Manufaktur in London fortführen sollen und daß er Dich so lange benutzen will, als er kann. Ich mache mir aus alledem nichts. Unser Plan bleibt in der Hauptsache, wie er war; von Bensley erhälst Du nichts.«

Die letzten Wochen seines Aufenthaltes in England verwendet Bauer darauf, mehr über den Stand der »mechanischen« Papierfabrikation in Erfahrung zu bringen und um weitere Erfahrungen über das Schmelzen und Gießen von Eisen zu sammeln. Am 12. oder 13. Mai segelt er mit seinen zwei Kindern, deren Erzieherin, Werkzeugen für Schlosser, Eisendreher, Schreiner usw. einer Drehbank und einem Auftrag von Walter, nach Ostende. Der Eisendreher Kunkey mit seiner Frau folgt »um Kollisionen in London zu vermeiden« mit einem gleichzeitig abgehenden Schiff. Er ist als Werkführer für die neu einzurichtende Eisendreherei vorgesehen. Ein anderer Arbeiter, Liversage, der als Werkführer der Maschinenschmiede wirken soll, und an dem Koenig viel liegt, wird durch die Krankheit seiner Frau von der Reise abgehalten.[160] Bauers letzter Reisebrief ist aus Frankfurt am Main, den 26. Mai 1818 datiert. Zwei Tage später trifft er in Oberzell ein. Ich komme weiter unten darauf zurück.

Die weitere Entwicklung in England

Mit dem Weggang von Koenig und Bauer bildet sich allmählich in England eine eigenständige Druckmaschinenfabrikation heraus. Die Werkstatt der Erfinder ist installiert, die von Koenig und Bauer ausgebildeten Spezialisten suchen neue Beschäftigung. Applegath und Cowper greifen als Erfinder den Faden auf und die Koenig'schen Schnellpressen können beim täglichen Einsatz weiter erprobt, verbessert und kopiert werden. Von einer Geheimhaltung ist keine Rede. Deshalb ist angebracht, hier einige dieser »nach-Koenig' schen« Erfindungen anzusprechen.

Friedrich Brockhaus schreibt am 27. März 1820 aus Paris an Koenig und Bauer: »auch hier ist eine Druckmaschine, die aber zufälligerweise nicht gebraucht werden kann; sie ist von Gilbert Bucks, der jetzt hier wohnt, erfunden und heißt ‚Pedotypie' (‚Druck durch Kinder'). Ich glaube, es ist dieselbe, die die London-Petersburger Bibelgesellschaft für 40000 Pfund Sterling gekauft, wie mir der Londoner Sekretär selbst versichert hat; es war nur noch das Geheimnis der Kompositionsballen und das der Stereotypie dabei, welches beides aber gar keine Geheimnisse mehr sind. Dort, wo blos von Stereotypen gedruckt wird, mag sie wohl zu brauchen sein, vorzüglich, weil das Format immer dasselbe bleibt; hier steht sie still und kostet Herrn Pankouke nicht mehr als 14000 Francs.[161]

Am 18. Februar und am 10. Juni 1823 nimmt Augustus Applegath weitere Patente: »... auf eine bessere Verreibung der Farbe mittels schräger Lagerung einiger Walzen auf dem Farbtisch ... wie auf Abgabe des Drucks durch nach einer oder mehreren Seiten hin abgeplattete (prismatische) Zylinder.« Um die gleiche Zeit wird eine Druckmaschine mit funktionstüchtigen Greifern realisiert.[162] Es handelt sich um eine Komplettmaschine, bei der die Druckzylinder so nah aneinandergerückt sind, daß der Bogen unmittelbar von einem auf den anderen übergeht. Er wird auf dem Schöndruckzylinder von Greifern erfaßt, während des Drucks von ihnen gehalten, dann von Greifern des Widerdruckzylinders übernommen. Sie öffnen sich erst, als der Bogen auf dem Auslegetisch liegt. Hansard rühmt vor allem das gute Register, daß sich durch die Bänderführung nicht erzielen läßt. Die Maschine heißt »Nay-Peer« und wird von Napier gebaut. Sie kommt im Mai oder Juni 1824 in der Druckerei Hansards zur Aufstellung. Sie wird manuell mit zwei Kurbeln bewegt. Der gleiche Maschinentyp wird im Frühjahr 1825 von Rudolph Decker beschrieben:[163] »er habe daselbst (Paris) zwei englische Maschinen, deren Erbauer ihm unbekannt ist, gesehen. Sie befinden sich bei Le Normand, wo sie zum Druck des Journal de Debats' dienen und die andere bei Celliot, der den »Globe« darauf druckt. Der Hauptunterschied (zwischen ihnen und Koenigs Maschinen) der mir aufgefallen ist, besteht darin, daß die beiden Druckzylinder dicht nebeneinander liegen, und die Bänder der Papierleitung wegfallen; der Bogen wird nämlich durch Haken auf dem ersten Zylinder festgehalten und, nachdem er den ersten Druck erhalten hat, ergreifen ihn Haken des zweiten Zylinders und befestigen ihn auf demselben. Im ganzen sind nur drei Schnüre an der Maschine, die über den zweiten Zylinder laufen und von denen nur die mittelste über den Bogen geht. Die Bekleidung der Zylinder besteht 1) aus einem feinen Cassimirtuche, 2) dem leinernen Schnürtuch, 3) in einem Bogen Schreibpapier und 4) in einem zweiten Cassimir, auf welchen der Druck unmittelbar erfolgt. Beide Maschinen werden durch Menschenkräfte in Bewegung gesetzt, und der Aufseher des Herrn Celliot sagte uns, daß sie bei ununterbrochener Arbeit 18000 Bogen in einem Tag liefern.«

Es bleibt festzustellen, daß englische Erfinder die Koenig'sche Maschine verbessern: vor allem im Farbwerk und in der Bänderführung. Auch wenn Koenig Napiers Maschine als »elende Klappermühle« bezeichnet, hat sie gegenüber seinen Pressen entscheidende Vorteile: die funktionstüchtigen Greifer (anstelle seiner komplizierten Bänderführung) und den besser ausgestatteten Druckzylinder: hier schälen sich die Anfänge des Qualitätsdrucks heraus. Napier geht deutlich von den seitherigen Filzbezügen ab. Außerdem ist zu

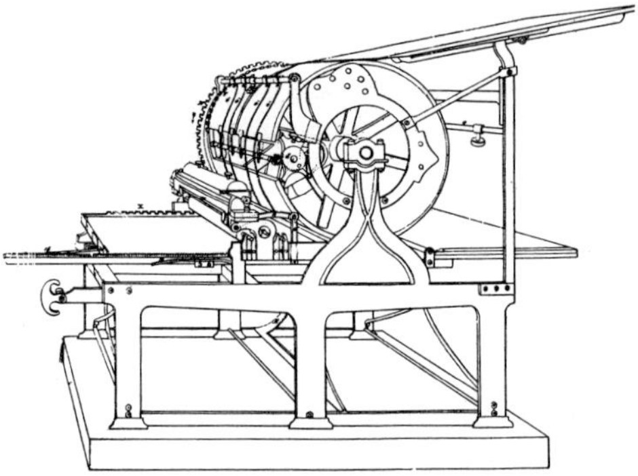

Schnellpresse von Napier. Er führt als effektive Verbesserung an den Druckmaschinen die »Zylindergreifer« ein. Auffallend ist die Kompaktheit seiner Maschine. Sie wird von Koenig als »elende Klappermühle« bezeichnet. Bildnachweis: u. a. Faulmann.

Modell der Druckmaschine von Applegath und Cowper. 1818. Science Museum, South Kensington, London. Hier ist überdeutlich die Kopie der Koenig'schen Grundideen erkenntlich.

erwähnen, daß Walter, der Verleger der Times, ab 1827 in seinem Unternehmen Maschinen von Applegath verwendet. Andere Druckmaschinenbauer sind ansatzweise Charles Brighley, William Rutt, Robert Winch und William Congreve.

Zum Stand des Gewerbes und der Industrie in Bayern

Wie in anderen Ländern, so prallen auch hier die Meinungen aufeinander. Das Königreich Bayern gibt sich fortschrittlich. Justi sagt um die Mitte des 18. Jh., »... daß die Fabriken Hauptzweck und Quelle der ausführbaren Landesprodukte sein müssen, und daß Deutschland wie kein anderes Land wegen seiner Bodenschätze die naturnotwendigen Voraussetzungen hat«. Bayern sind natürliche

Schranken gesetzt, weil sich eine Industrie nur entwickeln kann, wo geeignete Rohstoffe oder Energiequellen vorhanden sind und außerdem günstige Zufuhr- und Absatzmöglichkeiten gegeben sind. Unter diesem Gesichtspunkt ist das von Koenig gewählte Kloster Oberzell nicht als idealer Standort zu bezeichnen. Sein Unternehmen wäre ohne staatliche Hilfe gescheitert. Für Fabriken hat man schon seit dem Ende des 18. Jh., Konzessionen gemacht, weil man in ihnen Vorteile erkennt.[164]

Auf der anderen Seite machen sich hier konservative Elemente bemerkbar. U. a. hebt Roman Zirngibl[165] den moralischen Zeigefinger und macht ausdrücklich auf den verderblichen Einfluß der Fabriken aufmerksam. Er sagt: »... die angeführten Laster ... und der beständige Aufenthalt der Arbeiter in eingeschlossenen und mit schädlichen Dünsten gefüllten Stuben müsse nothwendig den bisherigen gesunden und kernhaften Stamm des Landvolkes entkräften ... auch geschwächte, krüppelhafte ... und zu allen Krankheiten geneigte Menschen hervorbringen.« Er warnt vor der »chimären Idee mancher Regierungen, alle Arten von Manufakturen und Fabriken zu errichten«.[166] Im einzelnen trägt er vor:

- Die Fabrikarbeiter müssen (nur) leichte Arbeiten verrichten. Sie führen eine sitzende Lebensart, deshalb können sie die grobe und unordentliche Kost nicht (mehr) ertragen, die der schwer arbeitende Landmann zu sich nehme.
- Die meisten Fabrikarbeiter werden sich nicht mit (den) nahrhaften und einfach verdaulichen Speisen begnügen, sondern es »gelüste sie nach den Lekereyen der Städter«.
- »Caffee mit fettem Rahm ist das tägliche Getränk aller Fabrikarbeiter, sowie Fleisch ... oft das zarteste und theuerste, ist ihre tägliche Nahrung.«
- »Die Lekerhaftigkeyt der Fabrikarbeiter wird durch eine ähnliche ‚Eitelkeit- und Ergötzungssucht' ergänzt, so daß sie das Geld, das sie von ihrem Lohn erübrigen können, in Lustpartien, die nicht selten in Völlerey und andere große Sünden der Sinnlichkeit ausarten, verschwenden.
- Hinzu komme, daß die Zusammenarbeit von Männern und Frauen die »Gelegenheit der Verführung unter beiden Geschlechtern vervielfältige«.

In Bayern wird die gewerbliche Entwicklung von den Mitgliedern des 1816 gegründeten »Polytechnischen Vereins für das Königreich Bayern« aktiviert. Von Anfang an gibt er ein »Kunst- und Gewerbeblatt« heraus.[167] Koenig und Bauer werden später Mitglied dieses Vereines.[168] In ihm erscheint (von einem noch unbekannten Verfasser) der Aufsatz: »Das Maschinenwesen in Fabriken betreffend.« Darin wird zum Ausdruck gebracht, wie wünschenswert es ist, das »Maschinenwesen« in mehreren Branchen zu vermehren, wenn die Regierung ihr Augenmerk auf die Förderung der Industrie lenkt, so werden sich die Einkünfte des Staates erhöhen. Zunächst sei es sinnvoll, wenn jeder Staat für die Industrie in seinem Land sorgt und (wenn) Gesellschaften gegründet werden, die es sich zur Aufgabe machen, die inländische Fabrikation zu fördern ... dazu müsse der Gewerbemann zweckmäßig unterstützt und aufgemuntert werden.«[169]

1825 kommt es in Bayern zu einem Gewerbegesetz. Zu der Zeit, als Koenig und Bauer ihr Vorhaben in Oberzell realisieren, stehen sich die Parteien schroff gegenüber. Gefordert wird eine feste, gesetzliche Regelung der gewerblichen Verhältnisse anstelle der (seitherigen) polizeilichen Willkür.[170] Die Regierung schlägt einen Mittelweg ein und versucht, die Wirtschaft bestmöglich zu fördern. So wird in München ein Zentrum der Feinmechanik und Optik eingerichtet: außerdem etabliert sich über Aloys Senefelder hier ein frühes Druckzentrum. Augsburg und Nürnberg werden Zentren der Maschinenbau-Industrie. Außerdem errichtet der deutsche »Verlegerfürst« Cotta in Augsburg seinen graphischen Betrieb. 1835 wird die erste deutsche Eisenbahnlinie in Bayern gebaut. *Es trifft nicht zu, Bayern Rückständigkeit vorzuhalten: das Gegenteil ist der Fall:* ohne Unterstützung des bayrischen Staates ist die Realisierung der ersten deutschen Druckmaschinenfabrik (u. a.) wie die der ersten bayrischen Fabrik zur mechanischen Papierherstellung undenkbar. Koenig gesteht, daß ihm die bayrische Regierung großzügig entgegengekommen ist.[171]

Ankauf des Klosters Oberzell

Koenig knüpft rechtzeitig vor seiner Abreise nach Deutschland die Fäden zum Erwerb des ihm günstig erscheinenden Anwesens. Die Verhandlungen vor Ort führt der württembergische Oberfinanzrat Julius Simon Nördlinger.[172] Er ist ein Freund von Bauer. Am 10. April werden die Verträge unterzeichnet: Oberzell geht für die Gesamtsumme von 35 000 Gulden rhein. in den Besitz von Koenig

Ansicht des Prämonstratenserklosters Oberzell am Main. Hier entsteht die erste deutsche Druckmaschinenfabrik. Außerdem wesentliche Teile der ersten bayrischen Fabrik zur Herstellung von Maschinenpapier. Sicherlich hat zur Standortfrage der Fluß beigetragen. Da die inneren Landesteile noch weitgehend unerschlossen sind, dient er dem Transport schwerer Güter. Werkphoto KoeBau. Mit freundlicher Genehmigung.

über. Die Konditionen sind günstig. Das Kloster Oberzell[173] besteht aus dem großen Klostergebäude mit der Kirche, dessen Abteilungen als Abteibau, Konventbau usw. bezeichnet werden, aus zwölf anderen Gebäuden einschließlich der beiden Mühlen, umgeben von ausgedehnten Gärten, Ländereien, Treib- und Sonnenhäusern. Der Zustand der Baulichkeiten ist schlecht. Nördlinger berichtet an Koenig: »... nun muß ich aber auch sagen ... daß sämtliche Gebäude, die Mühlen ausgenommen, schändlich verdorben sind. Die Fenster sind häufig zerbrochen, die Böden verdorben, die Schlösser beschädigt. Die Zäune an den Gärten sind verfault. Mehrere Hauptschwellen im Dachstuhl sind wurmstichig. Es sind große Reparaturen nötig.«[174]

Als Koenig nach Bayern kommt, ist er kein Unbekannter mehr. Der »Wöchentliche Anzeiger für Kunst und Gewerbefleiß« berichtet schon 1818 über seine »Schön- und Widerdruckmaschine«.[175] Seine ersten Eindrücke hat Koenig in Briefen an Bauer geschildert. »Noch heute vermögen die längst vergilbten Dokumente etwas von der Begeisterung wiederzugeben, mit der Koenig die ersten Tage seiner Anwesenheit in Oberzell beschreibt.«[176] In seiner Begeisterung übersieht er manches. Die kritischen Anmerkungen Nördlingers über den baulichen Zustand scheint er vergessen zu haben, denn er schreibt an Bauer: »Nun, die Gebäude sind von innen und außen primely, und gar viele Fürsten haben nichts, was dem gleichkommt. Sie sind auch in sehr guter Condition, wenigstens soviel ich in einer Stunde sehen konnte ... es ist fast kein Fenster zerbrochen, selbst nicht in der Kirche. Wir brauchen (soviel ich bis jetzt weis) gar nichts zu bauen ... nicht einmal zu whitewashen. Blos einige Fußböden und Schlösser sind beschädigt, kurz: wir brauchen uns blos zu furnishen und es beziehen! Aus dem Dorf Zell sei ein Abgesandter erschienen, der nachgefragt hat, ob sie Aussicht hätten, Arbeit zu finden ... ein paar Leute wolle er behalten.«[177] »Der Verwalter, Herr Hellmuth, ein ehemaliger Mönch, 55 Jahre alt, aber noch rasch, ist eine wahre Aquisition; die gutherzigste, pünktlichste Kreatur; führt Rechnungen, zeichnet ein wenig, versteht etwas Geometrie und Feldmessen, schlahkt die Orgel, singt Tenor und hat 45 Kreuzer täglich, den behalten wir ... auch den Pförtner, ein ehemaliger Soldat, behalten wir.«[178]

Es haben sich keine Grundrißpläne erhalten, aus denen der Zustand der Fabrik in den ersten Wochen und Monaten rekonstruierbar ist.[179] Soviel läßt sich sagen:

- Der Abteibau wird für die persönlichen Zwecke der Besitzer eingerichtet. Außerdem entstehen hier Räume für die Gäste und die Dienerschaft.
- Der große Konventbau soll die Fabrik aufnehmen.
- Der Bibliotheksaal verbleibt in seinem ursprünglichen Zustand.
- In den Refektorien wird die Montageabteilung eingerichtet.
- Im Studentenbau könne man »für 98 Arbeiter Schlafstellen unterbringen«.
- Die Leute werden in der Meierei verköstigt.
- Über den Pferdeställen habe es genügend Platz für weitere 60 Mann.
- Die Kirche gedenke er zur Papierfabrikation zu verwenden.[180]

Von Anfang an sieht Koenig die Parallelität zwischen der geplanten Papierfabrik und seiner Schnellpressenfabrik. Die Frage drängt sich von allein auf, denn die Schnellpressen verfügen über ein gegenüber den alten Pressen größeres Format: damit wird ein Teil ihrer Rentabilität begründet. Er schreibt an Nördlinger: »... kaum ein Gewerbe ist in Deutschland so zurück als die Papiermacherei, besonders im nördlichen Deutschland. Ich höre zwar, daß man einige Verbesserungen versucht hat ... allein die neuesten Werke der deutschen Literatur, die ich gesehen habe, sind noch immer auf erbärmlichem grauen Papier gedruckt. Ich hatte besondere Gelegenheit, die Papiermaschine beinahe genauso wie meine eigenen (Maschinen) zu kennen, auch habe ich mich mit dem Prozess des Bleichens der Lumpen und den Mitteln, weißes und glattes Papier zu fabrizieren, wohl bekannt gemacht ... es sei in Deutschland ein Mißverhältnis zwischen Theorie und Praxis. Man suche zwar mit viel Eifer alles zu Papier zu bringen, und über die Erfindungen aller Nationen sorgfältig Buch zu führen, aber dabei bleibe es meistens.«[181]

Ich bin der Meinung, daß die Koenig'schen Überlegungen zur Anlage einer Maschinenpapierfabrik eher auf Oberzell weisen als die Druckmaschinenfabrik: für sie spricht lediglich das umfassende Areal und die Tatsache des großen Flusses, der den Materialtransport (Eisen, Kohle) erleichtert: Die Verkehrswege im Land sind keinesfalls erschlossen. Für die Einrichtung der Papierfabrik spricht das Vorhandensein funktionstüchtiger Mühlen mit gutem Wasser.

Koenig's Reise nach Berlin

Bereits während seiner Tätigkeit in London erreichen ihn von Spener mehrere Anfragen zur Lieferung einer Druckmaschine. Koenig schreibt ihm 1816 mit solzer Zuversicht: »... die erste Maschine, die ich baue, soll für Sie seyn, und wenn der Kayser von China eine haben wollte, nicht nur, weil Sie sich zuerst an mich gewendet haben, sondern auch, weil Sie sich lebhaft für die Sache interessieren, und wenn man 66 Jahre alt ist, ist man in Eile, wiewohl ich von dem jugendlichen Geist, der in Ihren Briefen herrscht, schließe, daß sich Ihnen der Tod vor dem 90sten Jahre nicht nahe zu kommen getrauen wird.«[182] Am 10. September tritt Koenig die geplante Reise nach Berlin an. Hier ist er um Aufträge bemüht. Seine Verhandlungen mit Decker[183] und Spener[184] laufen nicht so glatt, wie Koenig sich das ausmalt. Er schlägt Spener die Abnahme von zwei einfachen Maschinen vor. Dazu zwei Dampfmaschinen. Er hat eine Preisvorstellung von 20000 fl. Decker will gleichfalls zwei Maschinen haben.[185] Der Vertrag wird am 15. Oktober 1817 unterzeichnet.[186] Er geht von einem Kaufpreis pro Maschine von 7000 Talern aus. Der Rest ist als Erfinderprämie zu verstehen. Die Dampfmaschine wird den Käufern zu Selbstkosten überschrieben. Hinzu kommen Kosten für den Transport, der Reisen und der Aufstellung. Koenig reist dann über Leipzig nach Halle. Hier stattet er der Canstein'schen Bibelanstalt einen Besuch ab. Man zeigt sich an einer Druckmaschine interessiert, kann sich aber nicht zum Kauf entschließen, »... da man nicht wisse, ob sich die derzeit andauernde ‚Bibelwut' fortsetze«. Am 8. November trifft Koenig in Begleitung seines Neffen Friedrich Helbig, der von ihm vorher zur Ausbildung nach Berlin geschickt wurde, wieder in Oberzell ein.

Koenig sucht nach weiteren Verbindungen u. a. nach Paris zu der Firma Treuttel & Würtz. Seine Korrespondenz mit Bauer ist lebhaft. Außerdem läßt er den vorliegenden englischen Prospekt ins Deutsche übertragen.[187] Hier macht er zwei taktische Fehler. Einmal geht er von einer den deutschen Buchdruckern unverständlichen Jahresprämie aus (wie das in England üblich war). Außerdem regt er den Gebrauch einer Dampfmaschine bzw. eines

Pferdegöpels zum Antrieb der Maschinen an. Dementsprechend gering ist die Resonanz auf das verschickte Zirkular.

Der Winter von 1817 auf 1818 vergeht unter Vorbereitungen zur Inangriffnahme der Fabrik. Er wartet die Ankunft Bauers ab, der sich in London aufhält. Koenig schreibt ihm, »... er solle zwei Arbeiter aus ihrer Londoner Werkstätte, Liversedge und Kunkey, bewegen, mit nach Oberzell zu kommen. Man wolle Liversedge eine hübsche Wohnung einrichten und für ihn die Hin- und Rückreise bezahlen. Bei Kunkey solle er vorsichtiger sein.«[188] Diese Vorsicht scheint berechtigt zu sein. Man kommt nicht mit ihm zurecht. Er wird im September 1819 nach London zurückgeschickt.

Bauer soll sich außerdem um die Beschaffung der nötigen Werkzeuge kümmern ... man könne auf viele englische Werkzeuge nicht verzichten.[189] Bauer soll in Lüttich einen tüchtigen Schmied engagieren; Ambosse, Hämmer, Zangen und Schraubenstöcke, wenn nicht kaufen, so bestellen. In Ehrenbreitstein soll er wegen der Lieferung von Stab- und Schmiedeeisen Erkundigungen einziehen. Auch Bauer verfolgt aufmerksam das Geschehen auf dem graphischen Sektor. Er schreibt am 17. Oktober 1817 an Koenig: »Da die Lithographen jetzt auf Papier schreiben, statt auf den Stein selbst, und den Firnis auf den Stein abdrucken, fragt sich's, ob man nicht mit Firnis (ich gebe dem Stoff diesen Namen) von einer Form Typen auf Papier drucken, ihn vom Papier auf den Stein bringen und den Stein zu einer Art Stereotype machen könne?«[190]

Am 28. Mai 1818 kommt Bauer mit seinen beiden Töchtern Caroline und Sophie, und deren Mutter, einer Mrs. Keen, mit der Bauer ein nicht gerade glückliches Verhältnis hat,[191] nach einer unbequemen Reise in Oberzell an.

Bauer's Besuch bei Cotta

Kaum ist Bauer in Oberzell, unternimmt er eine Reise nach Stuttgart. U. a. führt er mit Cotta Gespräche zwecks Lieferung von Druckmaschinen. Cotta hat sich 1816, angeregt durch Presseberichte, schriftlich an Koenig nach England gewandt und Interesse zum Ausdruck gebracht.[192] Das Geschäft mit Cotta kommt aus verschiedenen Gründen nicht zustande. So ist Cotta in Sorge, ob er genügend Druckaufträge für die ihm vorgeschlagene Druckmaschine erhalten wird. Dazu

Ansicht des Prämonstratenserklosters Oberzell von der anderen Mainseite aus gesehen. Deutlich erkennt man die Gestaltungsprinzipien des Baumeisters Balthasar Neumann und seines Sohnes. Im rechts vom Kloster gelegenen Dorf Zell lebt u. a. Andreas Albert, der später eine eigenständige Druckmaschinenfabrik in Frankenthal/Pfalz gründet.

schreibt ihm Koenig: »Wenn Sie letztere noch nicht auf dem deutschen Markte finden, so werden wir es Ihnen mit der Zeit machen, denn wir werden hier Papiermaschinen bauen und Papier machen, sobald es die Umstände und unsere Mittel erlauben ... uns auf das Geschäft auszudehnen. Dies Kloster hat dazu alles, was man sich nur wünschen kann.«[193] Cotta ist außerdem verunsichert, weil der Wiener Buchdruckereibesitzer Anton Strauß, der sich während der Jahre 1814 und 1815 mit der Erfindung von Buchdruckmaschinen beschäftigt, ja selbst ein Patent auf sechs Jahre dafür erhält. Dazu schreibt Koenig am 1. März 1818 an Bauer: »Strauß hat einen elenden Versuch gemacht, eine Druckmaschine zu bauen. Hat in der Stille wieder aufgehört.« Dies hatte ihm der Wiener Optiker Voigtländer, der längere Zeit in London lebt, mitgeteilt.[194]

Hinzu kommt der ihm angetragene hohe Preis von 26500 Gulden rheinisch für zwei Komplettmaschinen. Außerdem wird eine Prämienzahlung von 500 Gulden verlangt. Der Schriftwechsel wird durch eine längere Reise Cotta's nach Italien unterbrochen. Er läßt sich von seinem Faktor Reichel[195] ein Gutachten erstellen. Er stellt fest: »... daß der Vorteil dieser Maschinen in die Augen springe ... selbst wenn sie nur $^2/_3$ des Versprochenen halte. Allerdings sei auf die Tatsache hingewiesen, daß das deutsche Druckpapier von weitaus schlechterer Qualität als das englische sei. Man müsse bedenken, ob ein Mensch sich auf den schnellen Rhythmus der Maschine einstellen könne? Ihm scheine die Sache noch zu neu, daß sie nicht mißlingen könnte.«[196] Aus der Cotta'schen Absage darf man nicht schließen, daß er grundsätzlich negativ gegenübersteht. Immerhin bemüht er sich der Erteilung eines »württembergischen Patentes« für die Koenig'schen Druckmaschinen. Es ist nicht bekannt, ob es realisiert wird.

Aufbau, Lieferung der Walter-Maschine

Zuerst werden eingerichtet:
- Eine mechanische Werkstatt
- Zwei Schmieden
- Eine Modellschreinerei
- Die Eisen- und Messinggießerei

Jetzt steht an, die dem Verleger der Times zugesagte Druckmaschine zu liefern. Hier zeigen sich bereits typische Komplikationen von Oberzell:
- Kein Fachpersonal
- Schwierige Beschaffung der Rohstoffe
- Chronischer Geldmangel

Johann Friedrich Freiherr Cotta von Cottendorf (1764–1832). Cotta druckt zahlreiche Werke von Schiller und einige Gesamtausgaben von Goethe. In der Zeit von 1807 bis 1865 verlegt er das »Morgenblatt für gebildete Stände«. Bildnachweis: Lithographie von unbekannter Hand. Mit freundlicher Genehmigung des Cotta-Verlages, Stuttgart.

Walter muß mehrfach um Geduld angegangen werden.[197] Die Maschinenteile hätten zum Zusammenbau am 15. Oktober 1818 in London sein sollen. Anfang März 1819 muß Koenig Walter erneut um Verständnis bitten. Er begründet es damit, »... daß sie von der nächsten Gießerei 44 englische Meilen entfernt sind und einmal vier Wochen auf eine Lieferung warten mußten. Aufgrund seiner jetzigen Erfahrungen wäre es besser gewesen, den Auftrag erst nach der Fertigstellung aller Werkstätten anzunehmen. Walters Drängen übe aber auf sie einen wohltätigen Zwang aus, die Einrichtung ihrer Fabrik so schnell als möglich zu vollenden.«[198]

Anfang Juli 1819 schreibt Koenig an Edwards, einem Mitarbeiter von John Walter: »... wir sind so vielen Enttäuschungen und Hindernissen begegnet ... daß jeder nicht an allerhand Gewöhnte davon niedergedrückt werden müßte. Der Hauptübelstand ist der Mangel geeigneter und tüchtiger Arbeiter. Hierzulande befinden sich die Geschäfte in dem Zustand, in dem sie in England vor 70 oder 100 Jahren waren: die Modellmacher sind Zimmerleute, die Eisen- und Messingarbeiter Schlosser oder Grobschmiede. Sie vereinigen sich in Zünften und wandern im Lande herum, von einem kleinen Meister zum andern.[199] Wir hatten im vorigen Jahr deren eine Anzahl zusammengebracht, aber nachdem wir zehnmal mehr Unverschämtheit, Einbildung, Verkehrtheit und Pfuscherei über uns ergehen lassen (mußten), als sich irgendein englischer Meister gefallen lassen würde, fanden wir es doch unerträglich, mit diesen Menschen weiter zu arbeiten ... so haben wir Anfangs des Jahres alle an die Luft gesetzt und nur unser englischer Werkführer und ein Schmied sind geblieben. Wir nehmen jetzt junge Leute, um ihnen unser Geschäft zu lehren. Herr Bauer unterrichtet von früh bis spät in den Werkstätten gleich einem Schulmeister.«[200]

An Walter schreibt er: »... infolge des langen Krieges herrscht in Deutschland ein allgemeiner Mangel an guten Arbeitskräften ... die Arbeiter sagen Ihnen trocken, daß ihnen zwei Tage Arbeit genügen, um eine Woche zu leben. Das richtige Material für Fabrikarbeiter ist hier nicht vorhanden.«[201]

Es liegt nicht nur an den Menschen. Hinzu kommt die schwierige Beschaffung des Materials. »Koks kommt, in Zuckerfässern verpackt« aus England. Die enormen Frachtsätze verschlingen hohe Summen. Verbunden damit sind »unberechenbare« Lieferzeiten, die Zusagen unmöglich machen. So meldet Koenig, daß die Maschinenteile am 15. Oktober 1818 in London sein sollen. Am 11. November 1819 meldet er ihren Abgang von Oberzell, »daß, wenn alles gut ginge und durch die zöpfischen Privilegien des Stapelrechts von Mainz und Köln, keine Verzögerungen entstünden, die Sachen am 10. Dezember in London sein könnten.[202] Es klappt nicht, denn ein Eisgang führt zum Einfrieren des Schiffes auf der Schelde. Die Maschinenteile kommen erst Ende Februar 1820 in London an. Walter ist verärgert: er läßt die Maschine von Cowper und Applegath, den frühen Konkurrenten von Koenig, nach seinen Wünschen umbauen. An Koenig bezahlt er nur die vertraglich fälligen 200 Pfund abzüglich der Frachtspesen. Koenig entschuldigt sich noch einmal: »Die Verzögerung sei durch die Verhältnisse, nicht durch sie persönlich verschuldet, denn $^{9}/_{10}$ der Arbeit habe durch Leute gemacht werden müssen, die ein Jahr vorher Weinbauern gewesen und vor ihrem Eintritt in die Fabrik kaum eine Feile, geschweige eine Drehbank gesehen haben.«

Später gleichen sich die Spannungen aus. Walter ist mit der Leistung der Maschine zufrieden: sie druckt 1500 Bogen/Std. Er bezahlt den offenen Restbetrag durch den Agenten Hunnemann.

Der Bau dieser Maschine schließt für die Fabrikbesitzer mit erheblichem Verlust ab. Das Unternehmen steht vor einer ernsten Bewährungsprobe. Die deutschen Drucker stehen der Einführung von Druckmaschinen ablehnend gegenüber:

- Ihre Bauart wird als zu kompliziert angesehen
- Die Leistungen werden angezweifelt
- Die Preise erscheinen zu hoch (man sieht Prämienzahlungen nicht ein)
- Die Arbeiter sind ungeübt im Umgang mit ganzmetallischen Schnellpressen
- Emotionen gegen technische Neuerungen
- Man befürchtet eine weitere Zunahme des Konkurrenzdruckes

Auf der anderen Seite ist das Unternehmen etabliert. Aufträge bleiben weitgehend aus. U. a. ist Cotta abgesprungen. Koenig und Bauer suchen neue Absatzkanäle. Daraus entsteht auch der

Dialog mit Brockhaus

Der alte Brockhaus hat nach langem Zögern abgelehnt: er wolle die Entscheidung seinem ältesten Sohn Friedrich überlassen, der die Buchdruckerkunst erlernt habe. Koenig kontert geschickt und schlägt ihm vor, er solle seine Druckerei nach Oberzell verlegen: »... der dritte Stock eines Flügels gäbe ein vortreffliches Lokal für 70 bis 80 Setzer; in einem der gewölbten Säle (Parterre) könnten die Druckmaschinen aufgestellt werden; wir hatten Wasser, sie zu treiben, und ungeheure, schöne Böden zum Trocknen. Auf diesen Gedanken hat uns die Äußerung in Ihrer gedruckten Anzeige, daß Sie das Papier aus Franken und Bayern bezogen hätten, gebracht ... Wir wollen Ihnen aber im Vertrauen noch einen anderen Plan, den wir haben, mitteilen. Wir werden hier die englische Papiermaschine, die 110 Ries in einem Tag macht, bauen und anwenden. Wir haben innerhalb der Klostermauern zwei Mühlen. Wir haben eine mechanische Werkstätte, um dergleichen im Haus zu bauen ... und alle nötigen Kenntnisse. Das deutsche Druckpapier ist ein Schandartikel, womit kein englischer Buchhändler vor das Publikum zu kommen sich unterstehen dürfte. Die Engländer machen aus denselben Lumpen die schönsten Papiere. Vielleicht liese sich zwischen

Friedrich Arnold Brockhaus (1772–1823). Er interessiert sich im Verbund mit der Herausgabe seines Lexikons für die »neue« Technologie der Buchdruckmaschinen. Da er selbst kein gelernter Buchdrucker ist, muß er aus zünftigen Zwängen abwarten. Erst sein Sohn Friedrich wagt den Schritt.

unseren und Ihren Plänen und Mitteln eine Verbindung ausmitteln, die beiden Parteien vorteilhaft wäre?«[203] Brockhaus lehnt ab, »... da die typographische Direktion jede Stunde eingreifen muß, und Korrespondenz darin nicht supplieren kann«. Wieder kontert Koenig, indem er sich erbietet, in Leipzig eine Druckerei für Brockhaus einzurichten, d. h., »... auf eigene Kosten und unter eigener Leitung 2 Druckmaschinen zu seinem Gebrauch in Leipzig aufzustellen, mittels denen dann die Preßarbeit 25 % billiger zu übernehmen ist, als derselbe in der eigenen Druckerei, d. h. als der Lohn der Druckergesellen, beträgt. Brockhaus solle sich nur verbindlich machen, hinlängliche Beschäftigung für zwei Maschinen auf zehn Jahre schaffen und das Lokal dazu hergeben; nach Ablauf dieser Frist sollten die Maschinen unentgeltlich in das Brockhaus'sche Eigentum übergehen.« Nun sagt Brockhaus:

»Er würde ihnen gleich jetzt näher entgegenkommen, wenn sich der Ausführung nicht mehrere Umstände entgegenstellten, als welche er den Mangel an Gewerbefreiheit, den Zunft- und Innungszwang und die für die Errichtung einer Buchdruckerei erforderliche Konzession nenne. Er selbst habe sich, weil nicht gelernter Buchdrucker, mit einem solchen arrangieren und seine eigene Druckerei auf dessen Namen errichten müssen ... dies daure so lange fort, bis sein ältester Sohn das für den selbständigen Geschäftsbetrieb erforderliche Alter erreicht hat. Er soll zur weiteren Ausbildung nach Paris und London gehen und seinen Weg über Oberzell nehmen, wo er dann die Angelegenheit mit den Herren Koenig und Bauer persönlich besprechen könne.«[204]

Koenig antwortet schon am 19. Juli: »... daß ihm die Buchdruckerzunft in Leipzig nicht günstig sein würde, habe er sich allerdings vorgestellt, doch sei er ein gelernter Buchdrucker und geborener Sachse, und man könne gegen ihn keine begründeten Einwendungen erheben ... wir denken uns die Sache anders. Drucken mit einer Maschine ist ein neues Gewerbe, eine freie Kunst, die keinem Innungszwang unterworfen ist.«

Friedrich Brockhaus (1800–1865). Er hält sich mehrfach in Oberzell auf, um sich über den Fortgang des Schnellpressenbaues zu informieren. Im Mai 1826 wird eine Koenig'sche Schnellpresse in Leipzig bei der Fa. Brockhaus installiert.

Die Sache zerschlägt sich. Der junge Friedrich Brockhaus bleibt nur fünf Tage in Oberzell. Dieser Dialog zeigt auf der einen Seite den unternehmerischen Wagemut Koenigs, und auf der anderen Seite die Tatsache, daß er mit seiner Firma vermutlich nicht in der Lage gewesen wäre, für Leipzig zwei kostenlose Maschinen zu bauen. Das Unternehmen ist ständig in akuter Geldnot, aus der sie nur der Staat befreien kann.

Was die Firma Brockhaus anbelangt, so werden erst im Januar 1826, infolge einer Besprechung zwischen Friedrich Brockhaus, der dem 1823 verstorbenen Vater in der Leitung des Unternehmens folgt, und Koenigs Neffe, Fritz Helbig, Verhandlungen wegen der Abnahme einer Druckmaschine aufgenommen. Es führt zu einer Bestellung: am 27. Mai 1826 trifft die in Oberzell gebaute Maschine in Leipzig ein.[205]

Erfolglos wird gleichfalls mit Grund's Erben in Hamburg, den Besitzern des »Hamburger Correspondent« und dem königlich-dänischen Etatsrat, Postdirektor Monrad verhandelt. Jetzt steht nur noch der größere Auftrag für Spener und Decker in Berlin an.

Die ersten Druckmaschinen für Deutschland
(Der Berliner Auftrag)

Der Liefertermin für die Berliner Maschinen liegt schon über ein Jahr zurück. Koenig und Bauer treten mit einem neuen Vorschlag an ihre Auftraggeber. Man will anstatt der beiden einfachen Maschinen zwei »Schön- und Widerdruckmaschinen« liefern. Dies wird angenommen und führt zu einer Vertragserweiterung.[206] Außerdem wollen sie die Maschinen für Handbetrieb bauen, »... die Idee einer Dampfmaschine oder eines Pferdegöpels erschreckt die Menschen in Deutschland«. Decker erklärt, daß er »Kurbel und Schwungrad« zwar als Notbehelf akzeptiere, aber sonst bei der Dampfmaschine bleiben will, während Spener schon eine Dampfmaschine in Berlin bestellt hat.

Koenig und Bauer machen verschiedene Zugeständnisse, um ins »Geschäft« zu kommen. »... da die Herren Decker und Spener ihre Bereitwilligkeit zur Beförderung des Etablissements der Herrn Koenig und Bauer durch die erste Bestellung von Druckmaschinen und bedeutende Vorschußbewilligungen bekundet haben, so verpflichten sich dagegen die Herren Koenig und Bauer, in einem Zeitraum von zehn Jahren von dem Tag an, wo die Maschinen in Gang gebracht sein werden, an niemanden in Berlin, noch in einem Umkreise von 25 Meilen um diese Stadt, eine oder mehrere gleiche oder ähnliche Druckmaschinen zu einem geringeren Preise, als die Herren Decker und Spener dafür bezahlen, weder anzufertigen noch zu liefern.«[207] Georg Decker stirbt am 25. August 1819. Bald danach wird der ursprüngliche Plan einer gemeinsam zu betreibenden Druckerei aufgegeben.

Die Spener-Unger'schen Briefe[208]

Der Briefwechsel ist für die Entwicklung der Buchdruck-Geschichte in der ersten Hälfte des 19. Jh. von Bedeutung, denn er zeugt von dem Willen, die Fabrik in Oberzell zu etablieren, den mißlichen Begleitumständen und dem unternehmerischen Mut, der auf der Besteller- und Lieferseite dazu notwendig ist. Der Schriftwechsel zeigt das »lebendige« Bild der Umstände, unter denen die ersten Schnellpressen in Deutschland geschaffen werden.

Karl Unger ist der Faktor Speners. Er trifft am 4. August 1821 in Oberzell ein. Ursprünglich will er »nur« drei Monate bleiben: aber erst im September 1822, nach mehr als einem Jahr, verläßt er es. Er wohnt den Druckproben der beiden für Spener bestimmten Maschinen bei. Die von Unger an seinen Chef gesandten Berichte geben ein anschauliches Bild von dem allmählichen Vollenden der Maschinen, von den Arbeiten Koenigs und Bauers, ihrem Leben und den damaligen Verhältnissen in Oberzell. In einem Brief vom 7. August 1821 berichtet Unger:[209]

»... ich wurde darauf in einen Saal geführt, in dem an verschiedenen Stellen die Teile der vier Maschinen aufgeschichtet waren. Herr Bauer zeigte mir einzelne Teile, machte mich auf ihre Konstruktionen aufmerksam, und wie sie nicht allein mit der größten Sorgfalt gearbeitet, sondern bei ihrer Gestaltung sogar darauf Rücksicht genommen sei, bei einer je eintretenden Reparatur das Herausnehmen und Wiedereinsetzen auch einem weniger geübten Arbeiter möglich und leicht zu machen, wiewohl er fest überzeugt sei, daß bei einer aufmerksamen Behandlung ein solcher Fall nie eintreten werde. Keiner, von dem größten bis zum kleinsten dieser Teile ist aus der unzuverlässigen Hand eines Arbeiters entstanden; keiner schwankenden Hand ist es überlassen, den Bohrer zu leiten; alle Verrichtungen werden durch Maschinen bewirkt, die in ihren Bewegungen nicht um ein Haar weichen, und deshalb kann der künstliche Bau einer Taschenuhr in Ansehung der gleichförmigen Bewegungen mit dieser 100 Zentner schweren Maschine keinen Vergleich bestehen ... Eine Druckmaschine ist vielleicht nicht die höchste Aufgabe der Mechanik, so wie sie aber in Ansehung der Arbeit hier geschaffen wird, wird sie bei unseren Berliner Künstlern Bewunderung erregen und eine Aufgabe bleiben, die, wie ich glaube, keiner von ihnen zu lösen vermag. Mit großer Sorgfalt ist Herr Bauer in Ansehung des Materials zu Werke gegangen; daß dies oft aus der Ferne herbeigeschafft werden muß, daß zur Anfertigung der bedeutenderen Maschinenteile erst künstliche Maschinen ersonnen und erbaut werden mußten, dies legte dem raschen Fortschreiten des Baues große Hindernisse in den Weg ... Der größte und am mühsamsten zu erzeugende Teil der Maschine liegt fertig vor meinen Augen, darunter Räder von vier Zoll bis zu drei Fuß Durchmesser; mit Wohlgefallen blickt man auf die Arbeit, aber mit noch größerem Wohlgefallen sehe ich hier ein bereits zusammengefügtes Gestell zum Druckwerk, bei dessen Anblick es einem möglich wird, sich die Bewegung des Karrens, der Druckzylinder usw. denken zu können ... späterhin wurde die Ankunft des englischen Eisens ... und der englischen Kohlen gemeldet. Herr Koenig zeigte mir den Frachtbrief, auf die summierten 800 Gulden Fracht aufmerksam machend, mit dem Beifügen, die Summe falle ihnen hart, und sie hätten auch ihr vorhandenes Eisen zu dem Zwecke füglich anwenden können, wenn sie mit weniger Gewissenhaftigkeit zu Werke gehen wollten. Vierzig Menschen sind hier in Tätigkeit; der größere Teil von ihnen steht unter Herrn Bauers Leitung, der ausschließlich die mechanischen Arbeiten leitet; unter ihnen arbeitet Herrn Koenig's Neffe. Herr Koenig nimmt an diesem Geschäft keinen Teil: unter seiner Aufsicht wird gebaut, ... er ist beschäftigt, 16 Fuß unter der Erdoberfläche einen Kanal anzulegen, durch den das Wasser einer Mühle in den Main geleitet werden soll. Die Herren wollen eine Schneide- und Lohmühle anlegen, mit der sie ihr besonders Glück zu machen hoffen. Neben ihr soll eine Papiermaschine bestehen und ihre mechanische Werkstatt fortgesetzt werden, für die ihnen jetzt mehrere Aufträge geworden sind, die aber vor Ablieferung der Maschinen nicht begonnen werden sollen ...«

Am 22. September 1821 schreibt Unger nach Berlin: »... gestern vormittag wurde ich zu den Herren Koenig und Bauer beschieden, wo mir ein Verzeichnis vorgelegt wurde, in dem unter den Rubriken Gießerei, Dreherei, Feilbank, Schmiede – jeder einzelne noch anzufertigende Maschinenteil namhaft gemacht und dem, hinten ausgeworfen, die zu seiner Anfertigung erforderliche Zeit beigefügt war. Aus diesem ergab sich, daß ausgangs Dezember sämtliche Arbeiten beendigt und es alsdann sogleich an die Probedrucke gehen soll. Hierauf erklärte sich Herr Koenig folgendermaßen: Die vielen Kosten, die wir auf (die) Herbeischaffung der Materialien haben verwenden müssen, die lange Zeit, die, ohne unser Verschulden, der Maschinenbau erfordert hat, noch mehr die Verpflichtung, die wir uns auferlegt, statt der einfachen Maschinen Komplettmaschinen zu liefern ... und die uns zu noch größerem Kostenaufwand gezwungen hat, während daraus für Sie Gewinne an Zeit und Geld entstehen wird, hat unsere Mittel erschöpft. Im vorigen Jahr wurde uns von der Regierung ... ein zinsfreier Vorschuß von 20000 Gulden bewilligt, und hiervon 10000 ausgezahlt ... diese sind in die Maschinen geflossen und wir haben nicht Hoffnung, eine nochmalige Zahlung auf Abschlag zu erhalten, da wir nicht nachweisen können, obige Summe für den beabsichtigten Zweck verwendet zu haben. Wir sind gezwungen, bei Herrn Spener auf einen neuen Vorschuß von 2500 Talern anzutragen, um den Maschinenbau vollenden zu können. Ein gleiches Ansuchen wird an die Decker'schen Erben gehen, jedoch nur um 1000 Taler ... Herr Koenig ersuchte mich, Ihnen dies zu schreiben und die Anlage von ihm beizulegen ... ich glaube zur Verhütung jedes Zeitverlustes nachgeben zu müssen ... schon im vorigen Jahr äußerte ich Ihnen meine Besorgnis, daß Geldnot eintreten werde; jetzt ist aber die begründete Hoffnung, daß die Sachen in kurzem zustande kommen werden, und der Verlust Ihres Kapitals nicht mehr zu befürchten. Ich war der erste und letzte, der nicht für die Druckmaschinen stimmte, der immer Zweifel hatte; ich kenne jetzt fast alle Teile der Maschine, die noch nicht vorhandenen wenigsten im Modell, und habe nun ein so unbedingtes Vertrauen zu ihrer Tüchtigkeit, zu ihrer Dauer und Zuverlässigkeit, daß bei mir kein Zweifel mehr Raum hat ...«

Schon am 2. Oktober schickt Spener den gewünschten Wechsel nach Oberzell.

Das Jahr 1822 bricht an; die ungeduldige Frage des Besitzers der Haude- und Spenerschen Zeitung nach dem Beginn des Probedruckes ist noch unbeantwortet. Am 7. Februar meldet Unger:[210] »... während der letzten drei Wochen trat wieder manch unangenehmer Aufenthalt ein: zuerst mehrere Festtage, ich weiß nicht, welchen Heiligen gewidmet – dann die Ewige Anbetung, sie geht von Ort zu Ort und dauert zwei Tage ... nach ihrer Beendigung versammeln sich die Zeller in der Schenke und schlossen mit einer Schlägerei, wobei unsere Arbeiter, namtlich der geschickteste Feiler, so abgeprügelt wurde, daß er acht Tage lang zur Arbeit unfähig war. Der Kalender zeigt in den nächsten Wochen wieder rot gedruckte Tage, die uns Sorge machen.« Wenige Wochen darauf schreibt er: »... den Leuten ist anhaltende Arbeit lästig; junge Kerle, die beim Eintritt des Winters in Oberzell Arbeit suchten und fanden, und 36 Kreuzer Tageslohn erhielten, gehen jetzt lieber in die Weinberge und begnügen sich mit 24 Kreuzer. Die Arbeiter, die seit drei Jahren hier beschäftigt, gleichsam aus ihrer Natur herausgetreten und nicht abgeneigt sind, an Sonn- und Festtagen (denen es in 14 Tagen wenigstens einen gibt) zu arbeiten, bedürfen hierzu der Genehmigung des Pfarrers; wie schwer sie zu erlangen, mögen sie daraus schließen, daß neulich der Pfarrer (er war Mönch in Oberzell, als das Kloster aufgehoben wurde) von der Kanzel herab sämtliche Oberzeller Arbeiter für verdorbene Menschen erklärte.«

Am 22. Juni 1822 erfolgt der Probedruck auf der ersten fertiggestellten Maschine. Unger schreibt: »Heute morgen noch zweifelhaft ... wann es zum Probedruck kommen werde, wurde ich von Herrn Bauer aufgefordert, Formen zu liefern ... sie erhalten hierbei die ersten Probebogen: die Färbung und der Druck sind unleugbar gut; das Register, insofern es an den Seiten abweicht, ist noch nicht reguliert, wird also verbessert werden.«

Damit *ist die erste Buchdruckmaschine in Deutschland und für Deutschland vollendet* und druckt zur Zufriedenheit.

Die Probedrucke werden ausgeweitet. Für den ersten Druck von 1000 zweiseitigen Bogen werden 1 $^1/_2$ Stunden benötigt: eingesetzt sind vier Arbeiter. Die Maschine wird jetzt noch auf die gleichmäßige Färbung und guten Druck geprüft. Unger bleibt bis in den September in Oberzell, um die Beendigung der Probedrucke der zweiten Maschine abzuwarten. Dann werden sie zerlegt: die erste verläßt, verladen auf vier Wagen, am 15. November 1822 Oberzell. In der zweiten Dezemberwoche trifft Bauer in Berlin ein, um hier die ersten in Deutschland gebauten Buchdruckschnellpressen aufzustellen.

Dabei ergeben sich Schwierigkeiten: vor allem infolge des Mangels an geeigneten Hilfskräften. Bauer beschäftigt sich in den kommenden Wochen mit der Beseitigung einiger kleiner Betriebsstörungen. Am 12. März 1823 meldet er dem 74-jährigen Spener die Erfüllung des Vertrages. Ein zeitgenössischer Korrespondent berichtet: »Der Buchhändler Spener, Verleger der hiesigen Zeitung, hat behufs des Druckes derselben eine Druckmaschine aus England kommen lassen, wo mit großer Schnelligkeit und Akuratesse vermittelst Dämpfe der Abdruck des Satzes geschieht, der auf gewöhnlichen Druckerpressen von Menschenhänden verrichtet werden muß. Diese Maschine ist äußerst künstlich zusammengesetzt und gereicht dem Erfinder wegen der glücklichen Besiegung so vieler Hindernisse zur Ehre. Des Königs Majestät haben diese Maschine jetzt selbst in Augenschein genommen. Bei dieser Gelegenheit wurde sie in dessen Gegenwart in Gang gebracht und druckte das neueste Zeitungsblatt ab.«[211]

Bereits im Januar 1823 beginnt man bei Spener auf der neuen Maschine zu drucken. Die Nr. 11 der »Haude & Spener'schen Zeitung«, vom 25. Januar 1823, ist die erste Zeitungsnummer des Kontinents, die auf einer Schnellpresse gedruckt wird. Probleme tauchen wegen des übermäßigen Papierstaubes auf, der sich auf den Bogen lagert und der Farbe Zugkraft raubt.

In Berlin besucht Bauer u. a. Joseph Corty, den Gründer der ersten Papiermaschinenfabrik. Er läßt sich über den neuesten Stand der Fabrikation unterrichten. In dem letzten der vorhandenen Briefe Bauers aus Berlin, datiert 17. Juni 1823, zeigt er Koenig seine Abreise für das Ende des Monats an. Der Berliner Auftrag bedeutet für die Fabrik in Oberzell praktisch eine Bereicherung ihrer Erfahrungen. Ihre Produktion dauert mehr als drei Jahre. Koenig und Bauer haben bewiesen, daß es möglich ist, aus dem Nichts eine zu hochwertiger Arbeit fähige Maschinenfabrik aufzubauen. Sie erlösen 27000 Taler. Der hoch erscheinende Betrag steht in keinem Verhältnis zu der aufgewandten Mühe und der erbrachten Leistung. Deshalb schreibt Koenig an Decker: »... so war der Ruhm das Einzige, was wir bei den nach Berlin gelieferten Maschinen verdient haben, und dieser Artikel ist in der Welt schwer zu Geld zu machen.« Weitere Bestellungen bleiben zunächst aus. Sie bringen das Unternehmen in eine fundamentale Krise. Koenig schreibt im Februar 1820 an

Runnecken: »... nach einem zweijährigen Aufenthalt in Deutschland sind wir zu der traurigen Überzeugung gekommen, daß die Anlage einer mechanischen Fabrik ein verfehltes Unternehmen ist. Wegen Druckmaschinen haben wir zahllose Applikationen gehabt, es endet aber in blauem Dunst; fast keiner ist in der Lage, so etwas brauchen oder bezahlen zu können. Andere Arbeiten gibt es nicht: kurz, es ist keine Aussicht, ein solches Etablissement in die Länge aufrecht zu erhalten. Wir sehen voraus, daß nach Vollendung unserer gegenwärtigen Arbeiten diese schönen und kostbaren Werkstätten unbeschäftigt dastehen werden, und daß wir die so mühselig zugelernten Arbeiter entlassen müssen ... wir werden hier eine Buchdruckerei anlegen und machen eine Druckmaschine für uns selbst.« Dazu kommt es nicht. Koenig sieht pessimistisch in die Zukunft. Das Unternehmen ist gezwungen, nach finanzieller Unterstützung nachzuzuchen. Der bayrische Staat ermöglicht den weiteren Aufbau der Fabrik.

Die Inbetriebnahme der Maschinen in Berlin hat ein literarisches Nachspiel. F. Mertens berichtet am 1. 11. 1823 in der Haude & Spener'schen Zeitung: »... durch die Erfindung der Druckmaschine hat der eigentliche Buchdruck unstreitig die größte Umgestaltung erlitten, deren er als einzelner Zweig der gesamten Buchdruckerkunst nur irgend fähig war. Diese Maschine ist ein sinnreiches mechanisches Werk, das dem menschlichen Geist im Allgemeinen und dem deutschen Erfindungsgeist insbesondere, die größte Ehre macht; sie ist beinah organisch, und indem sie den Menschen von einer sehr mühsamen Beschäftigung entbindet, liefert sie mit bewundernswürdiger Geschwindigkeit ein weit schöneres Produkt, als er mit Aufbringung seiner Körperkraft auf langsam mühevollem Wege darzustellen im Stande ist. Obschon das, was die Erfinder hier im Vaterlande leisteten, eigentlich nur eine Wiederholung desselben ist, was sie zuletzt in England ausführten, so haben sie hierbei jedoch das nicht minder bedeutende Verdienst, Schwierigkeiten ganz anderer Art als dort bekämpft und glücklich überwunden zu haben. Im Jahre 1822 wurde der mühevolle Bau dieser vier Maschinen beendet, wonach deren Aufstellung und Ingangbringung durch Herrn Bauer selbst bewerkstelligt wurde; sie sind nunmehr in voller Tätigkeit und da vorliegende Zeitung mit einer derselben gedruckt worden, so findet sich der geneigte Leser durchaus im Stande, das Product derselben zu beurtheilen und die Nützlichkeit dieser interessanten Erfindung teutschen Kunstfleißes zu würdigen.«[212]

Die Unterstützung der bayerischen Regierung beim Aufbau der Fabrik

Wir haben zu fragen: wie kann überhaupt das Koenig'sche Unternehmen in dieser schwierigen Phase bestehen. Vor allem wegen drei Faktoren:

- Dem unterschütterlichen Wagemut und der nie versiegenden Geduld der Unternehmer, die von ihren Ideen überzeugt sind und an deren Erfolg glauben.
- Dem Entgegenkommen der ersten Kunden durch Vorauszahlungen.
- Durch die Einsicht der bayrischen Regierung, die die Firma nach besten Kräften festigt.

Es wäre ungerecht zu fragen, ob sich Koenig und Bauer überschätzt haben. Auf jeden Fall gelangen sie zu der Überzeugung, daß ihre eigenen Mittel aufgebraucht, die hiesigen Arbeiter unqualifiziert und die Zuführung der Roh- und Hilfsstoffe mit riesigen Komplikationen verbunden ist. Koenig äußert sich dazu: »In England ist das Eisengießen eine alte Weiberkunst, die jedermann treibt; Kaffeekochen gerät da weniger als Eisengießen: hier ist es ein Hexenprozeß.«[213] Über die Arbeiter sagt er: »... doch möchten wir keinen von den alten deutschen Handwerksklassen, Schlosser, Zeugschmied usw. empfehlen; diese Menschen sind Würgengel, und müßten ganz anders arbeiten lernen ... sind voller Dünkel und Mucken und unstet ... hinzu kommt, daß sich die deutschen Druckergesellen für Künstler halten, einen Hochmuth haben, und doch im Grunde nur gewöhnliche Arbeiter sind; mit solchen Leuten ist nicht gut etwas Ungewöhnliches vorzunehmen.«[214]

Von Anfang an erfährt das junge Unternehmen vom bayrischen Staat sinnvolle Unterstützung. Es zeigt sich schon bei der Gründung. Koenig wird von »Staats«-wegen angeboten, daß:

- Er für alle Erfindungen und »diejenigen Gewerbe, die er zuerst auf bayrischen Boden verpflanzt« ein Privilegium auf zehn Jahre erhält.
- Koenig zehn Jahre von der Gewerbesteuer befreit wird.
- Die Arbeiter der einzurichtenden Fabrik zehn Jahre vom Militärdienst befreit werden.

- Der auf den Mühlen liegende Kornzins braucht zehn Jahre nicht entrichtet zu werden. Wenn das Werk weiterbesteht, wird er aufgehoben.
- Alles, was Koenig bei seiner Ankunft und der Einrichtung der Fabrik an Maschinen und sonst nötigen Waren einführt, ist zoll- und mauthfrei.

So können sich Koenig und Bauer auf die Einrichtung »ihrer« Fabrik und um die Ausbildung der ersten Facharbeiter kümmern. Sie sehen sich bald gezwungen, in einer »Allerunterthänigsten Vorstellung« an den König Max I. um eine Stundung für die Kaufraten für den Erwerb des Klosters Oberzell zu bitten. Sie wollen die Abzahlungsrate von 10 500 Gulden erst im Jahr 1821 bezahlen.[215] Eine Stellungnahme der Regierung des Untermainkreises befürwortet die Bitte der Fabrikanten. Der damalige Regierungspräsident Freiherr von Asbeck[216] schreibt, daß von diesem Etablissement viel zu erwarten ist und führt im einzelnen aus:[217]

- Wenn Koenig seine Pfeffel gegebenen Versprechungen einlösen könne, so werde sich in dem ehemaligen Kloster Oberzell eine Fabrik erheben, »welche vielleicht keine ihresgleichen in Deutschland hat, die nicht nur viele Menschen beschäftigen ..., sondern auch eine Schule werden, worin Arbeiter gebildet und mechanische Genies zu nützlichen Erfindungen Anregung und Ideen erhalten«.
- Daß die Fabrikanten für ihre Versprechungen einstehen, dafür bürge der Erfolg ihrer Londoner Zeit,
- Hinzu kommt der vorzügliche Ruf dieser Männer als mechanische Künstler, den England durch Patente anerkannt hat.
- Außerdem spricht für das Gelingen des Unternehmens die erste Bestellung aus Berlin.
- Da die Fabrikanten für einige Jahre nur Ausgaben hätten, sei deren Bitte um Zahlungsaufschub zu befürworten.

Ende November berichtet Asbeck dem König über seinen letzten Besuch in der Oberzeller Fabrik und sagt: »die Fabrikanten würden allen Willen zeigen, ihre übernommenen Verbindlichkeiten zu erfüllen«.[218] Der König entspricht dem Stundungsantrag, so daß die beiden Unternehmer vorerst von ihrer drükkenden Zahlungsverpflichtung befreit sind.

Die Berichte im Kunst- und Gewerbeblatt

Das Kunst- und Gewerbeblatt bringt im Januar 1820 den ersten Bericht über das Bestehen der jungen Maschinenfabrik. Der aus Nürnberg datierte Artikel gibt bekannt, daß die Herren Koenig und Bauer, die man aus englischen und deutschen Blättern »als Erfinder einer durch den höchsten Grad von Vollkommenheit und artistische Vollendung ausgezeichneten Durckmaschine« kenne, ihrem deutschen Vaterland wiedergegeben seien und Wohnsitz in Oberzell genommen hätten. Sie seien dabei, Deutschland mit den »Werken ihrer Erfindung zu bereichern«, worauf sie schon Bestellungen erhalten haben. *Mit der Erfindung dieser schätzbaren Künstler beginne für die Buchdruckerkunst eine neue Epoche, und wie der Zwerg gegen den Riesen stünden die bisher üblich gewesenen Druckerpressen gegen die neue Erfindung an.* Die Druckmaschine leiste in gegebener Zeit mit »drei paar Menschenhänden«, was früher elf der bisherigen Pressen, die 24 erwachsene rüstige Menschen benötigten, kaum zu leisten vermochten. Durch die neue Maschine würde der Druck besser als früher ausfallen, und die Farbe werde durch eine »sinnreiche Mechanik« der Maschine ununterbrochen mit einer Genauigkeit und Gleichförmigkeit auf die Satzplatten gebracht, die bei der gewöhnlichen Druckpresse unmöglich sei. Alles in allem mache die Erfindung, »welche unserem deutschen Vaterlande angehört«, nach dem Urteil jedes Sachkundigen den gelungensten Werken des englischen Erfindergeistes die Palme streitig.[219]

Kurz danach erscheint ein weiterer Artikel »Über die mechanische Fabrik der Herren Koenig und Bauer zu Kloster Oberzell bei Würzburg«. Er ist insofern von Interesse, weil hier das Fabrikgeschehen näher beschrieben ist:

»Man habe bereits vor Jahren eine Beschreibung der von diesen Herren erfundenen Druckmaschinen gebracht und freue sich mitteilen zu können, daß die Herren nicht nur bayrische Mitbürger geworden seien und ein Unternehmen gegründet hätten, das nicht allein die Herstellung verbesserter Buchdrukkerpressen (so verdienstlich dieses auch für ganz Deutschland und die gebildete Welt seyn mag), zum Gegenstande habe, sondern daß dieses vielmehr als Fabrik für viele Gattungen mechanischer Instrumente und Vorrichtungen bald auf eine wirksame Art in die Verbesserung und Belebung vieler Gewerbe unseres Vaterlandes eingreifen werde.« Nachdem sich dieses »merkwürdige Etablissement« seit mehreren Jahren im Stillen entwickelt habe, sei es an der Zeit, darüber ausführlichere Nachricht zu geben.

»Von dem Wunsch in seinem Vaterland zu leben, seien Koenig und Bauer nach Bayern gekommen und hätten das für ein Unternehmen, wie sie es vorhatten, jede zu wünschende Bequemlichkeit bietende Kloster Oberzell gekauft. Die bey der Errichtung einer solchen Anstalt zu überwindenden Schwierigkeiten, besonders in einer Gegend, wo man weder ihre Natur kannte, noch ihr Bedürfnis fühlte, waren sehr mannichfaltig, und es gehörte eine unermüdliche Ausdauer und Thätigkeit dazu, um sich dadurch nicht abschrecken zu lassen, und sie so glücklich zu beseitigen, als es hier den Unternehmern derselben gelungen ist.«

Die Fabrik bestehe ... wie ähnliche Etablissements dieser Anlage in London, aus einem Aggregat von Anlagen und Vorrichtungen, um metallne, besonders gußeiserne Maschinen zu bauen. Die nennenswerten sind:

- Eine Werkstätte, um Gußmodelle zu machen.
- Eine Eisengießerey, mit zwey Cupola-Oefen, und einem vom Wasser getriebenen Cylinder-Gebläse.
- Eine Messinggießerey.
- Eine Metalldreherei, wobey die neuesten Verbesserungen an der Drehbank, diesem einfachen, aber für die Mechanik doch höchst wichtigen Werkzeuge, angebracht sind.
- Zwey Schmieden und ...
- die eigentliche mechanische Werkstätte, worin metallne Maschinenteile, Werkzeuge, Bohrwerke und dergleichen bearbeitet, gestaltet und zusammengefügt werden.

Auf solche Weise ist diese Anstalt in den Stand gesetzt, alle Arten von Maschinen herzustellen, und man darf sie ohne Übertreibung für eine der vollständigsten zur Erbauung mechanischer Kunstwerke, die in Deutschland bestehen, erklären. Man habe das Werk von Grund auf neu anlegen müssen ... noch empfindlicher aber wurden die lebenden Werkzeuge, die Arbeiter, vermißt, die sämtlich erst, jeder für seinen Platz, angezogen und eingelernt werden mußten ... die Herren Koenig und Bauer hätten geglaubt, die Gesellen der nächst mit diesen verwandten Handwerke als Schlosser und dergleichen, für ihre Zwecke anlernen zu können. Dieß war verschiedener Hindernisse wegen, die eine Folge des Zunftwesens sind, nicht möglich, und sie sahen sich genöthigt, junge Bauernburschen des Ortes ganz aus dem Rohesten für ihre Zwecke zu bilden und anzulernen. Dieß ist, zwar mit unendlicher Mühe; aber mit glücklichem Erfolg geschehen, ... man sieht jetzt zu Oberzell schon mehrere recht geschickte und erfahrene Maschinen-Arbeiter, die Jahre vorher nur in den Weinbergen zu graben verstanden. Seit dem Bestehen der Anstalt beschäftige man sich dort mit der Herstellung mehrerer Druckmaschinen, die mit den neuesten Verbesserungen versehen würden ... Nach der Anfertigung der für einige Privatunternehmer in den königl. preußischen Staaten bestimmten Druckmaschinen, werde die Anstalt im Stand sein, sich mit andern Arbeiten und Unternehmungen zu beschäftigen, die einen mehr direkten und wohltätigen Einfluß auf den Zustand des Kunst- und Gewerbewesens in unserm Vaterland, das noch vieler Verbesserungen und Erleichterungen bedarf, haben werden.«

»... in unserem Zunftsystem ist ein empfindlicher Mangel; solche Arbeiten gehen über die Kunst- und Hilfsmittel der Schmiede, Schlosser und Mühlärzte ... es werde daher in Zukunft für Unternehmer aller Arten von Maschinereien eine große Bequemlichkeit sein, sich der Werkstätte von Oberzell zu bedienen zu können, besonders in den Fällen, ‚wo Räderwerk, Cylinder oder Gestelle von Gußeisen, große Schrauben', kurz die Bestandteile größerer Maschinen und Mühlwerke gebraucht werden; sie werden die zum Theil kostbaren Einrichtungen und Werkzeuge, dergleichen herausstellen, dort in einer Anstalt beysammen finden, und noch überdieß den Vortheil haben, den Rath dieser beyden ausgezeichneten Künstler, die mannichfaltige Erfahrungen im Gebiete der ausübenden Mechanik gemacht, und ihre Geschicklichkeit so ehrenvoll beurkundet haben, benützen zu können.«

Man müsse der »weisen und väterlich« gesinnten Regierung dankbar sein, daß sie durch die Förderung der Fabrik einen entscheidenden Schritt getan habe, durch den man in die Lage versetzt sei, mit dem Ausland in Zukunft konkurrieren zu können. Der Artikel schließt mit dem Wunsch: »Wir sehen daher mit gespannter Erwartung dem Zeitpunkt entgegen, wo die Herren Koenig und Bauer dem Publikum die Anzeige machen werden, daß sie zur Übernahme verschiedener Arbeiten für

Gewerbe- und Fabrikunternehmer bereyt seyen, und näher bezeichnen, auf welche Zweige des technischen Maschinenwesens sie durch Verbesserungen der bestehenden Apparate oder durch Einführung neuer zu wirken im Stande sind.[220]

Indem das »Kunst- und Gewerbeblatt« die Bedeutung der Firma herausstellt, unterstützt es wirkungsvoll die notwendige Öffentlichkeitsarbeit. Außerdem wird die Regierung auf sie aufmerksam. Koenig und Bauer geben bis Ende 1820 die Summe von 60000 Gulden aus. Ihre eigenen Mittel sind erschöpft: die Auftragslage ist kritisch.

»Allerunterthänigste Bitten der Fabrikanten«

Sie sehen sich erneut gezwungen, sich an den König Max I. zu wenden. Mit einer »Allerunterthänigsten Bitte der Fabricanten Koenig & Bauer die Fortschritte ihres Unternehmens betreffend« wendet sich Koenig an Max I. und bittet um ein unverzinsliches Darlehen von 20000 Gulden auf fünf Jahre. »Es falle Ihnen schwer, vom Staat Hilfe zu erbitten.« Diese Bittschrift gehört zu den bedeutendsten Dokumenten der Geschichte der deutschen Maschinenbauindustrie in der Epoche seit ihres Bestehens.[221] Um sein Gesuch durch persönliche Vorstellungen zu stützen, geht Koenig im Februar 1821 nach München. U. a. hat er eine Audienz beim Graf Lerchenfeld. An Bauer schreibt er: »... er habe bereits seinen alten Freund Asbeck getroffen, der alles tue, um ihr Anliegen zu befürworten. Ebenso sei er mit Schlichtegroll, dem Sekretär des Polytechnischen Vereins und mit Georg von Reichenbach zusammengekommen, die großes Interesse für seine Probleme zeigen würden.«[222] Koenig wird vom Staatsminister Freiherr von Zentner empfangen. Baron Stengel, ein Beamter des Finanzministeriums, gibt ihm die Versicherung, daß seine Bitte erfüllt werden könne, man hätte auch eine höhere Summe bewilligt, falls er es verlangt hätte. Max I. beauftragt Georg von Reichenbach, ein Gutachten über die Oberzeller Fabrik anzulegen. Er kommt dieser Aufforderung nach und beurteilt die Zweckmäßigkeit der »sehr motivierten Vorstellungen« der beiden Fabrikanten in einer Weise, wie sich es die Bittsteller nicht besser wünschen konnten. Es heißt darin: »Sie haben, in jener Gegend, von allen hierzu geeigneten Hilfsmitteln völlig entblößt, mit fast unendlichen Schwierigkeiten kämpfend, mit großem Zeitverlust und mit Verwendung ihrer disponiblen Fonds ... durch ihre bewundernswürdige Geduld und Beharrlichkeit, die Aufgabe zum größten Theil gelöst; denn sie sind nun im Stande, mit den bereits hergestellten Einrichtungen und Werkzeugen, fast alle nützlichen Maschinen nach verbesserter Art für den Fabrick sowohl als andern Gebrauch, ohne Anstand und in jeder beliebigen Anzahl herzustellen ... allein der eigentliche Zweck, um welchen sie die großen Aufopferungen und Anstrengungen gemacht haben, wurde nicht erreicht, denn es fehlt ihnen in diesem Lande, wo man beständig am Alten hängt, und im allgemeinen für das Bessere weder Sinn hat noch Bedürfniß fühlt; und wo überhaupt die nationale Industrie gegen andere Länder ... so unendlich langsam vorwärts rückt, an Bestellungen und Abnehmern von dergleichen bessern und daher kostspieligeren Maschinen. Ihrem mit so vieler Anstrengung und Aufopferung eben entstandenem Werk drohe die Gefahr der Untätigkeit und des schnelleren Unterganges, welches ihren gänzlichen Ruin, und einen bedeutenden Verlust für den Staat, der zur Förderung der nationalen Industrie, wozu die Fabrik von Koenig und Bauer ein eben aufblühender neuer Keim sei, in allen Teilen des Königreiches so dringend bedürfe, nothwendig herbeiführen würde. Die beiden Fabrikanten hätten sich daher entschlossen, von ihren verbesserten Maschinen zunächst selbst Gebrauch zu machen, theils um dadurch mit gutem Beispiel voranzugehen und Abnehmer für die eigene Produktion zu finden, theils um ihre ‚Fabrick mehr zu beleben' und theils um in dem abwerfenden Gewinne ihrer verbesserten Maschinen im Selbstbetrieb für ihre bereits aufgewendeten Fonds einige Entschädigung zu finden. Zu diesem Ende gedenken sie an das im Klostergebäude vorhandene Aufschlagwasser eine verbesserte Schneidmühle, eine verbesserte Lohmühle und Papiermühle zu errichten, wozu sie Euer Königlichen Majestät allerunterthänigst um die obengedachte allergnädigste Unterstützung bitten.«

Da sich die Fabrikanten durch die Erfindung der neuen Buchdruckmaschinen schon früher rühmlichst ausgezeichnet und das Schwierigste ihres neuen Etablissements in diesem Lande, »die Errichtung einer Fabrick zur Verfertigung aller nützlichen Maschinen« mit so viel Beharrlichkeit zu Stande gebracht hätten, so hege er nicht den mindesten Zweifel »wodurch in so vielen Rücksichten ein lohnender Erfolg für die nationale Industrie, auch in jenem, von dergleichen Gegenständen beinahe gänzlich entblößten Theil des Königreiches, zu erwarten steht, wogegen die nachgesuchte Unterstützung der Fabrikanten Koenig und Bauer in einem um so kleineren Verhältnis erscheint, da der Verschub der Fristen-Zahlungen für die Gebäude mit vier Prozent verzinst, und die 20000 fl. nur anlehnungsweise auf fünf Jahre verlangt werden, und da überdies für das ganze hinreichende Bürgschaft vorhanden ist.«

»Mein allerunterthänigstes Gutachten geht demnach dahin, daß die Unternehmungen allerdings würdig sind, und in jeder Beziehung einen lohnenden Erfolg erwarten lassen.«[223]

Reichenbach tut ein weiteres: er besucht Koenig und informiert ihn vertraulich über den Inhalt seiner Begutachtung. Dann erhält Koenig eine Audienz beim Innenminister Graf Thürheim und eine zweite beim Finanzminister. Beide Ministerien fordern eine Stellungnahme der Regierung des Untermainkreises in Würzburg an.

Die Stellungnahme des Untermainkreises (Würzburg)[224]

»... man fertige in Oberzell Produkte, die mit einer ‚ungemeinen' Vollendung hergestellt würden. In Kürze seien vier für Berlin bestimmte Druckmaschinen fertig. Durch das Etablissement sei ein ganz bedeutende Kapitalien in Umlauf setzender Erwerbszweig für das Königreich gewonnen. Zu den vorzüglichsten Verdiensten der Unternehmer gehöre es, daß sie ‚eine Anzahl roher Jünglinge aus der Umgegend' ausgebildet hätten. Der jüngste Jahresbericht des Landgerichtes Würzburg links des Mains beweise die wohltätige Wirkung, die von der Fabrik ausgehe. Beide Fabrikanten hätten ein solch umfassendes Wissen auf dem Gebiet der praktischen Mechanik und der Maschinenkunde, ‚daß wir diese Unternehmung für eine äußerst nützliche Schule zur Bildung junger Techniker ansehen und es für etwas sehr wünschenswerthes halten würden, wenn man sich in Oberzell mit Annahme solcher Eleven umgeben würde ... die beiden Fabrikanten hätten sich durch die auftretenden Hindernisse zu einem Kapitalaufwand genöthigt gesehen, der ihre Berechnungen bei weitem übertroffen habe, und der ihr Unternehmen ‚itzt in der interessantesten Periode seiner Entwicklung' zu hemmen drohe. Sie hätten ihre Versprechungen mit vieler Aufopferung eingelöst, und bisher nur ausgesät, ohne ernten zu können. ‚Dermal ist die Ernte nahe, allein es bedarf noch eines letzten Kraftaufwandes, um dazu zu gelangen, und dies erheischt einige Unterstützung vom Staat, dem die Obgenannten bisher noch auf keine Weise mit Bitten zur Last gefallen sind.' Die in der Bittschrift geschilderten Schwierigkeiten entsprächen der Wahrheit, und die darin mitgeteilten Tatsachen über das Gewerbe in Deutschland und England seien von großem Interesse. Die Bitten der beiden Fabrikanten über eine Stundung des restlichen Kaufschillings bis zum Jahre 1827 und die Gewährung eines Kredites auf die Dauer von fünf Jahren seien gerechtfertigt.«

»Nicht allein in den Staaten Euerer Majestät, sondern in allen Staaten, wo neue wichtige Industriezweige begründet werden sollten, sind solche Vorschüsse geleistet worden, und werden täglich neu geleistet. Ohne sie würden die größten Unternehmungen schon im Entstehen wieder eingegangen sein. Selbst in den kleinsten Staaten unterstütze man auf diese Weise die Industrie. Man habe damit die besten Erfahrungen gemacht. Das in Oberzell begründete Institut werde, wenn es zu seiner Vollendung gelange, nicht seinesgleichen in Deutschland haben, ‚... und zu den vielen Merkwürdigkeiten gehören, mit welchen die Weisheit Euerer Königlichen Majestät das Vaterland bereichert haben. Man bitte deshalb sehr, das Darlehen zinslos zu gewähren.'«

Nachdem dieses Gutachten positiv ausfällt, fällt die behördliche Entscheidung rasch. Bereits am 30. März 1821 ergeht von Max. I. in einer von Lerchenfeld und Thürheim unterzeichneten Entschließung der Entscheid, daß der »Kaufschilling« bis zum Jahr 1827 gestundet ist. Die Zinsen für das Kapital gehen zu Lasten der Staatskasse. Der erbetene Kredit wird fünf Jahre zinslos bewilligt. Die Auszahlung soll in angemessenen, mit den Fortschritten der genannten neuen Anlagen im Verhältnis stehenden Fristen erfolgen. Zur Sicherung hätten die Fabrikanten eine gerichtliche Obligation unter Verpfändung ihres gesamten Vermögens und der von ihnen zu errichtenden neuen Anlagen auszustellen.[225] Damit wird die wirtschaftliche Basis der Fabrik von Koenig und Bauer gerettet.

Entwicklung bis etwa 1830

Verhandlungen mit Cotta, Herstellung seiner Maschinen

In einem vorausgegangenen Kapitel habe ich die zögernde Haltung Cotta's erwähnt. Er ist nicht nur nach dem Urteil Friedrichs Fouques der »erste Verleger Deutschlands«, sondern erweist sich als »Mann von strenger Denkart und unternehmender Handlungsweise« (Goethe).[226] Jetzt ergibt sich ein neuer Sachverhalt. In Berlin sind einige der Koenig'schen Schnellpressen zur Zufriedenheit installiert. Cotta erhält von der Redaktion der Augsburger »Allgemeinen Zeitung« den Hinweis, daß die Fabrik in Oberzell relativ kurzfristig in der Lage ist, Druckmaschinen zu liefern. Allmählich wird das Arbeiten in der Fabrik rationeller, die Beschäftigten sind mehr eingespielt. »Die Arbeit käme jetzt in allen Abteilungen rascher als in der Vergangenheit voran. Die Schreinerei sei zum Beispiel in einer ausgezeichneten Verfassung. Die Leute seien fleißig und er sei mit ihnen zufrieden.«

Cotta entschließt sich im Oktober 1822, eine Druckmaschine in Oberzell zu bestellen. Koenig reagiert rasch. Er bietet ihm eine Maschine »wie die eben vollendete« zu einem Preis von 20000 fl. an. Sie liefert pro Stunde 1080 beidseitig bedruckte Bogen und steht ein Jahr nach Auftragserteilung zur Verfügung.[228] Am 12. November 1822 wird der Vertrag über die Lieferung der ersten für Cotta bestimmten Maschine unterzeichnet.[229]

Problematik: Die Dampfmaschine

Koenig rät in seinem Angebot an Cotta vom Einsatz einer Dampfmaschine ab und schlägt vor, an ihrer Stelle einen Pferdegöpel zu nehmen oder Wasserkraft einzusetzen.[230] Cotta ist auf Grund seiner Lokalkenntnisse der Meinung, daß eine Dampfmaschine einzusetzen ist und beauftragt Koenig mit der Beschaffung. Ihre Anschaffung führt auf dem deutschen Markt zu heftigen Kontroversen. Die Befürworter stehen den Ablehnern kraß gegenüber. Auch in Dinglers »Polytechnischem Journal« werden die Meinungen getauscht. Karl Weinrich verfaßt 1825 den Aufsatz »Ist es gegenwärtig in Deutschland vortheilhaft, Dampfmaschinen anstatt der Thierkräfte anzuwenden«.[231] Er kommt zu dem Schluß, »... daß im allgemeinen auf Grund der hohen Kosten für das Brennmaterial die Anwendung der Dampfkraft derzeit nicht empfohlen werden kann«. Joseph von Baader kontert mit seinem Aufsatz: »Beurtheilung des vorstehenden Aufsatzes mit einer Gegenberechnung.«[232] Nach seiner Auffassung sind die »Kosten einer durch Pferde betriebenen Maschine viermal höher als die bei Anwendung einer Dampfmaschine«. Unabhängig dieses »Gelehrtenstreites« haben die Leute Angst vor ihrer Einführung. »Sie war die erste in Augsburg und bot allein aus diesem Anlaß zu Gerüchten, die sich bis zur Vermutung steigern mochten, daß man in dieser Maschine den Teufel am Werke sähe.« Ein Brief von Koenig an Bauer enthält eine interessante Schilderung der Gefühle, die 1824 bei einzelnen Leuten die Dampfmaschine hervorruft. »... wir haben nur wenig Unterhaltung gehabt ... ausgenommen den Schrecken, welchen die arme zweipferdige Maschine hineingetragen hat (nach Augsburg). Das Redaktionszimmer wird sich künftighin über der Maschine befinden; Herr Stegmann, ein vorsichtiger Mann, weiß seine wahren Gefühle zu verbergen, aber Herr Wiedemann, der zweite Redakteur, hat feierlich erklärt, daß er fortan lieber unter freiem Himmel schreiben will, als in diesem Zimmer. Der Hausknecht, obwohl schon seit zehn Jahren dem Geschäft angehörend, hat am vorigen Sonnabend gekündigt und ließ sich nicht beruhigen oder davon abbringen; sein Leben sei ihm lieber ... er habe für Frau und Kinder zu sorgen. Ein alter Kaufmann beteuert, daß er nie mehr durch diese Straße gehen werde und seitens der Nonnen, die sich in einem Kloster hinter dem neuen Druckereigebäude befinden, gehört ein Sturm gegen uns nicht zu den Unmöglichkeiten.«[233]

Die Cotta'schen Schnellpressen

Zum Betrieb der Cotta'schen Maschine werden neben dem Aufseher drei Knaben benötigt. Zwei davon übernehmen das An- und Ablegen der Bogen, der dritte ist ein Gehilfe des Aufsehers. Dem Aufseher bleibt außerdem die Betreuung der Dampfmaschine überlassen. Mit dieser Besatzung wird die Leistung von acht bis zehn der »alten« Handpressen erreicht. Anfang Juni kommt die Maschine, nach »nur« fünfzehn Monaten, zum Versand nach Augsburg. Koenig reist mit seinem Neffen Helbig ab, um die Montage vorzunehmen. Zuerst soll Helbig bei Cotta die Position des Maschinenmeisters übernehmen. Die Sache zerschlägt sich und Koenig schlägt alternativ Karl Reichenbach, dessen Stiefbruder vor. Karl Reichenbach[234] hat nach Absolvierung seiner

Lehre als Drechsler und Mechaniker schon 1821 Kenntnisse im Bau von Druckmaschinen in Oberzell gewonnen. 1821 geht er auf Wanderschaft. Sein Weg führt ihn von Leipzig über Nancy, Straßburg und Paris wieder nach Deutschland zurück. Cotta stimmt dem Vorschlag zu. Reichenbach soll bei freier Wohnung im ersten Jahr 7 fl. erhalten. Er arbeitet sich rasch ein und verbleibt bis 1844 bei Cotta als Maschinenmeister, abgesehen von einer Unterbrechung in den Jahren 1827/28, wo er im Auftrag seines Onkels nach Frankreich reist. Unmittelbar nach der Bestellung der ersten Schnellpresse zeigt Cotta sein Vorhaben dem Kronprinz an: »... mittels dieser Maschine könnte ich nun die Allgemeine Zeitung, das Morgenblatt, das Kunstblatt, das Literaturblatt, den Hesperus, Pahl's Nationalchronik, die politischen Annalen, das historische Archiv, das Polytechnische Journal, die Polizeifama, eine Tageschronik, sowie Andres Nationalkalender in Augsburg drucken ... die Redaktion des Kunst- und Literaturblattes könnte dann unerachtet in München seyn, da die Schnelligkeit der Presse ohnedies viele Hindernisse beseitigt.«[235] Cotta verfügt inzwischen über den modernsten Druckbetrieb. Er entschließt sich zur Anschaffung einer weiteren Koenig'schen Schnellpresse. Es ist eine kleine Doppelmaschine, die 8000 fl. kostet und in der Stunde bis zu 2400 zweiseitig bedruckte Bogen liefert. Auf seinen Pressen werden u. a. Schiller's Werke und Goethe's, Ausgabe letzter Hand' gedruckt. Die »Allgemeine Zeitung« berichtet in dem Artikel »Die Schnellpresse«: »... die ,literarische Werkstätte' Cottas besitze jetzt zwei Schnellpressen von sehr verschiedener Gestalt und Einrichtung, die aber beide gemeinsam hätten, daß sie das siebenfache der bisherigen gewöhnlichen Buchdruckerpressen leisten würden. Beide Maschinen würden von einer Dampfmaschine aus der Werkstätte des Hrn. Murray in Leeds, dem die Verfertigung der Dampfmaschinen nach Watt's Grundsätzen eine wichtige Verbesserung verdanke, angetrieben. Die Druckmaschinen selbst seien ganz in Bayern angefertigt ... wir wünschen Hrn. Koenig, der durch seine Erfindung dem deutschen Namen im Ausland Achtung und Ehre erworben hat, fortdauernd Gesundheit und langes Leben, und sind überzeugt, daß er dann im Verein mit Hrn. Bauer und seinem kunstfertigen und bescheidenen Neffen, unter den Strahlen der nun auch im südlichen Deutschland aufgehenden Sonne der Gewerbefreiheit, seinem Vaterland und der Welt weitere nützliche Dienste leisten wird. Der schöpferische Geist solcher Männer steht nur dann still, wenn ihm äußere Fesseln die Laufbahn verschließen ... er wird aufgeweckt und zu neuen, dem Staat und seinen Bürgern wohlthätigen Hervorbringungen hingezogen, wenn Vorurtheile, Kastengeist und Neid zwar schmähen, aber nicht mehr unter dem Schutz veralteter und lähmender, sogenannter Vorrechte die Bestrebungen höherer Talente vereiteln können.«[236]

Cotta läßt von seinem Faktor Reichel umfassende Rentabilitätsberechnungen anstellen. Sie sprechen eindeutig zugunsten der Schnellpresse, daß er auf weiterführende Untersuchungen verzichtet.[237] Reichel ist von den Leistungen der Maschinen so beeindruckt, daß er im Februar 1825 an Cotta schreibt, »... er könne sich über die Schnelligkeit, mit der der Druck vonstatten geht, nicht genug wundern ... über den Mechanismus der Maschinen bin ich ganz erstaunt und kann meine Bewunderung nicht ausdrücken«.[238]

Maschinenlieferungen nach Hamburg und Kopenhagen

Inzwischen interessiert sich Carl Schröder, der Geschäftsführer des Hamburger Correspondenten[239] für die Lieferbedingungen einer Schnellpresse. Er entschließt sich zum Kauf einer »kleinen Doppelmaschine«, die so konstruiert ist, daß sie von zwei Personen in Betrieb gesetzt werden kann. Im April 1825 erfolgt die Auslieferung der für Hamburg bestimmten Druckmaschinen. Im Vertrag wird erstmals der Begriff »Schnellpresse« verwendet. Koenig bekommt für jede Maschine 10000 Gulden rh. Für Transport, Aufstellungskosten und die Anreise (des Monteurs Helbig) werden zusätzlich 2500 Gulden veranschlagt.[240] Die Maschine wird bereits am 5. Juli 1825 in Betrieb genommen. Der »Hamburger Correspondent« berichtet am 19. November 1825: »(man gesteht, daß man schon vor zehn Jahren die Absicht hatte, eine Druckmaschine anzuschaffen) ... allein theils die Unlust, eine so bedeutende Veränderung in einem lang bestandenen Etablissement vorzunehmen, theils die Gerüchte über die Mängel der Erfindung, die mit großer Übertreibung und Geschäftigkeit verbreitet wurden, hielten uns ab, früher zur Anschaffung zu schreiten. Wir sind aber HH. Koenig und Bauer in Oberzell, Erfindern und Verfertigern der Schnellpressen, die öffentliche Erklärung schuldig, daß wir mit unserer Unternehmung zufrieden sind. Die Verwendung der Schnellpresse mache es der Zeitung möglich, in manchen Fällen wichtige Nachrichten früher zur Kenntnis des Publikums zu bringen, weil es uns möglich ist, mit Anfang des Drucks zu warten, und wird vielleicht noch andere Erweiterungen des Planes veranlassen und erleichtern.«[241]

Die vierte Doppelmaschine aus der Serie von 1824 kauft ohne längere Verhandlungen der dänische Generalpostdirektor David Monrad.[242] Sie geht im Juli nach Kopenhagen und wird von Helbig aufgebaut. Es ist die erste deutsche »Export-Druckmaschine«. Diese Bestellung leitet eine bis heute anhaltende Entwicklung ein: die deutsche Druckmaschinenindustrie sollte zu einem der exportintensivsten Zweige des deutschen Maschinenbaues werden.[243]

Allmählich bekommen die Maschinenbauer den deutschen Markt »in den Griff«. Koenig entschließt sich, im Dezember 1825 ein Zirkular herauszugeben, das besser auf die Bedürfnisse der Drucker abgestimmt ist: »Seit einiger Zeit haben wir es uns zum besonderen Zweck gemacht, die Erfindung allen Umständen anzupassen, und bei dem Bau und Betrieb der Maschinen, auf den verschiedenen Bedarf von Buchdruckereyen Rücksicht zu nehmen. Wir machen jetzt, auf Verlangen, überall die Einrichtung so, daß die Maschinen von Menschenhänden in Bewegung gesetzt werden können, da auf dem Continent fast überall zwei Taglöhner wohlfeiler und leichter zu erhalten sind, als eine Druckmaschine. Außer der directen Einsparung an Arbeitslohn erhalte man durch den Besitz der Maschine eine Reihe anderer Vortheile. Man spare Licht und Feuerung, brauche weniger Schriften, da diese nur kurze Zeit in der Presse seien: sie würden dadurch länger halten. Die geringe Abnutzung der Schriften sei die größte Nebenersparnis.«[244]

Dann unternimmt Koenig eine Reise nach London. Er nimmt Mrs. Keen, die Mutter der beiden Kinder von Bauer, mit. »Sie hatte in Oberzell nur Unfrieden zu stiften gesucht, was zu einer unerträglichen Störung der häuslichen Atmosphäre führte.« Koenig hat auf ihrer Rückreise bestanden und dafür Bauers Zustimmung erhalten.[245] In England trifft er mit alten Geschäftsfreunden zusammen. Er wird von Brian Donkin, Richard Taylor und Walter empfangen. Außerdem gilt sein Interesse dem momentanen Stand der Maschinenpapier-Fabrikation. Er schaut sich in der Nähe von Oxfort die Papierfabrik eines Mr. Swan an. Mit Donkin spricht er über die geplante Papiermühle in Oberzell. Außerdem kümmert er sich um die Beschaffung der Cotta zugesagten Dampfmaschine. Koenig kehrt Ende Oktober nach Deutschland zurück. Vorher schaut er sich in Lüttich die Fabrikation von Dampfmaschinen bei Cockerill an.[246]

In die Zeit fällt ein persönliches Ereignis. Koenig heiratet, nunmehr 50jährig, die 17jährige Fanny, geb. Jacobs. Die Ehe wird am 24. Oktober 1825 von Pastor Kolb, einem ehemaligen Lehrer der Braut, geschlossen.[247] Über das familiäre Zusammenleben ist wenig bekannt. Am 9. Dezember 1827 wird der Sohn Wilhelm geboren, am 29. Juni 1829 Friedrich und am 26. Oktober 1830 die Schwester Luise. 42 Jahre nach dem Tod ihres Mannes sagt Fanny in einem Brief vom 1. Mai 1822: »Sieben Jahre der glücklichsten Ehe, das darf ich getrost und ungescheut aussprechen, verlebten wir gemeinsam, leider eben nur sieben Jahre!«[248] Sie stirbt am 1. April 1882 und wird am 4. im Kirchgarten von Oberzell begraben.[249]

Weitere Beziehungen zu Brockhaus

Allmählich spricht sich unter den Verlegern die Leistungsfähigkeit der Schnellpressen herum: in gewisser Weise entsteht eine Konkurrenzsituation. Im November 1825 erhält die Oberzeller Fabrik vom Leiter der J. B. Metzeler'schen Verlagsbuchhandlung in Stuttgart, Heinrich Erhard[250] eine Bestellung über eine kleine »einfache« Maschine mit Handbetrieb. Sie ist am 26. Februar versandfertig und geht an den Besteller ab. Erhard ist mit der Maschine zufrieden[251] und empfiehlt Koenig, sich um Patente in den deutschen Staaten zu bemühen, um seine Erfindungen vor Nachahmungen zu schützen.[252]

Friedrich Arnold Brockhaus, der Begründer der Firma, hat bereits 1818 in einem Schriftwechsel mit Koenig den Aufbau einer Maschinendruckerei erörtert. Brockhaus geht es im wesentlichen um den Druck des Konservationslexikons mit einer Auflage von 12000 Exemplaren, für die er 25 Handpressen einsetzt. Er schreibt Koenig im Hinblick auf die damit verbundene Monotonie: »... die Druckmaschinen würden wohl am geeignetsten sein, um der Eintönigkeit auf den alten Pressen entgegenzuwirken, in deren Folge schlechte Arbeit entsteht.«[253] Koenig rechnet ihm vor, daß er anstelle seiner 25 »alten« Handpressen drei Druckmaschinen benötigt. Die Vertragsverhandlungen laufen an. Friedrich

Heinrich Brockhaus (1804–1874). Er macht in seinem Tagebuch einige interessante Notizen über den Wert der Schnellpressen.

Eduard Brockhaus (1829–1914).

Brockhaus kommt Mitte Januar 1826 erneut nach Oberzell und unterschreibt den Vertrag über die Lieferung einer Druckmaschine mit Handbetrieb zum Preis von 6000 Gulden.[254] Für Transport- und Aufstellungskosten werden 1000 Gulden veranschlagt. Die Maschine soll bis Juni 1826 in Leipzig aufgestellt werden. In den Betrieb zurückgekommen, schickt er den Artikel »Schnellpresse« des Konversationslexikons und verspricht, ihn künftig unter dem Stichwort »Druckmaschine« zu veröffentlichen und nicht wie bisher unter dem Begriff »Dampfdruckmaschine«. Außerdem erbittet er für die Redaktion Koenigs Lebensdaten.[255] Im Juni 1826 wird die erste Schnellpresse bei Brockhaus in Gang gesetzt; zugleich die erste in Sachsen. Deutlich erkennt Brockhaus das konservative Element der Drucker: »... ich bin überzeugt ... viele glauben noch nicht an die Wahrheit der Sache, dafür werden sie aber ihre großen Mäuler aufsperren, wenn der kleine produktive Satan erst sein Wesen treibt, und da wird es an Urtheilen nicht fehlen.«[256] Ähnlich wie Walter, der Verleger der Times, beim Aufstellen der ersten Maschine Bedenken wegen der Drucker hat, so auch Brockhaus: »Er fand es gleichwohl geraten, für die Aufstellung der Maschine ein von dem Druckpersonal getrenntes Parterrlokal zu wählen ... auf diese Weise habe ich vor der Bosheit der Drucker nichts zu fürchten und die Maschine immer unter meinen Augen.«[257] Nicht nur die Handpressendrucker waren Brockhaus und seiner Maschine feindlich gesinnt. Vermutlich unter der Leitung des Innungsoberältesten Melzer nehmen auch die Buchdruckereibesitzer von Leipzig eine ablehnende Stellung ein. Brockhaus berichtet am 22. August 1826 an Koenig und Bauer über eine »gräßliche Verschwörung ... durch sechs Drucker aus Tauchnitz Offizin wurden alle Drucker eingeladen, sich in einer Schenke zu versammeln, um da über das Wohl der Maschine zu beratschlagen. Ich erhielt hiervon mit dem Beisatz Nachricht, daß diese Herren kommen wollen, die Maschinen zu zerstören, und wir setzen uns in Verteidigungsstand; doch ganz unnötigerweise, denn niemand erschien.«[258] Später kommt es zu einer Besprechung zwischen Brockhaus und dem Innungs-Oberältesten. Brockhaus schreibt: »Ich lachte ihn aus und frug ihn, ob eine so edle Zunft mir verbieten könne, meine Maschine durch eine Dampfmaschine zu betreiben?«[259]

Bald entschließt sich Brockhaus zum Kauf einer weiteren Maschine. Heinrich Brockhaus,

Rudolf Brockhaus (1838–1898).

Friedrichs Bruder, notiert am 26. November 1827 in seinem Tagebuch: »Die Arbeiten der Druckerei häufen sich dermaßen, daß wir zu der Überzeugung gelangt sind, noch eine Schnellpresse anschaffen zu müssen, und so ist heute eine bestellt worden, die hoffentlich in diesem Jahr eintreffen wird.«[260] Anfang Januar 1828 trifft sie in Leipzig ein. Man arbeitet bereits im Schichtbetrieb. Trotzdem entschließt man sich zum Kauf einer dritten. Sie wird im April 1829 geliefert und wenige Wochen später in Leipzig in Betrieb genommen. Damals beschäftigt Brockhaus allein in der Druckerei 180 Personen. Sie arbeiten an 40 Hand- und an drei Schnellpressen. Voll Stolz schreibt Heinrich Brockhaus in sein Tagebuch: »Wir haben die Genugtuung, die größte Druckerei in Deutschland zu besitzen und nur mit wenigen in der Welt rivalisieren zu haben.«[261] Es entwickelt sich ein langfristiges und harmonisches Verhältnis zwischen den Unternehmen. 1876 stellt Heinrich Brockhaus im Rückblick auf die 20er Jahre fest: »Die Firmen Koenig & Bauer und F. A. Brockhaus sind seit jener Zeit in den engsten geschäftlichen und freundschaftlichsten Beziehungen geblieben; sämtliche von der letzteren im Laufe der Jahre aufgestellten Schnellpressen seien in der Fabrik der ersteren gebaut worden.«[262]

Die Jahre 1826–1830

Zunächst setzt sich der Erfolg des Jahres 1826 fort. Koenig reist im Juli 1826 nach Frankfurt/Main und stellt bei dem Buchdrukker J. F. Wenner eine »einfache« Maschine auf. Im gleichen Monat bekommt Lessing, der Besitzer der »Vossischen Zeitung« (Berlin) zwei Doppelmaschinen. Cotta wird im November eine dritte Schnellpresse geliefert. Außerdem geht 1826 eine Maschine an den Buchdrucker A. W. Hayn in Berlin. Für Koenig steht noch das gestundete Darlehen von 20000 Gulden zur Tilgung an. Er versucht es im Gegengeschäft aus der Welt zu schaffen und schlägt vor:

- Der Königliche-Zentral-Schulbücher Verlag soll die Schuldsumme übernehmen. Koenig liefert dafür drei Maschinen kostenlos.
- Dann soll der Verlag 20000 Gulden an die Staatskasse zahlen.
- Koenig und Bauer liefern die Maschinen auf eigene Rechnung und stellen sie in der Druckerei auf. Die jährliche Einsparung an Arbeitslohn in Höhe von 3400 Gulden wird einem Tilgungsfond zugeführt. Nach Ablauf einer Frist von 14 Jahren gehen die Maschinen in den Besitz des Schulbuch-Verlages über.

Hierzu wird ein Gutachten eingeholt: »–... das unterzeichnete Staatsministerium hält auf jeden Fall die Einführung der Maschinendruckerei, einer so sehr und sicher beschäftigten Anstalt, wie (es) der Zentral-Schulbücherverlag ist, für vorteilhaft. Die dadurch in der Folge erzielten Ersparnisse kommen dem Schulzweck zugute. Die Abtragung der Kapitalschuld der Fabrikanten Koenig & Bauer durch Erzeugnisse ihrer eigenen Werkstätten scheint eine Art von Unterstützung der vaterländischen Industrie zu seyn, welche sich des Beifalls des sehr verehrten K. Staatsministeriums der Finanzen erfreuen wird.«[263] Der federführende Staatsminister, Lerchenfeld, entscheidet sich für den Ankauf. Das Unternehmen ist so von einer drückenden Last befreit. »Von seiten der bayrischen Regierung war dieses Entgegenkommen eine weitere nicht zu unterschätzende Hilfeleistung für die Firma.«[264] So können in einem Jahr elf Maschinen hergestellt und abgesetzt werden. Dieser Erfolg hat Gründe:

Der Drucksaal der Firma Brockhaus um 1866. Links stehen zwei deutsche »Columbian-Pressen«. Sie stehen auf hölzernen Fundamenten (Kopie der Stanhop'schen Steinfundamente!). Rechts vorne eine Hoffmann'sche Säulenpresse, die als Kopie von Cogger zu bezeichnen ist. Deutlich sind die aufgeklappten Rähmchen. Hier wird »klassischer« Buchdruck betrieben.

- In der Fabrik hat man inzwischen einen qualifizierten Facharbeiterstamm herangezogen; die Montage der Maschinen geschieht rationeller. Es werden 61 Arbeiter beschäftigt.
- Noch hat das Unternehmen auf dem deutschen Markt keine Konkurrenz.
- Vor allem bedeutende Verleger des Landes erkennen die wirtschaftlichen Vorteile des Schnellpressendrucks: sie wollen ihre Konkurrenten nicht zu stark werden lassen und entscheiden sich aus diesem Grund zur Anschaffung der leistungsfähigen Maschine.

Der Verfasser des Artikels »Buchdruckerkunst« in Ersch/Grubers berühmter »Allgemeiner Encyclopädie der Wissenschaften und Künste«, sagt in dem 1825 erschienenen 14. Band: »... unter allen Cylinderpressen ist keine so berühmt geworden, als diejenige des teutschen Künstlers Koenig, welche er in England zuerst zeigte und anwendete, und welche der so höchst thätige Cotta von Cottendorf jetzt auch in Augsburg zu wichtigen literarischen Unternehmungen anlegen läßt.«[265]

Mit großen Erwartungen geht man in das neue Jahr. Es läuft gut an. Ende 1826 oder Anfang 1827 entschließt sich Gerhard von Hostrup, der Herausgeber der »Börsenhalle«, in Hamburg zum Kauf von zwei Schnellpressen. Im März 1827 werden sie geliefert. Die Metzeler'sche Verlagsbuchhandlung erhält eine weitere Maschine; eine nächste kauft der Koblenzer Drucker Hergt. Dann tritt eine Lücke ein. Sie ist insofern problematisch, weil man über 70 Leute beschäftigt und in diesem Jahr die Restzahlung von 26750 Gulden an den bayrischen Staat ansteht.

Weitere Stundung des »Kaufschillings«

Koenig wendet sich am 22. September an die Regierung des Untermainkreises und trägt vor, »... daß er nicht in der Lage sei, den Rest des Kaufschillings zu bezahlen und aus diesem Grund um Stundung bittet.«[266] Sein Gesuch wird abschlägig beschieden. In seiner Not wendet er sich direkt an den König Ludwig I. Am 3. September legt er seinem Landesherr dar, daß sie durch die Entscheidung des Finanzministers in Verlegenheit gekommen seien ... (deshalb) wagen sie, ihn um eine weitere Stundung der Restzahlung bis 1830 zu bitten.[267] Der König verschließt sich diesem Appell nicht und bemerkt wenige Tage später auf dem Gesuch: »... ans Finanzministerium. Den befraglichen Kaufschillingrest gestatte ich Koenig & Bauer in Rücksicht ihrer wichtigen Unternehmungen erst im Lauf des Jahres 1830 abzuzahlen. Bad Brückenau, 7. September. 27. Ludwig.«

Wieder einmal hat der Staat geholfen und das Unternehmen von einer drängenden Verpflichtung befreit. Dann erhält das Unternehmen einige Bestellungen. Zwei Maschinen gehen nach Stuttgart. Joseph Meyer, der Begründer des Bibliographischen Instituts von Hildburghausen, interessiert sich gleichfalls für die Schnellpressen. 1830 kommt eine Bestellung von der Kaiserlichen Akademie in St. Petersburg. Dann stellen sich wieder Schwierigkeiten ein: der Absatz beginnt zu stagnieren. Man hofft einen Ausgleich dadurch zu schaffen, daß man in Frankreich Schnellpressen zu verkaufen sucht.

Die französische Episode

Koenig geht lange von der Vorstellung aus, daß der »deutsche« Markt mit 12 bis 15 Schnellpressen »gedeckt« ist. Stegmann, der Redakteur der »Augsburger Allgemeinen Zeitung«, macht ihn auf den Absatzmarkt Frankreichs aufmerksam. Außerdem rät ihm schon 1825 der von einer Frankreichreise zurückkommende Cotta, »... eine Reise nach Paris zu unternehmen, da er dort Abnehmer für seine Maschinen finden würde.«[268]

Carl Reichenbach als Marktforscher

Jetzt zieht Koenig seinen Neffen Carl Reichenbach kurzfristig und nach Abstimmung mit Cotta von seiner Augsburger Maschinenmeisterstelle ab und beauftragt ihn, eine Informationsreise nach den Niederlanden und Frankreich durchzuführen, um, »... an den verschiedenen Hauptorten, z. B. Brüssel, Amsterdam und besonders Paris ... auszukundschaften, ob und wieviele Druckmaschinen dort existieren, von welcher Art ... und wie die Eigentümer damit zufrieden sind ... Erkundigungen einzuziehen, die uns bestimmen sollen, ob wir uns weitere Mühe geben, auf jenem Markte mit diesen Artikeln Geschäfte zu machen.«[269] In einem Empfehlungsschreiben ist vermerkt, »... daß er fähig sei, über alle Einzelheiten ihrer Schnellpressen Auskunft zu geben und auf alle Fragen zu antworten, die nicht in dem beigefügten Prospekt erwähnt sind.«[270]

Reichenbach tritt die Reise im August 1828 an. Sie führt ihn über Frankfurt, Köln, Rotterdam, Den Haag, Haarlem, Amsterdam, Antwerpen und Brüssel. Von hier berichtet er:[271] »... ein Patent sei in Holland wohl schwer zu erlangen, da man es den Engländern schon abgeschlagen hat. Alle hätten Interesse gezeigt und wollten sich erkundigen. Er habe außerdem Prospekte verteilt. Am besten wäre es, wenn er ‚ein Maschinchen in der Tasche mit sich führe', damit er den Interessenten in der Praxis zeigen kann, wie die Schnellpresse funktioniert. Er sei froh, daß er jetzt nach Paris fahren könne, denn Holland sei ... ein entsetzlich teures Pflaster'.«

Er kommt am 21. September an. Offensichtlich muß er mit noch heute »modernen« Tricks arbeiten, um Einsicht in die Dinge zu bekommen. Mehrfach gibt er sich als Maschinenkäufer und einmal als »Schweizer« aus. Reichenbach wird in Paris von dem langjährigen Cotta-Vertreter Alexander Schubart unterstützt, der außerdem ein Jugendfreund aus seiner Tübinger Studentenzeit ist.

Reichenbach stellt fest, daß zwölf Druckmaschinen installiert sind. Acht davon stammen aus England. Was die Leistung und die Qualität anbelangt, so stünden sie weiter unter der von Koenig. Von den vier nichtenglischen Maschinen sind zwei von Middendorp, einem Mechaniker in der Buchdruckerei von Gautier & Laguionie, gebaut. Eine davon steht in der Druckerei neben der Applegath'schen. Die andere bekommt er nicht zu sehen, sie befindet sich in einer Gewerbeausstellung. In einem Brief an seinen Onkel bezeichnet Reichenbach diese Maschine als ein »schreckliches Ding, das nichts tauge und nichts vom Register wisse«. Die anderen Pressen haben Selligue zum Urheber, der schon in den 20er Jahren in Paris eine »Deutsche Zeitung« herausgibt. Er führt sein Geschäft unter dem klangvollen Titel: »Königlich brevetierte Hand- und Dampfmaschinendruckerei«. Reichenbach lernt diese Maschine bei Renouard kennen und sagt von ihr: »Es ist ein kurioses Ding. Ich begreife nicht, wie sie so etwas haben kaufen konnen, nachdem sie unsere Maschine gesehen haben. Der Druck geschieht nicht durch Zylinder, sondern durch Tiegel, wie an den gewöhnlichen Pressen. Beide Formen drucken sie auf einmal. Druck und Register sind gut. Ungefähr 500 Bogen auf beiden Seiten per Stunde. Ein Mann dreht ein kleines Schwungrad, ein anderer legt die Bogen ein und aus. Sie macht einen entsetzlichen Lärm. Soll 20000 Franken gekostet haben.«[272]

Reichenbach lernt durch Schubart auch A. Guyot kennen. Er wird der erste Käufer einer Schnellpresse aus Oberzell. Reichenbach kehrt nach der Sondierung des Terrains über Straßburg und Karlsruhe – wo er gleichfalls Druckereien besichtigt – zurück.

In Oberzell entschließt man sich, eine Maschine probeweise in Paris zu installieren, um sich den französischen Markt zu erschlie-

In einem weiteren Maschinenraum der Firma Brockhaus (1866) sind die Koenig'schen »Schnellpressen« installiert. Deutlich wird der Antrieb über Transmissionswellen, also über eine Dampfmaschine. Links und rechts vorne je ein Knabe als »Bogenfänger«.

ßen.[273] Reichenbach reist diesmal über Saarbrücken und kommt Anfang Januar 1828 in Paris an. In Frankfurt (Main) läßt ihm der bayrische Gesandte beim Bundestag, von Lerchenfeld, den erhaltenen Paß bei der französischen Gesandtschaft kostenlos mit einem Visum versehen.[274] Die Maschine hält am 4. Februar 1828 ihren Einzug in Paris. Sie ist in einem desolaten Zustand. Reichenbach setzt sie mit dem Oberzeller Monteur Klinger wieder instand. Sie wird in der Rue Mazarine 54, im Hof eines kleinen Hotels, installiert. Jetzt sucht man geeignete Maschinenarbeiter. Bei einer Arbeitszeit von morgens bis abends 7.00 Uhr mit einer je einstündigen Frühstücks- und Mittagspause erhalten die Schwungraddreher pro Tag 5 frs. und die Knaben, die die Bogen ein- und auslegen, 1 frs. Die Probedrucke laufen zufriedenstellend und ziehen weitere Interessenten an. Reichenbach beschreibt die Franzosen: »... sie sind doch feine, difficile und eigensinnige Messieurs. Firmin Didot beschaute den Bau und einzelne Teile der Maschine genau. Das Messingwerk, was plitzt, lobten sie, kommen sie aber an Theile, die nicht so gut gefeilt, nicht so elegant waren, so machten sie questiones und Einwendungen mit Äußerungen, das sey an den englischen Maschinen besser. Ihre Kritik richtet sich gegen unbedeutende Sachen, aber die Franzosen seien mal so, sie glaubten eine elegantere Maschine verhelfe zu einem schöneren Druck.«[275]

Die »Vorführmaschine« geht für einen Preis von 13000 Francs an die Druckerei Guyot & Scribe in Paris. Sie wird in der Rue Mignon 2 aufgestellt, wobei es zu einer kleinen Revolte unter den Druckern kommt. Sie werden sofort entlassen. Scribe empfiehlt Reichenbach, »... beim Verlassen des Locals gut Fenster und Fensterläden zu schließen und sich selbst auch etwas in acht zu nehmen«.[276]

Schon am 12. April 1828 bestellt ein zweiter Pariser Buchdrucker, E. Pochard, Rue du Pot-de-Feu 14, bei Koenig und Bauer eine der Guyot'schen gleichen Schnellpresse. Weitere Bestellungen folgen von Gondelier, Trouve und Moreau. Reichenbach verläßt Ende Mai 1828 Paris. Die Schnellpressen in Frankreich werden überwiegend von dem Werksmonteur Joseph Bechold aufgestellt.[277]

Koenigs Reise nach Paris

In einem weiterführenden Schriftwechsel zwischen Guyot und Koenig deutet Koenig an, »... er hoffe, dieses Jahr selbst nach Paris zu kommen, um alle schwebenden Fragen zu klären«. Koenig kommt mit seiner jungen Frau am 13. Juli 1828 in Paris an. In einem Brief an Cotta bezeichnet er den Zweck seiner Reise,

»... die dortigen Aussichten zu cultivieren und den Grund zu weiteren Geschäften mit Druckmaschinen zu legen«.[278] Reichenbach rät Koenig, Guyot den Verkauf der Maschinen in Frankreich zu übertragen. Guyot macht auf Koenig einen guten Eindruck. In einem Brief an Bauer schildert er ihn als »sehr aktiven, verständigen und gescheiten ‚Finanzmann'«. Mit seiner Hilfe wird ein französischer Preiskurrant angefertigt. Mit einem Guyot'schen Begleitschreiben wird er an 80 Pariser Buchdrucker und 581 weitere in den Departements verschickt. In ihm werden die Maschinen in fünf unterschiedlichen Klassen angeboten: Das Geschäft läuft inzwischen gut an. Koenig schreibt an Bauer: »... daß ihre Maschinen bereits einen guten Name in Paris hat, und daß es gut gewesen sei, daß er selbst hierher gekommen wäre. Verschiedene Buchdrucker, besonders solche, die bereits Druckmaschinen englischer Konstruktion besäßen, hätten es beklagt, daß er nicht schon früher gekommen sei ... sie können sich in der berechtigten Hoffnung hegen, sich den französischen Markt zu sichern.«[280] Koenig kehrt Anfang September 1828 in seine Fabrik zurück. Einmal schreibt der französische Vertreter nach Oberzell: »... das Fieber nach Druckmaschinen hat im französischen Buchdruck begonnen. Aber man muß es ausnützen, weil man bei uns ebenso rasch gleichgültig wird, wie man sich begeistert. Man muß befürchten, daß sie sich anderweitig eindecken, wenn man sie warten läßt[281] ... die Begeisterung marschiert rasch in Frankreich ... sie muß rasch befriedigt werden, ehe sie sich nach der anderen Seite wendet.«[282]

Inzwischen regen sich in Frankreich die Nachbauer der Koenig'schen Druckmaschinen. Dazu gehören Middendorp, Selligue, Giroudot, Gondelier, Gaveaux und der Maschinenbauer N. Thonnelier. Unabhängig davon bemühen sich erfolgreiche englische Druckmaschinenbauer um den Absatz ihrer Pressen auf dem französischen Markt. Die Entwicklung wird durch ein übergeordnetes Ereignis zerschlagen.

Juli-Revolution von 1830

Um 1830 beschäftigt man in Oberzell 115 Arbeiter.[283] Bis zum Beginn der Juli-Revolution kann das Werk 10 Maschinen in Frankreich absetzen: unmittelbar vor ihrem Ausbruch geht eine Maschine nach Rouen. Dann wird ein empfindliches Loch gerissen. Karl X. von Frankreich unterzeichnet die berüchtigten Ordonnanzen vom 25. Juli 1830. Die erste davon

Blick in die Trockenhalle mit hydraulischer Presse in der k.k. Hof- und Staatsdruckerei Wien. Bis weit in das 19. Jh. hinein werden die Bedruckstoffe »feucht« oder »angefeuchtet« verarbeitet. Die nachträgliche Pressung dient außerdem dem gestiegenen Qualitätsbedürfnis.

lautet: »Kein Blatt kann ohne königliche Authorisation erscheinen; sie gilt für drei Monate und muß erneuert werden.« Der Staat versucht, althergebrachte Vorrechte zu sichern. Die mehr und mehr aufgeklärten Bürger setzen sich diesem »Absolutismus« entgegen. Adolphe Thiers, der Mitbegründer des »National«, kontert sofort und erklärt, daß die liberalen Journalisten zum Widerstand bereit sind. Am 27. Juni erscheint diese Erklärung, von 44 Journalisten unterschrieben, an der Spitze aller liberalen Blätter. Eine Folge davon ist die Juli-Revolution, in deren Umfeld fast alle Druckpressen zerschlagen werden. Guyot berichtet an Koenig:[284] »... wir sind Gott sei Dank von den letzten Ereignissen verschont geblieben, obwohl wir uns mitten im Zentrum des Aufstandes befanden ... es muß gesagt werden, keiner konnte die Folgen dieser Jolie revolution voraussehen, die wir soeben erlebt haben. Keinerlei Unordnung im

Einzelnen, kein spezieller Racheakt hat die zwei schönen Tage getrübt, die die zwei schönsten Seiten unserer glorreichen Geschichte sein werden. Unsere Bewunderung muß ehrlich sein, denn eine Bande von Arbeitern drang bei uns ein, um unsere Maschinen zu zerstören, ohne sonst einen Schaden anrichten zu wollen, indem sie gleichzeitig anboten, den materiellen Schaden, den sie uns zufügen müßten, wieder gutzumachen, entweder durch Gratisarbeit während eines bestimmten Zeitraumes oder durch Lohnminderung. Man mußte der Gewalt und der besonderen Lage nachgeben. Diese Katastrophe traf uns gemeinsam mit unseren Kollegen, die Druckmaschinen hatten. 30 Maschinen wurden in diesen Tagen zerstört.[285] Sie sehen, diese Revolution ist nicht unter allen Umständen günstig für die Druckmaschine, die sie hervorgebracht hat.«

Nicht ganz so kraß geht es bei der Zerstörung der Staatsdruckerei zu, die u. a. die Gesetzblätter druckt. Schon 1829 stellt die französische Regierung 96000 Francs zur Aufstellung von fünf Cowper'schen Druckmaschinen bereit. Sie werden ein Opfer der Aggression[286] »... am 29. Juli erschienen 25–30 bewaffnete Individuen, in denen man Arbeiter aus Privatdruckereien erkannte, vor dem verschlossenen Tor der Regierungsdruckerei, und verlangten, trotz Abweisung seitens des Kommandierenden des Nationalgardepostens, in das Etablissement eingelassen zu werden, in der ausgesprochenen Absicht, die Maschinen zu zerstören ... Man entschied sich das Tor zu öffnen. Sie hatten dem Geschrei der bewaffneten Menge so lang widerstanden, mußten aber vor deren Aufregung das Schlimmste fürchten. Längerer Widerstand hätte Blutvergießen und zur gänzlichen Zerstörung der Staatsdruckerei geführt. Man ließ die Menge ein und führte sie zu den Maschinen, die dann sofort von ihr mit Hämmern, Eisenstangen und Flintenkolben arbeitsuntauglich gemacht wurden ... worauf sie sich zurückzog.« Sie richten den relativ geringen Schaden von 16000 Francs an und werden sofort instand gesetzt.

Der Bericht in der »Augsburger Allgemeinen«[287]

Die Allgemeine Zeitung bringt am 9. September 1830 folgenden Bericht unter den Meldungen aus Frankreich: »... der National erzählt unterm 2. September: heute haben sich Zusammenrottungen von Drukern auf die Bureaux mehrerer Journals begeben, wo man mit Maschinen drukt, und die Forderung gestellt, daß die Journals auf den gewöhnlichen Pressen gedrukt werden sollen, um eine größere Zahl von Leuten zu beschäftigen. Das Journal des Debats (das die Redaktion der Allgemeinen Zeitung auch heute erhalten hat) sowie der Courrier (den sie erhalten hat), können wegen dieses Umstandes morgen nicht erscheinen. Der Constituionel hat mit Abgeordneten der Zusammenrottung parlamentiert, und mußte versprechen, von Morgen an auf den Gebrauch seiner mechanischen Presse zu verzichten. Heute kann er noch erscheinen.«

Es sei nicht das erste Mal, daß sich die Arbeiter bei Mangel an Arbeit gegen die Maschinen auflehnen und in ihr die Ursache ihrer Notlage sehen würden. »Zu allen Zeiten war es schwer, ihnen begreiflich zu machen, daß für eine Maschine, die sie zerstören, zwanzig Ateliers schließen, indem sie durch ihre tumultarischen Bewegungen Besorgnisse unter den Chefs verbreiten. Für 15–20 Tage Arbeit, die sie auf der einen Seite durch (die) gewaltsame Unterdrückung von einer oder zwei Maschinen finden würden, dürften sie andererseits durch den Gegenstoß auf die öffentliche Sicherheit 200 verlieren. Die Druker sagen, sie wollen von dem König nur eine Ordonnanz gegen die Anwendung der Maschine. Vergessen sie schon, daß sie sich vor einem Monat bewaffnet haben, um die Ordonnanz Karls X. gegen die Presse zurückzuweisen, und daß bei der Konstitution, die sie so ruhmvoll vertheidigt haben, der König ohne Mitwirkung der Kammern kein Gesetz machen kann? Die Druker benahmen sich in ihren Schritten sehr angemessen, glauben sie denn aber, daß sie deswegen weniger tadelnswert seyen? Gewalttätigkeit sei Gewalttätigkeit, auch wenn sie höflich ausgeübt werde. Man könne nur wünschen, daß die Pariser Druker über ihr Verhalten nachdenken würden.«

»Man hört sie zu den Eigenthümern der Drukereien sagen: Ihr seid reich, ihr habt Geld, und wir haben kein Brod. Könnte aber wohl jemand ohne Kapitalien und beträchtliche Geldvorschüsse eine Drukerei unterhalten? Der Eigenthümer einer solchen Anstalt hat Kosten der ersten Anlegung, der Mithe, des Materials, der Beleuchtung, die immer fortgehen, selbst wenn er nicht arbeitet. Er bezahlt jeden Abend oder Sonnabend die Arbeiter für ihre Arbeit, wofür er selbst erst nach 9 Monaten oder einem Jahre bezahlt wird, und dabei Gefahr läuft, nicht bezahlt zu werden. Es gehört Wohlhabenheit dazu, sich solchen Verlusten auszusetzen. Wer daher zu den Drukern sage, daß sie arm seien, ihre Arbeitgeber aber reich, der ist ebenso unwissend wie ein schlechter Bürger ... die Druker würden besser thun, ihre Kameraden zu überreden, daß es umso mehr Arbeit geben werde, je mehr Ordnung herrsche, und daß je weniger Sicherheit für die Chefs der Ateliers vorhanden ist, umso mehr Drukereien geschlossen werden müssen.«

Dann schreibt Guyot an Koenig, »daß die Regierung Maßnahmen getroffen habe, um weiteren Ausschreitungen vorzubeugen. Einige Kollegen denken in dieser Erwartung, durch die Regierung entschädigt zu werden ... an die Anschaffung neuer Maschinen ... die Zusammenrottungen der Arbeiter hätten aufgehört, ... man befürchte keine neuen mehr.«[288]

Aufgabe der Geschäftsbeziehungen zu Guyot & Scribe

Es sollte zu keiner weiteren Auftragserteilung von seiten der französischen Drucker kommen. Um überhaupt wieder in das Geschäft zu kommen, ist Koenig bereit, seine Maschinen zu Konkurrenzpreisen zu verkaufen. Die französische Regierung zahlt keine Entschädigung. Weitere Bestellungen bleiben aus. Hinzu kommen drohende Kriegsgerüchte.[289] In einem Schreiben wünscht Guyot die Aufnahme der Geschäftsbeziehungen.

Die immer länger werdenden Pausen im Briefwechsel der Partner kündigen den Zusammenbruch der Beziehungen an. Noch einmal schreibt Koenig nach Paris: »Nach Ihrem Bericht über die Wirtschaftslage in Frankreich müßten wir für eine lange Zeit die Hoffnung auf weitere Verkäufe unserer Maschinen aufgeben. Auch in Deutschland ist die Unsicherheit der politischen Lage für die Geschäfte nachtheilig, aber nicht im gleichen Maße. Da unser Absatz seit Jahresfrist vollkommen zum Stillstand gekommen ist, wollen Sie davon Kenntnis nehmen, daß wir künftig unsere Maschinen ohne Ihre Vermittlung verkaufen werden, wenn sich die Gelegenheit dazu bietet.«[290] Im November 1831 geben Guyot und Scribe die Fruchtlosigkeit ihrer Bemühungen zu und melden das Ende ihrer Vertretertätigkeit. Sie sagen:[291] »... wir haben die Überzeugung, alles zu getan zu haben, um Sie betreffs unserer Verbindung zufrieden zu stellen. Wenn seit der Revolution kein Verkauf Ihrer Maschinen durch uns getätigt werden konnte, so müssen Sie das allein der Geschäftslage zuschreiben und der Einfuhr von englischen Maschinen in Frankreich, die sehr billig verkauft werden.«

Sicher gehen Marktanteile auch deshalb verloren, weil die englische Zollpolitik eine andere ist und nicht so viele Reglementieren vorherrschen. Chalandre in Besancon, der 1829 eine Maschine aus Oberzell bezogen hat, eröffnet erst 1837 wieder das französische Geschäft.

Jetzt rutscht das Unternehmen in eine schwere Krise, denn auf dem deutschen Markt stagniert das Geschäft. Erst 1833 zeigen vier Neu-Bestellungen ein allmähliches Ansteigen an. Viele der Mitarbeiter müssen entlassen werden. »Ich entsinne mich noch sehr gut, mit welchem Herzweh mein Mann die Treuen scheiden sah, jede Woche immer ein Theil«, sagt seine Witwe am 1. Mai 1875. Von den 120 Beschäftigten bleiben lediglich vierzehn übrig. Um das Maschinengeschäft zu beleben, entschließen sich Koenig und Bauer zur Herausgabe einer Ansprache »An die Besitzer von Buchdruckereien«. »Es ist ein in vieler Beziehung schätzenswertes Dokument für die Geschichte der Schnellpresse; die Fortschritte, die sie seit ihrer Erfindung gemacht und der hohe Grad der Vollkommenheit, werden darin sozusagen protokolliert.«[292] In dem Rundschreiben werden die Maschinenklassen vorgestellt, die Einsparungsmöglichkeiten erörtert, auf die wirtschaftliche Arbeitsweise hingewiesen und viele Ratschläge mitgeteilt. Das Dokument ist auch insofern von Interesse, weil die Möglichkeit des Rotationsdruckes angesprochen wird. »Wir halten noch andere, seltsamere Kombinationen mit endlosem Papier, nicht nur für möglich, sondern für leicht ausführbar. Allein, obgleich man damit ein ungeheures Resultat erhalten würde, so treten doch, nach unserer Meinung, so viel praktische Hindernisse, die in der Beschränktheit des Bedarfs und in bestehenden Formen und Gewohnheiten ihren Grund haben, ein, daß wir uns nie zu einem Versuch entschließen konnten, wiewohl wir alle Mittel dazu in der Hand haben.«

Koenig und Bauer gründen eine Fabrik für Maschinenpapier

Koenig und Bauer verfolgen von Anfang an die Idee, parallel zu der von ihnen gegründeten Druckmaschinenfabrik eine Fabrik zur Herstellung von Maschinenpapier einzurichten. Ihr Wirken auf diesem Sektor ist weitgehend unbekannt. An Quellen zur Gründungsgeschichte stehen lediglich einige Briefe Koenigs an Cotta zur Verfügung.[294] Friedrich von Hössle[295] ist der Auffassung, daß die erste bayrische Papiermaschine 1838 installiert wird und Kurt Wittigschlager[296] sagt: »die Frage, wann und wo in Bayern das erste Maschinenpapier hergestellt wurde, kann nicht einwandfrei beantwortet werden, da die Nachforschung ohne zuverlässiges Ergebnis blieb.« Nach ihm wird die erste Papiermaschine *1842* eingeführt. Diese Angaben sind falsch. Es steht außer Zweifel, daß Koenig und Bauer jahrelang auf die Einrichtung der ersten bayrischen Papierfabrik hinarbeiten; sie wird 1828/29 in Betrieb genommen.

In Deutschland (allgemein) wird die erste Papiermaschine 1817 durch Jean Louis Piette des Rivage in Dillingen (Saarlois) installiert. Ihm folgen der Engländer Joseph Corty (Gründung seiner Papierfabrik in Berlin) und Adolf Keferstein in Weida (Sachsen-Weimar). Dann folgen die Gebrüder Rauch in Heilbronn. Kurz danach zeigt sich im bayrischen Raum eine Parallelentwicklung. 1827 unternimmt der Papier-Tapetenfabrikant in Schweinfurt einen Versuch, »... eine Papiermühle für sogenanntes endloses Papier für seine Tapetenfabrik« zu verwirklichen. Rudhart[297] verweist auf Koenig und Bauer. Er sagt: »... indessen sind die Mechaniker Hr. Bauer und Koenig in Zell bey Würzburg schon seit mehr als einem Jahr damit beschäftigt, sich in der kräftigen Mühle zu Schwarzach im Untermeynkreise, eine Papiermühle für sogenanntes Papier ohne Ende einzurichten und bey der Geschicklichkeit der Unternehmer ist an dem Gelingen nicht zu zweifeln.«

Koenig verfolgt schon während seiner Zeit in England die Idee, eine Papiermaschinenfabrik ins Leben zu rufen. Hier besteht eine Querverbindung zu Bryan Donkin. Es gibt weitere Ansatzpunkte:

- Koenig inspiziert das Kloster Oberzell auf diese Belange.
- Er bittet Bauer, vor seiner Rückreise aus England weitere Informationen über den neuen Stand der Papierfabrikation einzuholen.
- Helbig wird in die Eberswalder Papierfabrik geschickt, um sich einschlägige Kenntnisse zu erwerben.
- Bauer trifft 1822 mit dem Engländer Joseph Corty zusammen, als er in Berlin die ersten für und in Deutschland gebauten Schnellpressen installiert.
- Koenig teilt seinen Plan, eine Fabrik für Maschinenpapier einzurichten, bereits 1871 Cotta mit.
- Ein Teil der vom Staat genehmigten Darlehen ist ausschließlich für diesen Zweck bestimmt.
- Koenig unternimmt im Herbst 1823 eine Reise nach England, um sich über den neuesten Stand der Technik auf diesem Gebiet zu unterrichten.
- Koenig und Bauer werden Ende 1822 durch einen Brief der Gebrüder Rauch aus Heilbronn informiert, daß sie beabsichtigen, hier eine Maschinenpapierfabrik anzulegen.
- Verschiedene Briefe des noch vorliegenden Schriftwechsels beziehen sich auf diesen Punkt.

Von Anfang an erwägt Koenig drei Alternativen:[298]

- Wegen der hohen Kosten der Einrichtung muß man sich (später) in Deutschland einen kapitalkräftigen Partner suchen.
- Dickinson muß wegen seiner reichen Erfahrung eingeschaltet werden.
- Das Druckmaschinengeschäft muß so viel einbringen, daß aus dessen Erträgen das Vorhaben realisiert werden kann.

Die Berliner Papierfabrik ist eine AG. Als Direktoren stehen ihr der Bankier L. Beneke und der preußische Staatsrat Lecog vor. Die technische Leitung liegt bei Corty. Die Papiermaschine wird mit Dampf betrieben. 80 Personen werden beschäftigt. Die Tagesproduktion liegt bei 100 Ries. Das Unternehmen wird mit Unterstützung der preußischen Regierung eingerichtet. Über die hergestellte Qualität schreibt das »Kunst- und Gewerbeblatt«:[299] »... die Erzeugnisse dieser Papierfabrikation sind besser, brauchbarer und preiswürdiger als die inländischen Manufacturen im Allgemeinen ihre Waaren bisher haben liefern können; die Kraft, die Regelmäßigkeit, die Gleichheit, mit der die Maschine arbeitet, ist der menschlichen Hand nicht möglich. In der gewöhnlichen Papiermühle hängt der beste Müller vom Wasser, und neben diesem vom Fleiße, von der Kunstfertigkeit, von der Unverdrossenheit und den Launen seiner Arbeiter ab. Die Maschine arbeitet unverdrossen fort, einen Tag wie den anderen, und darum ist ihr Papier beständig gleich ... ein besonderer Vortheil ist es, daß sie aus weniger guten Lumpen besseres Papier liefere, als die bisherigen Papiermühlen.«

Erste Papiermaschine von Robert (1799). Im Mittelfeld der große Holztrog, der der früheren »Schöpfbütte« entspricht: Photo Deutsches Museum München. Mit freundlicher Genehmigung.

Suche nach einem Partner

Von den drei Alternativen kommt nur die erste in Frage. Das Geschäft mit den Druckmaschinen wirft nichts ab und Donkin leistet nur indirekt Hilfe. Außerdem ist er für die Konkurrenz tätig. Die Gebrüder Rauch haben bei ihm eine Papiermaschine bestellt. Vertrauensvoll wendet sich die Firma Rauch mit der Bitte an Oberzell, dort für sie einige der Maschinenteile zu gießen. Koenig lehnt es mit der Bemerkung ab, daß er selbst Papier herstellen werde und der Konkurrenz nicht zuarbeiten kann. Die Aktivitäten der Gebr. Rauch mahnen Koenig und Bauer zur Eile.

1823 wendet sich Koenig an Pfeffel und bittet ihn, ihm bei der Suche nach einem Kompagnon behiflich zu sein. »... wir wollen dazu das Lokal, die Wasserkraft unserer Mühlen, die Kenntnisse und die (was in Deutschland keine Kleinigkeit ist) Mittel unserer Kenntnisse in Anwendung bringen. Wir meinen die Mittel der mechanischen Fabrik. Der Kompagnon soll das Kapital zur Errichtung und zum Betrieb anschaffen. Nach ihrer Schätzung würden 30000 Gulden genügen.[300] Um Pfeffel über die Entwicklung der Maschinenfabrik seit ihrer Gründung zu informieren, verfaßt er einen Bericht, der die Geschichte der Oberzeller Fabrik bis 1817 schildert. Er stellt vor allem die Leistungsfähigkeit der inzwischen ausgebauten »mechanischen« Werkstätte heraus und sagt: »... in den letzten zwei Jahren hätten sie darüber hinaus im Kloster eine Schneidemühle gebaut, wozu sie die in den Klostergärten vorhandene Wasserkraft benutzen ... es ist ein schönes Werk, ganz von Eisen, nach dem Muster der Schneidemühlen in den Dockyards in Chatein, die Brunel[301] angelegt hat. Wir haben mit ihm darüber communiziert und die Anlage nach seinem Wunsch gemacht. Neben dieser Schneidemühle seien sie Besitzer von zwei Kornmühlen, die sie für die Maschinenpapierfabrikation verwenden wollen ... durch ihre Arbeit hätte sich der Wert der Klosterbesitzung mehr als verdoppelt. Der Plan, eine Papierfabrik nach englischer Art, mit einer Papiermaschine für endloses Papier anzulegen, sei für sie die Hauptveranlassung gewesen, nach Oberzell zu gehen. Die Aussichten dafür seien günstig. Die als Rohstoffe benötigten Lumpen könne man wohlfeil haben, und gutes Papier werde teuer bezahlt.« Gutes Papier wird eigentlich in ganz Deutschland nirgends gemacht, als in der Gegend von Düren, wo eine Menge kleiner Fabriken sind. Sie würden sich an die Regierung wenden, um die Erlaubnis zu erhalten, den Main als Antriebskraft benutzen zu können. Mit drei Holländern wären wir imstande, wöchentlich 200 Ries zu machen, und der Wert des jährlichen Products einer solchen Fabrik würde 70 000 bis 100 000 Gulden seyn. Es werde jetzt in Heilbronn eine Papierfabrik angelegt ... allein sie würden diese Konkurrenz nicht fürchten, da sie als Mechaniker von Metier den dortigen Besitzern manches voraus hätten. Um beginnen zu können, fehle nur ein Mitunternehmer. Sie würden Dank seiner Hilfe wohl einen Kompagnon in Frankfurt finden. »Wir fühlen blos, daß der Wunsch, einer vaterländischen Fabrik auf eine höhere Stufe der Wirksamkeit zu helfen, das Metier seyn kann, daß Ew. Exellenz sich so weit zu unserer Angelegenheit herablassen.«[302] Pfeffel, der inzwischen beim Bundestag akkreditiert ist und seinen Sitz in Frankfurt hat, ist bemüht, den Herrn v. Bethmann für das Objekt zu gewinnen. Seine Bemühungen zerschlagen sich. Es ist insofern nicht problematisch, weil sich der Freiherr v. Cotta in die Sache schaltet.

Johann Friedrich Freiherr Cotta von Cottendorf (1764–1832). Gemälde aus dem Schiller-Archiv Marbach. Mit freundlicher Genehmigung. Cotta ist zeitweise Teilhaber an der ersten bayrischen Fabrik zur Herstellung von Maschinenpapier in Münsterschwarzach. Andere Geschäfte halten ihn davon ab, diesen Faden weiter zu verfolgen.

Die Fabrikgründung

1817 hat Koenig Cotta von seinen Plänen unterrichtet.[303] Anfang 1824 berichtet er von den Aktivitäten der Gebr. Rauch. Ende März erhält Koenig einen Brief von Cotta, worin er seine grundsätzliche Bereitschaft erklärt. Er schreibt: »... was Sie mir über die Papiermaschine, die Schwierigkeiten wegen Wassermangel und den Mitteln dagegen, sowie über meine Theilnahme an dieser Unternehmung schreiben, habe ich dankbar vernommen, und ich sehe die Redlichkeit, Biederkeit und Klugheit meiner verehrten Freunde; und ich bin nach allem zur Gesellschaft geneigt, ... ich wünsche zu wissen, welche Fonds zur Vollendung nöthig sind, und in welchen Terminen sie geschafft werden müssen.«[304] Einige Wochen später legt Koenig ausführliche Pläne vor. Seine Planungen beziehen sich auf Oberzell, denn ursprünglich hat er den Plan, in der Klosterkirche die Papierfabrik zu installieren. Er macht interessante Anmerkungen.

»Was das Rohmaterial anlangt, werde in Bayern jährlich das Recht des Lumpensammelns verpachtet. Meistens wäre der Lumpenhandel in den Händen von Juden. In Würzburg sei dieses Recht 1822 für 116 Gulden und 1823 für 30 Gulden verpachtet worden. Der durchschnittliche jährliche Ertrag belaufe sich auf etwa 400 Zentner, darunter befinden sich 100 Zentner feinste weiße Lumpen. Es sei die Aufgabe des Pächters, Lumpensammler anzustellen. Probleme biete die Frage nach geeigneten Arbeitern. Wir sind in diesem Punkt nicht gut plaziert, wie wir bereits bei der Einrichtung der mechanischen Fabrik zur Genüge erfahren haben. Die meisten Arbeiter sind aus dem nahen Dorf Zell, das über 1000 Seelen enthält.[305] Nach seinen Informationen (die er von Dickinson hat) brauche man zu einem Etablissement von 3–4 Holländern 15 Mann und 41 Frauen, um alle ‚Operationen' mit der Sorgfalt zu verrichten, die hierfür nothwendig sey. Nach seinem ersten Überblick koste das Unternehmen:

»Die zwei Papiermühlen« (links Gebrüder Rauch, rechts Gustav Schaeuffelen). Steindruck von Gebr. Wolff um 1830. Dies Bild bestätigt das folgerichtige Denken von Koenig & Bauer: mit der Realisierung der Schnellpresse wird der Papierverbrauch sprunghaft ansteigen. Hier stellen sich dem Unternehmen frühe Mitbewerber.

- 48000 Gulden
- Die vier Holländer und die dazu nöthigen Umbauten 15800 Gulden
- Die Papiermaschine wird mit 20200 Gulden veranschlagt
- Weitere Geräte (Pressen und Bottiche) würden 12600 Gulden erfordern.«

»Diese bedeutende Summe bleibt nach allen Vortheilen unserer Situation für ein solches Unternehmen. Wir haben sämtliche Gebäude bis auf ein nicht wichtiges. Wir haben die Eisengießerei, die Schmiede und die Schreinerei: kurz, die mechanische Werkstatt und die Schneidmühle im Haus, und Leute und Erfahrung, alles selbst zu betreiben. Die Ursache der großen Kosten liegt in der Menge und Mannichfaltigkeit der Gegenstände, die zu einer Englischen Papierfabrik gebraucht werden.«

Koenig will vor allem Schreibpapier herstellen und macht dazu detaillierte Vorschläge. Er macht Äußerungen zu den Lohnkosten, den Reparaturen, zu Feuerung und Licht, der Feuerversicherung, den Steuern, den Lohn für den Buchhalter usw. Er stellt die Rentabilität des Unternehmens heraus. Alles, was sie bisher in Deutschland darüber erfahren hätten, nötige sie, vom deutschen Papiermarkt gering zu denken. So würden die Bücher fast allgemein auf graues ungeleimtes Papier gedruckt. Auch die bayrischen Behörden verschmieren eine ungeheure Quantität, allein man benutze fast ausschließlich billiges Konzeptpapier. Es sei zu überlegen, ob man nicht Zeitungspapier, so wie es beim Druck der »Allgemeinen Zeitung« verwendet würde, herstellen soll. Den Gesamtwert des Unternehmens würden sie auf 108000 Gulden veranschlagen. Cotta würde hierbei mit 36000 Gulden Miteigentümer.[306]

In gewohnter Weise handelt Koenig bedächtig und zielstrebig. Er faßt eine »Lumpensammelkonzession« ins Auge, wofür er an die Regierung herantreten will. Ein weiteres Problem stellt sich in der geringen Wasserkraft von Oberzell. Donkins Rat, eine Dampfmaschine zu installieren, lehnt er wegen der damit verbundenen Kosten ab. Plötzlich ergibt sich eine andere Lösung:

Ansicht des Konventbaues der Klostermühle Münster-Schwarzach 1828. Hier wird die erste bayrische Fabrik zur Herstellung von Maschinenpapier eingerichtet. Sie steht in enger Verbindung mit der »eigentlichen« Fabrik in Oberzell. Die Verbindung wird durch Fuhrzeuge aufrecht erhalten. Außer einigen Fundamenten hat sich nichts mehr erhalten. Ich danke für die freundliche Auskunft der dortigen Benediktinermönche. Werkphoto KoeBau. Mit freundlicher Genehmigung.

Ankauf der Klostermühle von Schwarzach

Im Januar 1825 schreibt Koenig an Cotta, daß sie bei einem ihnen befreundeten Kaufmann, dem Besitzer der Klostermühle von Schwarzach, angefragt hätten, ob er sie verkaufen will. Zu ihrer Überraschung hat er sich dazu sofort bereit erklärt. Es handelt sich um den Bankier Joel Jacob v. Hirsch. Er ist Besitzer einer gutgehenden Ölmühle und hat die Klostermühle nur gekauft, weil er der unerwünschten Konkurrenz vorbeugen wollte. Sollte der Ankauf gelingen, so würden sie den Plan der ganzen Anlage ändern. Dabei würden sie sich nach dem Vorbild ihres Freundes Dickinson richten. Außerdem wäre eine Arbeitsteilung zwischen Oberzell und Schwarzach denkbar. Außer dem Main führe von Würzburg aus eine gute Chaussee nach Schwarzach.[307]

Später meldet er Cotta, daß es ihm gelungen ist, in einem erheblichen Teil des Untermainkreises eine allgemeine Sammelkonzession zu erreichen. Außerdem sei die Schwarzacher Klostermühle für 18000 Gulden in ihr Eigentum übergegangen. Die Arbeitsteilung sieht so aus, daß in Oberzell die Halbfabrikate gefertigt werden, d. h. das Halbzeug wird täglich in einem Spezialwagen von Oberzell nach Schwarzach gefahren: bei der Rückfahrt bringt der Wagen fertiges Papier von Schwarzach mit. Dies liegt teilweise an den Beschäftigten. Die Mitarbeiter in Oberzell sind überwiegend auf die »mechanische« Fabrik und den Bau von Druckmaschinen fixiert. Deshalb schreibt Koenig an Cotta: »... die Papiermaschine und das Hauptgeschäft muß nach Schwarzach und die hiesige Mühle wird Hülfs- und Vorbereitungswerk.«[308] Außerdem regen sie die alteingesessenen Papiermacher. »... die Papiermacher versuchen eine gewaltige Opposition und haben, 21 an der Zahl, einen Congreß in Würzburg gehabt. Sie werden indeß nichts ausrichten, wie uns verschiedene Freunde der Regierung sagen.«[309]

Ende 1825 legt Koenig seinem Geschäftspartner einen Entwurf zu einem Gesellschaftsvertrag[309] vor. Er regelt in elf Punkten die notwendigen Einzelheiten. Er wird aus unbekann-

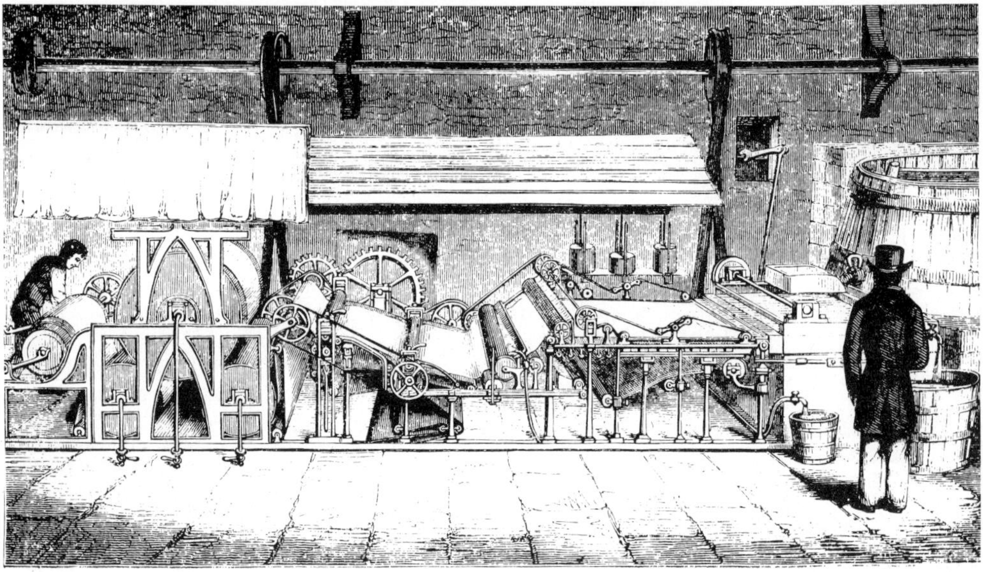

Eine Maschine zur Herstellung von endlosem Papier. Es ist die Keimzelle der späteren Papiermaschinen. Gebaut von Fourdrinier. Hirnholzschnitt aus dem Jahr 1842. Deutlich sind die Naß- Feucht- und Trockenpartien erkennbar.

ten Gründen nicht rechtsverbindlich unterschrieben. Wichtige Punkte sind:

- Die technische Leitung soll bei den Besitzern von Oberzell liegen.
- Die kaufmännische Leitung soll unter allen Teilhabern geteilt werden.
- Der Vertrag soll für zwölf Jahre unkündbar sein.
- Cotta's Anteil wird mit einem Drittel veranschlagt.

Ein Firmenname wird noch nicht festgeschrieben.

Erste Schwierigkeiten, Aufnahme der Produktion

In gewisser Weise ist Cotta der drängende Partner. Er hat dazu Grund, denn die Aktivitäten der Gebr. Rauch in Heilbronn machen ihm Sorge. Er wird mehrfach von Koenig und Bauer um Verständnis für die schwierige Lage gebeten. Über den Fortgang der Bauarbeiten in Schwarzach sagt er: »... die samtlichen Bauereien in Schwarzach sind verakkordiert an verschiedene Handwerke in der dortigen Gegend. Im Ganzen sehr zu unserer Zufriedenheit. Bauen ist etwas, was man in Franken am besten versteht und treibt.«[310] »Cotta könne ihre Leistung erst dann würdigen, wenn er die Fabrik nach ihrer Vollendung besichtigen würde ... es wird eine noble Fabrik, wo an dem mechanischen und architektonischen Theil nichts fehlt, und die blos von der kaufmännischen Seite betrachtet, so weit gehen wird, als das vorhandene Wasser und der Zufluß von Lumpen es gestattet.«[311]

Im November 1826 wird die Versandbereitschaft der Donkin'schen Papier- und Trockenmaschine angezeigt. Die wesentlichen Bauarbeiten werden in Oberzell und Schwarzach abgeschlossen. Im Dezember 1826 besuchen die beiden Herren Rauch Oberzell. Sie haben das gleiche Problem: nur von der anderen Seite. Was die Preise anbelangt, wolle man sich verständigen. Man will sich nicht unterbieten und den Markt für beide Fabriken verderben. Zu Beginn 1827 treffen erste Maschinenteile aus England ein. Ihre Einfuhr ist zollfrei. Im April kommt der englische Monteur Brayne mit seiner Familie. Er hat die Papiermaschine der Gebrüder Rauch montiert und ist mit den deutschen Verhältnissen vertraut.[312] Er rät zu weiteren Umbauten. Man soll ein zweistöckiges Gebäude errichten. Das obere Stockwerk soll einen Saal zum Sortieren der Lumpen erhalten. Im unteren sollen »Verrichtungen zum Leimen des Papiers« eingebaut werden. Dies führt zu weiteren Verzögerungen bei der Inbetriebnahme der Papierfabrik.

Im September 1827 besucht Cottas Sohn, Georg von Cotta, Oberzell und überzeugt sich vom Erreichten. Ende des Jahres sind 40 Arbeiter in Schwarzach beschäftigt. Im Mai 1828 ist mit dem Abschluß der Arbeiten zu rechnen. Vorausschauend beginnt man einen Monat vorher mit dem Aussortieren der Lumpen. Dazu sind 15 Frauen angestellt. Neun weitere kommen hinzu. Dazu kommen 17 Männer mit unterschiedlichen Aufgaben. Im Juli 1828 beginnen erste Versuche mit der Papierherstellung.

Helbig avanciert zum Werkführer der Fabrik in Schwarzach. Während sich Koenig in Paris aufhält, entschließt sich der bayrische König Ludwig I. zu einem Besuch der Fabrik. Bauer schreibt an Cotta: »... wir hatten alle Anstalten gemacht, den Hof aufgeräumt, die neue Einfahrt geöffnet, die Treppen und Gänge mit endlosem Papier als Fußteppich belegt ... Der König kam am 23. bald nach 6 Uhr in seinem Reisewagen auf dem Weg nach Ingolstadt bei uns an. Der Landrichter von Dettelbach hatte sich eingefunden, weil er glaubte, den König hier bekomplimentieren zu müssen. Ich fing gleich an, dem König die Holländer zu zeigen, er verlangte aber, die Sache von Anfang an zu sehen. Deshalb habe ich ihn zuerst in den Lumpensortiersaal geführt, wo sie bereits ‚24 Weibspersonen' in Arbeit hätten und von dort weitergehend, ihm den Produktionsprozeß durch alle Stationen bis zur Fertigmacherei und dem Pressen des Papiers auf den hydraulischen Pressen gezeigt. Er freute sich, diese Abteyen (Oberzell und Schwarzach) so verwendet zu sehen, ... er wünschte noch mehr solcher Männer wie Sie im Lande zu haben ... trug mir auf, Ihnen zu schreiben, daß er dagewesen wäre. Bei seiner Abreise habe er wiederholt seine große Zufriedenheit über das Geschehene ausgedrückt.«[319]

Allmählich bekommt man die Probleme in Griff. Die Produktion läuft an und Anfragen erreichen die Papierfabrik. Koenig schreibt an Cotta: »... Sie billigen es gewiß, daß wir nur tadelfreies Papier zuerst ans Publikum kommen lassen wollen. Es kommen von verschiedenen Seiten Nachfragen, und es ist uns sehr unangenehm und in Verlegenheit setzend, die Zeit vergehen zu lassen, wenn alles andere fertig ist ... allein die Reputation ist eine so wichtige Sache, daß wir lieber noch eine kurze Zeit zum Opfer bringen sollten, wenigstens das ist unsere Meinung.«[314] Anfang 1829 wird die Papier-Trockenmaschine umkonstruiert.[315]

Georg Freiherr Cotta von Cottendorf (1796–1863). Ölbild von C. J. T. Leybold.

Dann werden Vorbereitungen getroffen, mit der Firma an die Öffentlichkeit zu treten. Eine provisorische Preisliste nennt zwölf Papiersorten. Die Palette reicht vom Brief- über das Kanzlei- zum Zeitungspapier. Der bei den Lumpen angewendete Bleichprozeß geht auf ein Verfahren zurück, das in der mechanischen Flachsspinnerei in Heilbronn angewendet wird, an der Cotta Anteile hat.[316] Der Name der Firma wird: »Koenig, Cotta und Bauer.«[317] In der Cotta'schen Druckerei (Stuttgart) wird folgendes Rundschreiben hergestellt.

Kloster Oberzell bei Würzburg 1. Mai 1829: »Wir sind so frei, Sie durch gegenwärtiges Cirkular zu benachrichtigen, daß wir hier eine Papierfabrik angelegt und seit einiger Zeit in Betrieb genommen haben, die nach dem Muster der besten englischen Werke dieser Art eingerichtet ist, und alle neueren Verbesserungen zur Fertigung von endlosem Papier und der Trockenmaschine enthält. Im Besitz aller Werkzeuge und Methoden, die man in England zu diesem Zweig der Industrie anwendet, dürfen wir hoffen, mit unserem Fabrikat in nichts nachzustehen und empfehlen uns Ihnen zu Aufträgen in irgend einer Gattung Papier. Nach Übereinkunft der unterzeichneten Teilhaber ist die Geschäftsführung der den zwei hier Wohnenden übertragen, deren

Papiermacherei im 18. Jh. Das Sortieren der Lumpen durch Frauenarbeit.

Papiermacherei im 18. Jh. Antrieb des Stampfwerks mit Wasserkraft.

Papiermacherei im 18. Jh. Das Faulen der Lumpen in der Faulbütte.

Papiermacherei im 18. Jh. Das Stampfwerk zur Zeug(auf)bereitung.

Papiermacherei im 18. Jh. Das Schneiden der Lumpen mit Schneidemessern.

Papiermacherei im 18. Jh. Die Büttkammer Schöpfen und Gautschen der Bogen.

Papiermacherei im 18. Jh. Das Trocknen der Bogen in der Henke.

Papiermacherei im 18. Jh. Das Glätten der Bogen mit dem mechanischen Stampfhammer.

Papiermacherei im 18. Jh. Leimküche und Leimen der Bogen in tierischem Leim.

Papiermacherei im 18. Jh. Die Sieb- oder Formmacher.

Papiermacherei im 18. Jh. Das Glätten der Bogen von Hand mit Achatstein (Frauenarbeit).

Papiermacherei im 18. Jh. Die Herstellung von Pappen.

Das Bildmaterial stammt von Kupferstichen in der Encyclopaedie von Diderot und d'Alembert und in de la Lande's »Kunst der Papiermacherei«. Es handelt sich im wesentlichen um »französische« Technologie. Die Bilder sollen den Stand der Papiermacherei verdeutlichen. Aus Münsterschwarzach haben sich keine Unterlagen erhalten. So ähnlich muß es ausgesehen haben. An die Stelle der Schöpfbütten rückt eine englische Papiermaschine.

nachstehende Unterschrift Sie sich gefälligst bemerken wollen.«[318]
Koenig, Cotta & Bauer
Fr. Koenig wird zeichnen. Koenig, Cotta & Bauer
A. F. Bauer wird zeichnen. Koenig, Cotta et Bauer

Während der Leipziger Messe (Ostermesse 1829) nimmt Koenig die Gelegenheit wahr, an etwa 150 Aussteller Papiermuster vorzulegen und Kontakte zu knüpfen. Außerdem stellt er einen Buchhalter für die Papierfabrik und einen Geschäftsführer für Schwarzach ein. Der Produktionsbetrieb wird immer reibungsloser. Koenig schreibt: »... überhaupt genommen verbessert sich der Betrieb und Geschäftsgang in allen Zweigen, durch erweiterte Erfahrung, strengere Ordnung. Das Personal von A bis Z wird disziplinierter. Wir bemühen wohlbedächtig diesen Ausdruck; die militärische Organisation ist die vollkommenste und sollte, so viel als möglich, in einer Fabrik adoptiert werden. Wenn alles vom Haupt ausgeht und das übrige Gliederwerk blos Muskel und Knochen ist, und Takt und Schritt hält, so geht es am besten. Helbig habe diese Tatsache nie begriffen und müsse entlassen werden.«[319]

Über Aufträge kann sich die Fabrik nicht beklagen. Man liefert bereits Druckpapier nach Leipzig, Hamburg, Frankfurt (Main) und nach München. Oft sind es die mit seinen Schnellpressen zufriedenen Drucker, die sich zum Kauf seines Papiers entscheiden. Einer der Hauptbezieher ist Cotta. Allein vom Juli 1829 bis zum Mai 1830 bestellt er für seine Druckbetriebe in München, Augsburg und Stuttgart Papier im Wert von 25321 Gulden.

Cotta scheidet als Teilhaber aus

Der vielbeschäftigte Cotta, der u. a. Mitbegründer der Bodensee-Dampfschiffahrt ist, fährt bei diesem Unternehmen einen Verlust von 60000 Gulden ein. Dadurch wird er gezwungen, seine anderweitigen Aktivitäten einzuschränken.[320] Im Mai 1830 erfahren Koenig und Bauer von der Absicht Cotta's, aus der Papierfabrik auszuscheiden. Dazu ist es notwendig, den realen Wert des Unternehmens zu schätzen. Cotta drängt auf eine baldige Lösung dieser Angelegenheit. Er muß vertröstet werden, weil noch kein Geldgeber gefunden ist, der bereit ist, Koenig und Bauer die finanziellen Mittel vorzustrecken, mit der man Cotta auszahlen will. Schließlich entscheidet sich der Würzburger Bankier J. v. Hirsch dazu. Nach längerem Hin und Her wird eine Hypothek von 100000 Gulden aufgenommen. Davon erhält Cotta 43367 Gulden, der Rest der Oberzeller Kaufschulden mit 26250 Gulden wird beglichen und außerdem erhält der ehemalige Besitzer von der Schwarzacher Mühle noch 8000 Taler. Nach wie vor sind die ganzen Besitzungen von Koenig und Bauer hypothekarisch verpfändet. Die Hypothek kommt mit Unterstützung der bayrischen Regierung zustande.[321] Das betreffende Gesuch wird am 21. Oktober 1830 von Ludwig I. genehmigt. Die Kunden werden von der Firmenänderung mit einem kurzen Rundschreiben unterrichtet. Koenig dankt Cotta: »Wir bedauern noch heute, daß unglückliche Ereignisse Sie verhinderten, in der Verbindung zu bleiben; wir waren darin sehr zufrieden, einige ganz unbedeutende Irrungen abgerechnet, haben wir immer höchst zufrieden und vertrauensvoll zusammengewirkt.«[322] Auch nach der Lösung der Partnerschaft blieben die Beziehungen bestens.

Weitere Entwicklung der Papierfabrik

1834 beteiligt sich Bauer mit Papierproben an der ersten Industrieausstellung Bayerns (München). Er bekommt eine Silbermedaille verliehen. An einer weiteren Industrieausstellung beteiligt er sich nicht mehr. L. W. Schertel sagt dazu: »Die letzte Industrieausstellung war von 23 Papierfabrikanten mit allen Sorten von Papieren beschickt, worunter jedoch ungerne das Maschinenpapier der Hrn. Koenig und Bauer bei Würzburg, das bei der Ausstellung von 1834 so ausgezeichneten Beifall erntete vermißt wurde.«[323] Inzwischen geht die Technologie der Papierherstellung einen Schritt vorwärts. Ab 1840 zeigt sich ein sprunghaftes Ansteigen der Fabrikation. Es hängt mit der Verbreitung der Schnellpressen zusammen, die bereits auf die individuellen Bedürfnisse der deutschen Buchdrucker zugeschnitten sind. Parallel zu der Phase der Umstellung vom Hand- auf Maschinendruck erfolgt die vom Hand- zum Maschinenpapier. In gewisser Weise sind es siamesische Zwillinge. Verbunden ist die Umstellung mit einer permanenten Verbesserung der Papierqualität.[324] Die nächste Errungenschaft ist die Verwendung von Holzschliff, der das Aufweichen der Lumpen weitgehend überflüssig macht.

Die Tatsache, daß Koenig und Bauer eine Fabrik für Maschinenpapier einrichten, ist weitgehend unbekannt. Gerade die Papierfabrikation hilft dem Gesamtunternehmen in einer schweren Krise. Schon damals stellt die Papierausfuhr einen bedeutenden Posten in der Handelsbilanz Bayerns dar. Welche Stellung die Papierfabrik in Oberzell und Münsterschwarzach in Bayern einnimmt, läßt sich aus den Ausführungen Schertels erkennen, der dazu schreibt: »Dieses unsere Papierfabrikanten so ehrenvoll bezeichnete Streben berechtigt zu der Erwartung, daß sie auch die Fabrikation der feinen Sorten immer mehr veredeln, sie auf gleiche Stufe mit jener des Auslandes heben, und die Einfuhr dieser Sorten, die einzigen, mit denen wir im Auslande zinsbar sind, gänzlich unnöthig machen, was den in jeder Hinsicht ausgezeichneten Maschinisten und Fabrikanten Hrn. Koenig und Bauer mittels ihrer erfundenen Maschinen zuverläßig am ersten gelingen wird.«[325] Das Unternehmen verbleibt nach Koenigs Tod im Besitz des Unternehmens. Die Papierfabrik in Münsterschwarzach wird 1863 an die Firma Heller & Rohm in Frankfurt am Main verkauft. Weitere Geschäftsbücher haben sich nicht erhalten.

Koenig's Tod, allmähliche Wende

Es ist vor allem Goebel, der weitschweifig von den Erfindermühen und den unendlichen Sorgen berichtet, die zu Koenigs ‚allzufrühem' Tod führen. Es ist lediglich bekannt, daß er in späteren Jahren an Schlaflosigkeit leidet, daß sein Gesundheitszustand schwankend ist und daß sein Bekannter, der Professor Johann Lucas Schönlein[326] die Ursache seines Leidens nicht findet. Gegen Ende des Jahres 1832 verschlechtert sich der Gesundheitszustand von Koenig. Mitte Dezember erleidet er einen Schlaganfall, der ihn auf das Krankenlager zwingt. Am 15. Januar 1833 bekommt er einen zweiten Schlaganfall. Er fühlt sein Ende nahen und sagt zu seiner ihn pflegenden Frau: »Mit mir ist's aus.« Friedrich Koenig stirbt 58jährig und wird auf dem Klosterfriedhof von Oberzell beigesetzt.

Gemäß der vertraglichen Vereinbarungen geht die Verantwortung in die Hände Bauers über. Er übernimmt sie in der schwierigsten Situation der Firmengeschichte. Die Bedeutung der *Maschinenfabrik* ist fast auf dem Nullpunkt. Bestätigt wird es durch die amtliche »Übersicht der im Untermainkreis bestehenden Fabriken und Manufacturen 1832/33«. Sie macht über die Oberzeller Fabrik folgende Angaben:

- Umfang: von nicht sehr großem Belang
- Absatz Inland: Unbekannt
- Absatz Ausland: Unbekannt
- Güte der Fabrikate: Unbekannt
- Bezug der Rohstoffe: Inland
- Preis der Rohstoffe: Unbekannt
- Zahl der beschäftigten Gewerbleute: 15

Wesentlich positiver wird die Papierfabrik in Oberzell und Münsterschwarach bezeichnet.[327]

Durch den zwischen Koenig und Bauer geschlossenen Vertrag und das Koenig'sche Testament wird die Frage der Geschäftsführung beider Fabriken klar geregelt: die Gesamtverantwortung liegt bei Bauer, zumindest bis die Söhne von Koenig mündig werden. Der Älteste, Wilhelm ist beim Tod des Vaters sechs, sein Bruder Friedrich vier und seine Schwester Luise zwei Jahre alt. Bauers einzige Hilfe ist die Witwe, die ihn so gut wie möglich entlastet.

Ohne Zweifel steht Bauer vor einer schweren Aufgabe. Seine Begabung liegt vor allem auf dem technisch-konstruktiven Gebiet. Er ist der geborene Konstrukteur. Sicher trifft es nicht den Kern der Sache, wenn ihn Barnikel in seiner ansonst verdienstvollen Dissertation als »schwäbischen Dickschädel«[328] bezeichnet, der bei der Leitung des Unternehmens überfordert ist. Tatsache ist, daß die Lage der Firma äußerst prekär ist: ob sie Bauer mit der Hilfe Koenigs besser gelöst haben würde, ist schwer zu beantworten.

Nach dem stagnierenden Absatz zieht die Produktion allmählich wieder an. 1832 werden nur zwei Maschinen verkauft, 1833 sind es vier. 1834 sind es acht, 1835 sechs, 1836 sieben, 1837 fünf und 1838 zwölf. Zu den alten Kunden treten neue. U. a. sind es Teubner in Leipzig, Dumont in Köln, Pustet in Regensburg und Herder in Freiburg. Das Ausland gibt wieder Aufträge herein. Rußland stellt sich als bedeutsames Absatzgebiet heraus. 1836 werden vier Maschinen für die Modernisierung der 1756 von dem Universitätsgründer Michail Wassiljewitsch Lomonossow angelegten Universitätsbuchdruckerei bestimmt.[329] In diesem Zusammenhang ist der Monteur Bechold zu erwähnen.

Der Monteur Joseph Bechold

Von ihm haben sich einige Briefe erhalten. Sie sind für das beginnende Monteurwesen des graphischen Gewerbes von Interesse. Er klagt über die Gefahren der Seereise von Lübeck nach St. Petersburg und die Langsamkeit der russischen Bürokratie. Um nach Moskau zu gelangen muß er 16 Tage »in Hallen und

Josef Bechold (1806 – 6. 5. 1871). Einer der bekannten Werksmonteure Koenig & Bauers. Er installiert vor allem in Rußland Maschinen. Von ihm haben sich einige Aufzeichnungen erhalten, die für die Herausbildung des Monteurwesens mit all seinen Schwierigkeiten von Interesse sind.

Scheunen schlafen« während die Fuhrleute leichtsinnig mit der ihnen anvertrauten Maschine umgehen. Etliche Gegenstände werden aus versiegelten Kisten gestohlen. Die Drukker bezeichnet er als »widerspenstige Canalien« und nicht besser als ihre Kollegen in Deutschland und Frankreich. Er habe vorgeschlagen, daß man Bauern zum Antreiben der Maschinen nehmen soll, das sei abgelehnt worden, weil die meisten von ihnen »Erbleute« sind. »Die Russen könne man nicht unbeaufsichtigt lassen, man müsse sie stets bei der Arbeit überwachen und könne ihnen keine Arbeit geben, die einige Selbständigkeit verlange. Es koste viel Mühe, diesen Leuten einige Kenntnisse beizubringen.«

In seiner freien Zeit besucht er die Sehenswürdigkeiten von Moskau, u. a. den Kreml mit seiner großen Glocke (»5040 Zentner nach deutschem Gewicht schwer, im franz. Kriege vom Turm gefallen«). In Moskau sei alles sehr teuer und das was man bekomme, sei schlecht. Der Faktor habe es für wichtiger angesehen, sich bei der Installation der Maschine eine neue Uniform machen zu lassen, um sich damit bei den Gängen zum Ministerium mehr Ansehen zu verschaffen, als sich der Mühe zu unterziehen, die zum Betrieb notwendigen Kenntnisse anzueignen. Er tut alles, um die Auftraggeber von der Güte der Oberzeller Schnellpressen zu überzeugen. Nach einer beschwerlichen Landreise kehrt er im Frühjahr 1837 nach Oberzell zurück.

Man schickt ihm aus Rußland Stellenangebote. Bauer hebt daraufhin seinen Lohn an und entschädigt ihn für die lange Trennung von seiner Frau. Bechold feiert 1869 seine 50jährige Zugehörigkeit zum Unternehmen. 1870 beteiligt er sich mit Friedrich v. Koenig, einem Sohn des Erfinders, an der sogenannten Schulstiftung. Dies zeichnet ihn neben seinem fachlichen Können von vielen Arbeitnehmern aus.

Vergleichbare Schulstiftungen werden auch in anderen Maschinenfabriken realisiert: man erkennt die Bedeutung des Facharbeiters in den eigenen Reihen. Bechold erhält die Angebote vor allem deshalb, weil die Investoren der Schnellpressen über keine oder weniger qualifizierte Arbeiter verfügen. Der Trend zur Abwerbung wird immer stärker. Außerdem trennen sich selbständige und wagemutige Männer der »zweiten« Druckgeneration von der Firma Oberzell, um in eigener Regie Schnellpressen herzustellen und zu verkaufen. Einerseits ist es eine natürliche Sache; auf der anderen Seite kein Wunder, wenn man berücksichtigt, wie patriarchalisch, ja vereinzelt selbstherrlich in der Gründerzeit die Fabriken geführt werden. Koenig und Bauer machen hier keine Ausnahme.

Die Konkurrenz: Alarmzeichen für Oberzell

Die Fabrikgründer schaffen sich im Lauf (zwangsweise) ernsthafte Konkurrenz. Während der Gründerjahre ist dieser Faktor relativ unbedeutend. Aber jetzt, wo das Land immer mehr erschlossen und der Bedarf größer wird, wo viele Schnellpressen installiert sind, wird die Gefahr der Nachahmung ernster. »Bauer konnte und durfte nicht übersehen, daß hier eine gefährliche Konkurrenz im Entstehen begriffen war.«[331] Sicher hat er sich *nicht* auf den Lorbeeren ausgeruht: das ihm mit dem Tod Koenigs voll übertragene Unternehmen läßt in den Krisenjahren keinen Raum. An erster Stelle sind zwei ehemalige Beschäftigte der Oberzeller Fabrik zu nennen, mit denen es zu Spannungen gekommen ist und die deshalb die Fabrik verlassen. Die Lage wird klar und rasch erkannt: die Koenig'schen Schnellpressen sind zu teuer und teilweise zu kompliziert. Ich gehe weiter unten im einzelnen auf einige dieser Firmen ein. Außer der Schnellpressenfabrik Helbig & Müller in Wien sind folgende zu nennen:

1837 tritt der Schlosser Georg Sigl in die zu Beginn 1836 gegründete Maschinenfabrik Helbig & Müller. In zwei Jahren erwirbt er sich ausreichende Kenntnisse im Druckmaschinenbau. Danach tritt er bei dem Maschinenfabrikanten Christian Dingler in Zweibrücken ein, der bisher mit Erfolg eiserne Handpressen baut. Sigl führt in seinem Unternehmen den Bau von Schnellpressen ein. Außerdem leitet er den Betrieb als Werkmeister. Nach 1840 gründet er in Berlin eine Werkstatt, in der er Helbig & Müller Konkurrenz macht und Schnellpressen baut. Sigl ist außerordentlich erfolgreich. Bereits 1845 eröffnet er in Berlin einen Zweigbetrieb. Bis 1881 kann Sigl 2000 Maschinen absetzen. Aus dem Haus Helbig & Müller spaltet sich eine weitere Druckmaschinenfabrik ab. H. Löser, ein ehemaliger Werkführer von Leo Müller's Witwe, eröffnet 1848 in Wien eine Werkstatt zum Bau von Buchdruckmaschinen.

Außerdem arbeitet der Maschinenschlosser Johann Klein in Wien bei der Firma Helbig & Müller. Er kehrt 1846 in seinen Heimatort Johannisberg/Rhein zurück. Hier arbeitet er zuerst mit seinem Freund Johann Forst in der väterlichen Schmiede an der Herstellung einer Handpresse. Er findet bald einen Käufer für sie. Ab 1848 bauen die beiden Schnellpressen in eigener Regie. *Aus dem Gesamtkomplex Helbig & Müller entsteht für die Oberzeller Fabrik eine ernsthafte Konkurrenz.*

1840 gründet Ludwig Sander in Augsburg eine Maschinenfabrik. Er verkauft sie vier Jahre später an Friedrich Koenigs Neffe Carl Reichenbach und dessen Schwager Carl Buz. Beide errichten eine Fabrik zur Herstellung von Schnellpressen. Das kann nicht wundern, denn Reichenbach ist fast zwei Jahrzehnte bei Koenig & Bauer beschäftigt. Ab 1845 verkauft er »eigene« Schnellpressen.

1835 tritt der aus Zell gebürtige Andreas Albert als Lehrling in die Oberzeller Fabrik.

Zahnradmeiseln von Hand (um 1866). Hier wird deutlich, mit wie einfachen Mitteln man damals »absolute« Qualitätsarbeit geschaffen hat. So werden die langen Lieferzeiten der Maschinen ebenso verständlich, wie der Wunsch, nur bestes Material zu verwenden. Werkphoto KoeBau. Mit freundlicher Genehmigung.

Er erwirbt sich umfassende Kenntnisse. Nach einer zehnjährigen Betriebszugehörigkeit verläßt er Oberzell und wechselt zur Reichenbach'schen Maschinenfabrik nach Augsburg. Als Monteur entwickelt er sich zu einem erfahrenen Druckfachmann. Zusammen mit Andreas Hamm, dem Besitzer einer »mechanischen Werkstatt und einer Gießerei«, beginnt er ab 1861 in Frankenthal/Pfalz mit dem Bau von Druckmaschinen. Über einen Bruder von Hamm wird die spätere Heidelberger Druckmaschinenfabrik ins Leben gerufen. Außerdem gründet J. W. Alfs 1847 in Leipzig eine Schnellpressenfabrik.

Bei allen steht die Fabrik von Oberzell Pate. Durch die weitere Verbreitung der Schnellpressen werden Ansatzpunkte zu weiteren Verbesserungen erkannt. Bauer *muß* sich auf die enorme Konkurrenz einstellen. Einen interessanten Hinweis gibt seine Anzeige im

»Journal für Buchdruckerkunst«, die er 1838 einrückt. Daraus geht hervor, daß ... er bereit sei, in gewissem Maße der inzwischen eingetretenen Entwicklung im Druckmaschinenbau Rechnung zu tragen ... auch in Oberzell seien sie nicht bei der ursprünglichen Konstruktion stehengeblieben, sondern hätten die Druckmaschine auf Grund ihrer langjährigen Erfahrungen laufend verbessert. Die große Zahl der bisher verkauften (1838 wird die hundertste verkauft) spreche für sich. Und jetzt sagt er:

»Wir finden uns veranlaßt, Ihnen ergebendst anzuzeigen, daß wir bereit sind, auf Verlangen Schnellpressen nach jeder Modifikation zu bauen, die Andere mit unserer Erfindung vorgenommen haben ... daß auch solche Druckmaschinen bei unserer langjährigen Erfahrung in diesem Fach, unserer Einrichtung zum Bau derselben, von der Realität, mit der wir unsere Abnehmer zu bedienen gewohnt sind, denen anderswo gebauten nicht nur nicht nachstehen, sondern sie in der Art der Ausstattung leicht übertreffen würde, glauben wir leicht hinzusetzen zu dürfen.« Wir empfehlen uns mit Hochachtung und Ergebenheit.
Koenig & Bauer[330]

Im Klartext ist es ein Eingeständnis, die Verbesserungen der Nacherfinder nachzubauen. Die Konkurrenz ist aktiv.

Um seine Anteile zu festigen, entwickelt Bauer eine Schnellpresse mit Kreisbewegung. 1840 wird die erste dieses Typs nach Leipzig geliefert. Inzwischen haben seine Mitbewerber eine empfindliche Kerbe geschlagen. Selbst der Koenig-treue Cotta bezieht auf Empfehlung Reichenbachs eine Schnellpresse aus Wien. Das Oberzeller Werk setzt von 1838 bis 1841 lediglich jährlich zwölf Druckmaschinen ab. Im kommenden Jahr kann sie den Absatz bereits auf 24 Maschinen verdoppeln.

Der Vorarlberger Leo Müller[332] und seine »Wiener Schnellpressen«

Der auf der Wanderzeit begriffene Leo Müller kommt 1821 als Modelltischler in die Fabrik zu Koenig & Bauer. Über sieben Jahre bleibt er im Werk und avanciert zum Aufseher, der sich das Vertrauen Koenigs erwirbt. Eines Tages erklärt er ihm nach seinen Plänen mit einer neuen Maschine Abhilfe aus der eingetretenen Absatzkrise zu wissen. Als Kaufpreis verlangt er die Aufnahme als Gesellschafter in die Firma. Die Firmengründer lehnen ab: so scheidet der tüchtige Mitarbeiter aus.

Leo Müller (13. 2. 1799 – 9. 2. 1844). Er ist der erste Konkurrent von Koenig & Bauer. Es gelingt ihm, zusammen mit Fritz Helbig wesentlich einfachere und billigere Buchdruck-Schnellpressen auf den Markt zu bringen. Bevor sich Müller selbständig macht, leitet er die Modellschreinerei bei Koenig in Würzburg. Bild: M.A.N. Werkarchiv Augsburg. Mit freundlicher Genehmigung.

Er hat das Problem erkannt: Koenigs Pressen sind zu kompliziert und zu teuer und deshalb auf dem Markt schwer abzusetzen. Er ist *einer* von denen, die die Druckmaschine einfacher gestalten. Sein Ziel heißt: Schaffung einer Schnellpresse, die einfach in Bau und Bedienung ist, außerdem muß sie zuverlässig arbeiten und preiswert sein. Er geht diesen Weg konsequent und der Erfolg gibt ihm recht. Während Koenig in den fünfzehn Jahren (bis zu seinem Tod) um 65 Maschinen absetzt, verkauft Müller in elf Jahren 125. *Die Müller'sche Schnellpresse ist eine herausragende Leistung ihrer Zeit.* Durch die Preiswürdigkeit hat sie der allgemeinen Verbreitung wesentlich zum Durchbruch verholfen. Er produziert nach »modernen« Grundsätzen der Rationalisierung. So gelingt es ihm, den Stückpreis von 4000 auf 1750 Gulden zu senken. *Mit seinen »Standardtypen«-Schnellpressen wird er der Begründer des österreichischen Buchdruckmaschinenbaues und einer der ersten erfolgreichen Maschinenexporteure des Landes.*

Müller's (Wiener) Haltzylinder-Schnellpresse

»Leo Müller hat das ratternde Räderwerk der ersten Zylinderdruckmaschine auf einen einfachen, leicht zu bedienenden betriebssicheren Zustand gebracht.« Müller baut nicht auf Weiterentwicklungen Koenigs auf, sondern kehrt zu dessen erster Zylinderdruckmaschine zurück. Sie hat einen dreifach geteilten Druckzylinder. Nach jedem Drittel muß er zum Anlegen eines neuen Bogens angehalten werden. Koenig erkennt die konstruktive Schwachstelle und entwickelt hierfür den sogenannten »Hornradmechanismus«, der dem Zylinder das Stoßende und Polternde nehmen soll. Koenig treibt den Druckkarren mit einer umfangreichen und komplizierten Doppelrechenbewegung an. *Die von Koenig realisierten Grundideen sind richtig, aber technologisch noch nicht optimal gelöst. An dieser Stelle setzt der Vorarlberger Leo Müller ein.*

Das Problem ist: wie kann von der konstruktiven Seite eine sich ständig waagrecht hin- und herbewegende Fläche (Karren) so mit der Bewegung eines sich ständig drehenden Zylinders optimieren. Dies bei hoher Geschwindigkeit ohne der Konstruktion (Verschleiß) zu schaden. Darin steckt eine gewisse Unvollkommenheit.

Leo Müller fertigt während der letzten Monate des Jahres 1831 in seinem Heimathaus in Riezlern[333] Holzmodelle für die Eisenteile seiner ersten »Jenbacher« Schnellpressen. Verwandte strecken ihm Geld vor. Die Teile werden daraufhin im k. und k. Hüttenamt von Jenbach gegossen.[334] Daß er die erste Schnellpresse Österreichs vollendet, dankt er nicht zuletzt dem aufgeschlossenen Johann Schuhmacher, der die Leitung der Wagner'schen Druckerei in Innsbruck übernommen hat. Er erteilt Müller den ersten Auftrag und bezahlt Vorschüsse darauf (genau wie dies Koenig vordem in London macht). Es ist nicht mehr bekannt, wie die Presse im einzelnen aussieht. Aus dem Patent, das er am 17. Mai 1833 nimmt, geht hervor: »... daß sie die Bewegung des Karrens abkürze, den Kraftaufwand vermindere und Raum erspare.« Von der k. und k. Hofkammer in Wien werden die von Müller eingereichten Originalbeilagen an das Landesgubernium von Tirol und Vorarlberg zurückgegeben. Dort werden die Akten »weil von geringerer Bedeutung« 1838 ausgeschieden und vernichtet. Sicher ist, daß Leo Müller in Jenbach mehrere Pressen baut.

Jetzt kommt eine zweite Person ins Spiel. Ich habe angedeutet, daß das Verhältnis zwischen Koenig und Bauer zu ihrem Zögling Hellwig,[335] dem sie später die Leitung der Papierfabrik in Münsterschwarzach übertragen, von Spannungen durchzogen ist. Hellwig geht dann seinen eigenen Plänen von Oberzell nach Österreich und versucht sich in einem Brünner Eisenwerk im Nachbau von Druckmaschinen. Er verläßt Ende Oktober 1830 Oberzell und wendet sich nach Wien, um eine mechanische Werkstätte einzurichten. Er läßt sich daraufhin auf die »Koenig'sche Maschine« ein Patent erteilen. Das ist möglich, weil die Koenig'schen Druckmaschinen lediglich in Bayern und Württemberg (?) durch Privilegien geschützt sind. Sofort macht Leo Müller Einwendungen geltend. Beide kennen sich von Oberzell her. Hier begegnen sie sich wieder. Sie vergleichen sich und schließen am 31. Dezember 1835 in Wien einen Gesellschaftsvertrag »... vom 1ten April 1836 ... auf gemeinschaftliche Kosten, Risiko, Gewinn und Verlust eine Maschinenwerkstätte zu errichten«. Daraus entsteht die

Maschinenfabrik Helbig und Müller in Wien

Das Unternehmen wird in Wien mit einem Kapital von 4000 Gulden »Unter den Weißgärbern 40« eröffnet. Der Grund, der Müller zur Unterschrift bewegt, wird aus dem Vertragstext deutlich, denn in ihm steht: »Wenn Herr Müller, was wahrscheinlich ist, seinen Antheil den nöthig werdenden Vorauslagen des Etablissements nicht einzuschießen vermöchte, so verbindet sich Herr Hellwig, ihm die nöthige Summe vorzuschießen und Herr Müller ihm dieselbe mit jährlichen sechs Prozenten zu verzinsen.« Müller erhält am 9. April 1836 »ein für die Entwicklung der Buchdruckmaschine entscheidendes Privileg, '...wonach alle Theile vereinfacht seyen, nur ein Zahnrad nöthig und der Karren nebst Druck-Cylinder auf eine bisher eigenthümliche Art bewegt werde, wodurch diese Art Pressen wegen ihrer Einfachheit und leichten Behandlung sich von allen bisher gebauten Schnellpressen unterscheide ... auch für die kleinsten Druckereyen mit Vortheyl anwendbar sey'.« Was hier umschrieben ist, ist der Doppelexenter, ein klassischer Mechanismus im Schnellpressenbau.

Nach eineinhalbjährigem Bestehen können Müller & Helbig die erste Druckmaschinenfabrik in Österreich errichten und »12 Schnellpressen neuer Art« an neun Buchdruckereien in Wien, Linz, Prag, Triest, Augsburg und Stuttgart liefern; außer ihnen mehrere einfache und doppelte »älterer Construction«. Das technische Museum in Wien beherbergt die einzige noch bekannte Druckmaschine aus der von Müller & Helbig in Wien gegründeten »mechanischen« Werkstatt. 1839 erwirbt Müller ein drittes Privileg auf fünf neue Einrichtungen an seinen Schnellpressen. Seine letzte Verbesserung geht aus einem Geschäftsprospekt von 1843 hervor (kurz vor dem am 28. Januar erfolgten Tod Hellwigs). Es ist eine »... neue, gelungene Karrenbewegung, nämlich auf Rädern rollend, wie auf der Eisenbahn«. Müller kommt nicht mehr dazu, die Dinge zu verwirklichen. Er stirbt am 9. Februar 1844 in Wien an Schwarzfärbung des Magens »Melanose«. Hier ist zu erwähnen, daß Bauer in Oberzell um die gleiche Zeit einen neuen Antrieb ersinnt.

Es bleibt zu fragen, wie sich die Oberzeller Fabrik entwickelt haben würde, wenn sie diese beiden fähigen Mitarbeiter in ihren Reihen gehalten hätte! Zurück zu »ihrer« Geschichte.

Die nächste Krise

Es wäre ungerecht, würde man die anstehenden Schwierigkeiten auf Bauer abwälzen. Koenig ist mehr der Typus des frühindustriellen Unternehmers, der übergeordnete Fäden knüpft und in der Hand behält. Bauer ist mehr der konstruktive Denker, der geborene, mit Zäheit und Akribie handelnde Ingenieur. Auf ihm liegt u. a. die Last der Ausbildung der anfangs ungeschickten Arbeiter. Ihm obliegt es, in der Praxis brauchbare und betriebssichere Schnellpressen unter unsäglichen Schwierigkeiten zu bauen. Der Ausfall seines Lebenspartners ist für ihn ein harter Schlag. »Bauer glaubte als ausgezeichneter Techniker, es würde genügen, eine gute Maschine zu bauen, der Erfolg stelle sich dann von allein ein. Diese Rechnung geht nicht auf.«[336] So kann man es nicht hinstellen. Bauer wird durch den Tod Koenigs aus seinem Lebensrhythmus gerissen, er *muß* die Gesamtverantwortung tragen. Er ist überlastet und vielleicht ein wenig überfordert. Barnikel trifft nicht den Kern der Sache, wenn er ihn als griesgrämigen Sonderling hinstellt, der gegen die Menschen immer mißtrauischer wird[337] und sich auf seinen Lorbeeren ausruht.[338] Dazu gibt es weder Grund noch Veranlassung. Als begabter Techniker weiß Bauer um die Problematik, daß »Technologie« von gestern immer alt und veraltet ist und daß jede Konstruktion in sich die Möglichkeit der Verbesserung trägt. Bauers Lage ist schwierig, denn er übernimmt den gesamten hypothekarisch verpfändeten Betrieb in einer Krise.

Er *muß* seine Arbeiter beschäftigen, denn sie sind das Kapital des Unternehmens. Da die Bestellungen von Druckmaschinen ausbleiben, sieht er sich gezwungen in der »mechanischen« Werkstätte alles mögliche zu bauen. In dieser Zeit werden Kartoffelreibemaschinen, Papierglättmaschinen, Lederspaltmaschinen, Kupferdruckpressen, Pumpwerke und hydraulische Pressen gebaut und abgesetzt.[339] Hierzu gibt es in der Gründerzeit des deutschen Maschinenbaues viele Parallelen. John Behringer[340] erwähnt aus den Erinnerungen seines Urgroßvaters, der bei Koenig und Bauer beschäftigt ist, daß Bauer in den 30er Jahren, als die Not besonders groß ist und einige Familien hart betroffen sind, kurzentschlossen für Abhilfe sorgt. Er kauft einen Kessel, beschafft Nahrung und bringt vierzig Familien mit mehr als 100 Köpfen über die Notzeiten. Freilich hat er Marotten. So entwickelt Bauer ein rigoroses, heute merkwürdig erscheinendes Strafsystem in seinem Unternehmen.

Das rote Strafbuch[341]

Friedrich v. Koenig beschreibt, wie der alternde Bauer von seinem fünffenstrigen Büro aus den Fabrikbetrieb überwacht und sich über Beobachtungen Aufzeichnungen macht. Er hält sie auf Zetteln fest, die er auf einen Metallreifen nadelt. Nach Erledigung werden die Zettel abgerissen und vernichtet. »Nach seinem Tod findet man Tausende (!) in seinem Bürotisch.«[342] Da steht zum Beispiel »1844, 26. Mai, 7 Uhr 40 Minuten. Peter kommt zum Thor herein. Hanne geht Peter entgegen. Hanne tut freundlich mit Peter. Warum tut Hanne freundlich mit Peter? Ist zu untersuchen.« Ist er der Meinung, daß bestimmte Verhalte strafwürdig sind, werden sie in ein Strafbuch eingetragen und der Betreffende erhält eine Geldstrafe. Hier erkennen wir den Despot, den willkürlich und selbstherrlich Handelnden, in gewisser Weise den mittelalterlichen Feudalherr. Dieser Vergleich ist zulässig. Im Kloster Oberzell wird im weiten Umkreis von den umliegenden Dörfern »fabrikmäßig« gearbeitet. Es bildet den gewerblichen Mittelpunkt. Die früheren Weinbauern und Tagelöhner haben die Möglichkeit der konstanten Beschäftigung und des ge-

Wilhelm von Koenig (9. 12. 1826 – 29. 12. 1894). Er ist der älteste Sohn des Firmengründers und tritt 1849 als Mitarbeiter ein. 1854 konstruiert er eine »sechsfache« Maschine. 1864 erfindet er die »Zweifarbenmaschine«. 1867 konstruiert er eine »Doppeltiegeldruckpresse«. 1878 baut er die erste Maschine mit vierwalzigem Doppelfarbwerk. Werkphoto KoeBau. Nr. 14999. Mit freundlicher Genehmigung.

Friedrich von Koenig (29. 6. 1829 – 18. 11. 1924). Jüngerer Sohn des Erfinders, tritt 1857 als Mitarbeiter ein. Nachdem Bauer am 27. Februar 1860 stirbt, übernimmt er mit seinem Bruder Wilhelm den Betrieb. Friedrich Koenig führt den Bau von Rotationsmaschinen ein und konstruiert selbst die erste Rotationsmaschine. Werkphoto KoeBau. Nr. 15000. Mit freundlicher Genehmigung.

sicherten Einkommens. Als Preis für diesen Vorteil nehmen sowohl die strenge Betriebsordnung wie die langen Arbeitszeiten, ja selbst im Zeichen der Zeit erschwerende Arbeitsbedingungen in Kauf. Vor Beginn der wöchentlichen Lohnzahlung wird die von Bauer verfaßte Strafenliste öffentlich durch einen Werkführer verlesen. Zum Beispiel:

- »8 Ofg. Seubert, wegen angeblichem Bohrersuchen herumgelaufen.«
- »16 Pfg. M. Funk, wegen unanständiger Schreiberei im Abtritt und Beschmieren desselben.«
- »3 Groschen M. Will, Leichenbegräbnis ‚Rausch'.«
- »28 Pfg. M. Fasel wegen Schimpferei des Herrn Pfarrer auf's Landgericht vorgeladen (!).«
- »8 Pfg. J. Klingler, wegen kindischer Streiche« usw.[343]

Es läßt sich nicht mehr feststellen, zu welchem Zweck die eingezogenen Gelder verwendet werden. Ab 1855 fließen sie in die Fabrikkrankenkasse. Daß dieses Handeln im Zeichen der Zeit nicht unnormal ist, sehen wir an Louis Piette, dem Begründer der ersten Maschinenpapierfabrik Deutschlands in Dillingen/ Rheinpreußen. Er legt seine Gedanken 1840 über eine Fabrikordnung in den »Bemerkungen über die gegenseitigen Pflichten der Fabrikherren und Arbeiter« nieder. Er spricht sich gleichfalls für Geldstrafen wegen Zank, Branntweintrinken in der Fabrik, Wegbleiben von der Arbeit, Lügen usw. aus. Die daraus resultierenden Gelder will er einer allgemeinen Krankenkasse zukommen lassen.[344]

Friedrich v. Koenig's Schrift »Ein Jahrhundert Fabrikleben« enthält außerdem interessante Bemerkungen über die Haushaltsführung der Arbeiter und über den Gang des

Arbeitslebens. Der Arbeitstag beginnt früh um fünf und endet abends um sieben Uhr. Dazwischen liegt eine halbstündige Frühstücks- und eine einstündige Mittagspause. Der Arbeitstag wird so beschrieben:

»Das Arbeiterleben der Woche verfließet sehr monoton. Früh 1/2 5 wird aufgestanden (Arbeiter entfernter liegender Dörfer früher) und die Frühsuppe genommen. Der Mann eilt ins Kloster zur Tagesarbeit; im Winter legt sich die Frau wieder ins Bett, um unnötige Kosten der Talgkerzen zu sparen; im Sommer dagegen hängt sie die Kötze mit dem Geschirr über und geht zur Feldarbeit bis gegen 11 Uhr, wo sie das Mittagsmahl rüsten muss. Der Abend vereinigt die Familie wieder im Wohnzimmer, aber nur für kurze Dauer: Müde wird das Nachtmahl genommen, Tisch- und Nachtgebet gemurmelt, dann schon bei eintretender Dämmerung das Lager aufgesucht ... schon vor 9 Uhr ist es still im Dorfe, selbst die Wirtshäuser leer.«[345] Zur Erholung dienen die Sonn- und die vielen Feiertage.

Um die Leistungsfähigkeit des Unternehmens herauszustellen, werden einige Industrieausstellungen besucht, so:

- 1832 in Würzburg die »Gesellschaft der Vervollkommnung der Künste und Gewerbe«.
- 1842 Industrieausstellung in Mainz.
- 1844 Gewerbeausstellung in Berlin. Hier erringt die Oberzeller Firma eine hohe Auszeichnung.
- 1849 (vielleicht) Beteiligung an der Pariser Gewerbeausstellung
- 1850 Leipziger Industrieausstellung
- 1854 Allgemeine Deutsche Industrieausstellung in München. Das Unternehmen erhält eine »Große Denkmünze wegen unausgesetztem und erfolgreichem Streben, die von ihnen erfundenen Schnellpressen so zu verbessern, daß sie nicht nur nach der Quantität, sondern auch nach der Qualität ihrer Leistungen, den sich immer steigen-

Edgar Koenig (21. 1. 1858 – 14. 9. 1897). Als Edgar Koenig 1884 von Amerika zurückkehrt, tritt er in das Geschäft ein. 1888 baut er die ersten einfachbreiten 8-Kolumnen-Trichter-Rotationsmaschinen und die erste doppelbreite 16-Seiten-Rotationsmaschine. Werkphoto KoeBau. Nr. 15001. Mit freundlicher Genehmigung.

Konstantin Koenig (22. 3. 1866 – 14. 5. 1897). Er ist der Enkel des Firmengründers und tritt 1891 in das Unternehmen. 1895 wird er Prokurist. Durch seinen frühen Tod kann er die weitere Entwicklung des Unternehmens nicht wesentlich beeinflussen. Werkphoto KoeBau. Nr. 15002. Mit freundlicher Genehmigung.

den Anforderungen entsprechen, und insbesondere wegen der ausgestellten ersten sechsfachen Schnellpresse mit Beibehaltung des ebenen Satzes«.[346]

Zudem wird das Unternehmen modernisiert. 1845 wird eine Räderfräsmaschine, 1846 eine Hobelmaschine und 1847 die erste Schraubenschneidemaschine angeschafft. In Oberzell wird 1847 für Du Mont Schauberg in Köln die erste sogenannte »Vierfachmaschine« gebaut, deren Leistung bei 4000 Druck pro Stunde liegt. Auch Decker in Berlin erhält eine solche. Diese Maschinen werden nötig, um die steigenden Zeitungsauflagen termingerecht zu bewältigen. Inzwischen beschäftigt man wieder 120 Arbeiter. Auf Grund der besseren Auftragslage werden die Werkstätten erweitert. Abgesehen von seinen rheumatischen Leiden hat Bauer trotz seines Alters von über 70 Jahren lebhaft und in geistiger Frische an allen Umwandlungen teilgenommen. Sie gehen teilweise auf die nachrückende Generation zurück. Unerwartet rafft ihn am 27. Februar 1860 ein Schlaganfall aus dem Leben. Er wird wie Koenig auf dem Friedhof des Klosters Oberzell beigesetzt. Damit ist die Gründerzeit des Unternehmens abgeschlossen.

Wilhelm und Friedrich Koenig jr.

Fanny sorgt für die bestmögliche Ausbildung ihrer Kinder. Sie werden zuerst von Hauslehrern erzogen. 1839 kommen sie in das »Vitzthum-Blochmann'sche Gymnasial-Erziehungshaus« nach Dresden.[347] 1845 gehen die Brüder Wilhelm und Friedrich auf das Polytechnikum nach Karlsruhe, wohl eine der besten technischen Hochschulen Deutschlands. Sie studieren vier Jahre gemeinsam Naturwissenschaften, Mathematik und Mechanik. Dann werden sie dringend im Werk benötigt. Wilhelm kehrt zurück. »Wilhelm Koenig war wie Bauer ein ausgezeichneter Techniker und Konstrukteur«,[348] der sich mit

Albrecht Bolza (19. 5. 1862 – 25. 7. 1941). Er ist ein Enkel des Erfinders und tritt 1887 in das Unternehmen. Am 1. April 1895 übernimmt er die oberste Leitung. Er arbeitet die Pläne für den auf der rechten Mainseite geplanten Fabrikneubau. Werkphoto KoeBau. Nr. 15003. Mit freundlicher Genehmigung.

August Pels Leusden (28. 9. 1860 – 24. 11. 1948). Der Ingenieur Leusden tritt 1886 in das Unternehmen ein. 1890 konstruiert er die erste Zwillings-Rotationsmaschine. 1896 baut er die erste Chromotypiemaschine. 1910 erfindet er die »Iris«-Vierfarbendruckmaschine für den Druck in einem Arbeitsgang. Pels-Leusden ist einer der Pioniere des deutschen Rotationsmaschinenbaues. Werkphoto KoeBau. Nr. 9201. Mit freundlicher Genehmigung.

Erste Rollenrotation aus dem Hause Koenig & Bauer, gebaut im Jahre 1876. Der Bau von Rotationsmaschinen geht hier auf Friedrich Koenig zurück. Diese Maschine wird bei der Faber'schen Buchdruckerei in Magdeburg aufgestellt. Werkphoto KoeBau. Nr. 948. Mit freundlicher Genehmigung.

Eifer auf die Aufgabe stürzt. Vor allem widmet er sich den »Eisenbahnbewegungsmaschinen« (Rückkopplung zu Leo Müller?). 1850 wird in Oberzell die erste nach diesem Prinzip gebaute Maschine verkauft. 1854 vollendet Wilhelm Koenig die sogenannte »sechsfach-Maschine«, die mit zwei einfach und zwei doppelt wirkenden Druckzylindern ausgestattet ist.

1857 kommt auch Friedrich Koenig jr. ins Werk. Er hat nach dem Abschluß seines Studiums in Karlsruhe in der Elsässischen Maschinenfabrik (bei Straßburg) gearbeitet. Von hier aus geht er nach Paris, erweitert in einer Maschinenfabrik seine praktischen Kenntnisse und geht dann nach Chemnitz in die Maschinenfabrik Richard Hartmann. Hier schließt er seine praktischen Studienjahre ab.

Die Fabrik nimmt unter der neuen Geschäftsleitung einen erheblichen Aufschwung. Die Verkaufszahlen klettern nach oben. 1859 werden 67 Maschinen abgesetzt. Schon ein Jahr vorher wird der Plan für ein Dampfkesselhaus entworfen. Hier werden mit behördlicher Genehmigung zwei Dampfmaschinen (anstelle der früheren Wasserkraft) installiert. Die eine ist für die Gießerei, die andere für die Hauptwerkstatt bestimmt. Die Produktion wird zielstrebig auf Druckmaschinen, Farbapparate und Satiniermaschinen abgestellt. 1863 wird die Papierfabrik in Münsterschwarzach übergeben. Sie wechselt mehrfach den Besitzer und wird 1894 ganz eingestellt. Dann wird die 600ste Druckmaschine ausgeliefert. 1865 ist es die 1000ste. Inzwischen fahren Wilhelm und Friedrich nach St. Petersburg, um den Markt zu sondieren. Voraus gehen erhebliche Großaufträge aus Rußland. Folgerichtig wird dort eine Vertretung eingerichtet. Jahre vorher wird eine »Unterstützungs- und Krankenkasse« für das Fabrikpersonal der Koenig & Bauer'schen Maschinenfabrik« ins Leben gerufen. 30 Jahre vor der reichsgesetzlichen Regelung ist dies eine Pioniertat. Friedrich Koenig stellt fest, daß das Rechnungswesen unter Bauer »unübersehbar verwirrt« ist.[349] Jahrelang werden keine Rechnungen verschickt. So geht Friedrich daran, ein neues kaufmännisches Fundament zu schaffen. Außerdem wird das einst streng patriarchalische Verhältnis den Zeiten angepaßt.

1872 bis 1873 wird in Würzburg ein Zweigbetrieb, die sogenannte »neue« Fabrik, eingerichtet. 1895 wird die 5000ste Maschine

Ansicht der »neuen« Fabrik auf der anderen Mainseite. Das Gelände umfaßt 100 000 qm. Das Verwaltungsgebäude liegt in der Mitte und steht in direkter Verbindung mit der »mechanischen« Werkstatt. Der Umzug erfolgt in den Monaten August bis September 1901. Wichtige Baueinheiten: Gießerei, Schreinerei, Kraftzentrale, Schmiede, Post, Modellhäuser, Lagerhalle und Kantine.

verkauft.[350] Eine Zeitlang werden lithographische Schnellpressen gebaut.[351]

Bau von Rotationsmaschinen

Von einschneidender Bedeutung wird für die spätere Entwicklung des Geschäfts die 1876 durch Friedrich Koenig erfolgte Einführung der Rotationsmaschine für Zeitungsdruck. Die erste dieser Maschinen wird an die Magdeburger Zeitung geliefert. 1886 folgt die Rotationsmaschine für veränderliche Formate. R. Börner, ein Ingenieur des Unternehmens, erfindet die pneumatische Bogenführung. Dadurch wird dem Rotationsdruck ein weiteres Feld geöffnet. Eine Maschine von Wilhelm Koenig erringt auf der Internationalen Ausstellung von Amsterdam (1892) das Große Ehrendiplom, die höchste Auszeichnung. Es ist der letzte Triumph seiner Erfinderlaufbahn. Wilhelm wird krank. Nach seiner Rückkehr von Amsterdam erliegt er nach einer zweijährigen Krankheit seinen Leiden. Er stirbt am 29. Dezember 1894.

Inzwischen hat man sich entschlossen, auf der anderen Mainseite (gegenüber Oberzell) ein Terrain von 80 000 Quadratmeter zu erwerben um hier eine neue und »moderne« Fabrik aufzubauen. Der erste Spatenstich erfolgt am 11. Juni 1900. Bald danach werden Fabrikteile übersiedelt. Inzwischen erfolgen weitere personelle Veränderungen. Edgar Koenig, ein Sohn von Friedrich jr. und Enkel des Firmengründers tritt 1884 in das Geschäft ein. Von ihm wird der amerikanische Falztrichter den deutschen Rotationsmaschinen angepaßt. Dies führt zu einer erheblichen Leistungssteigerung im deutschen Rotationsmaschinenbau. Mit seinem Freund und Studiengenosse Pels Leuden wird der Bau von »Zwillingsrotationen« in die Wege geleitet. Edgar Koenig erlebt deren Verwirklichung nicht mehr. Infolge rastloser Arbeit und geistiger Überanstrengung erlöst ihn am 14. September 1897 der Tod. 1886 tritt Albrecht Bolza, der Sohn der Tochter in das Unternehmen ein. 1891 rückt Konstantin Koenig, der jüngste Sohn von Friedrich Koenig jr. nach. 1906 wird die 7000ste Schnellpresse im Unternehmen vollendet. Es ist eine Vierrollen-Rotationsmaschine.

Weitere Entwicklung

In den nächsten 50 Jahren wird das Unternehmen von schweren Erschütterungen heimgesucht. Einen erheblichen Einbruch bringt für die gesamte Industrie der Erste Weltkrieg.

Johannes Forst. Mitbegründer der Maschinenfabrik Johannisberg/Rheingau. Gegründet 1846. Werkphoto. Mit freundlicher Genehmigung der MILLER-Johannisberg Druckmaschinen GmbH. Wiesbaden.

Johannes Klein. Mitbegründer der Maschinenfabrik Johannisberg/Rheingau. Werkphoto. Mit freundlicher Genehmigung der MILLER-Johannisberg Druckmaschinen GmbH. Wiesbaden.

Erste, in einer Schmiede hergestellte Buchdruckmaschine von Klein und Forst aus dem Jahr 1846. Das große Schwungrad dient dem manuellen Antrieb. Werkphoto. Mit freundlicher Genehmigung der MILLER-Johannisberg Druckmaschinen GmbH. Wiesbaden.

Nach der Überwindung von Währungsproblemen beginnt der systematische Wiederaufstieg. Friedrich v. Koenig lebt (noch) 1924 im Kloster Oberzell. Dann wird die Schnellpressenfabrik Mödling bei Wien, vormals L. Kaiser's Söhne, von Koenig & Bauer übernommen.

Um den historischen Charakter des Buches zu wahren, breche ich an dieser Stelle ab. Die Firma Koenig & Bauer ist nicht nur die älteste Druckmaschinenfabrik der Welt, sondern sie zählt heute zu den proviliertesten Unternehmen auf diesem Sektor.

Maschinenfabrik Johannisberg

Nachdem Müller & Helbig das Werk in Oberzell verlassen haben, machen sie sich in Wien selbständig. Einer ihrer Mitarbeiter ist der aus Johannisberg/Rhein gebürtige Maschinenschlosser Johannes Klein. Aus noch unbekannten Gründen verläßt er das Unternehmen und kehrt nach Johannisberg zurück. Er arbeitet zunächst mit seinem Freund Johann Forst in der väterlichen Schmiede. Hier entsteht 1846 ihre erste Buchdruck-Handpresse. Das junge Unternehmen kann sich etablieren, zumal Johann Bohn als weiterer Gesellschafter hinzukommt. Der Erfolg resultiert auch aus folgenden Umständen, die außerdem allen Mitbewerbern zugute kommen:

- Die Eisenbahnen verlieren ihre Schrecken und tragen dazu bei, die Landesteile besser zu erschließen. Die Eisenbahn wird eine Alternative zu den Flüssen, auf denen seither die schweren Maschinenteile transportiert werden. Es gilt zudem insbesondere für die Beschaffung der »Energie«, also Koks; für Erze und Rohmaterialien.
- Die Absatzchancen werden besser. Die Drucker haben sich an den Einsatz der »Schnellpresse« gewöhnt.
- Die Papiere werden druckfähiger.
- Ein Zuliefermarkt etabliert sich.

1861 brennt das Johannisberger Werk bis auf die Grundmauern ab. Ein Neubau wird errichtet. Inzwischen werden 50 Mitarbeiter beschäftigt. 1871 treten Forst und Bohn aus der Leitung des Unternehmens. An die Stelle von Forst rückt sein Schwiegersohn. Es setzt eine rapide Aufwärtsentwicklung ein:

- 1879 wird die 1000ste Schnellpresse geliefert.
- 1888 wird die erste Schnellpresse für Lichtdruck erstellt.

*Hans Bolza (20. 9. 1889 *). Werkphoto Koe-Bau. Nr. 12753. Mit freundlicher Genehmigung.*

- 1889 (ab) werden Doppelmaschinen mit Schwingzylinder gebaut.

Aus der Maschinenfabrik Johannisberg entsteht die Miller-Johannisberg Druckmaschinen GmbH, mit dem heutigen Sitz in Wiesbaden. Sie zählt zu den profilierten Unternehmen der Branche.

Schnellpressenfabrik Frankenthal Albert & Cie.[353]

Anfänge

Frankenthal verfügt über eine lange Tradition auf dem Gebiet des Maschinenbaues. 1774 gründet Georg Friedrich Schrader in der Hessengasse (später: Glockengasse) eine »Glocken- und Feuerspritzen-Gießerei«. Sie besteht bis 1844 und wird dann von dem aus Zweibrücken stammenden Georg Hamm übernommen. Im Unternehmen werden inzwischen auch Pumpen und Mühlwerke ge-

Andreas Hamm, dessen Bruder Georg 1844 in Frankenthal eine mechanische Werkstätte einrichtet. Andreas Hamm gründet 1850 eine Glockenfabrik. Hier liegt die Urzelle der heute weltbekannten Heidelberger Druckmaschinen AG. Werkphoto Heidelberger Druckmaschinen AG. Mit freundlicher Genehmigung.

baut. 1848 kommt eine Graugießerei hinzu. Während der Revolutionsereignisse (1848) muß Georg das Land verlassen. Jetzt übernimmt sein Bruder Andreas mit einem Georg Adam Kühnle die Leitung der Firma. Sie trennen sich 1852. Kühnle macht sich selbständig und Andreas Hamm betreibt das »Dampfmaschinen- und Gießereiunternehmen« allein. Seit 1850 besteht in Frankenthal eine Glockenfabrik. Es ist die Keimzelle der späteren Druckmaschinenfabrik in Heidelberg.

Außerdem ist der Hinweis wichtig, daß in Frankenthal seit geraumer Zeit das »Frankenthaler Wochenblatt« erscheint. Es ist denkbar, daß Andreas Albert aus diesem Grund mehrfach nach hierher reist. Ich komme darauf zurück.

Andreas Albert's Jugend, Lehre bei Koenig & Bauer

Sein Vater ist der Schuhmacher Johann Albert aus Zimmern (Krs. Tauberbischofsheim). Er heiratet in erster Ehe die Schustertochter Katharina Wiesen aus Zell. Sie stirbt mitsamt dem vierten Kind bei dessen Geburt. Er geht eine zweite Ehe mit der Winzertochter Dorothea, geb. Bertel, gleichfalls aus Zell, ein. Sie haben sechs Kinder. Andreas ist der zweite Sohn aus der zweiten Ehe und wird am 12. April 1821 im Haus Nr. 25 in Zell am Main geboren. »Dieses idyllische, mainfränkische Winzerdörfchen, das 1821 aus Oberzell mit säkularisierten Männerkloster, Mittelzell, dem eigentlichen Dorf und Unterzell mit dem säkularisierten Frauenkloster besteht, liegt wenige KM nordwestlich von Würzburg und hat etwa 1100 Einwohner.« Im Zusammenhang mit meiner Betrachtung der Schnellpressenfabrik von Oberzell, vor allem aus dem erhaltenen Schriftwechsel von Koenig wird mehrfach auf die Bewohner des Dorfes und ihre Beschäftigung in der Fabrik Bezug genommen. Heute kann von »Idylle« keine Rede mehr sein. Zell ist zur Bedeutungslosigkeit herabgesunken und scheint im Verkehrsgewühl zu ersticken.

1804 wird in Zell die allgemeine Schulpflicht eingeführt (von sechs bis zwölf Jahren). An sie schließt bis zum 18. Lebensjahr die Sonntagsschule an. Andreas kommt sechsjährig (1827 bis 1833) zur Schule. Er gilt als begabt und fleißig. Im Anschluß daran geben ihn die Eltern für zwei Jahre in die 1830 eröffnete polytechnische Schule von Würzburg. Er hat einen Bruder Michael, über dessen Lebensweg wenig bekannt ist.

Während der Schulzeit von Andreas wird in Oberzell die erste Druckmaschinenfabrik der Welt eingerichtet. Was liegt näher, als Albert eine gewerbliche Ausbildung zuteil werden zu lassen. Mit vierzehn Jahren tritt er als Lehrling bei Koenig & Bauer ein. »Eine neue Welt tat sich ihm auf. Der zurückliegende Lebensabschnitt der Lernbücher, Schreibhefte und technischen Zeichnungen mündete in die Welt der praktischen Arbeit, der Schmiedeeisen, Dampfhämmer und Werkbände ein.« Huther,[354] der Biograph Alberts, macht einen Fehler. In Oberzell selbst wird die Dampfkraft erst spät eingesetzt: zunächst nutzt man die Wasserkraft der beiden Mühlen. Andreas Albert und sein Bruder Michael werden von dem 1783 in Stuttgart geborenen Andreas Bauer ausgebildet. Andreas ist zehn Jahre in der Oberzeller Fabrik beschäftigt. Er erlebt das Werden der »Kreisbewegungsmaschine« und avanciert zum Werkmeister. Das heißt, er kennt Leo Müller und Fritz Helbig, die nach Wien abwandern. Mit Andreas 24. Lebensjahr

Andreas Albert, Gründer der Druckmaschinenfabrik Albert Frankenthal. Geb. 12. 4. 1821, gest. 30. 10. 1882. Werkphoto der Albert Frankenthal AG. Mit freundlicher Genehmigung.

Andreas Albert mit seinem Sohn Aloys. Er führt nach dem Tod des Vaters (1882) den Betrieb weiter. Außerdem arbeitet der letztgeborene Sohn Hubert als Konstrukteur und Oberingenieur im Werk. Werkphoto Albert Frankenthal. Mit freundlicher Genehmigung.

ist sein Lehrmeister 61 Jahre alt. »Andreas Bauer galt als eigensinniger Arbeitgeber, der sich nicht selten mit den Mitarbeitern überwarf, die ihn dann verließen.« Welche Folgen das hat, sehen wir u. a. an Leo Müller und Fritz Helbig. Der nächste »Abwanderer« ist Andreas Albert, wenngleich die Gründe hierzu nicht schlüssig geklärt sind. Nicht nur das; er zieht später seinen Bruder Michael nach, der ihm helfen wird, seine Fabrik in Frankenthal zu führen. Es ist außerdem bezeichnend, wo er hingeht.

Beschäftigung bei Carl Reichenbach

Albert geht von Oberzell nach Augsburg. Hier hat sich ein Neffe von Friedrich Gottlob Koenig etabliert und die Reichenbach'sche Fabrik gegründet, aus der die M.A.N. hervorgeht. Es ist in diesem Stadium gleichfalls ein Konkurrenzunternehmen. Albert tritt auf Grund seiner Fähigkeiten als Werkführer und Montageleiter der Druckmaschinenabteilung ein. Er ist engagiert, legt auf die Ausbildung der Beschäftigten wert und verfaßt 1852 das Buch »Der Maschinenmeister an der Schnellpresse«. Albert kommt in dieser Zeit mit vielen Druckern in Kontakt. Er legt hier das Fundament seiner späteren Karriere. Da er die bestellten Pressen persönlich zum Kunden begleitet, erkennt er im Gedankenaustausch die Möglichkeiten der Verbesserung der Druckpressen. Verbunden sind marktpolitische Vorteile, deren Vorzüge Albert ohne Zweifel erkennt.

Inzwischen hat Albert geheiratet. Seine Frau heißt Katharina, geb. Detemple. Das Ehepaar hat elf Kinder. Sechs sterben im Kindesalter. Der erstgeborene Sohn ist Alois, der zweite Balthasar,[355] der dritte Theodor.[356] Sie werden in Augsburg geboren. Als Albert 1861 seine Familie nach Frankenthal holt, wird 1862 eine Tochter Franziska geboren; 1868 ein Sohn Hubert.

Prototyp der sogenannten Reichenbach'schen Schnellpressen. Der Antrieb erfolgt manuell über das große Schwungrad. Reichenbach hat mit diesen einfachen und robusten Konstruktionen Erfolg. Hier sieht man außerdem, wie weit sich die Schnellpressen von der »Koenig'schen« wegentwickelt haben. Werkphoto M.A.N. Mit freundlicher Genehmigung.

Albert & Hamm

Albert fährt 1856 mit der neueröffneten Eisenbahn Augsburg–Stuttgart–Mannheim nach Ludwigshafen. Von hier aus geht er nach Frankenthal. In der Zeit zwischen 1856 bis 1858 hält er sich hier mehrfach auf. Es ist denkbar, daß er die Druckerei besucht, in der das »Frankenthaler Wochenblatt« hergestellt wird und es ist möglich, daß er sich nach einem Partner umsieht, mit dem er sich selbständig zu machen sucht. Über einen Bekannten aus Worms wird Albert mit Andreas Hamm in Verbindung gebracht. Es ist denkbar, daß Hamm in Frankenthal nach einer Diversifikation strebt und von sich aus den Schnellpressenbau ins Auge faßt. Es beginnt eine lose Zusammenarbeit. Das Hamm'sche Produktionsprogramm wird um den Sektor »Schnellpressen« bereichert. Die Verbindung wird fester. Bis 1860 werden 40 Handdruckpressen in zwei Größen verkauft. Sie sind »ganzmetallisch«, die »alte« Handpresse hat ihre Existenzberechtigung in den fortschrittlichen Betrieben verloren.

Frankenthaler Schnellpressenfabrik

Am 18. August 1861 kommt es zu einem vorläufigen Vertrag zwischen den Partnern: es ist die Geburtsstunde der Frankenthaler Schnellpressenfabrik. Unter dem Firmennamen Albert & Hamm »... vereinigen sich heute zum Betrieb von Schnellpressen und sonstigen in Buchdruckereien verwendbaren Maschinen, Herr Andreas Hamm, Maschinenbauer in Frankenthal und Herr Andreas Albert, Maschinenbauer, ebenda ...« Im Dezember 1861 wird der Prototyp ihrer Schnellpressen verwirklicht. Er geht in eine Nürnberger Druckerei. Hier kommen Albert seine früheren Beziehungen zugute. Zwei Jahre später sind 14 Pressen dieses Typs geliefert. Nebenbei entstehen zwei Handpressen. Auch dies ist typisch: der Anteil der manuell betriebenen Handpressen geht immer mehr zurück. An ihre Stelle treten dampfbetriebene Schnellpressen recht ähnlicher Konstruktion. Die Sache läuft erfolgreich. Deshalb schließen Hamm & Albert am 1. April 1863 einen auf zehn Jahre befristeten Vertrag. Die Produktion wird um Glätt- und Satiniermaschinen bereichert. Von 1863 bis 1868 verlassen jährlich 17 Schnellpressen das Unternehmen. Es ist eine außerordentliche Leistung, denn in den einfachen Werkstätten herrscht Präzisions-Handarbeit vor. Der Prototyp der Frankenthaler Maschinen verfügt über eine Eisen-

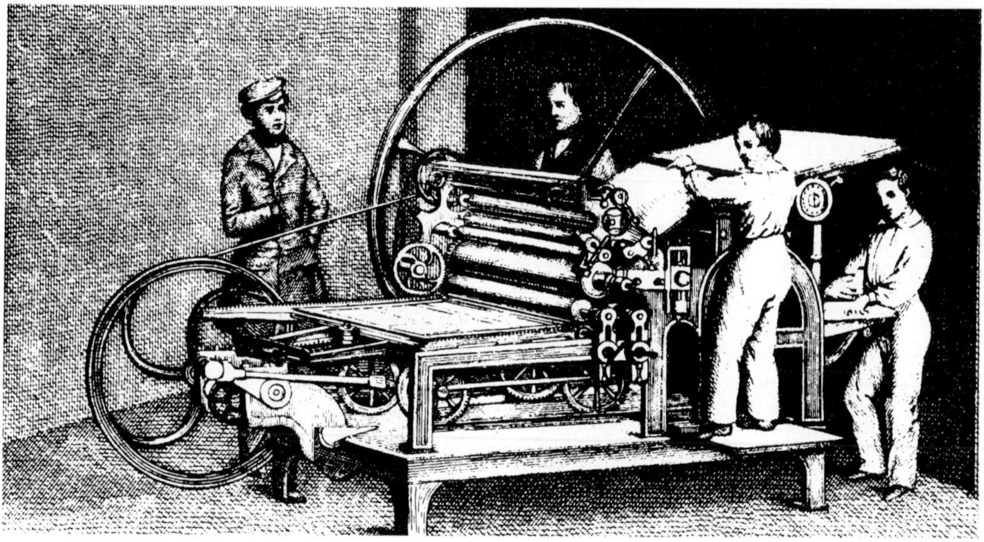

Schnellpresse der C. Reichenbach'schen Maschinenfabrik Augsburg für Handbetrieb (1845). Papierformate: 360 × 500 mm bis 780 × 1150 mm. Leistung pro Stunde: 1000 bis 1400 Drucke. Interessant ist die Tatsache, daß in vielen Buchdruckereien Kinder als An- und Ableger beschäftigt werden. Bild: M.A.N. Werkarchiv Augsburg. Mit freundlicher Genehmigung.

bahnbewegung (was Albert während seiner Ausbildungsphase in Oberzell kennenlernt) und große Schwungräder. 1868 wird die 100. Maschine dieses Typs fertiggestellt. Das Ereignis wird mit einem Photo festgehalten (s. Buchvorsatz). Man beschäftigt 1 Konstrukteur, 1 Buchhalter, 13 Handwerker und 4 Lehrlinge. Die 100. Maschine geht zur Firma Reclam nach Leipzig, in der bereits 3 Frankenthaler Pressen stehen.

Die Erfolge gehen weitgehend auf Albert's Engagement in der Ausbildung des beruflichen Nachwuchses zurück. Albert erkennt früh – vielleicht orientiert er sich an seinem Lehrmeister Bauer, wie wichtig es ist, Facharbeiter heranzubilden. Er richtet Kurse ein, in denen er Mitarbeiter schult. Er will die Ausbildung auf eine breitere Plattform stellen und leitet alle hierzu erforderlichen Schritte ein.[357] Er unterrichtet lange in technischem Zeichnen und geometrischem Rechnen. 1873 richtet er im Betrieb eine »Allgemeine Maschinenmeisterschule« ein. Albert ist aktiv im Stadtgeschehen. Er setzt sich für die Verwirklichung der Gasbeleuchtung ein, ist Mitglied der katholischen Kirchenverwaltung und sitzt im Stadtrat. Er ist in der Aufsichtskommission der gewerblichen Fortbildungsschule.

In der Zwischenzeit werden erste Rotationsmaschinen bekannt, die wegen ihrer hohen Leistung von den deutschen Zeitungsverlegern gefragt sind: sie läuten eine neue Phase im Druckmaschinenbau ein. Fast alle Unternehmer greifen nach diesem Faden. Das Unternehmen entwickelt sich gut. Das ehemalige Betriebsgelände wird eng. Während dem ist Hamm mit dem Guß der 586 Zentner schweren Kaiserglocke für den Kölner Dom beschäftigt und möglicherweise in finanziellen Schwierigkeiten. Der 1863 geschlossene 10-Jahres-Vertrag wird fristgerecht gekündigt. Albert sucht einen neuen Teilhaber und findet ihn in dem Kaufmann Wilhelm Molitor. Jetzt macht er sich selbständig.

Zunächst wird ein neues Gebäude erworben und neue Werkstätten werden gebaut. Die Firma heißt »Schnellpressenfabrik Frankenthal Albert & Cie. oHG«. Das Gründungsjahr ist 1873.

1874 wird umgezogen. Monitor übernimmt den kaufmännischen Bereich und Albert die technische Leitung. 1875 verläßt die 200. Druckmaschine die Fabrik. Zwei Jahre danach wird eine Rotgußabteilung und eine Eisengießerei aufgebaut. Die Zahl der Beschäftigten wächst. »1881 wird Albert 60

Aloys Albert, der Sohn des Erfinders. Aloys erblindet später. Um diese Zeit ist bei Albert der Ingenieur Josef Haus beschäftigt, der später nach Coswig geht und den sogenannten »Planetenantrieb« erfindet. Werkphoto der Albert Frankenthal AG. Mit freundlicher Genehmigung.

Seite aus dem ersten Maschinenkatalog der Schnellpressenfabrik Frankenthal nach der Neufassung der Gesellschaftsform in eine AG (1889). Es werden bereits Maschinen für fünf Druckverfahren angeboten. Werkphoto Albert Frankenthal. Mit freundlicher Genehmigung.

Jahre alt. Er kann auf ein Lebenswerk von ehrfurchtserbietender Größe und Weite zurückblicken. In seiner Person hatten sich der Fachmechaniker, Konstrukteur und Monteur, Erfinder und Fabrikgründer, der Kaufmann und Personalchef, der Delegierte kommunaler, wirtschaftlicher und kultureller Gremien, der Berufsfortbildungslehrer und der Fachbuchautor vereinigt. Er hatte fast übermenschliche Leistungen vollbracht.« »Andreas Albert, obwohl von stattlicher Gestalt, war gesundheitlich nie restlos gefestigt. Er litt fast zeitlebends unter schleichendem Asthma. Trotzdem gönnte er sich kaum einen längeren Erholungsurlaub mit Luftveränderung. Im Spätsommer 1882 verschlechterte sich sein Gesundheitszustand. In den frühen Morgenstunden des 30. 10. 1882 schloß er für immer die Augen.«

»Andreas Albert ging als Persönlichkeit mit der zielstrebigen Tat des weitblickenden mutigen Unternehmungsgeistes und der sozialen Aufgeschlossenheit in die Geschichte Frankenthals und des deutschen Druckmaschinenbaues ein. Sein Lebenswerk hat gesunde Wurzeln geschlagen und trug reiche Früchte für zahllose Menschen nachfolgender Generationen«.

Bei seinem Tod wird die 375. Schnellpresse im Werk hergestellt. Man beschäftigt neben 38 Fach- und Hilfsarbeitern zwei Meister. Im Schnitt verlassen jährlich 37 Maschinen das Werk. Albert hinterläßt eine Witwe mit vier Kindern. Sein ältester Sohn Aloys führt das Werk im Sinn des Vaters weiter. Außerdem arbeitet der letztgeborene Sohn Hubert als Konstrukteur und Oberingenieur im Werk. Er ist später erblindet. In dieser Zeit ist auch der Ingenieur Josef Haus bei Albert in Frankenthal beschäftigt.[358] Er verläßt mit einem Meister und zwei Gesellen das Werk und geht nach Coswig bei Dresden. Seine Erfindung, ein Planetengetriebe für den Antrieb von Druckmaschinen, geht später in den Namen der dor-

Jubiläumsphoto anläßlich der Fertigstellung der 100. Schnellpresse in der Firma Albert Frankenthal. Man beschäftigt annähernd 20 Personen. Halbrechts hinten (neben dem Farbwerk) steht Aloys Albert, der damalige Leiter des Unternehmens. Werkphoto der Albert Frankenthal AG. Mit freundlicher Genehmigung.

tigen Druckmaschinenfabrik ein. Ich komme darauf zurück und erwähne es nur deshalb an dieser Stelle, weil deutlich wird, wie sich immer mehr qualifizierte Mitarbeiter in den einzelnen Unternehmen absetzen um sich selbständig zu machen.

Die weitere Entwicklung der Fabrik wird stichwortartig erwähnt:

- 1884 werden fünf unterschiedliche Formatklassen gebaut; zudem wird die Fabrikation von Tiefdruckpressen und Zeitungsrotationen aufgenommen.
- 1888 Bau von Farben-Blechdruck-Schnellpressen. Der Druck erfolgt von einer Flachbett-Zinkform auf einen Gummizylinder. Von hier aus wird er auf eine Blechtafel übertragen. Es handelt sich um einen Vorläufer der Frankenthaler Offsetpressen.
- 1887 erhält die Staatsdruckerei von Konstantinopel die 1000. Maschine.
- 1899 wird die 5000. Maschine ausgeliefert; auf der 16. Weltausstellung in Paris werden die Bogen- und die Rotationsmaschinen von Albert mit Auszeichnungen bedacht
- 1906 wird die Metalldruck-Rotationsmaschine Bavaria gebaut. Sie ist ein Vorläufer der Frankenthaler Offsetmaschinen.
- 1909 Fertigstellung der ersten Offsetmaschine.
- 1910 (um) Entwicklung der Bogen-Tiefdruckmaschinen. Parallel dazu Entwicklung der Tiefdruck-Bogenmaschine.
- (ab) 1911 Aufnahme des Serienbaues.
- 1914 Erste Frankenthaler Zweifarben-Offsetmaschine und einer Offsetmaschine für Schön- und Widerdruck.
- 1922 (Anfang) der Buchdruck-Schnellläufer Front-Rapid wird in das Serienprogramm aufgenommen.
- 1931 Bau der ersten Zeitungsrotationsmaschine mit 30000 Touren. Hervorzuheben sind die Namen von Paul Dietrich, dem späteren technischen Direktor und Karl Klingler, einem Vorstandsmitglied.

Ludwig Sander, geb. 3. 7. 1790 in Sprendlingen, gest. 26. 10. 1877 in Augsburg. Er gründet zusammen mit Dollfuß 1840 eine Maschinenfabrik. Bild: M.A.N. Werkarchiv Augsburg. Bild-Nr. 307325. Mit freundlicher Genehmigung.

Carl August Reichenbach, geb. 18. 6. 1801 in Eisleben (wie Friedrich Gottlob Koenig), gest. 19. 8. 1883 in Augsburg. Reichenbach leitet später die Fabrikation von Schnellpressen im Rahmen der Maschinenfabrik. Werkphoto M.A.N. Mit freundlicher Genehmigung.

Der Prototyp dieser Maschine mit einer Kapazität von 32 Seiten wird 1932 an das Verlagshaus Ullstein in Berlin geliefert.

- 1934 Das Werk wird ein Opfer der Wirtschaftskrise.
- 1935 wird die »Schnellpressenfabrik Frankenthal Albert & Cie.« (wieder) ins Leben gerufen.
- 1940 (28. 5.) Umwandlung der Gesellschaft in eine AG unter dem Namen »Schnellpressenfabrik Frankenthal Albert & Cie. AG Frankenthal«.
- 1968 fertigt man Maschinen für den Siebdruck.
- 1979 (Anfang) Kooperationsvertrag zwischen der Albert AG und Koenig & Bauer in Würzburg.

Von der Lotzbeck'schen »Tobac-Fabrique« zur M.A.N.

Ludwig Sander

Die Inhaber der Lotzbeck'schen Tabakfabriken erwerben 1811 ein leerstehendes Gebäude vor dem Roten Tor in Augsburg, um ihren Schnupftabak im südbayerischen Raum besser absetzen zu können. Auf Anraten seines Onkels Lotzbeck kommt Ludwig Sander (geb. 1790 in Sprendlingen, gest. 26. 10. 1877 in Augsburg) 1812 nach Augsburg. Mit einem Betriebskapital von 50000 Gulden übernimmt er die »Tobac-Fabrique« und führt sie bis 1820 erfolgreich. »Sander beschäftigt sich auch auf anderen Gebieten. Er ist ein weitschauender Kaufmann mit technischem Verständnis.«[359] Er entschließt sich, das ihm angebotene Grundstück einschließlich der Gebäude am Malvasierbach, die alte Schüle'sche Scheckenbleiche, zu kaufen, um hier eine Werkstatt für allgemeinen Maschinenbau einzurichten. Das Vorhaben resultiert auch aus dem Gedanke, sich von der immer massiveren Einfuhr englischer Waren frei zu machen. Sander gründet das Unternehmen 1840. Im gleichen Jahr wird die Firma Maffei in Hirschau b. München ins Leben gerufen. Sander's Partner auf technischem Gebiet ist der elsässische Mechaniker Gaspard Dollfuß (geb. 1812 in Mühlhausen). Er verfügt über besondere Kenntnisse auf dem Gebiet des Textilmaschinenbaus. Der Ausbau des Unternehmens geht auf Grund erheblicher Investitionen zügig

Carl Buz, geb. 6. 4. 1803, gest. 18. 10. 1870. Buz ist ein Schwager von Carl August Reichenbach und wird erster Direktor des schnell wachsenden Unternehmens. Werkphoto M.A.N. Mit freundlicher Genehmigung.

Jean Gaspard Dollfuß, geb. 11. 1. 1812 in Mühlhausen/Elsaß, gest. 14. 6. 1889 in Schloß Montcherand sur Orbé (Schweiz). Der Ingenieur Dollfuß betreibt mit der Unterstützung Sanders die Maschinenfabrik. Werkphoto M.A.N. Mit freundlicher Genehmigung.

voran. 1841 wird der Betrieb für drei Jahre an Dollfuß verpachtet. Am 12. 3. 1841 tritt als weiterer Gesellschafter Friedrich Betzendörfer aus Rott b. Leutkirch/Allgäu ein. Er arbeitet sich zum leitenden Ingenieur empor und bleibt bis zu seinem Tod (1875) bei der (späteren) Maschinenfabrik Augsburg.

Im Zeichen der Zeit wird ein vielfältiges Maschinenprogramm angeboten. Der Grund ist einleuchtend. Die Unternehmer der Gründerzeit wollen ihre kapitalaufwendigen Betriebsstätten voll nutzen. Letztlich ist es eine Überlebensfrage in dem weitgehend unerschlossenen Markt. Sander, Dollfuß und Betzendörfer bieten an:

»Anfertigung von Maschinen jeder Art, namentlich von Dampfmaschinen aller Dimensionen, Wasserräder und Turbinen, Getriebe und Transmissionen, Gebläse mit kalter und warmer Luft, Walz- und Hammerwerke, Dampfkessel für hohen und niederen Druck, Gasapparate, Heizapparate mit Dampf- und Wasser-, Mehl-, Säge- und Ölmühlen neuesten Systems, Maschinen und Apparate für die Papierfabrikation, Maschinen f. Spinnerei und Weberei, Druckmaschinen für ein, zwei und drei Farben (Stoffdruck), Perrotienen (Maschinen für Stoffdruck), Trockenzylinder mit einem oder zwei Zylindern, Zentrifugal-Trockenapparate, Kalander, mechanische Ausbreiter, Gravierstühle, Schermaschinen, Waschräder und Waschapparate, warme, kalte und hydraulische Schrauben- und Keilpressen, Satiniermaschinen, Hobel-, Bohr und Ausstoßmaschinen, Drehbänke, Maschinen zum Räder- und Schraubenschneiden.«[360] Aus diesem Potential resultiert die Weltfirma M.A.N.

Gründung der C. Reichenbach'schen Maschinenfabrik Augsburg

Aus noch unbekannten Gründen wird der mit Dollfuß geschlossene Dreijahresvertrag nicht verlängert. Sander verpachtet seine Fabrik am 1. September 1844 an Carl Reichenbach. Die Konzession dazu bekommt er am 18. September. Das Unternehmen wird unter der Bezeichnung »C. Reichenbach'sche Maschinenfabrik« geführt. Die Öffentlichkeit wird per Rundschreiben in Kenntnis gesetzt. Das mitangeführte Fabrikationsprogramm wird durch die Lieferung von Hand- und

Schnellpresse mit Handbetrieb (1846). Gebaut von der Reichenbach'schen Maschinenfabrik. Ausgestellt im Werkmuseum der M.A.N. Augsburg. Werkphoto M.A.N. Mit freundlicher Genehmigung.

Schnellpressen »jeder Gattung« für Buchdrucker ergänzt. Zu diesem Zeitpunkt werden 56 Arbeiter beschäftigt (5 Former; darunter ein Lehrling, 4 Holzmodellbauer, je 10 Eisendreher und Maschinenschlosser, je 2 Hammer- und Kesselschmiede und 23 Tagelöhner).

Ich habe erwähnt, daß Reichenbach als Schwager von Friedrich Gottlob Koenig in Oberzell ausgebildet wird. Von hier aus geht er als Maschinenmeister nach Augsburg in die Offizin von Cotta. Betrieben werden unter anderem Schnellpressen seines Onkels. Unterbrochen wird seine Tätigkeit in Augsburg durch eine längere Geschäftsreise nach Belgien, die Niederlande und Frankreich. Hier sondiert Reichenbach im Auftrag von Koenig den »Markt«. Er heiratet 1829 die Tochter Sophie des Expeditor's Sprinzing aus der Cotta'schen Druckerei. Ihre Schwester ist mit einem Buchdrucker Ulrich Geiger verheiratet. Mit ihm gründet Reichenbach – unabhängig von seinem Status bei Cotta – eine kleine Druckerei. Nach Geiger's frühem Tod heiratet der Ingenieuroffizier Carl Buz (geb. 6. 4. 1803 in Wiesenbronn/Unterfranken), gest. 18. 10. 1870 in Augsburg) die Witwe. Dadurch werden Reichenbach und Buz Schwäger. Außerdem wird Buz Mitbesitzer der Geiger'schen Buchdruckerei.

Von Anfang an betreiben Reichenbach und Buz das Geschäft gemeinsam. Reichenbach obliegt auf Grund seiner speziellen Kenntnisse der Druckmaschinenbau. Buz kümmert sich mehr um das Gebiet der Dampfmaschinen, Turbinen und um den allgemeinen Maschinenbau. Friedrich Betzendörfer steht ihm zur Seite.

Verbesserung der Maschine von Leo Müller

An dieser Stelle muß ich ein wenig rekapitulieren, denn der Ansatzpunkt von Reichenbach's Wirken auf dem Sektor des selbständigen Druckmaschinenbaues ist weitgehend unbekannt. »Für die Geschichte des M.A.N. Druckmaschinenbaus ist es von Interesse, daß Reichenbach mehrere Jahre vor der Fabrikübernahme nicht mehr in geschäftlichen Beziehungen zu seiner früheren Firma Koenig & Bauer steht, sondern mit seinem Stiefbruder Helbig als Vertreter zusammenarbeitet.«[361] Um diese Zeit reift in ihm der Gedanke, eine Schnellpresse zu bauen, die *gegenüber der Helbig & Müller'schen* Verbesserungen aufweist. Die von Müller verwirklichten Verbesserungen umfassen:

- Als wichtigste Erfindung die Halte- oder Stoppeinrichtung für den Druckzylinder. Dadurch wird eine zwangsweise-erschütterungsfreie Bewegung geschaffen.
- An die Stelle des Koenig'schen Doppelrechenantriebes setzt er einen einfachen Kurbelantrieb. Trotz Verwendung einfacher Konstruktionselemente wird der Maschinenlauf ruhig und stoßfrei.
- Müller stattet seine Schnellpressen mit den 1824 von Napier entwickelten Greifern aus. Wegfall des veralteten Rähmchensystems. Die Bogenführung mit Ober- und Unterbändern wird beibehalten.

Müller's Zusammenarbeit mit Fritz Helbig ist erfolgreich. Aber das frühe Ableben der Firmeninhaber, der Mangel an ausreichendem Betriebskapital und das Ausscheiden tüchtiger Mitarbeiter war der Anlaß, daß dieser Betrieb zur Bedeutungslosigkeit herabsank. Ein Beschäftigter, Georg Sigl, stürzt das österreichische Privileg und macht sich erst in Wien, dann in Berlin, mit dem Bau von Schnellpressen selbständig. Sigl ist aus anderen Gründen zu erwähnen:

- Er betätigt sich auf dem Sektor des Rotationsdruckes und
- er baut die erste deutsche Steindruckpresse.

Später geht die Firma Helbig & Müller in der Firma Löser auf und dann in der Maschinenfabrik Kaiser & Fried (Wien). Ab 1872 führt Ludwig Kaiser (ehemaliger Modelltischler bei Helbig & Müller) das Unternehmen in eigener Regie. Daraus entsteht die heutige Schnellpressenfabrik in Mödling bei Wien. Der Kreislauf schließt sich insofern, weil die Stammfirma aller deutschen Schnellpressenfabriken, Koenig & Bauer in Oberzell, später die Mödlinger Schnellpressenfabrik erwirbt.

Es ist bemerkenswert, daß sich Reichenbach nicht an der Koenig'schen, sondern an der Müller'schen Konstruktion orientiert. Dies kann nur auf praktische Gründe zurückgeführt werden. Reichenbach lernt auf seinen Geschäftsreisen viele Drucker kennen. Er nimmt deren Anregungen auf und verwirklicht die darin erkennbaren Rationalisierungen. Das Geschäft läuft gut. Reichenbach bringt 1845 acht Schnellpressen in zwei unterschiedlichen Formaten auf den Markt. Die von ihm eingebrachten Verbesserungen sind vor allem:

- Durch den Einsatz eines vierrädrigen Wagens, der gleichzeitig das tragende Element für die sich hin- und herbewegende Karrenplatte ist, werden zwei Dinge erreicht: die Maschine wird kürzer und der Kurbelantrieb wird sicherer.
- Die Karrenseiten erhalten Führungsleisten.
- Durch den Einsatz einer einstellbaren Auffanggabel wird die Halteeinrichtung für den Druckzylinder verbessert.
- Das Farbwerk erhält unterschiedlich große Reibzylinder.
- Der Farbkasten wird mit einem zweiteiligen Farbstreifenlineal versehen.
- Detailverbesserungen erfolgen beim Druckzylinderantrieb, der Punktiervorrichtung am Einlegetisch und (kurz danach) durch den Einbau einer Auflagen-Zählvorrichtung.

Wenn man sich heute die alten Maschinen anschaut, bleibt festzustellen, daß im allgemeinen nicht die von Koenig & Bauer konzipierte Grundlinie verfolgt wird, sondern die seiner späteren Mitbewerber. Der Markt verlangt nach immer mehr einfacheren, problemlosen, betriebssicheren und preiswerten Maschinen. Diese Konstruktionen werden in einer Zeit verwirklicht, in der das Oberzeller Werk in existentiellen Schwierigkeiten steckt.

Reichenbach'scher Schnellpressenbau bis 1857

Es ist zu bedenken, daß die technischen Einrichtungen der Werkstätten nach heutigen Maßstäben primitiv erscheinen; umso mehr muß man den Altvorderen Anerkennung über ihre hervorragenden Leistungen zukommen lassen. In den Werkstatten stehen einfachste Drehbänke, Hobel-, Stoß- und Bohrmaschinen. Als Meßwerkzeug dient der Zollstock mit Linieneinteilung, die Schieblehre mit Nonius, der Greifzirkel mit Außen- und Innenraster und der einfache Kaliberdorn. Reibahle und Spiralbohrer sind unbekannt. Die entscheidende Rolle spielen Feile, Schaber und Schmirgel bei der Bearbeitung der großen und blanken Maschinenteile. Zahneingriffe werden tagelang mit Schmirgelpaste zum exakten Einlaufen gebracht. Die Karrenoberfläche wird tagelang gefeilt; die Zylinderfläche wird nachgefeilt und abgeschmirgelt. Hinzu kommt im Winterhalbjahr die unzureichende Belüf-

Oberer Teil einer Geschäftskarte der Reichenbach'schen Maschinenfabrik. Dampfkesselbetrieb, Montiersaal. Magazin und Wohnhäuser. Werkphoto M.A.N. Mit freundlicher Genehmigung.

tung und Beheizung. Als Licht verwendet man den Wachsstock oder die Unschlittkerze.

Die Arbeitszeit beträgt pro Woche 68 Stunden. Sie beginnt früh um 6, geht bis 12 und von 13–19 Uhr. An Samstagen wird bis 18 Uhr gearbeitet. Trotz vieler Überstunden wird nur die Tagesarbeit bezahlt. Lediglich einige Facharbeiter bekommen nach Maßgabe des Meisters Leistungslohn. Auf Grund dieser Situation in den ersten großen deutschen Maschinenfabriken werden früh Sozialleistungen ins Leben gerufen: lange vor den reichsgesetzlichen Regelungen. Die Maschinenfabrik Augsburg verwirklicht 1846 einen Arbeiter-Krankenverein. Zudem wird eine Hausmeisterei eingerichtet, damit die Arbeiter zu den viertelstündigen Brotzeiten mit Bier und kalten Speisen (zu ermäßigten Preisen) versorgt werden können. Hier schälen sich die späteren Werkskantinen heraus.

Der Ausbau der Maschinenfabrik wird zügig fortgesetzt:

1846 werden nach der erhaltenen Werbeschrift 7 Akzidenzmaschinen in zwei Größen abgesetzt. Der Auftragsbestand nimmt zu. Der Betrieb wird um eine Kesselschmiede und größere Werkstätten erweitert.

1847 Die Revolution kündigt sich an: es werden nur vier Schnellpressen geliefert. Ein Viertel der Arbeitskräfte wird entlassen.

1847 tritt Andreas Albert (1823–1882), der in Oberzell gelernt hat, in die Augsburger Maschinenfabrik ein; ab 1861 baut er in eigener Regie Schnellpressen.

Unterer Teil einer Geschäftskarte der Reichenbach'schen Maschinenfabrik. Mechanische Werkstätte, Modellschreinerei, Gießerei und Schmiede. Werkphoto M.A.N. Mit freundlicher Genehmigung.

1848 erhöht sich der Lieferumfang auf elf Schnellpressen in unterschiedlichen Formaten.

Durch die freiheitlichen und fortschrittlichen Ideen der Revolution (1848) gelangen der Buchhandel, die Tagezeitung und vor allem die illustrierten Zeitschriften zu einer neuen Blüte. Der Drang nach Bildung sowie die politischen, wirtschaftlichen und sozialen Fortschritte stellen an die Druckereien erhebliche Anforderungen. An diesem Trend partizipieren die sich häufenden Maschinenfabriken und vor allem die in heftiger Konkurrenz stehenden Druckmaschinenfabriken.

1849 erhält die Werkstatt eine Dampfheizung, nachdem man bereits zwei Jahre vorher die erste selbständige Wasserturbine »System Jovial« anstelle eines unterschlächtigen Wasserrades einsetzt.

1849 erhalten Reichenbach und Buz ein kgl. bayr. Privileg zum Bau einer Papierschneidemaschine. »Von besonderer Bedeutung wird sie nicht. Sie erleidet das gleiche Schicksal wie die von Reichenbach aufgenommene Schriftgießmaschine.«

1850 wird die vorerwähnte Schriftgießmaschine auf der Leipziger Industrieausstellung gezeigt und an Schriftgießerei Sirch verkauft.

1850 tritt Louis Graeßle (geb. 1828 in Heilbronn, gest. 1887 in Augsburg) in das Unternehmen ein. 1855 wird er der Schwiegersohn von Buz.

1851 beteiligt man sich an der großen Industrieausstellung im Londoner Glaspalast. Während der Schwäbischen Industrieausstellung im Augsburger Rathaus wird eine Reichenbach'sche Schnellpresse gezeigt.

1854 anläßlich der Allgemeinen Industrieausstellung in München wird eine Schnellpresse mit liegender Hochdruck-Dampfturbine von 2 PS gezeigt.

1855 wird eine Unterstützungskasse für in Not geratene Arbeiter gegründet.

1855 Gründung der Werksparkasse.

Das herausragende Ereignis dieser Periode ist die Einführung der Doppel-Schnellpresse mit zwei Druckzylindern (1850).

Doppel-Schnellpressen mit zwei Zylindern

Friedrich Gottlob Koenig baut auf Grund seines englischen Patentes eine Schnellpresse dieser Art für die Times. Reichenbach greift diesen Faden 1850 auf. Seine Presse verfügt

Heinrich von Buz (1833–1918). Werkphoto M.A.N. Werk Augsburg. Werkarchiv. Mit freundlicher Genehmigung.

Oberingenieur und Prokurist Gustav Bissinger (geb. 11. 4. 1828, gest. 30. 8. 1890). Bissinger zählt wie Pels Leusden zu den Pionieren im deutschen Rotationsmaschinenbau. Bild M.A.N. Werkarchiv Augsburg. Mit freundlicher Genehmigung.

über die inzwischen verwirklichten Verbesserungen. Sie ist gegenüber der Koenig'schen einfacher konstruiert. Sie eignet sich für den Zeitungs- *und* Zeitschriftendruck; außerdem für den einfachen Bücherdruck. In gewisser Weise ist sie ein Mittelding zwischen den einfachen Schnellpressen und den späteren Rotationsmaschinen. Dieser Pressentyp genügt für kleinere Auflagen bei relativ geringen drucktechnischen Ansprüchen einer Zeitungsauflage. Sie hat auf der anderen Seite technische Nachteile: schon beginnt man im deutschen Druckmaschinenbau den Fehler zu machen, eine »Universalmaschine« zu realisieren. An diesen Versuchen sind einige Fabriken zugrundegegangen, denn die Auftragsvielfalt erlaubt dies nicht. Freilich will man der Konkurrenz jeweils eine Nasenlänge voraus sein. Die Nachteile der Maschine sind:

- Die Form wird nur einmal eingefärbt, während sie bei allen einfachen Schnellpressen doppelt eingefärbt wird (beim Vor- *und* Rücklauf).
- Die Zurichtung muß für beide Zylinder getrennt erfolgen (hohe Rüstzeiten).

Die erste Augsburger Doppelschnellpresse wird an die C. Wirth'sche Buchdruckerei in Augsburg verkauft. Sie wird in verschiedenen Formatklassen abgesetzt. »Mit der steten Weiterentwicklung der Rotationsmaschine geht das Geschäft mit den Doppelpressen zurück; die eigene Konkurrenz steht ins Haus: nachdem man 336 solche Maschinen gebaut und verkauft hat, wird die Fabrikation eingestellt.«

Die Augsburger Schnellpressen haben einen guten Ruf. Verschiedene Zeugnisse bestätigen es.[362] Die im heutigen Werksmuseum der M.A.N. in Augsburg ausgestellte Maschine Nr. 54 (1849) ist 100 Jahre bei der Firma Drewes (Oldenburg) im Einsatz. Die Maschine Nr. 187 (1858) seht über 75 Jahre in der Buchdruckerei Meyer in Regensburg. Beide sind funktionstüchtig.

Aktiengesellschaft Maschinenfabrik Augsburg

Elf Jahre nach der Pachtübernahme nehmen Reichenbach und Buz Kaufverhandlungen mit Sander auf. Laut Vertrag vom 31. 12. 1855 erwerben sie die Fabrikanlagen mit den dazu gehörenden Grundstücken um 70000 Gulden. Das Geschäft läuft gut: man beschäftigt 120 Arbeiter. Als zunehmend bedeutungslos stellt sich der Bau von Sondermaschinen heraus. Man stellt folgerichtig den Bau von Satiniermaschinen, Pack- und Glättpressen, Kopier- und Siegelpressen und den Bau von Werkzeugen ein.

1857 wird unter der Bezeichnung »Maschinenfabrik Augsburg« eine Aktiengesellschaft ins Leben gerufen. Es werden 12 Angestellte und 257 Arbeiter beschäftigt. Mit der Umstellung der Gesellschaftsform zu einer AG erlischt per 1. Dezember 1857 die C. Reichenbach'sche Maschinenfabrik. Die Geschäftsleitung obliegt Buz und Reichenbach. Auf Grund verschiedener Spannungen und Meinungsverschiedenheiten tritt Reichenbach am 9. 1. 1861 offiziell aus dem Unternehmen. Jedoch bleibt er bis zu seinem Tod (1883) dem Aufsichtsrat verbunden. Reichenbach übernimmt die Anteile der Geiger'schen Buchdruckerei und ist bestrebt, einen leistungsfähigen Betrieb daraus zu machen.

Eintritt von Gustav Bissinger und Heinrich Buz

Mit Reichenbach's Ausscheiden übernimmt Gustav Bissinger (geb. 11. 4. 1828 in Augsburg, gest. 30. 8. 1890 ebda), »ein außergewöhnlich befähigter Maschinenkonstrukteur«, die Verantwortung für den weiteren Schnellpressenbau. Er ist der Sohn eines Augsburger Buchbindermeisters. Unter seiner Leitung entstehen bemerkenswerte Neukonstruktionen und Entwicklungen, so:

1864 (ab) erhalten die Schnellpressen ein Tischfarbwerk. Gleichzeitig werden sie mit einem Selbstausleger ausgerüstet. Gegenüber dem »alten« Bogenfänger bedeutet dies eine erhebliche Rationalisierung. Außerdem erhalten die Schnellpressen einen Längsschneideapparat.

1866 Entwicklung der Vierfach-Schnellpresse.

1868 Beginn mit dem Bau von Zweifarben-Schnellpressen.

1872 *Nach dem Vorbild der englischen Walter-Presse baut Bissinger die erste deutsche Rotationsmaschine.*

Am 1. 1. 1857 tritt Heinrich Buz, der Sohn von Carl Buz, als Ingenieur in das Unternehmen ein (geb. 17. 9. 1833 in Eichstätt, gest. 8. 1. 1918 in Augsburg). Er studiert an der Polytechnischen Schule in Karlsruhe und erweitert in französischen und englischen Betrieben seine praktischen Kenntnisse. Er heiratet am 12. 10. 1857 die Tochter Sophie von Carl Reichenbach. Heinrich Buz wird 1864 – mit 31 Jahren – Direktor der Augsburger Maschinenfabrik. »Er entwickelt durch sein kraftvolles Wirken in 56jähriger intensiver Arbeit die Maschinenfabrik Augsburg zum führenden süddeutschen Großbetrieb. Er hat das Erbe seines Schwiegervaters nicht nur weitergeführt, sondern durch Anregungen zu neuen leistungsfähigeren Druckmaschinen zur Weltgeltung gebracht.«[363]

Vierfach- und Zweifarben-Schnellpressen

Im Vordergrund der Überlegungen steht die Frage, wie die wachsende Konkurrenz durch »bessere« Maschinen zu umgehen ist und wie man der Auftragsvielfalt in den Druckereien begegnen kann. Um diese Zeit schält sich immer mehr der Trend zum »Qualitätsdruck« heraus. Es liegt vor allem an den besseren Papieren, Farben und an der Tatsache, daß der Steindruck mit hohen Qualitäten voranschreitet. Mit den Zeitschriften kommt der qualitativ bessere Illustrationsdruck auf. Er kann sich nicht im Bogenbereich behaupten, sondern geht früh auf die Rolle: ich komme weiter unten darauf zurück.

Die Vierfach-Schnellpresse unter der Leitung von Bissinger bringt eine Leistung von 4000 bis 4800 Drucken/Std. Eine Maschine dieses Typs erhält die Druckerei With in Augsburg zum Druck der »Augsburger Abendzeitung«. Ihr Preis liegt bei 10000 Gulden. Der Maschinentyp kann sich nicht durchsetzen, denn man hat zuviel in ihn hineinkonstruiert und schadet unbeabsichtigt der Sache mehr als man ihr nützt.

- Die Bogenzu- und abführung ist umständlich. Abführbandleitungen mit Druckumführungszylindern, Leizungen und dergleichen werden erforderlich. Sie erschweren den praktischen Umgang mit der Presse.
- Die Zugänglichkeit zur Druckform wird erschwert.
- Durch die Bänderführung kommt es zu Laufstörungen und zum Abschmutzen auf den frisch bedruckten Bogen.
- Hoher Personalaufwand, aufwendige Betriebskosten.

Ein ähnlich unglücklicher Wurf ist die Zweifarben-Schnellpresse, die ab 1867 gebaut wird. Auch hier erinnert man sich an die Aktivitäten von Oberzell. Wilhelm Koenig realisiert 1864 eine Zweifarben-Stoppzylinder-Schnellpresse, bei der der zweifarbige Druck über *einen* Druckzylinder erfolgt. Das »Blikken über den Zaun« wird üblich und für den Fortbestand einzelner Maschinenfabriken wichtig. Sicher ist der Begriff der Industriespionage weit hergeholt: er wird aus der parallelen Entwicklung der Maschinenfabrik in Oberzell und der in Augsburg – vor allem auf dem Sektor des Rotationsmaschinenbaues – deutlich. Drei Jahre nachdem die Oberzeller eine Zweifarbenpresse auf den Markt bringen, rücken die Augsburger nach. Sie tun sich damit letztlich keinen Gefallen.

Nun steht der deutsch-französische Krieg ins Haus. Im Verbund mit ihm wird die Maschinenfabrik Augsburg von der bayrischen Feldzeugmeisterei mit dem sofortigen Bau von »Kugelspritzen« beauftragt. Ein notwendiger Schritt, denn von französischer Seite wird die Schnellfeuerwaffe »Mitrailleuse« eingesetzt. Es ist eine Repetierkanone mit 25 Gewehrläufen, die der angreifenden bayrischen Armee erhebliche Verluste zufügt. Durch den Friedensschluß kommen die Kugelspritzen im Januar 1871 nicht zum Einsatz. Der siegreiche Krieg (!!!) bringt für Deutschland eine außergewöhnliche Konjunktur auf vielen Gebieten: das Druckgewerbe nimmt daran teil. Jetzt werden viele Druckereien gegründet, obwohl der probate Typ immer noch die einfache Stoppzylinderpresse bleibt.

Entwicklung nach 1871

Der Wunsch der einzelnen Druckmaschinenfabriken, immer bessere Maschinen zu bauen, führt zur Verzettelung. Nachträglich kann man sagen, daß sie wenig gebracht hat: vor allem, weil parallel ein leistungsstarker Rotationsbau verwirklicht wird. In Augsburg werden:

1874 (ab) Tiegelpressen nach dem Liberty- und Gally-System gebaut. Die Liberty-Pressen verfügen über Tellereinfärbung, die Gally-Pressen über ein kombiniertes Farbwerk. Sie werden in verschiedenen Größen angeboten, und zwar mit Hand- *oder* Maschinenantrieb. Die Maschinenfabrik Augsburg kann auf diesem speziellen Gebiet nicht Fuß fassen. Der Bau von Tiegelpressen wird 1899 eingestellt.

1876 (ab) baut man sogenannte »leichte« Schnellpressen.

1877 (ab) Bau von »Illustrations-Schnellpressen«.
Der Bau von sogenannten »Kleinschnellpressen« wird aufgenommen. Hier handelt es sich um »Tretmaschinen«.

1893 (ab) Bau von Doppelschnellpressen mit Schwingzylinder. Es sind die Schwinger- oder Reaktionsmaschinen.

1898 (ab) Bau von Chromotypie-Schnellpressen (inzwischen haben sich über die Entwicklung der Lithographie Kunstdruckereien etabliert: die Qualitätsanforderungen an die Buchdrucker werden erheblich)
1898 schließt sich die Maschinenfabrik Augsburg mit der 1841 von Johann Friedrich Klett gegründeten »Maschinenbau-Actiengesellschaft Nürnberg« zur »Vereinigten Maschinenfabrik Augsburg und Maschinengesellschaft Nürnberg AG« zusammen.
1904 Einführung der Kurzform M.A.N.
1908 Umbenennung in »Maschinenfabrik Augsburg-Nürnberg AG«.

Der Aktivator des Baus von Zweitourenmaschinen ist Richard Buz, ein Sohn von Heinrich Buz. Er hat sich während mehrerer Studienjahre in England und Amerika mit den neuen Technologien vertraut gemacht. Als Konstruktionsgrundlage wählt man die bewährte Miehle-Bauart (Miehle & Co. Chicago). Daraus entsteht eine Maschine mit hohen Leistungen: doch die Zukunft gehört nicht ihr, sondern der Rotationsmaschine.

Selbsttätige Bogenanleger

Nach wie vor müssen die bedruckten Bogen an den Schnellpressen einzeln von Hand vom Stapel genommen und den Zylindergreifern zugeführt werden. Um dieses umständliche und zeitraubende Verfahren »in den Griff« zu bekommen, werden viele Verbesserungen erdacht. Eine Parallelentwicklung dazu haben wir beim Bau von Tiegelpressen, wo 1913 der Kölner Buchdrucker Gilke den Propellergreifer verwirklicht. Die ersten Versuche eines automatischen Bogenanlegers gehen auf das Jahr 1875 zurück. T. J. Ashley baut in den USA einen Bogenanleger, bei dem der Bogen mit Blasluft vom Stapel getrennt und an der vorderen Bogenkante mit Saugdüsen angehoben wird. Parallel dazu entstehen erste »Streichbogenanlegersysteme«. Die erste Anregung zum Bau eines selbsttätigen Bogenanlegers bei der Maschinenfabrik Augsburg (Kurzbezeichnung M.A.) geht auf den Schnellpressenmonteur Frisch zurück,[364] der um 1892 versuchsweise einen Saugfinger verwendet, der an einer Ecke des Bogenstapels angebracht, die Trennung des oberen Bogens vom Anlagestapel veranlaßt. 1898 wird der erste patentierte Augsburger-Bogenanlegeapparat auf der Zweiten Kraft- und Arbeitsmaschinenausstellung in München gezeigt. *Es ist der erste in Deutschland gebaute pneumatische Bogenanleger mit Ecktrennsauger.* Die Saug- und Blasluft wird mit einer Kolbenpumpe erzeugt. Dieser Anlegeapparat wird bis 1905 geliefert.

Aus dieser M.A.-Idee separieren sich Spezialunternehmen, die sich intensiv mit dem Bau von Bogenanlegern befassen. Die Fa. Rockstroh & Schneider (Dresden-Heidemann) baut 1892 einen Saugapparat, bei der der Bogen über eine durchgehende Saugstange angehoben wird (Patent Nr. 71384). Die Firma Klein & Ungerer (Leipzig) erhält 1892 ein Patent auf einen Saugapparat (Nr. 64853). Max Koenig in Guben meldet im Mai 1897 ein Patent auf einen selbstätigen Anlegeapparat nach dem Ausstreichverfahren an. So wird im Zylinder-Schnellpressenbau die letzte große manuelle Hürde genommen: das umständliche und zeitraubende Anlegen der einzelnen Druckbogen. Die Realisierung der immer besser werdenden Bogenanlegesysteme läutet eine neue Ära im Bau von Bogenmaschinen ein. Ihre Leistung wird systematisch auf 10000 Bogen/Std. gesteigert.

Organisation und Arbeitsabläufe

Aus einer Aufstellung vom 15. 2. 1896 ist ersichtlich, daß im Schnellpressenbau 470 Arbeiter beschäftigt waren. Die Gesamtbelegschaft der M.A. ist auf 2150 angewachsen. 21,8 Prozent fallen auf den Schnellpressenbau. Deshalb ist es reizvoll, hinter die Kulissen zu sehen, um zu erfahren wie die Betriebe organisiert waren und vor allem wie die Aufträge abgewickelt werden. Vorab kann gesagt werden, daß die organisatorischen Probleme erheblich sind und daß patriarchalische Strukturen vorherrschen.

»In den Arbeitsmethoden und in vielen Angelegenheiten werden auf Veranlassung des Betriebsleiters Hermann Krantz (Schwiegersohn Heinrich v. Buz) Veränderungen durchgeführt. Er ist ein ehemaliger Feuerwerker-Oberleutnant des bayrischen Heeres, der versucht, mit teils militärischen Maßnahmen, die Betriebsorganisation umzukrempeln. Die alten Meister und Facharbeiter stellen sich ihm massiv entgegen. Er scheitert an dieser schwierigen Aufgabe und verläßt am 1. 1. 1901 nach neunjähriger Betriebszugehörigkeit das Unternehmen. Auf der anderen Seite verwirklicht er in den Jahren 1892–1894 die systematische Lehrlingsausbildung in gesonderten Werkstätten. Im November 1911 führt dieser Schritt zu einer werkseigenen Lehrlingsschule.

Nach dem Tod von Bissinger (1890) übernimmt Daniel Korhammer (1843–1908) die Leitung des Schnellpressenbaus. Seine Tagesarbeit beginnt um 6 Uhr und endet abends gegen 20 Uhr. Er ist außerdem Chef der Konstruktionsabteilung. Die langen Arbeitszeiten sind normal: auch Heinrich Buz bleibt in der Regel bis 8 oder 9 Uhr im Büro. An den Samstagen wird normalerweise bis 5 Uhr gearbeitet. Korhammer beginnt mit einem Rundgang durch die Werkstätten. Anschließend bespricht er im Betriebsbüro die wichtigen Termine, Reklamationen und Neuaufträge mit den Meistern. Nach einem ersten Frühstück ist er in der Verwaltung bei seiner kaufmännischen Abteilung tätig. Alle Briefe werden von Hand geschrieben und vor Auslauf (= dem Wegschicken) für die Registratur kopiert. Hier wird das Hauptbestellbuch geführt, ferner die Kundenrechnungen und die Buchhaltung der Abteilung bearbeitet. Die Aufträge werden durch einen Schreiber vom Hauptbestellbuch aus in die Bestellbücher der Meister übertragen: vor allem die Termine, Sonderausstattungen usw.

Der Konstruktion des Schnellpressenbaus steht der Ingenieur Röger vor. 1915 übernimmt Kolmer die konstruktive Leitung des Schnellpressenbaus. Die Ausführung der Werkzeichnungen ist im Vergleich zu heutigen Konstruktionsmethoden primitiv. Die Hauptzeichnungen werden in natürlicher oder halber Größe hergestellt; Zeichnungen mit 5 bis 6 m Länge sind keine Seltenheit. Die zeichnerische Darstellung erfolgt mit schwarzer Tusche: Mittelrisse blau und Maßlinien rot. Schrauben, Muttern, Stifte, Keile u. ä. werden auf der Werkstattzeichnung nicht angegeben. Die Festlegung der Schraubengrößen beispielsweise obliegt der meisterlichen Beurteilung. Außerdem fehlen die Materialbezeichnungen. Die Schnittflächen werden mit Farbstiften schraffiert gekennzeichnet: schwarz bedeutet Gußeisen, blau Schmiedeeisen, rot Rotguß und gelb Messing. Oft wiederkehrende Normalteile (spätere »Normteile«) werden auf Holztafeln oder Kartons gezeichnet bzw. geschrieben und wegen des Dauergebrauches lackiert.

Eine Vervielfältigung der Zeichnungen ist nicht üblich. Der Konstrukteur bringt sie persönlich in die Modellschreinerei. Im Meisterzimmer des Modellschreiners findet täglich nach dem 9-Uhr-Frühstück eine inoffizielle Aussprache zwischen den Konstrukteuren und den Meistern statt. Der Verbindungsmann zwischen der Modellschreinerei und Gießerei, bzw. zu den Bearbeitungswerkstätten ist der Modellverwalter Attinger. Die gute, rasche und sorgfältige Arbeitserledigung, das reibungslose Funktionieren ist im wesentlichen seinem Einsatz zuzuschreiben. Ihm obliegt u. a. die Führung des Modellbuches. Zwischen den Abteilungen werden keine Lauf- oder Terminkarten eingesetzt. Man arbeitet Hand-in-Hand. Es ist ein besonderes Kennzeichen für die damaligen Arbeitsmethoden. Sie wird durch die kollegiale Zusammenarbeit aller beteiligten Arbeitskräfte möglich. Die viele Lauferei wird in Kauf genommen. Alle Transportarbeiten zwischen den oft räumlich weit entfernten Werkstätten müssen mit den damals üblichen schweren Handwagen auf ungepflasterten Werkstraßen durchgeführt werden. Zur Jahrhundertwende ist das Passungssystem von Einheitsbohrung und Welle und der dazu unerläßlichen Toleranzlehren bei der M.A.N. noch nicht eingeführt. Die hierzu notwendigen Werkzeugmaschinen und Werkzeuge fehlen. Sie werden um die Jahrhundertwende nach erheblichem Mißbehagen der alten Dreher und Maschinenarbeiter eingeführt. Personelle Konsequenzen sind damit verbunden.

»Auch die einige Jahre nach der Jahrhundertwende unaufschiebbaren Neuerungen im kaufmännischen und technischen Büro, zum Beispiel die Einführung der Schreibmaschine, des Karteikartensystems, der Vervielfältigungsmaschinen, die Vervielfältigung der Zeichnungen über die Mutterpause zur Blau- und Weißpause, die Ausführungen der Zeichnungen in kleineren Maßstäben mit Stücklisten und Teilblättern, die systematische Normung, das Aufstellen der vertikalen Zeichenbretter usw. verursacht heftige Debatten.«

»Damals wie heute bestanden die gleichen Schwierigkeiten. Zur Jahrhundertwende hatte allerdings die Betriebsleitung mehr Bewegungsfreiheit in bezug auf die Einstellung oder Entlassung von Arbeitskräften. Außerdem konnten zu der normalen Arbeitszeit von wöchentlich 54 Stunden noch reichlich Überstunden angeordnet werden. Des höheren Verdienstes wegen wurden die Überstunden von ortsansässigen Arbeitern gern geleistet.« Die fertigen Pressen werden exakt inventiert und in der Nähe der Montagewerkstätten zum Versand gebracht.

Weitere Entwicklung

Ab 1912 nimmt man den Bau der Terno-[365] Schnellpressen auf. Die Weiterentwicklung dieser erfolgversprechenden Stoppzylinderpresse wird durch den beginnenden Ersten Weltkrieg unterbrochen. Er bringt die reichsgesetzliche Verordnung, die Produktion aller nicht kriegswichtigen Güter einzustellen. Die Werkstätten müssen auf die Kriegsproduktion (Ersatzmunition aus Grauguß) umgestellt werden. Im Auftrag der Wumba (Waffen- und Munitionsbeschaffungsamt in Berlin) wird die Produktion von Kriegsmaterial gefordert. Der Absatz an Schnellpressen geht drastisch zurück.

1915 (ab) werden Schnellpressen lediglich an kriegswichtige Druckereien (Banknotendruck) geliefert; bzw. an das neutrale Ausland.

1918 Lieferung von *nur* 14 Schnellpressen.

1919 (ab) Wiederaufnahme des Druckmaschinenbaus. Inzwischen wird der Bau von Tiegelpressen eingestellt. Es werden keine veralteten Normal-Schnellpressen, Chromotypiemaschinen, Tretpressen, leichte Schnellpressen, Doppel- und Zweifarben-Schnellpressen mehr gebaut. Es erfolgt eine drastische Produktbereinigung. Man widmet sich vor allem den verbesserten Terno-Maschinen, einer verbesserten Zweitourenmaschine und dem Bau der Rotationsmaschine.

Um den historischen Rahmen des Buches nicht zu sprengen, verlasse ich hier den konventionellen Schnellpressenbau der M.A.N. Er hat wesentlich dazu beigetragen, leistungsstarke Druckmaschinen im Bewußtsein der Drucker zu verankern. Neben dieser unbestreitbaren Bedeutung ist sie auf einem anderen Feld wichtig: beim Bau von Rotationsmaschinen.

▸

Erste Zylinderdruckmaschine von Friedrich Gottlob Koenig. 1812 in London verwirklicht. Detailvergrößerung. Deutlich ist der große dreigeteilte Zylinder und das mechanische Farbwerksystem erkennbar. Im Hintergrund separat der komplizierte Antriebsmechanismus. Werkphoto KoeBau Nr. 220 a. Mit freundlicher Genehmigung.

Rotationsmaschine von Richard Hoe. »Hoe's ten-feeder type-revolving machine printing the Sun.« Hier werden die riesigen Dimensionen deutlich, die anfangs der Rotationsmaschinenbau mit sich bringt. In der Maschinengröße liegen erhebliche Komplikationen. Rasch werden die Mängel erkannt und die Maschinen werden kompakt, betriebssicher und preiswert. Vor allem fallen die komplizierten Bändersysteme nach und nach weg.

Der deutsche Rotationsmaschinenbau[366]

Bisher habe ich im wesentlichen den Bau von sogenannten Flachform-Buchdruck-Schnellpressen beschrieben. Verschiedene Parallelentwicklungen kommen dem grundsätzlichen Bau von Rotationsmaschinen entgegen: das Papier wird zunehmend auf der Rolle produziert, die Galvano- und Stereotechnik wird perfektioniert, die Druckfarben werden verbessert und die Erfindung der Autotypie kommt hinzu. Der Einsatz des gesamten technischen Wissens wird von neuem erforderlich, um das steigende Wissens- und Informationsbedürfnis »technisch« zu befriedigen. Die Erhöhung der Produktionsgeschwindigkeiten ergibt sich quasi von allein durch das Endlos-Papier, dessen Qualität laufend verbessert wird. An dieser Stelle muß erwähnt werden, daß sich die deutschen Druckmaschinenbauer mehr und mehr in ihren Flachform-Konstruktionen verzetteln und beginnen, »am Markt vorbei zu produzieren«. Die Rolle erwirbt sich bedeutende Marktanteile auf dem Zeitungs- und Illustrationssektor: später kommt der Werkdruck dazu. Im Rahmen des Buches ist wenigstens auf die Grundzüge dieses Verfahrens einzugehen.

Technische Vorläufer/ allgemeine Entwicklung

1790 (um) William Nicholson erhält ein Patent auf eine Druckpresse mit rotierendem Formzylinder mit Verwendung *keilförmiger Schrifttypen.* Ich habe diese Entwicklung ausführlich beschrieben. Die Maschine wird nicht gebaut.

1811/13 Friedrich Gottlob Koenig erhält ein englisches Patent auf eine Rotationsdruckmaschine mit horizontal rotierenden, **kegelförmigen Formzylindern.** Sie wird wegen ihrer schwierigen technischen Ausführbarkeit nicht gebaut.[367] Später will er eine Druckpresse mit gebogenen Formplatten und Papierrollen bauen. Das Projekt wird nicht ausgeführt.

1835 Der englische Generalpostmeister Sir Rowland Hill erhält ein Patent auf eine Rotationsmaschine für den Druck »von der endlosen Rolle«.

1846 Diese Maschine wird gebaut. Auf den Formzylinder werden *keilförmige Schrifttypen,* bzw. gebogene Klischees gespannt.
Die Maschine läuft in Cencery Lane.

1846 Der Engländer Applegath baut für die Londoner Times die erste betriebsfertige Rotationsmaschine mit vertikal rotierendem Zylinder. Er hat einen Umfang von sechs Metern. Die Druckbogen werden einzeln von Hand angelegt und abgenommen.

1846 baut R. Hoe seine ersten Rotationsmaschinen, die »Type revolving printing« und »the Lighting Rotary News Press« (Blitzpresse) mit dem großen horizontal angeordneten Typenzylinder und mehreren (bis zu 10) zugeordneten Druckzylindern. Einzel-Bogenanlage und Bandausleger.

1847 Hoe verwendet bei seinen ersten Konstruktionen *keilförmige Schrifttypen.* Sie werden auf einen Formzylinder gespannt. »Hoe's Erfindung der Befestigung von Lettern auf einem Zylinder ist ein beträchtlicher Fortschritt. Große Maschinen dieser Art haben vier, sechs oder acht Druckzylinder. Sie drehen sich um den großen, mit Lettern bestückten Zylinder in der Mitte.«

1847 Hippolith Marinoni baut seine erste Rotationsmaschine. Sie arbeitet mit *stereotypischen Formplatten.* Der Schön- und Widerdruck wird in einem Arbeitsgang ausgeführt. *Dieser Maschinentyp bildet die (spätere) Konstruktionsgrundlage der Folgemaschinen von Koenig und Bauer (Oberzell) und der Maschinenfabrik Augsburg.*

1851 Die Rotationsmaschine des Engländers Thomas Nelson mit zwei Druckwerken mit 16 Seiten wird auf der Londoner Weltausstellung gezeigt.

1851 befaßt sich A. Auer, der Direktor der K. K. Hof- und Staatsdruckerei (Wien) mit dem Druck von der endlosen Papierrolle auf einer einfachen Schnellpresse.

1854 Erfindung des Gießens der Stereos.

1858 A. Auer erhält ein Patent auf seine Maschine. Sie wird 1859 auf einer Ausstellung gezeigt. Wegen der Komplexität wird dieser Faden nicht weiter verfolgt.

1860 Einführung der Bullock'schen Rotationsmaschine in den USA. William Bullock konstruiert seine Maschine in

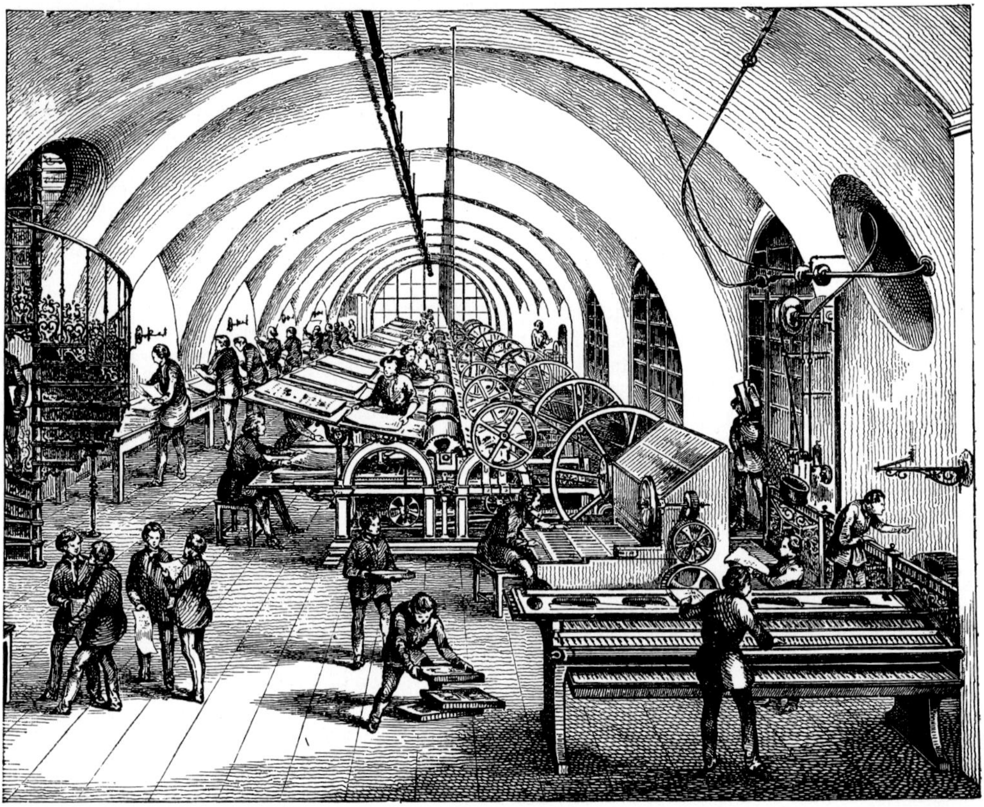

Schnellpressensaal der k.k. Staatsdruckerei in Wien mit der Tschulikschen Setz-Sortiermaschine. Im Hintergrund des Pressensaales die batteriemäßig aufgebauten Buchdruck-Schnellpressen. Hier erkennt man bereits den Gegensatz: einmal die Riesenmaschinen und einmal die Maschinenbatterie zum Erbringen der gleichen Leistung. Den Sieg erringen die Rotationsmaschinen.

Philadelphia: sie wird *für den weiteren Rotationsmaschinenbau* maßgebend. Ihm gebührt das Verdienst, als erster den Rotationsdruck für den praktischen Zeitungs- und Werkdruck eingeführt zu haben. Bullock stirbt 1867. Es stellt sich heraus, daß seine Maschine zu störanfällig ist.

1860 R. Hoe gelingt es, eine brauchbare Gießform für gebogene Platten zu verwirklichen.

1863/66 läßt Walter, der Sohn von John Walter, der 1814 die erste Koenig'sche Schnellpresse für den Zeitungsdruck in Betrieb nimmt, nach persönlichen Angaben eine Rotationsmaschine bauen. Ich komme weiter unten darauf zurück.

1871 Nach Bullock's frühen Arbeiten bringt R. Hoe eine Schön- und Widerdruckmaschine auf den Markt, die von der Rolle druckt.

1875 folgt das Patent von Stephan D. Tucker, ehemals Ingenieur bei R. Hoe in New York, auf einen Falzzylinder mit rotierendem Falzmesser. Daraus leitet sich die Bezeichnung »Tucker-Falz« ab.

1876 Wird der Schneidmesserzylinder beim Falzapparat verwirklicht.

Diese Entwicklung, vor allem unter dem Vorritt der USA, läßt die deutschen Konstrukteure aufhorchen. Man ist gezwungen, sich mit dieser Variante im Druckmaschinenbau zu beschäftigen. Ein weiterer Zwang liegt im steigenden Bildungsbedürfnis nach der Revolution von 1848. Der deutsch-französische Krieg verhindert den frühzeitigen Einstieg in diese Materie. Kaum haben sich die deutschen Maschinenbau-Unternehmen dieser Sache ange-

Die von Applegath gebaute Rotationsmaschine. Bemerkenswert ist der vertikal angeordnete Druckzylinder. In gewisser Weise ist dies eine Kopie der (schon) von Koenig und Bauer erdachten »roundabout«. Zum Bedienen der Presse sind 16 Arbeiter erforderlich. Dieser Pressentyp kann sich nicht durchsetzen.

nommen, beginnt ein »Wettbauen« mit steigender Tendenz zur Konkurrenz. Aus diesem Dialog resultieren wesentliche Verbesserungen. Die Entwicklung ist vergleichbar mit der Einführung der Buchdruck-Schnellpresse in England, ihrem Transponieren nach Deutschland und dem dann folgenden regen Weiterbau. Verfolgen wir diese grundsätzliche Entwicklung:

Die Walter-Presse

Als Konstrukteur dieser in der Geschichte des Rotationsmaschinenbaues bemerkenswerten Maschine gilt J. Calverley. Außerdem fließen die Erfahrungen von J. C. Macdonald, dem Betriebsleiter der Times, ein. T. Walter folgt lediglich dem rationalen Bedürfnis, die Leistung seines Unternehmens zu steigern. Dieses Unternehmen beweist mehrfach durch den Wagemut zum Risiko, wie wichtig es ist, technischen Neuerungen gegenüber aufgeschlossen zu sein. Ihr Probelauf erfolgt analog der Einführung der Schnellpresse unter strengen Geheimhaltungskriterien. Sie verfügt über folgende Konstruktionsmerkmale:

Die Bauweise ist »schwer«. Die vier Zylinder des Schön- und Widerdrucks sind vertikal übereinander angeordnet. Das Farbwerk des Schöndruckwerkes ist links, das des Widerdrucks rechts angeordnet. Die Papierrolle liegt in offenen Achsenlagern vor den Druckwerken. Die Bremsung der Rolle – Ziel: gleichmäßige Papierspannung – erfolgt mit einer Handbandbremse. Damals ist die gute Feuchtung der Papierbahn vor dem Einlauf in das Druckwerk wichtig. Sie erfolgt mit einer in einen Wassertrog tauchenden Walze und mehreren mit Filz überzogenen Übertragungswal-

Die »Walter-Presse« für den Druck der Times (London). Rollenrotationsmaschine für Hochdruck. Deutlich erkennt man die massiv gegossenen Seitenwände und die Bogen- (besser: Bahnen)führung durch Bänder. Die Presse verfügt über eine Doppelauslage. Die Auslage der Bogen erfolgt plano.

zen. Hinzu kommt die Anordnung eines Abschmutzzylinders am Widerdruck-Zylinder. Er soll das Abschmutzen der frischen Farbe auf der frisch bedruckten Schöndruckseite verhindern. Die Schneidzylinder sind in einem entsprechenden Abstand zum Widerdruckwerk angeordnet. Die Schneidzylinder verfügen über einen Nuten- und Messerzylinder. Mit einem gezahnten Schneidmesser wird geschnitten, wobei in den Zylindern Rillen zur Aufnahme der Ableizungen angebracht sind. Pro Zylinderumfang wird ein Schnitt ausgeführt. Die Abreißwalzen sind schräg oberhalb des Schneidwerks vorgesehen. Sie veranlassen das Abreißen der Einzelbogen. Die Bogenführung von den Schneidzylindern zu den Abreiß- und Auslegorganen erfolgt mit kräftigen Baumwoll-, bzw. Leinenbändern. Die Bogen werden mit Hilfe eines Doppelauslegers ausgelegt, wobei ein Bogen nach rechts und der nächste nach links ausgelegt wird. Es kommen Bogenfänger zum Einsatz. Die Stundenleistung liegt bei 7000 bis 9000 Umdrehungen/ Std. 1869 werden bei der Times drei weitere (verbesserte) Modelle dieses Typs in Betrieb genommen.

Unmittelbar nach der Inbetriebnahme der Walter'schen Rotationsmaschine wird eine weiterhin verbesserte in Liverpool unter der Bezeichnung »Victory Press« aufgestellt. 1871 wird sie an die »Wiener Presse« geliefert. Dies ist geradezu ein Alarmzeichen für die deutschen Druckmaschinenbauer. Es vollzieht sich das gleiche wie seinerzeit bei der Einführung der Schnellpresse: es geht darum, sich auf dem deutschen Markt zu behaupten.

Die halbrunden Formplatten

Die erfolgreiche Einführung des Rotationsdrucks steht im unmittelbaren Zusammenhang mit der wirtschaftlichen Herstellung von halbrunden Formplatten zum Aufspannen auf

Schemazeichnung der sogenannten »Walter-Presse«. Auf sie gehen wesentliche Verbesserungen im deutschen Rotationsmaschinenbau zurück. Endlos-Hochdruck-Rotationsmaschine mit doppelter (gegenüberliegender) Plano-Bogenauslage.

Die »Illustrated London News ... steam printing machine«. (1843). Im Prinzip sind zwei Doppelzylindermaschinen gegeneinandergestellt, wovon jede eine Seite des Bogens bedruckt. Gebaut wird diese Maschine von Thomas Middleton. Sie druckt bis zu 2000 beidseitig bedruckte Bogen/Std. Hier sehen wir den Übergang von den Riesen- zu den Kompaktmaschinen bei einer gleichzeitigen Leistungssteigerung.

den Formzylinder. Der verfahrenstechnische Weg der konischen Lettern, bzw. Formzylinder erweist sich als unrealistisch. Erst die Stereotypie verhilft von der Satzseite her dem Rotationsdruck zum Siegeszug. Das Abformen von Schrift- und Bildoriginalen, das Gießen mit einer Bleilegierung ist ein altes Verfahren, es ist Jahrhunderte vor dem Aufkommen des Rotationsmaschinenbaus bekannt und geläufig. Der bayrische Kartenzeichner Philipp Appian soll im 16. Jh. diesen Weg beschritten haben. Desgleichen der Prediger Johannes Müller 1700 in Leiden. Um 1725 wendet der Edinburger Goldschmied Willam Ged beruflich dieses Verfahren an. Der Pariser Schriftgießer Firmin Didot gibt ihm die Bezeichnung »Stereotypie«, die treffend ist. Charles Stanhope verbessert das Stereotypieverfahren in Ansätzen. Noch handelt es sich um die sogenannte »Gipsstereotypie«, die lediglich für Flachformen anzuwenden ist. Das Ausgießen von halbrunden Formen ist nicht möglich. Aus der Gipsstereotypie leitet sich die »Papier«-Stereotypie ab. Sie wird von dem Franzosen Genoux in Lyon erfunden. Vor allem aus der Terminsituation beim Zeitungsdruck entwickelt sich das Verfahren der »Kalt-Stereotypie«. In der Frühzeit des Rotationsdruckes werden die Stereos von Hand ausgegossen. Das Gießen mit dem Handapparat und die anschließende Bearbeitung der Platte dauert etwa 20 Minuten.

Applegath baut 1846 eine Druckmaschine mit dem vertikal-rotierenden Typen-Zylinder. Er greift in gewisser Weise auf die Nicholson'schen Ideen zurück, denn er verwendet konisch geformte Drucktypen. Dieser Maschinentyp muß als Exote bezeichnet werden. Er kann sich in der Praxis nicht durchsetzen.

Hoe's »ten feeder-machine«. Es handelt sich um eine »Typenumdrehungsmaschine« mit horizontal angelegtem Druckwerk, zu deren Inbetriebnahme mindestens zwölf Arbeiter erforderlich sind. Ein zentrales Problem für die Rotationsmaschinenbauer ist die Problematik der Stereotypietechnik, die noch nicht ausgereift ist.

Die Vier-Zylinder-Maschine von Alauzet. Der Antrieb ist vorne deutlich durch das große Schwungrad erkennbar. Die Energieversorgung erfolgt über eine separat stehende Dampfmaschine.

Die im Jahr 1828 von Applegath für den Druck der Times (London) gebaute Vierzylindermaschine. Vier Einleger und gleichzeitig vier Ausleger sind zum Betrieb erforderlich. Sofort fällt die konstruktive Schwachstelle ins Auge: die komplizierten Bändersysteme. Sie führen zu vielen Betriebsstörungen und Qualitätseinbußen. Der Druckmechanismus ist an sich einfach (gegenüber den Koenig'schen Schnellpressen).

Hochdruck-Rotationsmaschine, die 1846 von Richard M. Hoe in New York gebaut wird. Zur Aufstellung solcher Maschinenungetüme ist der Bau eigener Werkshallen erforderlich. Pressen solcher Art bilden den typischen Übergang zur späteren »Rotationsmaschine«.

Sechsfache Zeitungspresse, die von Marinoni in Paris gebaut wird. Zum Betrieb sind sechs Arbeiter erforderlich. Die Auslage erfolgt über sogenannte »tote« Bogenfänger. Dies kommt einer erheblichen Rationalisierung gleich. Die menschlichen Hände rücken immer näher an die eigentlichen Druckzylinder. Dadurch werden die Wege kürzer: so steigt die Leistung an der Presse.

Die von Hoe gebaute »six-feeder-type-revolving-machine«.

Erste Augsburger Rotation

Der Verwaltungsrat der Augsburger Maschinenfabrik beschließt 1871, den Chef des Konstruktionsbüros im Schnellpressenbau, Gustav Bissinger, nach England zu schicken. Er reist mit dem Auftrag, sich über die Neuerungen im Rotationsmaschinenbau zu informieren. Vor allem soll er sich die Walter-Presse in London ansehen. Er tut dies gründlich: daraus resultiert die Konstruktion der ersten Rotationsmaschine in Augsburg. Von Anfang an bringt Bissinger Verbesserungen ein. Analog der Walterpresse handelt es sich um eine »Einrollen-Maschine«, die nach heutigen Gesichtspunkten als »Klein-Rotationsmaschine« zu bezeichnen ist. Auf der anderen Seite läutet diese Konstruktion eine ungeahnte Entwicklung ein. Die Bissinger'sche Maschine ist auf vierseitigen Zeitungsdruck ausgelegt und wird 1873 – nach einer kurzen Bauzeit – auf der Wiener Weltausstellung vorgeführt. Schon regt sich die Konkurrenz. Im gleichen Saal steht eine Maschine von Marinoni (Paris). Sie lehnt sich an die störanfällige Bullock'sche an. Außerdem ist eine Rotationsmaschine der Firma Sigl (Wien) zu sehen. Es sei kurz daran erinnert, daß Sigl ein ehemaliger Mitarbeiter von Helbig & Müller (Wien) ist. Die beiden stammen aus Oberzell, dem Geburtshaus des deutschen Druckmaschinenbaues. Die 1873 gezeigte Augsburger Rotation wird bei der Buchdruckerei Spaarmann in Oberhausen/Rheinland, eingesetzt. Vorzugsweise arbeitet sie im Werk- *und* Illustrationsdruck. Eine weitere Maschine geht 1874 an das Bibliographische Institut Hildburghausen. Auf ihr wird das Meyer'sche Konversationslexikon gedruckt. 1877 wird eine zweite Maschine installiert.

Konstruktionsmerkmale

Die Maschine von Bissinger kann für zwei Formate eingesetzt werden. Die Druck- und Formzylinder sind vertikal übereinander angeordnet. Beide Farbwerke liegen innen und verfügen über drei Auftragswalzen. Das Anbringen einer Zurichtung für »bessere« Illustrationsformen ist möglich. Dies ist gegenüber der Walterpresse ein Vorteil. Hinzu kommen relativ große Auftrags- und (Masse)Reibwalzen, die in Verbindung mit zwei eisernen Reibzylindern eine gute Farbverreibung sicherstellen.

Als Auftragswalzen werden Gelatinewalzen verwendet. Wie die Walter'sche Maschine verfügt sie über einen Abschmutzzylinder, der am Widerdruckzylinder angebracht ist. Die vom Druckwerk ablaufende endlose Papierbahn wird in einem relativ kurzen Abstand zum Querschneider geführt. Es besteht aus einem Perforier-Schneid- und einem Nutzzylinder. Noch arbeitet das Schneidwerk mit

Schnellpresse.

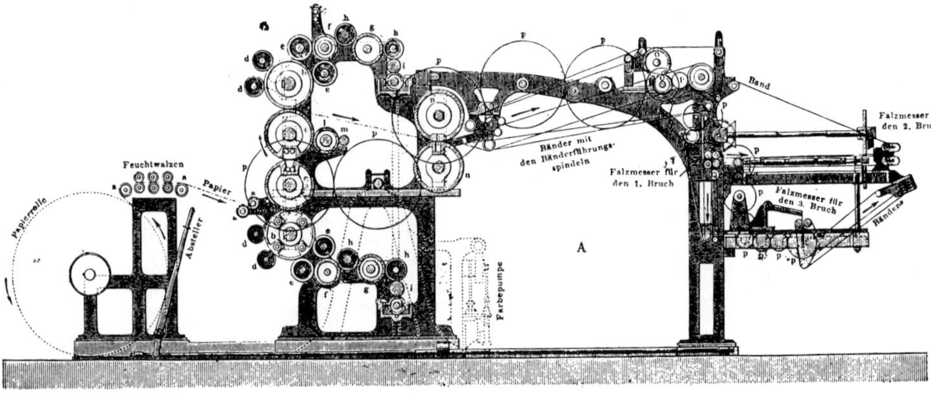

Aufriß
a Bogenführungswalzen, b Formcylinder, c Druckcylinder, d Vertheilungswalzen, e Auftragewalzen, f Nacktwalzen, g Nackt- und Verreibungswalzen, h Verreibungswalzen, i die sogen. Hebwalzen, k Duktor, l Schmutzcylinder, m Putzspindel, n die beiden Schneidcylinder, o Bogen-Abreisswalzen, p Treibräder. – Der Lauf des Papiers ist durch Pfeile bezeichnet. Bei Maschinen, welche statt des Falzapparats einen selbstthätigen Ausleger haben, befindet sich letzterer in dem Raum A.

Ansicht
Rotations-Buchdruckmaschine mit Falzapparat (Walter-System).
Von der Maschinenfabrik »Augsburg« für den Druck von »Meyers Konversations-Lexikon« konstruirt.

Meyers Konv.-Lexikon, 3. Aufl. *Bibliographisches Institut in Leipzig.* *Zum Artikel »Schnellpresse«.*

Aufriß und Ansicht der »Endlosen Nr. 14« aus dem Jahre 1877. So war die Maschine in Meyers Konversationslexikon zu sehen.

Punkturen. Die Ausführung der Bogen mit der hin- und herschwingenden Bandleitung ist der Walter'schen Konstruktion entlehnt. Das gleiche gilt für die Bewegung der Auslegerstäbe und die Anordnung des Ablegetisches. Als Druckzylinder werden verfilzte Baumwolltücher, bzw. Moleskin und darüber Shirting verwendet. Ein konstruktiver Vorteil gegenüber der Walter'schen Presse liegt im besser funktionierenden Dampf-Feuchtapparat. Später erst setzt man alternativ gasbeheizte Feuchtapparate ein. Ihre theoretische Stundenleistung liegt bei max. 12000, ihre praktische bei etwa 7000 Umdrehungen/Std.

Mit dem Bau der ersten Rotationsmaschine setzt eine stürmische Entwicklung ein. Sie ist von Konkurrenzkämpfen und Patentrangeleien begleitet. Noch gibt es grundsätzliche Verbesserungsmöglichkeiten: zum Beispiel die Verwendung von Falzapparaten, der Einsatz besserer Farbwerke oder der Einbau von Kleb- und Falzeinheiten. Diese Dinge werden nach und nach in Angriff genommen. So entsteht stufenweise aus der Grundkonstruktion die »perfektionierte« Rollenrotationsmaschine, die den Anforderungen des Marktes genügt. Es versteht sich von selbst, daß vor diesem Umfeld der Bau von normalen Buchdruck-Zylinderpressen ins Hintertreffen gerät. Tatsächlich ist sie technisch ausgereizt: enorme Verbesserungen sind nicht mehr zu erwarten.

Falzhaue, Trichterfalz, Falztrommel

Als nächstes Problem wird das des »Falzens« gelöst. Die ersten Rotationsmaschinen legen plano aus. Die Verwirklichung des Maschinenfalzes bringt grundsätzliche Vorteile:

- Erhöhung der max. Stundenleistung.
- Wegfall seitheriger umständlicher Arbeitsvorgänge (Handarbeit)
- Einbau von Zähl- und Läutwerken (Vorteil für die Expedition).

Die Entwicklung der Falzmechanismen erfolgt zunächst separat:

1851 erhält der Engländer Blak ein Patent auf einen Apparat zum Falzen von Papierbogen mittels einer »Falzhaue«.

1875 folgt das Tucker'sche Patent auf einen Falzzylinder mit rotierendem Falzmesser (»Tucker-Falz«).

1876 Entstehen des Schneidmessers im »Schneidmesserzylinder« der Falzapparate.

1881 R. Hoe setzt dreieckige Platten (= Trichter) mit darunter angeordneten Falzapparaten mit Schneid-, Sammel- und Falzzylindern ein. Daraus entsteht der »Trichterfalz«.

1882 Im amerikanischen Druckmaschinenbau tauchen die von R. Hoe erfundenen »Wendestangen« auf. Sie geben dem Falztrichter eine zentrale Bedeutung.

Vereinzelt entstehen kombinierte Maschinen. Einerseits mit Planoausleger für höherwertigen Illustrationsdruck und andererseits Haumesser-Falzapparate für ein, zwei oder drei Falze beim Zeitungsdruck. Bei der ersten Augsburger Rotation ist der Haumesser-Falzapparat an die Rotation gekoppelt. Der Mangel dieses Falzsystems liegt an den hinderlichen Bandleitungen, die zu Verschmutzungen der frisch bedruckten Papierbahn führen. Ein Problem stellt sich in der rationellen Anlage bei den immer schnelleren Maschinen. Zuerst rücken die gefalzten Zeitungen hintereinanderfolgend in Ablegekästen. Der nächste Schritt ist der sogenannte »Ablegestern, der die Produkte auf ein laufendes Ablegeband legt. Oder es wird eine Sammeltrommel nach dem letzten Falz angeordnet, der die Zeitungen paketweise auf einen Ablegetisch führt.« Ein von der Trommel aus getriebener Bogenzähler mit Glockenschlag zeigt nicht nur die Zahl der gedruckten Zeitungsexemplare an, sondern ermöglicht ein periodisches Läuten. Dies bedeutet für die Expedition eine erhebliche Rationalisierung, denn das manuelle Zählen fällt weg.

Die Zeitungsauflagen klettern nach oben. Für den Falzmechanismus einfacherer Art sind bald die technischen Grenzen erreicht. Der nächste Schritt sind rotierende Falztrommeln, bzw. Falztrichter mit Bänderführung. 1881 gelingt es den Amerikanern Andrew Campell und Stephan D. Tucker einen zuverlässigen Falzapparat für Querfalze zu schaffen. Gleichzeitig verwirklicht R. Hoe einen brauchbaren Längsfalzapparat. Der Einsatz des richtigen Falzsystems hat erheblichen Einfluß auf die Stundenleistung der Maschine. Sie liegt bei »Haumesser-Maschinen« bei 5000 bis 6000 Exemplaren und bei den Maschinen mit Falztrichter und rotierender Falztrommel bei 7000 bis 9000 Exemplaren/Std. Die Augsburger beginnen 1887 mit dem Bau von Trichterfalzmaschinen. Auf ihnen werden achtseitige Zeitungen in einfacher, bzw. vier- und zweiseitige Zeitungen in doppelter Produktion »gefahren«. Die Augsburger Maschinenfabrik setzt bis 1890 fast 150 Rotations-

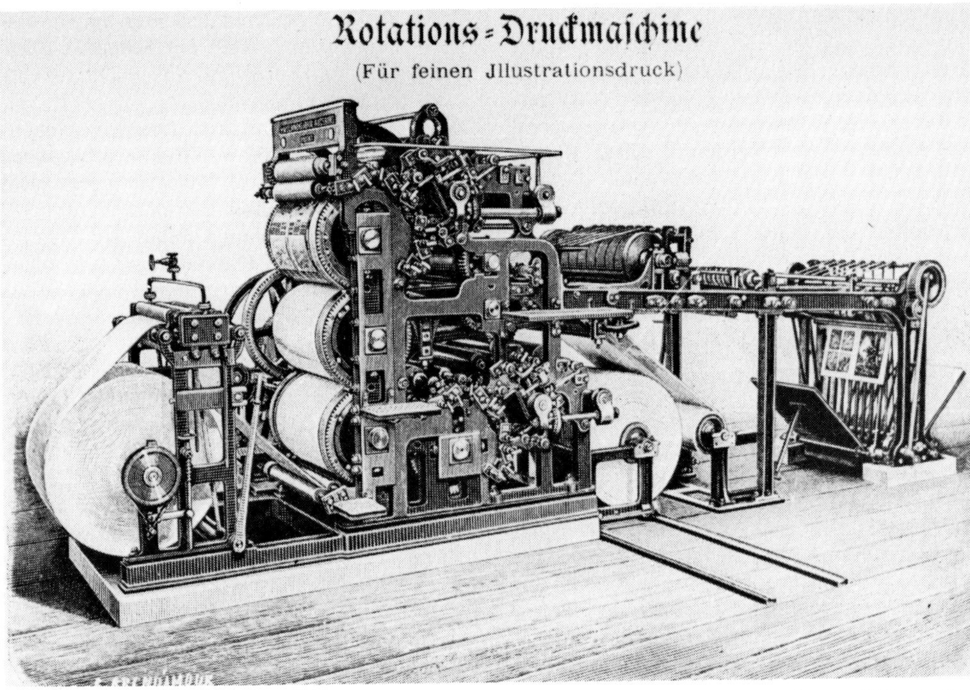

Erste in Deutschland gebaute Illustrations-Rotationsdruckmaschine zum Druck von Zeitschriften mit Abschmutzrolle und Plano-Ausleger. 1879. Gebaut für die Firma Hallberger in Stuttgart. Werkphoto M.A.N. Werkarchiv Augsburg. Mit freundlicher Genehmigung.

Erste deutsche Rotations-Druckmaschine (1873) mit Plano-Ausleger, erstmals ausgestellt auf der Wiener Weltausstellung 1873. Gebaut von der Maschinenfabrik Augsburg. Druckleistung: 10 000 zweiseitig bedruckte Exemplare. Werkphoto M.A.N. Werkarchiv Augsburg. Mit freundlicher Genehmigung.

maschinen ab. Nach wie vor liegt das überwiegende Produktionsfeld auf dem Zeitungssektor. Doch die Qualitätsansprüche der Leser klettern. Von der Maschinenbauseite führt dies zum nächsten entscheidenden Schritt: dem Bau von

Illustrations-Rotationsmaschinen

Hier werden gegenüber dem Zeitungsdruck ungleich höhere Anforderungen an Papier, Farbe, Maschine und Drucker gestellt. Die wichtigsten Verbesserungen betreffen das Farbwerk. Im einzelnen:

- Einsatz von Deckfarbwalzen
- Cotrell-System (vier Auftragswalzen, vier-fünf Reibzylinder). Ziel: bessere Farbverreibung und Farbverteilung im Farbkasten. Anstelle der einfachen Stellschraube und Farblineal-Unterseite wird ein ungleichschenkliger Winkelhebel angeordnet, der eine feinere Regulierung zuläßt.
- Einsatz dünnerer Farblineale
- Anbringen einer Wischwalze am Abschmutzzylinder. Die Wischwalze bekommt einen Filzüberzug, der laufend mit Petroleum (oder vergleichbaren Reinigungsflüssigkeiten) getränkt wird.

Es muß erwähnt werden, daß durch den Einsatz von Rotationsmaschinen der Farbverbrauch enorm steigt. Die Farbe wird immer weniger in einzelnen Offizinen angerieben. Auf Grund der Fortschritte in der Chemie etablieren sich Fabriken zur Herstellung der Druckfarbe. Sie tragen dazu bei, qualitativer zu drucken als vordem: später trifft es vor allem auf die Verwendung von Buntfarben zu.

Die Augsburger Maschinenfabrik baut 1879 die erste Rolle für Illustrationsdruck. Sie ist auf diesen speziellen Zweck ausgelegt:

- Einsatz einer Mitläufer-Papierbahn. Es handelt sich um ein saugfähiges, rauhes und kräftiges Rollenpapier, das bis zu zehnmal hintereinander verwendet wird.
- Einsatz dünnerer Stereoplatten, damit die hinter ihnen liegende Zurichtung effektiver wird.
- Einsatz von Schmitzringen (analog der Schmitzleisten bei den Flachformpressen). Vorteil: konstante Pressung
- Später werden Stereos vernickelt und / oder verkupfert. Vorteil: sie halten höhere Auflagen aus.

Die erste Maschine dieser Art wird an die Druckerei Hallberger in Stuttgart geliefert. Die auf ihr gedruckte Zeitschrift »Über Land und Meer« gibt einen Bericht.

Bericht der Hallberger'schen Offizin in Stuttgart[368]

»... nach Deutschland wurden ... (die Rotationsmaschinen) erst von der Maschinenfabrik Augsburg eingeführt, die, wie angegeben, unsere in Rede stehenden Maschinen gebaut hat ... es war diese Fabrik ... die es unternahm, die eigentlich nur für den Zeitungsdruck berechnete Rotationsmaschine, bei der es weniger auf Güte als auf Schnelligkeit des Druckes ankommt, für den weit größeren Sauberkeit und Akuratesse erfordernden Druck von Büchern zu konstruiren, und sie trat, nach günstigen Erfolgen, der ihr von uns gegebenen Anregung zum Bau von Rotationsmaschinen für den Druck hochwertiger illustrirter Zeitschriften unerschrocken näher ... und hat schließlich die große Aufgabe glänzend durchgeführt. Ihr Bau war seitens der Firma ein kühnes Wagnis, umso kühner, als sie sich hierbei kaum auf andererseits gemachte Erfahrungen stützen konnte. Der Bau von Rotationsmaschinen für den Druck illustrirter Blätter ist bereits 1874 oder 1875 in London in dem Etablissement der ‚Times' versucht worden, augenscheinlich aber ohne Erfolg ... ein günstigeres Ergebnis hat der Besitzer der ‚Illustrated London News', in dessen Druckerei 1877 eine Rotationsschnellpresse den Druck eines aus dem großen Blatt hervorgegangenen Pennyblattes besorgte, die nach seinen Angaben von dem Maschinenbauer Middleton in London konstruirt worden war. Der Druck war keineswegs ein höhere Anforderungen befriedigender ... und als eine nach den gleichen Prinzipien konstruirte Maschine 1878 auf der Pariser Ausstellung erschien, waren ihre Leistungen weder in Qualität noch in Quantität derart, daß sie zur Herstellung einer großen wöchentlichen Zeitschrift hätte geeignet erscheinen können. Eine zweite, dort ausgestellte, den gleichen Zweck verfolgende Maschine, entworfen und gebaut von dem französischen Maschinenbauer P. Alauzet, konnte das vorgesteckte Ziel nicht erreichen. Nichtsdestoweniger glaubten die Chefs des Hauses Hallberger ein sicheres Zeichen erblicken zu sollen, daß für eine illustrirte Zeitschriftenliteratur der Zeitpunkt gekommen ist, der es geboten erscheinen läßt, nach Mitteln für eine beschleunigte Herstellung derselben ernstlich zu suchen. Hierauf ist der der Maschinenfabrik Augsburg ertheilte Auftrag entsprungen. Druckerei und Maschinenfabrik haben sich mit ihren Erfahrungen gegenseitig in die Hände gearbeitet und ein Ganzes geschaffen, das im Aufbau und in seinen Einzelheiten nicht minder wie in seinen Leistungen die Bewunderung des Technikers und des Laien verdient. Unsere Abbildung der Maschine zeigt uns dieselbe von der vorderen Seite. Links erblicken wir die Rolle des weißen satinirten Papiers ...«

Die Hallberger'sche Offizin erhält insgesamt drei Illustrations-Rollenmaschinen zum Druck der Zeitschriften »Über Land und Meer«, »Illustrierte Welt« und der »Gartenlaube«.

Rotationen für veränderliche Formate Zwillings- und Mehrfach-Rotationen

Im Anschluß an diese Entwicklung geht man an den Bau von Illustrationsmaschinen für veränderliche Formate. »In Augsburg werden 1887 die Anfänge gemacht, indem eine pneumatische Bogenführung verwirklicht wird. Mit der Lieferung der ersten Maschine meldet sich unser damals größter deutscher Konkurrent, die Firma Koenig und Bauer, und beansprucht die Priorität. Da jedoch die Ansprüche nicht klar formuliert werden können, entwickelt sich ein langwieriger Patentprozeß, der für beide Firmen mit einem Vergleich endet.[369]

Die Maschinenfabrik Augsburg liefert 1893 die erste variable Rolle an die St. Norbertusdruckerei (Wien). Später wird die Bauart aufgegeben. Aus guten Gründen: die Konstruktion ist aufwendig und wird in ihrer Grundsätzlichkeit durch Sonderwünsche der Kunden durchbrochen. Sie fordert lange Umrüstzeiten. »Es zeigte sich, daß es nicht möglich war, auf einer Maschine alles optimal zu drukken.«

Die Auflagen der Zeitungen und Illustrierten klettern immer weiter. Parallel dazu steigen die Qualitätsansprüche der Leser. Die Druckmaschinenbauer *müssen* leistungsstärkere Maschinen fertigen. Es genügt nicht, achtseitige Produkte in einem Arbeitsgang zu produzieren: man strebt 16 Seiten und Zwischenprodukte an. Zum Beispiel sechs, acht, zehn oder zwölf Seiten (fertiggefalzte Zeitungen).

Voraus entstehen »Zwillings-Rotationen«. Sie vereinigen in sich achtseitige Druckwerke, die kombinierbar sind. Im halben Zeitungsformat ergeben sich die Möglichkeiten:

- einfache Produktion: 32, 24 und 20 Seiten
- doppelte Produktion: 16, 12, 8 und 4 Seiten

Außerdem werden weitere Verbesserungen eingebracht:

- Dampffeuchtapparate für die einlaufenden Papierbahnen.
- Papierrollenbremsen mit Bremsbandtrommel.
- Kontinuierliche Farbzufuhr mit einer Farbpumpe.
- Feinstellschrauben für die Farblineale.
- Registerregulierwalzen für beide Druckwerke.
- Hauptantrieb über eine Längswelle.
- Kegelradgetriebe/Übersetzungsgetriebe.
- Handantrieb zum Einziehen des Papiers.
- Bessere Zylinderlagerung.

Die Augsburger beginnen 1892 mit dem Bau von 16seitigen Zwillingsrotationen. »Dem damaligen Leiter des Druckmaschinenbaues, Gustav Bissinger, gebührt das uneingeschränkte Verdienst, die für die Maschinenfabrik Augsburg erfolgreiche Rotationsmaschine gebaut zu haben.«[370] Die Durchschnittsleistung ist in der Praxis bei 8000 Touren anzusetzen. Bis zum Beginn des Ersten Weltkrieges werden 248 Zwillingsrotationen abgesetzt.

Wieder dreht sich das Rad der technischen Geschichte im Druckmaschinenbau ein Stückchen weiter. Ab 1894 werden in Augsburg Zwillings-Rotationen mit doppeltbreiten Druckwerken gebaut. Sie sind auf max. 32seitige Zeitschriften ausgelegt. Problematisch sind die mit vielen Bändern ausgestatteten großen Trichter und das buchförmige Längsfalzen der acht vierseitigen Bogen auf dem kleinen Trichter. Diesen Nachteilen, die Betriebsstörungen mit sich bringen, stehen günstige Produktionsmöglichkeiten gegenüber:

- einfache Produktion: 32, 28, 24, 22, 20 und 18seitige ineinandergefalzte Zeitungen
- doppelte Produktion: 16, 14, 12, 10, 8, 6, 4 und 2seitige ineinandergefalzte Zeitungen

Unabhängig davon werden die Touren gesteigert. Die Konstruktionen sind immer ausgereifter. Die in der Praxis gemachten Erfahrungen fließen in weitere Konstruktionen ein. Inzwischen liegen die Leistungen bei einfacher Produktion bei 10000 bis 15000 Umdrehungen/Std. und bei der doppelten bei 20000 bis 30000.

Eine Variante ist die 24seitige Zweirollenmaschine, die 1896 gebaut wird. Sie ist aus einem doppelseitigen 16seitigen Druckwerk und einem im rechten Winkel dazu stehenden einfachbreiten 8seitigen zusammengesetzt. Die endlosen Papierbahnen werden auf dem großen Trichter zusammengeführt; dann folgt der Schnitt auf Bogenhöhe und das Sammeln

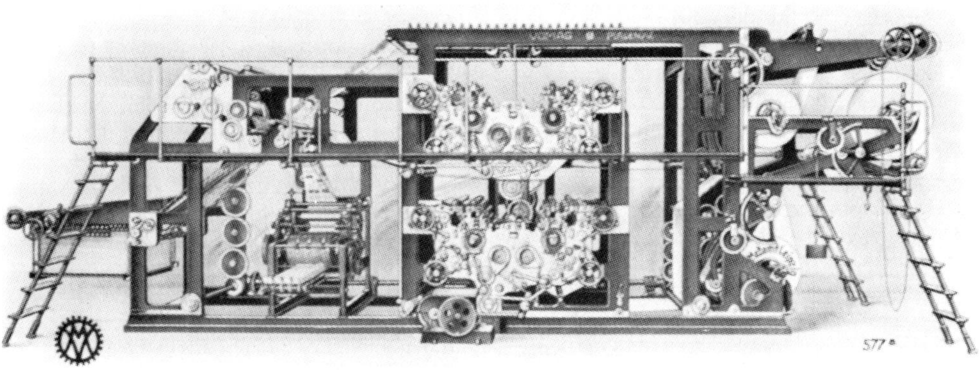

Einrollen-Offset-Rotationsmaschine »Meßamt Leipzig I«, der Vogtländischen Maschinenfabrik AG. in Plauen. Hier sehen wir schon das »zukünftige« Gesicht der Rotationsmaschinen in ihrer Kompaktheit und Rollenführung. Das Werk in Plauen macht den etablierten deutschen Druckmaschinenfabriken erhebliche Konkurrenz.

16-Rollen-Schnelläufer Zeitungs-Rotationsmaschinenanlage in Reihenanordnung der Vogtländischen Maschinenfabrik AG. in Plauen. Die Reihenanordnung und die Mehrdecker-Bauweise setzt sich immer stärker durch.

Zweirollen M.A.N. Tiefdruck-Rotationsmaschine »Wilhelm« mit 5 Druckwerken, 2 Antrieben und 2 Falzapparaten, als Einrollenmaschine arbeitend für 1 Farbe Schön- und bis zu 4 Farben Widerdruck der Maschinenfabrik Augsburg-Nürnberg.

der vier- bzw. zweiseitigen Bogen. Diese Kombination bietet günstige Produktionsmöglichkeiten:

- einfache Produktion: 24, 20, 18, 16 und 14 Seiten buchförmig ineinandergefalzt
- doppelte Produktion: 12, 10, 8, 6, 4 und 2 Seiten buchförmig ineinandergefalzt

Das Heften der Produkte ist bei diesen Geschwindigkeiten technisch noch nicht gelöst. So werden die Zeitschriften geklebt. Dies ist problematisch, weil es Verkleisterungen der Walzen und Bänder mit sich bringt. Die Folge sind Betriebsstörungen. Die Maschinen werden immer größer und beim täglichen Einsatz hinderlicher. Dies führt zu der Konsequenz, sie in »Mehrdecker-Bauart« anzulegen. Dadurch werden sie kompakt und übersichtlich.

1901 zeigt die Augsburger Maschinenfabrik die erste Vierrollen-Rotationsmaschine mit einem bänderlosen Trichter und einem Falzapparat auf der Pariser Weltausstellung.

1904 werden 64seitige Vierrollen-Rotationsmaschinen mit Klebeapparat und (zwei) Bänderfalzapparaten hergestellt.

1909 Bau der 24seitigen Dreirollen-Rotationsmaschine mit einfachbreitem Bänderfalzapparat (»Mehrdecker«); das heißt, die Druckwerke sind übereinander angeordnet.

Mit einer zeitlichen Verzögerung gegenüber den Konkurrenten geht man in Augsburg dazu über, von Rotationen mit Bänderfalzapparat abzugehen. Man konzentriert sich auf den Bau von sogenannten »bänderlosen« Maschinen, die weniger störanfällig sind. Dann wird der Bau von doppeltbreiten (bänderlosen) Zwei-, Vier- und Sechsrollenmaschinen aufgenommen. Die Sechsrollenmaschine ist auf 96 Seiten ausgelegt.

Die Krise:
Reorganisation im Druckmaschinenbau (ab 1911)

1890 stirbt Bissinger. An seine Stelle rückt der Oberingenieur Korhammer. Nach seinem Tod (1908) übernimmt der Oberingenieur Nietsche die Verantwortung für den weiteren Bau von Rotationsmaschinen. »Man wog sich in Sicherheit, war sich seiner Kunden und der Auftragsdecke gewiß. Man hatte wenig Veranlassung, Änderungen an dem im allgemeinen reibungslos laufenden Geschäftsbetrieb vorzunehmen.[376] Dieser patriarchalische Zustand bringt es mit sich, daß die Bestellungen von Jahr zu Jahr rückläufiger werden. Der Grund liegt im Fleiß der Konkurrenz, vor allem durch Koenig & Bauer (Würzburg), Albert & Cie. (Frankenthal) und der VOMAG (Vogtländische Maschinenfabrik Plauen). Durch ihr Engagement verliert die M.A.N. viele Kunden. Ein scharfer Gegner stellt sich in der VOMAG. Hier werden gute Maschinen preiswert auf den Markt gebracht. Von 1906 bis 1910 bietet sie (wie KoeBau) eine kleine Pony-Maschine als Verkaufsschlager für Kleinbetriebe an. M.A.N. greift diesen Faden auf. Wolf sagt treffend: Durch die Konkurrenzmanöver entgingen uns in dieser Zeit viele Aufträge.«[372]

Diese Entwicklung führt beim M.A.N.-Druckmaschinenbau zu durchgreifenden Reformen. Der damalige Werkdirektor, Heinrich v. Buz, sucht sich praxiserprobte Spezialisten und findet sie bei der Konkurrenz:

- Im Juni 1911 wird Herr Trampusch eingestellt. Er kommt aus dem Haus Hoe in New York und Koenig & Bauer (Würzburg). Er bringt von KoeBau einige Spezialisten mit. Trampusch muß unmittelbar bei Kriegsbeginn als Reserveoffizier zur K. K. österreichischen Kriegsmarine einrücken.
- 1913 wird der Oberingenieur Wolenberg eingekauft. Er kommt gleichfalls von Koenig & Bauer. In Augsburg übernimmt er die Verantwortung für den Bau von Illustrations-Rollenmaschinen.
- 1917 wird der bisherige Chefkonstrukteur der VOMAG, Ottmar Wilhelm, eingestellt. Er bringt weitere Spezialisten und einen ausgewählten Stab von Mitarbeitern nach Augsburg mit.

Allmählich festigt sich der Auftragsbestand. Dann reißt der Krieg ein empfindliches Loch. »Für den Augsburger Maschinenbau ist der Erste Weltkrieg eine besonders einschneidende Zensur. Nicht nur der Absatz kam völlig ins Stocken, sondern es gab auch keine freien Valenzen mehr für ein Weiterführen der technischen Entwicklung.«[373]

Ein Verkaufserfolg ist die Lieferung der Rotationsmaschine für die Firma Ullstein in Berlin. Sie erhält zum Druck der »Berliner Illustrierten« mit einer Wochenauflage von einer Million Exemplaren eine Illustrations-Rollenrotationsmaschine mit Paketausleger und Drahtheftapparat. Ullstein hat bereits 1913 eine Spezialmaschine erhalten. Nach dem Krieg werden 26 Druckeinheiten nachbestellt. Eine gleiche Maschine geht nach München zu der Firma Knorr & Hirt. Auf ihr wird die »Münchner illustrierte Presse« gedruckt. Schon vor dem Ersten Weltkrieg wird erkannt, daß der Tiefdruck durch die bessere Wiedergabe der Halbtöne für den Druck von illustrierten Zeitschriften prädestiniert ist. Ein Beweis liegt in der Osternummer der »Freiburger Zeitung«, die 1910 mit Tiefdruckbildern erscheint. Nach dem Krieg beginnt bei der M.A.N. eine durchgreifende Entwicklungsarbeit auf dem Sektor des Rollenrotationsdrucks. Das frühere Umfeld der Bogenmaschinen wird in den Hintergrund geschoben.

1921 (ab) baut die M.A.N. Offsetmaschinen nach dem Drei-Zylinder-System.
1925 wird der Bau von Tiefdruck-Rollenrotationsmaschinen aufgenommen.
1925 liefert die M.A.N. eine Fünfzehn-Rollen-Rotationsmaschine mit einer Länge von 42 Meter. Sie produziert in der Stunde 261 000 16seitige Zeitungen.
1930 Eine Parallelentwicklung liegt zum gleichen Zeitpunkt bei Albert (Frankenthal) vor.
1938 (Anfang) erscheint eine kleine Tiefdruck-Rotationsmaschine für hochwertigen Buntdruck.

Einführung des Offsetmaschinenbaus (1920)

Den Ausgangspunkt des Offsetdrucks als Übertragungs-Druckverfahren bildet die von Aloys Senefelder 1798 erfundene Lithographie. Als Druckträger findet die feinkörnige und saugfähige Solnhofer Steinplatte Verwendung. Später setzt man Zinkplatten ein. Dann wird Zinkblech auf einen Zylinder gespannt. Von hier aus ist es ein kleiner – aber grundsätzlicher – Sprung zum Offsetdruck. Ob Ira Washington Rubel die Möglichkeit, von einem Gummituch zu drucken, auf das zuerst ein lithographischer Aufdruck von einer Zinkplatte gemacht worden war, durch einen Zufall entdeckt oder auf dem Weg erfinderischer Arbeit, ist weiter nicht wichtig. 1903 findet er das Verfahren, als er von einer Steinplatte auf einer Zylindermaschine druckt. Rubel baut sich 1904 eine Mustermaschine auf der Grundlage einer Harrys-Zweizylindermaschine, die ursprünglich für den Buchdruck eingesetzt wird. Weitere Verbesserungen werden 1905 gemacht. Die Maschine wird in New York ausgestellt. Rubel geht nach England, um die praktische Anerkennung seiner Erfinderleistung zu erlangen. Die weitere Entwicklung des Verfahrens und der ersten »Offsetmaschinen« kehrt nach seinem Tod wieder in die USA zurück. Dann erfolgt eine schnelle Ausdehnung. Wesentlichen Anteil an dieser Entwicklung hat William Huebner, der zur gleichen Zeit eine praktische und brauchbare – schrittweise arbeitende – fotografische Kopiermaschine erfindet. Sie hat dem Offsetdruck zum Siegeszug um die Welt verholfen.[374] Außerdem tauchen um die gleiche Zeit erste Bogenanlegeapparate auf.

Zur Einführung dieses für die M.A.N. neuartigen Druckverfahrens wird als Fachmann und Instruktor Kaspar Hermann eingestellt. Er war lange Jahre in Amerika und England als Offsetdrucker beschäftigt und hat in den Vereinigten Staaten dieses Verfahren eingeführt. Schon 1904 beginnt man in Nordamerika mit dem praktischen Offsetdruck. Das neue Verfahren setzt sich rasch durch. In Deutschland wird der praktische Offsetdruck 1907 eingeführt. Ab 1912 werden bei der M.A.N. Überlegungen angestellt, Offsetmaschinen für Bogenanlage – in Anlehnung an englische Mann-Offsetdruckwerke – zu bauen. Dieses Vorhaben wird durch den Ersten Weltkrieg unterbrochen.

1920 beginnt die M.A.N. zunächst mit dem Bau einer Offsetmaschine für Bogenanlage. Es handelt sich um eine sogenannte »Zweizylindermaschine«. Ihre Konstruktion wird aufgegeben, weil sich das Dreizylindersystem als effektiver erweist. Dann baut man die Einfarben-Bogenmaschine »Augusta II« in verschiedenen Formaten und gleichzeitig eine Zweifarben-Bogenmaschine. Es liegt eine erhebliche und qualifizierte Konkurrenz vor. »Außerdem muß erwähnt werden, daß die M.A.N. Bogenoffsetpressen nicht die optimalen Formate hatten und hinsichtlich ihrer Stundenleistungen hinter der in- und ausländischen Konkurrenz blieben.«[375] Dann nimmt man den Bau von Rollenoffsetmaschinen auf. »Aufgrund der Überlastung der Konstruktionsbüros konnte der Bau der Rollenoffsetmaschinen nicht besonders forciert werden.«[376]

Um den historischen Rahmen des Buches nicht zu sprengen, ist an dieser Stelle abzubrechen. Der Druckmaschinenbau der M.A.N. gehört heute zu den führenden der Welt.

Herausschälung der deutschen Druckmaschinenbau-Industrie

Zur Abrundung des Bildes und der Wichtigkeit dieses Unternehmens für die Gesamtentwicklung des deutschen Druckmaschinenbaues habe ich den historischen Werdegang der Oberzeller Fabrik von Koenig & Bauer durchgehend behandelt. Sie steht stellvertretend für die industrielle Entwicklung im 19. Jh. Im Zusammenhang werden drei wesentliche Punkte angeschnitten: die Gründung einer Maschinenpapierfabrik, Aktivitäten (theoretisch erwogen) auf dem Sektor der Rollenmaschinen und die aufkeimende Konkurrenz. Ausgehend vom Stammvater des deutschen Druckmaschinenbaues Koenig & Bauer spalten sich in rascher Folge konkurrierende Unternehmen ab. Sie werden fast ausschließlich von ehemaligen Beschäftigten ins Leben gerufen. An erster und wichtigster Stelle stehen die Namen Helbig & Müller, die ich im Abschnitt über Koenig & Bauer behandelt habe. Während ich in der ersten Auflage meines Buches noch sagen mußte, »... genaueres war bislang nicht zu ermitteln«, haben sich jetzt einige interessante Aspekte ergeben. Es ist möglich, Grundsätzliches über diese Entwicklung zu berichten. Außerdem drängt sich die Frage auf, ob die Firmengründer Koenig & Bauer durch ein zu patriarchalisches Verhalten in der Gründerzeit nicht tüchtige Mitarbeiter vor den Kopf gestoßen haben und dadurch Konkurrenz heraufbeschwören. Gekommen wäre sie ohnehin: sie hat über Umwege auch dieses Unternehmen befruchtet.

Mit der Erschließung der inneren Landesteile durch den systematischen Ausbau der Verkehrswege, durch neue Kommunikationstechniken, die mit der Gewerbefreiheit des 19. Jh. einherlaufen und das mühevolle Vorangehen von Koenig & Bauer, die das Bewußtsein bei den deutschen Druckern verankern, wie vorteilhaft der Gebrauch einer »Schnellpresse« gegenüber der »alten« Handpresse ist, steigen nicht nur die Zeitungsauflagen sprunghaft an: es geschieht etwas Grundsätzliches (das zentrale Verdienst Koenigs) der Bildungsdrang wird aktiviert und in seither verschlossene Schichten getragen. Es entsteht ein immenser Bedarf an Gedrucktem, in deren Folge ein umfassendes Buchhandelsnetz aufgebaut wird (Gründung des Börsenvereins). Dieser Bedarf kann auf »alten« Handpressen nicht bewältigt werden. Außerdem haben sich die in Oberzell gebauten Schnellpressen, die anfangs zwangszweise kompliziert erscheinen und teuer sind, in der Praxis bewährt und den Druckern Vorteile verschafft. Das Papier wird besser: auch dies geht mit auf Koenig & Bauer und ihre Maschinenpapierfabrik in Münsterschwarzach zurück. Parallel entstehen erste Farbenfabriken. Die Emotionen der Drucker und Prinzipale senken sich wieder auf »Normalmaß«: die Gewerbefreiheit läutet eine neue Phase der industriellen Entwicklung ein. Einer ihrer wichtigsten Faktoren ist die Realisierung von Maschinen, die es möglich machen, »Bildung« zu vermitteln. Wir wissen, daß dies ein zweischneidiges Schwert ist.

In diesem Sog entschließen sich wagemutige Männer aus dem Nichts zum selbständigen Bau von Druckmaschinen. Ihr Fundus ist das Wissen, das sie sich während einer Ausbildungsphase bei Koenig & Bauer erworben haben und der Mut zum Risiko. Sie machen sich heftig Konkurrenz: jeder hat auf seine Weise Erfolg. Wie in etwa die Situation in der zweiten Hälfte des 19. Jh. aussieht, habe ich in einer Übersicht auf dem hinteren Vorsatz zusammengestellt. In diesem Komplex ist ständig Bewegung, Emotion, Verpflichtung und Befruchtung. Rasch kommt der Bau von Steindruckpressen, lithographischen Schnellpressen und Lichtdruckmaschinen hinzu. Parallel werden in und außerhalb Deutschlands die Aktivitäten auf dem Rollensektor vorangetrieben: eine internationale Verflechtung setzt ein, deren Ende nicht abzusehen ist. Die Konkurrenz wird immer schärfer; bald zeigen sich die Grenzen des individuellen Wachstums. Folgerichtig treten neue Veränderungen ein: u. a. sind sie durch Absprachen unter den Maschinenbauern begründet. So verfolgt das Heidelberger Unternehmen eine konsequente Markt- und Verkaufspolitik, in deren Folge es zum Beherrscher der Domäne »Buchdruck« wird. Der Rollenmaschinenbau und der Bau von Offsetmaschinen wird zum damaligen Zeitpunkt nicht wahrgenommen.

Nachdem der sinnlose Erste Weltkrieg seine unrühmliche Rolle ausgespielt hat, nachdem das Land zerschlagen wurde und viele Arbeiter nicht mehr auf ihre Plätze und zu ihren Familien zurückkehren, erholt sich die schwer angeschlagene Industrie langsam von den Schrecken. Hier werden neue Weichen gestellt. 1921 trifft die Firma Faber & Schleicher mit Koenig & Bauer ein Abkommen, wonach die Offenbacher den Bau von Buchdruckmaschinen aufgeben und sich auf Offsetmaschinen konzentrieren. Bei den Würzburgern ist es umgekehrt: hier werden die Offsetmaschinen aus dem Produktionsprogramm genommen.[352] Eine ähnliche Absprache soll zwischen der Dresdner Schnellpressenfabrik (später: Planeta) und Roland getroffen worden sein. Auf die in diesem Umfeld laufenden Patentstreitigkeiten gehe ich nicht ein. Fest steht, daß die Firma in Coswig früh den Bau von Buchdruck-Schnelläufern aufgibt und sich auf den Bogenoffset konzentriert. Heute ist es so, daß der Buchdruck-Schnellpressen-Sektor so gut wie aufgegeben ist: alle bauen Offsetmaschinen. So sichert sich jedes Unternehmen im Lauf seiner Entwicklung ein mehr oder minder lukratives Segment des immer enger werdenden Marktes.

Die Grenzen sind abzusehen. In den letzten Jahren bahnt sich eine neue Verschiebung an. Sie ist durch die Konzentration auf Großobjekte ebenso gekennzeichnet wie auf eine weiterführende Spezialisierung. Die einst feindlichen Brüder, die aus dem Potential und dem Wissen von Koenig & Bauer schöpfen, kehren um und nähern sich wieder. Dem Heidelberger Werk gelingt es in einem großartigen Schachzug, das Feld des Offsetdrucks zu erobern, zunächst im Bereich des Bogenoffsets. Es ist eine Frage der Zeit, bis hier der Rollensektor erschlossen wird, bzw. werden muß.

Die jüngste Entwicklung geht dahin, daß sich die vier Unternehmen Koenig & Bauer, Frankenthal, M.A.N. (Bereich Druckmaschinen) und Roland in zwei Gruppen verschmelzen, um den Bedürfnissen des zu erwartenden Marktes früh genug Rechnung zu tragen. So wird Anfang des Jahres 1979 zwischen der Albert AG und Koenig & Bauer Würzburg ein Kooperationsvertrag geschlossen. Mit dem Bauprogramm beider Partner wird eine breite Palette an Rollen-Rotationsmaschinen für den Zeitungs- und Zeitschriftendruck präsentiert. Ähnlich ist das Zusammengehen zwischen M.A.N. und Roland zu bewerten. Diese Entwicklung ist richtig und entspricht der Marktlage. Immer mehr Mittel fließen in Innovation und Forschung, dadurch zeichnet sich unsere Maschinen-Epoche vor der der Gründerzeit im 19. Jh. aus. Die Gründerphase ist durch ein oft abgekapseltes Konkurrenzdenken gekennzeichnet. Die Tatsache liegt auf der Hand: so geht es nicht (mehr). Die Konzentration von Wissen, Forschung und Innovation im Druckmaschinenbau ist eine Möglichkeit, dem internationalen Druck zu begegnen.

In einigen kurzen Abrissen habe ich die wesentliche Entwicklung bis dahin aufgezeigt. Ihr zur Seite stehen gleichrangige Parallelentwicklungen auf dem Sektor der Bedruckstoffe, der Hilfs- und Zusatzmittel. In ihrer Gesamtheit entsteht daraus eine leistungsstarke, anerkannte, qualifizierte und exportorientierte Druckmaschinen-Industrie.

Zurück zur Geschichte.

Frühe Zwillings-Rotationsmaschine für 16seitige Zeitungen. Links und rechts die Druckwerke mit den Rollenträgern. In der Mitte befindet sich der Falztrichter. Werkphoto Koenig & Bauer. Mit freundl. Genehmigung.

Beilage zum Lehrbuch von Aloys Senefelder. München 1818. Mit einer Widmung von Hans Schlichtegroll. Von Senefelder's Hand gezeichnet: »Zeichnung im hetrurischen Geschmack.« Größe des Originals. 12 × 15,6 cm.

Vom Stein- zum Offsetdruck

Bildnis des Aloys Senefelder. Ehemals Köln. Wallraf-Richartz-Museum. 1944 Bild verbrannt. Rhein. Bildarchiv. Kölnisches Stadtmuseum. Mit freundlicher Genehmigung.

Bisher habe ich mich mit der technischen Entwicklung der Flächen(tiegel)pressen und mit der Herausbildung der Buchdruck-Schnellpresse beschäftigt. Ausgehend von verschiedenen Vorstufen werden Ansatzpunkte zur Konstruktion der Druckmaschinen abgeleitet. Auf *meine* Entwicklungstheorie im Schnellpressenbau werden sieben Stufen weiterer Verbesserungen gestellt (vgl. das Diagramm in der Zusammenfassung). Ab der fünften hat die hölzerne Buchdruckerpresse einen beachtlichen Reifegrad erreicht. Es wird unverkennbar, daß metallische Werkstoffe immer weiter vordringen und hölzerne überflügeln: *ein* Ergebnis daraus ist die metallische Presse. Dieser Schritt wird zu Ende des 18. Jh. eingeläutet und mit Beginn des 19. realisiert.

Etwa um die gleiche Zeit werden zwei für das graphische Gewerbe bedeutende Erfindungen realisiert. Einmal die praxisgerechte – wenn auch komplizierte – Schnellpresse des Sachsen Friedrich Gottlob Koenig, die er mit seinem Freund, dem Stuttgarter Andreas Bauer in London verwirklicht. Auf der anderen Seite konzipiert Aloys Senefelder ein von den »klassisch-mechanischen« Druckverfahren abweichendes, die aus dem Steindruck geborene »Chemische Druckerey«. So entwikkeln sich ab etwa 1800 drei Pressensysteme parallel.

Der Steindruck

Es ist (noch) ungeklärt, ab wann mit Steinen Abdrucke erzeugt werden. Einfachste Formen dieser Technologie sind alt. Der Terminus »Steindruck« sagt nichts Konkretes über die damit verbundene Verfahrenstechnik. Praktisch kann von *mechanisch* bearbeiteten Steinen sowohl nach der *Hoch-* wie der *Tiefdruck*manier »gedruckt« werden. Das Drucken ist hier nicht im klassischen Sinn zu verstehen: es sind mehr oder weniger individuelle Abreibe- oder Aufdrücktechniken. Es wird u. a. durch die Aktivität des Miesbacher Professors Simon Schmid bestätigt, der 1787 erste diesbezügliche Versuche unternimmt. Aloys Senefelder, der spätere Erfinder der »Chemischen Drukkerey« ist zu diesem Zeitpunkt sechs Jahre alt.

Es fällt auf, daß er sein Verfahren treffender mit »Chemischer Druckerey« bezeichnet. Ob sie als »neue« graphische Verfahrenstechnik vollwertig anzuerkennen ist, ist strittig. Es wird eine der Gutenberg'schen Erfindung(en) vergleichbare Kette vorliegen, das heißt, eine mühsame, entbehrungsreiche, aufwendige und lange Entwicklung, die in das Verfahren investiert wird, bis es als praxisreif zu bezeichnen ist. *Grundsätzliche Druckverfahren werden nicht von einzelnen verwirklicht.* Senefelder und seine Zeitgenossen haben den Vorteil, daß sie auf dem Erreichten weiter bauen können. Ihre Kenntnisse auf dem physikalischen und chemischen Sektor sind besser. Die Marktsituation ist eine andere. Es bestehen die zwei Hauptdruckverfahren des Buch- und Tiefdrucks parallel. Konkurrenz gibt es nur an einigen Berührungspunkten: der klassische Hochdruck wird für Texte, der klassische Tiefdruck für Illustrationen herangezogen. Beide gehen von »mechanischen« Abdruckprinzipien aus. Aber:

»Das Druckprinzip des Senefelder'schen Steindrucks ab einer bestimmten Entwicklungsstufe beruht nicht mehr auf mechanischen Wirkungen, sondern auf einem chemischen Prozeß; dem wechselseitigen Abstoßverhalten zwischen Fett und Wasser.

Nach anfänglichen Schwierigkeiten setzt sich der Steindruck durch. Er festigt sich und erobert Marktanteile, die seither den vorgenannten Hauptgruppen vorbehalten sind. Sowohl bei den Buch- wie den Kupferdruckern führt dies zu einer Krise. Im Verbund mit der Entwicklung werden »verbesserte« Steindruckpressen konstruiert. Das gleiche betrifft die Anpassung der Druckfarben, Präparate und Bedruckstoffe. Wir haben zu berücksichtigen, daß parallel dazu zwei weitere Neuerungen das Bild des graphischen Gewerbes verändern: die Photographie und die dadurch besser werdenden Kopiertechniken (der die künstlerisch ausgeführte Lithographie Pate steht). Sie sind es, die neue Verfahrenswege ebnen. Deshalb verfolge ich jetzt in knappen Zügen die Herausbildung des Steindrucks, seiner Verfahrenstechniken, Pressen und wirtschaftlichen Möglichkeiten. Es führt eine kurze und gerade Linie zum Offsetdruck. Ausgangspunkt ist das Wirken von Aloys Senefelder.

Aloys Senefelder

Die Familie Senefelder stammt aus Königshofen im Grabfeld an der fränkischen Saale (Unterfranken). Der Name, nach Kirchenbüchern des Ortes bis 1638 zurückzuführen, kommt in unterschiedlichen Schreibweisen vor. So Senfelder, Sennfelder oder Sennefelder. Im Zeichen der Zeit ist dies eine übliche Erscheinung (vgl. Stammbaum der Familie Senefelder). Der Vater des Erfinders (geb. 30. September 1744) ist Schauspieler. Er heiratet am 6. November 1770 in Prag eine Catharina v. Volck, die Tochter eines Gasthofbesitzers. Ein Jahr später wird Aloys geboren. 1771 zieht die Familie nach Mannheim. Der Vater findet am Hoftheater Beschäftigung. 1778 siedelt die Familie nach München über. Hier ist der Vater bis zu seinem Lebensende am kurfürstlichen Hof als Schauspieler beschäftigt.

Die Eltern kennen die Schattenseiten eines Schauspielerlebens und versuchen, den Kindern – trotz bescheidener Verhältnisse – eine gute Ausbildung auf den Lebensweg mitzugeben. Aloys erhält Unterricht in Klavier und Gesang. Ab 1783 besucht er das Kurfürstliche Gymnasium in München. Er soll ein guter Schüler gewesen sein. Doch mit solchen Dingen darf man nicht hausieren gehen. Es ist typisch, wie nachträglich immer wieder versucht wird, sogenannte Genies oder Künstler zu heroisieren. Oft wird es so hingestellt, als haben sie ihre universalen Fähigkeiten bereits mit der Muttermilch eingesogen. Jedes Fleckchen von Schatten wird gleichsam als Mangel empfunden. Diese Einstellung ist oberflächlich: auch Aloys ist ein Kind der Zeit: mehr nicht. Das gleiche trifft auf Johannes Gutenberg, Friedrich Gottlob Koenig und Andreas Friedrich Bauer zu, um nur einige Erfinder des graphischen Gewerbes zu nennen.

Dem Milieu der Familie naheliegend, ist nicht verwunderlich, wenn Aloys dem Vater nacheifert und Schauspieler werden möchte. Immerhin verfügt er über eine musikalische Ausbildung. Die Eltern wünschen, daß er in Ingolstadt das Studium der Rechte aufnimmt. Auf seinen Namen ist ein Stipendium ausgeschrieben. Möglicherweise entsteht aus dieser Diskrepanz des eigenen Wollens und dem elterlichen Handeln in ihm der etwas unbeständige Hang. Er wird in seinem weiteren Lebensweg mehrfach deutlich.

Der Senefelder-Literatur folgend ist anzunehmen, daß er sich vor und während seines Studiums mit dem Abfassen von Gedichten und kleinen Theaterstücken beschäftigt. Beispielsweise will er zur Faschingszeit 1792 ein Theaterstück aufführen. Von ihm stammt das Lustspiel in drei Aufzügen »Die Mädchenkenner oder so ein Gelehrter und nur Famulus?«, das am 13. Februar 1792 am kurfürstlichen Hof aufgeführt wird. Das Abfassen dieses Lustspiels bringt ihm einen kleinen Gewinn ein. Mit aus diesem Grund befaßt er sich mit dem Gedanken, das begonnene Studium abzubrechen, um sich mehr dem Theater zu widmen.

Er schreibt verschiedene Stücke, beispielsweise »Die Tischlerfamilie«, »Mathilde von Alterstein«, »Die Bärenhöhle«, »Siegfried oder Die schnelle Wendung« und »Der Bruder aus Amerika«. Der vorerwähnte »Mädchenkenner« wird 1791 bei Franz Seraphin Hübschmann in München gedruckt. Es gelingt Senefelder nicht, sich mit diesen Stücken durchzusetzen. Er will den Lebensunterhalt bestreiten, zumal sein Vater im August 1794 stirbt und eine Frau mit acht unmündigen Kindern hinterläßt.

Besonders bei dem Stück »Mathilde von Altenstein« verkalkuliert er sich. Der Verleger setzt ihm einen festen Termin zur Ablieferung des ersten Bogens, doch das Stück wird erst vierzehn Tage später fertig. Senefelder kommt wegen seiner Zusage in Schwierigkeiten. Daraufhin will er mit Unterstützung der Staats-

STAMMBAUM DER FAMILIE SENEFELDER

Matthäus
geb. ?
gest. ?
Anna Maria
geb. 1681
gest. 16. Sept. 1744 Königshofen im Grabfeld

Sebaldus
geb. 23. Dez. 1715 Königshofen im Grabfeld
gest. 24. Mai 1759 Königshofen im Grabfeld
Catharina Rost
geb. 26. Aug. 1716 Großeibstadt
gest. 3. Okt. 1758 Königshofen im Grabfeld

Anna Maria
geb. 14. Sept. 1737
gest. 15. April 1739

Joseph
geb. 11. Mai 1740
gest. 20. Mai 1740

Maria Magdalena
geb. 5. Okt. 1741
gest. ?

Johannes Peter
geb. 30. Sept. 1744 Königshofen im Grabfeld
gest. 4. Aug. 1792 München
Katharina von Volck
geb. 1750 Prag
gest. 28. Febr. 1825 München

Anna Dorothea
geb. 4. Febr. 1748
gest. ?

Margaretha
geb. 17. April 1751
gest. ?

Johann Nepomuk Franz Alois
geb. 6. Nov. 1771 Prag
gest. 26. Febr. 1834 München

Monika
geb. 1772 Heilbrunn
gest. ?

Magdalene
geb. 1775 Mannheim
gest. 1846

Theobald
geb. 13. Febr. 1777 Hanau
gest. 19. Nov. 1846 München

Johann Georg
geb. 28. Nov. 1778 München
gest. 28. Nov. 1827 München

Karoline Maria Anna
geb. 5. Nov. 1783 München
gest. ?

Karl Friedr. Matthias
geb. 8. Juni 1786 München
gest. 27. Juli 1836 München

Clemens Joseph Johannes
geb. 5. April 1788 München
gest. 18. April 1833 München

Joseph Anton Peter
geb. 6. Okt. 1791 München
gest. ?

Josepha Versch I. Ehe
geb. 1793
gest. 31. Aug. 1813 München

Anna Maria Reiß II. Ehe
geb. 1779 Mannheim
gest. 22. März 1857 München

Maria Anna Josepha
geb. 15. Juli 1812
gest. 26. Febr. 1813

Joh. Michael Heinrich
geb. 16. Juni 1813 München
gest. 31. Dez. 1845 München
Ludovika Offner
geb. 1811 Preßburg
gest. 12. Nov. 1878 München

Joseph
geb. 8. Jan. 1815 München
gest. Okt. 1816 München

Henriette
geb. 3. Febr. 1836 Wien
gest. 19. April 1873 München
Heinrich Johann Kayser
geb. 5. Sept. 1828 Friedberg
gest. 3. April 1907 München

Franziska Ernestine
geb. 24. Okt. 1838 Berlin
gest. 20. Dez. 1871 München

Joseph Maria Alois
geb. 13. Dez. 1842 München
gest. 13. März 1844 München

Michael Ludwig
geb. 23. Okt. 1843 München
gest. 13. April 1874 München

Ludwig Ernst Maria
geb. 20. Sept. 1861 München
(am 24. März 1879 nach Chicago ausgewandert)

Ernst
geb. 2. Juni 1862 München
gest. 2. Juni 1862 München

kasse ins Ausland gehen, was gleichfalls nicht gelingt.

So versucht er es mit der Gründung einer eigenen Druckerei. Er sucht sich zu bestätigen und will seine geistigen Produkte selbst vervielfältigen und publizieren. Er hat vor, bei dem seinerzeit bekannten Kupferstecher Joh. Mich. Mettenleiter Unterricht zu nehmen. In diesem Umfeld erhält er Kontakt zu verschiedenen Druckereien. Wir müssen festhalten: Senefelder will – noch 24jährig – Unterricht im Drucken nehmen. Dies nach einem abgebrochenen Studium und Anfängen eines Schauspielerdaseins. Er scheint sein Ziel, zu »drucken«, nach vielen Mühen autodidaktisch zu erreichen. Um dies zu verdeutlichen, habe ich einige Tabellen zusammengestellt.

Jetzt bietet ihm ein Bekannter, der bei der Artillerie dient, 200 Gulden, mit denen er sich selbst freikaufen will und Senefelder als Ersatzmann einzustellen gedenkt. Es ist damals eine legale Möglichkeit, sich von diesem Unsinn zu befreien. Nun ist Senefelder, der mit diesen Mitteln offensichtlich den Ausbau einer Druckerei vorantreiben will, als Prager Ausländer und wird von der Armee abgewiesen.

Dann erzählt er der ihm bekannten Familie Gleißner von seinem Vorhaben. Er findet Gehör und Verständnis, wird unterstützt und aufgenommen: Vielleicht ist dies ein Grund, weshalb Senefelder, ein sonst unsteter Mensch, an seinen Ideen weiter arbeitet. Die Mittel zum Betrieb einer Druckerei werden ihm vorgestreckt. Seine ersten Druckversuche soll er auf einer kleinen Kupferdruckpresse unternommen haben, die ihm seine Mutter schenkt. Darauf druckt er den »Jägermarsch der Churpfalz-Bayer'schen Truppen mit Klavierbegleitung« in einer Auflage von 120 Exemplaren. Die Märchen, wonach er auf einer Wäschepresse seiner Mutter gedruckt haben soll, gehören in das Reich der Fabel. Hier sehen wir wieder das Bemühen der Pseudo-Forscher, ihre Opfer nachträglich zu heroisieren.

Versetzen wir uns in seine Zeit. Die bestehenden Pressen der Buch- und Kupferdrucker sind ausgereifte Holzkonstruktionen, was den Pressenkörper anbelangt. Die Pressenglieder sind überwiegend aus Metall gearbeitet. Man ist bestrebt, die metallische Spindel durch verschiedene Hebelsysteme zu ersetzen. Das Gros der zu erledigenden Aufträge gehört dem Buchdruck mit seiner flexiblen Satztechnologie. Illustrationen werden weniger mit Holzschnitten, als in verschiedenen Kupferdruckmanieren bewältigt, vor allem, wenn es sich um

Heute Montag den 13. Hornung 1792

haben

einige Theaterfreunde die Ehre, auf der hiesigen

Nationalschaubühne

aufzuführen:

Die Mädchenkenner,

oder

So ein Gelehrter, und nur Famulus?

Ein Lustspiel in 3 Aufzügen von Aloys Senefelder.

Personen:

Der geheime Rath, ...	Hr. Fleischmann.
Henriette, seine Tochter, ...	M.lle. Brochard.
Baron Wilhelm von Strahlheim, . .	Hr. Mair.
Baron Fritz von Strahlheim, . . .	Hr. Kürzinger, der ält.
Graf von Lindthal, ...	Hr. Kürzinger, der jüng.
Johann, Bedienter des geheimen Raths, .	Hr. Hermanstein.

Die Logen sind für die Eigenthümer durchgehends frey, auf den übrigen Plätzen wird aber niemand ohne Freybillet eingelassen.

Der Anfang ist um halb 6 Uhr.

Titelblatt des von Aloys Senefelder verfaßten Theaterstückes »Die Mädchenkenner ...«. Aufgeführt am 13. Februar 1792. Senefelder läßt das Stück in München drucken.

farbige Arbeiten handelte. Deshalb haben die Bücher dieser Epoche oft »eingeklebte« Kupfer. Eine Zwischenstufe nehmen sogenannte »Musikalien« oder Noten ein, deren wirtschaftliche Herstellung im Buchdruck aufwendig und im Kupferdruckverfahren schwierig ist (Beseitigung der Fehler!).

Sicher wirken sich bereits gemachte Erfahrungen auf den Gebieten der graphischen Verfahrenstechnik befruchtend aus. Handpressenkonstruktionen konnten, wenn auch für Belange des Steindruckes, von denen Senefelder sicher zunächst selbst keine konkrete Vorstellung hat, zwar nicht direkt übernommen, aber abgeleitet werden. Der Weg zur »chemischen« Druckerei streift in der Anfangsphase wiederholt den *Hoch-* und *Tiefdruck*. Es ist eine Bestätigung dafür, daß sich Druckverfahren wechselseitig befruchten und daß erst daraus eine (spätere) verfahrenstechnische Konkurrenz entsteht. Parallelen liegen u. a. in den Pressenkonstruktionen von Gutenberg, wenn auch unter ungünstigeren Voraussetzungen, oder bei Friedrich Gottlob Koenig's ersten Pressen.

Die Versuche auf Kupferdruckpressen zu drucken werden zunichte, weil der – analog der Kupferplatte – durch den Walzenstuhl hindurchzuziehende Stein wesentlich stärker ist. Dadurch ergeben sich ungewohnte Druckspannungen: hinzu kommt das gefährliche »abkippen« der Platte. Die Walzenstühle sind noch hölzern. Es ergeben sich axiale Risse (eventuell über deren ganze Längsseite). Dies führt zur Unbrauchbarkeit der Presse oder zumindest zur Makulatur der auf ihr gedruckten Bogen. Senefelder gibt an dieser Stelle nicht auf. Er läßt jetzt eine Presse nach dem vom Buchdruck her gewohnten Prinzip bauen, um danach festzustellen, daß dies nicht nur lebensgefährlich, sondern außerdem viel zu kraftaufwendig ist. Um eine Seite im Format eines Schreibbogens nach dem Prinzip Fläche : Fläche zu drucken, ist ein plötzlich einsetzender Flächendruck von etwa 50 Tonnen erforderlich. Er ist unmöglich auf einer kleinen Holzkonstruktion erzielbar. Ein Blick in die technische Geschichte des Buchdrucks hätte Senefelder eines besseren belehrt. Nicht umsonst entwickelt man bei einer sehr geringen Abstandshöhe zwischen Druckform und Tiegel den mehr federnden, plötzlich einsetzenden »Anpreßdruck«. Es ist sinnlos, ein Gewicht von drei Zentnern aus einer Höhe von zehn Schuh auf den Druckstock prallen zu lassen. Hier zeigt sich, daß Senefelder kein überlegener Konstrukteur ist. Zur Zeit von Senefelder ist in Deutschland der »Schuh« oder daraus abgeleitet: der Pariser und daraus der: preußische Fuß als Längeneinheit nicht vereinheitlicht. Das metrische System ist nicht allgemein bekannt. Es wird erst 1875 verbindlich eingeführt.

Schon nach wenigen Abdrucken springt der Stein, den er mühsam vorbereitet hat. *Beide Pressensysteme führen von der Grundkonstruktion her zu keiner befriedigenden Lösung, um die chemische Druckerey zu verwirklichen. Das wesentliche Problem liegt auf einer anderen Ebene. Senefelder erkennt dies und arbeitet hartnäckig an seiner Verwirklichung.*

Senefelder konstruiert jetzt selbst eine Druckpresse. Bei ihr fällt auf, daß er von größeren Walzen ausgeht. Er versieht sie auf einer Seite mit einem Drehkranz (= Stern). Man setzt die obere und die untere gleichzeitig in Bewegung und kann so eher den Stein gleichmäßig »durchziehen«. Dieses Verfahren übernimmt Senefelder aus der Technik der Kupferdrucker. Das große Problem dabei ist, daß:

Höchstwichtige Nachricht,
die
Steindruckerey betreffend.

Unter folgendem Titel:

Musterbuch über alle lithographische Kunst-Manieren, in welchen die königl. baierische privilegirte Steindruckerey von Aloys Senefelder, Franz Gleisner et Comp. in München, solche Arbeiten, so die Kupferstecher- Formschneide- und Buchdruckerkunst nachahmen, zu liefern im Stande ist; herausgegeben vom Erfinder der Lithographie, Aloys Senefelder. München 1809. I. Heft, enthaltend 10 Probeblätter und 3 Seiten Text in groß Regalfolio.

ist ein Kunstwerk erschienen, welches auf die lebhafteste Aufmerksamkeit der Regierungen, der wissenschaftlichen und Kunstinstitute, der Gelehrten und Künstler, der Buch- und Kunsthändler, und überhaupt des ganzen Publikums Anspruch machen kann. Man erhält hier authentische Nachrichten über eine Kunst, welche schon itzt mit der Kupferstecher- Formschneide- und Buchdruckerkunst wetteifert, und sie sämmtlich in vielen Fällen weit hinter sich zurückläßt, man mag nun auf die Schönheit und Reinheit der Exekution, oder auf die Vortheile der Geschwindigkeit und der Wohlfeilheit sehen, welche die Lithographie gewährt.

In der Vorrede zu obigem Musterbuche sind folgende 24 verschiedene Manieren verzeichnet, von welchen das Musterbuch Proben liefert. 1) Nachahmung der Holzschnitte, 2) der Handzeichnungen, 3) der radirten und 4) der geschnittenen Kupferstiche, 5) der punktirten Manier, 6) tuschartiger

Die von Aloys Senefelder im Januar 1809 in München veröffentlichte Anzeige. Sie bezieht sich vor allem auf die Fertigstellung eines von ihm verfaßten Musterbuches. Das Buch erscheint in Regalfolio.

- die Steine in der Regel eine unterschiedliche Höhe haben. Das heißt, der Abstand im Walzenstuhl muß verstellbar sein und
- jedes Verrutschen des aufgelegten Papieres zur Makulatur führt und
- daß der rationelle Umgang mit dieser Presse kompliziert ist.

Senefelder experimentiert weiter. Er koppelt eine andere Konstruktion mit einem Wasserrad. Nach dem Ziehen an einer Schnur setzt sich der Walzenstuhl in Bewegung. Er nimmt dem Drucker das unhandliche Einziehen des Druckstockes in den Walzenstuhl ab. Über diesen Pressentyp ist weiter nichts bekannt: er kann bestenfalls als Experimentierstadium angesehen werden und unter Beweis stellen, wie intensiv die Vorleistungen sind. Es ist festzustellen, daß bis zu diesem Zeitpunkt lediglich von bekannten Druckversuchen und -verfahren zu sprechen ist. Sie haben mit der chemischen Variante nichts zu tun: es handelt sich um Steinätzverfahren verschiedener Art. Außerdem ist es so, daß sich nicht nur Senefelder mit solchen Versuchen beschäftigt.

Simon Schmid. Geb. 1760, gest. 1840. Geistlicher Rat. Schmid kennt aller Wahrscheinlichkeit nach nicht das Senefelder'sche Vorhaben. Es liegt eine parallele Versuchsreihe vor. Lithographie von C. Auer. Größe des Originals: 27,5 × 35 cm.

Simon Schmid

Simon Schmid wird 1760 in München geboren und studiert später Naturwissenschaften, zeichnende Künste und Theologie. 1784 wird er Priester in Ingolstadt, dann Lehrer an der bürgerlichen Realschule München, dann Professor für Logik und Naturgeschichte an der 1789 neu errichteten Militärakademie. 1804 ist er Pfarrer in Oberhachingen, 1808 Geistlicher Rat und Hofkaplan der Kurfürstin Leopoldine. Er stirbt 1840 in München. Im Zeichen der Zeit ist er als hochgebildete Persönlichkeit zu bezeichnen. Seine ersten Versuche, Schrift zu ätzen, erfolgen 1787. Ein nach dieser Methode gedrucktes Heftchen »Giftpflanzen für Unterrichtszwecke« stammt aus seiner Hand. Senefelder weiß nichts von diesen parallelen Aktivitäten, die ein Charakteristika technischer Geschichte sind.

In älteren Publikationen zur Erfindung der Lithographie wird öfters von einem Streit zwischen Senefelder und Prof. Schmid gesprochen. Das ist falsch. Die Spiegelfechterei ist ein Kind der sensationsgierigen Nachwelt. Senefelder und Schmid haben sich persönlich *nicht* gekannt. Am 10. März 1810 schreibt Schmid an den Galeriedirektor v. Dillis in München: »... noch verdient bemerkt zu werden, daß ich mit Herrn Senefelder keinen Umgang pflegte, (ihn) von Person nicht einmal kenne, obgleich ein Bekannter desselben, Herr Hofmusikus Gleißner, sich etliche mal bei mir einfand und über dieses und jenes sich besprach.«

Sicher ist, daß seine Versuche ein Kopieren althergebrachter Technologien sind. Es ist ungeklärt, ob er als Theologe um diese Hintergründe weiß. Er kommt über das erste Versuchsstadium nicht hinaus. Nie haben geätzte Steine, abgedruckt nach der Manier der Buchdrucker, im graphischen Gewerbe wirtschaftlicher Erfolg gehabt. Die Bemühungen dieses Mannes sind anzuerkennen: mehr nicht. Sie haben das Rad der technischen Geschichte nicht bewegt. Senefelder wird von ihm weder befruchtet noch aktiviert.

Druckstock

Es ist wichtig, sich näher mit dem zum Steindruck verwendeten Stein als Druckstock zu beschäftigen. Er stellt die erste grundsätzliche Abweichung zu den metallischen Formen der Buchdrucker und den metallischen Platten der Kupferdrucker dar. Der von Senefelder verwendete Kalkschiefer wurde in der Gegend von Dietford bis Pappenheim und an der Donau hinunter bis Kellheim abgebaut. Daraus resultiert die Bezeichnung »Kellheimer Platte«. Als der Steinbruch einging, verlagerte sich der Handel nach den drei Stunden entfernten Orten Solnhofen, Langenaltheim und Mörnsheim. »Kehlheim« (zweite Schreibweise) ist ein Ort zwischen der Altmühl und der Donau bei Regensburg und lieferte seinerzeit in Solnhofen gebrochene Kalkschiefer, die zum Belegen von Hausfluren viel in München benutzt wurden. Zu dieser Feststellung kommt Carl Wagner in seinem Buch »Aloys Senefelder, sein Leben und Wirken ... ein Beitrag zur Geschichte der Lithographie« (Leipzig, 1914).

Doch nicht nur in diesen fränkischen Juradörfern, sondern auch in Südfrankreich, Spanien, Italien, England und Polen werden Steine mit ähnlicher Beschaffenheit, das heißt, vergleichbarer chemischer Zusammensetzung gebrochen. Vielleicht ist als Zufall zu werten, daß Senefelder die auf Kupfer begonnenen Versuche auf dem zunächst lediglich als Farbstein eingesetzten Kalkschiefer weiterführt, denn gerade er eignet sich für die Belange

Die ersten Versuche Senefelder's zur Realisierung der 'Chemischen Druckerey', ca. 1800

Variante	Vorgang	Verfahrens-zuordnung	Probleme
1)	Lettern vertieft in Stahl stechen, vertieften Bereich in Leisten aus Birnbaumholz schlagen. Abdruck von erhabenen Lettern.	Über Matrizen zum Hochdruck	Mangel an geeignetem Werkzeug. Ungeschicklichkeit beim Schriftstechen.
2)	Satz in weiche Erde drücken, vertieften Eindruck von einem mit Siegelwachs versehenen Brettchen stereotypisch wiedergeben. Rezept: Ton, feinen Sand, Mehl und Kohlenstaub mit ein wenig Wasser zusammenkneten. Lettern eindrücken und 1/4 Std. trocknen lassen. In einer kleinen Presse abdrücken. Erhabene Stellen einfärben und abdrucken.	Über Abformung zum Hochdruck	
3)	Wie oben, nur Beimischung von Gips und Siegelwachs. Das Endprodukt ist härter als die aus Blei und Spießglanz bestehende Letternmasse.	Hochdruck	finanzielle Gründe
4)	Buchdruckerschrift verkehrt nachschreiben (auf eine mit Ätzgrund versehene Kupferplatte mit elastischer Stahlfeder) Platte danach mit Scheidewasser ätzen. (Salpetersäure).	Tiefdruck	Verbesserung der Fehler. Führung des Grabstichels, Verkehrtschreiben.
4a)	Weitere Versuche mit Weingeist, verschiedenen Harzgattungen, Terpentinöl, Wachs und Seife. Rezept: 3 Teile Wachs + 1 Teil Unschlitt auf Feuer schmelzen, mit etwas Kienruß versehen, dann in Regenwasser auflösen. Gibt eine Art Tinte zur Verbesserung der gemachten Fehler. Gleiche Versuche mit Kellheimer Platten. Mit Zinnplatten nicht durchführbar.		Bei Kellheimer Platten abschleifen besser. Wirtschaftlicher als mit Kupferplatten.
5)	Schleifen und Polieren eines Steines. Ätzen. Farbe: Leichter Ölfirnis mit Frankfurter Schwärze und etwas Weinstein fein gerieben. Auflösung mit Pottasche und Kochsalz; in Brunnenwasser vom Stein abgerieben.	Tiefdruck	Nur geringe Anzahl von Drucken möglich. Druck langsamer als beim Tiefdruck.
6)	Ätzen auf erhabene Art. Parallelvorgang bei Prof. Schmid von der bayerischen Militärakademie. Vergl. Abb. 236.	Hochdruck	
7)	Mit Steintinte auf geschliffene Steinplatten schreiben, Platte mit Scheidewasser ätzen. 1 Teil Scheidewasser + 10 Teile Wasser. 2 Zoll hoch 5 Minuten auf dem Stein stehen lassen. Einfassung nach Art der Kupferstecher Folge; Die Zeichnung (Schrift) steht 1/10 einer Linie erhaben. Einfärben mit Farbe aus dickem Leinölfirnis und Kienruß.	Hochdruck	Ballen zu weich. Versuch mit Glasscheibchen und später mit einem Brettchen. (Rakelähnlich; abgewandelte Reiberdrucktechnik). Kattundrucke wurden mit Polstern eingefärbt und mit Hammerschlägen abgedruckt.

eines Druckverfahrens auf chemischer Basis, der späteren Litho- und Chromolithographie. Unbestritten kommt ihm dieser Zufall zugute.

Der als »Solnhofer« bekanntgewordene Schiefer besteht zu 98 Prozent aus Kalzium-Karbonat Ca-CO_3, das Professor Davy 1808 entdeckt. Die restlichen Bestandteile sind im wesentlichen Verunreinigungen und bestehen aus verschiedenen Ton- und Kieselsäuren: die Farbe der Steine wird von Eisenoxidanteilen bestimmt. Die Farbe der Steine reicht von gelblich-hell bis bläulich-braungrau. Später werden für verschiedene Verfahrenstechniken verschieden gefärbte Steine verwendet. Kellheimer Platten können als erster Druckstock für die Lithographie angesehen werden. Man unterscheidet sie hauptsächlich nach Farbe, Härtegrad, Schliff, vorgesehenem Verwendungszweck und ihrer Größe. So gibt es gelbe (in der Regel weiche), gelb/graue (mittelharte) und grau/blaue (sehr harte) Steine. Außerdem polierte, geschliffene und gekörnte. Schon daran sehen wir, wie sich das »neue« Druckverfahren in Ansätzen differenziert. Die Form des Steines richtet sich nach dem Verwendungszweck, vor allem nach dem Abstand der Zeichnung vom Plattenrand, der für das Aufsetzen des »Reibers« erforderlich ist (ich komme weiter unten darauf zurück). Für jede Manier müssen die Steine anders bearbeitet sein: nur kratzfreie gewährleisten einen einwandfreien Abdruck. Wenn zu vielen Manieren härtere Steine besser geeignet sind, so haben sie gegenüber den weicheren den Nachteil, daß sie sich schlechter bearbeiten lassen und die Druckfarbe schlechter aufsaugen. Außerdem sind sie anfälliger gegenüber Temperaturschwankungen und den Anpreßdrükken. Dies macht sich vor allem bei der Plattenaufbewahrung und beim Plattenversand bemerkbar. Ich erwähne es, um deutlich zu machen, wie differenziert der Druckstock als solcher bei allen bekanntgewordenen Hauptdruckverfahren behandelt wird. Ähnliche Schwierigkeiten haben auch die Frühdrucker aus den Bereichen des Hoch- und Kupferdrucks.

Welche Vorzüge haben Steinplatten gegenüber anderen Druckstöcken? (Holz oder Metall)

Tafel von Aloys Senefelder's Erfindungen im Stil der Zeit dargestellt. Hier werden »vierzehn« Erfindungen angedeutet, die allesamt als Ergebnis langwieriger Bemühungen anzusehen sind. Bildnachweis: Senefelder-Album.

- Sie eignen sich besser zum Druck von Landkarten und Illustrationen.
- Der Fortdruck erfolgt dreimal so schnell wie beim Kupferdruck.
- Geringere Druckkenntnisse sind erforderlich.
- Der Einfärbevorgang ist einfacher.
- Durch eine besondere Art der Druckabwicklung ist weniger Druck- und somit Kraftaufwand erforderlich.
- Die Verfahrensausübung ist im ganzen gesehen einfacher als beim klassischen Tiefdruck.
- Die Korrekturen sind einfacher als auf Kupferplatten auszuführen.
- Der Tonreichtum ist höher als der bei der Xylographie erzielbare.
- Kalkschiefer ist ein relativ »billiger« Werkstoff. Er ist widerstandsfähiger als Kupferplatten und »justierbar«.
- Durch das »aufgipsen« ist eine mehrfache Verwendung des gleichen Steines als Druckstock möglich.

Diesen Vorteilen stehen Nachteile gegenüber:

- Steine sind schwerer und unhandlicher als andere Druckformen. Sie wiegen 60 bis 80 Pfund.
- Die fachgerechte Bearbeitung (Vorstufe zum Druck) ist für Ungeübte problematisch.
- Stehsatzprobleme (Lagerung).
- Hier zeigt sich vor allem die Anfälligkeit der Steine gegenüber Temperaturschwankungen (Hygroskopie).
- Kostspieliger Transport.

Um diese Probleme einzuengen, versucht man an verschiedenen Orten, den Stein durch »bessere« Druckstöcke zu verbessern. In Frankreich werden künstliche Steinplatten eingesetzt. Es ist wenig bekannt, daß Senefelder nicht nur der Erfinder eines neuen Druckverfahrens ist, sondern auch der einer »künstlichen« Steinmasse, die auf Leinwand oder Papier aufzutragen ist. Er will zur manufakturmäßigen Herstellung dieser Masse eine Fabrik anlegen, was sich später zerschlägt. In gewisser Weise haben wir eine Parallelerscheinung zu Koenig & Bauer, die neben ihrer Druckmaschinenfabrik in Oberzell (bei Würzburg) eine Fabrik zur Herstellung von Maschinenpapier (Münsterschwarzach) anlegen. Das von Senefelder entwickelte Surrogat hat gegenüber den Steinen erhebliche Vorteile:

- Billiger und leichter.
- Geringerer Platzbedarf.
- Einfachere (und) bessere Aufbewahrung und Verwendung (auch: Versendung).
- Widerstandsfähiger durch eine höhere »innere« Elastizität.
- Leichterer Abdruck: vereinfachte Einfärbung
- Bessere Eignung für alle Arten des Überdrucks.
- Konkav- und Konvexbildungen – durch das manuelle Schleifen der Steine – fällt weg.

Die Vorstellung, künstliche Steine einzusetzen, wird rasch von der technischen Entwicklung eingeholt. So zeigt Senefelder vor der Königlichen Akademie der Wissenschaften und einer Versammlung des Polytechnischen Vereins von Bayern, daß die von ihm erfundene »chemische Druckart« nicht nur auf Stein, sondern auch auf anderen Werkstoffen und selbst auf Metall ausführbar ist. *Hier liegt ein seither wenig gewürdigter Ansatzpunkt zum späteren Offsetdruck.*

Noch zur Lebenszeit von Senefelder (um 1830) kommen erste Metallplatten auf. U. a.

bahnt sich die »Algraphie« ihren Weg durch die Geschichte der graphischen Verfahrenstechniken des 19. Jh. Es handelt sich dabei um ein Flachdruckverfahren, bei dem als Druckform anstelle der Zink- eine Aluminiumplatte eingesetzt wird. Das Druckbild wird durch lithographische Verfahren übertragen. So beginnt durch die Verwendung der »Kellheimer Platten« (= Solnhofer Schiefer als Allgemeinbegriff) als Druckstock für die Lithographie, eine Trennung in ein künstlerisches, überwiegend manuell auszuübendes Verfahren und in den Steindruck, als wirtschaftliche Konkurrenz zu den bestehenden Verfahren des Hoch- und Tiefdruckes. Durch das zunächst (noch) manuelle Aufbringen der Zeichnungen auf die Druckplatten (Steine) entstehen eine Vielzahl von Verbesserungen und daraus unterschiedliche Montage- und Kopiertechniken. Unter diesem Gesichtspunkt muß die Lithographie als das experimentierfreudigste Druckverfahren angesehen werden. Die Photolithographie in ihren vielschichtigen Ausprägungen darf (mit) als Grundlage der Kopiertechniken im graphischen Gewerbe angesehen werden.

Der ständige Umgang mit dem Stein als wiederentdecktem Werkstoff für die Belange der Drucktechnik führt zu eigenständigen Pressenkonstruktionen. Senefelder sagt in dem von ihm verfaßten Lehrbuch (München, 1821) »... geschieht der Druck durch eine Stange von 6 – 10 Schuh Länge, an welcher unten der Reiber befestigt ist, und die oben an der Feder (einem beweglichen Brette) hängt. Diese ist mit einem Fußtritt in Verbindung und wird damit heruntergezogen, wodurch dann die Stange mit der gehörigen Kraft auf den Reiber, und vermittels dessen auf die Platte drückt. Das in der Höhe der Maschine befestigte Brett muß aber federartig sein, so daß es wenigstens einen Zoll mit nachgeben kann, weil die Stange unten auf der Platte einen Teil eines Zirkels beschreibt ... Es ist daher der Druck am Anfang und am Ende der Platte nicht so stark, als in der Mitte, und es gehört eine besondere Aufmerksamkeit und auch eine Auswahl des Holzes dazu, um die Feder so zuzurichten, daß sie die gehörige Elastizität mit der nötigen Kraft verbindet.« Hier haben wir im Grund genommen kein Flächendruckverfahren, sondern – auf den einfachsten Nenner gebracht – ein zylindrisches. Auf der Basis des Flächendruckprinzips wäre das »neue« Druckverfahren gescheitert.

Ich nehme an, daß Senefelder das Prinzip der Reiberdrucke nicht von den historischen Techniken her kennt, sondern daß er aus dem reichen Fundus seiner Erfahrungen schöpft, die ihm im Verbund mit den allgemeinen Einfärbeproblemen entgegenstehen. Durch die Verwendung eines Reibers, der anfänglich aus Holz, dann metallisch und später selbst aus Glas hergestellt wird, können im Gegensatz zu frühen Druckversuchen bessere Ergebnisse erzielt werden. Die qualitative Verbesserung ist nur deshalb möglich, weil mit dem rakelähnlichen Reiber über einen schmalen Druckstreifen ein momentan hoher »Anpreßdruck« erreicht wird, der sich streifenartig über den gesamten Druckstock fortsetzt. Exakt das gleiche macht um die gleiche Zeit auch der Sachse Gottlob Friedrich Koenig in London, als er die Tiegeldruckpresse der Buchdrucker zu einer Schnellpresse unter Einsatz von Druckzylindern weiterentwickelt.

Außerdem schafft Senefelder sogenannte »doppelte« Stangenpressen. Sie haben zum Ausgleich der »Zirkellinie« eine zweite Stange. Jeweils zwei Gesellen bedienen sie. Dadurch werden die drucktechnischen Probleme nicht kleiner, sondern größer. Weiter kennt man »Polier- oder Rutschpressen«, »Walzenpressen« des Herrn André oder die des Herrn Steiner aus Wien. Daraus ist abzuleiten, daß inzwischen Interesse an diesem »neuen« Verfahren geweckt ist. Es ist zunächst nicht im wirtschaftlichen, sondern im künstlerischen Bereich angesiedelt. *1797 kann als das Jahr der Erfindung der »Chemischen Druckerey« angesehen werden. Die davor liegende Zeit ist als Phase des Experimentierens und Forschens, des Suchens nach der günstigen Lösung anzusehen.*

Senefelder und der Kattundruck

Während einer Reise nach England befaßt sich Senefelder neben dem Studium der Farbenlehre vor allem mit Fragen zum Thema »Kattundruck«. »Nach vielen Versuchen nahm er ein Stück Kalbsleder, das er fest um eine Walze leimte. In das Leder schnitt er nach der Art der Holzschneider seine Kattunmuster. Diese Walze befestigte er nun an eine zweite von gleicher Größe, so daß sich beide gerade berührten. An die zweite Walze brachte er ein Kästchen an, dem die Wand fehlte, mit der es an der Walze auflag. Das Kästchen wurde mit Farbe gefüllt. Auf diese Weise wurde die erste Walze beständig mit Farbe versorgt, die sie auf die zweite, eigentliche Farbwalze übertrug, wodurch mehrere Streifen Kattun ohne Unterbrechung durch erneutes Auftragen von der Farbe bedruckt werden konnten. Später wiederholte er diese Manipulationen mit einer Steinwalze mit eingeätzten Mustern.«

Senefelder hält sich sieben Monate in England auf. Er führt hier Philip André und einige Arbeiter in die Kunst der Steindruckerei ein. Außerdem erteilt ihm der englische König Georg III. ein auf zehn Jahre befristetes Privilegium für England und Irland. Es wird am 3. August für Schottland auf die Dauer von vierzehn Jahren erweitert. Senefelder bezahlt dafür 80 Pfund. Am 18. Juli hinterlegt er eine genaue Beschreibung seiner Erfindung mit der ausführlichen Zeichnung einer Stangenpresse als Beilage beim Patent-Office in London (um 1914 befinden sich diese Originale in der Butsch-Brockhaus'schen Sammlung). Interessanterweise sieht man auf der Zeichnung anstelle des Reibers eine Walze. (Ist dies als Zufall zu werten?)

Gehen wir nochmals zurück zum Kattundruck. Senefelder setzt viele Hoffnungen darauf. Er reist in Begleitung v. Harts nach Pottendorf. Hier hat sich ein großes Unternehmen der Maschinenspinnerei unter Leitung des Engländers Thorton etabliert. Mit seiner Hilfe läßt Senefelder *nach eigenen* Angaben eine Presse bauen, um von Steinen Kattun zu (be)drucken. Thorton soll bereits eine kleine Modellpresse von gleicher Größe mit gestochenen Walzen besessen haben. Für meine Untersuchung ist wichtig, daß die Zeichnung auf eine runde Form, anstatt auf die planparallele Steinplatte, übertragen wird. Anfang Dezember 1802 hat Senefelder die verschlossene Zeichnung seiner »neuerfundenen« Druckpresse samt einer Beschreibung seiner Manipulationsart der niederösterreichischen Landesregierung überreicht und daraufhin am 18. Januar 1803 ein auf zehn Jahre befristetes Privilegium erhalten. Es wird zwei Tage später in der Wiener Zeitung angekündigt.

Thorton befreundet sich mit Senefelder und baut ihm eine Maschine mit einer eisernen Walze, in die das Kattunmuster eingeätzt werden soll. Senefelder erfindet zur Übertragung der Zeichnung in den Ätzgrund der Walze eine Maschine in der Konstruktion eines Pantographen, womit die mühsame Übertragungsarbeit rationalisiert wird.

So gut seine Gedanken bezüglich einer Kattundruckerei auch sind, diesmal durchkreuzen politische Ereignisse die mögliche Realisierung. Die von Napoleon verhängte Kontinentalsperre verbietet, zukünftig Baumwolle zu beziehen. Die inländische Fabrikation reicht nicht aus, um eine wirtschaftlich tragbare Fabrik anzulegen. Senefelder lernt später die Kattunfabrik der Gebr. Faber in St. Pölten (bei Wien) kennen. Man einigt sich darauf, *gemeinsam* eine Kattundruckerei einzurichten. Es kommt anders, denn kaum hat Senefelder den Vertrag unterschrieben, läßt er sich für einige Monate beurlauben, um in München in eigener Regie eine Steindruckerei einzurichten.

Polyautographie, Lithographie, Handzeichnungsmanier

Die Engländer nennen den Steindruck in den ersten Jahren »Polyautographie«, eine Bezeichnung, die vermutlich auf Phillip Andrè zurückgeht. So erscheint im »The Gentlemans Magazine«, März 1808, ein Artikel unter der Headline: »The Process of Polyautographic Printing« mit einem Bild von Andrè. Es ist in Kupfer gestochen und trägt die Unterschrift »The first Polyautographic Printer in England. A. D. 1801«. Der Artikel versucht, das Wesen des Steindrucks zu erklären. Um 1818 erfährt die Lithographie (= Polyautographie) durch Künstler wie Proud, Bonington, Cattermole oder Harding in England Aufschwung. Ungeklärt ist die Frage, inwieweit der um diese Zeit in London sich aufhaltende Friedrich Gottlob Koenig zu dieser Entwicklung steht.

Prof. Mitterer, Schulrat Steiner und der Inspektor Weichselbaumer geben in Deutschland dem Senefelder'schen Verfahren den Namen »Lithographie«. Bis dahin spricht man in der Regel von »chemischer Druckerey« oder Steindruck: kurze Zeit danach von »Handzeichnungsmanier«. Mitterer ersetzt die Senefelder'sche Stangenpresse durch eine von *ihm* erdachte Roll- oder Stangenpresse. Engelmann beschreibt sie folgendermaßen:

»Bei der Roll- oder Hebelpresse behält der Reiber, nachdem er auf den Stein in einer Art Karren placiert ist, der auf einem starken Zylinder hingeht, welcher durch einen Riemen in Bewegung gesetzt wird. Dieser erstreckt sich um den Baum des Drehkreuzes, wenn es sich darum handelt, Platten in großen Dimensionen abzuziehen. Dieses Drehkreuz wird bei dem Abzug kleiner Steine mit einem Hebel vertauscht.« Auf die Technologie des Reibers ist bereits Senefelder gestoßen, wenngleich es nur ein Aktivieren einer altbekannten Verfahrenstechnik ist. Der konstruktive Unterschied besteht darin, daß außer der leichteren Handhabung der Reiber feststeht, das heißt, daß der Druckstock *unter ihm* »durchgezogen« wird. Es ist eine Parallelentwicklung, die man von manuellen Tiefdrucktechniken übernimmt. So können größere Formate mit geringeren Schwierigkeiten abgedruckt werden. Die sogenannte Zirkellinie fällt weg. Die Rollpresse läßt von der Karrenpartie her Vergleiche zu den Pressen-Unterkonstruktionen der Buchdrucker zu.

Karl Strohhofer, ein Lehrling der Senefelder'schen Brüder Georg und Theobald, will 1806 in München eine Steindruckerei eröffnen. Durch das auf Senefelder ausgeschriebene Privilegium wird ihm dies untersagt. Daraufhin geht er 1807 nach Stuttgart. Er nimmt eine Stangenpresse mit. Der hier bekannte Kunstfreund Gottlob Heinrich v. Rapp interessiert sich für seine Pläne und versucht, Joh. Friedr. Cotta zur Gründung einer gemeinschaftlichen Steindruckerei zu bewegen. Cotta ist einverstanden. Es stellt sich heraus, daß Strohhofer nicht die erforderliche Qualifikation bringt und kurz danach aus dem gemeinsamen Unternehmen ausscheidet. Hier sehen wir die Aktivität von Cotta, der außerdem mit Koenig & Bauer liiert ist.

Rapp gibt unter dem Titel »Das Geheimnis des Steindrucks in seinem ganzen Umfange, praktisch und ohne Rückhalt nach eigenen Erfahrungen beschrieben von einem Liebhaber. Als Einladung zum Nachdenken und Mitwirken an Alle, denen die Vervollkommnung dieses neuen Kunstzweiges angelegen seyn kann« anonym ein Lehrbuch heraus. Es erscheint im Verlag der J. B. Cotta'schen Buchhandlung (Tübingen). Die Rapp'sche Steindruckerei in Stuttgart existiert bis 1810 und geht dann in den Besitz des Kupferdrukkers Karl Ebner (1779 – 1852) über. Auch hier sehen wir das typische. Von einer Keimzelle ausgehend, wird über mühsame und kostspielige Versuche ein »neues« Verfahren ge-

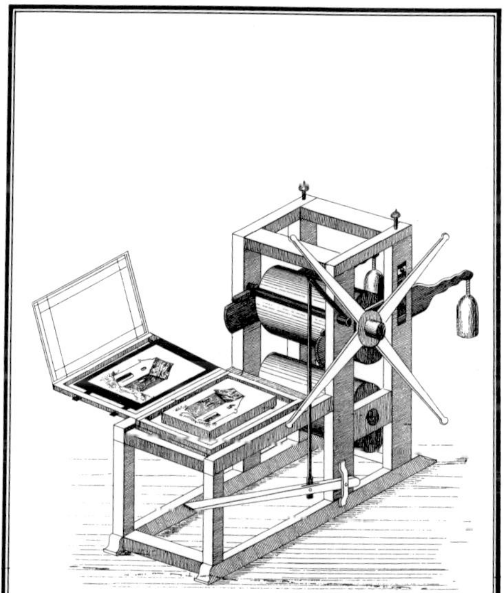

Schemazeichnung einer Senefelder'schen Steindruckpresse. Deutlich werden die Konstruktionsbeiträge der Kupferdrucker (übereinanderstehende Walzen) und des Buchdrucks (Funktion des Rähmchens) deutlich. Senefelder bringt dieses Bild als Anlage zu seinem Lehrbuch von 1818.

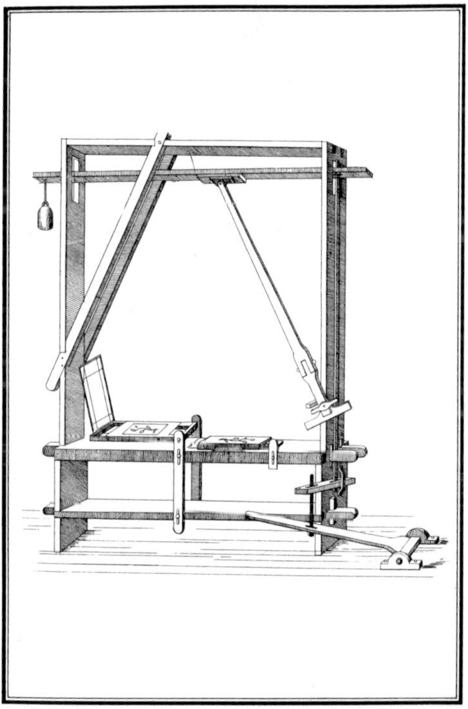

Konstruktionsschemata zu Senefelder's »Stangenpresse«. Sie ist als technischer Vorläufer der Roll- oder Walzenpressen zu bezeichnen. Das entscheidende Kriterium ist dabei die fachgerechte Führung des Rakels (hier: Reiber) mit dem eine Zirkellinie ausgeführt wird.

boren: wesentliche Bestandteile werden von anderen Technologien übernommen. Mit dem Interesse kommt die Ausweitung. Erst dadurch nimmt die Lithographie ihren eigentlichen Lauf.

Gottfried Engelmann / Chromolithographie

Gottfried Engelmann, geb. 1788 in München, wird als Kaufmann erzogen. Später beschäftigt er sich aus persönlichen Neigungen mit dem Studium der Kunst. Durch seinen Freund Eduard Koechlin erhält er Steindrucke aus der Cotta'schen lithographischen Anstalt. Außerdem bekommt er das Rapp'sche Lehrbuch. Weil er durch sein Studium nicht ausreichende Belehrung für die inzwischen vielfältigen lithographischen Techniken findet, geht er nach München, um bei Senefelder das Wesen der Lithographie zu erfassen. Engelmann veröffentlicht zahlreiche Blätter von französischen Künstlern, zumal er gemeinsam mit seinem Schwager P. Thierry 1816 in Paris eine Steindruckerei eröffnet. Engelmann trägt dazu bei, die Lithographie in Frankreich zu verbreiten. Er erhält am 15. Januar 1837 ein auf zehn Jahre begrenztes Privilegium für seine Erfindung, die »Chromolithographie«.

Allerdings werden schon früher (um 1822) Anstrengungen im Mehrfarbendruck (= Chromodruck) unternommen. Als Beispiel sei das 1822 von Martius und Spix herausgegebene Werk über Brasilien mit 60 Farbtafeln erwähnt. 1819 versucht Joseph Lanzedelly, der im lithographischen Institut in Wien arbeitet, Bilder mit neun Tonplatten herzustellen. Hildebrand in Berlin beschäftigt sich ebenfalls mit den Problemen des Farbdrucks. Im Gegensatz zu anderen (etablierten) Hauptdruckverfahren, geht man bei der Chromolithographie bis zu zehn bis zwölf, ja fünfzehn unterschiedlichen Farbabstufungen. Die Aufrasterung ist unbekannt. Es sind technische Kunstwerke, die von keinem der anderen Druckverfahren erbracht werden. Dies ist der Grund, weshalb sich Künstler dieses Verfahrens annehmen: im Grunde genommen ist es bis heute so geblieben.

»Die Engelmann'schen ‚Chromodrucke' sind noch immer von besonderer Schönheit und erinnern an englische farbige Kupferstiche.« 1839 gibt er ein Lehrbuch heraus, das neben dem Senefelder'schen wohl beste im Zeichen der Zeit. Er erkennt neidlos die Verdienste von Senefelder an und stirbt 1839 in seiner Geburtsstadt Mühlhausen.

Senefelder'sches Lehrbuch / Bedenken der Buchdrucker

1807 ist die lithographische Technik relativ weit verbreitet, wenngleich über diese Phase Unklarheit herrscht. Darum wird Senefelder verschiedentlich aufgefordert, wenigstens darüber historische Angaben zu machen, wie er zu seiner Erfindung gelangt ist, »... damit man sich über seine Person nicht nach Jahrhunderten nicht zu streiten brauche, ähnlich wie über die Gutenberg's. So berichtet das »Morgenblatt für gebildete Stände« im Oktober/Dezember 1807, in der Ausgabe Nr. 296. Wie recht es hat: der Dialog um Gutenberg geht heute – nach 170 Jahren – unvermindert weiter. Seine technischen Leistungen werden wenig erkannt und gewürdigt.

Senefelder kündigt 1808 die Herausgabe eines »Musterbuches der lithographischen Druckerei von Aloys Senefelder, Franz Gleißner & Comp.« an. Es erscheinen lediglich die ersten zehn Blätter in Großfolio. 1809 erläßt er ein Rundschreiben mit der Überschrift »Höchstwichtige Nachricht, die Steindruckerei betreffend«. Darin sagt er: »... ist ein Kunstwerk erschienen, welches die lebhafteste Aufmerksamkeit (erwecken wird) ... man erhält authentische Nachrichten über eine Kunst, welche schon jetzt mit der Kupferstecher-, Formschneider- und Buchdruckerkunst wetteifre, und sie sämtlich in vielen Fällen weit hinter sich zurückläßt ... man mag nun auf die Schönheit und Reinheit der Exekution, oder auf die Vortheile und die Wohlfeilheit sehen, welche die Lithographie gewährt ... diese Kunst wird auf viele Zweige der bürgerlichen Nahrung den bedeutendsten Einfluß haben, besonders da sie sich nicht nur über alle Arten von Papierdruckereien ausbreitet, sondern auch hauptsächlich in der Kattundruckerey ... unberechnenden Vortheil gewährt ...«

»... wir Deutsche sind dadurch in den Stand gesetzt, ebenso gute und wohlfeile Waren zu erzeugen wie die Engländer.« Es ist eine zeittypische Bemerkung. England, in dem die Industrialisierung wesentlich weiter fortgeschritten ist als seinerzeit in Deutschland, überschwemmt andere Märkte mit ihren Produkten. Um diesem zu begegnen, werden in Deutschland Kräfte mobilisiert, um die eigene Wirtschaft anzukurbeln. Es ist kein Zufall, daß die Schnellpresse für Buchdrucker in London verwirklicht wird.

Rapp selbst, der Autor des vorerwähnten Fachbuches gibt eine erst heute zutreffende

Prognose: er glaubt annehmen zu dürfen, daß die Steindruckerei den Buchdruck überflüssig machen würde. Im Grunde genommen ist es eingetreten. Es geschieht aber nicht durch die Lithographie selbst, sondern durch den aus ihr um 1900 entwickelten Offsetdruck. Ich komme weiter unten darauf zurück.

Senefelder hat von mehreren Seiten Konkurrenz. Einmal von etablierten Kupferdrukkern und zum andern von traditionsgeschwängerten Buchdruckerprinzipalen, die seinerzeit auf eine mehr als 300jährige Geschichte blikken und meinen, daraus Privilegien ableiten zu können. Hierzu ein Beispiel: 1813 macht der Augsburger Buchdrucker Schwabl eine Eingabe an die Königliche Bayrische Polizeidirektion wegen »... Erlangung einer ausschließlichen Konzession, mit Theobald Senefelder, dem Bruder des Erfinders, eine Steindruckerei in Augsburg errichten zu dürfen«. Daraufhin schließen sich alle Buchdrucker Augsburgs zusammen und verfassen am 20. Juni 1813 eine Gegeneingabe. Sie sprechen die Bitte aus: »... jedem von ihnen zu gestatten, seinem Geschäfte eine Steindruckerei anzugliedern ... besonders, da der Buchdrukker Schwabl ganz richtig bemerkt, daß unser Geschäft gegenwärtig im Stocken und bald nicht mehr hinreicht, einen ehrlichen Mann und seine Familie zu erhalten, und Steuern und Abgaben entrichten zu können ... würde demnach einem auswärtigen Künstler erlaubt, sich hier niederlassen zu dürfen, so würden die wenigen Arbeiten noch mehr vertheilt und unser Elend und Armuth nur noch mehr vergrößert werden.« Die hier vorgetragene Notlage mag in diesem Fall zutreffen; sie ist ein Anhängsel der technischen Entwicklung. Um diese Zeit wird in London die erste »Schnellpresse« gebaut. Sie läutet eine *andere* Entwicklung ein. Sie ist für die Buchdrucker ungleich dramatischer als die Problematik, die durch die Lithographie auf sie zukommt.

Daraufhin gibt die Polizeidirektion dem Drucker Schwabl einen abschlägigen Bescheid. Deutsches Spießbürgertum par exelence. Wir haben uns bis heute wenig davon entfernt. Obrigkeitsdenken, Hörigkeit und Unterwerfertum sind seit eh und je Eigenschaften, die fest in uns verwurzelt wurden. An dieser Problematik sind bedeutende Erfindungen gescheitert oder maßgeblich verhindert worden.

Doch damals wäre es wenige Jahre danach nicht möglich gewesen, so scharf zu reagieren. Die Gewerbefreiheit wird aktiviert: sie erlaubt

Aufnahme aus einer der letzten bestehenden Steindruckereien, der Firma Imprimerie Desjobert (Paris). Interessant ist hier vor allem der Blick in das Steine-Lager mit den außenseitigen Signaturen. Im Vordergrund eine Walzenpresse. Aufnahme von Romain Urhausen.

Vorgang des Einwalzens der präparierten Lithographiesteine. Gleiche Quelle wie oben.

die freie Berufsentfaltung und zerschlägt weitere Fesseln des »zünftigen« Denkens. Marktpolitisch verhält sich Senefelder nicht geschickt, wenn er ausdrücklich erwähnt: »... ich werde mit dem Druck der Musikalien, geringerer Gattungen von Bildern, Anfangsgründen der Zeichenkunst, Tabellen, Wechselbriefen, Anweisungen, Frachtbriefen, Preiscourrante und andere derley kleineren Druckarbeiten den Anfang nehmen ...« Damit haut er in die Kerbe der etablierten Kupfer- und Buchdrucker. Hier wird deutlich, wie intensiv er von seinen Ideen überzeugt ist und wie sich das in den Kinderschuhen steckende »dritte« Hauptdruckverfahren durchzusetzen beginnt.

Senefelder geht im Winter 1818 konkret an die Abfassung des vielfach geforderten Lehrbuches. Es heißt: »Vollständiges Lehrbuch der Steindruckerei, enthaltend eine richtige und deutliche Anweisung zu den verschiedenen Manipulationsarten derselben in allen ihren Zweigen und Manieren, nebst einer vorangehenden ausführlichen Geschichte dieser Kunst von ihrem Entstehen bis auf (die) gegenwärtige Zeit.« Es erscheint 1818 in München. Es folgen mehrere Nachauflagen wie englische und französische Übersetzungen. Lorenz Kohl gibt 1820 im Verlag Christian Gottfried Kaulfuß ein Lehrbuch unter dem Titel: »Practische Anleitung zur Lithographie« heraus. Im Vorwort wird die Senefelder'sche Erfinderleistung gewürdigt.

Hochdrucklithographie / kleine tragbare lithographische (lithographie) Handpressen

Julius Alex Baumgärtner (1797–1855), der Sohn von A. F. G. Baumgärtner, wird in einem Artikel der Leipziger Zeitung, Jahrgang 1834, Nr. 103, als Erfinder des Hochätzens auf Stein, der sogenannten »Hochdrucklithographie«, bezeichnet. Das Verfahren besteht darin, Lithographie-Zeichnungen so hoch zu ätzen, daß man sie in Gips abformen und davon Stereotypien anfertigen kann. In einem längeren Artikel im »Börsenblatt Deutscher Buchhändler« (Jahrgang 1834, S. 396 ff.) wird die Behauptung widerlegt, daß Baumgärtner der Erfinder dieser Druckart ist, da Senefelder und andere erheblich früher ähnliche Versuche gemacht haben. Außerdem ist hier auf die Aktivitäten von Prof. Schmid aus Miesbach hinzuweisen. Fest steht, daß Ätztechniken auf Stein und anderen Werkstoffen mehrere Jahrhunderte alt sind. Sie werden im Verlauf der technischen Geschichte in bestimmten Intervallen hervorgekehrt. Das Abdrucken von hochgeätzten Steinen ist kein graphisches Verfahren, es ist eine notwendige Zwischenstufe im Bereich des Experimentierens: wirtschaftlich hat sie keine Bedeutung erlangt.

Senefelder baut 1817 das Modell einer Presse, bei der das Feuchten und Einfärben des Steines mit Hilfe einer mechanischen Vorrichtung an der Presse ausgeführt wird. Er geht den gleichen folgerichtigen Schritt wie Koenig in Suhl (Thüringen). Er integriert eine seither separat notwendige Tätigkeit in *seine* Druckpresse. Das ist der Anfang zu den späteren »Steindruckmaschinen«. Während einer Ausstellung im Louvre (1823) wird von der Senefelder'schen Anstalt diese Konstruktion vorgeführt. Ihre übrige Konstruktion weicht insofern ab, daß der Reiber oder die obere Walze an zwei Bändern befestigt ist, die durch Drehung von außen um eine in der Presse parallel zum Reiber gewickelt werden kann, dadurch den Reiber oder die Walze mit sich ziehen und über das Papier und den Stein laufen lassen läßt.

Um die gleiche Zeit verschickt man in Paris ein Zirkular, um für die kleinen tragbaren Handpressen Subskribenten zu gewinnen. Für den Preis von 300 Francs will man eine Presse im Mittelformat von 10 bis 16 Zoll samt allem Zubehör, sechs Blättern Schreibpapier, 50 Blättern Überdruckpapier, chemischer Tinte, Farbe, Kreide, Präparatur und dazugehörigen Rezepten abgeben. Es ist aus der Sicht der Erfinder, die um eine weitere Verbreitung »ihres« Verfahrens bemüht sind, sicherlich ein Gesichtspunkt, so vorzugehen. Er ist aber in der Praxis nicht machbar. Die graphischen Verfahrenstechniken sind kein Spielzeug für Ungeübte. Die Erfahrung im richtigen Umgang mit Farbe und Papier setzt einen gewissen Ausbildungsprozeß voraus, der nicht umgangen werden kann.

Ölgemäldedruck, Lebensende

Am 1. Oktober 1827, mit 56 Jahren, tritt Aloys Senefelder, nach vielen persönlichen und harten Rückschlägen im Leben, mit einer Pension von 1200 Gulden von seinem Inspektorposten zurück. Er behält sein »Laboratorium« und beschäftigt sich mit der Verbesserung des sogenannten »Ölgemäldedrucks«. Hierfür plant er die Herausgabe eines größeren Werkes mit der Beschreibung des Verfahrens einschließlich der dazugehörenden Probetafeln. Der Ölgemäldedruck soll große Kunstwerke reproduzieren und es ermöglichen, sie in billigen Nachdrucken einer breiten Masse zugänglich zu machen.

Um 1824/25 soll Senefelder gegenüber dem Berliner Louis Sachse erwähnt haben: »... hüten's sich vor dem vielen Quacksalbern und Experimentieren, schauen's alle Andere werden reich durch mei' Erfindung und ich bleib ein armer Lump.« Wieviel bitterer Ernst steckt in diesen Worten! Dem sollte entgegengehalten werden, daß Senefelder die Möglichkeit gehabt hätte, seine Einkommensverhältnisse konstant zu verbessern, zumal er als angehender Jurist über Grundregeln des kaufmännischen Handelns Bescheid weiß. Außerdem kommt er mit vielen Geschäftsleuten zusammen. Die Intrigen seiner Gegner hätten ihn vorsichtiger machen sollen. Er geht seinen kurzen Weg als Erfinder durch das Leben und ist aus seiner Zeit heraus zu würdigen. Zeitgenossen von ihm, so Engelmann, berichten: »... er kümmerte sich wenig um seine Vermögensverhältnisse und zeigte eine große Sorglosigkeit hinsichtlich des Geldes ... er war äußerst gutmütig, aber heftig in Momenten der Aufregung.« So will er beispielsweise seine erste Frau, die ihm bei der Geburt des ersten Kindes stirbt, zur Führung des Geschäftes anleiten. Seine zweite hat mehr wirtschaftliches Geschick und ist bemüht, das Wenige zusammenzuhalten.

Frau Senefelder schreibt am 2. März 1819 an Herrn Schlichtegroll: »... mit meinem Mann habe ich das Ihnen längst bewußte Kreuz, er sitzt von Früh Morgens bis Abends in der Druckerey und schmiert, Druckt über, will neue Erfindungen machen, und so vergeht ein Tag um den Anderen ...« Sehen wir nicht hier ein zusätzliches Problem: die unverständige Frau, die nicht aktiv mitgeht und denkt, die meint, mit ihrem engen Horizont habe sie recht. Ist es nicht so, daß sie mit ihrem eigenen Leben unzufrieden ist, und diese Armut auf andere reproduziert. Welche Belastung muß dies für einen Mensch wie Senefelder gewesen sein? Im Nachgang bleibt festzustellen, daß er nie grundlegend von seinen Ideen abweicht. Vermutlich wird sein Lebenswerk deshalb gekrönt. Wieder sehen wir ein Charakteristikum des wirklich Tüchtigen: er glaubt an *seine* Ziele und lebt dafür. Dieses Verhalten führt oft dazu, Erfinder und geistige Größen unserer Kulturgeschichte als »Spinner« abzutun. Sie verfügen über die Kraft, über diesen menschlichen Unsinn hinwegzusehen. Senefelder drückt sein Ziel folgendermaßen aus: »Ich wünsche, daß die Lithographie bald auf der

Aloys Senefelder, der Erfinder der lithographischen Technik und wesentlicher Randgebiete. Lithographie von Hanfstaengl aus dem Jahr 1834.

ganzen Welt verbreitet, der Menschheit durch viele vortreffliche Erzeugnisse vielfältigen Nutzen bringen, und zu ihrer größeren Veredlung gereichen, niemals aber zu einem bösen Zweck mißbraucht werden möge. Dies gebe der Allmächtige! Dann sey gesegnet die Stunde, in der ich sie erfand.« Welche geistige Größe steckt in diesem Satz? Auch technische Erfinder sind in erster Linie Humanisten. »Lang ist die Kunst, aber nur kurz ist das Leben. Diese Wahrheit fühlte ich schmerzlich, denn wie wenig konnte ich ausführen, wie viel bleibt unvollendet. Und dennoch bin ich unter den Erfindern einer der glücklichsten gewesen, da ich eine so große Ausbreitung der Lithographie erlebt habe.«

Er leidet an Gicht, bricht am 18. Februar 1834 bewußtlos zusammen und stirbt am 26. Februar im Alter von 63 Jahren. »Seine große Bedeutung liegt im technischen Können, denn ein Künstler ist er nie gewesen.« (Engelmann).

Auch hier gibt es makabre Bemühungen. 1844 erbittet sich Franz Maria Ferchl, der über eine bedeutende lithographische Sammlung verfügt, ein langjähriger Freund von Senefelder, von dessen Sohn die Genehmigung, den Schädel des Toten aus dem Grab nehmen zu dürfen. Senefelder's Sohn erlaubt es mit folgenden Worten:

Aloys Senefelder, auf Stein gezeichnet von Hanfstaengl. Ich bringe das Bild in der Größe, weil daraus gut die lithographische Verfahrenstechnik erkennbar ist. Das Bild entsteht unmittelbar vor seinem frühen Tod.

»Überzeugt von der würdigen Werterhaltung aller Kunstprodukte und Reliquien des am 26. 2. 1834 dahier verstorbenen H. Aloys Senefelder, Erfinder der Lithographie, welche der älteste Freund und Schüler desselben, H. Franz Maria Ferchl von hier, seit vielen Jahren gesammelt und aufbewahrt hat, erhält derselbe hiermit die Einwilligung des Unterzeichnenden, den bereits gespaltenen Kopf Senefelders ausgraben und als Eigentum zu sich nehmen zu dürfen.«
Es erteilt seine Einwilligung:
H. Senefelder, Sohn des Erfinders
München, 20. April 1844
vid. Dr. Senger

Geht man nicht hier einen Schritt zu weit? Die Sammlung von Ferchl wird später an den Staat verkauft. M. W. befand sich der Schädel des Erfinders in einer histologisch-embryologischen Sammlung. Abschließend ist festzuhalten, daß die Erfindung Senefelders darin besteht, Bestehendes umzugestalten, es mit eigenem Wissen und Erfahrungen zu bereichern und so lange zu experimentieren, bis der Begriff eines »neuen« Verfahrens zulässig ist.

Technologie der ersten Steindruckpressen

Unter Berücksichtigung der hier vorgelegten technologischen Entwicklung der Druckpressen und -maschinen wird deutlich, daß der Steindruck eine gestraffte Form in der Gesamtentwicklung darstellt. In gewisser Weise können wir mit Darwin's Thesen vergleichen. Jedes nachfolgende Lebewesen resultiert aus den Vorstufen: die Intervalle werden kürzer und komplizierter. Genausowenig wie der Mensch von einem Gott erschaffen ist, steigt auch keine Maschine als »Deus ex machina« vom gleichfalls nichtexistenten »Himmel« herunter. Jedwedes Erfinden ist in menschliches Tun gebettet und nur wenige vermögen diese Flamme ein wenig weiterzutragen. Dies ist das wesentliche Verdienst von Senefelder. Was von ihm erdacht und verwirklicht wird, wird von späteren Generationen ausgefeilt und verbessert. Vor allem trifft es auf das wichtigste Arbeitsmittel: die Druckpresse der Lithographen und Steindrucker zu.

Die Anwendung manueller und geläufiger Kupferdrucktechniken ist nicht möglich, weil man nicht in der Lage ist, den präparierten Stein fachgerecht »durchzuziehen«. Die Anwendung von Hochdruckprinzipien nach dem Flächendruckverfahren ist nicht realisierbar, denn der notwendige Anpreßdruck kann – gemessen an einem Auflagendruck – nicht erreicht werden. Zu den Hauptdruckverfahren liegen wesentliche Parallelen vor:

- Die Druckform (zunächst der Stein) liegt planparallel auf einem Fundament. Die Tatsache, daß die Steine in der Anfangszeit unterschiedlich hoch sind, ist sekundär. Auch die Plattenhöhe beim Kupferdruck unterliegt Schwankungen. Konstant ist sie lediglich beim klassischen Buchdruck (Theorie der austauschbaren Teile).
- Eine Flexibilität während des eigentlichen Druckvorganges ist nicht gegeben: was auf dem Stein ist, *muß* gedruckt werden. Dies ist mit Vor- aber auch mit Nachteilen verbunden.
- Die Einfärbung der Druckform erfolgt gleichfalls manuell wie die Wässerung der Steine.

Bildnis Aloys Senefelders. Kreidelithographie von Nicolas Henri Jacob in der französischen Ausgabe von Aloys Senefelder's Lehrbuch. Paris. 1819. 15,5 × 12,9 cm. Gedruckt bei G. Engelmann. Eine Wiederholung der Zeichnung von Jacob, erschienen bei Riego Fréres (13,5 × 13,3). Sammlung Hans Garte.

MISCHTABELLE ALOYS SENEFELDERS*)

Lfd. Nr.	Bestandteile Substanzen	Alkalische Tinte ((Chemische) Varianten 1.	2.	3.	4.	5.	6.	7.	8.	z. Grundieren von Tonplatten	harte Boraxtinte	flüssige Tinte	Überdrucktinte	Ätzgrund hart	Ätzgrund weich 1.	Ätzgrund weich 2.	Ätzfarbe	Chemische Kreide Varianten 1.	2.	3.	4.	5.	6.	7.	8.
1	Wachs	8	12	12		8	8	6	4	4			1	12		1	1	4	8	4	8	8	8	8	2
2	Kienruß	1	1	1	1	1	1	1				1	1				4	2	2	2	2	2	2	3	2
3	Seife	2	4	4	4	4	4	4	4	1								6	4	4	4	5	5	6	
4	Unschlitt		4		8		4	4	2				6	1	2	5	4						2	4	6
5	Schellack			4	8	4	4		4		4	12	3									4	4		
6	Mastix					4			3			4	5	6											
7	ven. Terpentin								1								1								
8	f. Ochsenfett-Seife											1	4												
9	Leinöl, dick														1	2									
10	Spermaceti																			4	4				
11	Gummi							6																	
12	Borax										1														
13	Wasser										10														
14	ger. krist. Soda											1													
15	Asphalt													4											
16	Kolophonium													2											
17	Leinöl, normal															3									
18	Mennig																								2
19	Zinnober									2															

*) Zusammenfassung aus: Lehrbuch der Steindruckerey von Aloys Senefelder, 2. Wohlfeilere Ausgabe, München 1821

- An- und Ablage sind manuell auszuführen. Es entspricht der Parallele im Hoch- und Tiefdruck.
- Je nach dem Pressentyp erfolgt die Druckausübung durch Walzen oder Reiber. Man kennt Tritt- und Handhebelpressen. Wichtig ist als konstruktives Merkmal, daß bei den Handhebelpressen der Reiber *herab*gedrückt wird, während bei den anderen der Druckkarren *hoch*gedrückt wird. Es ist insofern interessant, weil ein Vergleich zur Buchdruckpresse von Ruthven statthaft ist.

Steindruck-Handpressen

Abgesehen von kleinen konstruktiven Veränderungen, die dem technischen Fortschritt entspringen und wirtschaftliche Erfolge mit sich bringen, wird bis weit über die Mitte des 19. Jh. hinaus auf den beschriebenen Steindruck-Handpressen gearbeitet. Analog der, besonders ab 1840 rasch einsetzenden Verbreitung des zylindrischen Abdrucks im Hochdruckverfahren, wird dieser wegen der damit verbundenen Vorteile auf lithographische Pressen übertragen. Parallel dazu erfolgt die weitere Be- und Verdrängung der Holztiegelpresse durch Metallkonstruktionen.

In der Regel verfügen Steindruck-Handpressen über einen stehenden Reiber. Dies bedeutet, daß vom technologischen Standpunkt aus der Roll- oder Walzenpresse gegenüber den Galgenpressen mehr Bedeutung zukommt und daß gerade sie Anlaß zu Weiterentwicklungen geben. In der Regel verfügt der Reiber über eine abgestumpfte Spitze (im Gegensatz zu den relativ spitzen Rakeln, wie sie der spätere Tiefdruck bringt).

Auf Grund neuer Medien und einem weiter anschwellenden Informationsbedürfnis der Massen muß neben der Einfärbung der Steinplatte – sofern es sich nicht ursprünglich um eine regelrechte Hochdruckform handelt – ein Weg für die gleichmäßige Feuchtung erdacht und realisiert werden. Die Ausgangsstufe zur Feuchtung sind getränkte Schwämme. Sie werden später durch Walzen verdrängt. Im

Konstruktionsdetail zur Senefelder'schen Roll- oder Walzenpresse.

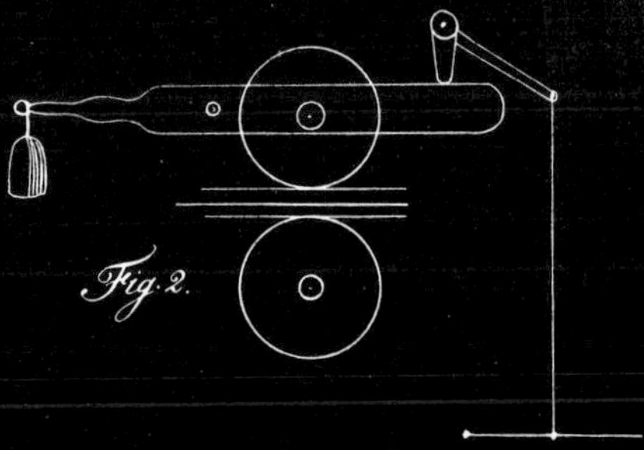

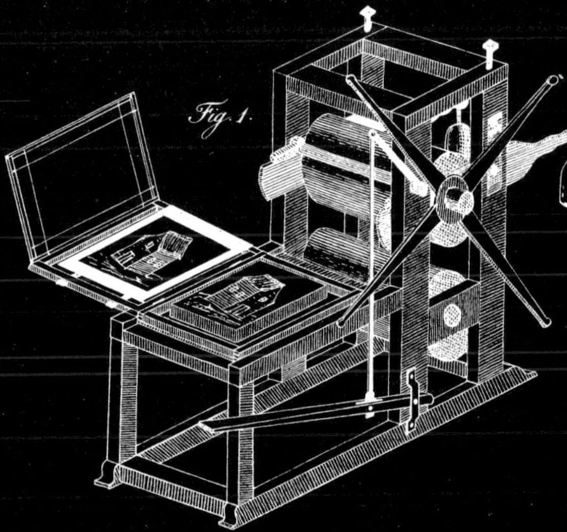

Schemazeichnung einer Senefelder'schen Roll- oder Walzenpresse. Das Herabsenken der oberen Walze geschieht über ein Trittbrett. Mit dem Drehkreuz wird der Stein möglichst gleichmäßig »durchgezogen«.

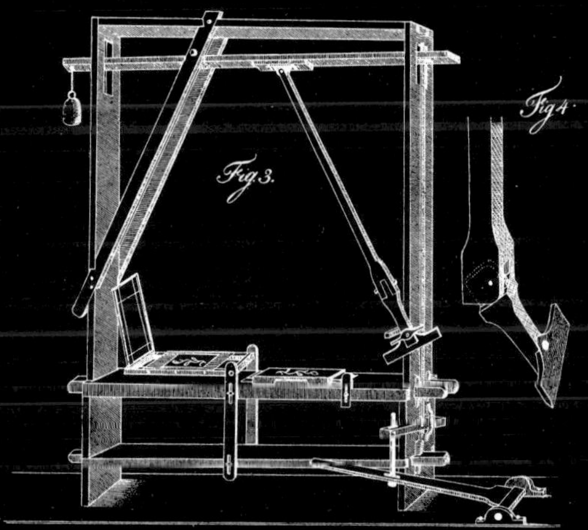

Weiterentwickelte Stangenpresse von Aloys Senefelder. Hier steht der Reiber fest: der hochgedruckte Stein wird unter ihm hindurchgezogen.

Eine der Senefelder'schen Stangenpressen. Rechts: Konstruktionsdetail der sog. Stange mit dem Reiber. Er entspricht im wesentlichen dem beim Tiefdruck eingesetzten Rakel, hat aber eine andere Funktion.

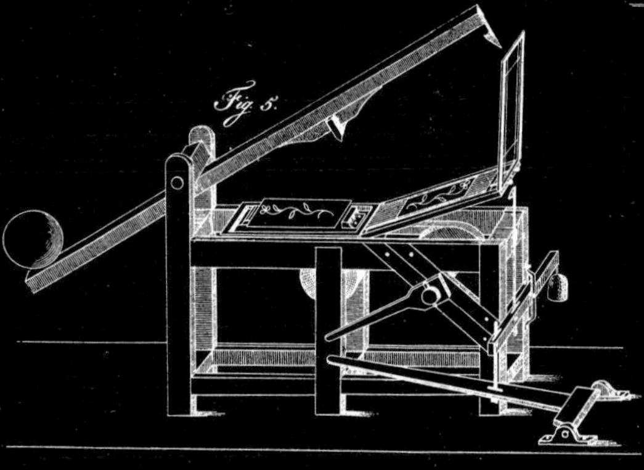

Zusammenhang mit dem Stoffdruck kommt Senefelder der Gedanke zu einem selbstätig wirkenden Farbwerk. Er schreibt darüber: »es läßt sich sogar denken, daß die so hergerichtete Druckwalze durch eine nebenangebrachte leicht bei jedem Umlauf wieder eingefärbt werden könnte?« Hier sehen wir eine Parallele zu Friedrich Gottlob Koenig, der die Schnellpresse der Buchdrucker auf dem gleichen Weg verwirklicht. Um langwierige und umständliche Farbwechsel zu vermeiden, besonders bei Chromolithographien, die nicht selten mehr als zehn Druckgänge umfassen, setzt man vorbereitete Andruckwalzen für unterschiedliche Farben ein.

Noch ein Hinweis zum Einrichten: man versteht darunter vor allem das Justieren (»aufgipsen«) der Steine, das der künstlichen Steine, die Justierung der Metallplatten (= Algraphie), ihre seitliche Fixierung durch Holzkeile oder später: Fundamentschrauben, sowie die Erfordernis, Vorder- und Seitenmarken zu verstellen. Der Lithographiestein liegt auf dem Fundament der Presse nach dem Druckende hin etwas tiefer, um dem gefürchteten »Zerspringen« entgegenzuwirken. Es ist ein technisch-handwerkliches Problem aus der Anfangszeit des Steindrucks.

Steindruck-Handpressen fallen etwa in die Zeit von 1810 bis 1850/60. Die Stangen-Presse wird als Vorstufe zu den Rollpressen gesehen. Außerdem zwingt die immer raschere Verbreitung der Schnellpresse der Buchdrukker die Lithographen zu neuen Anstrengungen. Eine Folge davon ist die Entwicklung der Steindruck*maschine*.

Steindruck-Schnellpressen

Der Begriff »Schnellpresse« rührt daher, weil durch die Möglichkeit des zylindrischen Abdrucks in kürzerer Zeit höhere Leistungen erbringbar sind. Im Kapitel über das Wirken

Konstruktionszeichnungen zu einer kleinen tragbaren Druckpresse von Aloys Senefelder. Bildnachweis: Annales de l'industrie nationale et étrangère, 13.1824, pl. 157/158. Mit freundl. Genehmigung. Diese kleinen tragbaren Pressen setzen sich in der betrieblichen Praxis nicht durch.

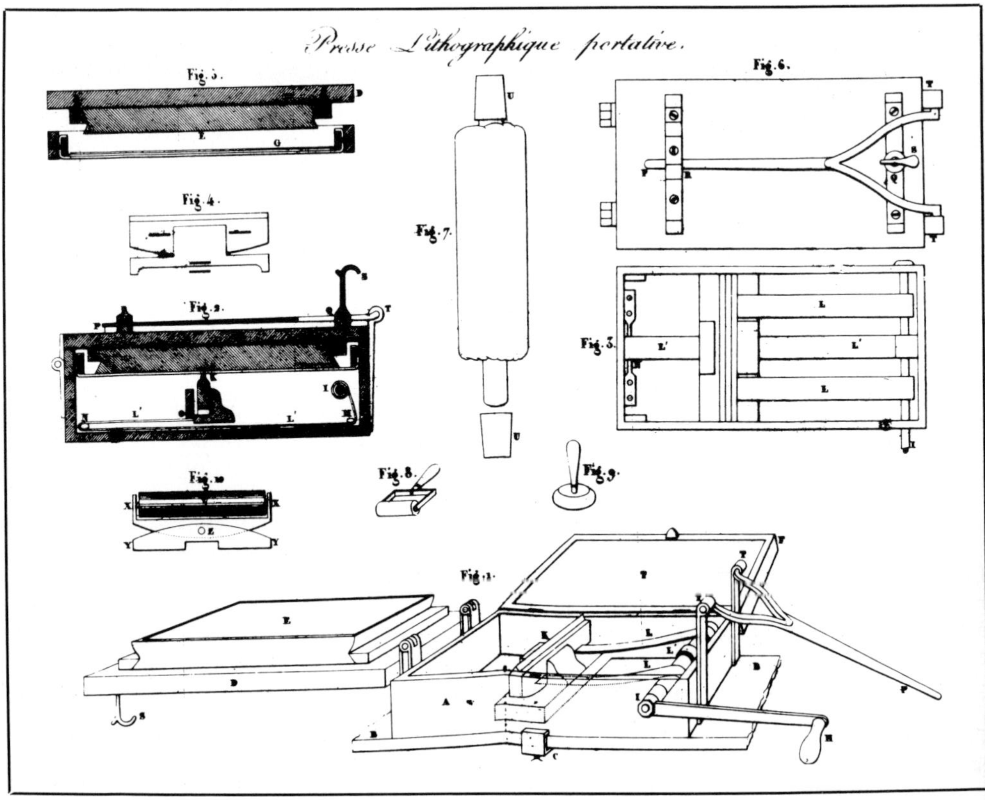

Die erste von Georg Sigl in Wien (1851) gebaute Steindruckschnellpresse. Wir sehen drei Personen beschäftigt. Den Radtreiber, eine Bogenanlegerin (Mitte) und links ein sog. »lebender« Bogenfänger. Das Unternehmen Sigl ist auch auf dem Sektor des Rotationsmaschinenbaus von Bedeutung.

von Koenig und Bauer werden diese Zusammenhänge deutlicher herausgestellt. Kommen wir zum Kern: anstelle des seitherigen rakelstreifenähnlichen Abdrucks tritt nunmehr in Anlehnung an die Schnellpressen des Hochdrucks der Zylinderdruck. Fast alle anderen Pressenfunktionen bleiben zunächst erhalten. Der Druckvorgang wird gleichfalls mit einer Kurbel ausgeführt. Erst um die Mitte des 19. Jh. setzt sich der Betrieb über Dampfmaschinen und Transmissionswellen durch. Wie frühe Buchdruckmaschinen arbeiten die Steindruck-Schnellpressen nach dem Prinzip der sogenannten »Eisenbahnbewegung«, wobei der Abdruck beim Rücklauf des Karrens erfolgt. Die stündlich erreichbaren Leistungen liegen bei 600 bis 800 Drucken/Std. Zwangsläufig liegen sie niedriger als beim Hochdruck, denn zum Einfärben kommt das Anfeuchten.

Anfangs geschieht das An- und Ablegen (besser: Wegnehmen) der Bogen manuell. Allerdings in einfacherer Form als bei den frühen Handpressen. Inzwischen sind auch die Formate größer. Hier können konstruktive Elemente des frühen Hochdruck-Maschinenbaues übernommen werden. Dadurch wird es möglich, Vergrößerungen am Fundament vorzunehmen. Dies steigert die Leistung und die Konkurrenzfähigkeit. Steindruck-Schnellpressen verfügen üblicherweise über ein Tisch-Farb(e)werk und ein in den mechanischen Ablauf integriertes Feucht(e)werk. Dabei werden Filzwalzen verwendet, die die Feuchtigkeit am besten halten. Auch Koenig geht bei seinem Farbwerk über den Weg der Filzwalzen.

Obwohl heute die Verfahrenstechnik der Steindruckhand- und -schnellpressen als veraltet angesehen wird, gibt es Unternehmen, die sich diesem Feld widmen. Inzwischen bemühen sich mehr oder weniger geeignete oder selbsternannte Künstler, den Sektor der Lithographie und der Chromolithographie zu aktivieren.

Der Steindruck hat eine deutlich faßbare Geschichte von nur etwa 100 Jahren. Der Buchdruck mit metallischen Einzelformelementen überschreitet das halbe Jahrtausend. Aus dieser Diskrepanz ist zu ermessen, wie schnell sich im 19. Jh. – im Einhergehen mit der industriellen Revolution – die technischen Intervalle verkürzen.

In einem weiteren Kapitel beschäftigen wir uns mit den Grundzügen der tiefdruckgeschichtlichen Entwicklung. Davor noch einige Darstellungen der bedeutenden Druckmaschinenfabriken auf dem Sektor der Steindruckmaschinen und des späteren Offsetdrucks. Es geht um die Firmen Mailänder, Faber & Schleicher und der ehemals »Dresdner« Schnellpressenfabrik.

Druckmaschinenfabrik Mailänder

Die Firma J. G. Mailänder wird 1876 in Cannstatt (bei Stuttgart) gegründet. In der

Anfangszeit werden Tiegel und Buchdruck-Schnellpressen gebaut. 1895 wird der Bau von Steindruck-Schnellpressen aufgenommen. Die erste Zinkdruck-Rotation für Blechtafeln und -schilder wird 1905 entwickelt. Aus ihr läßt sich später durch das Hinzufügen von Einrichtungen für den Papierdruck die Verwendung als Papieroffsetmaschine ableiten. Dieser Gesichtspunkt ist seither wenig bekannt: er bildet eine Urzelle des Papier-Offset-Drucks. Bis etwa 1925 werden in der Firma Blech- und Papierdruck-Rotationen in der gleichen Grundausführung gebaut. Nun trennen sich die Papierdruckmaschinen endgültig vom Blechdruck durch die Verwendung kleinerer Zylinder, die eine höhere Produktionsgeschwindigkeit mit sich bringen. Damals baut das Unternehmen außerdem Bogentiefdruckmaschinen, Fensterkuvert- und Kuvert-Innendruckmaschinen. Außerdem Andruckpressen für Blech, Papier, Glas und Holz im Offsetverfahren. Die weitere Entwicklung des heute weltbekannten Unternehmens kann hier nicht weiter verfolgt werden. Ich habe den kurzen Abriß eingeschoben, um anzudeuten, wie vielfältig im letzten Viertel des 19. Jh. die graphische Verfahrenstechnik ist und wie gut sie sich auf die Markt- und Auftragsdecke einstellt.

Druckmaschinenfabrik ROLAND (vormals Faber & Schleicher)

C. L. E. Faber wird am 14. Oktober 1841 in der Nähe von Ludwigsburg (Württemberg) geboren. Sein Vater ist Pfarrer. Faber besucht die Realschule in Kirchheim/Teck und absolviert daraufhin bei einem Stuttgarter Werkzeugfabrikant eine zwei Jahre umfassende Lehrzeit. Dann bildet er sich bei dem Mechaniker Baisch weiter. Faber unterzieht sich den noch üblichen Wanderjahren und tritt 1864 bei der Decker'schen Fabrik in Cannstatt ein. Dieses Unternehmen hat sich seinerzeit auf die Herstellung von Maschinen zur Fabrikation von Zeitungspapier spezialisiert.

Sein späterer Compagnon, Adolf Schleicher, wird am 10. November 1846 in Schwäbisch Gmünd als Sohn eines Goldschmieds geboren. Er besucht die Realschule und nimmt dann eine vierjährige Lehre in der mechanischen Werkstatt von Conrad Neher auf. Parallel dazu besucht er die Zeichen-Fortbildungsschule. Im Anschluß an die Lehre geht Schleicher gleichfalls zu der Firma Decker. Es ist anzunehmen, daß er hier seinem späteren Partner Faber begegnet. Als Zeitpunkt ist vermutlich der Mai 1864 zu nennen. Vermutlich

Die erste von Faber & Schleicher gebaute Steindruckmaschine Albatros aus dem Jahr 1871. Werkphoto. Veröffentl. mit freundl. Gen. Hier wird deutlich, wie intensiv sich die Konstrukteure nach dem bekannten Schnellpressenbau richten. Das Feuchten der Steine erfolgt (noch) manuell.

schält sich hier die spätere Freundschaft heraus. Noch im gleichen Jahr verlassen beide das Unternehmen. Faber geht nach Winterthur in die Schweiz. Schleicher reist über das Elsaß nach Paris. Er arbeitet daraufhin bei dem Buch- und Steindrucker Alexander Dupuy. Im weiteren Verlauf wendet sich Faber (wieder) an Schleicher, indem er ihm rät, nach Paris zu kommen. Dann arbeiten beide als Angestellte bei Dupuy an der Verbesserung von Druckmaschinen. Dupuy unterhält einen graphischen Mischbetrieb, wie es damals vielfach üblich ist, um möglichst der Auftragsvielfalt entgegenzukommen. Zum damaligen Zeitpunkt ist die konstruktive Verflechtung zwischen den Buchdruck- und Steindruckmaschinen eng. Die Albatros aus dem Jahr 1871 stellt es unter Beweis.

Dupuy bietet Faber und Schleicher die Teilnahme an seinem Unternehmen an, was auf ein gutes Verhältnis schließen läßt. So wird am 6. Dezember 1869 in Paris ein entsprechender Vertrag unterzeichnet. Durch den Ausbruch des Deutsch-Französischen Krieges müssen Faber und Schleicher kurzfristig das Land verlassen. Die eigentliche Ursache für diesen Schandfleck unserer Kulturgeschichte ist im Grund genommen ein lächerlicher Streit um die spanische Thronkandidatur. Kaiser Wilhelm I. sendet am 13. 7. 1870 von Bad Ems (daher: Emser Depesche) ein Telegramm, das die Ablehnung der französischen Forderungen zum Inhalt hat. Es wird von Bismarck redigiert und in stark verkürzter Form veröffentlicht. Schließlich führt die sogenannte Emser Depesche zum Krieg.

Faber und Schleicher gehen jetzt nach Offenbach am Main. Am 20. November 1871

Adolf Schleicher. Mitbegründer des »Associationsgeschäftes zur Fabrication lithographischer Schnellpressen« (1871). Daraus entwickelt sich später die Roland-Offsetmaschinenfabrik. Werphoto. Mit freundlicher Genehmigung.

Christian Ludwig Eduard Faber. Mitbegründer des »Associationsgeschäftes zur Fabrication lithographischer Schnellpressen« (1871). Daraus entwickelt sich später die Roland-Offsetmaschinenfabrik. Werkphoto. Mit freundlicher Genehmigung.

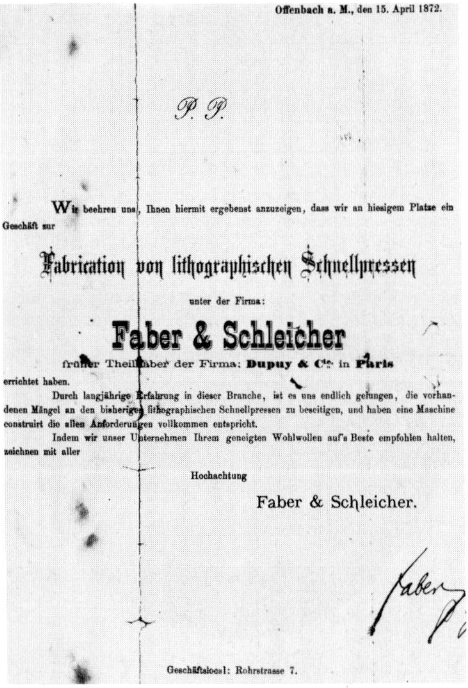

Offenbach a. M., den 15. April 1872.

P. P.

Wir beehren uns, Ihnen hiermit ergebenst anzuzeigen, dass wir an hiesigem Platze ein Geschäft zur

Fabrication von lithographischen Schnellpressen

unter der Firma:

Faber & Schleicher

früher Theilhaber der Firma: **Dupuy & Cie in Paris**

errichtet haben.

Durch langjährige Erfahrung in dieser Branche, ist es uns endlich gelungen, die vorhandenen Mängel an den bisherigen lithographischen Schnellpressen zu beseitigen, und haben eine Maschine construirt die allen Anforderungen vollkommen entspricht.

Indem wir unser Unternehmen Ihrem geneigten Wohlwollen auf's Beste empfohlen halten, zeichnen mit aller

Hochachtung

Faber & Schleicher.

Geschäftslocal: Rohrstrasse 7.

gründen sie unter dem gemeinsamen Namen eine Firma. Sie nennt sich: »Associationsgeschäft zur Fabrication von lithographischen Schnellpressen«. Louis Faber erliegt am 23. 7. 1896 in Bad Reichenhall einem Herzleiden. Schleicher ist gerade 50 Jahre alt. Die Familie Faber tritt als Teilhaber aus dem Unternehmen. Es wird daraufhin in eine AG umgewandelt. Faber stirbt am 19. 11. 1910.

Bis um die Jahrhundertwende steigt die Konkurrenzsituation unter den Herstellern von Druckmaschinen weiter an. Die Jahresproduktionsziffern klettern bei fast allen Herstellern nach oben. In der Regel bauen die Firmen Buch- *und* Steindruckpressen (= lithographische Schnellpressen), vereinzelt noch Tiegelpressen. Hier drückt das Unternehmen in Heidelberg in rascher Folge alle Mitbewerber aus dem Feld. Außerdem ist zu berücksichtigen, daß in der zweiten Hälfte des 19. Jh. die Photographie realisiert wird: sie verändert grundsätzlich die Möglichkeiten des graphischen Gewerbes. Sie gibt u. a. wesentliche Impulse zum späteren »Offsetdruck«.

Noch ist dies ein bedeutender Sprung. Vom verfahrenstechnischen Standpunkt aus ist es mehr eine Frage, wie schnell man von den relativ schweren und unhandlichen Steinen als Druckform abkommt, bzw. wie sich bessere Kopiertechniken verwirklichen lassen. Senefelder arbeitet erfolgreich an diesen Grundlagen. Erst die Möglichkeit, metallische Platten entsprechend zu behandeln, führt zu einer Veränderung in der Druckformherstellung. Die Platten wiederum führen zu konstruktiven Änderungen an den Druckpressen. Die Frage, inwieweit der Blechdruck Pate steht, ist (noch) nicht schlüssig geklärt.

In den ersten vier Jahrzehnten des Bestehens werden überwiegend Steindruck-Schnellpressen gebaut. 1911 entsteht die erste Offsetmaschine mit dem Namen »ROLAND«. Der Erfolg dieses Maschinentyps führt 1921 zur Spezialisierung auf den Bau von Offsetmaschinen (ich komme weiter unten darauf zurück). Schon seit 1928 werden in Offenbach die ersten Zweifarben-Bogenoffsetmaschinen im 5-Zylinder-System mit einem Doppeldruckwerk vorgestellt. 1936 kommt die Roland Ultra auf den Markt, die sich vor allem im großformatigen Bereich beachtliche Marktanteile sichert. Ende der 60er Jahre wird Zug um Zug vom Klein- bis Großformat eine neue Maschinengeneration im Baukastensystem entwickelt. Der Faden kann hier nicht weiterverfolgt werden, um nicht den historischen Charakter des Buches zu stören. ROLAND OFFSET in Offenbach hat mehr als 100 Jahre Erfahrung im Bau von leistungsstarken Druckmaschinen.

Im Juli 1979 wird die ROLAND-Offsetmaschinenfabrik Faber & Schleicher AG, Offenbach, und der Druckmaschinenbereich der M.A.N. zusammengeführt. Das gemeinsame Produktionsprogramm umfaßt das weltweit breiteste Programm an Druckmaschinen. So baut M.A.N. Roland als einziges Unternehmen Maschinen für alle drei wichtigen Druckverfahren: den Hoch-, Tief- und Offsetdruck. Damit sichert das Unternehmen den Kunden das gesamte gegenwärtig zur Verfügung stehende drucktechnische Know-how aus einer Hand. Dieser Zusammenschluß kommt u. a. den Forschungs- und Entwicklungsaktivitäten des weltweit bekannten Unternehmens zugute.

PLANETA (vormals Dresdner Schnellpressenfabrik)

Am 1. 4. 1898 gründete Joseph Hauß, damals als Reiseingenieur in einer süddeutschen Druckmaschinenfabrik angestellt, nach seiner Übersiedlung nach Dresden die DRESDNER SCHNELLPRESSENFABRIK. Mit dem Ingenieur Sparbert als stillen Teilhaber hatte er

Eine der frühen von Faber & Schleicher in Offenbach (Main) gebauten Steindruck-Schnellgangpressen Faust. Das Mittelteil der Presse entspricht exakt der gleichzeitiger Buchdruckpressen. Vorn wird das Feuchtewerk integriert.

sich vorher verbunden und baute seine erste Versuchsmaschine mit vier Laufbahnen. Diese sollte den Beweis antreten, daß alle vorher von anderen gebauten Schnellpressen für den Autotypiedruck zu leicht gebaut wurden, was bei höheren Geschwindigkeiten für die damalige Zeit zu unzureichenden Ausdrucken führte. So entstand die erste PLANETA-*Buchdruck*schnellpresse. Diese bestand ihre Feuerprobe in einer größeren Dresdner Druckerei. Sparbert wurde tätiger Teilhaber. Die junge Firma wurde nochmals erweitert und Dr. Michaelis als Teilhaber aufgenommen. Als die Geschäftsräume nicht mehr ausreichten, wurde in Coswig ein Neubau errichtet (etwa um 1900).

Die gangbarsten Schnellpressentypen wurden im bescheidenen Maße schon serienmäßig hergestellt. Das Fabrikationsprogramm umfaßte seinerzeit Buchdruckschnellpressen mit zwei und vier Auftragswalzen und dem besonderen Merkmal der schweren Bauart, wie sie eben für den Illustrationsdruck notwendig war. Das Kennzeichen der Vierwalzenmaschine war ein neuartiger Antrieb, der unter der Bezeichnung Planeten-Antrieb patentiert wurde. Sein Vorteil bestand in der Erzielung einer gleichförmigen Bewegung des Karrens während des Druckvorgangs. Schließlich bekamen sämtliche Buchdruckschnellpressen den Namen PLANETA. Als die Firma nach eingehenden Versuchen wagte, eine neue PLANETA mit *drei* Auftragswalzen (dadurch kürzerer Karrenweg, kleinerer Druckzylinderdurchmesser, hierdurch höhere Geschwindigkeit sowie geringerer Raumbedarf in der Länge der Maschine) öffentlich anzubieten, begegnete man der Maschine von allen Seiten mit Mißtrauen und Zurückhaltung. Das mag besonders daran gelegen haben, daß erstmals eine ungerade Anzahl Auftragswalzen zur Anwendung kam. Allein die Praxis gab dem Konstrukteur des neuen Farbwerks recht: die Maschine bewährte sich glänzend. Die Dreiwalzenschnellpresse wurde die Universalmaschine des Buchdruckers überhaupt. War die 1900 errichtete Halle nur 35 m lang, so mußte schließlich das ganze Gelände des 11 000 m^2 umfassenden Grundstückes bebaut werden (in diese Zeit fällt die Herstellung einer Chromotypieschnellpresse mit Rückfrontbogenauslage).

1910 wurde die Firma in eine Aktiengesellschaft umgewandelt. In diese Zeit fallen die ersten Versuche mit sogenannten Buchdruckschnelläufern. Das erste Objekt dieser Art war eine Zweiwalzenschnellpresse mit einer »angeblichen« Druckleistung von 2500 Bogen in der Stunde. Als damals im »Klimsch« die erste Anzeige der neuen Maschinenart erschien, strengte sofort ein Konkurrenzunternehmen ein Verfahren wegen unlauterem Wettbewerb an. Der Prozeß wurde mit der Beweisführung der aufgestellten Behauptung ohne weiteres gewonnen.

War es nur eine Zweiwalzenmaschine, der man die erhöhte Stundenleistung zumutete, so gab der erzielte Erfolg bald Veranlassung, eine ebensolche Maschine mit drei Auftragswalzen zu bauen. Es entstand die erste PLANETA-FIXIA-RAPID. Um die wirkliche Leistungsgrenze dieses Maschinentyps festzustellen, nahm man einen Versuch vor: die Belastung einer vollständigen Maschine bis zum eintretenden Bruch. In Gegenwart erster Fachleute wurde die Druckzahl der Versuchsmaschine auf 3500 je Stunde gesteigert. Diese Leistung war für die damalige Zeit und angesichts der Größe der Maschine (65 × 100 cm) unerhört, man fand aber, daß die Festigkeit des Baues noch nicht bis zur äußersten Grenze beansprucht war. Die Versuchsreihe wurde fortgesetzt, bis bei einer Druckzahl von 4000 je Stunde einige Zähne des Antriebs brachen. Das neue Schnelläufermodell fand einen sehr guten Absatz, und das Resultat war, daß man abermals an eine Erweiterung der Fabrikräume denken mußte. Allein das Grundstück war vollständig ausgenützt. Im benachbarten Naundorf stand seinerzeit das Emaillierwerk mit einer Fläche von 30000 qm zum Verkauf an.

Unterbrochen wurde die Entwicklung durch den 1. Weltkrieg. Im Verlauf der ersten Jahre war es selbstverständlich unmöglich, die Vorkriegstätigkeit in vollem Umfange wieder aufzunehmen. In der Druckbranche lag ja das Geschäft fast ganz darnieder. Ein Geschäft nach dem Ausland war auch so gut wie unmöglich. Das alte Werk in Coswig wurde aufgelöst bzw. nach Naundorf verlegt. Das Fabrikationsprogramm wurde auf zwei Standardtypen normalisiert (Zwei- und Drei-Walzen-Schnellpressen). Der Bau von Zweitourenpressen erhielt erst wieder Geltung, als die neue PLANETA-Zweitourenpresse mit Schwinganlage D. R. P. fertiggestellt war (1926).

Vereinigung mit der Leipziger Schnellpressenfabrik AG

Die Nachfrage nach kleinen Maschinen in dieser Zeit gab Veranlassung, den Bau von PLANETA-*Tiegeldruck*pressen aufzunehmen. Es kam die Zeit der Inflation. Die damals

Caspar Hermann (geb. 9. 3. 1871 in Königsberg an der Eger, gest. 6. 11. 1934 in Leipzig). Hermann führt den Offsetdruck in Deutschland ein. Im Prinzip ist das Verfahren bekannt. Das wesentliche ist der weitere Einsatz eines Gummizylinders.

folgende Zeit stand bereits im Zeichen der Vereinigung mit der Leipziger Schnellpressenfabrik AG, vorm. Schmiers, Werner & Stein. Diese bauten bereits seit 1910 einige Typen Einfarben-Offsetpressen.

Eine Interessengemeinschaft beider Firmen kam überein, die Werke in Coswig zu vereinigen und die *Herstellung von Offsetpressen* noch mehr auszubauen. In Coswig begann man daher 1922 mit der Herstellung der PLANETA-Zweifarben-Offsetpresse, während durch Erweiterungsbauten die Zusammenlegung der Firmen räumlich vorbereitet wurde. 1922/23 entstand der große Hallenbau mit dem neuen Verwaltungsgebäude, das der Fabrikansicht jenes markante Aussehen verlieh. Kurz nach Ende der Inflation erfolgte die Übersiedlung der *Offset*abteilung nebst der Direktion und einem Stab erfahrener Fachleute von Leipzig nach Coswig.

Die neue Firmenbezeichnung war DRESDEN-LEIPZIGER-SCHNELLPRESSEN-FABRIK AG. Der Bau der Maschinen erfolgte jetzt nach dem Lehrensystem. Man begann mit dem Großserienbau. Einen schönen Erfolg konnte die Firma buchen: Die allgemeine Einführung der Verwendung von Zweifarbenoffsetpressen in der deutschen Fachwelt. In der Schnellpressenabteilung war die Herstellung zweier Standardtypen beibehalten worden; dies gab die Möglichkeit, bei aller Hochkonjunktur laufend an Verbesserungen und Verfeinerungen zu denken. Die weiteren Jahre standen im Zeichen einer ständigen Entwicklung. In den 30er Jahren wurde die Bezeichnung PLANETA zum Firmennamen.

Die weitere Entwicklung dieser bedeutenden Druckmaschinenfabrik kann im Rahmen meiner Betrachtung nicht weiter verfolgt werden.

Dieser Text wurde mit freundlicherweise mit dem dazugehörigen Bildmaterial von der Druckmaschinenfabrik PLANETA zur Verfügung gestellt. Radebeul, 15. 11. 1973, AMWL-Ki/Ju. Veröffentlicht mit freundlicher Genehmigung.

Der Offsetdruck

Der Offsetdruck wird um 1900 erfunden. Der klassische Buchdruck blickt inzwischen auf eine 450jährige Geschichte. In den letzten Generationen muß er wesentliche Marktanteile an den Steindruck und an den Tiefdruck abgeben. Es ist nicht geklärt, ob der Offsetdruck als solcher die Entdeckung eines Zufalles oder das Ergebnis langjähriger Mühen ist. Eher ist es eine Parallelentwicklung von Rubel und Hermann. *Das Entscheidende wird die Anwendung eines weiteren Zylinders und der »Umdruck« auf einen Gummizylinder.* Gerade er ist lange Zeit charakteristisch für den Ausdruck. Der Offsetdruck stellt gegenüber dem Buch- und dem Steindruck abermals eine Straffung der weiteren Entwicklung dar. Er überflügelt in Kürze die etablierten Druckverfahren. Bekannte Durckmaschinenfabriken widmen sich dem Bau von Offsetmaschinen und läuten damit eine neue Ära im deutschen Druckmaschinenbau ein.

Nun werden Marktstrategien deutlich. Es soll an zwei Beispielen verdeutlicht werden:

- 1921 fällt in Deutschland eine grundsätzliche Entscheidung über den wirtschaftlichen Fortbestand seinerzeit schon anerkannter Druckmaschinenfabriken. Faber & Schleicher und Koenig & Bauer treffen ein Abkommen, das besagt, daß die Offenbacher eine Spezialisierung auf den Bau von Offsetmaschinen einleiten und den Bau von Buchdruckmaschinen aufgeben. Die Würzburger Fabrik geht den umgekehrten Schritt. Es ist insofern interessant, weil ja Andreas Friedrich Bauer kurz nach dem Tod seines Kompagnons Koenig den Bau von Steindruckpressen aufnimmt und sie dann kurzfristig aus dem Fabrikationsprogramm nimmt.
- 1926 will die in Coswig bei Radebeul (Dresden) ansässige Dresdner-Leipziger Schnellpressenfabrik (die heutige PLANETA) mit Faber & Schleicher fusionieren. Auf dem Papier hat diese Angelegenheit bereits konkrete Formen angenommen. Man erkennt die Risiken einer zukünftigen Zusammenarbeit und durchleuchtet nochmals die Situation. Schließlich nehmen Faber & Schleicher das Anerbieten nicht an. In Offenbach wird der Bau von den ROLAND-Offsetmaschinen aktiviert.

In dem Kapitel »Die Herausschälung der deutschen Druckmaschinenindustrie« habe ich die jüngsten Marktstrategien angedeutet. In einem weiteren Kapitel beschäftige ich mich mit den wesentlichen Entwicklungszügen der klassischen Tiefdrucktechnologie.

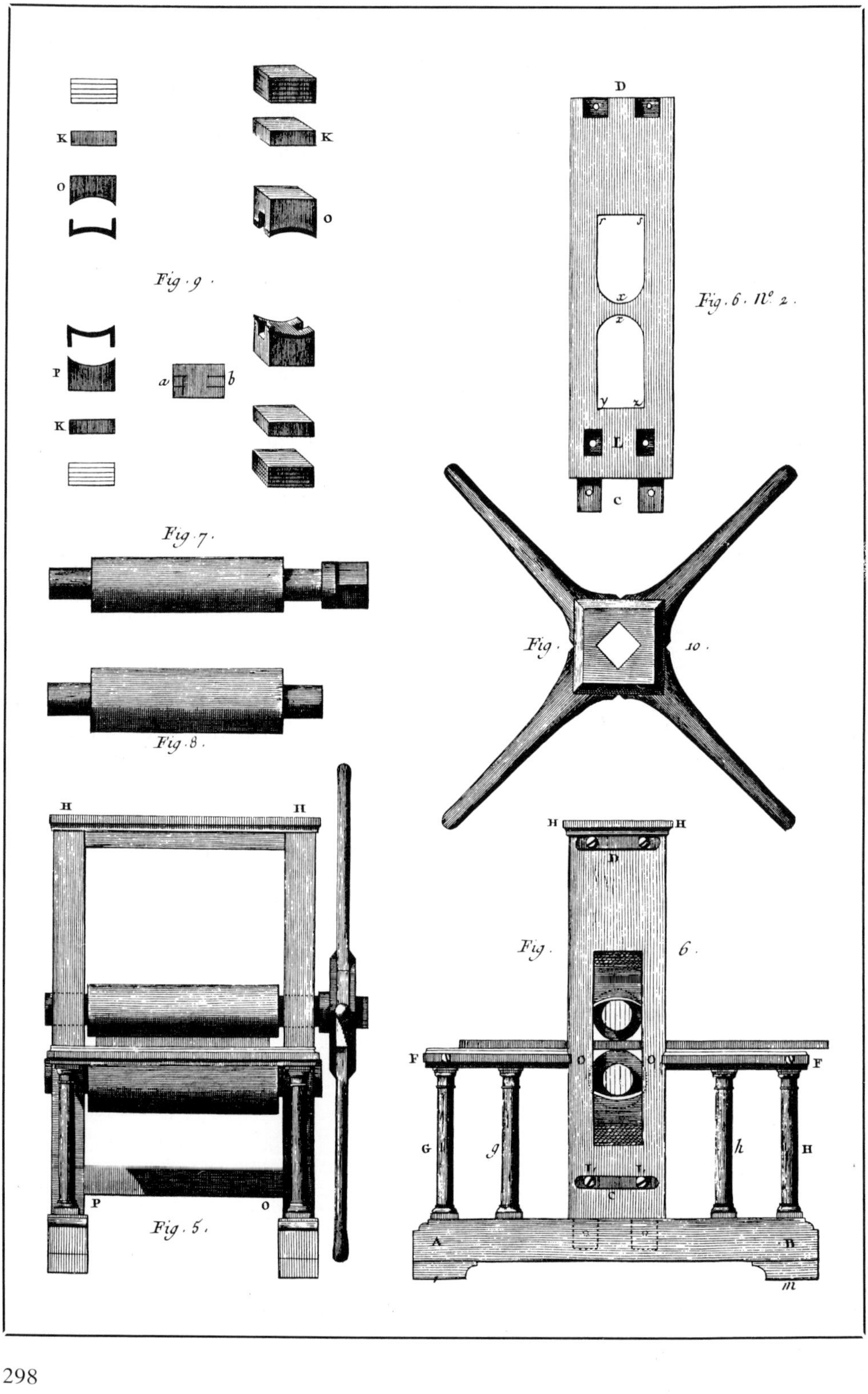
Fig. 9.
Fig. 6. Nº. 2.
Fig. 7.
Fig. 10.
Fig. 8.
Fig. 5.
Fig. 6.

Der Tiefdruck und seine historischen Verfahren

Wenn über die technische Geschichte der Druckpresse kaum etwas bekannt ist, so noch weniger über die Herkunft der manuellen Tiefdrucktechnologien. Die Literatur über die Geschichte des Tiefdrucks als graphische *Verfahrenstechnik* ist dürftig. Es gibt wenig wertvolle Ansatzpunkte.[1] Hervorzuheben sind die Werke von Otto Lilien. Viele seiner persönlichen Anregungen habe ich in diesem Kapitel aufgegriffen.[2]

Im Zeitraum von 1974–76 ist eine in drei Teilen konzipierte »Geschichte der Druckverfahren« erschienen. Verfasser ist Claus Gerhardt im Verbund mit Otto Lilien und W. Weber als Mitarbeitern. Druck*verfahren* lassen sich erst exakt beschreiben, wenn es möglich ist, die damit verbundenen Techniken von anfang an faßbar darzustellen. Bei den historischen Tiefdrucktechnologien liegt vieles im Dunkel der Vergangenheit.

So ist nicht verwunderlich, wenn die Meinungen über die Anfänge der tiefdruckgeschichtlichen Entwicklung auseinander gehen. Aus dem Jahr 1747 verfügen wir über einen Vermerk, der besagt, daß der Florentiner Goldschmied Maso Finiguera eine für Niellos (die man bereits in der Antike kennt: man versteht darunter Abdrucke auf Wachs, später: feuchtem Papier von vertieft eingefärbten Gravierungen in Waffen, Kultgeräten, Kunstgegenständen usw.) gravierte Kupferplatte 1452 auf Papier abgedruckt habe.[3] Der gleiche – noch unbekannte – Verfasser schreibt die Erfindung der Ätzung einem Franz Mazzuoli, genannt Pergemiano (1504–1540) zu. Bauer erwähnt in seinem groß angelegten Werk »Aventur und Kunst«,[4] daß der Augsburger Waffenschmied und Graveur Daniel Hopfer der Erfinder der Ätztechnik ist. Schon sind zwei Problemkreise angeschnitten: einmal das manuelle Graben, Stechen oder Sticheln und andererseits das Verfahren mit Säuren Metalle anzuätzen, wie es (noch) gegen Ende des 18. Jh. Jh. Simon Schmid bei

◀

Konstruktionsdetails einer französischen Kupferdruckpresse aus der 2. Hälfte des 18. Jh. Links oben die Lager, darunter die Walzen und der Zusammenbau. Ganzhölzerne Konstruktion.

Deutscher Kupferdrucker um 1700. Massive Pressenfüße. Bemerkenswert sind die Aufhängeleisten unter der Raumdecke. Die Bogen sind unfachmännisch aufgehängt. Der Arbeiter rechts im Bildhintergrund tamponiert (?) einen frisch bedruckten Bogen (?). Vielleicht: Spezialbehandlung des Bedruckstoffes.

Steinen anwendet. Josef Maria Eder hat sich ebenfalls mit der tiefdruckgeschichtlichen Entwicklung befaßt.[5] Mertle schreibt die Erfindung der Graviertechnik vorgeschichtlichen Höhlenbewohnern zu.[6] Damit will ich das Spektrum der Möglichkeiten andeuten, zugleich aber auch die Schwierigkeit des einzelnen Nachweises.

Ich bin zu wenig bewandert, um ein konkretes und korrektes Urteil abgeben zu können. Mit Sicherheit wird Generationen vor Gutenberg und *vor* der Ausbreitung des manuell ausgeführten Buchdrucks mit metallisch geformten einzelnen Lettern mit Grab- und Sticheltechniken gearbeitet. Man denke an die Holzmodeln, die sich bis etwa zum Jahr 1000 datieren lassen. Es gibt keinen Grund daran zu zweifeln, daß solche Verfahren nicht auch auf metallischen Werkstoffen versucht werden. Niellos sind aus dem Altertum bekannt. Die Geschichte des Schmuckes bestätigt mehrfach das vertiefte Herausarbeiten von Formteilen in Metallen und Edelmetallen.

Der Kupferstich des 15. Jh. ist eine ausgereifte verfahrenstechnische Stufe mit nicht mehr näher bestimmbaren Vorstufen. Über den Erfinder ist nichts bekannt. In gewisser

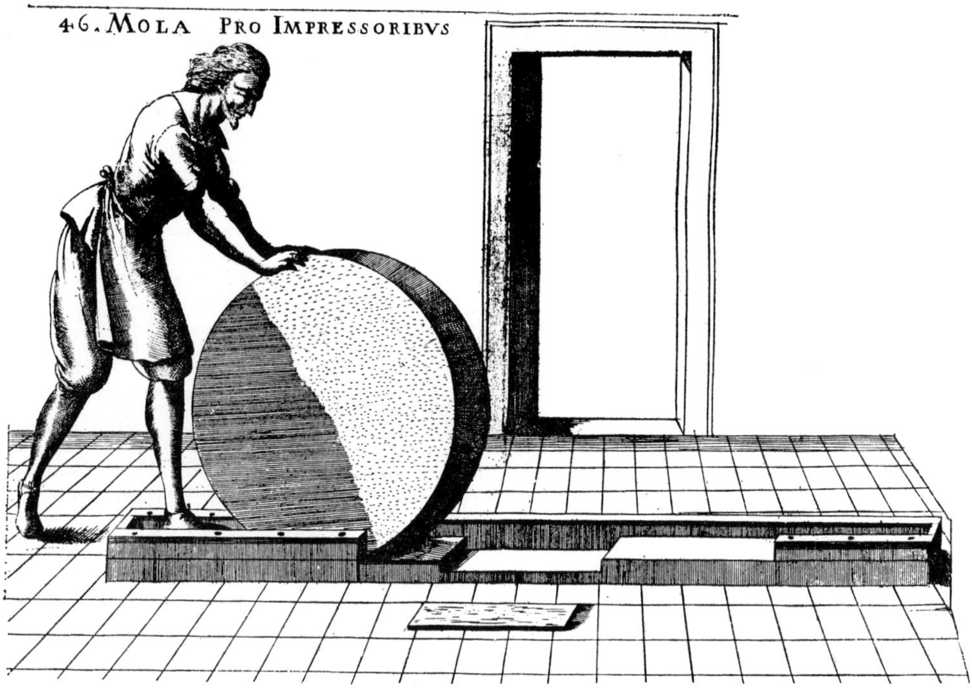

Interessante Darstellung eines Rades, um Abdrucke herzustellen. Ausgezeichnete Verdeutlichung des Druckprinzips: Fläche gegen Zylinder. Venedig (1616).

Weise geht es ihm wie Gutenberg. Auch hier handelt es sich um ein »Verfahren«, das nicht die Tat eines einzelnen sein kann. Der praktisch angewendete Kupferstich liegt mit Sicherheit etwas vor dem mechanischen Bücherdruck. Das 15. Jh. bringt zwei Ansätze zu späteren Hauptdruckverfahren mit paralleler Entwicklung. Technologisch liegen sie nah beieinander, wenngleich folgende Unterschiede zu berücksichtigen sind:

- anstatt von einzeln zusammengesetzten Formelementen – wie beim Buchdruck – werden Ganzformen eingesetzt. Dies bedingt
  - eine andere Verfahrenstechnik in bezug auf die Herstellung der Druckform (besser: Formplatte/n);
  - andere Marktanteile, vor allem der Bereich von Illustrationen, die der klassische Buchdruck bis zum Aufkommen lithographischer und photographischer Techniken nicht optimal bewältigt.
- Anstatt von erhabenen (erhöhten, obenliegenden) Stellen der Formelemente zu drucken, druckt man von vertieften, das heißt, die in sie eingebrachte Farbe wird auf einen Bedruckstoff übertragen. Dies bedingt:
  - andere Druckfarben und andere Verfahrenstechniken vom reinen Druckvorgang aus gesehen und
  - andere Pressenkonstruktionen. Das beim Hochdruck übliche Druckverfahren (Fläche gegen Fläche, wie bei den Tiegeln) kann nicht zur Anwendung kommen. Von Anfang an werden halbrunde (Handballen) oder runde Flächen (Zylinder) eingesetzt.

So verhelfen namhafte Künstler dem Kupferstich und einigen seiner Manieren zu höchstem Ansehen in der Zeitspanne von ca. 1600 bis ca. 1800. Ab 1650 werden Kupferstiche verstärkt koloriert, also greift man hier auf im Buchdruck Bewährtes zurück. Später tritt die Chromolithographie als ernsthafter Gegner auf den Plan.

Diese grundsätzlichen Differenzierungen liegen um die Mitte des 15. Jh. vor. Der Hochdruck *und* der Tiefdruck entwickeln sich parallel: daraus entstehen später zwei Hauptdruckverfahren. Beim Tiefdruck ist als Variante der Kattundruck in seinen verfahrenstechnischen Formen zu berücksichtigen. Kattundruckpressen können von der konstruktiven Seite her als Vorläufer moderner Tiefdruckrotationen angesehen werden. Selbst Alois Senefelder beschäftigt sich kurz nach 1800 mit Problemen des Stoffdrucks. Das rein zylindrische Abdruckprinzip ist vor 1700 (wieder) bekannt und als Verfahrenstechnik üblich. Ein Wappen der Zeugdrucker zeigt eine Presse einfachster Konstruktion mit übereinanderliegenden Zylindern, von denen der untere die Druckform beinhaltet. Es ist denkbar, daß hier nicht von vertieft liegenden, sondern den erhaben stehenden Formelementen gedruckt wird. Darauf deutet der an der Maschine (?) stehende Ballenmeister. Eine Vorstufe des Kattundrucks mit zylindrischer Abwicklung sind vermutlich Holzmodeln von beachtlicher Größe als Handform(en); beispielsweise zum Bedrucken von Stoffen und/oder Tapeten.

Die folgende Chronologie bringt die wichtigsten Daten zur Geschichte des Tiefdrucks. Die ausführlichere Zeittafel am Schluß des Buches ergänzt sie.

1400 ca.	Einsetzen der Kupferstichtechnik
1500 ca.	Kaltnadelradierungen
1510 ca.	Ätztechnik/Ätzradierungen
1600 ca.	bis etwa 1800. Der Kupferstich und seine Manieren behaupten sich als dominierendes Illustrationsmittel
1640 ca.	Gravuren in Schabtechnik
1650 ca.	(ab) Vordringen kolorierter Kupferstiche
1678	wird in Amsterdam die erste Kattundruckerei gegründet
1710	erfindet Le Blon den Farbstich mit mehreren Platten
1757	Gravuren à la Crajon
1768	Aquatinta- oder Staubkornverfahren
1769	Punktmanier
1780 ca.	soll Bonvalet in Amiens eine Walzendruckmaschine mit gravierten Kupferplatten als Zylindermantel erfunden haben

Französische Kupferdruckwerkstätte. Rechts: Vorbereiten und Tamponieren der Druckplatten. Der hintere Handwerker verwendet einen Druckballen (?) zum Einfärben der Platte (= Form). Bemerkenswert ist die Lagerung des Druck- und Gegendruckzylinders.

1783 erhält der Schotte Thomas Bell ein Patent auf eine Stoffdruckmaschine mit tief gravierten Kupferwalzen und einem Rakel

1820 ab Hinzukommen des Stahlstiches

1823 Joseph-Niecephore Niepce (1765–1833) stellt die erste photomechanische Ätzung her, von der gedruckt werden kann

1838 beschreibt Mungo Ponton, daß Mischungen von organischen Substanzen mit Kaliumbichromat lichtempfindlich sind

1852 beschreibt Fox Talbot die Lichtempfindlichkeit von Chromkolloiden

1857 stellt Alphons Louis Poitevin Bilder aus Chromgelatine her

1858 erhält Fox Talbot ein Patent auf Verbesserungen in der Gravierkunst

1860 wird dem französischen Verleger Godchaux ein Patent auf eine Tiefdruck »Schön- und Wiederdruckmaschine« erteilt

Dann setzt eine stürmische Weiterentwicklung ein, die vor allem durch die Photographie möglich wird. Im Verbund mit der »industriellen« Revolution wird der Tiefdruck zum Hauptdruckverfahren. Eine erneute Steigerung erfährt er im Verbund mit dem Bau von Tiefdruck-Rotationsmaschinen. Eine wichtige konstruktive Vorleistung bringt der Engländer Thomas Bell.

Bell'sche Patentschrift

Der Titel der Patentschrift lautet: »Eine neue, besondere und verbesserte Art und Weise für das Drucken von ... Farben, alle zur gleichen Zeit auf Leinen ... oder auf irgendwelche andere Ware oder Material, auf das man drucken kann, auf eine viel billigere Art und Weise, als man bisher herausgefunden hat.«[7] Unwillkürlich denkt man an die Nicholson'sche Patentschrift. Es ist die gleich unpräzise Sprache. Vielleicht besteht eine verfahrenstechnische Brücke. Sie können sich gekannt haben. Thomas Bell der Ältere, der in Walton in der Grafschaft Lancaster lebt und Kupferdrucker ist, nimmt seine wesentlichen Patente am 12. November 1783 und am 2. August 1784. Nicholson beschäftigt sich von Beruf wegen mit Patentangelegenheiten und nimmt sein eigenes zum Bau von Buchdruckpressen 1790. Ich möchte die Frage in

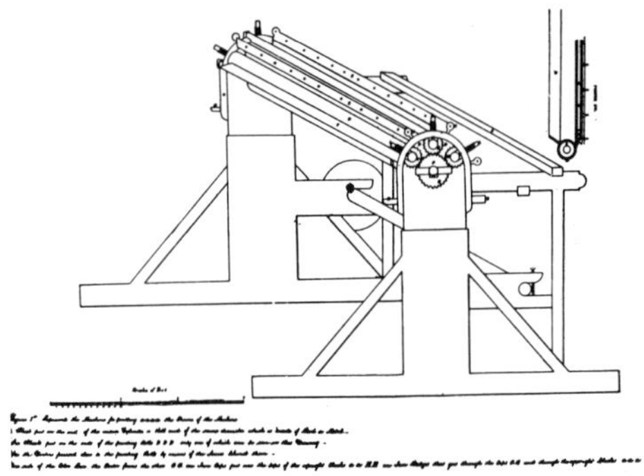

Patentzeichnung zum Patent Nr. 1443 aus dem Jahre 1784 von Thomas Bell. »Tiefdruckmaschine für Stoffdruck.« Das Untergestell gleicht im wesentlichen der alten »klassischen« Tiefdruck-Zylinder-Presse.

den Raum stellen, ob nicht das Nicholson'sche Patent auf die Vorarbeiten von Bell zurückzuführen ist?
Nun werden einige historische Tiefdruckverfahren erwähnt.

Schrotmanier

Die Schrotblätter als besondere Form eines metallisch-flächenhaften Druckstocks gehören im Grund genommen zum Hoch- und nicht zum Tiefdruck. Sie bilden eine Nahtstelle zwischen den Verfahren. Bei der Schrotmanier wird die zu vervielfältigende Zeichnung auf eine Metallplatte geschlagen oder gepunzt (= eingestochen). So entsteht die Zerlegung des Motives in schrotkornähnliche Punkte: daraus leitet sich die »Schrotmanier« ab. Nach dem Einfärben der Platte erfolgt der jeweils einseitige Abdruck. In gewisser Weise kann die Schrotmanier als Vorstufe des Kupferstiches, der Radierung und des Aquatintaverfahrens angesehen werden, vor allem was den Umgang in der Bearbeitung so diffiziler Werkstoffe anbelangt. Die Schrotmanier kann sich nicht durchsetzen. Mit dem Einsetzen der Kupferstichtechniken um die Mitte des 15. Jh. verliert diese Variante an Bedeutung.

Von der Ausdruckskraft her bietet der metallische Schnitt gegenüber dem des Holzes Vorteile. Schnell wird dies erkannt und genutzt. Auf Grund der Härte des Werkstoffes lassen sich nicht nur höhere Auflagen drucken, vor allem läßt sich ein größerer Tonreichtum erzielen. Durch spezielle Verfahrenstechniken werden die Möglichkeiten gesteigert. So findet der Abdruck von metallischen Platten in kurzer Zeit viele Anhänger und eine rasche Verbreitung. Sie finden sich vor allem im künstlerischen Bereich.

Zur Vervollständigung sei erwähnt, daß es Drucke gab, bei denen sowohl der Holz- als der Metallschnitt zusammen eingesetzt waren. Beispielsweise ein normaler Holzschnitt, der, in einen Rahmen gestellt, abgedruckt wird. Wir sehen an solchen Beispielen, wie in frühen Druckstuben experimentiert wird und wie nah die Verbindung zwischen dem Buch- und dem Tiefdruck ist. Eine spätere Parallele sind die Versuche von Professor Schmid und Aloys Senefelder um 1800, von Steinen nach der Hochdruckmanier zu drucken, nachdem sie »angeätzt« wurden.

Kupferstich/Kaltnadelradierung

Der Kupferstich gilt bislang als das älteste Tiefdruck*verfahren.* Seit etwa 1400 ist er bekannt und wird vermutlich erst im süddeutschen Raum ausgeübt. Manche Kupferstiche, die sich durch eine leichte Schattenwirkung auszeichnen, sind zeitlich mit den Frühdrukken nach der Hochdruckmanier vergleichbar. Die Motive sind in einem engen Bereich angesiedelt. Es sind Spielkarten und Darstellungen, die der Verherrlichung der Kirche dienen. Der m. W. älteste Kupferstich stammt aus dem Jahr 1446 und zeigt eine Geißelung Christi.

Berühmte Kupferstecher sind u. a. Dürer, Mantegna und Altdorfer. Marcantonio setzt dieses Verfahren ein, um Zeichnungen von Raffael zu kopieren. Rubens arbeitet mit einem Stab von qualifizierten Stechern zusammen. Einen zusätzlichen Höhepunkt künstlerischen Schaffens bilden französische Farbstiche des 18. Jh.

Verfahrenstechnik

Die zur Verwendung kommende Kupferplatte wird hell grundiert. Darauf wird die vorgesehene Zeichnung übertragen. Dies geschieht manuell bzw. unter Verwendung einer Rötelpause. Darin haben wir eine Vorstufe des Senefelder'schen »Umdruckpapieres« zu sehen. Jetzt erfolgt die Behandlung des Trägermaterials unter dem Gesichtspunkt, daß die zuvor auf die Kupferplatte übertragene Zeichnung in die Platte vertieft einzubringen ist. Dazu werden hartmetallische Grabstichel, Rouletts und eigens dafür konstruierte Werkzeuge verwendet.

Nach dem Vertiefen der zum Abdruck vorgesehenen Formelemente werden sie eingefärbt. Dies geschieht nicht – wie beim Hoch-

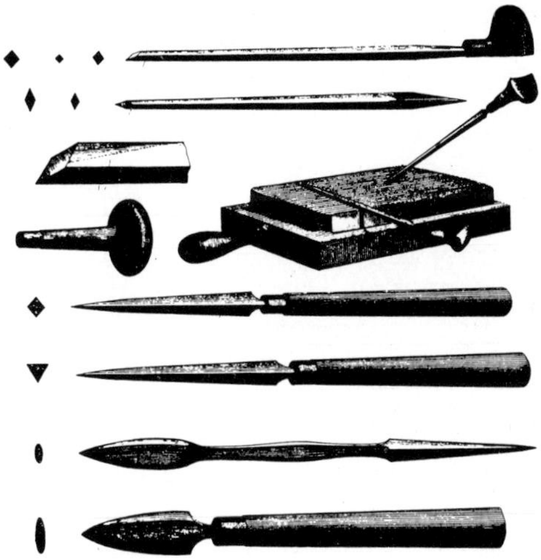

Verschiedene Werkzeuge der Kupferstecher. Rechts die Arbeitsinstrumente und jeweils links die damit erzielbare Wirkung im Metall (Modulation = Tonreichtum).

Verschiedene Werkzeuge der Kupferstecher. Schabeisen, Rollen und Messer zur Erzielung unterschiedlicher Wirkungen. Wir sehen auf diesen Bildern, wie man die Werkzeuge auf die Werkstoffe abstimmt. Gleiches geschieht parallel beim Buchdruck.

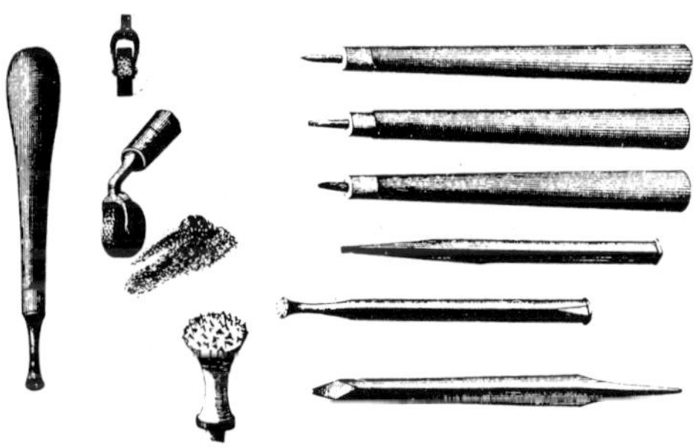

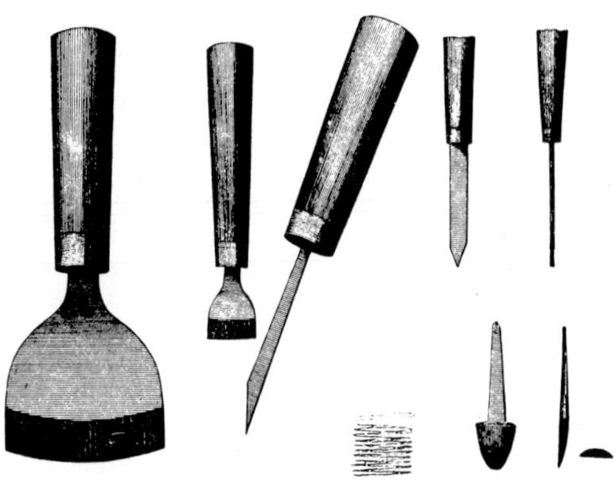

Die »hl. Katharina« (Köln, um 1480). Metallschnitt nach der Schrotmanier (= Schrotblatt). Deutlich sind die schrotkornartigen Punkte zu erkennen. Bildnachweis: Kölner Museum, Rheinisches Bildarchiv. Mit freundl. Genehmigung.

druck – mit Ballen oder Farbwalzen, sondern erst mit der Hand. Vor allem mit dem Daumen wird die Farbe in die Vertiefungen »gedrückt«. Die Farbe ist nicht mit der der Buchdrucker vergleichbar: sie hat gegenüber ihr eine strengere Viskosität. Das muß sie haben, denn ein übermäßiges Herausziehen der Farbe aus den Näpfchen führt zur Makulatur. Um den Abdruck nicht zu »verschmieren«, darf sie *nur* in den eingebrachten Vertiefungen enthalten sein. Die Platte muß vor jedem Abzug oder Abdruck peinlich sauber gewischt werden. Der Kupferdrucker muß außerdem Sorge tragen, daß der Bedruckstoff innigen Kontakt mit der in den Vertiefungen stehenden Farbe bekommt. Um es sicherzustellen, werden die Druckbogen unmittelbar vor dem Druck nochmals gefeuchtet und zusätzlich mit einer Bürste angerauht. Dadurch wird das Papier geschmeidig. Die für den Kupferstich typische Weichheit und der Tonreichtum im Ausdruck werden erreicht, indem man über den gefeuchteten und gebürsteten Bogen feine Wollpappen legt. Darauf kommt zur Beschwerung eine Metallplatte: Erst dann wird der Abdruck (Abzug) hergestellt. Die vorbereitete Druckplatte wird unter der Ausübung gleichmäßigen Druckes zwischen einem Walzenstuhl »hindurchgezogen«. Einige alte Abbildungen verdeutlichen den Vorgang. Hierzu ist ein erheblicher Kraftaufwand erforderlich: die Kunst besteht darin, die Platte gleichmäßig durchzuziehen. Jedes Verrücken oder Verschieben führt zu Unsauberkeiten im Druck. Das Druckverfahren Fläche: Fläche kommt nicht zur Anwendung.

Eine Besonderheit des Kupferstichs ist die Kaltnadelradierung. Dabei wird beim Anbringen der Vertiefungen die Metallplatte so bearbeitet, daß der zwangsläufig bei der Stichelübertragung entstehende Grat mitdruckt. Für den drucktechnischen Ablauf ist dies ein Nachteil, denn der überstehende Grat belastet die Werkstoffe und die Konstruktion. Das ist der Grund, weshalb relativ wenig Kaltnadelradierungen hergestellt werden bzw. hergestellt werden konnten.

Mezzotinto

Diese Variante wird unter den Bezeichnungen »Schabmanier« und/oder »Schabtechnik« bekannt. Sie wird 1642 von Ludwig von Siegen erfunden und verzeichnet am Übergang vom 17. zum 18. Jh. ihre Blütezeit.

Verfahrenstechnik

Eine Kupferplatte wird mit einem mit Zähnen versehenen Wiegemesser (vom Hin- und Herwiegen mit den Händen) an einer Seite aufgerauht. Dadurch entsteht in gewisser Weise eine halbtonartige Wirkung, die dem späteren Raster entspricht. Das Problem ist, diese Wirkung gleichmäßig zu erzielen. Zur Erzielung des Motivs werden die Stellen, die beim Druck heller bzw. nicht erscheinen sollen, je nach dem gewünschten Tonumfang mit einem Polierstahl bearbeitet. Falls erforderlich, schabt man einzelne Partien weg. So entsteht ein nach Tonwerten differenziertes Relief. Farbe nehmen lediglich die aufgerauhten Stellen an, die durch die Plattennachbehandlung entstandenen Vertiefungen weniger bis keine. In gewisser Weise ist es eine Brücke zwischen den Hoch- und Tiefdrucktechniken.

Stahlstich/Siderographie

Im Grund genommen entspricht die Verfahrenstechnik in vielem dem klassischen Kupferstich. Lediglich an Stelle der relativ weichen Kupfer- wird eine harte Stahlplatte eingesetzt. Die Tieferlegung der druckenden Formelemente erfolgt mit Grabsticheln manuell, mechanisch oder unter Zuhilfenahme chemischer Wirkstoffe. Geeignete Ätzflüssigkeiten sind bekannt. Die so hergestellten Druckstöcke werden im Stahlstich-Druck eingesetzt, wobei das Druckprinzip Fläche : Fläche angewendet wird. Es ist nur bei kleinen Formaten möglich, die wenig Formelemente beinhalten.

Im Stahlstich hergestellte Erzeugnisse zeichnen sich durch die feine Linienführung, die reliefartige Wiedergabe der gedruckten Formelemente und durch den Farbglanz aus. Die Farbe wird während des Druckvorganges aus den Vertiefungen »gehoben«, sie ist extrem zäh und trocknet auf dem Bedruckstoff. Der Stahlstich(druck) gibt die beim Druckvorgang entstehenden Konturen auf der Rückseite deutlich zu erkennen. Dieses graphische Verfahren wird heute vor allem auf dem Sektor der Wertpapiere und für geschmackvolle Individualdrucksachen (Akzidenzen) eingesetzt. Um die teils komplizierten und verschlungenen Linien in die Trägerplatte zu bringen, wor den »Gouillochiermaschinen« eingesetzt.

TORCHIO PER STAMPAR I DISEGNI CON I RAMI INTAGLIATI. Italienische Kupferdruckwerkstatt um 1600. Neben der einfach gehaltenen und verzeichneten Presse links im Vordergrund einige Pressendetails. Bildnachweis: Zonca's »nova theatro«. Padua 1607.

Gegensatz:
Steinradierung als lithographische Technik

Bei diesem graphischen Verfahren erfolgt die Herstellung der Druckform nicht nur manuell, sondern sie wird im Anschluß daran etwas tiefergelegt (= tiefgeätzt). Die Radierung an sich ist eine den Tiefdruckverfahren zugehörige Technik. Ich bringe das Beispiel nur um anzudeuten, daß es bei der Behandlung der technischen Geschichte der Druckverfahren immer wieder Nahtstellen und Überschneidungen gibt. Vergleiche dazu die Tabelle mit den historischen Druckverfahren (Versuch einer Übersicht).

Verfahrenstechnik

Zuerst wird der Lithographiestein mit einem dünnen Ätzgrund überzogen. Vor allem verwendet man hierfür Asphalt. Auf dieser Schicht wird eine mit »Pariser Blau« eingestäubte Gelatinepause abgerieben, so daß die Vorlage auf dem Ätzgrund erkennbar wird. Dann folgt das Einritzen der Vorlage mit speziellen Nadeln durch den Ätzgrund. Jetzt liegt der Stein an diesen Stellen frei. Danach wird er mit einer zehnprozentigen Essigsäure angeätzt. Im Anschluß daran werden der Ätzgrund und die Abdeckungen mit Terpentinöl ausgewaschen. Jetzt kann man die vertieft im Stein liegenden Stellen einfärben, die Oberfläche feuchten und nach der Manier der Lithographen Abzüge herstellen. Die Steinradierung erlaubt eine reiche Tonmodulation und wird vor allem auf dem illustrativen Sektor eingesetzt.

Radierung/Remarquedruck(e)/Crajonmanier

Die erste Anwendung und Erfindung dieser einst hochstehenden graphischen Verfahrenstechnik werden einer Augsburger Künstlerfamilie zugeschrieben. Die Blütezeit der Radierung liegt im 16. und 17. Jh. Vor allem Goja und Rembrandt schaffen mit ihren Radierungen künstlerische Meisterwerke. Etwa zur

Kupferdruckwerkstatt um 1600. Im rechten Bildteil die Vorstufen zur Herstellung der Kupferplatten (Formen): zeichnen und ätzen. Links die Druckpresse. Über der aufgelegten Kupferplatte befindet sich der (kupferdruck-spezifische) Straminlappen. Kupferstich von Galle. Nach: Joh. Stradanus (1570).

gleichen Zeit wird die Perspektive entdeckt und außerdem werden Vorläufer der Photoapparate gebaut.[7]

Verfahrenstechnik

Die zur Anwendung kommende Kupferplatte wird mit einem säurefesten Ätzgrund versehen. Er besteht aus Asphalt und Wachs. Jetzt folgt die Übertragung der Zeichnung auf das Trägermetall. Sie wird anschließend mit einer Radiernadel durch den vorher aufgebrachten Ätzgrund eingeritzt, ohne das Metall zu beschädigen.

Erstmals innerhalb der historischen Tiefdruckverfahren wird die Kupferplatte nicht in manueller Form graviert – wie beim Kupferstich oder der Kaltnadelradierung –, sondern das Tieferlegen der zum Druck vorgesehenen Stellen erfolgt mit einer Ätzung. Man verwendet Eisenchlorid- und Salpetersäurelösungen. Partielle Nachbehandlungen sind möglich: sie machen den Reiz dieses Verfahrens aus. Beispielsweise trägt man Wolken mit dem Daumen auf. Die dadurch entstehenden kleinen

Französische Werkstätte aus der 2. Hälfte des 18. Jh. Links im Bildteil eine große Kupferdruckpresse mit »doppeltem« Drehkranz. Deutlich ist die Lagerung der beiden vertikal angedeuteten Holzwalzen erkennbar. Dieses Konstruktionsdetail wird wegen seiner Wichtigkeit mehrfach herausgestellt.

Französische Werkstätte aus der 2. Hälfte des 18. Jh. Etwas veränderte Pressenkonstruktion. Zur Abstützung vor und hinter der Presse zusätzliche Pressenfüße. Dies deutet auf größere Druckformate, die eine stabilere Presse voraussetzen.

Französische Kupferdruckwerkstatt aus der 2. Hälfte des 18. Jh. Bearbeitung der Metallplatten und Darstellung des Ätzvorganges. Durch die abgekippten Fenster wird auf der zu bearbeitenden Metallplatte die beste Lichtwirkung erzeugt. Der stehende Arbeiter in der Mitte scheint von unten eine Platte »anzuwärmen«.

fig 5
fig 2
fig 1
fig 4
fig 3
Goussier del

fig. 1.
fig 2

Fig 4
Fig 5
Fig 1 Bw
D

Deutsche Kupferstecher und -druckerei aus dem frühen 17. Jh. Im Gegensatz zu den Pressen der Buchdrucker verfügen Kupferdruckpressen über kein Gesperre. Dies liegt am streifenartig-zylindrischen Abdruckprinzip. Wichtig ist grundsätzlich, die vorbehandelte Platte »gleichmäßig« durch den Walzenstuhl zu bringen.

Differenzierungen innerhalb einer Auflage sind ein Erkennungsmerkmal des Verfahrens für Geübte.

Die ersten Abzüge von Radierungen bezeichnet man als Remarque-Drucke. An ihren Rändern sind die Ätzzeichen erkennbar, die zur Prüfung der Säurewirkung auf das Kupfer gebracht werden. Remarque-Drucke sind deshalb im Kunsthandel besonders gefragt. Da die Ätzzeichen auch nachträglich aufgebracht werden können, ist Vorsicht geraten. Eine weitere Form der Radierung ist die Crajon-Manier. Die in dieser Verfahrenstechnik hergestellten Drucke imitieren die Wirkung einer Kreide- oder Rötelzeichnung.

Aquatinta/Tuschmanier

Es handelt sich – analog der Radierung – um ein manuell-chemisches Druckverfahren, das im 18. Jh. erfunden wird. Mit dem Aquatintaverfahren lassen sich halbtonartige und an Tuschezeichnungen erinnernde Töne erzielen. Deshalb wird dieses Verfahren unter dem Begriff »Tuschmanier« bekannt.

Verfahrenstechnik

Unter dem Aquatintakorn versteht man eine pulverförmige Mischung aus Asphalt, Kolophonium- oder Mastixkörnern, die durch leichtes Erwärmen miteinander verschmelzen. Das so gebildete »Korn« kann als unmittelbarer Vorläufer des Rasters angesehen werden. Es ist säurefest. Die gewünschte Vermischung erreicht man, indem man die Pulverbestandteile in einem dafür geschaffenen Behälter mischt. Er ist nach unten hin geöffnet. Unter ihm liegt die vorbehandelte Kupferplatte in leichter Anätzung. Nachdem sich der niedergehende Staub auf sie legt, wird sie ein wenig angewärmt. Durch das stufenweise Ätzen erreicht man unterschiedliche Ätztiefen. So entstehen die gewünschten, an eine Tuschezeichnung erinnernden Halbtöne.

Vernis mou

Diese graphische Verfahrenstechnik wird von Felicien Rops ausgearbeitet und angewendet. Auf eine blank polierte Kupferplatte wird eine Lackschicht aufgetragen. Sie dient als Ätzgrund. Auf die Lackschicht wird der Bedruckstoff gelegt. Die vorgesehene Zeichnung wird mit einem harten Zeichenstift unter Ausübung von leichtem Druck aufgetragen. An den Zeichnungsstellen preßt sich die Lackschicht als Ätzgrund an den Bedruckstoff, so daß an diesen Stellen das Trägermetall freiliegt. Anschließend wird es mit einer Eisenchloridlösung (an)geätzt. Partielle Nachbehandlungen sind möglich. Der weitere Fertigungsweg entspricht der der angedeuteten Verfahren.

Im Rahmen dieses Buches genügt es, auf die wichtigsten Varianten der historischen Tiefdrucktechnologien einzugehen. Die entscheidende Wende: der eigentliche Durchbruch der Tiefdrucktechnik kommt durch eine außenstehende Erfindung: die Realisierung der Photographie,[8] das heißt der Zerlegung eines Bildes in einzelne Tonwerte und die Möglichkeit, sie später aufzurastern. Deshalb ist unumgänglich, etwas auf diese Linie einzugehen.

Hyppolythe Bayard/Louis Daguerre

Hier kann mit einem historischen Irrtum aufgeräumt werden. In vielen Fachbüchern des graphischen Gewerbes und der Photographie wird (immer wieder) die Person von Louis Daguerre in den Vordergrund der Überlegungen gerückt, und andere, sicher gleichbedeutende Forscher – denn auch die Photographie ist eine Verfahrens*technik* und nie die Erfindung eines einzelnen – wenig gewürdigt. Außer Niepce (1765–1833), Daguerre und Fox Talbot, um nur einige zu nennen, beanspruchen mindestens 20 Personen im Jahr 1839 die Erfinderehre der Photographie. Dies bestätigt, daß es sich hier um ein kompliziertes *Verfahren* handelt, bei dem der eine den anderen befruchtet, nachdem die Phase der Geheimniskrämerei überwunden ist. Es ist de facto ein Wettlauf mit der Zeit; lediglich weil Daguerre als erster öffentlich über seine Versuche berichtet, wird *er* auf das Schild des Erfinders gehoben: korrekt ist dies nicht. Am 19. August 1839 gibt der bekannte Astronom und Physiker Dominique Francois Arago (1786–1853) auf einer wissenschaftlichen Sitzung Einzelheiten über die Erfindung von Daguerre (1789–1851) bekannt. Deshalb hat sich die Nachwelt geeinigt, dieses Datum als Geburtsstunde der Photographie anzusehen. Von der technologischen Entwicklung her stimmt es nicht, weil die Photographie als solche lange und schwierige Verfahrensketten durchlaufen hat. Ihre Verwirklichung bedarf umfangreicher, mühsamer und kostspieliger Versuchsreihen: erst sie ermöglichen Niepce, Talbot und Daguerre.

Außerdem stammt die grundlegende Idee nicht von Daguerre, sondern von Joseph Nicephore Niepce, der 1826 ein Lichtbild erzeugt. Er hat es acht Stunden lang belichtet und mit einer asphaltbeschichteten Zinnplatte aufgenommen. Er schließt (vermutlich notgedrungen) am 14. Dezember 1829 einen Vertrag, um auf gemeinsamer Basis weiterzuarbeiten. Als er am 5. Juli 1833 stirbt, tritt sein Sohn Isidor in den Vertrag mit Daguerre. Technisch gesehen sind die später »Daguerrotypie« genannten Erzeugnisse *nicht kopierfähige Unikate*. Dies ist bei der Beurteilung der Erfindung der Photographie zu berücksichtigen, denn niemals hätte sie ohne die damit verbundene Wirtschaftlichkeit den heutigen Stand erreicht. Die ersten kopierfähigen Vorlagen gehen auf Fox Talbot zurück (1800–1877).

Der Wettlauf mit der Zeit[9] erfolgt vor allem zwischen Daguerre und Bayard. Bayard wird am 20. Januar 1801 geboren. Sein Vater ist Friedensrichter. Später geht Hyppolith als Kanzlist zu einem Notar und ins Finanzministerium. Es steht fest, daß er dort umfassende photographische Versuche anstellt. Sie lassen sich mit Sicherheit bis 1837 zurückführen. Als

Deutsche Kupferstecher um 1700. In der Bildmitte der Vorgang des »stechens« und links der des »ätzens«. Die zu ätzende Platte wird seitlich von einem Wachsstreifen eingefaßt, der das Auslaufen der Ätzflüssigkeit verhindert. Im linken Bildteil ist dies erkennbar.

Arago 1839 erste Mitteilungen über die Erfindung von Daguerre bekanntgibt, meldet Bayard Prioritätsansprüche an.

Bayard nimmt in der Zeit vom 20. Januar bis zum 20. März 1839 erneut Versuche auf und legt sie verschiedenen Experten zur Prüfung vor. Bayard macht den Fehler [(?), sofern diese Bemerkung nachträglich gestattet ist], seine Erfahrungen zunächst *nicht* zu veröffentlichen. Er hinterlegt eine Beschreibung *seines* Verfahrens in einem verschlossenen Brief am 11. November 1839 bei der Akademie der Wissenschaften. Deshalb kann ihn Daguerre zeitlich überflügeln, hatte er doch etwa drei Monate zuvor die Ergebnisse *seines* Handelns publiziert. »Hyppolyth Bayard, der unglücklichste Erfinder aller Erfinder der Photographie und zugleich einer ihrer liebenswertesten frühen Meister, starb am 14. Mai 1877 in Nemours als ein vergessener Pionier einer mechanischen Kunst, die im 20. Jh. ein wahres Zeitalter fand.«[10]

Heliogravüre

Dieses Tiefdruck*verfahren,* das auf photomechanischer Basis der Druckformbehandlung ruht, ist erst *nach* der Erfindung der Photographie als brauchbare Verfahrenstech-

Der Böhme Karel Klic oder Klitsch (?). Geb. 1841 in Arnau (Bez. Hohenelbe), gest. 1926 in Wien. Er bringt als erster »Staubkornheliogravüren« heraus, die in kleinen Auflagen abdruckbar sind.

William Henry Fox Talbot (1800/1877). Englischer Physiker. Er stellt 1841 Papiernegative mit einer Kamera her, von denen Kontakte »gezogen« werden (können). Im Gegensatz zu den »Daguerretypien« sind die »Talbottypien« in der Anfangszeit etwas unscharf. Abb. nach einer anonymen Heliogravüre. Bildnachweis: Museum der Rojal Photographic Society.

Alphons Louis Poitevin (1819/1882). Er stellt bereits 1837 Bilder aus Chromgelatine her. Bildnachweis: Museum der Rojal Photographic Society London.

nik möglich. Nachdem der französische Staat Daguerre für seine Erfindung eine hohe Rente zusichert, gibt er sein Patent frei. Daraufhin setzt eine stürmische Aufwärtsentwicklung ein. Dies wirkt sich befruchtend auf die gesamte graphische Technik aus.

Verfahrenstechnik

Ein Halbtondiapositiv wird auf ein chromiertes Gelatinepapier übertragen. Je nachdem, wieviel Lichtquanten beim folgenden Kopiervorgang einfallen, wird das innerhalb der Gelatine befindliche sechswertige Chrom in dreiwertiges reduziert. Dadurch verliert die Gelatine einen Teil ihrer Quellfähigkeit und Wasserlöslichkeit. Die Kupferplatte enthält ein leicht angeschmolzenes Asphaltkorn und den einkopierten Kreuzraster. Das zuvor bearbeitete Pigmentpapier wird jetzt auf die Kupferplatte aufgetragen. Die Entwicklung erfolgt mit warmem Wasser. Dadurch wird die noch lösliche Gelatineschicht ausgewaschen. Das Ergebnis dieses Vorganges ist ein den Originalwerten entsprechendes Gelatinerelief auf der Kupferplatte.

Die Stärke der übertragenen Gelatineschicht bestimmt den Grad der nun folgenden Ätzung. Sie erfolgt in mehreren Stufen. So wird das gewünschte Tonrelief vertieft in die Druckform eingelegt. Die tiefer gelegten Näpfchen können auf Grund ihres größeren Volumens mehr Druckfarbe aufnehmen bzw. wieder an den Bedruckstoff abgeben als weniger tiefe. Dadurch entsteht die ausgezeichnete Wiedergabe der Halbtöne und der photographische Charakter der Tiefdrucke. Rasch wirkt sich dies auf die landläufigen Illustrationsmittel, vor allem im Zeitungsdruck, aus.

Die Heliogravüre trägt in sich alle Merkmale des aus ihr entwickelten rotativen Kupfer- oder Rakeltiefdruckes. Sie zählt zu den tiefenvariablen Verfahrenstechniken. Ähnlich wie bei den anderen Hauptdruckverfahren zeigt der Tiefdruck eine maschinentechnische Differenzierung in Handpressen und Rotationsmaschinen. Diese Entwicklung setzt etwa ab der zweiten Hälfte des 19. Jh. ein und

Hippolythe Bayard (geb. 1801, gest. 1877). Verkannter Pionier der Photographie. Bayard gelingt es schon 1826 positive Bilder auf Papier herzustellen. Selbstbildnis aus dem Jahr 1863.

ist durch Vorleistungen auf dem Sektor des Hochdruck-Rollenmaschinenbaues möglich.

Heute haben die hier angeführten manuellen Tiefdrucktechnologien und Verfahren nur noch einen historisch-künstlerischen Charakter. Sie haben ihre wirtschaftliche Bedeutung verloren. Aber ohne sie wäre das Nachfolgende unmöglich gewesen. Etwa ab 1900 zeigt sich eine stetige Verbesserung der Tiefdruckmaschinen, der dazu erforderlichen Papiere und Hilfsmittel. Um den historischen Charakter des Buches nicht zu stören, kann die Weiterentwicklung dieses heute in bestimmten Bereichen führenden Hauptdruckverfahrens nicht weiter verfolgt werden.

Deutsche Buchdruckerei um 1800. Der Begriff »Typographeum« deutet auf den hohen Stellenwert, den man diesem Gewerbe beimißt. Auffallend ist die Verwendung eines »Him-Ham«. Neben der Druckpresse ein Feuchtebrett mit »Beschwerglocke«. Formenschrank: später oft Unterteil der Setzkästen. Aus Chr. Täubel: »Wörterbuch der Buchdruckerkunst«, Wien (1805).

Vom Meister zum Druckingenieur ... ein Blick in die Geschichte der Berufsausbildung

Vieles, was seither von Unvorhereingenommenen als gewerbespezifisch, »Kunstgebrauch« oder Besonderheit angesehen wird, entpuppt sich als üblich und bestätigt, daß das Gutenberg'sche Unterfangen in eine Zeit geboren wird, in der es zahlreiche, teils blühende, dem »mechanischen Bücherdruck« nahestehende Berufsgruppen gibt. Bestimmte Gebräuche und Verhaltensweisen sind in unterschiedlichen Ausprägungen vorhanden und werden modifiziert übernommen. Daraus ist zu schließen, daß die Phase der oft zitierten Geheimhaltung der »Jünger der Schwarzen Kunst, der Edlen Gab Gottes« nur kurz ist und der anderer Gewerbe entspricht. Es wird versucht, die Komplexität des graphischen Gewerbes in die Gesamtentwicklung des Handwerks einzubringen. Das Gewerbe der Setzer und Drucker zeichnet sich über einen längeren Zeitraum durch den Reiz des Besonderen aus. und ist relativ stark mit den Traditionen verhaftet. Besondere Schwierigkeiten stellen sich ihm durch die Preßpolizei und die Zensur. Auf sozialem Gebiet wird das Gewerbe zum Fürsprech anderer, es wird zum Vorreiter der Gewerkschaft.

Veränderte Wirtschaftsformen nehmen wie politische und andere Strukturen maßgeblichen Einfluß. Die Gewerbefreiheit des 19. Jh. bringt zusätzliche Probleme mit sich. Auf dem Rücken des beruflichen Nachwuchses wird zu Schleuderpreisen gearbeitet. Die sozialen Schwierigkeiten werden von den Prinzipalen zwar gesehen, aber lange nicht gelöst. Das Gewerbe zeichnet sich durch eine permanente Uneinigkeit aus: der Hang zum Technischen dominiert: kaufmännische Gesichtspunkte werden unterbewertet. Prinzipale und Gesellen werden von ständigen »technischen« Wellen überrollt. Mit dem 19. Jh. erfolgt die generelle Umstellung der Produktionsverhältnisse. Einige der damit verbundenen Schwierigkeiten werden aufgezeigt. Ich beabsichtige nachzuweisen, wie sich der berufliche Wandel im graphischen Gewerbe vollzieht. Der Meister oder Faktor nimmt im Lauf der Entwicklung immer wieder eine Sonderstellung ein. Seine erst handwerklich orientierten Aufgaben wandeln sich über dispositive und pädagogische.

Derber, perspektivisch verzeichneter Holzschnitt einer frühen Gelehrtenstube. Die Knöpfe auf den Buchdecken deuten an, daß die Bücher damals gelegt (und nicht wie heute) gestellt werden. Deutliche Einteilung der Kolumnen. Der Leser hat seine Narrenkappe mit dem Gelehrtenhut vertauscht.

Die heutige »moderne« Technologie, die Vielzahl der unterschiedlichen Druckverfahren und graphischer Techniken, das sich klar abzeichnende Zeitalter der Elektronik ist ohne das aktive Wirken und die vielen Auseinandersetzungen des »ehrbaren Druckhandwerks« undenkbar. Deshalb ist es reizvoll, an dieser Stelle einen Blick in die Geschichte der Ausbildung zu tun. Das Kapitel soll zeigen, welche Probleme wirtschaftlicher, sozialer und politischer Art im graphischen Gewerbe zur Lösung anstehen und wie sie überwunden werden. Die Technologie fordert auch in dieser Hinsicht ihren Tribut. Sie zwingt das graphische Gewerbe in die Zwangsjacke der Druckindustrie. Sie zwingt den Berufswandel vom Meister zum Ingenieur herbei. Die Entwicklung setzt im letzten Drittel des 15. Jh. ein, greift mittelalterliche Fäden auf und beginnt dann mit einer rasanten problemorientierten Verflechtung vieler Zusammenhänge. Eine Beschäftigung mit dem »Mensch« an der »Maschine« ist unumgänglich. Sie zeigt, wie kompliziert technisches Werden ist, wie engstirnig einerseits und wie aufgeschlossen andererseits der Mensch zur Technik steht.

Der Mensch am Arbeitsplatz ist in die technische Entwicklung eingebettet, die er sich selbst geschaffen hat. Unter diesen Gesichtspunkten ist es reizvoll, sich zur Abrundung kurz mit der Frage zu beschäftigen, wie sich die Lehrlinge, Gesellen, Meister und Druckherren zurechtfinden, welche Spannungen zu überwinden sind, welche Einstellung sie zu Beruf und Arbeit unter dem technischen Fortschritt zeigen. Geändert hat sich nur die Technik: nicht aber der Mensch. Zum Verständnis dieser Sachverhalte ist ein kurzer Rückgriff auf das mittelalterliche Berufs- und Erziehungsideal erforderlich.

Der historische Standort

Das mittelalterliche Berufs- und Erziehungsideal weicht grundsätzlich von heutigen Allgemeinvorstellungen ab. Im Mittelpunkt steht die christliche Religion. Selbst städtische Gliederungen werden als »gottgewollt« hingenommen. Der Beruf gilt als Dienst an der menschlichen Gemeinschaft. Dieser Aspekt beleuchtet ein Charakteristikum der Zeit Gutenbergs. Die enge Bindung des Berufs im Sinne einer »Berufung« als »Arbeit an der Ehre Gottes und darum des gemeinen Nutzens willen«, ist ein Teil des mittelalterlichen Weltbildes. Diese Grundhaltung ist von zahlreichen Spannungen durchzogen. Der Begriff des Meisters ist geläufig. Es heißt noch Magistrii. Üblicherweise sind ihm landwirtschaftliche Tätigkeitsgruppen unterstellt. Neben des Handwerkliche tritt allmählich das Dispositive.

Innerhalb der Klostermauern vollzieht sich eine Parallelentwicklung. Die Klöster tragen erheblich zur mittelalterlichen Lebens- und Weltanschauung bei. Hier bildet sich ein Nachwuchs auf »höherem Niveau«. Der Preis dafür ist ein engstirniger Gottglaube. Dem Mönch verbleibt mehr Zeit für die geistige Beschäftigung. Klöster verfügen über eigenständige Organisations- und Verwaltungsformen. Möglicherweise stellen sie im Zeichen der Zeit die wichtigsten Schulen des geistigen und demzufolge auch des technischen Fortschritts dar. Interessanterweise finden sich Parallelen zum später einsetzenden graphischen Gewerbe.

Bücherschreiber, Illuminatoren, Miniatoren und erste Buchbinder treten im kirchlichen Bereich auf. Das Bemühen der Mönche, »ihrem« Nachwuchs Bestmögliches an die Hand zu geben, zeigt sich noch heute in den prachtvollen Bänden der Klosterbibliotheken. Dem Armarius untersteht die Bibliothek und das Skriptorium, in dem Mönche unter Anleitung und »Vorlesung« liturgische Texte, Bibeln und Gebetbücher niederschreiben. Hierzu verwenden sie Monate und Jahre. Auf die teilweise unglaublichen Fehler, die ihnen unterlaufen, kann ich an dieser Stelle nicht eingehen. Sie gehen außerdem von der grundsätzlichen Richtigkeit des Abgeschriebenen aus, von dem wir heute wissen, daß es keinesfalls zutrifft. Auf jeden Fall finden wir in diesem Klima die ersten Ansatzpunkte der Arbeitsteilung. Der Punkt wird erreicht, als der klösterliche Bereich nicht mehr zur Deckung des Eigenbedarfs ausreicht. Jetzt setzen »weltliche« Schreiber, Buchbinder und Formschneider ein. Daraus entwickelt sich eine Konkurrenzsituation.

Eine Zwischenstufe nehmen die »Brüder des Gemeinsamen Lebens« (Fratres communis vitae) ein, die wegen ihrer großen Hüte auch »Kogelherren« genannt werden. Dabei handelt es sich um ein etwa 1350 gegründetes Institut, das sich speziell mit dem Abschreiben von Handschriften zum Zweck des Lebensunterhaltes und der Wohltätigkeit befaßt. Die Fraterherren bilden eine halbklösterliche Gemeinschaft ohne bindendes Gelübde. Maßgebend wird das Skriptorium des Rodolphus Dier de Muden. Mit dem Aufkommen der »Schwarzen Kunst« zeigen die Kogelherren einen für die Zeit bestechenden Weitblick. Statt sich gegen das Neue aufzulehnen, wie es zünftige Genossen tun, gründen sie – um auf die gewohnten Einnahmequellen nicht verzichten zu müssen – vor allem in Norddeutschland eigene Druckbetriebe. Zudem befassen sie sich mit dem Binden von Büchern. Eine ihrer Wirkungsstätten befindet sich in Köln.

Der Handel konzentriert sich an bevorzugten Plätzen. Durch das Markt- und Stapelrecht, den Markt- und Burgfrieden entstehen allmählich Handelsorte. Die Ansässigen können jetzt relativ bequem den Bedarf an auswärtigen Waren decken. Fachbezogen denke ich an Metalle, Pergament, Papiere und Farbstoffe. Der Handelsvorteil zieht die Handwerkskundigen an. Während des Hochmittelalters wächst das Wirtschaftsleben. Allmäh-

Stufe	Berufsgruppe(n)	Bedarfsdeckung
1.	*Originärberuf:* Grobschmied, Stellmacher, Hufschmied, Wagner	Gekennzeichnet durch die Naturalwirtschaft
2.	Zeugschmied, Zirkelschmied	Handwerkzeuge
3.	Waffenschmied, Flaschner (später: Klempner), Nadler, Heftelmacher, Kettler und Drahtzieher	Haushaltsbedürfnisse
4.	Panzer- und Harnischmacher, Plattner, Ringer, Schwertfeger, Klingenschmiede, Bartenhauer, Sporer, Bogen (Armbrustmacher)	Waffenbedürfnisse
5.	*Sekundärberufe:* Schlosser, Feilenhauer, Kesselschmied, Beckenschläger, Zinngießer, Rotgießer, Goldschläger, Goldschmiede	Befriedigung mehr individueller Bedürfnisse
6.	*Ab der Mitte des 15. Jh.:* **Schriftgießer** Herstellung von Druckform-Einzellettern	**Hochgradige Spezialisierung für die Belange der Drucktechnik**

Die Arbeitsteilungen am Beispiel der metallverarbeitenden Berufe

lich ziehen sich die Sekundär- um die Stammberufe. Die Spezialisierung der Arbeit wird eingeläutet. Damit steigen die Bedürfnisse in qualitativer und quantitativer Art. Das obige Beispiel der metallverarbeitenden Berufe verdeutlicht, wie sich die berufliche Horizontalstruktur gegenüber der ursprünglich nur vertikalen auswirkt. Die Metallverarbeitung steht später Pate bei der Erfindung der beweglichen Letter. Johannes Gensfleisch zum Gutenberg, der heute fälschlicherweise nur Gutenberg genannt wird, gehört als Handwerker und Techniker dem Gewerbe der Goldschmiede an.
Wir sehen den Einbruch der Mechanik in das handwerkliche Schaffen. Jeder der genannten Berufe beinhaltet die Möglichkeit des »Meisters«. Das heißt nicht, daß nur der Meister werden kann, der die Lehrzeit (Gesellenzeit), Wanderzeit, die Sitz- und Mutjahre hinter sich gebracht hat. Im 13. Jh. ist von alledem so gut wie nichts bekannt. Die altübernommene Satzung besagt lediglich: »Wer das Handwerk treiben will, muß es mit der Hand wirken können«, nicht aber wo, wie und bei wem. Der Gesellenstand entwickelt sich langsam. Es gibt zünftige Vorstufen als genossenschaftliche Zusammenschlüsse. Jeder, der ein Handwerk beherrscht, kann nach seiner freien (?) Wahl tätig werden.

Die Handwerker haben den Wunsch, in eine befestigte Stadt zu gehen. Unter Umständen ist dies abhängig von der Erlangung der »persönlichen« Freiheit (die hier nichts mit der »rechtlichen« zu tun hat). Sobald sich einige vor oder (schon) innerhalb der Stadtmauern sammeln, kommt es zu Zusammenschlüssen. Das Motto ist: »Einigkeit macht stark«, bzw. »Stadtluft macht frei«. Hier können wir eine Vorstufe der Zunft sehen. Die Handwerker finden in den aufblühenden Städten Schutz: zudem häufig die Marktgilden, die mehr oder weniger monopolisiert Handel treiben. Die berühmten Handelsstädte Lübeck, Nürnberg, Straßburg und Augsburg, denen politisch und wirtschaftlich eine höhere Bedeutung zukommt, verfügen über erhebliche Handwerkerquoten. Hier finden wir später den typischen »Frühdrucker«.

Die Zunft als allgemeine Organisationsform

Über die anfänglichen Formen der Zunftbildung ist wenig bekannt. Bis um 1150 sind Zünfte selten urkundlich erwähnt und kaum nachzuweisen. Altüberlieferte Zunftprivilegien sind die der Mainzer Weber (1099), der Würzburger Schuhmacher (1128) und der Kölner Bettziechenmacher von 1149. Nach 1300 können die Zünfte als allgemein angesehen werden. Ansatzpunkte sind:

- Freiwillig geschlossene Zusammenkünfte genossenschaftlicher Art (Einung/Innung)

Schönschreiber aus dem 15. Jh. Miniatur einer Brüsseler Handschrift (verkleinert). Hier fallen die breiten Buchschließen auf. Links im Hintergrund sieht man aufeinandergelegte Bücher. Aus: P. Lacroix »Historie de l'imprimerie«.

- Anschluß von Handwerkern an Grundherren (vergünstigtes Einrücken in die Städte)
- Anordnung der Stadtherren zum Zusammenschluß bestimmter Handwerksgruppen (Zweck: bessere Durchführung der Marktordnung, leichtere Kontrolle)
- Als Spätform religiöse Bruderschaften

Jetzt entstehen allmählich die Zunftsatzungen. Ihr Recht besteht nicht in schriftlich fixierter Form. Es beruht auf »Brauchtum, Sitte und Gewohnheit«. Zuerst ist die Zunft ein *berufspolitischer* Zusammenschluß und erst in zweiter Linie eine wirtschaftliche Interessengemeinschaft. Selbst die streng umhütete vertikale Könnens- und Berufshierarchie nach Lehrling, Geselle und Meister darf als der Zunftvorstufe zugehörig gesehen werden. Es ist *eine* Aufgabe der Zünfte, zur Festigung dieser Zusammenhänge beizutragen. Die in die Stadt einziehenden Handwerkskundigen (= Meister) werden nach Erfüllung der Voraussetzungen in die Zunft aufgenommen und üben den Beruf nach »Können und Wollen« nicht wie heute, nach »Regeln«, »Reglementierungen und nüchtern-kalten Vorschriften« aus. Die Zünftigen haben sich mit sozialen Problemen auseinanderzusetzen. So entstehen im Lauf der Zeit »Laden« mit festen Beitrags- und Leistungssätzen. Sie werden später vom jungen graphischen Gewerbe mit beachtlicher Konsequenz fortgeführt. Ob sich die Setzer und Drucker zünftig zusammenschließen, ist mir nicht bekannt. Bei ihnen treten erst mit dem Beginn des 17. Jh. innungsartige Erscheinungen auf. Zu diesem Zeitpunkt haben die Zünfte längst den Zenit ihrer Machtfülle überschritten. Sie haben sich zerstritten und dadurch den eigenen Verfall eingeläutet.

Über die organisatorische Form der Zünfte ist wenig bekannt. Man ist bemüht, das Handwerk im Bürgerleben zu etablieren. Die Handwerker streben nach mehr sozialer Anerkennung. Es entsteht der Dialog zwischen den »Geschlechtern« und den »Meistern«, die teilweise und argwöhnisch als Emporkömmlinge betrachtet werden. Hier treten ungewohnte Spannungen und heftige Auseinandersetzungen auf.

Seit 1300 wird versucht, mit der zünftigen Bewegung die (Allein)herrschaft der Patrizier einzuschränken oder zu beseitigen. So entstehen die Zunftkämpfe. Diese Periode ist um 1400 abgeschlossen. Das Gutenberg'sche Unterfangen liegt demnach in einer Zeit, in der sich einzelne Städte zum festen Bestandteil des Kulturlebens entwickeln. Aber schon zu Beginn des 15. Jh. tauchen erste Verfallserscheinungen innerhalb der Zünfte auf. Beendet werden sie mit der technischen und sozialen Entwicklung des frühen 19. Jh. Das graphische Gewerbe nimmt eine Sonderstellung ein.

Organisatorische Veränderungen

Die städtische Obrigkeit ist bemüht, das Handwerk zu ordnen, das heißt, es für ihre Zwecke gefügig zu gestalten. Dazu werden unterschiedliche Kontrollinstanzen realisiert. Allmählich wird die Zunft zur allgemeinen Organisationsform: der *Zunftzwang* setzt sich fest. Wer als Handwerksmeister selbständig arbeiten will, *muß* Zunftgenosse sein. So haben sich während des 14. Jh. Grundsätze und Formen der Berufserziehung herausgebildet, die bis heute nachklingen. 1304 erfahren wir erstmals von einem *Lernzwang* der Züricher Müller, Gerber und Hutmacher. Die Zunft festigt sich immer mehr. Damit geht eine weitere Straffung der Handwerke vor sich. Sie wollen den unterschiedlichen Gerichtsbarkeiten entgehen, denn sie ist das Merkmal des »freien« Mannes. Nur er *kann* berufliche und soziale Anerkennung erlangen. Damit eng sind die Begriffe der »Ehre« und der »Ehrbarkeit« verbunden.

Nachdem die Zunft zur allgemeinen Erscheinungsform des hohen und späten Mittelalters wird, zeigen sich erste Verfallserscheinungen. Alter, Rang, Uneinigkeit, Mißgunst, Mißbilligung und Intrigen spielen eine entscheidende Rolle. An dieser zwischenmenschlichen Problematik hat sich bis heute nichts geändert. Es bilden sich Haupt- und Unterzünfte. Daneben vollzieht sich eine weitere berufliche Spezialisierung. So wachsen die sozialen Spannungen; die Meister leben sich auseinander. Man macht es den Zünftigen immer schwerer, Aufnahme zu erhalten oder alterstandene Rechte zu bewahren. Dies beweisen in krasser Form regelrechte Aufstände, die die starren Ordnungen erschüttern. Altgesellen und Verheiratete treten als besondere Problematik auf. Ploetz sagt dazu: »Dennoch wächst im späten Mittelalter die Zahl der Gesellen ständig, die keine Aussicht auf eine Meisterstelle haben. Sie bleiben abhängige, unzufriedene Lohnempfänger.«

Obrigkeitliche Instanzen prüfen Preis, Gewicht und Güte der von den Handwerkern erstellten Produkte. Dadurch wird der Konkurrenzdruck geschürt. Auch im graphischen Gewerbe ist die »Lohntaxe« oder »Taxordnung« eine Vorstufe der später einsetzenden Kalkulationsbemühungen. Die Zauberformel zur Verwirklichung der Zusammenhänge und der Idealzustände glaubt man unter dem scholastischen Gedankengut mit dem Begriff des »rechten« Preises (justum pretium) zu definieren. Es gelingt notdürftig, damit eine gewisse soziale Gerechtigkeit zu schaffen und alle am Wirtschaftsprozeß Beteiligten zu befriedigen. Die Erfolge sind von kurzer Dauer.

Es gibt ein ausgeprägtes Polizei- und Gerichtswesen. Übertretungen werden streng bestraft. Nach dem städtischen Gewerberecht sind die Meister gezwungen, sich den peinlich genauen Vorschriften der Gewerbepolizei zu unterwerfen und in bestimmten Straßen zusammenzuwohnen.

Auf Grund dieser Reglementierungen bilden sich nach Handwerksberufen benannte Straßen und/oder Plätze. Andere nach berühmten, im Zeichen der Zeit be- und anerkannten Handwerkerfamilien.

Ein frühes Beispiel für das graphische Gewerbe ist die Fleet-Street in London, die weithin als »Druckerstraße« bekannt ist. Hier oder in einer Nebengasse erfindet mit Beginn des 19. Jh. der Sachse Friedrich Gottlob Koenig die Buchdruckmaschine.

Später kommen Zunftmeister in den Rat der Stadt. Damit wachsen die Spannungen zwischen den Zünftlern und den alteingesessenen standesbewußten Patriziern, die sich Sorgen

Textillustration des »Terentius«, Lyon 1494. Blick in eine Gelehrtenstube. Stark verzeichnet. Erst der Mensch der Renaissance lernt, perspektivisch zu sehen und die Bilder raumoptisch korrekt wiederzugeben. Vermutlich handelt es sich um eine Darstellung aus dem klösterlichen Bereich.

um die überkommenen Vorrechte machen. Machtkämpfe zerrütten allmählich die Ordnungsprinzipien. Das Alte muß dem Neuen weichen. Zögernd (und unfreiwillig) wird einzelnen Gewerbezweigen erlaubt, sich weiter zu organisieren und »eigene« Ordnungen aufzustellen. Zumindest bis weit in das 15. Jh. hinein ist dazu die Gunst des Stadtrates Voraussetzung. Deshalb die alte Bestimmung: »Wer in die Zunft eintreten will, muß dem Rat genügt haben.« Nicht die Zunft, sondern der Stadtrat nimmt Einfluß auf die zu besetzenden Meisterstellen. Auswüchse obrigkeitlicher Willkür sind im graphischen Gewerbe die Preßpolizei und die Imprimatur. In gewisser Weise auch die kirchliche Indexvorstellung, die zur Absicherung ihrer fragwürdigen Interessen dient. Ich komme weiter unten darauf zurück.

Die Ordnung im Handwerk

umfaßt klar umrissene Stufen, die jedes Mitglied auf einen festen Platz verweist. Die straffe Organisationsform kann nicht mit den heutigen Zweckgebilden und transparenten Organisationsplänen verglichen werden. Die Struktur ist (noch) branchenüberdeckend. Die beruflichen Möglichkeiten werden aus der kleinen Pyramide deutlich. Es ist erkennbar, daß an den Nähten soziale Bruchstellen sind.

Allen am Aufbau Beteiligten ist klar, daß der in die Lehre genommene als Ziel seiner beruflichen und sozialen Anerkennung Zunftmeister wird.

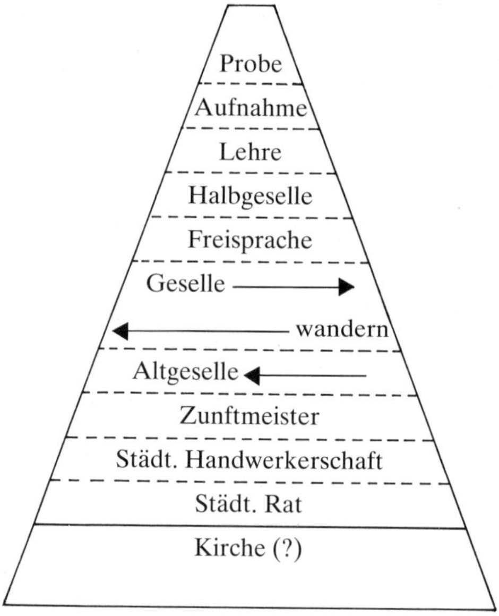

Ehrbarkeit, Geschlecht und Probezeit

Man versteht darunter vor allem die eheliche Geburt und die Abstammung von ehrlichen Eltern (vereinzelt auch: Großeltern). Üblicherweise können Unehrliche und Uneheliche in den freien Städten keine Bürger werden; sie werden abgewiesen. Es ist eine Keimzelle des sozialen Proletariats. Recht- und ehrlos im alten Sinn sind Unfreie (Juden!), Zigeuner, uneheliche Kinder, Leute mit Vorstrafen oder mit einem liederlichen Lebenswandel, außerdem das fahrende Volk. Bestimmten Berufen wird Unehrlichkeit zugesprochen. Dazu gehören die Leineweber, Müller, Stadtknechte, Amts- und Gerichtsdiener und Zöllner, denn sie stehen in den Diensten »bestimmter« Herren. Scharfrichter, Totengräber und Abdecker geraten in Verruf, weil ihre Tätigkeit als unrein und entehrend angesehen wird. Die Reichspolizeiordnung von 1548 liefert eine Ergänzung der anrüchigen Berufe. Hinzu kommen die Barbiere, Schäfer, Pfeifer, Trompeter und Bader. Im Reichsabschied von 1731 werden Feldhüter, Landgerichts- und Stadtknechte, Gerichts-, Fron-, Turm- und Holzhüter, Nachtwächter, Bettelvögte, Gassenkehrer, Bachfeger und Schaffer erwähnt.

Genauso wichtig ist nach der damaligen Vorstellung eine ehrliche Geburt. Schon im 13. Jh. lassen sich Bestimmungen über die Zunftunfähigkeit Unehelicher nachweisen: »... er muß echt und recht geboren seyn.« Die Beutler-Ordnung von Danzig (1412, Gutenberg verbringt seine Jugend) besagt: »... er muß echt und recht geboren sein aus einem rechten Ehebette nach der Gewohnheit der hl. Kirche.« Im 16. Jh. wird vereinzelt die Zeugung hinzugenommen: »... er muß echt und recht geboren und gezeuget seyn.« Schon immer wird – wenn auch nicht ganz klar warum – das graphische Gewerbe als Kunst verstanden. Deshalb ist verständlich, wenn hier die Ehrbarkeitsklauseln ausgeprägt sind. Es nimmt keinesfalls Wunder, wenn Geßner 1740 erwähnt: »Es soll ein Lehrling, wenn er die Kunst erlernen will und einige Wochen die Probe gemacht hat, bey demjenigen redlichgelernten Buchdrucker-Herrn, seine aus einem reinen, keuschen und unbefleckten Ehe-Bette, von untadelhaften Eltern erzeugte Geburt, durch beglaubigte Obrigkeits-Attestata, oder sonst genugsam erfordernde müntliche Zeugen und Bürgen darlegen ...«

Im späten und ausgehenden Mittelalter erfahren die weiblichen gegenüber den männlichen Lehrlingen keine Benachteiligung. Es gibt selbständige weibliche Zünfte, wie die der Kölner Garnmacher- und Goldspinnerinnen. In Speyer besteht die Zunft der Weberinnen: neben den Zunftbrüdern stehen die Zunftschwestern. Voraussetzung ist, daß das von den Frauen geführte Handwerk im ganzen Umfang von ihnen ausgeführt wird. Die Lehrtöchter unterliegen sachlich wie persönlich den gleichen Bedingungen wie die Lehrjungen. Erst ab 1550 finden wir in einzelnen Zunftordnungen in verstärkter Form Bestimmungen, den Frauen die Ausübung eines Handwerkes zu untersagen. In den späten Druckereien wird dieser Passus streng beachtet, wenngleich auf frühen Abbildungen weibliche Setzer zu sehen sind.

Der Zulassung zum Handwerk geht somit eine sorgfältige Prüfung voraus. Die Probezeit ist eine traditionsreiche Einrichtung. Ursprünglich steht sie *vor* der eigentlichen Aufnahme. Mit anderen Worten: sie wird der offiziellen Lehrzeit angehängt. Ihr Zweck ist ein mehrfacher, einmal ist zu prüfen, ob der Junge (bzw. das Mädchen) geeignet ist, das Handwerk sicher zu erlernen und es später auszuführen. Auf der anderen Seite sehen die Zunftmeister darin eine wechselseitige Kontrolle. Längst nicht jeder darf in bestimmten Berufen (= Handwerken) Lehrlinge ausbilden. Die Dauer der Probezeit wird von den Zunftämtern unterschiedlich gehandhabt. Im allgemeinen beträgt sie vier bis sechs Wochen.

Altersfragen für die Aufnahme

Bis zum 15. Jh. finden wir selten exakte Bestimmungen über das Alter der Aufzunehmenden. Das Fehlen der Schulpflicht erschwert die Prognose. Üblicherweise wird das Alter zwischen zwölf und fünfzehn Jahren liegen; abhängig von der Schwere des Berufes und den damit verbundenen Belastungen (auch finanzieller Art). Es läßt sich in etwa an der unteren Tabelle ablesen.

Aufnahme in das Handwerk

Der angehende Lehrling muß nach Abschluß aller Formalitäten bei der Aufnahme in die Zunft den anwesenden Zunftgenossen »etwas zum Vertrinken« reichen. Entsprechend dem Verwendungszweck bestehen diese Abgaben teilweise in Geld (selten), Wachs, Wein oder Bier. Nach der erfolgreich abgeschlossenen Probezeit werden bei Aufnahme des »Jungen« die zünftigen Genossen gefragt, ob sie gegen Meister *und* Lehrjunge Einwände erheben. Die Aufnahme darf vor allem im späten Mittelalter nicht mit dem Lossprechen verwechselt werden. Das waren und sind getrennte Dinge, die Aufnahme erfolgt immer in schriftlicher Form: Der Aufzunehmende muß seinem Meister (und so der Zunft) einige Versprechen geben:

- Ihm und dem Handwerk treu zu dienen.
- Sich anständig und sittsam zu betragen.
- Über alle Handwerksangelegenheiten zu schweigen.
- Die vereinbarte Lehrzeit einzuhalten.
- Die Zunftstatuten zu beachten.
- Jeden Sonntag den Gottesdienst zu besuchen.

Lehrgeld-, -zeit und -anzahl

Vor der Aufnahme in die Gemeinschaft der Zunft müssen die Eltern oder Bürgen des Aufzunehmenden einen einmaligen vom Lehrgeld zu unterscheidenden Betrag an die Lade abführen. Viele Zünfte fordern die Entrichtung eines Lehrgeldes an den Meister. Wenn keines gezahlt wird (oder gezahlt werden kann), erhöht sich in der Regel die Lehrzeit um ein weiteres Jahr. Diese Forderung scheint im Zeichen der Zeit berechtigt, denn der von der Zunft überwachte Meister muß eine Reihe von Verpflichtungen eingehen:

- Ordentliche Ausbildung und Unterweisung.
- Aufnahme in die Hausgemeinschaft.
- Angemessene Unterkunft.
- Ausreichende Verpflegung.
- Ggf. Stellung der Bekleidung.

Gerade durch den ersten Punkt geht dem Meister – so wird ständig argumentiert – viel Zeit verloren. Arbeitsgeräte und Werkstoffe unterliegen während der Benutzung und Nutzung durch unerfahrene Lehrlinge einem hohen Verschleiß. Diese »Unterweisungskosten« sollen durch das Lehrgeld ausgeglichen werden. Geflissentlich verschweigen die Meister den Einsatz der »billigen« Arbeitskräfte, aus dem sie rücksichtslos Kapital schlagen.

Über die Lehrzeiten geben frühe Zunftordnungen nur vereinzelt Auskunft. Sie schwanken zwischen einem und acht Jahren. Es hängt vom Eintrittsalter, von der Schwere des Berufes, der Erlegung des Lehrgeldes sowie von weiterreichenden Beziehungen ab. Durch-

Altersfragen für die Aufnahme des Berufes:

Zeit	Beruf	Gefordertes Mindestalter	Lehrzeit
1397	Kölner Schwertfeger	12 Jahre	—
	Amtsbrief der Kölner Kistenmacher	Unter 14 Jahren Über 14 Jahre	6 Jahre 4 Jahre
	Kölner Goldschmiede	15 Jahre	
1412	Kölner Zimmerleute und Steinmetzen	16 Jahre	—
1521	Freiberger Schuster	12 Jahre	—
1531	Lübecker Kammacher	18 (?) Jahre	—

schnittlich hat sich eine vier- bis fünfjährige Lehrzeit eingespielt, wie sie im später einsetzenden Gewerbe der Setzer und Drucker üblich ist. Vergleiche dazu die untenstehende Tabelle.

Die Lehrzeit muß berufsbezogen gesehen werden. Acht Jahre mögen heute lang erscheinen. Es ist zu berücksichtigen, daß man vereinzelt Lehr- und Gesellenzeit als Einheit betrachtet, nach der die Meisterprüfung abgelegt wird. Erst mit dem fortschreitenden Niedergang der Zünfte wird es möglich, die starren Lehrzeitvorschriften zu umgehen. Die wohlhabenden Bürger greifen durch, indem sie für ihre Kinder Vorrechte erheischen. Bei Meistersöhnen oder Söhnen von reichen Eltern wird nach der Zahlung hoher Summen die Lehrzeit verkürzt. Die Anzahl der Lehrlinge wird bereits im 14. Jh. reglementiert. Aus verschiedenen Gründen ist sie ein Regulativ der Zunft- und Gewerbeerweiterung. Es wird ein doppelter Riegel vorgeschoben. Einmal gibt es Sperrfristen zur Einstellung von Lehrlingen und zum anderen generelle Einschränkungen für beide Seiten.

Lossprechen, Gesellenstand, Walzwesen, Meisterstück

Der Lehrmeister darf seinen Schützling erst zur Prüfung anmelden, wenn er selbst der Überzeugung ist, daß das Lehrziel erreicht ist. Das Lossprechen der Lehrlinge im späten Mittelalter ist in der Regel nicht vom Bestehen der Gesellenprüfung abhängig, denn sie bürgert sich erst im Lauf der weiteren Entwicklung ein. Vereinzelt begründen die Zünfte die Erfordernis einer Gesellenprüfung damit, letzten Endes die Meister zu überwachen, bzw. zu sehen, ob sie die ihnen abverlangte Ausbildungsqualifikation erreicht und dem Nachwuchs mitgegeben haben. Das Lossprechen ist ein feierlicher Akt, oft mit derben, symbolischen und trinkfreudigen Auswüchsen verbunden. Gewerbespezifisch denke ich an die »Deposition« das »Postulat (verschenken)« und an das »Gautschen«.

Übersicht der früheren Lehrzeiten

Zeitraum	Ort	Gewerbe	Lehrzeit/ Jahre	Forderung der Zünfte*
14. Jh.	Köln	Tuchscherer	1	—
1390	Breslau	Schneider	3	4 statt 3
1390	München	Lederer	3	5 statt 3
1455	Pritzwalk	Wollenweber	1	—
1455	Lüneburg	Böttcher	1	—
1487	Straßburg	Zimmerleute	4	5 statt 4
1549	Augsburg	Tuchkarter	1	—
1571	Lauterecken	Leine(n)weber	1	—
—	Berlin	Bäcker, Fleischer Radmacher, Stellmacher	2	—
—	Köln	Gürtelmacher und Leinenweber	2	—
	Köln	Harnischmacher, Kannengießer und Waffenmacher	6	—
—	Nürnberg	Handschuhmacher, Beutler, Nestler	6	—
—	Köln	Goldschmiede	8	—

*Falls kein Lehrgeld bezahlt wird.

Übersicht früherer Meister- und Lehrstellen

Zeitraum	Ort/Berufsgruppe/Quelle	Genehmigte Meister-, Gesellen- und Lehrstellen
1394	Satzungen der Schneider von Mainz	1 Meister, 2 Gesellen, 2 Lehrlinge
1397	Kölner Nadel- und Sattelmacher,	1 Meister, 2 Gesellen, 2 Lehrlinge,
	Amtsbrief der Kölner Kistenmacher	1 Meister, 1 Lehrling
1443	Kölner Steinmetzen und Zimmerleute	Der nächste Lehrling erst, wenn der vorausgegangene seine Lehre ganz oder teilweise beendet hat
1472 – 1545	Freiburger Schneider, Tuchmacherinnen und Näherinnen	1 Meister, 2 Gesellen, 1 Lehrling

Mit dem Ende der Lehrzeit tritt der Jung- oder Halbgeselle aus der patriarchalischen Fürsorge der Meisterfamilie. Er wird freigesprochen, das heißt, er bekommt seine Papiere. Das Gesellenstück und die Gesellenprüfung sind vermutlich noch unbekannt. Dann tritt der Junggeselle in den Kreis der Gesellenschaften. Sie helfen ihm beim weiteren beruflichen Fortkommen. In dieser Hinsicht leistet das spätere graphische Gewerbe Vorbildliches. Gesellenherbergen, die Walzende aufnehmen, geben dem einzelnen Rückhalt und außerdem die Möglichkeit des fachlichen Gedankenaustausches. Hier erhält er Tips über die guten und schlechten Verdienstmöglichkeiten, über gute und schlechte Meister usw. Die Gesellen sind immer daran interessiert, sich diese Informationsquelle aufrecht zu erhalten.

Das Walzwesen ist streng geregelt. Ab dem 15. Jh. im graphischen Gewerbe locker einsetzend, hat es entscheidend zur Ausweitung der Buchdruckerkunst beigetragen. Das Wandern ist vielfach eine Vorbedingung zur Erlangung der Meisterwürde. Die Wanderwege sind vorgeschrieben. Der »neugebackene« Geselle meldet sich bei seiner Zunft(= Innung) ab und setzt den Fuß »vor die Stadt«. Sie hat ihm Schutz, Geborgenheit, Sicherheit und eine gute Ausbildung gegeben, hier hat er

Übersicht der früheren Arbeitszeiten

Zeitraum	Ort	Beruf	tägl. Arbeitszeit
Mitte 14. Jh.	Köln Köln	Harnischmacher Gürtler	5 – 21 Uhr 5 – 22 Uhr
Ende 15. Jh.	Nürnberg	Seiler	4 – 19 Uhr
1573	in zahlreichen norddeutschen Städten	Rotgießer	5 – 20 Uhr 5 – 18 Uhr (Do. + Sa.)
	Lübeck Hamburg Rostock Greifswald Stettin Bremen	Kannengießer	5 – 21 Uhr
1598	Frankfurt	*Buchdrucker*	4 – 21 Uhr

sich qualifiziert. Jetzt soll er sich an anderen Orten Welt- und Berufskenntnis, Lebenserfahrung- und -weisheit erwandern. Es geht darum, auf vorbestimmten Wanderwegen möglichst weit herumzukommen, sich in anderen Druckstuben umzusehen und sich so geistig wie technisch weiterzubilden. »Erst dann könne er Meister werden und sich ein Weib nehmen.« Einige Autoren sind der Meinung, daß die Meistersöhne von der Wanderpflicht befreit sind. Sehr oft zu Unrecht (meint Storck): »... vererbe sich die Weisheit des Vaters ebensowenig auf den Sohn als das Innungs- oder Gildenrecht.«

Sich selbständig machende Gesellen gibt es im hohen Mittelalter vermutlich nicht. Erst bürgert sich die Sitte ein, daß der Geselle eine Reihe von Jahren bei einem fremden Meister gewesen sein muß, bevor ihm ein Meisterbrief zuerkannt wird. Dabei muß er eine entsprechende Prüfung vor der Zunft seines zukünftigen Wohn- und Tätigkeitsortes ablegen. Erst gegen Ende des Mittelalters wird es allgemein, ein »Meisterstück« in die zunftorientierten Prüfungsbedingungen aufzunehmen: Vorstufen sind Arbeitsproben in größerem Umfang. Der angehende Meister muß bei diesem Akt wieder einmal in die Tasche greifen. Es ist typisch, daß bei jedem Wechsel von einer niedrigeren zu einer höher bewerteten Stufe ein Schmaus ansteht: er geht immer zu Lasten des Höherstrebenden. Hat der Meisteranwärter alle Vorstufen durchlaufen, rückt er gleichberechtigt in die Reihen der Zunftgenossen auf und übernimmt gegenüber der städtischen Obrigkeit Meisterpflichten.

Soziale Spannungen zwischen Gesellen und Meistern

Die Anzahl der »genehmigten« Gesellen ist limitiert. Der wachsende Konkurrenzdruck innerhalb der sich ausweitenden Gewerbe trägt dazu bei, die Situation zu verschärfen. Davon wird auch das Ausbildungswesen berührt. Auf der anderen Seite wird die Kluft der Anschauungen zwischen den altgestandenen Meistern und den vorwärtsstrebenden Gesellen differenzierter. Den Gesellen geht es vor allem um die Klärung folgender Fragen:

- Beanspruchung des Rechts der Arbeitsvermittlung in eigener Regie (Umgehen der meisterlichen Bevormundung).
- Einrichtung von Gesellenschenken, in denen andere wandernde Gesellen um Arbeit und Konditionen nachfragen. Gewerbespezifisch entstehen daraus die »Trinkstuben«, das »Umschauen«, der »Introitus« und als Spätform der »Einstand«, bzw. der »Ausstand«.

  Gesellenschenken haben bei allen sozialpolitischen Unternehmungen der Gehilfen besondere Bedeutung erlangt, denn in ihnen werden Absprachen gegen bestimmte Meister, Druckstuben, Werkstätten und Ortschaften (Städte) diskutiert, deren Erörterung im Betrieb unmöglich ist. Es ist die Keimzelle des späteren Widerstandes, aber auch der Einsicht. Vielleicht entsteht daraus die Gewerkschaftsbewegung.
- Regelung der Arbeitszeit, vor allem die des »blauen« Montages.
- Absprache von Lohnkämpfen, weil der seinerzeitige Lebenszuschnitt trotz sozialer Abstufungen nicht nach heutigen Maßstäben bewertet wird.

Diese Fragen führen im Lauf der Zeit zu massiven Auseinandersetzungen. Bezogen auf das graphische Gewerbe ist zu erwähnen, daß bereits 1471 Basler Buchdruckergesellen in einen Ausstand treten, weil ihnen verboten wird, sich zum Zweck der Verbesserungen *ihrer* Konditionen zusammenzuschließen. 1539 und 1570 legen Lyoner Druckgesellen aus ähnlichen Motiven die Arbeit nieder. Die Schlichtung des Streits dauert fünf Jahre. Seinerzeit drei in Sachsen regierende Herzöge kommen zu der Feststellung: »... es sei ihnen zu Ohren gekommen, daß die Gesellen zu Zeiten ... wann sie beym trincken zusammen kommen ... sich unterstehen sollen, kegen einen anderen mit bösen Worthen anzugreiffen, auch zu schlagen, und dye Wehren zu zucken.« Frankfurter Buchdruckergesellen streiken 1597, indem sie sich weigern, das zum Feuchten der Papiere erforderliche Wasser von einem Brunnen außerhalb des Hauses zu holen. Diese Auseinandersetzung wird später mit einem Vergleich beendet. Kurz danach beschwert sich der Rat der Stadt »... zwischen Prinzipale und Gesellen sei große Spähn, mißhellige Uneinigkeit und Zwietracht getreten«. Ich bringe diesen zeitlichen Vorgriff, um darzulegen, wie aktiv die Setzer und Drucker ihre Interessen vertreten.

Nach heutigen Gesichtspunkten scheint die tägliche Arbeitszeit extrem lang. Der Eindruck täuscht, denn es ist zu berücksichtigen:

- Die Gesellen wohnen beim Prinzipal. Der Begriff der täglichen (wirklichen) Arbeitszeit ist nicht faßbar.

- Es werden individuelle Absprachen getroffen.
- Es gibt wesentlich mehr Feiertage.
- Die spärliche Beleuchtung erlaubt morgens und ab Einfall der Dunkelheit keine Präzisionsarbeit. Das Licht wird mit Kienspähnen, Kerzen und Öllampen erzeugt.
- Die Beheizung ist problematisch, die Werkstätten bestehen aus einfachen Holz- und Steinbauten. Die Gewerbepolizei schiebt verschiedene Riegel vor. Einzelne Handwerke werden strengen Forderungen unterworfen: Beim Gewerbe der Buchdrucker erfolgt das Sieden der Farbe (besser: Firnis) wegen der Gefährlichkeit ohnehin vor den Toren der Stadt.

Der Beschäftigte ist nicht nur Lohnempfänger, er ist mehr oder weniger mit dem Betrieb verwachsen. Dementsprechend lang sind die Kündigungs- und Sperrfristen. Vermutlich stimmt die Arbeitszeit der Lehrlinge mit der der Gesellen überein. In der kalten Jahreszeit ergeben sich Verschiebungen zuungunsten der Lehrknaben, weil die Werkstätten und Arbeitsräume vor Beginn der Gesellenarbeit aufzuheizen und aufzuräumen sind. Außerdem gibt es den sogenannten »Knecht«, der Hilfsarbeiten verrichtet. Üblicherweise ist die Sonntagsarbeit verboten. »... zu bequemer Zeit soll ein jeder an die Arbeit gehen, je nachdem sein Tagewerk beschaffen ist. Um neun Uhr abends soll womuglich Feyer und Licht ausgelöschet seyn.« »... und soll die Sonntagsarbeit, da man die Predigten darüber versäumet ... ohne besondere Nothwendigkeit gantz eingestellt und vermieden werden.«

Über das sogenannte »Blaumachen« kursieren widersprüchliche Gerüchte. Man nennt den Brauch »Blauer Montag«, vereinzelt »Blauer Dienstag« und selten »lustiger Montag«. Der Ursprung der Benennung ist nicht exakt belegbar. Mit dem allgemeinen Blau- oder Betrunkensein hat er sicher nichts zu tun. Für das Betrunkensein spricht nur ein Ansatzpunkt: »... die Löhnung erfolgt in manchen Gewerben am Sonntag ... nach (der) Hörung des Göttlichen Wortes«. Dies kann u. U. auf den folgenden Montag gewirkt haben. Außerdem ist zu berücksichtigen, daß der dem graphischen Gewerbe nachgesagten Trinkfestigkeit auch von anderen gehuldigt wird.

Der »blaue« Montag ist im altdeutschen Handwerk allgemein üblich. Er beschränkt sich nicht auf die Setzer und Drucker. In einigen Gewerben gibt es ohnehin einen freien

Der hl. Bernhardus. Schrotblatt mit der Jahreszahl 1474. Es handelt sich um eine späte Ausformung der Tiefdruck-Technologie, bei der das Metall »gepunzt« wird. Die dadurch entstehenden Löcher sind ein Charakteristikum der »Schrotblätter«, vor allem ihre Unregelmäßigkeit.

Tag in der Woche. Der Terminus taucht erstmals 1571 in einem Edikt Maximilians II. von Österreich auf. Das Blaumachen muß im Zeichen der Zeit beurteilt und vestanden werden. Hinzu kommen Bummeleien bei Arbeitsbeginn und bei Tisch, Verkürztarbeiten in flauen Zeiten, Warten auf Papier und die relativ vielen Feiertage. »Der Buchdrucker-Kalender-Feyer- oder Aposteltage, nach altem Brauch bezahlet, wonach es außer Sonntagen nicht weniger als 43 Feyertage sind.« Die beiden Meßtage zu Ostern und Michaeli (Herbst) sind nicht berücksichtigt. Das hat nicht Direktes mit dem »blauen« Montag zu tun. Es soll belegen, daß der Vorwand einer überhöhten täglichen Arbeitszeit von zwölf bis fünfzehn Stunden nicht stichhaltig ist, um das Blaumachen zu begründen.

Nach einigen Buchdrucker-Ordnungen müssen die Gesellen einen auf den Tag bezogene Strafe bezahlen, die ihnen vom Lohn abgezogen wird. Eine andere Version besagt, daß für jede zu Unrecht versäumte Arbeitsstunde ein gewisser Betrag zu zahlen ist. Vereinzelt muß der Buchdruckerherr die Blaumacher bei der Obrigkeit anzeigen, »... ansonsten er selbst eine erkleckliche Strafe« zu bezahlen hat. Möglicherweise beruht der Brauch des blauen Montags darauf, daß der freie Tag durch das teilweise Vorausbezahlen (»Sauerkrautmachen«) begründet ist. Einzelne Gewerbe haben einmal pro Woche einen Badetag, auch dies ist ein Ansatzpunkt.

Zunftverfall

Es gibt verschiedene Gründe, die den Zerfall der zünftigen Organisation einleiten:

- Im Mittelalter werden die wirtschaftlichen Vorgänge auf ihre Vereinbarkeit mit der christlichen Ethik geprüft. Thomas von Aquin fragt nach der Höhe des gerechten Preises und der Zinsberechtigung.
- Es macht sich eine andere Weltanschauung breit. Die festgefügte mittelalterliche Grundhaltung, die vor allem mit dem göttlichen Willen bekundet wird, weicht den radikalen geistigen Veränderungen der Reformation, des Humanismus und der Renaissance. Das Individuum mit seinen persönlichen Vorstellungen rückt in den Vordergrund.
- Kopernikus lehnt mit klaren Vorstellungen das alte »ptolemäische« Weltbild ab. Er macht die Sonne zum Mittelpunkt des Sternsystems. Einer seiner Anhänger stirbt auf dem Scheiterhaufen. Die sich allmächtig fühlende Kirche wird zum ersten Mal in ihrer blutigen Geschichte gemaßregelt. Bis heute verwirft sie vernünftige Ansichten, die ihren Interessen zuwiderlaufen.
- Die Epoche der großen Entdeckungen zwingt zu Spekulationen über das Weltganze. Diaz gelingt es 1486, die Südspitze Afrikas anzusteuern. Kurz danach findet Vasco da Gama den Seeweg nach Indien. 1492 entdeckt Kolumbus Amerika und 1522 kehren die Begleiter des ermordeten Magelhaes von der ersten Weltumsegelung zurück.
- Bedeutende Erfindungen in der zweiten Hälfte des 15. Jh. und ab der sogenannten »Neuzeit«. Eine Sonderstellung nimmt der »mechanische Bücherdruck« ein. Er bringt eine Verschiebung und Ausweitung bestimmter Wissensbereiche und Berufe. Alte Gewerbe werden aktiviert, andere sträuben sich, neue kommen hinzu. Beispielsweise das der Papierer. Die Umschichtung vom Schreiben zum Drucken versetzt den Zünften einen empfindlichen Schlag.
- Die junge Buchdruckerkunst leistet einen bemerkenswerten Beitrag zur Öffnung des Geistes. Wissen wird erneut zur Macht und zwar das Wissen um die Kunst, die Masse mit Gedruckten zu erschlagen, bis sie das Vermeintliche glaubt oder zu glauben hat. Die Buchdruckerkunst wird zum Spielball machtgieriger Despoten: insbesondere der Kurie in Rom.
- Kriegswirren, Seuchen und Pestilenzen führen zur Verarmung breiter Volksschichten. Darunter leidet das Handwerk. Selbst dies trägt dazu bei, den Zunftverfall zu beschleunigen.

Einzug der Zunftrechte, zünftige Konservierung

Im Verbund mit den veränderten Ansichten hat die Obrigkeit immer mehr gegen Zünftler anzukämpfen. Es versteht sich von selbst, daß sie der bedrohlichen Entwicklung nicht tatenlos zusieht: es geht um ihre Existenz. Jetzt werden traditionsreiche Zunftrechte von neuen Herrschern rigoros eingezogen. Es ist die Phase der vielfältigen Satzungsänderungen in den Zunftsstatuten. Die das Handwerk lange auszeichnende Harmonie wird gestört. So treten weitere Spannungen auf. Die Handwerker geben den Druck nach unten und schaffen neue Konflikte. Die Satzungen werden kompliziert und undurchsichtig: die Verbandsmeierei zeichnet sich ab.

Das alte Gewohnheitsrecht hat einen Teil seiner ordnenden Kraft eingebüßt und wird in ungewohnte Formen gepreßt. Das Hauptanliegen der Zunftreglemente ist:

- Verstärkte Kontrolle von Arbeitszeiten, der Preistaxen und Verkaufszeiten.
- Kontrolle der Einhaltung vorgeschriebener Beschäftigungszahlen.
- Rigorose Kontrolle von Produktion und Verkauf.

Damit ist es nicht getan, hinzu kommt eine neue Wirtschaftsform: die des Merkantilismus. Sie verlangt ein Umdenken aller am Wirtschaftsprozeß Beteiligten. Das oberste Ziel des Merkantilismus (deutsche Variante: Kameralismus) ist es, die Produktivität des Landes zu erhöhen. Jetzt steht die Förderung des Handwerks erst an zweiter Stelle der obrigkeitlichen Interessen. Das althergebrachte Handwerk sieht sich von neuen Problemen herausgefordert, es steht vor einer neuen Bewährungsprobe. Einzelne Landesherren stellen ausländische Handwerksmeister ein, geben ihnen Freimeisterstellen und statten sie mit Privilegien aus. U. a. dürfen sie mehr Lehrlinge und Gesellen halten. Es ist verständlich, wenn sich die Zünftler dagegen sträuben. Sie wehren sich aggressiv gegen Pfuscher und Sudler, gegen die Bevorzugung der Fremden, gegen Freimeisterstellen und Landhandwerker. Sie gehen voll auf den Konfrontationskurs und schießen weit über das Ziel hinaus. Doch man muß auch die Fürsten verstehen. Durch das Anziehen fremder Meister kommt zugleich eine neue Kultur und Denkungsart ins Land, das darf nicht unterschätzt werden. Die Zünftler gehen in die Abwehrstellung, kapseln sich von der Realität ab und verhalten sich – im nachhinein betrachtet – falsch. Sie schaden sich selbst, indem sie es ihrem Nachwuchs immer schwerer machen. Ihre Spitzfindigkeiten lassen folgende Richtung erkennen:

- Erweiterung der Skala unehrlicher Berufe.
- Forderung der ehrlichen Geburt bis auf die Großeltern.
- Übermäßig lange Sperrzeiten für neu Aufzunehmende.
- Erhöhung bis Verdopplung des Lehrgeldes.
- Verlängerung der Probezeit und der täglichen Arbeitszeit.
- Erhöhung der Aufnahmegebühren.
- Zunahme der häuslichen Nebenarbeiten.
- Generelle Verbote von Frauenarbeit.
- Bevorzugung von Meistersöhnen usw. (regional unterschiedlich).

Letztlich geht es auf verschiedene Kompromisse hinaus. Anschaulich verdeutlichen es die noch erhaltenen »Buchdrucker-Ordnungen«. Sie belegen, daß sich die Gesellen sehr wohl auf ihre Rechte besinnen und diese durchzusetzen wissen. Ich komme weiter unten darauf zurück.

Nach diesen kurzen Bemerkungen zur Frühgeschichte des Handwerks bemühe ich mich den Standort des graphischen Gewerbes festzustellen. Es wird versucht, die Handwerke der Schriftgießer, Schriftsetzer, der Korrektoren und Buchdrucker in gesamtwirtschaftliche Überlegungen einzuflechten.

Seltene Darstellung einer »Lesemaschine«. Solide Holzkonstruktion, die möglicherweise von den Mühl- oder Wasserrädern übernommen ist. Rechts Konstruktionsdetails. Durch das manuelle Drehen am großen Rad kann man das gewünschte Buch einsehen. Wohl nur sinnvoll für lexigraphische Arbeiten.

Der Standort des graphischen Gewerbes

Anfänge

Gedruckt wird lange vor Gutenberg. Formschneider, Briefmaler und Kartendrucker sind teilweise in festen Organisationen zusammengeschlossen. Im ersten Drittel des 15. Jh. betreiben Pergamenthändler den Verkauf von Büchern als Nebengeschäft, indem sie einzelne Werke (= Schriften) gegen Gebühr zum Lesen oder Abschreiben verleihen. 1408 wird in der Nähe von Straßburg eine Papiermühle eingerichtet. Das Gewerbe der Buchbinder etabliert sich. Kopisten schreiben an Universitäten. Der Holzschnitt als Illustrationsform von besonderer Ausdruckskraft ist neben den Kupferdrucken bekannt. Außerdem gibt es »Schrotblätter« und »Teigdrucke«. Möglicherweise hat sich aus dem »blackmalen« der (Waffen)ziseliere die manuelle Kupferdrucktechnik entwickelt. Das Handwerk der Goldschmiede nimmt einen besonderen Status ein. Johannes Gutenberg gehört als Techniker in diesen Kreis. Schreiner, Kistner und Tischler sind alteingesessen. Farbe wird seit Jahrhunderten gemischt und verarbeitet. In diesem regen Umfeld müssen sich die Frühdrucker zurechtfinden und durchsetzen, wenn sie langfristig Erfolg haben wollen. Das Vorhandensein von Papier trägt entscheidend dazu bei.

Madonna. Metallschnitt um 1460, also kurz nach dem Tod von Johannes Gensfleisch, genannt zum Gutenberg. Auch hier sehen wir die vom Hochdruck abweichende Technologie, die sich vor allem auf die Werkstoffe, Pressen und Farben auswirkt.

Autodidaktische Arbeitsweise

Der Terminus »Buchdrucker« taucht erstmals 1471 in den Basler-Akten auf. Bis dahin wird die Tätigkeit des »mechanischen Bücherdrucks« lediglich umschrieben; von festen gewerblichen Verhältnissen ist nicht zu sprechen. Als feste Berufsbezeichnung läßt sich der Buchdrucker ab 1474 in den Augsburger Stadtbüchern nachweisen. Es steht außer Frage, daß er Autodidakt ist. Aus der Gesamtsituation heraus ist man bemüht, das Neue vor anderen zu verbergen. Ein Schema verdeutlicht, welche in- und externen Funktionen zu bewältigen sind. Es belegt, daß sich das Gewerbe der Drucker nicht so schnell ausgeweitet hat, wie es vereinzelt angenommen wird. Das neue Verfahren ist nicht nur kapitalaufwendig, es setzt außerdem erhebliche Fachkenntnisse voraus. Der Schwerpunkt liegt in der Herstellung funktionsgerechter Lettern und in der Fabrikation der sogenannten Druckerschwärze. Pessen-Grundtypen liegen vor: sie werden umfunktioniert und auf die Belange des Buchdrucks zugeschnitten. Mit dem Gießen und Setzen ist es nicht getan. Den Erstdruckern geht es darum, den handschriftlichen Typus als Ausdrucksmittel auf gedruckte Werke zu übertragen. Überdies *muß* man wirtschaftlicher als die anderen produzieren. Die Vorstufen können zunächst umständlicher sein: aber vom ganzen her *muß* das Verfahren billiger werden: man *muß* in kürzerer Zeit mehr produzieren und absetzen. Es geht darum, das Informationsbedürfnis wachzuhalten bzw. zu aktivieren. Keine Epoche unserer Geschichte ist dazu besser geeignet, als die der Renaissance, des deutschen Humanismus und vor allem der Reformation.

Rasch werden Schriftschnitte nachgeahmt: letztlich hat der Setzkasten 290 Fächer. Das Setzen ist zeitraubend, schwierig und mühsam. Der Umgang mit der Materie ist (noch) ungewohnt. Entsprechend kraß sind die heute feststellbaren Fehlerquoten in den alten Büchern. Sie haben wesentlich dazu beigetragen, die Frühdrucke zu erforschen. Alle vor 1500 entstandenen Drucke werden nicht ganz korrekterweise als »typographicae incunabula«, als Drucke bezeichnet »... da die Typographie noch in den Windeln lag« (= Wiegendrucke). Sachlich ist dieser Begriff nicht haltbar, weil kein klarer Strich durch die Jahrhundertwende gezogen werden kann. Wieso soll ein Druck aus dem Jahre 1501 schlechter oder anders sein, als einer von 1499?

Die Setzer stehen vor vielen Problemen: zum Beispiel müssen sie den bei den Handschriften gewohnten Randausgleich realisieren. Hierzu werden »Anschlußbuchstaben« gegossen.

Die metallische Letter hat sich gegen die Handschriften erst einmal zu behaupten. Nachweislich dauert dies mehrere Jahrzehnte. Es fällt auf, daß jetzt eine Trennung vom einst autodidaktischen Arbeiten in die Hauptgruppen Gießen, Setzen *und* Drucken erfolgt. Hier vollzieht sich eine horizontale Berufsgliede-

Zubereitung des Pergaments. Mit einem halbmondförmigen Schabmesser wird das Fell von Haaren und Fleischresten befreit. In einem technisch komplizierten Vorgang wird es für den Schreibzweck präpariert.

Das vorbereitete Pergament wird jetzt zugeschnitten und mit einem scharfen »Federmesser« zerteilt.

Zuschneiden der Rohrfedern mit einem Federmesser. Man verwendet seinerzeit relativ dünnflüssige Tinten. Die Trocknungszeiten auf dem Pergament sind lange. Da der Beschreibstoff auf der Oberfläche trocknet und nicht in das Pergament eindringt, kann die Schrift wieder abgeschabt werden, so daß ein abermaliges oder mehrfaches Beschriften möglich ist. Der heutigen Forschung ist es möglich, alte Schriften zuzuordnen, Schreiberschulen und Schreibstile zu ermitteln.

Zurechtlegen einer »Lage«. Mit dem 4. Bogen entsteht eine sogenannte »Quaterne«, d. h. eine Lage von vier Doppelblättern. Aus diesen Anfängen entwickeln sich die späteren Bogenfalz-Systeme.

Beschriftung eines Wachstafel-Dyptichons mit dem Griffel. Die Schrift wird eingeritzt (vertieft). Die Wachsplatten haben an den Rändern höherstehende Brettchen. Sie dienen dem Schutz und der Werterhaltung des Geschriebenen.

Arbeit an der »Heftlade« des Buchbinders, wie sie noch Jahrhunderte danach unverändert verwendet wird. Auch: »Bindtisch«. Es besteht eine verfahrenstechnische Brücke zwischen den Punkturen an den Pressen und den Einstechlöchern des Buchbinders.

Zubereiten der Holzdeckel. Abschrägen der Deckelkanten.

Bearbeitung einer metallischen Schließe.

Das Buch ist »aufgebunden«. Ein Benediktiner hält es vor seine hörigen Schüler.

Unterweisung eines Klosterschülers. Die Scriptorien sind wesentliche Stätten der geistigen Bildung.

Stadien der mittelalterlichen Buchherstellung. Pergamenthandschrift aus dem 1. Drittel des 12. Jh. Aus der Benediktinerabtei Michelsburg (Bamberg). Die Federzeichnung mit den zehn Medaillons zeigt den Werdegang eines Buches in einer klösterlichen Schreibstube und zugleich die Tätigkeiten in der Werkstatt des klösterlichen Buchbinders. Erklärung der Medaillons vergl. linke Textspalte.

rung, wie sie in den frühen Metall-Handwerken längst geläufig ist. Außerdem müssen die erforderlichen Geräte und Materialien beschafft werden: Gießinstrument(e), Schriften und eine Presse. Hinzu kommt das Besorgen des Fremdmaterials. Hinzu kommt eine gewisse Auftragsdecke und damit verbunden ein erhebliches Risiko. Die ersten Drucker haben es nicht einfach, denn unter dem Deckmantel von Universitäten und der Kirche finden sie nicht nur Schutz und Anerkennung. Sie haben die mit diesen Vorzügen verbundenen Nackenschläge hinzunehmen. Rasch wird die Schwarze Kunst zum Zankapfel der Interessen. Schon 200 Jahre vor der Erfindung des mechanischen Bücherdrucks entstehen die teilweise drastischen und harten Maßstäbe der obrigkeitlichen Instanz. Die Preßpolizei und

Die Arbeitsteilungen im graphischen Gewerbe

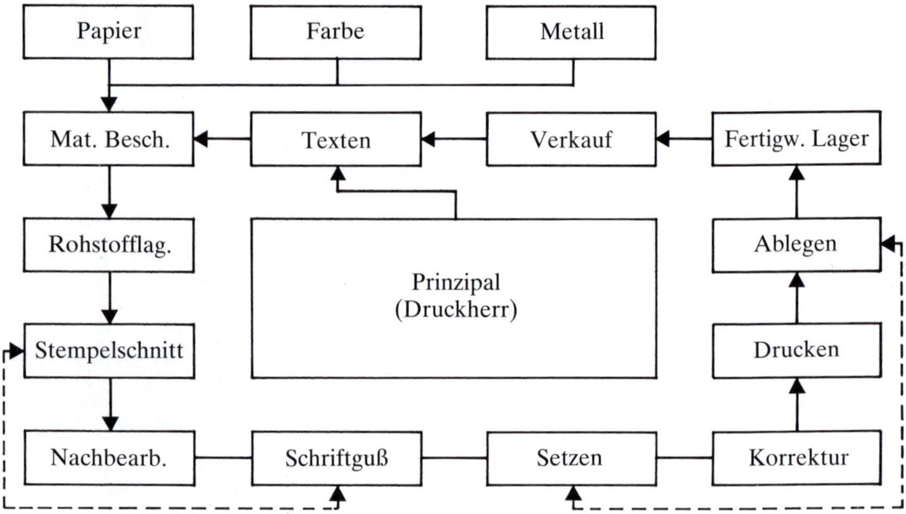

die Zensur begleiten die Setzer und Drucker fast vom ersten Tag auf ihrem Weg durch die Geschichte.

In der Frühdruckzeit kann das autodidaktische Arbeiten auf Grund der Komplexität der Fertigkeiten nur kurz sein. Sicherlich beschäftigt Gutenberg nach Abschluß der eigenständigen und grundsätzlichen Schaffensphase mehrere Gesellen. Voraussetzung dazu ist ein Höchstmaß an handwerklichem Können und unternehmerischem Weitblick, in dessen Verbund der Begriff des Meisters mehrfach auftritt: so als Ballen- und/oder Preßmeister. Es ist anzunehmen, daß der Prinzipal mit dem Druckherr identisch ist. Neben seinen unternehmerischen Aufgaben bewältigt er technische. Lediglich zur praktischen Ausübung des Druckens werden Knechte und Gesellen eingestellt: hieraus entwickelt sich der Buchdruck-Geselle. Es ist bis heute so, daß man dem Setzer mehr theoretische und dem Drukker mehr praktisch orientierte Tätigkeiten zuspricht. Mit der Ausweitung des jungen Gewerbes treten weitere Arbeitsteilungen auf.

Arbeitsteilungen

Die Urzelle des graphischen Gewerbes liegt im Ein-Mann-Betrieb. Eine Festigung zeigt sich zu Beginn des 16. Jh. Es werden immer mehr Arbeiten auf immer mehr Mitarbeiter verteilt. Mit der Rationalisierung steigen die Kosten. Ungewiß ist, ob sie über zusätzliche Aufträge hereingeholt werden können. Außerdem steht die Frage im Raum, wer den immer komplizierter werdenden Organismus steuert. Der Prinzipal wächst mehr und mehr in betriebsexterne Aufgaben: seine Probleme liegen bei der Finanzierung und im Absatz. So ist er gezwungen, seine Offizin einem Mann des Vertrauens anzutragen. Dieser »Faktor« oder »Macher« wie man ihn verdeutscht nennen kann, übt jetzt die Aufsicht über die Gesellen und das übrige Personal aus. Historische Zitate belegen seine Stellung im Betrieb:

»... ist diejenige Person, welche vom Eigentümer einer Buchdruckerei dazu aufgestellt ist, das in derselben Offizin befindliche Arbeitspersonal an seiner Statt zu dirigieren, die Arbeiten an dasselbe zu vertheilen, dabei über die regelmäßige, ordentliche und fleißige Ausführung derselben Sorge zu tragen und alle dazu nöthigen Werkzeuge und Materialien, die zu Beförderung und Betreibung der Arbeiten nöthig sind, hierbey zu schaffen, Buch und Rechnung über Einnahmen und Ausgaben zu führen, die dabey vorkommen, genaue Aufsicht über das Schrift-, Papier- und Büchermagazin zu führen und dabei in allen Stücken ordentlich treu und redlich zu Werke zu gehen, damit durch Vernachlässigungen keine Schande veranlaßt werden kann.« »... ein Faktor soll einnehmend, freundlich und gesprä-

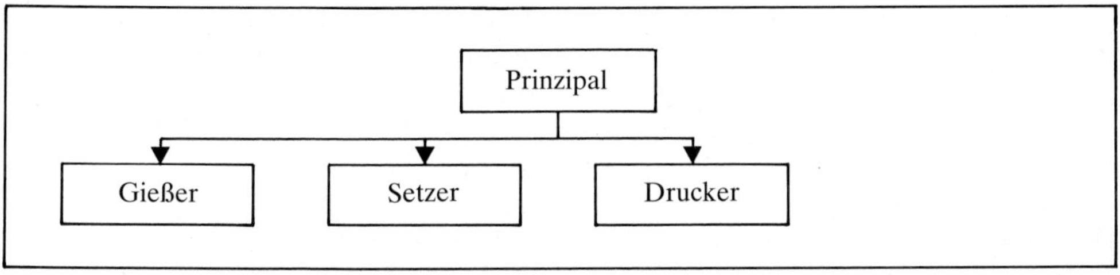

chig seyn, und den Wünschen des Publikums zuvorkommen suchen. Er wird vermeiden, sich gegen die, welche im Hause arbeiten, ein oberherrisches Ansehen zu geben; es ist vielmehr seine Schuldigkeit, sich gegen Jedermann liebreich zu bezeigen. Selbst seine mannigfachen Verhältnisse zu den Arbeitern soll er mit Freundlichkeit zu verbinden wissen, ohne jedoch seiner Stellung etwas zu vergeben. Durch zuvorkommendes Betragen setzt er sich in den Stand, dem Hause Kunden und seiner Offizin die geschicktesten Arbeiter zuzuwenden. Der Faktor wird den Arbeitern das Tabakrauchen in der Offizin nicht gestatten, der Geruch theilt sich dem Papiere mit, welcher sich selbst nach dem Einbinden noch wahrnehmen läßt. Wären in einer großen Buchdruckerei alle Individuen Raucher, so würde in den Zimmern ein solcher Rauch entstehen, daß darin niemand existieren könnte. Ebensowenig darf der Faktor das Mitbringen von Hunden und anderen Thieren gestatten.«

Es wird deutlich, daß der Faktor eine aufsichtsführende, immer weitergehende, dispositive Tätigkeit ausübt. So entsteht im frühen 16. Jh. eine innerbetriebliche Mittlerrolle zwischen dem extern orientierten Druckherr (= Prinzipal) und dem Mann, der intern für Ruhe und Leistung sorgt, dem Faktor (= Meister). Dazu wieder ein Schema. Die Querverbindung zum Setzer deutet an, daß es allgemein üblich wird, Setzer zu Faktoren heranzubilden. Dem Setzer werden höhere geistige Leistungen zugetraut, wie dem praktisch orientierten Buch- oder Kupferdrucker. Der Schriftguß bleibt etwa bis zur Mitte des 16. Jh. dem Druckbetrieb zugeordnet. Die Beschäftigung von Lehrjungen kann (noch) nicht belegt werden: sie liegt im Bereich des Vorstellbaren.

Der Typus »Meister« ist in der Frühdruckzeit mit dem des Faktors identisch. Er zeichnet sich nicht durch eine Meisterlehre – wie im späten Mittelalter vorgeschrieben – sondern durch die

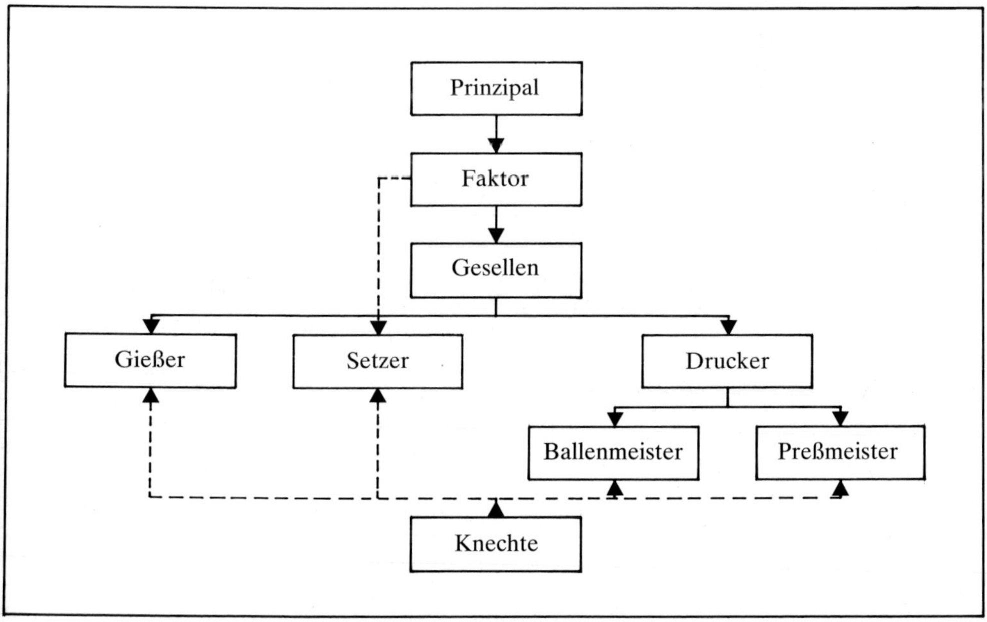

autodidaktische Aneignung des erforderlichen Könnens und Wissens aus.

So schiebt sich der Faktor zwischen die Gesellen und den Prinzipal. Er hat sich dabei nicht unbedingt einen Gefallen getan. Hier ist die Problematik, die den Faktor und später den Meister in ständige Interessenkonflikte bringt. Es beiden recht zu machen, zwischen beiden auszugleichen, einmal diesem, einmal jenem rechtzugeben, ständig zu vermitteln, für ein gutes Arbeitsklima zu sorgen, Verantwortung zu übernehmen und dabei noch die eigenen Interessen im Auge zu behalten, ist nicht einfach. Viele Meister sind nicht an den technischen, sondern an den pädagogischen Fähigkeiten gescheitert, außerdem an der Uneinsichtigkeit der Prinzipale. Der Meister sitzt nach wie vor zwischen den Stühlen: in seltenen Fällen zeichnet sich seine Position durch klar umrissene Funktionen und Aufgabenstellungen aus.

Die Stellung des Meisters (Faktors) im 16. und 17. Jh.

Das 16. Jh. bringt für das sich jetzt rasch ausweitende Gewerbe beachtenswerte Differenzierungen. Durch die Arbeitsteilung separiert sich das Gewerbe der Schriftgießer. Es entstehen eigenständige, von der Buchdruckerei getrennte Berufszweige. Es sind frühe Spezialisten, die in der Lage sind, in immer kürzeren Intervallen immer mehr Druckereien zu versorgen. Damit erfolgt eine gewisse Rationalisierung: die seither unzählbaren Schriftschnitte und -höhen werden nivelliert. Die Schrift wird billiger. Auf der anderen Seite zwingen derartige Überlegungen die Prinzipale zu hohen und ungewissen Investitionen. Im Verbund der Entwicklung steigen die qualitativen und terminlichen Bedürfnisse.

Als weiterer Schritt kommt die Abspaltung des Buchhandels dazu, der schon lange vor der Erfindung des mechanischen Bücherdrucks in modifizierter Form betrieben wird. Gemeint ist der Handel mit geschriebenen Büchern, Bogen, Blättern, Zetteln, Werken oder Schriften. »... in späteren Zeiten aber, als mancher Buchdrucker zur Ausführung wichtiger und großer Druck-Unternehmungen, die dazu oft sehr große Kosten zu betreiben, das dazu nöthige Vermögen, da und dort zu mangeln anfing, so suchten sie Verleger zum Drucke dieses oder jenen großen und wichtigen Buches auf, welche dann Bücher auf ihre Kosten und Gefahr drucken ließen, sie feilboten, und dem Drucker blos die accordirten Druckkosten bezahlten.«

An dieser Stelle setzt der Verleger ein. Es zeigt sich gleich die negative Seite. Hat der Prinzipal einen lohnenden Auftrag im Auge,

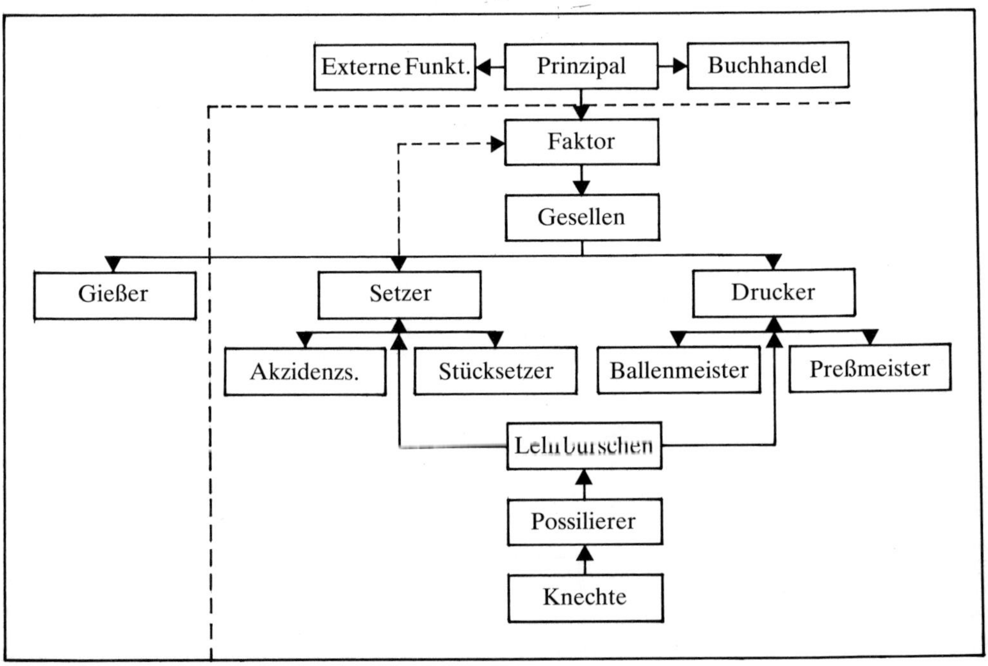

Zur Zeit älteste bekannte Darstellung einer Buchdruckerei mit angeschlossenem Buchladen. Der Handel mit (ab)geschriebenen Büchern ist deutlich vor der Verbreitung gedruckter Bücher anzusetzen. Die Druckpresse zeigt die charakteristischen Merkmale und bestätigt meine Theorie zur technischen Entwicklung der Druckpresse. Der Setzer arbeitet sitzend. Der jeweils herbeieilende »Tod« macht den Mensch auf sein kurzes Dasein aufmerksam. Um diese Zeit entstehen eine ganze Reihe sogenannter »Totentänze« (zum Beispiel Holbein). Lyon 1499.

wirbt er um die Gunst des Auftraggebers. Er macht finanzielle Zugeständnisse, die oft den Raum des Angebrachten übersteigen. Die Buchdrucker sind erst spät darauf gekommen, vernünftige Preise zu machen. Viele haben es bis heute nicht begriffen. Schlaue Verleger erkennen diese Schwachstelle und sehen, daß sie, falls sie selbst das Papier beschaffen und bereitstellen, einen weiteren Vorteil herausschlagen können. Dadurch engen sie auf der einen Seite die Gewinnspanne des Druckers ein und nehmen ihm auf der anderen ein Risiko ab. Die frühen Verleger neigen dazu, die Drucker gegeneinander auszuspielen und ihnen die Druckpreise zu diktieren. Viele Prinzipale scheitern an solchen Schwierigkeiten. Einerseits steht ihnen eine mehr oder minder zeitgemäße Betriebseinrichtung zur Verfügung; daneben auf Arbeit und Lohn wartende Gesellen. Auf der anderen Seite sind sie gezwungen, den Aufträgen hinterherzulaufen, dies wird ausgenutzt. So gesehen, üben die uneinsichtigen Prinzipale einen innergewerblichen Druck aus, der erheblichen Schaden verursacht. Dazu kommen die endlosen und widersinnigen Zensuren, Kriege und Hungersnöte, Herrschaftswechsel, vieles andere beeinträchtigt die vernünftige Ausweitung der Gewerbe.

Trotz dieser Komplikationen steigt das Ansehen des graphischen Gewerbes. Schwierigkeiten aktivieren den Fortschritt. So werden die technischen Hilfsmittel und die Arbeitsgeräte verbessert: so werden die betrieblichen Abläufe durchleuchtet: so versucht man das oft Unmögliche zu ermöglichen, sich auf dem immer schwieriger werdenden Markt zu behaupten. Diese besondere Problematik

Deutsche Druckerzeichen der Frühdruckzeit. Mit der allmählichen Ausbreitung der Buchdrucker(kunst) kommt es zu Differenzierungen unter den Druckern. Es fällt auf, daß sich sogenannte »Frühdrucker« an wirtschaftlich interessanten Orten etablieren. Erst in einer späteren »Welle« verbreitet sich der Buchdruck in ländliche Gegenden. Daraus entstehen u. a. sogenannte »Winkeldruckereien« oder »Hudeleyen«.

schmiedet frühzeitig Gesellen, Faktoren und Prinzipale zu einer homogenen Interessensphäre zusammen. Mit den lebhaften Sozialkonflikten hat das nichts zu tun, denn sie sind nicht gewerbespezifisch. Die Abkapselung des graphischen Gewerbes sichert ihm für längere Zeit den Reiz des Besonderen. Einen eigentlichen Grund dafür gibt es nicht. Der überwiegende Teil der Druckereibetriebe ist klein. Zwei bis drei Pressen zu beschäftigen, reiht automatisch in den Rang der größeren Unternehmen ein.

Preßpolizei und Imprimatur

Durch das Sprichwort, daß »Papier geduldig ist« (gleich ob beschrieben oder bedruckt) kommt das Gewerbe gegenüber anderen in zusätzliche Konflikte. Schon um 1275 erfahren wir aus einem Pariser Statut, daß die Kopisten – weltliche Abschreiber von Originalen –, den »Büchergeschworenen« das Abgeschriebene vorzulegen haben. Abgeordnete der einzelnen Fakultäten prüfen, beurteilen und erteilen ggf. die Verkaufsgenehmigung. Sie machen das nicht umsonst. Für das Verbreitete werden Preise festgesetzt.

Die Buchdruckerkunst wächst unter dem Deckmantel der Universitäten und unter der Profilneurose der Kirchen, sie sind wichtige Auftraggeber. Das bringt den Druckern nicht nur Vorteile. Bald greifen Landesfürsten und Kirchen nach der Macht des »gedruckten« Wortes, denn mit ihm ist es eher möglich, die oft skurilen und dubiosen herrschaftlichen Ideen einer breiten Masse aufzudrängen und sie in die Pflicht zu nehmen. Es spielt sich u. a. auf dem Rücken der auftragsabhängigen Prinzipale ab.

Deutsche Druckerzeichen der Frühdruckzeit. Interessant ist das graphische Spiel der Formen, der Wechsel von Schwarz und Weiß, der Formenreichtum und die Ausdruckskraft der einzelnen Signets.

Cennius, Bernhard. Ansicht einer Buchdruckerwerkstatt des Florentiner Goldschmiedes B. Cennius mit Druckbogen des ersten in Italien gedruckten Buches. 1471. Gemälde von Tito Lessi (1858 – 1917). 1906. Archiv v. Kunst u. Geschichte. Mit freundlicher Genehmigung. Realistische Darstellung eines historischen Druckbetriebes. Korrekte Wiedergabe der Pressendetails.

Rasch entwickelt sich die Zensur zu einem gefürchteten und deshalb oft umgangenen Organ über das gesamte Druckwesen. 1660 entnehmen wir der Frankfurter Buchdruckerordnung: »... als auch deß H. Reiches Constitutiones und Satzungen allen und jenen Ständen, und also fürnemlich den Truckern aufferlegen und verbieten, kein Famos Libell oder Schmähschrift weder heimlich noch öffentlich zu trucken ... so wollen wir hiermit alle und jede Trucker und Gesellen ... ernstlich erinnert und ermahnet haben, solchen deß H. Reichs-Ordnungen getreulich nachzusetzen und darwider nicht zu tun.« An anderer Stelle: »... es sollen auch alle unsere Buchdrucker und wie ein jeder seine Anzahl Pressen berechten kann, in ein Protocoll bracht werden, und keiner mehrere neue Pressen, außer wo die alte abgängig und zerschlagen worden, anzurichten berechtigt seyn: Sondern da einer seine Truckerey umb eine oder mehr Pressen zu verstärken, meint er solches Pressenrecht von einem anderen im billigen Preiß an sich zu handeln angewiesen seyn soll: worüber ordentlich Buch gehalten und die Pressen einem respektive ab- und dem anderen zugeschrieben werden sollen.«

Es ist hier nicht Platz, um sich mit diesen komplizierten Fragen weiter zu beschäftigen. Vergleichbar damit ist auch die Imprimatur, einem gleichfalls gewerbespezifischem Kontrollinstrument. Mit Edikt vom 31. August 1539 (Artikel 7) bestimmt Franz I. »... daß alle Bücher würdig auszustatten seien, auf schönem Papier, mit schönen Lettern und fehlerfrei gedruckt sein sollen«. Inspektoren haben von Zeit zu Zeit die Druckereien zu untersuchen und schlechte Lettern wie schlechtes Papier zu konfiszieren. Die Titel müssen durch den Druckherr oder seine Korrektoren korrigiert werden. Bleibt der eine oder der andere Fehler stehen, so muß das Blatt durch einen neugedruckten Karton ersetzt werden. Damit sich die Buchdrucker nicht der Verantwortlichkeit entziehen (können), muß der Druckherr, der Korrektor oder der Autor sein »Imprimatur« (lat. »es werde gedruckt«) darauf setzen. Bücher, die diese Formalität nicht erfüllen, werden zerrissen und die schlechten Korrektoren »strenge« bestraft. Man kann sich leicht vorstellen, wie die Qualität im Gewerbe sein muß, um einen Landesherren zu einem solchen Schritt zu veranlassen.

Sowohl eine aktive Preßpolizei wie das Gebot zur Imprimatur können die Ausweitung des graphischen Gewerbes nicht in feste Bahnen lenken. Die Macht des gedruckten Wortes geht um die Welt. Was die einen mit einem riesigen Publikationsaufwand auf den Markt werfen, kommt in einer Woge gegenteiliger gedruckter Meinungen zurück. Manchmal sind es einzelne Bücher, die die Welt bewegen.

Gegensätzliches Verhalten von Gesellen und Prinzipal

Soziale Konflikte kennzeichnen die gesamte Entwicklung des Handwerks. Sie tauchen auch im graphischen Gewerbe frühzeitig auf. Allein das Wohn-/Arbeitsverhältnis zwingt Spannungen auf. Ist es naheliegend, daß sich die bei einem Prinzipal einfindenden Gesellen gut verstehen? Will nicht jeder der Beste sein? Will sich nicht immer wieder *einer* vordrängeln, um um die Gunst des Herrn zu buhlen? Schafft nicht die Trennung von der eigenen Familie Probleme? Die Abhängigkeit von der Beköstigung durch den Arbeitgeber wird oft genannt und kritisiert. Einige Buchdruckerstreiks habe ich angedeutet. Hinzu kommen lange Kündigungs- und Wartefristen, immer wieder steht der Meister zwischen den Stühlen. Dabei darf er nicht vergessen, an sich selbst zu denken.

Es ist bekannt, daß sich bereits vor dem Zustandekommen der gewerbespezifischen Innungen (kurz vor 1600 wird den Buchdruckern in einer sächsischen Ordnung nahegelegt, sich zünftig zusammenzuschließen. Aber erst mit Beginn des 17. Jh. entstehen Buchdrucker innungen) die Drucker zu bestimmten Treffen, den sogenannten »Generalsitzen« zusammenfinden. Hier gelten feste Rang- und Sitzverhältnisse. Satzungen bestimmen den geregelten Ablauf. Die Generalsitze tragen dazu bei, das von vielen Seiten angegriffene Gewerbe zusammenzuhalten: es ist eine Spätform hochmittelalterlicher Ordnungsprinzipien, hier sehen wir wieder den Hang zum Traditionellen. Ursprünglich nehmen Prinzipale und Gesellen an den Sitzungen teil. Auf Grund der verschiedenen Vorstellungen werden später getrennte Versammlungen durchgeführt, das heißt, den Gesellen wird verboten, an den Zusammenkünften der Prinzipale teilzunehmen. Eine Folge des Dialoges sind die »Buchdruckerordnungen«, auf die ich zurückkomme.

Knechte, Possiliere, Lehrburschen, Kornuten

Ursprünglich ist vermutlich der Knecht dem frühen Gesellen gleichzusetzen. Man bietet ihm die Möglichkeit der Bewährung: er kann sich zum Geselle hocharbeiten. Diese Regelung ist so lange anzunehmen, bis sich wieder ein geordnetes Ausbildungswesen eingespielt hat. Ich schließe den Knecht bei meinen weiteren Überlegungen aus. Er erringt während des 18. und vor allem des 19. Jh. im Verbund mit der rasanten technischen Entwicklung den Status des »Hilfsarbeiters« oder »Aufwalzers« an den Pressen.

Im graphischen Gewerbe ist die Ausbildung des beruflichen Nachwuchses strengen Regeln unterworfen. Der Meister oder ein von ihm benannter Geselle muß in voller Verantwortung die Ausbildung der Lehrburschen übernehmen: eine anstrengende und zusätzliche Aufgabe, die nicht immer zur beiderseitigen Zufriedenheit gelöst wird.

Es ist mir nicht bekannt, ob der »Possilier« als Vorstufe des in einen Betrieb Eingetretenen, aber (noch) nicht in die Lehrlingsrolle Geschriebenen anzusehen ist. Sicher hat er nichts mit dem »Postulat (verschenken)« zu tun. Auch nichts mit der »Deposition«, wenngleich beide Kunstgebräuche von den Universitäten abgeleitet und auf die Druckereien überlagert werden. In den wenigen größeren Betrieben kennt man den »Burschenfaktor«. Ich sehe in ihm einen Ansatzpunkt für den heutigen Ausbildungsmeister.

Die Lehrzeit beträgt im allgemeinen vier bis fünf Jahre. Die tägliche Arbeitszeit schwankt zwischen zwölf und sechzehn Stunden. Es besteht die Möglichkeit, daß sich Walzende, als sie sich seßhaft machen und noch nicht in der Lage sind, alles in eigener Regie zu bewältigen, Lehrlinge halten. Sie sind billig und willig. Möglich ist das erst mit dem Zunftverfall. Außerdem ist die technische Entwicklung zu berücksichtigen. Nach Beendigung der Lehrzeit hat der angehende Geselle zwar redlich

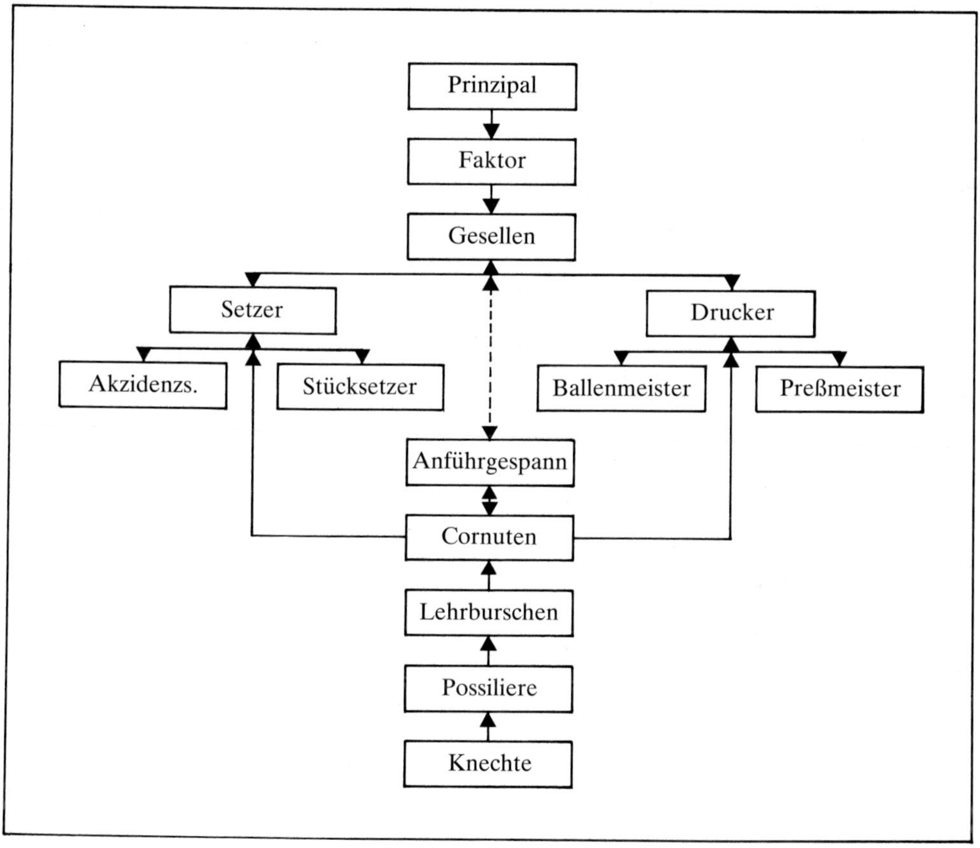

ausgelernt, ist aber noch nicht von den »Ehrbaren Gliedern der Löblichen Kunstgesellschaft« vollwertig anerkannt. Dazu sind das sogenannte »Postulatsverschenken« und die »Deposition« erforderlich. »Die Deposition war ehemals auf den Hochschulen ein wunderlicher Brauch, da man neu ankommende Studenten durch einen besonders dazu bestellten Mann, welcher Depositor hieß, auf allerhand Art und Weise ihres Amtes erinnerte und ihrem Hochmuth Einhalt thun wollte.« Im graphischen Gewerbe sieht das etwa so aus: »Der Kornutenhut ist ein besonderer Hut, welcher dem Kornuten (= Hörnermann) verfertigt wird, wenn er zum Postulate schreitet. Bei der Deposition wird er von dem Depositoren abgenommen.« »... ein Hut voll wunderlicher Zierrathen, auf welchen vorn ein paar Bockshörner und hinten ein Fuchsschwanz mit Schellen angefügt werden, auf dem Kopfe des Jünglings. Der Hut ist das Bild der Freyheit, und auf demselben ruhen alle Laster, welchen dieselbe bildet (= bietet) wenn sie ungebunden und wild ist. Der bunte und wunderliche Putz, und die sonderbaren Zierrathen an demselben, bilden den Stolz und den Hochmuth ab, welchen ein junger Mensch verrät, der sich auf seine Gestalt, Bildung und Kraft etwas einbildet. Die Bockshörner deuten auf die Lüste und Begierden ... der Fuchsschwanz zeigt die List an ... die Schellen sind das Bild der Thorheit und der unverschämten Ruhmessucht ...«

Nach der Absolvierung eines auf Kosten des um Aufnahme in die Gesellschaft Bittenden erfolgten Schmauses, wird er ein »Jünger der Schwarzen Kunst, der edlen Gab Gottes«. Erst dann ist er ein vollwertiger Geselle; meint er und meinen die anderen. Der hier erwähnte Halbgesellenstand wird mit der Aufhebung des Postulates von staatlicher Seite gebrochen. Mit den veränderten Wirtschaftsverhältnissen und dem parallel laufenden Verfall der Zunft lockern sich die Ordnungsprinzipien: vor allem die einst strengen Lehrlingsbestimmungen. »... ob-wohl unsere alte Ordnung einem Drukker so viel Possilierer, vergünstiget, und zugelassen: so wöllen wir doch dasselbe, auß bewegenden Ursachen, hiermit der Gestalt moderiret, und gemäßiget haben, daß zwar auff jeder Pressen, von drey bis vier inclusive, zwen Jungen, aber was über solche Anzahl Pressen laufft, auff jedere mehr nicht, dann ein einziger angenommen und erlaubet werde.«

Anführgespann und Burschendienste

Man bezeichnet mit dem Anführgespann die Gesellen, die die Lehrlinge ausbilden und mit den Burschendiensten die zusätzlichen Arbeiten, die die Lehrlinge ausüben müssen. Nach der Leipziger Buchdruckerordnung von 1606 muß jeder Lehrling, wenn er nicht vom Herrn selbst angelernt werden kann, einem Geselle zur Unterweisung gegeben werden. Das Anführgespann geht: »... dabei liebreich, menschenfreundlich und mit gehöriger Nachsicht und nicht (mit) übertriebener Härte und Strenge zur Werke, und seinem Schüler auch in Ansehung seines sittlichen Lebenswandels, mit einem guten musterhaften Beyspiele voran ... dann ist zu hoffen, daß er einst zu einem brauchbaren Mitgliede der Buchdruckerkunst ausgebildet werde ... der Buchdruckerherr übergibt den Jüngling einem seiner Gesellen zum Unterrichte, oder, wie man in den Buchdruckereyen zu sagen pflegt: zum Anführen, welches eben so viel ist, als anweisen.« Als Vergütung für die übertragene Arbeit des Ausbildens gibt es vereinzelt, in jedem Fall auf freiwilliger Ermessensbasis des Prinzipals ein »Anführgeld«. Es besteht die Möglichkeit, daß das Anführgespann neben dem Faktor – wenn (mehr) ein und dieselbe Person –, übergeordnete Funktionen wahrnimmt.

Die Lehrburschen (Frauenarbeit ist in der Regel untersagt) haben neben ihrer Ausbildung besondere Aufgaben wahrzunehmen. Gewerbespezifisch sind es die »Burschendienste«.

»Die Setzer-Lehrburschen sind beauftragt, dem im Hause befindlichen Corrector das Manuskript vorzulesen, im Falle es verlangt wird: in Häusern, wo kein Hausknecht gehalten wird, sind sie verbunden, die Buchdruckereyen stets rein und sauber zu halten, auszukehren (welches zu jeder Jahreszeit vor dem Beginn der Arbeit geschehen muß), den Ofen zu heizen, Licht anzuzünden, Wasser in die Feuchtwanne zu tragen, Lauge zu machen, das Papier auf- und abzuhängen, Correcturen fortzutragen ... sie müssen auch das Kehrricht der Buchdruckerey aussuchen, die darin sich vorfindenden Schrifften waschen und sie jeden Morgen, vor beginnender Arbeit, nach den verschiedenen Kegeln aufsetzen und wieder an ihren bestimmten Ort bringen. Den Drukkerbruschen wird noch besonders zur Pflicht gemacht, die Pressen in (einem) sauberen Stand zu erhalten.« Über Züchtigungen ist mir nichts bekannt. Es muß angenommen werden, daß sie vorgekommen. Weshalb sollte es den Lehrlingen besser gegangen sein, als denen in anderen Gewerben.

Forderzettel, Generalsitz(e), Entweichung

Der Vollständigkeit halber sei auf einige Kunstgebräuche verwiesen, die dazu beitragen, den Status des Meisters vorzuheben. Der Forderzettel oder -taler (auch: »Auflegtaler«) ist eine geschriebene Einladung, bzw. deren finanzielles Gegenstück, die der Oberälteste einer »Löblichen« Gesellschaft an die »Glieder der Kunstgesellschaft« verschickt. In der Regel geschieht es zweimal im Jahr zu Ostern und Michaeli (= Herbstmesse). Die Mitglieder werden »aufgefordert«, das heißt sie werden 14 Tage vorher eingeladen, an der anstehenden Sitzung teilzunehmen.

Der Generalsitz unterliegt den Satzungen. Sie regeln das berufliche und gesellschaftliche Leben der Buchdrucker. Erst wird die Lade feierlich durch den Oberältesten geöffnet. Nach dem Erstatten der geschäftsmäßigen Berichte und der Klärung der auf der Tagesordnung stehenden Fragen, Entscheidungen und Urteile, »... wird der Generalsitz meist mit der Verlesung der Gesellschaftssatzungen und mit der Erwähnung der ehrenvollen Privilegien, Vergünstigungen und Freiheiten, welche Kaiser, Könige und Stadträte den Buchdruckern gewähren« geschlossen.

Wenn ein Zunftgenosse – gleich ob Prinzipal oder Geselle – eine Klage führt, so hat er nicht nur das Recht, sondern die Pflicht, es der Gesellschaft mitzuteilen. Beilegungen von solchen Auseinandersetzungen beanspruchen mitunter Jahre. Schwerwiegende Fälle werden mit drastischen Strafen belegt. Beispielsweise beim Stehlen von »Aushängebogen« oder beim »Verraten des Formates«. Die Strafzumessungen sind detailliert festgeschrieben. Eine interessante Form in diesem Zusammenhang ist der »Abtritt« (= »Entweichung«) aus der Gesellschaft.

»Abtritt ist eine Entweichung aus der Gesellschaft, welche demjenigen angedeutet wird, welcher bey einer löblichen Gesellschaft sein Verbrechen, oder sonsten etwas vorgetragen, damit die Sache überlegt werden kann.

Englische Darstellung einer Druckstube (wohl aus dem 18. Jh.). Gut gearbeitete Druckpresse. Links hinten der typisch geteilte englische Setzkasten. Oben hängen unfachmännisch die frisch bedruckten Bogen auf sogenannten Aufhängeleinen zum Trocknen (Farbe und Wasser).

Buchdruckerei zu Ende des 17. Jh. (1679). Aus: Jacob Redinger: »Neuauffgesetztes Formatbüchlein.« Frankfurt am Main. 1679.

Es gereicht selbiger (Abtritt) niemand zum Schaden, oder Beschimpfung, sondern es wird in der Abwesenheit derjenigen, welche abgetreten sind, die Sache kunstgebräuchlich überleget und erwogen, und darauf ein gewisser Schluß abgefasset, nach welchem sich die Parteyen richten. Hernach werden die Abgetretenen wieder hineingefordert, da ihnen dann der gemachte Schluß vorgetragen wird; wenn sie nun solchen angenommen, so setzt sich ein jeder an seinem gewöhnlichen Ort und Stelle ...«

Die Zehn Buchdruckergebote erwähnen: »... so, wider verhoffen, von jemand beschimpft, oder seine gegebenen, ob zwar geringe Ursach, gescholten werden, so soll er solches innerhalb 14 Tagen in der Druckerey anzeigen, oder nach Beschaffenheit der Sachen, bey einer völligen Gesellschaft unverweilt vortragen, und nicht über solche gesetzte Zeit zu stehen sich unterfangen. Neben einem Gescholtenen soll er nicht wissentlich über 14 Tage in Arbeit stehen, sondern ihn zur Abthu- und Versöhnung des Streites anhalten, will er anders mit dem Gescholtenen nicht in Schaden geraten: Widrigenfalls der Gescholtene, sofern die Sache anderwärtig vorgegangen, einstweilen ein Scheltwort, um der Erbar- und haltenden Einigkeit willen, zur Vermeidung aller Zänkerey, niederlegen und in der ersten Messe die Versöhnung dort selbsten suchen muß.«

Tage- und Wartegeld, Gewißgeld, Berechnen

Parameter der Leistung in vergangenen Zeiten ist das Tagewerk, das heißt, der betreffende Geselle zeigt jeden Abend vor, was er »geleistet« hat. Der Druckherr, sein Faktor (= Inspektor) oder Vertreter notieren es, ziehen Wohn- und eventuelle Strafgelder ab und nennen den verbleibenden Restbetrag. Dieser Lohnanteil steht zur Auszahlung an. Er wird vom Gesellen in einem Büchlein festgehalten. Es versteht sich von alleine, daß man bei dieser Methode erst einmal auf die Menge und erst dann auf die Qualität der Arbeit achtet. Es sind besondere Absprachen unvermeidbar, um die Interessen auszugleichen. Hier tritt der Faktor und/oder Meister als Schlichter und Vermittler auf.

Das Wartegeld ist in gewisser Weise eine Sonderform der Löhnung. Es entspricht dem niedrigst erreichbaren Wochenlohn. Er ist identisch mit den laufenden Verpflichtungen der Gesellen gegenüber dem Prinzipal (Gelder für Wohnung, Beköstigung, Heizung, Licht und Nebenkosten). Weil sich die Forderungen aufheben, kommt das Wartegeld üblicherweise nicht zur Auszahlung. Es fällt nur dann als Berechnungsfaktor an, wenn die Gesellen gezwungen sind, auf Arbeit zu warten.

Das Gewißgeld ist eine Weiterentwicklung des Tagewerks und kommt einem festen Wochenlohn gleich. Es entspricht den im »Berechnen« erreichten Löhnen. Das Gewißgeld hat gegenüber dem Tagewerk den Vorteil der Konstantheit und bringt den Gesellen pauschale Sicherheit. Das hält sie nicht davon ab, nach weiteren Vorteilen zu haschen. Dem Prinzipal bringt das Gewißgeld gleichfalls einen Vorteil: denn es macht die Lohnpolitik überschaubar. Von vielen Gesellen wird die Methode als unredlich verworfen, weil keine Unterschiede zwischen guten und schlechten Arbeitern gemacht wird. Der ausgeprägte Gerechtigkeitssinn der Altvorderen führt dazu, nach anderen, besseren und gerechteren Lohnformen zu suchen. Das »Berechnen«, auch »konsensweise (bezahlen)« oder »nach Stücklohn« arbeiten, entspricht dem Akkordlohn. Der Lohn wird dabei nach der effektiven Anzahl der gegossenen, nachgearbeiteten, gesetzten Formelemente, nach der Menge der gedruckten oder gelesenen Bogen ausgerechnet. Vermutlich liegt hier eine Vorstufe der später konkret einsetzenden Kalkulationsbemühungen. Das hier erforderliche noch einfache Preiszerlegungsschema wird zur Grundlage späterer Satz- und Druckkalkulationen.

Bei allen Entlohnungsformen zeigen sich Schwachstellen: bis heute ist die optimale Form nicht gefunden. Die eigene Leistung hat man schon immer subjektiv über- und die des anderen mit großen Tönen unterbewertet oder abgeschwächt. Schließlich entwickelt sich die Berechnung nach jeweils 1000 kleinen n, m oder u (in angelsachsischen Ländern). Es ist ein Durchschnittsbuchstabe. Es ist eine Berechnungsweise nach dem laufenden Alphabet. 499 werden nicht gezahlt und 501 als volle 1000 bewertet. Dies erscheint den Setzern gerechter. Der Begriff »Berechnungsamt« erinnert an diese historische Lohnform.

Buchdrucker- und Druckerordnungen

Die Buchdruckerordnungen entstehen etwa ab der zweiten Hälfte des 16. Jh. Unter bestimmten Voraussetzungen können sie als Sonderform und Weiterentwicklung der ehemaligen zünftigen Satzungen angesehen werden. Sie verdanken ihre Entstehung üblicherweise dem Bemühen der Prinzipale, ihre

Darstellung einer deutschen Buchdruckerei des 17./18. Jh. Die Anschlagtafeln an den Preßwänden deuten auf das Alter der »ehrbaren« Druckerkunst. Rechts hinten die Setzer und links davon der Korrektor oder Prinzipal. Im Vordergrund das Beschweren der Stapel oder »Lagen« mit Brettern und Gewichten. Rechts die ausgelegten frischen Druckbogen, die hier vermutlich »umschlagen« werden. Verwendung eines »Him-Ham« mit »Holztute« (nach: Ernesti).

Drucker (gemeint sind immer: Setzer *und* Drucker) in »Zucht und Ordnung« zu halten. Erste (Buch)druckerordnungen werden ohne Anhörung der Gesellen in Kraft gsetzt. Das wird der Anlaß zu schwerwiegenden Auseinandersetzungen. So erfolgt 1598 eine Beschwerde der Frankfurter Drucker über eine 1573 vom Rat der Stadt erlassene Buchdruckerordnung: »... zue dem Zweck und End, damit Drucker und Gesellen in der von Gott mit der edlen hochberühmten freien Kunst der Truckerey für alle andern in Teutschland ausbündig gezieret en und begabeten Stadt Frankfurt desto baß und ruhiger beeinander wohnen und anderen Zunfftigen mit guten Sitten und Erbarkeit fortleuchten mögen ... sondern beinahe gar vor etlichen unruhigen, unvermälten und über die Massen trotzigen Köpfen unter die Füße getreten.«

Wieder schaltet sich der Meister als Vermittler ein. »... im Falle, daß sich Gesellen und Prinzipal bei bestimmten Fragestellungen nicht einigen konnten (oder wollten), sollten sie sich vergleichen, ja in Sonderfällen Sachverständige heranziehen.« Es versteht sich, daß sie über ein Höchstmaß an handwerklichem Können, gepaart mit einer klaren Überzeugungs- und Entschlußkraft verfügen. Im Gegensatz zu den Buchdruckerordnungen stehen die Druckerordnungen. Während die einen städtische oder regionale Bedeutung haben, sind die sogenannten »Druckerordnungen« auf *einen* Betrieb zugeschnitten. Es sind in gewisser Weise frühe Hausordnungen, die den gleichen Zweck verfolgen, aber mehr individuelle Absprachen zulassen.

Gleiche Darstellung wie das Bild davor. Auch hier wird deutlich, wie oft alte Vorlagen nachgearbeitet werden. Außerdem sehen wir die qualitativen Unterschiede. Hier sind die Gewinde an den Druckpressen verzeichnet.

Erste Setzer, Erste Drucker

Inzwischen geht die Arbeitsteilung im Gewerbe weiter. Es ist nicht so: die Buchdrucker- und Drucker-Ordnungen bestätigen es, daß die Jünger der Schwarzen Kunst nur friedfertig dem Tagewerk nacheifern. Es gibt Machtkämpfe, Kompetenzenrangeleien und interne Probleme. Das aufstrebende Gewerbe steht unter einem massiven Konkurrenzdruck: er geht nicht spurlos an den Beteiligten vorüber. Zunächst bestimmt die Menge, wenn wir von persönlichen Neigungen, Bevorzugungen und Intrigen absehen, was der einzelne verdient. Früh erkennen vernünftige Prinzipale, daß letztlich an der Qualität nicht vorbeizukommen ist und daß der langfristige Erfolg nur mit guten Mitarbeitern und einer soliden Qualität machbar ist. Für die Druckherrn entsteht eine schwierige Situation. Oft schreibt ihnen der Auftraggeber oder der sich formierende »Markt« den Preis vor. Gleichzeitig steigen die allgemeinen Qualitätsansprüche. So braucht der Prinzipal tüchtige Gesellen (keine »Hudler« und/oder »Pfuscher«). Unter diesem Aspekt bilden sich, vereinzelt durch Beziehungen oder Querverbindungen begünstigt, erste Setzer und erste Drucker heraus. Sie nehmen einen besonderen Status unter den Gesellen ein und werden zur Erledigung hochbewerteter Akzidenzarbeiten herangezogen, die nicht nur rasch, sondern vor allem im Geschmack der Zeit herzustellen sind. Weniger qualifizierte Gesellen werden dadurch abgewertet. Man nennt sie in der oft derben Fachsprache Hudler, Sudler, Satzarchitekt, Bruchdrucker, Pfuscher, Waschbär (vom Formenwaschen) usw. Auch daraus resultieren Spannungen. Auf der anderen Seite entwickelt sich in der Branche das Qualitätsdenken. Es kann sein, daß sich aus tüchtigen Ersten Setzern Faktoren rekrutieren und aus tüchtigen Ersten Druckern die Druckermeister. Bis um

1800 werden Setzer für Führungsaufgaben bevorzugt. Dann setzt eine stürmische, technische Aufwärtsentwicklung ein (Erfindung der Schnellpresse). Sie läßt dem mehr praktisch orientierten Drucker einen größeren Spielraum.

Kündigungsformen, frühe Arbeitszeugnisse

Das graphische Gewerbe zeichnet sich durch eine besondere Form der Kündigung aus: dem »Anrede- oder Zusagetag«. Ursprünglich betragen die Kündigungsfristen beidseitig ein halbes Jahr, das heißt, von der Oster- bis zur Herbstmesse (= Michaeli). Der Anrede- oder Sagtag liegt üblicherweise sechs Wochen davor. Der Prinzipal lädt einen Gesellen nach dem anderen vor, um ihm den Abschied zu geben oder die Konditionen für das nächste halbe Jahr zu bestätigen. In der älteren Fachliteratur gibt es verschiedene Versionen. Vierzehn Tage nach dem Anredetag tritt der »abgedankte« aus der Kondition. In der Regel ist dies mit einem Schmaus (Umtrunk/Ausstand) verbunden. Früh tauchen Arbeitszeugnisse auf. »... keinen in seine Offizin aufzunehmen, er bringe denn ein authentisches Zeugnis seines Wohlverhaltens von derjenigen Offizin mit, worin er unmittelbar vorher gedient hat; dahingegen auch jeder Prinzipal schuldig ist, dem Gesellen bei Austretung ein glaubwürdiges Zeugnis über seine Aufführung unentgeltlich zu ertheilen.«

Hudeleyen, Pfusch- und Winkeldruckereien

Um dem unerbittlich harten Zugriff und der Kontrolle der Obrigkeit aus dem Weg zu gehen, entstehen in unwegsamen Gegenden oder Flecken Winkeldruckereien und -gießereien. Sie werden von den löblichen Kunstgesellen verpönt und scharf angegriffen. Aus mehreren Gründen:

Die Winkeldrucker verderben die ohnehin schwierige Lohnpolitik und bringen das Gewerbe in Verruf. Die Winkeldrucker-Prinzipale locken gute Gesellen mit höheren Lohnversprechen ab. Der Lohn ist das entscheidende Kriterium. Es ist falsch anzunehmen, die Altvorderen hätten nur gearbeitet, um Schönes zu produzieren. Das qualitative Niveau vieler Druckerzeugnisse ist über weite Strecken mehr schlecht als recht. Winkeldrukker werden bereits in einem Reichsabschied von 1570 erwähnt. »Winckeldruckerey, werden solche Druckereyen genennet, die man auf Dörfern, Flecken, oder anderen freyen Orthen anlegte, wo man ohne Zensur die Buchdruckerkunst zu allerhand unerlaubten Schriften mißbrauchet.« Vereinzelt werden sie »Schmieren« genannt. Über Innungsklauseln wird versucht, diesem Unwesen einen Riegel vorzuschieben. Deshalb sagen die Zehn Buchdruckergebote: »... in keine Druckerei, wo nicht redlicher und herkommentlicher Gebrauch gepflogen wird, soll er in Arbeit eintrethen, viel weniger einer Hudeley auszuhelfen sich gelüsten, oder beytreten lassen, widrigenfalls er von der redlichen Kunst abgesondert und ausgestoßen seyn solle.«

Diese Erscheinung zeigt, daß Einigkeit schlechthin unmöglich ist: zu viele konkurrierende Faktoren schlagen aufeinander. Wer versteht nicht den Prinzipal, der sich eine teure Presse anschafft und dann versucht, mit ihr reich zu werden. Er nutzt buchstäblich jede Chance und macht keinesfalls vor seinen Berufskollegen halt. Freilich liegt der Grund tiefer, es ist das Unvermögen vieler Druckherren, wirtschaftliche Zusammenhänge richtig zu verstehen. Der Hang zum technischen ist deutlich. Die kaufmännische Ausbildung der Prinzipale läßt zu wünschen übrig. *Gerade dem Trugschluß, durch allgemeine Einigkeit Ruhe in das wankende Gewerbe zu bringen, und zwar bezüglich der Auftragsdecke, der Beschäftigungslage, der Kalkulation und der Lohnpolitik, unterliegt das graphische Gewerbe über viele Jahre: er ist symptomatisch für den Berufsstand der Setzer und Drucker.*

Vielleicht ist es eine Reaktion des allgemeinen Unvermögens, sich im damaligen Wirtschaftsraum die Selbständigkeit zu erhalten. Vielleicht sind es die vielen technischen Verschiebungen, die die Drucker unruhig machen. Bei diesen Überlegungen kommt dem Faktor und Meister erneut Bedeutung zu. Fast immer steht er »zwischen« den Interessen: außerdem hat er eigene. Immer weiter schiebt sich die Position des Meisters ins Verwaltende, Leitende und Dispositive. Immer deutlicher tritt die Erfordernis der guten Ausbildung des Nachwuchses in den Vordergrund. Dazu sind nicht nur handwerkliche, sondern vor allem pädagogische Kenntnisse notwendig.

Taxordnungen und Gehilfenlade

Taxordnungen sind im frühen graphischen Gewerbe die Vorläufer der Kalkulation. Druckereibesitzer waren, wie öfters erwähnt, der Spielball höherer Instanzen. Kalkulatorisches Denken und Handeln mag zwar viele Druckereieröffnungen geleitet haben, aber rasch setzen sich andere Fakten durch und

Deutsche Buchdruckerei zu Beginn des 17. Jh. Titelblatt einer Schriftprobe von Leopold Fuhrmann. Nürnberg (1618). Bemerkenswert ist die auf der Brücke erkennbare Sanduhr und die wiedergegebenen Werkzeuge. Die Sanduhr deutet auf den Arbeitswechsel zwischen dem Preß- und Ballenmeister. Der aufgeschlagene Deckel lehnt gegen ein »Him-Ham«.

bringen den Drucker in Bedrängnis. Man hat den Betrieb »am Hals« und weiß sich nicht mehr in dem immer komplizierter werdenden Markt zurechtzufinden.

Erste mir bekannt gewordene Satz- und Druckberechnungen stammen aus der Mitte des 16. Jh. Sie liegen in einem Zeitraum, dem das mittelalterliche Denken fremd ist. Etwa um die gleiche Zeit wird in Frankreich prinzipalsseitig die Beköstigung der Gesellen aufgehoben. So tritt für ihn eine finanzielle Entlastung ein: dafür tauchen neue Probleme auf.

Von 1598 liegt eine Lohntaxe vor, die vom Tagewerk geprägt ist. Zu Beginn des 17. Jh. erläßt der Kurfürst Johann Georg I. von Sachsen wegen der eingetretenen Münzverschlechterung eine Taxordnung, in der eine Regelung der Druckpreise vorgesehen ist. Die erste Hälfte des 17. Jh. ist durch den 30jährigen Krieg gekennzeichnet, dessen verheerende Auswirkungen das Gewerbe hart trifft. Lumpen und Metall, Grundstoffe für die Erzeugung von Papieren, bzw. der Schriften, versiegen. Sie werden militärischen Zwecken zugeführt. Es beginnt für die Druckereien eine Zeit des allgemeinen Niederganges. Der Absatz der graphischen Produkte geht auf ein Minimum zurück.

Um die Mitte des 17. Jh. wird die erste Tübinger Buchdruckertaxe in Kraft gesetzt. Der Buchdrucker Matthäus Doischer schwört einen körperlichen Eid auf Gott und das hl. Evangelium, daß er die ihm vorgegebene Taxordnung einhält. Dieses Beispiel zeigt die Engstirnigkeit vieler Prinzipale. Immer mehr drängt sich die Frage auf, wie die verdorbenen Druckpreise in den Griff zu bekommen sind. Um 1700 ist erkannt, daß starre Taxordnungen unrealistisch sind, denn der Handel hat erhebliche Dimensionen angenommen: die sozialen, technischen und politischen Spielräume werden weiter, der Konkurrenzdruck schärfer. Eine »neue« Wirtschaftspolitik setzt sich durch. Deshalb steht in einer Leipziger Taxordnung von 1701: »... daß es den Druckern freigestellt sei, sich in preislicher Hinsicht mit dem Verleger oder dem Autor zu vergleichen.« Ich komme weiter unten darauf zurück.

In der Gehilfenlade kann eine Frühform der Invalidenversicherung gesehen werden. Sie trägt dazu bei, das Gewerbe der Drucker zusammenzuhalten. Üblicherweise vereinigen sich Prinzipale *und* Gesellen an den laufenden Einzahlungen. Die ersten »Laden« entstehen aus dem Bedürfnis, sich zur gegenseitigen Hilfe zusammenzutun. Schwerpunktmäßig geht es um die Selbsthilfe bei Krankheiten und um das Sterbegeld. Die Gehilfenladen werden von allen Berufsangehörigen hoch angesehen. Vereinzelt geben die Buchdruckerordnungen darüber Auskunft. »... es soll auch in einer jeden Truckerey eine Büchse mit Zweyen Schlossen gehalten werden, darinn der Trukker (der Prinzipal) von jeder Pressen, so manche er wöchentlich braucht, vier Pfennig, und ein jeder Gesell, für seine Person zwei Pfennig, die Kranken in Noth damit zu erhalten, alle Wochen erlegen solle.«

In der Nürnberger Buchdruckerordnung von 1673 findet sich der Hinweis: »... in einer jeden Buchdruckerey eine Büchse seyn sollte, in welche der Buchdrucker von jeder Preß acht Pfennige und ein hiesiger Geselle vier Pfennige wöchentlich, ein fremder Gesell aber so er neu ankommt, vor das erste halbe Jahr, einen Gulden einlegen, den kranken und nothleidenden Gesellen und welche, nach ihrem Absterben die Mittel zu ihrer Begräbnis nicht hinterlassen, damit zu helfen. Die Gesellen aber, welche sich durch Schwelgen und sonst liederlich Leben selbst in Noth und Armuth mutwillig gebracht, sollen diese Einlagen nicht genießen, sondern die, so ohne Verschulden in Armuth und Dürfftigkeit gerathen.« Hier zeigt sich erneut der ausgeprägte Gerechtigkeitssinn der alten Handwerker.

Homogenität der Gehilfeninteressen

Die Gesellen, teils von den Prinzipalen und der Obrigkeit unterstützt, haben triftige Gründe, um sich zusammenzuschließen: sie sind das schwächere Glied in der Kette. Schon 1573 erwägen die Gesellen jeden totzustechen, der die von den Prinzipalen aufgesetzte Buchdruckerordnung akzeptiert. Sie meinen es durchaus ernst. Wenigstens in einem Punkt wollen alle Gesellen das Gleiche: sie streben gute Konditionen an, berufliche Sicherheit und einen hohen Status. Beim Tagewerk war das einfach, dennoch sind Zugeständnisse von beiden Seiten nicht zu vermeiden. In einzelnen Buchdrucker- und Druckerordnungen wird versucht, eine Nivellierung der Lohnpolitik anzustreben. Sobald es einem Gesellen gelingt, beim Vorgesetzten einen winzigen Vorteil zu erhaschen, sind Neider zur Stelle. Ungeschicktes Verhalten der Gesellen und Druckherren verschlimmert die Lage. Letztlich wird der vernünftige Aufbau der sachgerechten Kalkulation fragwürdig. Die Gesellen machen bis etwa 1800 gemeinsame Front gegen die Prinzipale. Dann treten im Gewerbe entscheidende Veränderungen ein. Sie verändern den Standort des Gewerbes und führen neue Verhältnisse herbei. Gemeint sind die Vorboten der Gewerbefreiheit und die anstehende Aufhebung des Postulates. Dadurch sehen sich die Gehilfeninteressen in ihrer Homogenität gefährdet, sie kämpfen um ihre Rechte. Einzelne erscheinen mit Gewehren am Arbeitsplatz.

Umsonst wettern die *Hand*pressendrucker gegen technische Verbesserungen. Die *Hand*gießer müssen die »neuen« Gießmaschinen akzeptieren. Ihre Verzögerungstaktiken und Emotionen sind sinnlos, sie zeigen lediglich ihre Engstirnigkeit. Das Rad der Technik wird ein winziges Stückchen weiter gedreht. Sträubend stehen Kleingeistige davor. Was sie einst selbst wollten, steht nun als Schatten über ihnen. Vielen fehlt der Weitblick, um sich rechtzeitig auf die neue Situation einzustellen. Sie gehen der irren Auffassung nach, daß die wenigen Handgriffe, die ihnen andere beigebracht haben, ausreichen, um das berufliche Leben zu meistern.

Den Aktivitäten der Druckgesellen entspringt die Gewerkschaft, die sich im Lauf der Zeit auf andere Gewerbe verlagert. Seinerzeit hat sie noch einen realen Sinn, denn es gilt die Interessen der Mitglieder zu vertreten.

Situation unter den Prinzipalen

Bei den Gesellen weht eine frische Aktivität: sie wissen ihre Interessen hartnäckig zu vertreten. Auf der anderen Seite zeichnen sich viele Prinzipale durch Überheblichkeit und Trägheit aus. Während die Gesellen eine eigenständige Berufsorganisation anstreben, ergehen sich die Herren Prinzipale in pausenlosen Debatten um Nichts. Natürlich haben sie es in einigen Punkten schwerer. Die gegen sie agierenden Gesellen sind nur eine – wenn auch das zentrale – ihrer Sorgen. Sie stehen in gegenseitiger Konkurrenz. Ihre Betriebe sind unterschiedlich gelagert. Die Kapitaldecke ist vielfach schwach. Sie sind von Lieferanten und Auftragsgebern abhängig. Hinzu kommen

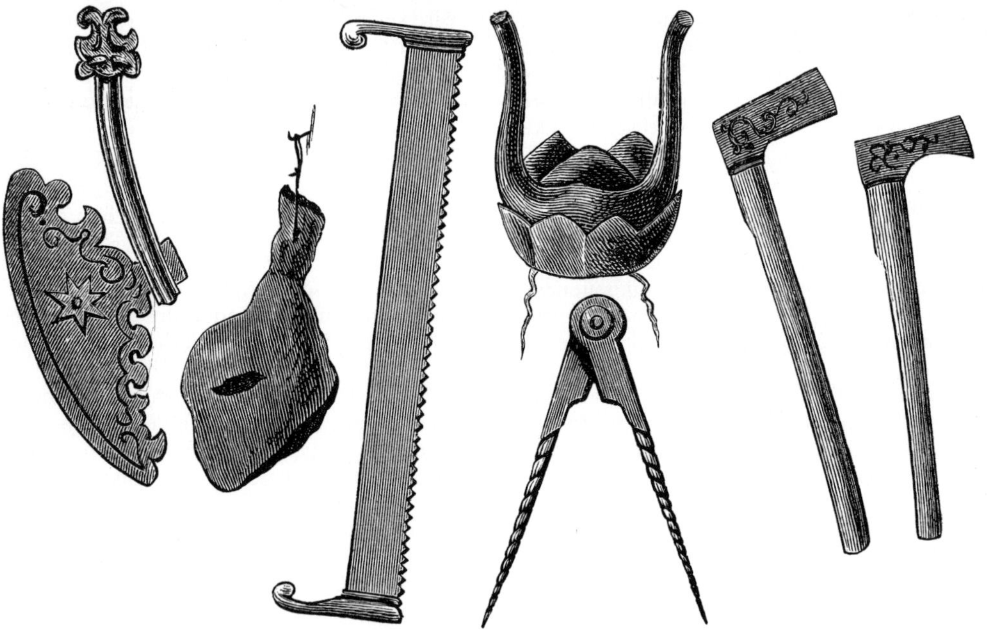

Verschiedene Instrumente, die bei der sogenannten »Deposition« eingesetzt werden. Die Deposition wird als »löblicher« Kunstgebrauch von Universitäten übernommen. In der Mitte oben der sogenannte »Kornuten- oder Narrenhut«, der dem um Aufnahme Bittenden bei dieser Zeremonie abgeschlagen wird.

technische Neuerungen, das Mitgehen der Technik erfordert regelmäßig steigende Investitionen.

Um 1740 wird die Frage gestellt: »... ob es denen Buchdruckern erlaubt sey, selbsten einen Preiß ihrer Arbeit zu machen?« Wie es um ihre Homogenität aussieht, sagt Schwarz treffend im ersten Fachblatt des graphischen Gewerbes, dem »Buchdrucker«. »... *es gehöret zwar etwas Geduld dazu, die Einrichtung von der größten Auflage des Werkes in alle gebräuchlichen Classen bis zum geringsten Todtenzettel vorzunehmen, aber es ist lange nicht so schwer, als zwölf oder vierzehn Buchdruckerherren auf eine Denkungsart zu bringen.*« Oder: »... was bei itzigen Läufften die Buchdruckerey in solchen Verfall gebracht: die Menge der Buchdrucker, die sich wider die Kaiserlichen Reichsabschiede, Verordnungen und Privilegien einander an die Seite setzen, um den rechtmäßigen Buchdruckern die Arbeit abzulaufen.« Es ist eine deutliche Spitze gegen die »Winkeldrucker« und »Hudelyen«.

Aufhebung des Postulates, Gautschen

Das Postulat als gewerbespezifische Form der Übernahme vom Ausgelernten in den Gesellenstand ist vom röm. Kirchenrecht abgeleitet. Man kennt unterschiedliche Formen. Generell regelt es historisch gewachsene Rechte und Pflichten von sich zusammenschließenden Gruppen. Im graphischen Gewerbe versteht man darunter das »Gesellenmachen«, bzw. seine feierliche Einweisung in den ehrbaren Gesellenstand. Der Terminus kommt aus dem lat. und bedeutet soviel wie »... in den Gesellenstand fordern«. »... auch soll einem, sobald er ausgelernet, seine Besoldung gleich einem Gesellen werden, und auf die erste Zusammenkunft soll er bey dem Fisco (= Fiskus) oder Laden angeben, neben seinem Herren, da er gelernet und angeloben, sein Postulat zu verschenken, da ihm dann sein Herr wöchentlich über drei Groschen nicht herausgeben soll.« Diese Bemerkung genügt, um das Spiel zu durchschauen. Der Ausgelernte wird, nur weil er (noch) nicht von den anderen als vollwertig anerkannt wird, zur

Kasse gebeten. Sobald man ihm eine nötige Summe von Lohn abgeschwatzt hat, die zu einem weiteren Besäufnis reicht, dann, und erst dann wird er in die »Löbliche Kunstgesellschaft« aufgenommen. Hier sehen wir den fehlgeleiteten Stolz der Gesellen, die meinen, unersetzlich zu sein. Daß dem nicht so ist, stellt nicht nur die technische Entwicklung unter Beweis.

Schon 1780 wird offiziell erwähnt, daß die »unnützen« Zeremonien abzuschaffen sind, die den Unterschied zwischen einem Ausgelernten und einem Gesellen hervorheben. Immer wieder wird gesagt, daß die eingezogenen Gelder »keinesfalls zu Schmausereyen« verwendet werden dürfen. Wegen der teils hohen finanziellen Belastung, die der um Aufnahme Bittende mit dem widersinnigen Postulat aufzubringen hat, »... sollen Weiber zu solchen Mahlzeiten erst gar nicht zugelassen werden«. Die Feiern arten oft in Verkennung des ursprünglichen Sinnes in unerschwingliche Gelage aus, die den Bittenden (!) um eines Unsinns willen in Schulden stürzen. Deshalb wird am 8. Oktober 1803 von staatlicher Seite! aus das Postulat aufgehoben. Es dauert mehr als zwanzig Jahre, bis sich in der betrieblichen Praxis diese Einsicht durchsetzt. Zuerst erfolgt ein massiver Bruch innerhalb der gefestigten Interessen, das führt zu weiteren Unruhen. Jetzt müssen Buchdruckereibesitzer die Postulatsfeiern dulden, Strafen bezahlen. Gesellen, die nicht vom Postulat absehen, werden mit Gefängnisstrafen bedroht, außerdem soll ihnen der Lehrbrief entzogen werden. Die Andeutung solcher Maßnahmen zeigt, wie verwurzelt das Brauchtum ist. Noch 1848 klagt ein Druckereibesitzer über die Aufhebung des Postulates, es habe (doch) einst das Gewerbe wie ein festes Band umschlungen.«

Der »wunderliche« Brauch des Gautschens unter Setzern und Druckern, nicht unter Gießern und Buchbindern, ist noch nicht schlüssig erforscht. Eine Bindung besteht möglicherweise zum Gautschen der Papiere, dem Untertauchen des Schöpfsiebes in der Bütte, um aus der Flüssigkeit Fasern aufzunehmen und sie so lange hin- und herzugautschen, bis das Wasser abgeflossen und sich der Bogen gefestigt hat. Im Täubel'schen Werk (Wien 1805) wird das Gautschen nicht erwähnt. Es muß angenommen werden, daß der Brauch entweder erst wieder im 19. Jh. auflebt, oder daß er erst zu dieser Zeit aufkommt. Es kann sich zudem um ein Relikt der alten Deposition handeln. Der Akt des Gautschens – das Untertauchen des

Verbot

des

bey den Buchdruckergesellen

unter dem Namen des Postulirens

bestehenden Mißbrauchs.

Signatum Berlin, den 8ten October 1803.

Gedruckt bey Georg Decker, Königl. Geh. Ober-Hofbuchdrucker.

Gesellen in der Bütte, trägt gleichfalls dazu bei, ihn offiziell in die löbliche Gesellschaft aufzunehmen. Erst jetzt wird er ein ehrbares Mitglied im erlauchten Kreis der Setzer oder Drucker. Hier gibt es viele, oft derbe Varianten, die mit dem ursprünglichen Sinn nichts gemeinsam haben. Es ist denkbar, daß im Gautschen ein Tauf- oder Reinigungsakt gesehen wird. Der Gegautschte muß abermals die Zunftgenossen zu einem Umtrunk einladen. Dabei sind Gautschgeld, Gautschgebühr und Gautschbier fällig. Als Gegenleistung bekommt er einen Gautschbrief ausgehändigt, er ist eine Art Zunftzeugnis. Er verschafft in der Anfangszeit dem wandernden Gesellen ein Alibi. Wer nicht im Besitz eines rechtmäßig ausgestellten Gautschbriefes ist, wird nicht als vollwertiger Jünger der schwarzen Kunst anerkannt. Es kann passieren, daß er ein zweites Mal untergetaucht wird, um das Versäumte gutzumachen. Sicherlich ist einzelnen der Gautschbrief wichtiger als der Gesellenbrief, doch beide haben miteinander nichts zu tun.

»Typographeum« aus der ersten Hälfte des 18. Jh. (1740). Vorn erkennt man unter der sogenannten »Beschwerglocke« einen untenstehenden »Haufe«. Im Bildhintergrund verhandelt der Prinzipal mit dem Korrektor oder einem Kunden. Die Setzer arbeiten mit dem üblichen Tenakel. Bildnachweis: Kupferstich von Oetius nach einer Zeichnung von J. A. Richter.

Nach einer alten Sitte reicht man den Gegautschten im Verlauf der Sitzung ein Stück Brot mit Salz. Ein Schluck aus einem alten Krug schließt die Zeremonie. Es ist falsch, im Gautschen eine Art Volksbelustigung zu sehen. Die Bedeutung des Gautschaktes verliert sich. Heute wird nicht oder nur selten gegautscht. Zum Beispiel auf dem Marktplatz von Mainz: dieses öffentliche Spektakel trifft nicht den Kern der Sache. Er dient mehr der Volksbelustigung als der Aufrechterhaltung eines falschverstandenen historischen Brauches.

In knappen Zügen wurden einige Besonderheiten der Ausbildung gestreift. Inzwischen gibt es 80 bis 90 verschiedene Berufe, die einen bedeutenden Rang im graphischen Gewerbe im wirtschaftlichen Leben einnehmen. Parallel dazu werden verschiedene »neue« politische und wirtschaftliche Theorien entwickelt. Die Eigenbrötelei der einzelnen Handwerke wirkt sich immer nachteiliger aus: deshalb greift der Staat mit einer wirtschaftlichen Lenkung ein.

Der Staat greift ein

Es werden besondere Maßnahmen zum Schutz des Handwerks erforderlich. Die wichtigsten sind Versuche, die Meisterlehre zu aktivieren und dem weiteren zünftigen Verfall zu begegnen. Bereits 1530 verlangt die Reichspolizeiordnung die Zulassung einer Anzahl seither als unehrlich angesehenen Kinder in die Zunft. Ein Gutachten von 1672 untersagt den Zünften, bestimmte Personengruppen einfach auszuschließen. Nach der ersten, am 3. Januar 1688 von Preußen erlassenen Gewerbeordnung sollen auch Kinder von unehrlichen Eltern (= Uneheliche) zum Handwerk zugelassen werden. Die Maßnahmen haben wenig Erfolg, weil einzelne Zunftsatzungen zu verästelt sind. Der unter Karl VI. erlassene Reichsabschied geht einen Schritt weiter. Er verbietet den Zünften, ohne Genehmigung der zuständigen Obrigkeit Versammlungen abzuhalten oder Satzungen zu ändern. Selbst dies nützt wenig, die Zersplitterung der Länder (Vielstaaterei) macht die Hoffnungen zunichte. Dem Reich fehlt eine Zentralexekutive. Die Durchführungsbestimmungen unterliegen den einzelnen Ländern: sie legen Anordnungen individuell aus, und »... wenn nicht nach eigenem Gutdünken, so aber doch so, daß für sie die geringsten Konsequenzen damit verbunden sind«. Dies führt zu einer Schwächung der Wirtschaft, die allmählich als Ganzes verstanden wird. Gute Handwerker übersiedeln in für sie lukrative Landesteile. Die Lage wird falsch beurteilt. Darunter leiden alle: der einzelne, das Unternehmen und der Staat. Dann spricht man sogenannte »Generalprivilegien« aus. Nochmals packt man das Problem von der falschen Seite an. Die Zünfte hätten vorausschauender, die obrigkeitlichen Instanzen fähiger sein müssen, das Bild ihrer Zukunft zu beurteilen. Statt einer ständigen Verbotsgesetzgebung hätte der beidseitige Wille stehen müssen, sich wechselseitig auf neue Verhältnisse einzustimmen und Kompromisse anzustreben. Daraus ist den Altvorderen kein Vorwurf zu machen. Es hat wenig Sinn, in historischen Sachverhalten nach Fehlern zu suchen. In wenigen Generationen wird man unser Tun unter die Lupe nehmen.

Mit dem 18. Jh. geht eine Epoche zu Ende, in der das Handwerk letztmalig aus der Vergangenheit schöpfen und leben will, ohne vorsorgend nach vorn zu schauen. Das Traditionelle rückt in den Vordergrund. Von einer Zunft im ursprünglichen Sinne kann nicht mehr gesprochen werden. Wegen der zahllosen inneren Widersprüche ist sie in sich zerfallen und kaum noch lebensfähig. Das altdeutsche Handwerk mit seinen starren Regeln und Ordnungen hat seine Kraft eingebüßt. Allmählich bilden sich veränderte Wirtschaftsformen heraus.

Eine neue Wirtschaftsform: der Kameralismus

Nach dem 30jährigen Krieg entstehen in Europa die Territorial- und Nationalstaaten. Zur Zeit des Frühmerkantilismus wird das volkswirtschaftliche System noch nicht als ganzes verstanden. Die Gründe liegen im Nachwehen von Reformation und Gegenreformation, im Rationalismus und vor allem in der Aufklärung. Unter dem Merkantilismus versteht man wirtschaftspolitische Maßnahmen im Zeitalter des Absolutismus. Der Zweck besteht in der Vergrößerung des nationalen Reichtums und der Staatsmacht. Darunter fällt (auch) die Förderung der Gewerbe. Im Vordergrund der frühmerkantilistischen Überlegungen stehen lediglich einige Schwerpunkte: beispielsweise in England (Thomas Mun) der Agrarmerkantilismus oder die Korngesetze von Wilhelm III. In Italien steht nach einer langen Tradition die Behandlung des Geldwesens im Vordergrund der Überlegungen (Davanzotti). In Frankreich konzentriert man sich auf die Zollpolitik. Nach dem Wirtschaftsminister von Ludwig XIX., Jean Baptiste Colbert (1619 – 1683), entsteht der »Colbertismus«. Es geht darum, nach außen Schutzzölle zu erheben und nach innen die Gewerbe zu fördern. In Deutschland entsteht als Sonderform der sogenannte »Kameralismus« (Polizeywissenschaft). Er wird unter dem Begriff der »Staatswissenschaft« populär. Nun werden Kameralisten Berater an Fürstenhöfen, die »camera«, die fürstliche Schatzkammer, bildet sich heraus. Ein bedeutender Vertreter der Kameralistik ist der Agrarwissenschaftler und Bergbauspezialist Johann Gottlob von Justi (1717 – 1771). Er setzt sich mit den Problemen der gewerblichen Wirtschaft auseinander und klassifiziert das »neue« System:

- Ablösung der mittelalterlichen Städteherrschaft durch den beginnenden internationalen Wirtschaftverkehr.
- Aktivierung der Geldwirtschaft.
- Erhöhung der Kriegsbereitschaft.
- Steigen der Unterhaltskosten für stehende Heere.
- Die staatliche Verwaltung wird umfassender und teurer.
- Der Zahlungsmittelbedarf steigt.

Hier gibt es nur zwei probate Mittel: In erster Linie muß das Geld vermehrt werden. Das bedeutet die Einfuhr billiger Rohstoffe, ihre preiswerte Veredelung im Land und das Bemühen, sie möglichst teuer aus dem Land zu schaffen. Die zweite, gleichfalls immer vom Staat erwogene Möglichkeit liegt in der permanenten Erhöhung der Steuern. Viele Fürsten lockt das Geld, sie neigen zum »Fiskalismus«. Friedrich II. läßt in den Universitäten Frankfurt/Oder und Halle/Saale Lehrstühle für Kameralistik einrichten.

Blick in einen französischen Druckbetrieb. Oben die Druckerei, unten die Setzerei mit dem hinteren Papierlager und dem darüber liegenden Aufhängeboden. Realistische Gesamtdarstellung. So wird bis weit über das 18. Jh. hinaus in den Druckstuben gearbeitet. Der ausgebaute hintere Pressenbereich zeigt einfache Farbekästen mit eingestellten »Lösern«. Im unteren Bild rechts außen sehen wir das Klopfen der Druckform.

Adam Smith und der Liberalismus

Der Merkantilismus hat nicht nur Befürworter. Kaspar Klock bezeichnet ihn als »Fürstenwohlstandslehre« nach dem Motto: »Wer Geld hat, dem stehen alle anderen Güter zu Gebote.« Adam Smith lehnt ihn als »Vielgiererei« ab. Für ihn ist er ein Zerrbild, dem er das Walten der »inversible hand« entgegensetzt. Der freie Wettbewerb soll das Wohl aller herbeiführen. Als politische Theorie wird der Liberalismus von dem englischen Philosoph und Nationalökonom Adam Smith (1723 – 1790) vorwiegend wirtschaftlich begründet. Er sieht im natürlichen Erwerbstrieb die Ursache des menschlichen Fortschrittes. Deshalb soll der Staat die wirtschaftliche Betätigung der Bürger nicht (ver)hindern, er soll sie fördern (»Förderalismus«). Weder mit Geboten noch Verboten soll in das Erwerbsleben eingegriffen werden. Er verfolgt die typische »laisser faire – laisser passe«-Politik, das freie Spiel der wirtschaftlichen Kräfte, die uneingeschränkte Vertragsfreiheit zwischen den Unternehmern und den Arbeitern. Die ungehinderte Warenproduktion wie der Fortfall der Zollschranken sind seine »modernen« Forderungen. Damit schafft Smith die Voraussetzungen für die Entwicklung der pluralistischen Wirtschaft und letztlich der Industrialisierung. Unter dem Einfluß von Smith bricht der Kameralismus in sich zusammen.

Wieder werden die in sich schon zerrütteten Zünfte vor neue Situationen gestellt. Alle Reformierungsversuche des Zunftwesens scheitern. Mit dem Wegfall der einst gefestigten und homogenen Berufsordnungen (im graphischen Gewerbe zum Beispiel der Fortfall des Postulates) fällt die materielle Sicherheit etwas noch Ungewissem zum Opfer. Das Kräftespiel verlagert sich nach unten und führt zu hartnäckigen Konflikten.

Ich breche hier die Anmerkungen zu den volkswirtschaftlichen Überlegungen ab: sie sind zum weiteren Verständnis der Entwicklung erforderlich. Das 19. Jh. überwindet die mittelalterlichen Gewerbeverhältnisse und zünftigen Ordnungen durch den Aufbruch von Technologie, Wissenschaft und Industrie.

Der Umsturz der Produktionsverhältnisse

Innerhalb der Druckereien, Gießereien und Setzereien ist man ständig bemüht, die Arbeitsmittel und -methoden zu verbessern. Das aufkommende Zeitungswesen leistet einen aktiven Beitrag. Nicht allein dadurch wird die Papierproduktion gesteigert. Man unterscheidet die Buch- von den Zeitungsdruckereien, die Auftragspalette spaltet sich. Neben die frühe Druckstube treten jetzt Feuchtezimmer, Niederlagen, Aufhängeböden, Bücherstuben und Faktorate. Innerbetrieblich gibt es den Akzidenzsetzer und -drucker, Paket- und Zeitungssetzer, Metteur-en-pages. Über ihnen stehen die Faktoren und Meister. Der Prinzipal leitet das Unternehmen. Das Gewerbe hat einen anerkannten und festen Platz erobert. Es ist aus dem Wirtschaftsleben nicht wegzudenken.

Von England springen die Funken der industriellen Revolution über Frankreich nach Deutschland. Ein deutliches Zunehmen der technischen Hilfsmittel verändert die »gesamtwirtschaftliche« und so die »soziale« Struktur. Sie rückt das Ausbildungswesen in ein verändertes Licht. Die technische Revolution schafft das »moderne« Proletariat. Denn nur wenige, aber wesentliche Erfindungen, wie beispielsweise die Dampfmaschine (erstmals in englischen Bergwerken eingesetzt) oder die mechanische Spinnmaschine (vor 1800 im praktischen Einsatz), setzen zu plötzlich zu viele Arbeiter frei. Die Länder sind verkehrstechnisch nicht erschlossen. Ein Abwandern in andere Berufszweige ist nicht möglich. Einzelne Handwerker und viele Bürger stehen vor unlösbaren Problemen. Ähnlich ist es im graphischen Gewerbe.

Die technische Aufwärtsentwicklung setzt vor 1800 ein. Einige Aspekte werden in diesem Buch geschildert. Zwei besondere Erfindungen von weitragender Bedeutung leiten den Schritt in die Zukunft ein. Einmal 1790 ein Patent von Nicholson für eine Buchdruckmaschine mit »Zylindern und Farbwalzen«. Andererseits die Erfindung der »Chemischen Druckerey« von Alois Senefelder. Die Papierfabrikation erzielt beachtliche Erfolge. Die Kenntnisse um die Stereotypie nehmen zu. Die Druckformherstellung wird vereinfacht. Eine Flut von Patenten auf dem Sektor der Setz- und Druckmaschine zeichnet sich ab. Dies stellt Gesellen, Meister und Prinzipale vor unerwartete Aufgaben. Es verlangt eine Abkehr vom Denken in traditionellen Bahnen.

Die Holztiegel werden von den Eisenpressen be- und verdrängt. Hinzu kommen der Steindruck und verschiedene Arten des Kupferdrucks. Der Kattundruck wird verbessert. Aufträge, die einst eine klassische Domäne des Buchdrucks sind, wandern zum Entsetzen der Prinzipale an andere Druckverfahren ab.

Friedrich Gottlob Koenig erfindet zu Beginn des 19. Jh. die Buchdruckmaschine. Gegen 1830 wird der Begriff »Schnellpresse« üblich. Das neue Druckverfahren wird skeptisch aufgenommen: es verlangt von den Druckern eine Abkehr von alten Gewohnheiten. Die Gewerbetreibenden halten lieber an den alten Zöpfen fest. Was die anderen Gewerbe mit der permanenten Abkapselung ihrer zünftigen Rechte versuchen, vollzieht sich jetzt im graphischen Gewerbe als radikaler Wandel. Unter den darauf folgenden Mängelerscheinungen leidet das Gewerbe Jahrzehnte. Die Ausbildung beginnt jetzt der technischen Entwicklung nachzuhinken.

Schließlich sind es weitsichtige Unternehmer, die mit einem klar nach vorn gerichteten Blick die Produktivität aktivieren. Die Prinzipale haben es nicht einfach. Die neuen Techniken erfordern hohe Investitionen, diese besser ausgebildete Arbeiter, diese mehr Geld und weitere Vergünstigungen. Die Konkurrenz erschwert das Geschäft. Das Denken ist in technischen Bereichen angesiedelt. Kaufmännische Gesichtspunkte werden noch immer unterbewertet.

Die »allgemeine« Gewerbefreiheit

Am 28. Oktober 1810 wird, zunächst für Preußen, eng verbunden mit den Namen Freiherr vom Stein und Hardenberg, eine Gewerbefreiheit erlassen. Sie wird von staatspolitischen Erwägungen bestimmt. Das Volk soll von allen Fesseln des von Napoleon zerschlagenen Reiches (das alte deutsche Reich bricht 1806 zusammen) befreit werden. Von nun ab ist die Ausübung eines Handwerks nur noch von der Einlösung eines Gewerbescheines abhängig. Lediglich einige Berufe erfordern weiterreichende Zulassungsbestimmungen, wenn es im Sinn der Öffentlichkeit erforderlich ist.

In anderen deutschen Staaten läuft diese Entwicklung unterschiedlich. Baden teilt in einem Edikt von 1808 das Handwerk in zünftige und unzünftige Gewerbe ein. Bayern schafft ein landesherrliches Konzessionssystem: die Zünfte werden der Gewerbeaufsicht unterstellt. Jeder Meister darf eine beliebige Zahl von Lehrlingen halten. In Würzburg erhalten die Zünfte durch die Gewerbeordnungen von 1828 und 1836 eine beschränkte Aufsicht über 44 zünftige Gewerbe, in denen nach wenigstens siebenjährig vorausgegangener Lehr- und Gesellenzeit ein Befähigungsnachweis zu bekommen ist. Die erforderliche Prüfung wird vor einem Zunftvorstand abgelegt. Das sind grundsätzliche Neuerungen, denn das Gesetz der Gewerbefreiheit:

- hebt die Beschränkung der Lehrlingshaltung auf,
- hebt die Warte- und Sitzzeit der Gesellen auf und
- begründet die Möglichkeit, die seitherige Form der Meisterprüfung zu umgehen (bzw. sie durch ein vereinfachtes Verfahren zu ersetzen).

Die Erlangung der »allgemeinen« Gewerbefreiheit läßt noch einige Jahrzehnte auf sich warten. Zu sehr und eng verflochten ist die Bindung der Handwerke an *ihre* Geschichte und an *ihre* Traditionen. Die Gewerbefreiheit entzieht den Zünften die alten Grundlagen. Sie haben nur noch geringen Einfluß auf handwerkliche Belange. Selbst die Lehrverträge unterliegen jetzt freien Vereinbarungen. Die Berufserziehung wird zur Privatsache. Jetzt erfaßt der liberalistische Geist die Gemüter vieler Gewerbetreibender. Es folgen verschärfte Formen des beruflichen Wettbewerbs. Sie gehen zu Lasten einer ordentlichen Ausbildung. Einzelne Handwerker lassen sich als Selbständige nieder, was vorher undenkbar ist. Einzelne Handwerkszweige werden unter- und überbesetzt. Die Proletarisierung des Handwerks ist eine natürliche Folge. Aus dem Handwerker entwickeln sich wider Willen die Maschinen- und Hilfsarbeiter. Uneinsichtige, gleich auf welcher Stufe der beruflichen Hierarchie, werden von der weiteren Entwicklung überrannt.

»Seit 20 bis 30 Jahren ist eine Periode gewesen, wo sich in allen Ständen die Herren verhältnismäßig viel schneller vermehrt haben wie die Diener. Von dieser unseligen Etabliersucht der jungen Leute, ohne hinlängliche Kräfte hat dieser Stand, bey welchem es mit am übelsten angewandt ist, außerordentlich gelitten ...« »... streben doch in manchen Staaten Deutschlands selbst Behörden gegen diese Edle Kunst (die Druckerey) so feindlich an, daß sie die zu Recht bei allen geschickten und rechtlichen Künstlern und Handwerkern höchst verhaßte und den Ruin vieler Handwerksgenossen und deren Familien herbeiführenden Sitte: die öffentlichen Arbeiten an den Mindestfordernden zu verdingen. So gestattet sie das Etablieren und Halten von Druckereien auch Männern, die weder die Buchdruckerkunst redlich erlernet noch die darin nöthigen Kenntnisse haben.«

»Der Buchdrucker« Kupferstich von 1776. Gut ausgearbeitete Druckpresse. Links der Satzbereich und im Hintergrund vermutlich der Prinzipal. Gut ausgeschnittenes Rähmchen. Es lehnt gegen ein »Him-Ham« mit der Holztute, die das Durchscheuern des jeweils angespannten Seiles verhindert. Der Bengel an der Presse ist (noch) gerade und verfügt über eine »Bengelscheide« mit aufgesetzten »Bengelkopf«.

Weitblickende Persönlichkeiten erkennen die Problematik. Sie sind sich über die Folgen im Klaren. Nicht nur Einzelne, sonder zahlreiche Stimmen erheben sich, um die Situation des handwerklichen Verfalls zu bremsen. 1832 stellt ein Berliner Magister folgende Forderungen an den Minister für Handel und Gewerbe:

- Allen Lehrlingsverhältnissen soll ein schriftlicher, mit amtlicher Bestätigung versehener Vertrag zu Grunde liegen.
- Eine Ermittlung hat vorzulegen, ob der Lehrherr ein unbescholtener und sein Gewerbe selbständig treibender Bürger ist.
- Der Lehrling habe eine Prüfung zu bestehen, ehe er zum Gesellen gesprochen wird.
- Es darf kein Lehrling (mehr) aufgenommen werden, der nicht die Fertigkeit des Lesens und Schreibens besitzt.

Wie schlimm es aussieht, zeigt ein Blick in die

Lehrlingshaltung im graphischen Gewerbe

»... oder man hat sich angemasset, 2–3 Jungen, wo nicht auf einmahl, doch nach und nach, zusammen anzunehmen, und unerachtet aller hierzu erforderlichen Requisiten, und uhralten nie unterbrochenen Rechten und Ordnungen zuwider, ohne Beysein redlicher Gesellen, auch wohl in Gegenwart fremder zur Druckerey nicht gehöriger Leute aufzudingen und auf dergleichen Weise loß- und freizusprechen, dann den vermeinten Cornuten in die Welt fort zu schicken, gleich aber wieder neue Jungens herbey zu stellen, dadurch es dann geschieht, daß ein solcher, in während Lehr-Jahren, keinen Gesellen in der Druckerey arbeiten gesehen, viel weniger von einem Gesellen angeführet (indem der Herr oft ein

Eine der vorstehenden Abbildung nahestehende Darstellung eines Druckbetriebes. Möglicherweise eine freie Nachzeichnung. Hier sehen wir einen Lehrknaben oder -burschen. Gut ausgeschnittenes Rähmchen. Es lehnt gegen ein »Him-Ham« mit der Holztute. Der Setzkasten links hinten ist in allen Teilen verzeichnet.

Drucker, und wenig vom Setzen, oder ein Setzer, und vom Drucken nichts verstehet), sondern diesen neuen, einem älteren Jungen beytreten lässet, damit jener von diesem das Arbeiten, wiewohl ungeschickt genug erlernen möge, wodurch hernach immer ein zur Gottesfurcht und Ehrbarkeit ungezogener Rancke nach dem anderen ausgebrütet, und nicht wissende weg, und in die Fremde geschicket wird.«

In einer Innungsordnung der sächsischen Regierung aus dem Jahr 1811 steht: »... die Gesellen sind verbunden, die Einrichtung, wie sie selbige in jeder Druckerey finden, besonders die daselbst üblichen Arbeitslöhne sich gefallen zu lassen.« Weitere Lehrlingsbeschränkungen werden beseitigt. Das Innungswesen wird ausschließlich von den Prinzipalen (anstelle der früher gemeinsamen Generalsitze) bestritten. Das althergebrachte Mitspracherecht der Gesellen ist durchschnitten. Jetzt errichten Nichtfachleute und berufliche Laien graphische Betriebe. Die Preise der Produkte werden rigoros gedrückt. Man spricht vom Brotneid, »... anstatt einem jeden anderen jedes Stückchen Brot aus dem Munde zu reißen«. Man spricht von den »Industrie-Rittern«, deren Belegschaft zu drei Viertel aus Lehrlingen besteht, von der Erbettelung von Druckaufträgen, der Erheuchelung von Aufträgen durch die Vorgabe der Armut. Zeigt sich hier nicht die Richtigkeit des Ausspruchs von Schwarz, daß es unmöglich ist, die Herren Prinzipale auf eine Denkungsart zu bringen?

»Es gab Offizine, wo zu manchen Zeiten nur ein einziger Setzergehülfe mit 8 – 9 Setzerburschen und an allen gangbaren Pressen nur Druckerlehrlinge arbeiten ... ja es gibt noch jetzt (1848) hier in Sachsen eine derartige ‚Setzerfabrik', wo bei höchstens 2 – 6 Setzergehülfen gewöhnlich 25 – 30 Lehrlinge beschäftigt sind.« Die Lehrlingszüchterei hat inzwischen krasse Formen angenommen. In den Verbandblättern wimmelt es von kritischen Anmerkungen. »... Lehrlingszüchterei führe zu Schmutzkonkurrenz, ebenso wie die schlechte Ausbildung und daher die mangelhafte Befähigung der Gehilfen; schließlich zur Lohndrückerei.«

Handwerkernot, -bewegungen und -schutz

Die Zünfte haben altüberlieferte Privilegien hingegeben. An ihre Stelle treten in den 30er und 40er Jahren des 19. Jh. neue Berufsvereinigungen. Die Kleingeister und -staaterei wird erstmals 1833 von den Aktivitäten des Zollvereins durchbrochen. Die »neuen« Gewerbevereine verstehen sich als Bindeglied zwischen dem »alten« und »neuen« Denken. Nun setzen große Handwerkerbewegungen ein. Es kommt zu regelmäßigen Treffen und Komplikationen. Die Sache spitzt sich so zu, daß sich der Reichstag mit derartigen Fragen beschäftigt. Der Frankfurter Meisterkongreß stellt einen ausführlichen Entwurf einer Handwerks- und Gewerbeordnung für das gesamte Reich auf und reicht ihn der Nationalversammlung zur Bearbeitung und Beschlußfassung zu. Gesellenseitig wird man aktiv. Es gehen viele Vorschläge ein. Dem Bemühen ist zunächst kein Erfolg beschieden. Es werden jedoch die Grundlagen weiterführender Berufsmaßnahmen eingeleitet. Vor allem beschäftigt man sich mit folgenden Fragen:

- Geordnete Lehrzeit mit Gesellenprüfung.
- Geordnete Gesellenzeit mit Meisterprüfung.
- Geordnete Ausbildung des Nachwuchses.
- Bewältigung der gemeinsamen Standesaufgaben.

1845 erläßt der preußische Staat eine Ordnung, die das Gewerberecht im ganzen Land einheitlich regeln will. Sie steht auf dem Boden der Gewerbefreiheit. Für 42 namentlich aufgeführte Gewerbe wird die Befugnis der Lehrlingshaltung von einem Befähigungsnachweis abhängig gemacht. 1848 tagt in Frankfurt/Main der Deutsche Handwerker- und Gewerbekongreß. Unabhängig davon – gleichfalls in Mainz – das erste Buchdruckerparlament als Zusammenschluß der Gesellen. Zunehmend beschweren sich die Handwerker über die Pfuscherei in den Gewerben. Am 9. Februar 1849 gibt die preußische Regierung eine Ergänzungsordnung heraus, derzufolge die Zahl der Gewerbe, in denen das Halten von Lehrlingen von einem Nachweis abhängig ist, auf 66 erhöht wird. Allmählich kommt wieder Ruhe in die Betriebe, wenigstens was die Ausbildung des beruflichen Nachwuchses anbelangt. Das Handwerk fordert:

- Neuordnung und Straffung des Lehrlingswesens.
- Einrichtung von Zwangsinnungen mit öffentlich-rechtlichem Charakter.
- Einführung des Befähigungsnachweises.
- Beschränkung der Anzahl der Lehrlinge in den Betrieben.
- Gesetzliche Vertretung der Betriebe durch Handwerkskammern.

Mainzer Beschlüsse, Verbandsbildungen

Im Zusammenhang mit den großen Handwerkerbewegungen ist darauf zu verweisen, daß die Gesellen aktiv sind, während die Prinzipale mehr oder weniger unschlüssig in ihre ungewisse Zukunft blicken. Anders als die Gesellen, die ihre Gedanken mehr und mehr konkretisieren. So setzt sich das deutsche Buchdruckerparlament im Kurfürstlichen Schloß von Mainz zusammen. Etwa 12000 Gesellen senden Delegierte. Die Verhandlungsschwerpunkte sind:

- Sorge um die Zunahme der maschinellen Arbeit.
- Einführung gleicher Preise (= Löhne) für Maschinen- und Handpressendruck.
- Bei der Anschaffung neuer Maschinen sollen *nur* gelernte Buchdrucker berücksichtigt werden.
- Mißstände im Lehrlingswesen sind zu beseitigen, denn sie schaden den Gesellen.

Das Gehilfenorgan »Gutenberg« wird gegründet und kurze Zeit später wieder von der Polizei aufgelöst. Etwa zu gleicher Zeit entstehen der »Schweizerische Typographenbund« und der »mittelrheinische Buchdruckerverband«. Die Gesellen fordern die Prinzipale auf, aus ihrem Dornröschenschlaf zu erwachen und einen eigenen Verein zu gründen: »... darum, Hochverehrte Herren ... richten wir ernste aber vertrauensvolle Worte an Sie. Vereinigen Sie sich mit Ihren Collegen in Deutschland wie unsere sämtliche Collegen in Deutschland sich geeinigt haben, gründen auch Sie einen Nationalverein« (Ernst Wiener). Dazu kommt es vorerst nicht, die Gesellen nutzen die Spanne zur Festigung ihrer Interessen. Schließlich *müssen* die Prinzipale einen Gegenpol schaffen, damit ihnen die Einflußnahme der Gesellen nicht über den Kopf wächst.

Blick in einen Pressensaal. Auffallend ist in der vorderen Bildmitte der gedeckte Tisch mit Brot und Salz. Er deutet symbolisch auf das »Gesellenmachen« und auf das »Postulat verschenken«. Sonst ist das Bild stark verzeichnet. Es kann zur technischen Beurteilung früher Druckstuben nicht herangezogen werden.

Von realistischen Prinzipalen wird versucht, endlich die »Druckherren« an einen Tisch zu bekommen. Dieser immer notwendiger werdende Zusammenschluß scheitert mehrfach an der Einsicht der Betroffenen. In der Zwischenzeit erzielt der Gesellenverband beachtliche Erfolge. 1866 folgen 87 Buchdruckereibesitzer einem Aufruf. Dies führt zum »Deutschen Buchdruckerverein«, der prinzipalsseitigen Organisation. Sie ist längst nicht so konziliant wie die der Gehilfen. Naturgemäß gehen die Interessen der Unternehmer weiter auseinander. Die Zielsetzung des deutschen Buchdruckervereins ist:

- Künstlerische und geschäftliche Lage der Druckereien zu verbessern.
- Ermittlung gemeinsamer Richtlinien für die Gehilfenentlohnung und die Preisfestsetzung. Man rechnet überwiegend mit dem 30-Pfennig-Tarif.
- Paritätische Verwaltung der Viatikumskasse(n).

Die Organisation der Prinzipale steht mit der gesamten deutschen Wirtschaft vor schweren Aufgaben, denn der bevorstehende Kriegsausbruch und die sogenannten »Sozialistengesetze« erschweren die Lage. Erst 1892 wenden sich die Machtverhältnisse: die Prinzipalorganisation bewährt sich erstmals, indem sie den Gesellen pari bietet. Das seitherige immer noch latente Einvernehmen, das Prinzipale und Gehilfen über Jahrhunderte verbindet, ist gebrochen.

Geschäftsführer, Neuorientierung der Kalkulation

Der Typus des »alten« Faktors, der u. a. meisterliche Funktionen wahrnimmt, gehört mehr und mehr der Vergangenheit an. Wenn überhaupt, so bleibt ihm der Satzbereich vorbehalten: einzelne rücken zu Korrektoren auf. Der Terminus des Geschäftsführers taucht in den Fachbüchern um die Mitte des 19. Jh. auf. »... der Geschäftsführer ist die Mittelsperson zwischen dem Publikum und dem Personale in der Buchdruckerey; er vertritt, wo der Prinzipal das Geschäft nicht selbst leitet ... im Geschäfte die Stelle des Besitzers. Zu einem Geschäftsführer kann man daher nur einen Mann gebrauchen, der die Gesamtwissenschaft (!) der Buchdruckerkunst sowohl theoretisch als auch praktisch versteht, dabei aber einen hohen Grad von Lebenshaltung besitzt, um schnell und mit Sicherheit alle Fragen, sie seien von den Bestellern oder den Arbeitern an ihn gerichtet, richtig und mit Anstand beantworten zu können. Unter seiner Leitung stehen sämtliche Arbeiter der Offizin und nach seiner Angabe muß jede Arbeit ausgeführt werden. Er nimmt die Arbeiten an und bestimmt nach diesen die Anzahl der Gehilfen. Mit ihm haben die Arbeiter wegen der Preise (= Löhne) und des gewissen Geldes Rücksprache zu nehmen und sich willig den getroffenen Anordnungen zu fügen. Er hält über jeden Zweig des Geschäfts ein besonderes Buch.« Es fällt auf, daß in dieser detaillierten Beschreibung von der Kalkulation keine Silbe erwähnt wird.

Seit 1830 werden in Deutschland die Schriftsetzer nach dem aus Frankreich kommenden 1000-n-Buchstaben-Tarif entlohnt. 499 kleine n werden nicht berechnet und 501 zählen als volle Tausend. Man ist der Meinung, daß das kleine n der Maßstab für eine gerechte Entlohnungsform ist. Das stimmt schon deshalb nicht, weil unterschiedliche Schriftgrößen unterschiedlich schwer zu setzen sind. So geht es auch hier nicht ohne viele Nebenabsprachen. 1835 erscheint im Journal für Buchdrukkerkunst ein Artikel über Kalkulationsfragen. Das ist bemerkenswert, denn ansonsten zeichnen sich die Fachblätter durch ein technisches Übergewicht aus. Es ist die große Zeit der Preisschleuderei, »Brodneid, Schleuderei, Unkenntnis und Habgier sind der Ruin unseres, so wie jeden anderen Geschäfts ... aber in keinem dürften sie ihre Geißel mehr schwingen, als in der Buchdruckerei.« Seinerzeit wird zwischen englischen, französischen und deutschen Kalkulationsmethoden unterschieden, wobei die deutschen den anderen im Aufbau unterlegen sind. Dazu ein Beispiel:

Deutsche Methode

Setzerlohn	+ 50 %
+ Druckerlohn	+ 50 %
= Verkaufspreis	

Englische/französische Methode

Satzkosten, Korrektur, Ablegen		+ 25 %
+ Druckerlohn	(Novität)	+ 100 %
+ Unkosten und Gewinn		+ 50 %
= Verkaufspreis		

Folgerichtig werden die deutschen Kalkulationsmethoden im Gewerbe als »mittelalterlich« bezeichnet. Den Druckereien wird ein mehr und mehr detailliertes Kostenrechnungsverfahren vorgeschlagen, das auf die weitere Entwicklung der jungen Betriebswirtschaft Einfluß nimmt. Einer einheitlichen Kalkulation ist noch kein Erfolg beschieden, denn dazu ist die Bereitschaft der Verbände ebenso erforderlich wie die Einsicht der Prinzipale. »Das rein Handwerkliche drückt noch vielen Betrieben, nahezu allen Kleinbetrieben und vielen Mittelbetrieben, ja selbst einzelnen Großbetrieben seinen Stempel auf ... unter den Buchdruckereibesitzern wird die kaufmännische Tätigkeit gering geachtet, als nebensächlich vernachlässigt. Oder: »... viele unserer Buchdruckereibesitzer sind gute Buchdrucker und schlechte oder gar keine Kaufleute.« Oder: »... denn auf dem Gebiete der Kalkulation herrscht große Unsicherheit.« Das ganze 19. Jh. ist von der Unfähigkeit gekennzeichnet, die Betriebe kaufmännisch optimal zu führen. Noch um 1922 wird gesagt: »... daß selbst bei schärfster öffentlicher Submission dem Unternehmer ein Nutzen von 10 % des Umsatzes bleiben muß.«

Jetzt werden im graphischen Gewerbe sogenannte Tarifkreise gebildet. Zu ihnen gehören jeweils ein Tarifamt und ein Ausschuß. Den untreuen Firmen werden Schwierigkeiten gemacht. Man will das sich festigende Gewerbe nicht wieder durchbrechen. Ab der Jahrhundertwende bemühen sich einzelne Unternehmen, mit mehr oder weniger detaillierten Fertigungskosten-Zerlegungsschematas ein realistisches Bild von der kaufmännischen Seite zu gewinnen. Wieder ist innerbetrieblich eine Arbeitsteilung erforderlich: der Status des Kalkulators kommt auf. Während der Inflationsjahre wird der Buchdruckpreistarif auf Goldmark umgestellt. Viele neue Unternehmen kommen hinzu, es wird viel in die Technik investiert. Dadurch verschärft sich der Konkurrenzdruck und so sinkt das Preisniveau. Ein zeitgenössischer Autor bemerkt: »... die Betriebsergebnisse in einem größten Teil der Buchdruckereien stehen in keinem gesunden Verhältnis mehr zu der aufgewandten Mühe und zu den Kaptialien.« Viele Prinzipale überschätzen die Aufnahmefähigkeit des Marktes. Hinzu kommen unstabile Papier- und Materialpreise, permanente Lohnforderungen und die steigenden Betriebskosten. Hinzu kommt eine stürmische technische Entwicklung. Die erschwert ein »gesúndes«, auf das einzelne Unternehmen abgestelltes Kalkulieren. Erfahrungsgemäß versuchen die Prinzipale das Übel wieder an der falschen Wurzel herauszureißen. Man sucht die Ein-

Buchdruckerwerkstatt des späten 17. Jh. Realistische und gut wiedergegebene Gesamtdarstellung. Die Presse steht frei im Raum und wird durch einen Greif gekrönt. Verwendung eines »Him-Ham« mit der Holztute. Die Druckerballen sind zu flach. Das Rähmchen ist (zu) weit ausgeschnitten. Dies deutet – wenn es kein Zeichenfehler ist – auf das voll ausgenützte Format.

stellung neuer Arbeitskräfte zu umgehen, indem man in die Technik investiert. So reißt ein Loch das andere auf. Die Prinzipale verrennen sich abermals im technischen Denken, anstatt ihre Betriebe kaufmännisch zu durchleuchten. Sie sehen nicht ein, daß ein abgelehnter Auftrag besser sein kann, als ein schlecht bezahlter. »... zunächst ist zu nennen die Unfähigkeit einer sehr großen Zahl der Buchdruckereibesitzer, kaufmännisch zu rechnen ... leider ist die Auffassung weit verbreitet, daß es sich bei der Kalkulation nur um eine Rechenaufgabe handelt. Das ist ein bedauernswerter schädlicher Irrtum.«

Später gehen Prinzipalsöhne, damals noch »Schmalspurjuristen« genannt, als Betriebswirte in die Unternehmen, dies bringt eine Wende. Ein Weltkrieg verhindert die weitere Entwicklung. Wieder steht das Handwerk vor Schwierigkeiten.

Von der Gewerbeordnung zum Handwerkerschutzgesetz

Zurück zur handwerklichen Entwicklung des 19. Jh. Etwa ab 1860 setzt sich der wirtschaftliche Liberalismus durch und bewirkt, daß die noch bestehenden Reste zünftigen Denkens zerschlagen werden. An ihre Stelle treten »Gewerbeordnungen«. Allmählich setzt sich die Erkenntnis durch, daß nur ein »geordneter« Berufsstand für alle von Nutzen ist. Am 21. Juni 1869 erläßt der Norddeutsche Bund eine weitere Gewerbeordnung. Nach der Gründung des Deutschen Reiches wird sie in den süddeutschen Staaten Hessen (1871), Württemberg-Baden (1872), Bayern (1873), und Elsaß-Lothringen (1878) eingeführt. Die Gewerbeordnung ist im Gegensatz zur Gewerbefreiheit nun im ganzen Deutschen Reich eingeführt. Die organisatorischen Voraussetzungen zur Festigung des Handwerks müssen neu geschaffen werden. Jetzt erscheinen zahlreiche Novellen zur gesetzlichen Verbesserung der Situation im Handwerk. Dadurch wird die schrittweise Wiederherstellung ordentlicher Verhältnisse erreicht. Es werden die Grundlagen eines lebensfähigen Handwerkerstandes gelegt. Die Gewerbeordnungsnovelle von 1881, nach der die Innungen mit rechtlich-öffentlichen Befugnissen ausgestattet werden und eine weitere von 1881 bestimmen, daß die Haltung von Lehrlingen auf die Innungsmitglieder beschränkt werden kann. Das Jahr 1887 bringt als wichtigen Schritt die Bestimmung, daß auch nichtorganisierte Handwerker zur Kostendeckung herangezogen werden können. Die Vereinsmeierei greift um sich. Nichtinnungstreue Unternehmen werden unter Druck gesetzt.

Große Beachtung findet die Gewerbeordnungsnovelle von 1878. Sie zeichnet sich gegenüber früheren durch exaktere Formulierungen aus. Jetzt werden Arbeitsbücher – vielleicht als Vorläufer der Berichtshefte – eingeführt. Noch vor 1900 nimmt die Zahl der Innungen erheblich zu. Am 26. Juli 1897 wird eine weitere Novelle erlassen, die später als »Handwerkerschutzgesetz« bekannt wird. Ihre Hauptaufgabe besteht in der Pflege des Ausbildungs- und Prüfungswesens. Sie beinhaltet folgende Schwerpunkte:

- Gründung von Handwerkskammern.
- Einrichtung von fakultativen Zwangsinnungen.
- Neuregelung des Lehrlingswesens.
- Berechtigung zum Führen des Meistertitels.

Ab dem 30. Mai 1908 ist der »Kleine« Befähigungsnachweis erforderlich. Selbständig werdende Meister müssen *grundsätzlich* die Meisterprüfung in ihrem Handwerk abgelegt haben. Erst dadurch erzielen sie das Recht zur beruflichen Erziehung von Lehrlingen. Die Entwicklung nimmt einen positiven Lauf. Das Vertrauen in die Kammern wächst und die Anzahl der Meister steigt sprunghaft an. 1914 gibt es bereits 71 Handwerkskammern. Allmählich ist es wieder möglich, den einzelnen Handwerken einen qualifizierten Berufsnachwuchs zuzuführen. Etwa ab 1920 befaßt man sich aktiv mit dem Ausbau von Berufs- und Fachschulen. Etwa um die gleiche Zeit entstehen die Meisterschulen für Deutschlands Buchdrucker. Ab 1935 ist der »Große« Befähigungsnachweis in den einzelnen Handwerken erforderlich. 1935 entsteht das Gesetz zur »Ordnung des Handwerks«.

Auf die weitere Entwicklung, vor allem auf die der Techniker, Ingenieur- und Dipl.-Ingenieur-Ausbildung in der zwischenzeitlichen Druckindustrie kann ich im Rahmen des Buches nicht eingehen.

Der technische Blickpunkt

Die Technologie entwickelt sich immer stürmischer: die Intervalle der Veränderungen werden kürzer. Ich kann hier nur einige Punkte nennen. Ab 1825 werden die Holztiegelpressen als »alt« bezeichnet. Ab 1870 weichen sie mehr und mehr aus den Betrieben. In den Druckereien setzt sich die »Schnellpresse« durch. Die Formate der Pressen werden immer differenzierter. Das Angebot der Pressen wird schlechthin unüberschaubar. Daneben werden Rotationsmaschinen für verschiedene Druckverfahren gebaut. Der Steindruck wendet sich in Richtung verschiedener Metall-Druckverfahren. Die Photographie setzt einen weiteren Schwerpunkt. Die Aufrasterung gelingt, der Tiefdruck setzt sich durch. Um 1900 entwikkelt sich aus dem Blechdruckverfahren per Zufall (?) der Offsetdruck. Er verzeichnet bis heute eine stürmische Aufwärtsentwicklung. Parallel entstehen differenzierte Zuliefermärkte. Ähnliche Entwicklungen ergeben sich im Satzbereich.

Die technische Entwicklung des 19. und 20. Jh. kann von zwei Seiten aus gesehen werden. Die Großmaschine erschließt in kurzer Zeit zusätzliche Arbeitsmärkte, weckt Bedürfnisse und trägt teilweise dazu bei, den allgemeinen Lebensstandard anzuheben. Auf der anderen Seite macht sie den Einzelnen noch abhängiger als vorher. Die neuen Großmaschinen erfordern umfassende Finanzierungen. Der Kreislauf der technischen, wirtschaftlichen und finanziellen Möglichkeit wird immer deutlicher. Oft wird das gestandene Handwerk in frühindustrielle Prozesse integriert. Es sind folgende Ansatzpunkte denkbar:

- Direkte Übernahme handwerklicher Berufsverrichtungen in industrielle Fertigungsstufen.
- Eingliederung von Werkstätten, deren Arbeit zur Vervollständigung und Ausstattung der Fabrikerzeugnisse erforderlich ist.
- Übernahme von Schlüsselkräften (= Spezialisten).

Außerdem ist zu berücksichtigen, daß sich auf dem Sektor der Kleinmaschinen einiges tut. Gerade die Kleinkraftmaschinen geben dem handwerklich orientierten Betrieb die Möglichkeit zur Rationalisierung. Auch im graphischen Gewerbe wird diese Tendenz deutlich.

Blick in eine Druckerei um die Mitte des 19. Jh. Inzwischen sind die »alten« Pressen durch »Schnellpressen« verdrängt. Die Verwendung einer Dampfmaschine erkennt man an den großen Treibriemen. Es werden bereits »tote« Bogenfänger verwendet, was einer erheblichen Rationalisierung gleichkommt. Die Druckbogen werden von Frauen angelegt.

Die Druckverfahren ... Versuch einer tabellarischen Übersicht

Ich habe mich bislang schwerpunktmäßig mit der technischen Entwicklung der Druckpressen befaßt. Dem klassischen Hochdruckverfahren wird auf Grund der besonderen historischen Entwicklung der Vorrang gegeben. Ihm folgt der Stein- und dann der Kupferdruck. Alle Hauptdruckverfahren bringen im Lauf ihrer speziellen Entwicklung Varianten hervor. Es ergeben sich interessante Überschneidungen. Deutlich sieht man die Trennung in die technologische und künstlerische Richtung, deren wirtschaftliche Bedeutung naturgemäß sinkt.

Erst in den letzten Jahren gewinnt die Entwicklung der Elektronik für fast alle Belange des Setzens und Druckens Bedeutung. Es läßt sich nicht absehen, inwieweit diese »neuen« Technologien den konventionellen Druckprozeß verdrängen.[2]

Zur Abrundung der »historischen« Seite habe ich eine Tabelle zusammengestellt. Sie enthält mehr als hundert Varianten zum Thema »Druck«. Die einzelnen schwarzen Punkte zeigen die Zuordnung. Es ist unmöglich, hier alle Varianten zu behandeln. Dazu gehört nicht nur ein unerreichbares Fachwissen: die Verfahren sind in sich zu kompliziert, die Überschneidungen und die Abgrenzungen in einzelnen Fällen kaum möglich und sinnvoll. Es ist das Feld der Fachhistoriker. Hier klaffen riesige Lücken in der technischen Geschichtsschreibung. Ich merke es immer wieder daran, wenn sich sogenannte Künstler an sogenannten »Künstlerpressen« versuchen. Man erwirbt nach vielen Mühen möglichst alte Pres

Die wesentlichen Druckverfahren: Versuch einer Zuordnung

Lfd. Nr.	Hochdruck		Tiefdruck		Flachdruck		Durchdruck	Edeldruck	Sonderformen	Elektrografie	Mögl. der Zukunft (?)
	manuell	mechanisch	manuell	mechanisch	manuell	mechanisch					
1 Akaustisches Verfahren						●					
2 Alco-Verfahren				●							
3 Aluminiumdruck (Algraphie)						●					
4 Anaglyphendruck (3-dim.)		●									
5 Anastatischer Druck					●						
6 Aquarelldruck					●	●					
7 Aquatinta/Staubkornverf.			●								
8 Aquatoneverfahren						●					
9 Aubeldruck (Lichtdruck)						●					
10 Autochromverfahren						●					
11 Autographie					●						
12 Autotypischer Lichtdruck						●					
13 Autotypischer Tiefdruck				●							
14 Ätzdruck									●		
15 Ätzradierungen			●								
16 Baxter-Print-Drucke		●									
17 Blechdruck						●					
18 Bleistiftdruck					●						
19 Bresmadruck									●		
20 Bromöldruck								●			
21 Bromsilberdruck									●		
22 Bronzedruck									●		
23 Buchdruck		●									
24 Carbo-Druck								●			
25 Chaostypie									●		
26 Chromolithographie						●					
27 Clairobscur									●		
28 Collotype-Verfahren						●					
29 Computer-Druck											●
30 Crajon-Manier			●								
31 Diazotypie-Verfahren									●		
32 Doppelton-Lichtdruck						●					
33 Drakotypie									●		
34 Duplex-Druck									●		
35 Eisengallus-Verfahren									●		
36 Elektronische Druckverf.											●
37 Elektrofotografie[1]											●
38 Elektrodiografie[2]											●
39 Elektroschreiber[5]											●
40 Elektrotermografie[3]											●
41 Fahrkartendruck		●									
42 Filmlichtdruck						●					
43 Ferromagnetisches Verf.									●		
44 Flexografie (Anilindruck)		●									
45 Glasdruck							●				
46 Hard-Dot-Verfahren				●							
47 Hauchbilder									●		
48 Hektografierverfahren									●		
49 Heliogravüre				●							
50 Henderson-Verfahren				●							
51 Holzschnitt	●	●									
52 Ink-Jet-Druck											●
53 Intaprintverfahren				●							
54 Kaltnadelradierung			●								
55 Karbon-Druck									●		
56 Kolart-Lichtdruck						●					
57 Kupferstich-Druck	●	●									
58 Laserstrahl-Druck											●
59 Letterset		●									
60 Lithografie[4]					●	●					
61 Loenig-Verfahren				●							
62 Luminografie									●		
63 Matrizeneinbrennverf.[6]											●
64 Mezzotintoverfahren			●								
65 Molettengravur				●							
66 Naturselbstdruckverf.									●		
67 Niello-Technik			●								
68 Obralverfahren						●					
69 Offsetdruck						●					
70 Orchesegrafie									●		
71 Ölfarbendruck						●					
72 Panikonografie									●		
73 Fotochrom-Verfahren						●					
74 Fotolithografie						●					
75 Pigmentdruck								●			
76 Polyautografie									●		
77 Prägedruck		●									
78 Punktmanier			●								
79 Radierung			●								
80 Rastertiefdruck				●							
81 Reliefdruck		●									
82 RENEK-Druckverfahren									●		
83 Roca-Tiefdruckverfahren				●							
84 Rotationslichtdruck						●					
85 Schabtechnik			●								
86 Schrotmanier	●										
87 Serigrafie (künstler. F.)							●				
88 Siebdruck							●				
89 Siderografie/Stahlstich			●								
90 Steindruck					●	●					
91 Steinradierung					●						
92 Stichtiefdruck				●							
93 Stigmatypie									●		
94 Thermal-Printer											●
95 Transart-Druck									●		
96 Triplex-Druck						●					
97 Uniprint-Verfahren				●							
98 Vernis mou			●								
99 Xographic (3-dim.)									●		
100 Zinkdruck						●					
101 Zinkografie									●		
102 Zyanotypie									●		
103 Guillochieren				●							
104 Driografie						● →	→	→	→	→	●

[1] + Lichtstrahlen
[2] + Beta-Strahlen
[3] + Wärmestrahlen

[4] s. zusätzliche Tabelle
[5] mittels chemischer Reaktoren
[6] mittels chemischer Reaktoren

Schematisierte Darstellung einer Hochdruckform. Hier werden die erhaben stehenden Formteile eingefärbt. Typisches Merkmal: ein Quetschrand bildet sich in Abdruckrichtung.

Abdruckprinzip bei einer Hochdruckform, entweder Ballen oder Farbwalze rollt darüber. Dazwischen der Bedruckstoff.

Abdruckprinzip einer Flachdruckform. Bei heutigem Stand der Technologie ist neben dem Farb- ein Wasserwerk notwendig. Es ist rechts im Bild angedeutet.

Schematisierte Darstellung einer Flachdruckform. Auf Grund des chemischen Verfahrens liegen die wasserführenden und die wasserabweisenden Formelemente auf einer Ebene. Typisches Merkmal unter der Lupe: besondere Form der Rasterpunkte, kein Quetschrand.

Abdruckprinzip bei einer Tiefdruckform. Rechts ist das Rakel erkennbar, mit dem die Formoberseite geputzt wird.

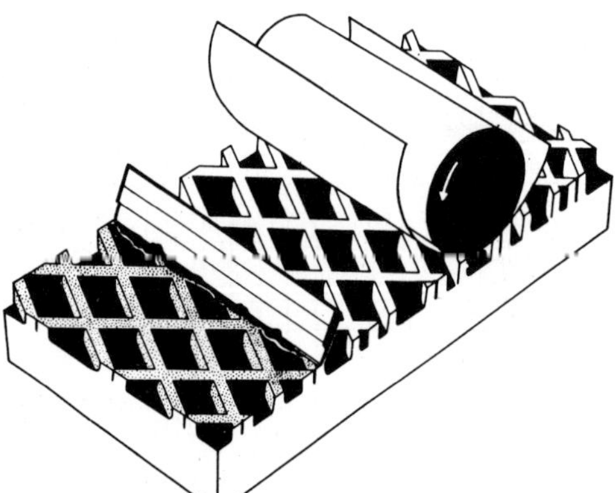

◀ *Schematisierte Darstellung einer Tiefdruckform. Die vertieft liegenden Formelemente werden eingefärbt und die hochstehenden unmittelbar vor dem Abdruck »abgerakelt« (manuell oder mechanisch). Typisches Merkmal unter der Lupe: gezackte Ränder wegen der erforderlichen Farbnäpfchen.*

sen und steht dann vor dem Problem, wie sie zu handhaben sind. Erst hier zeigen sich die Schwierigkeiten im Umgang mit alten Produktionsmitteln. Erst hier zeigt sich das handwerkliche Können der Altvorderen. Beispielsweise ist die saubere Herstellung einer 16farbigen Chromolithographie schon ein Kunststück: aber im Sinn der Technologie und nicht in bezug auf den Künstler. In alten Fachbüchern fehlen regelmäßig fachgerechte Anleitungen zum Bedienen der historischen Pressen; dieses Gedankengut wird individuell durch die Generation getragen. Deshalb ist es sinnvoll, sich einmal zu vergegenwärtigen, wie kompliziert das graphische Gewerbe in sich einst gewesen ist.

Fast alle »Verfahren« lassen sich auf Grundstufen zurückführen. Nicht klar erkennbare Drucktechnologien (die bereits nichts mehr mit dem konventionellen Druck zu tun haben) werden in der Spalte »Sonderformen« zusammengefaßt. Die Übersicht wird durch das linksseitige Druckschema erläutert.

Jedes Hauptdruckverfahren, dazu wird der Hoch-, Flach- und Tiefdruck gezählt, – seit kurzem auch der Siebdruck – hat eine unterschiedlich lange und intensive Entwicklungskette durchlaufen: die vorliegenden Formen sind lediglich als momentane Endstufe zu bezeichnen, wie ich sie in diesem Buch für den Sektor der Hochdruckmaschinen aufgezeigt habe. Der zeitliche Ablauf der Entwicklungsstufen wird in dem Schlußkapitel des Buches in Form einiger Schemata erläutert. Es ist nicht bekannt, wann die Kette einsetzt: die Anfänge des Druckens sind in das Dunkel der Geschichte gehüllt. Es ist nicht bekannt, welches das »älteste« Druckverfahren ist: es kann eine manuelle Tiefdrucktechnik sein. Das Durchdrücken scheint einfacher und logischer als das »aufdrücken«. Sofort kommt der Siebdruck ins Spiel: er ist eine Kombination beider Grundverfahren. Wichtigste Stufen sind der frühe Hochdruck um 1440, der mit einzelnbeweglichen Lettern einen Höhepunkt – von außen – erreicht. *Das Setzen hilft dem Drucken zum Erfolg.* Dies ist deutlich herauszustellen. Ein weiterer Schwerpunkt wird um 1800 mit der »Chemischen Druckerey« des Alois Senefelder erreicht. Es ist zu betonen, daß es oftmals Nebenverfahren sind, die am Rad der technischen Geschichte drehen. Beispielsweise die Entwicklung der Photographie: was wäre die moderne Tiefdruck-Technologie ohne sie?

Je später ein »neues« Druckverfahren oder eine »verbesserte« Verfahrenstechnik aufkommt, desto kürzer sind die Schritte ihrer Wandlung, bzw. desto intensiver wird auf Bestehendes zurückgegriffen. Die Trennung der Spreu zum Weizen erfolgt rasch. Tatsächlich sind es nur wenige Erfindungen, die die Entwicklung vorantreiben. Viele der graphischen Verfahren müssen letztlich als Spielerei bezeichnet werden, die mit Enthusiasmus begonnen und rasch aufgegeben werden. Sie sind zum Gesamtverständnis wichtig. Die Tabelle erhebt keinen Anspruch auf Vollständigkeit. Es ist lediglich ein Versuch, ein System in die Vielfalt zu bringen. Die Zusammenstellung zeigt die Konzentration auf Schwerpunkte. Mit anderen Worten heißt dies, daß sich vom Satzbereich her die grundsätzlichen Veränderungen ergeben. Es ist keine Frage, daß dies zu grundsätzlichen Veränderungen beim Drukken führt. Wir sehen es u. a. an der Austauschbarkeit der Aggregate im Druckbereich. Hier stehen gravierende Veränderungen an. Im Rahmen meiner historischen Betrachtung kann ich nicht näher darauf eingehen.

Der gewerbespezifische Sprachschatz

Die Originalität der Frage, wie sich die Begriffswörter des graphischen Gewerbes entwickeln, hat einige Autoren veranlaßt, die Zusammenhänge zu durchleuchten. Dies ist schwierig, weil nicht nur sprachgeschichtliche, sondern vor allem frühe handwerkstechnische

Blick in eine deutsche Druckstube aus dem frühen 18. Jh. Sechsfaches Gesperre. Ausgeschnittenes Rähmchen. »Him-Ham« mit Holztute. Der Setzer arbeitet mit einem »Tenakel«.

3. Diametralbegriffe:	Druckbereich	Satzbereich	Allgemein	Sprache	Schriftguß	nicht gewerbespezifisch	
Abbinden des Tiegels	●						Anbinden des Tiegels
abgehen aus der Offizin				●			eintreten in die Offizin
abhängen der Bogen	●						aufhängen der Bogen
abstoßen der Farben	●						einschlagen der Farben
Gutes Zeug (König)					●		Schlechtes Zeug
Anlage der Pressen	●						Auslage der Pressen
Auflösen der Kolumnenschnüre		●					Ausbinden mit Kolumnenschnüren
ausbringen des Satzes		●					einbringen des Satzes
ausfahren des Karrens	●						einfahren des Karrens
Ausgangszeile		●					Anfangszeile
Einlaufen des Manuskriptes		●					Auslaufen des Manuskriptes
Auslaufen des Papiers	●						Einlaufen des Papiers
ausraffen der Schrift		●					einraffen der Schrift
Guter Aussatz	●						Schlechter Aussatz
Hochdruck	●						Tiefdruck
Schwarze Kunst				●			Weiße Kunst
Schwache Schriften		●					Starke Schriften
Dreck			●				Speck
Sauerkraut				●			Süßkraut
Oberbalken	●						Unterbalken
Breitbahn	●						Schmalbahn
Querformat			●				Längsformat
Duplikat						●	Unikat
eng halten		●					weit halten
Einbringen der Wörter		●					Ausbringen der Wörter
Einheben der Druckform	●						Ausheben der Druckform
einlegen der Bogen	●						auslegen der Bogen
einschieben des Karrens	●						ausschieben des Karrens
einschießen	●						ausschießen
Einschreiben				●			Ausschreiben
Erster Drucker			●				Erster Setzer
Carbonisieren (hartmachen)					●		Decarbonisieren (weichmachen)
Hochzeit		●					Leiche (Grab)
Paginieren		●					Foliieren
Gemischter Satz		●					Glatter Satz
Gerade Kolumnen		●					Ungerade Kolumne
Druckende Formelemente			●				Nichtdruckende Formelemente
Großbuchstaben (Versalien)		●					Kleinbuchstaben (Gemeine)
Kleiner Deckel	●						Großer Deckel
kompress		●					sperren
Lange Buchstaben		●					Kurze Buchstaben
Lebender Bogenfänger	●						Toter Bogenfänger
Lebender Kolumnentitel		●					Toter Kolumnentitel
Mönche schlagen	●						vollschlagen (Blaue Ballen)
Oberband	●						Unterband
Oberlänge		●					Unterlänge
Schöndruck	●						Widerdruck
Filzseite (Oberseite)	●						Siebseite (Unterseite)

Kenntnisse erforderlich sind, um die alten Begriffe richtig zu interpretieren. Es handelt sich üblicherweise um alphabetische Auflistungen. Sie machen sich wenig Mühe, die Verbindung zwischen Sprache *und* Technik hervorzuheben. So wird versucht, dem Berufsnachwuchs die wichtigsten Begriffe in knapper Form beizubringen. Es fehlt an ausführlichen Erläuterungen und Versuchen der Rückführung der Fachwörter auf den Ursprung ihrer Bedeutung. Dies hat zur Folge, daß der gewerbespezifische Sprachschatz als überholt angesehen, bzw. in unserer hektischen Zeit als wenig daseinsberechtigt und der Vergangenheit zugehörig hingestellt wird. Freilich trifft das zu, es darf aber nicht vergessen werden, daß es gerade die Sprache ist, die die Gewerbe zusammenhält. Erst die Sprache als allgemeines Verständigungsmittel macht aus dem graphischen Gewerbe die komplexe »Druckindustrie«.

Meine Auswertung geht einen anderen Weg. Sie ist der Extrakt einer Begriffsammlung aus etwa 3000 Wörtern *mit* Erläuterungen. Ihre Zusammenstellung hat Jahre beansprucht. Um den Charakter der Originalität zu wahren, werden Begriffsfindungen der alten »Formatbüchlein« herangezogen. Ich bin mir über diese zusätzliche Fehlerquelle im klaren. Dennoch verleihen die alten Schriften des Gewerbes den besten Eindruck in die wirklichen Verhältnisse am Arbeitsplatz und beim Zusammensein. Es gibt viele Begriffe, die man heute anders schreibt und versteht. Andere haben ihre ursprüngliche Bedeutung verloren. Der Reiz liegt darin, sie wieder ausfindig zu machen. Eindeutige Rückführungen auf »Stammwörter« sind begrenzt möglich. Oft bleibt nur der Weg über die in der beruflichen Praxis erforderlichen Arbeitsschritte, um Lösungen und Erklärungen anzubieten. Die Drucker nennen die Dinge beim Namen. Erst wenn wir die sprachliche Entwicklung neben die technische halten, dann erfüllt sich das Gewerbe der Setzer und Drucker mit Leben und Aktivität. Nur so werden ihre Spannungen verständlich. Ich setze das Kapitel bewußt an diese Stelle: es soll die technische Problematik abrunden und belegen, daß hinter aller Technologie der einzelne steht, der bemüht ist, aus Erleichterungen Vorteile zu schaffen. An dieser grundsätzlichen Problematik hat sich bis heute nichts geändert. Dennoch scheint die technische Woge viele zu überrollen. Es sind all diejenigen, die selbst nur einige Handgriffe beherrschen und meinen, damit die Welt aus den Angeln heben zu können. Doch zurück zur Geschichte:

Am besten verdeutlicht die umseitige Tabelle den Gesamtzusammenhang. Es wird deutlich, daß etwa zwei Drittel unserer Fachwörter einen historischen Kern haben. Sie können als gesichert *vor* 1800 angesiedelt werden, denn sie sind in den Druckstuben üblich.

Das graphische Gewerbe hat im Lauf seiner Entwicklung viele Fachwörter hervorgebracht. Die Schwerpunkte liegen traditionsgemäß bei den Produktionsgruppen Schriftguß, -satz und dem klassischen Buchdruck. Zu diesen (verfahrenstechnischen) Begriffen kommt ein allgemeiner Wortteil. Hinzu kommen sogenannte Kunstwörter, die das gesellschaftliche Leben der »Jünger der Schwarzen Kunst« prägen. Nicht umsonst nennt man die Drucker »scharf nachdenkende Leute«, wenngleich mir gerade dieser Sinn nie klargeworden ist. Die Kunstwörter werfen einen interessanten Schatten auf das Gewerbe der Setzer und Drucker. Sie haben traditionellen Charakter, sind »festgeschrieben« und werden kaum verändert.

Begriffe aus der Stein- und Tiefdruck-Technologie werden, soweit faßbar, in die Untersuchung aufgenommen, es sind Ergänzungen. Der Steindruck (Lithographie, Polyautographie) ist ein Kind des ausgehenden 18. Jh. Er wird durch die spätere Realisierung der Photographie aktiviert. Das gleiche trifft auf bestimmte Tiefdruck-Verfahren zu. Der Siebdruck mit seinen Verfahrenstechniken – möglicherweise eines der ältesten Druckverfahren – wird erst in jüngster Zeit wiederentdeckt und verzeichnet seitdem eine permanente Entwicklung. Fachwörter aus diesem Bereich sind nicht berücksichtigt. Sie sprengen den historischen Rahmen des Buches. Zu Beginn des 19. Jh. wird das Postulat in Deutschland aufgehoben. Die Gewerbefreiheit setzt sich durch und ebnet der industriellen Revolution den Weg. Hier setzt der Rückgang der allgemeinen sprachlichen Entwicklung ein. Jetzt zeigt sich einerseits eine Straffung und andererseits eine Verwischung des »alten« Sprachschatzes. Die technischen Begriffe erfahren eine Ausweitung. Die Kunstwörter werden zurückgedrängt. Sie geraten aus dem Blickpunkt der Umgangssprache und in Vergessenheit. Zeitlich exakte Abgrenzungen zwischen historischen und aktuellen Begriffen sind kaum möglich. Im Gegensatz zur technischen Entwicklung ist die sprachliche nicht

Fachwortgruppen des graphischen Gewerbes:

	Bereich	*	aktuelle	Summe	%
1.	Druckbereich: + Ein- und Zurichten + Papierbegriffe + Farb- und Walzenherstellung + Maschinen-Teile	717	307	1024	38,15
2.	Satzbereich: + Schriftbegriffe + Korrektur + Formatmachen	528	374	902	33,60
3.	Allgemeines:	158	157	315	11,73
4.	Sprachbereich: (Kunstwörter)	237	5	242	9,01
5.	Schriftguß: + Stereotypie	125	57	182	6,78
6.	Nicht gewerbespezifisch:	6	13	19	0,70
	Summe	1771	913	2684	100,00
	% =	66	34	—	100,00

* = historische Begriffe

quantifizierbar. Begriffswörter halten sich in der Regel länger als der dazugehörige technische Schritt. Aktuelle Wörter sind aufgenommen, wenn sie Traditionen fortsetzen oder zum allgemeinen Verständnis beitragen. Ein Beispiel dazu haben wir in dem Wort Tiegel (lat. = kleiner Balken). Er ist mit dem frühen Preßbalken identisch. Unabhängig davon kennen die Frühdrucker einen Ober- und Unterbalken. Das Mittel zur Übertragung der Kraft ist ein Bengel oder eine Ziehstange: zum Einfärben der Druckformen verwendet man Ballen. Zu den klar erkennbaren Begriffen der Drucker sind die der Papiermacher zu zählen. Nicht umsonst besteht eine sprachliche Brücke zwischen der »weißen« und der »schwarzen« Kunst. *Die Presse der Buchdrucker ist das Produkt einer langwierigen und komplizierten Entwicklung. Sie ist keine einmalige Erfinderleistung. Keinesfalls ist die Druckpresse von Anfang an so konzipiert, daß sie dem vollen Anspruch der Drucker genügt. Die Gutenberg'schen Pressen (sofern diese Bezeichnung zulässig ist) geben Nachfolgern-Theoretikern wie Praktikern – genügend Anlaß zu Verbesserungen.* Bis um 1800 überwiegen drucktechnische Begriffe. Erst mit der Flut der technischen Verbesserungen im Detail, vor allem durch die Realisierung der Schnellpressen, ergeben sich Verschiebungen im sprachlichen Bereich. Die Sprache der Drucker macht eine ihrer Technik analoge Entwicklung durch. Von allgemein üblichen Fachwörtern als eigenständiges Mittel der Verständigung ist zunächst keine Rede: dazu ist unter anderem die wirtschaftliche Festigung des Gewerbes erforderlich.

Zahlenmäßig folgt jetzt der Satzbereich, das Kernstück der Gutenberg'schen Erfindung(en). Man kennt von Anfang an – vergleichbar mit der Konstruktion der Presse – einen Letternkörper mit Fuß, Fleisch, Schulter, Kopf und Auge. Man nennt die Dinge (noch) beim Namen und orientiert sich am Bekannten: beispielsweise am menschlichen Körper. Der Handsatz bringt im Verlauf seiner Geschichte eine Vielzahl von weiteren Begriffen mit sich. Einzelne haben sich bis heute erhalten. Hinzu kommt das vielgestaltige Arbeitsmaterial der Schriftsetzer, sei es unterschiedliches Blindmaterial, seine Abmessungen und Verhältnisse untereinander, die druckenden und die nichtdruckenden Formelemente, die vielen Schriftschnitte und -arten. All dies muß für den frühen Fachmann jederzeit begrifflich definiert sein. Hier entstehen wichtige sprachliche Abgrenzungen, dann folgen Allgemeinbegriffe. Interessanterweise fehlen bis zur Mitte des 19. Jh. Wörter aus dem Bereich der Kalkulation. Dafür gibt es einfache Erklärungen: schon im 14. Jh. gibt es organisierte Schreiberzünfte. Die Preise für das erst Abgeschriebene und später das Gedruckte werden obrigkeitlich festgesetzt. Dem späteren Prinzipal bleibt ein geringer Spielraum. Auftraggeber und Gesellen versuchen ihn ständig zu durchbrechen und / oder einzuengen. Zusätzliche Probleme ergeben sich aus dem Abhängigkeitsverhältnis des Druckherrn zum Verleger. Hier – und nicht in den Druckstuben – werden die Preise gemacht.

Parameter der Leistung ist das Tagewerk. Später wird es vom »Gewißgeld« und »Berechnen« abgelöst. Hinzu kommt vor allem in Deutschland das bis weit in das 19. Jh. übliche Wohn-Arbeits-Abhängigkeitsverhältnis der Gesellen. Es ist anzunehmen, daß ein Teil der allgemeinen Begriffe aus dieser Richtung kommt. Als Beispiel seien angeführt: Sauerkraut, Süßkraut, in den Sack hauen, einem die Schaufel geben (oder reichen), Erste Drucker, Erste Setzer, der (das) Anführgespann und andere. In dieser Atmosphäre bildet sich die innerbetriebliche Hierarchie nach Knechten, Burschen, Lehrlingen, Cornuten (Possilieren), Gesellen, Meistern (zuerst nur Preß- und Ballenmeister), Faktoren und Prinzipalen heraus. Er ist gleichzeitig der Druckherr.[3] Im Verbund mit den regelmäßig stattfindenden Zusammenkünften, den sogenannten »Generalsitzen«[4] kann die Reihe fortgesetzt werden. Hier ist ein weiterer Ansatzpunkt der sprachlichen Bildung. Vor allem betrifft es die Kunstwörter der »Löblichen Gesellschaft«. Außerdem ergeben sich durch das Zustandekommen der walzenden Gesellen regionale Unterschiede. Dialekte fließen in den sich allmählich festigenden Sprachschatz ein. Ständige Kontakte zu verschiedenen Auftraggebern tragen dazu bei, die Anzahl der Fachwörter auszuweiten, sie zu verfeinern und einer außerhalb des graphischen Gewerbes stehenden Schicht bekannt zu machen. Wir sehen auf der einen Seite eine Ausweitung und gleichzeitig eine interne Abkapselung. Sie ist durch die Verfahrenskompliziertheit des Druckgewerbes und durch seinen Hang zum Traditionellen begründet. Außerdem trägt die Obrigkeit einige sprachliche Begriffe bei. Die Wörter Winkelgießerei, -druckerei und Hudeley[5] sind auf die für die Beschäftigten Aktivitäten von Preßpolizei und Imprimatur zurückzuführen.

Der Buchdrucker.
Von
Johann Ludewig Schwarz.
Erster Theil.
Zwote vermehrte Auflage.
Hamburg,
gedruckt mit eigenen Schriften. 1775.

Starke soziale Bindungen geben den Gesellen Halt und Schutz. Auch daraus resultieren Fachwörter. Das wechselseitige Abhängigkeitsverhältnis schält sich im Lauf der Entwicklung heraus. Eine Trennung der Interessen ist immer gegeben. Aber eine klar erkennbare Arbeitgeber- und -nehmerseite bildet sich erst mit dem Beginn der fortschreitenden Industrialisierung heraus. Das aufgehobene Postulat führt zu vielen Konflikten. Einen weiteren Markstein bilden die »Mainzer Beschlüsse« von 1848, in deren Folge eine aktive Gewerkschaftsbewegung entsteht.

Als weiterer Schwerpunkt kristallisiert sich die *nicht* von Technologie und Verfahrenstechnik beeinflußte Fachsprache heraus. Fast 250 Kunstwörter bestimmen den Umgangston zwischen den Beschäftigten bei bestimmten Handlungen oder Zusammenkünften. Auffallend sind vulgär und derb erscheinende Begriffe. Sie müssen aus der Zeit heraus verstanden werden. Der Mensch am Arbeitsplatz ist (noch) nicht so verkünstelt und empfindlich wie heute. Die Dinge werden beim Namen genannt. So geht man weiterführenden Konflikten aus dem Weg. Man kann »getrost ein Schimpfwort auf den Gegner zurück(e)schieben, muß dabei aber nicht wieder schelten«. Die Zehn Buchdruckergebote[6] und einzelne Buchdruckerordnungen[7] vermitteln Beispiele. Als Kuriosum ragt das tägliche Gebet eines Buchdruckers heraus.

Tägliches Gebet eines Buchdruckers

»Herr, allmächtiger Gott', es ist die Druckerey eine herrliche und edle Kunst, mit welcher du die Menschen erst in der letzten Zeit begnadest und allen Ständen, vornehmlich aber deiner Kirche, große Hülfe und Nutzen geschaffet. Weil ich nun, durch deine Gnade, solcher Kunst und Weisheit mächtig worden, so leite mich durch deinen guten Geist, liebster Gott, daß ich mich derselben zu deinen Ehren, und zu Erbauung der wahren Christlichen Kirche allermeist bediene, und was entweder dem gemeinen Wesen, oder Kirchen und Schulen gut, heilsam und nutzlich ist, verfertige. Du weißt, Herr, daß großer Fleiß, stete Sorgfalt, genaue Wissenschaft der Buchstaben und anderer Zeichen, in allerhand Sprachen, auch ziemliche Mühe zu dieser heilsamen Kunst erfordert werde. Darum komme mir mit deiner Göttlichen Gnade zu Hülfe, daß ich alles im Setzen und Drucken wol in acht nehme und an gebührendem Fleiß, allen Druck so viel möglich, ohne Fehler und Mängel verfertigen, nichts ermangeln lassen. Regiere mich, gütiger Vater, daß ich gern mit geistlichen wahrhaftigen und lehrreichen Sachen umgehe, und an anderer Arbeit, dadurch keinem rechten Christen in seinem Christentum oder Beruf geholfen oder gerathen wird, kein Belieben trage.

Ach behüte mich, liebster Gott vor lügenhafften, unnützen und unzüchtigen Händeln, dadurch ein Christliches Herz geärgert und gehindert wird, daß ich solches zu setzen und zu drucken abschlage, und an meinem Orte keinen Anlaß und Gelegenheit zum Bösen gebe. Erhalte mich in steter Liebe deines H. Wortes und der Wahrheit, nicht weniger in einem nüchtern, treufleissigen und sorgfältigen Leben, daß ich dadurch sowol meine Seele aus meinem Leib gebührend versorge, und ein guter Arbeiter von Dir und der erbarn Welt bis ans Ende erfunden werde, einst aber zu meinem werthesten Erlöser Jesu Christo komme, und von Ihm die Crone der ewigen Freude und Seligkeit erlang. Erhöhre mich um deiner Ehr, und meiner Wolfarth willen, Amen!«

Blick in ein Bogenlager. Vielleicht ein »Faktorat«. Mehrere Jahrhunderte werden die Bücher erst bei Bestellung bogenweise zusammengetragen und dann individuell aufgebunden. Erst mit der industriellen Buchbinderei-Technologie« kommt das Massenprodukt »Buch« auf den Markt.

Mechanische Werkstatt zur Herstellung der Maschinenteile für Druckpressen. Es herrscht durchweg Handarbeit vor. Erst die hier verwirklichte Präzision ermöglicht den Bau leistungsstarker Schnellpressen für die unterschiedlichen Druckverfahren.

Selbst hier zeigt sich der verhängnisvolle Einfluß der Institution »Kirche«, dem es ausschließlich um die Entfaltung ihrer Machtinteressen geht. Noch heute gehen viele Christen von der fixen Idee aus, daß die Kirche eine humane Gesinnung verfolgt. Dies ist lediglich eine hauchdünne Schale. Die Kirchengeschichte beweist, eindeutig das Gegenteil. Diese Zusammenhänge untersuche ich in einem weiteren Buch. Zurück zur sprachlichen Entwicklung im graphischen Gewerbe.

Mit dem Vordringen der Technik verlieren einige Kunstwörter an Bedeutung. An der nächsten Stelle rangieren die Fachwörter der Schriftgießer, obwohl ihre Tätigkeit den Kern des graphischen Gewerbes einschließt. Der Setzvorgang erfolgt logischerweise erst nach der Herstellung der Gießformen und der einzelnen Lettern. Das vermutlich von Erstdruckern (?) entwickelte und den unmittelbarfolgenden (?) verbesserte Handgießinstrument scheint von Anfang an nahezu perfekt zu sein. Es erfährt von der technischen und der sprachlichen Seite keine nennenswerten Veränderungen. Man nennt es *das* Instrument. Es besteht aus zwei holzverkleideten metallischen Hälften mit einem inwandigen Hohlraum, in den die Legierung geschüttet wird. Am Boden befindet sich eine Matrize mit dem vertieft liegenden Auge, die den Vorteil der Auswechselbarkeit hat. In der Frühphase ist vermutlich (!) für jede abzugießende Schriftgröße ein eigenes Instrument notwendig.

Hinzu kommt, daß sich mit Beginn des 16. Jh. der Schriftguß und der Buchhandel von der »ehrbaren Buchdruckerkunst« absondern und als eigenständige Gewerbe weiterbestehen. Die einzige Verbindung zwischen der Druckerei und der Schriftgießerei ist noch der Gießzettel, oder veraltet: die Polizze, mit der der Drucker die Schrift bestellt. Längst hat man es aufgegeben, sie in einem aufwendigen Verfahren selbst herzustellen.

Unter wirtschaftlichen Gesichtspunkten bedeutet diese Trennung einen Schritt nach vorn. Die Schriftgußtechnik wird, soweit möglich, verfeinert und rationalisiert. Die gegossenen Typen bedürfen einer mehrfachen Nacharbeit, bis sie auf Lagerhöhe in die Magazine wandern. Höhehobler, Aufsetzer und Fertigmacher sind heute ausgestorbene Berufe. Ein weiterer Schritt wird erreicht, indem es gelingt, die seitherige manuelle Bewegung: *Halten* des Instrumentes, *Einfüllen* einer Legierung und *Abkippen* in einen mechanischen Kreislauf zu integrieren. Es hört sich einfach an, doch die Geschichte beweist das Gegenteil: es bedarf fast 400 Jahre technischer Entwicklung, bis nach vielen Schwierigkeiten und dem Abbau von Vorurteilen Gießmaschinen Eingang in die betriebliche Praxis finden. Sprachlich erfährt das einfach konstruierte Handgießinstrument keine maßgeblichen Veränderungen.

Das erforderliche Handgießinstrument ist wahrscheinlich nicht vor Gutenberg bekannt. Es muß als das Kernstück seiner Erfindung(en) angesehen werden. Ob sich auch von dieser Seite her eigenständige Begriffe herausschälen, läßt sich kaum feststellen. Die technologische Konzeption des Handgießinstru-

Rekonstruktion eines Handgießinstrumentes. Ober- und Unterteil auseinandergeklappt. In der Bildmitte oben ein gegossener Buchstabe mit dem »Anguß«. Erst die technische Verwirklichung eines in der Praxis einsatzfähigen Handgießinstrumentes ermöglicht die Überflügelung der jahrtausendealten handschriftlichen Überlieferung auf »metalltechnisch-typographischer« Basis. Erst der gegossene Buchstabe ermöglicht die daraus resultierende »Druckindustrie«.

mentes weist einen beachtlichen Reifegrad auf.

Die fachbezogene Ausdrucksweise der Schriftsetzer geht mit der der Schriftgießer weitgehend konform. Erst als Gießmaschinen entwickelt sind und in der Praxis betrieben werden, erweitert sich das satztechnische Vokabular auf Kosten anderer Begriffswörterstämme. Scharf unterscheidet man nach *Hand-* und *Maschinen*gießern, nach *Hand-* und *Maschinen*setzern. Ähnlich geht es im Druckbereich zu: man trennt die *Hand-* von den *Maschinen*druckern. Parallel dazu kennt das frühe 19. Jh. eine Unmenge von Bemühungen, den Setzvorgang erst in mechanische und später in maschinelle Kreisläufe zu integrieren: so entsteht die Setzmaschine. Sie ist für die Entwicklung der Satztechnik ebenso wichtig wie die Schnellpresse bei den Druckern. Der Anteil der Fachwörter aus dem Bereich der Stereotypie ist gering.

Dann wird noch eine Gruppe *nicht* gewerbespezifischer Wörter in die Untersuchung eingeschlossen. Typische Sachverhalte sollen dadurch transparenter werden. Außerdem bilden sie die sprachliche Brücke zu anderen Gewerben. Soviel zu der kleinen Tabelle.

Der sprachliche Fundus der Frühdrucker

Lange vor der Realisierung des »mechanischen« Bücherdrucks mit einzelnen metallischen Formkörpern werden Holzplatten geschnitzt (Formenschneider), wird mit Wortteilen, Zeilen und Symbolen abgerieben, eingefärbt und gedruckt. Diese Vorstufen sind trotzdem mit dem »neuen« Verfahren kaum vergleichbar. Es sind mehr Reibedrucktechniken, die um 1800 bei Senefelder in modifizierter Form nochmals aufleben (Galgenpressen). Außerdem wird bei frühen Tiefdrucktechniken ein Reiber bzw. Rakel verwendet. Das Rakel als Farbauftragmittel ist sehr alt. Bereits in der Antike werden Stoffe damit gefärbt. Die wichtigen Komponenten, die zur Herstellung eines Abzuges (vom Darüberziehen des Rakels) erforderlich sind, sind vor Gutenberg bekannt. Das gleiche trifft auf andere Grundlagen zu.

Bekannt sind Pergamente und verschiedene Papiersorten. Einzelne Methoden der Papierbehandlung werden von den Frühdruckern übernommen und dann gesondert weiter entwickelt. Im speziellen betrifft es Formen der Lagerung, Trocknung, Verarbeitung und Aufbewahrung. Daraus resultieren bestimmte Fachwörter. Beispielsweise:

- Haufen, Stoß, Stapel
- Feuchtebretter, Feuchtzuber, Feuchtbesen
- Stockflecken
- Aufhängeleinen und -leisten, Aufhängeboden
- Reichstange, Kreuz und Bogen

Aus dem geschöpften *Papier*bogen wird nach mehrfachen Bearbeitungsstufen der *Druck*bogen. Dann bilden sich einige Schwerpunkt-Papiersorten. Man unterscheidet das Schreib- vom Druckpapier, dann von beiden das Packpapier und den Karton. Jeder »Bedruckstoff« wird auftragsabhängig nach verschiedenen Kriterien behandelt. In den Drukkereien werden bis etwa 1840 die Papiere »feucht« be- und verarbeitet. Ausnahmen werden lediglich bei sogenannten Akzidenzarbeiten gemacht, bei denen aus Zeitgründen das Feuchten, Trocknen und ggf. das Glätten unterbleibt. Hier werden bessere Papiersorten eingesetzt, um Schwierigkeiten vorzubeugen. Dies begründet zum Teil den höheren Preis für Akzidenzarbeiten. Ein weiterer Grund liegt in den kleinen Abnahmequoten. Neben den Bedruckstoffen sind Stöcke, besser: Druckstöcke, bekannt und seit Jahrhunderten im Einsatz. Es sind die altbekannten Modeln, die in verschiedenen Gewerben Verwendung finden. Mit ihnen werden schon in der Antike Stoffe bedruckt. Später kommen die Holztafeldrucke, die Schrotblätter, Metallschnitte und als Sonderform die empfindlichen Teigdrucke auf. Die Hersteller von Spielkarten und Briefmaler verwenden Druckstöcke, um Umrißzeichnungen rationell zu fertigen. Sie werden individuell ausgemalt. Sofort denkt man an große Initialbuchstaben, die gleichfalls ausgemalt werden. Neben frühen Begriffen aus der Kunst der Papiermacher fließen weitere aus dem Bereich der hier erwähnten Vorstufen in das graphische Gewerbe ein.

Erdfarben wie Rot, Blau und Braun (Mennige) sind seit langem bekannt. U. a. werden sie von Briefmalern vor dem Aufkommen der schwarzen Kunst verwendet. Farbmischversuche und Farbauftragverfahren sind alt. Das Wesentliche an der Druckerschwärze ist, daß sie neben der Erfordernis, auf der Legierung des Metalls zu haften, den hohen Anpreßdruck ohne qualitativen Verlust des Ausdrucks aushalten muß und außerdem mit dem Bedruckstoff eine feste Verbindung einzugehen hat. Das zentrale Problem ist die Trocknung der Farbe. Möglicherweise verwenden schon die Erstdrucker Sonderfarben, deren Anreibung betriebsspezifisch geheim gehalten wird. Bis weit nach 1800 wird in vielen Druckereien die Farbe individuell und nach alten Rezepten »angerieben«. Erst als es der Technik gelingt, Farb(e)auftragemaschinen mit Druckmaschinen zu kombinieren, als ein höherer und qualifizierter Farbverbrauch anfällt, entstehen erste Druckfarbenfabriken. Gleich wie die Druckpressen wird die Druckfarbe erst nach aufwendigen und mühsamen Versuchsketten praxisgerecht. Viel zu wenig wird in der gesamten Gutenberg-Literatur betont, daß die Frühdrucker in erster Linie Verfahrenstechniker und erst dann – wenn überhaupt – Künstler sind. Ähnlich sind die Senefelder'schen Farbversuche zu beurteilen. Allerdings sind seine Kenntnisse weitaus besser als die der Frühdrucker. Er kann auf mehr Vorhandenem und Erprobtem aufbauen: letztlich steht er vor gleichen Problemen: er geht die Sache nicht mehr rein mechanisch an. Seine »chemische Druckerey« ist ohne umfassende Versuchsketten und Kenntnisse naturwissenschaftlicher Grundlagen undenkbar.

Außerdem wird die Benennung bereits bekannter Pressenteile von Erstdruckern übernommen. Für neue Tätigkeiten werden neue Begriffe gefunden. Es sind folgende Vergleiche möglich (s. kleines Schema unten).

Die Auflistung kann horizontal und vertikal weiter geführt werden.

Schließlich ist zu erwähnen, daß das Gewerbe der Setzer und Drucker unter dem Schutz von Universitäten und Kirchen groß wird. Gebildete sprechen ohnehin Latein. Das ändert nichts daran, daß Jahrhunderte danach viele Bürger weder lesen noch schreiben können. Im 15. und 16. Jh. muß von einem krassen Analphabetentum gesprochen werden.[8] Es ist kein Zufall, daß erst illustrative Darstellungen überwiegen. Einige Fachwörter gehen auf lateinische Begriffe zurück. Der Typus des Druckers ist der eines Autodidakten. Dies setzt u. a. einen gewissen Bildungsgrad voraus.

Mit dem ausweitenden Handel entstehen weitere Begriffe. Der Terminus »Buchführer« kommt daher, weil einst einzelne Lagen oder nicht aufgebundene Bücher in dicht schließenden Fässern verpackt, auf den Karren von Ort zu Ort, von Messe zu Messe, ja von Haus zu Haus geführt (= gefahren) werden. Die Makulatur ist dabei nicht ausgenommen. Es ist ein klassisches Beispiel einer bis heute erhaltenen lateinischen Bezeichnung für befleckte, unsaubere und schmutzige Bogen.

Gutenberg ist Metallhandwerker. Urkundlich ist belegt, daß er sich mit den Tätigkeiten der Goldschmiede auseinandersetzt. Hier haben wir eine Brücke zur sprachlichen Verständigung mit nahestehenden Gewerben. Es geht um die Fragen, wie Metalle wirtschaftlich verarbeitbar sind. Reliefe sind schon im Altertum bekannt. Schmuck wird seit langem in erhöhten und vertieften Formen hergestellt.[9] Dies führt zur Herausbildung bestimmter Werkzeuge und Verfahrenstechniken. Ohne die Realisierung solcher Vorstufen ist es unmöglich, den »mechanischen« Bücherdruck mit beweglichen Lettern zu erfinden.

Zusammenfassend ist zu betonen, daß der um die Mitte des 15. Jh. einsetzende mechanische Buchdruck feststehende Begriffe aus etablierten Gewerben übernimmt. Sie sind der Fundus des gewerbespezifischen Sprachschatzes. Zudem ist es eine Parallele zu Senefelder. Nachweislich kann er auf ausgereifte Konstruktionen und vor allem auf die Presse der Buchdrucker zurückgreifen, um seine Stangen-, Galgen- und Rollpressen zu verwirklichen. Weitere Anregungen holt er sich aus der fortentwickelten Kupferdruckpresse. Weshalb sollte Gutenberg anders vorgegangen sein? Das Klügste ist doch, das Beste vom Traditionellen aufzugreifen. Gutenberg und die Erstdrucker orientieren sich an den Gebräuchen und Sprachformen der Papiermacher, Briefmaler und Formschneider. Die Latinisierung einiger Fachwörter ist durch die Affinität zu Universitäten und Kirchen gegeben. Viele Begriffe werden im Lauf der Entwicklung modifiziert und umgestaltet. Sie passen sich dem technischen und sprachlichen Wandel an. Erst aus diesem Komplex heraus entsteht das, was wir heute als Fachsprache bezeichnen.

Urbegriff	1. Grad der Verfeinerung	2. Grad der Verfeinerung
Balken	Preßbalken	Ober- und Unterbalken
Holztiegel	Metalltiegel	Drucktiegel
Lauffebrett	Karren	Fundament

Buchstabe	Satzbereich: + Korrektur, + Schrift + Formatmachen		Druckbereich: + Ein- u. Zurichten, + Papier, + Farb- u. Walzenherstellg. + Maschinen-Teile		Sprachbereich (Kunstwörter)		Allgemeines		Schriftguß + Stereotypie		nicht gewerbespezifisch	Summe		Endsumme	% des Buchstaben von Endsumme	% *-vom jeweiligen Buchstaben	Rangfolge im Alphabet	Bemerkungen
1	2	3	4	5	6	7	8	9	10	11	12	13	14	15	16	17	18	19
—	*	—	*	—	*	—	*	—	*	—	—	*	—	—	—	—	—	—
A	76	45	115	59	28	—	22	19	22	17	1	264	140	404	15,10	65,34	1	primär
B	25	18	70	13	22	2	16	30	14	5	—	147	68	215	8,04	68,37	3	primär
C	14	2	14	1	5	—	4	—	3	—	—	40	3	43	1,60	93,02	19	sekundär
D	23	19	24	26	6	—	6	5	3	—	—	62	50	112	4,18	55,35	7	—
E	25	4	31	7	8	1	9	11	2	1	—	75	24	99	3,70	75,75	11	—
F	19	22	58	28	16	—	9	9	7	—	1	109	60	169	6,32	64,49	4	primär
G	17	12	21	6	18	1	7	2	16	6	1	79	28	107	4,00	73,83	8	—
H	19	12	12	5	14	—	3	2	7	1	1	75	21	96	3,59	78,12	13	—
I – J	13	5	2	3	8	—	3	3	2	—	2	29	12	41	1,53	70,73	20	sekundär
K	31	23	39	12	18	—	9	11	13	3	2	110	51	161	6,02	68,32	5	primär
L	20	7	22	5	10	1	9	6	1	3	1	62	23	85	3,17	72,94	15	—
M	24	8	22	9	2	—	5	3	7	2	1	61	22	83	3,10	73,49	16	—
N	12	3	4	5	3	—	6	9	1	2	—	26	19	45	1,68	57,77	18	—
O	6	5	9	3	4	—	1	—	—	—	—	20	8	28	·,04	71,42	21	sekundär
P	21	17	32	23	10	—	7	8	5	8	3	78	56	134	5,01	58,20	6	—
Q	9	5	4	5	1	—	2	—	—	—	—	16	10	26	0,97	61,53	22	sekundär

R	25	18	29	18	—	—	2	2	2	2	—	58	40	98	3,66	59,18	12	—
S	71	70	78	35	27	—	13	10	7	3	2	196	120	316	11,81	82,02	2	primär
T	25	21	26	6	11	—	3	7	2	—	—	67	34	101	3,77	66,33	9	—
U	9	17	14	7	4	—	3	2	1	2	1	32	28	60	2,24	53,33	18	—
V	14	19	24	8	9	—	4	3	3	1	—	54	31	85	3,17	63,52	14	—
W	8	10	27	7	8	—	4	6	1	1	2	48	26	74	2,76	64,86	17	—
X – Y	—	—	—	—	—	—	1	1	—	—	—	—	2	2	0,07	—	23	sekundär
Z	22	12	20	16	5	—	10	8	6	—	1	63	37	100	3,73	63,00	10	sekundär
—	528	374	717	307	237	5	158	157	125	57	19	1771	913	2684	100,00	65,98	—	—
—	902		1024		242		315		182		—	—	—	—	—	—	—	—

Basis: Für jeden Begriff nur eine Deutung. *= historischer Begriff

Die Bedeutung der Fachsprache

Der Grad der Beherrschung fachbezogener Begriffe während der Konditionierung (= Arbeitssuche) zeichnet den wandernden Gesellen aus. In vielen Fällen bestimmt erst einmal der fachliche Umgangston die Einschätzung des Bewerbers (manchmal ist der Gautschbrief wichtiger als ein Gesellenbrief). Schon beim Gesundheitstrinken (= Willkommenstrunk) wird der Angereiste wegen seines Fachwissens mit Fangfragen konfrontiert. Von ihrer Beantwortung wird den kritischen Gesellen verraten, ob der Neue wirklich ein »Jünger der Schwarzen Kunst, der edlen Gab Gottes« ist. Längst nicht jeder wird anerkannt. Die Fangfragen haben einen weiteren, negativen Sinn. Stellt sich heraus, daß der Neue besser und qualifizierter als die schon Eingetretenen ist, machen ihm die Gesellen Schwierigkeiten. Es ist schon immer so, daß der Tüchtige erst einmal seine Neider aus dem Feld zu schlagen hat.

Anführgespann[10] beispielsweise können nur solche Gesellen werden, die die Kunst redlich erlernt haben und die außerdem einen großen Schatz an praktischer und theoretischer Erfahrung besitzen. Neben den handwerklichen Erfordernissen müssen diese Gesellen in der Lage sein, die Kunstwörter richtig (= fachgerecht) anzuwenden. Das ist nicht immer einfach. Dazu ein Beispiel aus dem Formatbuch von Wolfger:

Das Gedicht im Formatbüchlein von Wolfger

»Doch braucht den Bengel frisch ihr Drukker / und die Ballen
Die Spindel / Lauffebrett / die Farbe unter allen
Dörfft ihr / Schließnagel / Ram / auch Esel / Mütterlein /
Schwam / Mater / Ballen-Knecht / Farbeeisen / Farbestein /
Die Rolle / Tiegel / Büchs / Puncturen / Schrauben / Walle /
Karn / Galgen / Fundament / Feuchtebretter / Korbel / Schnalle /
Rameisen / sammt den Filtz / Das Klopfholz / Feuchtestein /
Steg / Antritt / Schienen / Keil / zur Presse müssen seyn.

Der Setzer darf Divis / tenakel / Aal und Schiffe /
Viel kleine Fächelein / darein er manche Griffe
Thut / eh der Winckelhack mach(t) die Columnen voll;
Er weis was er vor Schrift zu jedem brauchen sol.

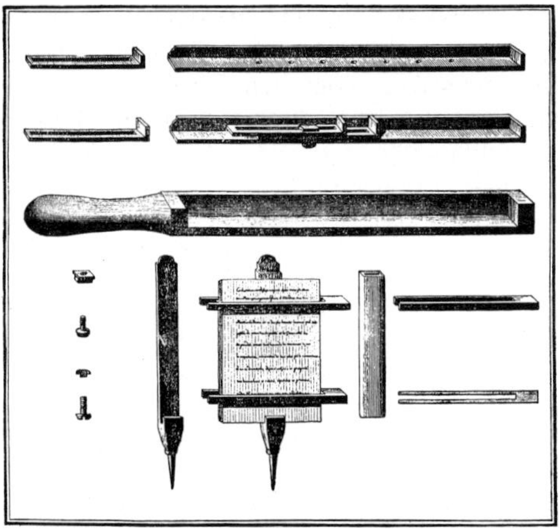

Die typischen Arbeitsinstrumente der Schriftsetzer. Die Winkelhaken sind noch aus Holz, gleichfalls der Zeilenteiler, der ein einfacheres Ablesen vom Manuskript ermöglicht.

Kastenbeins Setzmaschine aus dem Jahr 1883. Kastenbein verwirklicht einen der zahllosen und fruchtlosen Versuche, den manuellen Setzvorgang zu mechanisieren. Deutlich erkennbar sind die Matritzenbehälter und die Bahnführung auf die Setzrinne.

Da siehs'tu Cicero / Petit / Garmond und Mittel /
Cursiv / so viel Antiq(ua) Canon der Bücher Tittel /
Anfängt die Jungffer-Schrifft / Corpus /Quadrat / Missal
Samt manchen Spatien / bedarf er überal.
Figuren / Rösslein / viel Steg mit vielen Zügen /
Viel Blumen-Kräuter-Stöck die Formen recht zu fügen /
Und schreibt in schneller Eyl / daß man sich wundern muß /
Durch Eisen / Ertz und Stahl / mit Oel vermengtem Ruß.

Ein Abdruck allererst gibt er zu überlesen
Dem / ders verbessern sol / und wann es recht gewesen /
Macht er den Schöndruck / drauff des Widerdrucks Formath.
Und diß kömt alles her aus eines Teutschen Rath.

Wir sehen, wie differenziert die Fachsprache schon im 17. Jh. ist. Ein heutiger Schriftsetzer oder Buchdrucker wird sie kaum frei und richtig übersetzen. Damals müssen alle Gesellen der Schwarzen Kunst sicher mit diesem Vokabular umgehen, wenn sie beruflichen Erfolg haben wollen. Das Gedicht geht außerdem nur auf die Grundbegriffe des Druckens, Setzens und Korrekturlesens ein. Die frühere Lehrzeit beträgt viereinhalb bis sechs Jahre.[11] In Einzelfällen – ich komme darauf zurück – wird sie verkürzt.

Friedrich Gottlob Koenig, der Erfinder verschiedener Buchdruck-Schnellpressen, absolviert eine verkürzte Lehre, um dann fachgerecht zu postulieren. Innerhalb der Lehre hat der Lehrling hinreichend Zeit, um sich mit den Kunstwörtern vertraut zu machen. Er lernt unabhängig davon die technische Fachsprache kennen und außerdem bestimmte, das Gewerbe charakterisierende Redewendungen. Der ständige Umgang in der Offizin und das innerhalb ihr bestehende Rang-Abhängigkeits-Verhältnis trägt dazu bei, Kunst- und Fachwörter richtig einzusetzen. Fragt ein Geselle beispielsweise nach Starken oder Schwachen Schriften, so ist allen klar, daß es sich um einen Fachmann handelt. Kann er bestimmte Fragen nur abschweifend, ungeschickt oder nicht beantworten, merken die Gesellen, daß er die edle Buchdruckerkunst nicht redlich erlernt hat. Dazu gibt es verschiedene Gründe:

Da sind beispielsweise die Hudeleyen oder Winkeldruckereien, die den ehrbaren Jüngern und noch mehr der Obrigkeit, Kummer bereiten. Da sind Gesellen, die vom »rechten Wege abgekommen« sind. Es sind solche, die vorgeschriebene Wanderwege nicht einhalten. Nicht an allen Orten gibt es sogenannte Gehilfenladen, aus denen das Viatikum gespeist wird. Es ist eine Art Wegzehrung, eine frühe soziale Einrichtung des graphischen Gewerbes, die ausschließlich den Walzenden zur Verfügung steht. *Die Kunst- und Fachwörter ziehen einen festen Ring um das Gewerbe. Er bietet eine gewisse, wenn auch schwankende Sicherheit für den einzelnen.*

Der sprachliche Wandel ist einmal gekennzeichnet durch die überregionale Ausweitung des Gewerbes und zum anderen durch die technischen Schritte. Sie machen nicht nur die Arbeitsmittel komplizierter, sondern auch die sprachliche Verständigung. Deshalb ist zu fragen, wie sich die Fachsprache der Setzer und Drucker verbreitet hat.

Zur Verbreitung der Fachsprache

Bereits kurz nach der Erfindung der Buchdruckerkunst ist festzustellen, daß sich an wirtschaftlich und kulturell interessanten Orten Drucker etablieren. Sie wollen unter günstigen Voraussetzungen ihre Existenz aufbauen.[12] Es ist falsch anzunehmen, daß die Erstdrucker mit nachweisbarer örtlicher Veränderung ihre gesamte Habe und vor allem die komplette technische Einrichtung mitgenommen haben. Dies ergibt keinen rechten Sinn. Das Gewerbe der Drucker ist als stationär zu bezeichnen. Reisen im Zeichen der Zeit sind aufwendig und beschwerlich. Zumindest die Presse wird am neuen Druckort von Kistnern oder Schreinern nach den Angaben des Druckherrn (= Prinzipals) gebaut. Schriften und Gießinstrumente werden aus Sicherheits- und Kostengründen mitgeführt. Sie wandern aus »wirtschaftlichen Erwägungen« im persönlichen Besitz des Druckers mit. Die Ausweitung des Gewerbes führt zu seiner Festigung. Bald tragen gedruckte Werke, weil rasch billiger als handgeschriebene dazu bei, mehr Wissen in breiter werdende Volksschichten zu tragen. So lobenswert das ist, so schnell wird von der Obrigkeit erkannt, wie nützlich die Buchdruckerkunst zur Durchsetzung der Interessen ist. Daraus entwickelt sich eine ständige Konfliktsituation. Landesfürsten, Herzöge und obrigkeitliche Instanzen versuchen sogleich die Möglichkeit zu nutzen und sie in von ihnen gewünschte Bahnen zu lenken. Selbst die Ausbreitung des röm.-katholischen und des protestantischen Glaubens ist ohne die Tätigkeit der Schriftsetzer und Buchdrucker undenkbar.

Im Lauf der weiteren Entwicklung bilden sich in fremden Ländern eigenständige Sprachformen. Sie sind in der Regel auf wandernde Gesellen zurückzuführen, die sich in der Fremde niederlassen.[13] Früh taucht ein spezieller Literaturzweig zur Verbreitung des Fachwissens auf.

Formatbüchlein, Gesellen- und Stammbüchlein

Die Formatbüchlein können mit einigen Abstrichen als Vorläufer der frühen Fachbücher des Gewerbes angesehen werden. Ihre Bedeutung im Berufsleben wird nach wie vor unterschätzt. Das gedruckte – von Fachkollegen erstellte – Buch ist eine wesentliche Quelle der Wissensvermittlung. Es faßt regional übliche Redewendungen zusammen und führt auf diese Weise langfristig zu einer Nivellierung der Begriffe, ohne die das Zustandekommen der »Fachsprache« unmöglich ist. Walzende haben ein Formatbuch »im Sack«: sie können in der Fremde auf das von anderen zusammengetragene Wissen zurückgreifen. Der Schwerpunkt solcher Ausarbeitungen, der Typus des Fachschriftstellers ist unbekannt, liegt, wie der Name sagt, bei teilweise langatmigen, uns schwerverständlichen Kapiteln über das Format- und Registermachen. Es sind die Haupttätigkeiten des Setzers und Druckers. Dies ist mehr als naheliegend, denn aus der Unkenntnis dieser Tätigkeiten resultieren folgenschwere Makulaturen. Erst dann folgen Ausführungen über das richtige Setzen, Drucken und Korrekturlesen. Interessanterweise wird auf frühe Berufskrankheiten verwiesen. Ich nenne hier das »Setzbein« und den »Setzbuckel«.

Ein weiterer Schwerpunkt liegt in der Benennung einzelner Teile der Druckpresse und der sogenannten Instrumente (= Werkzeuge). Üblicherweise sind den Abhandlungen Bilder beigefügt, die einen technischen Aussagewert haben. Mit zusätzlichen Angaben der Druckherren können fremde Handwerksmeister Pressen (nach)bauen. Vereinzelt folgen Hinweise, wie man sich am Arbeitsplatz zu verhalten hat. Dann folgen Auflistungen von Fachwörtern mit entsprechenden Erklärungen. Es fällt auf, daß sie in der Regel mehrsprachig ausgelegt sind. Das Buch von Täubel ist fünf-

Die Häufigkeit der fachlichen Begriffe im graphischen Gewerbe

Anzahl Häufigkeit	1	2	3	4	5	6	7	8	9	10	11	12	13	14	
3fach	8														24
4fach		9													36
5fach			7												35
6fach				12											62
7fach					7										49
8fach						6									48
9fach							6								54
10fach								2							20
11fach									1						11
12fach										12					24
13fach											2				26
14fach												1			14
21fach													2		42
25fach														1	25
Summe															480 : 66 = $\bar{x}$ 7,25 fach

sprachig (Wien 1805). Dadurch hat der Walzende sogleich eine fachgerechte Übersetzung bei sich, er kann sich besser zurechtfinden.

Die Formatbüchlein dürfen nicht mit den »Gesellen- oder Stammbüchlein« verwechselt werden, die von etwa 1550 bis zu Beginn des 19. Jh. im Umlauf sind. Gesellenbüchlein dienen mehr den persönlichen Aufzeichnungen, dem Festhalten von Erinnerungen, Bildern, Wappen und Adressen. Der Walzende hat sie bei sich. Es haben sich nur wenige erhalten,[14] außerdem führen die Gesellen Rechnungsbüchlein mit sich. Sie geben Aufschluß über erbrachte Leistungen und dabei erzielte Verdienste.

Fremdsprachlicher Einfluß, Gelehrtensprache

Weiter ist festzustellen, daß sich die Sprache der Setzer und Drucker unter dem Einfluß der Gelehrtensprache formiert.[15] Fachautoren weisen nach, daß seinerzeit fast alle Vorlesungen in Latein gehalten werden. Dadurch sind die Setzer, Drucker und Korrektoren regelrecht gezwungen, sich entsprechende Kenntnisse anzueignen. Einige Begriffe haben einen griechischen Ursprung. Beispielsweise Stereotypie oder Tympan. Nur ein Teil dieser Begriffe hat sich in ihrem ursprünglichen Sinn erhalten. Die Schriftsetzer sprechen noch heute von der Kolumne und nicht von der Seite. Einst lateinische Bezeichnungen werden mit der Verweltlichung der Sprachen, bzw. mit dem verstärkten Einsetzen der Lebenden Sprachen umgedeutet und teilweise in andere Sinninhalte gefaßt. Worte werden verunstaltet und zu ähnlichen deutschen (vereinzelt: französischen) in Beziehung gebracht. Ein Beispiel dafür ist das Wort Norm (vom lat. norma = Richtschnur), was sprachlich bis zum Wurm verschandelt wird.

Neben lateinischem Einfluß fällt in geringerem Maß französischer auf. Die Begriffe Bordüre oder Vignette sollen als Beispiel genügen. Auffallend ist der französische Einfluß im Bereich der Schriftguß und -satztechnologie. Sie fällt weiter bei der Benennung einzel-

5. Gleichlautende Begriffe mit unterschiedlicher Bedeutung in verschiedenen Bereichen. Begriff:	Satzbereich	Druckbereich	Gußbereich	Sprache	Allgemein
abbrechen	●	●	●		
abfallen	●	●			
abklatschen	●		●		
ablegen	●	●			
abputzen		●	●		
abrichten		●	●		
absetzen	●	●			
abtreten	●	●		●	
abziehen		●	●		
Abzug		●	●		
anfeuchten	●	●			
Anguß		●	●		
Anschlag	●				●
ansetzen	●	●	●		
Aufheben	●	●			
aufnageln	●	●			
aufsetzen	●	●			
ausgleichen	●	●			
ausheben	●	●			
auslaufen	●	●			
auslegen	●		●		
ausschießen	●	●	●		
aussetzen	●	●			
Ausstreichen		●	●		
auswaschen	●	●			
backen	●	●			
Deckel	●	●			
Einlegen	●	●			
Einschlagen	●	●			
Frosch	●	●			
Fuß	●	●			
Haken	●	●	●		
Heber	●	●			
Justieren	●	●	●		
Knochen	●	●			
König			●		●
Lecker	●	●			
Löffel	●		●		
Rahmen	●	●			
ruhig	●	●			
Signatur	●	●	●		
Speck		●		●	
Stift	●			●	
Tektur	●	●			
verkehren	●	●			
Winkelhaken	●		●		
Wurm	●	●			
ziehen		●	●		

ner Schriftgrade auf. Wir kennen Bourgeois, Garmond, Kolonel, Nonpareille, Petit Metteur (en pages), Reglette(n), Sanspareille und andere. Der französische Einfluß rührt daher, weil es in Deutschland eine Zeitlang üblich ist, französische Manieren nachzuahmen. Dies trifft keinesfalls nur auf den gewerbespezifischen Sprachschatz zu, sondern auf das gesamte gesellschaftliche Leben. Aus dem Englischen und Italienischen stammen auffallend wenig Begriffe. Neben den fremdsprachlichen gibt es solche aus dem Altdeutschen. Dies zeigt sich vor allem bei den Mehrfachbenennungen, die sich dem Wandel geänderter Zeiten und Verhältnisse anpassen und modifiziert werden. Inzwischen ist ein Großteil der Fachwörter – im Sinn der ursprünglichen Bedeutung – verlorengegangen. Es zeigt sich die Verdrängung des historischen Wortschatzes zugunsten der technischen Ausdrücke. Warum das so ist, wird in den technischen Kapiteln des Buches geschildert. Jede sich neu bewährte Maschine erhält im Lauf ihres Bestehens, ihrer Konstruktion und Verbreitung Merkmale zugesprochen. Eine Flut von Patenten kennzeichnet die Entwicklung des graphischen Gewerbes. Parallel dazu vollziehen sich soziale und strukturelle Veränderungen. Heute sind Kunstwörter in Vergessenheit geraten. Ohne das Wissen um sie, können die alten Handwerkspraktiken nicht verstanden werden.

Charakteristika der Begriffe

An erster Stelle fällt die Personifizierung auf. Außerdem entstehen Begriffe, die etwas anderes darstellen, als der »unredlich« Gelernte oder der Laie jemals dahinter vermutet. Um diesen Sachverhalt zu verdeutlichen, habe ich einige Tabellen zusammengestellt. Die Personifizierung bezieht sich vor allem auf die Themenkreise: Menschen, Tiere, Pflanzen und Kunstwörter. Dazu einige Beispiele:

Druckfehler(teufel), Braut, Arsch(gespann), Augen, Ballen, Körper, Glieder, Ballen(knecht), Fleisch, Fuß (Guß)bart, Hochzeit, Hurenkind, Jungfer, Kopf, Kehle, Leiche, König, Lebender bzw. toter Kolumnentitel, Mönch- und Mönchsbogen, Mutter oder Mütterlein, Ohr, Reiter, Tänzer, Jungen und Vorgeher, Ente, Esel, Frosch, Fliegenkopf, Gänsefüßchen, Hering (?), Hasenöhrchen, Fisch, Hamster, Luftschlangen, Ölschlangen, Schwalbenschwänze und -füße, Schnellhase, Elefantenrüssel, Horn(rad), Taubennest, Holzbock, Waschbär, Wurm oder Zwiebel-

Holzdruck-Schnellpresse für Dreifarbendruck der Maschinenfabrik Bohm & Kruse, Hemelingen bei Bremen.

fisch. Die sprachliche Zuordnung ist aus einer Tabelle ersichtlich.

Eierkuchen, Fleisch, Futter, Gurken (hobel), Nudel, Ölbrot, Sauerkraut, Süßkraut, Schmorkohl und Speck.

Neben diesen Begriffen, die vor allem technisches Vokabular bedeuten, noch ein paar der einst streng umhüteten Kunstwörter: Abtritt, ausschenken, Auflegthaler, Einschreibung, Entweichung, Erwählung, Forderzettel, Gescholtener, Hofrecht, Introitus, Posselier, Sohinstellen, Taufpfennig, Büchse, Oberältester, Generalsitz(e), Solace und Martinsschmaus. Dies macht deutlich, daß das Erlernen, Begreifen, Verstehen und Umgehen mit dem gewerbespezifischen Vokabular für Außenstehende undurchsichtig und als »Kunst« verstanden wird. Auch dadurch sichert sich das Gewerbe lange Zeit den Reiz des Besonderen.

Die Gruppenzuordnung

Um die Sache zu vereinfachen, habe ich die Wörter in Tabellen zusammengefaßt. Sie sind nicht vollständig. Es wird versucht, die Begriffe bestimmten Gruppen zuzuweisen. So läßt sich das Schwerpunktfeld erkennen. Es sind fünf Hauptgruppen zu unterscheiden:

- Mehrfachbegriffe
- Verniedlichungen
- Diametralbegriffe
- Zusammengesetzte Begriffe
- Gleichlautende Begriffe mit unterschiedlicher Bedeutung in den verschiedenen Bereichen

Zusammengesetzte Begriffe

Abzieh	-bogen, -bürste, -en, -er, -format, -klötzchen, -maschine, -presse
Ahl(e)	-heft, -scheibe, -spitze, -zwinge
Akzidenz	-drucker, -hobel, -setzer, -zimmer
Aufhänge	-boden, -bogen, -kreuz, -leinen, -leisten, -scheiben
Auslege	-bank, -pappe
Ballen	-abschlagen, -aufnageln, -einschlagen, -einschmieren, -eisen, -griff, -haare, -hölzer, -klopfen, -knechte, -leder, -machen, -meister, -messer, -nägel, -reiben, -scheibe, -teller, -wolle, -zausen
Bastard	-höhe, -Kegel, -schriften
Bengel	-kopf, -scheide, -schnalle, -zapfen
Bestoß	-arten, -klotz, -lade, -tische, -zeug
Bild	-band, -erform, -legende, -stock

Blei	-backen, -fußmontage, -krätze, -läuse, -satz, -schnitt
Blind	-band, -druck, -exemplar, -material, -prägung
Bogen	-fänger, -ordnung, -rückensignatur, -sammler, -satz, -vize
Brief	-drucker, -zeitungen
Bruch	-drucker, -bude, -schrift
Buch	-binderaufschlag, -binderei, -block, -deckel, -drucker, -druckerei, -druckereid, -druckerherr, -druckerordnung, -druckerschwärze, -druckerstöcke, -führer, -geselle, -händler, -knecht, -maler, -malerei, -rolle, -schriften, -umschlag
Burschen	-dienste, -fabrik, -faktor
Deckel	-bänder, -einlage, -gewicht, -griff, -rahmen, -schnalle, -stuhl, -zug
Defekt	-bogen, -buchstaben, -kasten, -zettel
Doppel	-bogen, -buchstabe, feine Linien, -mittel, -rechenbewegung, -tertia, -tondruck, -tonfarbe
Druck	-abwicklung, -balken, -bestäuben, -ereiordnung, -erfarbe, -ermarke, -offizin, -erzeichen, -esel, -fehler, -fehlerteufel, -fertigmachen, -fläche, -herr, -leistung, -linie, -nutzen, -perforation, -register, -reiferklärung, -streifen, -stube, -träger, -type(n)
Falz	-bein, -en, -gräfin, -kegel, -register
Farb(e)	-eisen, -faß, -messer, -reiber, -schaufel, -klotz, -lineal, -platte, -schnitt, -tisch, -stein, -werk
Feucht(e)	-bank, -stein, -besen, -brett, -fäßchen, -werk, -maschine, -mulde, -wanne, -zimmer, -zuber
Formen	-brett, -schlüssel, -schmitz, -wagen, -wäscher, -schneider, -bett
Friktions	-antrieb, -kalander, -kupplung, -schienen
Gautsch	-bier, -brett, -brief, -en, -gebühren, -geld
Gesellen	-büchlein, -lade, -machen
Gieß	-bach, -blech, -er, -fahne, -herd, -instrument, -kopf, -löffel, -maschine, -ofen, -pfanne, -topf, -zapfen, -zettel, -bart

---

Verkleinerte Textspalte aus Hönn's bekanntem Betrugslexikon. Hier geht er darauf ein, wie die Papiermacher »betrigen«. Er führt elf Betrugsgründe an. Erste Ausgabe (1721).

PApiermacher betriegen 1) wenn sie untüchtiges, mürbes oder durchschlagendes Papier für gutes wohlgeleimtes und tüchtiges verkauffen. 2) Wenn sie beym Verkauff eintzeler Bücher Papier gutes und schlimmes miteinander unterschleffen. 3) Wenn sie hier und dar einige Bogen Ausschuß-Papier mit unterlauffen lassen. 4) Wenn sie unter den gantzen Ballen da[illegible] liederlichste Papier mit verkauffen, und doch alles für tüchtig ausgeben. 5) Wenn sie unverständigen Käuffern das Rieß oder Buch Papier in höherm Preiß anhängen, als sie es sonst zu geben pflegen. 6) Wenn sie die Leuthe, sonderlich die Buchdrucker, welche gantze Ballen bey Ihnen bestellen, mit Fleiß, unter dem erdichteten Vorwand des manglenden Wassers oder Lumpen, lange aufhalten, und sie von Wochen zu Wo[illegible]en darauf vertrösten. 7) Wenn sie das in solcher und solcher Güte à part bestellte Papier nicht nach dem mit Ihnen getroffenen Contract, sondern ein geringeres Gut, lieffern, und gleichwohl sichs Contractmäßig bezahlen lassen. 8) Wenn sie an Büchern, Riessen, Ballen hier und dar eintzele Bögen zu wenig zehlen, und solches, um des kleinen Profitgens willen, mit gutem Bedacht thun. 9) Wenn sie die alten Lumpen, unter dem Vorgeben, daß solche ohne diß sonst zu nichts brauchbar wären, gar zu gering annehmen. 10) Wann sie sich des ihnen nicht erlaubten Fischens um die Mühle heimlicher weise bedienen. 11) Wann sie unvermerckt ihre Papier-Formen etwas kleiner machen, und doch mit dem Papier auf den alten Preiß halten.

Mittel: 1) Gute Papiermacher-Ordnung / nach welcher sich die Papiermachere / auf Obrigkeitl. Befehl / bey ihrer Arbeit zu richten. 2) Gute Præcaution dererjenigen / so Ballen-weiß das Papier / vermittelst schrifftl. Contracts / entweder bestellen / oder es gleich nehmen / durch Eröffnung und Besichtigung der Ballen. 3) Ernste Bestraffung derer Betrügere mit Confiscation des losen und untüchtigen Papiers.

Betrügs-LEXICON,
worinnen
die meiste Betrügereyen
in allen Ständen
nebst denen darwider guten Theils
dienenden
Mitteln
entdecket
von
Georg Paul Hönn / D.
Fürstl. Sächs. Gemeinschafftl. Rath und Ammann
in Coburg.

Coburg, verlegts
Paul Günther Pfotenhauer,
privil. Buchhändler, 1721.

Guß	-bart, -flasche, -kehle
Hand	-ausschnitt, -gölte, -griff, -habe, -hebe, -presse, -schleifer, -schleifstein, -tuch
Haus	-höhe, -korrektur, -zettel
Holz	-bilderdruck, -bock, -presse, -tafeldruck, -trommel, -walze, -schnitt, -tute
Karren	-platte, -rahmen, -span
Keil	-ausschluß, -kasten, -rahmen, -treiber, -zieher
Kolumnen	-maß, -schnur, -titel, -träger, -ziffer
Kopf	-leiste, -steg, -stück, -zeitung
Kornuten	-geld, -groschen, -hut
Kreuz	-gen, -haspel, -maß, -register, -stäbe, -steg
Kunst	-genossen, -glied(er), -tempel, -verwandte
Kurbel	-bänder, -scheide, -seite
Linien	-biegeapparat, -bild, -form, -hobel, -zug
Luft	-gänge, -piraten, -schlangen
Maschinen	-meister, -futter, -junge, -klasse, -mädchen, -revision, -steine
Mittel	-achse, -steg, -strichlein
Papier	-er, -faktor, -hersteller, -höhe, -magazin, -qualität, -stereotypie
Platten	-form, -rand, -schliff, -schuh, -unterlage, -zurichtung
Preß	-balken, -brett, -füße, -handschuh, -streichen, -meister, -revision, -wände
Punktur	-en, -löcher, -schere, -schraube, -spitze, -type, -zange
Register	-differenz, -einschneiden, -halten, -prüfen, -punkte, -satz, -setzen, -suchen, -winkel
Satz	-anweisung, -architekt, -erschwernis, -fläche, -form, -klempner, -maß, -schließer, -stil
Schrift	-bild, -en, -familie, -gießer, -gießereien, -grade, -höhe, -kasten, -linie, -schnitte, -sieb
Seite(n)	-einrichter, -richter, -ausrichter, -titel, -überschrift, -wächter
Setz	-bein, -buckel, -erbuch, -erdompteur, -linie, -schiff, -schnur
Speck	-jäger, -machen, -satz, -stein, -werk
Steg(e)	-magazin, -faktor, -kasten, -regal
Stück	-durchschuß, -klammer, -linie, -lohn, -satz, -setzer
Titel	-bier, -blatt, -ei, -bild, -satz, -schriften, -schriftkasten, -vignette
Walze(n)	-brüder, -eisen, -fleisch, -form, -gestell, -holz, -kessel, -kreuz, -masse, -spindel
Winkel	-druckerei, -gießerei, -haken
Zeilen	-halten, -abstand, -fänger, -reiter, -spinner, -tabell, -weiser, -zähler
Zeitung(s)	-format, -kopf, -pferd, -steuer, -winkelhaken
Zeug	-behälter, -druck, -fach, -kiste, -kasten, -klammer, -linie
Zurichte	-buchstabe(n), -geld, -maß, -messer, -pult, -schere
Zwiebel	-fisch(e), -fischbude, -fischkrämer, -fischsatz

Sprachlicher Wandel durch technischen Fortschritt

Die Zuordnung der Fachwörter ergibt folgende Gruppierung:

Bereich	bislang erreichter Reduzierungsanteil
Druckbereich	etwa 70 %
Satzbereich	etwa 60 %
Schriftguß	etwa 50 %
Kunstwörter	etwa 95 %
Allgemeine Begriffe	etwa 60 %

Es ist nicht viel vom einst blühenden Sprachschatz der Setzer und Drucker übriggeblieben.

Die Veränderungen lassen sich leicht erklären: Die Technologie vollzieht sich in immer rascheren Intervallen und in klar unterscheidbaren Stufen. Es kommen immer mehr technische Begriffe dazu. Dabei handelt es sich üblicherweise um die Modifizierung schon bestehender. Der Durchbruch erfolgt mit dem Beginn des 19. Jh. Jetzt gewinnen Schnellpressen, Lithographie und metallische Tiegel-Schnellpressen erheblichen Auftrieb.

Innerhalb des Satzbereiches hat sich – bezogen auf den konventionellen Handsatz – bis heute kaum etwas geändert. Lediglich das Mobiliar innerhalb der Setzereien bringt ab etwa 1820 eine gewisse Nivellierung. *Seit 530 Jahren erfolgt das »Handsetzen« nach einheitlichen*

1. Mehrfachbegriffe

Erhalten gebliebener Stammbegriff	Mehrfachdeutungen
Schriftsetzer oder Setzer	Draufstecher, Stupfer, Hamster, Hudler, Marder, Pfuscher, Schnellhase, Typenfänger, Zeilenspinner, Zeilenreiter, Zeilenfänger, Satzarchitekt, Satzklempner, Setzerdompteur, Speckjäger
Buchdruckerei	Bruchbude, Bude, Offizin, officina typographeum, Drucker-Offizin, Truckerey, Druckstube, Stampfe, Trittmühle, Quetsche, Kunsttempel, Taubenschlag, Tütenquetsche, Schmiere, Feuerzeug, Hudeley, Winkeldruckerei, Pfuschdruckerei
Schnellpresse	Elende Klappermühle, Geschwinddruckmaschine, Gurkenhobel, Buchdruckmaschine, Presse, steam-Press (Dampfmaschine / allerdings unüblich), Schmutzige Galeere, Schlitten, Mühle und Nudel
Buchdrucker	Bruchdrucker, farant Puchdrucker, Jünger der Schwarzen Kunst, Schwarzkünstler, Trittmüller, Halbbuchdrucker, Hudler, Kunstgenossen, Kunstverwandte, Speckjäger, Kunstglied, Pfuscher, Preßmeister, Ballenmeister
Tenakel	Blatthalter, Lecker, Zeilenteiler, Manuskripthalter, Retinaculum, Retinakel

2. Verniedlichungen:

Stammbegriff	Verniedlichte Form	Stammbegriff	Verniedlichte Form
Aufstecheblatt	Aufstecheblättchen Einstecheblättchen	Zunge Frosch	Zünglein Fröschlein
Bauschen	Bäuschchen oder Tupfbällchen	Columne Fach	Colümlein Fächelein
Feuchtefaß	Feuchtefäßchen	Gänse-Augen	Gänseäuglein oder Hasenöhrchen
Signatur	Einschnittchen		
Mutter	Mütterlein	Rahmen	Rämelein
Quadrat	Quadrätchen	Komma	Beystrichlein
Jungfernschrift	Jungfrauschriftlein	Mittelstrich	Mittelstrichlein
Pfanne	Pfännchen	Petit	franz. Niedliche
Fraktur	Fraktürlein		

Regeln. Es ist kein Wandel zu erwarten. Daß Veränderungen stattfinden, liegt an der Ausgestaltung der Schriften. Selbst das Formatmachen wird im Lauf der Zeit eine typische Druckertätigkeit: die Setzer werden davon schon im 16. Jh. entlastet.

Der Sektor der Schriftguß-Technik, zu dem die maschinelle Herstellung der Formelemente und die Entwicklung der Zeilengießmaschinen gezählt wird, ist leicht erklärbar. Das Handgießinstrument ist in Vergessenheit geraten. Es macht zur Zeit seiner Handhabung nur wenige Begriffe erforderlich. An die Stelle der manuellen Fertigung rücken starke maschinelle Fertigungsgänge. Die mit den Schriftsetzern konformen Begriffe der Schriftgießer gehen eigenständige Wege. Das geringe Aufkommen solcher Fachwörter beweist den erreichten technischen Standard.

Auffallend ist der Wandel im Bereich der Kunstwörter. Mit dem Vordringen der Industrialisierung stehen die Beschäftigten vor schwerwiegenden Problemen. Altvertraute Gewohnheiten und Traditionen sollen zwar aufrecht erhalten werden, aber die stürmisch verlaufende Entwicklung innerhalb des graphischen Gewerbes und seiner Zulieferanten läßt hierzu wenig Raum. Das einst Künstlerische rutscht mehr und mehr in den Bereich des Verkünstelten ab. Selbst die Abbildungen zeigen dies. Immer mehr technische Details werden aufgenommen und erklärt. Längst ist

Portrait des Pastors und Naturforschers Jacob Christian Schaeffer aus dem Jahr 1774. Schabkunstblatt von J. E. Haid nach einem Gemälde von G. V. Mansinger. Schaeffer ist Verfasser des Buches »Versuche und Muster ohne alle Lumpen oder doch mit einem geringen Zusatz derselben Papier zu machen«, das 1765 in Regensburg erschienen ist.

Nürnberger Papiermacher des 17. Jh. Serverin Heinrich auf der »Weidenmühle«. Kupferstich von Sandrart mit Lobversen von Sigmund von Birken.

die Zeit vorbei, wo komplette Interieurs wiedergegeben werden.

Einzelne Begriffe halten sich lange über die technische Verbesserung hinaus, andere sind kurzlebig. Sie betreffen in der Regel technische Einrichtungen mit wenig Bestand. Mit der Gewerbefreiheit und der Aufhebung des Postulats dringen »Fremde« in die einst geschlossenen Reihen des Druckerhandwerks. Die traditionell orientierte Fachsprache ist nicht mehr in der Lage, Schritt mit der weiteren Entwicklung zu halten. Rasch verlieren die Kunstwörter ihre alte Bedeutung und geraten in Vergessenheit. Der endgültige Bruch zwischen Gesellen und Druckherren lenkt die Aufmerksamkeit auf andere Probleme.

Inzwischen sind viele Wohn-Arbeitsverhältnisse aufgelöst. Dem beruflichen Nachwuchs werden die Gebräuche der »Altvorderen« fremd. Zu den klassischen Druckverfahren gesellen sich aktive Konkurrenten. Auf die altgestandenen Begriffswörter nimmt dies keinen nennenswerten Einfluß mehr, weil die Fachsprache in den nun vergangenen dreieinhalb Jahrhunderten eine innere Festigung erreicht hat, die sie automatisch gegen technische Neuerungen abschirmt. Mit den neuen Verfahren tauchen wenige neue Begriffe auf. Der Wandel bezieht sich auf den Stammvater »Buchdruck« und sein technisches Vokabular. Durch die verschärfte Konkurrenz wird ansatzweise marktorientiertes Denken erkennbar. Traditionen – und mit ihnen der einst blühende Sprachschatz der Setzer und Drucker – weichen neuen Gegebenheiten. So verliert das an Bedeutung, was einst viel gegolten hat. Die

Fachsprache des graphischen Gewerbes ist einst so speziell, daß sie für Außenstehende unverständlich ist. Dieser Ring wird jetzt auf allen Gebieten gelockert, es folgt die Zerstörung der inneren Zusammenhalte. Man sieht sich »plötzlich« vor gänzlich neuen Aufgaben. Einige hätten durch einen früher einsetzenden Weitblick vermieden werden können. Viele der anstehenden Probleme wären nicht so gravierend, hätten sich die Prinzipale und Gehilfen nicht so stark an den Traditionen orientiert.

Nun kommt der Typus des »neuen« Facharbeiters auf, der kein Interesse daran hat, sich mit der Geschichte seines Gewerbes und den alten Techniken auseinanderzusetzen. Er ist von Anfang an ein »Maschinenarbeiter«. Der Aufnahmesuchende läuft nicht mehr durch die gesamte berufliche Hierarchie, bis er im Berufsleben Anerkennung findet. Im Gegensatz zum früheren vielseitigen Praktiker entwickelt sich jetzt der *Spezialist* an *einem* Betriebsmittel. Er ist nicht mehr derjenige, der sich durch ein reichhaltiges, vereinzelt, derb und vulgär erscheinendes Vokabular als vollwertiger Jünger der Schwarzen Kunst auszeichnet. Man kann dies von zwei Seiten sehen. Die Einstellung zum Beruf und Arbeitsplatz wandelt sich mit der fortschreitenden technischen Geschichte. Auf der einen Seite bringt der technische Fortschritt eine Aktivierung des Berufslebens in noch ungewohnten Bahnen. Auf der anderen Seite verliert der arbeitende Mensch immer mehr die wichtige Bindung an seine Arbeit. Hier ist ein Ansatzpunkt des modernen Proletariats, des Jobbers und »Nur-Geldverdieners«. Mit möglichst unsoliden Kenntnissen beginnt jetzt der Kampf Aller gegen Alle um die Aufrechterhaltung der Existenz.

In diesem Zusammenhang werden die Begriffswörter immer mehr zurückgedrängt. Innerhalb der Fachliteratur weichen die einst beliebten und ausführlichen Kapitel der Technik. Die um sich greifende Spezialisierung läßt es nicht mehr zu, für alle im Gewerbe Stehenden allgemeinverbindende und verständliche Sprachregelungen aufrecht zu halten. Die Fachsprache hat den wesentlichen Teil ihrer ordnenden Kraft eingebüßt.

Aldus Manutius. Nach einem Stich des 16. Jh.

Robert Estienne (Stephanus).

Welche Bedeutung hat die Fachsprache heute?

Durch das unaufhaltsame Vordringen der Technik auf allen Gebieten in immer kürzeren Intervallen, durch das sich abzeichnende Zeitalter der Elektronik werden seither gewohnte

E
I
H
C
N

Produktionsverhältnisse und -techniken einem weiteren Wandel unterliegen. Im sprachlichen Bereich vollzieht sich diese Verschiebung naturgemäß mit Verspätung.

Es ist unausbleiblich, daß die Hochburgen des klassischen Buchdrucks die ersten Opfer sind. Die Kluft zwischen der Ausübung an der Maschine und der allgemein-sprachlichen Verständigung wird immer größer. Ein klassisches Beispiel ist das Ringen um das typographische System. Es ist lediglich eine Frage der Zeit, bis es dem Dezimalen weicht. Es ist sinnlos, sich am Überholten festzuhalten. Die Elektronik eliminiert immer mehr den konventionellen Satz. Sie bietet neue, seither ungeahnte Möglichkeiten der Typographie.

Die Entwicklung ist positiv. Die Spitzenverbände der Druckindustrie haben erkannt, daß die Berufsausbildung einer erneuten Straffung bedarf. Der Wegfall traditioneller Berufe führt zu einer weiteren Einengung der Fachsprache. An der Stelle des früheren Faktors oder Meisters stehen heute immer mehr Techniker und Ingenieure. Sie haben wenig Zeit, um sich mit traditionellen Ansätzen zu beschäftigen. Ihre Aufgabe liegt in der optimalen Steuerung der immer komplizierter werdenden Betriebsmittel unter Zuhilfenahme der elektronischen Datenverarbeitung. In diesem Umfeld bleibt wenig Raum für die »alten« Begriffswörter des »alten« Druckereigewerbes.

Auf Grund der neuen Verhältnisse haben sich die Unternehmen spezialisiert. Sie sind nicht mehr in der Lage, dem Lehrling eine breite Palette an Fachwissen zu vermitteln. Früher weitverzweigte Berufsgruppen verdichten sich zu Grundberufen und bieten die Möglichkeit der weiteren Spezialisierung. Immer mehr ziehen einen Job der regelrechten Lehre vor: immer mehr sind oder werden Berufswechsler. Die Anzahl der ungelernten Kräfte steigt in der Druckindustrie sprunghaft an. Im altgestandenen graphischen Gewerbe ein Ding der Unmöglichkeit.

Die spezielle Fachsprache hat in der täglichen Praxis nur noch eine sekundäre Bedeutung. Fast jede Maschine ist heute so kompli-

◀ *Französische Münzpresse aus der 2. Hälfte des 18. Jh. Deutlich erkennt man die beiden großen diametral gelagerten »Schwungkugeln« an den metallischen Querarmen. Auch Haas »der Vater« bezog sich bei seiner Konstruktion auf eine Münzpresse. Bildnachweis: Enzyklopädie von Diderot.*

Der Wittenberger Buchdrucker Hans Lufft.

Johann Heinrich Schulte, deutscher Arzt und Professor. Schulze führt an der Altdorfer Universität (1727) den Nachweis, daß Licht die Silbersalze verändert. Lichtdurchlässige Schablonen werden dabei mit einem Gemisch aus Kreide und Silbernitrat hergestellt.

ziert, daß selbst Facharbeiter oder Meister nicht (mehr) in der Lage sind, eventuelle Reparaturen und Korrekturen auszuführen. Während man früher beim »Schreien« einer Presse nach dem Faktor ruft, greift man heute zum Telefon und ruft den Servicetechniker herbei, also gleichfalls einen Spezialist. Mit dem Aufkommen der Maschinenfabriken bildet sich der Maschinenbauer heraus. Daraus entwickelt sich der Monteur als hochgradiger Spezialist.

Im Bereich des heißen Satzes, der schon immer eine starke Affinität zur Tradition aufweist und der durch das typographische System besonders verästelt ist, zeigt sich ein deutliches Vordringen des Lichtsatzes mit seinen ungeahnten Möglichkeiten. Hier wird sich ein sprachlicher Wandel vollziehen. Internationale Normungsbestrebungen lassen keine andere Alternative zu. Die einst bedeutsame Fachsprache der Setzer und Drucker wird dadurch weiter eingeengt.

Dies bedeutet für die einst blühende Fachsprache des graphischen Gewerbes einen weiteren, vielleicht tödlichen Stoß. Heute hat ihre Bedeutung quantitativ um mehr als zwei Drittel abgenommen. Auch die anderen sind nicht mehr aktuell genug, um den Verfall aufzuhalten. Zunehmend werden die Begriffswörter zum Untersuchungsfeld der Fachhistoriker.

Papyrusernte im alten Ägypten zur Zeit von Thutmosis III. (etwa 1475 vor unserer Zeitrechnung)j. Federzeichnung nach einem Relief aus dem Grab des Puimre.

Zeittafel, wichtige Ereignisse und Erfindungen

3000 (ca. vor) die hochentwickelte Baukunst der Sumerer in Mesopotamien läßt auf ein ausgebildetes Meßsystem schließen. Ihre Nachfolger überliefern die seinerzeit gebräuchlichen Maßeinheiten den Babyloniern. Die Chaldäer verwenden einen Würfel (Hohlmaß) als Grund- oder Urmaß. Die ägyptischen Längenmaße basieren auf einem »Fuß«. Er ist 16 Finger breit, oder, metrisch = 307,86 mm.

2600 (ca. vor) Darstellung einer Papyrusernte im Grab des Ptah hotep.

2000 (ca. vor) übernehmen Griechen die Maß- und Gewichtseinheiten der Ägypter.

1200 (ca. vor) sind den Juden zwei unterschiedliche Maßsysteme bekannt; ein heiliges und ein gewöhnliches. Kriterium ist eine vom Zoll abgeleitete Fingerbreite.

1122 (– 247 vor) Während der Chou-Dynastie sind die am häufigsten verwendeten Schreibmaterialien Bambustafeln und Holzstücke.

800 (ca. vor) Die von den Römern verwendeten Maßsysteme beruhen auf griechischen Überlieferungen.

650 (ca. vor) entspricht die »schwarze Elle« der Araber 37mal der Breite von sechs Weizenkörnern. Das kleinste Maß ist die Dicke eines Kamelhaares (metrisch = 0,625 mm).

3. Jh. (vor) Als neuer Beschreibstoff kommt reine Seide in Form von Bändern auf. Die Schriftzeichen werden mit Pinseln aufgetragen oder gemalt.

187 (– 180 vor) berichtet Cha-mouh, daß in diesem Zeitraum die Kaiserin Heou den Gebrauch von Papier kennt.

100 (vor) einem Hinweis in der Fachpresse[15] folgend, würden »neue archäologische Funde in China darauf hindeuten, daß die Erfindung des Papiers, wie allgemein um das Jahr 105 n. Chr. durch Tsai Lun angenommen wird, bereits einige hundert Jahre davor liegt. Die Zeitschrift erwähnt, daß Tsai Lun Hofbeamter gewesen sei, der seine Kenntnisse bei Werktätigen erlernte, die schon seit etwa 200 Jahren mit der Herstellung von Papier vertraut waren.« Unterstellen wir die Richtigkeit dieser Annahme, dann ist die Erfindung der »weißen Kunst« etwa 100 vor unserer Zeitrechnung anzusetzen.

23 – 79 berichtet Plinius d. Ä. über verschiedene Papyrussorten.

44 Im Todesjahr von Cäsar spricht Cicero von Buchstabenformen, die man verwendet, um Inschriften an Gebäuden zusammenzusetzen. Generell unterscheidet man schwere (gegossene) und leichte (geschlagene). Außerdem erwähnt er die Verwendung loser Lettern zum Zusammenfügen von Texten. Die Römer versehen Töpferscheiben und Ziegelsteine mit Stempelaufdrucken.

100 (ca.) Man gibt römischen Kindern Einzelbuchstaben zum Spielen und Lesenlernen.

105 (nach) Seither angenommener Zeitpunkt der Erfindung des Papiers durch den chinesischen Hofbeamten Tsai Lun.

3. Jh. (seit dem) überträgt man die auf Papyrusrollen geschriebenen Texte auf Pergamentblätter.

500 (ca.) Das Drucken mit Handstempeln ist bekannt.
500 (seit) Der Holztafeldruck ist im fernen Osten nachweisbar.
6. Jh. (Beginn) Durch die Aktivitäten von Cassidor, dem gelehrten Berater und Minister des Ostgotenkönigs Theodorich, findet das Abschreiben von Handschriften (zunächst in Italien) in den Klöstern Eingang.
6. Jh. (ca.) Der Pergamentkodex überflügelt die Papyrusrolle als Beschreibstoff.
610 erhalten die Japaner Kenntnis von der Papierherstellung. Ein japanischer Priester soll die Papiermacherkunst eingeführt haben.
7. Jh. (ca.) Ursprung des ägyptischen Zahlensystems im indischen Raum.
703 wird im japanischen Gesetzbuch »Tai-ho-rei« erwähnt, daß vier Handwerker den Auftrag haben, Papier herzustellen.
751 (?) Annahme, daß im Jahr der Eroberung von Samarkand die Araber die Papiermacherei von chinesischen Arbeitern kennenlernen.
768 den Chinesen ist ein Papier-Leimungsverfahren mit Stärke bekannt.
790 anstelle der »Nationalschriften« setzt sich im Abendland die karolingische Rundbogenschrift durch.
794 Kalif Haran al Raschid führt in seiner Kanzlei (Bagdad) Papier als Beschreibstoff ein.
7. Jh. (ab – 10. Jh.) In diesem Zeitraum entwickelt sich in den Klöstern das sogenannte »Haushandwerk«. Die Klöster unterhalten im allgemeinen Bibliotheken, in denen Bücher für den kirchlichen Gebrauch (Liturgie, Lectio, Gebetabschriften sowie Bücher für den Eigenbedarf geschrieben, ausgemalt und aufgebunden werden. So entsteht die Miniaturmalerei. Das Buchbinden erreicht einen ersten Höhepunkt. In den Scriptorien wird Pergament zubereitet. Außerdem werden Kodizees abgeschrieben und Korrekturen gelesen.
800 (um) In Deutschland verbreitet sich die Aktivität des Abschreibens in Klöstern bestimmter Richtung.
874 (ab) werden im Abendland Handschriften mit arabischen Ziffern bekannt.
986 (um) verwenden Araber ein Leimungs- und Füllungsverfahren mit Weizenstärke bei der Herstellung der Papiersorten.
1035 In einer Reisebeschreibung wird berichtet, daß man in den Basaren Waren aller Art in Papier einschlägt und verabreicht.
1041 (ca.) druckt der chinesische Schmied Pi Sheng mit beweglichen Lettern. Er formt einzelne Buchstaben aus zäher Erde und brennt sie anschließend ein. Nach dem Zusammenbau einer Seite (später: Druckform) bestreicht er deren Unterseite mit einem Kitt aus Wachs, Harz und Kalk. Er nennt diese Formen »Lebendige Platte(n)«. Das Papier wird dabei auf die zuvor eingefärbte Seite gelegt und nach der Art der Reiberdrucke »abgerieben«. Es sind nur einseitige Abreibungen möglich.
1045 (ca.) werden außerhalb des europäischen Kulturraumes kupferne Typen bekannt.
11. Jh. Durch die cluniazensische Reformbewegung werden Laienbrüder in Klöster aufgenommen. Neben der Deckung des Eigenbedarfes werden Fremdaufträge ausgeführt. Die Tätigkeit des »Buchbindens« geht in weltliche Hände über.
1101 schafft Heinrich I. die sächsische Elle nach der Länge seines Armes.
1109 Das Papier wird in Sizilien eingeführt.
1119 Im Kloster Prüfening (Prüfering?) bei Regensburg findet sich eine Inschrift, deren Schriftzeichen offensichtlich mit Einzel-Buchstaben angefertigt sind.
1135 (um) lernt der Abt Petrus Venerabilis das Hadernpapier kennen.
12. Jh. (bis ins) benutzen die Araber neben dem Papier Papyrus und Pergament als Beschreibstoff.
1238 nach der Eroberung des Königsreiches Valencia gewährt Jaime I. den dortigen Papiermachern Schutz.
1250 (ca.) Verbreitung der Textura. Die allmähliche Verdrängung der karolingischen Minuskel setzt ein.
1260 (ab) wird in Spanien Papier hergestellt. Man unterscheidet »pergamo de pano« und »pergamo de cuero«.
1300 (nach) Aufkommen und Verbreitung der arabischen Ziffern in Deutschland.

1330 wird der Stammvater des Mainzer Patriziergeschlechtes Friele Gensfleisch erstmals erwähnt. Johannes Gutenberg, der Erfinder der Buchdruckerkunst, stammt aus der Ehe des Friele Gensfleisch und seiner Frau Else, geb. Weyrich.

1338 In La Pielle wird die erste Papiermühle Frankreichs errichtet.

1350 (um) erwähnt Bartholus de Sassoferrato: »In der Mark Ancona befand sich ein Adelsschloß namens Fabriano, wo die Kunst der Papierbereitung vorzüglich blühte. Es gab dort viele Gebäude, die diesem Gewerbe dienten. Einige Anlagen lieferten besseres Papier, denn wie vieles dabei die Geschicklichkeiten des Arbeiters ausmachte. Jedes Blatt hatte hier sein Zeichen (= Wasserzeichen), an dem man die Werkstätte erkannte.« Möglicherweise wird die Papiermühle bereits um 1276 eingerichtet.

13. – 14. Jh. In diesem Zeitraum entwickeln sich Schreiberwerkstätten, in denen Bücher im Massenbetrieb geschrieben, bemalt und gebunden werden. Nicht zu vergessen sind die Kanzleien der Kaiser und Landesfürsten, die Amtskanzleien der Städte, Kontore der Kaufleute, Rentenverzeichnisse und Haushaltsbücher des Adels und der städtischen Geschlechter. Wenn Akten von Kanzlisten geheftet und gebunden werden, so müssen wir uns hier erste weltliche Buchbinder vorstellen. Er ist noch kein selbständiger Gewerbetreibender, sondern Hausbediensteter.

Einige Autoren sind der Auffassung, daß sich bereits mehrere Jahre vor der Erfindung der Buchdruckerkunst in Mainz der Buchhandel unter dem Schutz von Universitäten und Kirche entwickelt. Für das Buchwesen des ausgehenden Mittelalters wird die Tätigkeit der »Brüder des Gemeinsamen Lebens« in den Fraterhäusern bedeutungsvoll. Sie bestehen u. a. in Hildesheim, Köln (am Weidenbach) und in Münster/Westfalen.

1366 in einem Dekret des venezianischen Senats: »... daß zum Wohl und Nutzen des Papiers, das in Treviso hergestellt wurde und welches sehr stark zum Wohlstand unserer Gemeinde beitrug, angeordnet ... daß keinesfalls Hadern aus dem Venezianischen an einen anderen Ort als Treviso gelangen sollten.«

1386 wird an der Mainzer Universität festgestellt, daß Papierhändler die gleichen Rechte wie Studenten haben.

1390 vollendet der Nürnberger Ulman Stromeir (Stromer) den Umbau der Gleismühl zu einer Papiermühle. Er sagt darüber: »... Ulman Stromeir hub an mit dem ersten papier zu machen zu sant Johans tag zu sunbenten (Sonnenwende) und hub in der Glesmul an ayn rad zu richten, und der Clos Obsser waz der erst der zu der arbeit kam. Item Clos Obsser swur den Ayt, er gab sein Trew, daß er mir oder mein erben traew solt sein und unsern schaden wenden, und die weil er lebt sol er nymant kain arbeit zu papier tun dann mir oder mein erben, den ich das mulwrk zu papier verschik oder verschaff ... dez hat er mit aufgerekten („erhobenen") fingern zu den heyligen ayn ait gesworen ganz stet zu halden on alles geverd. daz gesach an dem nehsten suntag vor samt Lorencen tag anno domini 1390 in meiner kamer, do bey waz mein sun Jorg.«

1392 führt der General Pi (?) den Metalltypendruck in Korea ein. Einer seiner Nachfolger, der König Thai Tzony, hebt die Vorzüge der Metall-Lettern hervor und erwähnt, daß sich Holzplatten leider abnützen und es schwer ist, alle Bücher auf Erden (= in) Holzplatten zu schneiden.

1394 verpachtet Ulman Stromeir seine Papiermühle gegen einen Zins von 30 Ries Papier an Jörg Tirmann.

1394 soll in Mailand ein Papierladen eingerichtet worden sein.

1394 – 99 wird, vermutlich am Johannistag, Johann Gensfleisch (genannt Gutenberg), der Erfinder des »mechanischen« Buchdrucks, geboren.

1398 Privileg des Markgrafen Wilhelm I. von Meißen zur Errichtung einer Papiermühle für das Benediktinerkloster bei Chemnitz.

1400 (seit Ausgang) Auftauchen abendländischer Holztafeldrucke.

1400 (ca.) Einsetzen der Kupferstichtechnik(en). Metallschnitte und Schrotblätter kommen neben den seltenen Teigdrucken auf.

1400 (ca.) Fraktur(schrift) in Ansätzen bei Akten der kaiserlichen Kanzlei in Prag.

1402 (vor) wird in Ravensburg Papier hergestellt (?)
1407 Papiermühle in Schornreuth bei Ravensburg.
1408 (nach) Papiermühle in Straßburg.
1411 Beginn der Papiermacherei in der Schweiz. In den Rechnungsbüchern der Stadt Freiburg wird in der Schweiz eine bereits bestehende Papiermühle Marly erwähnt.
1418 Holztafeldruck der »Brüsseler Madonna«.
1420 Geburt von Nikolaus Jenson (Frankreich). Er soll (!) sich in Mainz bei Johannes Gutenberg mit der Schriftherstellung vertraut gemacht haben.
1421 (vor) Papiermühle bei Schönkamp (Curau).
1433 (seit) wird der Blinddruck auf Einbanddecken als »Aufdruck« in Buchbindereien ausgeführt.
1436 Eine Urkunde erwähnt, daß sich der Mainzer Junker Johann Gensfleisch in Straßburg mit dem »trucken« beschäftigt, bzw. daß der Kistner Conrat Sahspach eine Presse baut. Zudem wird der Goldschmied Hans Dünne erwähnt.
15. Jh. (1. Drittel). Um diese Zeit ist das Vervielfältigen (abschreiben) von Texten ein anerkanntes Geschäft. Berufsschreiber versorgen Sammler mit »klassischen« Manuskripten und Studenten mit juristischen und theologischen Handbüchern.
Der florentinische Buchhändler Vespasiano da Bistici beschäftigt gleichzeitig bis zu 50 (Ab)schreiber. Die Schreiber der Pariser Universität schließen sich zu einer Gilde zusammen. Der Buchhandel nimmt Jahre vor der Erfindung der Druckkunst einen beachtlichen Umfang an. Unmittelbar davor besteht ein mehr oder weniger einheitlich geordnetes Buchgewerbe mit den Schwerpunkten: Abschreiben, Binden, Verkaufen (= Vertrieb). Von einem Massenabsatz im heutigen Sinn ist nicht zu sprechen. Begrenzung der Schreibkapazität durch Kriege, Pestilenzen, Hungersnöte und mangelhaftes Interesse, das Analphabetentum setzt (noch) natürliche Grenzen. Das Informationsbedürfnis muß geweckt werden.
1439 prägt der Nürnberger Buchbinder Konrad Foster in einem Dominikanerkloster mit Buchstaben-Stempeln Inschriften auf Bucheinbände. Um die gleiche Zeit kann die Erfindung der Buchdruckerkunst durch Gutenberg als realisiert angesehen werden.
1440 wird Straßburg ohne nähere Angaben als »Papierort« bezeichnet, was auf Handel mit Papier und auf Papiermacherei hinweist.
1440 (um) gibt es in Deutschland ca. zehn Papiermühlen.
1440 (ca. oder etwas früher) *Erfindung der Buchdruckerkunst. Dazu zählt die Verfertigung eines funktionsgerechten Handgießinstrumentes, einer funktionsgerechten Druckpresse und der funktionsgerechten Druckfarbe. Gutenberg ist in erster Linie Verfahrenstechniker und dann – wenn überhaupt – im künstlerischen Bereich angesiedelt.*
1444 Einer Urkunde ist zu entnehmen, daß der aus Prag gebürtige Silber- und Goldschmied Procop Waldvogel zwei Alphabete aus Stahl und neben anderen Formen auch 48 aus Zinn geschnittene Buchstaben für das künstliche Schreiben dem Magister Mauel Vitalis anfertigt, um mit ihm in Geschäftsverbindungen zu treten.
Prokop Waldvogel, Laurenz Janszoon Coster in Haarlem, Pamfilo, Castaldi in Feltre und Johann Mentelin aus Schlettstadt bei Straßburg beanspruchen zeitweise und hartnäckig das Recht auf die Erfindung des Buchdrucks. *Heute gilt als gesichert, daß die Erfindung im wesentlichen auf Johannes Gensfleisch (= zum Gutenberg) zurückzuführen ist.*
1446 muß Vitalis die ihm von Procop Waldvogel überlassenen Werkzeuge aus Eisen, Stahl, Kupfer, Messing, Blei, Zinn und Holz zurückgeben und eidlich bestätigen: »... daß es sich bei der besagten Kunst des Schreibens um eine Fertigkeit von höchstem Wert handle, und daß sie in ihrer Anwendung bequem und nützlich sei für einen, der guten Willens wäre und Verstand dazu mitbringe.«
1446 Neben dem Magister Manuel Vitalis versucht der Buchmacher Lucese de Biaco »künstlich« zu schreiben.
1452 soll der Florentiner Goldschmied Finiguerra eine Kupferplatte auf Papier gedruckt haben (Niello-Technik).[16]
1453 Die »Pelpliner« Gutenberg-Bibel zeigt in einer abgedruckten Seite als Abdruck

eine offensichtlich auf der Druckform liegengelassene Letter. Wenn man dies anerkennt, darf auf einen Schriftkegel von knapp 20 Punkt und auf eine Schrifthöhe von etwa 24 mm geschlossen werden. Es entspricht im wesentlichen den noch heute üblichen Größen im konventionellen Handsatz.

1455 Helmasperger'sches Notariatsinstrument.

1457 geben Johann Fust und Peter Schöffer einen Psalter(druck) heraus, bei dem zweifarbig ausgeführte Initialen verwendet werden. Möglicherweise handelt es sich um ineinandersteckbare Druckstöcke (zu vergleichen mit dem späteren sogenannten »Congreve-Druck«).

1460 treten in den »Constitutiones« von Papst Clemens V. erstmals Marginalien auf.

1460 Papiermühle in Augsburg.

1464 läßt sich Ulrich Zell aus Hanau in die Artistenfakultät der Kölner Universität einschreiben. Daraufhin errichtet er eine Druckwerkstatt.

1420–91 William Caxton, geb. um 1420. Er ist der erste bekannte englische Buchdrucker. Caxton bringt 1475 in Brügge sein erstes Druckwerk heraus, geht ein Jahr später wieder nach England (in die Nähe von London) und gründet eine Druckerei.

1464 erscheint das bislang als das älteste anerkannte buchhändlerische Werbeblatt von dem Straßburger Drucker und Magister artium, Heinrich Eggestein. Erste Neujahrkarte.

1465 gehen Pannartz und Sweynheim nach Rom, errichten einen Druckbetrieb und schneiden dazu u. a. Antiquaformen.

1465 werden in Korea 300000 metallische Einzellettern hergestellt. Die Nationalbibliothek von Paris verfügt über Letterndrucke aus der Zeit von 1274–1366.

1466 (30. 10.(?) stirbt Fust während einer Reise nach oder in Paris bei Besuch einer Filiale.

1466 erhält der Papiermüller Jaggi, der die von dem Lombarden Antonio de Novara gegründete Mühle in Thal bei Bern kauft, vom Berner Rat ein Privileg auf das Sammeln von Hadern.

1468 gerät Günther Zainer, der sich in Augsburg als Buchdrucker niederläßt, in Streit mit den ansässigen Formschneidern, Briefmalern und Kartenmachern. Sie sehen in ihm einen massiven Konkurrent.

1468 (26. 2.) Nach Aussagen des Mainzer Syndikus Dr. Konrad Humery, stirbt Johannes Gensfleisch (= Gutenberg). Er hinterläßt: »... etliche Formen, Buchstaben, Instrumente, gezawe und anderes zu dem truck gehörende.«

1468 entsteht die älteste Papiermühle Augsburgs. Drei weitere Mühlen werden in der Umgebung der Stadt noch im 15. Jahrhundert gegründet.

1469 Errichtung einer Papiermühle in Ulm/Söflingen.

1469 wird »des Nemptschi hadermul« bei St. Pölten an der Traisen erwähnt, die älteste Nachricht über dortige Papiermacherei.

1470–1530 Aufkommen der sogenannten »Beutelbücher«.

1470 führt Arnold Therhoernen in einem Druckwerk erstmals Blattzahlen ein. Aufkommen des Registers, (noch) nicht im Sinn einer Buchbinderanweisung zu verstehen.

1470 gründet Jenson in Venedig eine Druckwerkstatt.

1470 älteste bekannte Schriftprobe.

1470 (ca.) Volle Ausbildung der Fraktur(schrift) in der Kanzlei von Friedrich II. Ursprünglich ist sie eine reine Schreibschrift, die sich vor allem durch die schwungvolle Ausgestaltung der Majuskeln (Großbuchstaben) auszeichnet.

15. Jh. (im) in den Werkstätten der Goldschmiede und der Münzmeister gelangt der Stempelschnitt zu einem hohen Ansehen.

1471 äußert sich der Pariser Professor Gillaume Fichet gegenüber der Bedeutung des Buchdrucks: »Fürwahr, der Erfinder der Buchdruckerkunst verdient von allen Musen, von allen Künsten und von den Zungen aller Bücherliebhaber (die allerdings zu diesem Zeitpunkt noch handgeschriebene Werke vorziehen) mit göttlichem Lobe gepriesen zu werden. Denn Gutenberg hat Nützlicheres und Göttlicheres erfunden als Baccus, der Schöpfer des Weines, und Ceres, die Spenderin der Feldfrüchte, er hat Buchstaben so hergestellt, daß man alles was gedacht und gesagt werden kann, in kürzester Zeit und dem Gedächtnis der Nachwelt zu überliefern vermag.« An anderer Stelle: »Man sagt, daß dort, nicht fern von der Stadt Mainz, ein gewisser Johannes mit dem Beinamen Gutenberg gewesen ist, der zu allererst die Druckkunst ausgedacht hat durch die nicht mit dem Schreibrohr (wie die Alten es machten) oder mit der Schreibfeder (wie wir es machen), sondern mit ehernen Lettern Bücher hergestellt werden, und zwar schnell, sauber und schön.«

1472 erscheint das erste Buch mit Lagensignaturen.

1449/1515 Aldus (Pius) Manutius Romanus. Geboren wird Manutius in Bassiano bei Velletri (Nähe von Rom). Hier und in Ferrara studiert er. Ab 1494 hält er sich in Venedig auf. Im gleichen Jahr entsteht als erster Druck eine griechische Grammatik. Manutius wird vor allem dadurch bekannt, weil er kleinformatige Bücher in einer Kursivschrift herausbringt (= Aldinen). Das hat nicht nur typographische, sondern vor allem wirtschaftliche Gründe.

1472 klagt Georg Alexandrinus über die schlechten Druckwerke: »... die mit ihren fehlerhaften Werken so großen Schaden anrichten, daß man beinahe fragen könnte, ob die Buchdruckerkunst mehr Segen oder Unheil bringe?«

1473 wird von Konrad Fyner in Eßlingen der erste (?) bekanntgewordene Versuch unternommen, von gesetzten Musiknoten zu drucken. Der Einfachheit halber verwendet er dazu auf den Kopf gestellte Lettern (= Fliegenköpfe).

1440/1513 Anton Koberger gilt als ein im Zeichen der Zeit bedeutender Verleger und Drukker. In seinem Betrieb stehen 24 Pressen. Er beschäftigt zeitweise 100 Arbeiter. Für das 15. Jh. ein riesiges Unternehmen. Sein erstes Buch erscheint 1471. Bekannt werden seine Werke vor allem durch die Integration von Holzschnitten (Schedel'sche Weltchronik). Koberger stirbt am 3. Oktober 1513. Das Unternehmen wird bis 1526 weitergeführt.

1474 erwähnte Johannes Philipus de Lignamine (Rom) in einer Fortsetzung der »Chronica Summorum Pontificum« des Nicobaldus, »Mainz als Erfindungsort des Buchdrucks«.

1441/1513 Johann von Amerbach. Er gilt als einer der bedeutendsten Drucker des 15. Jahrhunderts. Eine Zeitlang arbeitet er als Korrektor bei Koberger in Nürnberg. 1478 errichtet er in Basel eine Buchdruckerei. Amerbach stirbt am 25. Dezember 1513 (kurz nach Koberger).

1460/1527 Johannes Froben. Geboren 1460 in Hammelburg. Zum erstenmal erscheint er 1491 in Basel als Buchdrucker. Aus der Froben'schen Buchdruckerei gehen mehr als 300 Werke hervor.

1480 (ab) kann bei uns die »Schwabacher« als vorherrschende Druckschrifttype angesehen werden. Im südlichen Teil von Deutschland findet die »Oberrheinische« Verbreitung. Dagegen behauptet sich in Norddeutschland die »Brandis-Type«. Die Schwabacher wird nach dem Vorbild deutscher Bastardschriften entwickelt. Charakteristisch sind derb erscheinende Buchstaben, die durch ihre breiten Formen kräftig wirken.

1480 Claude Garamond, ein im Zeichen seiner Zeit bekannter Stempelschneider und Schriftkünstler. Noch heute erinnern bestimmte Schriften an seinen Namen. Garamond soll in ärmlichen Verhältnissen gestorben sein. Christoph Plantin erwirbt einen Teil seiner Druckschriften.

1480 wird der Buchdrucker Mattias Riedeler von Nikolaus Lamperter verklagt, weil er Schrift und Ausschuß (= Ausschluß?) aus schlechtem Zeug geliefert hat.

1482 (28. 11.) Ein »Missale Virdunense«, das von Jean Dupré in Paris gedruckt wird, enthält ein Titelblatt mit Angaben über den Inhalt und den Verfasser des Werkes.

1483 (ca. seit) Aufkommen der Kupferradierungen.

1484 erscheint das erste vollständige Titelblatt bei Peter Schöffer in Mainz. Es enthält die Bezeichnung des Werkes, den Druckort und Druckzeitpunkt sowie ein Signet des Druckers (»Herbarius«).

1486 E. Rathold gibt eine Schriftprobe heraus.

1489 wird eine städtische Papiermühle zu Landshut an der Isar durch Conrat Loscher errichtet, der von Augsburg als Berater des Landshuter Stadtzimmermanns Conrat zum Bau der Mühle geholt wird. Der erste Papierer war den Steuerbüchern zufolge ein »Michel Walh (Welsch)papirer«« (1491).

1491 Beginn der Papiermacherei in Polen.

1498 Beginn der Papiermacherei in Österreich.

1499 Beginn der Papiermacherei in Böhmen.

1480/1547 Peter Schöffer d. J. wird in den Basler Akten als Stempelschneider geführt. Wie sein älterer Bruder Johann erlernt er das Druckerhandwerk. Man kann Schöffer als »Wanderdrucker« bezeichnen. Er eröffnet 1512 eine Offizin. 1518 erscheint in Worms einer seiner Drucke, kurz danach in Straßburg, dann in Basel und dann in Venedig. Seine Druckerei wird 1547 verkauft.

1499 wird bei einer bei Peter Friedberg in Mainz gedruckten Schrift vermerkt: »Auf den göttlichen Erfinder der Druckkunst, Gott, dem Besten, dem größten geheiliget. Johann Gensfleisch, dem Erfinder der Druckkunst, der sich um jede Nation und jede Sprache auf's höchste verdient gemacht hat, errichte dies zum unsterblichen Gedächtnis seines Namens, Adam Gelthus (ein Verwandter Gutenbergs). Seine Gebeine ruhen in der Kirche des hl. Franziskus in Mainz.

1499 wird in der Kölner Chronik von Johann Koelhoff berichtet: »... daß die Druckkunst zu allererst in Mainz am Rhein erfunden worden sei.« An anderer Stelle: »... Item, obwohl die Kunst zu Mainz erfunden ist, nämlich so wie sie jetzt gewöhnlich gebraucht wird, so hat man doch ihre Vorstufe zu sehen, in den in Holland vor dieser Zeit gedruckten Donaten.« Am Schluß: »... der erste Erfinder der Druckkunst ist gewest ein Bürger zu Mainz ... und hieß Johannes Gutenberg.« Ab diesem Zeitpunkt werden die einzelnen Blätter mit Signaturen versehen.

1490/1564 Christoph Froschauer wird wahrscheinlich in Bayern geboren (Altötting?). Er kommt 1515 nach Zürich. Froschauer produziert neben offiziellen Drucksachen für die Stadt vor allem Werke von Huldrych Zwingli. Nach dem Tod von Froschauer (1564) übernimmt sein Neffe das Druckgeschäft.

1500 (bis) insgesamt sind mehr als 100 offizielle Druckereien bekannt.

1500 (um) die Anzahl der Papiermühlen wird zwischen 25 und 50 eingeordnet.

1500 (um) findet die »Camera obscura« des Leonardo da Vinci Verwendung.

1500 Auf Grund der relativ raschen Ausbreitung der Buchdruckerkunst gibt es um die Zeit eine Vielzahl unterschiedlicher metallischer Schriftschnitte. Der Einfluß der Handschriften-Charaktere ist (noch) dominant. Die Verselbständigung der Typographie ist (noch) nicht abgeschlossen.

1500 Aufkommen der Kaltnadelradierung.

1502 erscheint erstmals auf einem Flugblatt der Terminus »Zeitung«.

1505 führt der Syndikus der deutschen Studierenden in Bologna aus: »Die Druckkunst ist ein wahrhaft großes und göttliches Geschenk. Keine Kunst ist größer, würdiger, nützlicher, löblicher, göttlicher und heiliger als die Druckkunst. Man kann es daher überhaupt nicht in Worte fassen, was die Wissenschaft den Deutschen verdankt, die die Druckkunst erfanden.«

1505 (6. 3.) erwähnt Iva Wittig, der Vorsteher der Mainzer Juristenfakultät auf der Titelrückseite der ersten deutschen Liviusausgabe: »Solch Werk, Allermächtigster König, das zuvor an Ew. Königlichen Majestät zu Ehren, dazu Fürsten und Herren, auch Gemeinden und Städten deutscher Nation zunutze in Deutsch gebracht und in der löblichen Stadt Mainz gefertigt und gedruckt, wolle Ew. königliche Majestät gnädiglich aufnehmen, zu welcher Stadt auch anfänglich die wunderbare Kunst der Druckerei im ersten von dem kunstreichen Johann Gutenberg, als man zählte nach Christi unseres Herrn Geburt 1450, erfunden, und darnach mit Fleiß, Kosten und Arbeit Johann Fausten (= Fust) und Peter Schöffers zu Mainz gebessert und beständig gemacht worden ist. Darum dieselbe Stadt nicht allein bei deutscher Nation, sondern auch bei aller Welt in ewige Zeit, als wohlverdient gepriesen und gelobt soll werden und die Bürger und Einwohner daselbst das billig genießen.«

1502/1555 Christian Egenolff erwirbt 1530 das Bürgerrecht der Stadt Frankfurt und läßt sich hier als Buchdrucker nieder. Als tüchtiger Geschäftsmann betreibt er eine Schriftgießerei, einen Verlag und eine Papiermühle (im Schwarzwald).

1506 Aufkommen der Hell-/Dunkel-Holzschnitte. Davor überwiegend einfache und derbe Umrißzeichnungen mit teilweise starker Ausdruckskraft.

1499/1598 Robert und Henry Estienne. Die Estienne's gelten als die berühmteste französische Druckerfamilie des 16. Jhs. 1540 wird Robert Estienne zum Königlichen Drucker ernannt. Henricus Stephanus stirbt 1598 wahrscheinlich während einer Geschäftsreise in Lyon. Das bekannte Unternehmen wird bis 1660 weitergeführt.

1508 wird erstmals von dem aus den Niederlanden nach Nürnberg eingewanderten Jobst das »Clairobscur« angewendet. Man versteht darunter eine Methode, über den Umriß der Holzschnittzeichnung hinaus flächenhafte und farbige Wiedergaben der einzelnen Tonwerte zu erreichen.

1510 (ca.) Aufkommen der »Ätzradierungen«.

1510 – 11 (ca. seit) werden in Deutschland Titelbordüren verwendet. U. a. bei Johann Schott in Straßburg.

1513 erster (?) bekannter und datierter Druck einer Radierung (Urs Graf).

1519 stirbt Leonardo da Vinci. Neben der Camera Obscura hat er Entwürfe zu Druckpressen hinterlassen.

1524 (etwa) Umwandlung der Fraktur abgeschlossen. Gebetbuch Maximilians 1513/ Theuerdank, 1517.

1520/1589 Christoph Plantin. Er arbeitet zuerst in Paris als Schachtelmacher und Buchbinder. 1549 zieht er nach Antwerpen, um eine Buchbinderei zu errichten. Am gleichen Ort errichtet er 1555 eine Druckerei. Der Grund liegt in einer Verletzung, die ihm nicht mehr ermöglicht, das Buchbinderhandwerk auszuüben. Sein Hauptwerk ist die Polyglott(bibel), die mit königlicher Unterstützung in verschiedenen Varianten hergestellt wird. Sie begründet für lange Zeit den Ruhm und Reichtum Plantins.

1525 Soll Luther erwähnt haben: »Was soll das sein, meine lieben Druckerherren, daß einer dem anderen so öffentlich raubt und stiehlt und Ihr Euch untereinander verderbt? Seid ihr nun auch Straßenräuber und Diebe geworden?«

1535/1580 Jacob Sabon. Er ist Schriftschneider und stammt aus Lyon. Um 1554 kommt er nach Frankfurt/Main, kurze Zeit ist er bei Christoph Plantin in Antwerpen beschäftigt. Sabon fällt das Verdienst zu, die erste selbständige Schriftgießerei in Deutschland betrieben zu haben (ursächlich ist sie in die Buchdruckerei integriert). Sabon erfindet ein Verfahren, Buchausschmückungen in Metall zu gießen. Dafür erhält er ein kaiserliches Patent. Noch heute erinnert die Schriftgröße von 72 Punkt an ihn.

1544 befiehlt ein koreanischer Herrscher den Guß von Kupferlettern.

1546 Beginn der Papiermacherei in Ungarn.

1549 Seitdem erscheinen Wasserzeichen der städtischen Papiermühle von Brieg. Die Mühle wird 1562 von dem Papierer Michel Günter dem Papierer Clemens Olschitz aus Schweidnitz übergeben.

1550 (um) gelingt es dem Nürnberger Schreiner- und Schraubenmacher Leonhard Danner, die metallische Spindel für die sonst übliche Holzschraube im Tiegelpressenbau einzusetzen.

1550 (nach) erscheinen in gedruckten Werken arabische Ziffern.

16. Jh. (Mitte) entstehen in Frankreich und den Niederlanden eigenständige Schriftgießereibetriebe.

1564 erscheint von dem Prediger Matthäus Judex eine Schrift über die Erfindung der Buchdruckerkunst (Kopenhagen).

1566 (ca.) erscheinen in Basel und Straßburg Mitteilungen mit fortlaufenden Nummern als Vorläufer der Zeitung.

1567 (ab) ist bei den Handgießinstrumenten die Signaturvorrichtung bekannt. Man unterscheidet französische, niederländische, englische und deutsche Instrumente.

1567 veröffentlicht der Halli'sche Rechenmeister Andreas Helmreich die Anweisung »... wie man auf Marmelstein Kupfer, Messing usw. ätzen soll«. Das angedeutete Strichätzverfahren muß als Vorläufer der Lithographie angesehen werden. Vergl. 1690.

1568 entstehen die »Bairischen Landtafeln«. Bei ihnen ist die Zeichnung in Holz geschnitten und die Namen der Orte, Gewässer usw. aus einer Druckschrift eingesetzt, gematert, in Zinn abgegossen und in die Holzstöcke gekittet. Vorstufe der Stereotypieverfahren.

1568 baut Daniel Barbano eine Holzkamera mit einer Sammellinse anstelle der früheren »Camera obscura« nach dem »Lochblendenprinzip«.

1568 berichtet der holländische Gelehrte Adrianus Junius in seinem Werk Batavia: »Vor 128 Jahren lebte zu Harlem ... Laurentius Johannes, Kirchenhüter oder Küster (daher = Coster) genannt ... Als dieser einst im Walde ... lustwandelte, begann er zunächst aus Buchenrinde Buchstabenformen zu schneiden. Darauf druckte er sie einzeln umgekehrt auf Papier ab und bildete zu seinem Vergnügen einige Zeilen ... Sobald ihm dies gut gelungen war, begann er auf ein Höheres zu sinnen. Er erdachte eine Art schwarzer Schreibtinte ... darauf hat er die Formen aus Buchenholz durch solche aus Blei ersetzt, und später hat er sie aus Zinn verfertigt.«
»Einer der Arbeiter, ein gewisser Johannes, soll in der Christnacht 1440 den ganzen Buchstabenvorrat geraubt haben und von Amsterdam über Köln nach Mainz geflohen sein.«
Eine These, die nicht nur, weil sie märchenhaft und zu einfach klingt, heute in das Reich der Fabel verwiesen wird. Weitere Ansprüche auf die Erfindung der Buchdruckerkunst werden von Johannes Brito, Johannes Mentelin und Pamfilo Castaldi erhoben. Dem Letztgenannten wird 1868 in seiner Vaterstadt Feltre in der Provinz Venezien ein Denkmal gesetzt.

1573 Beginn der Papiermacherei in Schweden.

1575 erhält der Frankfurter Schriftgießer Sabon ein Privileg auf bestimmte Frakturschriften.

1575 Beginn der Papiermacherei in Mexiko.

1576 Beginn der Papiermacherei in Rußland.

1578 erhält der Frankfurter Schriftgießer Sabon ein Privileg auf ein von ihm erdachtes Verfahren: »Schriften, Leisten und Schlußverzierungen aus Kupfer, Messing und Bronce zu gießen.«

1586 Beginn der Papiermacherei in Holland.

1586 werden von Simona Verovio Musiknoten mit gestochenen Kupferplatten hergestellt und abgedruckt.

1586 einem Rats-Protokoll von Gengenbach in Baden ist der Text eines Lehrbriefes für Papiermacher zu entnehmen: »Es hat Claude Louj, der Papierer Michel Becken den Jungen von Spinal sechs Jahre lang die Hantierung des Papiermachens zu lernen angenommen und aufgedingt, also und dergestellt, daß er ihn solches treulich und wohl lernen und alles zeigen soll, was zu der Hantierung gebühret. Wenn dann solche sechs Jahre rum sind, so soll der Claude Louj, ihm den Jungen 15 Gulden, dazu Hosen und Wammes, zusamt einen Mantel zu Lohn geben. Dafür ist Bürge geworden: Dietrich Beck, sein Bruder, der Papierer.«

1588 wird versucht, Tanzfiguren durch besondere Schriftzeichen wiederzugeben. Man nennt das Verfahren »Orchesegraphie«.

1589 Beginn der Papiermacherei in Dänemark.

1598 erhält der englische Komponist Morley ein Privileg auf den Notendruck von gestochenen Kupferplatten.

1600 (seit) wird die Verwendung von Titelblättern in gedruckten Werken üblich.

1600 (bis) gibt es nach Schulze 218 Papiermühlen in Deutschland.

1609 erscheint der »Aviso« als ältestes gedrucktes deutsches Wochenblatt. Daneben erscheinen die »Straßburger Relationen«.

1616 wird in den Basler Stadtakten erwähnt, daß bettelnden Papiermachergehilfen mit der Ausweisung gedroht wird.

1620/1687 Anton Janson. Er lernt in Amsterdam den Beruf eines Schriftschneiders und kommt 1651 nach Frankfurt/Main. Dann geht er nach Leipzig. Hier ist er bei dem Buchdrucker Timotheus Ritzsch beschäftigt. Ab 1657 öffnet er eine eigene Schriftgießerei.

1620 (um) gelingt es dem Amsterdamer Karthograph und Verleger Willem Janszoon Blaew, die seitherige Holzpresse zu verbessern. Er ersetzt die hölzerne Führung der

Büchse durch ein metallisches Bauelement. Das (metallische) Schloß wird mit dem Tiegel verbunden.

1627/1700 Joseph Moxon. Er verbringt seine Lehrzeit in Amsterdam und gründet später in London ein Großunternehmen. Moxon ist Schriftschneider, Schriftgießer, Drukker und Buchhändler.

1632 erwähnt der Jesuitenpater Tannerus in seinem in Ingolstadt erschienenen Werk »Antichristus« »... das Papier schwärzlich, fließend wie Löschpapier, schmutzig, welk, nicht einmal für die Tinten der Krämer zu gebrauchen. Die Druckerschwärze wie Schusterpech, unansehnlich, Flecke hinterlassend, Type und Druck auf's äußerste vernachlässigt, so daß ihnen kaum die Augen eines Lynkeus gewachsen sind: so trefflich entsprechen der Arbeit des Verfassers und des Verlages die typographischen Leistungen.«
Hier paßt ein Ausspruch von Abraham de Santa Clara: »... die Papierer haben allezeit ihre Werkstatt bey dem Wasser, aber sie seynd keine sonderbaren Liebhaber dieses Elements, denn ihnen ist »Charta Bibula« (= Fließpapier) weit angenehmer beym Wein und Bier. Mit Fetzen und Lumpen gehen sie zwar um, ob aber auch unter ihnen einige schlimme Lumpen-Hund anzutreffen, will ich diesfalls keinen Ausspruch tun. Gut wäre es, wenn sie alle auf die Weise des Gewissens genau so thäten, wie auf die Weiße des Papiers, aber zuweilen seynd die Leuth beschaffen wie die Bücher, deren selten eines ohne Esels-Ohr«.

1600/1800 (ca.) entwickelt sich der Kupferstich mit seinen verschiedenen Techniken zur dominierenden Illustrationsform.

1633 erscheint das erste gedruckte Anzeigenblatt.

1634 erteilt der englische König dem Tapetenmacher Jerome Lanjer ein Privileg für die Herstellung von Tapeten mit aufgeklebtem Wollstaub.

1640 (ca. ab) Gravuren in der Schabtechnik.

1640 (ca. um) tauchen in Augsburg die »Hauchbilder« auf. Es handelt sich um gestochene Ätzplatten, bei denen durch einen Aufguß von dünnem Hausenblasenleim Reliefbildchen hergestellt werden können. Dies verrichten »Bildergießer«. Das Verfahren erlangt keine wirtschaftliche Bedeutung.

1642 entwickelt der hessische Kammerjunker Ludwig von Siegen ein Verfahren der Schabkunst.

1644 schlägt G. Huigens auf Grund wissenschaftlicher Ansätze vor, die Länge des Sekundenpendels als Grundeinheit der bislang willkürlichen Längenmaße anzunehmen. Im Zeichen der Zeit verwendet man vorwiegend Körpermaße wie Fuß, Elle, Spanne, Rute oder Klafter.

1648 findet in Plauen ein Papiermüllerkongreß statt. Weitere in Augsburg (1700) und in Osterode (1715).

1650 (ca. ab) Vordringen kolorierter Kupferstiche.

17. Jh. (im) entstehen in England eigenständige Schriftgußbetriebe.

1648 schreibt ein Frankfurter Verleger in einem Bittgesuch um ein kaiserliches Privileg u. a.: »Bei diesem zerrütteten Zustand des hl. R.(ömischen) Reichs ist bald kein Handelsverkehr rückstelliger (ge)worden, als eben die Truckerey und das Bücherverlegen.«

1656 bestätigt Kaiser Ferdinand III. den Papiermachern: »... daß die löbliche Papiermacherkunst in die Classe der nöthigen und nützlichen Künste zu zehlen, wird keines Beweises gebrauchen, da es scheint, als ob sie vor vielen anderen den Vorzug verdiene, weil ohne dieselbe alle anderen Künste nicht würden so hoch gestiegen seyn.«

1660 Erste Tageszeitung in Leipzig. Der Leipziger Buchhändler und Drucker Timotheus Ritsch beginnt mit der Herausgabe einer täglichen, außer sonntags erscheinenden Zeitung. Sie hat den Titel: »Neueinlaufende Nachricht von Kriegs- und Welthändeln«. Seit 1743 heißt sie »Leipziger Zeitung«.

1661 (ab) erscheinen Zeitungen in Königsberg und Wien.

1661 (ca.) erscheint ein Journal in Frankfurt/Main.

1670 schlägt der Astronom G. Mouton die Gradminute als den 60. Teil des Erdmeridians als Grundeinheit für die Länge eines »natürlichen« Maßsystems vor. Daraus resultiert später das »metrische System«. Mouton nennt seine Einheit »Millaire«.

1678 wird in Amsterdam die erste Kattundruckerei betrieben.

1679 werden zu Halbstoff verarbeitete Hadern verbotenerweise von Böhmen nach Holland ausgeführt.

1682 erscheint in Leipzig eine Monatsschrift mit dem Titel: »Scherz- und Ernsthafte, vernünftige und einfältige Gedanken über allerhand lustige und nützliche Bücher und Fragen.«

1682 äußert sich der Chemiker Johann Joachim Becher über die Möglichkeiten einer »Setzmaschine«. Er eilt seiner Zeit weit voraus.

1682 (oder 1684) wird in England ein Patent auf eine lumpenauflösende- und zerteilende Maschine erteilt.

1683 erwähnt der Engländer Joseph Moxon in seinem Buch: »Mechanik Exercises« ein Schriftgrößensystem, nach dem in englischen Buchdruckereien zehn verschiedene Schriftgrößen bekannt sind. Die jeweiligen Kegel ergeben in einer bestimmten Geviertenanzahl den englischen Fuß.

1689 erscheint das »Radier-Büchlein« von Georg Böcklern. Es ist ein Lehrbuch über das Ätzen.

1690 wird in einer Rezeptsammlung ein Verfahren beschrieben, »aus Papiermatern Stereotypieplatten zu gießen«.

1690 Beginn der Papiermacherei in Pennsylvanien.

1698 erbittet der Stadtpfarrer Abraham Münser ein kaiserliches Privileg für sein: »... new-erfundenes gestämpeltes oder ... aus allerley mit goldt und silber geprägtes metall papir.«

1698 Beginn der Papiermacherei in Norwegen.

1700 (ca.) soll Walleyre (n. Tribendeau) erste Stereotypierversuche unternommen haben.

1700 stellt der Kupferstecher Peter Schenk farbige Kupferstiche in einem Druckgang her. Hier handelt es sich um Platten, die vor dem Abdruck mehrfarbig austamponiert werden.

1700 (um) arbeitet Johannes Müller an einem Stereotypierverfahren.

1706/1790 Benjamin Franklin. Er ist der erste amerikanische Buchdrucker großen Stils. Den Beruf hat er in der Werkstatt seines Bruders gelernt. Dann arbeitet er in Philadelphia in der Druckerei von Keimer. Aber 1730 übernimmt er eine Zeitungsdruckerei. 1753 wird er Generalpostmeister aller englischen Kolonien; mit 70 Jahren geht er als Gesandter der Vereinigten Staaten von Amerika nach Paris und errichtet eine Privatpresse.

1706/1775 John Baskerville, einer der berühmten englischen Buchdrucker des 18. Jh. Er läßt sich zuerst in Birmingham als Schreibmeister und Steinschneider nieder. Später betreibt er eine Schriftgießerei mit angeschlossener Buchdruckerei.

1708 wird in einem in Nürnberg erschienenen Buch erwähnt: »... Kupferstiche oder auch ganze Bücher ohne Beschädigung der Originale nachzudrucken ...«. Bei diesem früh angedeuteten Nachdruckverfahren wird Seife eingesetzt. Es kann als Vorstufe der Senefelder'schen anastatischen Drucke angesehen werden. Um technisch brauchbare Nachdruckverfahren ist man schon im 16. Jh. bemüht: die Schwachstelle ist klar erkannt.

1709 durch Dupont wird das Prinzip der »Liniermaschinen« bekannt.

1710 erfindet James Le Blon den Farbstich mit mehreren Platten.

1710 (um) wird in deutschen Papiermühlen der »Holländer« eingesetzt.

1712/1768 Pierre Simon Fournier. Er ist ein bedeutender französischer Schriftgießer. Er wächst in der Nähe von Paris auf. Wir verdanken ihm eine systematische Größeneinteilung der Druckschriften. Er richtet für Madame Pompadour in Versailles eine Privatpresse ein. Später beschäftigt er sich mit dem Druck von Noten (»petit musique«). Sein Gesuch, eine Buchdruckerei einrichten zu dürfen, wird abgewiesen.

1718 im »vollständigen Buch der Mühlenbaukunst« wird eine Maschine zur Lumpenauflösung für die Herstellung von Papier abgebildet.

1718 erscheint eine Abhandlung von Sir Isaac Newton: »Opticks: or a Treatise of the Reflections. Refraktions, Inflection and Colours of Light«.

1719 erhält James Le Blon ein Patent: »... auf eine neue Methode, Bilder und Zeichnungen in ihren natürlichen Farben durch Drucken zu vervielfältigen.«

1719 berichtet Reaumur: »Die amerikanischen Wespen bilden ein sehr feines Papier, ähnlich dem unsrigen. Sie lehren uns, daß es möglich ist, Papier aus Pflanzenfasern herzustellen, ohne Hadern oder Leinen zu brauchen, sie scheinen uns geradezu aufzufordern zu versuchen, ebenfalls ein feines und gutes Papier aus gewissen Hölzern herzustellen.«

1719/1794 Johann Gottlob Immanuel Breitkopf. Er übernimmt in Leipzig den Betrieb des Vaters. Breitkopf entwickelt Druckschriften und versucht sich mit einer Spielkartendruckerei. Außerdem mit der Errichtung einer Fabrik für Buntpapier mit dem Druck von Musiknoten und der Herstellung von Landkarten.

1721 (ca.) gibt es in Deutschland etwa 15 Schriftgießereibetriebe. Ernesti gibt ein umfassendes Schriftmuster- und Formatbuch heraus.

1722 veröffentlicht James Le Blon ein Buch, wo er u. a. berichtet: »Man kann mit den drei Farben Gelb, Rot und Blau alle sichtbaren Farben wiedergeben.«

1723 werden in Frankreich erste Versuche unternommen, um die willkürlich und weitgehend von der Geschicklichkeit der Gießer abhängenden Schrifthöhen zu vereinheitlichen. Die Schrifthöhe sollte zehneinhalb Linien des »Pariser Fußes« betragen. Diese Vorstellung wird später von Fournier und Didot übernommen. Vergl. 1775.

1725 besagt eine Beschreibung der Handwerker der Stadt Nürnberg: »Die Papierer im Nürnbergischen-gebiet halten es alle miteinander, nennen es eine Kunst (das Papiermachen) seyn der Rüge als andere Handwerker nit unterworfen.« Sie genießen also Privilegien.

1725 hat der Edinburgher Goldschmied Wilhelm Ged (1690–1747) den Gedanken beim Drucken Platten an Stelle der Einzellettern zu verwenden. Es ist eine Anknüpfung an die Müller'schen Versuche, Ged besorgt sich den Satz einer Druckseite, druckt sie in Gips oder eine vergleichbare Masse ein und gießt das so gewonnene Negativ mit Blei aus.

1725 (ca.) Typengießmaschine von W. M. Johnson in London. Damit wird versucht, das seither verwendete Handgießinstrument gegen konstruktive Verbesserungen einzutauschen. Der Versuch mißlingt.

1727 macht der Arzt Johann Heinrich Schulze folgenden Versuch: »er füllt eine Glasflasche mit einer Mischung aus Kreide und Silbernitrat, umhüllt sie mit einem Papierstreifen, in dem Buchstaben ausgeschnitten sind. Die Flasche stellt er ans Licht. Nach einiger Zeit entdeckt er, daß nach dem Entfernen der Schablone die Buchstaben schwarz auf dem weißen Inhalt sichtbar sind. Damit ist die Lichtempfindlichkeit von Silbernitrat und das erste photographische Verfahren entdeckt.

1732 Zu diesem Zeitpunkt muß jede in Frankreich betriebene Druckerei auf Grund einer Gewerbeordnung ein kleines »m« zur Schrifthöhenkontrolle an die königliche Kammer liefern.

1737 berichtet Helliot, daß sich ein mit Silbernitrat getränktes Papier im Licht schwärzt. Es ist eine Weiterentwicklung der Versuche von Schulze, vgl. 1727.

1737 versucht Pierre Simon Fournier, die in den Schriftgießereien und Buchdruckereien willkürlich verwendeten Schriftgrößen zu vereinheitlichen.

1739 druckt Ged ein Werk nach seinem Gips-Stereotypieverfahren ab. Die Buchdrucker machen ihm offensichtlich so viele Schwierigkeiten, daß er sich entschließt, heimlich und nachts zu arbeiten, vgl. 1725.

1740/1813 Giambattista Bodoni (»König der Drucker«). Er ist ein gelernter Stempelschneider und der Sohn einer Druckerfamilie. Er übernimmt auf Ersuchen des Herzogs von Parma die Königliche Druckerei. Bodoni bringt eine umfassende Schriftprobe in 155 Sprachen und 215 Typen heraus.

1740 während einer Säkularfeier bezeichnet Johann Christoph Gottsched Fust als Erfinder der Buchdruckerkunst. Gutenberg wird als Geselle eingestuft.

1740 deutet Friedrich Geßner an, daß man bei der Einrichtung von Buchdruckereien absichtlich unterschiedliche Schrifthöhen verwendet. Man will erreichen, daß andere Drucker unrechtmäßig erworbene Schriften nicht verwenden können, denn das Druckprinzip Fläche : Fläche macht die Verwendung unterschiedlicher Schrifthöhen in einer Druckform unmöglich.

1740 (Beginn) David Bruce d. J. verbessert die Johnson'sche Typengießmaschine und macht sie praxisgerechter.

1741 veröffentlicht der Göttinger Professor Köhler eine Geschichte der Erfindung der Buchdruckerkunst.

1744 lassen die Brüder Foulis (schottische Drucker) die Probebogen des Horaz öffentlich aushängen und erklären sich zur Bezahlung einer Summe für den Nachweis jeden Fehlers bereit. Vielleicht rührt aus diesem Einzelfall (eine Parallele gibt es allerdings zu Christoph Plantin in Antwerpen) die von einigen Autoren vertretene Auffassung, daß es allgemein üblich gewesen sei, die Druckbogen auszuhängen und daß sich davon der Begriff »Haushöhe« ableitet. Das ist eindeutig nicht der Fall, denn die Qualität der Druckerzeugnisse läßt über Jahrhunderte zu wünschen übrig.

1750 (ca.) Aufkommen der Punktmanier als Flächenverfahren des Tiefdrucks.

1750 gründet Baskerville in Birmingham eine Buchdruckerei und wird Universitätsdrukker von Cambridge.

1754 läßt Maria Theresia eine Ordnung für das Gewerbe der Papiermacher veröffentlichen.

1757 (?) wird das erste (?) Buch auf Velinpapier gedruckt.

1757 überarbeiten der Pariser Schriftgießer und Drucker Francois Ambrois Didot und sein Sohn Firmin das Fournier'sche System, das heißt sie übernehmen es bis auf die von ihm willkürlich gewählte Grundeinheit. An seine Stelle setzen sie das feststehende (freilich auch willkürliche) Landesmaß, den »Königsfuß« oder »Ligne de Pied de Roi«. Sie nennen es »Prototype«. Das Grundmaß wird in zwei Zoll zu je zwölf Linien zerlegt. Der »Point typographique» als sechster Teil einer Linie ist geboren.

Zur Zeit von Didot beträgt der französische Fuß nach metrischen Angaben (die noch nicht bekannt waren) 0,32484 m. Ein Fuß hat zwölf Linien und als Basis das Duodez-System mit der besonderen, für die Typographie günstigen Teilbarkeit. Der typographische Punkt wird von Gießern, Setzern und Druckern akzeptiert. Im Lauf der Zeit führen die Abmessungen zu Komplikationen: es besteht keine Gleichheit beim Landesmaß.

1760 (um) Jean Baptiste Leprince arbeitet mit einem Aquatinta-Verfahren.

1760/1770 versucht der Schweizer Schriftgießer Wilhelm Haas ein typographisches (Maß)-system zu schaffen. Es kann sich nicht gegen das bereits verankerte »französische« durchsetzen.

1761/1836 Pierre und Firmin Didot (die Söhne von Francois Ambroise). Pierre bekommt die Druckerei und Firmin die Schriftgießerei vom Vater übertragen. Firmin befaßt sich mit der Stereotypiertechnik, ist jedoch vor allem Schriftgießer und Stempelschneider. Unter Napoleon erhält er die Leitung der Kaiserlichen Schriftgießerei; ab 1830 ist er Direktor der »Imprimerie Royale«.

1762 erscheint von de la Lande das Buch »Die Kunst, Papier zu machen«. Darin führt er aus: »Der Leim wird aus den Abgängen gemacht, die man bey den Lohgerbern, Weißgerbern, Lederbleichern und selbst bey den Fleischern erhält; und besteht in Stücken und Abschnitzeln von Ohren, Schnautzen, Füßen, Gedärmen und anderen Schnitzeln von dem Leder der vierfüßigen Thiere, die Schweine ausgenommen.« An anderer Stelle: »Herr Baskerville, der sich damit beschäftigt hat, die Buchdrukkerei in Birmingham zu verbessern, läßt alles Papier, das zum Drucken dienen soll, und zwar Bogen vor Bogen, zwischen zween stählernen, vollkommen polierten Rollen glätten. Dies gibt dem Papier Stärke, Glätte und einförmige Dicke.« Es ist ein früher Hinweis auf den Einsatz von Glättpressen im graphischen Gewerbe.

1762 beschreibt J. G. Halle in seiner »Werkstätte der heutigen Künste«, daß man wahrscheinlich in Ostindien so glücklich gewesen sei, eine Art von dünnem Schreibfilz herzustellen. Diese Entdeckung fiel den Europäern nach und nach in die Hände, sie bedienten sich des Kattunpapiers, als einer Art von Pappdeckeln zu Schreiben. Sie versuchten mit alten Lappen, welche man durch die Kraft der »Stampfen« in Brei verwandelte. Solchergestalt entstand das heutzutage gebräuchliche Papier, dessen Erfinder vor anderen Erfindern die Ehre in der Tat verdiente, verewigt zu werden, wenn man seinen Namen und den Zufall wüßte, der ihn auf eine so schätzbare Entdeckung gebracht haben mag. Denn das sei wohl recht weit hergeholt, wenn man ihn entsetzlich böse werden, sein Hemde im Eifer in Stücke zerreißen, in der Zerstreuung der Gedanken es zwischen den Zähnen zerkauen und das Zerkaute an die Wand werfen und daselbst Papier werden läßt. Oder haben die löschpapiernen grauen Wespennester, welche sie aus zermalmten Holzsplitterchen machen, zur Papiermühle Anlaß gegeben? Ich vermute, daß das mitternächtige Europa, welches an Flachse und Hanf einen Überfluß hat, vielleicht den nächsten Anspruch an dieser Ehre machen kann.«

1763 stellt Charpentier erste im »Aquatinta-Verfahren« geätzte Blätter vor.

1765 gründet Philipps Erasmus Reich den »Deutschen Buchhänlerverein«, Buchhandelsgesellschaft in Deutschland.

1765 fordert Breitkopf[17] in einer Eingabe an den Leipziger Rat die Aufhebung des Postulates. Er stößt auf heftigen Widerstand.

1765/1771 bringt Jacob Christian Schäffers die sechs Bände: »Versuche und Muster ohne alle Lumpen, oder doch mit einem geringen Zusatz derselben Papier zu machen« heraus.

1768 Aquatinta- oder Staubkornverfahren.

1769 Punktmanier.

1771 (6. 11.) Geburt von Alois Senefelder in Prag.

1772 erfindet der Baseler Schriftgießer Wilhelm Haas eine verbesserte Handpresse, deren wichtigsten Teile anstatt aus Holz metallisch sind. Er darf die Presse nicht aufstellen, weil er die Buchdruckerkunst nicht zünftig erlernt hat.

1774 (17. 4.) Geburt von Johann Friedrich Gottlob Koenig, dem Erfinder der Schnellpresse (n). Integriertes Farbwerk und Zylinderdruck.

1774 veröffentlicht ein Göttinger Gelehrter eine Schrift, die auf einem bereits einmal gedrucktem Papier abgedruckt wird.

1775 Vergleiche 1847.

1775 Thomas Bewick. Aufkommen der »Hirnholzschnitte«. Vereinzelt schon im frühen 18. Jh. bekannt. Bewick kann nicht als Erfinder dieser Technik angesehen werden.

1775 führt F. A. Didot in Paris ein typographisches Punktsystem vor. Er teilt die Linie des alten französischen Fußes in sechs gleichgroße Teile. Zwölf Punkte oder ein Cicero entsprechen zwei Linien; nach dem metrischen System 4,51128 mm.

1776 (um) soll der Steindruck in Schieferplatten als Tiefdruckmanier ausgeübt worden sein (sagt Senefelder in seinem Lehrbuch von 1818).

1777 setzt Scheele mit Chlor bestrichenes Papier dem Spektrum aus (ähnlich wie 1737 Helliot mit Silbernitrat) und stellt dabei fest, daß sich eine unterschiedliche Schwärzung einstellt.

1777 (?) erfindet Freitag in Gera eine Presse ohne Bengel und Schraube, bei der der Druck durch den Fuß dirigiert wird. Es ist die Stufe der sogenannten Tretpressen. Sie können sich in der betrieblichen Praxis nicht durchsetzen.

1780 (um) kennt man in Frankreich das Strohpapier.

1780 Gründung der Druckfarbenfabrik Huber in Deutschland.

1780 (ca.) hat Bonvalet in Amiens eine Walzendruckmaschine mit gravierten Kupferplatten als Zylindermantel erfunden (?)

1781 erwähnt Nicolai: »... noch bis jetzt kann fast kein Deutscher, sonderlich in Niederdeutschland einem anderen einen Brief schreiben, oder muß den Holländern dazu die Bogen abkaufen, und dennoch wird, wie ich zuverlässig weiß, wenigstens die Hälfte des holländischen Papiers aus deutschen Lumpen gemacht.«

1783 Geburt von Andreas Friedrich Bauer, dem späteren Kompagnon von Koenig. Mitbegründer der ersten Schnellpressenfabrik in Oberzell/Würzburg.

1783/1784 erhält der Schotte Thomas Bell ein Patent auf eine Stoffdruckmaschine mit tiefgravierten Kupferwalzen und einem Rakel.

1784 berichtet Johann Gottlob Immanuel Breitkopf über die Nachahmung von Wasserzeichen; obwohl dieser Begriff erst zu Beginn des 19. Jhs. allgemein bekannt wird. »Seitdem die Antiquaren, durch nachgemachte Jahreszahlen und Unterschriften der ersten Drucker die Liebhaber erster Ausgaben zu betrügen, ihre Künste geübt haben, sind vielleicht auch manche Ochsenköpfe im Papier nachgekünstelt worden. Ein dergleichen Künstler, namens Mathiesen, der seine Kunst bey den Banknoten angewendet hatte, war 1779 in London gehenkt.«

1785 Gründung der Times (London).

1785 bringt die Didot'sche Schriftgießerei das von Fournier erarbeitete typographische System mit dem Maß des französischen Fußes in Übereinstimmung. Dabei ergibt eine Linie sechs typographische Punkte und ein Zoll sechs Cicero.
Zur gleichen Zeit versucht man in Deutschland, die willkürlich (von Frankreich beeinflußten) Schriftsysteme und -höhen zu nivellieren. Die dynastische Zersplitterung im Land, die stark voneinander abweichenden Landesmaße und -währungen; vor allem die Prioritätskämpfe unter den Schriftgießereien tragen dazu bei, daß hier vorerst keine Einigung zu erwarten ist.

1787 stellt Professor Simon Schmid aus Miesbach durch Ätzungen von Kalksteinen Druckplatten her und druckt nach dieser Manier u. a. das Heft: »Giftpflanzen für Unterrichtszwecke«.

1789 Erfindung des galvanischen Prinzips.

1789 verwendet der französische Chemiker Graf Berthollet Chlorbleiche für geringe Lumpensorten in der beginnenden Papierindustrie.

1790 erhält William Nicholson ein Patent auf eine Druckmaschine, in der die Verwendung von Walzen und Zylindern theoretisch erwogen wird.

1790 auf Grund einer Anregung französischer Städte beschließt die konstituierende Versammlung eine Kommission einzusetzen, die sich um eine »natürliche« Maßeinheit bemühen soll. Das typographische System hat sich im graphischen Gewerbe festgebissen.

1791 Die Kommission verwertet den Moutou'schen Vorschlag und bestimmt den 10^7 Teil eines Erdquadranten als verbindliches Maß für die Längeneinheit »Meter«. Erst so wird eine Dezimalbasis geschaffen. Unabhängig davon verbreitet sich das Duodez-System.

18. Jh. (gegen Ende) erlangt die Schabkunst in England einen hohen Level.

1794 erläßt ein Wohlfahrtskommitee: »... daß der eine jeden Bürger anhält, seine Wäscheabfälle (zur Papierherstellung) abzugeben«.

1795 verbessert Joseph Ridley die Buchdruckerpresse, indem er die Wirksamkeit des Oberbalkens erhöht. Er entfernt die gebräuchliche Schraube. Seine Erfindung kann sich nicht durchsetzen. Er wird – wie viele andere – von der Entwicklung der Schnellpresse überflügelt.

1795 Die französische Nationalversammlung erhebt das Meter zum Gesetz. Napoleon regt an, es auch in den Buchdruckereien zu verwenden. Der Begriff »Meter« stammt vom griech. »metron« ab und bedeutet »Maß«. Der französische Physiker Lenoir stellt für diesen Zweck ein Ur- oder Mustermaß her. Er nennt es »Metre des Archives«. Es wird im Pariser Stadtarchiv aufbewahrt und besteht aus 90 % Platin 10 % Iridium. Der Vorteil dieser Einrichtung liegt in der jederzeit möglichen Prüfbarkeit und in der einfachen Umrechenmöglichkeit. Später stellt sich heraus, daß falsch gemessen wird. Das Urmaß ist 0,2 mm zu kurz.

1796 entwickelt Lichtenberg Gedanken über die Verwendung von zweckmäßigen Formaten. Er schlägt ein Buch- oder Bogenformat vor, dessen Faltung (besser: Falzung) stets gleiche Seitenverhältnisse ergibt. Es ist eine Vorstufe der DIN-Formate.

1796 errichtet Erich Walbaum eine Buchdruckerei in Goslar.

1798/1799 erwähnt Louis Robert in einer Patentschrift: »Es ist mein Traum gewesen, den Arbeitsvorgang, Papierblätter zu bilden, zu vereinfachen, um einerseits die Kosten der Herstellung zu senken, vor allem aber, um Papierbogen außergewöhnlicher Länge auf maschinelle Weise, ohne Hilfe von Papierarbeitern, herzustellen ... so ist eine Maschine zustandegekommen, die meine Erwartungen erfüllt.«

1798 *entdeckt Alois Senefelder, daß eine Zeichnung auf Kalkstein mit Fettfarbe keiner Ätzung mehr bedarf. Es ist die Überflügelungsphase gegenüber Prof. Simon Schmid. Die Lithographie ist erfunden (nicht der Offsetdruck!!).*

1798 der französische Weber Jaquard locht einen Karton nach bestimmten Kriterien. Durch ein bewegliches Holzprisma (Stäbe und Haken) können vorbestimmte Funktionen ausgeführt werden. Funktionell ist der Lochstreifen erfunden.

1799 erhält Alois Senefelder von König Maximilian ein auf Bayern beschränktes »privilegium exclusivum« zur Ausübung der Lithographie.

18. Jh. (gegen Ende) nimmt Firmin Didot in Zusammenarbeit mit Herhan das 1739 von Ged erdachte Stereotypierverfahren wieder auf.

1800/1801 beantragt Matthias Koops drei Patente, die die Herstellung von Papier aus Stroh, Heu und Altpapier unter Entfernung der Druckfarbe zum Gegenstand haben.

1800 (um) gibt es allein im Großherzogtum Baden 112 unterschiedlich lange Ellen. (?)

1801 erhält der Wiener Drucker Anton Strauß die Schriftgießereibefugnis amtlich bestätigt: »... (daß) seine Lettern mit den englischen, seine Stereotypen mit den französischen auf einer Stufe stehen«.

1802 Erfindung der Stangen- oder Galgenpresse für den Steindruck.

1802 (ca. ab der 2. Hälfte) beschäftigt sich Friedrich Gottlob Koenig mit der Verbesserung der Holzpressen. Sein Grundgedanke besteht darin, das manuelle Auftragen der Druckfarbe in den mechanischen Ablauf zu integrieren. So soll ein Arbeiter eingespart werden.

1803 wird die erste verwendungsfähige Papiermaschine mit einer Breite von 76 cm fertiggestellt. Die Langsiebmaschine der Gebrüder Fourdrinier hat sich bewährt und zieht Verbesserungen nach sich.

1803 führt Italien das Meter als gesetzlich vorgeschriebene Längeneinheit ein.

1803 Bau der ersten zylindrischen Farbwerke von Friedrich Koenig in Suhl. Vermutlich haben sie (theoretische) Vorstufen in England.

1804 äußert sich der Berliner Buchdrucker Johann Friedrich Unger gutachtlich zu einer Anfrage der preußischen Regierung betreffend die Stereotypie: »Als die Stereotypie zuerst entstanden und mir solche von Firmin Didot in Paris mitgeteilt wurde, fand ich diese Erfindung zwar sinnreich, aber wegen der mannigfachen Vorrichtungen äußerst kostbar. Die Folge zeigt, daß ich recht hatte. Der so wohlhabende Didot gab die ganze Sache auf, weil er dabei nicht bestehen konnte. Wie ich nachher erfuhr, hat sich Didot's Gehilfe mit dem in Paris lebenden Graf Schlabrendorf verbunden, der das Institut allein aus seinem Vermögen bestreitet, ohne das Mindeste zu gewinnen.«

1804 (um) soll der Magdeburger Steindrucker Eberhard Autographien auf Zink umgedruckt haben.

1804 gelingt es Lord Stanhope, Gipsmatrizen anzufertigen und von ihnen Platten zu gewinnen.

1805 erfindet der Engländer Joseph Bramah eine Rundsieb-Papiermaschine.

1806 gründet Alois Senefelder in München eine Steindruckerei.

1806 (15. 10.) nimmt Bramah ein Patent auf eine Buchdruckmaschine (?)

1807 (Juni) der Papierhändler Brown[18] erhält ein Patent auf eine Buchdruckpresse.

1807 (29. 9.) Koenig, Bensley, Woodfall und Taylor unterzeichnen in London ein Übereinkommen zum Bau einer Buchdruckmaschine.

1808 erfindet der englische Buchdrucker Benjamin Foster eine Walzenmasse aus Leim und Sirup.

1808 erfindet der englische Ingenieur William Church aus Birmingham eine Setzmaschine.

1809 (28. 11.) wird ein Patent auf eine Buchdruckmaschine erteilt, dessen Erfinder bankrott gegangen sein soll.

1809 gibt es in München sieben öffentliche Steindruckereien. Senefelder erhält den Rang eines königlichen Inspektors der Lithographie.

1809 gelingen dem Papierfabrikant Dickinson Verbesserungen der Zylinder-Papiermaschine (besser: Rundsieb-Papiermaschine)

1810 (um) verallgemeinert sich der Begriff »Wasserzeichen«.
1810 bringt Heinrich von Rapp anonym bei Cotta das Buch »Das Geheimnis des Steindrucks« heraus.
1811 erhält Donkin ein Patent auf eine (kleine) Druckmaschine. Sie beinhaltet keinen Färbeapparat.
1811 schneidet F. A. Didot eine Antiqua auf metrischer Basis. Bedauerlicherweise verhindert der Sturz Napoleons die Weiterentwicklung.
1811 (ab) permanente Verbesserung der Buchdruckpressen in den Richtungen Zylinder- und Flächendruck. Einsatz der Dampfkraft zum Betreiben von Druckpressen.
1811 Koenig's erste angetriebene Tiegelpresse.
1812 (ab) Verwendung des Mangelrad-Antriebes im Druckmaschinenbau.
1813 (29. 11.) Richard Mackenzie, Bacon und Brian Donkin erhalten ein Patent auf eine Buchdruckmaschine.
1814 Erfindung der Schön- und Widerdruckmaschine. Parallel dazu die sog. Doppelpresse (= Komplettmaschine, bzw. zwei aneinandergekoppelte).
1814 (8. 12.) schreibt Koenig in der Times: »Die erste, diese Erfindung betreffende Idee hatte ich schon vor elf Jahren (1803) ... mein ursprünglicher Plan beschränkte sich bloß auf Verbesserung der gewöhnlichen Buchdruckerpresse, bei der das Farbeauftragen durch einen Apparat verrichtet werden sollte, wodurch, mit der Bewegung des Karrens verbunden, auf diese Weise eine Hand erspart werden könnte.«
1814/1815 beschäftigt sich der Wiener Buchdruckereibesitzer Anton Strauß mit der Erfindung der Buchdruckmaschine. Er erhält ein Patent für sechs Jahre.
1815 entwickelt Vincent Figgins eine serifenbetonte Linear-Antiqua
1815 (?) erfindet Cowper zylindrisch gebogene Stereotypie-Platten.
1815 entwickelt Adolf Keferstein den Gedanken, geheizte Trockenzylinder bei der Papierherstellung einzusetzen.
1816 (29. 11.) Cowper nimmt das erste Patent auf eine Buchdruckpresse.
1817 arbeitet Clymer an der Verbesserung der eisernen Handpresse; daraus entsteht die Columbia-Presse.
1817 (9. 8.) Friedrich Gottlob Koenig verläßt England.
1817 kaufen Koenig & Bauer das Kloster Oberzell bei Würzburg und bauen in seinen Räumen die ersten Buchdruckmaschinen in Deutschland. 1822 sind die ersten vier Pressen fertiggestellt.
1817 Erfindung der Zweitourenpresse.
1817 stellt der englische Buchdrucker Foster Auftragswalzen aus Leim und Sirup her. Der Franzose Channat welche aus Gelatine und Melasse.
1817 kommt die erste Presse von Stanhope nach Deutschland (Berlin).
1818 kommt die erste Papiermaschine nach Deutschland.
1818 baut Clymer in Philadelphia die »Clymer'sche-Presse«.
1818 Gründung der Druckfarbenfabrik Lorilleux in Frankreich.
1818 (7. 1.) Cowper nimmt ein zweites Patent für Zylinderdruck mit halbrund gebogenen Stereotypen. Gebaut wird die Maschine von Dryden. Sie wird vor allem auf dem Sektor des Tapetendrucks eingesetzt.
1818 (18. 2.) nimmt der Papierkrämer Applegath ein Patent auf eine Buchdruckmaschine.
1819 Gründung der Maschinenfabrik J. G. Schelter & Giesecke in Leipzig.
1820 erhält Traedwell ein Patent auf eine Verbesserung in der Konstruktion von Buchdruckpressen. Anstatt des horizontalen Hebels wird ein Tretschemel eingesetzt. Es ist eine »Ein-Mann-Presse« von beachtlichen Dimensionen.
1820 erhält Thomas Parkin ein Patent für eine Farb-Auftragemaschine. Weitere vergleichbare Vorrichtungen bauen Pluchert, Ruthven, Hugh und Wilson. Die Farbe-Auftragemaschinen sind jeweils mit der Presse verbunden.
1820 (bis) werden überwiegend Brückenpressen gebaut. Dann setzen sich Metallkonstruktionen durch.
1820 (ca.) erfindet Gilbert Bucks in Paris eine Buchdruckerpresse mit der Bezeichnung »Pedotypie« (= Druck durch Kinder).

1820 neben der Stanhope-Presse findet die Presse von Palmer in Deutschland weite Verbreitung.

1820 (15. 5.) Richard Watts (Crowncourt, Templebar, London) erhält ein Patent auf seine Verbesserungen beim Auftragen der Farbe mittels Walzen und beim Anlegen und Hinzubringen des Papiers an die Form sowie beim Drucken durch einen Zylinder.[19]

1820 Bau erster Tischfarbwerke für Buchdruckpressen.

1821 (12. 4.) Geburt von Andreas Albert.

1822 gibt Hermann W. Eberhard in Darmstadt ein Stereotypie genanntes Verfahren bekannt, bei dem von geätzten Steinzeichnungen Abgüsse gemacht werden, um davon zu drucken.

1822 erhält William Church ein Patent auf eine Setzmaschine. Ihr Prinzip beruht auf der Verwendung von Handsatzlettern. Dieser Konstruktion kommt eine weitere Bedeutung zu. Sie regt viele Nachahmer an.

1822 erhält Barcley in London ein Patent auf die Erfindung des Spiralhebels (»rotary-standard-press«).[20] Möglicherweise eine Anlehnung an die Cogger'sche-, Stanhope'schen- und/oder Palmer'schen-Buchdruckpressen.

1823 (25. 7.) wird die erste deutsche Zeitung auf einer Schnellpresse von Koenig & Bauer gedruckt (Haude & Spener'sche).

1823 (13. 3.) erhält William Hope ein Patent für Verbesserungen an Druckpressen. Kraftvergrößerung durch ein zusammengesetztes Hebelsystem.[21]

1823 (18. 2.) William Church erhält ein Patent für einen verbesserten Druckapparat.[22]

1823 (ca.) Buchdruckerpresse von Robert Winch. Der Apparat besteht aus einem Rahmen, der zwei Tische mit zwei Formen trägt.[23]

1823 (10. 6.) nimmt Cowper ein Patent auf eine Verbesserung des Verreibens der Farbe mit schräger Lagerung einiger Walzen auf dem Farb(e)tisch.

1824 besucht Fromann den Graf von Schlabrendorf und berichtet darüber: »... ein gewisser Herhan nämlich wollte Stereotypen erfinden, die an Härte und Dauer die damaligen übertreffen sollten und setzte dies bei einigen Schriftalphabeten durch. Er schlug die Stempel so in Kupfer ein, daß sie die Köpfe der Lettern bildeten und man diese als Matrizen für die Stereotypie benützen konnte. Das Verfahren war aber viel zu kostbar, da jeder einzelne Buchstabe eine schwierige und zeitraubende Zurichtung erforderte. So wurden nur wenige Schriften fertig, die Treuttel und Würtz kauften, bei denen ich sie gesehen habe.«

1825 (ca. bis) finden ausgereifte Holzpressen-Konstruktionen Verwendung in den Druckbetrieben. Krebs bezeichnet sie bereits 1827 als »alt«.

1825 (ab) baut Schneggenberger, ein früherer Holzpressenbauer, die Stanhope-Presse in Deutschland nach.

1825 (ca.) Presse von H. H. Taylor (London) und Martineau. Sie ist unter der Bezeichnung »Russel-Presse« bekannt. Wesentlicher Vorzug ist ein gezahntes Rad anstelle der Gurte und Walze zwischen den Laufschienen.[24]

1826 wird von Joseph Niecephore die erste photomechanische Ätzung hergestellt (von der gedruckt werden kann). Bau der ersten Balgenkamera.

1826 projektiert Robert Glaubers eine Ablegemaschine.

1827 schlägt Benjamin Krebs vor, als einheitliche Schrifthöhe des »Deutschen Systems« 66 Punkte oder 11 Nonpareille zu verwenden. Außerdem entwickelt er das Konkordanzsystem.

1827 J. Babinet regt an, anstatt eines Teiles des Erdquadranten die Wellenlänge eines bestimmten Lichtstrahles zur Grundlage des metrischen Systems zu wählen.

1827 erhalten T. B. Crompton und Enouch Taxlor ein Patent auf einen Kreismesserschneider in der Papiermaschine.

1829 erfindet Georg Baxter die »Baxtertypie«. Hier handelt es sich um ein manuelles Verfahren, wobei Holz- oder Stahlplatten zum Zweck der Reproduktion ein- bis vielfarbig graviert werden.

1829 erfindet Claude Genoux in Paris ein Papier-Stereotypieverfahren. Andere führen die Papiermatrize auf den Hamburger Drucker A. Isermann zurück.

1830 Rußland, England und Amerika verwenden in den Buchdruckereien eine einheitliche Schrifthöhe. Der in Deutschland anhaltende Prioritätenstreit läßt eine gleichzeitige und vernünftige Entwicklung nicht zu.

1830 Erfindung der Gießmaschine von Johnson (London). Sie ist etwa ab 1845 praxisreif.

1830 führen Helbig & Müller in Wien Greifer an den Druckzylindern von Buchdruckmaschinen ein. Es ist ein Konkurrenzunternehmen zu Koenig & Bauer.

1831 begründet K. F. Gauß in Deutschland ein absolutes Einheitensystem mit den Grundeinheiten mm, mg und sec.

1831 Erste Presseagentur in Paris.

1832 findet G. Suckow, daß Kaliumbichromat auch in Verbindung mit organischen Substanzen und ohne Silber Lichtempfindlichkeit bewirkt.

1833 erfindet Peter Kyhl ein Naturselbstdruckverfahren.

1834 Isaac Adams in Rochester erfindet den Bogenausleger für Schnellpressen.

1834 Tod von Alois Senefelder.

1835 erhält Georg Baxter ein Patent für ein von ihm erfundenes »Öldruckverfahren«.

1835 (ca. seit) Aufkommen erster Metallplatten für Lithographie. Es ist eine Vorstufe zum viel später einsetzenden Offsetdruck.

1835 tritt Andreas Albert als Lehrling bei der Schnellpressenfabrik Koenig & Bauer in Oberzell bei Würzburg ein.

1835 Errichtung einer Fabrik für Buchdruckmaschinen in Wien (Helbig & Müller). Vgl. 1830.

1836 wird in Leipzig die »Deutsche Buchhändlerbörse« eingeweiht.

1836 (ab) Doppelexentrik und Eisenbahnbewegung anstelle der seitherigen Schlittenbewegung an Druckpressen. Gleichzeitig kommen verbesserte Greifersysteme auf.

1836 Patentiert George Baxter ein Verfahren, »... die Umrißzeichnung als Radierung auf Platten zu bringen und von dem Abzug vermittelst einer Anzahl von Holzstücken, deren jeder mit einer Farbe »zu kolorieren«. Dabei handelt es sich um die »Baxter-Drucke«.

1837 erhält Gottfried Engelmann ein Patent zur Chromolithographie.

1838 M. H. v. Jacobi entdeckt den galvanischen Niederschlag.

1839 (ab) bietet Dingler in Zweibrücken Buchdruckmaschinen an.

1839 Erfindung der Photographie. Daguerre läßt sich in Paris photographisch erzeugte Bilder patentieren.

1839 versucht Wilhelm Hasper Auftragwalzen aus Kautschuk herzustellen.

1839 Vergoldepresse von Henzel.

1839 bringt Daguerre das Lehrbuch: »Histoique et Description des Procedes du Daguerreotypie et du Diorame« heraus.

1839 Aufkommen der Kreisbewegung an den Druckmaschinen. Die erste Maschine dieser Art geht von Oberzell an die Ries'sche-Buchdruckerei in Leipzig.

1840 erhält der Schwede A. Holm ein Patent auf die Skandinavia-Presse (Tiegeldruck-System).

1840 (ca.) sollen Kriegel (Preßburg) und Garbert (Paris) eine Setzmaschine konstruiert haben.

1840 (ca.) gibt es in Deutschland etwa 83 Schriftgießereien.

1840 stellt Friedrich Gottlob Keller folgendes Patentgesuch: »Der Verwandlung des Holzes irgend einer Art in eine breiartige Masse vermittelst Abschleifens auf Schleifsteinen unter Zuziehung von Wasser. Gleichviel ob diese Schleifsteine aus künstlichen Steinen entstanden oder aus Mineralien künstlich zusammengesetzt sind«.

1840 (ab) Hochätzung von Hochdruckplatten durch Blasius Höfel. Erfindung der Strichätzung oder Zinkographie (Wien).

1840 (um) versucht Tissier in Paris als Vorstufe der Metallätzung folgendes: er wälzt nach der Ätzung neue Firnisfarbe auf die Zeichnung, überstäubt sie mit Asphaltpulver und schafft durch das Einbrennen Schutz für weitere Ätzungen.

1840 Setzmaschine »Pianotype« von Young und Delcambre nach dem Prinzip eines Webstuhls errichtet.

1840 Petzval baut Kameras mit Objektiven.

1840 (ab) Gründung der Maschinenwerkstätte Sander/Dollfuß in Augsburg.
1840 (seit) erhält die Galvanoplastik praktische Bedeutung für den Buchdruck, indem durch Einstäuben mit Graphitpulver nichtleitende Stoffe leitend werden.
1840 wird in Frankreich der obligatorische und einheitliche Gebrauch des metrischen Systems angeordnet. Er gilt nicht für graphische Betriebe, in denen sich das typographische System etabliert hat.
1842 erfindet Kobell ein »Galvanographie« benanntes Verfahren zur galvanischen Herstellung von Tiefdruckplatten.
1843 Guiseppe Mazzine erhält ein Patent auf eine Setzmaschine.
1844 stellt der sächsische Weber Friedrich Gottlob Keller aus Heinichen durch Schleifen von Holz einen Faserstoff her, der sich zu Papier verarbeiten läßt (= Holzschliff-Papier).
1844 (3. 2.) Geburt von Tolbert Lanston in Ohio.
1844 übernimmt Carl Reichenbach mit seinem Schwager Karl Buz die Sander'sche Firma in Augsburg. Daraus entsteht die »Augsburger Maschinenfabrik« und daraus die M.A.N.
1845 wird die erste Schnellpresse mit Eisenbahnbewegung gebaut.
1846 erhält M. Hoe ein Patent auf eine Rotationsmaschine.
1846 konstruiert Applegath eine Rotationsmaschine, auf der bis 1862 die Times gedruckt wird.
1846 veröffentlicht die Maschinenfabrik Sigl eine Zweigstelle in Wien.
1846 gibt es nach Renker über 1000 Schöpfbütten und ca. 150 Papiermaschinen in Deutschland.
1847 erfahren wir aus einem 1780 erschienen Buch von Rolland de la Platiere, daß bereits 1775 von Bonvalet in Amien Stoffe mittels Walzen bedruckt werden.
1847 erfindet J. Asser mit Hilfe der Fettkopie die indirekte Photolithographie.
1847 baut J. W. Alfs in Leipzig Schnellpressen.
1848 verbessert Lottin de Laval die Papierstereotypie durch die Verwendung von Kleister und Papier.
1848 errichtet H. Löser eine Werkstatt zum Bau von Buchdruckmaschinen.
1848 wird die erste Schnellpresse in der Fabrik von Klein, Forst & Sohn in Johannisberg/Rheingau, gebaut.
1849 Alois Auer und Andreas Worring erfinden ein Naturselbstdruckverfahren. Abdrucke von Pflanzen in weichem Blei. Davon werden galvanische Druckformen hergestellt.
1850 erhält Gordon ein Patent auf seine »Yankee-Job-Press« genannte Tiegeldruckmaschine (Gordon-Presse von G. Phineas).
1850 (ca.) erwähnt Bachmann folgende Erfinder von Setzmaschinen:

- Dr. Mitchwell in Brooklyn
- Alden'sche Setz- und Ablegemaschine (New York)
- Carl Felt in Providencia
- Casoleri in Modena
- Mack in Washington
- Kastenbein's Satz- und Ablegemaschine
- Hattersley's Setz- und Ablegemaschine

1850 Erfindung der Liberty-Tiegeldruckpresse von Otto Degener.
1850 Gründungsjahr der Buchdruckmaschinenfabrik Heidelberg durch einen Bruder von Georg Hamm. Ursprünglich eine Glockengießerei mit angeschlossener Werkstatt.
1851 bringen Gustav le Gray und Frederick Scott Archer das neue (nasse) Collodiumverfahren mit Jod-Silber auf Glas heraus.
1851 erfindet Black eine Falzmaschine.
1852 wird von den Engländern Robert Johnson und Steins Atkinson eine Komplettgießmaschine herausgebracht.
1852 Bau der ersten Holzschleifmaschine von der Maschinenfabrik Voit in Heidenheim.
1852 beschreibt William Fox Talbot die Entdeckung der Lichtempfindlichkeit von Chromkolloiden.

1852 gelingt es dem Pariser Lithograph Lemercier – wie anderen – Photolithographieen herzustellen.
1853 In der Druckerei Baker & Spedon wird der harte Zylinderaufzug für den Schnellpressenbetrieb eingeführt.
1853 (ab) Herstellung von Pigmentpapier.
1853 werden in London Versuche unternommen, das manuelle (Handeinlegen) durch mechanische Apparate zu ersetzen. Cowley meldet in Dalton einen pneumatischen Anlegeapparat zum Patent an.
1854 erhalten die Engländer Watt und Burgeß ein Patent auf die Erzeugung von Natronzellstoffen.
1855 Louis Poitevin zeigt auf der Pariser Weltausstellung Lichtbilder. Wegen der Verwendung von Chromgelatineschichten kann in ihnen der unmittelbare Vorläufer des Lichtdrucks gesehen werden.
1855 wird für die französische Zeitung »La Presse« (Paris) die vierfache Satzmenge hergestellt, um eine Auflage von 42 000 Exemplaren in zwei Stunden fertigzustellen.
1855 (ab) werden auch »einfache« Buchdruckmaschinen mit der Eisenbahnbewegung ausgestattet.
1855 (um) wird die Technik der Metallätzung ausgebaut und als »Panikonographie« oder »Gillotage« betrieben. Ein direkter Vergleich zur Steindruck-Technologie ist gegeben.
1855 stellt der Däne Sörensen auf der Weltausstellung von Paris die »Tacheo-Type-Setzmaschine« vor.
1856 David Mc. Conell erhält ein Patent auf eine Fadenheftmaschine.
1856 findet der Deutsche Zollverein Anschluß an das von Frankreich ausgehende Maßsystem und konkretisiert erste Einheitsbestrebungen.
1856/1858 Andreas Albert baut gemeinsam mit Andreas Hamm Buchdruckmaschinen.
1857 stellt Alphons Louis Poitevin Bilder aus Chromgelatine her.
1857 beschreibt M. Berchtholds das Kopieren eines Rasters auf Metallplatten, die zuvor mit einer lichtempfindlichen Schicht überzogen werden.
1858 Fox Talbot erhält ein Patent auf Verbesserungen in der Gravierkunst.
1858 übernimmt das Königreich Sachsen teilweise das metrische System.
1859 (etwa ab) Aufkommen der Schneidmaschinen.
1860 wird Auguste Godchaux in Paris ein Patent auf eine Tiefdruck-Rotationsmaschine für Schön- und Widerdruck erteilt.
1860 (um) sind in Deutschland noch etwa 80 unterschiedliche Schrifthöhen im Gebrauch.
1860 baut der Amerikaner Bullock eine Hochdruck-Rotationsmaschine.
1861 (ab) Chromeiweißkopien von Poitevin.
1861 (18. 8.) Gründungsdatum der Schnellpressenfabrik Albert/Frankenthal. Albert hat eine neue Schnellpresse konstruiert und sie nach Nürnberg geliefert.
1862 entdeckt Maxwell die Farbzerlegung durch die Photographie unter Anwendung von Lichtfiltern.
1862 erfindet der Edinburgher Alexander Fraser eine Setzmaschine.
1863 werden von Marinoni in Paris eiserne Schließzeuge eingeführt.
1863 Erste Rotationsmaschine von Bullock.
1864 beschreibt Joseph Wilson Swans die Übertragung von Gelatinebildern auf Metall.
1864 entdecken Bolton und Sayce die Bromsilber-Collodium-Emulsion.
1864 erfindet der Amerikaner Tilgham den Holzzellstoff Zellulose.
1865 baut Dr. A. Macki eine Dampftypensetzmaschine. Dabei handelt es sich um die Kombination einer Manuskript-, Setz- und Ablegemaschine.
1865 Holzmodell einer Schreibmaschine von Peter Mitterhofer.
1865 (ca.) Egloffstein's Autotypien im gekreuzten Wellenlinienraster.
1866 baut Marinoni eine Rotationsmaschine.
1866 (ab) wird in Schweden Zellulose fabrikmäßig hergestellt.
1868 vervollkommnet Albert den Lichtdruck.
1868 erfindet Fasol die »Stigmatypie«. Mit Punkten unterschiedlicher Stärke werden Bilder zusammengesetzt.

1868 übernehmen Preußen und der Norddeutsche Bund das Meter als Längenmaß von den Franzosen.

1868 verbessert Andreas Albert die Konstruktion der Schnellpressen. Neuartige Handpressen für Akzidenzen werden in zwei Größen in das Bauprogramm aufgenommen.

1869 versucht Isidor Delcambre die Setzmaschine seines Vaters zu verbessern.

1869 führt Rob. Hattersley der Öffentlichkeit eine Setzmaschine vor.

1869 Gründung der Maschinenfabrik A. Hogenforst in Leipzig.

1869 erhält Charles Kastenbein ein Patent auf eine Setzmaschine.

1870 (um) endet die Phase der hölzernen Handpressen. In den Betrieben sind sie nur noch vereinzelt anzutreffen. Mechanische Farbwerke werden in Tiegelpressen integriert.

1870 entwickelt Dragon ein Verfahren, Nachrichten auf Kollodiumfilmen zu verschikken. In der Zeit der Pariser Belagerung (1870/71) werden solche Filme an den Schwanzfedern von Brieftauben befestigt.

1870 wird eine Sonderkonferenz von Fachwissenschaftlern einberufen. Sie beschließt vom Naturmaß abzugehen und das von Lenoir gefertigte Normalmaß als Grundlage des Meters anzusehen.

1870 Erfindung der Gally-Tiegeldruckpresse von J. M. Gally (USA).

1870 (ab) geht in der betrieblichen Praxis der Anteil der Druckmaschinen (Schnellpressen) mit Kurbelbewegung zurück.

1870 (bis ca. Mitte) hat der Stahlstich als Illustrationsform weite Verbreitung.

1870 bringt Angerer das »Wiener- oder Trockenwalzenverfahren« zur Einführung. Der Begriff »Chromolithographie« kommt auf.

1871 Bau der ersten Lichtdruck-Schnellpresse.

1872 Einführung der Chromeiweiß-Kopie.

1872 (1. 1.) wird die Meß- und Gewichtsordnung des Norddeutschen Bundes vom Deutschen Reich übernommen und so im ganzen Reich das Meter eingeführt.

1872 wird in Deutschland die erste Rotationsmaschine von der Augsburg-Nürnberger Druckmaschinenfabrik hergestellt (M.A.N.).

1872 Einführung der Direktkopie mit Chromeiweiß in der Zinkhochätzung.

1872 Paige-Setzmaschine mit einem selbsttätigen Ausschließmechanismus. Die Maschine soll so kompliziert gewesen sein, daß sie nur der Erfinder selbst bedienen konnte.

1872 erfindet K. Bauler eine Setzmaschine.

1872 wettet Leland Stanford mit Frederick Mc. Crellish 25000 Dollar, daß ein Pferd in einer bestimmten Bewegungsphase alle vier Beine vom Boden abhebt. Anfänge des Films.

1873 entdeckt Hermann W. Vogel in Berlin die optischen Farben.

1873 beschließen die deutschen Schriftgießereien, Neueinrichtungen von Druckereien nur noch mit Schriften nach dem Didot-System und französischer Höhe zu beliefern.

1874 Dr. med. Henze in Urbach (bei Nordhausen) erfindet eine preiswerte und einfache Setzmaschine.

1874 soll ein Amerikaner einen Bogenanleger konstruiert haben. Erneute Versuche, das Handanlegen an den Schnellpressen zu mechanisieren. Verwendung pneumatischer Systeme.

1875 (20. 5.) Beschluß der Kommission (Staatsvertrag von 18 Ländern) das Meter als internationale Längeneinheit anzusehen. Die Meterkonvention definiert folgendermaßen: »Das Meter ist die Entfernung der Achsen der beiden Striche bei 0 Grad C., auf dem in Paris aufbewahrten Stab aus Platin-Iridium, wenn dieser unter einem Druck einer Atmosphäre steht und auf zwei 571 mm voneinander entfernten Rollen von je 10 mm Durchmesser gelagert ist.« Vgl. 1795.
Ein europäischer Ausschuß erarbeitet im »Bureau International des Points et Measures« in Paris. Seine Aufgaben liegen u. a. in der Überwachung der Einhaltung des metrischen Systems. Man schafft 40 weitere Meter-Prototypen (sog. »Urmeter).

Der Maßstab Nr. 6 kommt dem »Metre des Archives« am nächsten und wird zum internationalen Vorbild bestimmt. Seit dieser Zeit wird das Urmaß im Pavillon von Bretuil (Nähe Paris) aufbewahrt. Die anderen Urmeter werden den Mitgliedsländern zur Verfügung gestellt.

1875 (?) Englisches Patent auf eine Blechdruckmaschine.

1876 Einführung der Rotationsmaschine für den Zeitungsdruck.

1876 wird zum Schutz der Schriftgießerei-Erzeugnisse in Deutschland ein Geschmacksmustergesetz verabschiedet. Vgl. 1935.

1876 erwähnt Johnson einen Apparat mit einer mit galvanischem Strom zu betätigenden Abstellvorrichtung.

1877 (ca.) baut die Firma Piper & Merker einen pneumatisch arbeitenden Anleger.

1877 gelingt es Max Jaffe in Wien, ein Klischee herzustellen, das eine auf dem photomechanischem Weg erzielte Tonwertzerlegung aufweist und den Druck einer Auflage aushält.

1877 erfindet Edison die Sprechwalze oder den Phonograph.

1878 findet Charles Bennt in der Reibung von Bromsilberkörner eine Methode, die Lichtempfindlichkeit der Trockenplatten zu steigern.

1878 wird der Berliner Schriftgießer Hermann Berthold mit der Aufgabe betraut, das typographische System dem metrischen anzupassen. Unter der Mitwirkung von Prof. Foerster und der Norm-Eich-Kommission wird festgelegt, daß ein Meter bei einer Temperatur von 0 Grad C. – nach der damals geltenden Messung – 2660 typographische Punkte beträgt. So wird der typographische Punkt in eine Beziehung zum Dezimalsystem gebracht.
Kurz darauf wird das »deutsch-französische« (oder: »Didot-Berthold'sche«) Einheitssystem auf der Grundlage des Meters festgelegt. 2660 typographische Punkte ergeben 1000,333 mm. Ein typographischer Punkt 0,376065 mm bei 0 Grad C. Man schafft ein »Urtypometer« mit einer Länge von 30 cm bzw. 133 Nonpareille oder 798 p. Es wird an die deutschen Schriftgießereien verteilt. Schriftgrade, Linien und Blindmaterial werden nach einheitlichen Systemen hergestellt.

1878 baut die Maschinenfabrik Dewiey die erste variable Rotationsmaschine.

1878/1879 Heliogravüre.

1880 (ca.) entwickelt der Wiener Leopold Weiß ein Logotypensystem. Sein Setzkasten beinhaltet mehr als 600 Fächer. Er erlangt keine wirtschaftliche Bedeutung: es ist lediglich ein Parallelfall zu den Farbeauftragemaschinen auf dem Sektor der Schnellpressen.

1880 erzeugt Horgan das erste auflagenreife Klischee in Halbtönen.

1880 Green und Henry Burr konstruieren die Setz- und Ablegemaschine »Empire«.

1880 (ca. ab) Bekanntwerden von Bogen-Rotationsmaschinen.

1882 erfindet Carl Kempe die Trockenstereotypie mit Matrizentafeln.

1882 (30. 10.) Tod von Andreas Albert.

1882 läßt sich Wilhelm Brackelsberg in Hagen eine Setz- und Ablegemaschine patentieren.

1883 Aufkommen der »Chaostypie«. Man versteht darunter ein Verfahren, regellos gefleckte Untergründe zu erzeugen.

1883 wird die Johnson'sche Komplettgießmaschine verbessert. Firma Foucher. Später: Küstermann.

1883/1888 Konstruktionsphase des Zweirechen-Antriebes an den Zweitourenmaschinen. Gleiches Prinzip wie beim Doppel-Rechen-Antrieb.

1884 (26. 7.) Band-Maschine von Ottmar Mergenthaler (Zeilengießmaschine)

1884 Thorne-Setzmaschine.

1884 bauen Fischer und Langen die »Gutenberg-Setzmaschine«.

1884 wird von der Maschinenfabrik Frankenthal der Bau dreier Tiegelpressen mit unterschiedlichen Formaten aufgenommen. Etwa zum gleichen Zeitpunkt baut man die Buchdruck-Schnellpresse »Universal«.

1884 (ab) gestattet ein Dekret in England, neben dem Yard auch das Meter als Längeneinheit zu verwenden. Das Yard ist ursächlich ein Naturmaß. Es entspricht in etwa der alten deutschen Elle. Ursprünglich 914,383 mm, dann berichtigt auf 914,391 Millimeter. England schließt sich der Meterkonvention *nicht* an.

1885 (oder schon längere Zeit vorher) Ottmar Mergenthaler verfolgt den Plan, seine Typengießmaschine mit der Setzmaschine zu verbinden.

1885 (ca.) Versuche, den seitherigen Handausschnitt als Methode der Bildzurichtung durch das Auftragen einer Schicht mit dem Pinsel zu beschleunigen.

1886 ist Mergenthaler soweit, daß seine Setzmaschine nach Abschluß einer achtjährigen Erfindertätigkeit den Namen »Linotype« erhält. »Blower-Maschine«.

1886 Unter Anlehnung an die alten amerikanischen Schriftgrade nehmen amerikanische Schriftgießer ein eigenes typographisches (Point)-System an und distanzieren sich von den erkennbaren europäischen Vereinheitlichungsbestrebungen. Ein Point entspricht 0,3525 mm und ist auf dem englischen Zoll aufgebaut.
Der Terminus »Zoll« stammt aus dem mittelhochdeutschen »zol« (auch Klotz) und findet ab dem 16. Jh. Verwendung. Die weite Verbreitung des Point-Systems ist durch die weltweite Verbreitung der Monotype-Setzmaschine begründbar. Ein Pica entspricht zwölf Points, ein Cicero zwölf typographischen Punkten. Insofern sind beide Systeme vergleichbar.

1886 erfindet Lagermann einen automatisch arbeitenden Winkelhaken.

1886 setzt Eugen Ives in Philadelphia den Kreuzraster ein.

1886 Rotationsmaschinen für veränderliche Formate.

1887 Hannibal Goodwin erfindet den Film als Unterlage für photographische Schichten.

1887 (ab) baut die Schnellpressenfabrik Frankenthal die Illustrations-Buchdruck-Schnellpresse Albertina.

1887 (ab) werden Gally-Tiegel hergestellt.

1888 konstruiert John Rogers den »Typograph« und erhält darauf ein Patent. Er baut die Maschine zusammen mit Fred. E. Bright. Es handelt sich um eine Zeilengieß- und Setzmaschine.

1888 nimmt die Maschinenfabrik Mailänder in Stuttgart den Bau von Blechdruckmaschinen auf.

1889 (etwa ab) werden die seitherigen xylographischen Farbdrucke durch Autotypen verdrängt.

1889 Deutschland erhält das Normalmeter Nr. 18

1890 (bis) werden in überwiegender Zahl einfache Rotationsmaschinen gebaut. Dann mehr Zwillingsrotationen (das heißt gleichzeitige Verwendung mehrerer Rollen). Hoe baut die erste 32seitige Rotationsmaschine.

1890 Einführung der Zweitourenmaschine.

1890 Simplex-Linotype von Ottmar Mergenthaler.

1890 erfindet Hermann Hollorith die Lochkarte. Vgl. 1798.

1892 berichtet Adolf Brand Wiener über ein photographisches Verfahren zur Herstellung von Druckwalzen für den Stoffdruck.

1892 Photographische Setzmaschine von A. C. Ferguson.

1892 entwickelt Tolbert Lanston die Monotype-Einzelbuchstabengieß- und Setzmaschine.

1892 führt Ernst Vogel befriedigende Versuche mit der Dreifarben-Autotypie durch. Vorläufer: Clerk Maxwell und Louis Ducos du Hauron.

1892 gibt es in Deutschland noch immer rund 60 unterschiedliche Schrifthöhen.

1893 erfindet William Stephan Scudder die Monoline-Setzmaschine.

1893 Vereinigung des Phonographen (vgl. 1877) mit dem Kinetoskop, um Filmszenen vorzuführen.

1893 nimmt Levy ein Patent auf den Autotype-Raster.

1895 baut Koenig & Bauer eine 32seitige Rotationsmaschine.

1895 (25. 12.) Auguste und Louis Lumiere. Geburtsstunde des Kinofilms.

1895 A. A. Michelson kommt auf den Babinet'schen Vorschlag zurück und mißt das Meter nach der Wellenlänge des Lichtes.

1896 ist das Prinzip des »indirekten« Druckes bekannt. Es wird bei einer Heureka-Horizontal-Flachsatz-Rotationsmaschine angewendet.

1896 Farbphotographie von Lumiere.
1897 kommen in Frankreich die ersten Vierfarbenpressen auf.
1897 Erste Mono-Type-Maschinen.
1898 beschließen die englischen Schriftgießer das amerikanische Point-System anzunehmen. Als Normalschrifthöhe wird das Durchschnittsmaß aus den französischen Schrifthöhen (62 2/3 p.) akzeptiert.
1898 Gründung der Dresdner Maschinenfabrik (zunächst nur Bau von Buchdruckpressen).
1900 erfindet Dr. Eugen Albert das Citochromie-Verfahren zum »Naß-in Naß-Druck«.
1900 Patentierung der Streckerätze.
1900 (seit etwa) werden Matern für die Stereotypiertechnik fabrikmäßig hergestellt.
1900 Die Schnellpressenfabrik A. Hamm stellt verschiedene Buchdruckmaschinen und Hilfsgeräte für das graphische Gewerbe her. Daraus entwickelt sich die Heidelberger Druckmaschinen AG.
1900 baut Max Koenig einen Anleger, der die Bogentrennung auf nur technischem Weg löst. Prinzip des Streichapparates.
1900 (ca.) Aufkommen der Doppeltonfarben.
1900 Aufkommen der ersten Streich- und Saugapparate in den Druckereien.
1900 Bau der ersten bänderlosen Rotationsmaschine.
1901 wird von Emanuel Spitzer die »Spitzertypie« erfunden. Es handelt sich um ein Verfahren zur Herstellung von Halbton-Hochdruckplatten ohne Raster.
1901 Reliefklischee von Dr. Albert. Zweck: Ersetzung des Handausschnittes bei der Zurichtung. Reduzierung der Einrichtezeiten an den Pressen. Höhere Auflagefähigkeit der Druckstöcke.
1901 erfindet Dr. Albert das Bleiprägeverfahren für die Galvanoplastik.
1903 wird die erste mit einem Anilinwerk gekoppelte Beutelmaschine auf den Markt gebracht.
1903 entwickelt eine Hamburger Schriftgießerei ein Universal-Schriftliniensystem.
1904 (ab) baut die Schnellpressenfabrik Albert Frankenthal die Tiegeldruck-Schnellpresse »Stella« in vier Formaten.
1904 *erfindet Rubel den Offsetdruck.*
1904 wird bei der Deutschen Normeneichungskommission ein Höhenstäbchen hinterlegt, das bei einer Temperatur von 16,25 Grad C. genau 23,566 mm mißt.
1904 auf der Pariser Weltausstellung wird auf Internationaler Basis die Normalschrifthöhe mit 62 2/3 p. festgelegt (23,567 mm bei 20 Grad C.). Diese »Normalschrifthöhe« geht historisch auf die Durchschnittshöhe der alten französischen Schriftschnitte zurück.
1904 Einführung der mehrfarbigen Bogenrotationspressen von Harris.
1905 wird die Deutsche Einheitsschriftlinie auf der Basis einer 2 p. Messinglinie festgelegt.
1906 erfindet Ludlow eine nach ihm benannte Zeilengießmaschine.
1906 Lankes & Schwärzler führen die MKZ (= Mechanische Kreide-Relief-Zurichtung) in den Buchdruckereien ein.
1906 *Der Deutsch-Amerikaner Caspar Hermann bringt den Offsetdruck nach Deutschland, indem die Maschinenfabrik Zweibrücken eine Drei-Zylinder-Bogenoffset-Presse baut.*
1908 Linograph-Setzmaschine. Weitgehende Nachahmung der Linotype.
1908 bringt Dr. Eugen Albert die »Drakotypie« heraus. Es ist ein Vorläufer der zweischichtigen Kaltemailverfahren.
1909 (ca.) Erfindung des Wellenlinienrasters von Andrew Dargaval.
1909 (20. 3.) die englische Firma Man & Co. (Leeds) baut zusammen mit der Leipziger Schnellpressenfabrik Schmiers die großformatige Bogenoffsetmaschine »Leipzig«.
1909 Heinrich Degener beginnt mit dem Bau der Zeilensetzmaschine Victorline.
1910 Konzeption des Planeten-Antriebes für Druckmaschinen. Er verleiht den Planeta-Druckpressen den Namen.
1911 (ab) bauen Faber & Schleicher Offsetmaschinen.

1913 Vollendung der Intertype-Setzmaschine von Scudder.
1913 Manuldruck.
1913 erhält der Kölner Buchdrucker Gilke ein Patent für einen selbsttätigen Anleger an einem Bostontiegel.
1914 Stringertype-Setzmaschine. Dabei handelt es sich um eine Kombination des Lino- und Monosystems.
1914 (ca. bis) Vorherrschen der Streichapparate in den Druckereien. Dann Aufkommen kombinierter pneumatischer Apparate.
1914 wird auf der BURGA eine Tiegeldruckmaschine mit rotierendem Greifer und Tellerfarbwerk ausgestellt.
1918 werden Grundlagen und Vorschläge für die technische Normung im graphischen Gewerbe erarbeitet.
1919 wird der erste Heidelberger Tiegel mit einem Anleger von Gilke ausgestattet (Produktionsreife). Außerdem erhält er ein Zylinderfarbwerk.
1919 Modell Planeta »Fixia«.
1920 (ab) Einführung der Kompressorenpumpe in den Druckereien.
1920 (ca.) Aufkommen der Automaten als noch besonders angesehene Maschinengruppe. Damals bezeichnet man Maschinen mit vollautomatischer An- und Ablage mit »Automaten«. Die Druckknopfsteuerung setzt sich durch.
1920 (ca.) Einführung des Fernschreibers.
1922 (ab) baut die Schnellpressenfabrik Albert Frankenthal den Buchdruck-Schnellläufer »Front-Rapid«.
1922 übernimmt die Dresdner-Leipziger Schnellpressenfabrik AG Coswig den Bau von Offsetmaschinen (vgl. 20. 3. 1909).
1923 Bau der ersten Zweifarben-Planeta.
1923 erscheint die erste Tageszeitung im Rollenoffsetverfahren (Ankoppelung an eine Hochdruckmaschine).
1923 wird in Hannover die 1. Planeta-Zweifarbenoffsetmaschine in Betrieb genommen.
1924 erfindet Dr. Albert den Filmlichtdruck für die Belange des Buchdrucks.
1924 (ab) erfolgte die Kraftübertragung bei den Heidelberger Tiegeln durch ein Kniehebelsystem.
1925 stellen August und Hunter die Thotmic-Photosetzmaschine vor.
1925 (ab) Bau der Roland-Offsetmaschinen.
1927 (ab) Bau der Zweifarben-Bogenoffset-Quinta nach dem Fünfzylindersystem.
1927 findet die 7. Konferenz für Maß und Gewicht statt. Dabei wird der Meter neu definiert: »Ein Meter = 1553164,13 Wellenlängen der roten Kadmium-Spektrallinie in trockener Luft von 15 Grad C. und 760 mm Barometerstand bei 0,03 Volumenprozent Kohlensäure, Gasbeimischung der umgebenden Luft.«
1928 (seit) Aufkommen der Spritzapparate.
1928 (ab) baut die Schnellpressenfabrik Albert Frankenthal die Buchdruckpresse »Europa« in fünf unterschiedlichen Formaten.
1929 Modell Planeta Tertia und Quinta.
1930 (ab) werden an den Heidelberger Tiegeln Bogenschiebanlagen eingesetzt.
1930 (um) zeigt Beckert aus Magdeburg einen möglichen Weg zur Verbesserung des typographischen Systems, indem er den Punkt um nur 1/1000 mm verringert (von 0,376 auf 0,375 mm). Dieses Ausgangsmaß ist wesentlich günstiger und hat den Vorteil, daß Multiplikationen einfache Werte ergeben. Sein Vorschlag kann sich nicht behaupten.
1930 Uhertype-Setzmaschine.
1932 (ab) Aufkommen der Staffel- oder Schuppenanleger.
1932 (ab) arbeitet der Heidelberger Tiegel mit einer Vakuum-Abstellvorrichtung.
1935 entwickelt Wilhelm Schupp das Autorectatypie-Verfahren.
1935 Alkuprintplatte von Horn.
1935/1937 Erste Versuche mit dem Semperit-Klischee von Trözmüller.
1936 (ab) baut Heidelberger die wesentlich verbesserte Eintourenmaschine.
1938 (ab) Verbreitung des Semperit-Klischees.

1938 (ab) wird in den USA der Bau von Rollen-Offsetmaschinen aufgenommen.
1938 Aufkommen der Xerographie.
1939 (ab) Teletype-Setzmaschine.
1939 Farbenordnung von Alfred Hickethier.
1941 Aufkommen des Lumbeck-Verfahrens.
1944 Rotophoto-Setzmaschinen.
1946 (ab) Aufkommen des Brafiegin-Streupulvers, aus dem sich das Primaton-Verfahren als Zurichtemethode entwickelt hat.
1946 (ab) Ozasol-Druckplatte von Kalle & Co. (Wiesbaden).
1947 Aufkommen des lichtdruckähnlichen Sedipan-Verfahrens.
1950 (ab) sind fast alle zeitgemäßen Schnellpressen mit einem integrierten An- und Ablegeapparat ausgerüstet.
1950 Megum-Klischee.
1950 Klischograph von Dr. Hell (Kiel).
1952 Monophoto-Lichtsatzanlagen.
1952 (ab) mechanische Perforatoren.
1952 ein Kritiker bemerkt: »Von deutscher Seite aus kann die Frage: Didotpunkt oder metrische Einheit nie und nimmer allein, sondern nur auf Grund zwischenstaatlicher Vereinbarungen in Angriff genommen und gelöst werden.«
1952 Farbenordnung von Alfred Hickethier (Hannover), vgl. 1939.
1952 (ab) Linofilm-Lichtsatzanlagen.
1954 werden auf der 10. Konferenz der Mitgliedstaaten der Meterkonvention sechs Basiseinheiten des Internationalen Einheitssystems festgelegt.
1954/1955 stellt eine Druckerei in Hannover ihre Setzerei auf das Meter-System um (vielleicht Anlehnung an das Beckert'sche System).
1954 (März) erfolgt die Normung der typographischen Maße nach DIN 16507.
1960 (ab) permanente Ausweitung der Lichtsatz-Systeme.
1960 wird von der 11. Konferenz der Mitgliederstaaten der Meterkonvention der Meter neu definiert: »ein Meter entspricht 1650763,73 Wellenlängen der orangefarbigen Spektrallinie der von Atomen des Krypton-Nuklcids 86 Kr. bei 6056 Å beim Übergang vom Zustand 5 d^5 zum Zustand 2 p^{10} ausgesandten, sich im Vakuum ausbreitenden Strahlung.
1960 werden bei gleicher Gelegenheit die »Systeme International d'Unites« (SI) festgelegt. Es sind folgende Basisgrößen:

Einheit	Zeichen	Physikalische Größe
Meter	m	Länge
Kilogramm	kg	Masse
Sekunde	s	Zeit
Ampere	A	Elektrische Stromstärke
Kelvin	K	Thermodynamische Temperatur
Candela	cd	Lichtstärke

Hinzu kommen drei atomphysikalische Einheiten.

1961 (ab) elektronische Perforatoren.
1967 Diatronic-Lichtsetzanlagen.
1968 fordert die ICOGRADA (Internationale Vereinigung der Berufsverbände graphischer Designer) die Verwendung metrischer und dezimaler Maße im gesamten graphischen Gewerbe.
1972 Die Diskussion um »vollautomatisch« gesteuerte Druckmaschinen nehmen zu. Allmähliche Verschmelzung der Elektronik und »neuer« Drucktechnologien. Es bahnt sich die Phase der »Druckindustrie« an. Die klassischen Verfahren (Bleisatz und Buchdruck) verlieren weiter an Bedeutung. Neue Verfahren treten auf. Sie zwingen abermals die Berufsangehörigen zum Umdenken und dem Abwerfen alter Gewohnheiten.

Zusammenfassung

Nach dem Streifzug durch die Geschichte der graphischen Verfahren fasse ich das Wesentliche zusammen. Die Untersuchungsfelder sind durch Nahtstellen verbunden. Vorab eine Anmerkung: die Betrachtung über den technologischen Teil, der die Herausbildung der Druckpressen anbelangt, umfaßt lediglich drei Hauptdruckverfahren und endet um 1920. Eine weiterführende Untersuchung ist nicht am Platz, weil dadurch der historische Charakter überschritten wird. Die Trennung an dieser Stelle hat einen zusätzlichen Grund: die stürmisch-technologische Entwicklung in allen Verästelungen der momentanen »Druck-Industrie« zu berücksichtigen, würde nicht nur ein unerreichbares Wissen voraussetzen, sondern vom Wesentlichen ablenken. Ich habe mich bemüht, Grundlinien nachzuziehen. Für Verbesserungen, konstruktive Kritik und Anregungen bin ich dankbar.

Was nach 1920 auf dem Sektor des Druckmaschinenbaus passiert, kann als Weiterführung bestehender Inhalte angesehen werden. Jeder Schritt nach vorn, sei es im kulturellen, ethischen, sozialen oder technischen Bereich, hat seine Wurzeln im Vergangenen. In ein paar Generationen wird man über unser Tun und Lassen zu Gerichte sitzen: auch einige von uns waren bemüht, Bestes zu tun. Außerdem wird ab 1920 – 1930 die Beurteilung der vielfältigen Maschinensysteme kompliziert und umschichtig: sie paßt nicht in das Konzept eines Geschichtsbuches. Der daran Interessierte möge sich lieber an Hand einer Patentschrift oder eines speziellen Maschinenprospektes informieren.

Das Datum 1920 bringt auf der anderen Seite die Notwendigkeit mit sich, daß *nach* dieser Epoche liegende bedeutende Entwicklungen, wie beispielsweise das Vordringen der Offsettechnologie, die Formatausweitungen auf dem Sektor des Rollendrucks, die Scanner und wesentliche Neuerungen aus dem Bereich der Zulieferindustrie nicht berücksichtigt werden. Wirklich die Zukunft verändernde Technologien, wie Lichtsatztechniken oder der Laserstrahldruck, müssen von der Thematik her unberücksichtigt bleiben. Es betrifft außerdem zahlreiche Gebiete der angrenzenden Verfahrenstechniken in unserem Industriezweig.

Außerdem können der Sieb-, Präge- und Lichtdruck, um einige zu nennen, nicht durchgehend behandelt werden. Erst in der jüngsten Zeit finden sich Fachhistoriker, die sich der technischen Geschichtsschreibung widmen. Hier sind die Namen Lilien und W. Gerhardt zu nennen. Außerdem macht sich vielleicht ein Gesinnungswandel bei den Verantwortlichen des Mainzer Gutenberg-Museums bemerkbar. Hier wird zu wenig über die »Technik« nachgedacht. Der Widerspruch ist eklatant, weil erst die Technologie das »gedruckte« Wort ermöglicht.

Vom Thema her muß die »moderne« Satztechnologie unberücksichtigt bleiben, obwohl hier ein gravierender Wandel vorliegt. Er muß aus dem Geschichtsverständnis heraus als plötzlich bezeichnet werden. Er beweist die Flexibilität der gewerblichen Strukturen auf der einen Seite und zeigt auf der anderen, daß sich die Technik über den Mensch zu schieben versucht. Viele scheitern an dieser Problematik: sie suchen den Fehler außerhalb ihres Horizontes: sie suchen ihn nicht an der Quelle, sondern an der Mündung.

Meine Untersuchung über die Entwicklung der gewerbespezifischen Begriffswörter und die der wichtigen Ereignisse und Erfindungen (Zeittafel), wird bewußt weiter gespannt. Die sich daraus ergebende Diskrepanz ist gewollt. Sie veranschaulicht den gegenwärtigen Stand mit dem historischen und zeigt, daß wir nur ein Steinchen in einem wundervollen Mosaik sind und wie unklug es ist, sich überzubewerten. Zukünftige Aspekte werden deutlich. Ein Blick in unsere technische Geschichte vermag außerdem zu belegen, welch geistigen Leistungen in den vergangenen 500 Jahren vollbracht werden. Es gibt keinen Grund, sie zu belächeln.

Schließlich hat die Einteilung des Buches den Vorteil, das Nachschlagen bei bestimmten Fragestellungen zu erleichtern. Ich verstehe mein Buch als Anregung für andere, um es weiter zu verbessern. Über die Schwächen bin ich mir bewußt. Bei einer streng wissenschaftlichen Darstellung bedarf der Text in einigen Fällen einer gründlicheren Überarbeitung und Interpretation. Jedes Buch ist ein Kind seiner Zeit. Wir leben nicht im Vakuum, sondern

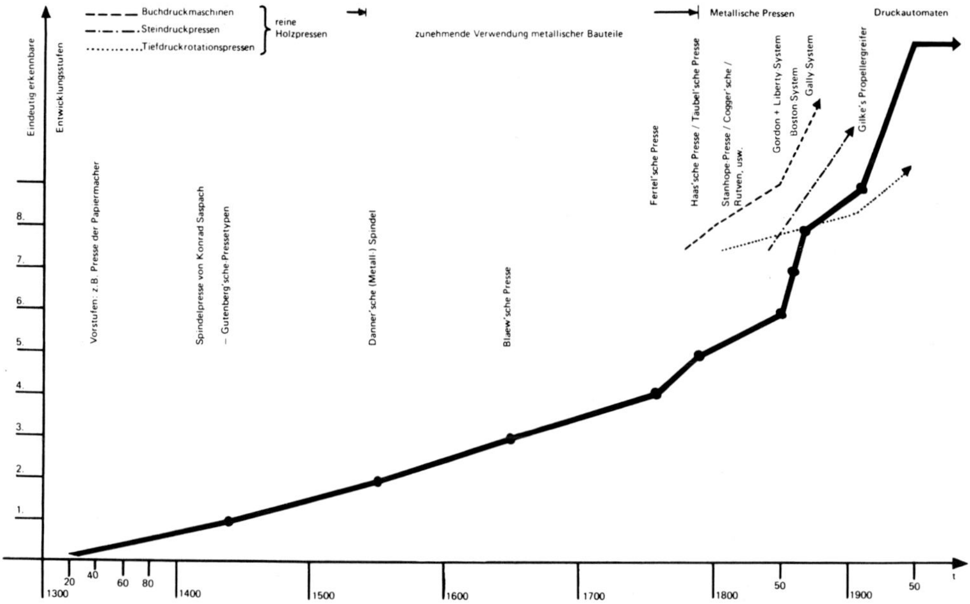

Entwicklungsstufen im Tiegelpressenbau

unterliegen dem Faktum einer Entwicklung, die in andere gebettet ist. Über diese Problematik bin ich mir bewußt.

Technische Entwicklung der Druckpressen

Es wird versucht, den faßbaren Zeitraum der Entwicklung, die den Druckpressenbau ermöglicht oder aktiviert, in knapper Form darzustellen. Die Druckpressen sind ein Partikel der »Pressen« schlechthin. Ich habe mich an Schwerpunkten orientiert. Ausgangspunkt meiner Überlegung ist der *technische* Gesichtspunkt. Hier befinde ich mich im Gegensatz zu anderen Autoren. Eine wesentliche Unterstützung bilden die gesammelten alten Abbildungen von Druckstuben und technischen Details, von denen hier eine Auswahl wiedergegeben ist. Die ikonographische Analyse ist ein wesentlicher Baustein meiner Aussagen. Darin liegt eine Problematik: längst nicht alle Bilder lassen Aussagen zu: über Generationen werden Bilder auf die Vorstellungswelt der Betrachter abgestimmt. Im Grunde genommen ist das auch heute so. Die technische Exaktheit ist lange sekundär. Erst mit dem Ende des 19. Jh. beginnt man in den Maschinenfabriken, exaktere Pläne zu erstellen. In unserer Kulturgeschichte vollzieht sich dieser Schritt nach dem ebenso verheerenden wie widersinnigen 30jährigen (Religions)krieg, der Europa in ein Trümmerfeld und in ein riesiges Leichenhaus zur Verherrlichung einer durchaus fragwürdigen Idee abgeschlachtet hat, und insbesondere im 17. Jh. Die aus dem Krieg resultierende Not schärft ein wenig die Denkleistung der Überlebenden; es ist der einzige Trost, der daraus zu ziehen ist. Diese Not schlägt sich zuerst in der technischen Geschichte nieder.

Zur besseren Darstellung der Sachverhalte habe ich Diagramme zusammengestellt. Sie verdeutlichen in wenigen Strichen, was Jahrhunderte bedarf. Die Verläufe sind in Zeitstrahlen wiedergegeben. Sogleich fällt auf, daß, je später sich ein »neues« Verfahren herausschält, es nicht nur aus dem Vergangenen schöpft, sondern sich außerdem verkürzt. Dies ist eine ernstzunehmende Tatsache, die wenigen bekannt ist. Wir haben zu fragen: wo ist der nächste Knick? Die Bündelung ist ein Problem der technischen Entwicklung, die den hier beschriebenen Industriezweig mitgestaltet. Technologischer Fortschritt wird dokumentiert durch permanente Verbesserung. Wer möchte das bezweifeln? In jeder Verbesserung liegt eine Tragik. Die Tragik des Umdenkenmüssens, der Flexibilität, der Engstirnigkeit und der geistigen Verlustschwellen. Es ist eine wesentliche Aufgabe unseres Lebens, ihm einen positiven Sinn zu geben. Die Technik geht vorbildlich voran. Kaum etwas anderes hat so viele Niederschläge erlitten und so viele Höhen erlebt. Unter diesem Aspekt können wir aus der von uns geschaffenen Technik lernen. Es ist eine Aufgabe der hier vorgetragenen Ideen, dies bewußter zu machen.

Zurück zur Geschichte: im Mittelalter gelingt der Einbruch der »Mechanik« in das seitherige handwerkliche »gottgewollte« Schaffen auf einer breiteren Basis. Verbunden ist die heterogene Entwicklung mit dem Herausbilden der Stände, Zünfte und Städte; das Kriegshandwerk leistet (schon damals) einen gravierenden Beitrag zur allgemeinen technischen Entwicklung. Man denke an die Möglichkeiten der Metallbearbeitung und an das Schießpulver. Pulver um andere zu töten: eine der negativsten Erscheinungen unserer kulturellen Entwicklung. Wem schaden wir dadurch mehr als uns selbst. Wo der Geist nicht hinreicht, tun es Gewalt und Despotismus. Die Technik lehrt uns auch dies. Sie entwickelt sich vorwärts, zwar in riesigen Schritten und in enormen Zeitabfolgen. Was immer weniger Schritt zu halten in der Lage ist, ist das Individuum Mensch am Arbeitsplatz und in seiner privaten Sphäre.

Die reine Handarbeit wird nach Erlangung einfacher physikalischer Erkenntnisse weiter entwickelt, indem man Hilfsmittel einsetzt, die bei gleichem Kraft- und Arbeitsaufwand Erleichterungen mit sich bringen. Die Entwicklung der Presse ist ein gutes Beispiel. Aus dem »Kneten« und »Drücken« wird das »Walken« und das »Pressen«: aus dem Pressen wird die »Presse«: viel später entsteht daraus eine »Druckpresse«. Die Entwicklung der Schraube macht es möglich, die Pressen weiter zu verbessern. Deshalb habe ich am Anfang des Buches einiges über die Herausbildung der Schraube gesagt. *Die Presse der Buchdrucker ist ohne das Vorhandensein einer praxisgerechten und einsatzfähigen (erst hölzernen, dann metallischen) Schraube undenkbar.*

Metallische Spindeln – an Stelle der frühen Holzschrauben – in solchen Dimensionen sind Produkte des späten 16. Jh., wenngleich kleine Metallschrauben aus der Zeit um 79 unserer Zeitrechnung bekannt sind. Ich denke an ärztliche Instrumente (»Speculum magnum matrices«).

Der Streit unter Fachleuten beginnt bei der Frage, welches Druckverfahren wohl das älteste gewesen sei. Sie wird sich nicht mit Sicherheit klären lassen: außerdem ist ihre Verantwortung zweitrangig. Möglicherweise ist es der Siebdruck als einfache Schabloniertechnik. Er zeigt eine Verquickung zwischen manueller und frühmechanischer Technik. Auch Formen des Prägedrucks müssen sich früh ausgebildet haben. Ihnen schließt sich vermutlich die technische Stufe der »Reiberdrucke« an. Sie ermöglicht bereits den *einseitigen Abrieb* (noch nicht: Abdruck) von kleinen Formen. Dieser Schritt wird um 1000 unserer Zeitrechnung erreicht. Wiedergefundene Totenkleider hochgestellter Personen stellen es unter Beweis. Sie sind mit Holzmodeln bedruckt (Bischof von Arles). Diese Technik wird Jahrhunderte vor Gutenberg realisiert und perfektioniert. Mit dem klassischen Begriff vom »Holzschnitt« hat sie wenig zu tun.

Über die Verflechtungen zwischen der Möglichkeit der einseitigen und der (späteren) zweiseitigen *Abdrucke* gibt es keine Klarheit. Zwischen »Reiben« und »Drucken« bestehen Unterschiede. Es darf angenommen werden, daß bereits seinerzeit die Stöcke (Ursprung vielleicht von hölzern, Holz: später: Holzstöcke, später: Druckstöcke) vielfältig sind. Es liegt im Wesen des technisch aufgeschlossenen Menschen, ständig zu Probieren und zu Experimentieren. Was möglicherweise auf Holz begonnen wird, wird auf anderen Werkstoffen probiert. Hier ist an Schrotblätter und Teigdrucke zu denken; auch an Niellos und frühe Formen des Kupferstichs. Beim Kupferdruck steht das nächste Fragezeichen. Dies, weil über seine Entstehung, die davor liegenden technologischen Stufen und den (die) möglichen Erfinder nichts in Erfahrung zu bringen ist. Es gibt Mutmaßungen und Theorien. Genauso steht es um die Fragen um Gutenberg.

Mit einiger Sicherheit ist der manuell ausgeführte Kupferstich und -druck älter als der Buchdruck mit einzeln austauschbaren Lettern auf metalltechnischer Basis (die Theorie der austauschbaren Teile, wie sie im Verbund mit der Industrialisierung im späten 19. und frühen 20. Jh. [wieder] aufkommt, hat hier einen markanten Vorläufer).

Das frühe 15. Jh. ist der Zeitpunkt, wo der allgemein eingesetzte Werkstoff Holz in bestimmte Grenzen verwiesen wird. Allmählich gibt er den Metallen den Weg frei. Gutenberg hätte die metallische Einzelletter wie das Handgießinstrument nicht realisieren können, wären nicht schon *vor* seiner Zeit die *wesentlichen Vorarbeiten* abgeschlossen gewesen. Er selbst kommt als Metallhandwerker zur Sache. Ohne Zweifel hat es seinerzeit einen technischen Standard erreicht. Das vorgelegte Buch stellt unter Beweis, daß es metallische Werkstoffe sind, die eine permanente Verbesserung der Buchdruckpresse ermöglichen. Ja, sie sind es, die ermöglichen, mit Beginn des 19. Jh. in England eine Buchdruck*maschine* zu bauen, die den Belastungen der immer weiter steigenden Praxis standhält. In diesem Zusammenhang muß die Entwicklung der *Gießmaschine* gesehen und beurteilt werden.

Die ersten Druckergenerationen setzen sich mit Holzpressen auseinander, aber auch mit Fragen, wie sie ihr wichtigstes Arbeitsmittel (neben dem Satz) verbessern können, vor allem, als sich der Schriftguß und die Letternherstellung (und Nachbearbeitung) als eigenständige Gewerbezweige separieren. *Die langfristig richtige Lösung wird auf dem metalltechnischen Gebiet erreicht.*

Betrachten wir das beigefügte Diagramm, so führt eine große Linie vom Kattun- zum Kupferdruck und dann zum Tiefdruck. Vor allem in den Ansätzen ist der technische Werdegang der Tiefdrucktechniken im Dunkel der Geschichte verhüllt. Der Stoffdruck mit (Holz)modeln ist als Variante des Kattundrucks zu bezeichnen. Freilich spielen hier Überlegungen der Farbherstellung und der Technologie der Bedruckstoffe mit. Wir sehen es u. a. an der Fullonica, der römischen Tuchpresse oder -walke.

Kurz nachdem sich erste manuell ausführbare Kupferdrucktechniken festigen – vielleicht beansprucht dieser Prozeß zwei bis drei Generationen –, setzt in Mainz oder Straßburg (?) der »mechanische« Bücherdruck mit einzeln metallischen Lettern ein. Neben die Illustration oder die handschriftliche Aufzeichnung (Unikat) stellt sich die Möglichkeit, mit besseren technischen Hilfsmitteln fast beliebig Vervielfältigungen herzustellen. Dieser Entwicklung ist ein wesentlicher Teil des Buches gewidmet. Kulturgeschichtlich bedeutet dieser Schritt das Umlenken auf eine gegenüber dem Vorliegenden höhere Stufe. Mit ihr geht das Negative einher, das allen großen Erfindungen eigen ist. Rasch wird die Buchdruckerkunst zum zweischneidigen Schwert, zum Spielball der Interessen. Was in einer riesigen Woge aufgebaut und als »richtig«, »wahr« und »glaubhaft« dargestellt und dem einfachen Mensch aufoktroyiert wird, fließt in einer ebensolchen gegenteiligen Meinung zurück. Das Lesen, Verstehen und Mitdenken macht den Geist des Menschen freier. Möglich ist es erst im 16. Jh. als die scheinbar unumschränkte Macht des römisch-katholischen Klerus durch die Reformation in ihre Schranken gewiesen wird. Die geistigen Erzeugnisse der Renaissance und des Humanismus stellen es unter Beweis. Kleine bleierne Buchstaben beginnen die Welt zu verändern. In gewisser Weise ist der Vergleich mit der Verwirklichung der Atombombe zulässig.

Über die Anfänge des Buchdrucks als »neues« Druckverfahren mit der Möglichkeit, *zweiseitige* Abdrucke zu schaffen, weiß man gleichfalls wenig; bei genauem Hinsehen über Johannes Gensfleisch zum Gutenberg noch weniger. Hier stellt sich ein Vorteil der technischen Geschichtsschreibung heraus; die Vorstufen innerhalb der Entwicklung und die Parallelen zu anderen Gewerbezweigen runden das Bild ab und verweisen den Erfinder auf einen zugewiesenen Platz. Es ist nicht der, der ihm seither beigemessen wird. Ihn zu heroisieren, ist nicht die Lösung der Fragen. Die im 20. Jh. einsetzende Gutenberg-Forschung ergeht sich immer noch in Euphorien und vernachlässigt das Wesentliche: die technischen Aspekte. Ob die Phase der anfänglichen Geheimhaltung ein Faktor von Bedeutung war, ist zu bezweifeln!

Ein oder zwei Druckergenerationen danach lüftet sich der Schleier ein wenig. Es liegt vor allem an der Ausweitung des Gewerbes. Der Wunsch nach dem gedruckten Wort (ohne die Frage nach seinem sittlichen Wert zu stellen) führt dazu, daß sich an wirtschaftlich interessanten Orten Buchdrucker etablieren. Nie wäre dieser Schritt erreicht worden, hätte nicht das »neue« Verfahren grundsätzliche Vorteile mit sich gebracht.

Kommen wir zurück zur Presse, so ist festzuhalten, daß sie (noch) hölzern ist. Johannes Gensfleisch (zum Gutenberg) ist unter den Metalltechnikern anzusiedeln. Es wird sich nicht beweisen lassen, ob bei der Gutenberg'schen Pressenkonstruktion *bewußt* an die Möglichkeit gedacht wird, zweiseitig und deshalb wirtschaftlicher zu drucken. Es ist eher anzunehmen, daß dies im Verlauf der Experimente eine angenehme Nebenerscheinung ist. Der Kern der Gutenberg'schen Erfindungen (?) liegt auf metalltechnischem Gebiet: bei der Realisierung eines funktionsfähigen Handgießinstrumentes. Dies ist eine der Fragen, die bei den Gutenberg-Forschern umstritten ist. Sie ist eindeutig zu beantworten. Schon in der Einführung habe ich angedeutet,

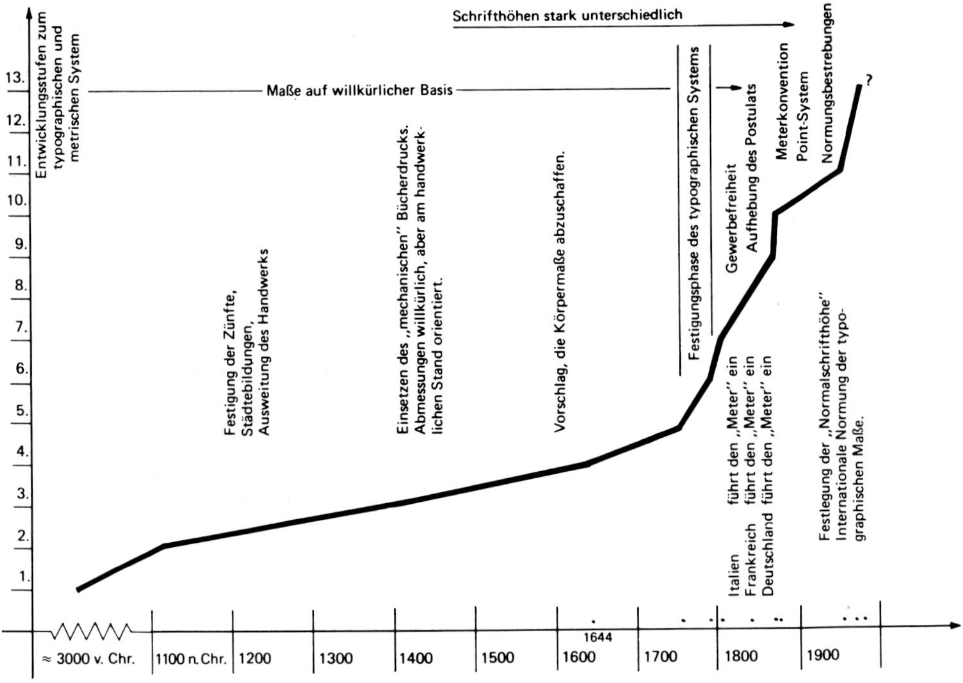

Entwicklungsstufen zum typographischen und metrischen System

daß man im Umfeld von Gutenberg vor allem (nur) seine Person in den Vordergrund geschoben hat. Gebracht hat dieses Forschen nichts: wir wissen kaum etwas über ihn. Von Hineindeuteleien und Fabulantentum wird es nicht besser. Selten denkt man in diesen Kreisen daran, daß ohne Technik eine Persönlichkeit wie Gutenberg undenkbar ist: mit ihm seine hervorragenden typographischen Leistungen.

Der Buch- oder Hochdruck kann auf eine etwa 350jährige Geschichte blicken, als um 1800 zwei wesentliche Neuerungen hinzukommen: eine davon kann als Erfindung im eigentlichen Sinn bezeichnet werden: die »chemische Druckerey« von Aloys Senefelder. Das andere ist die Entwicklung der Schnellpresse aus der Metalltiegelpresse durch den Sachse Friedrich Gottlob Koenig und den Württemberger Andreas Bauer. Ich verstehe die Schnellpresse als ein Produkt aller vorausgegangenen technischen Vorstufen unter Integration von neuem Gedankengut. Damit soll keinesfalls das Wirken von Koenig und Bauer geschmälert werden. Ich habe ihrer Leistung wesentlichen Platz eingeräumt: dennoch sind die Erfindung einer Schnellpresse wie die einer Dampfmaschine – um Beispiele zu nennen – nicht das Werk eines einzelnen. Vergleichbar mit Gutenberg setzt Koenig das Pünktchen auf das i: das ist das Entscheidende.

Friedrich Gottlob Koenig ist »gelernter« Buchdrucker. Er macht sich die Erfahrungen der vorausgegangenen Pressenbauer zunutze und hat unendliche Schwierigkeiten zu überwinden. Sie sind ein Merkmal der wirklichen Erfinder: sie glauben fest an ihre Idee, jahrelang arbeiten sie zäh an ihrem Erfolg. Nur so ist es möglich, das Rad unserer Geschichte immer wieder ein Stückchen weiter zu bewegen. *Das Wesen des Erfinders liegt nicht in dem von ihm geschaffenen Produkt: es liegt in seiner Person begründet.* Ein in der technischen Geschichtsschreibung wenig gewürdigter Gesichtspunkt.

Wenn wir jetzt die Lithographie als Alternative hinzuziehen, zeigt sich ein weiteres Charakteristikum: die Straffung der Intervalle. Während der Steindruck bis etwa 1920 eine nur – 100- bis 120jährige Geschichte aufzuweisen hat, ist sie beim traditionsgeschwängerten klassischen Buchdruck fast viermal so lang. Der sich an den Steindruck anschließende Offsetdruck bedeutet lediglich eine weitere Straffung. Der Buchdruck hat das Rennen verloren. Technologie orientiert sich nicht am Traditionellen, sondern ausschließlich an der erbringbaren Leistung. Erbarmungslos werden technische Vorstufen überrollt. Mein Buch stellt dies unter Bezug auf die Entwicklung der Druckpresse unter Beweis.

Außerdem kann mit einem Vorurteil aufgeräumt werden. Die technische Geschichte beweist, daß sie voller Spannungen, Risiken, Verpflichtungen, Niederschlägen und Höhepunkten ist. Das technische Instrument, um deren Verbesserung es geht, bleibt ein Zankapfel ihrer Bemühungen. Es ist absurd anzunehmen, daß sich die Presse der Drucker in etwa 350 Jahren so gut wie nicht verändert hat. Um es zu belegen, zeigt das Diagramm im wesentlichen folgende Stufen:

- Vorstufe. Mit dem längsten Zeitraum. Dabei Übergang vom manuellen Pressen für unterschiedliche Zwecke zum einfachen mechanischen Pressen. Einsatz einfach wirksamer physikalischer Prinzipien (beispielsweise die Verwendung von Preßbrettern), dann Einsatz einfacher Preßbaumpressen im südlichen Bereich. Allmähliches Überwechseln von den »alten Preßbaumpressen« zu den »(Holz)-Schrauben-Pressen« in vertikaler Anordnung. Zunächst in relativ einfacher Bauweise.
- Daraus hervorgehende Holzpressen in unterschiedlichen Konstruktionen und für unterschiedliche Bedürfnisse eingesetzt.
- Allmählicher Übergang der Pressen*glieder* von hölzernen zu metallischen Formen. Vergleiche dazu die Möglichkeiten, die ich bei der zweiten Entwicklungsstufe im Pressenbau genannt habe. Der Pressen*körper* wird erst viel später metallisch. Es ist verständlich, wenn berücksichtigt wird, welche Arbeitsschritte innerhalb der Presse aufkommen und wie oft sie sich während des Arbeitstages wiederholen. Dann bilden sich hölzerne Tiegeldruckpressen heraus: parallel Kupferdruckpressen. Hier kommt von Anfang an das zylindrische Abdruckprinzip zur Anwendung. Rasch zeigen sich Differenzierungen der Verfahren. So ergeben sich im Tiegelpressenbau für den klassischen Hochdruck bis 1800 mindestens fünf unterscheidbare Entwicklungsstufen.
- Dann bilden sich aus den hölzernen Pressen metallische. Hier zeigen sich Bauarten für unterschiedliche Anwendungsbereiche. So entstehen Pressen für Buch-, Kupfer- und Steindrucker. Dies führt zu einer weiteren Spaltung innerhalb der Druckverfahren, denn sie werden eigenständig weiterentwickelt. Daraus entstehen Pressen*systeme*. Es zeigt sich eine zunehmende Verflechtung, beispielsweise auf dem Sektor des Rotationsmaschinenbaues. Ich habe sie bis etwa 1920 aufgezeigt.

Zwischen alle Entwicklungsstufen schieben sich Phasen der Konkurrenz und der Überflügelung mit unterschiedlicher Intensität. Die Geschichte der Technik ist die der permanenten Verbesserung unserer Lebensbedingungen: sie werden mühsam erarbeitet. Auf der anderen Seite ist sie ein Festhalten an Gewohntem und Bewährtem. Der zutage tretende Konservatismus ist notwendig und sinnvoll: er ist das treibende Element zum Fortschritt. Daraus resultieren drastische Rückschläge und Enttäuschungen; daraus wird immer wieder das Neue, Noch-Bessere und Sinnvollere geboren. Bei grundsätzlichen Erfindungen wälzen die oft persönlich unglücklichen Erfinder mit ihrer Tat für einen winzigen Moment den Schleier von den Augen der Menschheit: ein Präzedenzfall ist das Wirken von Johannes Gensfleisch, genannt zum Gutenberg. Im Umfeld solcher Taten sind Prioritätsrangeleien unausbleiblich. Hier haben sich in der Geschichtsschreibung nicht nur unseres Gewerbes Fehler eingeschlichen. Dazu einige Beispiele:

- Johannes Gensfleisch zum Gutenberg. Etwa acht Kontrahenten. Die Querverbindungen sind nicht schlüssig geklärt.
- Wilhelm Haas (der Vater) und Lord Stanhope. Die Querverbindung ist nicht schlüssig geklärt.
- Friedrich Gottlob Koenig und William Nicholson. Falsch: da von der Nachwelt ausgefochten.
- Aloys Senefelder und Prof. Simon Schmid aus Miesbach (Bayern). Falsch: da von der Nachwelt ausgefochten.
- Hippolythe Bayard und Louis Daguerre. Unkorrekt: im wesentlichen ein Wettlauf mit der Zeit.

Die Reihe kann fortgesetzt werden. Das Bessere schafft in der Regel Konflikte gegenüber und mit dem Bewährten. Oft scheitern sinnvolle Entwicklungen an unserer Engstirnigkeit. Dazu einige Beispiele:

- Auflehnen der organisierten Zünfte (Schreiber, Formschneider, Briefmaler) gegen das Aufkommen des mechanischen Bücherdrucks mit metallischen und einzeln austauschbaren Lettern.

- Sabotageakte bei der Einführung der Schnellpresse und der Gießmaschine. Kampf der *Hand*- gegen die *Maschinen*arbeiter. Ähnliches vollzieht sich bei der Realisierung der Setzmaschine.
- Auflehnen der Buch- und Kupferdrucker gegen das Aufkommen der Lithographie (Steindruck) und gegen Aloys Senefelder, in dem eine Konkurrenz gesehen wird.

Auf die daraus resultierenden sozialen Konflikte gehe ich nicht ein. Ein weiteres Problem ist der Tatbestand, daß das graphische Gewerbe eines unter vielen ist. Es als »primus inter pares« zu bezeichnen, wie es die Verherrlichungsforscher um Gutenberg tun, ist lächerlich. Das Gewerbe der Setzer und Drucker reicht in andere hinein. Bei allen Verbesserungen geht es letztlich um Bedürfnisse des Marktes, die einem Wandel unterliegen. Die Herausbildung der Druckindustrie ist unmöglich, ohne das gleichzeitige Mitziehen der Zulieferindustrie. Eine Erkenntnis, die den Altvorderen geläufiger gewesen ist.

Ein weiteres Diagramm zeigt an Hand der aufgetragenen Punkte markante Stellen im Verlauf der Entwicklung der sog. Hauptdruckverfahren. Auch hier wird die Verdichtung und Überlagerung ab 1800 deutlich. Dies muß unter der fortschreitenden Arbeitsteilung im Verbund mit der sich ausweitenden Industrialisierung gesehen und beurteilt werden. Für unser Gewerbe wird ab 1830–40 der Terminus »Industrie« zulässig.

Kommen wir auf die Entwicklung im Tiegelpressenbau zurück: *es wird der Nachweis geführt, daß die seitherige, selbst von Fachleuten vertretene Meinung, die Tiegeldruckpressen hätten sich über einen Zeitraum von dreieinhalb Jahrhunderten nicht oder nur unwesentlich verändert, falsch ist.* Diese Meinung entsteht dadurch, weil die Forschung um Gutenberg immer wieder am falschen Ende ansetzt: an ihm selbst, seiner Persönlichkeit und an der Auswirkung typographischer Leistungen. Eindeutig hat an erster Stelle die Technik zu stehen. Sie wird nach wie vor unterbewertet. Es ist eine Aufgabe dieses Buches, hier einen Schwerpunkt zu setzen. In dieser Formulierung sehe ich *ein* Ergebnis meiner Untersuchung. Weiterführende Recherchen werden zur Erhärtung führen, die durch vergleichbare Entwicklungen aus anderen Gewerben bestätigt wird. Man sollte sie ruhig zur Beleuchtung des eigenen Standortes heranziehen.

Vor diesem historischen Hintergrund sind viele technische Erfindungen zu beurteilen. Die Geschichte der graphischen Technik ist eine bewegte, reich von Spannungen und Risiken durchzogene. Nicht selten lösen Spannungen den nächsten Schritt aus. Andererseits werden solche Sprünge als radikal empfunden und interpretiert. Dem ist de facto nicht so. Die Technologien gehen ihren eigenen Weg durch die Geschichte. Sie werden von wenigen Menschen für viele geschaffen. Die Wenigen sind in der Lage, »über den Zaun eigener Engstirnigkeit zu blicken«, die Vielen sind es nicht. Ein klassisches Beispiel ist die Verwirklichung der »Maschine« schlechthin. Was hat das Wettern gegen sie genützt? Was sollten die Auflehnungs- und Sabotageakte der deutschen und französischen Schriftsetzer und Buchdrucker gegen sie? Ist es nicht so, daß die Maschine gerade ihnen Erleichterungen bringt. Wir haben zu fragen, weshalb sie sich trotzdem auflehnen und agieren anstatt zu re-agieren. Die Antwort ist ebenso einleuchtend wie beschämend.

Viele Erfindungen werden radikal unterbunden, um am Althergebrachten festzuhalten. Beispiele dafür bietet u. a. die innungsmäßige Abkapselung und die für einzelne Erfinder (oder ganze Handwerkszweige) damit verbundenen Komplikationen. Dieses »zünftige« Denken gehört keinesfalls der Vergangenheit an. Als in den letzten 20 Jahren innerhalb der Druckindustrie mehr und mehr der Lichtsatz eingeführt wird, stellen sich viele Setzer und einige maßgebliche Organisationen dagegen. Es hat ihnen nichts genützt. Es hat auch keinen Sinn, sich gegen zukünftige »Verfahren« abzukapseln; sie setzen sich durch. Ich denke hier an Möglichkeiten des Laserstrahl-Drucks, um nur ein Beispiel zu nennen. Das Auflehnen ist ein Lippenbekenntnis unserer Engstirnigkeit und Befangenheit, die oft mit überzogenen Forderungen verbunden wird. Wir neigen dazu, alle auf uns wirkenden Einflüsse auf andere zu implizieren. Wir begreifen uns nicht als dienendes Bausteinchen, sondern in der Regel als Besserwisser. Diese Erscheinung ist alt: sie wird durch industrielle Strömungen und einzelne Verbände aktiviert, wenngleich es sinnlos ist. In gewisser Weise ist das spätmittelalterliche Weltbild offener: hier versteht sich der Mensch als *Diener* und nicht als *Verdiener*. Er ist daran interessiert, Bestmögliches zu schaffen. Er ist mit seiner Aufgabe identifiziert und unterwirft sich eigenen Zwängen. Auf der anderen Seite ist der Preis

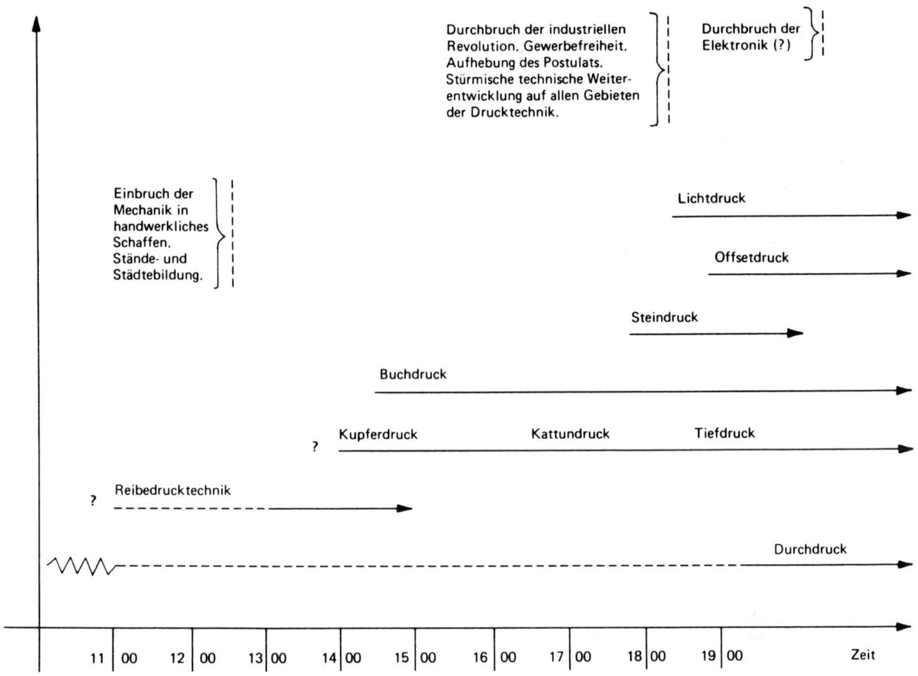

Die wichtigsten Drucktechniken

ein hoher. Er unterwirft sich einer fragwürdigen – weltüberspannenden – Idee: der Verherrlichung der Institution Kirche.

Wie anders stellt sich der heutige Industriearbeiter dar? Von Dienen kann keine Rede sein. Man will verdienen und jedes Mittel ist dazu recht. Wie geistig arm stellt sich der sog. »Jobber« hin. Wenn man berücksichtigt, daß schon heute jeder zweite Beschäftigte ein Berufswechsler ist, wird die Situation kritisch. Mehr Freizeit kann mit volleren Lohntüten nicht kompensiert werden. Daraus resultierende Schwierigkeiten sind nicht mit Geld lösbar. Die Unzufriedenheit sich selbst gegenüber, der Aggressionsstau wird mehr oder weniger rücksichtslos den anderen zugeschoben. Hier sehe ich eine ernsthafte Gefahr für die weitere berufliche Entwicklung. Die Lösung wird aller Wahrscheinlichkeit nach auch hier die Technik bringen: es ist schon immer so gewesen, daß sie die Einfaltspinsel überrumpelt. Dies führt zu einer Trennung in hochgradige Spezialisten und mehr oder weniger meinungslose Hilfsarbeiter. Eine neue Form des Industrieproletariats schält sich heraus. Der heutige Ingenieur ist der Facharbeiter von morgen. Der heutige Facharbeiter wird zum Hilfsarbeiter: nicht im klassischen Sinn. Aber die Problematik ist die gleiche. Kritisch wird immer mehr die Abhängigkeit Vieler von Wenigen. Blicken wir kurz in die Automobilindustrie: hier bestimmen längst taktgesteuerte Bänder den Rhythmus der Arbeit. Die damit verbundene Monotonie führt zur geistigen Abstumpfung. Geld ist dafür ein schlechter Ersatz. Innerhalb der Druckindustrie zeichnen sich ähnliche Bahnen ab. Aus dem Dialog Elektronik : Mensch werden großartige Entwicklungen möglich sein. Es ist unsere Pflicht, darauf zuzugehen. Jedes Abweichen davon bedeutet Rückschritt. Genauso wie die »moderne« Offsettechnologie den klassischen Buchdruck in die Ecke gestellt hat, werden in naher Zukunft neue Druckverfahren den Offsetdruck in die Enge treiben. Die wichtigste Vorstufe ist verwirklicht: der Bleisatz hat keine Bedeutung mehr. Über den Lichtsatz und die damit verbundenen Errungenschaften auf elektronischem Gebiet wird nun der zweite, noch bedeutendere Schritt eingeläutet: die Revolution im Druckbereich. Das Drucken mit Wasser *und* Farbe wird bald der Vergangenheit angehören. Es ist davon auszugehen, daß physikalische Druckverfahren die klassischen – und zu denen wird der Offsetdruck gehören – bedrängen. Ich erwähne den dreidimensionalen Anaglyphendruck, den Computer-Druck, elektronische Druckverfahren, die Elektrothermographie, den Ink-Jet-Druck, den Laserstrahl-Druck, die »Thermal-Printer« und die Driographie. Es sind schlafende Löwen unserer technischen Zukunft. Ich möchte sie als in Ausbildungskreisen und bei einem Großteil der Fachlehrer als unbekannt bezeichnen. Ist das nicht »zünftiges« Denken im späten 20. Jh.? Wir haben uns ertappt! Es ändert sich das technische Geschehen um uns: wir meinen diesen Wandel nicht nötig zu haben. So führen wir selbst den nächsten Konflikt herbei. Teile des Berufsnachwuchses werden nach wie vor anachronistisch ausgebildet: es wird ihnen nichts von dem auf den beruflichen Lebensweg gegeben, was sie effektiv verwenden können. Sie lernen buchstäblich nichts, was ihnen ihre spätere Begegnung mit »moderner« Technik erleichtert. Auch dies lehrt uns die Geschichte: mangelnde geistige Flexibilität – gleich auf welcher Ebene – unterliegt einem technischen Strafgericht. Wäre es nicht so, würden wir nicht nur stehenbleiben, sondern uns rückwärts entwickeln. Zurück zur Geschichte.

Die durchgreifende Veränderung der wirtschaftlichen Verhältnisse, die Aufhebung des Postulats, die Lösung von althergebrachten Zunftzwängen und die Durchsetzung der »gewerblichen« Freiheit zu Beginn des 19. Jh. schaffen weitere Veränderungen, deren endgültige Überwindung Jahrzehnte beansprucht. *Erst ab dem 19. Jh. wird die Technik als solche im Verbund mit der industriellen Revolution zum Bestandteil der Vorstellungswelt breiterer Schichten.* Man *muß* sich daran gewöhnen, mit einer zunehmend rasanten technischen Entwicklung und ihrer Abhängigkeiten zu leben. Die klassischen Beispiele bieten Raumfahrt und Medizin. Auch in die junge Druckindustrie ergießt sich eine Flut von Patenten.

Die technische Geschichte – wie Geschichte überhaupt – ist nicht ohne das Handeln zielstrebiger Menschen denkbar. Deshalb habe ich einige Lebensbilder eingeflochten. Soweit möglich, werden Abbildungen hinzugefügt. Die aufgeführte Liste der führenden Männer *unserer* Technik ist unvollständig. Die vorgelegte Arbeit soll außerdem dazu beitragen, Gutenberg da einzuordnen, wo er hingehört, und nicht da, wo ihn honorige Geister haben wollen. Gutenberg ist ein Kind der Technik. *Er opfert vermutlich Jahrzehnte seines Lebens der Verwirklichung einer, nicht unbedingt seiner Idee.*

Es muß angenommen werden, daß er sich über das Ausmaß seiner Erfinderleistung nicht im klaren ist. Seine künstlerischen Leistungen gehören nicht in den Bereich meiner Untersuchung.

Der gewerbespezifische Sprachschatz

Zunächst unabhängig vom Sammeln alter Bilder von Druckstuben und Interieurs erfolgte das historischer Fachwörter. Die als Manuskript abgeschlossene Sammlung umfaßt inzwischen 3000 gewerbespezifische und davon zu zwei Drittel historische Begriffe. Das hier eingerückte Kapitel ist eine knappe Zusammenfassung. Die Zusammenhänge zwischen Technik und Sprache sind wichtig. Deshalb habe ich ein weiteres Kapitel über die Ausbildung unseres Berufsbildes eingeflochten. Menschliches Tun, Denken und Werden sind untrennbar miteinander verbunden. Nur die Technik zu beleuchten, würde das wichtigste vergessen: den Mensch am (technischen) Arbeitsplatz. Der Mensch, der sie geschaffen hat und der mit ihr zu leben gezwungen ist. Nur aus dem Begreifen des Vergangenen läßt sich Gegenwärtiges verstehen und Zukünftiges erkennen. Die alte Fachsprache der Buchdrucker bleibt ebenso unverständlich wie die heutige, wenn man nicht um ihre Zusammenhänge weiß. Der technologische »background« ist ein großes Reservoir der sprachlichen Verständigung. Auf unseren nunmehr fast in Vergessenheit geratenen Begriffswörterschatz heißt es:

- Durch das unaufhaltsame Vordringen der Technologie in allen Verästelungen ein analoges Zurückgehen bestimmter Begriffswörtergruppen. Es trifft vor allem auf die ehemaligen gewerblichen Hochburgen, den Bleisatz und den Buchdruck, zu. Der Anteil der hier zuordnenden Kunstwörter ist das Betätigungsfeld für Fachhistoriker.
- Durch veränderte Ausbildungsformen, -reformen und -methoden verbleibt wenig Raum, um sich mit solchen Dingen zu beschäftigen. Die Fachsprache hat ihr ursprüngliches Gewicht verloren. Das Erlernen, Kennen und Beherrschen bestimmter Begriffe ist nicht mehr notwendig: der heutige Industriearbeiter interessiert sich nicht dafür. Was heute in den Betrieben erwartet wird, ist nicht mehr als ein winziges Teilchen der Erfordernisse der Vergangenheit: der angedeutete Spielraum verengt sich zunehmend.

- Durch nationale und internationale Normungsbestrebungen – wie durch eine angestrebte Europäisierung, deren Vorfeld von der Technologie eingeläutet und bestritten wird – tritt eine weitere Abkapselung der national-gewerbebezogenen Sprachgewohnheiten ein. Außerdem wird das rein technische Vokabular schwieriger. Die Überschneidungsphasen der technischen Sprünge werden kürzer. Früher ist der Begriffswörterschatz homogen. An die Stelle des früheren Facharbeiters tritt mehr und mehr der Monteur und Servicetechniker. Beide verfügen über ein spezielles – oft nur auf ein Produkt ausgerichtetes Wissen.
- Heute ist es wichtiger, sich an technische Gegebenheiten anzupassen und unabhängig davon zwei bis drei Fremdsprachen zu erlernen, als einem fossilen Begriffswörterschatz nachzueifern. Doch ist er es letztlich gewesen, der dazu beigetragen hat, aus dem Gewerbe der Gießer, Setzer und Drucker eine leistungsfähige Druckindustrie zu formen.
- Die einst so blühende Fachsprache des graphischen Gewerbes ist inzwischen ein Anhängsel der technischen Entwicklung geworden. Ehedem war ohne ihr Beherrschen kein beruflicher Erfolg zu erwarten. Heute ist die Bedeutung dieser Wörter auf eine Ebene gerutscht, die noch vor wenigen Jahrzehnten undenkbar erschien.

Wichtige Ereignisse und Erfindungen/ Zeittafel

Aus verschiedenen Gründen erfolgt die beigefügte Chronologie in straffer Form: interessante Randgebiete, wie Fragen zur Preßpolizei, Zensur und/oder Kalkulation bleiben unberücksichtigt. Aufgenommen sind 700 historische Daten, die einen mittel- oder unmittelbaren Zusammenhang mit der technischen Entwicklung unseres Industriezweiges haben. Eine Abgrenzung auf den Drucksektor ist nicht möglich. Die verfahrenstechnischen Verflechtungen sind zu eng: außerdem ist das Drucken nur ein Teil des Ganzen!

Doch Vorsicht mit den Jahreszahlen! Vielfach sind sie flexibel zu sehen. Geschichte darf sich nicht an wie Perlenketten aufgereihten Zahlen orientieren. Zur lebendigen Geschichte gehört der Mensch und seine Umwelt, seine Sprache und seine Epoche. Dazu gehört die von ihm in seiner Periode geschaffene Geschichte. Gerade bei der Beschreibung der »Technik« ist zu berücksichtigen, daß oft Jahre an Arbeit und Tüftelei vorausgehen, bis die Patentschrift vorgelegt wird. Das Neue setzt sich nicht immer unmittelbar durch. Hier ist von Fall zu Fall eine unterschiedliche Interpretation erforderlich.

Die Zeittafel soll einen Bogen um das behandelte Thema spannen. Sie ist nicht vollständig. Sie bestätigt, daß sich die Intervalle der Veränderungen weiter verkürzen. Aus dem gesamten Geschichtsverständnis heraus deutet dies auf einen anstehenden Wechsel. Wir stehen vor einer neuen Wende und einer abermaligen Bewährungsprobe.

Mein Buch ist der Versuch, seither weitverstreutes Material, Abbildungen technischer Einrichtungen, Begriffswörter, chronologische Daten oder Randgebiete unter bestimmten Gesichtspunkten zusammenzustellen und zu interpretieren: zunächst unter dem technischen. Dazwischen stehen die Persönlichkeiten, die unsere Technik geschaffen haben. Ihnen ist der heutige Standard zuzuschreiben.

Dennoch: eine freilich unvollständige Arbeit. Ein so weitgespannter und diffiziler Bogen kann unmöglich in einem Handbuch zusammengefaßt werden, ohne bestimmte Entwicklungen zu vernachlässigen. Das Vorgelegte soll Anregungen zur Weiterführung und Verbesserung vermitteln. Allein dadurch erfüllt sich der Zweck des Buches. Ich danke all denen, die es ermöglicht haben.

Fußnoten

Theorie zur Entwicklung der Tiegeldruckpresse

1 Vgl. Laudatio zu Aloys Ruppel's 90. Geburtstag. Von Prof. Hans Widmann. In: Gutenberg-Jahrbuch 1973. S. 11 ff.

2 Hans Widmann. Gutenberg's Wirken. Versuch eines Umblickes. In: Der gegenwärtige Stand der Gutenberg-Forschung. Bibliothek des Buchwesens. Bd. 1, S. 1 – 47.

3 Vgl. Aloys Ruppel. Wer war der wirkliche Erfinder der Buchdruckerkunst? Mainz 1964. Kleiner Druck der Gutenberg-Gesellschaft Nr. 75. Hans Widmann. Gutenberg im Urteil der Nachwelt. In: Der gegenwärtige Stand der Gutenberg-Forschung. Stuttgart 1972. Bibliothek des Buchwesens, Bd. 1, S. 251 – 272.

4 Kurt Köster. Gutenberg in Straßburg. Das Aachenspiegel-Unternehmen und die unbekannte »afentur und Kunst«. Mainz 1973. Kleiner Druck der Gutenberg-Gesellschaft Nr. 93. Gleichzeitig 22. Eltviller Druck. S. 7 und 8.

5 Dazu ein Paradebeispiel. »Johann Gutenberg gilt als der Erfinder der Buchdruckerkunst. Er erfand um 1440 den Letterndruck, der nun an die Stelle des Plattendrucks trat.« In: Schüler-Lexikon. 4. Auflage. Bremen 1953. Spalte 454. Primitiver geht es nicht (!).

6 Friedrich Adolf Schmidt-Künsemüller. Die Erfindung des Buchdrucks als technisches Phänomen. Mainz 1951. Kleiner Druck der Gutenberg-Gesellschaft Nr. 48. S. 15.

7 Barnikel. a. a. O. S. 9.

8 Claus W. Gerhardt. Bibliothek des Buchwesens Bd. 1. In: Der gegenwärtige Stand der Gutenberg-Forschung. Stuttgart 1972. S. 56.

9 Claus W. Gerhardt. a. a. O.

10 Franz Schnabel in seinem Festvortrag. Der Aufstieg der modernen Technik aus dem Geiste der abendländischen Völker. Köln 19. 10. 1951. Vgl. Wilhelm Treue.

11 Theodor Goebel. Friedrich Koenig und die Erfindung der Schnellpresse. Stuttgart 1883. »preßgeschichtliche Einleitung«. a. a. O. S. 1.

12 Schmidt-Künsemüller. Die Erfindung des Buchdrucks als technisches Phänomen. Mainz 1951. Kleiner Druck der Gutenberg-Gesellschaft Nr. 48.

13 Vgl. Aloys Ruppel. Wer war der wirkliche Erfinder der Buchdruckerkunst? Hans Widmann. Der koreanische Buchdruck und Gutenberg's Erfindung. In: Gutenberg Jahrbuch 1972. a. a. O. S. 32 – 34.

14 Schmidt-Künsemüller. Die Erfindung des Buchdrucks als technisches Phänomen. Mainz 1951. Kleiner Druck der Gutenberg-Gesellschaft Nr. 93.

15 Erschienen von 1724 – 1727 in acht Foliobänden. 1739 folgt ein neunter Band posthum.

16 Zedler. Universal-Lexikon. Bd. IV. Sp. 1755.

17 Zedler. Universal-Lexikon. Bd. XXIX. Sp. 325 bis 366.

18 Diderot / d'Alembert. Encyclopädie. Bd. 13. S. 320.

19 Diderot / d'Alembert. Encyclopädie. Bd. VIII. S. 607 – 630.

20 Krünitz. Ökonomische Enzyclopädie. Bd. 7. Stichwort »Buchdrucker«. Berlin 1785. S. 196 bis 198, bzw. S. 171 – 181.

21 Krünitz. Ökonomische Enzyklopädie. Bd. 7. Berlin 1811. S. 258.

22 Barnikel. a. a. O. S. 15.

23 Wilhelm Haas (der Vater). Beschreibung einer neuen Buchdruckerpresse von Wilhelm Haas dem Vater. Basel 1790. a. a. O. S. 3, 4.

24 Barnikel. München 1965. a. a. O. S. 5.

25 Vgl. Barge. Der Buchdruck des 19. und 20. Jh. Bogeng. Geschichte des Buchdrucks. Bd. II. a. a. O. S. 328/329.

26 Otto Lilien. Die Frühgeschichte des Tiefdrucks bis zur Jahrhundertwende. Frankfurt am Main 1959. a. a. O. S. 7.

27 Goebel. a. a. O. S. 17.

28 Goebel. a. a. O. S. 6.

29 Josef Twinger von Königshofen in seiner »Elsässischen und Straßburger Chronik«.

30 Zur Entwicklung der Druckersprache gibt es bislang wenig Literatur. Vgl.
- Christian Gottlob Täubel. Wörterbuch der Buchdruckerkunst. Halle und Leipzig 1785, 1791, 1805.
- Friedrich Klenz. Die deutsche Druckersprache. Straßburg 1900.
- Linus Irmisch. Wörterbuch der Buchdrucker und Schriftgießer. Braunschweig 1901.
- Herbert Koch. Der Wortschatz der spanischen Buchdrucker. Mainz 1970.
- Hans-Jürgen Wolf. Historische Begriffswörtersammlung des Druckgewerbes. (Manuskript) Kronberg/Ts. 1974.

31 Wilhelm Treue. Kulturgeschichte der Schraube von der Antike bis zum 18. Jh. München 1959

32 Vor allem im 18. Jh. entstehen als Ausdruck der rationalen Haltung im Zeichen der Aufklärung großangelegte Enzyklopädien. Beispielsweise die von Diderot / d'Alembert. Die bedeutendste französische Enzyklopädie. Hrsg. von Diderot (1713 – 1784) und Jean de Rond de Alembert (1717 – 1783). 28 Bde. Paris 1751 – 1772 und fünf Ergänzungsbände. 2. Registerbände. Sie bringen die Abbildung einer Preßbaumpresse mit detaillierter Beschreibung.

33 Theodor Heuss, geb. 1884, gest. 1963. Deutscher Politiker und Publizist, erster Bundespräsident. Er erhält 1959 den Friedenspreis des Deutschen Buchhandels.

34 Wilhelm Treue. Kulturgeschichte der Schraube von der Antike bis zum 18. Jh. München 1959

35 Wilhelm Treue a. a. O.

36 Hugo Hagn. In: Druckspiegel Nr. 19. September 1953.

37 Kurz vor Drucklegung des Buches (1. Auflage) erhielt ich von Herrn Völker (Heidelberger Druckmaschinen AG, Heidelberg) einen dankenswerten Hinweis. An Hand alter Originalzeichnungen aus dem »Codex Atlantico« wurde die alte Presse rekonstruiert. Der Nachbau hat keine eindeutige Bedienungsseite, wenngleich sie zu dieser Zeit bei den Buchdruckerpressen üblich wird. Die Krone als Spezifikum im Druckpressenbau ist nicht in der gewohnten Weise vorhanden. Die Brücke sitzt sehr tief und der Tiegel verfügt über seitliche Führungen, wie sie mit ziemlicher Wahrscheinlichkeit *nicht* bei der Buchdruckpresse eingesetzt werden. Ebenfalls ist zu bemerken, daß um 1500 Holzbauteile verzapft, verkeilt oder eingeschoben werden. Von alledem läßt diese Rekonstruktion nichts erkennen. Noch eines: wegen der Druckfarbe werden die Formen gelaugt und/oder gewaschen. Die Flüssigkeit muß, sofern nicht bereits außerhalb der Presse, abfließen.
Ich unterstütze die Auffassung von Hugo Hagn, daß die Zeichnung aus dem Codex Atlantico zumindest im rechten Bildteil auf einen Webstuhl zu beziehen, bzw. daß sie *nicht* den allgemeinen Konstruktionsschemata entspricht, wie sie übliche Pressen der Epoche aufweisen.

38 Hans Widmann. Handbuch des Buchhandels Bd. 1. 1. Allgemeine Annalen zur Geschichte des Buchhandels (unter besonderer Berücksichtigung des Deutschen Buchhandels – Sonderdruck). Hamburg 1974. S. 3. Konrad Sweynheym und Arnold Pannarzt drucken in dem Benediktinerkloster Santa Scolastica in Subiaco bei Rom eine Lactianius-Ausgabe (das älteste in Italien gedruckte Buch). Sechs Jahre später erscheint die erste italienische Bibel.

39 Kurt Köster nennt in seiner Arbeit »Gutenberg in Straßburg«. Mainz 1973. a. a. O. S. 10, 11: für die Zeit Gutenbergs in Straßburg drei, vielleicht vier verschiedene Tätigkeiten.

- Gutenberg lehrt einem seiner späteren Teilhaber (Andreas Dritzehn) »stein bollieren« (vgl. Schorbach. a. a. O. S. 207).
- Dann arbeitet der Goldschmied Hans Dünne für ihn. Diese Zeit liegt vor dem Gutenberg'schen Spiegelunternehmen.
- Dann tut sich Gutenberg (vermutlich nicht vor 1438) mit dem Straßburger Beamten Hans Riffe zusammen, um Spiegel für die nächste Heiltumsfahrt nach Aachen vorzubereiten.
- Schließlich ist denkbar, daß sich Gutenberg bereits in Straßburg mit dem »drucken« befaßt, wenn vielleicht auch nur mit der Konzeption einer Idee.

40 Karl Dietrichs. Die Buchdruckpresse von Johannes Gutenberg bis Friedrich Koenig. Mainz 1930.

41 Hans-Jürgen Wolf. Meister, Techniker, Ingenieur-Versuch einer Deutung. Berlin 1974. Kap. über die Zunftentstehung – Rechte und Verfall. a. a. O.

42 Aloys Ruppel. Die Heimatstadt der Druckkunst. Mainz 1926. Kleiner Druck der Gutenberg-Gesellschaft Nr. 2.

- Aloys Ruppel. Mainz als Gutenbergstadt. Mainz 1928. Kleiner Druck der Gutenberg-Gesellschaft Nr. 8.
- Konrad Haebler. Die Erfindung der Druckkunst und ihre erste Ausdehnung.
- Ausbreitung in den Ländern Europas. Mainz 1930. Kleiner Druck der Gutenberg-Gesellschaft Nr. 14.

43 Hans Widmann. 1389/90 Errichtung einer Papiermühle (Gleismühle) bei Nürnberg durch den Kaufmann Ulman Stromer. Vgl. Lore Sporhan-Krempel unter Mitarbeit von Wolfgang Freih. v. Stromer. Die früheste Geschichte eines gewerblichen Unternehmens in Deutschland. Ulman Stromers Papiermühle in Nürnberg. Mit einem Wasserzeichengutachten von Gerhard Piccard. In: Archiv für Geschichte des Buchwesens. 4. 1963. Sp. 187 – 212.

44 Conrat Sahspach sagt u. a. im Straßburger Prozeß gegen Gutenberg aus und berichtet, daß Andreas Dritzehn am Stephanstag gestorben sei. Vgl. Kurt Köster. a. a. O. S. 17.

45 Hans Widmann. In der Zeit von 1434 – 1444 lebt Gutenberg in Straßburg. Ab 1448 ist er wieder in Mainz nachweisbar. Vgl. Schorbach.

- Straßburger Quellenerzeugnisse über Gutenberg. Gesammelt bei Schorbach. S. 180 – 248. Spätere Straßburger Gutenberg-Funde veröffentlicht Schorbach in:
- Gutenberg-Festschrift zur Feier des 25jährigen Bestehens des Gutenberg-Museums in Mainz. 1925. S. 130 – 143. ferner im Gutenberg-Jahrbuch 1926. S. 14 – 31.

46 Wilhelm Haas (der Vater). Beschreibung einer neuen Druckpresse von Wilhelm Haas, dem Vater. Wiedergegeben nach dem Druck von Wilhelm Haas, dem Sohne. Basel. 1791. S. 3 und 4.

47 Helmut Presser. Unbekannte Abbildungen der Buchdruckpresse. In: Archiv für Druck und Papier. Berlin 1955. 1. Jahrgang. 1. Heft. S. 29. Als früheste Darstellung einer Druckerpresse in einem deutschen Buch galt bisher die Presse in einer Titelbordüre, die Lucas Cranach d. Ä. 1520 für den Drucker Johannes Grunenberg in Wittenberg geschaffen hat: Presser entdeckt eine *frühere* Abbildung. Sie befindet sich im Gebetbuch »Hortulus animae«, das der zweite Sohn Peter Schöffers 1514 in Mainz druckt. Hier sind die Drucker in einer Holzschnittrandleiste erkennbar.

48 Goebel. a. a. O. S. 18.

49 G. W. Zapf. Augsburger Buchdruckergeschichte. Augsburg 1788. 2 Bde. 1788.

50 Goebel. a. a. O. S. 19.

51 Karl Dieterichs. Die Buchdruckerpresse von Johannes Gutenberg bis Friedrich Koenig. Mainz 1930. a. a. O. S. 16. »Die Verwendung von Holz hat sich bald als unzweckmäßig erwiesen, da es die Erhaltung der ständig ebenen Flächen, zumal wenn, wie im vorliegenden Fall eine Zusammensetzung aus zwei Stücken in

Frage kam, Schwierigkeiten machte und an den vom Satz berührten Stellen eine rasche Abnutzung eintrat. Man behob diese Schwierigkeiten dadurch, daß man in einem auf dem Karren montierten Kasten einen entsprechend hergerichteten Stein, wohl ursprünglich Sandstein, später Schiefer oder Marmor legte, dessen Lage durch Einbettung in Sägemehl, Sägespäne oder dergl. gesichert wurde. Noch heute wird im franz. das Druckfundament ‚marbre' genannt. Ein aus dem Jahr 1563 stammender Entwurf zu einer Frankfurter Buchdruckerordnung läßt erkennen, daß Steine als Druckfundamente eine lange Gebrauchsdauer hatten.«

52 Otto W. Fuhrmann. Über die Auflagenhöhe der ersten Drucke, nebst Bemerkungen über den Verlauf der Erfindung Gutenbergs. S. 36. Kapitel »Auflage und Arbeitsweise«. Mainz 1956. Kleiner Druck der Gutenberg-Gesellschaft Nr. 61.

53 3400 + 3400 = 6800 × 16 = 54 200 : 2 (wegen der permanenten Arbeitsteilung zwischen dem Preß- und Ballenmeister) = 27 200. Abzüglich 50 % (geschätzte Pauschale für Ausfälle und Erschwernisse). So verbleiben immer noch pro Tag und Geselle bei einer voll ausgeschöpften Tagesarbeit etwa 14 000 Handreichungen.

54 P. J. H. Baudet. Hrsg. 1871 im Auftrag der Provinciaal Utrechtsch Genootschap van Kunsten en Wetenschappen. »Das kleine Gebiet, mit knapper Not durch Deiche und Mühlen über Wasser gehalten, stritt gegen den mächtigsten König Europas, der über die Schätze beider Indien verfügte. In den Städten und Dörfern dieser Landstriche lebten mehr Bewohner, als der Boden ernähren konnte.«

55 1638 gibt Blaew unter dem Titel »Appendix / Theatri Ortelli et Atlantis Mercatoris« einen Atlas heraus, der als Sammelwerk zu bezeichnen ist. Dabei handelt es sich *nicht* um den bekannten Atlas von Blaew. Dieser ist erst 1648 als Ausgabe von Dr. Joan Blaew, dem Sohn und Nachfolger von Willem Janszoon, erschienen.

56 Sinngemäß übernommen aus: Das Plantin-Museum der Stadt Antwerpen. 3. neubearb. Auflage von Dr. L. Voet (Konservator des Museums). 1965.

57 Ludovico Giucciardini. »Niederlands Beschreibung, in welcher aller darin begriffenen Landtschaften ..., Stetten ..., und nammhafftigsten Oertern, Ursprung und Auffgang, eigentlich erklärt wird. Darneben von den Einwohnern Natur und Eigenschafften ... Sonderlich aber von der Statt Antorff ... Erstlich durch Ludwig Guicciardin ... erkundiget ... aus dem italiänischen Original ... verdeutschet, durch Danielen Federmann von Memmingen. Basel. Sebastian Henricpetri, 1580.

58 J. H. G. Ernesti. Die wohleingerichtete Buchdruckerei. Nürnberg 1733.

59 Später folgt auf Wolphard die Familie Utz. Von Anton Utz sind Drucke aus Soest von 1676 und 1680 bekannt. Ein Anton Jacob Utz ist 1725 Buchdrucker an der »hohen« Schule. 1740 folgt ihm der 1785 verstorbene Friedrich Utz. Seine Witwe (geb. Asbeck) heiratet den 1760 geb. Buchdrucker Heinrich Jacob Grote aus Kleve. Grote erhält 1821 die Konzession zur Herausgabe eines Wochenblattes. Inhaber der Grote'schen Buchdruckerei sind von 1835 – 1845 H. F. Grote, bis 1845 seine Witwe, bis 1856 ein Gustav Grote, bis 1859 seine Witwe (geb. Pröbsting). Nach dem Tod von Gustav Grote tritt der Druckfachmann Julius Griebsch aus Breslau in die Firma ein. Die Witwe von Gustav Grote heiratet 1859 den Buchhändler Karl Müller aus Minden. Die Grote'sche Drukkerei führt jetzt den Untertitel »Griebsch und Müller«. Seit 1877 ist Julius Griebsch Alleinbesitzer. Sie ist noch heute im Familienbesitz. Entnommen dem Artikel »Die Buchdruckerpresse des Gymnasiums illustre und ihre ältesten Druckstöcke« von Ludwig Bänfer. Vgl.

- Bänfer. Eine Buchdruckpresse aus dem 16. Jh. im städtischen Gustav-Lübke-Museum in Hamm. Zeitschrift Westfalen. Münster 1933.
- Bänfer. Verschiedene Aufsätze über die Presse im Westfälischen Anzeiger. Akte Buchdruck im Museum daselbst.
- Berndt. Älteste Geschichte des Königlichen Gymnasiums in Hamm. 1781 – 1836 mit einer der 300jährigen Jubelfeier der Grafschaft Mark gewidmeten Einleitung. Hamm 1909.
- Nordhoff. Nachlese zur Buchdruckgeschichte Westfalens. Westfälische Zeitschrift. Bd. 42. Münster 1884
- Ingrid-Bauer-Keetmann. Die Wirtschaftsgeschichte der Stadt Hamm. In: Hamm, Chronik einer Stadt. Bd. 28. Heimatchroniken der Städte und Kreise des Bundesgebietes. Köln 1965. a. a. O. S. 200/201.

Ich danke dem Städtischen Museum in Hamm wie der Druckerei Griebsch für die Anregungen.

60 Anstoß zu meinen Überlegungen erhielt ich immer wieder von Herrn Eduard-Hoffmann-Feer, der mich tatkräftig unterstützt hat. Ich möchte ihm an dieser Stelle danken. Der Aufsatz stützt sich vor allem auf folgende Quellen:

- Schweizer Schriftschneider und Schriftgießer. Geschichte des Stempelschnittes und des Schriftgusses in Basel und der übrigen Schweiz von ihren Anfängen bis zur Gegenwart. Bearbeitet von Dr. Albert Bruckner im Auftrag der Haas'schen Schriftgießerei AG. Münchenstein 1943.
- Eduard Hoffmann-Feer. Die Typographie im Dienst der Landkarte. Zusammenfassung von bisher erschienenen Veröffentlichungen über typographisch hergestellte Landkarten unter besonderer Berücksichtigung der Haas'schen Blätter. Basel 1969.
- Eduard Hoffmann-Feer. Die Wilhelm-Haas-Stube. Ein kleines Museum in Münchenstein bei Basel. Sonderdruck aus der graphischen Fachzeitschrift »Druckspiegel«. Heft 2. 1966.

- Beschreibung einer neuen Buchdruckerpresse von Wilhelm Haas, dem Vater. 1772. Wiedergegeben nach dem Druck von Wilhelm Haas, dem Sohn. Basel 1790.
- Peter Wegelin. Die Familie Haas. Ein Beitrag zur Buchdruckgeschichte. In: Basler Taschenbuch. 1854/55. S. 61 ff.
- K. Becker. Beiträge zur Geschichte der Haas'schen Schriftgießerei in Basel. In: Schweizer graphische Mitteilungen. 40. 1922.
- August Burckardt. Erinnerungen aus dem Leben von Wilhelm Haas. In: Basler Jahrbuch. 1953.
- Hans-Jürgen Wolf. Geschichte der Druckpressen. 1. Auflage. Frankfurt am Main 1974. a. a. O. S. 91 ff.

61 1390 läßt der Nürnberger Rats- und Kaufherr Ulman Stromer (geb. 1329 – gest. 1407) in der von ihm mit Hilfe deutscher und italienischer Werkleute umgebauten Mühle Papier herstellen (Glesmul, nächst der Wöhrder Wiese an einem Pegnitzarm gelegen). Diese Mühle besteht bis 1463 und erscheint in der Schedel'schen Weltchronik. Vgl.
- Armin Renker. Das Buch vom Papier. 4. Auflage. S. 41 – 44, 133, 137 und 155.
- Ulman Stromeir. »Püchl von meim geslecht.« Nürnberg 1390.
- Hans-Jürgen Wolf. Geschichte der Druckpressen. 1974. S. 274.

62 Anton Koberger. Geb. 1445, gest. 3. 10. 1513. Mit dem Buchdruck beginnt er um 1470. Die Offizin stellt bis 1500 etwa 250 Druckwerke her. U. a. die Schedel'sche Weltchronik (in der die Abbildung der alten Papiermühle ist) in deutscher und lateinischer Ausgabe von 1493. Vgl.
- O. v. Hase. Die Koberger mit Briefbuch. 1885.
- A. Schramm. Bilderschmuck der Frühdrucke. 1934.
- Elisabeth Geck. Das Wort der Meister. Frankfurt am Main 1966. S. 21 – 25.

63 Martin Behaim. Geb. Nürnberg 1459 (?), gest. 29. 7. 1507. Nimmt an der zweiten Entdekkungsreise des Diego Cao teil. Nach seiner Rückkehr veranlaßt er die Fertigung zwar nicht des ersten, wohl aber ältesten (erhaltenen) Erdglobus. Beim Nürnberger Ei handelt es sich um ovale (dosenförmige) Taschenuhren. (P. Henlein, etwa 1510); die eiförmige Taschenuhr kommt erst gegen die Mitte des 16. Jh. auf.

64 Vgl. Dürerhaus. Nürnberg. Festschrift 1971. Nürnberg. S. 19, 20.

65 Jost Amman. Zeichner für den Holzschnitt und Kupferstecher. Geb. 1539 in Zürich, gest. 1591 in Nürnberg. Er schafft seit 1560 in Nürnberg zahlreiche Holzschnitt-Illustrationen. Vor allem: Beschreibung der Stände mit Versen von Hans Sachs. Trachtenbücher und Kartenspielbücher.

66 Vgl.
- J. Voigt. Blicke in das kunst- und gewerbereiche Leben der Stadt Nürnberg im 16. Jh. Berlin 1862.
- Joh. Heinrich Ernesti. Die Wohleingerichtete Buchdruckerei. Nürnberg 1733. Gedruckt und zu finden bei Andreä Endters, seel. Erben. (Ernesti geht ausführlicher auf den Nürnberger Frühdruck ein.)

67 Vgl.
- K. Schottenloher. Flugblatt und Zeitung. Bibliothek für Kunst- und Antiquitätensammler. Bd. 21. Berlin 1922.
- Walter Heide. Die älteste gedruckte Zeitung. Mainz 1931.

68 Vgl. Joseph Moxon. »Mechanik exercises, or, the doctrine of Handyworks«. 2 Bde. London 1683.

69 Das typographische System beruht auf der willkürlichen Teilung eines bestimmten königlichen Fußes. Im Lauf der Zeit haben sich Fachleute – vor allem französische – unter wirtschaftlichem Druck und ästhetischen Gesichtspunkten, mit der permanenten Festigung des Systems auseinandergesetzt. Es läuft praktisch bis heute zweigleisig. Schließlich werden die Systeme so starr, daß sie nicht mehr mit dem metrischen in Einklang zu bringen waren. Dieses Relikt erfährt – einst heiß umkämpft – durch die neuen Satztechnologien im Verbund mit der Elektronik im Lichtsatzbereich eine Veränderung.

70 Autor ist der franz. Kupferstecher Abraham Bosse.

71 Jacob Hase, der sich ohne Unterschied Joachim nennt, taucht erstmals um 1623 als Gartenpachter in den Görlitzer Gerichtsbüchern auf.

72 1656 erwirbt Christoph das Meisterrecht als Maurer. Johann ist ein Sohn von ihm, der nach Nürnberg auswandert. Johann Wilhelm Haas, Posaunen- und Trompetenmacher in der Kreuzgasse, stirbt 1723. Seine Frau Ursula 1721. Vgl. Nürnberger Totengeläutbücher. Bruckner, a. a. O. S. 78/79.

73 1718 macht Haas einen Vermerk auf einem (verschollenen) Pastellbildchen.

74 Alteingesessene Schweizer Buchdrucker- und Schriftgießerfamilie. Vgl. Bruckner. a. a. O. S. 66 – 67.

75 Etwas später bearbeiten die Pariser Schriftgießer und Drucker Francois Ambrois Didot und sein Sohn Firmin das Fournier'sche System. Sie setzen an Stelle des altüberlieferten Grundmaßes den Königsfuß oder »Ligne de Pied de Roi« und nennen ihn »Prototype«. Durch die weitere Sechserteilung wird der »Point typographique« geboren. So nimmt das Maßsystem im graphischen Gewerbe seinen Lauf.

76 Supplikation von Genath an den Kleinen Rath 1737. St. A. Basel. Handel und Gewerbe HHH. 3. sub dato. Abgedruckt bei Bruckner. a. a. O. S. 175.

77 Eine gebrochene (im Gegensatz zur ungebrochenen) Antiqua. Schrift von 6-Punkt-Größe. Die Herstellung von so kleinen Schriften stellt technisch, handwerklich und optisch hohe An-

forderungen; sie erschweren das zügige Lesen und werden deshalb als »Augenpulver« bezeichnet.

78 Johann Friedrich Freiherr von Cottendorf (1764 – 1832). Er druckt zahlreiche Werke von Schiller und einige Gesamtausgaben von Goethe. Vgl.
- Liselotte Lohrer. »COTTA«-Geschichte eines Verlages. 1659 – 1959. Erschienen im gleichn. Verlag. Stuttgart.

79 Schweizer Gelehrtenfamilie 1. Jacob, geb. 1654, gest. 1705. Mitbegründer der Wahrscheinlichkeitsrechnung und Entdecker der Bernouilli'schen Zahlen. 2. Daniel, geb. 1700, gest. 1782. Er entdeckte das Prinzip von der Erhaltung der »Lebendigen« Kraft.

80 Angesehene Schweizer Schriftgießerfamilie. Vgl. Bruckner a. a. O. S. 51 – 66.

81 Das typographische System hat sich erst langsam, dann vor allem unter französischem Einfluß, herausgebildet. Ursprünglich gab es keinerlei Normen (im heutigen Sinn) und ein Wirrwarr an verschiedenen Kegeln und Abmessungen. Üblicherweise benennt man eine Schrift nach einem bekannten Werk, für das sie benutzt wird. Zum Beispiel Cicero Fraktur. Technisch gesehen, ist man von der Einsatzfähigkeit der Gießinstrumente, der Möglichkeit einer mehrfach – manuellen – Nachbearbeitung abhängig.

82 »Erklärung einer neuerfundenen und gemeinnützlichen Einrichtung der Stück-Linien mit den dazugehörigen Tabellen nebst einer Anmerkung über die genossenen Stege zum Nutzen der Buchdrucker-Kunst.« Hrsg. von Wilhelm Haas, Basel 1772.

83 Vgl. Feldhaus. Die Maschine im Leben der Völker. a. a. O. S. 185: »Auf dem Glasgemälde der Münzer sieht man stilisiert ein Münzprägewerk mit senkrechter Spindel (um 100: Le Mans). Um 1500 scheint die Spindelpresse mit Schwunggewichten aufgekommen zu sein, wobei die Schwungkugeln eine Neuerung des beginnenden 17. Jh. sind. Vgl. Brockhaus 13. Bd. S. 78. Spalte rechts.

84 St. A. Basel. Kleinratsprotokoll 146/347 vom Mittwoch, dem 8. 12. 1773.

85 Entgegnung von Wilhelm Haas. St. A. Basel. Handel und Gewerbe HHH 3. »Antwort Herren Wilhelm Haasen auff der Herren Buch Truckeren Klag« (verlesen, den 18. Decembris 1773). Abgedruckt bei Bruckner. a. a. O. S. 188.

86 »Bedencken Loblicher Bücher-Comission in Sachen der Herren Buchdruckern gegen Herren Wilhelm Haaß den Schriftgießer, verlesen am 2. Februar 1774.« Abgedruckt bei Bruckner. a. a. O.

87 Beschreibung und Abrisse einer neuen Buchdruckpresse. Erfunden in Basel im Jahre 1772 und zum Nutzen der Buchdruckerkunst herausgegeben von Wilhelm Haas, dem Vater. Gedruckt bei Wilhelm Haas, dem Sohn. MDCCXC.

88 Theodor Goebel. Friedrich Koenig und die Erfindung der Schnellpresse. Stuttgart 1883. a. a. O. S. 23, 24.

89 Albert Bruckner in der Festschrift. Schweizer Stempelschneider und Schriftgießer. a. a. O. S. 84 – 103.

90 Vgl. Fußnote 87. a. a. O.

91 Vgl. Fußnote 87. a. a. O.

92 Unter dem »Gesperre« versteht man hölzerne Stangen, die die Presse gegen die Raumdecke abstützen. Diderot und d'Alembert bringen in ihrer Encyclopädie Abrisse. Im Antwerpener Plantin-Moretus verfügen alle Pressen – auch die alten – über gut erhaltene »Gesperre«.

93 Vgl. Fußnote 87. a. a. O. S. 3 ff.

94 Vgl. Fußnote 87. a. a. O. S. 5 ff.

95 Unter einem »Bengel« versteht man die hölzerne (gerade) oder metallisch (gebogene) Stange, mit der der Pressenmeister über die Spindel (später: veränderte Hebelwirkung mit schiefen Ebenen) die manuell ausgeübte Kraft umlenkt und dadurch entweder den Tiegel von der Form hebt bzw. senkt, erst dadurch entsteht der »Abdruck«.

96 Ballenknechte dienen zur Aufnahme der Druckerballen, wenn sie nicht verwendet werden. Üblicherweise befinden sie sich in oder etwas über Kopfhöhe an der Bedienungsseite der Presse. Über die Herstellung der Ballenknechte vgl.
- Hans-Jürgen Wolf. Über die Entwicklung der Buchdruckersprache. Manuskript. Kronberg/Ts. 1974.

97 Die Jubiläumsausgabe des Buches »150 Jahre Hans Sauerländer in Aarau« berichtet auf S. 51, daß dort um 1805 eine Haas'sche Presse aufgestellt war.

98 Georg Joachim Göschen ist wohl einer der seinerzeit bekanntesten deutschen Fachleute im graphischen Gewerbe. Er erwirbt sich durch die Herausgabe verschiedener Prachtausgaben Ansehen. In seinem Leipziger Betrieb arbeiten u. a. »Haas'sche-Pressen«.

99 Karl Dieterichs. Die Buchdruckerpresse von Johannes Gutenberg bis Friedrich Koenig. Mainz 1930. Dieterichs war Oberingenieur bei der Schnellpressenfabrik A. Frankenthal/Pfalz.

100 Brockhaus, Handbuch des Wissens. 1. Bd. Ausgabe 1923. Sp. rechts. S. 372.

101 Hans-Jürgen Wolf, Geschichte der Druckpressen (1974). a. a. O.

102 Das Andreäische Handbuch der Buchdrukkerkunst, Frankfurt am Main 1837, berichtet auf S. 405, daß Lord Stanhope (vgl. The Encyclopedia Britannica, 21. p. 312) seine Idee von der Buchdruckpresse den Ausführungen von Wilhelm Haas verdanke. Dies ist nicht schlüssig geklärt.

103 August Gottlieb Preuschen (1734 – 1803). Geologe, Hofdiakon, Geograph und Publizist in Karlsruhe. Sein frühester Versuch, Landkarten zu setzen geht mit der »Mappa typogeo-

graphiae Sicilianae« auf das Jahr 1773 zurück. Später schuf er die »... Ehrensäule in einer typometrischen Carte der Landgrafschaft Sausenberg der Herrschaften Roetteln und Baden zum ruhmvollen Andenken an die von Carl Friedrich regierenden Markgrafen zu Baden geschehene huldreiche Befreiung dieser wie aller übrigen fürstlichen Staaten von Leibeigenschaften und allen davon abhängenden Verbindlichkeiten«. 1783.

104 Vgl. Breitkopf's Landkartenprobe. »Über den Druck der geographischen Carten. Nebst beigefügter Probe einer durch die Buchdruckerkunst gesetzten und gedruckten Landcarte.« Von Johann Gottlob Immanuel Breitkopf, Leipzig, aus der Breitkopf'schen Buchdruckerei. 1777 (angeheftet). Vgl.
- M. Hausius. Leipzig, den 30. May 1794. Biographie Herrn Immanuel Breitkopfs. Ein Geschenk für seine Freunde. 1794.

105 Mit den Umdruckverfahren des beginnenden 18. Jh. wird es überflüssig, Noten, Texte (vor allem mit kleinen Schriftbildern) und Zeichnungen seitenverkehrt auszuführen, damit sie im Druck »seitenrichtig« erscheinen. *Dieses Moment hat das graphische Gewerbe ungemein beeinflußt und völlig neue Maßstäbe gesetzt.*

106 Vgl. Neues Künstler-Lexikon. VI. S. 236.

107 Im 16. und 17. Jh. entwickeln sich die mehr demokratischen Verfassungen in Zürich, Basel und Schaffhausen zu Zunftaristokratien. Nach der Eroberung Oberitaliens durch Napoleon Bonaparte wird die Beherrschung der östlichen Alpenpässe auch für Frankreich ein zentrales Problem. Kurz danach bricht die alte Eidgenossenschaft zusammen. Die Helvetische Republik (12. 4. 1794) bringt den Einheitsstaat. Es war eine bewegte Zeit:
1799 Kriegsschauplatz,
1800 – 1802 wiederholte Staatsstreiche,
1803 Schilderhebung der Altgesinnten.
Die Schweiz wird wieder zum Staatenbund und 1848: Bundesstaat.

108 Giambattista Bodoni (1740 – 1813) »König der Drucker«. Bodoni ist gelernter Stempelschneider und stammt aus einer Druckerfamilie. Auf Ersuchen des Herzogs von Parma übernimmt er die (dortige) Königliche Druckerei. Bodoni bringt eine umfassende Schriftprobe in 155 Sprachen und mit 215 Typenarten heraus. Vgl.
- Elisabeth Geck. Das Wort der Meister. Linotype GmbH. Frankfurt am Main. 1966. a. a. O. S. 80 – 82.

109 Bis zur Mitte des 19. Jh. druckte man auf feuchtes Papier, damit der Abdruck besser ausfällt. Dadurch graben sich die Typen mehr als nötig in den Bedruckstoff, so daß ggf. auf der Bogenrückseite eine »Schattierung« sichtbar wird. Um dem Mangel abzuhelfen, glättet man die Bogen nach dem Druck auf einer »Glättpresse«. Es führt zu einer Wertsteigerung der Produkte.

110 Der Terminus »Späne« deutet darauf, daß ursprünglich die Abstände zwischen den Zeilen, der »Durchschuß«, aus hölzernen Spänen gebildet wird. Wenn man erwähnt, daß die Formen in der Regel feucht abgedruckt werden, läßt sich ermessen, wie wichtig es ist, metallische Formelemente vorzusehen.

111 Vgl.
- Hans-Jürgen Wolf. Geschichte der Druckpressen. 1974. a. a. O.
- Herbert Moll. Das Setzmaschinenbuch. Otto Blersch Verlag Stuttgart. 1960. S. 15 ff.

112 Vgl.
- Aloys Senefelder. Lehrbuch der Lithographie und des Steindrucks. München 1821.
- Friedrich Hese. Die Chromolithographie, Halle a. d. Saale. 1906.
- Hans-Jürgen Wolf. Geschichte der Druckpressen (1974). a. a. O. S. 270 ff.

113 Wilhelm Haas (der Vater). Beschreibung einer neuen Buchdruckpresse. Wiedergegeben nach dem Druck von Wilhelm Haas, dem Sohn, Basel 1790. Nachdruck des Originals in einer Ausgabe des Schweizerischen Gutenberg-Museums. S. 11. Beynahe zur nämlichen Zeit sind auch andere Liebhaber der Buchdruckerkunst auf die Presse verfallen. So: Hr. Anisson im Jahre 1785 und Hr. Pierre im Jahre 1786. Sie haben ihre verbesserten Pressen in »sehr schönen Abrissen und mit gelehrten Abhandlungen« herausgegeben. Ein Bild der Apollo-Presse scheint nicht mehr auffindbar. Selbst James Moran sagt, daß er sie nur dem Namen nach kennt. Meine Nachforschungen blieben erfolglos. Für Hinweise bin ich dankbar.

114 Christian Gottlob Täubel. »Practisches Handbuch der Buchdruckerkunst für Anfänger.« Leipzig 1791, bzw. die spätere zweibändige Ausgabe von 1805.

115 Allerhöchste Entschließung vom 5. 9. 1791.

116 Anton Mayer. »Wiens Buchdruckergeschichte 1582 – 1882«. 2. Bd. Wien 1887. a. a. O. S. 139 ff.

117 Karl Dieterichs. »Die Buchdruckerpresse von Johannes Gutenberg bis Friedrich Koenig«. Mainz 1930. a. a. O. S. 37.

118 Herr Waller von der Planeta-Druckmaschinenvertretung (Düsseldorf) stellte mir für Studienzwecke freundlicherweise den alten Hauptkatalog von Hogenforst zur Verfügung.

119 James Moran. »Printing Presses. History & Development from the Fifteenth Century to Modern Times.« London 1973. a. a. O. S. 227 bis 252.

Buchdruckmaschinen

1 Im deutschen Sprachraum erhält die anfangs fälschlicherweise »steam-press« genannte Buchdruckmaschine durch den Augsburger und Stuttgarter Buchdruckereibesitzer Freiherr v. Cotta den Namen »Schnellpresse«.

2 Helfried Barnikel. Friedrich Koenig, ein früher Industriepionier in Bayern. Die Gründung der ersten Druckmaschinenfabrik der Welt (Oberzell bei Würzburg 1817) und der ersten Maschinenpapierfabrik in Bayern (Münster-Schwarzach 1828).

3 Theodor Goebel. Friedrich Koenig und die Erfindung der Schnellpresse. 1. Auflage. 1883. a. a. O.

4 Zum Beispiel »... der Wunsch, einem echten deutschen Mann und großem Erfinder durch das gedruckte Wort ein bleibendes Denkmal zu setzen, war die Veranlassung zu diesem Werk ... möge es dem Verfasser gelungen sein, sein Buch zu einem festen Baustein zu gestalten für das Monument, welches das deutsche Volk und die Geschichte einem Manne schulden, dem trotz Armut ... zum Ruhme eingegangenem Erfinder der Schnellpresse.«
Außerdem möchte er die mißlichen Verhältnisse nachweisen, die Koenig zwingen, nach England auszuwandern. Dann will er die Nichtigkeit der englischen Ansprüche auf die Erfindung der Buchdruckmaschine nachweisen. (Entnommen: Vorwort zu seiner zweiten Auflage.)

5 »Er muß in der Tat zum Drucker geboren gewesen sein, denn schon als Kind liebte er es, ‚druckens' zu spielen, wobei er sich der Handmangel seiner Mutter bediente, um zweifelhafte Abdrücke von allerhand Gegenständen zu machen.«
Vgl. den im November 1869 veröffentlichten Aufsatz von »Macmillans Magacine« über Koenig.
Ähnlichen Unsinn berichtet man über Aloys Senefelder.

6 Die ursprüngliche Schreibart ist *König*. Die Anglisierung setzt mit seinem Aufenthalt in England ein und wird später beibehalten.

7 Eine bis in das 16. Jh. zurückgehende Ahnentafel befindet sich im Werkarchiv. KBA 1659.

8 So im Lehrlingsaufnahmebuch der Firma Breitkopf & Härtel anläßlich der Einschreibung seines Sohnes.

9 Vgl. Goebel, a. a. O. und Réne Ferriot: Frederic Koenig. Kleiner Druck der Gutenberg-Gesellschaft. Nr. 48. Mainz 1950.

10 »Baptizati 1774. Den 20. April (ist getauft) Herrn Joh. Christoph König, Bürger und Anspänner et Ux. Sophie Christiane geb. Rohsin, ein Sohn, Johann Friedrich Gottlob.«

11 »Indem wir Deinen Brief noch in den Händen halten, kam der Doktor Luppe mit einem neuen Zeitungsblatt gelaufen und teilte uns die erfreuliche Nachricht mit, daß Dein Name wieder mit großer Lobeserhebung in der Zeitung genannt wurde. Wir freuten uns um so mehr, da das Leipziger Zeitungsblatt gerade den 17. April, als an Deinem Geburtstage, herausgegeben war.«

12 Gutbier. Luthers Vermächtnis. a. a. O. S. 249.

13 Dr. Presser teilt durch Schreiben vom 11. 2. 1974 mit, daß das Gutenberg-Museum (Mainz) zahlreiche Originalbriefe von Koenig und Bauer, teilweise mit Zeichnungen, besitzt.

14 Barnikel. a. a. O. S. 18.

15 Johannes Gutbier in seiner 1958 erschienenen Festschrift. Geschichte des Eislebener Luther-Gymnasiums und der Staatlichen Luther-Schule 1896 – 1946. Gutbier. Luthers Vermächtnis. a. a. O. S. 248 – 250.

16 Vgl. seine Schrift. Kurze Beschreibung der Merkwürdigkeiten, die sich in Eisleben ... auf Dr. Martin Luther beziehen, nebst einem Anhang zur Einleitung der Chronik von Eisleben. 2. Auflage. Merseburg 1827. »Er (Koenig) zeigte schon als Knabe und Jüngling große Anlagen, besonders zur Mathematik und Mechanik.«

17 Darin wird vermerkt, daß Friedrich Koenig am 29. Januar, acht Jahre alt, in die Quinta aufgenommen wird.

18 1789, 22. Friedrich König, eines Oeconomie Sohn in Eißleben, von Johannis 1790 bis dahin 1795. Zum Setzer und Drucker. Aufdinggeld bezahlt.
22. ... wurde Michaeli 1794 losgesprochen.

19 Milkau. Handbuch Bd. I. S. 580 sagt zur Geschichte des Firmenarchives: »das außerordentlich wertvolle Geschäftsarchiv, das 1923 der Forschung öffentlich zugänglich gemacht wurde, enthielt außer zahlreichen Handschriften und Autographen des Verlages die Geschäfts- und Druckbücher seit 1719. Es wurde in der Nacht vom 3. zum 4. Dezember 1943 zerstört.«

20 Vgl. H. Barge. In: Bogeng. Geschichte der Buchdruckerkunst. Bd. II. S. 244. Zur Geschichte der Firma vgl. Oscar v. Hase. Breitkopf & Härtel. Leipzig 1917 – 1919.

21 Zum Beispiel Johann Jacob Weber aus Basel (Illustrierte Zeitung, Leipzig). Carl Peters (1805 – 1814). Musikverlag C. F. Peters. Christian Friedrich Giesecke (1813 – 1817). Schriftgießerei Schelter & Giesecke. Gottlob Röder (1836 – 1846). Notendruckerei C. G. Röder und Friedrich Wilhelm Garbrecht (1858 – 1860). Vorbesitzer der späteren Druckerei Oscar Brandstetter. Vgl. Ludwig Volkmann. Aus der Frühzeit der Schnellpresse. In: Archiv für Buchgewerbe. Jahrgang 1938. a. a. O. S. 345.

22 Die spärlichen Angaben darüber lauten: »König, Frd. Islebien. S. i. 4. Vi. 1798. Vgl. Erler d. J. Matrikel Bd. III. S. 209. Spalte II. Die Immatrikulation der Jahre 1780 – 1823 sind im Matrikelband Signatur B 11 enthalten. Hierzu die Erläuterung (Erler, Jüngere Matrikel). S. IX. Die Eintragung mußte angeben: 1. Nomen. 2. Patria. 3. Zeit der Inscription. Islebien = Eisleben. S dürfte die Abkürzung für Saxonia sein.

23 Vgl. Ausführliche Hinweise im Artikel »Buchdruckerkunst« des im Jahre 1837 bei F. A. Brockhaus erschienenen Werkes »Bilder-

Conversations-Lexikon« erwähnt. Bd. I. S. 343.

24 KBA 327 – 331. Vertrag zwischen F. Koenig und W. Riedel (1802 – 1828). Vgl. Goebel. Koenig. a. a. O. S. 34 ff.

25 Unter dem Beistand und der Vollmacht ihres Spezialkurators, des Aktuars Carl Gottlob Fleischer von Endehorn. Der Vertrag wird am 5. Juli 1802 in Helben vor dem Freiherrlich von Kersenbruch'schen Amt bestätigt.

26 Nicht umsonst sagt ihm Eggert: »Handle vorsichtiger wie das erste Mal in Deinem Vertrag mit Riedel, dies mein freundlicher Rat, den ich Dir schon früher gab und nochmals wiederhole.«

27 KBA 317.

28 Vgl. »to the Public« in der »Times« vom 8. Dezember 1814.

29 Es wird vom Leipziger Fuß ausgegangen, der 0,28 m entspricht. Im Gegensatz dazu steht der preußische Fuß mit 0,31 m. Die Vielfalt der deutschen Maße und Gewichte auf engem Raum als Folge der dynastischen Zersplitterung wird durch die Einheitsbestrebungen des 19. Jh. – einsetzend mit dem Zollverein – überwunden.

30 Masse aus Leim und Sirup, Walzenmasse oder »Composition« zum Auftragen der Druckfarbe auf die Druckform. Wird möglicherweise erstmals von dem Drucker Forster, der in Weybridge in der Druckerei von Hamilton arbeitet, verwendet. Dort will er gesehen haben, wie man in einer Töpferei Walzen herstellte, indem man eine Masse aus diesen Komponenten in dicke Segeltücher gießt. Bis weit über die Mitte des 19. Jh. hinaus werden in den Buchdruckereien die Walzen selbst hergestellt.

31 »In der Zeit, da F. Koenig mit den Gedanken umging, den von Hand ausgeübten Druck auf mechanischem Weg zu bewerkstelligen, wurde die Farbe mit der Spachtel auf dem Stein verrieben, dann umgewalzt und mit der Handwalze auf den Druckstock übertragen. Man muß sich immer wieder den Stand der Drucktechnik jener Zeit vor Augen halten, um zu verstehen, was F. Koenig mit seinen Erfindungen der Druckwelt gegeben hat. Wenn man in den Druckereien über die seitliche Verreibung spricht, denkt man unwillkürlich an Walzen, die gegenseitig in Achsenrichtung, während sie rotieren, hin- und herbewegt werden. Das ist heute etwas Selbstverständliches: und doch mußte der Mann kommen, der den Gedanken hatte, in einem aus Walzen verschiedenartigen Materials bestehenden Werk die Farbe zu verreiben und dem Bedarf der Druckform entsprechend zu verteilen. Das war der große Schritt vom Stein – zum Zylinderfarbwerk. Mehr noch verblüfft es zu sehen, daß F. Koenig die Mittel anwandte, um die Farbe zu verreiben, die wir heute noch, trotz modernster technischer Erkenntnisse, wenn auch in etwas abgewandelter Form, für den gleichen Zweck verwenden.«
Vgl. Hanns Fritz. Die seitliche Farbverreibung. Die Grundlage Koenigs ist im modernen Druckmaschinenbau noch gültig. In: Der Druckspiegel. Juli 1955.

32 Die Beschreibung dieser Presse findet sich in dem Prospekt: »Modelle der ersten fünf Druckmaschinen Friedrichs Koenigs.« KBA 2749.

33 Goebel. a. a. O. S. 61.

34 Goeschen n. n.

35 Hier werden u. a. Ausgaben von Wielands Werken mit Kupfern, Heyne's Homer, Griesbachs Neues Testament und andere Prachtausgaben gedruckt. Sie zählen zu den typographischen Meisterleistungen der Epoche.

36 Das von Koenig erwähnte Beischreiben mit Zeichnungen – ein zur Entwicklung der Drucktechnik wichtiges Dokument – ist verlorengegangen. Erhalten haben sich lediglich vier Zeichnungen. Sie stammen vermutlich aus der »Suhler« Zeit, denn sie sind in »Leipziger Fuß« berechnet. Andere Aufrisse und Durchschnitte aus der ersten Periode des Druckmaschinenbaues zeigen verbesserte Formen. Das hölzerne Preßgerüst wird durch Eisenkonstruktionen ersetzt.

37 Barge. Geschichte der Buchdruckerkunst. a. a. O. S. 415.

38 Im Firmenarchiv unter KBA 16 angegeben, ist dieser Brief verlorengegangen. Noch zitiert bei Goebel. a. a. O. S. 61.

39 Vgl. den Brief an seine Mutter vom Oktober 1814.

40 Schreibt er seinem Freund Böhme nach Hamburg. Zitiert bei Goebel. a. a. O. S. 62.

41 KBA 301. Abschrift der Stellungsnahme von Burgsdorf (ohne Datum).

42 KBA 6. Wittig an Koenig. 14. 8. 1803.

43 Barnikel. a. a. O. S. 35.

44 KBA 7. L. Huttner an Koenig. London 16. 12. 1803.

45 KBA 8. L. Huttner an Koenig. London 13. 3. 1804.

46 Vgl. Artikel im 1827 erschienenen Handbuch der Buchdruckerkunst von Benjamin Krebs. Frankfurt am Main. a. a. O. S. 596 ff.

47 Goebel. a. a. O. S. 95.

48 Dieser Brief ist wegen der Kontinentalsperre am 20. März 1807 durch Herrn Weiße über Stockholm verschickt (?).

49 Hermann Barge. Der Buchdruck des 18. Jh. In: Bogeng: Geschichte der Buchdruckerkunst. Bd. II. S. 220.
Vgl. H. V. Marcot. William Bulmer and Thomas Bensley. »A Study in Transmition.« London 1929.

50 Er bestätigt es in einem 1847 für das Oktoberheft des »Philosophical Magazine« geschriebenen Artikels »On the Invention and Introduktion of Mr. Koenig's Printing Machine«.

51 »Es wird Hrn. Bensley freuen, Mr. Koenig und seinen Freund morgen Abend zu sprechen be-

züglich des Gegenstandes ihrer bereits gehabten Unterhaltung; er wird dann ein Übereinkommen vorschlagen als ersten Schritt zur Ingangriffnahme der Erfindung.« Bolt-Court. 11. May 1807.

52 KBA 20. London 31. 3. 1807.

53 1. April 1807. Am Abschlußtag des Vertrages.

54 »Having occasion to leave Town for the remainder of this week. I made a point of calling Mr. Walter yesterday, who I am sorry to say declines our proposition altogether, havin (as he says) so many engaments als prevent him entering into more. Not wishout serious concern for the disappointent You have experienced, and with haerty good wishes for Your eventual sucess. I remain Sincerely Yours T. Bensley.« Vgl. KBA. Bensley an Koenig. London 9. 8. 1809. Koenig wohnt in Norton Street 100.

55 KBA 45. Gesellschaftsvertrag Bensley, Koenig, Taylor und Woodfall. London 29. 9. 1809.

56 »Now it was in 1809 that, together with the late Mr. Woodfall, I joined Mr. Koenig and Mr. Bensley in taking out patents, the machine being even so far advanced as to satisfy us as to the prospect of sucess, and to unable us to have the specifications drawn up. Koenig had gone on with Bensley, to whom I had recommended him some few years before, up to the jear 1809, when the taking of premises and the purchase of the lathes, tools, etc. and the employing of workmen, wo with the salaries of Mr. Koenig and his able and exellent Mr. Bauer, led Bensley to invite us to a partnership in the undertaking.«

Vgl. Richard Taylor. In »The Gentleman's Magazine«. Jahrgang 1847. S. 596.

57 Bolza. Erfindung der Druckmaschine. a. a. O. S. 12.

58 Naumann. A. F. Bauer S. 11. Die Schrift Neumanns enthält die vollständigsten Angaben zur Biographie Andreas Bauers, soweit sie sich 100 Jahre nach seinem Tod aus den erhaltenen Dokumenten ermitteln lassen.

59 »Fr. Koenig in 1807 having found a Partner in the person of the printer Mr. Th. Bensley, who promised to procure the fonds necessary to put Koenig's plan into execution and to obtain the patents, there entered some time afterwards two others the partnership, Messrs. Richard Taylor and G. Woodfall, likewise two eminent printers in London. At that period an intimate friendship, arising from commercial connexions, was etablished between Fr. Koenig ... and the writer of these lines ...«.

Vgl. Andreas Friedrich Bauer. Die ersten Druckmaschinen (erbaut in London bis zum Jahre 1818 von Fr. Koenig und F. A. Bauer). Ein Exemplar befindet sich im Werkarchiv. Ein Faksimile davon wird auf den Seiten 33 bis 64 der Gedenkschrift von Georg Naumann wiedergegeben.

60 KBA 754. Abschrift des Auszuges aus dem Taufbuch der Stuttgarter Stiftskirche.

61 Goebel. a. a. O. S. 108.

62 KBA 1665. Faksimilewiedergabe bei Naumann, F. A. Bauer. S. 15.

63 Goebel. a. a. O. S. 110.

64 Die englische Patentschrift zum ersten Patent Koenigs befindet sich im Archiv der Firma Koenig und Bauer. KBA 1597.

65 Goebel. a. a. O. S. 113.

66 In einem Artikel der Times vom 8. Dezember 1814. »To the public.«

67 Goebel. a. a. O. S. 114.

68 »For further improvements on my method of printing by means of machinery.« KBA 1593 (Original). KBA 1598 (Patentschrift).

69 »For certain additional improvements in my method of printing by means of machinery.« Nr. 3725. KBA 1595 (Original-Konzept). KBA 1599 (Patentschrift).

70 Barnikel. a. a. O. S. 61.

71 Barnikel. a. a. O. S. 61.

72 Albrecht Bolza. Die Erfindung der Schnellpressen. a. a. O. S. 9.

73 Goebel. a. a. O. S. 125.

74 Im Archiv der »Times« befinden sich zur Geschichte der Druckmaschine folgende Unterlagen:

- 1813. Thomas Bensley, George Woodfall, Richard Taylor, Friedrich Koenig, with John Walter. P. H. S. Papers.
- 1816. Supplementary. Memorandum by which the same parties agree not to sell machines or other newspaper printers below a stated Price. P. H. S.
- 1816. Supplementary Memorandum by which the same parties agree not to sell machines or other newspaper printers below a stated Price. P. H. S.
- 1816. Receipt for cash paid by Walter and agreement signed by Bensley, Koenig and Taylor that the sum covers unrestricted rights to the use of the machines.
- 1817. Authority to Bauer, sigend by Koenig. P. H. S.
- 1818. Koenig and Bauer with John Walter for supplying and parts of machinery for delivery December 1, 1818. P. H. S.
- 1818. Letter (December 20, 1818) from Koenig explaining delay in fur filling promise for delivery by December 1. P. H. S.

Correspondence Koenig to Walter. Drafts from the Letterbooks 1817–? (Würzburg).

P. H. S. = Printing House Square Archives (Archiv der »Times«). Koenigs englische Patentschriften finden sich gesammelt abgedruckt in: Abridgements of Specifications relating in Printing ... printed by order of the Commisioners of Patents (London) 1859.

75 Die im Archiv der Firma Koenig und Bauer erhaltenen Konstruktionsberechnungen für die Doppelmaschine (KBA 1570) tragen den Vermerk von der Hand Koenigs: »Diese Maschine ist im Decr. 1812 oder im Januar 1813 combi-

nirt, im Sommer 1814 vollendet und im Nov. auf »The Times Office« in Gebrauch gebracht worden. Den ersten Gedanken dazu hatte ich bereits im Sommer 1811, gleichzeitig mit der Idee des cylindrischen Druckes. Von der Hand Bauers, offensichtlich später hinzugefügt, steht die Bemerkung: »Die Idee der Doppelmaschine – nemlich mit 2 Preßapparaten von einer Form zu drucken, gab ich, Bauer, noch vorher an als die erste Maschine mit flachem Druck nicht genug lieferte.« Vgl. Barnikel. a. a. O. S. 65.

76 In einem Brief Bauers an den bereits nach Deutschland zurückgekehrten Koenig vom 28. April 1818.

77 Vgl. KBA 48. Articles of Partnership. London 22. 3. 1813.

78 Vgl. KBA 49. Änderung des Gesellschaftsvertrages. London 20. 8. 1815.

79 Goebel. a. a. O. S. 142.

80 John Walter stirbt am 28. Juli 1847. In dem am nächsten Tag verfaßten Nekrolog wird gesagt, daß Walter die Maschinen in einem benachbarten Lokal installierte.

81 Goebel. a. a. O. S. 144.

82 »Wir wollen nicht unterlassen, zu bemerken, daß uns keine Gelegenheit gegeben ward, eine ‚Vielfache' in England zu bauen; zur Zeit unseres Wirkens dort war noch keines Blattes Auflage so hoch gestiegen, daß Doppelmaschinen nicht mehr ausgereicht hätten. Maschinen mit vier Druckzylindern und die oben beschriebene achtfache sind öfters zwischen Herrn John Walter und uns besprochen worden, auch später (16. März 1823) schrieb er uns, daß jetzt wohl der Fall eintreten könne »to think of the Roundabout«. Herr Walter unterließ es jedoch um diese Zeit. Als er endlich 1827 den Offerten des Herrn Applegath Gehör gab, zeigte er uns dies in einem freundschaftlichen Schreiben an, mit der Versicherung, daß er die Aushilfe eines »Fremdem«, wie er sich ausdrückte, nicht angenommen haben würde, wenn wir noch dort etabliert gewesen und die vielen wichtigen und weitläufigen Besprechungen gemeinsam und mündlich hätten gepflogen werden können.«

83 Goebel. a. a. O. S. 149/150.

84 In seinem 1841 erschienenem »Dictionary of the Art of Printing«. a. a. O. S. 463.

85 Goebel. a. a. O. S. 84.

86 Goebel. a. a. O. S. 193.

87 Vgl. William Savage »Dictionary of the Art of Printing«. S. 463. »Cowper habe Bensley einen Anteil an dem Patent angeboten und (dieser) hat es angenommen. Wann dies exakt erfolgt, steht nicht fest: da jedoch das von Bensley und seinem Sohn Joseph als Zeuge mitunterschriebenem Patent vom 7. Januar datiert ist, ist unzweifelhaft, daß ihm eine länger davorliegende Offerte unterbreitet wird: lange vor dem Abschluß Koenigs mit Bensley vom 25. November 1816. Als Koenig und Bauer nach Deutschland zurückgekehrt sind, geht Bensley soweit, der zweiten Cowper'schen Patentschrift seinen Namen als Zeuge beizusetzen. Er hat die Dreistigkeit, dem von ihm (ebenfalls) getäuschten Taylor einen Anteil an der Applegath'schen-Cowper'schen Vereinigung anzubieten.«

88 Goebel. a. a. O. S. 215.

89 »Prospectus of König's Invented Patent Printing Machine.« KBA 780. Hier ausnahmsweise die Schreibweise »König«. Der Prospekt trägt das Datum vom 5. April 1817 und den Schlußvermerk: »Communications are requested to be adressed to the Patentees of the Printing Machine. 6. Bolt Court, Fleet Street, or 38, Shoe Lane.

90 *Patent für eine Maschine oder ein Instrument neuer Konstruktion zum Druck auf Papier, Leinwand, Baumwollen- oder Wollenstoff und andere Artikel und zwar auf schönere, billigere und vollkommenere Weise, als es mit den jetzt gebräuchlichen Maschinen möglich ist.*
»Ich, William Nicholson erkläre hiermit, daß meine Erfindung aus drei Teilen besteht; erstens aus der Art und Weise der Anfertigung, Zubereitung und Aufstellung der Originalmodelle oder der Modelle, Abgüsse, Typen, Gravierungen, Schnitzereien oder Skulpturen, von denen der Abdruck gemacht werden soll; zweitens aus dem Auftragen der Schwärze oder des Farbstoffes auf alle diese Gegenstände, und drittens aus dem Abdrucken der Schwärze oder des Farbstoffes von allen diesen Gegenständen auf Papier, Zeug oder anderes Material, auf dem es haften bleiben soll.
1. Erstens. Ich benutze nicht nur alle Methoden der Anfertigung, Zubereitung und Aufstellung der Originalmodelle, Abgüsse, Typen, Gravierungen, Schnitzereien und Skulpturen, welche bisher beim Druck angewandt worden sind, in Verbindung mit einem neuerfundenen Verfahren des Auftragens der Farbe oder des Farbstoffes und meiner Art des Abdrucks, sondern ich verfertige sie, setze sie zusammen und ordne sie auf eine neue Manier, je nach Erfordernis, d. h.
2. Zweitens. Ich fertige meine Gießinstrumente, Stempel und Matrizen für den Typenguß auf gleiche Weise und aus dem gleichen Material wie andere Schriftgießer, aber anstatt in der Gußform nur Raum zu lassen für den Körper einer Type, lasse ich solchen für zwei, drei und mehr Typen, die alsdann alle mit einem Guß gegossen werden; an das untere Ende jedes dieser Räume (die am Kopfende durch einen gemeinsamen Einschnitt verbunden sind) lege ich in der gewöhnlichen Weise eine Matrize, d. h. ein Stück Kupfer, auf welches die Type geprägt ist. Meine Typen aber bringe ich nicht allein durch Schleifen auf einem Stein oder Abschaben im Fertigmachwinkelhaken in die geeignete Form, sondern ich schabe sie auf einer oder mehreren Seiten in einem solchen Winkelhaken, dessen innere Seite weniger tief ist als seine äußere, die ich am Kopfende der aufgesetzten nächsten Seite bezeichne; Zweck dieses Verfahrens ist, die Type

vom Bild abwärts, dem Fußende zu, immer schmäler verlaufen zu machen. Solche Lettern wird man mit der gleichen Sicherheit auf einen Zylinder stellen können, wie man gewöhnliche auf eine flache Platte stellt. *Die oben beschriebene Methode des Gusses von zwei oder mehreren Typen auf einmal, sowie das Abschrägen ihres Körpers beanspruche ich als Teile meiner neuen Erfindung.*

3. Drittens. Ich wende meine Typen sowohl in der gewöhnlichen Weise, verbunden mit meinen neuartigen Verbesserungen zum Druck an, als ich sie auch in einem der Oberfläche eines Zylinders aus Holz oder Metall angepaßten Rahmen schließe, sie hierbei vermittels Schrauben, Keilen oder Falzen, oder mit Hilfe anderer den Arbeitern wohlbekannter Verfahren befestigend. *Dieses Anbringen von Satz auf einem Zylinder bezeichne ich als einen Teil meiner neuen Erfindung.*

4. Viertens. Ich schneide, schnitze, graviere, treibe, gieße, modelliere und mache Holzschnitte, Formen, Platten, Typen und andere zum Druck verwandte Gegenstände, aus Holz, Metall oder anderen Materialien und diese wende ich in Verbindung mit meinen anderen neuerfundenen Verbesserungen an. Gleicherweise befestige ich die vorgenannten Holzschnitte, Formen usw. mit Leim, Zement, Schrauben, Kleister, oder nach anderen bekannten Methoden auf der Oberfläche des Zylinders. Für andere Arten von Arbeiten schneide, schnitze, graviere, treibe, gieße, modelliere und mache ich ferner Holzschnitte, Formen usw. wie vorgenannt, von zylindrischer Form aus Holz, Metall und anderem Material, *und erkläre, daß die Stellung dieser Holzschnitte usw. auf einem Zylinder, sowie das Schneiden, Schnitzen usw. von Holzschnitten, Platten usw. in zylindrischer Form Teile meiner Erfindung sind.*

5. Zweitens. Ich verteile oder bringe die Farbe oder den Farbstoff auf die Oberfläche oder in die Zwischenräume der Schnitte, Formen, Platten, Typen oder anderer zum Druck verwandter Gegenstände, indem ich einen an der Oberfläche mit Farbstoff bestrichenen oder damit angefeuchteten Zylinder über die genannten Schnitte usw. hinwegrolle, oder denselben nach und nach mit ihnen in Berührung bringe: oder ich bringe die erwähnten Schnitte, Formen usw. nach und nach dem mit dem Zylinder in Berührung. Besagten mit Farbstoff bestrichenen oder angefeuchteten Zylinder nenne ich den Farbzylinder; seine Oberfläche ist mit Leder bezogen oder mit den zubereiteten Häuten, welche die Buchdrucker »Ballenleder« nennen, oder mit sonst einem Wollen-, Leinen- oder Baumwollenzeuge, falls die angewandte Farbe dünn ist wie beim Druck von Kaliko: in fast jedem Fall muß der Überzug auf einer festen elastischen Unterlage ruhen, bestehend aus Haar oder Wolle, oder aus einem ein- oder mehrere Mal um den Zylinder gewickelten Wollenstoff. Besteht der Überzug aus letzterem, so muß die Unterlage durch Leder oder Wachstaffet geschützt sein, damit sie nicht zuviel Farbe aufsauge und dadurch ihre Elastizität verliere. Es ist unbedingt notwendig, daß der Farbstoff gleichmäßig über die Oberfläche des Zylinders verteilt werde: um dies zu erreichen, wende ich, falls die Farbe dick und steif ist wie beim Buchdruck, zwei, drei oder mehr Zylinder, von geringem Durchmesser, genannt Reibwalzen, längsweg auf dem Farbzylinder an, durch dessen Umdrehung sie selbst in Bewegung gesetzt werden, die Folge hiervon ist, daß jeder auf dem Zylinder in zu reichlicher Menge vorhandene und mittels der Reibwalzen aufgenommen und auf andere Stellen des Farbzylinders übertragen wird, dessen Farbschicht sehr bald Gleichmäßigkeit und Dauer erlangt. Ist der Farbstoff jedoch dünner, so wende ich nur eine oder zwei Reibwalzen an, und ist er sehr dünn, dann bringe ich ein Lineal aus Metall, Holz oder anderem Material mit seiner stumpfen Seite, oder auch eine gerade Bürste, oder beides, auf den Farbzylinder, behufs Erzielung einer gleichmäßigen Farbschicht.«

(Die Punkte 6 und 7 seiner Patentschrift sind hier unwesentlich: ich übergehe sie.)

8. Drittens. Meine Drucke vollführe ich mittels eines Zylinders oder einer zylindrischen Oberfläche, derart, daß ich das Papier oder Zeug oder jedes andere zum Bedrucken bestimmte Material (vorher gefeuchtet, wenn nötig), zwischen zwei Zylindern oder Zylindersegmenten von gleichmäßiger Bewegung hindurchgehen lasse; einer dieser Zylinder trägt auf seiner Oberfläche oder als Teil derselben die Schnitte, Formen, Platten, den Typensatz usw. der andere aber ist mit Zeug oder Leder überzogen und hat die Aufgabe, so gegen das vorerwähnte Papier, Zeug usw. zu drücken, daß sich ein Abdruck der vorher aufgetragenen Farbe darauf bildet. Oder ich lasse den vorher eingefärbten Schnitt, Form, Platte, Typensatz usw. in enger und sukzessiver Berührung an dem um einen mit Wollenstoff überzogenen Zylinder gewickelten Papier, Zeug oder anderem Stoff umwickelten Zylinder über die Bildfläche der Schnitte, Formen, Platten, Typensatz usw. nachdem diese vorher eingefärbt werden: oder ich rolle den Zylinder mit den Schnitten, Formen, Platten, Typensatz usw. über das vorher auf eine ebene, mit dem Zeug oder Leder bedeckte Fläche ausgebreitete Papier, Zeug oder jedes andere zu bedruckende Material, nachdem dieser Zylinder vorher mit dem schon beschriebenen und noch näher zu beschreibenden Farbzylinders mit Farbe versehen worden ist.

Die vorstehende Beschreibung zeigt die Eigenart meiner Erfindung, die zu den verschiedenartigsten Zwecken und in den mannigfaltigen Gestalten angewandt werden kann. Man kann im allgemeinen damit Bücher drucken, Papiertapeten, Wachstuch, Baumwollen-, Wollen- und Seidenstoff, Leinwand, Bänder, Spitzen, Häute, kurz: jeden biegsamen Stoff: Ihre Form und Konstruktion aber bildet keinen wesentlichen Teil der Erfindung und kann von jedem einiger-

maßen geschickten und fähigen Arbeiter näher bezeichnet und ausgeführt werden. Da es aber gleichwohl Arbeiter von so geringen Fähigkeiten geben dürfte, welche meine im vorhergehenden gegebenen Unterweisungen nicht genügen könnten, um meine Maschine danach zu bauen, so will ich hier noch einige Zeichnungen beifügen und verschiedene Arten von anderen Ausführungen mitteilen.

Der Schluß des Patentes lautet:
»Zuletzt muß ich noch bemerken, daß ich bei dieser wie bei jeder anderen meiner oder gleichviel welche Maschinen als bewegendes Prinzip Wind, Wasser, Dampf, animalische Kraft, kurz, jede natürliche für Erzeugung von Bewegung geeignete, übertragbare Kraft angewendet werden kann, sowie der Mechanismus für (die) Nutzbarmachung dieser Kräfte behufs Erzielung eines regelmäßigen ununterbrochenen, oder auch intermittierenden Betriebes, je nach Erfordernis, sich an allen diesen Maschinen anbringen läßt, obgleich ich es für gänzlich unnötig gehalten, die Methoden zu erläutern oder ihre Beschreibung beizufügen. Materialien, sonstige Vorkehrungen und Einrichtungen, sowie der Grad von Genauigkeit, welchen, jede Maschine bedarf, um vollkommen zu sein, sind gleicherweise in meine Patentschrift nicht aufgenommen worden, weil jeder Arbeiter wissen muß, daß kein Mechanismus, ohne daß den wohlbekannten Einzelformen gehörige Aufmerksamkeit geschenkt wurde, vollendet sein kann.«
Wm. Nicholson (1790).

91 Goebel. a. a. O. S. 243.

92 Savage in seinem »Dictionary of the Art of Printing«. a. a. O. S. 461.

93 Goebel. a. a. O. S. 313.

94 Goebel. a. a. O. S. 254.

95 Goebel. a. a. O. S. 255.

96 Goebel. a. a. O. S. 255.

97 Koenig's Artikel im Andräischen Handbuch (Benjamin Krebs. Handbuch der Buchdruckerkunst). Es erscheint 1827 im Verlag der Andräischen Buchhandlung in Frankfurt am Main und wird nach ihr benannt.

98 *Figur 1* stellt eine Druckpresse dar, besonders geeignet für den Druck von Papierbogen oder Büchern. A und E sind zwei Zylinder, die sich in einem starken Gerüst aus Holz oder Metall, oder aus beiden Materialien drehen. A ist mit Wollenstoff überzogen und kann vermittelst des Hebels M mit mehr oder weniger Kraft auf H I, eine lange, sich in ihrer Längsrichtung auf den Walzen E und K vorwärts und rückwärts bewegende Bahn oder Tafel, gepreßt werden. Der Zylinder A wirkt auf diese Tafel vermittelst eines Zahnrades oder eines Treibriemens und treibt sie vor- oder rückwärts, sobald er durch die Drehung der Kurbel L in Bewegung gesetzt wird; die Tafel wird durch Falze in ihren Seiten, in die der Zylinder A eingreift, stets in derselben Richtung erhalten. D bezeichnet einen Rahmen mit eingeschobenem Schriftsatz. B einen Kasten mit dem Farbzylinder und den Reibwalzen CC. Er wird von dem Arme N getragen. O ist eine mit Leder bezogene, an einem Farbbehälter liegende Walze; sie ist mit dem Kniegelenk Q (und) mit dem Hebel P verbunden.
Wird nun der Schriftsatz D unter den Zylinder B gebracht, so empfängt er von diesem die Druckfarbe und gelangt er dann zu der mit R bezeichneten Stelle, so legt ein Arbeiter einen Deckel oder Tympan mit Papier darauf nieder, der sich von dem gewöhnlichen Tympan nur dadurch unterscheidet, daß er nach der Seite hin geöffnet wird. Sodann gelangt der Satz unter den Zylinder A, welcher nach und nach den Druck über dessen ganze Fläche ausübt; bei S angekommen, öffnet ein Arbeiter den Tympan und nimmt den Bogen heraus. Durch diese Bewegung wird der Farbzylinder B in fortwährende Bewegung gesetzt, was eine sehr gleichmäßige Verteilung der Farbe auf seiner Oberfläche durch die Tätigkeit der Reibwalzen CC herbeiführt; ist aber die Tafel beim äußersten Punkte der eben bezeichneten Richtung angekommen, so berührt der Arm G den Hebel P; die Farbwalze O wird hierdurch von dem Farbbehälter gehoben und mit einer der Reibwalzen in Berührung gebracht, an die sie eine geringe Quantität Farbe abgibt.

99 *Figur 2* zeigt eine andere Buchdruckpresse. Hier ist B der Farbzylinder. A ist der Zylinder mit dem Satze auf seiner Oberfläche und E der mit einem gleichmäßigen Wollentuch bezogene Druckzylinder; alle drei sind entweder durch Zahnräder oder durch Riemen an ihren Enden untereinander verbunden. Die Maschine wird gleichmäßig nach einer Richtung mit der Kurbel L gedreht. Der Arbeiter legt den Bogen E auf E, wo er durch Punkturen in der gewöhnlichen Weise, oder durch einen bei Figur 4 zu beschreibenden Apparat festgehalten wird; nachdem er beim Durchgange zwischen E und A den Druck empfangen, wird er von dem Arbeiter wieder abgenommen, der sofort einen neuen Bogen auflegt. Inzwischen kommt der Satz auf der Oberfläche von A mit der Oberfläche B in Berührung, durch welche er bei fortgesetzter Drehung eingeführt wird; die Reibwalzen CC arbeiten wie in Figur 1, an der B angebrachte Stift F aber hebt bei jeder Umdrehung einmal die Farbwalze G und bringt sie mit einer der Reibwalzen in Berührung, um derselben etwas Farbe abzugeben.
Figur 3 betrifft den Druck von Tapeten und Stoffen in Rollen, auch die *Figur 8;* es ist deshalb von ihrer Wiedergabe abgesehen.

100 *Figur 4* stellt eine besonders für den Druck von Büchern und Papier geeignete Presse dar. Die Zahlen 1 2 3 4 bezeichnen eine lange Bahn oder Tafel mit Leisten an beiden Seiten, zwischen denen die Zylinder A und B ohne seitliche Schwankungen rückwärts und vorwärts laufen können. Eine dieser Leisten ist mit einem gezahnten Metallstreifen versehen, in dem korrespondierende, an jedem Zylinder befindliche Zähne eingreifen, derart, daß die Zylinder in

ihrem Laufe auch nicht die relative Stellung ihrer Oberfläche zu irgendeinem Punkt der Bahn I oder Tafel zu verändern vermögen.

A stellt den mit Wollenstoff bezogenen Druckzylinder, B den Farbzylinder mit den Reibewalzen dar. Die Tafel kann in vier in der Zeichnung durch dickere Linien angedeutete und numerierte Abbildungen geteilt werden, bei 1 wird der Bogen ausgelegt, 2 bezeichnet die Satzform, 3 hier befindet sich ein Apparat zur Empfangnahme des bedruckten Bogens und 4 bezeichnet die Stelle, wo der Wagen mit den beiden Zylindern nach vollendetem Druck und beim Farbnehmen in F zu stehen kommt. Der Druck geht in folgender Weise vor sich: nachdem der Wagen von einem Arbeiter rückwärts gestoßen worden, nimmt der Zylinder A beim Passieren der mit 1 bezeichneten Abteilung den bereits vorher daselbst niedergelegten Bogen auf, die Walze B aber geht über die Form und schwärzt sie ein, worauf der um A gerollte Bogen beim Fortschreiten des Wagens gegen die Form gedrückt wird und einen Abdruck empfängt. Kommt der Zylinder A jetzt bei der mit 3 bezeichneten Abteilung an, so läßt er den Bogen los, der vorstehende Arm G aber drückt gegen eine der Reibwalzen. Das Anlegen und Aufnehmen des Papiers kann auf verschiedene Weise geschehen.

101 Vgl. Fußnote 97.

102 Barnikel. a. a. O. S. 60.

103 F. Wulson in der historischen Einleitung »Typographic Printing Machines and Machine Printing«. London 1897.

104 Bolza. Die Erfindung der Druckmaschine. a. a. O. S. 8 f.

105 Goebel. a. a. O.

106 Bryan Donkin (1768 – 1855), Ingenieur und Erfinder. Er baut 1804 seine erste Papiermaschine in Frogmore/Kent.

107 Goebel. a. a. O. S. 153.

108 Vgl. Koenig's Notiz im Andräischen Handbuch.

109 Goebel. a. a. O. S. 160.

110 Goebel. a. a. O. S. 155.

111 Er liest die Fachblätter »Dingler's Polytechnisches Journal« und das »Kunst- und Gewerbeblatt«. Darüber hinaus läßt er sich aus England die Patentschriften von Applegath & Cowper kommen. Im Werkarchiv von Koenig und Bauer befinden sich noch heute folgende englische Patentschriften:

- Cowper Patent-Nr. 4149 (1818)
- Brightley & Donkin Patent-Nr. 4202 (1818)
- Applegath Patent-Nr. 4640 (1822)
- Applegath Patent-Nr. 4747 (1823)
- Applegath Patent-Nr. 4902 (1824)
- Cowper Patent-Nr. 5955 (1830)
- Applegath Patent-Nr. 5988 (1830)

KBA 1601 – 1607.

122 KBA 1596. Original-Urkunde für das Patent-Nr. 3868. KBA 1596. Konzept hierzu. KBA 1600. Patentschrift.

113 Bolza. Erfindung der Druckmaschine. S. 14 f. Weitere Beschreibungen bei Goebel. a. a. O. S. 110 und Bauer. Die ersten Druckmaschinen S. 10 f.

114 Goebel. a. a. O. S. 166.

115 Bolza. Die Erfindung der Druckmaschine. S. 16.

116 Goebel. a. a. O. S. 184.

117 KBA 1291. Decker an Koenig. Berlin 25. 2. 1816.

118 Goebel. a. a. O. S. 188.

119 Goebel. a. a. O. S. 185.

120 Berlin. Herausgegeben von Sigismund Friedrich Herbstädt. Februar-Ausgabe. 1815. Berlin bei Carl Friedrich Amelang Bd. 4. 1815. Unter dem Titel: »Koenigs Verbesserungen der Buchdruckpressen.«

121 KBA 359 Grieshammer an Koenig. Leipzig 11. 3. 1815.

122 KBA Jahrgang 1816. Sp. 186 – 190. Die Zueignung ist dort abgedruckt.

123 Mälzel (1772 – 1838) war der Verbesserer des unter seinem Namen bekanntgewordenen Metronoms. Vgl. Wurtzbach. Biogr. Lexikon des Kaiserreiches Österreich. Bd. 16. S. 248 – 250.

124 L. Volkmann. Die Frühzeit der Schnellpressen. In: Archiv für Buchgewerbe. Jahrgang 1938. S. 345 – 346.

125 Goebel. a. a. O. S. 223.

126 Goebel. a. a. O. S. 302.

127 Goebel. a. a. O. S. 214.

128 Goebel. a. a. O. S. 228.

129 Goebel. a. a. O. S. 258.

130 Barnikel. a. a. O. S. 85.

131 Augustus Applegath (? – 1817). Vgl. »Chambers »Biographical Dictionary«. S. 35.

132 Barnikel. a. a. O. S. 88.

133 Goebel. a. a. O. S. 228/229.

134 Goebel. a. a. O. S. 234.

135 Diese Mitteilung befindet sich in einem Brief Koenigs an Hunnemann. Vgl. Goebel. a. a. O. S. 311.

136 Goebel. a. a. O. S. 312.

137 Goebel. a. a. O. S. 312.

138 Goebel. a. a. O. S. 303.

139 Farey ist ein Mitarbeiter der »Cyclopaedia or Universal Dictionary of Arts, Science and Literature«. Herausgeber ist Abraham Rees. Der hier genannte Bogen erscheint im Kapitel »Printing« im 28. Band des Werkes (1819).

140 Goebel. a. a. O. S. 269.

141 Vgl. T. F. Dibdin in seinem »Bibliographical Decameron«. London 1817. Bd. II. S. 400.

142 Koenig in einem Brief vom 1. März 1823 an den Besitzer der Times.

143 Er schreibt an Spener in Berlin.

144 Goebel. a. a. O. S. 304.

145 In dem 1880 erschienenem ersten Band der »Bibliographie of Printing« von Bigmore und Wymann, wird seinem Charakter großes Lob gezollt.

146 Hansard's Typographia. S. 267.

147 Im Andräischen Handbuch der Buchdruckerkunst. S. 596 – 611. Der Brief lautet in wörtlicher Übersetzung: »Mein Herr! Mit einem Werk für die Angehörigen des Berufs, dessen Mitglied ich bin, beschäftigt, bin ich bestrebt, die Mittel zu erlangen, um die Geschichte des Buchdrucks und die seiner Praxis bis auf die Gegenwart herabzuführen. In bezug hierauf muß ich natürlich Notiz nehmen von der von Ihnen erfundenen Druckmaschine und deren vollständigste zu erlangende Beschreibung geben, wie ich dies auch anderen gegenüber tun werde, und zwar in jedem Falle mit höchster Unpartheilichkeit und Billigkeit zur Zufriedenheit des Betreffenden. Ich ersuche Sie deshalb um eine allgemein verständlich gehaltene Beschreibung Ihrer Maschine, ohne die technische Weitschweifigkeit der Patente (von denen ich Abkürzungen geben werde), und sollten Sie eine Abbildung beizufügen wünschen, so werde ich auch diese aufnehmen .. (Alles weitere bezieht sich auf Format und Verlag des Buches) ... Eine baldige Antwort Ihrerseits wird mich freuen und verbleibe ich ... usw.«
Peterborough Court, Fleet Street
T. C. Hansard.
PS. Ich beabsichtige auch, Ihr Zirkular vom Februar 1819 zur Vervollständigung der von Ihnen gegebenen Beschreibung aufzunehmen.

148 1765 – 1835; 1801 – 1804 Geschäftsträger und 1814 – 1822 Gesandter in London. Außerdem tritt er als Schriftsteller in Erscheinung.

149 GSTA München. Bayrische Gesandschaft. London 1702. Brief Koenigs an Pfeffel. London 1. 8. 1816.

150 Vgl. GSTA. München. Bayrische Gesandschaft. London 1702. Brief Pfeffels an Lerchenfeld. London 8. 8. 1816.

151 KBA 927. Abschrift des Schreibens der königl. Hofkommission an den Administrationsrat des Julius-Spitals in Würzburg. Würzburg 20. 8. 1816.

152 GSTA München. Bayrische Gesandschaft. London 1702. Brief Lerchenfelds an Pfeffel. Würzburg 24. 9. 1816.

153 GSTA München. Bayrische Gesandschaft. London 1702. Brief Koenigs an Pfeffel. London 14. 10. 1816.

154 Goebel. a. a. O. S. 181. Koenigs inzwischen alte Mutter (geb. 1736 oder 1737) lebt später bei seiner Schwester Reichenbach.

155 Goebel. a. a. O. S. 182.

156 Goebel. a. a. O. S. 182.

157 Goebel. a. a. O. S. 186.

158 Koenig in einem Schreiben vom November 1816 an Eggert.

159 In einem Brief an Walter, datiert: Kloster Oberzell, 10. September 1817.

160 Goebel. a. a. O. S. 237.

161 Friedrich Brockhaus. Paris. In einem Brief vom 27. März 1820 an Koenig und Bauer.

162 Vgl. Hansard's »Typographia«. S. 710 – 714.

163 In einem Brief Rudolph Deckers vom 19. März 1825 an Koenig und Bauer.

164 Kazl. Kampf um die Gewerbereform. S. 88.

165 Zirngibl. Geschichte des bayrischen Handels. a. a. O. Vgl. Barnikel. a. a. O. S. 131.

166 Zirngibl. Geschichte des bayrischen Handels. S. 781 ff.

167 Die erste Nummer dieses Blattes erscheint am 15. Mai 1815 in München unter dem Titel: »Wöchentlicher Anzeiger für Kunst- und Gewerbefleiß im Königreiche Bayern.« Später wird der Titel geändert.

168 Im »Verzeichnis der Mitglieder des Polytechnischen Vereins für Bayern, vom Jahre 1816 bis zum Jahresschluß 1824« (Beilage KGB Jg. 1824) finden sich unter den Matrikelnummern 369 (Bauer) und 365 (Koenig) folgende Angaben:
»Bauer, Friedrich Andreas. Fabrikbesitzer. Wohnort Oberzell, Kreis: Untermayn«.
»Koenig. Fabrikbesitzer. Wohnort Oberzell. Kreis: Untermayn.«

169 KBA Jg. 1816. Sp. 716 – 718.

170 Barnikel. a. a. O. S. 135.

171 KBA 485. Koenig an Walter. Oberzell. 12. 12. 1817.

172 Julius Simon Nördlinger, Oberfinanzrat in Stuttgart (1777 – 1860). Näheres ist nicht bekannt.

173 Zur Geschichte der Prämonstratenser-Abtei vgl. Karl Bosl, Handbuch der historischen Stätten Deutschlands. Bd. VII. Bayern S. 252 f. und S. 801 f. L. Günther, Kloster Oberzell von der Gründung bis zur Säkularisation 1128 – 1802 (Festschrift zum 800. Jubiläum des Nobertus-Klosters Oberzell – Oberzell 1928). Josef Keller. Balthasar Neumann (Würzburg 1896). S. 97 – 99.
Die beiden frommen Brüder Johannes und Heinrich, der eine ein Kanoniker und der andere ein Bürger aus Würzburg, beschließen zum Andenken an den Besuch des hl. Nobertus, des späteren Erzbischofs von Magdeburg, den er 1128 im Gefolge des Kaisers Lothars anläßlich eines Stadtbesuches begleitet, aus ihren Mitteln ein Kloster zu errichten und es unter seine Regel zu stellen.
Der Bau des Klosters erfolgt von 1128 bis 1130. Johannes, der Würzburger Kanoniker, wird zum ersten Probst bestellt (sein Grabstein hat sich erhalten). 1157 wird aus dem Probst ein angesehener Abt. Das reiche Kloster wird des öfteren gegen Räuber verteidigt: es sucht bei Papst und Kaiser Schutz. Im 30jährigen Krieg wird es mehrfach geplündert. Die Schweden bieten die zinnernen Pfeifen der Kirchenorgel zum Verkauf an. Im französischen Krieg

(Ausgang des 18. Jh.) muß der Abt flüchten. Oberzell wird ein Militärhospital. Gleichfalls in den späteren napoleonischen Kriegen. 1759 wird ein großartiger Neubau begonnen. Erbauer ist der fürstlich würzburgische Ingenieuroberst Balthasar Neumann. Nach seinem 1753 erfolgten Tod wird der Bau durch seinen Sohn fortgesetzt und vollendet.
Am 3. Mai 1803 wird die Abtei aufgehoben. Am 1. Oktober des gleichen Jahres müssen die Konventualen das Kloster verlassen. Gebäude und Besitzungen werden jetzt von Staats wegen verwaltet, bis die kurfürstlich bayrische Landesdirektion seinen ganzen oder teilweisen Verkauf verfügt. Am 1. März 1804 ersteht der Nürnberger Legationsrat Gotthard Gmelin das Anwesen um 84000 rhein. Gulden. Er gerät in Konkurs und das Unternehmen fällt wieder dem bayrischen Staat zu. 1812 – 1814 wird es als Militärlazarett eingesetzt. Später erhält es das Würzburger Juliusspital gegen Vorschußzahlung von 22000 Gulden zugewiesen. Es will hier eine Irrenanstalt einrichten. Eine Übernahme erfolgt nicht. Koenig übernimmt in diesem desolaten Zustand den Komplex zu einem Vorzugspreis, bei dem sich die Frage aufdrängt, ob der bayrische Staat nicht froh war, es auf diese Weise loszuwerden.

174 Goebel. a. a. O. s. 326.

175 KBA, Jg. 1817. Sp. 628 – 629 und Sp. 651 – 654.

176 Barnikel. a. a. O. S. 139.

177 KBA 394. Erste Briefe Koenigs an Bauer. Oberzell. 29. und 30. 8. 1817.

178 Goebel. a. a. O. S. 334.

179 Vgl. das Gedenkbuch der Firma Koenig und Bauer (Würzburg 1898). KBA 273 c. Es zeigt einen Grundriß der Fabrikgebäude am Ende des 19. Jh.

180 KBA 417. Koenig an Bauer. Oberzell 16. 12. 1817.

181 KBA 464. Brief Bauers und Koenigs an Nördlinger. London 2. 12. 1816.

182 Weidling: Haude & Spener'sche Buchhandlung. S. 58.

183 Vgl. August Potthast. Geschichte der Familie Decker (nicht im Handel erschienen).
Georg Decker (1765 – 1819) wird 1789 auf »Spezialbefehl Friedrich Wilhelms II.« zum »Geheimen Oberhofbuchdrucker« ernannt. (ADB Bd. V. S. 7).

184 Carl Spener (1749 – 1827). Die Briefe Koenigs an Spener befinden sich im Mainzer Gutenberg-Museum. Widdecke. Haude – und Spener'sche Zeitung. S. 111.

185 KBA 399. Koenig an Bauer. Berlin 6. 10. 1817.

186 KBA 806. Liefervertrag mit Decker und Spener. Berlin. 15. 10. 1817.

187 Werbeprospekt »An Besitzer von Buchdruckereyen«. Würzburg. 24. 11. 1817. (Original im Firmenarchiv der Schnellpressenfabrik Koenig & Bauer. Würzburg. KBA 781.)
»Wir machen durch gegenwärtige vorläufige Anzeige bekannt, daß wir im Begriff sind, unsre bisher in London bestandene mechanische Werkstätte nach diesem Orte, einem ehemaligen Kloster bey Würzburg, zu verlegen, und daß wir uns bereiten, in diesem für eine Fabrik besonders geeigneten, sehr geräumigen Lokal größere mechanische Werke auszuführen. Die Erbauung von Druckmaschinen ist einer der nächsten Zwecke unseres Etablissements; und da bisher nur abgebrochene und unvollständige Nachrichten über diese Erfindung in Deutschland bekannt gemacht sind, so fügen wir hier die Uebersetzung eines in englischer Sprache gedruckten und für die Verhältnisse in England berechneten Prospektus für diejenigen bey, die geneigt seyn möchten, von dieser Erfindung in Deutschland Gebrauch zu machen.
An Besitzer von Buchdruckereyen.
Wir sehen uns endlich in den Stand gesetzt, Königs Druckmaschine den Buchdruckern dieses Landes als eine reife Erfindung, die nach mehr als dreyzehnjährigen Arbeiten durch entschiedene Beharrlichkeit und große Opfer vollendet worden ist, anzubieten.
Die zahllosen Schwierigkeiten, welche zu besiegen waren, sind nicht die einzige Ursache, daß gegenwärtiger Prospektus so spät erscheint, sondern vielmehr der Umstand, daß der Erfinder, nachdem das Ziel der frühern Plane erreicht war, Verbesserungen entdeckte, die zu wichtig waren, um nicht den Vorzug und die fernern Kosten zu wagen und das Resultat der Versuche abzuwarten. Unter solchen Umständen mochten wir die Erfindung dem Publikum nicht anbieten, bis sie den jetzigen Grad der Vollkommenheit erreicht, und der Erfinder aufgehört hatte auf weitere Verbesserungen zu denken.
Wir haben nun, als endliches Resultat unserer Bemühungen, drey Arten von Druckmaschinen anzubieten:

1) Die ganze, oder Schön- und Widerdruckmaschine.
2) Die doppelte Maschine.
3) Die halbe, oder einfache Maschine.

Sie sind sowohl in der Anordnung der Theile als der Wirkung nach verschieden, aber sämmtlich nach dem Prinzip des vierten Patents, das die letzten Verbesserungen einschließt, gebauet. Einfache und doppelte Maschinen mit der unterbrochenen Bewegung des Druckcylinders – wie die, womit the Times gedruckt wird – bieten wir dem Publikum nicht mehr an; sie sind durch die spätern Verbesserungen übertroffen.
Eine *ganze* Maschine ist täglich in *Bensley's* Druckerey im Gange, und wir laden die Herren Buchdrucker ein, solche zu besehen. Diejenigen, die dazu nicht Gelegenheit haben, werden aus folgender kurzen Beschreibung einen allgemeinen Begrif von der Wirkung derselben erhalten: – sie hat einen doppelten Färbe- und Druck-Apparat, mit zwey Karren, die groß genug sind, eine doppelte Medianform von 21 Zoll Breite und 34 1/2 Zoll Länge aufzuneh-

men. Das Papier wird auf ein endloses Gewebe (der Speiser, feeder) gelegt, geht von da in die Maschine, und wird nach wenigen Sekunden, *auf beyden Seiten und im Register gedruckt,* ausgeworfen.

Es würde zu umständlich seyn, hier zu erklären, wie das Register hervorgebracht wird, und wer Zweifel darüber hat, kann nicht wohl anders als durch augenscheinlichen Beweis überzeugt werden. Wir begnügen uns also, im Allgemeinen zu sagen, daß Formen von allen Größen *ohne Punkturen* von der Maschine im Register gedruckt werden.

Die *ganze* Maschine liefert 900 Abdrücke in einer Stunde, oder 1800, wenn man den Widerdruck mit in Rechnung bringt. Da aber Papier von doppelter Größe, als Doppelmedian etc. eben so leicht und ohne weitere Kosten damit gedruckt werden können, so wird dadurch die Wirkung der Maschine verdoppelt, und muß zu 3600 Abdrücken gerechnet werden. 900 in einer Stunde ist auch nicht die Gränze, die der Mechanismus der Maschine zuläßt; diese wird von der Möglichkeit, den Bogen mit Leichtigkeit und Gewißheit anzulegen, bestimmt, und hängt folglich von der Geübtheit der dazu gebrauchten Person ab. Die Maschine der Herren Bensley geht regelmäßig mit einer Geschwindigkeit von 980, zuweilen von 1000.

Dieß große Resultat zu erhalten, sind blos zwey Knaben nöthig; der eine legt die Bogen an, der andere empfängt sie, wenn die Maschine sie auswirft, und legt sie in einen Haufen. Eine dritte Person ist indeß nöthig, von Zeit zu Zeit nach der Arbeit zu sehen, Formen fertig zu machen etc.

Papier von doppelter Größe ist von den Papiermaschinen, die nun fast in allen Theilen Englands angelegt sind, ohne Schwierigkeit und ohne Erhöhung des gewöhnlichen Preises zu haben.

Da in einer ganzen Maschine der Widerdruck fast unmittelbar (in 4 Sekunden) nach dem Schöndruck geschieht, so scheint es vielleicht, daß die erste Seite durch Abschmuzen leiden müsse; allein die Erfahrung hat gezeigt, daß diese Besorgnis grundlos ist. 300, 500, zuweilen 1000 werden gedruckt, ehe ein anderer Dekkelbogen nothwendig ist, und da letzterer in 1 1/2 Minute gewechselt werden kann, so ist der dadurch verursachte Zeitverlust unbedeutend.

Eine *doppelte* Maschine nach dem neuesten Plane ist in den Haupttheilen, wie die, womit the Times gedruckt wird, nur mit dem Unterschied, daß es durch Anwendung des Speisers möglich geworden ist, dem Druckcylinder eine ununterbrochene Bewegung zu geben, wodurch der Gang der Maschine leichter und die Geschwindigkeit von 1100 auf 1500 gebracht worden ist. Sie ist besonders für Zeitungen schicklich. Zwar sind vier Personen zur Bedienung derselben erforderlich, allein dem Eigenthümer einer Zeitung ist es meistens von größerer Wichtigkeit, 1500 Abdrücke von einer Form als 900 auf beyden Seiten gedruckt zu erhalten.

Eine *einfache* Maschine nach dem neuesten Plane ist noch nicht fertig, wird aber jetzt gemacht und in wenigen Monaten im Gange seyn. Sie wird 900 in einer Stunde drucken, und bedarf zweyer Knaben zur Bedienung. Sie kann so eingerichtet werden, daß sie in der Folge durch Hinzusetzung der für den Widerdruck nöthigen Theile in eine ganze Maschine verwandelt werden kann. Das Register sowohl in dieser als der doppelten Maschine wird auf die gewöhnliche Art, durch Punkturen, erhalten. Wir glauben, daß die einfache Maschine sich besonders für Provinzialzeitungen und überhaupt für Buchdrucker, die kein großes Geschäft haben, eigne.

Von der Qualität der Arbeit, sowol was den Druck als das Register betrifft, mag gegenwärtiger Prospektus als eine Probe angesehen werden. Ein Band, mit Bensley's Maschinen gedruckt, ist bereits erschienen, mehrere andere sind beynahe fertig. Die Arbeit vervollkommt sich fortdauernd so wie die Arbeiter durch Uebung mit dem Gebrauch der Maschinen bekannter werden, und wir haben keinen Zweifel, daß der Maschinendruck im Allgemeinen besser seyn wird, als die Preßarbeit. Große Auflagen schicken sich allerdings am Besten für die Maschine. Da aber die Formen in ungefähr 10 Minuten gewechselt werden können, und die Operation des Registermachens auf dem Karren nicht nöthig ist, so ist der Zeitverlust bey kleinen Auflagen nicht sehr groß.

Es ist jedem Buchdrucker bekannt, daß nicht nur die hölzernen, sondern selbst die eisernen Pressen nie mit der Genauigkeit gemacht werden können, um einen vollkommen gleichen Druck zu geben; daher die Nothwendigkeit zu unterlegen etc. Diese Unvollkommenheit findet bey der Maschine nicht Statt; Unterlagen sind nie nöthig. Der dylindrische Druck ist an sich vollkommen.

Durch die letzteren Verbesserungen ist der Mechanismus der Maschine zu einem Grad von Einfachheit gebracht worden, der bey der komplizirten Operation des Bücherdrucks kaum erreichbar schien. Wer mit Mechanik nicht bekannt ist, bildet sich ein, eine Maschine sey komplizirt, wenn er darin eine Menge Räder und Bewegungen sieht; allein die Mittel sollten immer mit der Wirkung verglichen werden. An der gewöhnlichen Presse hat der Drucker, der am Deckel arbeitet, 22 verschiedene Handgriffe zu thun, ehe *ein* Bogen auf beyden Seiten gedruckt ist; die Arbeit des andern Druckers, der die Farbe aufträgt, ist noch besonders zu rechnen. Alle diese Handgriffe sind hier auf zwey zurück gebracht, und da alle übrigen durch mechanische Mittel und mit sechsfacher Geschwindigkeit geschehen, so ist leicht zu erachten, daß eine solche Maschine nicht so einfach seyn kann, als eine Kornmühle.

– Mit dem Worte, *komplizirt,* verbindet man überhaupt häufig einen sehr dunkeln und unrichtigen Begriff. Die bloße menge von Theilen und Bewegungen einer Maschine macht sie noch nicht komplizirt; dieser Ausdruck bezeichnet vielmehr ein Aggregat von schwierigen und übel combinirten Bewegungen, die zu öfterer Selbstzerstörung führen. In der Druckmaschine ist aber nichts, das in dem Sinne komplizirt genannt werden kann, und wir haben keinen Zweifel, daß Maschinen dieser Art weniger in Reparaturen kosten werden, als manche andere, die für sehr einfach gehalten und zu den gemeinsten Zwecken gebraucht werden. Allerdings hängt die Dauerhaftigkeit einer Maschine zugleich von der Art, wie sie gebaut ist, ab. Wir machen es uns aber zum Gesetz, keine Kosten zu sparen; sie werden in allen Theilen mit der größten Sorgfalt und Genauigkeit gearbeitet, und auch in Zukunft unter der Direktion Herrn *Bauers,* des geschickten Künstlers, der Bensley's Maschinen gebauet hat, verfertigt werden.

Zur Erhaltung der Maschine sind mehrere besondere Vorrichtungen, blos um den möglichen Folgen der Nachlässigkeit und Vergessenheit der Arbeiter vorzubeugen, angebracht. Die Maschine schnell und doch ohne Erschütterung anzuhalten oder in Bewegung zu setzen, ist ein eigner Mechanismus erfunden worden, wodurch die gewöhnliche Geschwindigkeit derselben mit einem sanften Uebergange auf den siebenten Theil zurückgebracht wird, und den wir daher *die langsame Bewegung* nennen. Alle diese Vorrichtungen können hier blos angedeutet werden; man muß sie sehen, um sie zu verstehen und zu würdigen.

Um die Einführung der Maschine zu erleichtern, bieten wir sie auf die bey patentirten Erfindungen gewöhnlichen Bedingungen an, nämlich eine Annuität auf eine gewisse Anzahl Jahre, außer dem Ankaufspreise der Maschine. Wir sind indeß bereit, auf eine allgemeine Summe, die zugleich ein Equivalent für die Annuität ist, zu unterhandeln.

Der Preis einer ganzen Maschine ist	2000	Pf. St.
– – – doppelten – –	1400	– –
– – – einfachen – –	1000	– –

Wir verstehen darunter die Maschinen in London überliefert, vollständig, mit allen obenerwähnten Vorrichtungen und der langsamen Bewegung (letztere ohne Welle, eben so weit fertig, daß sie an die Welle des Schwungrades der Dampfmaschine paßt.) Der Transport von London nach irgend einem Theile Englands, so wie die Errichtungskosten sind nicht eingerechnet.

Wir empfehlen noch verschiedene neuerfundene Geräthe oder Werkzeuge, die zur Bequemlichkeit oder Förderung der Arbeit sehr nützlich, aber in obigen Summen nicht mitbegriffen sind, z. B. eine eiserne Platte zum Schließen der Formen, einige Rahmen nach dem neuen Plane, Gußformen zum Gießen der Compositionscylinder etc.

Der Preis der Maschinen wird vielleicht Vielen, die mit Maschinenbau unbekannt sind, hoch scheinen, gewiß aber nicht denen, die Erfahrung haben und die Arbeit eines mechanischen Kunstwerkes zu beurtheilen wissen, und Letztere werden uns Glauben beymessen, wenn wir versichern, daß wir keinen Theil unsrer Belohnung von dem *Verkauf* der Maschinen erwarten. Wir sind überzeugt, daß sie nie wohlfeiler dargestellt werden können, selbst wenn das Patent zu Ende ist.

Die jährliche Prämie, die wir für den unbeschränkten Gebrauch der Maschinen erwarten, ist:

Für eine ganze Maschine	500 Pf. St.
– – doppelte –	350 Pf. St.
– – einfache –	250 Pf. St.

Folgender Anschlag über die Kosten und den Ertrag einer ganzen Maschine – angenommen, daß solche die Arbeit von 9 Pressen verrichte – wird beweisen, daß dieß eine billige Forderung ist.

Jährliche Kosten bey einer ganzen Maschine:	
Zinsen vom angelegten Kapital ...	120 Pf. St.
Steinkohlen für eine Dampfmaschine von der Kraft eines Pferdes	60 Pf. St.
Ein Knabe das Feuer zu unterhalten.	39 Pf. St.
Ein Knabe den Bogen anzulegen .	26 Pf. St.
Ein Knabe zum Abnehmen des Bogens	17 Pf. St.
Aufseher	120 Pf. St.
Wahrscheinliche Abnutzung und Reparaturen	72 Pf. St.
	454 Pf. St.
9 Pressen, jede zu 3 Pf. 3 Schilling Wochenlohn, kosten jährlich ...	1474 Pf. St.
Nach Abzug obiger	454 Pf. St.
Bleibt reine Ersparung	1020 Pf. St.

In diesem Anschlage sind die wöchentlichen Kosten einer Presse zu 3 Pfund 3 Schilling gerechnet, ohne daß auf die Quantität oder Qualität der Arbeit, die man dafür erhält, besondere Rücksicht genommen ist. Zu einer genauern Bestimmung ist dieß aber nöthig. Wir haben daher eine Berechnung von vielen Wochen nach den Büchern von zwey Buchdruckereyen gemacht, und gefunden, daß die Mittelzahl der für 3 Pf. 3 Sch. erhaltenen Abdrücke in einem Falle 14 600 und im andern nur 12 950 war. Jeder Buchdrucker kann die Richtigkeit dieser Angabe leicht untersuchen, wenn er in seinen eignen Preßbüchern nachsieht.

Wenn wir nun selbst die größere Zahl als das Medium annehmen, so ist das *tägliche* Produkt einer Presse, die wöchentlich 3 Pf. 3 Sch. kostet, 2433 Abdrücke und von 9 Pressen 21 900. – Dieß beträgt blos 5475 Abdrücke mit der Maschine (das ist einfache Abdrücke) und wird in sechs Stunden geschehen seyn. Man wird uns also wohl nicht den Einwurf machen, daß wir die Wirkung der Maschine überschätzt haben, wenn wir sie zu 9 Pressen anschlagen; wir werden vielmehr der Wahrheit näher seyn, wenn wir sie 12 Pressen gleich rechnen, denn, zu 2433, liefern 12 Pressen 29 200, welches 7300 mit der Maschine gleich kommt, und diese können in 8 Stunden abgedruckt werden, folglich bleiben von 12 Arbeitsstunden noch 4 übrig,

um Formen zu wechseln, Butzen heraus zu nehmen etc., kurz für Zeitverlust jeder Art. Der Werth der jährlichen Arbeit einer ganzen Maschine würde denn 1965 Pf. seyn, wobey eine Ersparung von 1511 Pf. bleibt.
Dazu muß noch eine bedeutende Ersparung an Farbe, Lichtern, Feuerung, Ballen, Wolle oder Pferdehaaren, Pergament etc. gerechnet werden; die Abnutzung und Reparaturen der gewöhnlichen Pressen ist gleichfalls in Anschlag zu bringen, und endlich erhält man mit der Maschine das Mittel, mehr als 12 Stunden täglich zu arbeiten, ohne daß es viel mehr kostet.

London, den 18. März, 1917.
Die Patentinhaber.

Aus vorstehendem Prospektus werden sich diejenigen, die es überhaupt interessirt, über die Druckmaschine so weit unterrichten können, als es möglich ist, ohne die Maschine gesehen zu haben. In London hat sie fast jeder Buchdrucker gesehen, und es wäre überflüssig gewesen, Umstände zu erwähnen, die Jedem bekannt sind. Für deutsche Buchdrucker fügen wir noch Folgendes hinzu:
Es sind jetzt in London 5 Druckmaschinen im Gange, 1) eine einfache, bereits 1812 vollendete, 2) zwey doppelte, womit eine Zeitung, the Times, seit dem November 1814 gedruckt wird. Diese drey sind nach einem früheren Plane gebauet. 3) Eine ganze Maschine, die seit dem Januar 1817 beständig im Gange ist. 4) Eine einfache, die erst seit Kurzem vollendet ist. An den zwey letztern sind die spätern Verbesserungen angebracht.
– Es erscheinen natürlich fast jede Woche in London Werke, die mit der Maschine gedruckt sind, welches meistens auf dem Titelblatte mit den Worten: »printed by Bensley et Son's completing machine« angezeigt ist.
Im obigen Prospektus ist die Rede von doppelt großem Papiere, das mit den Papiermaschinen gemacht wird. In Deutschland gibt es aber noch keine dergleichen, und es möchte wohl weit aussehend seyn, darauf zu warten. Da aber die halbe Kraft der Maschinen verloren gehen würde, wenn man blos mit einfachem Papiere druckte, so werden wir sie so einrichten, daß zwey gewöhnliche Bogen auf einmal angelegt werden können.
Der Gebrauch der Dampfmaschine ist jetzt in England so allgemein, daß man kaum an ein andres primum mobile zur Betreibung von Maschinen irgend einer Art denkt. In Deutschland, wo die Feuerung so theur ist, kann die Dampfmaschine nur an wenig Orten mit Vortheil gebraucht werden. 200 bis 300 Pf. Steinkohlen sind täglich zur Betreibung von 2 Druckmaschinen nöthig. An den meisten Orten würde also Pferdekraft wohlfeiler seyn.
Der in dem Prospektus enthaltene Anschlag kann zur Grundlage einer Berechnung des Ertrags der Maschine unter ganz verschiedenen Umständen dienen; jeder kann nach dem Arbeitslohn, das er bezahlt, den Werth derselben in seinen Lokalverhältnissen berechnen. Wir sind bereit, irgend eine weitere Nachweisung zu geben, und die näheren, für Deutschland berechneten, Bedingungen denen, die darüber mit uns in Kommunikation treten wollen, vorzulegen.

Kloster Oberzell bey Würzburg, den 24. November 1817.
König und *Bauer.*«

188 »Skilled workers ... were forbidden to leave Britain by Acts of 1719 and 1750 which were not repealed until 1824. But there were practical difficulties in enforcing the law. A Artisanes who were really determinded to emigrate usually managed to leave the country.
Germany secured only a relatively shmall proportion of the British workers who went to the Continent.«
Henserson. Britain and Industrial Europe. S. 141.
Vgl. Schnabel. Deutsche Geschichte. Bd. III. S. 286 ff.

189 KBA 408. Koenig an Bauer. Oberzell 11. 1. 1817.

190 Goebel. a. a. O. S. 341.

191 Barnikel. a. a. O. S. 155.

192 CAM. Briefe Koenigs und Bauers. Koenig an Cotta. London 8. 7. 1816.

193 CAM. Briefe Koenigs und Bauers. Koenig an Cotta. Oberzell 28. 8. 1817.

194 Goebel. a. a. O. S. 349.

195 Wilhelm Reichel. 1783–1836. Leitet seit 1811 als Faktor die Stuttgarter Druckerei von Cotta. Ab 1825 ist er in der gleichen Funktion in der Cotta'schen Offizin in Augsburg tätig. 1836 fällt er in geistige Umnachtung (?).

196 CAM. Briefe Koenigs und Bauers. Gutachten Reichels. Stuttgart 1. 5. 1818.

197 KBA 487. Koenig an Walter. Oberzell 20. 12. 1818 und History of the Times. Bd. I. S. 117. Walters Briefe an Koenig haben sich nicht erhalten.

198 KBA 488. Koenig an Walter. Oberzell 6. 3. 1819.

199 KBA 489. Koenig an Bauer. Oberzell. 5. 7. 1819.

200 Goebel. a. a. O. S. 355.

201 Goebel. a. a. O. S. 355.

202 KBA 490. Koenig an Walter. Oberzell. 11. 11. 1819.

203 Goebel. a. a. O. S. 365.

204 Friedrich Brockhaus (1800–1865), der älteste Sohn von Friedrich Arnold Brockhaus. Er hält sich 1819–20 als Praktikant in London auf.

205 Goebel. a. a. O. S. 366.

206 KBA 808. Nachtrag zum Liefervertrag Decker Spener. Berlin 3. 4. 1819. Oberzell. 29. 4. 1819.

207 Goebel. a. a. O. S. 370.

208 Ungers Briefe an Spener finden sich bei Bachmann. Die ersten Schnellpressen (Journal für Buchdruckerkunst. Jg. 1869. Nr. 10 – 3. 3. 1869 – bis Nr. 17 – 28. 4. 1869). Eine Ab-

schrift der Briefe Ungers aus Oberzell befindet sich im Archiv der Firma Koenig und Bauer (KBA 504 a). In dieser Sammlung sind einige Briefe, die sich nicht bei Bachmann finden, enthalten.

209 Unger an Spener. Oberzell. 7. 8. 1821. In: Bachmann. Die ersten Schnellpressen, Journal für Buchdruckerkunst. 2. 3. 1869.

210 Unger an Spener. Oberzell. 22. 3. 1822. In: Bachmann. Die ersten Schnellpressen (Journal für Buchdruckerkunst). 14. 4. 1869.

211 Zitiert bei Widdecke. Haude & Spener'sche Zeitung. S. 12.

212 Haude & Spener'sche Zeitung. 1. 11. 1823.

213 Goebel. a. a. O. S. 371.

214 Goebel. Fußnote. a. a. O. S. 377.

215 HSTA München. Staatsministerium für Finanzen. MF 20882. Allerunterthänigste Vorstellung der Fabrikanten Koenig und Bauer die Fristenzahlung an dem Kaufschilling des Klosters Oberzell betreffend. Würzburg. 12. 12. 1817.

216 Franz Wilhelm von Asbeck (1760–1826). »Im Jahre 1817 wurde er zum Staatsrath, Generalcommisär und Regierungspräsident des Untermainkreises und ersten Curaror der Universität Würzburg ernennet.«

217 HSTA München. Staatsministerium der Finanzen, MF 20882. Bericht der Königl. Regierung des Untermainkreises (Kammern des Innern und der Finanzen). Würzburg. 27. 11. 1818.

218 HSTA München. Staatsministerium der Finanzen MF 20882. Bericht der Königlichen Regierung des Untermainkreises (Kammern des Innern und der Finanzen). Würzburg. 27. 11. 1818.

219 KGB. Jg. 1820. Sp. 175.

220 KGB. Jg. 1821. S. 89–91.

221 Barnikel. a. a. O. S. 204.
HSTA München. Staatsministerium der Finanzen MF 20882. Die Bittschrift ist datiert: Oberzell. 12. 1. 1821.

222 KGB 494. Koenig an Bauer. München 19. 2. 1821.

223 HSTA München. Staatsministerium der Finanzen. MF 20882. Gutachten Georg von Reichenbachs über Koenig und Bauer. München 27. 2. 1821.

224 HSTA München. Staatsministerium der Finanzen. MF 20882. Gutachten der Regierung des Untermainkreises das Gesuch der Fabrikanten Koenig und Bauer um Unterstützung vom Staate betreffend. Würzburg. 12. 3. 1821.

225 KBA 969. Entschließung bezüglich auf das Gesuch der Fabrikanten Koenig und Bauer. München 30. 3. 1821.

226 Goethe über Cotta: »Je näher ich Cotta kennen lernte, desto besser gefällt er mir. Für einen Mann von strenger Denkart und unternehmender Handlungsweise, hat er so viel Mäßiges, Sanftes und Gefaßtes, so viel Klarheit und Beharrlichkeit, daß er mir eine seltene Erscheinung ist.« (Heycl, Allgemeine Zeitung. S. 13.)

227 KBA 519. Koenig an Bauer. Oberzell. 9. 2. 1823

228 KBA 580. Koenig an Bauer. Oberzell. 4. 11. 1822.

229 Kontrakt mit Cotta »wegen Lieferung einer Druckmaschine«.
Datiert: Oberzell, 12. 11. 1822
(Original im Firmenarchiv der Schnellpressenfabrik Koenig und Bauer. Würzburg. KBA 810.)
»Zu wissen, daß am heutigen Dato zwischen Herrn Cotta von Cottendorf in Stuttgart, einer Seits, und
Herrn König & Bauer in Kloster Oberzell bey Würzburg, anderer Seits
folgender Contract wegen Lieferung einer Druckmaschine abgeschlossen worden.

§ 1.
Die Herren König & Bauer übernehmen die Anfertigung einer Druckmaschine für Herrn Cotta, von der Art, Größe und Einrichtung, wie sie für die Herren Spener und Decker in Berlin gefertigt haben, und verbinden sich, solche binnen einem Jahre vom heutigen Dato an gerechnet, frei nach Augsburg zu liefern und dort im Lokal des Herrn Cotta Kostenfrei aufzustellen.

§ 2.
Herr Cotta verspricht für diese Maschine die Summe von 20000 f. Rheinl. und zwar in folgenden Terminen zu zahlen: – bei der Bestellung 6666 2/3 f. – sechs Monate nach dem Datum dieses Contracts 6666 2/3 f. und nach Ablieferung der Maschine, und nach dem solche zum Gebrauch aufgestellt und in Gang gebracht worden ist, 6666 2/3 f.

§ 3.
Mit den Maschinen haben die Herren König & Bauer noch einige andere zum Betrieb nöthige oder nützliche Maschinerie und Geräthe zu liefern, als: 2 eiserne Formen zum Gießen von Compositionscylindern, 1 eiserne Platte zum Schließen der Formen, 2 eiserne Rahmen, zum besondern Gebrauch für die Maschinen eingerichtet, und die Vorrichtung, die langsame Bewegung genannt, wie solche den Herren Decker und Spener in Berlin geliefert worden. Der Preis dieser Artikel ist in obigen 20000 f. eingeschlossen.

§ 4.
Herr Cotta hat auf seine Kosten das zum Betrieb der Maschine nöthige primum mobile anzuschaffen, und gegen die Zeit der Ankunft der Maschinen in Augsburg zum Gebrauch fertig darzustellen. Es wird dazu eine Welle, die sich 45 mal in einer Minute umdreht erfordert.

§ 5.
Die Herren König & Bauer oder deren Erben haften, im Fall der Contract von ihrer Seite nicht erfüllt wird, mit ihrem ganzen beweglichen und unbeweglichen Vermögen für die

erhaltenen Vorschüsse. Sollte aber, aus unvorhergesehenen Ursachen die Ablieferung der Maschine blos um einige Zeit später erfolgen, als solches in gegenwärtigem Contract bedungen ist, so verlieren die Herren König & Bauer für jeden Monat solcher Verspätung die Summe von 300 f.

§ 6.

Sollte Herr Cotta oder dessen Erben den hier übernommenen Verbindlichkeiten nicht nachkommen, und die Maschine nicht übernehmen wollen, so verlieren der oder dieselben die gemachten Vorschüsse, ohne je Entschädigungsansprüche an die Herren König & Bauer oder deren Erben machen zu können.
Sollte über den einen oder die anderen dieser Vertragspunkte Streitigkeiten entstehen, so ernennt jeder Theil 2 unbescholtene Männer, die unter sich einen fünften wählen, auf deren Urtheil beide Partheyen compromittiren.

So geschehen Kloster Oberzell, den 12. November, 1822
König & Bauer
J. G. Cotta'sche Buchhandlung
J. J. Wagner«

230 KBA 580. Koenig an Bauer. Oberzell. 4. 11. 1822.

231 Dingler's Polytechnisches Journal. Bd. 18. S. 50 – 54.

232 Dingler's Polytechnisches Journal. Bd. 18. S. 54 – 61.

233 Goebel. a. a. O. S. 417.

234 Allgemeine Unterlagen über den Lebenslauf Reichenbach's (1801 – 1883) finden sich im MAN-Werkarchiv Augsburg, Aktengruppe A 12, Ordner: Das Unternehmen. Führende Persönlichkeiten, Buchstabe R.

235 Zitiert bei Steuer. Cotta in München. S. 16. Nach Unterlagen des Geheimen Hausarchivs (G.H.A.I.A. 41).

236 Beilage zur Allgemeinen Zeitung vom 21. 8. 1825.

237 Barnikel bringt auf S. 236 seiner Dissertation eine Aufstellung.

238 CAM. Briefe des Faktors W. Reichel an Cotta. Augsburg 26./27. 2. 1825.

239 1816 hat der »Hamburger unpartheiische Correspondent« die beachtliche Auflage von 30000 Exemplaren.

240 KBA 810. Handlungsvollmacht für Carl Schröder. Mit Bestätigung des KGL. Bayr. Kreis- und Stadtgerichtes Würzburg vom 19. 4. 1825. KBA 811. »Contract wegen Lieferung von zwey Druckmaschinen oder Schnellpressen« für die Grund'sche Erbengemeinschaft in Hamburg als Eigentümer des »Hamburgischen unpartheischen Correspondenten«. Würzburg 21. 4. 1825.

241 Hamburger Correspondent Nr. 185 vom 19. 11. 1825.

242 David Monrad (1763 – 1847). Danks Biografisk Leksikon, Bd. XVI. Kopenhagen 1939. S. 114 – 115.

243 Barnikel. a. a. O. S. 245.

244 Ein Original dieser Anzeige hat sich nicht erhalten. Der Text findet sich jedoch in Krebs. Handbuch S. 612/613, in der authentischen Darstellung der Geschichte der Erfindung der Druckmaschine aus der Hand Koenigs.

245 Barnikel. a. a. O. S. 219.

246 KBA 504. Koenig an Bauer. Lüttich 21. 10. 1823.

247 Goebel. a. a. O. S. 448.

248 Goebel. a. a. O. S. 451.

249 Goebel. a. a. O. S. 451.

250 Heinrich Erhard (1796 – 1873) hat Koenig's Maschinen 1824 während einer Englandreise kennengelernt. Er erweitert den Verlag durch die Angliederung einer Druckerei und führt eine klare, kluge Verlagspolitik. Vgl. Metelmann, Geschichte der J. B. Metzeler'schen Verlagsbuchhandlung. S. 19. ff.

251 KBA 1262. Erhard an Koenig. Stuttgart 24. 4. 1826.

252 KBA 1261. Erhard an Koenig. 3. 3. 1826.

253 H. E. Brockhaus. Brockhaus. Sein Leben und Wirken. Teil 2. S. 105.

254 KBA 812. Originalvertrag über Lieferung einer Druckmaschine für Brockhaus. Oberzell. 19. 1. 1826.

255 KBA 1347. Brockhaus an Koenig. Leipzig 12. 2. 1826.

256 KBA 1349. Brockhaus an Koenig. Leipzig. 7. 4. 1826.

257 Goebel. a. a. O. S. 460.

258 Goebel. a. a. O. S. 461.

259 Goebel. a. a. O. S. 462.

260 H. Brockhaus. Tagebuch 1. S. 110.

261 H. Brockhaus. Tagebuch Bd. 1. S. 143. Vgl. Goldfriedrich. Geschichte des Buchhandels. Bd. 4. S. 203.

262 Brockhaus. Brockhaus: sein Leben und Wirken. Teil 2. S. 110.

263 HSTA München. Staatsministerium der Finanzen. MF 20882. Gutachten des Ministeriums des Innern »Erwerbung von Maschinendruckpressen für den Kgl. Zentral-Schülbücher-Verlag betreffend.« München 29. 5. 1825.

264 Barnikel. a. a. O. S. 258.

265 Ersch/Gruber. Allgemeine Encyclopädie. Bd. 14. S. 224.

266 KBA 973. Gesuch Koenigs an die Kgl. Regierung des Untermainkreises um weitere Verlängerung des Zahlungstermines des Rückstandes vom Kaufschilling für das Kloster Oberzell betreffend. Würzburg 22. 3. 1827.

267 HSTA München. Staatsministerium der Finanzen MF 20882. Gesuch der Fabrikanten Koenig und Bauer um Verlängerung des Zahlungstermines für den Kaufschillingsrest. Oberzell. 3. 9. 1827.

268 Barnikel. a. a. O. S. 271.

269 CAM. Briefe Koenigs und Bauers. Koenig an Cotta. Oberzell. 17. 8. 1827.

270 Der französische Entwurf dieser Vollmacht aus der Hand Koenigs befindet sich im Archiv der Firma Koenig & Bauer (KBA 918) und trägt die Überschrift: »Vollmacht für Carl Aug. 1827. Ob es sich bei dem erwähnten Prospekt um eine speziell für diese Reise angefertigten französischen handelt, ist unbekannt« (Barnikel).

271 KBA 867. Reichenbach an Koenig. Brüssel. 19. 9. 1827.

272 Goebel. a. a. O. S. 469.

273 KBA 1401. Koenig an Guyot. Oberzell. Oktober 1827.

274 KBA 873. Reichenbach an Koenig. Mainz. 22. 12. 1827.

275 KBA 892. Reichenbach an Koenig. Paris. 25. 2. 1828.

276 Goebel. a. a. O. S. 473.

277 Bechold stirbt am 6. Juni 1871 in Zell als Werkführer der Fabrik. Er hat sein Nachlaßvermögen in Höhe von etwa 9500 Gulden der Friedrich v. Koenig'schen Schulstiftung zu Zell a. M. vermacht.« Vgl. Goebel. a. a. O. S. 486.

278 CAM. Briefe Koenigs und Bauers. Koenig an Cotta. Oberzell. 30. 4. 1828.

279 Barnikel. a. a. O. S. 284.

280 KBA 652. Koenig an Bauer. Paris. 29. 8. 1828.

281 1437. Guyot an Koenig. Paris. 14. 7. 1829.

282 KBA 1140. Guyot an Koenig. Paris. 5. 9. 1829.

283 Barnikel. a. a. O. S. 302.

284 KBA 1459. Koenig an Guyot.
Guyot & Scribe hatten ihr Geschäft seit 1829 in der Rue Neuve-Des-Petits-Champs Nr. 37.

285 Aller Voraussicht werden die sechs von Koenig und Bauer gelieferten Schnellpressen zerstört.

286 F. A. Duprat in seiner »Historie de l'Imprimerie imperiale de France« a. a. O.

287 Augsburger Allgemeine Zeitung Nr. 252. 9. 9. 1830. S. 1005 – 1006. In der Beilage der Ausgabe vom 15. September 1830 (Nr. 258) veröffentlichte die Augsburger Allgemeine Zeitung einen Bericht aus der »Gazette de France«.

288 KBA 1461. Guyot an Koenig. Paris 8. 9. 1830.

289 Vgl. einen Brief Guyots an Koenig von Paris. 2. 11. 1830. In ihm zeigt sich der »französische« Patriot.

290 KBA 1473. Briefe Koenigs an Guyot. Oberzell 23. 4. 1831 und Oberzell. Juli 1831.

291. KBA 1475. Guyot an Koenig. Paris. 29. 11. 1831.

292 Goebel. a. a. O. S. 503.

293 Grundsätzliche Untersuchungen dazu basieren auf der Dissertation von Barnikel. Es läßt sich nur noch die Gründungsgeschichte rekonstruieren. Viele Dokumente sind verbrannt.

294 Es handelt sich um die seither unbekannten Briefe Koenig's an Cotta im Marburger Cotta-Archiv. Vgl. Barnikel. a. a. O. S. 315.

295 Friedrich Hössle. Bayrische Papiergeschichten. In: Der Papierfabrikant. Jg. 1927.

296 Kurt Wittigschlager. Geschichte der Maschinenpapierfabrikation in Bayern r. d. Rheins bis 1914. a. a. O. S. 11.

297 Rudhart. Zustand des Königreiches Bayern. Bd. II. S. 78.

298 KBA 421. Koenig an Bauer. Oberzell. 20. 1. 1818.

299 KBA. Jg. 1821. Sp. 441 – 446. »Die patentierte Papierfabrik zu Berlin.«

300 KBA 460. Koenig an Pfeffel. Oberzell. 21. 12. 1823.

301 Marc Isambard Brunel (1769 – 1849). Die erwähnte Korrespondenz hat sich nicht erhalten.

302 KBA 457. Koenig an Pfeffel. Oberzell. 19. 11. 1823.

303 CAM. Briefe Koenig's und Bauer's. Koenig an Cotta. Oberzell. 28. 8. 1817.

304 KBA 601. Cotta an Koenig. Stuttgart. 27. 3. 1824.

305 Koenig gibt hier eine Schilderung, die zu seinem sonstigen Stil und Verhalten in keiner Weise paßt. Er sagt:
»... es ist ein diebisches, betteltrotziges, schlampiges Geschlecht, versoffen und schwer in Ordnung und Disziplin zu erhalten. Das Dorf, das sich mit seinem Weinbau ernähre, könne vor allem im Sommer keine weiteren Arbeitskräfte erübrigen, man müsse sich solche in den weiter abgelegenen Dörfern suchen. ‚Zokelvolk' aus der Ferne kommen zu lassen ... wäre eine Belastung.«

306 CAM. Briefe Koenig und Bauers. Koenig an Cotta. Oberzell. 30. 4. 1824.

307 CAM. Briefe Koenigs und Bauers. Koenig an Cotta. Oberzell. 17. 1. 1825.

308 CAM. Briefe Koenigs und Bauers. Koenig an Cotta. Oberzell. 18. 10. 1825.

309 CAM. Briefe Koenigs und Bauers. Koenig an Cotta. Oberzell. 17. 6. 1825.

310 CAM. Briefe Koenigs und Bauers. Koenig an Cotta. Oberzell. 4. 7. 1826.

311 CAM. Briefe Koenigs und Bauers. Koenig an Cotta. Oberzell. 27. 11. 1826.

312 Barnikel. a. a. O. S. 335.

313 CAM. Briefe Koenigs und Bauers. Bauer an Cotta. Oberzell. 30. 8. 1828.

314 CAM. Briefe Koenigs und Bauers. Koenig an Cotta. Oberzell. 8. 11. 1828.

315 Vgl. »Beschreibung der Maschine zum Verfertigen und Trocknen des Papiers, worauf Frd. Koenig und Andr. Bauer zu Oberzell unterm 14. 3. 1828 ein allergnädigstes Privilegium auf 15 Jahre erhielt.« In: KGB, Jg. 17 (1831). Sp. 447 – 454. Hier ist die Maschine abgebildet.

316 Barnikel. a. a. O. S. 343.

317 CAM. Briefe Koenigs und Bauers. Bauer an Cotta. Oberzell. 5. 2. 1829.

318 Das einzige Exemplar des Rundschreibens, das sich erhalten hat, befindet sich im Cotta-Archiv (Marbach/Neckar).

319 Barnikel. a. a. O. S. 347.

320 Vgl. Schäffle, Cotta ... S. 154 ff.

321 HSTA München. Staatsministerium der Finanzen. MF 20882. Gutachten der KGL. Regierung des Untermainkreises. Würzburg. 8. 10. 1830.

322 CAM. Briefe Koenigs und Bauers. Koenig an Cotta. Oberzell. 9. 8. 1831.

323 Schertel. Zustand der bayr. Gewerbeindustrie. S. 53 ff.

324 W. Keim. 150 Jahre Papiermaschine. In: Wochenblatt für Papierfabrikation. Jg. 1949. Nr. 1.4 und 7.
H. Kotte. Der 150. Geburtstag der Papiermaschine. In: Das Papier. Jg. 3 (1949), Nr. 1/3.
Alfred Schulte. Die Anfänge des deutschen Papiermaschinenbaues. In: Der Papierfabrikant. Jg. 1939. Heft 18.

325 Schertel. Zustand der bayrischen Gewerbeindustrie. S. 53 ff.

326 Johann Lucas Schönlein, Professor an der Würzburger Universität und Begründer der sog. naturhistorischen Schule, später Leibarzt von König Friedrich Wilhelm IV. von Preußen. Er ist ein persönlicher Freund Koenigs. Nach Goebel. a. a. O. S. 513.

327 STA Würzburg. Statistische Sammlung Nr. 250. Vgl. Ruland. Die Sozialen Einrichtungen der ältesten Europäischen Druckmaschinenfabrik S. 18 f.

327 Barnikel. a. a. O. S. 366.

328 Barnikel. a. a. O. S. 368.

329 Barnikel. a. a. O. S. 373.

330 Jornal für Buchdruckerkunst. Jg. 1838. Sp. 93 bis 94.

331 Barnikel. a. a. O. S. 379.

332 Entnommen aus: Josef K. F. Neumann. »Der Vorarlberger Leo Müller und seine Schnellpresse. Zum 150. Geburtstag des Neuschöpfers der Haltzylinder-Buchdruckmaschine.« Vorarlberger Volksblatt. Samstag, 12. Februar 1949. S. 9.

333 Müllers Geburtshaus in Mittelberg 12 steht nicht mehr. Es wird 1834 abgerissen. Zu diesem Zeitpunkt ziehen seine Eltern in das Haus seiner Großmutter, und führen das »Gasthaus zum Adler«.

334 Barnikel täuscht sich, wenn er sagt: »Müller war als Maschinist in Mittelberg (bei Oberstdorf im Allgäu) tätig; dann hat er eine Stellung in dem damals bedeutenden Eisenwerk Jenbach angenommen. Seine freie Zeit widmete er der Weiterentwicklung der von ihm erdachten Verbesserungen an der Schnellpresse« (Barnikel. a. a. O. S. 374).

335 In Müllers erstem Patent wird er Friedrich Hellwig genannt. Nach seinem Eingeständnis im Testament wäre dies sein richtiger Name. Ich vermute eine lokale Lautverschiebung, die noch nicht schlüssig geklärt ist.

336 Barnikel. a. a. O. S. 384.

337 Barnikel. a. a. O. S. 384.

338 Barnikel. a. a. O. S. 374.

339 Barnikel. a. a. O. S. 377.

340 John Behringer. Das Dorf Zell. S. 62.

341 Friedrich v. Koenig. »Ein Jahrhundert Fabrikleben.« S. 32 – 42 geht ausführlich auf dieses Dokument ein.

342 Barnikel. a. a. O. S. 385.

343 Friedrich v. Koenig zitiert in seiner vorgenannten Schrift mehr als 100 solcher Posten.

344 Louis Piette. Bemerkungen über die gegenseitigen Pflichten der Fabrikherren und Arbeiter. Aus der Vorrede zu: Die Nützlichkeit der Maschinen für die Arbeitgeber und Arbeiter. Köln 1840. S. III. – XXVII. In: Tradition. Jg. 1962. S. 134 – 140.

345 In: Friedrich v. Koenig. »Ein Jahrhundert Fabrikleben«. a. a. O. S. 18.

346 KBA 2729. Auszug aus dem »Bericht der Beurtheilungs-Comission bei der allgemeinen deutschen Industrie-Ausstellung in München« 1854.

347 KBA 1830 – 1890. Blochmannia (Zeugnisse für Wilhelm und Friedrich Koenig, Korrespondenz mit den Leitern und Erziehern des Dresdner Instituts aus den Jahren 1838 – 1849).

348 Barnikel. a. a. O. S. 394.

349 Barnikel. a. a. O. S. 397.

350 Über dieses Ereignis und über die Entwicklung der Firma bis zu diesem Jahr unterrichtet in Stichworten die von Frd. Koenig jr. verfaßte »Erinnerung an das Fest der Vollendung der 5000. Schnellpresse. Gewidmet dem Arbeiterpersonal von Koenig & Bauer« (Würzburg 1895).

351 Goebel. a. a. O. S. 539.

352 Aus: Roland Offset. Ein Unternehmen mit Weltruf. Herausgegeben anläßlich des hundertjährigen Bestehens der Roland Offsetmaschinenfabrik Faber & Schleicher AG in Offenbach am Main. a. a. O. S. 10.

353 Im wesentlichen entnommen aus: »Karl Huther.« Lebensweg eines deutschen Fabrikgründers und Erfinders. In: Werkzeitschrift für die Mitarbeiter der Albert-Frankenthal AG. Ausgabe vom 30. August 1971. Die unter Anführung gestellten Sätze sind mit freundlicher Genehmigung dem Aufsatz von Huther entnommen.
Die Überarbeitung des Kapitels erfolgte durch die freundliche Unterstützung von Herrn Achenbach im Hause Frankenthal. Ich möchte ihm an dieser Stelle danken. (Besuch am 5. 5. 1981.)

354 Vgl. Karl Huther. S. Fußnote 353.

355 Balthasar wird 1851 in Augsburg geboren. Er wird Konditor- und Wachszieher. Später macht er sich in Röttlingen/Tauber selbständig. Ent-

nommen aus: Die Firmengeschichte findet wieder Beachtung. Schrift der Fa. Frankenthal.

356 Theodor wird in Augsburg geboren. Er wird Seiler und wandert früh nach Kalifornien aus.

357 Albert ruft am 29. 1. 1867 eine Gründungsversammlung ein. Damit folgt eine Aktivierung des 1849 aufgelösten Gewerbevereins. § 4 der neuen Satzung besagt: »Fürsorge für die Ausbildung der Lehrlinge, Gründung einer Schule für technisches Zeichnen, Veranstaltung von Lehrlingsausstellungen.« 1867 entsteht die »Fortbildungsschule des Gewerbevereins«. Der Unterricht erfolgt am Sonntag. Später wird daraus eine obligatorische städtische gewerbliche Fortbildungsschule. Daraus entwickelt sich die »Frankenthaler Meisterschule« um die Jahrhundertwende.

358 Einer internen Notiz von Herrn Achenbach zufolge (4. 10. 1979) betreffend die Firmengeschichte der Albert AG.

359 Mein Buch »Geschichte der Druckpressen«. a. a. O. 1. Auflage. S. 203.

360 Aus: Der Korrespondent von und für Deutschland. Vom 13. 3. 1841.

361 Karl Wolf. Geschichte des M.A.N. Druckmaschinenbaues. Teil I. Werkarchiv M.A.N. Werk-Archiv Augsburg. a. a. O.

362 Dazu zwei Beispiele.
»Unterzeichneter, seit einem Jahr und 6 Wochen im Besitz einer in der C. Reichenbach'schen Maschinenfabrik in Augsburg erbauten Schnellpresse, hat dieselbe, während dieser Zeit täglich im Gange, als so zweckmäßig in all ihren Theilen construirt, schön und dauerhaft gefunden, daß er nicht nur im Allgemeinen seine vollkommene Zufriedenheit mit derselben gewissenhaft bezeigen kann, sondern auch ins Besondere rühmen muß, daß ein einziger Mann dieselbe mit Leichtigkeit in Bewegung erhält, daß sie 1400, ja sogar 1500 Abdrücke in einer Stunde liefere, dabei die Farbe mittels einer sehr zweckdienlichen Vorrichtung leicht und gleichförmig über die Formen verbreite, ohne merkliches Geräusch sich bewege, nach beendigtem Drucke ohne viele Mühe geputzt und für den nächstfolgenden Gebrauch mittels Öl oder Knochenfett vorbereitet werden könne, wonach sie wieder einen ganzen Tag durch mit gleicher Leichtigkeit und Geschwindigkeit im Gang erhalten werden könne. Zu wesentlicher Vervollkommnung der Presse hat Herr Reichenbach kürzlich nach meiner Idee derselben einen ebenso einfachen als zweckmäßigen Bogenzähler angefügt, welcher das zeitraubende Abzählen des Papiers überflüssig macht.«
Mit Vergnügen ertheile ich über alle dieses vielmal erprobten Eigenschaften der von ihm erbauten Maschine dem Herrn C. Reichenbach hiermit das Zeugniß meiner vollkommenen Zufriedenheit.
Würzburg, den 20. Jänner 1847
Bonitas Bauer
Besitzer der Bonita's Bauer'schen Verlags-Handlung, Buch- und Steindruckerei

»... Meine neue Schnellpresse wurde in einem Tag aufgebaut und abends ward schon darauf gedruckt. Betreffend die von derselben Fabrik mir gelieferte Dampfmaschine, so glaube ich um so mehr empfehlend aussprechen zu dürfen, als meine Officin die erste in Württemberg ist, welche sich zum Betrieb der Schnellpressen des Dampfes bedient. Dieselbe leistet eine Pferdekraft, ihre zweckmäßige Form und compendiöse Einrichtung hat es mir möglich gemacht, sie in der Officin selbst geeignet zu placieren ... sie vereinigte in Form eines Kanonenofens alles Erforderliche in sich ... Hierzu bemerke ich, daß meine ältere Schnellpresse von Helbig & Müller, Wien, immer eine Kraft von 2 Mann erfordert, die neue jedoch sich in den wenigen Wochen ihres Betriebes durch ihren leichten und ruhigen H Gang auffallend auszeichnet. Noch ist freilich die Zeit zu kurz, um ein genaues Resultat über den Verbrauch des Brennmaterials angeben zu können, soviel habe ich jedoch berechnet, daß ich solches bei vollem Gange zweier Schnellpressen höchstens 45 – 48 Kreuzer pro Tag ho hierorts belaufen kann.«
Buchdruckerei Ernst Nübling, Ulm, vom 25. Juni 1847.

363 Karl Wolf. a. a. O. S. 38.

364 Karl Wolf. a. a. O.

365 Die Bezeichnung »Terno« übernimmt man von der Glückszahl Terno des österreichischen Zahlenlottos, wobei dieses Wort darauf hinweisen soll, daß die drei Rollenbahnen und die drei Auftragswalzen dieser Maschinenart eine besonders glückliche Kombination darstellen.

366 Vgl. Obering. Karl Wolf. Geschichte des M.A.N. Druckmaschinenbaues. Teil II. Manuskript. Mit freundlicher Genehmigung zur Verfügung gestellt vom Werkarchiv der M.A.N. Werkarchiv Augsburg Manuskript. M.A.N. Geschichte und Leistung. M.A.N. Werkarchiv. Augsburg.
Papier, Druck und Papierverarbeitung in den Vereinigten Staaten von Amerika. Vor 100 Jahren – in der Gegenwart – und ein Ausblick in die Zukunft. Dipl.-Ing. C. H. Ringe. New York.

367 K. Wolf. Teil II. a. a. O. S. 1.

368 Entnommen aus: 1879 – 1979. Hundert Jahre Rotationsmaschinenbau für Illustrationsdruck. f. B.

369 K. Wolf. Teil II. a. a. O. S. 31.

370 K. Wolf. Teil II. a. a. O. S. 26.

371 K. Wolf. Teil II. a. a. O. S. 49.

372 K. Wolf. Teil II. a. a. O. S. 53.

373 Aus Manuskript: »M.A.N.-Geschichte und Leistung.« M.A.N. Werkarchiv Augsburg.

374 Papier, Druck und Papierverarbeitung in den Vereinigten Staaten ... a. a. O.

375 K. Wolf. Teil II. a. a. O. S. 68.

376 K. Wolf. Teil II. a. a. O. S. 69.

Der Tiefdruck und seine historischen Verfahren

1 Siehe z. B.: Sculptura-Historico-Technica or the History and Art of Ingraving. London 1747.
Stapart: Die Kunst mit dem Pinsel zu ätzen. Nürnberg 1780.
J. Longhi: Die Kupferstecherei oder die Kunst, in Kupfer zu stechen und zu ätzen. Hildburghausen und Meiningen 1837.
J. Husnik: Die Heliographie. Wien 1905.
Alexander Braun: Der Tiefdruck, seine Verfahren und Maschinen. Frankfurt/Main 1952.
Emil Mundinger: Zur Geschichte des Tiefdrucks. Siegburg 1957.
J. S. Mertle: Evolution of Rotogravure. 20 Teile. November 1955 bis Juni 1957. In: Gravure, New York.

2 Otto Magnus Lilien: Die Frühgeschichte des Tiefdrucks bis zur Jahrhundertwende. 2. Auflage. Frankfurt/Main 1968.
Otto Magnus Lilien: Die Geschichte des Tiefdrucks von 1900 – 1920. Frankfurt/Main.

3 Vgl.: Sculptura-Historico-Technica or the History and Art of Ingraving. London 1747 (Verfasser unbekannt).

4 Konrad F. Bauer: Aventur und Kunst. Frankfurt/Main 1940.

5 Josef Maria Eder: Heliogravure und Rotationstiefdruck. Halle/Saale 1922.
Josef Maria Eder: Ausführliches Handbuch der Photographie. 2 Bände. Halle/Saale 1932.

6 Vgl. Fußnote 91 (Mertle). Vgl. Claus W. Gerhardt: Drei Jahrhunderte Prägedruck. In: Gutenberg-Jahrbuch. Mainz 1974. S. 214 – 227, insbesondere Absatz über den Kupferdruck.

7 1. Britisches Patent Nr. 1378 vom 12. November 1783, Thomas Bell aus Mosney, in der Landschaft Lancaster, Kupferstecher. »My Invention of a new and Peculiar Art or Method of Printing with one Colour or with Various Colours at the same time in Linnens, Lawns and Cambricks, Cottons, Calicoes and Muslins, Wollen, Cloths, Silks, Silk an Stuffs, Gauzes and any other Species or Kind of Linnen Cloth or Manufactured Goods, Whatsoever'. Übersetzung: Meine Erfindung, ein neues und bemerkenswertes Verfahren, eine oder mehrere Farben gleichzeitig zu drucken, und zwar auf Leinen, Batist, Cambrik, Baumwolle, Kaliko, Musselin, Wollstoffe, Seide, Zeug, Gaze oder jede beliebige andere Art von Geweben.
2. Britisches Patent Nr. 1443 vom 2. August 1784, Thomas Bell der Ältere, wohnhaft in Walton in der Dale, in der Grafschaft Lancaster, Kupferdrucker. »My invention of A new Peculiar and Improved Art or Method of Printing One, Two, Tree, Four, Five or more Colours all the One an the Same Time upon Linnen, Cottons, Calicoes, Muslins, Woolen, Cloth, Silks, Stuffs or any other Species of Goods or Articles capable of being printed, by a much cheaper Method than hithero fount out.« Übersetzung: Meine Erfindung, auf ein, zwei, drei, vier, fünf oder mehr Farben alle gleichzeitig. Für Drucke auf Leinwand, Baumwolle, Kaliko, Musselin, Wollstoff, Seide, Zeug oder jede beliebige andere Art von Geweben oder bedruckbarem Material mittels einer sehr viel billigeren Methode als bisher üblichen.

8 Anmerkung: Unsere Geschichte der Druckpresse beginnt mit der Entwicklung der Schraube als technisches Konstruktionselement. Dabei haben wir die Persönlichkeit des Aristoteles gestreift (vgl. Abb. 6). Zu seiner Zeit war ebenfalls der Terminus Photographie bekannt. 1038 wurde die Camera obskura zum Auszeichnen der Sonnenfinsternis von arabischen Gelehrten verwendet. Im 13. Jh. liegt die Erfindung der Brille (vgl. Hellmut Rosenfeld: »Die Glasfabrikation in Murano bei Venedig ermöglichte die Erfindung der Brille ...«). In: Beiträge zur Geschichte des Buches und seiner Funktion in der Gesellschaft (Festschrift für Hans Widmann zum 65. Geburtstag). Stuttgart 1974. S. 230 – 245.
Leonardo da Vinci beschrieb um 1500 ausführlich die Camera obscura. Daraus entstand freilich in Abweichung, aber gleicher Funktion, das verdunkelte Zelt auf den Messen und Jahrmärkten des ausgehenden Mittelalters. Später transportable Kameras, die zunächst als Zeichenhilfsgerät angewendet wurde. Im 16. und 17. Jh. wurden bessere Linsen entwickelt. 1757 gelang es John Dolland, den chromatischen Fehler an Sammellinsen zu beseitigen. Das photographische Aufnahmematerial hat bislang eine Geschichte von etwa 250 Jahren.

9 Fritz Kempe: Bayard und Deguerre, Wettstreit um die Erfindung der Photographie. In: Damals. Zeitschrift für geschichtliches Wissen, Heft 6, Juni 1973. S. 525 – 534.
Anton Durstmüller: Paul Pretsch (1808 – 1873) und seine Erfindung der Photo-Galvanographie. In: Gutenberg-Jahrbuch 1974. S. 269 – 281. Mainz 1974.

10 Auch in Deutschland wurden die ersten Photographien 1839 hergestellt. Maßgebend beteiligt waren Professor Carl August von Steinbeil (der 1865 einen Aplananten konstruierte) und Frank von Kobell. Der Wiener Josef Petzval fand die mathematischen Gleichungen für die Bildebnung.

Vom Meister zum Druckingenieur ... ff.

1 Das folgende Kapitel resultiert aus meinem Diskussionsbeitrag: »Ausbildungsmeister, Techniker, Ingenieur.« Lohnt es sich heute noch, die Meisterprüfung abzulegen? Brauweiler. Köln, Juli 1973.

Ich habe vor allem folgende Quellen benutzt.

- Wernet. Kurzgefaßte Geschichte des Handwerks in Deutschland, 3. Auflage, Verlagsanstalt des dt. Handwerks, Dortmund 1959.

- Die Ausbildung der Handwerks-Lehrlinge in alter und neuer Zeit, ein Mahnwort an die neu errichteten Innungen. Vortrag von Herrn Direktor Romberg am 19. März 1883 vor dem Gewerbeverein für Köln und Umgebung.
- Die geschichtliche Entwicklung der Handwerkslehre. Aus dem Institut für Berufserziehung im Handwerk an der Kölner Universität. Direktor Prof. Dr. Friedrich Schließer. Köln 1958.
- Über die Meisterlehre im Handwerk. Reichsstand des deutschen Handwerks, Deutscher Handwerks- und Gewerbekammertag. Berlin im März 1937.
- Wissel. Des alten Handwerks Recht und Gewohnheit. 2. Bd. Berlin 1929.

Das Institut für Berufserziehung in Köln hat mich unterstützt. Herr Berg aus Köln hat mir freundlicherweise nochmals das Buch »Der Verband der Deutschen Buchdrucker von 1866 – 1916« zur Verfügung gestellt.

2 Hans-Joachim Krohn. Der elektrostatische Druck. In: Druckspiegel 23. 1968. Nr. 7. S. 437 bis 451.
Hans-Jürgen Wolf. Wer rastet der rostet. In: Offsetpraxis. S. 35 ff.
Eine vergleichbare Zusammenstellung bringt Claus W. Gerhardt unter der Überschrift: Tafel der Hauptdruckverfahren und der Prägedruckverfahren. In: Gutenberg-Jahrbuch 1974. S. 220/221. Diese bemerkenswerte und exakte Zusammenstellung soll zur Ergänzung herangezogen werden.

3 Auch: Buchdruckerherr. Der Terminus Bedrukker ist zunächst dem Prinzipal vorbehalten. »Buchdruckerherr wird derjenige genannt, wer die Buchdruckerkunst ordentlich und regelmäßig erlernet hat, eine Buchdruckerei eigenthümlich besitzt, und solche mit Erlaubnis der Obrigkeit, entweder selbst persönlich betreibt, oder durch einen Factor oder Director betreiben läßt. Seine Gehilfen nannte man Buchdrukkergesellen, die Schriftsetzer und die Buchdrucker.«
Vgl. Hans Jürgen Wolf: Historische Begriffswörtersammlung des Druckgewerbes (Manuskript). 1974.

4 Generalsitz. Auch: Gesellschaft. Man verstand darunter die Vereinigung aller in einer bestimmten Region ansässigen Drucker, und zwar Herren *und* Gesellen. Die Gesellschaft traf alle halbe Jahr zu einem Generalsitz zusammen. In der Regel zur Oster- und Herbstmesse (= Michaelis). Den Vorsitz führte in der Regel der Ladenvater. Der Generalsitz wurde mit der Öffnung der Lade eingeleitet. Nachdem alle geschäftsmäßigen Berichte erstattet und die auf der Tagesordnung stehenden Anfragen, Entscheidungen und Urteile gefällt waren, wurde der Generalsatz zumeist mit der Verlesung der ehrenvollen Privilegien, Vergünstigungen und Freiheiten, die Kaiser, Könige und Stadträte den Buchdruckern gewährten, geschlossen.«
Vgl. Hans-Jürgen Wolf: Historische Begriffswörtersammlung des Druckgewerbes (Manuskript).

5 Hudeley. Auch: Winkeldruckerey oder Schmiere. »Winkeldruckerey, werden solche Druckereyen genannt, die man auf Dörfern, Flecken oder anderen freyen Orten anleget, wo man ohne Censur die Buchdruckerkunst zu allerhand unerlaubten Schriften mißbraucht« (aus einem Reichsabschied von 1570). Die Tätigkeit in Hudeleyen wird von den ehrbaren Kunstgenossen verworfen.

6 Die Zehn Buchdruckergebote sind auch heute noch lesenswert. Vgl. Christian Friedrich Geßner: Die so nöthig als nüttzliche Buchdruckerkunst und Schriftgießerey. 1. Band des Sammelwerks im Kapitel: Ordnungen oder Löbliche Kunstgebräuche, worüber die Vorfahren steiff und festgehalten.

7 Buchdrucker-Ordnungen, sind diejenigen Gesetze, die denen Buchdruckern von hohen Potentaten, oder Obrigkeiten ertheilet werden, wie sich selbige verhalten sollen (Geßner-Hager, a. a. O., s. Fußnote 107). In der Regel werden solche Verordnungen von einigen befreundeten Prinzipalen zusammengestellt und dann dem Rat der Stadt (Obrigkeit) mit der Bitte um Bewilligung vorgelegt. Die Durchsicht einiger Ordnungen macht deutlich, daß die Gesellen stets aktiv um ihre Rechte bemüht sind. Es wimmelt in ihnen geradezu von Abmachungen und Absprachen für bestimmte Arbeiten, Arbeitszeiten, Sonderfällen im Arbeitsablauf usw. Auch die Strafen werden ausführlich behandelt.
Entstanden sind die Buchdrucker-Ordnungen wohl ab der 2. Hälfte des 16. Jh. an verschiedenen Orten. Vgl.

- Eine Drucker-Ordnung der Stadt Frankfurt/Main aus dem Jahre 1598. Eines Erbarn Rats ehrenwerte Ordnung und Artickel / wie es forthin auff allen Truckereyen / in dieser Statt Frankfurt soll gehalten werden. Frankfurt M.D.XCVII.

8 Den Ursprung der Schulen findet man wohl in Griechenland. Zunächst als schöpferische Muße, besonders von den antiken Philosophen verstanden. Die Sophisten waren Wanderlehrer der Rhetorik und Philosophie. Die Römer übernehmen die griechische Bildung in eingeengter Form. Augustin (353, 354 – 430) bestimmt die Grundsätze der christlichen Erziehung für viele Jahrhunderte. Kurz danach kommen die Klosterschulen auf. Im Mittelalter werden Erziehung und Bildung ständisch verstanden. Dom- und Klosterschulen etablieren sich. Kurz danach erfolgt die Gründung der ersten Universitäten (Köln/Rhein 1388, Heidelberg 1386, Würzburg 1402). Im 14. Jh. entstehen Schreibschulen für das sich allmählich festigende Bürgertum. *Mit der Verbreitung der Buchdruckerkunst (?) wird das gesamte Schulwesen aktiviert.* Ein Gesichtspunkt, der seither zu wenig Beachtung findet.

9 Claus W. Gerhardt. Die Anfänge des Prägedrucks. Ein Beitrag zur Geschichte der Druckmaschinen und Druckverfahren (Mainzer Dissertation), Darmstadt 1969.
Claus W. Gerhardt. Prägedruck-Siebdruck,

Stuttgart 1973 (Geschichte der Druckverfahren T. 1 Bibliothek des Buchwesens. Hrsg. Hans Widmann. Bd. 2. Claus W. Gerhardt. Drei Jahrhunderte Prägedruck. In Gutenberg-Jahrbuch 1974. S. 214 – 227. Hier weitere Literaturhinweise.

10 Der Anführgespan sollte, wenn er Drucker war, den Lehrling soweit anlernen, daß er die Formen, in welchen er die erste Messe eingeführt wurde, kennt und das Zurichten sowie alles dazu Nötige verstand. Der Setzerlehrling sollte soweit unterrichtet sein, daß er nach einem Manuskripte setzen und ausrechnen konnte, ihn auch Korrekturen und Revisionen anzuvertrauen seien. Nach der Frankfurter Ordnung hatte das (der) Anführgespan das Recht »... Lehrlinge zu Gängen außerhalb der Druckerei zu verwenden, auch einen anderen dies nach Gelegenheit zu erlauben, doch ohne vorsätzlichen Mißbrauch, und daß der Junge an seinem Tagewerk nicht sehr gehindert werden ...«

11 Hans-Jürgen Wolf: Ausbildungsmeister, Techniker, Ingenieur. Ein Diskussionsbeitrag. Berlin 1974. Kapitel »Die Ordnung im Handwerk, Lehrgeld, Lehrzeit, Lehrlingsanzahl«. a. a. O. S. 22 ff.

12 Aloys Ruppel. Die Heimatstadt der Druckkunst. Kleiner Druck Nr. 2 der Gutenberg-Gesellschaft. Mainz 1925.
Aloys Ruppel. Mainz als Gutenbergstadt. Kleiner Druck Nr. 8 der Gutenberg-Gesellschaft. Mainz 1928.
Konrad Haebler. Die Erfindung der Druckkunst und ihre erste Ausbreitung in den Ländern Europas. Kleiner Druck Nr. 14 der Gutenberg-Gesellschaft. Mainz 1930.
Karl Schottenloher. Der Buchdrucker als neuer Berufsstand des 15. und 16. Jh. Kleiner Druck der Gutenberg-Gesellschaft Nr. 23. Mainz 1935.

13 Herbert Koch. Der Wortschatz der spanischen Buchdrucker. Kleiner Druck Nr. 88 der Gutenberg-Gesellschaft. Mainz 1970.

14 Hermann Strehler. Gesellen- oder Stammbüchlein. St. Gallen 1582. Kleiner Druck der Gutenberg-Gesellschaft. Nr. 89. Mainz 1972.

15 Deutscher Drucker. Nr. 34/14–9–72.

16 Aus: Sculpture Historico Technica. 1747.

17 Johann Gottlob Imanuel Breitkopf. Über die Geschichte der Buchdruckerkunst. Bey Gelegenheit einiger neuern darüber geäußerten Meynungen. Nebst der vorläufigen Anzeige des Inhalts seiner Geschichte der Erfindung der Buchdruckerkunst. Leipzig 1779.
Hans Lülfing, J. G. I., Breitkopf als Historiker des Buchwesens. In Beiträge zur Geschichte des Buches und seiner Funktion in der Gesellschaft. Festschrift für Hans Widmann zum 65. Geburtstag, Stuttgart 1974. a. a. O. S. 126 – 145.

18 Vgl. Repertory of Arts, Vol. XIV. Second Series, p. 368.

19 Vgl. Journal of Art and Sciences, Nr. 10, pag. 263, London (mit Kupfertafeln).

20 Vgl. Journal of Art and Sciences, London, April 1822.

21 Vgl. Journal of Art and Sciences, London, August 1823.

22 Vgl. London. Journal Band III. S. 57. Kupfertafeln IV. oder Monthley Magazine fur June, Nov. et Dec. 1823.

23 Vgl. Journal of Art and Sciences. Nr. 23. Jan. 1824. Vgl. Jahrbücher des K. K. Polytechnischen Institutes zu Wien Band IV. S. 518 ff.

24 Abgebildet in: Mechanik Machines Magazine Nr. 95. June 18. 1825.

Literaturverzeichnis

Albert, August: »Neuere Heliogravüreverfahren«. In: Photographische Korrespondenz. Wien 1906.

Albert, Karl: Karl Klietsch, der Erfinder der Heliogravüre und des Rakeltiefdrucks. Wien 1927.

Albert, Karl: »Ein Beitrag zur Geschichte des Rakeltiefdrucks in Amerika.« In: Photographische Korrespondenz, Band 63. Wien 1927.

Allen, P. Staff: Opus epistolarum Des. Erasmi Roterdami 1484–1536. Oxford 1906–1947.

Alker, Lisl und Hugo: Das Beutelbuch in der bildenden Kunst. Kleiner Druck Nr. 78 der Gutenberg-Gesellschaft. Mainz 1966.

Altmeister der Druckschrift. Frankfurt/Main 1940.

Audin, M.: La métallographie et le problème du livre. In: Gutenbergjahrbuch 1930.

Bachmann, J. G.: Leitfaden für Maschinenmeister an Schnellpressen. Braunschweig 1871.

Barge, Heinrich: Geschichte der Buchdruckerkunst. Leipzig 1940.

Baß, Jacob: Das Buchdruckerbuch. Stuttgart 1930.

Baudet, P. J.: Leven en werken von Willem Janszoon Blaeu. Utrecht 1811.

Bauer, Friedrich: Chronik der Schriftgießereien in Deutschland und den deutschsprachigen Nachbarländern. 2. Auflage. Offenbach/Main 1928.

Bauer, Friedrich: Das Gießinstrument des Schriftgießers. Hamburg 1922.

Bauer, Friedrich: Handbuch für Buchdrukker. Frankfurt/Main 1942.

Bauer, Friedrich: Handbuch für Setzer. Frankfurt/Main 1941.

Bauer, Konrad Friedrich: Aventur und Kunst. Eine Chronik des Buchdruckergewerbes. Frankfurt/Main 1940.

Bauer, Konrad Friedrich: Leonhard Wagner der Schöpfer der Fraktur. Frankfurt/Main 1936.

Beier, Adrian: Handlungs-, Kunst-, Berg- und Handwerks-Lexicon. Jena 1722.

Benton, J. Henry: Baskerville Type Founder and Printer 1706–1765. Boston 1914.

Benz, Richard: Geist und Gestalt im gedruckten deutschen Buch des 15. Jahrhunderts. Mainz 1951.

Benzing, Joseph: Die Buchdrucker des 16. Jahrhunderts im deutschen Sprachgebiet. Leipzig 1936.

Benzing, Joseph: Die Buchdrucker des 16. und 17. Jahrhunderts im deutschen Sprachgebiet. Wiesbaden 1963 (Beitr. zum Buch- und Bibl. Wesen).

Bergham, G. Nouvelles études sur la bibliographie Elzevirienne: Supplément à l'ouvrage sur les Elzevier de M. a. Willems. Stockholm 1897.

Bernard, A.: De l'origine et des débuts de l'imprimerie en Europe. Paris 1853.

Bertenburg, Karl: Die Preisgestaltung im Druckgewerbe. In: Schriften des Vereins für Sozialpolitik 142. München 1912.

Beyerbach, Johann Conradin: Sammlungen der Verordnungen der Reichsstadt Frankfurt am Main. Frankfurt 1797.

Birkenfeld, Günther: Die schwarze Kunst. Frankfurt/Main 1955.

Blades, William: The life and typography of William Caxton, Englands first Printer. Vol. 1–2. London 1861–1863.

Blecher, Carl: »Lehrbuch der Reproduktionstechnik.« Halle 1908.

Blecher, Carl: »Beitrag zur Theorie der Heliogravüreätzung.« In: Zeitschrift für Reproduktionstechnik. 1905.

Bleyer, – Härtl, Hans: Gutenbergs Schöpfertraum. Mainz 1930.

Bodoni, Giambattista: Über Schrift und Typographie. Vorrede zur großen Ausgabe des »Manuale Tipografico«. Parma 1818.

Bogeng, G. A. E.: Geschichte der Buchdruckerkunst. Bd. 1.2. Hellerau (Dresden) 1931–1935.

Bohadti, Gustav: Die Buchdruckletter. Berlin 1954.

Bolza, A.: Lebensläufe aus Franken, 3. Bd. Herausgegeben von der Gesellschaft für fränkische Geschichte, Würzburg (darin: näheres über Friedrich Koenig und die Erfindung der Schnellpresse).

Brade, L.: Illustriertes Buchbinderbuch. 3. Auflage. Halle a. S. 1882.

Braun, Alexander: Der Tiefdruck, seine Verfahren und Maschinen. Frankfurt/Main 1952.

Brandler, Karl: Johannes Frobenius. Hammelburg: Frobenius-Gesellschaft, 1960/1961.

Brandweiner, Adolf: »Photographisches Verfahren zur Herstellung von Druckwalzen für Stoffdruck.« In: Photographische Korrespondenz. Wien 1892.

Bräunig-Oktavio, H.: Der Buchdruck in Darmstadt 1605–1764. Darmstadt 1934.

Brandl, Karl: Unsere Schrift. Göttingen 1911.

Breitkopf, Johann Gottlieb Immanuel: Die Geschichte der Erfindung der Buchdruckerkunst. Leipzig 1779.

Breitkopf, Johann Gottlieb Immanuel: Die Nachricht von der Stempelschneiderei und Schriftgießerei. Berlin 1925.

Brix, Willi: Wissen und Können im Buchdruck. Frankfurt/Main, 2. Auflage, 1960.

Brückner, A.: Schweizer Stempelschneider und Schriftgießer. Stein/Rhein 1945.

Brun, Marcellin-Aimé: Manuel pratique et abrégé de la typographie française. Paris 1869.

Bosse: Kupferstecher zu Parisz in Frankreich, Kunstbüchlein handelt von der Radier- und Etzkunst. Nürnberg 1652.

Buch und Druck, 500 Jahre: Hrsg. von Horst Kliemann. München 1940.

Der Buchdruck des 15. Jahrhunderts. Eine bibliographische Übersicht, hrsg. von der Wiegendruckgesellschaft. Berlin 1929–36. Neue Bearbeitung u. d. T.: Deutsche Buchdrucker des fünfzehnten Jahrhunderts (Hrsg. von Carl Wehmer) Wiesbaden.

Buchdruck. Deutscher Buchdruck im Jahrhundert Gutenbergs. Zur 500-Jahrfeier der Erfindung des Buchdrucks, hrsg. von der Preuß. Staatsbibliothek. Berlin 1940.

Buchdruckerkunst. Geschichte der Buchdruckerkunst von G. A. E. Bogeng, Otto Clemen, Hermann Barge u. a. Bd. 1.2. Leipzig 1936–1941.

Buchdruckerey, Die wol eingerichtete Buchdruckerey etc. Nürnberg 1733.

Callille, Jeande: Histoire de l'imprimerie et de la librairie, où l'on voit son origine et son progrès, jusqu'en 1689, diversée en deux livres. Paris 1689.

Campbell, M. F.: Annales de la typographie néerlandaise au XVe siècle. 4 Bde. Den Haag 1874.

Carter, Harry and *George Buday:* Nicholas Kis an the Janson Types. In: Gutenberg-Jahrbuch 1957.

Carter, John, Percy, H. Muir: Bücher die die Welt verändern. München 1968.

Christian, A.: Débuts de l'imprimerie en France, l'imprimerie Nationale, l'Hôtel de Rohan. Paris 1905.

Clark, John Willis: The care of books. Cambridge 1901.

Claudin, A.: Histoire de l'imprimerie en France au XVe et au XVIe siècle. 4 Bde. Paris 1900–14.

Clemen, Otto: Die Lutherische Reformation und der Buchdruck. Leipzig 1939.

Cobden-Sanderson, Thomas James: Das Idealbuch. Deutsche Ausgabe. Berlin 1931.

Crous, Ernst: Dürer und die Schrift. Berlin 1933.

Crous, Ernst: Dürer und die Schrift. Mit einer Wiedergabe von Dürers Abhandlung »Unterweisung der Messung«. Berlin 1933.

Crous, Ernst, Joachim Kirchner: Die gotischen Schriftarten. Leipzig 1928.

Curmer, L.: Les Anglais peints par eux mêmes. Par les sommites de l'Angleterre. Paris 1840–1841.

Curmer, L.: Les Francais peints par euxmêmes; encyclopédie morale du dix-neuvième. Paris 1840–1842.

Dahl, Svend: Geschichte des Buches. Leipzig 1941.

Das Wort der Meister. Bekenntnisse zu Schrift und Druck aus fünf Jahrhunderten. Zusammengestellt und eingeleitet von Elisabeth Geck. Erschienen im Mergenthaler-Verlag der Linotype GmbH. Berlin und Frankfurt/Main 1966.

Daunou, C. Fr.: Analyse des opinions sur l'origine de l'imprimerie. Paris 1803.

Degering, Hermann: Die Schrift. Atlas der Schriftformen des Abendlandes vom Altertum bis zum Ausgang des 18. Jahrhunderts. Berlin 1929.

Degering, Hermann: Theuerdank. Bielefeld, Leipzig 1927.

Dertsch, Hermann: Mainz zur Zeit Gutenbergs. Kleiner Druck Nr. 30 der Gutenberg-Gesellschaft. Mainz 1937.

Diatzko, K.: Beiträge zur Gutenbergfrage (Slg. bibliotheksw. Arbeiten 2, 1889).

Dietzel: Einsichtige Erfahrung der Buchdruckerey. Bayreuth 1758.

Dibdin, Thomas Frognall: The bibliographical Decameron or ten days, pleasant discourse upon illuminated manuscripts. London 1817.

Diderot et d'Alembert: l'Encyclopédie ou dictionnaire raisonné des sciences des Arts et des Métiers. Unveränderter Nachdruck der Originalausgabe. Paris 1964. Vgl. Fußnote 18.

Diehl, R.: Giambattista Bodoni über Schrift und Typographie. Frankfurt/Main 1927.

Dieterichs, Karl: Die Buchdruckpresse von Johannes Gutenberg bis Friedrich Koenig. Mainz 1930.

Druck. Der moderne Druck. Handbuch der graphischen Techniken. Hrsg. von Eugen Kolleker und Walter Matuschke. Hamburg 1958.

Druckschriften des 15. bis 18. Jahrhunderts in getreuen Nachbildungen. Hrsg. von der Direktion der Reichsdruckerei. Berlin 1884–1887.

Das Druckwerk. Gestaltung und Herstellung von Büchern und Werbedrucksachen. Hrsg. Gustav Barthel und Ulrich Krebs. 2 Bde. Stuttgart 1963.

Duchnesne, Aine: »Essai sur Les Nielles.« Paris 1826.

Duff, E. Gordon: Early printed books. London 1893.

Duff, E. Gordon: Fifteenth Century English Books. London 1917.

Duller, Eduard: Geschichte des deutschen Volkes. 2. Auflage. 2 Bde. Leipzig 1841.

Dußler, Luitpold: Die Inkunabeln der deutschen Lithographie (1796–1821). Heidelberg 1955.

Eckehard, G.: Das deutsche Buch im Zeitalter des Barock. Berlin 1930.

Eckelmann, Helmut: Zur Entwicklung der Buchdruck-Schrift. Der Einfluß des Kupferstichs auf die Formgestaltung. Frankfurt/Main 1950.

Eder, Josef Maria: »Geschichte der Photographie«. 2 Bände, Halle (Saale) 1932.

Eggen, Hanns, Heinz Kraus: Einführung in die Lithographie. 2. Auflage. Hannover 1959.

Engelmann/Schwend: Der Offsetdruck aus der Praxis für die Praxis. Stuttgart 1962.

Erdödy, Janos: Keine Stunde ohne Traum. Leipzig 1965.

Estienne, Henry: Der Frankfurter Markt oder die Frankfurter Messe. Deutsche Übersetzung von Julius Ziehen. Frankfurt 1919.

Falk, F.: Der Stempeldruck vor Gutenberg. (Festschrift zum 500jährigen Geburtstag Gutenbergs.) Mainz 1900.

Falke, Jacob von: »Farbige Kupferstiche«. In: Photographische Korrespondenz. Wien 1892.

Falkenstein, Karl: Geschichte der Buchdruckerkunst. Leipzig 1840.

Faulmann, Karl: Illustrierte Geschichte der Buchdruckerkunst. Wien 1881–82.

Feer-Eduard Hoffmann: Die Typographie im Dienste der Landkarte. Basel 1969.

Ferchl, Franz Maria: Geschichte der Errichtung der ersten lithographischen Kunstanstalt bei der Feiertagsschule für Künstler und Techniker. München 1862.

Ferriot, René: Fréderic König. Mainz 1941.

Fertel, Martin Dominique: La science pratique de l'imprimerie, etc. Saint Omer 1723.

Festschrift der Stadt Mainz zum fünfhundertsten Geburtstag Gutenbergs, hrsg. von O. Hartwig. Mainz 1900.

Festschrift (Gedenkschrift): Konrad F. Bauer. Eine Gedenkschrift zu seinem siebzigsten Geburtstag am 9. Dezember 1973. Mit einer biographischen Skizze von Berthold Hack und einer Bibliographie seiner Schriften von Sofie-Charlotte und Michael Bauer. Mainz 1973.

Festschrift: 100 Jahre Bruckmann. München 1958.

Fewa, D.: Manuale degli incunaboli. Mailand 1939.

Firmenschrift: 100 Jahre Schnellpressenfabrik Frankenthal Albert & Cie. Frankenthal 1973.

Firmenschrift: ROLAND OFFSET ein Unternehmen mit Weltruf. Offenbach 1971.

Firmenschrift: Das Haus Berthold 1858–1921. Zum 25jährigen Bestehen der Aktiengesellschaft. Berlin 1921.

Firmin-Didot, Ambroise: Essay typographique et bibliographique sur l'histoire de la gravure sur bois. Paris 1858.

Flick, J. F.: Handbuch der Buchdruckerkunst. Berlin 1820.

Fournier, Henri: Traité de la typographie. Paris 1825.

Fournier, Simon Pierre: Manuel typographique. 2 Bde. Paris 1764–66.

Franken, Theodor: Über Gestehungskosten im Buchdruckgewerbe. In: Schriften des Vereins für Sozialpolitik (1912–14). München und Leipzig.

Franken, Theodor, Bertenburg, Karl: Preisbildung bei industriellen Rohstoffen und Fabrikaten (Buchdruck, unechte Metalle, Braunkohlen). In: Schriften des Vereins für Sozialpolitik, Band 142. München und Leipzig 1912.

Franke, Carl August: Katechismus der Buchdruckerkunst und der Verwandten Geschäftszweige. Leipzig 1856.

Franklin, Benjamin: Autobiographie nebst einer Auswahl von Briefen, Dokumenten und Flugschriften. Herausgegeben von Anselm Schlösser. Bearbeitete Übersetzung von 1876 durch Ulla Hengst. Berlin 1956.

Frei, Oskar: Handbuch des Rollenoffsetdrucks. Frankfurt/Main 1968.

Fritz, Georg: Geschichte der Wiener Schriftgießereien 1482–1923. Wien 1924.

Fröhlich, K.: Liederbuch für Buchdrucker. Berlin 1850.

Fuhrmann, O. W.: Gutenberg and the Strasbourg Documents of 1439. New York 1940.

Funke, Gerhard: Gutenberg im Zeitalter der großen Wende. Mainz 1968.

Funke, Fritz: Schreibmeisterblätter. Neujahrsausgabe der Deutschen Bücherei 1971. Leipzig 1970.

Geldner, Ferdinand: Die deutschen Buchdrucker. Bd. 1.2. Stuttgart 1968/1970.

Genzmer, Fritz: Umgang mit der schwarzen Kunst. Berlin 1960.

Gesamtkatalog der Wiegendrucke. Leipzig 1925 ff.

Geßner, Christian, Friedrich: Der in der Buchdruckerei wohlunterrichtete Lehrjunge, etc. 2 Bde. Leipzig 1743.

Goebel, Theodor: Friedrich Koenig und die Erfindung der Schnellpresse. Stuttgart 1883.

Goldschmidt, E. P.: The printed book of the Renaissance. Cambridge 1950.

Gottschalk, P.: Die Buchkunst Gutenbergs und Schöffers. Berlin 1918.

Grimm, Heinrich: Die Matrikel der Universität Frankfurt an der Oder aus den Jahren 1506–1648 als urkundliche Quelle für die Geschichte des Buchwesens. In: Archiv für Geschichte des Buchwesens, Band 3, 1960.

Grotefend, Hermann: Christian Egenolff, der erste ständige Buchdrucker zu Frankfurt am Main und seine Vorläufer. Frankfurt/Main 1881.

Guicciardini, Lodovico: Beschreibung des Niderlands ursprung, auffnemen und herkommens ... Ernstlich durch L. Guicciardini ... in Italiänischer Sprach beschrieben: jetzt und aber ... durch einen liebhaber der Histori (Daniel Federmann) in unser Hoch Teutsch transferiert, etc. In: Neuwe Chorographia und Histori Teutscher Nation. 2. Bde. Franckfort am Mayn: 1582.

Gusmann, P.: Claude Garamond. (Byblis 4, 1925.)

Gutenberg-Festschrift zur Feier des 25jährigen Bestehens des Gutenberg-Museums in Mainz. Hrsg. von Alois Ruppel. Mainz 1925.

Haebler, Konrad: Die deutschen Buchdrukker des 15. Jahrhunderts im Ausland. München 1924.

Haebler, Konrad: Die Erfindung der Druckkunst und ihre erste Ausbreitung in den Ländern Europas. Mainz 1930.

Haebler, Konrad: Die Geschichte des spanischen Frühdrucks in Stammbäumen. Leipzig 1923.

Haebler, Konrad: Handbuch der Inkunabelkunde; 2. unveränderte Auflage. Stuttgart 1966.

Hammer, Franz: Geschichte des Stuttgarter Buchdrucks. Vortrag. Gehalten im Dezember 1933 im Graphischen Club Stuttgart. Abgedruckt im Druckspiegel.

Handbuch der Buchdruckerkunst. Frankfurt 1827.

Handbuch der Buchdruckerkunst für angehende und praktische Buchdrucker. Als Anhang: Anweisung Papiere auf alle Art zu färben. Berlin 1820.

Harding, S.: »Sculptura-Historico Technica or the History and Art of Ingraving.« London 1747.

Hansard, Thomas Carson: Typographia. London 1825.

Hart, Horace: Charles Earl Stanhope and the Oxford University Press. Oxford 1896.

Haas, Wilhelm: Beschreibung einer neuen Buchdruckerpresse von Wilhelm Haas dem Vater, 1772. Wiedergegeben nach dem Druck von Wilhelm Haas dem Sohne. Basel 1790.

Hase, Oskar: Die Koberger. Eine Darstellung des buchhändlerischen Geschäftsbetriebes in der Zeit des Überganges vom Mittelalter zur Neuzeit. 2. Auflage. Leipzig 1885.

Hasper, W.: Handbuch der Buchdruckerkunst. Carlsruhe 1835.

Haupt, Georg: Rudolf Koch der Schreiber. Leipzig 1936.

Hayn, C.: Das Postulat der Buchdrucker-Gesellen. Berlin 1802.

Heide, Walter: Die älteste gedruckte Zeitung. Mainz 1931.

Helwig, Helmuth: Das deutsche Buchbinder-Handwerk. Bde. 1.2. Stuttgart 1961–65.

Hernandez, Antonio: Johannes Froben und der Basler Buchdruck des 16. Jh. Gewerbemuseum Basel. Basel 1960.

Hessel, A.: Von der Schrift zum Druck. In: Zs. d. dtsch. Vereins für Buchwesen und Schrifttum 1923.

Hittmair, Rudolf: Aus Caxtons Vorreden und Nachworten. Leipzig 1934.

Hoffmann, Hermann: Der Schriftgießer. Leipzig 1927.

Holtrop, Jan Wilhelm: Monuments typographiques des Pays-Bas au XVe siècle. Den Haag 1857–68.

Horn, A.: Taschenliederbuch für Buchdrukker. Zittau 1869.

Humphreys, Henry Noël: Masterpieces of the early printers and engravers. London 1870.

Hupp, Otto: Gutenberg und die Nacherfinder. In: Gutenbergjahrbuch 1929.

Hupp, Otto: Gutenbergs erste Drucke. München, Regensburg 102.

Hupp, Otto: Weiteres siehe auch in: Der gegenwärtige Stand der Gutenberg-Forschung. Hrsg. Hans Widmann. Stuttgart 1972, S. 186.

Husung, M. J.: Die Drucker- und Verlegerzeichen Italiens im 15. Jahrhundert. München 1928.

Jackson, John, William Andrew Chatto: A Treatise on wood engraving. London 1839.

Johnson, A. F.: Type Designs. Their History and Development. London 1934.

Johnson, John: Typographia or the Printers Instructor. London 1824.

Jolles, Oskar: Die deutsche Schriftgießerei. Berlin 1923.

Irmisch, Linus: Wörterbuch der Buchdrukker und Schriftgießer. Braunschweig 1901.

Juchoff, Rudolf: Drucker- und Verlegerzeichen des 15. Jahrhunderts in den Niederlanden, England, Spanien, Böhmen, Mähren und Polen. München 1927.

Juchoff, Rudolf: Das Ende der Sandgußtheorie. In: Zs. f. Bücherfreunde N. F. 22. 1930, S. 81–84.

Juchoff, Rudolf: Das Fortleben mittelalterlicher Schreibergewohnheiten in den Druckschriften des 15. Jahrhunderts. In: Beitr. z. Inkunabelkunde N. F. 1. 1935, S. 65–77.

Kampmann, C.: Die graphischen Künste. Sammlung Göschen, Band 75. Leipzig 1905.

Kautsch, R.: Die neue Buchkunst. Weimar 1902.

Kiesewetter, L.: Gedrängte Geschichte der Buchdruckerkunst. Glogau 1840.

Kirchner, Joachim: Das deutsche Zeitschriftenwesen und seine Probleme. Teil 1. 2. Auflage. Wiesbaden 1958.

Kirchner, Joachim: Lexikon des Buchwesens, Bde. 1–4. Stuttgart 1956.

Klaetsch, Hermann: Die Druckfarbe in vergangenen Zeiten. Kleiner Druck Nr. 36 der Gutenberg-Gesellschaft. Mainz 1940.

Klenz, Heinrich: Die Deutsche Druckersprache. Straßburg 1900.

Klenz, Heinrich: Schelten-Wörterbuch, die Berufs-, besonders Handwerksschelten. Straßburg 1910.

Kleukens, Ch. H.: Die Handpresse. Kleiner Druck Nr. 4 der Gutenberg-Gesellschaft. Mainz 1927.

Kleukens, Christian Heinrich: Die Kunst Gutenbergs. Mainz 1942.

Kliemann, Horst: 500 Jahre Buch und Druck. München 1940.

Koch, Herbert: Der Wortschatz der spanischen Buchdrucker. Kleiner Druck Nr. 88 der Gutenberg-Gesellschaft. Mainz 1970.

Kolb, Albert: Die Ausbreitung der Druckkunst, Mainz 1931.

Köster, Kurt: Gutenberg in Straßburg. Kleiner Druck der Gutenberg-Gesellschaft Nr. 93. Mainz 1973.

Krahl, W.: Der Verband der deutschen Buchdrucker, 2 Bde. Leipzig 1916.

Krebs, W.: Alte Handwerksbräuche. Basel 1933.

Krebs: Handbuch der Buchdruckerkunst. Frankfurt/Main 1827.

Krebs, G.: Das Gautschen der Buchdrucker. In: Schweizer Volkskunde, 7. Jahrgang 1917, Heft 3–4.

Krüger, Otto: Die lithographischen Verfahren und der Offsetdruck. Leipzig 1949.

Kruitwagen, F. B.: Die Ansprüche Hollands auf die Erfindung der Buchdruckerkunst. (Gutenberg-Festschrift 1925.)

Kruitwagen, F. B.: Het Boeck. Deel 29.

Kümmel, Heinz: Die Grundlagen der Selbstkostenrechnung im Buchdruckgewerbe. Stuttgart 1935.

Kulundzic, Zvonimir: Gutenberg und sein Werk im slawischen Süden. Kleiner Druck der Gutenberg-Gesellschaft Nr. 94. Mainz 1973.

Le Blon, J. C.: »L'Art d' Imprimer les Tableaux.« 2. Auflage. Paris 1756.

La Caille, Jean: Historie de l'imprimerie, etc. 2 Bde. Paris 1689.

Lange, Wilhelm H.: Das Buch im Wandel der Zeiten. Frankfurt/Main 1951.

Lazare, E.: Die Gutenberg-Bibel: ein Census (Antiquariat 7. 1951).

Leemann-Van Elck, Paul: Die Offizien Froschauers, Zürichs berühmte Druckerei im 16. Jh. Zürich 1940.

Lehmann-Haupt, H.: Peter Schöffer of Gernsheim and Mainz. Rochester NY. 1950.

Lehmann, E.: »Theorie und Praxis der Heliogravüreätzung.« In: Zeitschrift für Reproduktionstechnik, 1907.

Lesser, Christian Friedrich: Typographie jubilans, das ist kurtzgefasste Historie der Buchdruckerey, etc. Leipzig 1740.

Lexikon der graphischen Technik (bearbeitet im Institut für grafische Technik, Leipzig). 2. Auflage. München-Pullach 1967.

Lilien, Otto Magnus: Die Frühgeschichte des Tiefdrucks bis zur Jahrhundertwende. Frankfurt/Main 1959.

Lilien, Otto Magnus: Die Geschichte des Tiefdrucks von 1900–1920. Frankfurt/Main 1963.

Linde, Antonius van der: Geschichte der Erfindung der Buchdruckerkunst. Bde. 1–3. Berlin 1886.

Linde, Antonius van der: Gutenberg, Geschichte und Erfindung aus den Quellen nachgewiesen. Stuttgart 1878.

Longhi, J.: »Die Kupferstecherei oder die Kunst, in Kupfer zu stechen und zu ätzen.« Übersetzt von C. Barth. Hildburghausen und Meiningen 1837.

Lorck, Karl B.: Handbuch der Geschichte der Buchdruckerkunst. Bd. 1.2. Leipzig 1882–1883.

Luchsinger, Friedrich: Der Basler Buchdruck als Vermittler italienischen Geistes, 1470–1529. Basel 1953.

Luckombe, Philip: History and art of printing. London 1771.

Madalen, J. P. A.: Lettres d'un Bibliographe, Bd. 1–5. Paris 1868.

Mahr, Karl: Der Druckbuchstabe. Frankfurt/Main 1928.

Mame, Alfred: Traité de la Typographie, par Henri Fournier, Imprimeur. Tours 1870.

Mayer, Anton: Wiens Buchdruckergeschichte von 1582–1882. 2 Bde. Wien 1887.

Mehnert, Walter: Ratgeber für das Buchdruckergewerbe. 3. Auflage. Stuttgart 1963.

Meisner, Heinrich, Johannes Luther: Die Erfindung der Buchdruckerkunst. Leipzig 1900.

Meyer, W. J.: Die französischen Drucker- und Verlegerzeichen des 15. Jahrhunderts. München 1926.

Meynell, Fr.: English printed books. London 1946.

Moll, Herbert: Das Setzmaschinenbuch. Stuttgart 1960.

Momoro, Antoine-Francois: Traité élémentaire de l'imprimerie ou le manuel de l'imprimatur. Paris 1793.

Moran, James: Printing Presses. History & Development from the fifteenth Century to Modern Times. London 1973.

Mori, Gustav: Das Schriftgießergewerbe in Süddeutschland und den angrenzenden Ländern. Stuttgart 1924.

Mori, Gustav: Christian Egenolff. In: Enschedé, Johann, Die hochdeutschen Schriften. Haarlem 1919.

Mortet, Charles: Les origines et les débuts de l'imprimerie. Paris 1922.

Moxon, Joseph: Mechanick Exercises, or, the Doctrine of Handy-works. 2 Bde. London 1683.

Mundinger, Emil: »Zur Geschichte des Tiefdrucks.« Siegburg 1957.

Müller, August: Lehrbuch der Buchdruckerkunst. 9. Auflage. Leipzig 1914.

Neubürger, Hermann: Praktisches Handbuch der Buchdruckerkunst. Leipzig 1841.

Ohly, K.: Die Anfänge des Buchdrucks in Basel. (Zentralbl. f. Bibliotheksw. 1940.)

Ordnung und Artickel, Eines Erbaren Raths/wie es forthin auff allen Truckereien/ in dieser Stadt Franckfurt/sol gehalten werden. Frankfurt 1573. (Nachdruck Frankfurt/ Main 1921.)

Oschilewski, Walter G.: Der Buchdrucker. Brauch und Gewohnheit in alter und neuer Zeit. Jena 1936.

Ottley, William Young: An Inquiry into the Origin and early History of Engraving. 2 Bde. London 1816.

Panzer, J. W.: Annalen der älteren deutschen Literatur. Nürnberg, Leipzig 1788–1805.

Paul, Hans: Hilfsbuch bei der Herstellung von Druckwerken. 3. erweiterte Auflage. Breslau 1891.

Petrasancta, Silvester: De symbolis heroicis libri XI. Antverpiae 1634.

Platter, Thomas: Thomas Platter und Felix Platter, zwei Autobiographien. Ein Beitrag zur Sittengeschichte des 16. Jahrhunderts. Herausgegeben von Albert Fechter. Basel 1840.

Platiere, Rolland de la: »L'Art de préparer et d'imprimer les étoffes de laine. Paris 1780.

Ploß, Emil Ernst: Ein Buch von alten Farben. 2. unveränderte Auflage. München 1970.

Poeschel, Ernst: Zeitgemäße Buchdruckerkunst. Leipzig 1904.

Poiters, Adrianus: Het Masker van de Wereldt afgetrocken. Antwerpen 1646.

Pollard, A. W.: Fine Books. London 1912.

Prediger, Christoph Ernst: Wohlanweisender Buchbinder. Anspach 1772.

Presser, Helmut: Dora Meinecke: Tausend Jahre Buchillustration. Mainz 1950.

Ranc, Robert: Pierre et Firmin Didot et le Service de la typographie. In: Gutenberg-Jahrbuch 1959.

Rath, Erich von, Juchoff, Rudolf: Buchdruck und Buchillustration bis zum Jahre 1600. In: Handb. d. Bibliothekswissenschaft.

2. Auflage, hrsg. v. Georg Leyh, Bd. 1, Wiesbaden 1952, S. 388–533.

Rath, Erich von: Adolf Rusch und die Anfänge der Antiqua. (Beitr. zur Inkunabelkunde N. F. 2. 1936.)

Rath, Erich von: Die Ausbreitung des Buchdrucks im 15. Jahrhundert (Studien zur Geschichte des Buchdrucks und der Bibliographie) London, Köln 1945.

Raumert: Ausbau und Leistungen der Tarifgemeinschaft der Deutschen Buchdrucker. Sorau 1910.

Reed, T. B.: A History of the old English Letter Foundries. 2 Bde. London 1887.

Renker, Armin: Das Buch vom Papier. 4. Auflage. Wiesbaden 1951.

Renker, Armin: Papier und Druck im fernen Osten. Mainz 1936.

Renker, Armin: Papiermacher und Drucker. Mainz 1934.

Renner, P.: Die Kunst der Typographie. 2. Auflage. Berlin 1948.

Renouard, A. A.: Annales de l'imprimerie des Estienne. 2. Auflage. Paris 1843.

Renouard, Ph.: Documents sur les imprimeurs à Paris de 1450–60. Paris 1901.

Ricci, Seymour de: Catalogue raisonné des impressions de Mayence (1445–1467) Mainz 1911. (Monographie der Gutenberg-Gesellschaft 8/9.)

Rieger, Paul: Die Entwicklung der graphischen Wirtschaft in Stuttgart nach dem zweiten Weltkrieg. Aus: Druckspiegel 18. Jahrgang, September 1963.

Riegger-Baurmann, Roswitha: Christian Egenolff, der erste ständige Buchdrucker zu Frankfurt a. Main und seine Vorläufer. Frankfurt/Main 1881.

Ruhmor, C. F. von: »Untersuchung der Gründe für die Annahme, daß Finiguerra Erfinder des Handgriffes sei, gestochene Metallplatten auf genetztes Papier abzudrucken.« Leipzig 1841.

Rodenberg, Julius: Der Buchdruck von 1600 bis zur Gegenwart. In: Handbuch der Bibliothekswissenschaft. 2. Aufl., hrsg. v. Georg Leyh, Bd. 1., Wiesbaden 1952, S. 534–681.

Rodenberg, Julius: In der Schmiede der Schrift. Karl Klingspor und sein Werk. Berlin 1940.

Rodenberg, Julius: Die deutsche Schriftgießerei. Mainz 1927.

Rosenfeld, Hellmut: Münchner Spielkarten um 1500. Mainz 1958.

Roth, F. W.: Die Mainzer Buchdruckerfamilie Schöffer des 16. Jahrhunderts. (Beiheft zum ZfB, 1892.)

Ruppel, Aloys: Große Drucker – Von Gutenberg bis Bodoni. (Kleiner Druck Nr. 54 der Gutenberg-Gesellschaft.) Mainz 1953.

Ruppel, Aloys: Druckte Gutenberg vor seiner 42zeiligen Bibel ein größeres Werk? (Kleiner Druck Nr. 57 der Gutenberg-Gesellschaft.) Mainz 1954.

Ruppel, Aloys: Eltville als Frühdruckstadt. (Kleiner Druck Nr. 31 der Gutenberg-Gesellschaft.) Mainz 1938.

Ruppel, Aloys: Johannes Gutenberg. Sein Leben und sein Werk. 2. Auflage. Berlin 1947.

Ruppel, Aloys: Haben die Chinesen und Koreaner die Buchdruckerkunst erfunden? (Kleiner Druck Nr. 56 der Gutenberg-Gesellschaft.) Mainz 1954.

Ruppel, Aloys: Die Heimatstadt der Druckkunst. (Kleiner Druck der Gutenberg-Gesellschaft Nr. 2.) Mainz 1926.

Ruppel, Aloys: Das Grab Gutenbergs. (Kleiner Druck Nr. 8 der Gutenberg-Gesellschaft.) Mainz 1928.

Ruppel, Aloys: Mainz als Gutenbergstadt. (Kleiner Druck Nr. 8 der Gutenberg-Gesellschaft.) Mainz 1928.

Ruppel, Aloys: Probleme um das Mainzer Catholicon. In: Gutenberg-Jahrbuch 1938, S. 83–96.

Ruppel, Aloys: Die Technik Gutenbergs und ihre Vorstufen. (Dt. Museum, Abh. u. Ber. 12. H. 2, 1940.)

Ruppel, Aloys: Wer war der wirkliche Erfinder der Buchdruckerkunst? (Kleiner Druck Nr. 75 der Gutenberg-Gesellschaft.) Mainz 1964.

Ruppel, Aloys: Die Stadt Mainz und ihr großer Sohn Gutenberg. Berlin 1940.

Ruppel, Aloys: Tragik und Ruhm im Schicksal Gutenbergs. Mainz 1948. Siehe zu Ruppel auch: Aloys Ruppel, Verzeichnis seiner Schriften. Zusammengestellt von Josef Benzing. Mainz 1949.

Sabbe, Maurice: Die Civilité – Schriften des Robert Granjon in Lyon und die flämischen Drucker des 16. Jahrhunderts. Wien 1929.

Sabbe, Maurice: Christophe Plantin. Anvers 1932.

Säuberlich, O.: Obral-Wörterbuch. Leipzig 1927.

Säcularfest. Das vierte Säcularfest der Erfindung der Buchdruckerkunst. Begangen zu Stuttgart am 24. und 25. Mai 1840. Stuttgart 1840.

Schaab, Karl Anton: Die Geschichte der Erfindung der Buchdruckerkunst durch Johannes Gensfleisch, genannt Gutenberg, zu Mainz. Bd. 1–3. Mainz 1830–31.

Schmidt-Künsemüller, Friedrich Adolf: Die Erfindung des Buchdrucks als technisches Phänomen. (Kleiner Druck Nr. 48 der Gutenberg-Gesellschaft.) Mainz 1951.

Schmidt-Künsemüller, Friedrich Adolf: Gutenberg und das Sandgußverfahren. S. Der gegenwärtige Stand der Gutenberg-Forschung, S. 283.

Schmidt-Künsemüller, Friedrich Adolf: Das Schriftmetall der ältesten deutschen Druckerzeugnisse. (ZfB 63. 1949.)

Scholderer, Victor: Vom italienischen Frühdruck. Mainz 1932.

Scholderer, Victor: Greek Printing Types 1465–1927. London 1927.

Schorbach, K.: Der Straßburger Frühdrukker Johann Mentelin (1458–78). Mainz 1932. (Veröffentl. d. Gutenbergges. 22.)

Schottenloher, Karl: Der Buchdrucker als neuer Berufsstand des 15. und 16. Jahrhunderts. (Kleiner Druck Nr. 23 der Gutenberg-Gesellschaft.) Mainz 1935.

Schreiber, W. L.: Vorstufen der Typographie. In: Festschrift zum 500jährigen Geburtstage von Johann Gutenberg, hrsg. von Otto Hartwig. Mainz 1900.

Schriftgießerei. Die deutsche Schriftgießerei. Eine gewerbliche Bibliographie. Hrsg. Oskar Jolles. Berlin 1923.

Stapart: »Die Kunst, mit dem Pinsel zu ätzen.« Nürnberg 1780.

Schück, J.: Aldus Manutius und seine Zeitgenossen. Berlin 1862.

Schück, Julius: Aldus Manutius und seine Zeitgenossen in Italien und Deutschland. Berlin 1862.

Schwarz, J. L.: Der Buchdrucker, Hamburg 1775.

Schwenke, P.: Beiträge zur Gutenbergfrage. Leipzig 1890 (Slg. Bibliotheksw. Arb. 4).

Schwenke, P.: Gutenbergs früheste Drukkerpraxis. Leipzig 1890 (Slg. Bibliotheksw. Arb. 4).

Schwenke, P.: Die Donat- und Kalendertype. (Veröffentl. d. Gutenbergges. 2, 1903.)

Schwenke, P.: Untersuchungen zur Geschichte des Buchdrucks. In: Festschrift der Kgl. Bibliothek zur Gutenbergfeier 1900.

Sean, Jennet: Pioneers in Printing. London 1958.

Seifert, Traudel: Durch Buchstaben-Kunst wird uns im Leben Viel Nutzen an die Hand gegeben. Fünfunddreissig beliebte Kinder- und Jugendbücher in ihren Autoren vorgestellt. Frankfurt/Main 1971.

Simon, O.: English Typography in the Industrial Age. (Signature J., NS 1948).

Simon, O.: Rodenberg, J.: Printing of today. London 1928.

Sondheim, M.: Die ältesten Frankfurter Drucke. Frankfurt am Main 1885.

Sotheby, Samuel Leigh: Principia typographica. The Block-Books, etc. 3 Bde. London 1858.

Stadt Antwerpen. Das Plantin-Moretus-Museum. 3. Auflage. Antwerpen 1965.

Spindler, Hans: Fachwissen für den Buchdruckerlehrling. Eisenfeld 1969.

Steim, Jürgen: Die Geschichte des ersten fachlichen Wirtschaftsverbandes in Deutschland. Bundesverband Druck, Wiesbaden 1969.

Steinberg, Siegfried Henry: Die schwarze Kunst. 500 Jahre Buchdruck. 2. Auflage. München 1961.

Strakaty, Adalbert: Der Rakeltiefdruck. 14. Auflage. Mauthausen 1967.

Straus, Ralph und *Robert K. Dent:* John Baskerville. Cambridge 1907.

Stower, Caleb: The Printer's Grammar. London 1808.

Toifel, Wilhelm F.: »Handbuch der Chemiegrafie.« Wien 1896.

Täubel, Christian Gottlob: Orthotypographisches Handbuch, etc. Leipzig 1788.

Täubel, Christian Gottlob: Typographisch, technologisches Handbuch der Buchdruckerkunst für Anfänger. Leipzig 1791.

Täubel, Christian Gottlob: Allgemeines theoretisch-praktisches Wörterbuch der Buchdruckerkunst und Schriftgießerey. 2 Bde. Wien 1805.

Treue, Wilhelm: Kulturgeschichte der Schraube von der Antike bis zum achtzehnten Jahrhundert. München 1959.

Tronnier, Adolf: Die Jahrhundertfeiern der Buchdruckerkunst (1540–1940). (Kleiner Druck Nr. 29 der Gutenberg-Gesellschaft.) Mainz 1937.

Tronnier, Adolf: Vier neue Gutenberg-Bildnisse des Gutenberg-Museums Mainz. (Kleiner Druck Nr. 11 der Gutenberg-Gesellschaft.) Mainz 1930.

Tronnier, Adolf: Von Gutenberg, dem Mainzer Psalter und einem Schelmenstreich. (Kleiner Druck Nr. 24 der Gutenberg-Gesellschaft.) Mainz 1936.

Tschicholf, Jan: Geschichte der Schrift in Bildern. Hamburg 1941.

Tschichold, Jan: Die neue Typographie. Ein Handbuch für zeitgemäß Schaffende. Berlin 1928.

Vekene, Emil van der: Heinrich Mameranus, ein Luxemburger Drucker des 16. Jahrhunderts in Köln. (Kleiner Druck Nr. 95 der Gutenberg-Gesellschaft.) Mainz 1973.

Vinne, Theodore Low de: The Invention of Printing. New York 1876.

Vogelin, Salomon: Christoph Froschauer, erster berühmter Buchdrucker in Zürich. Zürich 1840.

Volkmann, L.: G. F. Breitkopf und P. S. Fournier le Jeune. In: Gutenberg-Jahrbuch 1928.

Voulliéme, Ernst: Die deutschen Drucker des 15. Jahrhunderts. Berlin 1922.

Wagner, Karl: Alois Senefelder, sein Leben und Wirken. Leipzig 1914.

Wagner, Wilhelm Jacob: Durch die Pressen um die Gassen. Mainz 1939.

Weber, Wilhelm: Saxa loquuntur. Geschichte der Lithographie von den Anfängen bis zur Gegenwart. Bd. 1.2. München 1961–1964.

Weinhold, Kurt: Die Geschichte eines Zeitungshauses (Verlag DuMont Schauberg). Köln 1969.

Wehmer, Carl: Hans Schönsperger, der Drucker Kaiser Maximilians (Altmeister der Druckschrift). Frankfurt am Main 1940.

Wehmer, Carl: Mainzer Probedrucke in der Type des sogenannten Astronomischen Kalenders für 1488. München 1948.

Wehmer, Carl: Der unbekannte Gutenberg. Wiesbaden 1950.

Weigel, T. O., A. D. Zestermann: Die Anfänge der Buchdruckerkunst. 2 Bde. Leipzig 1866.

Weil, E. u. a.: Die deutschen Druckerzeichen des 15. Jahrhunderts. Bd. 1–4. München 1924–29.

Werther, Johann David: Warhafftige Der so alt – als berühmten Buchdrucker – Kunst. Frankfurt am Main und Leipzig 1721.

Wetter, J.: Kritische Geschichte der Erfindung der Buchdruckerkunst durch Johann Gutenberg zu Mainz. Leipzig 1836.

Widmann, Hans: Der koreanische Buchdruck und Gutenbergs Erfindung. In: Gutenberg-Jahrbuch 1974, S. 32–34.

Widmann, Hans: Gutenbergs Wirken – Versuch eines Umblicks. In: Der gegenwärtige Stand der Gutenberg-Forschung. Hrsg. von Hans Widmann, Stuttgart 1972. S. 1–47.

Widmann, Hans: Herstellung und Vertrieb des Buches in der griechisch-römischen Welt. In: Archiv für Geschichte des Buchwesens 8, S. 545–640.

Widmann, Hans: Vom Nutzen und Nachteil der Erfindung des Buchdrucks – aus der Sicht der Zeitgenossen des Erfinders. Mainz 1973. (Kleiner Druck Nr. 92 der Gutenberg-Gesellschaft.)

Widmann, Hans (Hrsg.): Der gegenwärtige Stand der Gutenberg-Forschung. Stuttgart 1972. (Bibliothek des Buchwesens. Bd. 1.)

Widmann, Hans: Zur Überlieferung über den Zeitpunkt von Gutenbergs Erfindung. In: Mainzer Zeitschrift 67/68. 1972/73. Festschrift für Fritz Arens. Mainz 1973, S. 38–44.

Widmann, Hans: Widmann Susanne-Beßlich: Annalen zur Geschichte des Buchhandels (unter besonderer Berücksichtigung des deutschen Buchandels). Sonderdruck aus: Handbuch des Buchhandels Band 1, Allgemeines. Hamburg 1974.

Willems, M. A. Les Elzevier: Histoire et annales typographiques. Brüssel, Paris 1880.

Wissel, R.: Des alten Handwerks Recht und Gewohnheit. Berlin 1929.

Wolf, Hans-Jürgen: Ein historischer Rückblick über die Meisterlehre im Druckergewerbe. Berlin 1974.

Wolf, Hans-Jürgen: Historische Begriffswörtersammlung des Druckgewerbes. (Manuskript.) Kronberg 1974.

Wroth, L. D.: A History of the printed Book. New York 1938.

Wyss, A.: Türkenkalender für 1455. In: Gutenberg-Festschrift, Mainz 1900.

Zapf, Hermann: Schrift und Buch in der Welt von morgen. Kleiner Druck Nr. 91 der Gutenberg-Gesellschaft. Mainz 1970.

Zedler, Gottfried: Die älteste Gutenbergtype. Mainz 1902. (Veröffentl. der Gutenberg-Gesellschaft.)

Zedler, Gottfried: Die Bamberger Pfisterdrucke und die 36zeilige Bibel. Mainz 1911. (Veröffentl. der Gutenberg-Gesellschaft 10/11.)

Zedler, Gottfried: Von Coster zu Gutenberg. Leipzig 1921.

Zonca, V.: Nuova teatro di machine et edificii per uarie et sievre operationi. Padra 1656.

Zeitungen in Deutschland. Sechsundfünfzig Portraits. Frankfurt/Main. 1967/68.

Zürcher, Georges: Allgemeine Berufskunde für Buchdrucker. 5. Auflage. Bern.

Zeitschriften und Periodika

Archiv für Buchgewerbe und Gebrauchsgraphik. Leipzig 1864–1944.

Der Druckspiegel. Stuttgart 1946 ff.

Gutenberg-Jahrbuch. Hrsg. von der Gutenberg-Gesellschaft. Mainz 1926 ff.

Imprimatur. Jahrbuch für Bücherfreunde. Leipzig 1930 ff.

Klimschs Druckerei-Anzeiger. Frankfurt/Main 1873–1944.

Klimschs Jahrbuch. Frankfurt/M. 1906 ff.

Der Polygraph. Frankfurt/M. 1947 ff.

Zeitschrift für Deutschlands Buchdrucker. Berlin 1889–1944.

Die Verflechtung des deutschen Druckmaschinenbaues im 19. Jh. Das Schema verdeutlicht die Verästelungen. Vom Kern Koenig & Bauer ausgehend, breitet sich der Fächer aus und führt zu einer scharfen Konkurrenzsituation. Diese beflügelt die weitere Entwicklung. In jüngster Zeit nähern sich die Unternehmen wieder an.

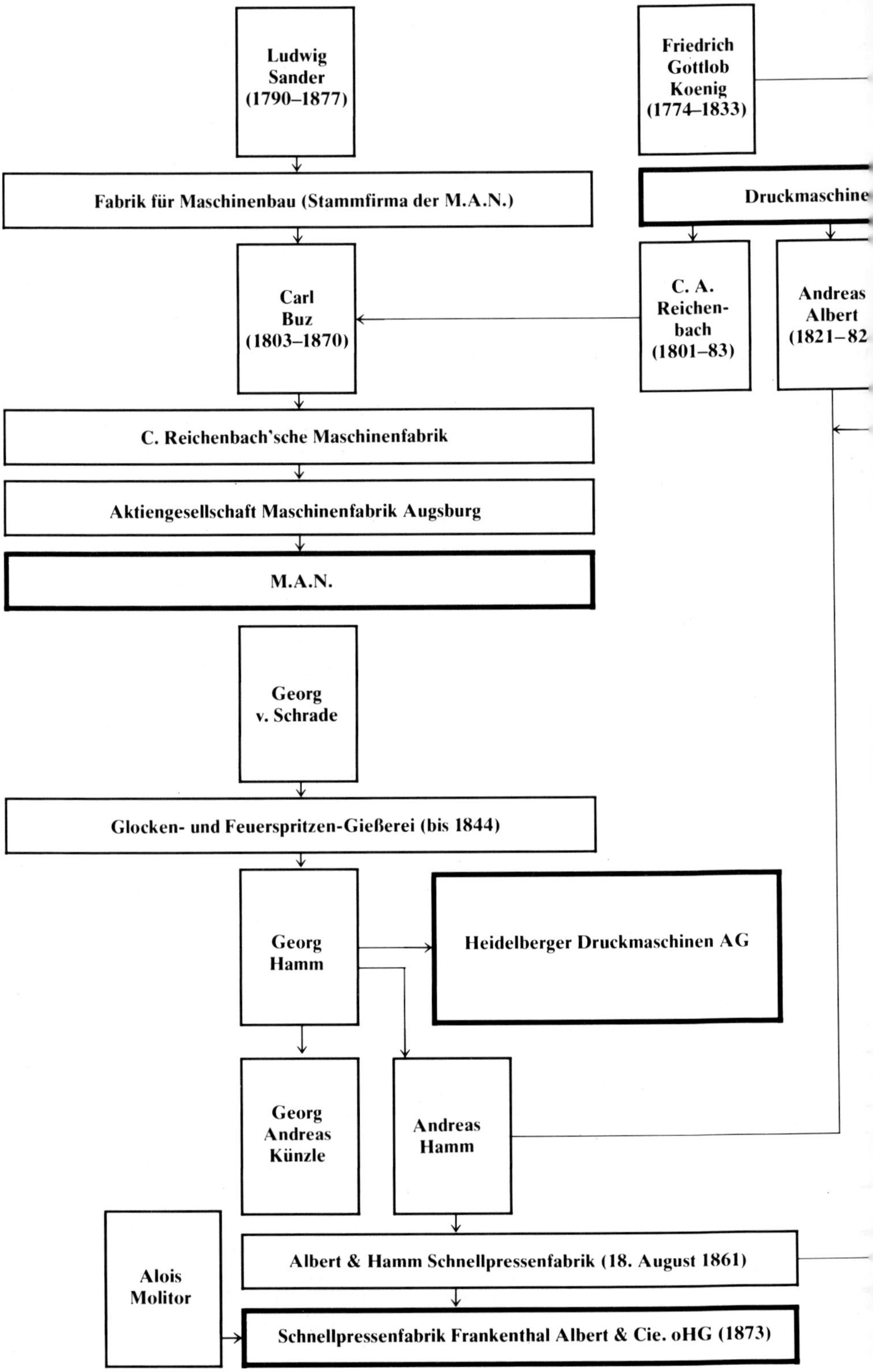
Ludwig Sander (1790–1877)
Friedrich Gottlob Koenig (1774–1833)
Fabrik für Maschinenbau (Stammfirma der M.A.N.)
Druckmaschine
Carl Buz (1803–1870)
C. A. Reichenbach (1801–83)
Andreas Albert (1821–82
C. Reichenbach'sche Maschinenfabrik
Aktiengesellschaft Maschinenfabrik Augsburg
M.A.N.
Georg v. Schrade
Glocken- und Feuerspritzen-Gießerei (bis 1844)
Georg Hamm
Heidelberger Druckmaschinen AG
Georg Andreas Künzle
Andreas Hamm
Alois Molitor
Albert & Hamm Schnellpressenfabrik (18. August 1861)
Schnellpressenfabrik Frankenthal Albert & Cie. oHG (1873)

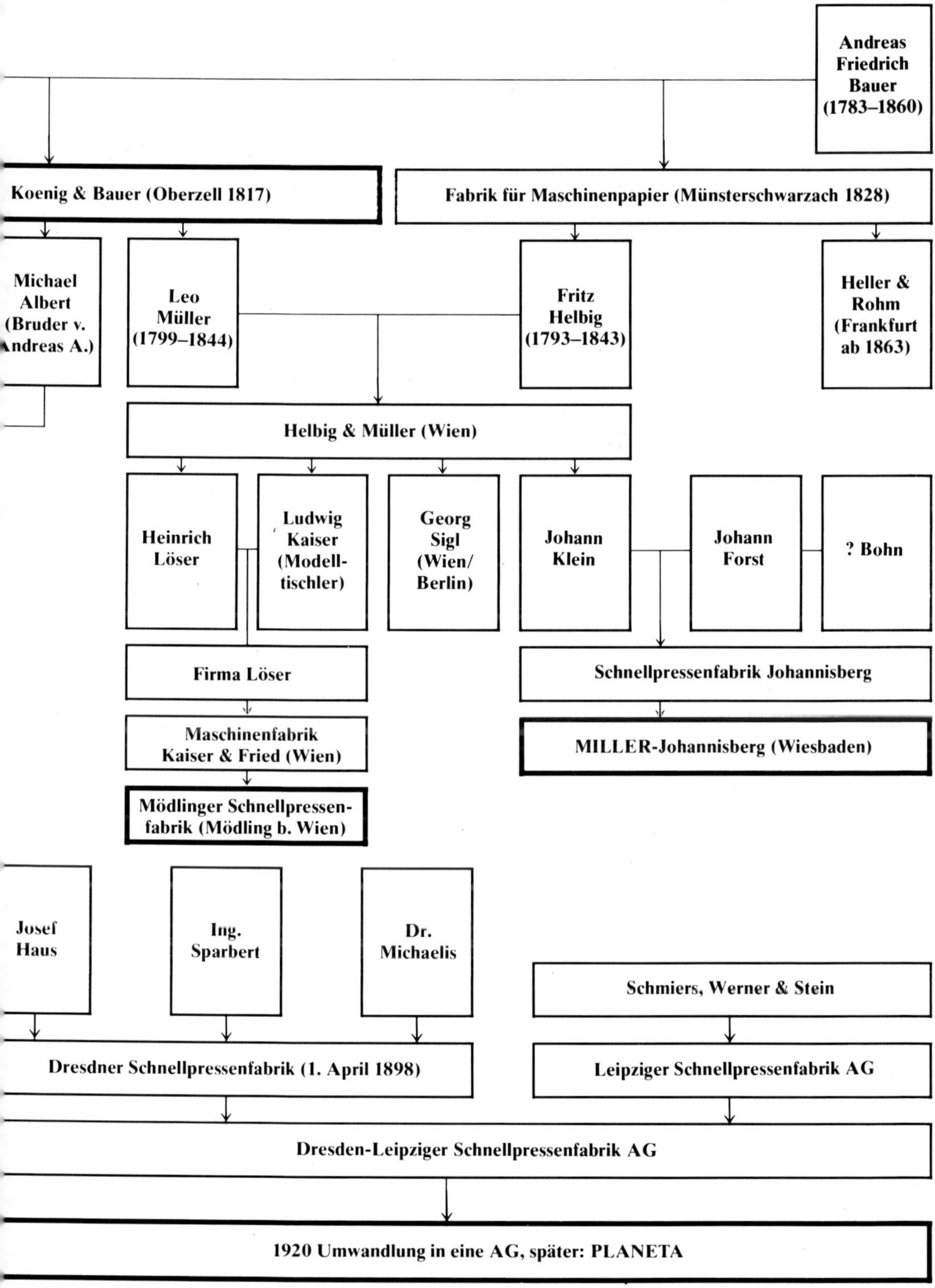

Deutscher Druckmaschinenbau im 19. Jh.

Anzeigen

Gutenberg-Museum

Weltmuseum der Druckkunst in Mainz

Das Gutenberg-Museum wurde im Jahre 1900 von Mainzer Bürgern anläßlich des 500sten Geburtstages des großen Sohnes der Stadt, Johannes Gutenberg, gegründet.
Zu Ehren des Erfinders der Buchdruckkunst mit beweglichen, seriell hergestellten Lettern sollte dieses Museum speziell die Geschichte des Druckens bis in die Gegenwart und aller damit verbundener kultureller Bereiche dokumentieren.
So zeigt das Museum in einer umfangreichen Dauerausstellung heute Bücher von der mittelalterlichen Handschrift bis zum künstlerischen Buch des 20. Jahrhunderts, Druckmaschinen von der Rekonstruktion einer Gutenberg-Presse aus dem 15. Jahrhundert bis zum Lichtsatzgerät und Personal Computer, alle Techniken der Druckgraphik und ihre Geräte, Zeugnisse der Papierherstellung und die Entwicklung der Schrift in allen großen Kulturen.
Den Kern des Museums bildet die nachgebaute Gutenberg-Werkstatt, in der täglich in Vorführungen gezeigt wird, wie Gutenberg Lettern goß und seine Bücher druckte, sowie der Tresorraum mit den kostbaren Gutenberg-Bibeln.
Bei Sonderausstellungen werden verschiedenste Spezialthemen aus allen Gebieten, die das Museum vertritt, in besonderer Ausführlichkeit gezeigt.
Das Museum besitzt einen vielgenutzten Vortragsraum, sowie eine Fachbibliothek, die allen Besuchern offensteht.

Gutenberg-Museum Mainz
Weltmuseum der Druckkunst
Liebfrauenplatz 5, 6500 Mainz

Öffnungszeiten:
Dienstag bis Samstag 10 bis 18 Uhr, sonntags 10 bis 13 Uhr, montags und an gesetzlichen Feiertagen geschlossen.
Ostern, Pfingsten und Weihnachten jeweils am 2. Feiertag von 10 bis 13 Uhr geöffnet; Januar geschlossen; Fastnacht von Samstag bis Dienstag geschlossen.

Wenn es auf Glanz, Scheuerfestigkeit, schnelles Wegschlagen oder Frischbleiben in der Maschine ankommt.
K+E bietet für alle Anforderungen Farben und Druckhilfsmittel.
K+E Druckfarben
Siemensstraße 76
7000 Stuttgart 30
K+E
BASF Gruppe

MD
Druckpapier
in jeder Rolle gut
Noch nie war Papier so unentbehrlich wie heute. Vielfältige Ansprüche werden an dieses Naturprodukt gestellt, weil es in meist hochindustriellen Verfahren weiterverarbeitet wird.
Dies gilt insbesondere für mehrfarbige Zeitschriften und Versandhauskataloge, die bei höchster Qualität minutiöse Auslieferung verlangen.
Als einem der führenden Hersteller für gestrichene Papiere fällt uns dabei eine besondere Rolle zu.
MD Papierfabriken
Heinrich Nicolaus GmbH
Ostenstraße 5
8060 Dachau
Telefon 0 81 31/ 7 27-0

vanson
ROYAL DUTCH PRINTING INK FACTORIES VAN SON
HILVERSUM-HOLLAND
PANTONE MATCHING SYSTEM

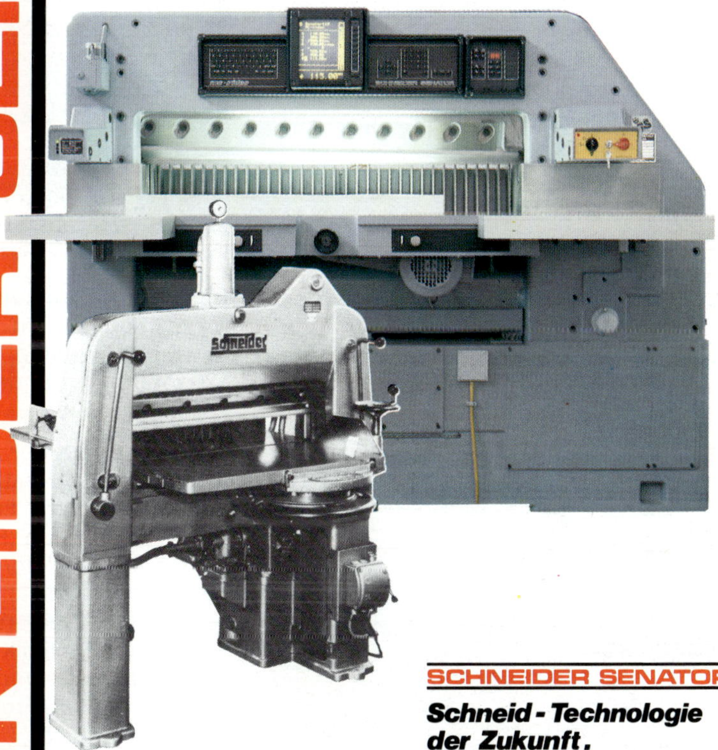

Schneider-Werk GmbH
D-2400 Lübeck 1

KG Schneider-Senator
Verkaufs-GmbH & Co.
Luetkensallee 60
D-2000 Hamburg 70
Tel. (040) 656 60 61
Telex 214491 svghh d
Telefax (040) 656 04 62

MAN Roland: Maßstab für Spitzentechnik im Druckmaschinenbau

Das Unternehmen

Mit rund 7000 Mitarbeitern und einem Umsatz von rund 1,3 Milliarden DM (im Geschäftsjahr 86/87) zählt MAN Roland zu den größten Druckmaschinenherstellern der Welt. Das Unternehmen mit den beiden Produktbereichen Bogen- und Rollenmaschinen in Offenbach und Augsburg ist ein Tochterunternehmen des größten europäischen Maschinenbaukonzerns, der MAN Aktiengesellschaft, München.

Das Programm

Die Zusammenführung der ehemaligen Roland Offsetmaschinenfabrik Faber & Schleicher AG, Offenbach, mit dem Druckmaschinenbau der M.A.N, Augsburg, führte zu einer Angebotsbreite, wie sie kein anderer Druckmaschinenhersteller aufweisen kann.

Montagetaktstraße für Bogenoffsetmaschinen

Fertigungsstraßen für Rollenmaschinen

Das Bogenoffsetprogramm bietet Maschinen bis zu acht Druckwerken in Bogenformaten von 52 x 72 cm bis 120 x 160 cm für den wirtschaftlichen Qualitätsdruck.

Das Produktprogramm in Augsburg umfaßt Rollenrotationsmaschinen für Zeitungs- und Illustrationsdruck in unterschiedlichen Formaten und Auflagenbereichen. Der Einsatz der Elektronik in den Druckmaschinen führt zu erheblicher Steigerung der Wirtschaftlichkeit und Flexibilität in der Produktion. Das Ziel ist, verkürzte Rüstzeiten, Steuerung der Produktion, Sicherung der Druckqualität.

Bogenoffsetmaschinen im Einsatz

Der Produktbereich Bogenmaschinen

In fünf Produktionsstätten in und um Offenbach werden von MAN Roland Bogenoffsetmaschinen gefertigt.

Rund 4000 Mitarbeiter sorgen dafür, daß die Offenbacher Bogenoffsetmaschinen dem hohen Qualitätsstandard, den unsere Kunden in aller Welt erwarten, entsprechen.

In der werkseigenen Gießerei, an modernst eingerichteten Arbeitsplätzen zur Bearbeitung der Präzisions-Einzelteile, in der Montage, in den Elektro- und Elektronik-Werkstätten, in der Konstruktion und in den Service-Abteilungen arbeiten Fachleute, die mit ihrem Können dem Kunden die Sicherheit geben, die richtige Druckmaschinen für ihren Betrieb gewählt zu haben.

Der Produktbereich Rollenmaschinen

Im Augsburger Produktbereich Rollenmaschinen projektieren und fertigen rund 3000 Mitarbeiter maßgeschneiderte Anlagen aus Systembausteinen für die Produktion von farbigen Tageszeitungen in kleinerer, mittlerer und in Millionenauflage. Für den Illustrationsdruck liefert MAN Roland Anlagen aus Serienkomponenten für 8, 16 und bis 48 Seiten DIN A4 je Papierbahn.

Neben den verschiedenen Standard-Falzwerken für alle Leistungsbereiche werden Spezialfalzwerke für unterschiedlichste Anforderungen geliefert. Modernste Maschinenkonzeption und höchste Fertigungsqualität sichern den Augsburger Rollenmaschinen eine Spitzenstellung auf dem Weltmarkt.

Die Produktion von Serienmaschinen ebenso wie die Erfahrung in der Projektierung und Abwicklung von Großaufträgen mit hohen Konstruktions- und Fertigungsanforderungen macht MAN Roland zum zuverlässsigen Partner für den zukunftsorientierten Familienbetrieb wie für den weltweiten Medienkonzern.

Rollenoffsetmaschine Colorman

MAN Roland Druckmaschinen AG

Produktbereich Bogenmaschinen
Postfach 101264 · 6050 Offenbach/Main

Produktbereich Rollenmaschinen
Postfach 100080 · 8900 Augsburg

MAN ROLAND

Die Macht
Erfolg zu haben.
Studio 800 – immer einen Schritt voraus.
Die elektronische Seitenmontage hat im Reprosektor eine ähnliche Revolution ausgelöst, wie die elektronische Farbauszugherstellung. Heute stehen Studio-Systeme im Mittelpunkt aller elektronischen Druckvorstufenarbeiten. Ob es um einfache Seitenplanung, das Integrieren von Text und schwierigen Bildern, oder die Faksimile-Seitenübertragung geht:
Die Studio 800-Serie schafft's.
CROSFIELD
Crosfield Electronics GmbH
Mergenthaler Allee 1–3
D-6236 Eschborn 1
Telefon 061 96/70 11-0

1858–1988. KLIMSCH.

130 Jahre Erfahrung.

KLIMSCH

Klimsch + Co
Vertriebs-
Gesellschaft mbH
Postfach 11 11 63
Schmidtstraße 12
D-6000 Frankfurt/Main 1
Telefon 069/26 40-1

Wir setzen Maßstäbe.

druck print

Juli 88 **7**

FACHMAGAZIN FÜR DAS MANAGEMENT